KB072974

품질경영
기사&산업기사
실기

정철훈 편저

일진사

머리말

최근 글로벌 무한경쟁 체제하에서 고객의 요구를 만족시킬 수 있는 고품질·무결점의 제품 및 서비스가 중요한 이슈가 되고 있다. 이에 따라 기업에서는 고객이 요구하는 품질수준을 유지하기 위해 제품 및 서비스의 기획과 생산의 전 과정을 포괄적으로 이해하고 관리하는 품질경영 전문 인력의 도입과 확산이 증가하고 있다. 이는 무한경쟁 시대에 모든 기업의 생존과 밀접한 관련이 있으며, 경제가 발전하고 기술 선진국에 진입할수록 산업의 전 분야에서 그 필요성이 더욱 증대될 것이다.

품질경영기사/품질경영산업기사 실기는 출제기준 내에서 광범위하게 출제되고 있어 수험생이 학습해야 할 양이 상당히 많을 수밖에 없다. 따라서 시험 합격이 목적이라면 시험위주로 요약·정리되고, 시험에 자주 나오는 문제들로 수록된 교재를 선택하는 것이 중요하다.

이에 본 저자는 20여 년간의 강의 경험을 통하여 수험생들이 좀 더 쉽게 다가갈 수 있도록 어려워하는 부분을 쉽게 설명하고, 다양한 문제를 수록하여 품질경영기사/품질경영산업기사 실기 시험에 대비할 수 있도록 다음과 같은 특징으로 이 책을 구성하였다.

첫째, 수험생들이 시험에 대비하여 단기간에 내용을 파악하고 이해할 수 있도록 실전문제 형식으로 제시하였다.

둘째, 수험생들이 어려워하는 부분을 최대한 명확하고 간략하게 정리하여 비전공자도 쉽게 이해할 수 있도록 하였다.

셋째, 마인드맵을 통하여 최소의 시간을 투자하여 최대의 효과를 얻을 수 있도록 하였다.

넷째, 온라인 강의를 통하여 효율을 극대화할 수 있도록 하였다.

끝으로 본 교재를 통하여 수험생 모두가 쉽고 빠르게 합격의 영광을 누리길 기원하며, 출판의 기회를 주신 도서출판 **일진사** 임직원께 진심으로 감사를 전한다.

저자 **정철훈**

수험자 유의사항

1. 실기시험 당일은 신분증, 흑색 볼펜, 샤프, 지우개, 자, 공학용 계산기를 가지고 간다.

2. 인적사항 및 답안 작성은 반드시 검은색 필기구만 사용하여야 하며, 그 외 연필류, 유색 필기구, 지워지는 팬 등을 사용할 경우 0점 처리된다.

3. 답란에는 문제와 관련 없는 불필요한 낙서나 특이한 기록사항 등을 기재하여서는 안 되며, 답안지의 인적사항 기재란 외의 부분에 답안과 관련 없는 특수한 표시를 하거나 특정인임을 암시하는 경우 0점 처리된다.

4. 계산문제는 반드시 계산과정과 답을 기재하여야 하며, 계산과정과 답이 모두 맞아야 정답으로 인정된다.

5. 계산문제는 소수 여섯째자리에서 반올림하여 다섯째자리까지 구하여야 하나 개별문제에서 소수 처리에 대한 요구사항이 있을 경우 그 요구사항에 따라야 한다.

6. 답에 단위가 없으면 오답으로 처리된다. (단, 문제의 요구사항에 단위가 주어졌을 경우는 생략할 수 있다.)

7. 문제에서 요구한 가지 수 이상을 답란에 표기한 경우에는 답란기재 순으로 요구한 가지 수만 채점한다.

8. 한 항에 여러 가지를 기재하더라도 한 가지로 보며, 그 중 정답과 오답이 함께 기재되어 있을 경우 오답으로 처리된다.

9. 답안 정정 시에는 정정하고자 하는 단어에 두 줄(=)을 긋고 다시 작성하거나 수정테이프(수정액 제외)를 사용하여 정정한다.

품질경영기사 출제기준(실기)

직무 분야	경영 · 회계 · 사무	중직무 분야	생산관리	자격 종목	품질경영기사	적용 기간	2023.1.1. ~ 2026.12.31.

○ 직무내용 : 고객만족을 실현하기 위하여 설계, 생산준비, 제조 및 서비스를 산업 전반에서 전문적인 지식을 가지고 제품의 품질을 확보하고 품질경영시스템의 업무를 수행하여 각 단계에서 발견된 문제점을 지속적으로 개선하고 수행하는 직무이다.

○ 수행준거 : 1. 통계적 기법을 기초로 품질경영 업무 및 신뢰성 업무를 수행할 수 있다.
2. 품질계획 및 설계, 제조, 서비스에 이르는 품질보증시스템 전반에 대해 이해하고 관리도 및 샘플링검사, 실험계획법 등을 활용하여 관리개선 업무를 수행할 수 있다.
3. 제도적 개선방법에 대해 이해하고 품질시스템 유지 및 개선을 위한 시스템 운영방법을 적용할 수 있다.

실기검정방법	필답형	시험시간	3시간

실기 과목명	주요항목	세부항목	세세항목
품질경영 실무	1. 품질정보관리	1. 품질정보체계 정립하기	1. 품질전략에 따라 설정된 품질목표의 평가와 품질보증 업무의 개선 필요사항을 도출할 수 있는 품질정보의 분류 체계를 정립할 수 있다. 2. 정립된 품질정보의 분류 체계에 따라 품질정보 운영 절차 및 기준을 작성할 수 있다.
		2. 품질정보분석 및 평가하기	1. 품질정보 운영 절차 및 기준에 따라 항목별 품질데이터를 산출할 수 있다. 2. 품질정보 운영 절차 및 기준에 따라 항목별 품질데이터를 수집할 수 있다. 3. 수집된 품질데이터를 통계적 기법에 따라 분석할 수 있다. 4. 품질정보의 분석 결과에 따라 목표 달성 여부와 프로세스 개선 필요 여부를 평가할 수 있다. 5. 품질정보의 평가 결과에 따라 품질회의의 의사결정을 통해 각 부문의 개선활동 계획 수립에 반영할 수 있다.
		3. 품질정보 활용하기	1. 각 부문 품질경영 활동 추진을 위한 장단기 계획에 따라 통계적 품질관리 활용 계획을 포함하여 수립할 수 있다. 2. 각 부문 품질경영 활동에 통계적 품질관리 기법을 활용할 수 있도록 지원할 수 있다. 3. 각 부문 통계적 품질관리 활동 추진 결과를 평가하여 사후관리를 할 수 있다.
	2. 품질코스트 관리	1. 품질코스트 체계 정립하기	1. 품질코스트 관리 절차와 운영기준에 따라 분류 체계별 품질코스트 항목을 설정할 수 있다. 2. 설정된 품질코스트 항목별 산출기준과 수집방법을 정립하여 사내표준으로 제정할 수 있다.

실기 과목명	주요항목	세부항목	세세항목
		2. 품질코스트 수집하기	1. 품질코스트(Q COST) 및 COPQ 항목별 산출기준에 따라 각 부문에서 주기적으로 품질코스트를 산출하고 수집하도록 지원할 수 있다. 2. 수집된 품질코스트(Q COST) 및 COPQ를 산출기준에 따라 검증할 수 있다.
		3. 품질코스트 개선하기	1. 품질코스트(Q COST) 및 COPQ 분석 결과에 따라 품질개선이 필요한 항목을 도출할 수 있다. 2. 도출된 품질코스트(Q COST) 및 COPQ 개선 항목에 따라 개선활동을 수행할 수 있다. 3. 품질코스트(Q COST) 및 COPQ 항목과 산출기준의 정합성을 모니터링 하여 품질을 개선할 수 있다.
	3. 설계품질관리	1. 품질특성 및 설계변수 설정하기	1. 최적설계를 구현하기 위한 품질변수를 설정할 수 있다. 2. 설정된 품질변수를 통하여 실험설계를 할 수 있다. 3. 실험설계를 위한 실험 방법 및 조건을 도출할 수 있다.
		2. 파라미터 설계하기	1. 파라미터 설계를 위한 실험계획을 수립할 수 있다. 2. 계획된 실험방법에 따라 실험을 진행할 수 있다. 3. 계획된 실험방법에 따라 진행된 실험결과를 분석할 수 있다. 4. 품질특성에 따라 설계변수의 최적조합조건을 도출하여 설계변수를 결정할 수 있다.
		3. 허용차 설계 및 결정하기	1. 설계변수의 최적조합수준 하에서 관리허용범위 내에서 재현성 실험설계를 실시할 수 있다. 2. 실험 데이터를 분산분석으로 요인별 기여도를 파악하여 허용차를 설정할 수 있다. 3. 최종 품질특성치에 따라 허용차를 결정하여 표준화를 실시할 수 있다.
	4. 공정품질관리	1. 중점관리항목 선정하기	1. 중점관리항목 선정 절차에 따라 필요한 정보를 수집하여 분석할 수 있다. 2. 수집 및 분석된 정보를 바탕으로 품질기법을 활용하여 중점관리항목을 선정할 수 있다. 3. 선정된 중점관리항목을 관리계획에 반영하여 문서(관리계획서 또는 QC공정도)를 작성할 수 있다.
		2. 관리도 작성하기	1. 중점관리항목의 특성에 따라 해당되는 관리도의 종류를 선정할 수 있다. 2. 관리계획서 또는 QC공정도의 관리방법에 따라 데이터를 수집하여 관리도를 작성할 수 있다. 3. 작성된 관리도를 활용하여 공정을 해석할 수 있다. 4. 관리도 해석으로부터 발생한 공정 이상에 대해 조치할 수 있다.

실기 과목명	주요항목	세부항목	세세항목
		3. 공정능력평가하기	1. 데이터의 수집기간과 유형에 따라 공정능력 분석방법을 선정할 수 있다. 2. 품질특성의 규격에 따라 공정능력을 평가할 수 있다. 3. 공정능력 평가결과를 활용하여 개선 방향을 수립할 수 있다. 4. 수립한 개선 방향에 따라 공정능력 향상 활동을 수행할 수 있다.
	5. 품질검사관리	1. 검사체계 정립하기	1. 품질 요구사항을 고려하여 이를 충족할 수 있는 검사업무 절차와 검사기준을 설정할 수 있다. 2. 검사업무 절차와 검사기준에 따라 검사관리 요소를 설정할 수 있다. 3. 제품개발 계획과 생산계획에 따라 검사계획을 수립할 수 있다.
		2. 품질검사 실시하기	1. 검사업무 절차와 검사기준에 따라 로트별로 품질검사를 실시할 수 있다. 2. 검사결과 발생한 불합격 로트에 대해 부적합품 처리 절차를 수행할 수 있다. 3. 로트별 검사 결과에 따라 검사이력 관리대장을 작성할 수 있다.
		3. 측정기 관리하기	1. 측정기 유효기간을 고려하여 교정계획을 수립할 수 있다. 2. 수립한 교정계획에 따라 교정을 실시할 수 있다. 3. 측정기 관리 업무 절차와 측정시스템 분석 계획에 따라 측정시스템 분석을 수행할 수 있다.
	6. 품질보증체계 확립	1. 품질보증체계 정립하기	1. 품질보증 업무에 대한 프로세스의 요구사항 조사결과에 따라 미비, 수정, 보완 사항을 도출할 수 있다. 2. 도출된 미비, 수정, 보완 사항에 따라 품질보증 업무 프로세스를 정립할 수 있다. 3. 정립된 품질보증 업무 프로세스를 문서화하여 사내표준을 정비할 수 있다.
		2. 품질보증체계 운영하기	1. 연간 교육계획을 수립하여 품질보증 업무에 대한 사내표준의 이해와 실행에 대한 교육을 운영할 수 있다. 2. 품질보증 업무에 대한 사내표준에 따라 단계별 품질보증 활동을 지원할 수 있다. 3. 품질보증 업무에 대한 사내표준에 따라 단계별 품질보증 활동을 수행할 수 있다. 4. 품질보증 업무 운영결과에 따라 사후관리를 할 수 있다.

실기 과목명	주요항목	세부항목	세세항목
	7. 신뢰성 관리	1. 신뢰성 체계 정립하기	1. 신뢰성 체계 요구사항에 대한 조사결과에 따라 수정·보완 사항을 도출할 수 있다. 2. 도출된 수정·보완 사항에 따라 신뢰성 업무 프로세스를 정립할 수 있다. 3. 정립된 신뢰성 업무 프로세스를 문서화하여 사내 표준을 정비할 수 있다.
		2. 신뢰성 시험하기	1. 고객의 사용 환경 조건 및 요구사항에 따라 신뢰성 시험 업무 절차와 시험방법을 선정할 수 있다. 2. 신뢰성 시험 업무 절차와 시험방법을 고려하여 신뢰성 시험을 실시할 수 있다. 3. 신뢰성 시험 결과에 근거하여 개선 방향을 설정할 수 있다. 4. 신뢰성 개선 방향에 근거하여 개선 필요 사항을 도출하여 수정할 수 있다.
		3. 신뢰성 평가하기	1. 신뢰성 데이터의 수집기간과 유형에 따라 신뢰성 파라미터 분석방법을 선정할 수 있다. 2. 신뢰성 파라미터 분석 방법에 따라 신뢰성 수준을 분석하고 평가할 수 있다. 3. 신뢰성 평가 결과를 활용하여 개선 방향을 설정할 수 있다. 4. 신뢰성 개선 방향에 따라 개선 필요 사항을 도출하여 수정할 수 있다.
	8. 현장품질관리	1. 3정 5S 활동하기	1. 3정 5S 추진 절차에 따라 활동계획을 수립할 수 있다. 2. 활동 계획에 따라 역할을 분담하여 3정 5S 활동을 실행할 수 있다.
		2. 눈으로 보는 관리하기	1. 품질특성에 영향을 주는 관리대상을 선정하여 활동계획을 수립할 수 있다. 2. 활동계획에 따라 관리 방법과 기준을 결정할 수 있다.
		3. 자주보전 활동하기	1. 자주보전 추진계획에 따라 활동 단계별 세부 추진 일정을 수립할 수 있다. 2. 활동 단계별 진행방법에 따라 활동을 실행할 수 있다.

품질경영산업기사 출제기준(실기)

직무 분야	경영 · 회계 · 사무	중직무 분야	생산관리	자격 종목	품질경영산업기사	적용 기간	2023.1.1. ~ 2026.12.31.

○ 직무내용 : 고객만족을 실현하기 위하여 조직, 생산준비, 제조 및 서비스 등 주로 산업 및 서비스 전반에서 품질경영시스템의 업무를 수행하고 각 단계에서 발견된 문제점을 지속적으로 개선하고 수행하는 직무이다.

○ 수행준거 : 1. 통계적 기법을 이해하고 현장 품질문제에 대한 조사 및 분석업무를 관리도, 샘플링, 실험계획법 등을 활용·실시할 수 있다.
2. 품질경영 현장실무 기법의 활용 및 검사업무를 수행하여 품질시스템을 유지 및 개선할 수 있다.

실기검정방법	필답형	시험시간	2시간 30분

실기 과목명	주요항목	세부항목	세세항목
품질경영 실무	1. 품질정보관리	1. 품질정보체계 정립하기	1. 품질전략에 따라 설정된 품질목표의 평가와 품질보증 업무의 개선 필요사항을 도출할 수 있는 품질정보의 분류 체계를 정립할 수 있다. 2. 정립된 품질정보의 분류 체계에 따라 품질정보 운영 절차 및 기준을 작성할 수 있다.
		2. 품질정보분석 및 평가하기	1. 품질정보 운영 절차 및 기준에 따라 항목별 품질데이터를 산출할 수 있다. 2. 품질정보 운영 절차 및 기준에 따라 항목별 품질데이터를 수집할 수 있다. 3. 수집된 품질데이터를 통계적 기법에 따라 분석할 수 있다. 4. 품질정보의 분석 결과에 따라 목표 달성 여부와 프로세스 개선 필요 여부를 평가할 수 있다. 5. 품질정보의 평가 결과에 따라 품질회의의 의사결정을 통해 각 부문의 개선활동 계획 수립에 반영할 수 있다.
		3. 품질정보 활용하기	1. 각 부문 품질경영 활동 추진을 위한 장단기 계획에 따라 통계적 품질관리 활용 계획을 포함하여 수립할 수 있다. 2. 각 부문 품질경영 활동에 통계적 품질관리 기법을 활용할 수 있도록 지원할 수 있다. 3. 각 부문 통계적 품질관리 활동 추진 결과를 평가하여 사후관리를 할 수 있다.
	2. 설계품질관리	1. 품질특성 및 설계변수 설정하기	1. 최적 설계를 구현하기 위한 품질변수를 설정할 수 있다. 2. 설정된 품질변수를 통하여 실험설계를 할 수 있다. 3. 실험설계를 위한 실험 방법 및 조건을 도출할 수 있다.

실기 과목명	주요항목	세부항목	세세항목
		2. 파라미터 설계하기	1. 파라미터 설계를 위한 실험계획을 수립할 수 있다. 2. 계획된 실험방법에 따라 실험을 진행할 수 있다. 3. 계획된 실험방법에 따라 진행된 실험결과를 분석할 수 있다. 4. 품질특성에 따라 설계변수의 최적조합조건을 도출하여 설계변수를 결정할 수 있다.
		3. 허용차 설계 및 결정하기	1. 설계변수의 최적조합수준 하에서 관리허용범위 내에서 재현성 실험설계를 실시할 수 있다. 2. 실험 데이터를 분산분석으로 요인별 기여도를 파악하여 허용차를 설정할 수 있다. 3. 최종 품질특성치에 따라 허용차를 결정하여 표준화를 실시할 수 있다.
	3. 공정품질관리	1. 중점관리항목 선정하기	1. 중점관리항목 선정 절차에 따라 필요한 정보를 수집하여 분석할 수 있다. 2. 수집 및 분석된 정보를 바탕으로 품질기법을 활용하여 중점관리항목을 선정할 수 있다. 3. 선정된 중점관리항목을 관리계획에 반영하여 문서(관리계획서 또는 QC공정도)를 작성할 수 있다.
		2. 관리도 작성하기	1. 중점관리항목의 특성에 따라 해당되는 관리도의 종류를 선정할 수 있다. 2. 관리계획서 또는 QC공정도의 관리방법에 따라 데이터를 수집하여 관리도를 작성할 수 있다. 3. 작성된 관리도를 활용하여 공정을 해석할 수 있다. 4. 관리도 해석으로부터 발생한 공정 이상에 대해 조치할 수 있다.
		3. 공정능력 평가하기	1. 데이터의 수집기간과 유형에 따라 공정능력 분석방법을 선정할 수 있다. 2. 품질특성의 규격에 따라 공정능력을 평가할 수 있다. 3. 공정능력 평가결과를 활용하여 개선 방향을 수립할 수 있다. 4. 수립한 개선 방향에 따라 공정능력 향상 활동을 수행할 수 있다.
	4. 품질검사관리	1. 검사체계 정립하기	1. 품질 요구사항을 고려하여 이를 충족할 수 있는 검사업무 절차와 검사기준을 설정할 수 있다. 2. 검사업무 절차와 검사기준에 따라 검사관리 요소를 설정할 수 있다. 3. 제품개발 계획과 생산계획에 따라 검사계획을 수립할 수 있다.

실기 과목명	주요항목	세부항목	세세항목
		2. 품질검사 실시하기	1. 검사업무 절차와 검사기준에 따라 로트별로 품질검사를 실시할 수 있다. 2. 검사결과 발생한 불합격 로트에 대해 부적합품 처리 절차를 수행할 수 있다. 3. 로트별 검사 결과에 따라 검사이력 관리대장을 작성할 수 있다.
		3. 측정기 관리하기	1. 측정기 유효기간을 고려하여 교정계획을 수립할 수 있다. 2. 수립한 교정계획에 따라 교정을 실시할 수 있다. 3. 측정기 관리 업무 절차와 측정시스템 분석 계획에 따라 측정시스템 분석을 수행할 수 있다.
	5. 품질보증체계 확립	1. 품질보증체계 정립하기	1. 품질보증 업무에 대한 프로세스의 요구사항 조사결과에 따라 미비, 수정, 보완 사항을 도출할 수 있다. 2. 도출된 미비, 수정, 보완 사항에 따라 품질보증 업무 프로세스를 정립할 수 있다. 3. 정립된 품질보증 업무 프로세스를 문서화하여 사내표준을 정비할 수 있다.
		2. 품질보증체계 운영하기	1. 연간 교육계획을 수립하여 품질보증 업무에 대한 사내표준의 이해와 실행에 대한 교육을 운영할 수 있다. 2. 품질보증 업무에 대한 사내표준에 따라 단계별 품질보증 활동을 지원할 수 있다. 3. 품질보증 업무에 대한 사내표준에 따라 단계별 품질보증 활동을 수행할 수 있다. 4. 품질보증 업무 운영결과에 따라 사후관리를 할 수 있다.
	6. 현장품질관리	1. 3정 5S 활동하기	1. 3정 5S 추진 절차에 따라 활동 계획을 수립할 수 있다. 2. 활동 계획에 따라 역할을 분담하여 3정 5S 활동을 실행할 수 있다.
		2. 눈으로 보는 관리하기	1. 품질특성에 영향을 주는 관리대상을 선정하여 활동계획을 수립할 수 있다. 2. 활동계획에 따라 관리 방법과 기준을 결정할 수 있다.
		3. 자주보전 활동하기	1. 자주보전 추진계획에 따라 활동 단계별 세부 추진일정을 수립할 수 있다. 2. 활동 단계별 진행방법에 따라 활동을 실행할 수 있다.

차례

품질경영 기사·산업기사
Engineer & Industrial Engineer Quality Management

1편 공업통계학

2편 관리도

3편 샘플링검사

4편 실험계획법

5편 품질경영

6편 신뢰성 관리

7편 품질경영기사 기출 복원문제

8편 품질경영산업기사 기출 복원문제

부록 수치표

품질경영 기사 / 산업기사 실기

PART 1

공업통계학

1. 데이터 정리방법
2. 확률 및 확률변수
3. 이산확률분포
4. 연속확률분포
5. 추정과 검정
6. 상관 및 회귀분석

1 데이터 정리방법

1-1 시료의 특성치

1 중심적 경향

(1) 산술평균(mean, 시료평균) $\overline{x}$

$$\overline{x} = \frac{x_1 + x_2 + \cdots + x_n}{n} = \frac{\sum x_i}{n}$$

(2) 중앙값(median, 중위수) M_e ($\tilde{x}$)

데이터를 크기순으로 나열할 때 가운데에 있는 값으로 데이터의 수가 홀수이면 중앙에 있는 데이터가 중앙값이고, 데이터의 수가 짝수이면 중앙에 있는 두 개의 데이터 평균이 중앙값이다.

(4) 범위의 중앙값(mid-range)

$$M = \frac{x_{\max} + x_{\min}}{2}$$

(5) 기하평균(geometric mean)

$$G = (x_1 x_2 \cdots x_n)^{\frac{1}{n}}$$

(6) 조화평균(harmonic mean)

$$H = \frac{1}{\frac{1}{n}\sum_{i=1}^{n}\frac{1}{x_i}} = \frac{n}{\sum_{i=1}^{n}\frac{1}{x_i}}$$

2 산포(흩어짐)의 척도

(1) 범위(range) R

데이터 중에서 최댓값과 최솟값의 차이, 즉 $R = x_{\max} - x_{\min}$

(2) 편차제곱합(sum of squares), 제곱합 또는 평방합 S

개개의 측정치 x_i와 평균 $\overline{x}$간의 차이의 제곱을 모든 데이터에 대해 구하여 합한 것이다.

$$
\begin{aligned}
S &= \sum(x_i - \overline{x})^2 = \sum\left(x_i^2 - 2\overline{x}\cdot x_i + (\overline{x})^2\right) \\
&= \sum x_i^{\,2} - 2\overline{x}\sum x_i + n(\overline{x})^2 \\
&= \sum x_i^{\,2} - \frac{(\sum x_i)^2}{n} = \sum x_i^{\,2} - CT \left(\text{단, 수정항}(CT) = \frac{(\sum x_i)^2}{n}\right)
\end{aligned}
$$

(3) 시료분산 또는 표본분산(sample variance) V 또는 s^2

단위당 편차제곱의 값으로서 불편분산, 평균제곱이라고도 한다.

$$s^2 = V = \frac{\sum_{i=1}^{n}(x_i - \overline{x})^2}{n-1} = \frac{S}{n-1} = \frac{S}{\nu}$$

(4) 표본표준편차 또는 시료편차(sample standard deviation) s

분산 V의 제곱근, 즉 $s = \sqrt{V} = \sqrt{\dfrac{\sum_{i=1}^{n}(x_i - \overline{x})^2}{n-1}}$

(5) 절대평균편차(Mean Absolute Deviation) M_d

$$MAD = \frac{\sum|x_i - \overline{x}|}{n}$$

(6) 변동계수 또는 변이계수(coefficient of variation) CV

표준편차를 평균으로 나눈 값으로 측량단위가 다른 두 자료의 산포를 비교할 때 사용한다. 단위에 영향을 받지 않는다.

$$CV = \frac{s}{\overline{x}} \times 100\%$$

(7) 상대분산

$$(CV)^2 = \left(\frac{s}{\bar{x}}\right)^2 \times 100\%$$

3 분포의 모양

(1) 비대칭도[skewness, 왜도(歪度)] k

$$k = \frac{1}{ns^3}\sum_{i=1}^{k'}(x_i - \bar{x})^3 f_i$$

여기서, f_i는 계급 i에 속하는 도수, x_i 는 그 계급의 대표치, k'는 계급의 수이다.

- $k=0$ → 좌우대칭(평균=중앙값=최빈값)
- $k>0$ → 오른쪽으로 기울어짐(최빈값<중앙값<평균)
- $k<0$ → 왼쪽으로 기울어짐(평균<중앙값<최빈값)

(2) 첨도(kurtosis)

$$\beta_2 = \frac{1}{ns^4}\sum_{i=1}^{k'}(x_i - \bar{x})^4 f_i$$

정규분포의 경우 $\beta_2 = 3$이다. 따라서 $\beta_2 > 3$이면 급첨(急尖)이고 $\beta_2 < 3$이면 완첨(緩尖)이다.

예상문제

데이터 정리방법

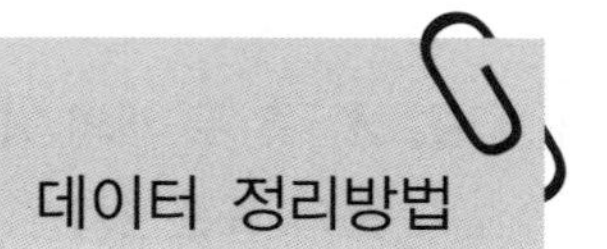

01. 다음 데이터를 이용하여 물음에 답하시오.

데이터
2, 3, 5, 6, 7, 8, 18 (cm)

(1) 다음 데이터에 대하여 시료평균, 중앙값, 범위중앙값, 기하평균, 조화평균을 구하시오.

(2) 범위, 제곱합, 시료분산, 시료표준편차, 변동계수, 상대분산, 평균편차를 구하시오.

해답 (1) 중심적 경향

① 시료평균 : $\bar{x} = \dfrac{\sum x_i}{n} = \dfrac{49}{7} = 7$

② 중앙값(median) $M_e(\tilde{x})$(메디안 또는 중위수) : $M_e = 6$

③ 범위의 중앙값 : $M = \dfrac{x_{\max} + x_{\min}}{2} = \dfrac{18+2}{2} = 10$

④ 기하평균 : $G = (x_1 x_2 \cdots x_n)^{1/n} = (2 \times 5 \times \ldots \times 18)^{(1/7)} = 5.63959$

⑤ 조화평균(harmonic mean) $H = \dfrac{1}{\dfrac{1}{n}\sum \dfrac{1}{x_i}} = \dfrac{n}{\sum \dfrac{1}{x_i}} = \dfrac{7}{\dfrac{1}{2} + \dfrac{1}{3} + \cdots + \dfrac{1}{18}}$

$= 4.59495$

(2) 산포의 척도

① 범위 : $R = x_{\max} - x_{\min} = 18 - 2 = 16$

② 제곱합 : $S = \sum_{i=1}^{n} x_i^2 - \dfrac{(\sum x_i)^2}{n} = 2^2 + 3^2 + \cdots + 18^2 - \dfrac{(49)^2}{7} = 168$

③ 시료분산 : $V = \dfrac{S}{n-1} = \dfrac{168}{6} = 28$

④ 시료표준편차 : $s = \sqrt{V} = \sqrt{28} = 5.29150$

⑤ 변동계수 : $CV = \dfrac{s}{\bar{x}} \times 100\% = \dfrac{5.291503}{7} \times 100\% = 75.59286\%$

⑥ 상대분산 : $(CV)^2 = \left(\dfrac{s}{\bar{x}}\right)^2 \times 100(\%) = \left(\dfrac{5.29150}{7}\right)^2 \times 100(\%) = 57.14280\%$

⑦ 평균편차 : $MAD = \dfrac{\sum |x_i - \bar{x}|}{n} = \dfrac{5+4+2+1+0+1+11}{7} = 3.42857$

02. A, B 두 개의 회사로부터 조사한 제품의 평균무게는 $\overline{x}_A = 40g$, $\overline{x}_B = 30g$ 이고, 제품의 표준편차는 $s_A = 6g$, $s_B = 6g$ 일 때 변동계수를 구하고 산포를 비교하시오.

해답 $CV_A = \frac{s}{\overline{x}} \times 100(\%) = \frac{6}{40} \times 100 = 15\%$, $CV_B = \frac{s}{\overline{x}} \times 100(\%) = \frac{6}{30} \times 100 = 20\%$

B회사의 산포가 A회사의 산포보다 크다.

03. 시료의 크기가 6이고, 제곱합이 5.84이다. $\sum x_i^2 = 20{,}868$ 이라면, $\overline{x}$ 의 값은 얼마인가?

해답 $S = \sum_{i=1}^{n} x_i^2 - \frac{(\sum x_i)^2}{n}$, $\quad 5.84 = 20{,}868 - \frac{(\sum x)^2}{6}$, $\quad \sum x = 353.79791$

$\overline{x} = \frac{\sum x}{n} = \frac{353.79791}{6} = 58.96632$

04. 시료의 크기가 6이고, 시료분산이 1.168일 때 제곱합은 얼마인가?

해답 $S = V(n-1) = 1.168 \times 5 = 5.84$

05. 다음의 데이터를 이용하여 다음 물음에 답하시오.

(1) 조화평균을 구하시오.

(2) 첨도(kurtosis)를 구하시오.

계급	중앙값(Me_i)	도수(f_i)	$f_i Me_i$	$f_i Me_i^2$	$Me_i - \overline{x}$
60~62	61	5	305	18,606	−6.45
63~65	64	18	1,152	73,728	−3.45
66~68	67	42	2,814	188,538	−0.45
69~71	70	27	1,890	132,300	2.55
72~74	73	8	584	42,632	5.55
합계		100	6,745	455,803	

해답 (1) $H=\dfrac{n}{\sum \dfrac{1}{x_i}}=\dfrac{100}{\left(\dfrac{1}{61}\times 5\right)+\left(\dfrac{1}{64}\times 18\right)+\left(\dfrac{1}{67}\times 42\right)+\left(\dfrac{1}{70}\times 27\right)+\left(\dfrac{1}{73}\times 8\right)}$

$=67.32256$

(2) $\bar{x}=\dfrac{(61\times 5)+(64\times 18)+(67\times 42)+(70\times 27)+(73\times 8)}{100}=67.45$

$$s=\sqrt{V}=\sqrt{\frac{S}{n-1}}=\sqrt{\frac{1}{n-1}\left(\sum Me_i^2 f_i-\frac{(\sum Me_i f_i)^2}{n}\right)}$$

$$=\sqrt{\frac{1}{100-1}\left(455,803-\frac{6,745^2}{100}\right)}=2.93490$$

$$\beta_2=\frac{1}{ns^4}\sum_{i=1}^{k'}(x_i-\bar{x})^4 f_i$$

$$=\frac{1}{100\times 2.93490^4}[(-6.45)^4\times 5+(-3.45)^4\times 18+(-0.45)^4\times 42$$

$$+(2.55)^4\times 27+(5.55)^4\times 8]=2.68720$$

06. $X_i=(x_i-100.18)\times 100$ **로 수치변환된 데이터는 다음과 같다.** x_i**의 산술평균, 편차제곱합, 분산을 구하시오.**

X_i : -1, 0, -1, 1, 0, -2

해답 (1) $\bar{x}=\bar{X}\times\dfrac{1}{h}+x_0=\dfrac{-3}{6}\times\dfrac{1}{100}+100.18=100.175$

(2) $S_{XX}=\sum X_i^2-\dfrac{(\sum X_i)^2}{n}=7-\dfrac{(-3)^2}{6}=5.5$

$S_{xx}=S_{XX}\times\dfrac{1}{h^2}=5.5\times\dfrac{1}{100^2}=0.00055$

(3) $V_{XX}=\dfrac{S_{XX}}{n-1}=\dfrac{5.5}{6-1}=1.1$

$V_{xx}=V_{XX}\times\dfrac{1}{h^2}=1.1\times\dfrac{1}{100^2}=0.00011$

2 확률 및 확률변수

2-1 확률과 확률법칙

(1) 표본공간과 각 사상

① P(표본공간 전체 S)$=1$　　$0 \le P(A) \le 1$

(2) 합사상과 여사상

① 합사상 : $P(A \cup B) = P(A) + P(B) - P(A \cap B)$

② 여사상 : $P(\overline{A}) = P(A^c) = P(A') = 1 - P(A)$

(3) 독립사상과 배반사상

① 독립사상 : $P(A \cap B) = P(A) \cdot P(B)$일 때 A, B는 서로 독립사상이다.

② 배반사상 : $P(A \cap B) = 0$일 때 A, B는 서로 배반사상이다.

(4) 조건부 확률

두 사상 A, B에 대하여, $P(B \mid A)$를 A가 일어난 상태에서 B가 일어날 조건부 확률이라 하고, $P(B \mid A) = \dfrac{P(A \cap B)}{P(A)}$으로 정의한다.

(5) 베이즈의 정리(Bayes'rule)

$$P(B_j \mid A) = \frac{P(B_j \cap A)}{\sum_{i=1}^{k} P(B_i \cap A)} = \frac{P(B_j) \cdot P(A \mid B_j)}{\sum_{i=1}^{k} P(B_i) \cdot P(A \mid B_i)}$$

2-2 확률변수

확률변수	이산형	연속형
기본형태	$P(X) \geq 0,\ \sum P(X) = 1$	$f(X) \geq 0,\ \int_{-\infty}^{\infty} f(X)dX = 1$
기댓값(평균) $E(x) = \mu$	$E(X) = \sum X \cdot P(X)$	$E(X) = \int_{-\infty}^{\infty} X \cdot f(X)dX$
	$E\{g(X)\} = \sum g(X) \cdot P(X)$	$E\{g(X)\} = \int_{-\infty}^{\infty} g(X) \cdot f(X)dX$
	$E(aX \pm b) = aE(X) \pm b$ $E(X \pm Y) = E(X) \pm E(Y)$	$X,\ Y$가 서로 독립인 경우 $E(X \cdot Y) = E(X) \cdot E(Y)$
분산 $V(X) = \sigma^2$	$V(X) = E\{X - E(X)\}^2 = E(X^2) - \{E(X)\}^2 = E(X^2) - \mu^2$	
	$V(aX \pm b) = a^2 V(X) = a^2\sigma$ $V(aX \pm bY) = a^2 V(X) + b^2 V(Y)$ $= a^2\sigma_X^2 + b^2\sigma_Y^2$ ($X,\ Y$가 서로 독립)	
표준편차 $D(X)$	$D(X) = \sqrt{V(X)}\ D(aX+b) = \lvert a \rvert D(X)$	
공분산 $Cov(X,\ Y) = V_{XY}$	$Cov(X,\ Y) = E[(X - E(X))(Y - E(Y))]$ $= E[(X - \mu_X)(Y - \mu_Y)]$ $= E(XY) - \mu_X \cdot \mu_Y$	
	$V(X \pm Y) = V(X) + V(Y) \pm 2Cov(X, Y)$	
공분산 (확률변수 $X,\ Y$가 서로 독립)	$Cov(X,\ Y) = E(XY) - E(X) \cdot E(Y)$ $= E(X) \cdot E(Y) - E(X) \cdot E(Y)$ $= 0$	
	$V(X \pm Y) = V(X) + V(Y) \pm 2Cov(X, Y)$ $= V(X) + V(Y)$	

예상문제

확률 및 확률변수

01. 동전의 앞면을 H(head), 뒷면을 T(tail)라고 하자. 동전을 두 번 던지는 실험에서 표본공간을 나타내고, 앞면이 나타나는 사상 A를 나타내시오. 또한 사상 B, C를 각각 B={(H,H), (H,T)}, C={(T,H), (T,T)}라고 할 때 $B\cup C$, $B\cap C$, B^C를 구하시오.

해답 (1) 표본공간 $S=\{(H,H),\ (H,T),\ (T,H),\ (T,T)\}$

(2) 사상 $A=\{(H,H),\ (H,T),\ (T,H)\}$

(3) $B\cup C=\{(H,H),\ (H,T),\ (T,H),\ (T,T)\}$

(4) $B\cap C=\varnothing$ (공집합)

따라서 사상 B와 C는 서로 배반사상이다.

(5) $B^C=\{(T,H),\ (T,T)\}$

02. 주사위를 던질 때 눈이 3의 배수이거나 또는 2의 배수일 확률을 구하시오.

해답 A : 3의 배수(3, 6), B : 2의 배수(2, 4, 6)

$$P_r(A\cup B)=P_r(A)+P_r(B)-P_r(A\cap B)=\frac{2}{6}+\frac{3}{6}-\frac{1}{6}=\frac{4}{6}=\frac{2}{3}=0.66667$$

03. 어떤 로트가 불순물 혼입으로 불합격된 확률이 4.2%, 수분으로 불합격된 확률이 5.3%, 불순물혼입과 수분 양쪽으로 불합격된 확률이 2.0%라고 하면, 불순물 혼입이나 수분 문제로 로트가 불합격이 될 확률은 얼마인가?

해답 $P_r(A\cup B)=P_r(A)+P_r(B)-P_r(A\cap B)=4.2+5.3-2.0=7.5\%$

04. A가 나올 확률은 $\frac{1}{4}$, B가 나올 확률은 $\frac{1}{3}$, A 혹은 B가 나올 확률은 $\frac{1}{2}$이다. A와 B가 동시에 나올 확률은 얼마인가?

해답 $P_r(A\cap B)=P_r(A)+P_r(B)-P_r(A\cup B)=\frac{1}{4}+\frac{1}{3}-\frac{1}{2}=0.083333$

05. 중간제품의 부적합품률이 10%, 중간제품의 적합품만을 사용하여 가공했을 때 완제품의 부적합품률이 5%라고 하면 전체공정으로부터 적합품이 얻어질 확률은 얼마인가?

해답 $P_r = (1-0.1)(1-0.05) = 0.855$

06. 바둑돌 흰 것을 5개, 검은 것을 3개 넣어 두고 잘 섞어서 한 개를 뽑아내어 빛깔을 보고 다시 집어넣고 또다시 잘 섞어서 한 개를 집어내어 그 빛깔을 볼 때 두 번 모두 검은돌이 될 확률을 구하시오.

해답 $P_r = \frac{3}{8} \times \frac{3}{8} = 0.14063$

07. 바둑돌 흰 것을 5개, 검은 것을 3개 넣어 두고 잘 섞어서 한 개를 뽑아내어 빛깔을 보고 다시 집어넣지 않고 한 개를 더 뽑을 때 두 번 모두 검은돌이 될 확률을 구하시오.

해답 $P_r = \frac{3}{8} \times \frac{2}{7} = 0.10714$ 혹은 $\frac{{}_3C_2 \times {}_5C_0}{{}_8C_2}$

08. 용기에 들어있는 30개의 부품 중 5개는 부적합품이다. (단, 답은 유효숫자 셋째자리까지 구하시오.)

(1) 이 용기로부터 2개의 부품을 꺼냈을 때 모두 양품일 확률을 구하시오.
(2) 이 용기로부터 2개의 부품을 꺼냈을 때 모두 부적합품일 확률을 구하시오.
(3) 이 용기로부터 2개의 부품을 꺼냈을 때 하나는 양품, 하나는 부적합품일 확률을 구하시오.

해답 (1) $P_r = \frac{25}{30} \times \frac{24}{29} = 0.690$

(2) $P_r = \frac{5}{30} \times \frac{4}{29} = 0.0230$

(3) $P_r = \left(\frac{25}{30} \times \frac{5}{29}\right) + \left(\frac{5}{30} \times \frac{25}{29}\right) = 0.287$

09. 주사위를 한번 던지는 실험에서 짝수가 나오는 확률은 얼마인가? 그리고 주사위의 눈금이 4 이상이라고 하는 경우 이 주사위의 눈금이 짝수일 확률은 얼마인가?

해답 B : 짝수가 나오는 사상, A : 4 이상 나오는 사상

(1) $P_r(B) = \frac{3}{6} = \frac{1}{2} = 0.5$

(2) $P_r(B \mid A) = \frac{P_r(A \cap B)}{P_r(A)} = \frac{\frac{2}{6}}{\frac{3}{6}} = \frac{2}{3} = 0.66667$

10. 품질검사원 A의 과거기록을 분석한 결과 적합품을 부적합품으로 판정하는 비율은 2%, 부적합품을 적합품으로 판정하는 비율은 1%이었다. 이 공장의 부적합품의 생산비율은 1%이다. 검사원 A가 어떤 제품을 부적합품으로 판정하였을 경우 실제로 부적합품일 확률을 구하시오.

해답 $P_r(B \mid A) = \frac{P_r(A \cap B)}{P_r(A)} = \frac{0.01 \times 0.99}{0.99 \times 0.02 + 0.01 \times 0.99} = 0.33333$

11. A, B, C 기계는 각각 총생산량의 40%, 25%, 35%를 생산한다. A, B, C 3대의 기계는 같은 제품을 생산하는 자동기계장치로써 부적합품이 각각 10%, 5%, 1%로 나타났다. 생산된 제품 중에서 무작위로 하나를 샘플링하였을 때 부적합품이었다면 이 제품이 A기계에서 생산될 확률은 얼마인가?

해답 $P_r(F) = P_r(A \cap F) + P_r(B \cap F) + P_r(C \cap F)$

$= 0.4 \times 0.1 + 0.25 \times 0.05 + 0.35 \times 0.01 = 0.056$

$P_r(A \mid F) = \frac{P_r(F \cap A)}{P_r(F)} = \frac{(0.1 \times 0.4)}{0.4 \times 0.1 + 0.25 \times 0.05 + 0.35 \times 0.01} = 0.71429$

12. 같은 제품을 세 공장에서 생산하고 있다. A공장에서 생산되는 사상을 E_1, B공장의 경우를 E_2, C공장의 경우를 E_3로 한다. 그 제품이 양품이라는 사상을 G로 한다. 제품을 임의로 선택했을 때 $E_i(i = 1,\ 2,\ 3)$에 속하는 확률을 0.3, 0.45, 0.25로 하고, 양품일 확률을 각각 0.9, 0.85, 0.8로 한다.

(1) 임의로 1개를 선택했을 때 그 제품이 양품일 확률 $P(G)$을 구하시오.

(2) 임의로 1개를 선택했을 때 양품이 나왔다는 조건하에 A공장에서 나올 확률을 구하시오.

해답 (1) $P_r(G) = P_r(E_1 \cap G) + P_r(E_2 \cap G) + P_r(E_3 \cap G)$

$$= P_r(E_1)P_r\left(\frac{G}{E_1}\right) + P_r(E_2)P_r\left(\frac{G}{E_2}\right) + P_r(E_3)P_r\left(\frac{G}{E_3}\right)$$

$$= 0.3 \times 0.9 + 0.45 \times 0.85 + 0.25 \times 0.8 = 0.8525$$

(2) $$P_r(A \mid G) = \frac{P_r(G \cap A)}{P_r(G)} = \frac{(0.3)(0.9)}{(0.3)(0.9) + (0.45)(0.85) + (0.25)(0.8)} = 0.31672$$

13. 결핵의 감염여부를 측정하기 위하여 투베르클린 반응검사를 실시한다. 임상실험에 의하여 조사대상자 중에서 실제로 결핵에 감염된 사람의 비율은 10%이고, 결핵에 감염되지 않은 사람의 비율은 90%라고 한다. 결핵에 감염된 사람 중 투베르클린 반응검사 결과 양성(+)으로 나타나는 경우가 95%이고, 결핵에 감염되지 않은 사람 중 투베르클린 반응검사결과 양성(+)으로 나타나는 경우가 10%라고 한다. 한 사람에게 투베르클린 반응검사를 실시한 결과 양성(+) 반응이 나타났다고 할 때, 이 사람이 실제로 결핵에 감염되었을 확률은 얼마인가?

해답 결핵에 감염된 사람의 집단을 E라고 할 때

$$P_r(E \mid +) = \frac{P_r(E \cap +)}{P_r(+)} = \frac{0.1 \times 0.95}{0.1 \times 0.95 + 0.9 \times 0.1} = 0.51351$$

14. 서울시민이 질병 X를 가질 확률은 $P(X) = 0.09$이고, 그 질병을 검사하여 확인할 수 있는 확률은 $P(I \mid X) = 0.6$, 질병 X가 없는데 오진된 확률은 $P(I \mid X') = 0.05$일 때 검사결과 질병이 있는 서울시민으로 판정되었을 경우 실제 질병을 가질 확률은 얼마인가?

해답 $$P_r(x) = \frac{0.09 \times 0.6}{0.09 \times 0.6 + 0.91 \times 0.05} = 0.54271$$

15. 다음 표에서 남학생 한 사람을 임의로 뽑을 경우 이 학생이 낙제생일 확률을 구하시오.

구분	남	여	계
진급자	250	150	400
낙제생	50	50	100
계	300	200	500

해답 $$P_r(\text{낙제생} \mid \text{남학생}) = \frac{P_r(\text{낙제생} \cap \text{남학생})}{P_r(\text{남학생})} = \frac{50/500}{300/500} = 0.16667$$

16. 복권 100장을 발매한 후에 임의로 추첨하여 1등 1명에게 10000원, 2등 3명에게 5000원, 3등 10명에게 1000원의 상금을 지급할 때 복권 한 장의 기대가치(기댓값)는 얼마인가?

해답 $E(X)=\sum X\cdot P(X)$

$$=10,000\times\frac{1}{100}+5,000\times\frac{3}{100}+1,000\times\frac{10}{100}+0\times\frac{86}{100}=350$$

17. 어느 복권의 상금은 100만원, 50만원, 10만원, 5만원 등이며 각각에 대한 확률은 다음과 같다.

상금의 확률분포 (단위 : 만원)

상금	100	50	10	5	0
확률	1/1000	1/500	1/100	1/10	887/1000

(1) 한 장의 복권에 대한 상금을 X라 할 때 확률변수 X의 기댓값을 구하시오.
(2) 한 장의 복권에 대한 상금을 X라 할 때 확률변수 X의 분산을 구하시오.

해답 (1) $E(X)=\mu=\sum X\cdot P(X)=100\times\frac{1}{1,000}+50\times\frac{1}{500}+10\times\frac{1}{100}+5\times\frac{1}{10}=0.8$

(2) $V(X)=\sigma^2=\sum X^2\cdot P(X)-\mu^2$

$$=\left(100^2\times\frac{1}{1,000}+50^2\times\frac{1}{500}+10^2\times\frac{1}{100}+5^2\times\frac{1}{10}+0^2\times\frac{887}{1,000}\right)-0.8^2$$

$$=17.86$$

18. 다음과 같은 상금이 걸려 있는 복권을 사는 경우 복권 1매당 상금의 기대치를 구하시오.

구분	매수	상금
특등	1	1000000
1등	2	200000
2등	5	50000
3등	10	5000
4등	1982	1000

해답

구분	매수	상금(x)	확률
특등	1	1,000,000	1/2,000
1등	2	200,000	2/2,000
2등	5	50,000	5/2,000
3등	10	5,000	10/2,000
4등	1,982	1,000	1,982/2,000

$$E(x) = \sum x \cdot p(x)$$
$$= 1{,}000{,}000 \times \frac{1}{2{,}000} + 200{,}000 \times \frac{2}{2{,}000} + \cdots + 1000 \times \frac{1{,}982}{2{,}000} = 1{,}841$$

19. 동전 3개를 던지는 실험에서 확률변수 X를 앞면의 수라고 정의할 때 다음 물음에 답하시오.

(1) X의 평균 $E(X)$의 값은 얼마인가?
(2) X의 분산 $V(X)$의 값은 얼마인가?
(3) X의 표준편차 $D(X)$의 값은 얼마인가?
(4) $P_r(2 \le X \le 3)$을 구하시오.
(5) $Y = 2X - 2$이라 할 때 $E(Y)$를 구하시오.

해답

X	0	1	2	3	합
확률 $P(X)$	1/8	3/8	3/8	1/8	1

(1) $E(X) = \mu = \sum XP(X) = 0 \times \frac{1}{8} + 1 \times \frac{3}{8} + 2 \times \frac{3}{8} + 3 \times \frac{1}{8} = 1.50000$

(2) $V(X) = \sigma^2 = E(X^2) - [E(X)]^2 = E(X^2) - \mu^2 = 3 - 1.5^2 = 0.75000$

$E(X^2) = \sum X^2 P(X) = 0^2 \times \frac{1}{8} + 1^2 \times \frac{3}{8} + 2^2 \times \frac{3}{8} + 3^2 \times \frac{1}{8} = 3.00000$

(3) $D(X) = \sqrt{0.75000} = 0.86603$

(4) $P_r(2 \le X \le 3) = P_r(2) + P_r(3) = \frac{3}{8} + \frac{1}{8} = 0.5$

(5) $E(Y) = E(2X - 2) = 2E(X) - 2 = 2 \times 1.5 - 2 = 1$

20. 어느 자동차정비소에서 오전 9시에서 12시 사이에 서비스를 받는 자동차의 대수 x는 다음과 같은 확률 분포를 따른다.

(1) 이 시간대에 서비스 받을 것으로 기대되는 자동차의 대수를 구하시오.

(2) 정비소 직원이 받는 수당이 $g(x)=2x-1$이라고 한다면 이 직원이 받을 것으로 기대되는 수입은 얼마인가? (단위 : 천원)

x	4	5	6	7	8	9	합
확률 $p(x)$	1/12	1/12	1/4	1/4	1/6	1/6	1

해답 (1) $E(X)=\sum XP(X)=4\times\frac{1}{12}+5\times\frac{1}{12}+6\times\frac{1}{4}+\cdots+9\times\frac{1}{6}=6.83333$대

(2) $E[g(x)]=E(2x-1)=2E(x)-1=2\times 6.83333-1=12.66666$천원

21. 확률변수 X의 평균이 25, 표준편차가 4라고 하면, $2X^2+3X+4$의 기대치는 얼마인가?

해답 $E(X^2)=\mu^2+\sigma^2=25^2+4^2=641$

$E[2X^2+3X+4]=2E(X^2)+3E(X)+4=2\times 641+3\times 25+4=1,361$

22. 모평균 미지의 모집단에서 4번 랜덤샘플링을 하여 다음 표와 같은 값을 얻었다. 이 모집단의 모분산값을 점추정할 때의 값은 얼마인가? (단, 모집단의 산포는 같은 경우이다.)

샘플 번호	샘플의 크기	분산(s^2)
1	16	4.66
2	25	4.44
3	10	4.84
4	16	4.50

해답 $\hat{\sigma}^2=\frac{S_1+S_2+S_3+S_4}{\nu_1+\nu_2+\nu_3+\nu_4}$

$=\frac{15\times 4.66+24\times 4.44+9\times 4.84+15\times 4.50}{15+24+9+15}=4.56381$

23. $y_i = (x_i - 50) \times 10$으로 수치변환된 데이터로 계산된 평균치와 평균제곱이 각각 $\overline{y} = 3$, $V_y = 120$이면 $\overline{x}$와 V_x의 값을 각각 구하시오.

해답 $\overline{y} = E(y) = E[(x-50)\times 10] = E(10x - 500) = 10E(x) - 500 = 3$

$E(x) = \overline{x} = 50.3$

$V_y = V[(x-50)\times 10] = V(10x - 500) = 10^2 V(x) = 120$

$V(x) = 1.2$

24. 모집단으로부터 4개의 시료를 각각 뽑은 결과의 분포가 $X_1 \sim N(10, 3^2)$ 이고, $X_2 \sim N(15,\ 4^2)$이다. $Y = 3X_1 - 2X_2$일 때 Y의 분포를 구하시오. (단, X_1, X_2는 서로 독립이다.)

해답 $E(Y) = E[3X_1 - 2X_2] = 3E(X_1) - 2E(X_2) = 3\times 10 - 2\times 15 = 0$

$V(Y) = V[3X_1 - 2X_2] = 3^2 V(X_1) + 2^2 V(X_2) = 9\times 9 + 4\times 16 = 145 = 12.04159^2$

$N(0,\ 12.04159^2)$

25. X의 확률분포가 다음과 같고 $Y = 1 - X^2$일 때 $Cov(X, Y)$를 구하시오.

x	-1	0	1
$P[X=x]$	1/3	1/3	1/3

해답 X와 Y의 결합확률분포는 다음과 같다.

y \ x	-1	0	1
0	1/3	0	1/3
1	0	1/3	0

$Cov(X,\ Y) = E(XY) - E(X)E(Y) = 0 - 0\times \frac{1}{3} = 0$

$E(XY) = (-1)\times 0\times \frac{1}{3} + 0\times 1\times \frac{1}{3} + 1\times 0\times \frac{1}{3} = 0$

$E(X) = (-1)\times \frac{1}{3} + 0\times \frac{1}{3} + (1)\times \frac{1}{3} = 0$

$E(Y) = 0\times \frac{2}{3} + 1\times \frac{1}{3} = \frac{1}{3}$

3 이산확률분포

3-1 이항분포

이항분포는 로트 내에 제품이 무수히 많은 경우 또는 한정되어 있어도 복원추출(with replacement, 꺼낸 것을 다시 넣음)하는 경우 적용한다.

(1) 확률값

$$P_r(x) = {}_nC_x P^x (1-P)^{n-x}$$

	기댓값	분산	표준편차
부적합품수인 경우	$E(x) = n \cdot P$	$V(x) = n \cdot P(1-P)$	$D(x) = \sqrt{nP(1-P)}$
부적합품률인 경우	$E(\hat{p}) = P\left(\text{단, } P = \dfrac{x}{n}\right)$	$V(\hat{p}) = \dfrac{P(1-P)}{n}$	$D(\hat{p}) = \sqrt{\dfrac{P(1-P)}{n}}$

(2) 특징

① 분포가 이산적인 특징을 취한다.
② $P = 0.5$일 때 평균치(nP)에 대하여 좌우대칭이다.
③ $P \le 0.5$이고, $nP \ge 5$, $n(1-P) \ge 5$일 때는 정규분포에 근사한다.
④ $P \le 0.1$이고, $nP = 0.1 \sim 10$, $n \ge 50$일 때는 푸아송분포에 근사한다.

3-2 초기하분포

이항분포에서 N이 시료의 크기 n에 비해 상대적으로 작은 경우$\left(\dfrac{N}{n} < 10\right)$ 또는 비복원 추출에서 사용한다.

(1) 확률값

$$P_r(x) = \frac{{}_{NP}C_x \times {}_{N-NP}C_{n-x}}{{}_{N}C_n}$$

기댓값	분산	표준편차
$E(x) = n \cdot P$	$V(x) = \left(\frac{N-n}{N-1}\right) nP(1-P)$ (단, $\left(\frac{N-n}{N-1}\right)$: 유한(有限)수정계수)	$D(x) = \sqrt{\frac{N-n}{N-1}} \times \sqrt{nP(1-P)}$

(2) 특징

① 분포가 이산적인 특징을 취한다.

② $N \to \infty$에 근사시키면 이항분포에 근사하게 된다.

③ $P = 0.5$이면 좌우 대칭의 분포를 이룬다.

3-3 푸아송분포

① 부적합수, 부적합률, 사고건수 등의 계수치에 사용한다.

② 이항분포의 근삿값 형태 ($np = m$에서 $n \to \infty$, $p \to 0$)

(1) 확률값

$$P_r(x) = \frac{e^{-m} \cdot m^x}{x!} \quad (\text{단, } m > 0)$$

(2) 기댓값과 분산

기댓값	분산	표준편차
$E(x) = m$	$V(x) = m$	$D(x) = \sqrt{m}$

(3) 특징

① 기댓값과 분산이 같은 이산형 확률분포이다.

② $m \geq 5$일 때 정규분포에 근사하게 된다.

예상문제

이산확률분포

01. 동전을 던져서 앞면이 나올 확률은 $\frac{1}{2}$이다. 동전을 10번 던져 앞면이 한 번도 나타나지 않을 확률은 얼마인가? (단, 소수점 이하 3자리까지 구하시오.)

해답 $P_r = {}_{10}C_0\ (p)^0(1-p)^{10-0} = {}_{10}C_0\left(\frac{1}{2}\right)^0\left(1-\frac{1}{2}\right)^{10} = 0.001$

02. 주사위를 5회 던져서 그 중 2의 눈이 3회 나타날 확률은 얼마인가? (단, 유효숫자 3자리까지 구하시오.)

해답 2의 눈이 나오는 확률 $p = \frac{1}{6}$

$P_r = {}_5C_3\ (p)^3(1-p)^{5-3} = {}_5C_3\left(\frac{1}{6}\right)^3\left(1-\frac{1}{6}\right)^2 = 0.0322$

03. 빨, 주, 노, 초의 4개의 전구에서 시료를 1개씩 5번 복원 추출할 때 빨강 전구가 2번 나올 확률을 구하시오.

해답 $P_r(x=2) = {}_5C_2\ (p)^2(1-p)^{5-2} = {}_5C_2\left(\frac{1}{4}\right)^2\left(1-\frac{1}{4}\right)^3 = 0.26367$

04. 평균타율이 3할인 야구선수가 어느 경기에서 10회 타석에 섰을 때 매 타석마다 안타 또는 아웃이라고 한다.

(1) 이 선수가 안타를 정확하게 3개 때릴 확률을 구하시오.

(2) 이 선수가 안타를 2개 이하 때를 확률을 구하시오.

(3) 이 선수가 때린 안타의 수에 대한 평균과 분산을 구하시오.

해답 (1) $P_r(x=3) = {}_{10}C_3\,(0.3)^3(0.7)^7 = 0.26683$

(2) 2개 이하이므로 $x=0,\ 1,\ 2$이다.

$$P_r(x=0)+P_r(x=1)+P_r(x=2)$$
$$= {}_{10}C_0\,(0.3)^0(0.7)^{10} + {}_{10}C_1\,(0.3)^1(0.7)^9 + {}_{10}C_2\,(0.3)^2(0.7)^8$$
$$= 0.38278$$

(3) $E(X) = np = 10\times 0.3 = 3$

$V(X) = np(1-p) = 10\times 0.3\times(1-0.3) = 2.1$

05. 어떤 공정에서 만들어지는 제품의 부적합품률은 5%이다. 만일 이 공정에서 임의로 추출한 10개의 표본 중에 부적합품이 2개 이상 발견된다면 이 공정은 중단시키게 된다.

(1) 어떤 확률분포를 따르는가?

(2) (1)에서 답한 확률분포가 정규분포로 근사하기 위한 조건을 적으시오.

(3) 공정중단의 확률은 약 몇 %인가?

해답 (1) 이항분포

(2) $P\le 0.5$이고, $nP\ge 5$, $n(1-P)\ge 5$일 때는 정규분포에 근사한다.

(3) $P_r(x\ge 2) = 1-\left({}_{10}C_0(0.05)^0(0.95)^{10} + {}_{10}C_1(0.05)^1(0.95)^9\right) = 0.08614$

06. 전동기를 50개씩 들어있는 상자단위로 인수한다. 인수자는 5개를 무작위로 추출하여 부적합품을 발견하지 못하면 상자를 인수한다. 부적합품의 수가 1 또는 1 이상이면 상자 전체를 검사한다. 상자 속에 3개의 부적합품이 있을 때 100% 검사받을 확률은 얼마인가?

해답 $P_r(x\ge 1) = 1-P_r(x=0) = 1-{}_5C_0\left(\dfrac{3}{50}\right)^0\left(1-\dfrac{3}{50}\right)^5 = 0.26610$

07. 공정 부적합품률이 10%인 공정에서 생산되는 부품을 5개 랜덤으로 추출하여 Y제품을 조립한다. 이 제품은 5개의 부품 중 4개 이상만 정상적으로 작동하면 그 기능을 유지한다. 제품 한 개를 랜덤으로 추출할 때 제품이 작동하지 않을 확률을 구하시오.

해답 $1-P_r(x\ge 4) = 1-{}_5C_4(0.1)^1(0.9)^4 - {}_5C_5(0.1)^0(0.9)^5 = 0.08146$

08. 4개의 지문 중 하나를 선택하는 문제가 20문항이 있는 시험에서 랜덤하게 답을 써 넣을 경우 누적이항분포표를 이용하여 다음 물음에 답하시오.

(1) 정답이 하나도 없을 확률은?

(2) 7개 이상의 정답을 맞힐 확률은?

(3) 12개 이상의 정답을 맞힐 확률은?

누적이항분포표		$p(x \le c) = \sum_{x=0}^{c} \binom{n}{x} p^x (1-p)^{n-x}$	
$n=20$ \ p	0.25	$n=20$ \ p	0.25
$c=0$	0.0032	11	0.9990
1	0.0243	12	0.9998
2	0.0912	13	1.0000
3	0.2251	14	1.0000
4	0.4148	15	1.0000
5	0.6171	16	1.0000
6	0.7857	17	1.0000
7	0.8981	18	1.0000
8	0.9590	19	1.0000
9	0.9861	20	1.0000
10	0.9960		

해답 (1) $P_r(x=0)=0.0032$

(2) $P_r(x \ge 7) = 1 - P_r(x \le 6) = 1 - 0.7857 = 0.2143$

(3) $P_r(x \ge 12) = 1 - P_r(x \le 11) = 1 - 0.9990 = 0.0010$

09. 15개의 전구 중 5개가 부적합품이다. 여기에서 임의로 3개의 전구를 집었을 때, 1개가 부적합품일 확률은 약 얼마인가?

해답 $P_r(x) = \dfrac{{}_5C_1 \times {}_{10}C_2}{{}_{15}C_3} = 0.49451$

10. 흰 공 3개와 빨간 공 2개가 들어 있는 주머니에서 랜덤하게 2개의 공을 취했을 때 $X=$ 빨간 공의 개수로 정의하면, X는 초기하분포를 따른다. X가 0, 1, 2의 값을 취할 확률을 구하시오.

해답 (1) $P_r(X=0)=\dfrac{{}_2C_0\times{}_3C_2}{{}_5C_2}=0.3$

(2) $P_r(X=1)=\dfrac{{}_2C_1\times{}_3C_1}{{}_5C_2}=0.6$

(3) $P_r(X=2)=\dfrac{{}_2C_2\times{}_3C_0}{{}_5C_2}=0.1$

11. 10명의 노동자와 5명의 사용자가 있는 회사에서 4명으로 구성된 위원회를 만들 때 위원회가 노동자와 사용자 각각 2명씩 구성될 확률을 구하시오.

해답 $P_r=\dfrac{{}_{10}C_2\cdot{}_5C_2}{{}_{15}C_4}=0.32967$

12. 하나의 로트가 N=10개의 제품으로 구성되어 있고, 이중에서 2개가 부적합품이라 하자.

(1) 복원추출에 의하여 2개를 랜덤하게 뽑을 때 그 중 하나만이 부적합품일 확률은 얼마인가?

(2) 비복원추출에 의하여 2개를 랜덤하게 뽑을 때 그 중 하나만이 부적합품일 확률은 얼마인가?

해답 (1) 복원추출은 이항분포를 적용한다.

$$P_r(x)=\binom{n}{x}p^x(1-p)^{n-x}={}_2C_1(0.2)^1(1-0.2)^1=0.32$$

(2) 비복원추출은 초기하분포를 적용한다.

$$P_r(x)=\frac{{}_{NP}C_x\times{}_{N-NP}C_{n-x}}{{}_NC_n}=\frac{{}_2C_1\cdot{}_8C_1}{{}_{10}C_2}=0.35556$$

13. 평균 2.5개의 부적합수를 가지는 제품들로 구성된 모집단으로부터 1개의 제품을 샘플링 할 때, 부적합수가 5개로 나타날 확률은 약 얼마인가?

해답 $P_r(x) = \dfrac{e^{-m} \cdot m^x}{x!}$, $m = np = 2.5$, $P_r(x=5) = \dfrac{e^{-2.5} \cdot 2.5^5}{5!} = 0.06680$

14. 한 공장의 자동화기계가 제품을 생산하는 데 생산된 제품 중에서 부적합품의 수가 시간당 평균 3개씩 발생된다고 한다. 특정시간에 생산된 제품 중에서 부적합품이 2개 이상 발생될 확률은 얼마인가?

해답 $P_r(x) = \dfrac{e^{-m} \cdot m^x}{x!}$, $m = np = 3$

$$P_r(x \geq 2) = 1 - P(x=0,\ 1) = 1 - \left(\frac{e^{-3}3^0}{0!} + \frac{e^{-3}3^1}{1!}\right) = 0.80085$$

15. 종업원이 125명인 회사가 있다. 평균적으로 종업원의 결근율은 전체 종업원의 2% 가량 된다고 할 때 임의의 종업원 중 5명 이상이 결근할 확률을 구하시오. (단, 결근자 수는 근사적으로 푸아송분포를 한다.)

해답 $P_r(x) = \dfrac{e^{-m} \cdot m^x}{x!}$, $m = np = 125 \times 0.02 = 2.5$

$$\begin{aligned} P_r(x \geq 5) &= 1 - P_r(x \leq 4) \\ &= 1 - [P_r(x=0) + P_r(x=1) + P_r(x=2) + P_r(x=3) + P_r(x=4)] \\ &= 1 - \left(\frac{e^{-2.5}2.5^0}{0!} + \frac{e^{-2.5}2.5^1}{1!} + \frac{e^{-2.5}2.5^2}{2!} + \frac{e^{-2.5}2.5^3}{3!} + \frac{e^{-2.5}2.5^4}{4!}\right) \\ &= 0.10882 = 10.882\% \end{aligned}$$

16. 최근 올림픽도로에서는 하루 평균 5건의 교통사고가 발생한다. 교통사고의 발생횟수가 푸아송분포를 따른다.

(1) 어느 날 교통사고가 전혀 일어나지 않을 확률은 얼마인가?

(2) 적어도 한 건의 사고가 일어날 확률은 얼마인가?

(3) 교통사고가 3번 이상 일어날 확률은 얼마인가?

해답 $P_r(x) = \dfrac{e^{-m} \cdot m^x}{x!}$, $m = np = 5$

(1) $P_r(x=0) = \dfrac{e^{-5} \cdot 5^0}{0!} = 0.00674$

(2) $P_r(x \geq 1) = 1 - P_r(x=0) = 1 - 0.00674 = 0.99326$

(3) $P_r(x \geq 3) = 1 - P_r(x = 0,\ 1, 2)$

$$= 1 - \left(\frac{e^{-5}5^0}{0!} + \frac{e^{-5}5^1}{1!} + \frac{e^{-5}5^2}{2!}\right) = 0.87535$$

17. 로트 크기가 2000, 시료의 개수 200, 합격판정개수 1인 계수 규준형 1회 샘플링검사에서 부적합품률 1%인 로트가 검사대상일 때, 이 로트의 합격가능성은 어느 정도인가? (단, 푸아송분포로 근사하여 계산한다.)

해답 $P_r(x) = \dfrac{e^{-m} \cdot m^x}{x!}$, $m = np = 200 \times 0.01 = 2$

$P_r(x \leq 1) = \dfrac{e^{-2} \times 2^0}{0!} + \dfrac{e^{-2} \times 2^1}{1!} = 0.40601$

18. 공정부적합품률이 3%, $N = 1000$인 로트에서 랜덤하게 4개의 시료를 샘플링하였을 때 부적합품이 하나도 없을 확률을 구하려고 한다.

(1) 초기하분포를 이용하여 구하시오.

(2) 이항분포를 이용하여 구하시오.

(3) 푸아송분포를 이용하여 구하시오.

(4) 정도가 가장 좋은 분포는 어떤 분포인가? 또 그 이유는 무엇인가?

해답 (1) $P_r(x=0) = \dfrac{{}_{30}C_0 \times {}_{970}C_4}{{}_{1,000}C_4} = 0.88513$

(2) $P_r(x=0) = {}_4C_0\,(0.03)^0(1-0.03)^{4-0} = 0.88529$

(3) $P_r(x=0) = \dfrac{e^{-0.12}\,0.12^0}{0!} = 0.88692$

$m = np = 4 \times 0.03 = 0.12$

(4) 초기하분포가 가장 정도가 좋다. 그 이유는 표준편차의 크기가 초기하분포 $\leq$ 이항분포 $\leq$ 푸아송분포로 초기하분포가 가장 작기 때문이다.

19. 다음 물음에 답하시오.

(1) 부적합품률이 5%인 무한모집단에서 $n=5$의 시료를 랜덤샘플링하였을 때 부적합품이 2개 이하일 확률을 이항분포를 이용하여 구하시오.

(2) 부적합품률이 40%인 크기 50의 로트에서 $n=5$의 랜덤샘플을 뽑았을 때 부적합품이 2개 들어있을 확률을 초기하분포를 이용하여 구하시오.

(3) 단위 길이당 평균부적합수가 5인 무한모집단에서 단위길이를 추출해 내었을 때 부적합수가 3개 이상일 확률을 구하시오.

해답 (1) $P_r(x \le 2) = P_r(x=0) + P_r(x=1) + P_r(x=2)$

$$= {}_5C_0(0.05)^0(1-0.05)^5 + {}_5C_1(0.05)^1(1-0.05)^4 + {}_5C_2(0.05)^2(1-0.05)^3$$

$$= 0.99884$$

(2) $P_r(x=2) = \dfrac{{}_{20}C_2 \times {}_{30}C_3}{{}_{50}C_5} = 0.36408$

(3) $P_r(x \ge 3) = 1 - P_r(x \le 2) = 1 - \left(\dfrac{e^{-5}5^0}{0!} + \dfrac{e^{-5}5^1}{1!} + \dfrac{e^{-5}5^2}{2!}\right) = 0.87535$

4 연속확률분포

4-1 정규분포(normal distribution)

(1) 확률밀도함수

$$f(x) = \frac{1}{\sigma\sqrt{2\pi}} e^{-\frac{(x-\mu)^2}{2\sigma^2}} \quad (\text{단, } -\infty \le x \le \infty,\ e = 2.71827,\ \pi = 3.14)$$

(2) 기댓값과 분산

$$E(x) = \mu,\ \ V(x) = \sigma^2,\ \ D(x) = \sigma$$

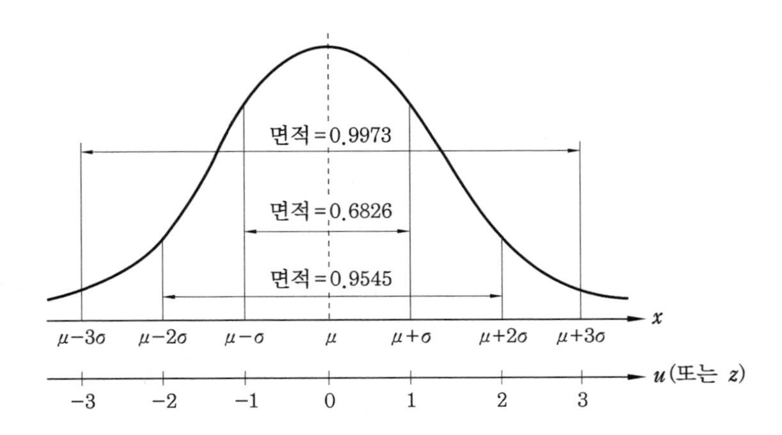

정규분포의 확률밀도함수 그래프

(3) 표준정규분포

평균 0, 표준편차를 1로 규준화한 분포이며, $N(0,\ 1^2)$으로 표시된다.

	$x \sim N(\mu,\ \sigma^2)$	$\bar{x} \sim N(\mu,\ \sigma^2/n)$
규준화	$u_0 = \dfrac{x-\mu}{\sigma}$	$u_0 = \dfrac{\bar{x}-\mu}{\sigma/\sqrt{n}}$
비고	$E(x)=\mu,\ D(x)=\sigma,\ V(x)=\sigma^2$	$E(\bar{x})=\mu,\ D(\bar{x})=\dfrac{\sigma}{\sqrt{n}},\ V(\bar{x})=\dfrac{\sigma^2}{n}$

유의수준 α	양쪽의 경우	한쪽의 경우
$\alpha=0.10$일 때	$u_{1-\alpha/2}=u_{0.95}=1.645$	$u_{1-\alpha}=u_{0.90}=1.282$
$\alpha=0.05$일 때	$u_{1-\alpha/2}=u_{0.975}=1.960$	$u_{1-\alpha}=u_{0.95}=1.645$
$\alpha=0.01$일 때	$u_{1-\alpha/2}=u_{0.995}=2.576$	$u_{1-\alpha}=u_{0.99}=2.326$

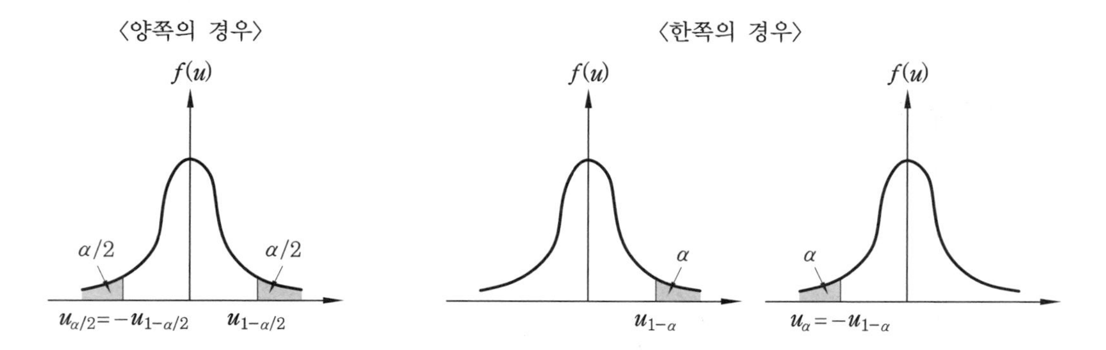

표준정규분포의 꼬리 확률과 u 값

(4) 중심극한정리

평균이 μ이고 분산이 σ^2인 임의의 확률분포를 가지고 모집단으로부터 표본의 크기 n인 확률표본 $x_1,\ x_2,\ x_3,\ \cdots\ x_n$을 취했을 때 표본평균$\left(\bar{x}=\dfrac{\Sigma x_i}{n}\right)$은 크기 n이 충분히 클 때 대략적인 정규분포 $N\left(\mu,\ \dfrac{\sigma^2}{n}\right)$을 따른다.

4-2 t 분포

(1) 규준화

표준편차 σ를 모르는 경우에는 이의 추정치 $s=\sqrt{V}$를 대입한 통계량을 사용한다.

$$t_0 = \frac{\overline{X}-\mu}{s/\sqrt{n}}$$

(2) 기댓값과 분산

자유도가 $\nu(=n-1)$인 t분포를 따르는 확률변수 t의 기댓값과 분산은 $E(t)=0$, $V(t)=\frac{\nu}{\nu-2}$이다.

(3) 특징

① σ 미지인 경우 평균치 검·추정에 사용된다.

② 자유도(ν)가 ∞로 가면 정규분포에 근사하게 된다.

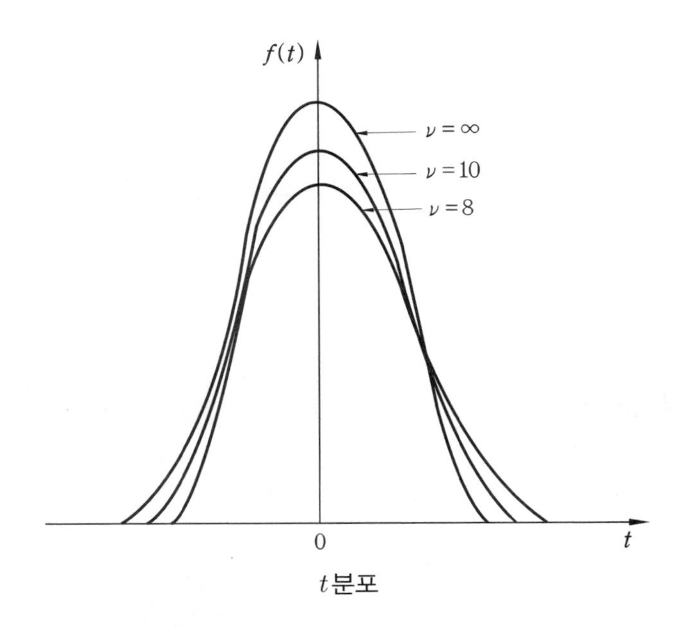

t분포

4-3 카이제곱(χ^2)분포

평균치 μ, 분산 σ^2인 정규분포를 하는 모집단으로부터 n개의 샘플을 샘플링하여, 그 데이터로부터 편차제곱합(S)을 구했을 때, S을 σ^2으로 나눈 통계량은 자유도가 $n-1$인 χ^2분포를 따른다.

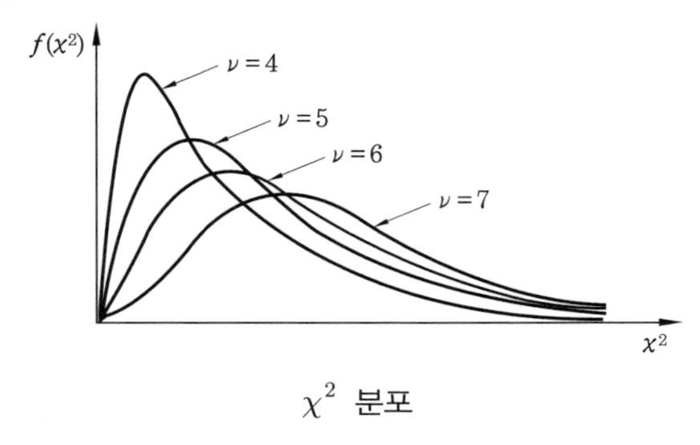

χ^2 분포

(1) 규준화

한 개의 모집단의 모분산 검·추정에 사용된다.

$$\chi_0^{\ 2} = \frac{S}{\sigma^2}$$

(2) 기댓값과 분산

확률변수 x가 자유도 $\nu = n-1$인 카이제곱분포를 따른다면

$$E(x) = \nu, \quad V(x) = 2\nu$$

4-4 F분포

① 두 집단의 모분산 검·추정에 사용

② $F_0 = \dfrac{V_1}{V_2}$

$$\left(\text{단, } V_1 = \frac{S_1}{n_1 - 1},\ V_2 = \frac{S_2}{n_2 - 1}\right)$$

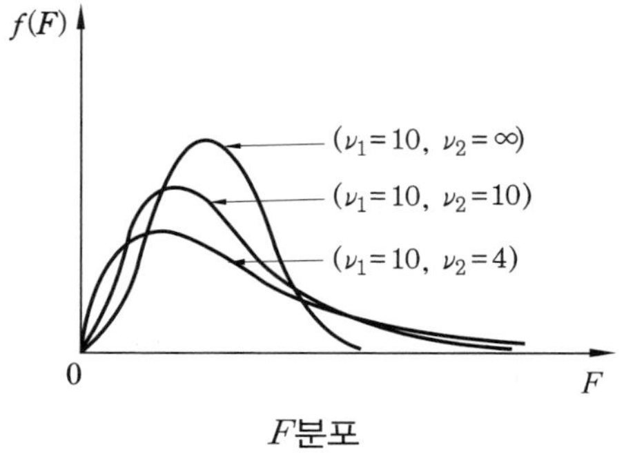

F분포

4-5 각 분포들간의 관계

(1) 정규분포와 카이제곱분포의 관계

$[u_{1-\alpha/2}]^2 = \chi^2_{1-\alpha}(1)$이다.

(2) t 분포와 정규분포의 관계

$u_{1-\frac{\alpha}{2}} = t_{1-\frac{\alpha}{2}}(\infty)$이다.

(3) t 분포와 F 분포의 관계

$$[t_{1-\alpha/2}(\nu)]^2 = F_{1-\alpha}(1,\ \nu)$$

(4) χ^2분포와 F 분포의 관계

$$\chi^2_{1-\frac{\alpha}{2}}(\nu) = \nu \,.\, F_{1-\frac{\alpha}{2}}(\nu, \infty)$$

$$F_\alpha(\nu_1, \nu_2) = \frac{1}{F_{1-\alpha}(\nu_2,\ \nu_1)}$$

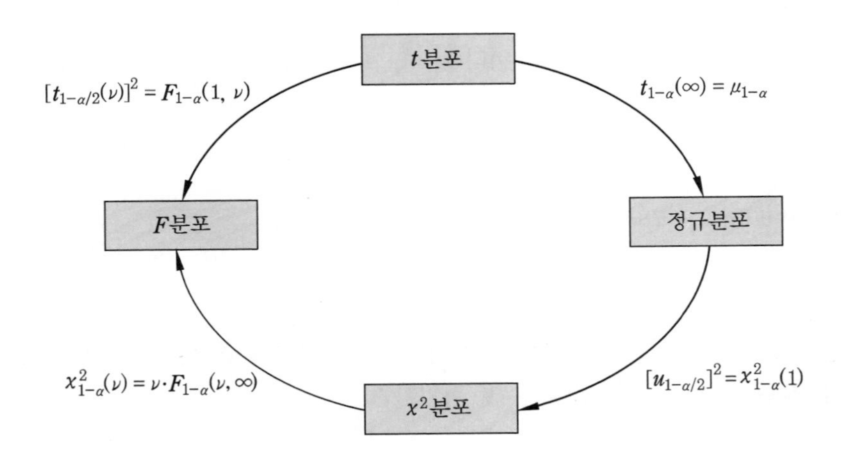

예상문제

연속확률분포

01. 확률변수 X가 $X \sim N(20,\ 5^2)$일 때, X가 15~30 사이에 있을 확률을 구하시오.

해답 $P_r(15 \le X \le 30) = P_r\left(\frac{15-20}{5} \le u \le \frac{30-20}{5}\right) = P_r(-1 \le u \le 2)$

$= 0.3413 + 0.47725 = 0.81855$

02. X의 분포가 $X \sim N(49,\ 3^2)$일 때 $P(X \ge X_0) = 0.95$이다. X_0의 값은 얼마인가?

해답 $\frac{X_0 - \mu}{\sigma} = -1.645$, $X_0 = -1.645 \times 3 + 49 = 44.065$

03. 600명으로 이루어진 어떤 학년의 학생들의 키는 평균 170cm이고, 분산은 36cm인 정규분포를 따른다. 이때 185cm 이상인 학생들은 약 몇 명이나 되겠는가? (단, $\int_0^{2.5} \frac{1}{\sqrt{2\pi}} e^{-\frac{u^2}{2}} du = 0.4937$ 이다.)

해답 $P_r(x \ge 185) = P_r\left(u \ge \frac{185-170}{6}\right) = P_r(u \ge 2.5) = 0.0063$

$600 \times 0.0063 = 3.78 = 3$명

04. 수험자 200명이 응시하여 시험성적이 평균 68.4, 표준편차 10인 정규분포를 이룰 때 88점 받은 학생의 성적 순위는 몇 등인가?

해답 $P_r(x = 88) = P_r(u \ge \frac{88-68.4}{10}) = P_r(u \ge 1.96) = 0.025$

$n \times p = 200 \times 0.025 = 5$등

05. 평균 μ, 표준편차 σ 의 모집단에서 크기 n 의 시료를 랜덤 샘플링한 시료 평균치 $\overline{x}$ 의 분포는 평균 (①), 표준편차 (②)인 (③)분포를 한다.

해답 ① μ ② $\dfrac{\sigma}{\sqrt{n}}$ ③ 정규

06. 어느 공장에서 생산되는 특정한 전구수명의 표준편차는 150시간이다. 100개의 전구를 랜덤하게 추출할 때 표본평균의 표준편차를 구하시오.

해답 $\sqrt{V(\overline{X})} = \dfrac{\sigma}{\sqrt{n}} = \dfrac{150}{10} = 15$

07. $N(100,\ 5^2)$의 모집단에서 n개의 시료를 뽑았을 때 시료평균의 분포가 $N(100,\ 1^2)$이 되었다면 시료의 크기(n)은 얼마인가?

해답 $\sigma_{\overline{x}}^2 = \dfrac{\sigma_x^2}{n},\ 1 = \dfrac{5^2}{n},\ n = 25$

08. 우리나라 대학 신입생 중 남학생의 신장은 평균이 167.5cm이고 표준편차가 5cm인 정규분포를 따른다고 하자. 이때 100명의 남자 신입생을 랜덤하게 뽑아 평균신장을 잴 때, 그 값이 169cm 이상이 될 확률을 구하시오.

해답 $\overline{x}$ 의 분포 : $\mu = 167.5,\ \sigma^2 = \dfrac{5^2}{100}$, 즉 $\left(167.5, \left(\dfrac{5}{\sqrt{100}}\right)^2\right)$이다.

$P_r(\overline{x} \geq 169) = P_r\left(u \geq \dfrac{169 - 167.5}{5/\sqrt{100}}\right) = P_r(u \geq 3) = 0.00135$

참고

한 학생의 신장이 169cm 이상이 될 확률은

$P_r(x \geq 169) = P_r\left(u \geq \dfrac{169 - 167.5}{5}\right) = P_r(u \geq 0.3) = 0.3821$

09. 한강에서 모래를 채취하여 운반하는데 한 트럭당 실려 있는 모래 양이 평균 3t이고 표준편차가 0.5t인 정규분포를 한다고 한다.

(1) 모래를 운반하는 트럭 4대를 랜덤하게 추출할 때 4대의 평균모래무게 $\overline{x}$는 어떤 분포를 따르는가?

(2) 트럭 4대를 랜덤하게 추출할 때 4대의 평균모래무게 $\overline{x}$가 2.5t 이하일 확률은 얼마인가?

(3) 트럭 10대를 랜덤하게 추출할 때 10대의 평균모래무게 $\overline{x}$가 얼마 이상되어야 확률이 1%가 되겠는가?

해답 (1) $\overline{X}$의 분포 : $\mu = 3$, $\sigma^2 = \dfrac{0.5^2}{4}$, 즉 $N\left(3, \left(\dfrac{0.5}{\sqrt{4}}\right)^2\right)$를 따른다.

(2) $P_r(\overline{x} \leq 2.5) = P_r\left(u \leq \dfrac{2.5-3}{\dfrac{0.5}{\sqrt{4}}}\right) = P_r(u \leq -2) = 0.0228$

(3) $u = \dfrac{\overline{x}-\mu}{\dfrac{\sigma}{\sqrt{n}}} = \dfrac{\overline{x}-3}{\dfrac{0.5}{\sqrt{10}}} = 2.326$, $\overline{x} = 3.36777$

10. 어떤 자동차 부품 공장에서 생산하는 부품의 치수 규격은 20±0.15mm이고, 공정의 분포가 $N(20,\ 0.05^2)$을 따른다.

(1) 규격을 벗어난 부품이 만들어질 확률은 얼마인가?

(2) $n = 100, c = 1$인 샘플링 검사 방식을 적용할 때 로트가 합격할 확률을 푸아송분포를 이용하여 구하시오.

해답 (1) $P_r(x < 19.85 \text{ 또는 } x < 20.15) = P_r\left(u < \dfrac{19.85-20}{0.05}\right) + P_r\left(u > \dfrac{20.15-20}{0.05}\right)$

$= P_r(u < -3) + P_r(u > 3)$

$= 1 - 0.9973 = 0.0027$

(2) $P_r(x) = \dfrac{e^{-m} \cdot m^x}{x!}$, $m = np = 100 \times 0.0027 = 0.27$

$P_r(x = 0,\ 1) = \left(\dfrac{e^{-0.27}0.27^0}{0!} + \dfrac{e^{-0.27}0.27^1}{1!}\right) = 0.96949$

11. 자동차 부품공장에서 부품 50개들이 한 상자에 들어있는 부적합품은 10개를 넘지 않는다고 공장 측에서 보증하고 있다. 그런데 이 공장에서 1개의 부품이 부적합품으로 되는 확률은 10%임이 종래의 검사결과에서 알려져 있을 때 이 공정에서 출하되는 50개들이 상자가 공장의 품질보증을 충족할 확률은 얼마인가? (단, 중심극한정리에 의해 정규분포로 근사시켜 처리하시오.)

해답 $n=50,\ p=0.1$

$E(x)=np=50\times0.1=5$

$V(x)=np(1-p)=50\times0.1\times0.9=4.5$

$$P_r(x\le 10)=\left(u\le\frac{10-5}{\sqrt{4.5}}\right)$$
$$=P_r(u\le 2.35702)=P_r(u\le 2.36)=0.9909$$

12. 어느 제과점의 A 제품 구매비율은 20%일 때 400명의 구매자를 임의로 추출했을 때 물음에 답하시오. (단, 정규분포를 이용하시오.)

(1) 100명 미만이 구매할 확률을 구하시오.

(2) 60명이상 100명 이하가 구매할 확률을 구하시오.

해답 $E(x)=np=0.2\times400=80$

$V(x)=np(1-p)=400\times0.2\times(1-0.2)=64$

(1) $$P_r(x<100)=P_r\left(u<\frac{100-80}{\sqrt{64}}\right)$$
$$=P_r(u<2.5)=1-0.0062=0.9938$$

(2) $$P_r(60\le x\le 100)=P_r\left(\frac{60-80}{\sqrt{64}}\le u\le\frac{100-80}{\sqrt{64}}\right)$$
$$=P_r(-2.5\le u\le 2.5)=1-0.0062\times2=0.9876$$

13. 자동화 기계에 의해 제품을 생산하는 공장에서 1개월에 평균 20번 정도 기계 고장이 발생한다고 한다. 다음의 사건이 발생할 확률을 추정하시오. (단, 정규분포를 이용하시오.)

(1) 이 공장에서 자동화 기계가 1개월에 15번 이상의 고장이 발생할 확률은 얼마인가?

(2) 이 공장에서 자동화 기계가 1개월에 15번에서 25번의 고장이 발생할 확률은 얼마인가?

해답 $E(x) = V(x) = m = 20$

(1) $P_r(x \geq 15) = P_r\left(u \geq \dfrac{15-20}{\sqrt{20}}\right)$

$= P_r(u \geq -1.11803) = 1 - 0.1314 = 0.8686(86.86\%)$

(2) $P_r(15 \leq x \leq 25) = P_r\left(\dfrac{15-20}{\sqrt{20}} \leq u \leq \dfrac{25-20}{\sqrt{20}}\right)$

$= P_r(-1.11803 \leq u \leq 1.11803) = 1 - 0.1314 \times 2$

$= 0.73720(73.72\%)$

14. $X_1 \sim N(3,\ 15)$, $X_2 \sim N(4,\ 12)$인 정규모집단에서 $n=3$을 각각 샘플링하였을 때, 표본평균 $(\bar{x}_1 - \bar{x}_2)$의 분산을 구하시오.

해답 $V(\bar{x}_1 - \bar{x}_2) = V(\bar{x}_1) + V(\bar{x}_2) = \dfrac{\sigma_1^2}{n_1} + \dfrac{\sigma_1^2}{n_2} = \dfrac{15}{3} + \dfrac{12}{3} = 9$

15. 어느 학생의 영어성적은 $X \sim N(80,\ 3^2)$을 따르고 수학성적은 $Y \sim N(70,\ 4^2)$을 따른다고 한다.

(1) 두 과목 성적의 합이 145점 이하일 확률을 구하시오.

(2) 전체학생수가 300명일 때 145점 이하인 학생은 몇 명이나 되겠는가?

해답 (1) 성적합의 분포 : $\mu = 80 + 70 = 150$, $\sigma^2 = 3^2 + 4^2 = 5^2$

따라서 성적합의 분포는 $N(150,\ 5^2)$ 이다.

$P_r(x+y \leq 145) = P_r\left(u \leq \dfrac{145-150}{5}\right) = p(u \leq -1.0) = 0.1587$

(2) $300 \times 0.1587 = 47.61 = 47$ 명

16. 전동기를 조립하는 공장에서 전동기의 축(shaft)과 베어링(Bearing)을 제조하는 공정이 있다. 베어링의 내경(B), 축의 외경(S)은 평균치와 표준편차가 각각 $\mu_B =$ $= 30.15\text{mm}$, $\mu_S = 30.00\text{mm}$, $\sigma_B = 0.03\text{mm}$, $\sigma_S = 0.04\text{mm}$인 정규분포를 한다. 베어링의 내경과 축의 외경 사이의 틈새(clearance)에 대하여 규격한계는 $0.05 \sim 0.20\,\text{mm}$으로 주어졌다. 이 틈새가 규격하한치 0.05mm보다 작은 경우에는 축을 연마하면 사용가능하므로 부적합품은 1조(組)당 1000원의 손실비가 발생한다. 또 이와는 반대로 틈새가 규격 상한치 0.20mm보다 클 경우에는 폐품처리를 해야 하므로 1조(組)당 10000원의 손실비가 발생한다고 한다. 다음 물음에 답하시오.

(1) 이 회사가 10000조(組)를 생산하였을 때, 손실비용과 폐각비용을 각각 계산하시오.
(2) 전동기의 양호품이 10000조(組)가 필요하다면, 실제 생산은 몇 조(組)를 하여야 하는가?

해답 (1) 틈새의 평균과 분산 : $\mu = 30.15 - 30.00 = 0.15$, $\sigma^2 = 0.03^2 + 0.04^2 = 0.05^2$

따라서 틈새의 분포는 $N(0.15,\ 0.05^2)$ 이다.

① 10,000조를 생산하였을 때 손실비용

부적합품이 나올 확률 $P_r(x < 0.05) = P_r\left(u < \dfrac{0.05 - 0.15}{0.05}\right)$

$= P_r(u < -2) = 0.0228$

$0.0228 \times 10{,}000\text{조} \times 1{,}000\text{원} = 228{,}000\text{원}$

② 10,000조를 생산하였을 때 폐각비용

폐품이 나올 확률 $P_r(x > 0.2) = P_r\left(u > \dfrac{0.2 - 0.15}{0.05}\right) = P_r(u > 1) = 0.1587$

$0.1587 \times 10{,}000\text{조} \times 10{,}000\text{원} = 15{,}870{,}000\text{원}$

(2) 폐품으로 처리되지 않을 확률$= 1 - 0.1587 = 0.8413$

$x \times 0.8413 = 10{,}000$, $x = 11{,}886.36634 = 11{,}887\text{조}$

17. A, B 두 회사는 컴퓨터 모니터를 생산한다. A, B 두 회사의 컴퓨터 모니터의 평균 수명과 표준편차는 다음과 같다.

$\mu_A = 6.5$, $\mu_B = 6$, $\sigma_A = 0.9$, $\sigma_B = 0.8$ (단위 : 년)

A 회사 제품 36개, B 회사 제품 49개를 임의로 표본을 추출했을 때 A 회사의 표본 평균의 수명이 B 회사의 표본 평균 수명보다 적어도 1년 이상일 확률을 구하시오.

해답 $\overline{x}_A - \overline{x}_B$의 분포 : $E(\overline{x}_A - \overline{x}_B) = \mu_A - \mu_B = 6.5 - 6 = 0.5$

$$V(\overline{x}_A - \overline{x}_B) = \frac{\sigma_A^2}{n_A} + \frac{\sigma_B^2}{n_B} = \frac{0.9^2}{36} + \frac{0.8^2}{49} = 0.03556$$

즉, $N(0.5,\ 0.03556)$이다.

$$P_r\left[(\overline{x}_A - \overline{x}_B) \geq 1\right] = P_r\left(u \geq \frac{1-0.5}{\sqrt{0.03556}}\right) = P_r(u \geq 2.65148) = 0.004025$$

18. 확률변수 T가 자유도 4인 t분포를 따를 때 $P\{T \leq x\} = 0.99$이 성립하는 x의 값을 구하시오.

해답 t분포표에서 자유도 $\nu = 4$, $P = 0.99$인 경우이므로 $x = 3.747$

19. 확률변수 W가 자유도 4인 카이제곱분포를 따른다고 할 때 $P(W \leq w) = 0.95$ 가 성립하는 w를 구하시오.

해답 카이제곱 분포표에서 자유도 $\nu = 4$, $P = 0.95$인 경우이므로 $w = 9.49$의 값을 얻을 수 있다.

20. $N(\mu, 3^2)$ 의 정규모집단으로부터 $n = 7$의 시료를 랜덤샘플링하여 불편분산(V)를 계산하였을 때 그 불편분산이 얼마 이상되어야 확률이 95%가 되는가?

해답 $\chi^2_{0.95}(6) = \dfrac{S}{\sigma^2} = \dfrac{\nu \times s^2}{\sigma^2} = \dfrac{6 \times s^2}{3^2} = 12.59$, $s^2 = V = 18.885$

21. 자유도가 3인 χ^2분포를 하는 확률변수 X의 기대치와 분산을 구하시오.

해답 $E(\chi^2) = \nu = 3,\ V(\chi^2) = 2\nu = 2 \times 3 = 6$

22. 다음 물음에 답하시오.

(1) $U_{1-\frac{\alpha}{2}} = \chi^2$ 분포로 나타내시오.

(2) $U_{1-\alpha} = t$ 분포로 나타내시오.

(3) $t_{1-\alpha/2}(\nu) = F$ 분포로 나타내시오.

(4) $\chi^2_{1-\alpha}(\nu) = F$ 분포로 나타내시오.

(5) $F_\alpha(\nu_1, \nu_2) = F$분포로 나타내시오.

해답 (1) $U_{1-\alpha/2} = \sqrt{\chi^2_{1-\alpha}(1)}$

(2) $U_{1-\alpha} = t_{1-\alpha}(\infty)$

(3) $t_{1-\alpha/2}(\nu) = \sqrt{F_{1-\alpha}(1,\ \nu)}$

(4) $\chi^2_{1-\alpha}(\nu) = \nu . F_{1-\alpha}(\nu, \infty)$

(5) $F_\alpha(\nu_1, \nu_2) = \dfrac{1}{F_{1-\alpha}(\nu_2,\ \nu_1)}$

23. $\chi^2_{0.975}(7)$의 값이 14.07일 때 $F_{0.975}(7,\ \infty)$의 값은 얼마인가?

해답 $F_{0.95}(7, \infty) = \dfrac{\chi^2_{0.95}(7)}{7} = \dfrac{14.07}{7} = 2.01$

24. F 분포로부터 $F_{0.95}(1,\ 8) = 5.32$일 때 $t_{0.975}(8)$의 값은 얼마인가?

해답 $t_{1-\alpha/2}(\nu) = \sqrt{F_{1-\alpha}(1,\ \nu)} = \sqrt{5.32} = 2.30651$

5 추정과 검정

5-1 검정과 추정의 개념

1 검정의 개념

① 귀무가설(H_0) : 통상적으로 받아들여지고 있는 것(보수적인 견해)
② 대립가설(H_1) : 귀무가설에 반하는 가설로서 우리가 입증하려고 하는 것

2 제1종 오류, 제2종 오류

검정 결과 \ 미지의 실제현상	귀무가설 H_0 참	대립가설 H_1 참
귀무가설 H_0 채택	옳은 결정$(1-\alpha)$	제2종의 오류(β)
대립가설 H_1 채택	제1종의 오류(α)	옳은 결정$(1-\beta)$

3 검정 절차

<table>
<tr><td rowspan="3">순서 1</td><td colspan="2">귀무가설(H_0)과 대립가설(H_1)을 설정한다.</td></tr>
<tr><td>양쪽 검정</td><td>• $H_0 : \mu = \mu_0 \;\; H_1 : \mu \neq \mu_0$ • $H_0 : \sigma^2 = \sigma_0^2 \;\; H_1 : \sigma^2 \neq \sigma_0^2$</td></tr>
<tr><td>한쪽 검정</td><td>• $H_0 : \mu \geq \mu_0 \;\; H_1 : \mu < \mu_0$ • $H_0 : \sigma^2 \geq \sigma_0^2 \;\; H_1 : \sigma^2 < \sigma_0^2$
• $H_0 : \mu \leq \mu_0 \;\; H_1 : \mu > \mu_0$ • $H_0 : \sigma^2 \leq \sigma_0^2 \;\; H_1 : \sigma^2 > \sigma_0^2$</td></tr>
<tr><td rowspan="2">순서 2</td><td colspan="2">유의수준(기각률, 위험률) α, 검정력(검출력) : $1-\beta$ 결정</td></tr>
<tr><td colspan="2">• 일반적으로 $\alpha = 0.05,\ 0.01$
• α : H_0가 성립되고 있음에도 불구하고 이것을 기각하는 과오(제1종 과오)
• β : H_0가 성립되지 않음에도 불구하고 이것을 채택하는 과오(제2종 과오)</td></tr>
<tr><td rowspan="2">순서 3</td><td colspan="2">검정통계량 계산</td></tr>
<tr><td colspan="2">• u_0 : 평균치검정(σ 기지)
• t_0 : 평균치검정(σ 미지)
• χ_0^2 : 하나의 모집단 분산검정
• F_0 : 두 모집단 분산비 검정</td></tr>
<tr><td>순서 4</td><td colspan="2">기각역(CR) 설정 : H_0를 기각할 수 있는 영역을 의미한다.</td></tr>
<tr><td rowspan="2">순서 5</td><td colspan="2">판정 : 통계량과 기각역을 비교하여 유의성 판정</td></tr>
<tr><td colspan="2">검정통계량의 계산된 값이 기각역에 위치하면 H_0기각, 채택역에 위치하면 H_0채택</td></tr>
</table>

4 추정의 개념

통계량의 점추정치에 관한 특성(성질) : 불편성, 유효성, 일치성, 충분성

(1) 점추정

(2) 구간추정

신뢰수준(신뢰율)은 보통 95% 또는 99%로 한다. 신뢰구간의 상한치와 하한치를 공통적으로 신뢰한계라고 하며, 각각은 신뢰상한과 신뢰하한이라고 한다.

① 양쪽추정

② 한쪽추정

5-2 계량치의 검정과 추정

(1) 한 개의 모평균에 관한 검정

기본가정		귀무가설 (H_0)	대립가설 (H_1)	통계량	H_0 기각역	비고
σ^2 기지	양쪽	$\mu=\mu_0$	$\mu\neq\mu_0$	$u_0=\dfrac{\bar{x}-\mu_0}{\sigma/\sqrt{n}}$	$\lvert u_0\rvert > u_{1-\alpha/2}$	$n\geq\left(\dfrac{u_{1-\alpha/2}+u_{1-\beta}}{\mu-\mu_0}\right)^2\cdot\sigma^2$
	한쪽	$\mu\leq\mu_0$	$\mu>\mu_0$		$u_0>u_{1-\alpha}$	$n\geq\left(\dfrac{u_{1-\alpha}+u_{1-\beta}}{\mu-\mu_0}\right)^2\cdot\sigma^2$
		$\mu\geq\mu_0$	$\mu<\mu_0$		$u_0<-u_{1-\alpha}$	
σ^2 미지	양쪽	$\mu=\mu_0$	$\mu\neq\mu_0$	$t_0=\dfrac{\bar{x}-\mu_0}{s/\sqrt{n}}$	$\lvert t_0\rvert > t_{1-\alpha/2}(\nu)$	$s=\sqrt{V}=\sqrt{\dfrac{S}{n-1}}$ $t_\alpha(\nu)=-t_{1-\alpha}(\nu)$
	한쪽	$\mu\leq\mu_0$	$\mu>\mu_0$		$t_0>t_{1-\alpha}(\nu)$	
		$\mu\geq\mu_0$	$\mu<\mu_0$		$t_0<-t_{1-\alpha}(\nu)$	

(2) 한 개의 모평균에 관한 추정

기본가정		대립가설	신뢰구간	비고
σ^2 기지	양쪽	$\mu\neq\mu_0$	$\bar{x}\pm u_{1-\alpha/2}\dfrac{\sigma}{\sqrt{n}}$	유의수준 5% $u_{0.975}=1.960$ 유의수준 1% $u_{0.995}=2.576$
	한쪽	$\mu<\mu_0$	$\hat{\mu}_U=\bar{x}+u_{1-\alpha}\dfrac{\sigma}{\sqrt{n}}$ (신뢰상한)	유의수준 10% $u_{0.90}=1.282$ 유의수준 5% $u_{0.95}=1.645$ 유의수준 1% $u_{0.99}=2.326$
		$\mu>\mu_0$	$\hat{\mu}_L=\bar{x}-u_{1-\alpha}\dfrac{\sigma}{\sqrt{n}}$ (신뢰하한)	
σ^2 미지	양쪽	$\mu\neq\mu_0$	$\bar{x}\pm t_{1-\alpha/2}(\nu)\dfrac{s}{\sqrt{n}}$	
	한쪽	$\mu<\mu_0$	$\hat{\mu}_U=\bar{x}+t_{1-\alpha}(\nu)\dfrac{s}{\sqrt{n}}$ (신뢰상한)	
		$\mu>\mu_0$	$\hat{\mu}_L=\bar{x}-t_{1-\alpha}(\nu)\dfrac{s}{\sqrt{n}}$ (신뢰하한)	

(3) 두 개의 모평균 차에 관한 검정

기본가정		귀무가설 (H_0)	대립가설 (H_1)	통계량	H_0 기각역	비고
σ_1^2, σ_2^2 기지	양쪽	$\mu_1 = \mu_2$	$\mu_1 \neq \mu_2$	$u_0 = \dfrac{\overline{x_1} - \overline{x_2}}{\sqrt{\dfrac{\sigma_1^2}{n_1} + \dfrac{\sigma_2^2}{n_2}}}$	$\lvert u_0 \rvert > u_{1-\alpha/2}$	$n \geq \left(\dfrac{u_{1-\alpha/2} + u_{1-\beta}}{\mu_1 - \mu_2}\right)^2 (\sigma_1^2 + \sigma_2^2)$
	한쪽	$\mu_1 \leq \mu_2$	$\mu_1 > \mu_2$		$u_0 > u_{1-\alpha}$	$n \geq \left(\dfrac{u_{1-\alpha} + u_{1-\beta}}{\mu_1 - \mu_2}\right)^2 (\sigma_1^2 + \sigma_2^2)$
		$\mu_1 \geq \mu_2$	$\mu_1 < \mu_2$		$u_0 < -u_{1-\alpha}$	
σ_1^2, σ_2^2 미지 $\sigma_1^2 = \sigma_2^2$	양쪽	$\mu_1 = \mu_2$	$\mu_1 \neq \mu_2$	$t_0 = \dfrac{\overline{x_1} - \overline{x_2}}{\sqrt{s^2\left(\dfrac{1}{n_1} + \dfrac{1}{n_2}\right)}}$	$\lvert t_0 \rvert > t_{1-\alpha/2}(\nu)$	$\nu = n_1 + n_2 - 2$ $s^2 = \dfrac{S_1 + S_2}{n_1 + n_2 - 2}$
	한쪽	$\mu_1 \leq \mu_2$	$\mu_1 > \mu_2$		$t_0 > t_{1-\alpha}(\nu)$	
		$\mu_1 \geq \mu_2$	$\mu_1 < \mu_2$		$t_0 < -t_{1-\alpha}(\nu)$	
σ_1^2, σ_2^2 미지 $\sigma_1^2 \neq \sigma_2^2$	양쪽	$\mu_1 = \mu_2$	$\mu_1 \neq \mu_2$	$t_0 = \dfrac{\overline{x_1} - \overline{x_2}}{\sqrt{\dfrac{V_1}{n_1} + \dfrac{V_2}{n_2}}}$	$\lvert t_0 \rvert > t_{1-\alpha/2}(\nu^*)$	ν^*(=등가자유도) $= \dfrac{\left(\dfrac{V_1}{n_1} + \dfrac{V_2}{n_2}\right)^2}{\dfrac{\left(\dfrac{V_1}{n_1}\right)^2}{\nu_1} + \dfrac{\left(\dfrac{V_2}{n_2}\right)^2}{\nu_2}}$
	한쪽	$\mu_1 \leq \mu_2$	$\mu_1 > \mu_2$		$t_0 > t_{1-\alpha}(\nu^*)$	
		$\mu_1 \geq \mu_2$	$\mu_1 < \mu_2$		$t_0 < -t_{1-\alpha}(\nu^*)$	

(4) 두 개의 모평균 차에 관한 추정

기본가정		대립가설	신뢰구간
σ_1^2, σ_2^2 기지 (추정)	양쪽	$\mu_1 \neq \mu_2$	$(\overline{x_1} - \overline{x_2}) \pm u_{1-\alpha/2}\sqrt{\dfrac{\sigma_1^2}{n_1} + \dfrac{\sigma_2^2}{n_2}}$
	한쪽	$\mu_1 < \mu_2$	$(\overline{x_1} - \overline{x_2}) + u_{1-\alpha}\sqrt{\dfrac{\sigma_1^2}{n_1} + \dfrac{\sigma_2^2}{n_2}}$ (신뢰상한)
		$\mu_1 > \mu_2$	$(\overline{x_1} - \overline{x_2}) - u_{1-\alpha}\sqrt{\dfrac{\sigma_1^2}{n_1} + \dfrac{\sigma_2^2}{n_2}}$ (신뢰하한)
σ_1^2, σ_2^2 미지 $\sigma_1^2 = \sigma_2^2$ (추정)	양쪽	$\mu_1 \neq \mu_2$	$(\overline{x}_1 - \overline{x}_2) \pm t_{1-\alpha/2}(\nu)\sqrt{s^2\left(\dfrac{1}{n_1} + \dfrac{1}{n_2}\right)}$
	한쪽	$\mu_1 < \mu_2$	$(\overline{x}_1 - \overline{x}_2) + t_{1-\alpha}(\nu)\sqrt{s^2\left(\dfrac{1}{n_1} + \dfrac{1}{n_2}\right)}$ (신뢰상한)
		$\mu_1 > \mu_2$	$(\overline{x}_1 - \overline{x}_2) - t_{1-\alpha}(\nu)\sqrt{s^2\left(\dfrac{1}{n_1} + \dfrac{1}{n_2}\right)}$ (신뢰하한)

기본가정		대립가설	신뢰구간
σ_1^2, σ_2^2 미지 $\sigma_1^2 \neq \sigma_2^2$ (추정)	양쪽	$\mu_1 \neq \mu_2$	$(\bar{x}_1 - \bar{x}_2) \pm t_{1-\alpha/2}(\nu^*)\sqrt{\frac{s_1^2}{n_1}+\frac{s_2^2}{n_2}}$
	한쪽	$\mu_1 < \mu_2$	$(\bar{x}_1 - \bar{x}_2) + t_{1-\alpha}(\nu^*)\sqrt{\frac{s_1^2}{n_1}+\frac{s_2^2}{n_2}}$ (신뢰상한)
		$\mu_1 > \mu_2$	$(\bar{x}_1 - \bar{x}_2) - t_{1-\alpha}(\nu^*)\sqrt{\frac{s_1^2}{n_1}+\frac{s_2^2}{n_2}}$ (신뢰하한)

(5) 대응이 있는 경우의 두 조의 모평균차에 관한 검정

기본가정		귀무가설 (H_0)	대립가설 (H_1)	통계량	H_0 기각역	비 고
σ_d^2 기지	양쪽	$\Delta = \Delta_0$	$\Delta \neq \Delta_0$	$u_0 = \frac{\bar{d} - \Delta_0}{\frac{\sigma_d}{\sqrt{n}}}$	$\lvert u_0 \rvert > u_{1-\alpha/2}$	$-u_{1-\alpha} = u_\alpha$
	한쪽	$\Delta \leq \Delta_0$	$\Delta > \Delta_0$		$u_0 > u_{1-\alpha}$	
		$\Delta \geq \Delta_0$	$\Delta < \Delta_0$		$u_0 < -u_{1-\alpha}$	
σ_d^2 미지	양쪽	$\Delta = \Delta_0$	$\Delta \neq \Delta_0$	$t_0 = \frac{\bar{d} - \Delta_0}{\frac{s_d}{\sqrt{n}}}$	$\lvert t_0 \rvert > t_{1-\alpha/2}(\nu)$	$d_i = x_{A_i} - x_{B_i}$, $\bar{d} = \frac{\sum d_i}{n}$ $S_d = \sum d_i^2 - \frac{(\sum d_i)^2}{n}$ $s_d = \sqrt{\frac{S_d}{n-1}}$
	한쪽	$\Delta \leq \Delta_0$	$\Delta > \Delta_0$		$t_0 > t_{1-\alpha}(\nu)$	
		$\Delta \geq \Delta_0$	$\Delta < \Delta_0$		$t_0 < -t_{1-\alpha}(\nu)$	

(6) 대응이 있는 경우의 두 조의 모평균차에 관한 추정

기본가정		대립가설	신뢰구간
σ_d^2 기지 (추정)	양쪽	$\Delta \neq \Delta_0$	$\bar{d} \pm u_{1-\alpha/2}\frac{\sigma_d}{\sqrt{n}}$
	한쪽	$\Delta < \Delta_0$	$\Delta_U = \bar{d} + u_{1-\alpha}\frac{\sigma_d}{\sqrt{n}}$ (신뢰상한)
		$\Delta > \Delta_0$	$\Delta_L = \bar{d} - u_{1-\alpha}\frac{\sigma_d}{\sqrt{n}}$ (신뢰하한)
σ_d^2 미지 (추정)	양쪽	$\Delta \neq \Delta_0$	$\bar{d} \pm t_{1-\alpha/2}(\nu)\frac{s_d}{\sqrt{n}}$
	한쪽	$\Delta < \Delta_0$	$\Delta_U = \bar{d} + t_{1-\alpha}(\nu)\frac{s_d}{\sqrt{n}}$ (신뢰상한)
		$\Delta > \Delta_0$	$\Delta_L = \bar{d} - t_{1-\alpha}(\nu)\frac{s_d}{\sqrt{n}}$ (신뢰하한)

(7) 한 개의 모분산 σ^2에 대한 검정

기본가정		귀무가설(H_0)	대립가설(H_1)	통계량	H_0 기각역
σ^2 기지	양쪽	$\sigma^2 = \sigma_0^2$	$\sigma^2 \neq \sigma_0^2$	$\chi_0^2 = \dfrac{S}{\sigma_0^2}$	$\chi_0^2 > \chi_{1-\alpha/2}^2(\nu)$ 또는 $\chi_0^2 < \chi_{\alpha/2}^2(\nu)$
	한쪽	$\sigma^2 \leq \sigma_0^2$	$\sigma^2 > \sigma_0^2$		$\chi_0^2 > \chi_{1-\alpha}^2(\nu)$
		$\sigma^2 \geq \sigma_0^2$	$\sigma^2 < \sigma_0^2$		$\chi_0^2 < \chi_{\alpha}^2(\nu)$

(8) 한 개의 모분산 σ^2에 대한 추정

기본가정		대립가설	신뢰구간
σ^2 기지	양쪽	$\sigma^2 \neq \sigma_0^2$	$\dfrac{S}{\chi_{1-\alpha/2}^2(\nu)} \leq \hat{\sigma}^2 \leq \dfrac{S}{\chi_{\alpha/2}^2(\nu)}$
	한쪽	$\sigma^2 < \sigma_0^2$	$\hat{\sigma}_U^2 = \dfrac{(n-1)s^2}{\chi_{\alpha}^2(\nu)}$ (신뢰상한)
		$\sigma^2 > \sigma_0^2$	$\hat{\sigma}_L^2 = \dfrac{(n-1)s^2}{\chi_{1-\alpha}^2(\nu)}$ (신뢰하한)

(9) 두 개의 모분산 비(율)에 대한 검정

기본가정		귀무가설(H_0)	대립가설(H_1)	통계량	기각역
σ_1^2, σ_2^2 미지	양쪽	$\sigma_1^2 = \sigma_2^2$	$\sigma_1^2 \neq \sigma_2^2$	$F_0 = \dfrac{V_1}{V_2}$	$F_0 > F_{1-\alpha/2}(\nu_1,\ \nu_2)$ 또는 $F_0 < F_{\alpha/2}(\nu_1,\ \nu_2)$
	한쪽	$\sigma_1^2 \leq \sigma_2^2$	$\sigma_1^2 > \sigma_2^2$		$F_0 > F_{1-\alpha}(\nu_1,\ \nu_2)$
		$\sigma_1^2 \geq \sigma_2^2$	$\sigma_1^2 < \sigma_2^2$		$F_0 < F_{\alpha}(\nu_1,\ \nu_2)$

(10) 두 개의 모분산 비(율)에 대한 추정

기본가정		대립가설	신뢰구간
σ_1^2, σ_2^2 미지	양쪽	$\sigma_1^2 \neq \sigma_2^2$	$\dfrac{F_0}{F_{1-\alpha/2}(\nu_1,\ \nu_2)} \leq \left(\dfrac{\sigma_1^2}{\sigma_2^2}\right) \leq \dfrac{F_0}{F_{\alpha/2}(\nu_1,\ \nu_2)}$
	한쪽	$\sigma_1^2 < \sigma_2^2$	$\left(\dfrac{\sigma_1^2}{\sigma_2^2}\right)_U = \dfrac{F_0}{F_{\alpha}(\nu_1,\ \nu_2)}$ (신뢰상한)
		$\sigma_1^2 > \sigma_2^2$	$\left(\dfrac{\sigma_1^2}{\sigma_2^2}\right)_L = \dfrac{F_0}{F_{1-\alpha}(\nu_1,\ \nu_2)}$ (신뢰하한)

예상문제

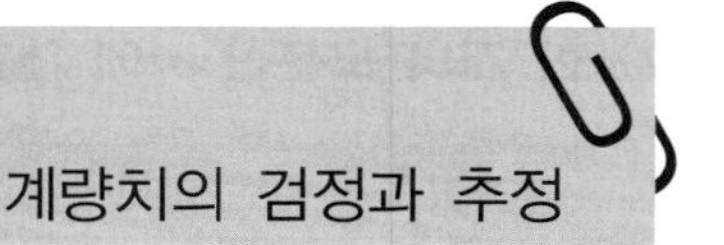

계량치의 검정과 추정

01. 한 대학교 신입생의 학력고사 성적을 추정하기 위하여 임의로 200명의 학생을 추출하여 조사한 결과, 표본평균 250점을 구하였다. 그 대학교 신입생의 학력고사 성적의 표준편차가 $\sigma = 100$점이라고 할 때 신입생 학력고사의 평균에 대한 95% 신뢰구간을 구하시오.

해답 $\bar{x} \pm u_{1-\alpha/2}\dfrac{\sigma}{\sqrt{n}} = 250 \pm 1.96\dfrac{100}{\sqrt{200}}$

$236.14071 \le \hat{\mu} \le 263.85929$

02. 11.5, 8.4, 8.5, 11.3, 4.5, 9.7, 8.2, 10.3, 10.3, 13.2가 평균이 μ이고, 분산이 $\sigma^2 = 4$인 분포로부터의 랜덤표본이라고 하자. 모평균 μ의 추정량으로 $\overline{X}$를 사용할 경우 표본의 크기 n이 작지만 중심극한정리를 이용하여 μ에 대한 95% 신뢰구간을 구하시오.

해답 $\sum x = 95.9$, $\bar{x} = \dfrac{95.9}{10} = 9.59$

$\mu = \bar{x} \pm u_{1-\alpha/2}\dfrac{\sigma}{\sqrt{n}} = 9.59 \pm 1.96\dfrac{2}{\sqrt{10}}$

$8.35039 \le \hat{\mu} \le 10.82961$

03. 어떤 합성공정에서 불순물 함량은 정규분포를 따른다고 생각되고 그 표준편차는 0.45%로 알려져 있다. 이 공정으로부터 16개의 시료를 샘플링하여 불순물 함량을 분석한 결과 평균치가 2.58%였다. 이 공정의 불순물 함량의 모평균을 95% 신뢰율로 구간추정하시오.

해답 $\mu = \bar{x} \pm u_{1-\alpha/2}\dfrac{\sigma}{\sqrt{n}} = 2.58 \pm 1.96\dfrac{0.45}{\sqrt{16}}$

$2.3595 \le \hat{\mu} \le 2.8005$

04. 어떤 제품의 길이에 대한 모평균은 15.52mm, 표준편차가 0.03mm이었다. 기계를 조정한 후 $n=10$의 샘플을 취해 측정한 결과 다음과 같은 데이터를 얻었다. (단, $\alpha=0.05$)

(1) 조정 후 모평균은 커졌다고 할 수 있겠는가?

(2) μ의 95% 신뢰구간을 구하시오.

데이터

15.54, 15.57, 15.52, 15.56, 15.51, 15.53, 15.55, 15.56, 15.51, 15.58

해답 (1) $\sum x = 155.43$, $\bar{x} = \dfrac{155.43}{10} = 15.543$

① 가설 : $H_0 : \mu \le \mu_0 (= 15.52\,\text{mm})$, $H_1 : \mu > \mu_0 (= 15.52\,\text{mm})$

② 유의수준 : $\alpha = 0.05$

③ 검정통계량 : $u_0 = \dfrac{15.543 - 15.52}{\dfrac{0.03}{\sqrt{10}}} = 2.42441$

④ 기각역 : $u_0 > u_{1-\alpha} = u_{0.95} = 1.645$ 이면 H_0를 기각한다.

⑤ 판정 : $u_0 = 2.42441 > u_{0.95} = 1.645$ 이므로 $\alpha = 0.05$ 에서 H_0를 기각한다. 즉, 유의수준 5%에서 공정평균이 커졌다고 할 수 있다.

(2) $\hat{\mu}_L = \bar{x} - u_{1-\alpha}\dfrac{\sigma}{\sqrt{n}} = 15.543 - u_{0.95}\dfrac{0.03}{\sqrt{10}} = 15.543 - 1.645\dfrac{0.03}{\sqrt{10}} = 15.52739$

05. 어느 제품의 무게는 평균이 30kg이고 표준편차가 5kg인 정규분포를 따른다. 그런데 최근 제조공정에 어떤 이상이 생겼는지 제품의 평균 무게가 30kg이 아닌 것 같다. 이를 확인하기 위하여 n개의 제품을 랜덤하게 추출하여 표본평균을 구해본 결과 $\overline{X}$가 35kg이었다. 공정의 산포가 변하지 않았다고 할 때 다음 물음에 답하시오. ($\alpha=5\%$, $\beta=10\%$)

(1) 시료를 몇 개 측정하였겠는가?

(2) 모평균 μ 에 변화가 일어났는지 유의수준 5%에서 검정하시오.

(3) μ 에 대한 95% 신뢰구간을 구하시오.

해답 (1) $n = \left(\dfrac{u_{1-\alpha/2} + u_{1-\beta}}{\mu - \mu_0}\right)^2 \cdot \sigma^2 = \left(\dfrac{1.96 + 1.282}{35 - 30}\right)^2 5^2 = 10.51056 = 11$

(2) ① 가설 : $H_0 : \mu = \mu_0 (= 30\,\text{kg})$, $H_1 : \mu \ne \mu_0 (= 30\,\text{kg})$

② 유의수준 : $\alpha = 0.05$

③ 검정통계량 : $u_0 = \dfrac{35-30}{\dfrac{5}{\sqrt{11}}} = 3.31662$

④ 기각역 : $|u_0| > u_{1-\alpha/2} = u_{0.975} = 1.96$ 이면 H_0를 기각한다.

⑤ 판정 : $u_0 = 3.31662 > u_{0.975} = 1.96$ 이므로 $\alpha = 0.05$ 에서 H_0를 기각한다. 즉, 유의수준 5%에서 공정평균이 달라졌다고 할 수 있다.

(3) $\mu = \bar{x} \pm u_{1-\alpha/2}\dfrac{\sigma}{\sqrt{n}} = 35 \pm u_{0.975}\dfrac{5}{\sqrt{11}} = 35 \pm 1.96\dfrac{5}{\sqrt{11}}$

$32.04519 \le \hat{\mu} \le 37.95481$

06. **어느 공정에서 제품 1개당의 평균무게는 종전에 최소 100g 이상이었으며 표준편차는 4g이었다고 한다. 공정의 일부를 변경시킨 다음에 n개의 시료(sample)를 뽑아 무게를 측정하였더니 $\bar{x}$ =95g이었다. 이 공정의 산포(정밀도)가 종전과 다름없다는 조건하에 다음 물음에 답하시오.**

(1) 공정평균이 종전과 다름이 없는데 이를 틀리게 판단할 오류를 5%, 공정평균이 100g 이하인 것을 옳게 판단할 수 있는 검출력(power of test)을 90%로 하려면 시료를 몇 개 측정하였겠는가?

(2) 이 제품의 무게의 공정평균은 공정 변경 후 종전보다 작아졌다고 할 수 있는지를 유의수준 α =0.05에서 통계적으로 검정하시오.

(3) 이 제품의 무게의 평균은 공정 변경 후 종전보다 작아졌다면 얼마나 작아졌는지를 신뢰도 95%로 구간추정을 하시오.

해답 (1) $n = \left(\dfrac{u_{1-\alpha} + u_{1-\beta}}{\mu - \mu_0}\right)^2 \cdot \sigma^2 = \left(\dfrac{1.645 + 1.282}{95 - 100}\right)^2 \cdot 4^2 = 5.48309 = 6$

(2) ① 가설 : $H_0 : \mu \ge 100\text{g}$ $\quad H_1 : \mu < 100\text{g}$

② 유의수준 : $\alpha = 0.05$

③ 검정통계량 : $u_0 = \dfrac{95-100}{\dfrac{4}{\sqrt{6}}} = -3.06186$

④ 기각역 : $u_0 < -u_{1-\alpha} = -u_{0.95} = -1.645$ 이면 H_0를 기각한다.

⑤ 판정 : $u_0 = -3.06186 < -u_{0.95} = -1.645$ 이므로 $\alpha = 0.05$ 에서 H_0를 기각한다. 즉, 공정평균이 작아졌다고 할 수 있다.

(3) $\hat{\mu}_U = \bar{x} + u_{1-\alpha}\dfrac{\sigma}{\sqrt{n}} = 95 + u_{0.95}\dfrac{4}{\sqrt{6}} = 95 + 1.645\dfrac{4}{\sqrt{6}} = 97.68627$

07. 종래에 납품되고 있는 제품의 신도는 표준편차가 4로 알려져 있다. 이번에 납품되는 로트의 평균치를 신뢰율 90%로 추정오차 1 이내가 되도록 하려면 시료의 크기는 얼마이어야 하는가?

해답 $\beta_{\bar{x}} = \pm u_{1-\alpha/2}\dfrac{\sigma}{\sqrt{n}} \rightarrow 1 = \pm u_{0.95}\dfrac{4}{\sqrt{n}} \rightarrow 1 = \pm 1.645\dfrac{4}{\sqrt{n}} \rightarrow n = 43.2964 = 44$

08. 어느 제품에 들어가는 재료의 강도는 평균적으로 10kg/mm²이다. 지금까지 재료는 회사 A가 독점하여 공급하였으나, 재료의 공급을 한 회사에만 의존하는 것은 좋지 않다는 의견이 나와 회사 A 외에 회사 B도 재료의 공급원이 될 수 있는지 알아보고자 한다. 그래서 회사 B가 공급하는 재료를 10개 랜덤하게 추출하여 그 강도를 재어 본 결과 다음과 같은 결과를 얻었다.

11.5	10.1	10.8	12.2	9.5	10.3	8.6	8.3	9.5	10.0	(단위 : kg/mm²)

(1) 회사 B의 평균강도가 10kg/mm² 이외의 다른 값인지 검정하시오. ($\alpha = 0.05$) 단, 각 재료의 강도는 미지의 분산 σ^2을 가지며 $N(\mu,\ \sigma^2)$인 정규분포를 따른다고 한다.

(2) 신뢰도 95%로 모평균의 신뢰구간을 구하시오.

해답 (1) $\bar{x} = 10.08,\ s = \sqrt{V} = \sqrt{\dfrac{S}{n-1}} = 1.20720$

① 가설 : $H_0:\ \mu = \mu_0 (= 10\text{kg/mm}^2)$ $H_1:\ \mu \neq \mu_0 (= 10\text{kg/mm}^2)$

② 유의수준 : $\alpha = 0.05$

③ 검정통계량 : $t_0 = \dfrac{\bar{x} - \mu_0}{\dfrac{s}{\sqrt{n}}} = \dfrac{10.08 - 10}{\dfrac{1.20720}{\sqrt{10}}} = 0.20956$

④ 기각역 : $|t_0| > t_{1-\alpha/2}(\nu) = t_{0.975}(9) = 2.262$이면 H_0를 기각한다.

⑤ 판정 : $t_0 = 0.20965 < t_{0.975}(9) = 2.262$이므로 $\alpha = 0.05$에서 H_0를 채택한다.
즉, 유의수준 5%에서 재료의 강도가 10kg/mm²와 다르다고 할 수 없다.

(2) $\bar{x} \pm t_{1-\alpha/2}(\nu)\dfrac{s}{\sqrt{n}} = 10.08 \pm t_{0.975}(9)\dfrac{1.20720}{\sqrt{10}} = 10.08 \pm 2.262\dfrac{1.20720}{\sqrt{10}}$

$9.21648 \leq \hat{\mu} \leq 10.94352$

09. 새로운 작업방법으로 제조한 약품의 로트로부터 10개의 표본을 랜덤하게 추출하여 측정한 결과가 다음과 같다.

데이터									
5.69,	5.83,	5.87,	5.21,	5.53,	5.41,	5.48,	5.17,	5.23,	4.88

(1) 그 성분 함유량의 기준으로 설정한 5.10과 다르다고 할 수 있겠는가? ($\alpha = 0.05$)
(2) 성분 함유량에 대한 95% 구간추정을 하시오.

해답 (1) $\bar{x} = 5.43$, $s = \sqrt{V} = \sqrt{\dfrac{S}{n-1}} = 0.31493$

① 가설 : $H_0 : \mu = \mu_0 (= 5.10)$ $\quad H_1 : \mu \neq \mu_0 (= 5.10)$

② 유의수준 : $\alpha = 0.05$

③ 검정통계량 : $t_0 = \dfrac{\bar{x} - \mu_0}{\dfrac{s}{\sqrt{n}}} = \dfrac{5.43 - 5.10}{\dfrac{0.31493}{\sqrt{10}}} = 3.31360$

④ 기각역 : $|t_0| > t_{1-\alpha/2}(\nu) = t_{0.975}(9) = 2.262$이면 H_0를 기각한다.

⑤ 판정 : $t_0 = 3.31360 > t_{0.975}(9) = 2.262$이므로 $\alpha = 0.05$에서 H_0를 기각한다.

즉, 새로운 작업방법에 의한 성분 함유량이 기준치 5.10과 다르다고 할 수 있다.

(2) $\bar{x} \pm t_{1-\alpha/2}(\nu) \dfrac{s}{\sqrt{n}} = 5.43 \pm 2.262 \dfrac{0.31493}{\sqrt{10}}$

$5.20473 \leq \hat{\mu} \leq 5.65527$

10. 10마리의 쥐가 미로를 통과하는 데 걸리는 시간이 다음과 같다. 쥐가 미로를 통과하는 데 걸리는 평균시간의 95% 신뢰구간을 구하시오.

32,	38,	42,	29,	30,	37,	33,	40,	37,	35 (단위 : 초)

해답 $\bar{x} = 35.3$, $s = \sqrt{V} = \sqrt{\dfrac{S}{n-1}} = 4.27005$

$\bar{x} \pm t_{1-\alpha/2}(\nu) \dfrac{s}{\sqrt{n}} = 35.3 \pm 2.262 \dfrac{4.27005}{\sqrt{10}}$

$32.24560 \leq \hat{\mu} \leq 38.35440$

11. $N \sim (100,\ \sigma^2)$모집단에서 $n = 20$의 시료를 랜덤으로 뽑아 $\bar{x}$의 값이 $100 \pm k$ 밖으로 나가는 확률이 10%인 k의 값을 구하시오. (단, $s^2 = 16$, $t_{0.95}(19) = 1.729$, $t_{0.95}(20) = 1.725$)

해답 $100 \pm t_{0.95}(19)\dfrac{s}{\sqrt{n}} = 100 \pm k,\ k = 1.729 \times \dfrac{4}{\sqrt{20}} = 1.54646$

12. 새로운 제품을 개발하여 판매하는 회사가 이 회사의 새로운 제품의 평균강도가 100kgf/cm²보다 크다고 주장한다. 실제 평균강도 μ를 알기 위하여 판매되는 제품 중 10개를 샘플링하여 측정한 결과는 다음과 같다. 이 제품의 평균강도 μ의 추정에 대한 95% 오차한계가 5kgf/cm² 이내로 하려면 필요로 하는 샘플의 크기는 얼마인가?

데이터

100,	95,	105,	110,	80,	85,	93,	104,	85,	108

해답 $s = 10.57513$, $t_{0.975}(9) = 2.262$

$$\beta_{\bar{x}} = \pm t_{1-\alpha/2}(\nu)\frac{s}{\sqrt{n}} \quad \rightarrow \quad 5 = \pm 2.262\frac{10.57513}{\sqrt{n}} \quad \rightarrow \quad n = 22.88846 = 23$$

13. 치과용 마취제가 남자와 여자에게 미치는 영향의 차를 알기 위해 10명의 남자와 12명의 여자를 임의 추출하여 마취시간을 기록한 결과 다음과 같다. ($\sigma_A = 0.4$, $\sigma_B = 0.6$)

남자(A)	3.3	3.2	1.9	3.1	2.6	3.2	3.2	2.6	2.6	3.0	−	−
여자(B)	2.1	2.1	2.9	2.7	2.1	2.3	1.5	1.9	1.7	2.7	2.6	2.1

(1) 남자와 여자의 모평균에 대한 차이가 있다고 할 수 있겠는가? ($\alpha = 0.05$)

(2) 모평균차에 대한 95% 신뢰구간을 구하시오.

해답 (1) ① 가설 : $H_0 : \mu_A = \mu_B$ $\quad H_1 : \mu_A \neq \mu_B$

② 유의수준 : $\alpha = 0.05$

③ $\bar{x}_A = 2.87$, $\bar{x}_B = 2.225$

$$\text{검정통계량} : u_0 = \frac{\bar{x}_A - \bar{x}_B}{\sqrt{\left(\dfrac{\sigma_A^2}{n_A} + \dfrac{\sigma_B^2}{n_B}\right)}} = \frac{2.87 - 2.225}{\sqrt{\left(\dfrac{0.4^2}{10} + \dfrac{0.6^2}{12}\right)}} = 3.00733$$

④ 기각역 : $|u_0| > u_{1-\alpha/2} = u_{0.975} = 1.96$ 이면 H_0를 기각한다.

⑤ 판정 : $u_0 = 3.00733 > u_{0.975} = 1.96$ 이므로 $\alpha = 0.05$ 에서 H_0를 기각한다. 유의수준 5%에서 모평균에 대한 차이가 있다고 할 수 있다.

(2) $(\overline{x}_A - \overline{x}_B) \pm u_{1-\alpha/2}\sqrt{\frac{\sigma_A^2}{n_A} + \frac{\sigma_B^2}{n_B}} = (2.87 - 2.225) \pm 1.96\sqrt{\frac{0.4^2}{10} + \frac{0.6^2}{12}}$

$0.22463 \le \mu_A - \mu_B \le 1.06538$

14. 어느 제약회사에서 제조 직후의 페니실린과 제조된지 1년이 경과한 페니실린의 평균역가에 차이가 있는지 알아보기 위해 제조된지 1년 경과한 페니실린 중에서 15병, 제조 직후의 페니실린 중에서 12병을 임의로 추출하여 그 역가를 조사하였더니 다음과 같은 결과를 얻었다. (단, 역가는 정규분포를 하고 공정은 안정상태이며 $\sigma_x = 80$, $\sigma_y = 85$ 이다.)

	표본크기	표본평균
1년 경과(x)	15	804
제조직후(y)	12	862

(1) 1년이 경과한 페니실린의 역가는 저하하였는지 유의수준 5%로 검정하시오.

(2) 제조직후의 페니실린과 1년이 경과한 것과의 평균역가 차에 대한 95% 신뢰한계를 추정하시오.

해답 (1) ① 가설 : $H_0 : \mu_x \ge \mu_y$ $\quad H_1 : \mu_x < \mu_y$

② 유의수준 : $\alpha = 0.05$

③ 검정통계량 : $u_0 = \frac{\overline{x} - \overline{y}}{\sqrt{\left(\frac{\sigma_x^2}{n_x} + \frac{\sigma_y^2}{n_y}\right)}} = \frac{804 - 862}{\sqrt{\left(\frac{80^2}{15} + \frac{85^2}{12}\right)}} = -1.80831$

④ 기각역 : $u_0 < -u_{1-\alpha} = -u_{0.95} = -1.645$ 이면 H_0를 기각한다.

⑤ 판정 : $u_0 = -1.80831 < -u_{0.95} = -1.645$ 이므로 $\alpha = 0.05$ 에서 H_0를 기각한다. 유의수준 5%에서 1년이 경과한 페니실린의 평균역가가 저하되었다고 할 수 있다.

(2) $(\widehat{\mu_x - \mu_y})_U = (\overline{x} - \overline{y}) + u_{1-\alpha}\sqrt{\frac{\sigma_x^2}{n_x} + \frac{\sigma_y^2}{n_y}} = (804 - 862) + 1.645\sqrt{\frac{80^2}{15} + \frac{85^2}{12}}$

$= -5.23805$

15. A, B 각각의 부품으로부터 10개씩 랜덤하게 샘플링하여 전단강도를 측정한 결과 다음과 같다. ($\sigma_A = 2\text{N/mm}^2$, $\sigma_B = 3\text{N/mm}^2$이다.)

A	27	24	22	28	26	17	20	21	23	21
B	16	24	18	13	24	16	17	15	17	18

(1) A의 평균 전단강도가 B의 평균 전단강도보다 3N/mm^2 이상 큰가를 검정하시오. ($\alpha = 0.05$)

(2) 두 전단강도의 평균치 차에 대한 95% 신뢰구간을 추정하시오.

해답 (1) σ기지일 때 두 조 모평균차의 단측검정

① 가설 : H_0: $\mu_A - \mu_B \le 3$　　H_1: $\mu_A - \mu_B > 3$

② 유의수준 : $\alpha = 0.05$

③ $\bar{x}_A = 22.9$, $\bar{x}_B = 17.8$

검정통계량 : $u_0 = \dfrac{(\bar{x}_A - \bar{x}_B) - \delta}{\sqrt{\left(\dfrac{\sigma_A^2}{n_A} + \dfrac{\sigma_B^2}{n_B}\right)}} = \dfrac{(22.9 - 17.8) - 3}{\sqrt{\left(\dfrac{2^2}{10} + \dfrac{3^2}{10}\right)}} = 1.84182$

④ 기각역 : $u_0 > u_{1-\alpha} = u_{0.95} = 1.645$이면 H_0를 기각한다.

⑤ 판정 : $u_0 = 1.84182 > u_{0.95} = 1.645$이므로 $\alpha = 0.05$에서 H_0를 기각한다. 유의수준 5%에서 모평균의 차가 3N/mm^2 보다 크다고 할 수 있다.

(2) 신뢰하한

$$(\widehat{\mu_A - \mu_B})_L = (\bar{x}_A - \bar{x}_B) - u_{1-\alpha}\sqrt{\frac{\sigma_A^2}{n_A} + \frac{\sigma_B^2}{n_B}} = (22.9 - 17.8) - 1.645\sqrt{\frac{2^2}{10} + \frac{3^2}{10}}$$

$$= 3.22441\text{N/mm}^2$$

16. 두 개의 서로 다른 자동차 제동장치의 성능을 비교하기 위하여 각 제동장치를 10대의 동일모형 자동차에 장착한 후에 80km/h로 달리다가 제동을 하는데 필요한 거리(m)를 관측한 결과 다음과 같다.

제동장치 1	10.2	10.5	10.3	10.8	9.8	10.6	10.7	10.2	10.0	10.6
제동장치 2	9.8	9.6	10.1	10.2	9.7	9.5	9.6	10.1	9.8	9.9

두 제동장치의 제동거리의 분포는 동일한 분산 σ^2을 가지며 정규분포를 따른다.

(1) 두 제동장치의 성능이 동일한가에 대한 검정을 유의수준 5%하에서 실시하시오.

(2) 제동거리의 차이에 대한 95% 신뢰구간을 구하시오.

해답 (1) ① 가설 : H_0: $\mu_1 = \mu_2$ H_1: $\mu_1 \neq \mu_2$

② 유의수준 : $\alpha = 0.05$

③ 검정통계량 : $t_0 = \dfrac{\overline{x}_1 - \overline{x}_2}{\sqrt{V\left(\dfrac{1}{n_1} + \dfrac{1}{n_2}\right)}} = \dfrac{10.37 - 9.83}{\sqrt{0.08122 \times \left(\dfrac{1}{10} + \dfrac{1}{10}\right)}} = 4.23689$

$$V = s^2 = \frac{S_1 + S_2}{n_1 + n_2 - 2} = \frac{0.94100 + 0.52100}{10 + 10 - 2} = 0.08122$$

④ 기각역 : $|t_0| > t_{1-\alpha/2}(n_1 + n_2 - 2) = t_{0.975}(18) = 2.101$ 이면 H_0를 기각한다.

⑤ 판정 : $t_0 = 4.23689 > t_{1-\alpha/2}(n_1 + n_2 - 2) = t_{0.975}(18) = 2.101$ 이므로 $\alpha = 0.05$ 에서 H_0를 기각한다. 유의수준 5%에서 두 제동장치의 성능이 동일하다고 할 수 없다.

(2) $(\overline{x}_1 - \overline{x}_2) \pm t_{1-\alpha/2}(n_1 + n_2 - 2)\sqrt{V\left(\dfrac{1}{n_1} + \dfrac{1}{n_2}\right)}$

$= (10.37 - 9.83) \pm 2.101\sqrt{0.08122 \times \left(\dfrac{1}{10} + \dfrac{1}{10}\right)}$

$0.27222 \leq \mu_1 - \mu_2 \leq 0.80778$

17. 어느 두 공법에 의한 제품의 강도(단위 : kg/mm²)에 차이가 있는지 비교하기 위해 각 공법에 의해 만들어진 100개씩의 제품의 강도를 측정한 결과 산술평균과 표본표준편차는 각각 다음과 같다. 이때 두 공법간의 평균강도에 차이가 있는지 유의수준 $\alpha = 0.05$ 에서 검정하시오.

$\overline{X}_1 = 82$ $s_1 = 20$, $\overline{X}_2 = 78$ $s_2 = 18$

해답 ① 가설 : $H_0 : \mu_1 = \mu_2$ $H_1 : \mu_1 \neq \mu_2$

② 유의수준 : $\alpha = 0.05$

③ 검정통계량 : $u_0 = \dfrac{\overline{x}_1 - \overline{x}_2}{\sqrt{\left(\dfrac{s_1^2}{n_1} + \dfrac{s_2^2}{n_2}\right)}} = \dfrac{82 - 78}{\sqrt{\left(\dfrac{20^2}{100} + \dfrac{18^2}{100}\right)}} = 1.48659$

④ 기각역 : $|u_0| > u_{1-\alpha/2} = u_{0.975} = 1.96$ 이면 H_0를 기각한다.

⑤ 판정 : $u_0 = 1.48659 < u_{0.975} = 1.96$ 이므로 $\alpha = 0.05$ 에서 H_0를 채택한다. 유의수준 5%에서 두 공법간의 평균강도에 차이가 있다고 할 수 없다.

※ σ가 미지인 경우 t검정을 실시한다. 그러나 t분포에서 ν가 ∞로 갈 경우 정규분포에 근사한다. 즉, $n \geq 30$ 이면 σ기지로 해석하여 정규분포로 푼다.

18. 운동화 밑창에 사용되는 두 가지 재질간 마모도에 차이가 있는지 알아보고자 한다. 이를 위하여 10명의 아이들을 대상으로 아이마다 임의로 한 쪽 발에는 재질 A 의 밑창을 단 운동화를, 다른 쪽 발에는 재질 B 의 밑창을 단 운동화를 신겨 일정기간 사용케 한 다음 밑창이 얼마나 마모되었는가를 측정한 결과 다음 데이터를 얻었다. 표에 표기한 L과 R은 각각 왼발과 오른발을 의미하며, 아이들마다 어느 재질의 밑창을 단 운동화를 어느 발에 신길지를 랜덤하게 결정했음을 시사한다.

아이	재질 A	재질 B	차이 $d=A-B$
1	14.0(R)	13.2(L)	0.8
2	8.8(R)	8.2(L)	0.6
3	11.2(L)	10.9(R)	0.3
4	14.2(R)	14.3(L)	−0.1
5	11.8(L)	10.7(R)	1.1
6	6.4(R)	6.6(L)	−0.2
7	9.8(R)	9.5(L)	0.3
8	11.3(R)	10.8(L)	0.5
9	9.3(L)	8.8(R)	0.5
10	13.6(R)	13.3(L)	0.3
			$\overline{d}=0.41$

(1) 두 재질간에 차이가 있는지를 가설검정하시오. ($\alpha=0.05$)

(2) 차이가 있다면 그 차를 신뢰수준 95%로 구간추정하시오.

해답 (1) 대응이 있는 2조의 모평균차 검정

두 재질간의 차이 $\Delta=\mu_A-\mu_B$ 라고 하면

① 가설 : $H_0: \Delta=0 \quad H_1: \Delta \neq 0$

② 유의수준 : $\alpha=0.05$

③ 검정통계량 : $t_0=\dfrac{\overline{d}-\Delta_0}{\sqrt{\dfrac{s_d^2}{n}}}=\dfrac{0.41-0}{\sqrt{\dfrac{0.14989}{10}}}=3.34886$

$$S_d=\sum d_i^2-\frac{(\sum d_i)^2}{n}=1.34900,\quad s_d^2=\frac{S_d}{n-1}=\frac{1.34900}{9}=0.14989$$

④ 기각역 : $|t_0|>t_{1-\alpha/2}(\nu)=t_{0.975}(9)=2.262$ 이면 H_0를 기각한다.

⑤ 판정 : $t_0=3.34886>t_{0.975}(9)=2.262$ 이므로 $\alpha=0.05$ 에서 H_0를 기각한다.
유의수준 5%에서 두 재질간에 차이가 있다고 할 수 있다.

(2) 대응이 있는 2조의 모평균차 추정

$$\bar{d} \pm t_{1-\alpha/2}(\nu)\frac{\sqrt{s_d^2}}{\sqrt{n}} = 0.41 \pm 2.262\frac{\sqrt{0.14989}}{\sqrt{10}} = 0.13306 \sim 0.68694$$

19. A, B 두 사람의 작업자가 기계부품의 길이를 측정한 결과 다음과 같은 DATA가 얻어졌다. A 작업자의 측정치가 B 작업자의 측정치보다 더 크다고 할 수 있는지 유의수준 5%로 검정하시오.

	1	2	3	4	5	6
A	82	80	77	86	80	87
B	84	85	70	75	81	76

해답

데이터의 조	1	2	3	4	5	6	계	평균($\bar{d}$)
d_i	−2	−5	7	11	−1	11	21	3.5

두 재질간의 차이 $\Delta = \mu_A - \mu_B$라고 하면

① 가설 : $H_0 : \Delta \le 0$ $H_1 : \Delta > 0$

② 유의수준 : $\alpha = 0.05$

③ 검정통계량 : $t_0 = \dfrac{\bar{d} - \Delta_0}{\sqrt{\dfrac{s_d^2}{n}}} = \dfrac{3.5 - 0}{\sqrt{\dfrac{49.5}{6}}} = 1.21854$

$$S_d = \sum d_i^2 - \frac{(\sum d_i)^2}{n} = 247.5$$

$$s_d^2 = \frac{S_d}{n-1} = \frac{247.5}{5} = 49.5$$

④ 기각역 : $t_0 > t_{1-\alpha}(\nu) = t_{0.95}(5) = 2.015$이면 H_0를 기각한다.

⑤ 판정 : $t_0 = 1.21854 < t_{0.95}(5) = 2.015$이므로 $\alpha = 0.05$에서 H_0를 채택한다. 유의수준 5%에서 A 작업자의 측정치가 B 작업자의 측정치보다 더 크다고 할 수 없다.

20. 8매의 철판에 대해 가운데 부분과 가장자리 부분의 두께를 측정한 결과 다음의 데이터를 얻었다. 다음 물음에 답하시오. (단, $\alpha = 0.05$)

	1	2	3	4	5	6	7	8
x_A(가운데)	3.24	3.17	3.18	3.29	3.20	3.24	3.19	3.27
x_B(가장자리)	3.19	3.10	3.20	3.22	3.15	3.17	3.20	3.24

(1) 철판의 가운데 부분이 가장자리 부분보다 두껍다고 할 수 있는지 검정하시오.
(2) 철판의 가운데 부분과 가장자리 부분의 차이가 0.01보다 크다고 할 수 있겠는가?
(3) $\mu_A - \mu_B$에 대하여 신뢰율 95%로 신뢰구간을 추정하시오.

해답

데이터의 조	1	2	3	4	5	6	7	8	계	평균($\bar{d}$)
d_i	0.05	0.07	−0.02	0.07	0.05	0.07	−0.01	0.03	0.31	0.03875

(1) 두 재질간의 차이 $\Delta = \mu_A - \mu_B$라고 하면

① 가설 : $H_0 : \Delta \le 0 \qquad H_1 : \Delta > 0$

② 유의수준 : $\alpha = 0.05$

③ 검정통계량 : $t_0 = \dfrac{\bar{d} - \Delta_0}{\sqrt{\dfrac{s_d^2}{n}}} = \dfrac{0.03875 - 0}{\sqrt{\dfrac{0.00130}{8}}} = 3.03980$

$$S_d = \sum d_i^2 - \frac{(\sum d_i)^2}{n} = 0.00909,\ s_d^2 = \frac{S_d}{n-1} = \frac{0.00909}{7} = 0.00130$$

④ 기각역 : $t_0 > t_{1-\alpha}(\nu) = t_{0.95}(7) = 1.895$이면 H_0를 기각한다.

⑤ 판정 : $t_0 = 3.03980 > t_{0.95}(7) = 1.895$이므로 $\alpha = 0.05$에서 H_0를 기각한다. 유의수준 5%에서 두껍다고 할 수 있다.

(2) ① 가설 : $H_0 : \Delta \le 0.01 \qquad H_1 : \Delta > 0.01$

② 유의수준 : $\alpha = 0.05$

③ 검정통계량 : $t_0 = \dfrac{\bar{d} - \Delta_0}{\sqrt{\dfrac{s_d^2}{n}}} = \dfrac{0.03875 - 0.01}{\sqrt{\dfrac{0.00130}{8}}} = 2.25534$

④ 기각역 : $t_0 > t_{1-\alpha}(\nu) = t_{0.95}(7) = 1.895$이면 H_0를 기각한다.

⑤ 판정 : $t_0 = 2.25534 > t_{0.95}(7) = 1.895$이므로 $\alpha = 0.05$에서 H_0를 기각한다. 유의수준 5%에서 철판의 가운데 부분과 가장자리 부분의 차이가 0.01보다 크다고 할 수 있다.

(3) $(\widehat{\mu_A - \mu_B})_L = \bar{d} - t_{1-\alpha}(\nu)\dfrac{\sqrt{s_d^2}}{\sqrt{n}} = 0.03875 - 1.895\dfrac{\sqrt{0.00130}}{\sqrt{8}}$

$(\widehat{\mu_A - \mu_B})_L \ge 0.01459$

21. 다음 데이터에 대하여 모분산(σ^2)을 구간추정하시오. (단, 신뢰율 95%)

11.25,	10.75,	12.25,	11.25,	10.50,	10.75,	11.75,	10.50,	11.00,	11.50

해답 $S=\sum x^2-\dfrac{(\sum x)^2}{n}=1{,}246.125-\dfrac{(111.5)^2}{10}=2.9$

$\dfrac{S}{\chi^2_{1-\alpha/2}(\nu)}\le\hat{\sigma}^2\le\dfrac{S}{\chi^2_{\alpha/2}(\nu)},\qquad \dfrac{S}{\chi^2_{0.975}(9)}\le\hat{\sigma}^2\le\dfrac{S}{\chi^2_{0.025}(9)},$

$\dfrac{2.9}{19.02}\le\hat{\sigma}^2\le\dfrac{2.9}{2.7},\qquad 0.15247\le\hat{\sigma}^2\le 1.07407$

22. 어떤 부품의 인장강도의 분산이 9kgf/mm^{2}였다. 제조공정을 변경하여 새로운 공정에서 9개의 부품을 검사해본 결과 다음의 데이터를 얻었다.

43,	38,	42,	41,	38,	44,	41,	36,	40

(1) 공정변경 후의 분산이 변경 전의 분산과 차이가 있는지 검정하시오. ($\alpha=0.05$)
(2) 변경 후의 모분산을 신뢰율 95%로 구간추정하시오.

해답 (1) ① 가설 : $H_0:\sigma^2=9\ (\sigma_0^2)\qquad H_1:\sigma^2\ne 9\ (\sigma_0^2)$

② 유의수준 : $\alpha=0.05$

③ 검정통계량 : $\chi_0^2=\dfrac{S}{\sigma^2}=\dfrac{54}{9}=6$

$$S=\sum x^2-\frac{(\sum x)^2}{n}=14{,}695-\frac{363^2}{9}=54$$

④ 기각역 : $\chi_0^2>\chi^2_{1-\alpha/2}(\nu)=\chi^2_{0.975}(8)=17.53$ 또는 $\chi_0^2<\chi^2_{\alpha/2}(\nu)=\chi^2_{0.025}(8)=2.18$이면 H_0를 기각한다.

⑤ 판정 : $\chi^2_{0.025}(8)=2.18<\chi_0^2=6<\chi^2_{0.975}(8)=17.53$이므로 $\alpha=0.05$에서 H_0를 채택한다. 유의수준 5%에서 변경 후의 분산이 변경 전과 차이가 있다고 할 수 없다.

(2) $\dfrac{S}{\chi^2_{1-\alpha/2}(\nu)}\le\hat{\sigma}^2\le\dfrac{S}{\chi^2_{\alpha/2}(\nu)},\qquad \dfrac{S}{\chi^2_{0.975}(8)}\le\hat{\sigma}^2\le\dfrac{S}{\chi^2_{0.025}(8)},$

$\dfrac{54}{17.53}\le\hat{\sigma}^2\le\dfrac{54}{2.18},\qquad 3.08043\le\hat{\sigma}^2\le 24.77064$

23. 어느 유리병 뚜껑을 만드는 공정에서 유리병 뚜껑의 표준편차가 1.5mm를 상회하면 생산공정에 이상이 있는 것으로 판정한다. 공정의 이상유무를 알기 위해 10개의 유리병 뚜껑을 랜덤하게 추출해본 결과 그 지름은 다음과 같다.

229	225	230	228	226	226	225	232	228	227	(mm)

(1) 공정의 산포에 이상이 생겼는지 유의수준 5%에서 검정하시오.
(2) 모분산을 신뢰율 95%로 구간추정하시오.

해답 (1) ① 가설 : $H_0 : \sigma^2 \le 1.5^2$ $\quad H_1 : \sigma^2 > 1.5^2$

② 유의수준 : $\alpha = 0.05$

③ 검정통계량 : $\chi_0^2 = \dfrac{S}{\sigma^2} = \dfrac{46.40000}{1.5^2} = 20.62222$

④ 기각역 : $\chi_0^2 > \chi_{1-\alpha}^2(\nu) = \chi_{0.95}^2(9) = 16.92$이면 H_0를 기각한다.

⑤ 판정 : $\chi_0^2 = 20.62222 > \chi_{0.95}^2(9) = 16.92$이므로 $\alpha = 0.05$에서 H_0를 기각한다. 유의수준 5%에서 표준편차가 1.5mm를 상회한다고 할 수 있다.

(2) $\hat{\sigma}_L^2 = \dfrac{S}{\chi_{1-\alpha}^2(\nu)} = \dfrac{S}{\chi_{0.95}^2(9)} = \dfrac{46.4}{16.92} = 2.74232$

24. 자동차 축전지를 생산판매하는 어떤 회사는 자사제품의 수명이 정규분포를 따르고, 평균이 10년 표준편차가 0.9년이라고 한다. 이를 확인하기 위해 10개의 제품을 조사한 결과 표준편차가 1.3년이었다. 이 축전지 수명의 표준편차는 회사의 주장보다 큰 것으로 판단된다.

(1) 유의수준 5%로 검정하시오.
(2) 분산에 대한 95% 신뢰구간을 구하시오.

해답 (1) ① 가설 : $H_0 : \sigma^2 \le 0.9^2$ $\quad H_1 : \sigma^2 > 0.9^2$

② 유의수준 : $\alpha = 0.05$

③ 검정통계량 : $\chi_0^2 = \dfrac{S}{\sigma^2} = \dfrac{(n-1)\times V}{\sigma^2} = \dfrac{9\times 1.3^2}{0.9^2} = 18.77778$

④ 기각역 : $\chi_0^2 > \chi_{1-\alpha}^2(\nu) = \chi_{0.95}^2(9) = 16.92$이면 H_0를 기각한다.

⑤ 판정 : $\chi_0^2 = 18.77778 > \chi_{0.95}^2(9) = 16.92$이므로 $\alpha = 0.05$에서 H_0를 기각한다. 유의수준 5%에서 제품의 산포가 종전보다 커졌다고 할 수 있다.

(2) $\hat{\sigma}_L^2 = \dfrac{S}{\chi_{1-\alpha}^2(\nu)} = \dfrac{S}{\chi_{0.95}^2(9)} = \dfrac{9\times 1.3^2}{16.92} = 0.89894$

25. 어떤 제품의 종래 기준으로 설정한 모분산 $\sigma^2 = 0.34$인 제품을 새로운 제조방법에 의하여 생산한 후 $n = 10$개를 측정하여 다음의 데이터를 얻었다.

5.5,	5.8,	5.7,	6.0,	5.9,	5.2,	5.4,	5.9,	6.3,	6.2

(1) 종래의 기준으로 설정된 모분산보다 작아졌다고 할 수 있는지 유의수준 5%로 검정하시오.

(2) 모분산의 95% 신뢰구간을 추정하시오.

해답 (1) ① 가설 : $H_0 : \sigma^2 \geq 0.34 \quad H_1 : \sigma^2 < 0.34$

② 유의수준 : $\alpha = 0.05$

③ 검정통계량 : $\chi_0^2 = \dfrac{S}{\sigma^2} = \dfrac{1.089}{0.34} = 3.20294$

④ 기각역 : $\chi_0^2 < \chi_\alpha^2(\nu) = \chi_{0.05}^2(9) = 3.33$이면 H_0를 기각한다.

⑤ 판정 : $\chi_0^2 = 3.20294 < \chi_{0.05}^2(9) = 3.33$이므로 $\alpha = 0.05$에서 H_0를 기각한다. 유의수준 5%에서 표준편차가 0.34보다 작다고 할 수 있다.

(2) $\hat{\sigma}_U^2 = \dfrac{S}{\chi_\alpha^2(\nu)} = \dfrac{S}{\chi_{0.05}^2(9)} = \dfrac{1.089}{3.33} = 0.32703$

26. 어떤 부품 제조공정에서 10개의 부품을 표본으로 임의발췌하여 치수를 측정한 결과 다음과 같다.

4.47,	4.50,	4.50,	4.51,	4.50,	4.51,	4.48,	4.51,	4.52,	4.51

(1) 과거의 자료에서 이 공정 치수의 표준편차가 0.02임을 알고 있을 때 공정의 모평균을 95% 신뢰구간으로 추정하시오.

(2) 표준편차를 모르고 있을 때 공정의 모평균을 95% 신뢰구간으로 추정하시오.

(3) 이 공정의 모분산에 대한 95% 신뢰구간을 구하시오.

해답 (1) $\hat{\mu} = \bar{x} \pm u_{1-\alpha/2}\dfrac{\sigma}{\sqrt{n}} = 4.501 \pm 1.96\dfrac{0.02}{\sqrt{10}}$

$4.48860 \leq \hat{\mu} \leq 4.51340$

(2) $s = \sqrt{V} = \sqrt{\dfrac{S}{n-1}} = 0.01524$

$\hat{\mu} = \bar{x} \pm t_{1-\alpha/2}(\nu)\dfrac{s}{\sqrt{n}} = 4.501 \pm 2.262\dfrac{0.01524}{\sqrt{10}}$

$4.49010 \leq \hat{\mu} \leq 4.51190$

(3) $S = \sum x^2 - \frac{(\sum x)^2}{n} = 202.59210 - \frac{(45.010)^2}{10} = 0.00209$

$\frac{S}{\chi^2_{1-\alpha/2}(\nu)} \le \hat{\sigma}^2 \le \frac{S}{\chi^2_{\alpha/2}(\nu)}$, $\frac{S}{\chi^2_{0.975}(9)} \le \hat{\sigma}^2 \le \frac{S}{\chi^2_{0.025}(9)}$,

$\frac{0.00209}{19.02} \le \hat{\sigma}^2 \le \frac{0.00209}{2.7}$, $0.00011 \le \hat{\sigma}^2 \le 0.00077$

27. 어떤 제품의 과거 길이 간의 표준편차는 10.0mm 이하인 것을 알고 있다. 최근 15개의 제품의 표준편차는 14.5였다. "최근 제품이 유의수준 5%로 산포가 커졌다고 말할 수 있는가?"라는 검정에서 설정되는 기각역을 아래 그림에 색칠하여 표시하시오.

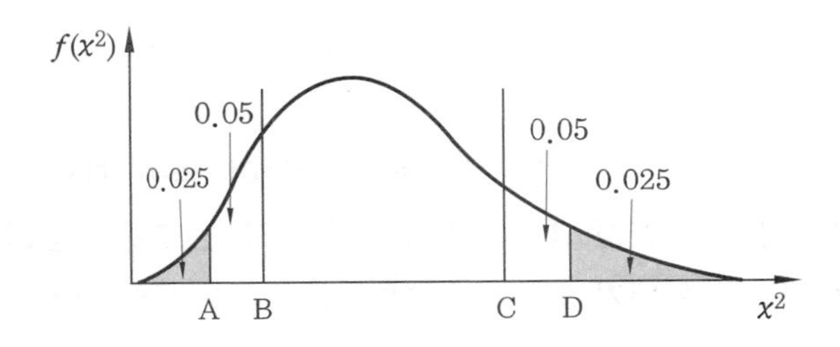

해답 한 개의 모분산에 대한 한쪽검정인 경우로 χ^2분포를 이용하여 $\chi^2_0 > \chi^2_{1-\alpha}(\nu)$이면 H_0가 기각된다.

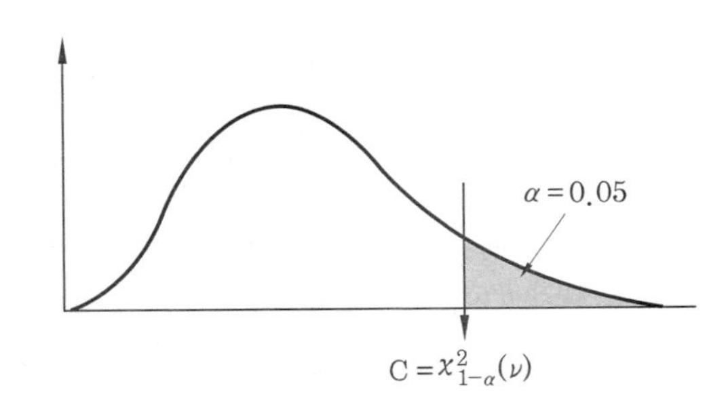

28. 다음은 두 공장에서 생산되는 부품들의 치수이다. 각 공장에서 생산되는 부품치수의 산포가 다른지 유의수준 5%에서 검정하시오.

공장 A	51.5	52.9	53.4	50.1	51.4	53.4	56.5	55.0	52.3	48.8	51.9
공장 B	52.4	47.0	51.2	48.9	48.1	52.0	50.0	50.5	49.9	50.2	

해답 ① 가설 : $H_0: \sigma_A^2 = \sigma_B^2$ $H_1: \sigma_A^2 \neq \sigma_B^2$

② 유의수준 : $\alpha = 0.05$

③ 검정통계량 : $F_0 = \dfrac{V_A}{V_B} = \dfrac{4.60818}{2.81289} = 1.63824$

④ 기각역 : $F_0 > F_{1-\alpha/2}(\nu_A, \nu_B) = F_{0.975}(10, 9) = 3.96$

또는 $F_0 < F_{\alpha/2}(\nu_A, \nu_B) = F_{0.025}(10, 9) = \dfrac{1}{F_{0.975}(9, 10)} = \dfrac{1}{3.78} = 0.26455$ 이면

H_0를 기각한다.

⑤ 판정 : $F_{0.025}(10, 9) = 0.26455 < F_0 = 1.63824 < F_{0.975}(10, 9) = 3.962$ 이므로 $\alpha = 0.05$ 에서 H_0를 채택한다. 유의수준 5%에서 각 공장에서 생산되는 부품치수의 산포가 다르다고 할 수 없다.

29. A, B 두 개의 천칭으로 같은 물건을 측정하여 얻은 데이터로부터 $S_A = 0.04$, $S_B = 0.24$를 얻었다. 천칭 A로는 5회, 천칭 B로는 7회 측정하였다면 두 천칭 A, B간에는 정밀도의 차이가 있는지 검정하시오. (단, $\alpha = 0.05$)

해답 ① 가설 : $H_0: \sigma_A^2 = \sigma_B^2$ $H_1: \sigma_A^2 \neq \sigma_B^2$

② 유의수준 : $\alpha = 0.05$

③ 검정통계량 : $F_0 = \dfrac{V_A}{V_B} = \dfrac{S_A/\nu_A}{S_B/\nu_B} = \dfrac{0.04/4}{0.24/6} = \dfrac{0.01}{0.04} = 0.25$

④ 기각역 : $F_0 < F_{\alpha/2}(\nu_A, \nu_B) = F_{0.025}(4, 6) = \dfrac{1}{F_{0.975}(6, 4)} = \dfrac{1}{9.20} = 0.10870$

또는 $F_0 > F_{1-\alpha/2}(\nu_A, \nu_B) = F_{0.975}(4, 6) = 6.23$ 이면 H_0를 기각한다.

⑤ 판정 : $F_{0.025}(4, 6) = 0.10870 < F_0 = 0.25 < F_{0.975}(4, 6) = 6.23$ 이므로 $\alpha = 0.05$ 에서 H_0를 채택한다. 유의수준 5%에서 정밀도의 차이가 있다고 할 수 없다.

30. A, B 두 가지 제조방법으로 만든 제품의 로트에서 각각 10개씩을 샘플링하여 품질특성치를 측정하여 다음 데이터를 얻었다. 다음 물음에 답하시오. (단, $\alpha = 0.05$)

A 법	5.48	5.49	5.49	5.49	5.51	5.52	5.53	5.51	5.50	5.50
B 법	5.56	5.48	5.51	5.50	5.43	5.46	5.53	5.50	5.48	5.49

(1) 2가지 제조방법으로 만든 제품특성치의 분산에 차가 있다고 말할 수 있는가?

(2) 제품특성치의 분산에 차가 있다면 신뢰한계를 추정하시오.

해답 (1) ① 가설 : $H_0 : \sigma_A^2 = \sigma_B^2$ $\quad H_1 : \sigma_A^2 \neq \sigma_B^2$

② 유의수준 : $\alpha = 0.05$

③ 검정통계량 : $F_0 = \dfrac{V_A}{V_B} = \dfrac{0.00024}{0.00129} = 0.18605$

④ 기각역 : $F_0 < F_{\alpha/2}(\nu_A,\ \nu_B) = F_{0.025}(9,\ 9) = \dfrac{1}{F_{0.975}(9,\ 9)} = \dfrac{1}{4.03} = 0.24814$

또는 $F_0 > F_{1-\alpha/2}(\nu_A,\ \nu_B) = F_{0.975}(9,\ 9) = 4.03$이면 H_0를 기각한다.

⑤ 판정 : $F_0 = 0.18605 < F_{0.025}(9,\ 9) = 0.24814$이므로 $\alpha = 0.05$에서 H_0를 기각한다. 유의수준 5%에서 두 제조방법으로 만든 제품 특성치의 분산에 차이가 있다고 할 수 있다.

(2) $\dfrac{F_0}{F_{1-\alpha/2}(\nu_A,\ \nu_B)} \le \dfrac{\sigma_A^2}{\sigma_B^2} \le \dfrac{F_0}{F_{\alpha/2}(\nu_A,\ \nu_B)}$, $\quad \dfrac{0.18605}{4.03} \le \dfrac{\sigma_A^2}{\sigma_B^2} \le \dfrac{0.18605}{0.24814}$,

$0.04617 \le \dfrac{\sigma_A^2}{\sigma_B^2} \le 0.74978$

31. **A, B 두 기계의 정밀도를 비교하기 위해 각각의 기계로 16개씩의 제품을 가공하여 본 결과 $V_A = 0.0052\text{mm}$, $V_B = 0.0178\text{mm}$가 되었다.**

(1) 유의수준 5%에서 A가 B보다 정밀도가 더 좋다고 할 수 있는지 검정하시오.

(2) 95% 신뢰구간의 상한을 구하시오.

해답 (1) ① 가설 : $H_0 : \sigma_A^2 \ge \sigma_B^2$ $\quad H_1 : \sigma_A^2 < \sigma_B^2$

② 유의수준 : $\alpha = 0.05$

③ 검정통계량 : $F_0 = \dfrac{V_A}{V_B} = \dfrac{0.0052}{0.0178} = 0.29213$

④ 기각역 : $F_0 < F_\alpha(\nu_A,\ \nu_B) = F_{0.05}(15,\ 15) = \dfrac{1}{F_{0.95}(15,\ 15)} = \dfrac{1}{2.40}$

$= 0.41667$이면 H_0를 기각한다.

⑤ 판정 : $F_0 = 0.29213 < \dfrac{1}{F_{0.95}(15,\ 15)} = 0.41667$이므로 $\alpha = 0.05$에서 H_0를 기각한다. 유의수준 5%에서 A가 B보다 정밀도가 더 좋다고 할 수 있다.

(2) $\left(\dfrac{\sigma_A^2}{\sigma_B^2}\right)_U = \dfrac{F_0}{F_\alpha(\nu_{A,}\ \nu_B)} = \dfrac{0.29213}{0.41667} = 0.70111$

32. 25마리의 젖소를 키우는 목장에서 두 종류의 사료가 우유생산량에 미치는 영향을 비교하려고 한다. 25마리 중 임의로 선택된 13마리에게는 한 종류의 사료를 주고 나머지 12마리에게는 다른 종류의 사료를 주어 3일간 조사한 결과 다음과 같은 데이터가 주어졌다.

사료 1	43	44	57	46	47	42	58	55	49	35	46	30	41
사료 2	35	47	55	59	43	39	32	41	42	57	54	39	

(1) 사료에 따른 우유생산량에 차이가 있는가를 유의수준 5%에서 가설검정하시오.
(2) 이들 사료에 따른 우유생산량의 차이에 대한 95% 신뢰구간을 구하시오.

해답 등분산성검정 실시

① 가설 : $H_0: \sigma_1^2 = \sigma_2^2$ $\quad H_1: \sigma_1^2 \neq \sigma_2^2$

② 유의수준 : $\alpha = 0.05$

③ 검정통계량 : $F_0 = \dfrac{V_1}{V_2} = \dfrac{65.42308}{81.29545} = 0.80476$

④ 기각역 : $F_0 < F_{\alpha/2}(\nu_1,\ \nu_2) = F_{0.025}(12,\ 11) = \dfrac{1}{F_{0.975}(11,\ 12)} = \dfrac{1}{3.32} = 0.30120$

또는 $F_0 > F_{1-\alpha/2}(\nu_1, \nu_2) = F_{0.975}(12,\ 11) = 3.43$이면 H_0를 기각한다.

⑤ 판정 : $F_{0.025}(12,\ 11) = 0.30120 < F_0 = 0.80476 < F_{0.975}(12,\ 11) = 3.43$이므로 $\alpha = 0.05$에서 H_0를 채택한다. 유의수준 5%에서 산포가 다르다고 할 수 없다.

(1) ① 가설 : $H_0:\ \mu_1 = \mu_2$ $\quad H_1:\ \mu_1 \neq \mu_2$

② 유의수준 : $\alpha = 0.05$

③ 검정통계량 : $t_0 = \dfrac{\overline{x}_1 - \overline{x}_2}{\sqrt{\left(\dfrac{1}{n_1} + \dfrac{1}{n_2}\right)V}} = \dfrac{45.61538 - 45.25}{\sqrt{\left(\dfrac{1}{13} + \dfrac{1}{12}\right) \times 73.01421}} = 0.10682$

$V = s^2 = \dfrac{S_1 + S_2}{n_1 + n_2 - 2} = \dfrac{65.42308 \times 12 + 81.29545 \times 11}{13 + 12 - 2} = 73.01421$

④ 기각역 : $|t_0| > t_{1-\alpha/2}(n_1 + n_2 - 2) = t_{0.975}(23) = 2.069$이면 H_0를 기각한다.

⑤ 판정 : $t_0 = 0.10682 < t_{0.975}(23) = 2.069$이므로 $\alpha = 0.05$에서 H_0를 채택한다. 유의수준 5%에서 우유생산량에 차이가 있다고 할 수 없다.

(2) $(\overline{x}_1 - \overline{x}_2) \pm t_{1-\alpha/2}(n_1 + n_2 - 2)\sqrt{V\left(\dfrac{1}{n_1} + \dfrac{1}{n_2}\right)}$

$= (45.61538 - 45.25) \pm 2.069\sqrt{73.01421\left(\dfrac{1}{13} + \dfrac{1}{12}\right)}$

$-6.71199 \leq (\mu_1 - \mu_2) \leq 7.44275$

33. A, B 두 가지 금속봉의 인장강도 시험결과 다음과 같은 데이터를 얻었다. 두 가지 금속봉의 인장강도 사이에 유의한 차이가 있는가? 유의수준 1%로 검정하시오.

A	16.46	16.30	17.03	17.06	16.63	
B	17.54	17.90	18.22	17.66	17.70	17.34

해답 등분산성검정

① 가설 : $H_0: \sigma_A^2 = \sigma_B^2 \qquad H_1: \sigma_A^2 \neq \sigma_B^2$

② 유의수준 : $\alpha = 0.05$

③ 검정통계량 : $F_0 = \dfrac{V_A}{V_B} = \dfrac{0.11523}{0.09259} = 1.24452$

④ 기각역 : $F_0 > F_{1-\alpha/2}(\nu_{A,}\nu_B) = F_{0.975}(4,\ 5) = 7.39$

또는 $F_0 < F_{\alpha/2}(\nu_{A,}\nu_B) = F_{0.025}(4,\ 5) = \dfrac{1}{F_{0.975}(5, 4)} = \dfrac{1}{9.36} = 0.10684$이면 H_0를 기각한다.

⑤ 판정 : $F_{0.025}(4,\ 5) = 0.10684 < F_0 = 1.24452 < F_{0.975}(4,\ 5) = 7.395$이므로 $\alpha = 0.05$에서 H_0를 채택한다. 유의수준 5%에서 산포가 다르다고 할 수 없다.

(1) σ미지인 경우($\sigma_A^2 = \sigma_B^2$) 두 모평균차에 대한 검정

① 가설 : $H_0:\ \mu_A = \mu_B \qquad H_1:\ \mu_A \neq \mu_B$

② 유의수준 : $\alpha = 0.01$

③ 검정통계량 : $t_0 = \dfrac{\overline{x}_A - \overline{x}_B}{\sqrt{V\left(\dfrac{1}{n_A} + \dfrac{1}{n_B}\right)}} = \dfrac{16.696 - 17.72667}{\sqrt{0.10265 \times \left(\dfrac{1}{5} + \dfrac{1}{6}\right)}} = -5.31257$

$$V = s^2 = \frac{S_A + S_B}{n_A + n_B - 2} = \frac{0.11523 \times 4 + 0.09259 \times 5}{5 + 6 - 2} = 0.10265$$

④ 기각역 : $|t_0| > t_{1-\alpha/2}(n_A + n_B - 2) = t_{0.995}(9) = 3.250$이면 H_0를 기각한다.

⑤ 판정 : $|t_0| = 5.31257 > t_{0.995}(9) = 3.250$이므로 $\alpha = 0.01$에서 H_0를 기각한다. 유의수준 1%에서 유의한 차이가 있다고 할 수 있다.

5-3 계수치의 검정과 추정

(1) 한 개의 모부적합품률(모비율 또는 모불량률)에 대한 검정

기본가정		귀무가설 (H_0)	대립가설 (H_1)	통계량	기각역	비고
$P_0 \le 0.5$, $nP_0 \ge 5$, $n(1-P_0) \ge 5$ (정규분포에 근사)	양쪽	$P = P_0$	$P \ne P_0$	$u_0 = \dfrac{\hat{p} - P_0}{\sqrt{\dfrac{P_0(1-P_0)}{n}}}$	$\lvert u_0 \rvert > u_{1-\alpha/2}$	$\hat{p} = \dfrac{x}{n}$ $u_0 = \dfrac{x - nP_0}{\sqrt{nP_0(1-P_0)}}$
	한쪽	$P \ge P_0$	$P < P_0$		$u_0 < -u_{1-\alpha}$	
		$P \le P_0$	$P > P_0$		$u_0 > u_{1-\alpha}$	

(2) 한 개의 모부적합품률(모비율 또는 모불량률)에 대한 추정

대립가설		신뢰구간	비고
양쪽	$P \ne P_0$	$\hat{p} \pm u_{1-\alpha/2}\sqrt{\dfrac{\hat{p}(1-\hat{p})}{n}}$	점추정치 $\hat{p} = \dfrac{x}{n}$
한쪽	$P < P_0$	$\widehat{P_U} = \hat{p} + u_{1-\alpha}\sqrt{\dfrac{\hat{p}(1-\hat{p})}{n}}$ (신뢰상한)	
	$P > P_0$	$\widehat{P_L} = \hat{p} - u_{1-\alpha}\sqrt{\dfrac{\hat{p}(1-\hat{p})}{n}}$ (신뢰하한)	

(3) 두 모부적합품률의 차이에 대한 검정

기본가정		귀무가설 (H_0)	대립가설 (H_1)	통계량	기각역	비고
정규 분포에 근사	양쪽	$P_1 = P_2$	$P_1 \ne P_2$	$u_0 = \dfrac{\widehat{p_1} - \widehat{p_2}}{\sqrt{\hat{p}(1-\hat{p})\left(\dfrac{1}{n_1} + \dfrac{1}{n_2}\right)}}$	$\lvert u_0 \rvert > u_{1-\alpha/2}$	$\hat{p} = \dfrac{x_1 + x_2}{n_1 + n_2}$ $\widehat{p_1} = \dfrac{x_1}{n_1}$ $\widehat{p_2} = \dfrac{x_2}{n_2}$
	한쪽	$P_1 \ge P_2$	$P_1 < P_2$		$u_0 < -u_{1-\alpha}$	
		$P_1 \le P_2$	$P_1 > P_2$		$u_0 > u_{1-\alpha}$	

(4) 두 모부적합품률의 차이에 대한 추정

대립가설		신뢰구간
양쪽	$P_1 \neq P_2$	$(\hat{p}_1 - \hat{p}_2) \pm u_{1-\alpha/2}\sqrt{\frac{\hat{p}_1(1-\hat{p}_1)}{n_1} + \frac{\hat{p}_2(1-\hat{p}_2)}{n_2}}$
한쪽	$P_1 < P_2$	$(\hat{p}_1 - \hat{p}_2) + u_{1-\alpha}\sqrt{\frac{\hat{p}_1(1-\hat{p}_1)}{n_1} + \frac{\hat{p}_2(1-\hat{p}_2)}{n_2}}$ (신뢰상한)
	$P_1 > P_2$	$(\hat{p}_1 - \hat{p}_2) - u_{1-\alpha}\sqrt{\frac{\hat{p}_1(1-\hat{p}_1)}{n_1} + \frac{\hat{p}_2(1-\hat{p}_2)}{n_2}}$ (신뢰하한)

(5) 한 개의 모부적합수(모결점수)에 대한 검정

기본가정		귀무가설 (H_0)	대립가설 (H_1)	통계량	H_0 기각역	비고
$m_0 \geq 5$인 때 정규분포에 근사	양쪽	$m = m_0$	$m \neq m_0$	$u_0 = \frac{c - m_0}{\sqrt{m_0}}$	$\lvert u_0 \rvert > u_{1-\alpha/2}$	단위당 부적합수 $u_0 = \frac{\left(\frac{c}{n}\right) - u}{\sqrt{\frac{u}{n}}}$
	한쪽	$m \leq m_0$	$m > m_0$		$u_0 > u_{1-\alpha}$	
		$m \geq m_0$	$m < m_0$		$u_0 < -u_{1-\alpha}$	

(6) 한 개의 모부적합수(모결점수)에 대한 추정

가설		대립가설	신뢰구간	비고
정규 분포에 근사	양쪽	$m \neq m_0$	$c \pm u_{1-\alpha/2}\sqrt{c}$	단위당 부적합수 $\hat{u} = c/n$ $\hat{u} \pm u_{1-\alpha/2}\sqrt{\frac{\hat{u}}{n}}$
	한쪽	$m < m_0$	$m_U = c + u_{1-\alpha}\sqrt{c}$ (신뢰상한)	
		$m > m_0$	$m_L = c - u_{1-\alpha}\sqrt{c}$ (신뢰하한)	

(7) 모부적합수 차에 대한 검정

기본가정		귀무가설(H_0)	대립가설(H_1)	통계량	기각역
$m_1 \geq 5$, $m_2 \geq 5$ 정규분포에 근사	양쪽	$m_1 = m_2$	$m_1 \neq m_2$	$u_0 = \dfrac{c_1 - c_2}{\sqrt{c_1 + c_2}}$	$\|u_0\| > u_{1-\alpha/2}$
	한쪽	$m_1 \geq m_2$	$m_1 < m_2$		$u_0 < -u_{1-\alpha}$
		$m_1 \leq m_2$	$m_1 > m_2$		$u_0 > u_{1-\alpha}$

(8) 모부적합수 차에 대한 추정

가설		대립가설	신뢰한계
정규분포에 근사	양쪽	$m_1 \neq m_2$	$(c_1 - c_2) \pm u_{1-\alpha/2}\sqrt{c_1 + c_2}$
	한쪽	$m_1 < m_2$	$(c_1 - c_2) + u_{1-\alpha}\sqrt{c_1 + c_2}$ (신뢰상한)
		$m_1 > m_2$	$(c_1 - c_2) - u_{1-\alpha}\sqrt{c_1 + c_2}$ (신뢰하한)

예상문제

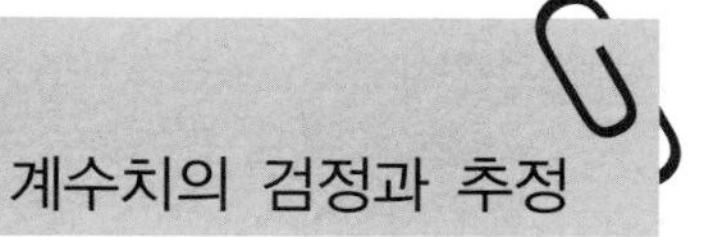

계수치의 검정과 추정

01. 어느 공장에서 생산되는 부품의 최근 1개월간 부적합품률은 9%로 알려져 있다. 이렇게 높은 부적합품률을 줄이기 위해 부적합 원인을 조사한 결과 부품에 들어가는 연결선이 하중에 못이겨 부품이 쉽게 부서짐이 발견되었다. 그래서 연결선을 종전의 직렬연결 대신 병렬연결로 바꾸었다. 그 후 부적합품률이 9%보다 낮아졌는지 200개의 부품을 실험한 결과 그 중 11개가 부적합품으로 판명되었다.

(1) 이때 모부적합품률이 9%보다 낮아졌는지 유의수준 5%에서 검정하시오.

(2) 새로운 제조방법에 의한 부적합품률을 95%의 신뢰률로 구간추정하시오.

해답 (1) $\hat{p}=\dfrac{x}{n}=\dfrac{11}{200}=0.055$

① 가설 : $H_0: P \geq 0.09 \quad H_1: P < 0.09$

② 유의수준 : $\alpha = 0.05$

③ 검정통계량 : $u_0 = \dfrac{\dfrac{x}{n}-P_0}{\sqrt{\dfrac{P_0(1-P_0)}{n}}} = \dfrac{0.055-0.09}{\sqrt{\dfrac{0.09(1-0.09)}{200}}} = -1.72958$

④ 기각역 : $u_0 < -u_{1-\alpha} = -u_{0.95} = -1.645$ 이면 H_0 기각

⑤ 판정 : $u_0 = -1.72958 < -u_{0.95} = -1.645$ 이므로 H_0를 기각한다. 즉 모부적합품률이 9%보다 낮아졌다고 할 수 있다.

(2) $\hat{P}_U = \hat{p}+u_{1-\alpha}\sqrt{\dfrac{\hat{p}(1-\hat{p})}{n}} = 0.055+1.645\times\sqrt{\dfrac{0.055(1-0.055)}{200}} = 0.08152$

02. 어떤 제조공정에서 $n=100$개의 표본을 추출하여 조사한 결과 1급품이 70개, 2급품이 30개였다. 다음 물음에 답하시오. (단, $\alpha=0.05$)

(1) 이 공정에서 생산되는 부품의 45%가 2급품이라고 할 수 있는지 검정하시오.

(2) 이 공정에서 2급품의 비율에 대한 95% 신뢰구간을 추정하시오.

(3) 5000개를 생산한다면 2급품수는 어느 정도되는가?

해답 (1) $\hat{p}=\dfrac{x}{n}=\dfrac{30}{100}=0.3$

① 가설 : $H_0: P=0.45$　　　$H_1: P\neq 0.45$

② 유의수준 : $\alpha=0.05$

③ 검정통계량 : $u_0=\dfrac{\dfrac{x}{n}-P_0}{\sqrt{\dfrac{P_0(1-P_0)}{n}}}=\dfrac{0.3-0.45}{\sqrt{\dfrac{0.45(1-0.45)}{100}}}=-3.01511$

④ 기각역 : $|u_0|>u_{1-\alpha/2}=u_{0.975}=1.96$이면 H_0기각

⑤ 판정 : $|u_0|=3.01511>u_{0.975}=1.96$이므로 H_0를 기각한다. 즉 제품의 45%가 2급품이라고 할 수 없다.

(2) $\begin{cases}\widehat{P_U}\\ \widehat{P_L}\end{cases}=\hat{p}\pm u_{1-\alpha/2}\sqrt{\dfrac{\hat{p}(1-\hat{p})}{n}}=0.3\pm 1.96\times\sqrt{\dfrac{0.3(1-0.3)}{100}}$

$0.21018\leq \hat{P}\leq 0.38982$

(3) $0.21018\times 5{,}000\sim 0.38982\times 5{,}000=1{,}050.9\sim 1{,}949.1$

$1{,}050\sim 1{,}949$

03. 2018년 6월에 실시된 광역의회 선거에서 선거일 하루 전에 1,000명을 대상으로 한 후보에 대한 지지율을 조사한 결과 540명이 그 후보를 지지한다고 말하였다. 그 후보가 과반수의 표를 얻을 수 있는지 지지율에 대한 95% 신뢰구간을 추정하시오.

해답 $\hat{p}=\dfrac{r}{n}=\dfrac{540}{1{,}000}=0.54$

$\begin{cases}\widehat{P_U}\\ \widehat{P_L}\end{cases}=\hat{p}\pm u_{1-\alpha/2}\sqrt{\dfrac{\hat{p}(1-\hat{p})}{n}}=0.54\pm 1.96\sqrt{\dfrac{0.54\times(1-0.54)}{1{,}000}}$

$0.50911\leq \hat{P}\leq 0.57089$

04. 자동차 보험을 150만원 이상의 액수에 대해 가입하는 사람들의 비율을 추정하기 위해 500명의 자동차 소유자를 임의 추출하여 조사한 결과 60명이 150만원 이상의 보험에 가입한 것으로 나타났다.

(1) 모비율에 대한 95% 신뢰구간을 구하시오.

(2) 모비율의 95% 추정오차한계가 0.08 이내가 되도록 하려면 표본의 크기는 얼마 이상이어야 하는가?

해답 (1) $\hat{p}=\dfrac{x}{n}=\dfrac{60}{500}=0.12$

$$\begin{cases}\widehat{P_U} \\ \widehat{P_L}\end{cases} = \hat{p}\pm u_{1-\alpha/2}\sqrt{\frac{\hat{p}(1-\hat{p})}{n}} = 0.12 \pm 1.96\sqrt{\frac{0.12(1-0.12)}{500}}$$

$0.09152 \le \hat{P} \le 0.14848$

(2) $u_{0.975}\sqrt{\dfrac{\hat{p}(1-\hat{p})}{n}} \le 0.08$

$1.96\sqrt{\dfrac{0.12(1-0.12)}{n}} \le 0.08$

$n \ge 63.3864,\ n=64$

05. 어떤 공정에서 원료의 산포에 따라서 제품의 품질특성치에 큰 영향을 미치고 있는데 그 원료는 A, B 두 회사로부터 납품되고 있다. 이 두 회사의 원료에 대해서 제품에 미치는 부적합품률(회사 A, B의 부적합품률은 각각 P_1, P_2라 하자)에 차이가 있으면 좋은 쪽 회사의 원료를 더 많이 구입하거나, 나쁜 쪽 회사에 대해서는 감가를 요구하고 싶다. 부적합품률의 차를 조사하기 위해서 회사 A, 회사 B의 원료로 만들어진 제품 중에서 랜덤하게 각각 100개, 130개의 제품을 추출하여 부적합품수를 찾아보았더니 각각 11개, 6개였다.

(1) 가설 $H_0 : P_1 = P_2,\ H_1 : P_1 \ne P_2$를 $\alpha=0.05$에서 검정하시오.

(2) $P_1 - P_2$의 95%의 신뢰구간을 구하시오.

해답 (1) $\widehat{p_1}=\dfrac{x_1}{n_1}=\dfrac{11}{100}=0.11,\qquad \widehat{p_2}=\dfrac{x_2}{n_2}=\dfrac{6}{130}=0.04615$,

$\hat{p}=\dfrac{x_1+x_2}{n_1+n_2}=\dfrac{11+6}{100+130}=0.07391$

① 가설 : $H_0 : P_1 = P_2 \qquad H_1 : P_1 \ne P_2$

② 유의수준 : $\alpha=0.05$

③ 검정통계량 : $u_0 = \dfrac{\widehat{p_1}-\widehat{p_2}}{\sqrt{\hat{p}(1-\hat{p})\left(\dfrac{1}{n_1}+\dfrac{1}{n_2}\right)}}$

$$= \frac{0.11-0.04615}{\sqrt{0.07391(1-0.07391)\left(\dfrac{1}{100}+\dfrac{1}{130}\right)}} = 1.83481$$

④ 기각역 : $|u_0| > u_{1-\alpha/2} = u_{0.975} = 1.96$ 이면 H_0를 기각한다.

⑤ 판정 : $u_0 = 1.83481 < u_{0.975} = 1.96$ 이므로 $\alpha = 0.05$에서 H_0를 채택한다. 유의수준 5%에서 P_1과 P_2 사이에 차이가 있다고 할 수 없다.

(2) $(\hat{p_1} - \hat{p_2}) \pm u_{1-\alpha/2}\sqrt{\dfrac{\hat{p_1}(1-\hat{p_1})}{n_1} + \dfrac{\hat{p_2}(1-\hat{p_2})}{n_2}}$

$= (0.11 - 0.04615) \pm 1.96\sqrt{\dfrac{0.11 \times 0.89}{100} + \dfrac{0.04615 \times 0.95385}{130}}$

$= -0.00730 \sim 0.13500$

06. 작업방법을 개선하여 부적합품 발생상태를 개선 전과 비교하니 다음과 같았다.

	적합품	부적합품	계
개선 전(A)	372	28	400
개선 후(B)	588	12	600
계	960	40	1000

(1) 개선 전에 비해 부적합품률이 낮아졌다고 할 수 있겠는가? 유의수준 1%로 검정하시오.

(2) 99% 신뢰구간의 상한을 추정하시오.

해답 (1) ① 가설 : $H_0 : m \geq m_0(26)$ $H_1 : m < m_0(26)$

② 유의수준 : $\alpha = 0.05$

③ 검정통계량 : $u_0 = \dfrac{c - m_0}{\sqrt{m_0}} = \dfrac{14 - 26}{\sqrt{26}} = -2.35339$

④ 기각역 : $u_0 < -u_{1-\alpha} = -u_{0.95} = -1.645$ 이면 H_0를 기각한다.

⑤ 판정 : $u_0 = -2.35339 < -u_{0.95} = -1.645$ 이므로 $\alpha = 0.05$에서 H_0를 기각한다. 유의수준 5%에서 모부적합수가 작아졌다고 할 수 있다.

(2) $(\hat{p}_B - \hat{p}_A) + u_{1-\alpha}\sqrt{\dfrac{\hat{p}_A(1-\hat{p}_A)}{n_A} + \dfrac{\hat{p}_B(1-\hat{p}_B)}{n_B}}$

$= (0.02 - 0.07) + 2.326\sqrt{\dfrac{0.07(1-0.07)}{400} + \dfrac{0.02(1-0.02)}{600}} = -0.01748$

07. **종래의 한 로트의 모부적합수가 $m_0 = 26$ 이었다. 작업방법을 개선한 후의 시료부적합수 $c = 14$ 개가 나왔다.**

(1) 모부적합수가 작아졌다고 할 수 있겠는가? (단, $\alpha = 0.05$)

(2) 모부적합수에 대한 신뢰도 95%의 구간을 구하시오.

해답 (1) ① 가설 : $H_0 : m \geq m_0(26)$ $\quad H_1 : m < m_0(26)$

② 유의수준 : $\alpha = 0.05$

③ 검정통계량 : $u_0 = \dfrac{c - m_0}{\sqrt{m_0}} = \dfrac{14 - 26}{\sqrt{26}} = -2.35339$

④ 기각역 : $u_0 < -u_{1-\alpha} = -u_{0.95} = -1.645$ 이면 H_0를 기각한다.

⑤ 판정 : $u_0 = -2.35339 < -u_{0.95} = -1.645$ 이므로 $\alpha = 0.05$ 에서 H_0를 기각한다. 유의수준 5%에서 모부적합수가 작아졌다고 할 수 있다.

(2) $m_U = c + u_{1-\alpha}\sqrt{c} = 14 + 1.645 \times \sqrt{14} = 20.15503$

08. **20매의 강판에서 30개의 흠이 발견되었다. 강판 1매당의 모부적합수를 95% 신뢰도로 추정하시오.**

해답 단위당 모부적합수의 신뢰구간 추정

$$\hat{u} = \frac{c}{n} = \frac{30}{20} = 1.5$$

$$\hat{u} \pm u_{1-\alpha/2}\sqrt{\frac{\hat{u}}{n}} = 1.5 \pm u_{0.975}\sqrt{\frac{1.5}{20}}$$

$$0.96323 \leq \hat{U} \leq 2.03677$$

09. **A 공장에서는 사양이 약간씩 다른 세 종류의 전기밥솥을 같은 공정에서 생산하고 있다. 19년도에 이 공정의 전기밥솥에 대한 월평균 치명부적합수의 발생건수는 12건으로 기록되어 있다. 20년도의 연초에 공정을 개량하였더니 최근 6개월간의 치명부적합수의 발생건수는 44건으로 나타났다. 다음 각 물음에 답하시오.**

(1) 19년도와 비교해서 20년의 월평균 치명부적합수의 발생건수가 줄었다고 할 수 있겠는가? (단, 정규분포 근사법을 이용하여 검정하되 위험률은 1%를 적용하시오.)

(2) A 공장의 월평균 치명부적합수의 신뢰한계를 신뢰율 99%로 구하시오.

해답 (1) U을 월평균 부적합수라고 하면

① 가설 : $H_0: U \geq U_0(=12)$ $H_1: U < U_0(=12)$

② 유의수준 : $\alpha = 0.01$

③ 검정통계량 : $u_0 = \dfrac{\dfrac{c}{n} - U_0}{\sqrt{\dfrac{U_0}{n}}} = \dfrac{\dfrac{44}{6} - 12}{\sqrt{\dfrac{12}{6}}} = -3.29983$

④ 기각역 : $u_0 < -u_{1-\alpha} = -u_{0.99} = -2.326$이면 H_0를 기각한다.

⑤ 판정 : $u_0 = -3.29983 < -u_{0.99} = -2.326$이므로 $\alpha = 0.01$에서 H_0를 기각한다. 즉, 월평균 치명부적합수의 발생건수는 줄었다고 할 수 있다.

(2) $\hat{u} + u_{1-\alpha}\sqrt{\dfrac{\hat{u}}{n}} = 7.33333 + 2.326\sqrt{\dfrac{7.33333}{6}} = 9.90482$ 건/월

10. **어느 모직의 10m²당 흠집의 수는 평균이 4.5개였다. 부적합수를 줄이기 위해 생산라인의 일부에 대하여 기계화를 시도하였다. 기계화가 효과가 있었는지 확인하기 위하여 1000m²에 해당하는 모직을 점검한 결과 400개의 흠을 발견하였다.**

(1) 기계화에 의하여 평균 부적합수가 줄었다고 할 수 있는지 유의수준 $\alpha = 0.01$에서 검정하시오.

(2) 부적합수에 대한 99% 상한신뢰구간을 구하시오.

해답 (1) U을 단위면적(10m²)당 부적합수라고 하면

① 가설 : $H_0: U \geq U_0(=4.5)$ $H_1: U < U_0(=4.5)$

② 유의수준 : $\alpha = 0.01$

③ 검정통계량 : $u_0 = \dfrac{\dfrac{c}{n} - U_0}{\sqrt{\dfrac{U_0}{n}}} = \dfrac{\dfrac{400}{100} - 4.5}{\sqrt{\dfrac{4.5}{100}}} = -2.35702$

④ 기각역 : $u_0 < -u_{1-\alpha} = -u_{0.99} = -2.326$이면 H_0를 기각한다.

⑤ 판정 : $u_0 = -2.35702 < -u_{0.99} = -2.326$이므로 $\alpha = 0.01$에서 H_0를 기각한다. 유의수준 1%에서 기계화에 의하여 평균 부적합수가 줄었다고 할 수 있다.

(2) $\hat{u} + u_{1-\alpha}\sqrt{\dfrac{\hat{u}}{n}} = 4 + 2.326\sqrt{\dfrac{4}{100}} = 4.4652$

11. 어떤 A, B 두 공정에서 A공정은 제품의 길이 10000m에 흠이 20개, B공정에서는 같은 길이에서 흠이 30개 있다. A공정과 B공정의 흠의 수에 차이가 있는지 유의수준 5%로 검정하시오.

해답 ① 가설 : $H_0 : m_A = m_B \quad H_1 : m_A \neq m_B$

② 유의수준 : $\alpha = 0.05$

③ 검정통계량 : $u_0 = \dfrac{c_A - c_B}{\sqrt{c_A + c_B}} = \dfrac{20-30}{\sqrt{20+30}} = -1.41421$

④ 기각역 : $|u_0| > u_{1-\alpha/2} = u_{0.975} = 1.96$ 이면 H_0를 기각한다.

⑤ 판정 : $|u_0| = 1.41421 < u_{0.975} = 1.96$ 이므로 $\alpha = 0.05$ 에서 H_0를 채택한다. 유의수준 5%에서 A공정 흠의 수와 B공정 흠의 수에 차이가 있다고 할 수 없다.

5-4 적합도, 독립성 및 동질성 검정

(1) 적합도 검정

통계량	기각역	비고
$\chi_0^2 = \sum_{i=1}^{k} \frac{(O_i - E_i)^2}{E_i}$	$\chi_0^2 > \chi_{1-\alpha}^2(n-1)$ 또는 $\chi_0^2 > \chi_{1-\alpha}^2(k-p-1)$	O_i : 관측치 E_i : 기대치

(2) $r \times c$ 분할표에 의한 독립성의 검정

통계량	기각역	비고
$\chi_0^2 = \sum_{i}^{r} \sum_{j}^{c} \frac{(O_{ij} - E_{ij})^2}{E_{ij}}$	$\chi_0^2 > \chi_{1-\alpha}^2[(r-1)(c-1)]$	O_{ij} : 관측치 E_{ij} : 기대치

(3) $l \times m$ 동일성 검정

통계량	기각역	비고
$\chi_0^2 = \sum_{i}^{l} \sum_{j}^{m} \frac{(O_{ij} - E_{ij})^2}{E_{ij}}$	$\chi_0^2 > \chi_{1-\alpha}^2[(l-1)(m-1)]$	O_{ij} : 관측치 E_{ij} : 기대치

(4) 2×2 분할표에 의한 독립성 검정(Yates의 간편식)

	1	2	합 계
A	a	b	T_A
B	c	d	T_B
합계	T_1	T_2	T

통계량	기각역	비고
$\chi_0^2 = \frac{\left(\lvert ad-bc \rvert - \frac{T}{2} \right)^2 \cdot T}{T_1 \cdot T_2 \cdot T_A \cdot T_B}$	$\chi_0^2 > \chi_{1-\alpha}^2(1)$	O_{ij} : 관측치 E_{ij} : 기대치

예상문제

적합도, 독립성 및 동질성 검정

01. 주사위를 60회 던져서 1부터 6까지의 눈이 몇 회 나타나는가를 기록한 것이다. 이 주사위는 올바르게 만들어졌다고 판단해도 되겠는가? (단, $\alpha = 0.05$)

눈	1	2	3	4	5	6	계
관측치	9	12	13	9	11	6	60

해답 ① 가설 : $H_0 : p_i = \frac{1}{6}$, $H_1 : p_i \neq \frac{1}{6}$

② 유의수준 : $\alpha = 0.05$

③ 검정통계량

눈	1	2	3	4	5	6	계
관측치 (O_i)	9	12	13	9	11	6	60
이론치 (E_i)	$60 \times \frac{1}{6} = 10$	$60 \times \frac{1}{6} = 10$	$60 \times \frac{1}{6} = 10$	$60 \times \frac{1}{6} = 10$	$60 \times \frac{1}{6} = 10$	$60 \times \frac{1}{6} = 10$	

$$\chi_0^2 = \sum \frac{(O_i - E_i)^2}{E_i} = \frac{(9-10)^2}{10} + \frac{(12-10)^2}{10} + \cdots + \frac{(6-10)^2}{10} = 3.2$$

④ 기각역 : $\chi_0^2 > \chi_{1-\alpha}^2(\nu) = \chi_{0.95}^2(5) = 11.07$ 이면 H_0를 기각한다.

⑤ 판정 : $\chi_0^2 = 3.2 < \chi_{0.95}^2(5) = 11.07$ 이므로 $\alpha = 0.05$ 에서 H_0를 채택한다. 유의수준 5%에서 주사위가 올바르지 않다고 할 수 없다.

02. 어떤 공장에서 5대의 기계를 운전하고 있는 제품 공정이 있다. 각 기계마다 일정기간 내의 고장횟수를 조사하였더니 아래와 같다. 기계에 따라 고장횟수가 다르다고 할 수 있는지 $\alpha = 0.05$ 에서 검정하시오.

기계	A	B	C	D	E
횟수	12	8	15	8	12

해답 ① 가설 : H_0 : $m_A = m_B = m_C = m_D = m_E$
H_1 : 기계에 따라 고장횟수가 다르다.

② 유의수준 : $\alpha = 0.05$

③ 검정통계량

	A	B	C	D	E
관측치(O_i)	12	8	15	8	12
이론치(E_i) $=nP_i$	$55 \times \frac{1}{5} = 11$	$55 \times \frac{1}{5} = 11$	$55 \times \frac{1}{5} = 11$	$55 \times \frac{1}{5} = 11$	$55 \times \frac{1}{5} = 11$

$$\chi_0^2 = \sum \frac{(O_i - E_i)^2}{E_i} = \frac{(12-11)^2}{11} + \cdots + \frac{(12-11)^2}{11} = 3.27273$$

④ 기각역 : $\chi_0^2 > \chi_{1-\alpha}^2(\nu) = \chi_{0.95}^2(4) = 9.49$이면 H_0를 기각한다.

⑤ 판정 : $\chi_0^2 = 3.27273 < \chi_{0.95}^2(4) = 9.49$이므로 $\alpha = 0.05$에서 H_0를 채택한다. 유의수준 5%에서 기계에 따라 고장횟수가 다르다고 할 수 없다.

03. 모부적합품률이 9%인 모집단에서 $n = 167$개를 추출하여 부적합품수를 조사한 결과 부적합품수가 8개가 나왔다. χ^2분포를 이용하여 적합도 검정을 하시오. (단, $\alpha = 0.05$)

해답 ① 가설 : H_0 : $P = 0.09$ H_1 : $P \neq 0.09$

② 유의수준 : $\alpha = 0.05$

③ 검정통계량

	적합품	부적합품	계
관측치(O_i)	159	8	167
이론치(E_i)	$167 \times 0.91 = 151.97$	$167 \times 0.09 = 15.03$	

$$\chi_0^2 = \sum \frac{(O_i - E_i)^2}{E_i} = \frac{(159 - 151.97)^2}{151.97} + \frac{(8 - 15.03)^2}{15.03} = 3.61335$$

④ 기각역 : $\chi_0^2 > \chi_{1-\alpha}^2(\nu) = \chi_{0.95}^2(1) = 3.84$이면 H_0를 기각한다.

⑤ 판정 : $\chi_0^2 = 3.613 < \chi_{0.95}^2(1) = 3.84$이므로 $\alpha = 0.05$에서 H_0를 채택한다. 유의수준 5%에서 부적합품률이 다르다고 할 수 없다.

04. 멘델의 유전법칙에 의하면 4종류의 식물이 9 : 3 : 3 : 1의 비율로 나오게 되어 있다고 한다. 240그루의 식물을 관찰하였더니 각 부문별로 120 : 40 : 55 : 25로 나타났다면, 멘델의 법칙에 어긋난다고 말할 수 있는지 검정하시오. (단, $\alpha = 0.05$)

해답 ① 가설 : $H_0 : p_1 = \frac{9}{16}, \quad p_2 = \frac{3}{16}, \quad p_3 = \frac{3}{16}, \quad p_4 = \frac{1}{16}$

H_1 : not H_0

② 유의수준 : $\alpha = 0.05$

③ 검정통계량

	1	2	3	4	계
관측치 (O_i)	120	40	55	25	240
이론치 (E_i)	$240 \times \frac{9}{16} = 135$	$240 \times \frac{3}{16} = 45$	$240 \times \frac{3}{16} = 45$	$240 \times \frac{1}{16} = 15$	

$$\chi_0^2 = \sum \frac{(O_i - E_i)^2}{E_i} = \frac{(120-135)^2}{135} + \frac{(40-45)^2}{45} + \frac{(55-45)^2}{45} + \frac{(25-15)^2}{15}$$
$$= 11.11111$$

④ 기각역 : $\chi_0^2 > \chi_{1-\alpha}^2(\nu) = \chi_{0.95}^2(3) = 7.81$ 이면 H_0를 기각한다.

⑤ 판정 : $\chi_0^2 = 11.11111 > \chi_{0.95}^2(3) = 7.81$ 이므로 $\alpha = 0.05$에서 H_0를 기각한다. 유의수준 5%에서 멘델의 법칙에 어긋난다고 말할 수 있다.

05. 1급 제품, 2급 제품, 3급 제품의 생산비율 p_1, p_2, p_3가 각각 0.6, 0.3, 0.1이었다. 공정개량 후에 이 생산비율이 달라졌는가를 알아보기 위하여 공정개량 후에 만들어진 제품 중에서 150개를 랜덤하게 추출하여 분류하여보니 1, 2, 3급 제품이 각각 105개, 25개, 20개이었다. 공정개량 후의 생산비율이 종전과 같은가를 $\alpha = 0.05$로 검정하시오.

해답 ① 가설 : H_0: $p_1 = 0.6, \quad p_2 = 0.3, \quad p_3 = 0.1$

H_1 : not H_0

② 유의수준 : $\alpha = 0.05$

③ 검정통계량

	1급	2급	3급	계
관측치(O_i)	105	25	20	150
이론치 (E_i)$= nP_i$	$150 \times 0.6 = 90$	$150 \times 0.3 = 45$	$150 \times 0.1 = 15$	

$$\chi_0^2 = \sum \frac{(O_i - E_i)^2}{E_i} = \frac{(105-90)^2}{90} + \frac{(25-45)^2}{45} + \frac{(20-15)^2}{15} = 13.05556$$

④ 기각역 : $\chi_0^2 > \chi_{1-\alpha}^2(\nu) = \chi_{0.95}^2(2) = 5.99$이면 H_0를 기각한다.

⑤ 판정 : $\chi_0^2 = 13.05556 > \chi_{0.95}^2(2) = 5.99$이므로 $\alpha = 0.05$에서 H_0를 기각한다. 유의수준 5%에서 생산비율이 종전과 달라졌다고 할 수 있다.

06. 다음은 간염예방주사의 접종여부와 간염 감염여부 사이에 관계가 있는지 알아보기 위하여 어느 지역주민 1000명을 조사한 결과이다. 두 요인간 서로 독립적인지 검정하시오.

감염여부 \ 간염 예방접종	접종 안함	1회 접종	2회 접종	합
감염되었음	24	9	13	46
감염되지 않았음	289	100	565	954
합	313	109	578	1000

해답 ① 가설

H_0 : 간염에 대한 예방접종의 실시여부와 감염여부는 서로 독립이다. (즉, 아무런 연관성이 없다)

H_1 : 간염에 대한 예방접종의 실시여부와 감염여부는 서로 독립이 아니다. (즉, 예방접종의 실시여부에 따라서 간염의 감염률은 달라질 수 있다).

② 유의수준 : $\alpha = 0.05$ 또는 0.01

③ 검정통계량

감염여부 \ 간염 예방접종	도수	예방접종안함	1회 접종	2회 접종	합
감염되었음	O_{ij}	24	9	13	$46(=n_{1.})$
	E_{ij}	14.398	5.014	26.588	
감염되지 않았음	O_{ij}	289	100	565	$954(=n_{2.})$
	E_{ij}	298.602	103.986	551.412	
합		$313(=n_{.1})$	$109(=n_{.2})$	$578(=n_{.3})$	$1,000(=n)$

$$E_{11} = \frac{313}{1,000} \times 46 = 14.398$$

$$E_{12} = \frac{109}{1,000} \times 46 = 5.014$$

$$E_{13} = \frac{578}{1,000} \times 46 = 26.588$$

$$E_{21} = \frac{313}{1,000} \times 954 = 298.602$$

$$E_{22} = \frac{109 \times 954}{1,000} = 103.986$$

$$E_{23} = \frac{578 \times 954}{1,000} = 551.412$$

$$\chi_0^2 = \sum\sum \frac{(O_{ij} - E_{ij})^2}{E_{ij}}$$

$$= \frac{(24 - 14.398)^2}{14.398} + \frac{(289 - 298.602)^2}{298.602} + \cdots + \frac{(565 - 551.412)^2}{551.412} = 17.31297$$

④ 기각역 : $\chi_0^2 > \chi_{1-\alpha}^2[(r-1)(c-1)] = \chi_{0.99}^2[(3-1)(2-1)] = 9.21$ 이면 H_0를 기각한다.

⑤ 판정 : $\chi_0^2 = 17.312971 > \chi_{0.99}^2(2) = 9.21$ 이므로 $\alpha = 0.01$ 에서 H_0를 기각한다. 유의수준 1%에서 예방접종의 실시여부에 따라서 간염의 감염률은 달라질 수 있다.

07. 3가지 공법에 의해 300개의 제품이 만들어졌다. 제품의 3가지 등급으로 나뉜 경우 각 공법마다 등급품이 나오는 것이 다르다고 할 수 있는지 5% 유의수준에서 검정하시오.

공법별 등급

등급 \ 공법	1	2	3
1	26	54	58
2	62	30	32
3	12	16	10
합계	100	100	100

해답 ① 가설

H_0 : 각 공법마다 등급품이 나오는 것이 같다.

H_1 : 각 공법마다 등급품이 나오는 것이 같지 않다.

② 유의수준 : $\alpha = 0.05$

③ 검정통계량

등급 \ 도수 \ 공법		1	2	3	합 계
1	O_{ij}	26	54	58	$138(=n_{1\cdot})$
	E_{ij}	46	46	46	
2	O_{ij}	62	30	32	$124(=n_{2\cdot})$
	E_{ij}	41.33333	41.33333	41.33333	
3	O_{ij}	12	16	10	$38(=n_{3\cdot})$
	E_{ij}	12.66667	12.66667	12.66667	
합계		$100(=n_{\cdot 1})$	$100(=n_{\cdot 2})$	$100(=n_{\cdot 3})$	$300(=n)$

$$E_{11}=E_{12}=E_{13}=\frac{100}{300}\times 138=46$$

$$E_{21}=E_{22}=E_{23}=\frac{100}{300}\times 124=41.33333$$

$$E_{31}=E_{32}=E_{33}=\frac{100}{300}\times 38=12.66667$$

$$\chi_0^2=\sum\sum\frac{(O_{ij}-E_{ij})^2}{E_{ij}}$$

$$=\frac{(26-46)^2}{46}+\frac{(62-41.33333)^2}{41.33333}+\cdots+\frac{(10-12.66667)^2}{12.66667}=30.23946$$

④ 기각역 : $\chi_0^2>\chi_{1-\alpha}^2[(r-1)(c-1)]=\chi_{0.95}^2[(3-1)(3-1)]=9.49$이면 H_0를 기각한다.

⑤ 판정 : $\chi_0^2=30.23946>\chi_{0.95}^2(4)=9.49$이므로 $\alpha=0.05$에서 H_0를 기각한다. 유의수준 5%에서 각 공법마다 등급품이 나오는 것이 다르다고 할 수 있다.

08. 협력업체 A, B, C, D로부터 납품된 부품을 1급, 2급, 3급품으로 분류하였더니 다음과 같은 데이터를 얻었다. 협력업체에 따라 각 등급이 나오는 것이 다르다고 할 수 있겠는가? (단, $\alpha = 0.05$)

협력업체별 등급

등급	1급품	2급품	3급품	합 계
A	66	24	16	106
B	44	34	22	100
C	56	28	14	98
D	48	32	16	96
합계	214	118	68	400

해답 ① 가설

H_0 : A, B, C, D업체의 각 등급품이 나오는 것이 같다.

H_1 : A, B, C, D업체의 각 등급품이 나오는 것이 같지 않다.

② 유의수준 : $\alpha = 0.05$

③ 검정통계량

협력업체 \ 도수 \ 등급		1급품	2급품	3급품	합계
A	O_{ij}	66	24	16	106
	E_{ij}	56.71	31.27	18.02	
B	O_{ij}	44	34	22	100
	E_{ij}	53.5	29.5	17	
C	O_{ij}	56	28	14	98
	E_{ij}	52.43	28.91	16.66	
D	O_{ij}	48	32	16	96
	E_{ij}	51.36	28.32	16.32	
합계		214	118	68	400

$E_{11} = \dfrac{214}{400} \times 106 = 56.71$, $E_{12} = \dfrac{214}{400} \times 100 = 53.5$,

$E_{13} = \dfrac{214}{400} \times 98 = 52.43$, $E_{14} = \dfrac{214}{400} \times 96 = 51.36$

$E_{21} = \dfrac{118}{400} \times 106 = 31.27$, $E_{22} = \dfrac{118}{400} \times 100 = 29.5$,

$E_{23} = \dfrac{118}{400} \times 98 = 28.91$, $E_{24} = \dfrac{118}{400} \times 96 = 28.32$

$$E_{31} = \frac{68}{400} \times 106 = 18.02, \qquad E_{32} = \frac{68}{400} \times 100 = 17,$$

$$E_{33} = \frac{68}{400} \times 98 = 16.66, \qquad E_{34} = \frac{68}{400} \times 96 = 16.32$$

$$\chi_0^2 = \sum\sum \frac{(O_{ij} - E_{ij})^2}{E_{ij}}$$

$$= \frac{(66-56.71)^2}{56.71} + \frac{(44-53.5)^2}{53.5} + \cdots + \frac{(16-16.32)^2}{16.32} = 8.68316$$

④ 기각역 : $\chi_0^2 > \chi_{1-\alpha}^2[(m-1)(n-1)] = \chi_{0.95}^2[(4-1)(3-1)] = 12.59$ 이면 H_0를 기각한다.

⑤ 판정 : $\chi_0^2 = 8.68316 < \chi_{0.95}^2(6) = 12.59$ 이므로 $\alpha = 0.05$에서 H_0를 채택한다. 유의수준 5%에서 A, B, C, D 업체의 각 등급품의 출현비율은 다르다고 할 수 없다.

09. 기계 A와 기계 B에서 만들어지는 제품 중에서 각각 100개씩 뽑아서 부적합품을 조사하니 다음 표와 같았다. Yates의 방법을 활용하여 두 기계에서 나오는 제품의 부적합품률이 같은지를 검정하시오. (단, $\alpha = 0.05$)

	적합품	부적합품	계
A	90	10	100
B	94	6	100
합계	184	16	200

해답 ① 가설 : $H_0 : P_A = P_B \qquad H_1 : P_A \neq P_B$

② 유의수준 : $\alpha = 0.05$

③ 검정통계량 : $\chi_0^2 = \dfrac{\left(|ad - bc| - \dfrac{T}{2}\right)^2 \cdot T}{T_1 \cdot T_2 \cdot T_A \cdot T_B}$

$$= \frac{\left(|90 \times 6 - 10 \times 94| - \dfrac{200}{2}\right)^2 \times 200}{184 \times 16 \times 100 \times 100} = 0.61141$$

④ 기각역 : $\chi_0^2 > \chi_{1-\alpha}^2(1) = \chi_{0.95}^2(1) = 3.84$ 이면 H_0를 기각한다.

⑤ 판정 : $\chi_0^2 = 0.61141 < \chi_{0.95}^2(1) = 3.84$ 이므로 $\alpha = 0.05$에서 H_0를 채택한다. 유의수준 5%에서 부적합품률은 다르다고 할 수 없다.

10. 어떤 전기 부품의 납땜공정에서 작업자가 서서 작업한 공정에서 800개, 앉아서 작업한 공정에서 1000개를 각각 뽑아 적합품과 부적합품을 나누었더니 다음의 데이터를 얻었다. 선 작업과 앉은 작업에 따라 부적합품률의 차이가 있는지 2×2분할표에 의해 검정하시오. (단, $\alpha=0.05$)

	적합품	부적합품	계
선 작업	710	90	800
앉은 작업	940	60	1000
계	1650	150	1800

해답 ① 가설 : $H_0 : P_A = P_B$ $H_1 : P_A \neq P_B$

② 유의수준 : $\alpha = 0.05$

③ 검정통계량 : $\chi_0^2 = \dfrac{\left(|ad-bc| - \dfrac{T}{2}\right)^2 \cdot T}{T_1 \cdot T_2 \cdot T_A \cdot T_B}$

$$= \frac{\left(|710\times60-90\times940| - \dfrac{1,800}{2}\right)^2 \times 1,800}{1,650\times150\times1,000\times800} = 15.35645$$

④ 기각역 : $\chi_0^2 > \chi_{1-\alpha}^2(1) = \chi_{0.95}^2(1) = 3.84$이면 H_0를 기각한다.

⑤ 판정 : $\chi_0^2 = 0.61141 < \chi_{0.95}^2(1) = 3.84$이므로 $\alpha = 0.05$에서 H_0를 채택한다. 유의수준 5%에서 부적합품률은 다르다고 할 수 없다.

6 상관 및 회귀분석

6-1 상관분석

(1) 상관계수, 공분산, 기여율(결정계수)

$$S(xx)=\sum(x_i-\bar{x})^2=\sum x^2-\frac{(\sum x)^2}{n}$$

$$S(yy)=\sum(y_i-\bar{y})^2=\sum y^2-\frac{(\sum y)^2}{n}$$

$$S(xy)=\sum xy-\frac{(\sum x)(\sum y)}{n}$$

① 표본상관계수 r

$$r=\frac{S_{xy}}{\sqrt{S_{xx}S_{yy}}}$$

② r^2(기여율, 결정계수, 관여율)

$$r^2=\frac{S_R}{S(yy)}=\frac{S(xy)^2}{S(xx)\,S(yy)}$$

③ V_{xy}(공분산)$=\dfrac{S(xy)}{n-1}$

(2) 상관계수 유무검정($\rho=0$인 검정)

① 가설 : $H_0 : \rho=0 \qquad H_1 : \rho \neq 0$

② 유의수준 : $\alpha=0.05$ 또는 0.01

③ 검정통계량

$$t_0=\frac{r}{\sqrt{\dfrac{1-r^2}{n-2}}}=r\cdot\sqrt{\frac{n-2}{1-r^2}}$$

④ 기각역

㉠ t표가 주어진 경우 : $|t_0|>t_{1-\alpha/2}(n-2)$이면 H_0를 기각한다.

㉡ r표가 주어진 경우 : $|r_0|>r_{1-\alpha/2}(n-2)$이면 H_0를 기각한다.

⑤ 판정 : 검정통계량의 계산된 값이 기각역에 위치하면 H_0기각, 채택역에 위치하면 H_0 채택

(3) 모상관계수(ρ)에 대한 유의성 검정($\rho \neq 0$인 검정)

① 가설 : $H_0 : \rho=\rho_0 \qquad H_1 : \rho \neq \rho_0$

② 유의수준 : $\alpha=0.05$ 또는 0.01

③ 검정통계량

$$u_0=\frac{Z_r-Z_{\rho_0}}{\dfrac{1}{\sqrt{n-3}}}=\sqrt{n-3}\left[\frac{1}{2}\ln\left(\frac{1+r}{1-r}\right)-\frac{1}{2}\ln\left(\frac{1+\rho_0}{1-\rho_0}\right)\right]=\frac{\tanh^{-1}r-\tanh^{-1}\rho}{\dfrac{1}{\sqrt{n-3}}}$$

$$Z_r=\frac{1}{2}\ln\left(\frac{1+r}{1-r}\right)=\tanh^{-1}r$$

$$Z_{\rho_0}=\frac{1}{2}\ln\left(\frac{1+\rho}{1-\rho}\right)=\tanh^{-1}\rho$$

④ 기각역 : $|u_0|>u_{1-\alpha/2}$이면 H_0를 기각한다.

⑤ 판정 : 검정통계량의 계산된 값이 기각역에 위치하면 H_0 기각, 채택역에 위치하면 H_0 채택

(4) 모상관계수(ρ)에 대한 추정(양쪽)

$$\tanh\left(\tanh^{-1}r \pm u_{1-\alpha/2}\frac{1}{\sqrt{n-3}}\right)$$

6-2 회귀분석

(1) 단순회귀분석

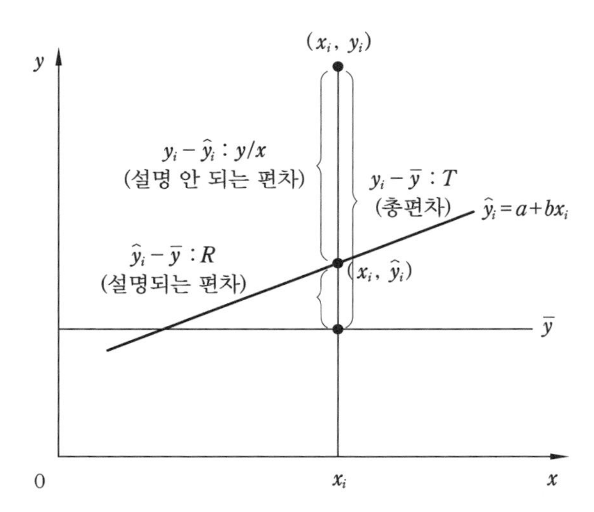

$$y=\widehat{\beta_0}+\widehat{\beta_1}x=a+bx$$

$$\widehat{\beta_1}=b=\frac{S(xy)}{S(xx)},\ \widehat{\beta_0}=a=\bar{y}-\hat{\beta}_1\bar{x}$$

(2) 회귀분석선의 유의성 검정($H_0: \beta_1=0$, $H_1: \beta_1\neq 0$)

단순회귀의 경우 분산분석표

요인	제곱합(SS)	자유도 (ν 또는 DF)	평균제곱 (MS 또는 V)	F_0	$F_{1-\alpha}(\nu_R, \nu_e)$
회귀(R)	$S_R=\frac{S_{xy}^2}{S_{xx}}$	1	$V_R=\frac{S_R}{1}$	$\frac{V_R}{V_e}$	$F_{1-\alpha}(1, n-2)$
오차(잔차) ($e=y/x$)	$S_{y/x}=S_{yy}-S_R$	$n-2$	$V_{y/x}=\frac{S_e}{(n-2)}$		
총(T)	$S_T=S_{yy}$	$n-1$			

S_R : 회귀에 의한 변동

$S_{(y/x)}=S_e$: 회귀로부터의 변동

r^2(기여율, 결정계수, 관여율)은 총변동(S_{yy})에서 회귀에 의한 변동(S_R)이 차지하는 비율을 나타내며, 이 값이 1에 가까울수록 회귀직선의 기울기가 유의할 확률이 높아진다.

① $S_T(=S_{yy})=\sum_{i=1}^{n}(y_i-\overline{y})^2$

② $S_R=\sum_{i=1}^{n}(\hat{y}_i-\overline{y})^2=b^2S_{xx}=\dfrac{S_{xy}^2}{S_{xx}}$

③ $S_e(=S_{y\cdot x})=\sum_{i=1}^{n}(y_i-\hat{y}_i)^2=S_{yy}-bS_{xy}$

(3) 1차 방향계수(β_1)의 검정

① 가설 : $H_0:\beta_1=\beta_1{}'$ $H_1:\beta_1\neq\beta_1{}'$

② 유의수준 : $\alpha=0.05$ 또는 0.01

③ 검정통계량

$$t_0=\frac{\widehat{\beta_1}-\beta_1}{\sqrt{\dfrac{V_{y/x}}{S(xx)}}}$$

④ 기각역 : $|t_0|>t_{1-\alpha/2}(n-2)$이면 H_0를 기각한다.

⑤ 판정 : 검정통계량의 계산된 값이 기각역에 위치하면 H_0 기각, 채택역에 위치하면 H_0 채택

(4) 1차 방향계수(β_1)의 추정

$$\widehat{\beta_1}\pm t_{1-\alpha/2}(n-2)\sqrt{\frac{V_{y/x}}{S(xx)}}$$

예상문제

상관 및 회귀분석

01. $\sum_{i=1}^{n} x_i = 18$, $\sum_{i=1}^{n} x_i^2 = 380$, $\sum_{i=1}^{n} y_i = 45$, $\sum_{i=1}^{n} y_i^2 = 145$, $\sum_{i=1}^{n} x_i y_i = 175$, $n = 32$ 이다.

(1) 상관계수는 약 얼마인가?

(2) 공분산(V_{xy})은 얼마인가?

해답 $S(xx) = \sum x^2 - \frac{(\sum x)^2}{n} = 380 - \frac{18^2}{32} = 369.875$

$$S(yy) = \sum y^2 - \frac{(\sum y)^2}{n} = 145 - \frac{45^2}{32} = 81.71875$$

$$S(xy) = \sum xy - \frac{(\sum x)(\sum y)}{n} = 175 - \frac{18 \times 45}{32} = 149.6875$$

(1) $r = \frac{S_{xy}}{\sqrt{S_{xx}\,S_{yy}}} = \frac{149.6875}{\sqrt{369.875 \times 81.71875}} = 0.86099$

(2) $V_{xy} = \frac{S_{xy}}{n-1} = \frac{149.6875}{31} = 4.82863$

02. $X = (x-10) \times 10$, $Y = (y-70) \times 100$으로 수치변환하여 X와 Y의 상관계수를 구했더니 $r_{XY} = 0.5$, $b_{XY} = 0.37$이었다.

(1) 상관계수 r_{xy}는 얼마인가?

(2) 회귀계수 b_{xy}는 얼마인가?

해답 (1) $r_{XY} = \frac{S_{XY}}{\sqrt{S_{XX}\,S_{YY}}} = \frac{10 \times 100 S_{xy}}{\sqrt{(10 \times 10 S_{xx})(100 \times 100 S_{yy})}} = r_{xy} = 0.5$

(2) $b_{XY} = \frac{S_{XY}}{S_{XX}} = \frac{10 \times 100 S_{xy}}{10^2 S_{xx}} = 10 \times \frac{S_{xy}}{S_{xx}}$

$$b_{xy} = \frac{1}{10} b_{XY} = 0.1 \times 0.37 = 0.037$$

03. **동일한 제품을 만드는 10개의 회사에 대한 광고비와 판매액을 조사한 후 표와 같은 자료를 얻었다.**

(1) 판매액을 종속변수, 광고비를 독립변수로 할 때 절편과 기울기의 최소제곱 추정치를 구하시오.

(2) 광고비를 10단위만큼 지출하였을 때의 판매액을 구하시오.

광고비와 판매액 자료

회사	1	2	3	4	5	6	7	8	9	10
광고비(x)	4	6	6	8	8	9	9	10	12	12
판매액(y)	39	42	45	47	50	50	52	55	57	60

해답 $n=10$, $\sum x = 84$, $\bar{x}=8.4$, $\sum x^2 = 766$, $\sum y = 497$,

$\bar{y}=49.7$ $\sum y^2 = 25{,}097$, $\sum xy = 4{,}326$

$$S_{xx} = \sum x^2 - \frac{(\sum x)^2}{n} = 60.4$$

$$S_{yy} = \sum y^2 - \frac{(\sum y)^2}{n} = 396.1$$

$$S_{xy} = \sum xy - \frac{\sum x \sum y}{n} = 151.2$$

(1) $b = \dfrac{S_{xy}}{S_{xx}} = \dfrac{151.2}{60.4} = 2.50331$

$a = \bar{y} - b\bar{x} = 49.7 - 2.50331 \times 8.4 = 28.67220$

$y = 28.67220 + 2.50331x$

(2) $y = 28.67220 + 2.50331 \times 10 = 53.70530$

04. 다음 표는 용광로에서 선철을 만들 때 선철의 백분율과 비금속의 산화를 조절하기 위하여 사용되는 석회의 소요량(kg)에 대한 실험결과이다. 다음 물음에 답하시오.

선철(%)	석회소요량(kg)	선철(%)	석회소요량(kg)
26	7.0	42	10.0
30	8.7	46	11.0
34	9.6	50	10.6
38	9.7	54	11.9

(1) 산점도를 그리시오.
(2) 선철의 백분율에 관한 석회소요량의 회귀직선 방정식을 구하시오.
(3) 선철이 40%인 경우 석회는 대략 몇 kg가량 소요되는가?
(4) 선철 백분율과 석회소요량 사이의 상관계수를 구하시오.

해답 (1) x : 선철(%), y : 석회소요량(kg)

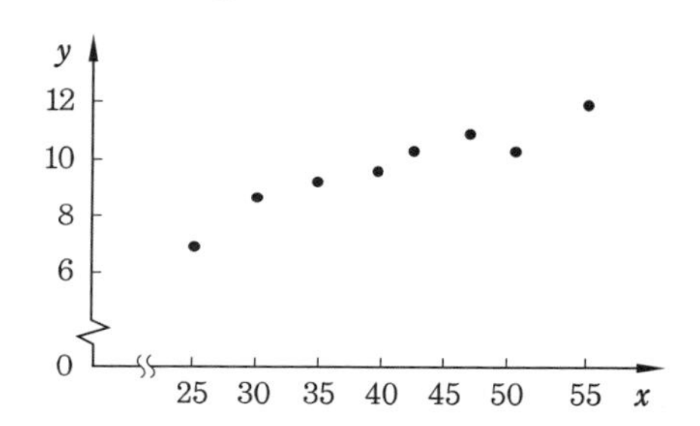

(2) $n=8$, $\sum x = 320$, $\bar{x}=40$, $\sum x^2 = 13{,}472$, $\sum y = 78.5$,

$\bar{y}=9.8125$ $\sum y^2 = 785.91$, $\sum xy = 3{,}236.6$

$$S_{xx} = \sum x^2 - \frac{(\sum x)^2}{n} = 672, \quad S_{yy} = \sum y^2 - \frac{(\sum y)^2}{n} = 15.62875,$$

$$S_{xy} = \sum xy - \frac{\sum x \sum y}{n} = 96.6$$

$$\hat{\beta}_1 = \frac{S_{xy}}{S_{xx}} = \frac{96.6}{672} = 0.14375, \quad \hat{\beta}_0 = \bar{y} - \hat{\beta}_1 \bar{x} = 9.8125 - 0.14375 \times 40 = 4.0625$$

$$y = 4.0625 + 0.14375x$$

(3) $y = 4.0625 + 0.14375 \times 40 = 9.8125$

(4) $$r = \frac{S_{xy}}{\sqrt{S_{xx}\,S_{yy}}} = \frac{96.6}{\sqrt{672 \times 15.62875}} = 0.94261$$

05. 어떤 제품의 특성치 x, y의 상관계수를 30개 시료에서 구한 결과 0.574를 얻었다. 상관관계가 없다는 귀무가설은 있다는 대립가설에 대하여 유의수준 $\alpha = 0.01$로 검정하시오.

해답 모상관계수의 상관관계 유무 검정

① 가설 : $H_0 : \rho = 0 \qquad H_1 : \rho \neq 0$

② 유의수준 : $\alpha = 0.01$

③ 검정통계량 : $t_0 = \dfrac{r}{\sqrt{\dfrac{1-r^2}{n-2}}} = r \cdot \sqrt{\dfrac{n-2}{1-r^2}}$

$$= 0.574 \times \sqrt{\frac{30-2}{1-0.574^2}} = 3.70923$$

④ 기각역 : $|t_0| > t_{1-\alpha/2}(n-2) = t_{0.995}(28) = 2.763$이면 H_0를 기각한다.

⑤ 판정 : $t_0 = 3.70923 > t_{0.995}(28) = 2.763$이므로 $\alpha = 0.01$에서 H_0를 기각한다. 즉, 상관관계가 존재한다.

06. 어느 공장에서 종래에 생산한 탄소강의 지름과 강도 사이의 상관계수는 $\rho_0 = 0.6$였다. 생산 재료의 일부가 변경되어 그로인해 상관계수가 달라지지 않았는가를 조사하기 위해 64개의 제품에 대하여 그 지름과 강도를 측정하여 상관계수를 계산하였더니 $r = 0.71$이었다. 재료가 바뀜으로써 모상관계수가 달라졌다고 할 수 있겠는가를 유의수준 5%에서 검정하시오.

해답 ① 가설 : $H_0 : \rho = 0.6 \qquad H_1 : \rho \neq 0.6$

② 유의수준 : $\alpha = 0.05$

③ 검정통계량 : $u_0 = \dfrac{\tanh^{-1} r - \tanh^{-1} \rho}{\dfrac{1}{\sqrt{n-3}}}$

$$= \frac{\tanh^{-1} 0.71 - \tanh^{-1} 0.6}{\dfrac{1}{\sqrt{64-3}}} = 1.51547$$

④ 기각역 : $|u_0| > u_{1-\alpha/2}$이면 H_0를 기각한다.

⑤ 판정 : $u_0 = 1.51547 < u_{0.975} = 1.96$이므로 $\alpha = 0.05$에서 H_0를 채택한다. 유의수준 5%에서 모상관계수가 달라졌다고 할 수 없다.

07. 다음의 자료에서 키와 몸무게간의 상관관계가 0.8이라고 할 수 있는지 유의수준 0.05에서 검정하시오.

i	키(cm)	몸무게(kg)	i	키(cm)	몸무게(kg)
1	169.7	62.5	6	169.5	60.3
2	165.0	55.0	7	176.7	67.5
3	170.0	67.0	8	166.0	51.0
4	177.0	77.0	9	176.5	58.5
5	170.1	60.1	10	168.5	60.0

해답 (1) $n=10$, $\sum x = 1,709$, $\bar{x}=170.9$, $\sum x^2 = 292,239.74$,

$\sum y = 618.9$, $\bar{y}=61.89$ $\sum y^2 = 38,776.85$, $\sum xy = 105,972.61$

$$S_{xx} = \sum x^2 - \frac{(\sum x)^2}{n} = 171.64$$

$$S_{yy} = \sum y^2 - \frac{(\sum y)^2}{n} = 473.129$$

$$S_{xy} = \sum xy - \frac{\sum x \sum y}{n} = 202.6$$

$$r = \frac{S_{xy}}{\sqrt{S_{xx}S_{yy}}} = \frac{202.6}{\sqrt{171.64 \times 473.129}} = 0.71095$$

① 가설 : $H_0 : \rho = 0.8$ $H_1 : \rho \neq 0.8$

② 유의수준 : $\alpha = 0.05$

③ 검정통계량 : $u_0 = \dfrac{\tanh^{-1} r - \tanh^{-1}\rho}{\dfrac{1}{\sqrt{n-3}}} = \dfrac{\tanh^{-1}0.71095 - \tanh^{-1}0.8}{\dfrac{1}{\sqrt{10-3}}}$

$= -0.55431$

④ 기각역 : $|u_0| > u_{1-\alpha/2}$이면 H_0를 기각한다.

⑤ 판정 : $|u_0| = 0.55431 < u_{0.975} = 1.96$이므로 $\alpha = 0.05$에서 H_0를 채택한다. 유의수준 5%에서 모상관계수가 달라졌다고 할 수 없다.

08. M화학공정에서 촉진제의 양(x)에 따라 수율(y)이 어떻게 변하는가를 조사하였다. 유의성 검정을 $\rho = 0$인 경우에 대해 실시하고, 이를 이용하여 $\rho \neq 0$인 경우, 즉 종래의 모상관계수는 $\rho_0 = 0.75$일 때, 모상관계수가 달라졌다고 할 수 있는가에 대한 검정과 모상관계수의 추정을 실시하고, 상관계수의 유의성 검정결과가 유의인 경우 x에 대한 y의 회귀선과 기여율을 구하고, 산점도를 작성한 후 회귀직선을 그리시오. (단, $\alpha = 0.05$)

x	y	x	y	x	y	x	y
4.3	66	3.4	50	5.0	87	6.8	75
5.3	75	5.5	71	2.0	35	7.0	83
7.6	72	5.1	57	3.5	66	1.3	40
2.8	62	1.5	30	4.2	56	8.5	83
3.0	35	4.9	66	6.6	68	8.8	94

해답 $n = 20$, $\sum x = 97.1$, $\bar{x} = 4.855$, $\sum x^2 = 564.33$, $\sum y = 1,271$, $\bar{y} = 63.55$ $\sum y^2 = 87,029$, $\sum xy = 6,822.4$

$$S_{xx} = \sum x^2 - \frac{(\sum x)^2}{n} = 92.9095, \quad S_{yy} = \sum y^2 - \frac{(\sum y)^2}{n} = 6,256.95,$$

$$S_{xy} = \sum xy - \frac{\sum x \sum y}{n} = 651.695$$

$$r = \frac{S_{xy}}{\sqrt{S_{xx}S_{yy}}} = \frac{651.695}{\sqrt{92.9095 \times 6,256.95}} = 0.85474$$

(1) 상관계수 유무검정($\rho = 0$인 검정)

[t표를 사용하는 경우]

① 가설 : $H_0 : \rho = 0 \quad H_1 : \rho \neq 0$

② 유의수준 : $\alpha = 0.05$

③ 검정통계량 : $t_0 = \dfrac{r}{\sqrt{\dfrac{1-r^2}{n-2}}} = r \cdot \sqrt{\dfrac{n-2}{1-r^2}}$

$$= 0.85474 \times \sqrt{\frac{20-2}{1-0.85474^2}} = 6.98644$$

④ 기각역 : $|t_0| > t_{1-\alpha/2}(n-2) = t_{0.975}(18) = 2.101$이면 H_0를 기각한다.

⑤ 판정 : $t_0 = 6.98644 > t_{0.975}(18) = 2.101$이므로 $\alpha = 0.05$에서 H_0를 기각한다. 모상관계수는 0이 아니다.

[r표를 사용하는 경우]

① 기각역 : r표가 주어진 경우 : $|r_0| > r_{1-\alpha/2}(n-2)$이면 H_0를 기각한다.

ν \ $1-\alpha$	0.95	0.975	0.99	0.995
17	.3887	.4555	.5285	.5751
18	.3783	.4438	.5155	.5614
19	.3687	.4329	.5034	.5487

② 판정 : $r_0 = 0.85474 > r_{0.975}(18) = 0.4438$이므로 $\alpha = 0.05$에서 H_0를 기각한다. 모상관계수는 0이 아니다.

(2) 모상관계수(ρ)에 대한 유의성 검정($\rho \neq 0$인 검정)

① 가설 : $H_0 : \rho = 0.75$ $H_1 : \rho \neq 0.75$

② 유의수준 : $\alpha = 0.05$

③ 검정통계량 : $u_0 = \dfrac{\tanh^{-1} r - \tanh^{-1}\rho}{\dfrac{1}{\sqrt{n-3}}} = \dfrac{\tanh^{-1} 0.85474 - \tanh^{-1} 0.75}{\dfrac{1}{\sqrt{20-3}}}$

$= 1.23913$

④ 기각역 : $|u_0| > u_{1-\alpha/2}$이면 H_0를 기각한다.

⑤ 판정 : $u_0 = 1.23913 < u_{0.975} = 1.96$이므로 $\alpha = 0.05$에서 H_0를 채택한다. 유의수준 5%에서 모상관계수가 달라졌다고 할 수 없다.

(3) 모상관계수의 추정

$$\tanh\left(\tanh^{-1} r \pm u_{1-\alpha/2}\frac{1}{\sqrt{n-3}}\right) = \tanh\left(\tanh^{-1} 0.85474 \pm 1.96\frac{1}{\sqrt{17}}\right)$$

$0.66298 \leq \rho \leq 0.94125$

(4) x에 대한 y의 회귀선

$b = \dfrac{S_{xy}}{S_{xx}} = \dfrac{651.695}{92.9095} = 7.01430,$

$a = \overline{y} - b\overline{x} = 63.55 - 7.01430 \times 4.855 = 29.49557$

$y = 29.49557 + 7.01430x$

(5) 결정계수

$r^2 = 0.85474^2 = 0.73058$

(6) 산점도

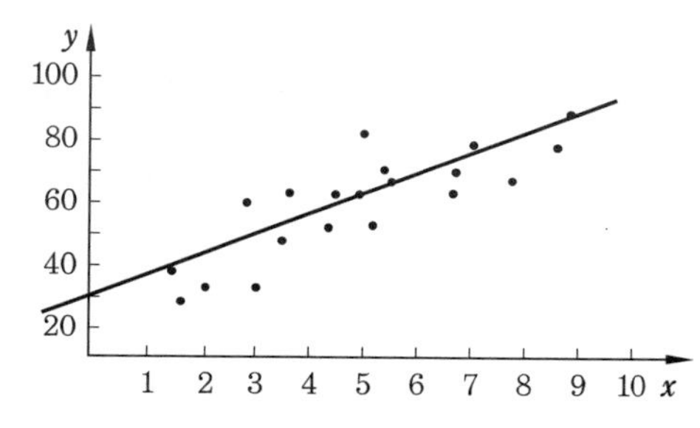

09. (x_i, y_i)의 관측값이 다음과 같다.

x	2	3	4	5	6
y	4	7	6	8	10

(1) 표본상관계수(r)를 구하시오.

(2) 결정계수(r^2)를 구하시오.

(3) $H_0: \beta_1 = 0$, $H_1: \beta_1 \neq 0$ 를 검정하시오. (단, $\alpha = 0.05$)

(4) 추정회귀 직선을 구하시오.

해답 $n = 5$, $\sum x = 20$, $\bar{x} = 4$, $\sum x^2 = 90$, $\sum y = 35$, $\bar{y} = 7$ $\sum y^2 = 265$, $\sum xy = 153$

$$S_{xx} = \sum x^2 - \frac{(\sum x)^2}{n} = 10, \qquad S_{yy} = \sum y^2 - \frac{(\sum y)^2}{n} = 20,$$

$$S_{xy} = \sum xy - \frac{\sum x \sum y}{n} = 13$$

(1) $r = \dfrac{S_{xy}}{\sqrt{S_{xx}S_{yy}}} = \dfrac{13}{\sqrt{10 \times 20}} = 0.91924$

(2) $r^2 = \dfrac{S_{xy}^2}{S_{xx}S_{yy}} = \dfrac{13^2}{10 \times 20} = 0.8450$

(3) ① 가설 : $H_0: \beta_1 = 0$, $H_1: \beta_1 \neq 0$

② 유의수준 : $\alpha = 0.05$

③ 분산분석표

요인	제곱합 (SS)	자유도 (ν 또는 DF)	평균제곱 (MS 또는 V)	F_0	$F_{1-\alpha}(\nu_R, \nu_e)$
회귀(R)	16.9	1	16.9	16.35489	10.1
오차(e)	3.1	3	1.03333		
총(T)	20	4			

$S_T = S_{yy} = 20$, $S_R = \dfrac{S_{xy}^2}{S_{xx}} = \dfrac{13^2}{10} = 16.9$, $S_e = S_T - S_R = 20 - 16.9 = 3.1$,

$\nu_T = n - 1 = 4$, $\nu_R = 1$, $\nu_e = n - 2 = 3$

$V_R = \dfrac{16.9}{1} = 16.9$, $V_e = \dfrac{3.1}{3} = 1.03333$, $F_0 = \dfrac{16.9}{1.03333} = 16.35489$

④ 판정 : $F_0 = 16.35489 > F_{0.95}(1, 3) = 10.1$ 이므로 $\alpha = 0.05$ 에서 H_0를 기각한다. 즉, 기울기가 존재한다.

(4) $\hat{\beta}_1 = \dfrac{S_{xy}}{S_{xx}} = \dfrac{13}{10} = 1.3$, $\hat{\beta}_0 = \bar{y} - \hat{\beta}_1 \bar{x} = 7 - 1.3 \times 4 = 1.8$

$y = 1.8 + 1.3x$

10. 다음 물음에 답하시오.

요인	SS	DF	MS	F_0	$F_{0.95}$
회귀(R)	16.9	1	16.9	16.35489	10.1
오차(e)	3.1	3	1.03333		
총(T)	20	4			

(1) $H_0: \beta_1 = 0$, $H_1: \beta_1 \neq 0$ 를 검정하시오.

(2) 기여율을 구하시오.

(3) 상관계수를 구하시오.

해답 (1) $F_0 = 16.35489 > F_{0.95}(1,\ 3) = 10.1$이므로 H_0를 기각한다. 즉, 회귀계수는 유의하다.

(2) $r^2 = \dfrac{S_{xy}^2}{S_{xx}S_{yy}} = \dfrac{S_R}{S_{yy}} = \dfrac{16.9}{20} = 0.845$

(3) $r = \sqrt{r^2} = \sqrt{0.845} = 0.91924$

11. 폴리에스테르를 이용하여 직물을 제조하는 Y회사의 품질경영부서에서는 직물의 신율이 가장 중요한 품질특성으로 강조되어 원료의 특성(x)에 따른 직물제품의 특성(y)에 관한 신율을 조사하여 다음 데이터를 얻었다. 다음 물음에 답하시오.(단, $\alpha = 0.05$)

x	30	20	60	80	40	50	60	30	70	60
y	73	50	128	170	87	108	135	69	148	132

(1) 공분산(V_{xy})을 구하시오.

(2) 표본상관계수(r)를 구하시오.

(3) 결정계수(r^2)를 구하시오.

(4) 상관관계의 유·무에 관한 검정을 하시오.

(5) 모상관계수는 $\rho_0 = 0.8$로 보아도 좋은가를 검정하시오.

(6) 모상관계수의 신뢰구간을 추정하시오.

(7) $H_0: \beta_1 = 0$, $H_1: \beta_1 \neq 0$ 를 검정하시오.

(8) $H_0: \beta_1 = 1.5$, $H_1: \beta_1 \neq 1.5$ 를 검정하시오.

(9) β_1에 대한 신뢰구간을 구하시오.

(10) 추정회귀 직선을 구하시오.

(11) $x = 50$일 때 $E(y)$의 점추정치를 구하시오.

(12) $E(y) = \widehat{\beta_0} + \widehat{\beta_1}x$에서 $x = 30$일 때 $E(y)$에 대한 95% 신뢰구간을 추정하시오.

해답 $n=10$, $\sum x = 500$, $\bar{x}=50$, $\sum x^2 = 28,400$, $\sum y = 1,100$,

$\bar{y}=110$ $\sum y^2 = 134,660$, $\sum xy = 61,800$

$$S_{xx} = \sum x^2 - \frac{(\sum x)^2}{n} = 3,400, \quad S_{yy} = \sum y^2 - \frac{(\sum y)^2}{n} = 13,660,$$

$$S_{xy} = \sum xy - \frac{\sum x \sum y}{n} = 6,800$$

(1) $V_{xy} = \dfrac{S(xy)}{n-1} = \dfrac{6,800}{9} = 755.55556$

(2) $r = \dfrac{S_{xy}}{\sqrt{S_{xx}S_{yy}}} = \dfrac{6,800}{\sqrt{3,400 \times 13,660}} = 0.99780$

(3) $r^2 = \dfrac{S_{xy}^2}{S_{xx}S_{yy}} = 0.99560$

(4) ① 가설 : $H_0 : \rho = 0$ $\quad H_1 : \rho \neq 0$

② 유의수준 : $\alpha = 0.05$

③ 검정통계량

$$t_0 = \frac{r}{\sqrt{\dfrac{1-r^2}{n-2}}} = r \cdot \sqrt{\frac{n-2}{1-r^2}} = 0.99780 \times \sqrt{\frac{10-2}{1-0.99780^2}} = 42.56975$$

④ 기각역 : $|t_0| > t_{1-\alpha/2}(n-2) = t_{0.975}(8) = 2.306$이면 H_0를 기각한다.

⑤ 판정 : $t_0 = 42.56975 > t_{0.975}(8) = 2.306$이므로 $\alpha = 0.05$에서 H_0를 기각한다. 상관관계가 존재한다고 할 수 있다.

(5) ① 가설 : $H_0 : \rho = 0.8$ $\quad H_1 : \rho \neq 0.8$

② 유의수준 : $\alpha = 0.05$

③ 검정통계량 : $u_0 = \dfrac{\tanh^{-1} r - \tanh^{-1}\rho}{\dfrac{1}{\sqrt{n-3}}} = \dfrac{\tanh^{-1}0.99780 - \tanh^{-1}0.8}{\dfrac{1}{\sqrt{10-3}}}$

$= 6.10391$

④ 기각역 : $|u_0| > u_{1-\alpha/2}$이면 H_0를 기각한다.

⑤ 판정 : $u_0 = 6.10391 > u_{0.975} = 1.96$이므로 $\alpha = 0.05$에서 H_0를 기각한다. 유의수준 5%에서 모상관계수가 달라졌다고 할 수 있다.

(6) $\tanh\left(\tanh^{-1} r \pm u_{1-\alpha/2}\dfrac{1}{\sqrt{n-3}}\right) = \tanh\left(\tanh^{-1}0.99780 \pm 1.96\dfrac{1}{\sqrt{7}}\right)$

$0.99036 \le \rho \le 0.99950$

(7) ① 가설 : $H_0 : \beta_1 = 0$ $H_1 : \beta_1 \neq 0$

② 유의수준 : $\alpha = 0.05$

③ 분산분석표

요인	제곱합 (SS)	자유도 (v 또는 DF)	평균제곱 (MS 또는 V)	F_0	$F_{1-\alpha}(\nu_R, \nu_e)$
회귀(R)	13,600	1	13,600	1,813.33333	5.32
오차(e)	60	8	7.5		
총(T)	13,660	9			

$$S_T = S_{yy} = 13{,}660, \quad S_R = \frac{S_{xy}^2}{S_{xx}} = \frac{6{,}800^2}{3{,}400} = 13{,}600$$

$$S_{y/x} = S_e = S_T - S_R = 13{,}660 - 13{,}600 = 60$$

$$\nu_T = n-1 = 9,\ \nu_R = 1,\ \nu_e = n-2 = 8,\ V_R = \frac{S_R}{\nu_R} = \frac{13{,}600}{1} = 13{,}600$$

$$V_e = V_{y/x} = \frac{S_e}{\nu_e} = \frac{60}{8} = 7.5,\ F_0 = \frac{V_R}{V_e} = \frac{13{,}600}{7.5} = 1{,}813.33333$$

④ 판정 : $F_0 = 1{,}813.33333 > F_{0.95}(1, 8) = 5.32$ 이므로 $\alpha = 0.05$에서 H_0를 기각한다. 즉, 기울기가 존재한다.

(8) ① 가설 : $H_0 : \beta_1 = 1.5$ $H_1 : \beta_1 \neq 1.5$

② 유의수준 : $\alpha = 0.05$

③ $\hat{\beta}_1 = \frac{S_{xy}}{S_{xx}} = \frac{6{,}800}{3{,}400} = 2$

검정통계량 : $t_0 = \dfrac{\hat{\beta}_1 - \beta_1}{\sqrt{\dfrac{V_{y/x}}{S_{xx}}}} = \dfrac{2 - 1.5}{\sqrt{\dfrac{7.5}{3{,}400}}} = 10.64581$

④ 기각역 : $|t_0| > t_{1-\alpha/2}(n-2) = t_{0.975}(8) = 2.306$이면 H_0를 기각한다.

⑤ 판정 : $t_0 = 10.64581 > t_{0.975}(8) = 2.306$이므로 $\alpha = 0.05$에서 H_0를 기각한다. $\beta_1 = 1.5$라고 할 수 없다.

(9) $\hat{\beta}_1 \pm t_{1-\alpha/2}(n-2)\sqrt{\dfrac{V_{y/x}}{S_{xx}}} = 2 \pm t_{0.975}(8)\sqrt{\dfrac{7.5}{3{,}400}}$

$1.89169 \le \beta_1 \le 2.10831$

(10) $\hat{\beta}_1 = \frac{S_{xy}}{S_{xx}} = \frac{6,800}{3,400} = 2, \qquad \hat{\beta}_0 = \overline{y} - \hat{\beta}_1 \overline{x} = 110 - 2 \times 50 = 10$

$y = 10 + 2x$

(11) $y = 10 + 2x = 10 + 2 \times 50 = 110$

(12) $E(y) = (\hat{\beta}_0 + \hat{\beta}_1 x) \pm t_{1-\alpha/2}(n-2)\sqrt{V_{y/x}\left(\frac{1}{n} + \frac{(x_0 - \overline{x})^2}{S_{xx}}\right)}$

$= (10 + 2 \times 30) \pm t_{0.975}(8)\sqrt{7.5 \times \left(\frac{1}{10} + \frac{(20-50)^2}{3,400}\right)}$

$66.18617 \leq E(y) \leq 73.81383$

12. ( )은 총변동(S_{yy})에서 회귀에 의한 변동(S_R)이 차지하는 비율을 나타내며, 이 값이 ( )에 가까울수록 회귀직선의 기울기가 유의할 확률이 높아진다.

해답 r^2(기여율, 결정계수)은 총변동(S_{yy})에서 회귀에 의한 변동(S_R)이 차지하는 비율을 나타내며, 이 값이 1에 가까울수록 회귀직선의 기울기가 유의할 확률이 높아진다.

13. 어떤 제품의 두 특성치 x, y 사이의 상관계수는 $\rho_0 = 0.749$였다. 재료의 일부가 변경되어 상관계수가 달라지지 않았는가를 조사하기 위해 크기 64인 시험편에 대해 측정하여 상관계수를 계산하였더니 $r = 0.818$이었다. 재료가 바뀜으로써 모상관계수가 달라졌다고 할 수 있겠는가?

(1) 유의수준 5%로 검정하시오.

(2) 모상관계수의 95% 신뢰구간을 구하시오.

z'	⋯	0.05	0.07
⋮			
0.9			0.7487
⋮			
1.1		0.8178	
⋮			

해답 (1) ① 가설 : $H_0 : \rho = 0.749$ $H_1 : \rho \neq 0.749$

② 유의수준 : $\alpha = 0.05$

③ 검정통계량

$$u_0 = \frac{Z_r - Z_{\rho_0}}{\frac{1}{\sqrt{n-3}}} = \frac{1.15 - 0.97}{\frac{1}{\sqrt{64-3}}} = 1.40584$$

④ 기각역 : $|u_0| > u_{1-\alpha/2} = u_{0.975} = 1.96$이면 H_0를 기각한다.

⑤ 판정 : $u_0 = 1.40584 < u_{0.975} = 1.96$이므로 $\alpha = 0.05$에서 H_0를 채택한다. 유의수준 5%에서 모상관계수가 달라졌다고 할 수 없다.

(2) 주어진 표로부터 $r = 0.818$일 때 $z' = 1.15$이다.

$$\tanh\left(z_r \pm u_{1-\alpha/2}\frac{1}{\sqrt{n-3}}\right) = \tanh\left(1.15 \pm 1.96\frac{1}{\sqrt{64-3}}\right)$$

$0.71583 \leq \rho \leq 0.88556$

참고

$r \rightarrow z'$ 변환표가 주어지지 않은 경우

(1) ① 가설 : $H_0 : \rho = 0.749$ $H_1 : \rho \neq 0.749$

② 유의수준 : $\alpha = 0.05$

③ 검정통계량

$$u_0 = \frac{\tanh^{-1} r - \tanh^{-1} \rho}{\frac{1}{\sqrt{n-3}}} = \frac{\tanh^{-1} 0.818 - \tanh^{-1} 0.749}{\frac{1}{\sqrt{64-3}}} = 1.40639$$

④ 기각역 : $|u_0| > u_{1-\alpha/2} = u_{0.975} = 1.96$이면 H_0를 기각한다.

⑤ 판정 : $u_0 = 1.40639 < u_{0.975} = 1.96$이므로 $\alpha = 0.05$에서 H_0를 채택한다. 유의수준 5%에서 모상관계수가 달라졌다고 할 수 없다.

(2) $\tanh\left(\tanh^{-1} r \pm u_{1-\alpha/2}\frac{1}{\sqrt{n-3}}\right) = \tanh\left(\tanh^{-1} 0.818 \pm 1.96\frac{1}{\sqrt{61}}\right)$

$0.71620 \leq \rho \leq 0.88572$

PART 2

관리도

1. 관리도의 개념
2. 계량형 관리도
3. 계수형 관리도
4. 관리도의 판정 및 해석

1 관리도의 개념

1-1 관리도의 종류

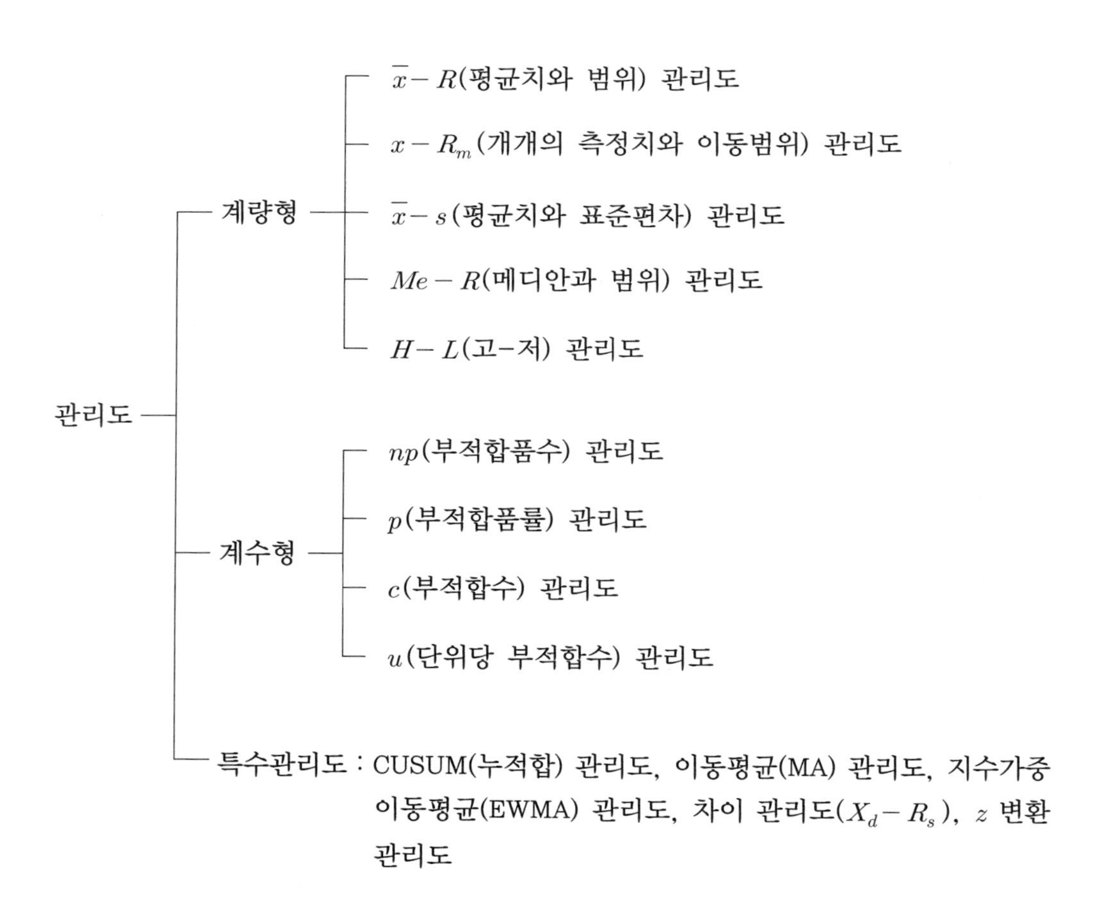
관리도
계량형
$\overline{x}-R$(평균치와 범위) 관리도
$x-R_m$(개개의 측정치와 이동범위) 관리도
$\overline{x}-s$(평균치와 표준편차) 관리도
$Me-R$(메디안과 범위) 관리도
$H-L$(고-저) 관리도
계수형
np(부적합품수) 관리도
p(부적합품률) 관리도
c(부적합수) 관리도
u(단위당 부적합수) 관리도
특수관리도 : CUSUM(누적합) 관리도, 이동평균(MA) 관리도, 지수가중 이동평균(EWMA) 관리도, 차이 관리도(X_d-R_s), z 변환 관리도

2 계량형 관리도

2-1 $\bar{x}-R$ 관리도

(1) $\bar{x}$ 관리도

① 중심선

$$C_L = \bar{\bar{x}} = \frac{\sum \bar{x}}{k} = \frac{\sum\sum x}{nk}$$

② 관리한계선

$$\left.\begin{matrix} U_{CL} \\ L_{CL} \end{matrix}\right\} = E(\bar{x}) \pm 3D(\bar{x}) = \bar{\bar{x}} \pm 3\sigma_{\bar{x}} = \mu \pm 3\frac{\sigma_x}{\sqrt{n}} = \bar{\bar{x}} \pm A\sigma = \bar{\bar{x}} \pm 3\frac{1}{\sqrt{n}} \cdot \frac{\bar{R}}{d_2}$$

$$= \bar{\bar{x}} \pm A_2\bar{R} = \bar{\bar{x}} \pm 3\frac{1}{\sqrt{n}} \cdot \frac{\bar{s}}{c_4} = \bar{\bar{x}} \pm A_3\bar{s}$$

$$\left(\text{단, } A = \frac{3}{\sqrt{n}},\ \hat{\sigma} = \frac{\bar{R}}{d_2},\ A_2 = \frac{3}{\sqrt{n} \cdot d_2},\ \hat{\sigma} = \frac{\bar{s}}{c_4},\ A_3 = \frac{3}{\sqrt{n} \cdot c_4}\right)$$

(2) R 관리도

① 중심선

$$C_L = \bar{R} = \frac{\sum R}{k}$$

② 관리한계선

$$\left.\begin{matrix} U_{CL} \\ L_{CL} \end{matrix}\right\} = E(R) \pm 3D(R) = \bar{R} \pm 3D(R) = d_2\sigma \pm 3d_3\sigma = (d_2 \pm 3d_3)\sigma = \begin{cases} D_2\sigma \\ D_1\sigma \end{cases}$$

$$= \left(1 \pm 3\frac{d_3}{d_2}\right)\bar{R} = \begin{cases} D_4\bar{R} \\ D_3\bar{R} \end{cases}$$

$$\left(\text{단, } \hat{\sigma} = \frac{\bar{R}}{d_2},\ D(R) = d_3\sigma,\ D_1 = d_2 - 3d_3,\ D_2 = d_2 + 3d_3,\ D_3 = 1 - 3\frac{d_3}{d_2},\ D_4 = 1 + 3\frac{d_3}{d_2}\right)$$

2-2 $x-R_m$ 관리도[x 관리도와 이동범위 관리도]

1 합리적인 군으로 나눌 수 있는 경우

(1) x 관리도

① 중심선

$$C_L = \overline{\overline{x}} = \frac{\sum \overline{x}}{k}$$

② 관리한계선

$$\left.\begin{matrix} U_{CL} \\ L_{CL} \end{matrix}\right\} = \overline{\overline{x}} \pm 3D(\overline{x}) = \overline{\overline{x}} \pm 3\sigma = \overline{\overline{x}} \pm 3\frac{\overline{R}}{d_2} = \overline{\overline{x}} \pm E_2\overline{R} = \overline{\overline{x}} \pm \sqrt{n}\,A_2\overline{R}$$

$$\left(\text{단, } \hat{\sigma} = \frac{\overline{R}}{d_2},\ E_2 = \frac{3}{d_2} = \sqrt{n}\,A_2\right)$$

(2) R 관리도(합리적인 군으로 나눌 수 있는 경우)

① 중심선

$$C_L = \overline{R} = \frac{\sum R}{k}$$

② 관리한계선

$$\left.\begin{matrix} U_{CL} \\ L_{CL} \end{matrix}\right\} = \left\{\begin{matrix} D_4\overline{R} \\ D_3\overline{R} \end{matrix}\right.$$

2 합리적인 군으로 나눌 수 없는 경우

(1) x 관리도

① 중심선

$$C_L = \overline{x} = \frac{\sum x}{k}$$

② 관리한계선

$$\left.\begin{matrix} U_{CL} \\ L_{CL} \end{matrix}\right\} = E(x) \pm 3D(x) = \overline{x} \pm 3\sigma = \overline{x} \pm 3\frac{\overline{R}_m}{d_2} = \overline{x} \pm E_2\overline{R}_m = \overline{x} \pm 2.66\overline{R}_m$$

$$\left(\text{단, } E_2 = \frac{3}{d_2},\ n = 2\text{일 때 } E_2 = 2.66\right)$$

(2) R_m 관리도(합리적인 군으로 나눌 수 없는 경우)

① 중심선

$$C_L = \overline{R}_m = \frac{\sum R_m}{k-1}$$

② 관리한계선

$$\left.\begin{matrix} U_{CL} \\ L_{CL} \end{matrix}\right\} = \left\{\begin{matrix} D_4\overline{R}_m = 3.267\overline{R}_m \\ D_3\overline{R}_m = - \end{matrix}\right.$$

(단, $n=2$일 때 $D_4 = 3.267$, $D_3 = -$)

2-3 $\overline{x}-s$ 관리도

(1) $\overline{x}$ 관리도

① 중심선

$$C_L = \overline{\overline{x}} = \frac{\sum \overline{x}}{k}$$

② 관리한계선

$$\left.\begin{matrix} U_{CL} \\ L_{CL} \end{matrix}\right\} = \overline{\overline{x}} \pm A_3\overline{s} \quad \left(\text{단, } A_3 = \frac{3}{\sqrt{n}\cdot c_4}\right)$$

(2) s 관리도

① 중심선

$$C_L = \overline{s} = \frac{\sum s}{k}$$

② 관리한계선

$$\left.\begin{matrix} U_{CL} \\ L_{CL} \end{matrix}\right\} = E(s) \pm 3D(s) = c_4\sigma \pm 3c_5\sigma = (c_4 \pm 3c_5)\frac{\overline{s}}{c_4} = \left(1 \pm 3\frac{c_5}{c_4}\right)\overline{s} = \left\{\begin{matrix} B_4\overline{s} \\ B_3\overline{s} \end{matrix}\right.$$

$$\left(\text{단, } \hat{\sigma} = \frac{\overline{s}}{c_4},\ B_3 = 1-3\frac{c_5}{c_4},\ B_4 = 1+3\frac{c_5}{c_4}\right)$$

2-4 $Me-R$ 관리도

(1) $\tilde{x}$ 관리도

① 중심선

$$C_L = \overline{\tilde{x}} = \overline{Me} = \frac{\sum \tilde{x}}{k}$$

② 관리한계선

$$\left.\begin{matrix} U_{CL} \\ L_{CL} \end{matrix}\right\} = E(\tilde{x}) \pm 3D(\tilde{x}) = \overline{\tilde{x}} \pm 3m_3 \frac{\sigma}{\sqrt{n}} = \overline{\tilde{x}} \pm 3\frac{m_3}{\sqrt{n}} \cdot \frac{\overline{R}}{d_2}$$

$$= \overline{\tilde{x}} \pm m_3 A_2 \overline{R} = \overline{\tilde{x}} \pm A_4 \overline{R}$$

$$\left(\text{단, } \hat{\sigma} = \frac{\overline{R}}{d_2}, \quad A_4 = \frac{3m_3}{\sqrt{n} \cdot d_2} = m_3 A_2\right)$$

2-5 $H-L$ 관리도

① 중심선

$$C_L = \overline{M} = \frac{\overline{X}_H + \overline{X}_L}{2} \quad \left(\text{단, } \overline{X}_H = \frac{\sum X_H}{k}, \ \overline{X}_L = \frac{\sum X_L}{k}\right)$$

② 관리한계선

$$\left.\begin{matrix} U_{CL} \\ L_{CL} \end{matrix}\right\} = \overline{M} \pm H_2 \overline{R} \quad (\text{단, } \overline{R} = \overline{X_H} - \overline{H_L})$$

예상문제

계량형 관리도

01. 군의 크기 4, 군의 수 20인 $\overline{x}-R$ 관리도에서 $\sum\overline{x}=21.5$, $\sum R=22$일 때 $\overline{x}-R$ 관리도의 C_L 및 U_{CL}, L_{CL}을 구하시오. (단, $n=4$, $k=20$, $A_2=0.729$, $D_4=2.28$, $D_3=-$)

해답 (1) $\overline{x}$ 관리도

$$C_L=\overline{\overline{x}}=\frac{\sum\overline{x}}{k}=\frac{21.5}{20}=1.075$$

$$U_{CL}=\overline{\overline{x}}+A_2\overline{R}=1.075+0.729\times\frac{22}{20}=1.8769$$

$$L_{CL}=\overline{\overline{x}}-A_2\overline{R}=1.075-0.729\times\frac{22}{20}=0.2731$$

(2) R 관리도

$$C_L=\overline{R}=\frac{\sum R}{k}=\frac{22}{20}=1.1$$

$$U_{CL}=D_4\overline{R}=2.28\times1.1=2.508$$

L_{CL}은 $n\leq6$이므로 존재하지 않는다.

02. 보기와 같이 나타내시오.

보기

$$A=\frac{3}{\sqrt{n}}$$

(1) A_2 (2) D_4 (3) E_2 (4) D_2

해답 (1) $A_2=\dfrac{3}{\sqrt{n}\cdot d_2}$ (2) $D_4=1+3\dfrac{d_3}{d_2}$ (3) $E_2=\dfrac{3}{d_2}$ (4) $D_2=d_2+3d_3$

03. 1개군의 샘플의 크기 $n=5$, 군의 수 $k=25$에 대한 데이터를 얻고 $\bar{\bar{x}}$와 $\bar{R}$을 계산하였더니 $\bar{\bar{x}}=21.6$, $\bar{R}=5.4$가 되었다. 다음을 소수점 이하 셋째자리까지 구하시오.

(1) $\bar{x}$ 관리도의 U_{CL}과 L_{CL}은 얼마인가?

(2) R 관리도의 U_{CL}과 L_{CL}은 얼마인가?

(3) $\bar{R}$을 사용하여 모표준편차(σ)를 구하시오.

해답 관리도용 계수표로부터 $n=5$일 때 $A_2=0.577$, $d_2=2.326$, $D_4=2.114$, $D_3=-$이다.

(1) $\bar{x}$ 관리도

$$U_{CL}=\bar{\bar{x}}+A_2\bar{R}=21.6+0.577\times 5.4=24.716$$

$$L_{CL}=\bar{\bar{x}}-A_2\bar{R}=21.6-0.577\times 5.4=18.484$$

(2) R 관리도

$$U_{CL}=D_4\bar{R}=2.114\times 5.4=11.416$$

L_{CL}은 $n\leq 6$이므로 고려하지 않는다.

(3) $\sigma=\dfrac{\bar{R}}{d_2}=\dfrac{5.4}{2.326}=2.322$

04. 평균 $\mu=30$, 표준편차 $\sigma=10$인 공정에서 크기 4의 샘플을 추출하여 $\bar{x}-R$ 관리도를 작성할 때 중심선 및 관리한계를 구하시오. (단, $n=4$일 때 $d_2=2.059$, $A=1.5$, $D_2=4.698$, $D_1=0$)

해답 (1) $\bar{x}$ 관리도

$$C_L=\bar{\bar{x}}=\mu=30$$

$$U_{CL}=\bar{\bar{x}}+A\sigma=30+1.5\times 10=45$$

$$L_{CL}=\bar{\bar{x}}-A\sigma=30-1.5\times 10=15$$

(2) R 관리도

$$C_L=\bar{R}=\frac{\sum R}{k}=d_2\sigma=2.059\times 10=20.59$$

$$U_{CL}=D_4\bar{R}=D_2\sigma=4.698\times 10=46.98$$

$L_{CL}=D_3\bar{R}=D_1\sigma=0\times 10=0=-$(고려하지 않음)

05. $\bar{x}$ 관리도에서 $n=4$, $U_{CL}=77$, $L_{CL}=73$일 때 다음 물음에 답하시오.

(1) $\sigma_{\bar{x}}$는 얼마인가?

(2) 개개의 데이터의 표준편차(σ_x)는 얼마인가?

(3) $\bar{R}$는 얼마인가? (단, $A_2=0.729$이다.)

해답 $\left.\begin{matrix} U_{CL} \\ L_{CL} \end{matrix}\right\} = \bar{\bar{x}} \pm 3\sigma_{\bar{x}} = \bar{\bar{x}} \pm 3\frac{\sigma_x}{\sqrt{n}} = \bar{\bar{x}} \pm A_2\bar{R}$

(1) $U_{CL}-L_{CL}=6\sigma_{\bar{x}}$, $77-73=6\sigma_{\bar{x}}$, $\sigma_{\bar{x}}=0.66667$

(2) $U_{CL}-L_{CL}=6\frac{\sigma_x}{\sqrt{n}}$, $77-73=6\frac{\sigma_x}{\sqrt{4}}$, $\sigma_x=1.33333$

(3) $U_{CL}-L_{CL}=2A_2\bar{R}$, $77-73=2\times0.729\times\bar{R}$, $\bar{R}=2.74348$

06. $\bar{x}$ 관리도에서 관리도용 계수표를 이용하여 $U_{CL}=22.7450$, $L_{CL}=16.1840$, $\bar{R}=4.5$일 때 군의 크기(n)을 구하시오.

해답 $U_{CL}-L_{CL}=2A_2\bar{R}$, $22.7450-16.1840=2A_2\times4.5$, $A_2=0.729$

슈하트 관리도용 계수표에서 $A_2=0.729$일 때 $n=4$이다.

07. 다음의 $\bar{x}-R$ 관리도 데이터에 대해 요구에 답하시오.

(1) 양식의 빈칸을 채우시오.

(2) $\bar{x}-R$ 관리도의 C_L, U_{CL}, L_{CL}을 구하시오.

(3) $\bar{x}-R$ 관리도를 작성하시오.

(4) 관리상태(안정상태)의 여부를 판정하시오.

시료군 번호	측정치				계 $\sum x$	평균 $\bar{x}$	범위 R
	x_1	x_2	x_3	x_4			
1	38.3	38.9	39.4	38.3			
2	39.1	39.8	38.5	39.0			
3	38.6	38.0	39.2	39.9			
4	40.6	38.6	39.0	39.0			
5	39.0	38.5	39.3	39.4			

6	38.8	39.8	38.3	39.6			
7	38.9	38.7	41.0	41.4			
8	39.9	38.7	39.0	39.7			
9	40.6	41.9	38.2	40.0			
10	39.2	39.0	38.0	40.5			
11	38.9	40.8	38.7	39.8			
12	39.0	37.9	37.9	39.1			
13	39.7	38.5	39.6	38.9			
14	38.6	39.8	39.2	40.8			
15	40.7	40.7	39.3	39.2			
					계		
					$\overline{\overline{x}}=$ $\overline{R}=$		

해답 (1)

시료군 번호	측정치				계 $\sum x$	평균 $\overline{x}$	범위 R
	x_1	x_2	x_3	x_4			
1	38.3	38.9	39.4	38.3	154.9	38.725	1.1
2	39.1	39.8	38.5	39.0	156.4	39.100	1.3
3	38.6	38.0	39.2	39.9	155.7	38.925	1.9
4	40.6	38.6	39.0	39.0	157.2	39.300	2.0
5	39.0	38.5	39.3	39.4	156.2	39.050	0.9
6	38.8	39.8	38.3	39.6	156.5	39.125	1.5
7	38.9	38.7	41.0	41.4	160.0	40.000	2.7
8	39.9	38.7	39.0	39.7	157.3	39.325	1.2
9	40.6	41.9	38.2	40.0	160.7	40.175	3.7
10	39.2	39.0	38.0	40.5	156.7	39.175	2.5
11	38.9	40.8	38.7	39.8	158.2	39.550	2.1
12	39.0	37.9	37.9	39.1	153.9	38.475	1.2
13	39.7	38.5	39.6	38.9	156.7	39.175	1.2
14	38.6	39.8	39.2	40.8	158.4	39.600	2.2
15	40.7	40.7	39.3	39.2	159.9	39.975	1.5
					계	589.675	27
					$\overline{\overline{x}}=39.31167$ $\overline{R}=1.8$		

(2) 관리도용 계수표로부터 $n=4$일 때 $A_2=0.729$, $D_4=2.282$, $D_3=-$이다.

① $\overline{x}$ 관리도

$$C_L=\overline{\overline{x}}=\frac{\sum\overline{x}}{k}=\frac{589.675}{15}=39.31167$$

$$U_{CL}=\overline{\overline{x}}+A_2\overline{R}=39.31167+0.729\times1.8=40.62387$$

$$L_{CL}=\overline{\overline{x}}-A_2\overline{R}=39.31167-0.729\times1.8=37.99947$$

② R 관리도

$$C_L=\overline{R}=\frac{\sum R}{k}=\frac{27}{15}=1.8$$

$$U_{CL}=D_4\overline{R}=2.282\times1.8=4.10760$$

$$L_{CL}=D_3\overline{R}=-\text{(고려하지 않음)}$$

(3)

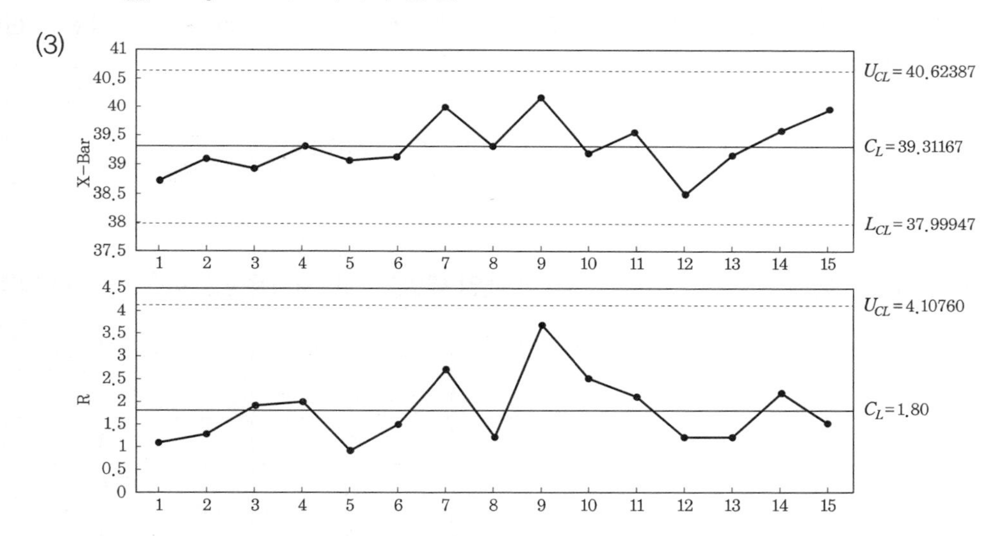

(4) $\overline{x}$ 관리도 및 R 관리도는 관리한계를 이탈하는 점이 없고, 점의 배열에 습관성이 존재하지 않으므로 관리상태라고 판정할 수 있다.

08. R 관리도에서 $\overline{R}=1.8$이고 $U_{CL}=4.1076$이다. 이때 시료의 크기 n은 얼마인가?

n	D_4
3	2.574
4	2.282
5	2.114
6	2.004

해답 $U_{CL} = D_4\overline{R} = D_4 \times 1.8 = 4.10760$, $D_4 = 2.282$, $n = 4$

09. 군의 크기 $n = 4$, $k = 20$인 $\overline{x} - R$ 관리도에서 $\overline{\overline{x}} = 32.25$, $\sum R = 82$일 때 3σ의 관리한계로써 R 관리도의 U_{CL}은 얼마인가? (단, $d_2 = 2.059$, $d_3 = 0.880$)

해답 $\overline{R} = \dfrac{82}{20} = 4.1$

$$U_{CL} = D_4\overline{R} = \left(1 + 3\frac{d_3}{d_2}\right)\overline{R} = \left(1 + 3 \times \frac{0.880}{2.059}\right)4.1 = 9.35692$$

10. $n = 4$, $\overline{\overline{x}} = 35$, $\overline{R} = 3$, $A_2 = 0.729$이다. 합리적인 군으로 나눌 수 있는 경우 x 관리도의 U_{CL}을 구하시오.

해답 $U_{CL} = \overline{\overline{x}} + \sqrt{n}\,A_2\overline{R} = 35 + \sqrt{4} \times 0.729 \times 3 = 39.37400$

11. 다음은 어느 공장에서 15일간 사용한 매일 매일의 에너지사용량을 측정한 데이터이다.

표본번호(i)	에너지사용량	표본번호(i)	에너지사용량
1	25.0	9	32.3
2	25.3	10	28.1
3	33.8	11	27.0
4	36.4	12	26.1
5	32.2	13	29.1
6	30.8	14	40.1
7	30.0	15	40.6
8	23.6		

(1) $x - R_m$ 의 관리대상에 대해 설명하시오.

(2) $x - R_m$ 관리도의 C_L, U_{CL}, L_{CL}을 구하시오.

(3) $x - R_m$ 관리도를 작성하시오.

(4) 관리상태(안정상태)의 여부를 판정하시오.

해답

표본번호(i)	에너지사용량	R_m
1	25.0	−
2	25.3	0.3
3	33.8	8.5
4	36.4	2.6
5	32.2	4.2
6	30.8	1.4
7	30.0	0.8
8	23.6	6.4
9	32.3	8.7
10	28.1	4.2
11	27.0	1.1
12	26.1	0.9
13	29.1	3.0
14	40.1	11.0
15	40.6	0.5
계	460.4	53.6

(1) ① 로트로부터 1개의 측정값 밖에 얻을 수 없는 경우
② 정해진 공정에서 많은 측정치를 얻어도 의미가 없는 경우
③ 측정값을 얻는데 시간이나 경비가 많이 소요되어 정해진 공정으로부터 현실적으로 1개의 측정치밖에 얻을 수 없는 경우

(2) $\overline{x} = \frac{\sum x}{k} = \frac{460.4}{15} = 30.69333$, $\overline{R}_m = \frac{\sum R_m}{k-1} = \frac{53.6}{14} = 3.82857$

① x 관리도($n=2$일 때 $E_2 = 2.66$)

$C_L = \overline{x} = 30.69333$

$U_{CL} = \overline{x} + E_2\overline{R}_m = \overline{x} + 2.66\overline{R}_m = 30.69333 + 2.66 \times 3.82857 = 40.87733$

$L_{CL} = \overline{x} - E_2\overline{R}_m = \overline{x} - 2.66\overline{R}_m = 30.69333 - 2.66 \times 3.82857 = 20.50933$

② R_m 관리도($n=2$일 때 $D_4 = 3.267$, $D_3 = -$)

$C_L = \overline{R}_m = 3.82857$

$U_{CL} = D_4\overline{R}_m = 3.267\overline{R}_m = 3.267 \times 3.82857 = 12.50794$

$L_{CL} = -$ (고려하지 않음)

(3)

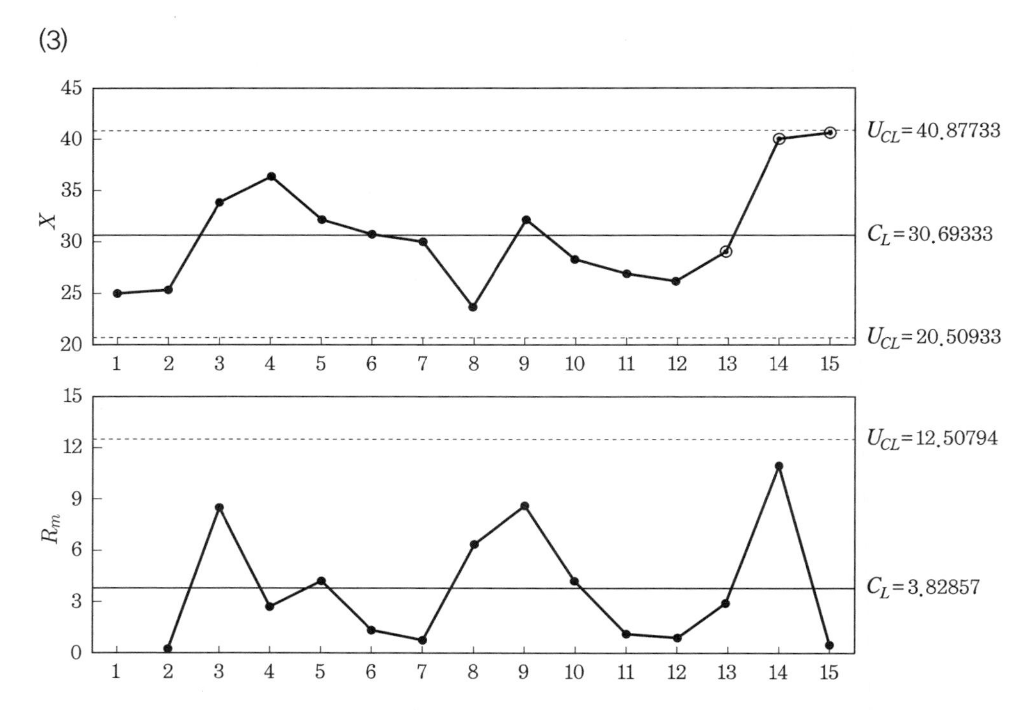

(4) 표본번호 13, 14, 15의 연속하는 3점 중 2점이 중심선 한쪽으로 2σ를 넘는 영역에 있으므로 관리상태라고 할 수 없다.

12. 다음의 $\tilde{x}-R$ 관리도 데이터에 대해 요구에 답하시오. (단, $n=5$일 때 $m_3=1.198$, $d_2=2.326$, $d_3=0.864$)

(1) 양식의 빈칸을 채우시오.

(2) 메디안 관리도의 C_L, U_{CL}, L_{CL}을 구하시오.

(3) R 관리도의 C_L, U_{CL}, L_{CL}을 구하시오.

시료군 번호	측정치					M_e	범위 R
	x_1	x_2	x_3	x_4	x_5		
1	16	22	33	27	12	( )	( )
2	22	37	34	25	10	( )	( )
3	15	15	22	19	24	( )	( )
⋮	⋮	⋮	⋮	⋮	⋮	⋮	⋮
20	21	24	27	19	15	( )	( )
					계	540	460

해답 (1)

시료군 번호	측정치					M_e	범위 R
	x_1	x_2	x_3	x_4	x_5		
1	16	22	33	27	12	22	21
2	22	37	34	25	10	25	27
3	15	15	22	19	24	19	9
⋮	⋮	⋮	⋮	⋮	⋮	⋮	⋮
20	21	24	27	19	15	21	12
					계	540	460

(2) 메디안 관리도

$$\bar{\tilde{x}} = \overline{Me} = \frac{\sum \tilde{x}}{k} = \frac{540}{20} = 27,\ \bar{R} = \frac{\sum R}{k} = \frac{460}{20} = 23$$

$$C_L = 27$$

$$U_{CL} = \bar{\tilde{x}} + \frac{3m_3}{\sqrt{n}} \cdot \frac{\bar{R}}{d_2} = 27 + \frac{3 \times 1.198}{\sqrt{5}} \cdot \frac{23}{2.326} = 42.89319$$

$$L_{CL} = \bar{\tilde{x}} - \frac{3m_3}{\sqrt{n}} \cdot \frac{\bar{R}}{d_2} = 27 - \frac{3 \times 1.198}{\sqrt{5}} \cdot \frac{23}{2.326} = 11.10681$$

(3) R 관리도

$$C_L = \bar{R} = \frac{\sum R}{k} = \frac{460}{20} = 23$$

$$U_{CL} = D_4\bar{R} = \left(1 + 3\frac{d_3}{d_2}\right)\bar{R} = \left(1 + 3 \times \frac{0.864}{2.326}\right) \times 23 = 48.63027$$

$$L_{CL} = D_3\bar{R} = \left(1 - 3\frac{d_3}{d_2}\right)\bar{R} = \left(1 - 3 \times \frac{0.864}{2.326}\right) \times 23 = -\ (\text{고려하지 않음})$$

13. $n = 5$ 인 고-저($H - L$) 관리도에서 $\overline{X}_H = 6.443$, $\overline{X}_L = 6.417$일 때 U_{CL}과 L_{CL}을 구하면 약 얼마인가?

해답 $\overline{M} = \dfrac{6.443 + 6.417}{2} = 6.43$, $\bar{R} = \overline{X}_H - \overline{H}_L = 6.443 - 6.417 = 0.026$, $n = 5$일 때

$H_2 = 1.363$

$$U_{CL} = \overline{M} + H_2\bar{R} = 6.43 + 1.363 \times 0.026 = 6.46544$$

$$L_{CL} = \overline{M} - H_2\bar{R} = 6.43 - 1.363 \times 0.026 = 6.39456$$

3 계수형 관리도

3-1 np (부적합품수) 관리도

각 군의 시료 크기 n이 일정해야 한다. np가 1~5개 정도 나오도록 샘플링할 것 $\left(n = \frac{1}{p} \sim \frac{5}{p}\right)$

① 중심선 : $C_L = n\bar{p} = \frac{\sum np}{k}$ $\left(\text{단, } \bar{p} = \frac{\sum np}{\sum n} = \frac{\sum np}{kn}\right)$

② 관리한계선 : $\left.\begin{matrix} U_{CL} \\ L_{CL} \end{matrix}\right\} = n\bar{p} \pm 3\sqrt{n\bar{p}(1-\bar{p})}$

3-2 p(부적합품률) 관리도

각 군의 시료 크기 n이 다를 때 n에 따라 관리한계의 폭이 변한다.

① 중심선 : $C_L = \bar{p} = \frac{\sum np}{\sum n}$

② 관리한계선 : $\left.\begin{matrix} U_{CL} \\ L_{CL} \end{matrix}\right\} = \bar{p} \pm 3\sqrt{\frac{\bar{p}(1-\bar{p})}{n}} = \bar{p} \pm A\sqrt{\bar{p}(1-\bar{p})}$ $\left(\text{단, } A = \frac{3}{\sqrt{n}}\right)$

3-3 c(부적합수) 관리도

일정단위 중 나타나는 흠의수, 부적합수를 취급할 때 사용한다.

① 중심선 : $C_L = \bar{c} = \dfrac{\sum c}{k}$

② 관리한계선 : $\left.\begin{matrix} U_{CL} \\ L_{CL} \end{matrix}\right\} = E(c) \pm 3D(c) = \bar{c} \pm 3\sqrt{\bar{c}}$

3-4 u(단위당 부적합수) 관리도

검사하는 시료의 면적이나 길이 등이 일정하지 않은 경우에 사용한다.

① 중심선 : $C_L = \bar{u} = \dfrac{\sum c}{\sum n}$

② 관리한계선 : $\left.\begin{matrix} U_{CL} \\ L_{CL} \end{matrix}\right\} = \bar{u} \pm 3\sqrt{\dfrac{\bar{u}}{n}}$

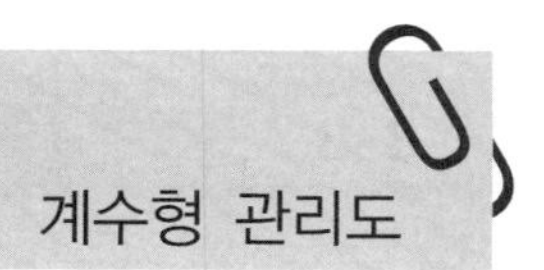

예상문제

계수형 관리도

01. 어떤 생산공정에서 생산하는 제품을 10일 동안 8시간 간격으로 100개씩 조사하여 부적합품수를 조사한 결과 〈표〉와 같은 데이터를 얻었다.

(1) C_L, U_{CL}, L_{CL}을 구하시오.

(2) 관리도를 작성하시오.

(3) 관리상태(안정상태)의 여부를 판정하시오.

(4) 부분군 19의 경우 작업자의 실수(이상원인) 때문이라고 판명된 경우 평균을 재설정하여 작성하시오.

일	시	표본번호(i)	부적합품수 (np_i)	일	시	표본번호 (i)	부적합품수 (np_i)
1	8	1	1	6	8	16	3
	16	2	6		16	17	6
	24	3	6		24	18	3
2	8	4	7	7	8	19	13
	16	5	3		16	20	7
	24	6	2		24	21	6
3	8	7	4	8	8	22	6
	16	8	7		16	23	7
	24	9	3		24	24	8
4	8	10	1	9	8	25	7
	16	11	5		16	26	2
	24	12	8		24	27	3
5	8	13	7	10	8	28	2
	16	14	5		16	29	6
	24	15	5		24	30	4

해답 $\bar{p}=\dfrac{\sum np}{kn}=\dfrac{153}{100\times 30}=0.051$

(1) $C_L = n\bar{p}= 100\times 0.051 = 5.1$

$U_{CL} = n\bar{p}\pm 3\sqrt{n\bar{p}(1-\bar{p})} = 5.10 + 3\sqrt{100(0.051)(1-0.051)} = 11.69993$

$L_{CL} = -$ (고려하지 않음)

(2)

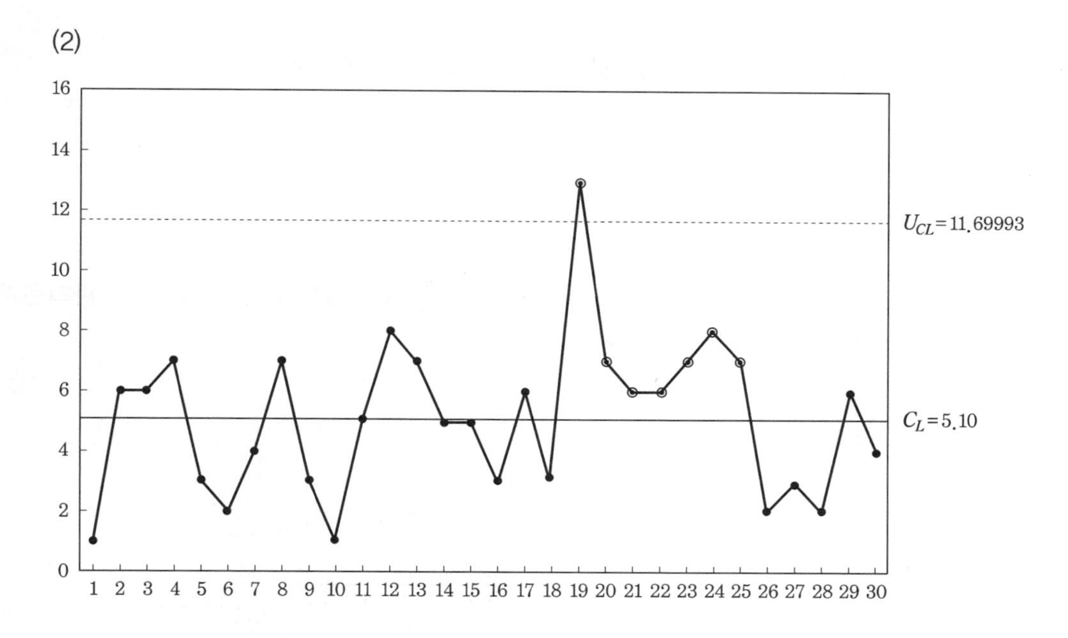

(3) 표본번호 19의 점이 관리한계 밖으로 벗어났으므로 공정이 안정상태라고 할 수 없다.

(4) $\bar{p}=\dfrac{\sum np}{kn}=\dfrac{140}{100\times 29}=0.0482759$

$C_L=n\bar{p}=100\times\dfrac{140}{100\times 29}=4.82759$

$U_{CL}=n\bar{p}\pm 3\sqrt{n\bar{p}(1-\bar{p})}=4.82759+3\sqrt{4.82759(1-0.0482759)}=11.25804$

$L_{CL}=-$ (고려하지 않음)

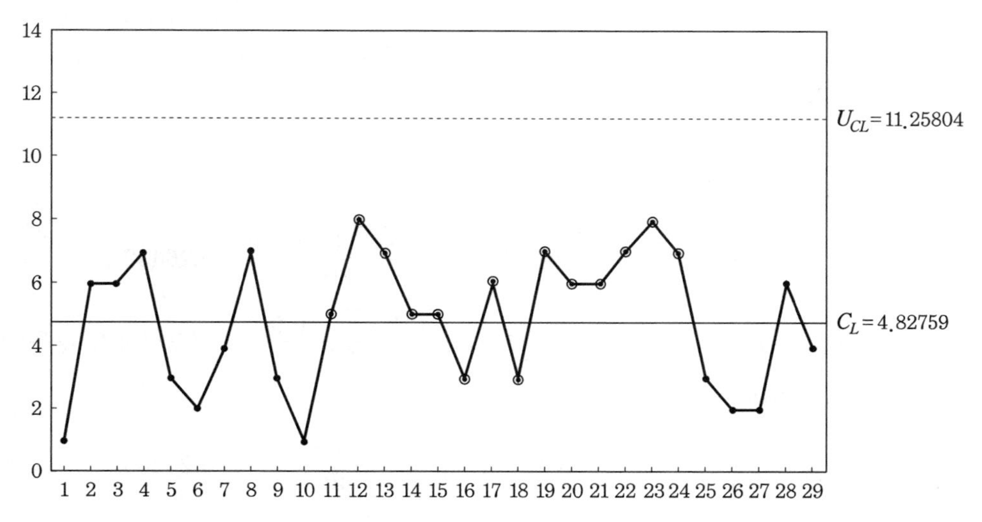

02. $p=2\%$ 라면 시료의 크기는 얼마로 하는 것이 적당한가?

해답 $n=\frac{1}{p}\sim\frac{5}{p}=\frac{1}{0.02}\sim\frac{5}{0.02}=50\sim250$

03. p 관리도에서 $\sum n=2000$, $n=100$일 때 $\sum np=540$이면 이때 3σ의 관리한계로서 U_{CL}, L_{CL}은 얼마인가?

해답 $\bar{p}=\frac{\sum np}{\sum n}=\frac{540}{2,000}=0.27$

$$U_{CL}=\bar{p}+3\sqrt{\frac{\bar{p}(1-\bar{p})}{n}}=0.27+3\sqrt{\frac{0.27\times(1-0.27)}{100}}=0.40319$$

$$L_{CL}=\bar{p}-3\sqrt{\frac{\bar{p}(1-\bar{p})}{n}}=0.27-3\sqrt{\frac{0.27\times(1-0.27)}{100}}=0.13681$$

04. 매일 실시되는 최종제품검사에 대한 샘플링검사의 결과를 정리하여 다음과 같은 데이터를 얻었다. 관리한계선을 구하시오.

일자	1	2	3	4	5	6	7	8	9	10
표본크기	30	30	30	40	40	40	40	50	50	50
부적합품수	2	3	6	3	5	4	4	4	6	3

해답 n이 일정하지 않으므로 p 관리도를 사용한다.

$\bar{p}=\frac{\sum np}{\sum n}=\frac{40}{400}=0.1$

① $n=30$일 때

$$U_{CL}=\bar{p}+3\sqrt{\frac{\bar{p}(1-\bar{p})}{n}}=0.1+3\sqrt{\frac{0.1\times(1-0.9)}{30}}=0.26432$$

$$L_{CL}=\bar{p}-3\sqrt{\frac{\bar{p}(1-\bar{p})}{n}}=0.1-3\sqrt{\frac{0.1\times(1-0.9)}{30}}=-\text{(고려하지 않음)}$$

② $n=40$일 때

$$U_{CL}=\bar{p}+3\sqrt{\frac{\bar{p}(1-\bar{p})}{n}}=0.1+3\sqrt{\frac{0.1\times(1-0.9)}{40}}=0.24230$$

$$L_{CL}=\bar{p}-3\sqrt{\frac{\bar{p}(1-\bar{p})}{n}}=0.1-3\sqrt{\frac{0.1\times(1-0.9)}{40}}=-\text{(고려하지 않음)}$$

③ $n=50$일 때

$$U_{CL}=\bar{p}+3\sqrt{\frac{\bar{p}(1-\bar{p})}{n}}=0.1+3\sqrt{\frac{0.1\times(1-0.9)}{50}}=0.22728$$

$$L_{CL}=\bar{p}-3\sqrt{\frac{\bar{p}(1-\bar{p})}{n}}=0.1-3\sqrt{\frac{0.1\times(1-0.9)}{50}}=-\text{(고려하지 않음)}$$

05. 어떤 생산공정에서 생산제품의 품질을 적합품과 부적합품으로 구분한다. 4시간 간격으로 크기 180인 표본을 추출하여 공정을 관리하고자 하지만 항상 일정수의 관측값을 얻기에는 상당한 노력을 필요로 하기 때문에 표본크기를 굳이 180으로 고정하지는 않는다고 한다. 이 공정으로부터 얻은 데이터는 다음 표와 같다. (단, 소수점 두자리까지 사용할 것.)

(단위 : %)

표본번호(i)	1	2	3	4	5	6	7	8	9	10
표본크기(n_i)	185	195	172	190	185	190	130	170	184	180
부적합품수(Y_i)	8	12	3	7	2	6	8	12	5	13

(1) C_L, U_{CL}, L_{CL}을 구하시오.

(2) 관리도를 작성하시오.

(3) 관리상태(안정상태)의 여부를 판정하시오.

해답 p 관리도

표본번호(i)	1	2	3	4	5	6	7	8	9	10
표본크기(n_i)	185	195	172	190	185	190	130	170	184	180
부적합품수(Y_i)	8	12	3	7	2	6	8	12	5	13
p(%)	4.32	6.15	1.74	3.68	1.08	3.16	6.15	7.06	2.72	7.22
C_L	4.27	4.27	4.27	4.27	4.27	4.27	4.27	4.27	4.27	4.27
U_{CL}	8.73	8.61	8.89	8.67	8.73	8.67	9.59	8.92	8.74	8.79
L_{CL}	–	–	–	–	–	–	–	–	–	–

(1) $C_L=\bar{p}=\dfrac{\sum np}{\sum n}=\dfrac{8+12+\cdots+13}{185+195+\cdots+180}=\dfrac{76}{1{,}781}=0.0427=4.27\%$

$$U_{CL}=\left(\bar{p}+3\sqrt{\frac{\bar{p}(1-\bar{p})}{n}}\right)\times100=\left(0.0427+3\sqrt{\frac{0.0427(1-0.0427)}{n}}\right)\times100$$

$$L_{CL}=\left(\bar{p}-3\sqrt{\frac{\bar{p}(1-\bar{p})}{n}}\right)\times100=\left(0.0427-3\sqrt{\frac{0.0427(1-0.0427)}{n}}\right)\times100$$

(2)

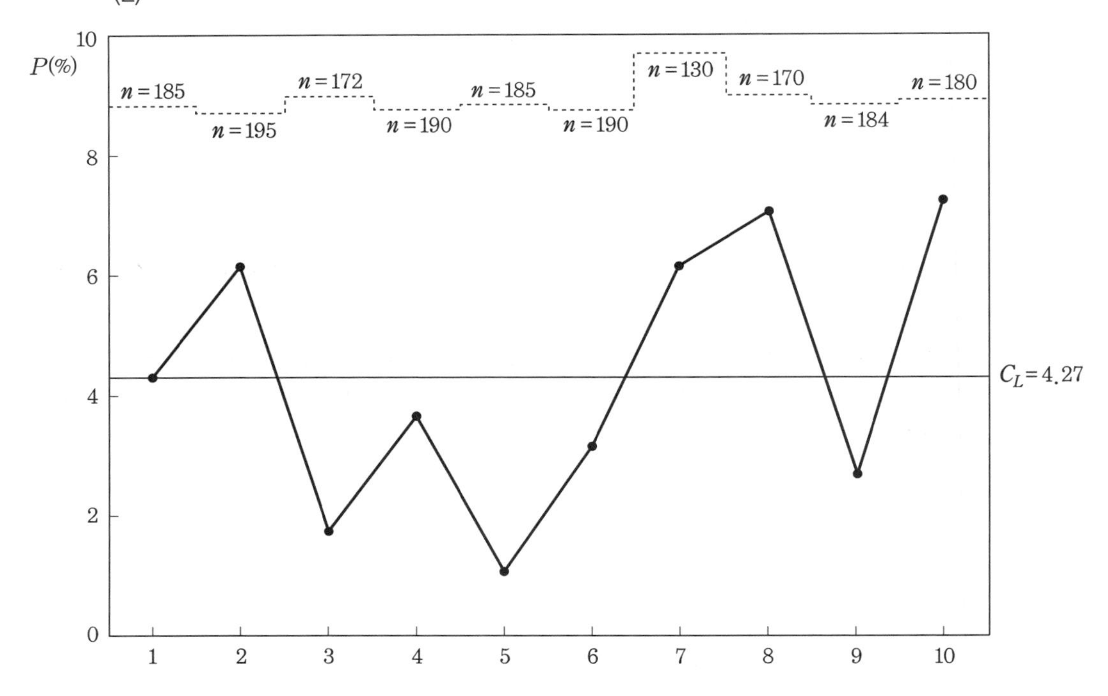

(3) 관리한계를 이탈하는 점이 없고, 점의 배열에 습관성이 존재하지 않으므로 관리상태라고 판정할 수 있다.

06. $k=30$, $n=100$의 p 관리도에서 군번호 19에서 부적합품이 16개로 관리이상 상태로 판정되었다면 이 군을 제거하고 수정하여 p 관리도를 그릴 때 U_{CL}과 L_{CL}을 구하시오. (단, $\sum np=153$)

해답 $C_L=\bar{p}=\dfrac{\sum np-16}{\sum n-100}=\dfrac{153-16}{3000-100}=0.04724$

$$U_{CL}=\bar{p}+3\sqrt{\frac{\bar{p}(1-\bar{p})}{n}}=0.04724+3\sqrt{\frac{0.04724(1-0.04724)}{100}}=0.11089$$

$$L_{CL}=\bar{p}-3\sqrt{\frac{\bar{p}(1-\bar{p})}{n}}=0.04724-3\sqrt{\frac{0.04724(1-0.04724)}{100}}=-\text{(고려하지 않음)}$$

07. Y 생산공정의 품질관리를 위해 2σ 법에 의한 p 관리도를 이용하고 있다. 만일 $\bar{p}=2\%$ 라면 이 관리도의 상한과 하한을 구하시오. (단, 부분군의 크기는 100개이다.)

해답

$$U_{CL}=\left(\bar{p}+2\sqrt{\frac{\bar{p}(1-\bar{p})}{n}}\right)\times 100=\left(0.02+2\sqrt{\frac{0.02(1-0.02)}{100}}\right)\times 100=4.80\%$$

$$L_{CL}=\left(\bar{p}-2\sqrt{\frac{\bar{p}(1-\bar{p})}{n}}\right)\times 100=\left(0.02-2\sqrt{\frac{0.02(1-0.02)}{100}}\right)\times 100$$

$= -$ (고려하지 않음)

08. 웨이퍼(wafer)에 폴리실리콘(polysilicon)을 침전시키는 과정은 반도체 생산공정에서 중요한 과정에 속한다. 생산된 웨이퍼의 표면에는 침전과정에서 부적합이 발생하며 이는 품질을 떨어트리는 주된 원인이 된다. 다음 표는 일정시간 간격으로 웨이퍼를 한 장씩 추출하여 부적합수를 조사한 것이다.

표본번호(i)	부적합수(c_i)	표본번호(i)	부적합수(c_i)
1	10	11	14
2	9	12	9
3	8	13	6
4	10	14	7
5	12	15	13
6	8	16	9
7	3	17	8
8	12	18	12
9	8	19	15
10	8	20	9

(1) C_L, U_{CL}, L_{CL}을 구하시오.

(2) 관리도를 작성하시오.

(3) 관리상태(안정상태)의 여부를 판정하시오.

해답 (1) $C_L=\bar{c}=\dfrac{\sum c}{k}=\dfrac{190}{20}=9.5$

$$U_{CL}=\bar{c}+3\sqrt{\bar{c}}=9.5+3\sqrt{9.5}=18.74662$$

$$L_{CL}=\bar{c}-3\sqrt{\bar{c}}=9.5-3\sqrt{9.5}=0.25338$$

(2)

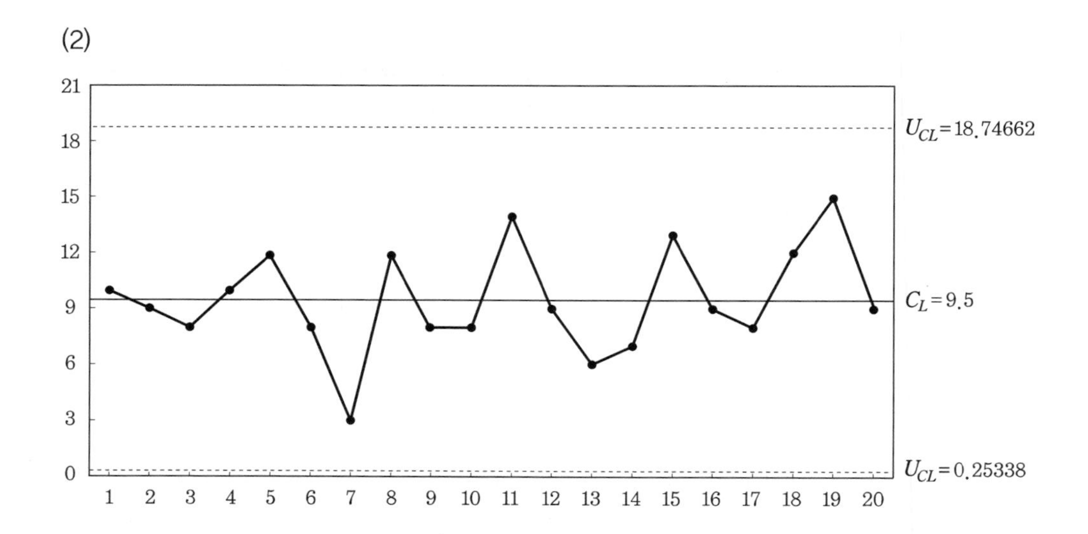

(3) 관리한계를 이탈하는 점이 없고, 점의 배열에 습관성이 존재하지 않으므로 관리상태라고 판정할 수 있다.

09. **검사단위가 일정치 않은 표본으로부터 측정한 부적합수가 다음 표와 같다. (단, 소수점 3자리에서 반올림하시오.)**

표본번호(i)	1	2	3	4	5	6	7	8	9	10	11	12	13	14	15
표본크기(n_i)	15	15	15	10	10	20	20	20	20	10	10	15	15	15	15
부적합수(C_i)	35	41	34	23	28	43	34	45	20	15	25	33	42	35	33

(1) 적합한 관리도를 선택하시오.

(2) C_L값과 $n = 10,\ 15,\ 20$인 경우 각각에 대한 U_{CL}, L_{CL}을 구하시오.

(3) 관리도를 작성하시오.

(4) 관리상태(안정상태)의 여부를 판정하시오.

해답 (1) 시료의 크기(n_i)가 일정하지 않은 부적합수 관리도이므로 U 관리도가 적합하다.

(2)

표본번호 (i)	1	2	3	4	5	6	7	8	9	10	11	12	13	14	15
표본크기 (n_i)	15	15	15	10	10	20	20	20	20	10	10	15	15	15	15
부적합수 (C_i)	35	41	34	23	28	43	34	45	20	15	25	33	42	35	33
단위당 부적합수 (u)	2.33	2.73	2.27	2.30	2.80	2.15	1.70	2.25	1.00	1.50	2.50	2.20	2.80	2.33	2.20
C_L	2.16	2.16	2.16	2.16	2.16	2.16	2.16	2.16	2.16	2.16	2.16	2.16	2.16	2.16	2.16
U_{CL}	3.30	3.30	3.30	3.55	3.55	3.15	3.15	3.15	3.15	3.55	3.55	3.30	3.30	3.30	3.30
L_{CL}	1.02	1.02	1.02	0.77	0.77	1.17	1.17	1.17	1.17	0.77	0.77	1.02	1.02	1.02	1.02

$$C_L = \bar{u} = \frac{\sum c}{\sum n} = \frac{486}{225} = 2.16$$

① $n = 10$인 경우

$$U_{CL} = \bar{u} + 3\sqrt{\frac{\bar{u}}{n_i}} = 2.16 + 3\sqrt{\frac{2.16}{10}} = 3.55$$

$$L_{CL} = \bar{u} - 3\sqrt{\frac{\bar{u}}{n_i}} = 2.16 - 3\sqrt{\frac{2.16}{10}} = 0.77$$

② $n = 15$인 경우

$$U_{CL} = \bar{u} + 3\sqrt{\frac{\bar{u}}{n_i}} = 2.16 + 3\sqrt{\frac{2.16}{15}} = 3.30$$

$$L_{CL} = \bar{u} - 3\sqrt{\frac{\bar{u}}{n_i}} = 2.16 - 3\sqrt{\frac{2.16}{15}} = 1.02$$

③ $n = 20$인 경우

$$U_{CL} = \bar{u} + 3\sqrt{\frac{\bar{u}}{n_i}} = 2.16 + 3\sqrt{\frac{2.16}{20}} = 3.15$$

$$L_{CL} = \bar{u} - 3\sqrt{\frac{\bar{u}}{n_i}} = 2.16 - 3\sqrt{\frac{2.16}{15}} = 1.17$$

(3)

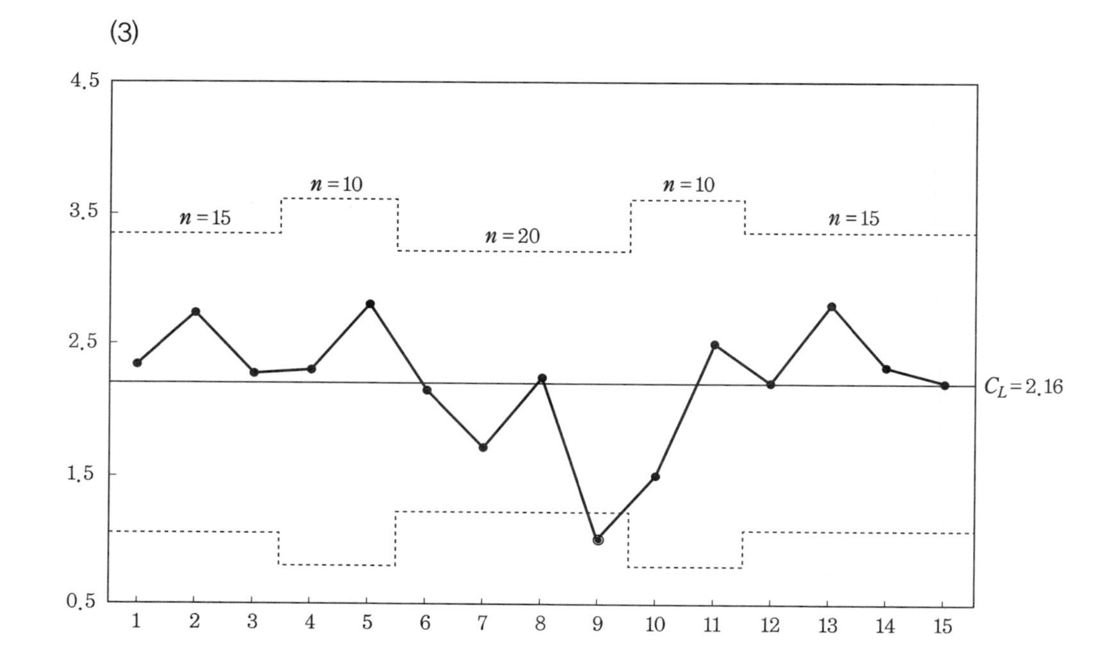

(4) 표본번호 9의 점이 관리한계 밖으로 벗어났으므로 공정이 안정상태라고 할 수 없다.

10. **에나멜 동선의 도장 공정을 관리하기 위하여 핀홀수를 조사하였다. 1,000m당의 핀홀수를 사용하여 관리도를 작성하려고 한다.**

(1) 어떤 관리도를 사용하는 것이 좋겠는가?

(2) 10번째군의 단위당 부적합수를 구하시오.

(3) C_L값과 각각에 대한 U_{CL}, L_{CL}을 구하시오.

(4) 관리도를 작성하고 판정하시오

표본번호(i)	1	2	3	4	5	6	7	8	9	10	11	12	13	14	15
시료의크기 n (1,000m)	1.0	1.0	1.0	1.0	1.0	1.3	1.3	1.3	1.3	1.3	1.3	1.3	1.3	1.3	1.3
부적합수 c	4	5	3	5	3	6	2	4	2	5	1	2	3	5	2

해답 (1) u 관리도

(2) $u=\dfrac{c}{n}=\dfrac{5}{1.3}=3.48615$

(3) $C_L=\bar{u}=\dfrac{\sum c}{\sum n}=\dfrac{52}{18}=2.88889$

① $n=1$인 경우

$$U_{CL}=\bar{u}+3\sqrt{\frac{\bar{u}}{n_i}}=2.88889+3\sqrt{\frac{2.88889}{1}}=7.98791$$

$$L_{CL}=\bar{u}-3\sqrt{\frac{\bar{u}}{n_i}}=2.88889-3\sqrt{\frac{2.88889}{1}}=-(\text{고려하지 않음})$$

② $n=1.3$인 경우

$$U_{CL}=\bar{u}+3\sqrt{\frac{\bar{u}}{n_i}}=2.88889+3\sqrt{\frac{2.88889}{1.3}}=7.36103$$

$$L_{CL}=\bar{u}-3\sqrt{\frac{\bar{u}}{n_i}}=2.88889-3\sqrt{\frac{2.88889}{1.3}}=-(\text{고려하지 않음})$$

(4)

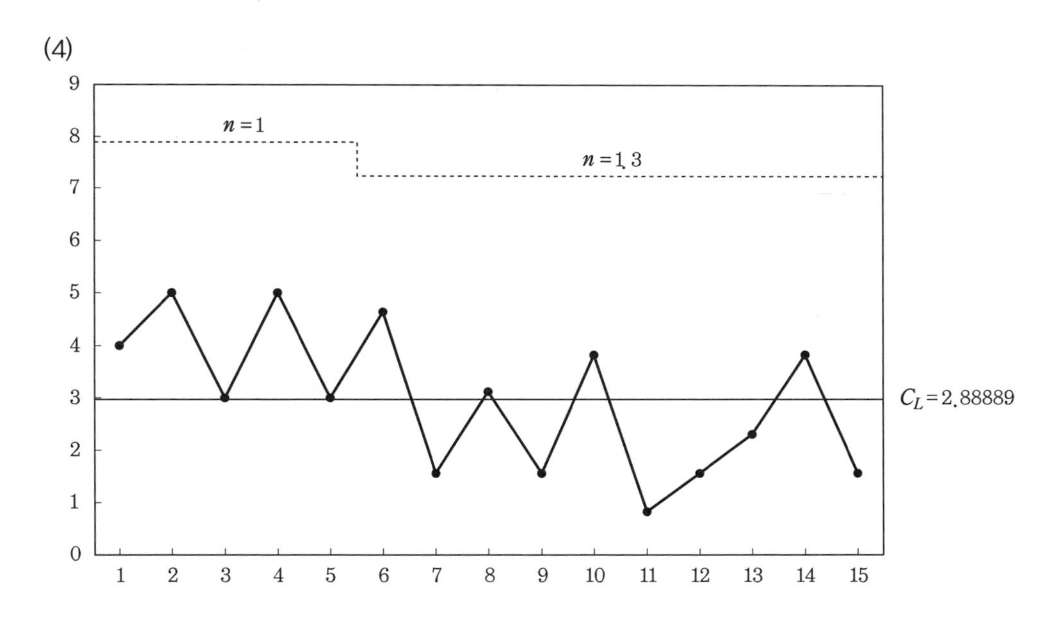

관리한계를 이탈하는 점이 없고, 점의 배열에 습관성이 존재하지 않으므로 관리상태라고 판정할 수 있다.

11. 어떤 회사에서는 제조공정의 공정관리를 관리도를 사용하여 실시하기 시작했다. 그런데 원인불명의 관리한계를 벗어나는 점이 나타나기 때문에 이의 원인규명에 고민하게 되었다. 이에 사내의 품질관리기사 5명은 다음과 같은 의견을 제의하였다. 옳은 의견을 제의한 사람은 누구인가? (단, 답은 복수가 될 수도 있다.)

A기사	원인추구의 방법이 철저하지 못하기 때문이므로 좀 더 확신을 갖고, 다시 한 번 철저하게 원인을 추구할 필요가 있다.
B기사	관리한계로부터 점이 벗어나기는 하였지만 사내 규격으로부터는 벗어나지 않았으므로 원인을 추구할 필요가 없다.
C기사	관리도를 사용하여 공정관리를 해도 원인불명으로 조처를 취할 수 없으므로 종전과 같이 검사에 치중하는 것이 좋겠다.
D기사	공정해석이 불충분할는지도 모르니까 공정해석을 다시 해보기로 하자.
E기사	작업표준이 잘못되었거나 샘플링방법이 나쁘기 때문인지도 모르니 이것을 재검토 해보자.

해답 A기사, D기사, E기사

B기사 : 관리한계로부터 점이 벗어났으므로 원인을 추구할 필요가 있다.

C기사 : 관리도를 사용하여 공정관리를 해야 한다.

4 관리도의 판정 및 해석

4-1 관리상태의 판정

① 점이 관리한계선을 벗어나지 않는다.

② 점의 배열에 아무런 습관성[연(run), 경향(trend), 주기성(cycle)]이 존재하지 않는다.

㉠ 1종의 오류(α) : 공정이 관리되어 있는데도 이상상태가 발생했다고 잘못 판단할 확률

㉡ 2종의 오류(β) : 공정에 이상이 있는데도 불구하고 공정관리가 잘 된다고 판단할 확률

㉢ 검출력(검정력)($1-\beta$) : 공정에 이상이 있을 때 이상상태가 발생했다고 판단할 확률

4-2 공정의 비관리상태 판정기준

① 규칙 1~규칙 8에 해당되는 경우

규칙 1. 3σ 이탈점이 1점 이상 나타난다.

규칙 2. 9점이 중심선에 대하여 같은 쪽에 있다.(연)

규칙 3. 6점이 연속적으로 증가 또는 감소하고 있다.(경향)

규칙 4. 14점이 교대로 증감하고 있다.(주기성)

규칙 5. 연속하는 3점 중 2점이 중심선 한쪽으로 2σ를 넘는 영역에 있다.

규칙 6. 연속하는 5점 중 4점이 중심선 한쪽으로 1σ를 넘는 영역에 있다.

규칙 7. 연속하는 15점이 $\pm 1\sigma$영역 내에 있다.

규칙 8. 연속하는 8점이 $\pm 1\sigma$ 한계를 넘는 영역에 있다.

4-3 관리도 재작성

해석용 관리도에서 비관리상태인 점이 나타나면 그 원인을 규명하여 조치를 취하고 그 해당 군을 제거한 후, 남은 군으로 관리도를 재작성하여 관리용 관리도로 변환시키는 것을 말한다.

4-4 공정해석

(1) 공정능력지수(PCI, C_p)

공정능력지수	$C_p = \dfrac{U-L}{6\hat{\sigma}} = \dfrac{U-\overline{\overline{x}}}{3\hat{\sigma}} = \dfrac{\overline{\overline{x}}-L}{3\hat{\sigma}}$			
판정	등급	기준	판정	$\hat{\sigma} = \dfrac{\overline{s}}{c_4}$ 또는 $\dfrac{\overline{R}}{d_2}$ 공정능력비 $D_p = \dfrac{1}{C_p} = \dfrac{6\sigma}{T}$
	0	$1.67 \le C_p$	공정능력이 매우 충분하다.	
	1	$1.33 \le C_p < 1.67$	공정능력이 충분하다.	
	2	$1 \le C_p < 1.33$	공정능력이 보통이다.	
	3	$0.67 \le C_p < 1.00$	공정능력이 부족하다.	
	4	$C_p < 0.67$	공정능력이 매우 부족하다.	

(2) 관리계수(C_f)

공정의 관리상태 여부를 판정하는 척도

관리계수	$C_f = \dfrac{\sigma_{\overline{x}}}{\sigma_w}$	
판정	$1.2 \le C_f$	급간변동이 크다.
	$0.8 \le C_f < 1.2$	대체로 관리 상태이다.
	$C_f < 0.8$	군 구분이 나쁘다.

4-5 군내산포와 군간산포

일반적으로 로트 내의 우연적 산포는 군내산포(σ_w^2)이고, 로트 간의 산포는 군간산포(σ_b^2)를 의미한다.

(1) 군내산포와 군간산포의 관계식

① $\sigma_{\bar{x}}^2 = \dfrac{\sigma_w^2}{n} + \sigma_b^2$

- 각 군의 평균산포 : $\hat{\sigma}_{\bar{x}}^2 = \left(\dfrac{\overline{R}_m}{d_2}\right)^2 = \left(\dfrac{\overline{R}_m}{1.128}\right)^2$, $n=2$일 때 $d_2 = 1.128$
- 군내산포 : $\hat{\sigma}_w^2 = \left(\dfrac{\overline{R}}{d_2}\right)^2$

② 전체 데이터의 산포 : $\sigma_H^2 = \sigma_w^2 + \sigma_b^2$

(2) 완전한 관리상태인 경우($\sigma_b^2 = 0$)

- $\sigma_{\bar{x}}^2 = \dfrac{\sigma_w^2}{n}$
- $\sigma_x^2 = \sigma_w^2$

(3) 관리도의 검출력

공정에 이상원인이 존재할 때, 이상원인이 있다고 판단할 수 있는 능력, 즉 관리도에서 공정의 변화를 검출할 수 있는 능력을 검출력($1-\beta$)이라 한다.

4-6 ∘ $\overline{x}-R$ 관리도의 평균치 차의 검정

두 개의 $\overline{x}-R$ 관리도에서 중심치, 즉 평균치 사이에 유의차가 있는가 없는가의 검정으로서 전제조건이 만족하고, 검정식이 성립한다면, 두 관리도간에는 차가 존재하는 것으로 결론을 내린다.

(1) 전제조건

① 두 관리도가 완전한 관리상태에 있을 것

② 두 관리도의 시료군의 크기 n이 같을 것

③ k_A, k_B가 충분히 클 것

④ $\overline{R}_A$, $\overline{R}_B$ 사이에 유의차가 없을 것

⑤ 본래의 분포상태가 대략적인 정규분포를 하고 있을 것

(2) 두 관리도의 산포비의 검정

① 가설설정 : $H_0 : \sigma_A^2 = \sigma_B^2$　　　　$H_1 : \sigma_A^2 \neq \sigma_B^2$

② 유의수준 : $\alpha = 0.05$ 또는 0.01

③ 검정통계량 : $F_0 = \dfrac{\left(\dfrac{\overline{R}_A}{C_A}\right)^2}{\left(\dfrac{\overline{R}_B}{C_B}\right)^2}$

④ 기각역 : $F_o \leq F_{\alpha/2}(\nu_A,\ \nu_B)$ 또는 $F_{1-\alpha/2}(\nu_A,\ \nu_B) \leq F_o$이면 H_0 기각

⑤ 판정 : $F_{\alpha/2}(\nu_A,\ \nu_B) \leq F_o \leq F_{1-\alpha/2}(\nu_A,\ \nu_B)$이면 H_0 채택 : 평균치 차 검정실시

(3) 두 관리도의 평균차의 검정

① 가설설정 : $H_0 : \mu_A = \mu_B$　　　　$H_1 : \mu_A \neq \mu_B$

② 유의수준 : $\alpha = 0.0027$

③ 검정 : $|\overline{\overline{x}}_A - \overline{\overline{x}}_B| > A_2\overline{R}\sqrt{\dfrac{1}{k_A}+\dfrac{1}{k_B}}$ $\left(단,\ \overline{R}=\dfrac{k_A\overline{R_A}+k_B\overline{R_B}}{k_A+k_B}\right)$

④ 판정 : 위의 식이 성립하면 두 관리도의 평균치에는 차이가 있다고 판정(H_0기각)

예상문제

관리도의 판정 및 해석

01. 다음 내용 중 알맞은 말을 아래 보기에서 선택하시오.

보기

ⓐ 제1종의 과오(α)	ⓑ 제2종의 과오(β)	ⓒ 크게	ⓓ 적게
ⓔ 검출력($1-\beta$)	ⓕ 10%	ⓖ 모집단	ⓗ 시료
ⓘ 가능	ⓙ 불가능	ⓚ 5%	ⓛ 1%

관리도의 관리한계선은 자연공차인 $\pm 3\sigma$ 를 사용한다. 3σ 법의 $\overline{x}$ 관리도에서 ((1))는 0.27% 이다. ((2))를(을) 적게 하고자 관리한계를 3σ 에서 1.96σ 로 하면 ((3))(을) 범할 확률은 0.27% 로부터 ((4))로 커져 버린다. 또한 ((5))를(을) 적게 하려고 관리한계선을 확장하면 ((6))를(을) 범할 확률은 ((7))되어 버린다. 공정이 안정상태가 아닌 것을 놓치지 않고 옳게 발견해 내는 확률을 ((8))이라 한다. 공정의 평균에 변화가 생겼을 때 시료의 크기 n이 크면 이상상태를 발견하기가 쉬워진다. 우리가 ((9))으로부터 계산한 평균치 $\overline{x}$ 가 관리 한계선 밖에 있는가 안에 있는가는 통계적으로 ((10))에 의해 판정지어진다. 1종 과오와 2종 과오를 전혀 범하지 않도록 하는 것은 ((11))이다.

해답 (1) ⓐ (2) ⓑ (3) ⓐ (4) ⓚ (5) ⓐ (6) ⓑ (7) ⓒ (8) ⓔ (9) ⓗ (10) ⓖ (11) ⓙ

02. $U_{CL}=19.5$, $L_{CL}=14.6$, $n=4$인 $\overline{x}$ 관리도가 있다. 만약 공정의 분포가 $N(15,\ 2^2)$이라면 3σ 관리도에서 $\overline{x}$가 관리한계선을 벗어날 확률은 얼마인가?

해답 관리한계선 밖으로 나갈 확률(검출력 : $1-\beta$)

$$P_r[\overline{x}>U_{CL}]+P_r[\overline{x}<L_{CL}]=P_r\left[u>\frac{19.5-15}{\frac{2}{\sqrt{4}}}\right]+P_r\left[u<\frac{14.6-15}{\frac{2}{\sqrt{4}}}\right]$$

$$=P_r[u>4.5]+P_r[u<-0.4]$$

$$=0.00000+0.3446=0.3446=34.46\%$$

03. 부분군의 크기 $n=4$의 $\bar{x}-R$ 관리도에서 $\bar{\bar{x}}=18.5$, $\bar{R}=3.09$인 관리상태이다. 지금 공정평균이 15.50으로 되었다면 본래의 3σ한계로부터 제외되는 확률은 어느 정도인가? ($n=4$일 때 $d_2=2.059$)

해답 $$U_{CL}=\bar{\bar{x}}+3\frac{1}{\sqrt{n}}\cdot\frac{\bar{R}}{d_2}=18.5+3\frac{1}{\sqrt{4}}\cdot\frac{3.09}{2.059}=20.75109$$

$$L_{CL}=\bar{\bar{x}}-3\frac{1}{\sqrt{n}}\cdot\frac{\bar{R}}{d_2}=18.5-3\frac{1}{\sqrt{4}}\cdot\frac{3.09}{2.059}=16.24891$$

U_{CL} 밖으로 벗어날 확률 :

$$P_r\left(u>\frac{U_{CL}-\mu'}{\frac{\sigma}{\sqrt{n}}}\right)=P_r\left(u>\frac{U_{CL}-\mu'}{\frac{\bar{R}}{\sqrt{n}\,d_2}}\right)=P_r\left(u>\frac{20.75109-15.50}{\frac{3.09}{\sqrt{4}\times 2.059}}\right)$$

$$=P_r(u>7.00)=0$$

L_{CL} 밖으로 벗어날 확률 :

$$P_r\left(u<\frac{L_{CL}-\mu'}{\frac{\sigma}{\sqrt{n}}}\right)=P_r\left(u<\frac{L_{CL}-\mu'}{\frac{\bar{R}}{\sqrt{n}\,d_2}}\right)=P_r\left(u<\frac{16.24891-15.50}{\frac{3.09}{\sqrt{4}\times 2.059}}\right)$$

$$=P_r(u<1.00)=0.8413$$

$$1-\beta=p(u>7)+p(u<1)=0+0.8413=0.8413$$

04. $\bar{x}-R$ 관리도를 이용하여 품질특성을 관리하는 공정이 있다. 만약 공정의 평균치(μ)가 갑자기 2σ만큼 더 큰 값으로 변화하였다면 다음 물음에 답하시오.

(1) 시료군의 크기가 $n=4$로 할 때 이 공정의 변화로 $\bar{x}$ 관리도에서 대략 몇 %의 점이 관리한계선 밖으로 나가는가?

(2) 시료군의 크기가 $n=5$로 할 때 이 공정의 변화로 $\bar{x}$ 관리도에서 대략 몇 %의 점이 관리한계선 밖으로 나가는가?

해답 (1) $n=4$일 때 $\bar{x}$ 관리도에서 공정변화 전 관리한계선

$$U_{CL}=\mu+3\frac{\sigma}{\sqrt{n}}=\mu+3\frac{\sigma}{\sqrt{4}}=\mu+1.5\sigma$$

$$U_{CL}=\mu-3\frac{\sigma}{\sqrt{n}}=\mu-3\frac{\sigma}{\sqrt{4}}=\mu-1.5\sigma$$

공정변화 후 공정평균치 : $\mu'=\mu+2\sigma$

U_{CL} 밖으로 벗어날 확률 :

$$P_r(\overline{x}> U_{CL})= P_r\left(u > \frac{(\mu+1.5\sigma)-(\mu+2\sigma)}{\frac{\sigma}{\sqrt{4}}}\right)= P_r(u >-1) = 0.8413$$

L_{CL} 밖으로 벗어날 확률 :

$$P_r(\overline{x}< L_{CL})= P_r\left(u < \frac{(\mu-1.5\sigma)-(\mu+2\sigma)}{\frac{\sigma}{\sqrt{4}}}\right)= P_r(u <-7) = 0$$

$1-\beta = p(u >-1)+p(u <-7) = 0.8413+0 = 0.8413 = 84.13\%$

(2) $n=5$일 때 $\overline{x}$ 관리도에서 공정변화 전 관리한계선

$$U_{CL} = \mu+3\frac{\sigma}{\sqrt{n}} = \mu+3\frac{\sigma}{\sqrt{5}} = \mu+1.34164\sigma$$

$$U_{CL} = \mu-3\frac{\sigma}{\sqrt{n}} = \mu-3\frac{\sigma}{\sqrt{5}} = \mu-1.34164\sigma$$

공정변화 후 공정평균치 : $\mu' = \mu+2\sigma$

U_{CL} 밖으로 벗어날 확률 :

$$P_r(\overline{x}> U_{CL})= P_r\left(u > \frac{(\mu+1.34164\sigma)-(\mu+2\sigma)}{\frac{\sigma}{\sqrt{5}}}\right)= P_r(u >-1.47) = 0.9292$$

L_{CL} 밖으로 벗어날 확률 :

$$P_r(\overline{x}< L_{CL})= P_r\left(u < \frac{(\mu-1.34164\sigma)-(\mu+2\sigma)}{\frac{\sigma}{\sqrt{5}}}\right)= P_r(u <-7.47) = 0$$

$1-\beta = p(u >-1.47214)+p(u <-7.47213) = 0.9292+0 = 0.9292 = 92.92\%$

$n=4$의 관리도보다 $n=5$의 관리도가 검출력이 크다. (공정평균의 변화가 쉽게 탐지된다.)

05. **$\overline{x}-R$ 관리도에서 군의 수 $k=20$, 군의 크기 $n=4$, $\overline{\overline{x}}=16.28$, $\overline{R}=3.48$일 때 제품의 규격이 14~18cm로 주어진 경우 규격으로부터 벗어날 확률을 구하시오. (단, $n=4$일 때 $A_2=0.729$)**

해답 $3\frac{\sigma}{\sqrt{n}} = A_2\overline{R}$, $3\frac{\sigma}{\sqrt{4}} = 0.729\times 3.48$, $\sigma = 1.69128$

$$P_r(x>18)+P_r(x<14) = P_r\left(u > \frac{18-16.28}{1.69128}\right)+P_r\left(u < \frac{14-16.28}{1.69128}\right)$$
$$= P_r(u>1.02)+P_r(u<-1.35)$$
$$= 0.1539+0.0885 = 0.2424$$

06. $\bar{\bar{x}}=28$, $U_{CL}=41.4$, $L_{CL}=14.6$, $n=5$의 관리도가 있다. 이 공정이 관리상태에 있을 때 규격치 40을 넘는 제품이 나올 확률은 얼마인가?

해답 $U_{CL}-L_{CL}=6\frac{\sigma}{\sqrt{n}}$, $26.8=6\frac{\sigma}{\sqrt{5}}$, $\sigma=9.98777$

$$P_r(x>40)=P_r\left(u>\frac{40-28}{9.98777}\right)=P_r(u>1.2)=0.1151$$

07. $U_{CL}=43.44$, $L_{CL}=16.56$, $n=5$인 $\bar{x}$ 관리도가 있다. 공정의 분포가 $N(30,\ 10^2)$일 때 이 관리도에서 점 $\bar{x}$가 관리한계 밖으로 나올 확률은 얼마인가?

해답 $$P_r(\bar{x}>U_{CL})+P_r(\bar{x}<L_{CL})=P_r\left(u>\frac{43.44-30}{\frac{10}{\sqrt{5}}}\right)+P_r\left(u<\frac{16.56-30}{\frac{10}{\sqrt{5}}}\right)$$

$$=P_r(u>3.01)+P_r(u<-3.01)=0.001306\times 2=0.00261$$

08. 어느 공정에서 데이터를 뽑아 특성치를 관리하려고 한다. 평균치가 120, 표준편차가 13.8이다. $n=4$인 데이터를 15조 뽑아 $\bar{x}$ 관리도를 2σ법으로 작성하였다. 만일 공정평균이 U_{CL}쪽으로 13.8 만큼 변화하였다면 탐지할 확률(검출력)은 얼마인가?

해답 공정평균 $\mu'=\mu+\sigma=120+13.8=133.8$으로 이동된 경우이다.

$$U_{CL}=\mu+2\frac{\sigma}{\sqrt{n}}=120+2\times\frac{13.8}{\sqrt{4}}=133.8$$

$$L_{CL}=\mu-2\frac{\sigma}{\sqrt{n}}=120-2\times\frac{13.8}{\sqrt{4}}=106.2$$

U_{CL} 밖으로 벗어날 확률 :

$$P_r(\bar{x}>U_{CL})=P_r\left(u>\frac{133.8-133.8}{\frac{13.8}{\sqrt{4}}}\right)=P_r(u>0)=0.5$$

L_{CL} 밖으로 벗어날 확률 :

$$P_r(\bar{x}<L_{CL})=P_r\left(u<\frac{106.2-133.8}{\frac{13.8}{\sqrt{4}}}\right)=P_r(u<-4)=0.00003167$$

$$1-\beta=p(u>0)+p(u<-4)=0.5+0.00003167=0.50003167=50.003167\%$$

09. 공정이 관리상태에서 한 점이 어느 한쪽의 2σ 관리한계를 벗어날 확률은 0.0227이라고 할 때, 그 어느 한쪽으로 연속 2점이 벗어날 확률은 (ⓐ)이고, 연속 3점 중 2점이 2σ 관리한계를 벗어날 확률은 (ⓑ)이다.

해답 한 점이 관리한계를 벗어날 확률 $p = 0.0227$

ⓐ $P_r(x=2) = {}_2C_2 \times [0.0227^2(1-0.0227)^0] = 0.0227^2 = 0.00052 = 0.052\%$

ⓑ $P_r(x=2) = {}_3C_2 \times [0.0227^2(1-0.0227)^1] = 0.00151 = 0.151\%$

10. 공정평균이 μ_0에서 $\mu' = \mu_0 + 2\sigma$로 변했을 경우, 시료 1개가 관리한계선 밖으로 벗어날 확률은 0.1587이다. 이 공정을 $n=1$인 x 관리도로서 관리할 경우 3점으로 이 변화를 탐지하지 못할 확률은 얼마인가?

해답 $P_r(x=0) = {}_3C_0 0.1587^0 \times (1-0.1587)^3 = 0.59546 = 59.546\%$

11. $N(65,\ 1^2)$을 따르는 품질특성치를 위해 3σ의 관리한계를 갖는 개개의 특성치(x) 관리도를 운영하고 있다. 어떤 이상 요인으로 인해 품질특성치의 분포가 $N(66,\ 2^2)$으로 변화되었을 때, 관리도의 타점된 한 점이 관리한계를 벗어날 확률은 얼마인가?

해답 $U_{CL} = \overline{u} + 3\sigma = 65 + 3 \times 1 = 68$

$L_{CL} = \overline{u} - 3\sigma = 65 - 3 \times 1 = 62$

U_{CL} 밖으로 벗어날 확률 :

$$P_r\left(u > \frac{U_{CL} - \mu'}{\sigma'}\right) = P_r\left(u > \frac{68-66}{2}\right) = P_r(u > 1) = 0.1587$$

L_{CL} 밖으로 벗어날 확률 :

$$P_r\left(u < \frac{L_{CL} - \mu'}{\sigma'}\right) = P_r\left(u < \frac{62-66}{2}\right) = P_r(u < -2) = 0.0228$$

$1 - \beta = p(u > 1) + p(u < -2) = 0.1587 + 0.0228 = 0.1815$

12. 어떤 공정을 x 관리도로 관리하고 있다. 공정평균이 1σ 크게 되었을 때 점이 관리한계선을 벗어날 확률을 구하시오.

해답 (1) 공정변화 후 공정평균치 : $\mu' = \mu + 1\sigma$

U_{CL} 밖으로 벗어날 확률 :

$$P_r(x > U_{CL}) = P_r\left(u > \frac{(\mu+3\sigma)-(\mu+1\sigma)}{\sigma}\right) = P_r(u > 2) = 0.0228$$

L_{CL} 밖으로 벗어날 확률 :

$$P_r(x < L_{CL}) = P_r\left(u < \frac{(\mu-3\sigma)-(\mu+1\sigma)}{\sigma}\right) = P_r(u < -4) = 0.00003167$$

$1-\beta = p(u > 2) + p(u < -4) = 0.0228 + 0.00003167 = 0.02283 = 2.283\%$

13. 어떤 공정특성을 x 관리도, $\bar{x}-R$ 관리도($n=5$)를 병용하여 두 관리도의 검출력을 비교하고 있다. 각 관리도별 공정평균이 95가 되었을 때 관리한계 밖으로 나갈 확률은 얼마인가? (단, R 관리도는 관리상태이다.)

x 관리도	$C_L = 100.0$	$U_{CL} = 130.0$	$L_{CL} = 70.0$
$\bar{x}$ 관리도	$C_L = 100.0$	$U_{CL} = 113.4$	$L_{CL} = 86.6$
R 관리도	$C_L = 23.3$	$U_{CL} = 49.3$	–

(1) x 관리도에서 관리한계 밖으로 나갈 확률은 얼마인가?

(2) $\bar{x}$ 관리도에서 관리한계 밖으로 나갈 확률은 얼마인가?

(3) 검출력을 비교하시오.

해답 (1) $U_{CL} - L_{CL} = 6\sigma$, $130 - 70 = 6\sigma$, $\sigma = 10$

$$1-\beta = P_r(x > U_{CL}) + P_r(x < L_{CL}) = P_r\left(u > \frac{130-95}{10}\right) + P_r\left(u < \frac{70-95}{10}\right)$$

$$= P_r(u > 3.5) + P_r(u < -2.5) = 0.0002326 + 0.0062 = 0.00643 = 0.643\%$$

(2) $U_{CL} - L_{CL} = 6\frac{\sigma}{\sqrt{n}}$, $113.4 - 86.6 = 6\frac{\sigma}{\sqrt{5}}$, $\sigma = 9.98777$

$$1-\beta = P_r(\bar{x} > U_{CL}) + P_r(\bar{x} < L_{CL}) = P_r\left(u > \frac{113.4-95}{\frac{9.98777}{\sqrt{5}}}\right) + P_r\left(u < \frac{86.6-95}{\frac{9.98777}{\sqrt{5}}}\right)$$

$$= P_r(u > 4.12) + P_r(u < -1.88) = 0.00001894 + 0.0301 = 0.03011894$$

$$= 3.03012\%$$

(3) $\bar{x}$ 관리도의 검출력이 더 높다.

14. $\bar{x}$ 관리도의 $U_{CL}=42.82$, $L_{CL}=42.20$, $\overline{R}=0.54$이다. $U=43.00\text{mm}$라고 할 때 이 공정에서 발생하는 부적합품은 몇 %인가? (단, $d_2=2.33$, $d_3=0.864$, $A_2=0.577$, $D_4=2.12$)

해답 $\hat{\mu}=\overline{\overline{x}}=\dfrac{U_{CL}+L_{CL}}{2}=\dfrac{42.82+42.20}{2}=42.51$, $\hat{\sigma}=\dfrac{\overline{R}}{d_2}=\dfrac{0.54}{2.33}=0.23176$

$$P_r(x>U)=P_r\left(u>\frac{U-\mu}{\sigma}\right)=P_r\left(u>\frac{43.00-42.51}{0.23176}\right)$$
$$=P_r(u>2.11)=0.0174=1.74\%$$

15. 어떤 자동차 부품의 규격이 123.5~154.5이다. 공정의 평균치가 140, 표준편차가 14.8이다. $n=4$인 데이터를 25조 뽑아 관리도를 작성하였다. (단, $U_{CL}=155.8$, $L_{CL}=124.2$)

(1) 규격 밖으로 벗어나는 제품의 비율은 얼마인가?

(2) 만일 공정평균이 U_{CL}쪽으로 1σ만큼 변동하였다면 이때 검출되는 비율은 얼마인가?

해답 (1) $P_r(x>U)+P_r(x<L)=P_r\left(u>\dfrac{154.5-140}{14.8}\right)+P_r\left(u<\dfrac{123.5-140}{14.8}\right)$

$=P_r(u>0.98)+P_r(u<-1.11)=0.1635+0.1335=0.297=29.7\%$

(2) $\mu'=\mu+1\sigma=140+1\times14.8=154.8$

U_{CL} 밖으로 벗어날 확률 :

$$P_r\left(u>\frac{U_{CL}-\mu'}{\sigma'}\right)=P_r\left(u>\frac{155.8-154.8}{\frac{14.8}{\sqrt{4}}}\right)=P_r(u>0.14)=0.4443$$

L_{CL} 밖으로 벗어날 확률 :

$$P_r\left(u<\frac{L_{CL}-\mu'}{\sigma'}\right)=P_r\left(u<\frac{124.2-154.8}{\frac{14.8}{\sqrt{4}}}\right)=P_r(u<-4.14)=0.00001737$$

$1-\beta=p_r(u>0.14)+p_r(u<-4.14)=0.4443+0.00001737=0.44432$

$=44.432\%$

16. 어느 샤프트의 외경 규격은 6.40~6.47mm이다. 시료의 크기 $n=4$, 군의 크기 $k=20$의 데이터를 취해 $\bar{x}-R$ 관리도를 작성하여 $\bar{\bar{x}}=6.4297$, $\bar{R}=0.0273$의 데이터를 얻었다. 공정능력치와 공정능력지수를 구하시오. (단, $n=4$일 때 $d_2=2.059$이다.)

해답 (1) 공정능력치 : $\pm 3\hat{\sigma}=\pm\dfrac{\bar{R}}{d_2}=\pm 3\times\dfrac{0.0273}{2.059}=\pm 0.03978$

(2) 공정능력지수 : $C_p=\dfrac{U-L}{6\hat{\sigma}}=\dfrac{6.47-6.40}{6\times\dfrac{0.0273}{2.059}}=0.87991$

17. 군으로 시료의 크기가 동일하게 $n=100$인 관리용 p 관리도의 $U_{CL}=0.15$, $L_{CL}=0$라고 할 때 공정의 부적합품률 $\bar{p}=0.13$이라면 시료부적합품률이 관리한계를 넘어갈 확률은 얼마인가?

해답 U_{CL} 밖으로 벗어날 확률 :

$$P_r(\hat{p}>U_{CL})=P_r\left(u>\frac{U_{CL}-\bar{p}}{\sqrt{\frac{\bar{p}(1-\bar{p})}{n}}}\right)=P_r\left(u>\frac{0.15-0.13}{\sqrt{\frac{0.13(1-0.13)}{100}}}\right)$$

$$=P_r(u>0.59)=0.2776=27.76\%$$

18. 어떤 제조공정에서 샘플의 크기 $n=200$인 2σ관리한계를 가진 p 관리도를 적용하기 위해 조사한 공정평균 부적합품률이 $\bar{p}=0.05$이었다. 다음 물음에 답하시오.

(1) U_{CL}과 L_{CL}을 구하시오.

(2) 이때 제1종의 과오를 범할 확률은 얼마인가?

해답 (1) 2σ관리한계

$$U_{CL}=\bar{p}+2\sqrt{\frac{\bar{p}(1-\bar{p})}{n}}=0.05+2\sqrt{\frac{0.05\times(1-0.05)}{200}}=0.08082$$

$$L_{CL}=\bar{p}-2\sqrt{\frac{\bar{p}(1-\bar{p})}{n}}=0.05-2\sqrt{\frac{0.05\times(1-0.05)}{200}}=0.01918$$

(2) U_{CL} 밖으로 벗어날 확률 : $P_r\left(u > \frac{0.08082-0.05}{\sqrt{\frac{0.05(1-0.05)}{200}}}\right) = p(u>2) = 0.0228$

L_{CL} 밖으로 벗어날 확률 : $P_r\left(u < \frac{0.01918-0.05}{\sqrt{\frac{0.05(1-0.05)}{200}}}\right) = p(u<-2) = 0.0228$

$\alpha = P_r(u>2) + P_r(u<-2) = 0.0228 + 0.0228 = 0.0456$

19. 공정부적합품률 $\bar{p}=0.03$인 공정에 p 관리도를 적용하고 있다. 이 $\bar{p}=0.05$로 변화할 때 이 변화를 1회의 샘플로써 탐지하는 확률이 0.5가 되기를 원한다면 샘플의 크기는 얼마가 되어야 하는가?

해답 공정부적합품률 $\bar{p}=0.05$로 변했을 때 이를 1회의 샘플로서 탐지할 확률이 0.5 이상이 되도록 하려면 U_{CL}의 값이 새로운 중심선 $\bar{p}=0.05$와 같아지는 경우이다.

$U_{CL} = \bar{p} + 3\sqrt{\frac{\bar{p}(1-\bar{p})}{n}} = 0.03 + 3\sqrt{\frac{0.03\times(1-0.03)}{n}} = 0.05$

$\sqrt{\frac{0.03\times(1-0.03)}{n}} = \frac{0.05-0.03}{3}$

$n = 654.75$(655개)

20. 공정부적합품률 $\bar{p}=0.07$인 공정에 p 관리도를 적용하고 있다. 이 공정부적합품률이 0.02로 변화할 때 이 변화를 1회의 샘플로써 탐지하는 확률이 0.5 이상이 되도록 하기 위해서는 샘플의 크기는 얼마 이상 되어야 하는가?

해답 공정부적합품률 $\bar{p}=0.02$로 변했을 때 이를 1회의 샘플로서 탐지할 확률이 0.5 이상이 되도록 하려면 L_{CL}의 값이 새로운 중심선 $\bar{p}=0.02$와 같아지는 경우이다.

$L_{CL} = \bar{p} - 3\sqrt{\frac{\bar{p}(1-\bar{p})}{n}} = 0.07 - 3\sqrt{\frac{0.07\times(1-0.07)}{n}} = 0.02$

$\frac{0.07-0.02}{3} = \sqrt{\frac{0.07\times(1-0.07)}{n}}$

$n = 234.36$(235개)

21. 어떤 전선 1000m의 평균부적합수는 $\bar{c}=5.4$로 추정된다.

(1) 이를 관리하기 위한 관리도의 관리한계를 구하시오.

(2) 이 경우 제1종의 과오(α)는 얼마인가?

(3) 또 공정의 평균부적합수가 $c'=10.0$으로 변화할 때 이를 탐지하지 못할 2종의 과오(β)는 얼마인가?

(4) 또 공정의 평균부적합수가 $c'=10.0$으로 변화할 때 이를 탐지할 확률(검출력 : $1-\beta$)은 얼마인가?

해답 (1) $U_{CL}=\bar{c}+3\sqrt{\bar{c}}=5.4+3\sqrt{5.4}=12.37137$

$L_{CL}=\bar{c}-3\sqrt{\bar{c}}=5.4-3\sqrt{5.4}=-1.57137=-$(고려하지 않음)

(2) $P_r(c>12.37137)=P_r\left(u>\dfrac{12.37137-5.4}{\sqrt{5.4}}\right)=P_r(u>3)=0.00135$

(3) 공정의 평균부적합수가 $c'=10.0$으로 변화할 때 이를 탐지하지 못할 2종의 과오(β)

$P_r(c<12.37137)=1-P_r\left(u>\dfrac{12.37137-10.0}{\sqrt{10.0}}\right)=1-P_r(u>0.75)$

$=1-0.2266=0.7734$

(4) 공정의 평균부적합수가 $c'=10.0$으로 변화할 때 이를 탐지할 확률 (검출력 : $1-\beta$)

$P_r(c>12.37137)=P_r\left(u>\dfrac{12.37137-10.0}{\sqrt{10.0}}\right)=P_r(u<0.75)$

$=0.2266=22.66\%$

22. $\sigma_{\bar{x}}=7.7$, $\sigma_b=6.3$일 때 관리계수 C_f를 구하고 관리상태를 판정하시오. (단, $n=6$이다.)

해답 (1) $\sigma_{\bar{x}}^2=\dfrac{\sigma_w^2}{n}+\sigma_b^2$

$\sigma_w=\sqrt{(\sigma_{\bar{x}}^2-\sigma_b^2)\times n}=\sqrt{(7.7^2-6.3^2)\times 6}=10.84435$

$C_f=\dfrac{\sigma_{\bar{x}}}{\sigma_w}=\dfrac{7.7}{10.84435}=0.71005$

(2) $0.8>C_f$이므로 군 구분이 나쁘다.

23. $\overline{x}$ **관리도에서 관리상태가 아닐 때, 다음의 공정 변화에 대해 간단히 설명하시오.**

(1)

(2)

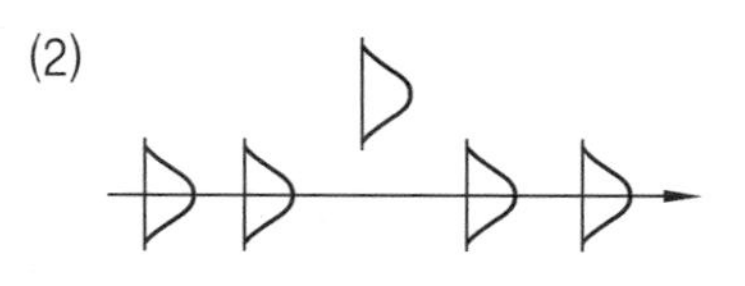

(3)

(4)

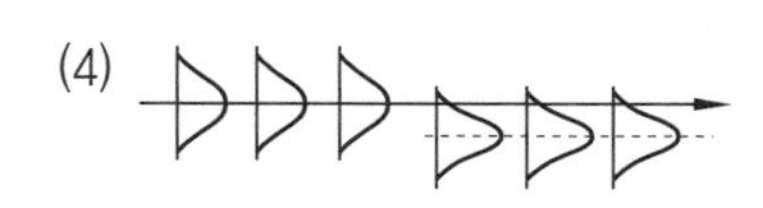

(5)

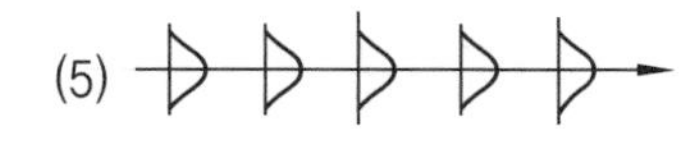

(5)

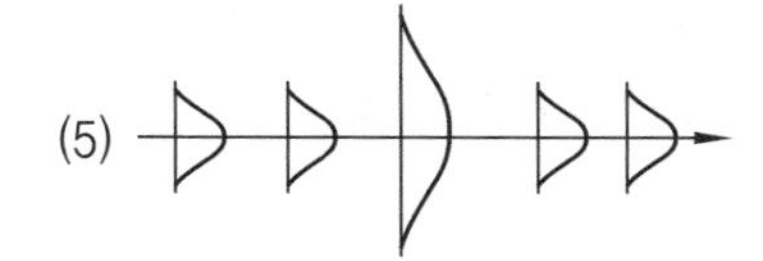

해답 (1) 공정평균이 갑자기 낮아지고, 공정평균이 점차 낮아지는 경향이 있다.
(2) 공정평균이 갑자기 변한 경우이다.
(3) 공정의 산포가 크게 변하고 있다.
(4) 공정의 평균이 갑자기 낮아졌다.
(5) 평균치가 다른 이질적인 데이터가 섞여있다.
(6) 공정의 산포가 갑자기 변한 경우이다.

24. 슈하트 관리도에서 규정하고 있는 관리도의 해석법 8가지를 기술하시오.

해답 규칙 1. 3σ 이탈점이 1점 이상 나타난다.
규칙 2. 9점이 중심선에 대하여 같은 쪽에 있다.
규칙 3. 6점이 연속적으로 증가 또는 감소하고 있다.
규칙 4. 14점이 교대로 증감하고 있다.
규칙 5. 연속하는 3점 중 2점이 중심선 한쪽으로 2σ를 넘는 영역에 있다.
규칙 6. 연속하는 5점 중 4점이 중심선 한쪽으로 1σ를 넘는 영역에 있다.
규칙 7. 연속하는 15점이 $\pm 1\sigma$ 영역 내에 있다.
규칙 8. 연속하는 8점이 $\pm 1\sigma$ 한계를 넘는 영역에 있다.

25. $\bar{x}-R$ 관리도에서 $\sigma_{\bar{x}}=5.0$이고, $\sigma_b=4.5$라고 하자. $\sigma_w=4.0$일 때의 n값을 구하시오.

해답 $\sigma_{\bar{x}}^2=\dfrac{\sigma_w^2}{n}+\sigma_b^2$, $n=\dfrac{\sigma_w^2}{\sigma_{\bar{x}}^2-\sigma_b^2}=\dfrac{4^2}{5^2-4.5^2}=3.36842$, $n=4$

26. $\bar{x}$ 관리도에서 점의 산포, 즉 $\bar{x}$의 산포($\sigma_{\bar{x}}$)는 군간산포(σ_b)와 군내산포(σ_w)에 기인한다. $n=5$, $k=25$인 어느 $\bar{x}$ 관리도에서 $\bar{R}=1.6$, $\bar{x}$의 이동범위 평균 $\bar{R}_m=1.1$일 때 다음 물음에 답하시오.

(1) $\bar{x}$의 산포($\sigma_{\bar{x}}$)를 구하시오.
(2) 군내산포(σ_w)를 구하시오.
(3) 군간산포(σ_b)를 구하시오.

해답 $n=2$일 때 $d_2=1.128$, $n=5$일 때 $d_2=2.326$이므로

(1) $\sigma_{\bar{x}}=\dfrac{\bar{R}_m}{d_2}=\dfrac{1.1}{1.128}=0.97518$

(2) $\sigma_w=\dfrac{\bar{R}}{d_2}=\dfrac{1.6}{2.326}=0.68788$

(3) $\sigma_{\bar{x}}^2=\dfrac{\sigma_w^2}{n}+\sigma_b^2$, $\sigma_b=\sqrt{\sigma_{\bar{x}}^2-\dfrac{\sigma_w^2}{n}}=\sqrt{0.97518^2-\dfrac{0.68788^2}{5}}=0.925387$

27. A 철강회사에서 제품공정의 작업순서에 따라 크기 $n=4$인 시료를 택하여 $\bar{x}-R$ 관리도를 작성하고 데이터 시트를 만들어 본 결과 다음과 같은 값이 나왔다. $\bar{\bar{x}}=29.0$ mm, $\bar{R}=1.2$mm, $E_2=1.460$, $D_2=4.674$, $D_1=-$, $d_2=2.059$ 이때 다음을 소수 이하 셋째 자리로 맺음하여 구하시오.

(1) $\bar{x}$ 관리도의 U_{CL}, L_{CL}을 구하시오.
(2) R 관리도의 U_{CL}, L_{CL}을 구하시오.
(3) 군내변동 σ_w^2을 구하시오.
(4) $\sigma_{\bar{x}}^2=0.225$일 때 군간변동 σ_b^2는 얼마인가?
(5) 관리계수 C_f를 구한 후 평가하시오.

해답 (1) $\bar{x}$ 관리도

$$U_{CL} = \bar{\bar{x}} + 3\frac{\bar{R}}{\sqrt{n}\,d_2} = 29 + 3 \times \frac{1.2}{\sqrt{4} \times 2.059} = 29.874$$

$$L_{CL} = \bar{\bar{x}} - 3\frac{\bar{R}}{\sqrt{n}\,d_2} = 29 - 3 \times \frac{1.2}{\sqrt{4} \times 2.059} = 28.126$$

(2) R 관리도

$$U_{CL} = D_4\bar{R} = D_2\sigma = D_2 \times \frac{\bar{R}}{d_2} = 4.674 \times \frac{1.2}{2.059} = 2.724$$

L_{CL}은 $n \leq 6$이므로 고려하지 않는다.

(3) $\sigma_w^2 = \left(\frac{\bar{R}}{d_2}\right)^2 = \left(\frac{1.2}{2.059}\right)^2 = 0.340$

(4) $\sigma_{\bar{x}}^2 = \frac{\sigma_w^2}{n} + \sigma_b^2$

$$\sigma_b^2 = \sigma_{\bar{x}}^2 - \frac{\sigma_w^2}{n} = 0.225 - \frac{0.33966}{4} = 0.140$$

(5) $C_f = \frac{\sigma_{\bar{x}}}{\sigma_w} = \frac{\sqrt{0.225}}{\sqrt{0.33966}} = 0.814$

$0.8 \leq C_f < 1.2$이므로 대체로 관리상태라고 볼 수 있다.

28. $n = 4$인 $\bar{x}$ 관리도의 3σ한계로서 $U_{CL} = 12.6$, $L_{CL} = 6.6$이며, 완전한 관리상태이다.

(1) $\sigma_{\bar{x}}$는 얼마인가?

(2) 개개치 데이터의 산포(σ_H)를 구하시오.

해답 완전한 관리상태인 경우 $\sigma_b = 0$이다.

(1) $U_{CL} - L_{CL} = 6\frac{\sigma_w}{\sqrt{n}}$, $\quad 12.6 - 6.6 = 6\frac{\sigma_w}{\sqrt{4}}$, $\quad \sigma_w = 2$

$$\sigma_{\bar{x}}^2 = \frac{\sigma_w^2}{n} + \sigma_b^2 = \frac{2^2}{4} + 0 = 1$$

(2) $\sigma_H^2 = \sigma_w^2 + \sigma_b^2 = 2^2 + 0 = 2^2$

$\sigma_H = 2$

29. $\bar{x}-R$ 관리도의 평균치 차의 검정에 있어서 전제조건 5가지를 기술하시오.

해답 ① 두 관리도가 완전한 관리상태에 있을 것
② 두 관리도의 시료군의 크기 n이 같을 것
③ k_A, k_B가 충분히 클 것
④ $\overline{R}_A$, $\overline{R}_B$ 사이에 유의차가 없을 것
⑤ 본래의 분포상태가 대략적인 정규분포를 하고 있을 것

30. 기계 A, B에 대하여 $n=5$의 $\bar{x}-R$ 관리도를 작성한 결과 다음과 같이 되었다. (단, 두 관리도는 관리상태에 있다.)

데이터

기계 A : $n=5$, $k_A=20$, $\bar{\bar{x}}_A=72.6$, $\overline{R}_A=6.4$

기계 B : $n=5$, $k_B=15$, $\bar{\bar{x}}_B=76.9$, $\overline{R}_B=6.0$

(1) $\overline{R}_A$와 $\overline{R}_B$의 유의적인 차(差)를 검정하시오. ($\alpha=0.05$)
(2) A, B의 평균치 차가 있는지 검정하시오.

해답 (1) 두 관리도의 산포비의 검정
① 가설설정 : H_0 : $\sigma_A^2=\sigma_B^2$ H_1 : $\sigma_A^2 \neq \sigma_B^2$
② 유의수준 : $\alpha=0.05$
③ 검정통계량 : 부록 5. 범위를 사용하는 검정보조표 사용

$$F_0=\frac{\left(\frac{\overline{R}_A}{C_A}\right)^2}{\left(\frac{\overline{R}_B}{C_B}\right)^2}=\frac{\left(\frac{6.4}{2.33}\right)^2}{\left(\frac{6.0}{2.33}\right)^2}=1.13778$$

④ 기각역 : $n_A=5$, $k_A=20$일 때 $C_A=2.33$, $\nu_A=72.7$, $n_B=5$, $k_B=15$일 때 $C_B=2.33$, $\nu_B=54.6$이다.

$F_o < F_{\alpha/2}(\nu_A,\ \nu_B)=F_{0.025}(72.7,\ 54.6)=\frac{1}{F_{0.975}(54.6,\ 72.7)}=\frac{1}{1.53}=0.65359$

또는 $F_0 > F_{1-\alpha/2}(\nu_A,\ \nu_B)=F_{0.975}(72.7,\ 54.6)=1.58$이면 H_0 기각

⑤ 판정 : $F_{0.025}(72.7,\ 54.6)=0.65359 \le F_o=1.13778 \le F_{0.975}(72.7,\ 54.6)$ $=1.58$이므로 H_0 채택. 즉, $\overline{R}_A$와 $\overline{R}_B$사이에는 유의차가 없다.

(2) 두 관리도의 평균차의 검정

① 가설설정 : H_0 : $\mu_A = \mu_B$　　H_1 : $\mu_A \neq \mu_B$

② 유의수준 : $\alpha = 0.0027$

③ 검정 : $|\overline{\overline{x}}_A - \overline{\overline{x}}_B| > A_2\overline{R}\sqrt{\frac{1}{k_A} + \frac{1}{k_B}}$

$$= |72.6 - 76.9| > 0.577 \times 6.22857 \times \sqrt{\frac{1}{20} + \frac{1}{15}}$$

단, $\overline{R} = \frac{k_A\overline{R}_A + k_B\overline{R}_B}{k_A + k_B} = \frac{20 \times 6.4 + 15 \times 6.0}{20 + 15} = 6.22857$,

$n = 5$일 때 $A_2 = 0.577$이다.

④ 판정 : $4.3 > 1.22755$이므로 H_0를 기각한다. 즉, 기계 A, B의 평균치에 차이가 있다고 할 수 있다.

품질경영 기사 / 산업기사 실기

PART

샘플링검사

1 검사 개요

1-1 검사의 정의

물품을 어떤 방법으로 측정한 결과를 판정기준과 비교하여 개개의 물품에 적합, 부적합 또는 로트의 합격, 불합격의 판정을 내리는 것

1-2 검사의 목적

① 적합품과 부적합품을 구별하기 위하여
② 좋은 로트와 나쁜 로트를 구분하기 위하여
③ 검사원의 정확도를 평가하기 위하여
④ 측정기의 정밀도를 평가하기 위하여
⑤ 공정능력을 측정하기 위하여
⑥ 제품설계에 필요한 정보를 얻기 위하여

1-3 검사의 분류

(1) 검사를 행하는 공정(목적)에 의한 분류

① 수입(구입)검사 : 재료, 반제품, 제품을 받아들이는 경우의 검사

② 공정(중간)검사 : 앞의 제조공정이 끝나서 다음 제조공정으로 이동하는 사이에 행하는 검사
③ 최종(제품)검사 : 완성된 제품에 대하여 행하는 검사
④ 출하검사 : 출하할 때 행하는 검사

(2) 검사가 행해지는 장소에 의한 분류

① 정위치검사 : 검사에 특별한 장치가 필요하거나 특별한 장소에 물품을 운반하여 행하는 검사
② 순회검사 : 검사원이 적시에 현장을 순회하여 물품을 검사
③ 출장검사(입회검사) : 외주업체나 타 공정에 나가서 타 책임자의 입회하에 검사

(3) 검사의 성질에 의한 분류

① 파괴검사 : 시험을 하면 물품의 상품가치가 떨어지는 검사
② 비파괴검사 : 검사후에도 특성이 변하지 않는 검사
③ 관능검사 : 인간의 감각에 의해서 하는 검사

(4) 검사방법(대상)에 의한 분류

① 전수검사 : 검사로트를 전부 조사하는 검사(파괴검사에는 사용할 수 없다)
② 로트별 샘플링 검사 : 로트에서 일부를 뽑아 이의 검사를 통해 로트를 합격, 불합격 시키는 검사
③ 관리샘플링검사 : 제조공정관리 및 공정검사의 조정, 검사의 체크를 목적으로 실시하는 검사
④ 무(無)검사 : 검사없이 로트를 처리

(5) 검사항목에 의한 분류

① 수량검사
② 치수검사
③ 중량검사
④ 외관검사
⑤ 성능검사

1-4 검사 계획

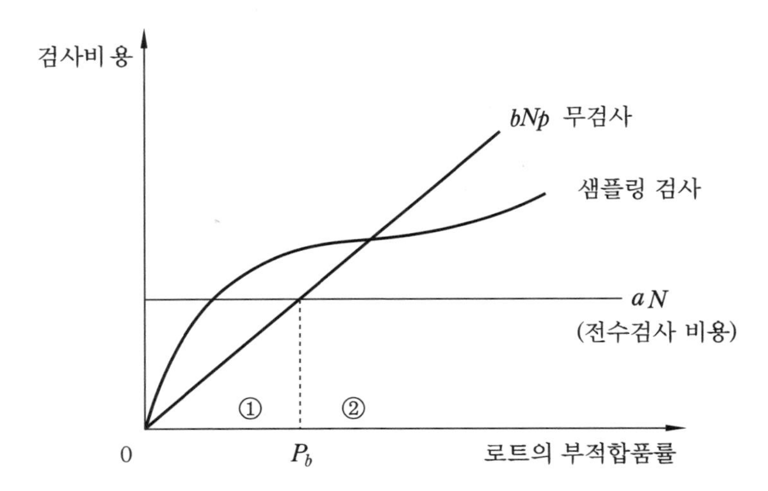

무검사 시 드는 비용(bNp) = 전수 검사 시 드는 비용(aN)

임계부적합품률(손익분기점 부적합품률) $P_b = \frac{a}{b} = \frac{a}{b-c} = \frac{a}{b-d}$

$P_b > p$ 이면 무검사가 이익(①)

$P_b < p$ 이면 전수검사가 이익(②)

예상문제

검사 개요

01. 검사의 목적 5가지를 쓰시오.

해답 ① 적합품과 부적합품을 구별하기 위하여
② 좋은 로트와 나쁜 로트를 구분하기 위하여
③ 검사원의 정확도를 평가하기 위하여
④ 측정기의 정밀도를 평가하기 위하여
⑤ 공정능력을 측정하기 위하여
⑥ 제품설계에 필요한 정보를 얻기 위하여

02. 검사방식 5가지를 쓰시오.

해답 ① 검사가 행해지는 공정에 의한 분류
② 검사가 행해지는 장소에 의한 분류
③ 검사의 성질에 의한 분류
④ 검사방법에 의한 분류
⑤ 검사항목에 의한 분류

03. 검사를 행하는 공정에 따른 분류 4가지를 쓰시오.

해답 ① 수입검사
② 공정검사
③ 최종검사
④ 출하검사

04. 크기 N, 부적합품률 P인 로트에 대해 검사를 실시할 때, 샘플 한 개당 검사비용 a, 부적합품 1개를 발견하지 못했을 때 발생하는 손실비용 b인 경우 P_b를 유도하시오.

해답 무검사 시 드는 비용(bNp)=전수 검사 시 드는 비용(aN)

임계부적합품률 $P_b = \frac{aN}{bN} = \frac{a}{b}$

05. 매 제품당 검사비용이 10원, 부적합품 한 제품당 손실비용이 1000원이라고 하자. 지금 로트의 부적합품률이 2%로 추정되면 무검사와 전수검사 중 어느 것을 실시해야 하는가?

해답 임계부적합품률 $P_b = \frac{a}{b} = \frac{10}{1,000} = 0.01$이고 $p = 0.02 > P_b = 0.01$이므로 전수검사를 실시한다.

06. 매 제품당 검사비용이 10원, 부적합품 한 제품당 손실비용이 1000원이라고 하자. 검사 중 발견되는 부적합품에 대해서는 재작업을 하기로 하고 재작업 비용은 제품당 300원이라고 한다. 지금 로트의 부적합품률이 2%로 추정되면 무검사와 전수검사 중 어느 것을 실시해야 하는가?

해답 임계부적합품률 $P_b = \frac{a}{b-c} = \frac{10}{1,000-300} = 0.01429$이고 $p = 0.02 > P_b = 0.01429$이므로 전수검사를 실시한다.

2 샘플링검사

2-1 전수검사와 샘플링검사

(1) 전수검사가 필요한 경우

① 불량품이 하나라도 혼입되어서는 안 될 경우
② 경제적으로 큰 영향을 미칠 때
③ 안전에 중요한 영향을 미칠 때
④ 부적합품이 다음공정으로 넘어가면 큰 손실을 미칠 때

(2) 샘플링검사가 필요한 경우

① 검사항목이 많은 경우
② 다수, 다량의 것으로 어느 정도 부적합품이 섞여도 허용되는 경우
③ 불완전한 전수검사에 비해 높은 신뢰성을 얻을 수 있는 경우
④ 검사비용을 적게하는 편이 이익이 되는 경우
⑤ 생산자에게 품질향상의 자극을 주고 싶은 경우

(3) 샘플링 검사의 실시 조건

① 제품이 로트로 처리될 수 있을 것
② 품질기준이 명확할 것
③ 시료를 랜덤하게 취할 수 있을 것
④ 합격 로트 속에 어느 정도의 부적합품의 혼입이 허용될 수 있을 것
⑤ 계량 샘플링검사에서는 로트의 검사단위의 특성치 분포를 대략적으로 알고 있을 것

2-2 품질표시방법

(1) 검사단위의 품질표시방법

① 적합품·부적합품에 의한 표시방법
② 부적합수에 의한 표시방법
③ 특성치에 의한 표시방법

(2) 로트의 품질표시방법

① 로트의 평균치
② 로트의 표준편차
③ 로트의 부적합품률
④ 로트 내의 검사단위당의 평균부적합수

(5) 시료(샘플)의 품질표시방법

① 시료의 평균치
② 시료의 표준편차
③ 시료의 범위
④ 시료의 부적합품수
⑤ 시료의 평균부적합수

2-3 오차(error)

구분	내용
오차 (error)	• 참값과 측정치와의 차$(x_i - \mu)$ • 검토 순서 : 신뢰성 → 정밀도 → 정확도
정(밀)도 (precision)	• 산포의 크기 • 평행(반복)정밀도, 재현정밀도로 나눈다. • 표시 방법 : σ^2, σ, s^2, s, CV, R, 신뢰구간 등으로 표시
신뢰 구간	• $\beta_{\bar{x}} = \pm u_{1-\alpha/2}\dfrac{\sigma}{\sqrt{n}}$
치우침(정확도)	• 데이터 분포의 평균치와 모집단의 참값과의 차 $(\bar{x} - \mu)$

2-4 각종 샘플링 방법

(1) 단순 랜덤 샘플링

$$E(\overline{x}) = \mu, \quad V(\overline{x}) = \frac{N-n}{N-1} \cdot \frac{\sigma^2}{n} = \frac{\sigma^2}{n}$$

(2) 층별 샘플링

층 내부의 구성원 사이에는 가능한 동질적으로, 층간의 구성원 사이에는 이질적으로 하여 모집단 모수의 추정의 정도(精度, precision)를 높일 수 있다.

$$V(\overline{x}) = \frac{\sigma_w^2}{m\overline{n}}$$

① 층별 비례 샘플링 : 각 층의 서브로트가 일정하지 않은 경우, 층의 크기에 비례하여 시료를 샘플링

② 네이만 샘플링 : 각 층의 크기와 표준편차에 비례하여 샘플링

③ 데밍 샘플링 : 각 층으로부터 샘플링하는 비용까지도 고려하는 방법

(3) 집락(취락) 샘플링

모집단을 여러 개의 동질적인 층으로 나누고, 그 중에서 일부를 랜덤하게 선택하여, 선택된 층에 있는 모든 제품을 검사하는 방법이다.

$$V(\overline{x}) = \frac{\sigma_b^2}{m}$$

(4) 2단계 샘플링

크기가 N인 로트를 N_i개씩 제품이 들어 있는 M개의 서브로트로 나누어 랜덤하게 m(단, $m < M$)개 서브로트를 취하고, 각각의 서브로트로부터 n_i(단, $n_i < N_i$)개의 제품을 랜덤하게 채취하는 샘플링

$$V(\overline{x}) = \frac{\sigma_b^2}{m} + \frac{\sigma_w^2}{m\overline{n}}$$

(5) 계통 샘플링

시료를 일정간격으로 샘플링

(6) 지그재그 샘플링

주기성에 의한 편기가 들어갈 위험성을 방지하도록 한 샘플링검사

2-5 샘플링 오차(σ_s^2)와 측정오차(σ_M^2)

(1) 단위체의 경우(축분·혼합이 행하여지지 않는 경우)

① 시료를 1개 취하여 1회 측정하는 경우

$$V(x) = \sigma_s^2 + \sigma_M^2$$

② 시료를 n개 취하여 각 시료를 k회 측정하여 평균하는 경우

$$V(\overline{x}) = \frac{1}{n}\left(\sigma_s^2 + \frac{\sigma_M^2}{k}\right)$$

(2) 집합체의 경우(축분·혼합이 행하여질 때)

① 시료를 n개 취하여 각 1회씩 축분하여 분석만을 k회 반복하여 평균하는 경우

$$V(\overline{x}) = \frac{1}{n}\left(\sigma_s^2 + \sigma_R^2 + \frac{\sigma_M^2}{k}\right)$$

② 시료를 n개 취하여 전부를 혼합하여 혼합시료로 하고, 그것을 1회 축분하여 조제한 분석시료를 k회 분석하는 경우

$$V(\overline{x}) = \frac{1}{n}\sigma_s^2 + \sigma_R^2 + \frac{1}{k}\sigma_M^2$$

2-6 계수 샘플링검사와 계량 샘플링검사의 비교

구분 내용	계수 샘플링검사	계량 샘플링검사
품질표현방법	부적합품 또는 부적합수	특성치
검사방법	① 숙련을 요하지 않는다. ② 검사 소요기간이 짧다. ③ 검사설비가 간단하다. ④ 검사기록이 간단하다.	① 숙련을 요한다. ② 검사 소요시간이 길다. ③ 검사설비가 복잡하다. ④ 검사기록이 복잡하다.
적용시 이론상의 제약	샘플링검사를 적용하는 조건에 쉽게 만족한다.	시료 채취에 랜덤성이 많이 요구되며 그 적용 범위가 정규분포 또는 특수한 경우로 제한된다.
판별능력과 검사 개수	① 동등한 판별능력을 얻기 위해서는 시료의 크기가 커진다. ② 검사개수가 같을 때에는 판별능력이 낮아진다.	① 동등한 판별능력을 얻기 위해서는 시료의 크기가 작아도 된다. ② 검사개수가 같을 때에는 판별능력이 높아진다.
검사기록의 이용	검사기록이 다른 목적에 이용되는 정도가 낮다.	검사기록이 다른 목적에 이용되는 정도가 높다.
적용해서 유리한 경우	① 검사비용이 적은 경우 ② 검사의 시간, 설비, 인원이 많이 필요 없는 경우	① 검사비용이 많은 경우 ② 검사의 시간, 설비, 인원이 많이 필요한 경우 ③ 파괴검사의 경우

예상문제

01. 전수검사에 비해 샘플링검사가 유리한 경우에 대해 4가지만 작성하시오.

해답 ① 생산자에게 품질향상의 자극을 주고 싶은 경우
② 다수, 다량의 것으로 어느 정도 부적합품이 섞여도 허용되는 경우
③ 불완전한 전수검사에 비해 높은 신뢰성을 얻을 수 있는 경우
④ 검사항목이 많은 경우

02. 샘플링검사의 실시조건 5가지만 작성하시오.

해답 ① 제품이 로트로 처리될 수 있을 것
② 품질기준이 명확할 것
③ 시료를 랜덤하게 취할 수 있을 것
④ 합격 로트 속에 어느 정도의 부적합품의 혼입이 허용될 수 있을 것
⑤ 계량 샘플링검사에서는 로트의 검사단위의 특성치 분포를 대략적으로 알고 있을 것

03. 로트의 품질표시방법 4가지를 쓰시오.

해답 ① 로트의 평균치
② 로트의 표준편차
③ 로트의 부적합품률
④ 로트 내의 검사단위당의 평균부적합수

04. 시료의 품질표시방법 5가지를 쓰시오.

해답 ① 시료의 평균치
② 시료의 표준편차
③ 시료의 범위
④ 시료의 부적합품수
⑤ 시료의 평균부적합수

05. 과거에 납품되고 있던 기계부품의 치수는 표준편차가 0.15%였다. 이번에 새로이 납품된 로트의 모평균 치수를 신뢰율 95%, 신뢰구간의 폭(정밀도) 0.10%로 알고자 한다. 모표준편차를 종전과 같다고 가정한다면 몇 개의 샘플을 뽑는 것이 좋은가?

해답 $\beta_{\bar{x}} = \pm u_{1-\alpha/2}\dfrac{\sigma}{\sqrt{n}}$, $0.10 = \pm 1.96\dfrac{0.15}{\sqrt{n}}$, $n = 8.64360 = 9$개

06. 본선(本船)으로 광석이 입하되었다. 이를 3회에 걸쳐 화물선으로 각각 300, 500, 400톤씩 적재하여 운반한다. 이때 하역 중 100톤 간격으로 증분(increment)을 취하여, 이를 대량시료로 혼합하는 경우 샘플링의 정도(精度)를 구하시오. (단, 과거의 경험에 의하면 100톤까지의 증분간의 산포 σ_w는 10%이다.)

해답 $V(\bar{x}) = \dfrac{\sigma_w^2}{m\bar{n}} = \dfrac{10^2}{3 \times \dfrac{12}{3}} = 8.33333\%$

07. 인구가 각각 $N_1 = 40$만, $N_2 = 20$만, $N_3 = 30$만인 세 도시에 $n = 400$명의 표본을 층별 샘플링하여 이 세 도시에 살고 있는 주민들의 평균치를 알고자 한다. 표본의 크기 n_i를 구하시오.

(1) 비례할당

(2) 최적할당 (단, $\sigma_1 = 20$, $\sigma_2 = 12$, $\sigma_3 = 14$이다.)

해답 (1) $n_1 = 400 \times \left(\dfrac{40}{40+20+30}\right) = 177.77778 = 178$명

$n_2 = 400 \times \left(\dfrac{20}{40+20+30}\right) = 88.88889 = 89$명

$n_3 = 400 \times \left(\dfrac{30}{40+20+30}\right) = 133.33333 = 133$명

(2) $n_1 = 400 \times \left(\dfrac{40 \times 20}{40 \times 20 + 20 \times 12 + 30 \times 14}\right) = 219.17808 = 219$명

$n_2 = 400 \times \left(\dfrac{20 \times 12}{40 \times 20 + 20 \times 12 + 30 \times 14}\right) = 65.75342 = 66$명

$n_3 = 400 \times \left(\dfrac{30 \times 14}{40 \times 20 + 20 \times 12 + 30 \times 14}\right) = 115.06849 = 115$명

08. 같은 부품이 50개씩 들어있는 100개의 상자가 있다. 이 로트에서 각 부품들의 평균 무게 μ에 대한 $\sigma_w = 0.6$kg이라고 하자. 이때 5상자를 랜덤하게 뽑고, 그 가운데서 4개의 부품을 랜덤하게 샘플링하여 모두 20개의 부품을 뽑았다. $\sigma_b = 0.9$라고 하자.

(1) 각 부품의 무게를 측정할 때 측정오차를 무시할 수 있다면(즉 $\sigma_M = 0$) $\bar{\bar{x}}$의 분산은?

(2) 위의 (1)의 질문에서 $\sigma_M = 0.4$kg이라면 $\bar{\bar{x}}$의 분산은?

해답 (1) $V(\bar{\bar{x}}) = \dfrac{\sigma_b^2}{m} + \dfrac{\sigma_w^2}{m\bar{n}} = \dfrac{0.9^2}{5} + \dfrac{0.6^2}{5 \times 4} = 0.18$

(2) $V(\bar{\bar{x}}) = \dfrac{\sigma_b^2}{m} + \dfrac{\sigma_w^2}{m\bar{n}} + \dfrac{\sigma_M^2}{m\bar{n}} = \dfrac{0.9^2}{5} + \dfrac{0.6^2}{5 \times 4} + \dfrac{0.4^2}{5 \times 4} = 0.188$

09. 같은 부품이 50개씩 들어있는 100개의 상자가 있다. 이 로트에서 각 부품들의 평균 무게 μ에 대한 상자 내의 산포 $\sigma_w = 0.6$kg, 상자간의 산포 $\sigma_b = 0.9$라고 하자. 이때 1차단위로 m상자를 랜덤하게 샘플링하고, 샘플링한 각 상자마다 2차단위로 10개씩의 부품을 랜덤하게 샘플링하였을 때 이 로트의 모평균 추정정밀도 $V(\bar{\bar{x}})$는 0.067이었다. 1차단위의 m값을 구하시오.

해답 $V(\bar{\bar{x}}) = \dfrac{\sigma_b^2}{m} + \dfrac{\sigma_w^2}{m\bar{n}} = \dfrac{1}{m}\left(\sigma_b^2 + \dfrac{\sigma_w^2}{\bar{n}}\right) = \dfrac{1}{m}\left(0.9^2 + \dfrac{0.6^2}{10}\right) = 0.067$

$m = 12.62687 = 13$

10. 2.5톤 트럭 안에 100개의 상자가 있으며, 각 상자에 똑같은 종류의 제품이 100개씩 들어 있다. 이 트럭 안에 있는 제품의 평균무게를 알기 위하여 100개의 상자 중 랜덤하게 5개의 상자를 뽑고, 각 상자에서 5개씩의 제품을 다시 랜덤하게 추출하여 그 무게를 조사한다. 그 결과 5개 상자의 평균 제품 무게는 각각 10kg, 9kg, 11kg, 14kg, 10kg이었다. 이때 상자 간 무게의 산포를 $\sigma_b^2 = 1$kg, 상자 내 각 제품 간의 산포를 $\sigma_w^2 = 0.5$kg이라고 할 때 평균 μ와 이 추정량의 분산 $V(\hat{\mu})$를 구하시오.

해답 $\hat{\mu} = \dfrac{1}{5}(10 + 9 + 11 + 14 + 10) = 10.8$kg

$V(\hat{\mu}) = \dfrac{\sigma_b^2}{m} + \dfrac{\sigma_w^2}{m\bar{n}} = \dfrac{1}{5} + \dfrac{0.5}{5 \times 5} = 0.22$kg

11. **어떤 모집단이 여러 개(M개)의 서로 다른 집단으로 구성되어 있고, 각각의 집단으로부터 랜덤하게 표본을 뽑아 전체 모집단에 대한 정보를 파악하고자 한다고 하자. 구체적인 예를 들어, 사람들의 소득은 그 사람이 사는 아파트의 평수에 따라 다른 경우이다.**

(1) M은 아파트 단지의 경우 무엇을 나타낸다고 할 수 있는가?

(2) 앞의 설명에서와 같이 각각의 집단으로부터 랜덤하게 표본을 뽑는 샘플링 방법을 무슨 샘플링 방법이라고 부르는가?

(3) 이 경우 층내분산은 무엇을 나타내는가?

(4) 이 경우 층간분산은 무엇을 나타내는가?

(5) 모집단의 평균 $\mu = \frac{N_1}{N}\mu_1 + \frac{N_2}{N}\mu_2 + \cdots + \frac{N_M}{N}\mu_M$에 대한 추정치로 $\hat{\mu} = \frac{N_1}{N}\overline{X}_1 + \frac{N_2}{N}\overline{X}_2 + \cdots + \frac{N_M}{N}\overline{X}_M$를 사용하는 경우 $\hat{\mu}$의 분산은 무엇으로 표현될 수 있는가? 왜 그런가?

(6) 이제는 M개의 층이 서로 이질적이 아니라 동질적이라고 하자. 예를 들어 평수가 같은 M개의 동이 있다고 하자. 이때 M개의 동 중에서 m개의 동을 랜덤하게 추출하고, 추출된 각각의 동에서 일부 가구를 몇 개 랜덤하게 추출한다면 이런 샘플링을 무슨 샘플링이라고 하는가? 이때 추정치의 분산은 어떻게 표현되는가?

해답 (1) 서로 다른 평수의 수

(2) 층별 샘플링

(3) 똑같은 평수의 아파트들간 소득 차이의 정도

(4) 평수가 다른 아파트들간 소득 차이의 정도

(5) 각 층에서 모두 표본이 추출되었으므로 층내분산으로만 표현된다.

(6) 2단계 샘플링이며, 이때 추정치의 분산은 층내분산과 층간분산의 합으로 표현된다.

12. **어떤 로트에서 5개의 제품을 랜덤하게 샘플링하여 각 3회씩 측정하였을 때, 이 데이터의 정밀도 $\sigma_{\overline{x}}^2$은 얼마인가? (단, $\sigma_s^2 = 0.15$, $\sigma_M^2 = 0.3$)**

해답 $V(\overline{x}) = \frac{1}{n}\left(\sigma_s^2 + \frac{\sigma_M^2}{k}\right) = \frac{1}{5}\left(0.15 + \frac{0.3}{3}\right) = 0.05$

13. 10kg들이 화학약품이 100상자가 있다. 상자간의 산포 $\sigma_b = 0.3\%$, 상자 내 인크리먼트(10g)간의 산포 $\sigma_w = 0.5\%$ 일 때 5상자를 랜덤하게 뽑고 그 가운데서 5인크리먼트를 랜덤하게 샘플링해서 이것을 혼합시료로 하여 축분하여, 2회 분석하면 그 로트의 모평균 추정치의 정밀도 $V(\overline{x})$는 얼마나 되겠는가? (단, 축분정밀도 $\sigma_r = 0.20\%$, 분석 정밀도 $\sigma_m = 0.15\%$ 라고 한다.)

해답 $V(\overline{x}) = \dfrac{\sigma_b^2}{m} + \dfrac{\sigma_w^2}{m\overline{n}} + \sigma_r^2 + \dfrac{\sigma_m^2}{2} = \dfrac{0.3^2}{5} + \dfrac{0.5^2}{5\times 5} + 0.2^2 + \dfrac{0.15^2}{2} = 0.07925\%$

14. 15kg들이 화학약품이 60상자가 입하되었다. 약품의 순도를 조사하기 위해 우선 5상자를 랜덤하게 샘플링하고, 각각의 상자에서 6인크리먼트씩 샘플링하였다.

(1) 이 경우 모평균의 추정정밀도 $\sigma_{\overline{x}}^2$은 얼마인가? (단, $\sigma_b = 0.2$, $\sigma_w = 0.35$ 이다.)

(2) 각각의 상자에서 취한 인크리먼트는 혼합·축분하고 반복 2회 측정하였다. 모평균의 추정정밀도를 구하시오. ($\alpha = 0.05$, $\sigma_r = 0.1$, $\sigma_m = 0.15$ 이다.)

해답 (1) $\sigma_{\overline{x}}^2 = \dfrac{\sigma_b^2}{m} + \dfrac{\sigma_w^2}{m\overline{n}} = \dfrac{0.2^2}{5} + \dfrac{0.35^2}{5\times 6} = 0.01208$

(2) $\beta_{\overline{x}} = \pm u_{1-\alpha/2}\sqrt{\dfrac{\sigma_b^2}{m} + \dfrac{\sigma_w^2}{m\overline{n}} + \sigma_r^2 + \dfrac{\sigma_m^2}{2}}$

$= \pm 1.96\sqrt{\dfrac{0.2^2}{5} + \dfrac{0.35^2}{5\times 6} + 0.1^2 + \dfrac{0.15^2}{2}}$

$= \pm 0.35785$

15. 어떤 로트에서 5개의 제품을 랜덤하게 샘플링하여 각 4회씩 측정하였을 때, 이 데이터의 정밀도 $\sigma_{\overline{x}}^2$은 얼마인가? (단, $\sigma_s^2 = 0.15$, $\sigma_m^2 = 0.25$)

해답 $V(\overline{x}) = \dfrac{1}{n}\left(\sigma_s^2 + \dfrac{\sigma_M^2}{k}\right) = \dfrac{1}{5}\left(0.15 + \dfrac{0.25}{4}\right) = 0.0425$

16. 보기에서 알맞는 내용을 고르시오.

보기

(1) ① 간단하다.
　② 복잡하다.
(2) ① 간단하다.
　② 복잡하다.
(3) ① 요한다.
　② 요하지 않는다.
(4) ① 짧다.
　② 길다
(5) ① 작다.
　② 크다.

구분 / 내용	계량 샘플링검사
(1) 검사방법	검사설비가 (　)
(2) 검사기록	검사기록이 (　)
(3) 숙련의 정도	숙련을 (　)
(4) 검사소요시간	검사 소요시간이 (　)
(5) 검사개수	검사개수가 상대적으로 (　)

해답

구분 / 내용	계량 샘플링검사
(1) 검사방법	검사설비가 복잡하다.
(2) 검사기록	검사기록이 복잡하다.
(3) 숙련의 정도	숙련을 요한다.
(4) 검사소요시간	검사 소요시간이 길다
(5) 검사개수	검사개수가 상대적으로 작다.

3 샘플링검사와 OC 곡선

3-1 ∘ $L(P)$를 구하는 방법

N : 로트의 크기
P : 로트의 부적합품률
n : 시료의 크기
c : 합격판정개수
x : 시료 n개 중 부적합품의 수

(1) 이항분포

$$L(P) = \sum_{x=0}^{c} \binom{n}{x} P^x (1-P)^{n-x}$$

(2) 초기하분포

$$L(P) = \sum_{x=0}^{c} \frac{\binom{PN}{x}\binom{N-PN}{n-x}}{\binom{N}{n}}$$, $\frac{N}{n} < 10$일 때 사용한다.

(3) 푸아송분포

$$L(P) = \sum_{x=0}^{c} \frac{e^{-nP}(nP)^x}{x!}$$

3-2 OC 곡선과 $L(p)$의 관계

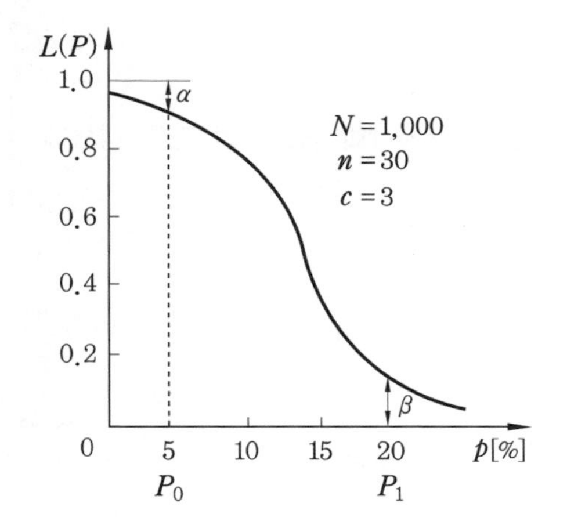

P_0 : 합격시키고 싶은 로트 부적합품률의 상한

P_1 : 불합격시키고 싶은 로트 부적합품률의 하한

α : 합격시키고 싶은 로트가 불합격될 확률

β : 불합격시키고 싶은 로트가 합격될 확률

3-3 OC 곡선의 성질

(1) n과 c가 일정하고 N이 변하는 경우

OC 곡선은 N의 변화에 의해 거의 영향을 받지 않는다.

(2) N과 c가 일정하고 n이 변하는 경우

n이 증가할수록 OC 곡선의 경사는 더 급해지고, α는 증가하고 β는 감소한다.

(3) N과 n이 일정하고 c가 변하는 경우

c가 증가할수록 OC 곡선의 기울기가 완만해지고, β는 증가하고 α는 감소한다.

(4) 퍼센트 샘플링 검사

N이 달라지면 품질보증의 정도도 달라지므로 일정한 품질을 보증하기가 곤란하다. (부적절한 샘플링검사)

예상문제

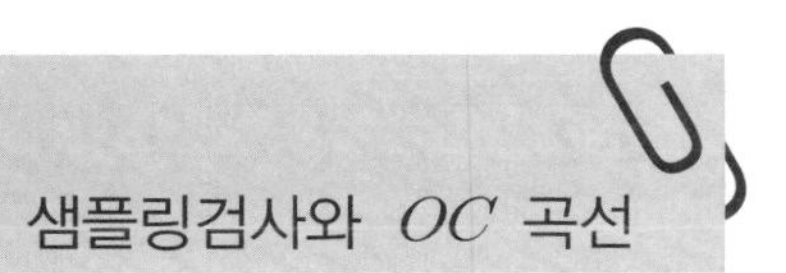

샘플링검사와 OC 곡선

01. 공정부적합품률 $p=0.01$에서 로트가 $n=100$, $c=2$인 1회 샘플링의 경우 검사에 의하여 로트가 합격될 확률을 구하시오.

해답 $P_r(x=0)+P_r(x=1)+P_r(x=2)$

$={}_{100}C_0\,(0.01)^0(1-0.01)^{100}+{}_{100}C_1\,(0.01)^1(1-0.01)^{99}+{}_{100}C_2\,(0.01)^2(1-0.01)^{98}$

$=0.92063$

02. 로트 부적합품률 $P=6\%$인 로트에서 $N=50$, $n=5$, $c=1$의 조건으로 샘플링할 경우 로트가 합격할 확률 $L(p)$는 얼마인가?

(1) 초기하분포를 이용하여 구하시오.

(2) 이항분포를 이용하여 구하시오.

해답 (1) $Np=50\times 0.06=3$

$$L(p)=\frac{{}_{47}C_5\times{}_3C_0}{{}_{50}C_5}+\frac{{}_{47}C_4\times{}_3C_1}{{}_{50}C_5}=0.97653$$

(2) $L(p)={}_5C_0(0.06)^0(1-0.06)^5+{}_5C_1(0.06)^1(1-0.06)^4=0.96813$

03. 로트의 크기 $N=1000$, 시료 크기 $n=30$인 경우 부적합품이 나올 확률은 다음과 같다. $c=3$일 때 OC 곡선을 작성하시오.

p \ x	$P(x,\ 30\mid p,\ 1000)$				
	0	1	2	3	4
0.05	0.210	0.342	0.263	0.128	0.044
0.10	0.040	0.139	0.229	0.240	0.180
0.15	0.007	0.039	0.102	0.171	0.210
0.20	0.001	0.009	0.032	0.077	0.132

해답

p \ x	$P(x,\ 30 \mid p,\ 1000)$				$L(p)$
	0	1	2	3	
0.05	0.210	0.342	0.263	0.128	0.943
0.10	0.040	0.139	0.229	0.240	0.648
0.15	0.007	0.039	0.102	0.171	0.319
0.20	0.001	0.009	0.032	0.077	0.119

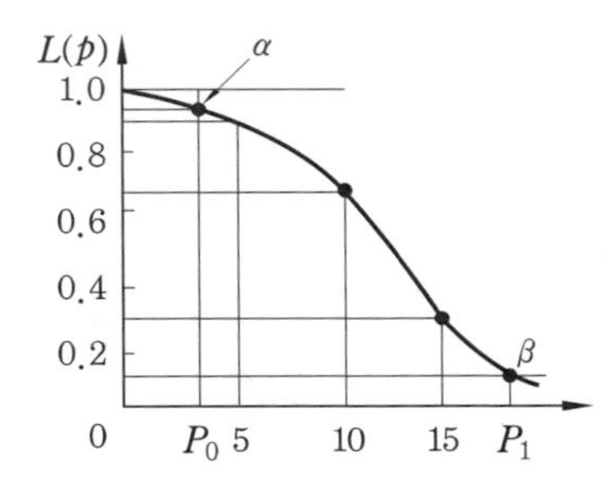

04. 로트의 크기 $N=1000$, 시료 크기 $n=100$일 때 공정부적합품률이 변함에 따라 부적합품이 나타날 확률은 다음과 같다. 합격판정개수 $c=2$로 계수규준형 1회 샘플링검사를 실시할 경우, 공정부적합품률이 $p=1\%$, 2%, 3%, 4%일 때 푸아송분포를 이용하여 로트가 합격할 확률 $L(p)$를 구하여 OC 곡선을 작성하시오.

해답

$P(\%)$	np	$L(p)=\sum_{x=0}^{c}\frac{e^{-m}\times m^x}{x!}$
1	$100\times0.01=1$	$L(p)=\frac{e^{-1}\times1^0}{0!}+\frac{e^{-1}\times1^1}{1!}+\frac{e^{-1}\times1^2}{2!}=0.91970$
2	$100\times0.02=2$	$L(p)=\frac{e^{-2}\times2^0}{0!}+\frac{e^{-2}\times2^1}{1!}+\frac{e^{-2}\times2^2}{2!}=0.67668$
3	$100\times0.03=3$	$L(p)=\frac{e^{-3}\times3^0}{0!}+\frac{e^{-3}\times3^1}{1!}+\frac{e^{-3}\times3^2}{2!}=0.42319$
4	$100\times0.04=4$	$L(p)=\frac{e^{-4}\times4^0}{0!}+\frac{e^{-4}\times4^1}{1!}+\frac{e^{-4}\times4^2}{2!}=0.23810$

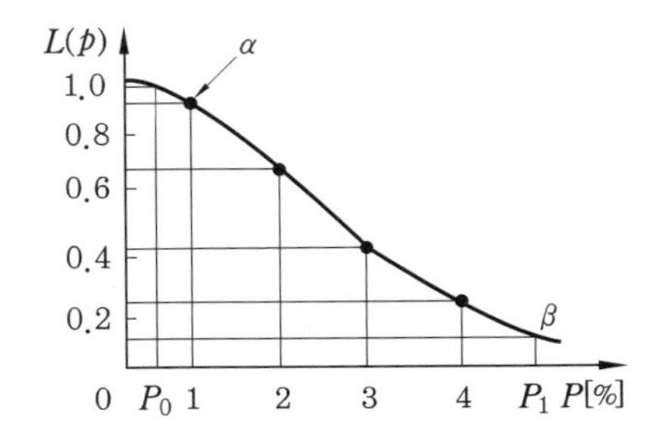

05. 다음 물음에 답하시오.

계수형 샘플링검사에서 OC곡선은 (1)과 (2)간의 관계를 나타낸다. 일반적으로 샘플의 크기가 (3)하고, 합격판정계수 c가 일정한 경우 OC 곡선의 기울기가 급해진다.

해답 (1) 부적합품률
(2) 로트의 합격 확률
(3) 증가

06. 다음의 경우 OC 곡선은 어떻게 변하는지 설명하시오.

(1) n과 c가 일정하고, N이 변하는 경우
(2) N과 c가 일정하고, n이 변하는 경우
(3) N과 n이 일정하고, c가 변하는 경우

해답 (1) OC 곡선은 N의 변화에 의해 거의 영향을 받지 않는다.
(2) n이 증가할수록 OC 곡선의 경사는 더 급해지고, α는 증가하고 β는 감소한다.
(3) c가 증가할수록 OC 곡선의 기울기가 완만해지고, β는 증가하고 α는 감소한다.

4 샘플링검사의 형태

4-1 규준형 샘플링검사(KS Q 0001)

1 계수규준형 샘플링검사

(1) 수규준형 1회 샘플링검사

① 개요

로트에서 샘플링한 시료를 분석한 후 부적합품의 수가 합격판정개수(c) 이하이면 합격, 초과하면 불합격으로 처리한다.

② 특징

㈎ 1회만의 거래시에 좋다.

㈏ p_0에 대한 α 및 p_1에 대한 β는 $\alpha=0.05$, $\beta=0.10$을 중심으로 해서 대체로 $\alpha=0.03\sim0.07$, $\beta=0.04\sim0.13$ 정도로 되어 있다.

- $1-\alpha=\sum_{x=0}^{c}\binom{n}{x}p_0^x(1-p_0)^{n-x}$
- $\beta=\sum_{x=0}^{c}\binom{n}{x}p_1^x(1-p_1)^{n-x}$

p_0 : α에 대한 가급적 합격시키고자 하는 로트의 부적합품률 상한

p_1 : β에 대한 가급적 불합격시키고자 하는 로트의 부적합품률 하한

③ 검사의 설계

(가) 구매자, 공급자 합의에 의해 p_0, p_1를 결정한다. ($\alpha = 0.05$, $\beta = 0.10$ 지정)

(나) 로트를 형성한다.

(다) 샘플링검사방식(n, c)을 결정한다.

(라) 계수규준형 샘플링표에서 p_0, p_1이 만나는 난에서 (n, c)를 구한다.
검사표에 * 표시가 있다면 검사보조표를 이용하여 (n, c)를 구한다.

(마) 로트를 처리한다.

(2) 계수규준형 2회 샘플링검사

① 1회 샘플링검사는 단 한번으로 로트를 합격·불합격을 판정하지만, 2회 샘플링검사는 처음 n_1으로 합격·불합격을 판정할 수가 없는 경우에는 n_2에서 합격·불합격을 판정하는 경우이다.

② 2회 샘플링검사는 1회에서 판정이 이루어질 수도 있고, 2회까지 가서 판정이 이루어질 수도 있으므로, 샘플링되는 개수가 변화된다.

③ 평균 샘플수

$ASS = n_1 + n_2(1 - p_{\alpha_1} - p_{r_1})$

여기서, n_1 : 1회 샘플수

n_2 : 2회 샘플수

p_{α_1} : 1회 샘플링 시 합격할 확률

p_{r_1} : 1회 샘플링 시 불합격할 확률

예상문제

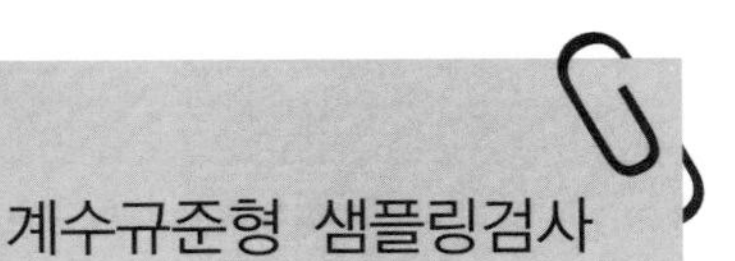

계수규준형 샘플링검사

01. 계수규준형 1회 샘플링 검사계획을 세우시오.

(1) $p_0 = 0.8\%$, $\alpha = 0.05$, $p_1 = 4.0\%$ $\beta = 0.1$

(2) $p_0 = 1.0\%$, $\alpha = 0.05$, $p_1 = 8.0\%$ $\beta = 0.1$

(3) $p_0 = 0.5\%$, $\alpha = 0.05$, $p_1 = 1.5\%$ $\beta = 0.1$

해답 KS Q 0001 계수규준형 1회 샘플링검사표

(1) $n = 150$, $c = 3$

(2) 화살표를 따라가면 $n = 60$, $c = 2$

(3) *표에 해당되어 KS Q 0001 샘플링검사 설계보조표 이용, $\frac{p_1}{p_0} = \frac{1.5}{0.5} = 3$이므로

$c = 6$, $n = 164/p_0 + 527/p_1 = 164/0.5 + 527/1.5 = 679.3333 = 680$

02. 어떤 식품제조회사에서 제품검사에 계수규준형 1회 샘플링검사를 적용하기 위하여 구입자와 $p_0 = 1\%$, $p_1 = 10\%$, $\alpha = 0.05$, $\beta = 0.10$으로 합의하였다. 이것을 만족시킬 수 있는 샘플링검사방식을 구하시오.

c	$(np)_{0.99}$	$(np)_{0.95}$	$(np)_{0.10}$	$(np)_{0.05}$
0	–	–	2.30	2.90
1	0.15	0.35	3.90	4.60
2	0.42	0.80	5.30	6.20
3	0.80	1.35	6.70	7.60
4	1.30	1.95	8.00	9.20

해답 (1) $\alpha = 0.05$를 만족시키는 샘플링검사방식은 $L(p) = 1 - \alpha = 0.95$, $p_0 = 1\%$이므로 $c = 0$, $c = 1$, $c = 2 \cdots$에 대응하는 np값인 $(np)_{0.95}$를 이용하여 $n = (np)_{0.95}/p_0$을 구한다.

c	0	1	2	3	4
$(np)_{0.95}$	−	0.35	0.80	1.35	1.95
n	−	$\frac{0.35}{0.01}=35$	$\frac{0.80}{0.01}=80$	$\frac{1.35}{0.01}=135$	$\frac{1.95}{0.01}=195$

(2) $\beta=0.10$을 만족시키는 샘플링검사방식은 $L(p)=\beta=0.10$, $p_1=10\%$이므로 $c=0$, $c=1$, $c=2\cdots$에 대응하는 np값인 $(np)_{0.10}$를 이용하여 $n=(np)_{0.10}/p_1$을 구한다.

c	0	1	2	3	4
$(np)_{0.10}$	2.30	3.90	5.30	6.70	8.00
n	$\frac{2.30}{0.1}=23$	$\frac{3.90}{0.1}=39$	$\frac{5.30}{0.1}=53$	$\frac{6.70}{0.1}=67$	$\frac{8.0}{0.1}=80$

(3) (1) 및 (2)의 샘플링검사방식에 대해 동일한 c에 대하여 검토할 가장 근사한 경우는 $c=1$일 때이다.

$$\therefore\ n=\frac{35+39}{2}=37$$

(4) 따라서 구하고자하는 샘플링방식은 $(n=37,\ c=1)$이다.

03. 어떤 식품제조회사에서 제품검사에 계수규준형 1회 샘플링검사를 적용하기 위하여 구입자와 $L(P_0)=0.95$, $L(P_1)=0.10$으로 합의하였다. 이것을 만족시킬 수 있는 샘플링검사방식은 $n=40$, $c=2$이라고 할 때 P_0, P_1을 구하시오.

c	$(np)_{0.99}$	$(np)_{0.95}$	$(np)_{0.10}$	$(np)_{0.05}$
0	−	−	2.30	2.90
1	0.15	0.35	3.90	4.60
2	0.42	0.80	5.30	6.20
3	0.80	1.35	6.70	7.60
4	1.30	1.95	8.00	9.20

해답 $np_0=0.80$, $40\times p_0=0.80$, $p_1=0.1325p_0=0.02$

$np_1=5.30$, $40\times p_1=5.30$,

04. 다음 2회 샘플링검사방식으로 로트의 판정 절차를 설명하시오.

	N	A_c	R_e
제1샘플링	125	2	5
제2샘플링	250	6	7

해답 (1) 1회 샘플링검사에서 $n_1 = 125$를 샘플링하여 그 중 부적합품수가 d_1개라고 하면, $d_1 \leq 2$이면 로트 합격, $d_1 \geq 5$이면 로트 불합격, $2 < d_1 < 5$이면 검사 속행한다.

(2) 2회 샘플링검사에서 $n_2 = 250$를 샘플링하여 그 중 부적합품수가 d_2개라고 하면, $d_1 + d_2 \leq 6$이면 로트 합격, $d_1 + d_2 \geq 7$이면 로트 불합격으로 판정한다.

05. 부적합품률이 6%인 로트에 대하여 $N = 1000$, $n_1 = 5$, $n_2 = 8$, $c_1 = 0$, $c_2 = 1$의 조건으로 계수 2회 Sampling 검사를 실시할 경우 다음 각 물음에 답하시오. (푸아송분포로 계산하시오.)

(1) 로트가 1회 검사에서 합격할 확률 $p_{\alpha 1}$은?

(2) 로트가 1회 검사에서 불합격할 확률 p_{r1}은?

(3) 로트가 2회 검사에서 합격할 확률 $p_{\alpha 2}$은?

(4) 로트가 2회 검사에서 불합격할 확률 p_{r2}은?

(5) 평균검사개수(ASS)를 구하시오.

해답 $m_1 = n_1 p = 5 \times 0.06 = 0.3$, $m_2 = n_2 p = 8 \times 0.06 = 0.48$

(1) $$P_{\alpha 1} = P_r[x_1 \leq c_1] = P_r[x_1 \leq 0] = \sum_{x_1 = 0} \frac{e^{-n_1 p} \times (n_1 p)^{x_1}}{x_1 !}$$
$$= \frac{e^{-0.3} \times 0.3^0}{0!} = 0.74082$$

(2) $$P_{r1} = P_r[x_1 > c_2] = 1 - P_r[x_1 \leq c_2] = 1 - (P_r[x_1 = 0] + P_r[x_1 = 1])$$
$$= 1 - \left(\frac{e^{-0.3} \times 0.3^0}{0!} + \frac{e^{-0.3} \times 0.3^1}{1!} \right) = 0.03694$$

(3) $$P_{\alpha 2} = (P_r[x_1 = 1] \times P_r[x_2 = 0]) = \frac{e^{-0.3} \times 0.3^1}{1!} \times \frac{e^{-0.48} \times 0.48^0}{0!} = 0.13752$$

(4) $$P_{r2} = 1 - (P_{\alpha 1} + P_{r1} + P_{\alpha 2}) = 1 - (0.74082 + 0.03694 + 0.13752) = 0.08472$$

(5) $$ASS = n_1 + n_2 (1 - p_{\alpha_1} - p_{r_1}) = 5 + 8(1 - 0.74082 - 0.03694) = 6.77792$$

2 계량규준형 샘플링검사(σ 기지)

로트에서 샘플링한 시료특성치의 평균치 $\overline{x}$를 기지의 표준편차로써 계산한 합격판정치 $\overline{X}_U$ 또는 $\overline{X}_L$과 비교하여 로트의 합격·불합격을 판정하는 것이다.

(1) 로트의 평균치를 보증하는 방법

<table>
<tr><td rowspan="3">특성치(m)가 높을수록 좋은 경우 ($\overline{X}_L$ 지정)</td><td>합격 판정선</td><td>• $\overline{X}_L = m_0 - k_\alpha \dfrac{\sigma}{\sqrt{n}} = m_0 - G_0\sigma$
$= m_1 + k_\beta \dfrac{\sigma}{\sqrt{n}}$
$\left(\text{단, } G_0 = \dfrac{k_\alpha}{\sqrt{n}}\right)$</td><td rowspan="3">• $n = \left(\dfrac{k_\alpha + k_\beta}{m_0 - m_1}\right)^2 \cdot \sigma^2$</td></tr>
<tr><td>판정</td><td>• $\overline{x} \geq \overline{X}_L$이면 로트를 합격
• $\overline{x} < \overline{X}$이면 로트를 불합격</td></tr>
<tr><td>OC 곡선</td><td>• $K_{L(m)} = \dfrac{\overline{X}_L - m}{\dfrac{\sigma}{\sqrt{n}}}$</td></tr>
<tr><td rowspan="3">특성치(m)가 낮을수록 좋은 경우 ($\overline{X}_U$ 지정)</td><td>합격 판정선</td><td>• $\overline{X}_U = m_0 + k_\alpha \dfrac{\sigma}{\sqrt{n}} = m_0 + G_0\sigma$
$= m_1 - k_\beta \dfrac{\sigma}{\sqrt{n}}$</td><td rowspan="3">• $n = \left(\dfrac{k_\alpha + k_\beta}{m_1 - m_0}\right)^2 \cdot \sigma^2$</td></tr>
<tr><td>판정</td><td>• $\overline{x} \leq \overline{X}_U$이면 로트를 합격
• $\overline{x} > \overline{X}_U$이면 로트를 불합격</td></tr>
<tr><td>OC 곡선</td><td>• $K_{L(m)} = \dfrac{m - \overline{X}_U}{\dfrac{\sigma}{\sqrt{n}}}$</td></tr>
<tr><td rowspan="3">$\overline{X}_U$ 및 $\overline{X}_L$동시에 구하는 경우</td><td>성립 조건</td><td>• $\dfrac{m_0' - m_0''}{\dfrac{\sigma}{\sqrt{n}}} > 1.7$</td><td rowspan="3"></td></tr>
<tr><td>합격 판정선</td><td>• $\overline{X}_U = m_0' + G_0 \cdot \sigma = m_0' + k_\alpha \dfrac{\sigma}{\sqrt{n}}$
• $\overline{X}_L = m_0'' - G_0 \cdot \sigma = m_0'' - k_\alpha \dfrac{\sigma}{\sqrt{n}}$</td></tr>
<tr><td>판정</td><td>• $\overline{X}_L \leq \overline{x} \leq \overline{X}_U$이면 로트 합격
• $\overline{x} > \overline{X}_U$ 또는 $\overline{x} < \overline{X}_L$이면 로트 불합격</td></tr>
</table>

(2) 로트의 부적합품률을 보증하는 방법

U가 주어진 경우	합격판정선	• $\overline{X}_U = U - k\sigma$	• $n = \left(\dfrac{k_\alpha + k_\beta}{k_{p_0} - k_{p_1}}\right)^2$ • $k = \dfrac{k_{p_0} k_\beta + k_{p_1} k_\alpha}{k_\alpha + k_\beta}$
	판정	• $\overline{x} \le \overline{X}_U$: 로트 합격 • $\overline{x} > \overline{X}_U$: 로트 불합격	
L이 주어진 경우	합격판정선	• $\overline{X}_L = L + k\sigma$	
	판정	• $\overline{x} \ge \overline{X}_L$: 로트 합격 • $\overline{x} < \overline{X}_L$: 로트 불합격	
U 및 L이 주어진 경우	성립조건	• $U - L > 5\sigma$	
	합격판정선	• $\overline{X}_U = U - k\sigma$ • $\overline{X}_L = L + k\sigma$	
	판정	• $\overline{X}_L \le \overline{x} \le \overline{X}_U$: 로트 합격 • $\overline{x} < \overline{X}_U$ 또는 $\overline{x} > \overline{X}_L$: 로트 불합격	
OC 곡선		• $K_{L(p)} = (k - K_p)\sqrt{n}$	

3 계량규준형 샘플링검사 (σ 미지)

U가 주어진 경우	합격판정선	• $\overline{X}_U = U - k' s_e$	• $k' = \dfrac{k_{p_0} k_\beta + k_{p_1} k_\alpha}{k_\alpha + k_\beta} = k$ • 합격판정계수 k는 σ기지인 경우와 동일하다. • $n' = \left(1 + \dfrac{k^2}{2}\right)\left(\dfrac{k_\alpha + k_\beta}{k_{p_0} - k_{p_1}}\right)^2$ • n은 σ 기지 경우보다 $\left(1 + \dfrac{k^2}{2}\right)$ 배로 증가
	판정	• $\overline{x} + k' s_e \le U$: 로트 합격 • $\overline{x} + k' s_e > U$: 로트 불합격	
L이 주어진 경우	합격판정선	• $\overline{X}_L = L + k' s_e$	
	판정	• $\overline{x} - k' s_e \ge L$: 로트 합격 • $\overline{x} - k' s_e < L$: 로트 불합격	
OC 곡선		• $K_{L(p)} = \dfrac{(k - K_p)}{\sqrt{\dfrac{1}{n} + \dfrac{k^2}{2(n-1)}}}$	

예상문제

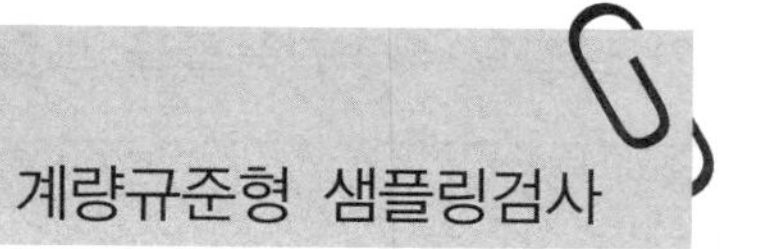

계량규준형 샘플링검사

01. A 정제 로트의 어떤 성분에서 특성치는 정규분포를 따르고 표준편차 $\sigma = 1.0\text{mg}$ 이며, $m_0 = 9.0\text{mg}$, $m_1 = 7.0\text{mg}$, $\alpha = 0.05$, $\beta = 0.10$ 인 계량규준형 1회 샘플링검사를 하기로 했다.

(1) $\overline{X}_L$을 구하시오. (단, KS Q 0001의 계량규준형 1회 샘플링검사표를 사용하면 $n = 3$, $G_0 = 0.950$ 이다.)

(2) 이 샘플링검사방식에서 평균치 $m = 8.0\text{mg}$의 로트가 합격하는 확률은 약 얼마인가?

해답 (1) $\overline{X}_L = m_0 - k_\alpha \dfrac{\sigma}{\sqrt{n}} = m_0 - G_0\sigma = 9.0 - 0.950 \times 1.0 = 8.05\text{mg}$

(2) $K_{L(m)} = \dfrac{\overline{X}_L - m}{\dfrac{\sigma}{\sqrt{n}}} = \dfrac{8.05 - 8}{\dfrac{1.0}{\sqrt{3}}} = 0.08660 = 0.09$

따라서 $m = 8.0\text{mg}$의 로트가 합격할 확률은 $L(m) = 0.4641$ 이다.

02. 강재의 인장강도는 클수록 좋다. 지금 평균치가 46kg/mm^2 이상인 로트는 통과시키고 이것이 43kg/mm^2 이하인 로트는 통과시키지 않는다. (단, $\sigma = 4$kg/mm^2, $\alpha = 0.05$, $\beta = 0.1$)

(1) n과 G_0를 구하는 표를 이용하여 $\overline{X}_L$를 구하시오.

(2) n과 G_0를 구하고 $\overline{X}_L$를 구하시오.

해답 KS Q 1001 계량규준형 1회 샘플링검사표

$m_0 = 46$, $m_1 = 43$, $\sigma = 4$

$k_\alpha = k_{0.05} = u_{1-\alpha} = u_{0.95} = 1.645$, $k_\beta = k_{0.10} = u_{1-\beta} = u_{0.90} = 1.282$

(1) $\dfrac{|m_0 - m_1|}{\sigma} = \dfrac{|46 - 43|}{4} = 0.75$ 이므로 $n = 16$, $G_0 = 0.411$ 이다.

$\overline{X}_L = m_0 - G_0\sigma = 46 - 0.411 \times 4 = 44.3560$

(2) $n=\left(\dfrac{k_\alpha+k_\beta}{m_0-m_1}\right)^2\cdot\sigma^2=\left(\dfrac{1.645+1.282}{46-43}\right)^2\times4^2=15.23081=16$

$G_0=\dfrac{k_\alpha}{\sqrt{n}}=\dfrac{1.645}{\sqrt{16}}=0.41125$

$\overline{X}_L=m_0-G_0\sigma=46-0.41125\times4=44.3550$

03. 어떤 식료품에 포함되어 있는 A 성분은 중요한 품질특성이며, 수입검사를 함에 있어서 A 성분의 평균치가 46% 이상의 좋은 품질의 로트는 95% 합격시키고, 43% 이하의 나쁜 품질의 로트는 10% 이하로만 합격시키고 싶다고 하자. 단, 표준편차 σ =3%이다. (단, $\alpha=0.05$, $\beta=0.1$)

(1) 이때 필요한 샘플링 검사방식(n, $\overline{X}_L$)을 구하시오.

(2) 만약 샘플의 평균치가 44.20%인 경우 합격인가, 불합격인가?

(3) OC 곡선을 작성하시오.

해답 $k_\alpha=k_{0.05}=u_{1-\alpha}=u_{0.95}=1.645$, $k_\beta=k_{0.10}=u_{1-\beta}=u_{0.90}=1.282$, $m_0=46$, $m_1=43$, $\sigma=3$

(1) $n=\left(\dfrac{k_\alpha+k_\beta}{m_0-m_1}\right)^2\cdot\sigma^2=\left(\dfrac{1.645+1.282}{46-43}\right)^2\cdot3^2=8.56733=9$

$\overline{X}_L=m_0-k_\alpha\dfrac{\sigma}{\sqrt{n}}=46-1.645\dfrac{3}{\sqrt{9}}=44.355$

따라서 $n=9$개의 시료를 채취하여 그 평균치 $\overline{x}$를 구했을 때

$\overline{x}\geq\overline{X}_L=44.355$이면 로트를 합격

$\overline{x}<\overline{X}_L=44.355$이면 로트를 불합격시킨다.

(2) $\overline{x}=44.20<\overline{X}_L=44.355$이므로 로트를 불합격으로 판정한다.

(3) $\overline{X}_L=m_0-k_\alpha\dfrac{\sigma}{\sqrt{n}}$

$44.355=m_0-1.645\dfrac{3}{\sqrt{9}}$, $m_0=46$

$\overline{X}_L=m_1+k_\beta\dfrac{\sigma}{\sqrt{n}}$

$44.355=m_1+1.282\dfrac{3}{\sqrt{9}}$, $m_1=43.073$

m	$K_{L(m)}=\dfrac{\overline{X}_L-m}{\sigma/\sqrt{n}}$	$L(m)$
46.000(m_0)	$\dfrac{44.355-46}{3/\sqrt{9}}=-1.645$	0.95
44.355($\overline{X}_L$)	$\dfrac{44.355-44.355}{3/\sqrt{9}}=0$	0.50
43.073(m_1)	$\dfrac{44.355-43.073}{3/\sqrt{9}}=1.282$	0.10

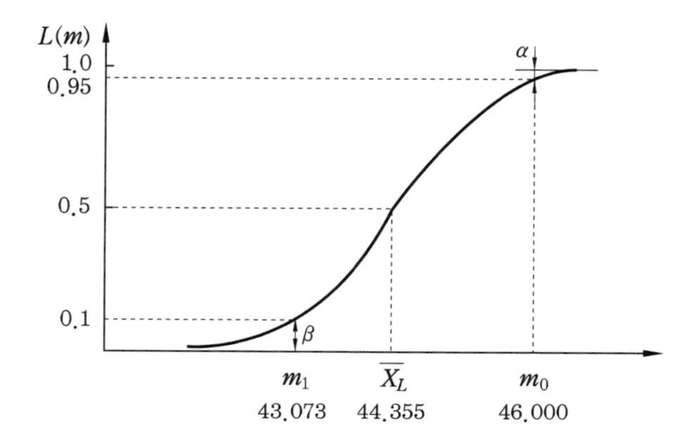

04. 계량규준형 1회 샘플링검사에서 $\alpha=0.05$, $\beta=0.1$, $\overline{X}_U=500$, $\sigma=10$, $n=4$일 때 물음에 답하시오.

(1) α, β를 만족하는 m_0, m_1을 구하시오. (단, 소수점 이하 3째자리에서 맺음할 것)

(2) 다음 표의 빈칸을 채우고, α, β, m_0, m_1, $\overline{X}_U$의 값을 기입한 OC 곡선을 작성하시오.

m	$K_{L(m)}=\dfrac{m-\overline{X}_U}{\sigma/\sqrt{n}}$	$L(m)$
m_0		
$\overline{X}_U$		
m_1		

해답 (1) m_0, m_1

$$\overline{X}_U=m_0+k_\alpha\frac{\sigma}{\sqrt{n}}$$

$$500=m_0+1.645\frac{10}{\sqrt{4}},\quad m_0=491.775$$

$$\overline{X}_U = m_1 - k_\beta \frac{\sigma}{\sqrt{n}}$$

$$500 = m_1 - 1.282\frac{10}{\sqrt{4}}, \quad m_1 = 506.410$$

(2)

m	$K_{L(m)} = \frac{m - \overline{X}_U}{\sigma/\sqrt{n}}$	$L(m)$
491.775(m_0)	$\frac{491.775-500}{10/\sqrt{4}} = -1.645$	0.95
500($\overline{X}_U$)	$\frac{500-500}{10/\sqrt{4}} = 0$	0.50
506.410(m_1)	$\frac{506.41-500}{10/\sqrt{4}} = 1.282$	0.10

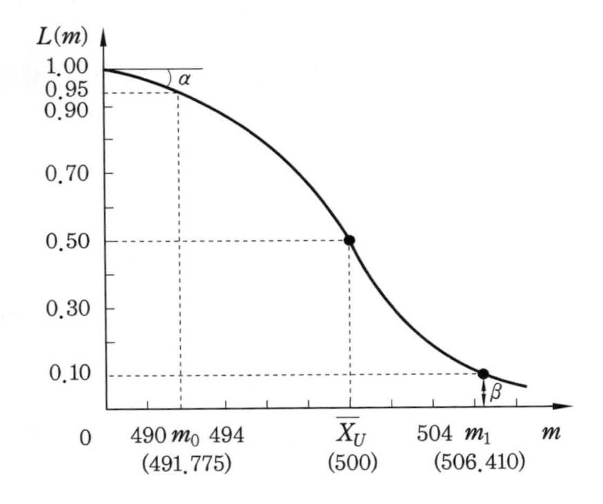

05. 계수규준형 샘플링검사와 계량규준형 샘플링검사에서 OC 곡선의 x축과 y축에 표시되는 내용을 쓰시오.

해답 (1) x축 : 부적합품률(p_0, p_1), 특성치(m_0, m_1)

(2) y축 : 로트가 합격할 확률($L(p)$, $L(m)$)

06. 계량규준형 1회 샘플링검사에서 $n=18$, $k_\alpha=1.645$, $m_0=0.002$, $\overline{X}_U=0.006$, $G_0=0.388$임을 알았다. 로트의 표준편차 σ를 구하시오.

해답 $\overline{X}_U = m_0 + G_0\sigma$, $\quad 0.006 = 0.002 + 0.388\sigma$, $\quad \sigma = 0.01031$

07. 어떤 공장에서 사용하는 셀룰로이드 관재에 포함되는 함수율은 적을수록 좋다고 한다. 그래서 제조업자와 협의하여 $m_0=3\%$, $m_1=6\%$로 정하고, 로트의 표준편차 $\sigma=4.6\%$로 하여 $\alpha=0.05$, $\beta=0.10$으로 한 경우

(1) 샘플링검사방식을 구하시오.

(2) 계량규준형 1회 샘플링검사표를 이용하여 샘플링검사방식을 구하시오.

해답 $m_0=3$, $m_1=6$, $\sigma=0.046$, $k_\alpha=k_{0.05}=u_{1-\alpha}=u_{0.95}=1.645$, $k_\beta=k_{0.10}=u_{1-\beta}=u_{0.90}=1.282$

(1) $n=\left(\dfrac{k_\alpha+k_\beta}{m_1-m_0}\right)^2\cdot\sigma^2=\left(\dfrac{1.645+1.282}{6-3}\right)^2\times4.6^2=20.14274=21$

$\overline{X_U}=m_0+k_\alpha\dfrac{\sigma}{\sqrt{n}}=3+1.645\dfrac{4.6}{\sqrt{21}}=4.65125$

따라서 $n=21$개의 시료를 채취하여 그 평균치 $\bar{x}$를 구했을 때

$\bar{x}\le\overline{X}_U=4.65125$이면 로트를 합격

$\bar{x}>\overline{X}_U=4.65125$이면 로트를 불합격시킨다.

(2) 계량규준형 1회 샘플링검사표

$\dfrac{|m_1-m_0|}{\sigma}=\dfrac{|6-3|}{4.6}=0.65217$이므로 $n=25$, $G_0=0.329$이다.

$\overline{X}_U=m_0+G_0\sigma=3+0.329\times4.6=4.5134\%$

따라서 $n=25$개의 시료를 채취하여 그 평균치 $\bar{x}$를 구했을 때

$\bar{x}\le\overline{X}_U=4.5134$이면 로트를 합격

$\bar{x}>\overline{X}_U=4.5134$이면 로트를 불합격시킨다.

08. 어떤 공장에서 사용하는 가성소다 중 산화철분은 적을수록 좋다. 로트 평균치가 0.004% 이하이면 합격으로 하고, 그것이 0.005% 이상이면 불합격으로 한다. 표준편차 $\sigma=0.0006\%$이다.

(1) m_0, m_1이 주어졌을 때 n과 G_0를 구하는 표를 이용하여 $\overline{X}_U$를 구하시오.

(2) n과 G_0를 구하고 $\overline{X}_U$를 구하시오. (단, $\alpha=0.05$, $\beta=0.1$)

해답 KS Q 1001 계량규준형 1회 샘플링검사표

$m_0=0.004$, $m_1=0.005$, $\sigma=0.0006$

(1) $\dfrac{|m_1 - m_0|}{\sigma} = \dfrac{|0.005 - 0.004|}{0.0006} = 1.66667$이므로 $n = 4$, $G_0 = 0.822$이다.

$\overline{X}_U = m_0 + G_0\sigma = 0.004 + 0.822 \times 0.0006 = 0.00449$

(2) $n = \left(\dfrac{k_\alpha + k_\beta}{m_1 - m_0}\right)^2 \cdot \sigma^2 = \left(\dfrac{1.645 + 1.282}{0.005 - 0.004}\right)^2 \times 0.0006^2 = 3.08424 = 4$

$\overline{X}_U = m_0 + k_\alpha \dfrac{\sigma}{\sqrt{n}} = 0.004 + 1.645 \times \dfrac{0.0006}{\sqrt{4}} = 0.00449$

09. 조립제품 두께의 기본치수가 5mm인 것을 구입하고자 한다. 두께의 평균치가 $5 \pm 0.2\text{mm}$ 되는 로트는 통과시키고, 그것이 $5 \pm 0.5\text{mm}$ 이상되는 로트는 통과시키지 않는다. m_0, m_1이 주어졌을 때 n과 G_0를 구하는 표를 이용하여 n, $\overline{X}_U$, $\overline{X}_L$을 구하시오. (단, $\sigma = 0.3$, $\alpha = 0.05$, $\beta = 0.1$)

해답 KS Q 1001 계량규준형 1회 샘플링검사표

$m_0{}' = 5.2$, $m_1{}' = 5.5$, $m_0{}'' = 4.8$, $m_1{}'' = 4.5$이고,

$\dfrac{|m_1{}' - m_0{}'|}{\sigma} = \dfrac{|5.5 - 5.2|}{0.3} = 1.0$이므로 $n = 9$, $G_0 = 0.548$이다.

$\dfrac{m_0{}' - m_0{}''}{\dfrac{\sigma}{\sqrt{n}}} = \dfrac{5.2 - 4.8}{\dfrac{0.3}{\sqrt{9}}} = 4 > 1.7$을 만족하므로 샘플링검사방식($n$, $\overline{X}_U$, $\overline{X}_L$)을 구하는 것이 의미가 있다.

$\overline{X}_U = m_0{}' + G_0\sigma = 5.2 + 0.548 \times 0.3 = 5.3644$

$\overline{X}_L = m_0{}'' - G_0\sigma = 4.8 - 0.548 \times 0.3 = 4.6356$

10. 조립제품 두께의 기본치수가 5mm인 것을 구입하고자 한다. 두께의 평균치가 $5 \pm 0.2\text{mm}$ 되는 로트는 통과시키고, 그것이 $5 \pm 0.5\text{mm}$ 이상되는 로트는 통과시키지 않는다. n, $\overline{X}_U$, $\overline{X}_L$을 구하시오. (단, $\sigma = 0.3$, $\alpha = 5\%$, $\beta = 10\%$)

해답 $m_0{}' = 5.2$, $m_1{}' = 5.5$, $m_0{}'' = 4.8$, $m_1{}'' = 4.5$, $k_\alpha = 1.645$, $k_\beta = 1.282$

$n = \left(\dfrac{k_\alpha + k_\beta}{m'_0 - m'_1}\right)^2 \cdot \sigma^2 = \left(\dfrac{1.645 + 1.282}{5.2 - 5.5}\right)^2 \times 0.3^2 = 8.56733 = 9$

$\overline{X}_U = m_0{}' + G_0 \cdot \sigma = m_0{}' + k_\alpha \dfrac{\sigma}{\sqrt{n}} = 5.2 + 1.645 \dfrac{0.3}{\sqrt{9}} = 5.3645$

$\overline{X}_L = m_0{}'' - G_0 \cdot \sigma = m_0{}'' - k_\alpha \dfrac{\sigma}{\sqrt{n}} = 4.8 - 1.645 \dfrac{0.3}{\sqrt{9}} = 4.6355$

11. $P_0 = 1\%$, $P_1 = 8\%$, $\alpha = 0.05$, $\beta = 0.10$를 만족시키는 로트의 부적합품률을 보증하는 계량규준형 샘플링검사방식에서 U가 주어지고, σ기지라고 가정할 경우 다음 물음에 답하시오.

$p(\%)$	K_p	$p(\%)$	K_p	$p(\%)$	K_p
0.5	2.58	4.0	1.75	8.0	1.40
1.0	2.33	5.0	1.64	9.0	1.34
2.0	2.05	6.0	1.56	10.0	1.28
3.0	1.88	7.0	1.48	20.0	0.84

(1) n, k를 구하시오.

(2) 판정방법을 설명하시오.

해답 $k_{p_0} = k_{0.01} = 2.33$, $k_{p_1} = k_{0.08} = 1.40$, $k_\alpha = k_{0.05} = u_{1-\alpha} = u_{0.95} = 1.645$,

$k_\beta = k_{0.10} = u_{1-\beta} = u_{0.90} = 1.282$

(1) $n = \left(\dfrac{k_\alpha + k_\beta}{k_{p_0} - k_{p_1}}\right)^2 = \left(\dfrac{1.64 + 1.28}{2.33 - 1.40}\right)^2 = 9.85825 = 10$

$k = \dfrac{k_{p_0}k_\beta + k_{p_1}k_\alpha}{k_\alpha + k_\beta} = \dfrac{2.33 \times 1.28 + 1.40 \times 1.64}{1.64 + 1.28} = 1.80767$

(2) 샘플링검사방식은 $(n = 10,\ \overline{X}_U = U - k\sigma = U - 1.80767\sigma)$이다. 즉, $n = 10$의 시료를 채취하여 그 평균치 $\bar{x}$를 구했을 때 $\bar{x} \le \overline{X}_U$이면 로트를 합격, $\bar{x} > \overline{X}_U$이면 로트를 불합격으로 판정한다.

12. 어떤 전자부품 치수의 상한 규격치가 55mm라고 규정했을 때, 55mm를 넘는 것이 0.4% 이하인 로트는 통과시키고 3% 이상인 로트는 통과시키지 않도록 하는 계량규준형 1회 샘플링검사방식에서 n과 $\overline{X}_U$를 구하시오. (단, $\sigma = 2$, $\alpha = 0.05$, $\beta = 0.10$, $k_{0.004} = 2.652$, $k_{0.03} = 1.881$)

해답 $k_{p_0} = k_{0.004} = 2.652$, $k_{p_1} = k_{0.03} = 1.881$, $k_\alpha = k_{0.05} = u_{1-\alpha} = u_{0.95} = 1.645$,

$k_\beta = k_{0.10} = u_{1-\beta} = u_{0.90} = 1.282$

(1) $n = \left(\dfrac{k_\alpha + k_\beta}{k_{p_0} - k_{p_1}}\right)^2 = \left(\dfrac{1.645 + 1.282}{2.652 - 1.881}\right)^2 = 14.41241 = 15$개

$k = \dfrac{k_{p_0}k_\beta + k_{p_1}k_\alpha}{k_\alpha + k_\beta} = \dfrac{2.652 \times 1.282 + 1.881 \times 1.645}{1.645 + 1.282} = 2.21869$

(2) $\overline{X}_U = U - k\sigma = 55 - 2.21869 \times 2 = 50.56262$

13. 어떤 전자부품의 치수는 65mm 이하로 규정되어 있다. $n=8$, $k=1.74$의 계량규준형 1회 샘플링검사를 행한 결과 다음의 데이터를 얻었다. 로트의 합격·불합격을 판정하시오. (단, $\sigma = 1.4\text{mm}$임을 알고 있다.)

데이터

63.2, 64.5, 63.8, 66.0, 64.0, 62.8, 63.5, 65.2

해답 $n=8$, $k=1.74$, $\sigma=1.4\text{mm}$

$\bar{x} = \dfrac{\sum x}{n} = \dfrac{513}{8} = 64.125$

$\overline{X}_U = U - k\sigma = 65 - 1.74 \times 1.4 = 62.564$

$\bar{x} = 64.125 > \overline{X}_U = 62.564$이므로 로트를 불합격으로 판정한다.

14. 가성소다의 NaOH 함유 규격은 국가규격에 의하면 1급품은 98% 이상으로 되어 있다. A회사에서는 NaOH함유 규격을 1급품으로 보증하고 싶을 때, 1급품 규격 98%에 미달하는 것이 0.44% 이하의 로트는 통과시키고, 그것이 4.6% 이상되는 로트는 통과시키지 않도록 하는 계량규준형 1회 샘플링검사방식을 계량규준형 1회 샘플링검사표를 이용하여 구하시오. (단, $\sigma = 0.75\%$, $\alpha = 0.05$, $\beta = 0.10$)

해답 p_0, p_1을 기초로 하여 n, k를 구하는 표(σ기지)를 이용

$p_0 = 0.44$, $p_1 = 4.6$일 때 $n=8$, $k=2.08$이다.

$L = 98$, $\sigma = 0.75$이므로 $\overline{X}_L = L + k\sigma = 98 + 2.08 \times 0.75 = 99.56$

따라서 $n=8$개의 시료를 채취하여 그 평균치 $\bar{x}$를 구했을 때

$\bar{x} \geq \overline{X}_L = 99.56$이면 로트를 합격

$\bar{x} < \overline{X}_L = 99.56$이면 로트를 불합격시킨다.

15. 금속판 두께의 값이 2.2mm 이상이다. 두께가 2.2mm에 달하지 못하는 것이 1% 이하인 로트는 통과시키고, 9% 이상인 로트는 통과시키지 않을 경우 n과 $\overline{X_L}$을 구하시오. (단, $\sigma = 0.2$, $\alpha = 0.05$, $\beta = 0.10$, $k_{p_0} = 2.326$, $k_{p_1} = 1.341$, $k_\alpha = 1.645$, $k_\beta = 1.282$)

해답 $n = \left(\dfrac{k_\alpha + k_\beta}{k_{p_0} - k_{p_1}}\right)^2 = \left(\dfrac{1.645 + 1.282}{2.326 - 1.341}\right)^2 = 8.83025 = 9$

$k = \dfrac{k_{p_0}k_\beta + k_{p_1}k_\alpha}{k_\alpha + k_\beta} = \dfrac{2.326 \times 1.282 + 1.341 \times 1.645}{1.645 + 1.282} = 1.77242$

$\overline{X_L} = L + k\sigma = 2.2 + 1.77242 \times 0.2 = 2.55448$

16. 어느 재료의 인장강도는 70kg/mm^2 이상으로 규정되어 있다. 즉, 계량규준형 1회 샘플링검사에서 $n=8$, $k=1.74$의 값을 얻어 데이터를 취했더니 다음과 같다. 로트의 합격·불합격을 판정하시오. ($\sigma = 2\text{kgf/mm}^2$)

데이터							
74.5,	74.0,	72.5,	71.5,	72.0,	70.5,	72.0,	75.05

해답 $L=70$, $\sigma=2$, $n=8$, $k=1.74$, $\bar{x}=72.75$

$\overline{X_L} = L + k\sigma = 70 + 1.74 \times 2 = 73.48$

$\bar{x} = 72.75 < \overline{X_L} = 73.48$이므로 로트를 불합격으로 판정한다.

17. 금속판 두께의 하한 규격치가 2.0mm라고 규정했을 때 두께가 2.0mm 이하인 것이 1% 이하의 로트는 합격시키고, 그것이 5% 이상이면 불합격시키고자 한다. 계량규준형 1회 샘플링 방식에서 다음의 물음에 답하시오. (단, $\alpha = 0.05$, $\beta = 0.10$이다.)

(1) n과 k를 구하시오.

(2) 만약 n개의 시료를 랜덤 샘플링하여 두께를 측정한 결과 $\bar{x} = 2.01\text{mm}$, $\sqrt{V} = 0.025\,\text{mm}$라고 할 때 합부 판정을 행하시오.

해답 $k_{p_0} = k_{0.01} = u_{0.99} = 2.326$, $k_{p_1} = k_{0.05} = u_{0.95} = 1.645$, $k_\alpha = k_{0.05} = u_{0.95} = 1.645$, $k_\beta = k_{0.10} = u_{0.90} = 1.282$

(1) $k' = k = \dfrac{k_{p_0}k_\beta + k_{p_1}k_\alpha}{k_\alpha + k_\beta} = \dfrac{2.326 \times 1.282 + 1.645 \times 1.645}{1.645 + 1.282} = 1.94327$

$n' = \left(1 + \dfrac{k^2}{2}\right)\left(\dfrac{k_\alpha + k_\beta}{k_{p_0} - k_{p_1}}\right)^2 = \left(1 + \dfrac{1.94327^2}{2}\right)\left(\dfrac{1.645 + 1.282}{2.326 - 1.645}\right)^2 = 53.35447 = 54$

(2) $\overline{X_L} = L + k's_e = 2 + 1.94327 \times 0.025 = 2.04858$

$\bar{x} = 2.01 \le \overline{X_L} = 2.04858$이므로 로트를 불합격시킨다.

18. **절삭가공되는 어느 부품의 규격은 50.0 ± 3.0 mm로 정해져 있다. 그리고 과거의 데이터로부터 $\sigma = 0.3$mm이고 정규분포를 하고 있으며, R 관리도도 안정되어 있음을 알고 있다. $p_0 = 1.0\%$, $p_1 = 8.0\%$, $\alpha = 0.05$, $\beta = 0.10$을 만족하는 계량규준형 1회 샘플링 검사방식을 설계하시오.**

(1) 계량규준형 1회 샘플링검사표가 주어지지 않은 경우

(2) 계량규준형 1회 샘플링검사표가 주어진 경우

해답 $k_{p_0} = k_{0.01} = u_{0.99} = 2.326$, $k_{p_1} = k_{0.08} = u_{0.92} = 1.405$, $k_\alpha = k_{0.05} = u_{0.95} = 1.645$, $k_\beta = k_{0.10} = u_{0.90} = 1.282$

(1) $n = \left(\dfrac{k_\alpha + k_\beta}{k_{p_0} - k_{p_1}}\right)^2 = \left(\dfrac{1.645 + 1.282}{2.326 - 1.405}\right)^2 = 10.10011 = 11$

$k = \dfrac{k_{p_0}k_\beta + k_{p_1}k_\alpha}{k_\alpha + k_\beta} = \dfrac{2.326 \times 1.282 + 1.405 \times 1.645}{1.645 + 1.282} = 1.80839$

$\overline{X}_L = L + k\sigma = 47 + 1.80839 \times 0.3 = 47.54252$

$\overline{X}_U = U - k\sigma = 53 - 1.80839 \times 0.3 = 52.45748$

따라서 $n = 11$의 시료를 채취하여 $\overline{X}_L \leq \overline{x} \leq \overline{X}_U$ 이면 로트를 합격, $\overline{x} < \overline{X}_L$ 또는 $\overline{x} > \overline{X}_U$ 이면 로트를 불합격시킨다.

(2) $p_0 = 1.0\%$, $p_1 = 8.0\%$ 이므로 p_0, p_1을 기초로 하여 n, k를 구하는 표(σ기지)로부터 $n = 10$, $k = 1.81$ 이다.

$\overline{X}_L = L + k\sigma = 47 + 1.81 \times 0.3 = 47.543$

$\overline{X}_U = U - k\sigma = 53 - 1.81 \times 0.3 = 52.457$

따라서 $n = 10$의 시료를 채취하여 $\overline{X}_L \leq \overline{x} \leq \overline{X}_U$ 이면 로트를 합격, $\overline{x} < \overline{X}_L$ 또는 $\overline{x} > \overline{X}_U$ 이면 로트를 불합격시킨다.

19. **어느 부품의 규격은 5.0 ± 0.02 mm로 정해져 있다. 이 부품의 생산공정에서는 규격 내에 들지 못하는 부적합품률이 1% 이하인 로트는 합격시키고, 부적합품률이 10%를 초과한 로트는 불합격시키는 계량규준형 1회 샘플링검사를 하고자 한다. $\sigma = 0.003$mm, $\alpha = 0.05$, $\beta = 0.10$일 때 다음 물음에 답하시오.**

(1) 샘플의 크기(n), 합격판정계수(k)를 구하시오.

(2) $\overline{X}_U$, $\overline{X}_L$을 구하시오.

(3) $\overline{x} = 4.998$일 때 로트의 합격·불합격을 판정하시오.

해답 $k_{p_0} = k_{0.01} = u_{0.99} = 2.326$, $k_{p_1} = k_{0.10} = u_{0.90} = 1.282$, $k_\alpha = k_{0.05} = u_{0.95} = 1.645$,

$k_\beta = k_{0.10} = u_{0.90} = 1.282$

(1) $n = \left(\dfrac{k_\alpha + k_\beta}{k_{p_0} - k_{p_1}}\right)^2 = \left(\dfrac{1.645 + 1.282}{2.326 - 1.282}\right)^2 = 7.86040 = 8$

$$k = \frac{k_{p_0}k_\beta + k_{p_1}k_\alpha}{k_\alpha + k_\beta} = \frac{2.326 \times 1.282 + 1.282 \times 1.645}{1.645 + 1.282} = 1.73926$$

(2) $\overline{X}_L = L + k\sigma = 4.98 + 1.73926 \times 0.003 = 4.98522$

$\overline{X}_U = U - k\sigma = 5.02 - 1.73926 \times 0.003 = 5.01478$

(3) $\overline{X}_L \leq \overline{x} = 4.998 \leq \overline{X}_U$ 이므로 로트를 합격으로 판정한다.

20. **$p_0 = 0.5\%$, $p_1 = 6\%$, $\alpha = 0.05$, $\beta = 0.10$을 만족하는 계수샘플링검사방식과 계량샘플링검사방식(σ기지)을 구하고 비교하시오.**

해답 (1) 계수규준형 1회 샘플링검사방식

KS Q 0001 계수규준형 1회 샘플링검사표로부터 $n = 60$, $c = 1$

(2) 계량규준형 1회 샘플링검사(부적합품률을 보증하는 경우, σ기지)

$k_{p_0} = k_{0.005} = u_{0.995} = 2.576$, $k_{p_1} = k_{0.06} = u_{0.94} = 1.555$,

$k_\alpha = k_{0.05} = u_{0.95} = 1.645$, $k_\beta = k_{0.10} = u_{0.90} = 1.282$

$$n = \left(\frac{k_\alpha + k_\beta}{k_{p_0} - k_{p_1}}\right)^2 = \left(\frac{1.645 + 1.282}{2.576 - 1.555}\right)^2 = 8.21853 = 9$$

$$k = \left(\frac{k_{p_0}k_\beta + k_{p_1}k_\alpha}{k_\alpha + k_\beta}\right) = \frac{2.576 \times 1.282 + 1.555 \times 1.645}{1.645 + 1.282} = 2.00219$$

(3) 따라서 계량샘플링검사가 계수샘플링검사보다 시료의 수가 적다.

21. 다음과 같은 경우 $(p_0,\ 1-\alpha)=(0.01,\ 0.95)$, $(p_1,\ \beta)=(0.08,\ 0.1)$을 만족하는 계량형 샘플링검사계획을 세우시오. (품질특성 : 무게, 하한규격치 $L=44\text{kg}$)

$K_{0.01}=2.326$,	$K_{0.08}=1.405$,	$K_{0.05}=1.645$,	$K_{0.10}=1.282$

(1) 표준편차 $\sigma=1\text{kg}$인 경우
(2) 표준편차 σ가 미지인 경우

해답 $k_{p_0}=k_{0.01}=u_{0.99}=2.326$, $k_{p_1}=k_{0.08}=u_{0.92}=1.405$, $k_\alpha=k_{0.05}=u_{0.95}=1.645$, $k_\beta=k_{0.10}=u_{0.90}=1.282$

(1) 표준편차 $\sigma=1kg$인 경우

$$n=\left(\frac{k_\alpha+k_\beta}{k_{p_0}-k_{p_1}}\right)^2=\left(\frac{1.645+1.282}{2.326-1.405}\right)^2=10.10011=11\text{개}$$

$$k=\frac{k_{p_0}k_\beta+k_{p_1}k_\alpha}{k_\alpha+k_\beta}=\frac{2.326\times1.282+1.405\times1.645}{1.645+1.282}=1.80839$$

$$\overline{X}_L=L+k\sigma=44+1.80839\times1=45.80839$$

따라서 $n=11$개의 시료를 채취하여 그 평균치 $\overline{x}$를 구했을 때
$\overline{x}\geq\overline{X}_L=45.80839$이면 로트를 합격
$\overline{x}<\overline{X}_L=45.80839$이면 로트를 불합격시킨다.

(2) 표준편차 σ가 미지인 경우

$$k'=k=\frac{k_{p_0}k_\beta+k_{p_1}k_\alpha}{k_\alpha+k_\beta}=\frac{2.326\times1.282+1.405\times1.645}{1.645+1.282}=1.80839$$

$$n'=n\times\left(1+\frac{k^2}{2}\right)=\left(\frac{k_\alpha+k_\beta}{k_{p_0}-k_{p_1}}\right)^2\left(1+\frac{k^2}{2}\right)=\left(\frac{1.645+1.282}{2.326-1.405}\right)^2\left(1+\frac{1.80839^2}{2}\right)$$

$$=26.61518=27$$

$$\overline{X_L}=L+k's_e$$

따라서 27개의 시료를 뽑아 $\overline{x}$와 s를 구한 후 $\overline{x}\geq\overline{X}_L$이면 로트를 합격시키고, 그렇지 않으면 불합격시킨다.

4-2 계수값 샘플링검사 (KS Q ISO 2859)

연속로트에 대한 계수값 AQL 지표형 샘플링검사(KS Q ISO 2859-1), 고립로트의 검사인 LQ 지표형 샘플링검사(KS Q ISO 2859-2), 지정된 AQL보다 품질이 우수한 로트의 검사개수를 줄이는 방법인 스킵로트 샘플링검사(KS Q ISO 2859-3)가 있다.

1 AQL 지표형 샘플링검사 (KS Q ISO 2859-1)

(1) 적용범위

① 공급자로부터 연속적이고, 대량으로 구입하는 경우 적용
② 로트의 합격·불합격에 공급자의 관심이 큰 경우
③ 공급자의 프로세스 품질에 관심이 있는 경우

(2) 특징

① 연속로트검사에 사용되며, 검사의 엄격도 전환에 의해 품질향상에 자극을 준다.
② 구입자가 공급자를 선택할 수 있다.
③ 장기적으로 품질을 보증한다.
④ 불합격 로트의 처리방법이 정해져 있다. (일반적으로 소관권한자가 결정)
⑤ 로트 크기와 시료 크기와의 관계가 분명히 정해져 있다. ($N\uparrow$: $n\uparrow$)
⑥ 로트의 크기에 따라 α가 일정하지 않다. ($N\uparrow$: $\alpha\downarrow$)
⑦ 3종류의 샘플링 형식이 정해져 있다. (1회, 2회, 다회(5회) 샘플링검사)
⑧ 검사수준이 여러 개 있다. (특별 검사수준 4개, 통상 검사수준 3개)
⑨ AQL과 시료 크기에는 등비수열이 채택되어 있다. ($R-5$: $\sqrt[5]{10}$ 등비수열)

(3) 용어

① A_c(Acceptable Count ; 합격판정개수)
② R_e(Reject Count ; 불합격판정개수)
③ AQL(Acceptable Quality Level ; 합격품질수준, 합격품질한계)
④ LQ(Limiting Quality ; 한계품질)
⑤ AOQ(Average Outgoing Quality ; 평균출검품질)

⑥ AOQL(Average Outgoing Quality Limit ; 평균출검품질한계)

⑦ PRQ(Producer Risk Quality ; 생산자 위험품질)

⑧ CRQ(Customer Risk Quality ; 소비자 위험품질)

⑨ LPSD(Limit Process Standard Deviation ; 한계프로세스 표준편차)

⑩ MPSD(Maximum Process Standard Deviation ; 최대프로세스 표준편차)

⑪ 부적합(nonconformity)

예 700개의 아이템 중 670개가 적합하고, 30개가 부적합하다. 30개 중 20개는 한 군데가 부적합하고, 10개는 두 군데가 부적합하다. 이 경우 100 아이템당 부적합수는 다음과 같다.

$$100 \text{ 아이템당 부적합수} = \frac{20 \times 1 + 10 \times 2}{700} \times 100 = 5.714 \text{ 개}$$

⑫ 검사수준 : 검사수준은 시료의 상대적인 크기를 나타내는 것이다. 일반검사에서는 Ⅰ, Ⅱ, Ⅲ의 3종류의 통상 검사 수준이 있다. 수준 Ⅱ가 표준 검사 수준이며, 특별한 지정이 없으면 수준 Ⅱ가 사용된다. 또 파괴검사나 비용이 많이 드는 검사의 경우 특별 검사 수준인 S-1부터 S-4까지를 사용한다. 이것은 소(小)시료검사이다. 검사수준 Ⅰ, Ⅱ, Ⅲ의 시료의 크기의 배율은 0.4 : 1 : 1.6으로 되어 있다.

⑬ 샘플링형식 : AQL 지표형 샘플링검사에서 샘플링형식으로 1회 샘플링검사, 2회 샘플링검사, 다회 샘플링검사 중 하나를 선택하여 사용한다. 이때 AQL, 시료문자, 검사의 엄격도가 같으면 그 로트의 합격확률은 큰 차이가 없다.

(4) 검사의 엄격도 전환규칙

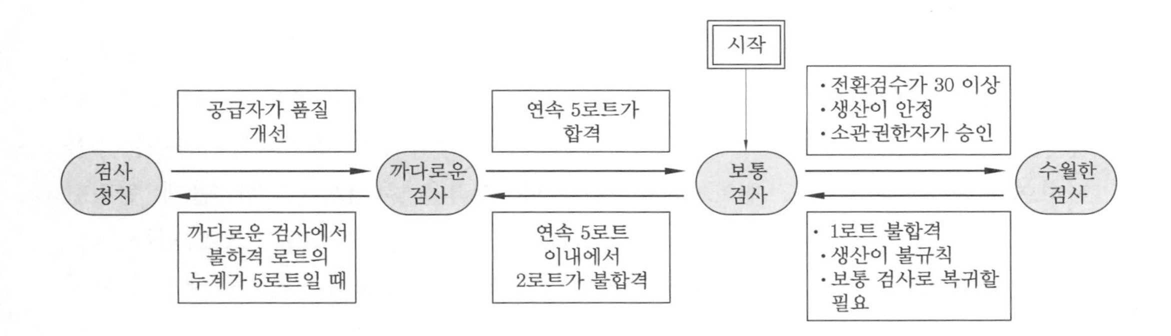

① 소관권한자 : 샘플링검사 시스템의 중립성을 유지하고, 합부판정 샘플링검사 절차가 원활하게 운용할 수 있는 충분한 지식과 능력을 가진 자로 계약 시 공급자와

구입자 양자의 합의에 의해 규정되는 것이 보통이다. 소관권한자는 분수합격판정계수 샘플링검사나 스킵로트 샘플링검사의 승인 또는 불합격로트의 조치 등에 대한 권한을 갖고 있다.

- 공급자의 품질 부문(제 1 자)
- 구입자의 검사 부문(제 2 자)
- 중립의 검사기관(제 3 자)

(5) 전환점수의 계산

검사는 소관권한자가 달리 지정하지 않는 한 보통검사로 시작한다.

① 전환점수

1회 샘플링방식	• 합격판정개수가 0, 1($A_c \leq 1$)일 때 로트가 합격하면 전환점수에 2를 더하고 그렇지 않으면 전환점수를 0으로 되돌린다. • 합격판정개수가 2 이상($A_c \geq 2$)일 때 로트가 합격이 되고, AQL이 한 단계 엄격한 조건에서 합격이 되면, 전환점수에 3을 더하고, 그렇지 않으면 전환점수를 0으로 되돌린다.
2회 샘플링방식	• 1회 샘플에서 로트가 합격이 된다면 전환점수에 3을 더하고, 그렇지 않으면 전환점수를 0으로 되돌린다.
다회 샘플링방식	• 3회 샘플까지 로트가 합격이 되면 전환점수에 3을 더하고, 그렇지 않으면 전환점수를 0으로 되돌린다.

② 전환점수 예

다음 표는 $AQL = 1.5\%$, 검사수준은 통상검사수준 Ⅱ인 보통검사에서 수월한 검사로 로트번호 1에서 보통검사를 실시하였고, 로트번호 2에서는 로트 합격하고 한 단계 엄격한 $AQL = 1.0\%$의 $Ac = 3$, $Re = 4$에서도 합격되었으므로 전환점수는 3을 더하여 5점이 된다. 로트번호 3에서는 로트 합격을 하였으나, 한 단계 엄격한 $AQL = 1.0\%$의 $Ac = 1$, $Re = 2$에서 불합격되었으므로 전환점수는 0으로 되돌린다.

이후 로트번호 4~13까지 연속 합격하여 전환점수가 30점이 되었다. 생산이 안정되어 있고, 수월한 검사로의 전환을 소관권한자가 인정을 하게 되어, 로트번호 14번부터는 수월한 검사가 적용된다.

로트 번호	N	시료 문자	n	Ac	Re	부적합품수	합격 판정	전환 점수	샘플링검사의 엄격도
1	200	G	32	1	2	0	합격	2	보통검사로 속행
2	1600	K	125	5	6	1	합격	5	보통검사로 속행
3	400	H	50	2	3	2	합격	0	보통검사로 속행
4	500	H	50	2	3	1	합격	3	보통검사로 속행
5	1500	K	125	5	6	2	합격	6	보통검사로 속행
⋮	⋮	⋮	⋮	⋮	⋮	⋮	⋮	⋮	⋮
13	450	H	50	2	3	0	합격	30	수월한 검사로 전환
14	400	H	20	1	2	0	합격	−	수월한 검사로 속행
15	450	H	20	1	2	2	불합격	−	보통검사로 전환

(6) 분수합격판정개수의 1회 샘플링방식

이 샘플링방식은 소관권한자가 승인했을 때 사용가능한 것으로 주샘플링표에서 합격판정개수가 0과 1의 중간에 화살표로 된 2개의 난(수월한 검사는 3개의 난)이 있는데, 화살표 대신 $\frac{1}{5}$(수월한 검사에만 적용), $\frac{1}{3}$ 및 $\frac{1}{2}$이라는 분수합격판정개수를 사용하여 검사개수의 변화없이 지정된 AQL을 보증할 수 있도록 한 샘플링검사방식이다.

① 샘플링방식이 일정한 경우

㈎ 샘플 중 부적합품이 0개인 경우에는 로트를 합격, 2개 이상이면 불합격시킨다.

㈏ 샘플 중 부적합품의 수가 1개뿐인 경우

㉠ $Ac=\frac{1}{2}$: 직전 1개 로트에 부적합품이 없는 경우 로트 합격

㉡ $Ac=\frac{1}{3}$: 직전 2개 로트에 부적합품이 없는 경우 로트 합격

㉢ $Ac=\frac{1}{5}$: 직전 4개 로트에 부적합품이 없는 경우 로트 합격

② 샘플링방식이 일정하지 않은 경우

㈎ 합부판정점수(acceptance score ; As)를 사용하여 합부판정을 결정한다.

㈏ 보통검사, 까다로운 검사, 수월한 검사의 개시시점에서는 합부판정점수를 0으로 되돌린다.

(다) $Ac=0$이면 합부판정점수는 바뀌지 않는다.

㉠ $Ac=\frac{1}{5}$이면 합부판정점수에 2를 가산한다.

㉡ $Ac=\frac{1}{3}$이면 합부판정점수에 3을 가산한다.

㉢ $Ac=\frac{1}{2}$이면 합부판정점수에 5를 가산한다.

㉣ $Ac \geq 1$ 이상이면 합부판정점수에 7을 가산한다.

(라) 합부판정점수≤ 8이면 $Ac=0$, 합부판정점수≥ 9이면 $Ac=1$, 만일 주어진 합격판정개수가 정수이면 합격판정개수는 바뀌지 않는다.

(마) 만일 샘플 중에 1개 이상의 부적합품이 있으면 합격, 불합격 판정 후, 합부판정점수를 0으로 되돌린다.

참고 샘플링방식이 일정하지 않은 경우의 예

(주)한국하이테크산업은 어떤 부품의 수입검사에 계수값 샘플링검사인 KS Q ISO2859-1을 사용하고 있다. 샘플링검사 방법의 검토 후 $AQL=1.0\%$, 통상검사수준 II로 소관권한자의 인정 하에 1회 주샘플링검사 보조표를 이용한 샘플링검사를 진행하기로 하고, 로트검사 시 최초의 검사 로트는 보통검사에서 시작하였다.

① 로트번호 1은 당초 $Ac=\frac{1}{2}$이므로 합부판정점수(검사 전)는 5점이 되고, 합부판정점수≤ 8이므로 $Ac=0$이 적용된다. 검사 중 부적합품이 없으므로 합부판정점수(검사 후)는 5점이 적용되며, 전환점수는 $Ac \leq 1$에서 합격되었으므로 2점을 가산한다.

② 로트번호 2는 누계된 검사 전 합부판정점수는 로트번호 1의 검사 후 합부판정점수 5점과 당초 $Ac=\frac{1}{2}$일 때 합부판정점수 5점을 누계하여 10점으로 계산된다. 따라서 검사 전 합부판정점수가 10점으로(8점 이상) 적용하는 Ac는 1이 된다. 그러나 로트번호 2는 합격이 되었지만 부적합품이 발생되었으므로 검사 후 합부판정점수는 0점으로 처리되고, 전환점수는 합격했으므로 4점이 된다.

③ 로트번호 3은 검사 전 합부판정점수의 계산은 로트번호 2의 검사 후 합부판정점수 0점에 당초 $Ac=\frac{1}{2}$이므로 합부판정점수 5점을 합하여 5점이 된다. 또한 검사 전 합부판정점수가 8점 이하이므로 적용하는 Ac는 0이 된다. 검사 후 부적합품이 존재하므로 검사 후 합부판정점수는 0점으로 하고, 전환점수는 불합격이 되었으므로 0으로 처리된다.

④ 로트번호 3번과 로트번호 6에서 로트가 불합격되어 연속 5로트 중 2로트가 불합격되었으므로 로트번호 7부터는 까다로운 검사가 적용된다.

⑤ 로트번호 11번의 합격으로 연속 5로트가 합격되었으므로 로트번호 12부터는 보통검사로 시행된다.

⑥ 또한 검사가 전환되는 로트번호 11, 24는 검사 후 합부판정점수는 "0*"로 처리된다.

로트 번호	N 로트 크기	샘플 문자	n 샘플 크기	당초 Ac	As (검사 전)	적용하는 Ac	부적합품수	합격 판정	As (검사 후)	전환 점수	샘플링검사의 엄격도
1	180	G	32	1/2	5	0	0	합격	5	2	보통검사로 속행
2	200	G	32	1/2	10	1	1	합격	0	4	보통검사로 속행
3	250	G	32	1/2	5	0	1	불합격	0	0	보통검사로 속행
4	450	H	50	1	7	1	1	합격	0	2	보통검사로 속행
5	300	H	50	1	7	1	1	합격	0	4	보통검사로 속행
6	80	E	13	0	0	0	1	불합격	0*	0	까다로운 검사로 전환
7	800	J	80	1	7	1	1	합격	0	–	까다로운 검사로 속행
8	300	H	50	1/2	5	0	0	합격	5	–	까다로운 검사로 속행
9	100	F	20	0	5	0	0	합격	5	–	까다로운 검사로 속행
10	600	J	80	1	12	1	0	합격	12	–	까다로운 검사로 속행
11	200	G	32	1/3	15	1	0	합격	0*	–	보통 검사로 전환
12	250	G	32	1/2	5	0	0	합격	5	2	보통검사로 속행
13	600	J	80	2	12	2	1	합격	0	5	보통검사로 속행
14	80	E	13	0	0	0	0	합격	0	7	보통검사로 속행
15	200	G	32	1/2	5	0	0	합격	5	9	보통검사로 속행
16	500	H	50	1	12	1	0	합격	12	11	보통검사로 속행
17	100	F	20	1/3	15	1	0	합격	15	13	보통검사로 속행
18	120	F	20	1/3	18	1	0	합격	18	15	보통검사로 속행
19	85	E	13	0	18	0	0	합격	18	17	보통검사로 속행
20	300	H	50	1	25	1	1	합격	0	19	보통검사로 속행
21	500	H	50	1	7	1	0	합격	7	21	보통검사로 속행
22	700	J	80	2	14	2	1	합격	0	24	보통검사로 속행
23	600	J	80	2	7	2	0	합격	7	27	보통검사로 속행
24	550	J	80	2	14	2	0	합격	0*	30	수월한 검사로 전환
25	400	H	20	1/2	5	0	0	합격	5	–	수월한 검사로 속행

〈비고〉 *는 엄격도 전환 후 합부판정점수이다.

예상문제

계수값 샘플링검사

01. 다음 용어를 보기와 같이 작성하시오.

보기

QC : Quality Control(품질관리)

(1) A_c　(2) R_e　(3) AQL　(4) LQ　(5) AOQ　(6) AOQL

(7) PRQ　(8) CRQ　(9) LPSD　(10) MPSD　(11) AS　(12) ASS

해답 (1) A_c : Acceptable Count(합격판정개수)

(2) R_e : Reject Count(불합격판정개수)

(3) AQL : Acceptable Quality Level(합격품질수준, 합격품질한계)

(4) LQ : Limiting Quality(한계품질)

(5) AOQ : Average Outgoing Quality(평균출검품질)

(6) AOQL : Average Outgoing Quality Limit(평균출검품질한계)

(7) PRQ : Producer Risk Quality(생산자 위험품질)

(8) CRQ : Customer Risk Quality(소비자 위험품질)

(9) LPSD : Limit Process Standard Deviation(한계프로세스 표준편차)

(10) MPSD : Maximum Process Standard Deviation(최대프로세스 표준편차)

(11) AS : Acceptance Score(합부판정점수)

(12) ASS : Average Sample Size(평균검사개수)

02. 700개 중 670개가 적합하고, 30개가 부적합하다. 30개 중 20개는 한 군데가 부적합하고, 10개는 두 군데가 부적합하다.

(1) 부적합품 퍼센트를 구하시오.

(2) 100단위당 부적합수를 구하시오.

해답 (1) $\frac{30}{700} \times 100 = 4.28571\%$

(2) $\frac{20 \times 1 + 10 \times 2}{700} \times 100 = 5.71429$

03. KS Q ISO 2859-1에서 $Ac=0$, $Re=1$, $AQL=0.65\%$일 때 로트가 합격할 확률이 95%가 되기 위한 샘플의 크기를 구하시오.

해답 $L(p)={}_nC_x(p)^x(1-p)^{n-x}$

$0.95={}_nC_0(0.0065)^0(1-0.0065)^{n-0}$

$0.95=(1-0.0065)^n$

$\log 0.95=n\times\log 0.9935$

$\therefore\ n=\dfrac{\log 0.95}{\log 0.9935}=7.86560=8$

04. A씨는 전자제품회사 QC 담당자이며, B씨는 A씨의 회사에서 부품을 구입하고 있다. B씨는 한번에 2,000개씩의 제품을 구입할 예정이다. 그는 5% 이상의 부적합품률을 갖는 로트 LQ는 불량로트로 간주하고 나쁜 로트를 받아들일 확률이 낮아지길 원한다. A씨는 좋은 로트를 합격시킬 확률이 높아지길 원할 것이다. A씨와 B씨는 1.5% 이하의 부적합품률을 갖는 로트가 좋은 로트라는데 동의하였으며 다음 물음에 답하시오.

(1) 통상검사수준 Ⅱ와 보통검사의 1회 샘플링방식을 사용하여 최적 샘플링방식을 설계하시오.
(2) 보통검사에서 까다로운 검사로 변경할 때의 조건을 설명하시오.
(3) 보통검사에서 수월한 검사로 변경할 때의 조건을 설명하시오.
(4) 까다로운 검사에서 보통검사로 변경할 때의 조건을 설명하시오.
(5) 까다로운 검사에서 검사 중지로 변경할 때의 조건을 설명하시오.

해답 $N=2{,}000$, $AQL=1.5\%$, 통상검사수준 Ⅱ

(1) $N=2{,}000$, 통상검사수준 Ⅱ일 때 시료문자는 K이다. 보통검사의 1회 샘플링방식에서 $n=125$, $A_c=5$, $R_e=6$이다.
(2) 연속 5로트 중 2로트 불합격
(3) 전환점수가 30점 이상, 생산이 안정, 소관권한자가 승낙한 경우
(4) 연속 5로트 합격
(5) 불합격 로트의 누계가 5로트일 때

05. 부품의 수입검사에 AQL 지표형샘플링검사(KS Q ISO 2859－1)를 사용하기로 하였다. 엄격도를 달리하여 각각 1회 샘플링 검사계획을 세우시오. (단, 로트의 크기는 $N=3000$이며, $AQL=1\%$이고 검사수준은 II로 한다.)

해답 (1) 로트의 크기가 3,000이고 검사수준은 II이므로 시료문자표에서 시료문자 K임을 알 수 있다.

(2) AQL이 1%이므로 보통검사, 까다로운 검사, 수월한 검사의 1회 샘플링검사는 다음과 같다.

검사의 엄격도	시료의 크기(n)	합격 판정개수(A_c)	불합격 판정개수(R_e)
보통검사	125	3	4
까다로운 검사	125	2	3
수월한 검사	50	2	3

06. Y회사는 어떤 부품의 수입검사에 KS Q ISO 2859－1을 사용하고 있다. 검토 후 $AQL=1.0\%$, 검사수준은 II로 1회 샘플링검사를 하고 있다. 10로트를 보통검사한 결과 다음과 같이 되었다. 다음의 빈칸을 채우시오.(KS Q ISO 2859－1의 표를 사용할 것)

로트 번호	N	시료 문자	n	A_c	R_e	부적합 품수	합격 판정	전환 점수	샘플링검사의 엄격도
1	800					0			보통검사로 시작
2	1600					1			
3	400					2			
4	2500					1			
5	2000					2			
6	1200					0			
7	450					0			
8	1500					1			
9	1000					0			
10	1500					3			

해답

로트 번호	N	시료 문자	n	A_c	R_e	부적합 품수	합격 판정	전환 점수	샘플링검사의 엄격도
1	800	J	80	2	3	0	합격	3	보통검사로 시작
2	1,600	K	125	3	4	1	합격	6	보통검사로 속행
3	400	H	50	1	2	2	불합격	0	보통검사로 속행
4	2,500	K	125	3	4	1	합격	3	보통검사로 속행
5	2,000	K	125	3	4	2	합격	6	보통검사로 속행
6	1,200	J	80	2	3	0	합격	9	보통검사로 속행
7	450	H	50	1	2	0	합격	11	보통검사로 속행
8	1,500	K	125	3	4	1	합격	14	보통검사로 속행
9	1,000	J	80	2	3	0	합격	17	보통검사로 속행
10	1,500	K	125	3	4	3	합격	0	보통검사로 속행

07. Y회사는 어떤 부품의 수입검사에 KS Q ISO 2859-1의 계수값 샘플링 검사방식을 사용하고 있다. 검토 후 $AQL = 1.0\%$, 검사수준은 II로 1회 샘플링검사를 하고 있다. 보통검사로 시작한 샘플링검사는 다음과 같이 되었다. (KS Q ISO 2859-1의 표를 사용할 것)

(1) 다음의 빈칸을 채우시오.

로트 번호	N 로트 크기	샘플 문자	n 샘플 크기	Ac	Re	부적합 품수	합격 판정	전환 점수	샘플링검사의 엄격도
10	85	E	13	0	1	0	합격	18	보통검사로 속행
11	300	H				1			
12	500	H				0			
13	700	J				1			
14	600	J				1			
15	550	J				1			

(2) 로트번호 16의 엄격도를 적으시오.

해답 (1)

로트 번호	N 로트 크기	샘플 문자	n 샘플 크기	Ac	Re	부적합 품수	합격 판정	전환 점수	샘플링검사의 엄격도
10	85	E	13	0	1	0	합격	18	보통검사로 속행
11	300	H	50	1	0	1	합격	20	보통검사로 속행
12	500	H	50	1	0	0	합격	22	보통검사로 속행
13	700	J	80	2	3	1	합격	25	보통검사로 속행
14	600	J	80	2	3	1	합격	28	보통검사로 속행
15	550	J	80	2	3	1	합격	31	수월한 검사로 전환

(2) 로트번호 15에서 전환점수가 30점 이상이 되므로 로트번호 16번은 수월한 검사를 실시한다.

08. Y회사는 어떤 부품의 수입검사에 KS Q ISO 2859-1을 사용하고 있다. 검토 후 $AQL = 1.0\%$, 검사수준은 Ⅲ으로 1회 샘플링검사를 하고 있다. 처음에는 보통검사로 시작하였으나 40번 로트에서는 수월한 검사로 전환하였다. 다음의 빈칸을 채우시오. (KS Q ISO 2859-1의 표를 사용할 것)

로트 번호	N	시료 문자	n	A_c	R_e	부적합 품수	합격 판정	전환 점수	샘플링검사의 엄격도
40	2500	L	200	5	6	3	합격	31	수월한 검사로 전환
41	2000					2		–	
42	1000					1		–	
43	2500					3		–	
44	2000					4		–	
45	1000					3		0	

해답

로트 번호	N	시료 문자	n	A_c	R_e	부적합 품수	합격 판정	전환 점수	샘플링검사의 엄격도
40	2,500	L	200	5	6	3	합격	31	수월한 검사로 전환
41	2,000	L	80	3	4	2	합격	–	수월한 검사로 속행
42	1,000	K	50	2	3	1	합격	–	수월한 검사로 속행
43	2,500	L	80	3	4	3	합격	–	수월한 검사로 속행
44	2,000	L	80	3	4	4	불합격	–	보통검사로 전환
45	1,000	K	125	3	4	3	합격	0	보통검사로 속행

09. Y회사는 어떤 부품의 수입검사에 KS Q ISO 2859-1을 사용하고 있다. 검토 후 $AQL = 1.0\%$, 검사수준은 Ⅲ으로 1회 샘플링검사를 보통검사로 시작하여 실시하였다. (KS Q ISO 2859-1의 표를 사용할 것)

(1) 다음 빈칸을 채우시오.

로트 번호	N	시료 문자	n	A_c	R_e	부적합 품수	합격 판정	전환 점수	샘플링검사의 엄격도
1	250	H	50	1	2	0	합격	2	보통검사로 시작
2	200					2			
3	800					1			
4	250					0			
5	200					2			

(2) 로트번호 6에서 샘플링검사의 엄격도를 결정하시오.

해답 (1)

로트 번호	N	시료 문자	n	A_c	R_e	부적합 품수	합격 판정	전환 점수	샘플링검사의 엄격도
1	250	H	50	1	2	0	합격	2	보통검사로 시작
2	200	H	50	1	2	2	불합격	0	보통검사로 속행
3	800	K	125	3	4	1	합격	3	보통검사로 속행
4	250	H	50	1	2	0	합격	5	보통검사로 속행
5	200	H	50	1	2	2	불합격	0	까다로운 검사로 전환

(2) 연속 5로트 중 2로트가 불합격하여 까다로운 검사를 실시한다.

10. KS Q ISO 2859-1 로트별 AQL 지표형 샘플링검사에서 $AQL = 1\%$, 보통검사Ⅱ인 로트가 검사에 출하되었다. 로트의 크기는 매번 변하며 23번째의 로트에서 검사 후 합부판정 스코어가 7이며, 24번째 로트의 크기는 550인 경우 검사 전 합부판정 스코어를 구하고, 그 절차를 기록하시오.

해답 KS Q ISO 2859-1의 부표로부터 샘플문자 J, $n = 80$, $A_c = 2$, $R_e = 3$을 얻는다. $Ac \geq 1$ 이상이면 합부판정 점수에 7을 가산하므로 검사 전 합부판정 스코어는 14점이 된다.

11. 합격판정 개수가 1인 AQL 지표형 샘플링검사에서 첫 번째, 두 번째 로트는 합격하고, 세 번째 로트는 불합격, 네 번째와 다섯 번째 로트는 합격하는 경우 최종 전환스코어는 얼마인가?

해답 $A_c = 1$인 경우 첫 번째 로트가 합격하였으므로 전환스코어는 2가 되고, 두 번째 로트도 합격하였으므로 2를 가산하여 4가 된다. 세 번째 로트가 불합격하였으므로 전환점수는 0이 된다. 네 번째 로트는 합격하였으므로 전환점수는 2가 되고, 다섯 번째 로트도 합격하였으므로 2를 가산하여 4가 된다.

12. AQL 지표형 샘플링검사에서 샘플링 형식으로 1회 샘플링검사, 2회 샘플링검사, 다회 샘플링검사 중 하나를 선택하여 사용하나 (①), (②), (③)이 같으면 그 로트의 합격확률은 큰 차이가 없다.

해답 ① AQL ② 시료문자 ③ 검사의 엄격도

13. AQL 지표형 샘플링검사에서 검사수준은 시료의 상대적인 크기를 나타내는 것이다. 일반검사에서는 Ⅰ, Ⅱ, Ⅲ의 3종류의 통상 검사 수준이 있다. 수준 (①)가 표준 검사 수준이며, 특별한 지정이 없으면 수준 (①)가 사용된다. 샘플의 크기를 작게 하고 싶은 경우는 (②)를 사용하고, 크게 하고 싶은 경우는 (③), 검사수준 Ⅰ, Ⅱ, Ⅲ의 시료의 크기의 배율은 (④)으로 되어 있다.

해답 ① Ⅱ ② Ⅰ ③ Ⅲ ④ 0.4 : 1 : 1.6

14. 계수값 샘플링검사(KS Q ISO 2859-1)의 특징 6가지를 쓰시오.

해답 ① 구입자가 공급자를 선택할 수 있다.
② 장기적으로 품질을 보증한다.
③ 불합격 로트의 처리방법이 정해져 있다.
④ 로트의 크기에 따라 α가 일정하지 않다.
⑤ 3종류의 샘플링 형식이 정해져 있다. (1회, 2회, 다회(5회) 샘플링검사)
⑥ 연속로트검사에 사용되며, 검사의 엄격도 전환에 의해 품질향상에 자극을 준다.

15. Y회사는 어떤 부품의 수입검사에 KS Q ISO 2859-1을 사용하고 있다. 검토 후 $AQL = 0.4\%$, 검사수준은 II로 1회 샘플링검사를 보통검사로 시작하여 연속 15로트를 검사한 결과 일부분이 다음과 같다. 샘플링검사표의 공란을 채우시오. (단, 샘플링 방식이 일정한 경우이다.)

로트 번호	N	시료 문자	n	당초 A_c	d	합격 판정	전환 점수	엄격도
6	1000	J	80	1/2	0	합격	2	보통검사 속행
7	1000	J	80	1/2	0	합격	4	보통검사 속행
8	1000	J	80	1/2	1	합격	6	보통검사 속행
9	1000	J	80	1/2	1	(　)	(　)	(　)
10	1000	J	80	1/2	0	(　)	(　)	(　)
11	1000	J	80	1/2	0	(　)	(　)	(　)
12	1000	J	80	1/2	1	(　)	(　)	(　)
13	1000	J	80	1/2	1	(　)	(　)	(　)

해답 샘플링방식이 일정한 경우

① 샘플 중 부적합품이 0개인 경우에는 로트를 합격, 2개 이상이면 불합격시킨다.

② 샘플 중 부적합품의 수가 1개뿐인 경우

㉠ $Ac = \frac{1}{2}$: 직전 1개 로트에 부적합품이 없는 경우 로트 합격

㉡ $Ac = \frac{1}{3}$: 직전 2개 로트에 부적합품이 없는 경우 로트 합격

㉢ $Ac = \frac{1}{5}$: 직전 4개 로트에 부적합품이 없는 경우 로트 합격

로트 번호	N	시료 문자	n	당초 A_c	d	합격 판정	전환 점수	엄격도
6	1,000	J	80	1/2	0	합격	2	보통검사 속행
7	1,000	J	80	1/2	0	합격	4	보통검사 속행
8	1,000	J	80	1/2	1	합격	6	보통검사 속행
9	1,000	J	80	1/2	1	(불합격)	(0)	(보통검사 속행)
10	1,000	J	80	1/2	0	(합격)	(2)	(보통검사 속행)
11	1,000	J	80	1/2	0	(합격)	(4)	(보통검사 속행)
12	1,000	J	80	1/2	1	(합격)	(6)	(보통검사 속행)
13	1,000	J	80	1/2	1	(불합격)	(0)	(까다로운 검사로 전환)

16. 다음은 AQL 지표형 샘플링검사방식(KS Q ISO 2859-1)에서 로트 크기가 일정하지 아니하고 분수 합격판정개수의 1회 샘플링방식을 적용하는 경우이다. $AQL = 1.0\%$, 통상검사수준 II로 소관권한자의 인정 하에 1회 주샘플링검사 보조표를 이용한 샘플링검사를 진행하기로 하고, 로트검사 시 최초의 검사 로트는 보통검사에서 시작하였다. 다음 공란을 채우시오.

로트번호	N 로트크기	샘플문자	n 샘플크기	당초 A_c	As (검사 전)	적용하는 A_c	부적합품수	합격판정	As (검사 후)	전환점수	샘플링검사의 엄격도
1	180	G	32	1/2			0				보통검사로 속행
2	200	G	32	1/2			1				
3	250	G	32	1/2			1				
4	450	H	50	1			1				
5	300	H	50	1			1				
6	80	E	13	0			1				
7	600	J	80	1			0				
8	800	J	80	1			1				
9	300	H	50	1/2			0				
10	100	F	20	0			0				
11	200	G	32	1/3			0				
12	250	G	32	1/2			0				
13	600	J	80	2			1				
14	80	E	13	0			0				
15	250	G	32	1/2			0				

해답 (1) 로트번호 1은 당초 $A_c = \frac{1}{2}$ 이므로 합부판정점수(검사 전)는 5점이 되고, 합부판정점수 ≤ 8 이므로 $A_c = 0$ 이 적용된다. 검사 중 부적합품이 없으므로 합부판정점수(검사 후)는 5점이 적용되며, 전환점수는 $A_c \leq 1$ 에서 합격되었으므로 2점을 가산한다.

(2) 로트번호 2는 누계된 검사 전 합부판정점수는 로트번호 1의 검사 후 합부판정점수 5점과 당초 $A_c = \frac{1}{2}$ 일 때 합부판정점수 5점을 누계하여 10점으로 계산된다. 따라서 검사 전 합부판정점수가 10점으로(8점 이상) 적용하는 A_c 는 1이 된

다. 그러나 로트번호 2는 합격이 되었지만 부적합품이 발생되었으므로 검사 후 합부판정점수는 0점으로 처리되고, 전환점수는 합격했으므로 4점이 된다.

(3) 로트번호 3은 검사 전 합부판정점수의 계산은 로트번호 2의 검사 후 합부판정점수 0점에 당초 $A_c = \frac{1}{2}$이므로 합부판정점수 5점을 합하여 5점이 된다. 또한 검사 전 합부판정점수가 8점 이하이므로 적용하는 A_c는 0이 된다. 검사 후 부적합품이 존재하므로 검사 후 합부판정점수는 0점으로 하고, 전환점수는 불합격이 되었으므로 0으로 처리된다.

(4) 로트번호 3번과 로트번호 6에서 로트가 불합격되어 연속 5로트 중 2로트가 불합격되었으므로 로트번호 7부터는 까다로운 검사가 적용된다.

(5) 로트번호 11번의 합격으로 연속 5로트가 합격되었으므로 로트번호 12부터는 보통검사로 시행된다.

(6) 또한 검사가 전환되는 로트번호 11, 24는 검사 후 합부판정점수는 "0*"로 처리된다.

로트번호	N 로트 크기	샘플문자	n 샘플 크기	당초 A_c	As (검사 전)	적용하는 A_c	부적합품수	합격판정	As (검사 후)	전환점수	샘플링검사의 엄격도
1	180	G	32	1/2	5	0	0	합격	5	2	보통검사로 속행
2	200	G	32	1/2	10	1	1	합격	0	4	보통검사로 속행
3	250	G	32	1/2	5	0	1	불합격	0	0	보통검사로 속행
4	450	H	50	1	7	1	1	합격	0	2	보통검사로 속행
5	300	H	50	1	7	1	1	합격	0	4	보통검사로 속행
6	80	E	13	0	0	0	1	불합격	0*	0	까다로운 검사로 전환
7	600	J	80	1	7	1	0	합격	7	–	까다로운 검사로 속행
8	800	J	80	1	14	1	1	합격	0	–	까다로운 검사로 속행
9	300	H	50	1/2	5	0	0	합격	5	–	까다로운 검사로 속행
10	100	F	20	0	5	0	0	합격	5	–	까다로운 검사로 속행
11	200	G	32	1/3	8	0	0	합격	0*	–	보통검사로 전환
12	250	G	32	1/2	5	0	0	합격	5	2	보통검사로 속행
13	600	J	80	2	12	2	1	합격	0	5	보통검사로 속행
14	80	E	13	0	0	0	0	합격	0	7	보통검사로 속행
15	250	G	32	1/2	5	0	0	합격	5	9	보통검사로 속행

17. A사는 어떤 부품의 수입검사에 계수값 샘플링검사인 KS Q ISO 2859-1의 보조표인 분수샘플링검사를 적용하고 있다. $AQL = 1.0\%$, 통상검사수준 Ⅱ 에서 엄격도는 보통검사, 샘플링 형식은 1회로 시작하였다. 다음 물음에 답하시오.

(1) ( )를 완성하시오.

(2) 로트번호 5번의 검사결과 다음 로트에 적용되는 엄격도를 결정하시오.

로트 번호	N	샘플 문자	n	당초 A_c	합부판정 스코어 (검사 전)	적용하는 A_c	부적합 품수 d	합부 판정	합부판정 스코어 (검사 후)	전환 스코어
1	200	G	32	1/2	5	0	1	불합격	0	0
2	250	(①)	(⑤)	(⑨)	(⑬)	(⑰)	0	(㉑)	(㉕)	(㉙)
3	600	(②)	(⑥)	(⑩)	(⑭)	(⑱)	1	(㉒)	(㉖)	(㉚)
4	80	(③)	(⑦)	(⑪)	(⑮)	(⑲)	0	(㉓)	(㉗)	(㉛)
5	120	(④)	(⑧)	(⑫)	(⑯)	(⑳)	0	(㉔)	(㉘)	(㉜)

해답 (1)

로트 번호	N	샘플 문자	n	당초 A_c	합부판정 스코어 (검사 전)	적용하는 A_c	부적합 품수 d	합부 판정	합부판정 스코어 (검사 후)	전환 스코어
1	200	G	32	1/2	5	0	1	불합격	0	0
2	250	G	32	1/2	5	0	0	합격	5	2
3	600	J	80	2	12	2	1	합격	0	5
4	80	E	13	0	0	0	0	합격	0	7
5	120	F	20	1/3	3	0	0	합격	3	9

㈎ 로트번호 2의 경우 AQL 지표형 샘플링검사표를 이용하여 로트 크기 $N = 250$일 때 샘플문자는 ① G이다. 보통검사의 1회 샘플링방식(주샘플링표)에서 시료문자에 따른 시료의 크기 n을 구하면 ⑤ 32이다. 당초의 A_c는 샘플문자와 $AQL = 1.0\%$에 대하여 구하면 ⑨ 1/2이며, 당초의 A_c가 1/2이므로 5점을 가산하여 합부판정 스코어(검사 전)는 ⑬ 5가 된다. 적용하는 A_c는 합부판정스코어 ≤ 8이므로 ⑰ 0이다. $d = 0$이므로 ㉑ 합격되고, 부적합품이 없으므로 합부판정스코어(검사 후)는 그대로 ㉕ 5이며, 전환스코어는 로트 합격으로 2를 가산하여 ㉙ 2가 된다.

(나) 로트번호 3의 경우 로트 크기 $N=600$일 때 샘플문자는 ② J이며, 보통검사의 1회 샘플링방식(주샘플링표)에서 시료문자에 따른 시료의 크기 n을 구하면 ⑥ 80이다. 당초의 A_c는 샘플문자와 $AQL=1.0\%$에 대하여 구하면 ⑩ 2이며, 7을 가산하여 합부판정스코어(검사 전) ⑭ 12가 되며, 적용하는 A_c는 당초의 A_c그대로 2가 된다. $d=1$이므로 ㉒ 합격되고, $d=1$이므로 합부판정스코어(검사 후) ㉖ 0이 된다. 로트가 합격되고 AQL이 한 단계 엄격한 조건에서 합격이 되므로 3점을 가산하여 전환스코어는 ㉚ 5점이 된다.

(다) 로트번호 4의 경우 로트 크기 $N=80$일 때 샘플문자는 ③ E이며, 보통검사의 1회 샘플링방식(주샘플링표)에서 시료문자에 따른 시료의 크기 n을 구하면 ⑦ 13이다. 당초의 A_c는 샘플문자와 $AQL=1.0\%$에 대하여 구하면 ⑪ 0이다. 당초의 A_c가 0이므로 합부판정스코어(검사 전)는 변하지 않으므로 ⑮ 0이 되고 적용하는 A_c 또한 ⑲ 0이 된다. $d=0$이므로 ㉓ 합격이며, 합부판정스코어(검사 후) ㉗ 0이다. 로트 합격이므로 전환스코어는 2를 가산하여 ㉛ 7이 된다.

(라) 로트번호 5의 경우 로트 크기 $N=120$일 때 샘플문자는 ④ F이며, 보통검사의 1회 샘플링방식(주샘플링표)에서 시료문자에 따른 시료의 크기 n을 구하면 ⑧ 20이다. 당초의 A_c는 샘플문자와 $AQL=1.0\%$에 대하여 구하면 ⑫ 1/3이다. 당초의 A_c가 1/3이므로 3점을 가산하여 ⑯ 3이 되고 적용하는A_c는 합부판정스코어≤ 8이므로 ⑳ 0이 된다. $d=0$이므로 ㉔ 합격되고 합부판정스코어는 ㉘ 3이며, 전환스코어는 2점을 가산하여 ㉜ 9가 된다.

(2) 로트번호 6은 전환스코어 현상값이 30 미만이므로 보통검사를 속행한다.

18. Y회사는 어떤 부품의 수입검사에 KS Q ISO 2859-1을 사용하고 있다. 검토 후 $AQL=1.0\%$, 검사수준은 Ⅲ으로 1회 샘플링검사를 하고 있다. 까다로운 검사를 시작으로 10로트를 실시한 결과의 일부는 다음과 같이 되었다. 다음의 빈칸을 채우시오. (KS Q ISO 2859-1의 표를 사용할 것)

로트 번호	N 로트 크기	샘플 문자	n 샘플 크기	당초 Ac	As (검사 전)	적용하는 Ac	부적합 품수	합격 판정	As (검사 후)	전환 점수	샘플링검사의 엄격도
1	250						1				까다로운 검사로 속행
2	200						0				
3	170						1				
4	300						0				
5	70						0				
6	130						1				

해답

로트 번호	N 로트 크기	샘플 문자	n 샘플 크기	당초 Ac	As (검사 전)	적용하는 Ac	부적합 품수	합격 판정	As (검사 후)	전환 점수	샘플링검사의 엄격도
1	250	H	50	1/2	5	0	1	불합격	0	–	까다로운 검사로 속행
2	200	H	50	1/2	5	0	0	합격	5	–	까다로운 검사로 속행
3	170	H	50	1/2	10	1	1	합격	0	–	까다로운 검사로 속행
4	300	J	80	1	7	1	0	합격	7	–	까다로운 검사로 속행
5	70	F	20	0	7	0	0	합격	7	–	까다로운 검사로 속행
6	130	G	32	1/3	10	1	1	합격	0*	–	보통검사로 전환

19. **다음 설명 중 맞는 것은 O, 틀린 것은 ×를 하시오.**

(1) 계수 샘플링검사에서 p_0, p_1, α, β를 결정하면 샘플링방식(n, c)를 얻을 수 있다.

(2) KS Q ISO 2859-1을 쓰는 경우 까다로운 검사가 실시되고 있을 때 처음 검사에서 연속 5로트가 합격하면 다음 회의 검사 로트는 보통검사로 전환한다.

해답 (1) ○

(2) ○

20. **A사는 어떤 부품의 수입검사에 계수값 샘플링검사인 KS Q ISO 2859-1을 사용하고 있다. 검토 후 $AQL=0.25$(부적합 퍼센트), 통상검사수준 $G-Ⅲ$을 사용하고 로트의 크기 400, 보통검사 1회 샘플링검사를 적용하기로 하고 소관권한자의 판단 아래 주 샘플링표를 이용해 검사를 하고 있다.**

(1) 시료문자와 적용하는 n, A_c, R_e를 구하시오.

(2) $AQL=0.25$에서 로트의 합격확률을 구하시오.

해답 (1) ① AQL 지표형 샘플링검사표(KS Q ISO 2859-1)에서 로트의 크기 400과 검사수준 $G-Ⅲ$의 교차점에서 시료문자 J를 얻는다.

② 보통검사의 1회 샘플링방식(주샘플링표)에서 J와 $AQL=0.25$의 교차점에서 ↑가 되므로 시료문자는 J에서 H로 변환되고 $n=50$, $A_c=0$, $R_e=1$이 된다.

(2) [풀이] 1은 KS Q ISO 2859-1의 부표를 활용

$AQL=0.25$, 샘플문자 H이면 $n=50$, $A_c=0$, $R_e=1$이 된다.

$100P_a(\%)=100(1-nP)=100(1-50\times0.0025)=87.5\%$

[풀이] 2는 푸아송분포를 이용하는 방법

$AQL=0.25$, 샘플문자 H이면 $n=50$, $A_c=0$, $R_e=1$이 된다.

$m=n\times AQL=50\times0.0025=0.125$

$$P_r=p(x)=\frac{e^{-m}\cdot m^x}{x!}=\frac{e^{-0.125}\times0.125^0}{0!}=0.88250=88.25\%$$

2 LQ 지표형 샘플링검사 (KS Q ISO 2859－2)

합격시키고 싶지 않은 로트의 품질수준인 LQ(한계품질) 지표형 샘플링검사로 로트가 고립상태에 있다고 생각되는 경우에 적용되는 검사방식이다.

(1) 특징

① AQL 지표형의 전환규칙을 사용할 수 없는 고립상태에 사용하는 샘플링검사방식
② 연속적 거래가 아닌 경우나 1회의 거래시에 사용
② LQ에서의 소비자 위험은 통상은 10% 미만, 나빠도 13% 미만이다.
③ LQ는 통상 AQL의 3배 이상으로 단기간 로트의 품질보증방식이다.

(2) 샘플링검사의 절차

절차 A	• 공급자와 소비자 모두가 로트를 고립상태로 간주하는 경우에 적용 (특별한 지시가 있는 경우를 제외하고, 절차 A를 사용한다.) • 샘플링방식은 로트 크기 및 LQ로부터 구한다.
절차 B	• 공급자는 로트를 연속시리즈의 하나로 간주하고, 소비자는 로트를 고립상태로 받아들이고 있는 경우에 적용 • 샘플링방식은 로트 크기, LQ 및 검사수준으로부터 구한다.(특별한 지정이 없으면 검사수준 Ⅱ를 사용)

예상문제

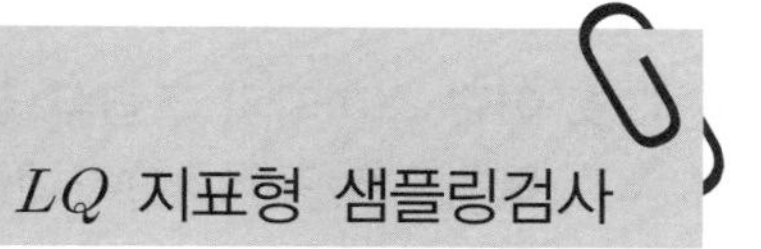

01. KS Q ISO 2859-2를 적용하여 로트의 크기가 5000이고 $LQ=2.0$인 샘플링방식을 구하시오. (절차 A를 적용)

해답 LQ 지표형 샘플링검사표(절차 A)를 이용
$n=200$, $A_c=1$

02. 어떤 회사에서는 제품 500개를 고객에게 납품하는데 고객과 상호 협의하여 1회 거래로 한정하고, 한계품질수준을 5.0%로 합의하였다.

(1) 샘플링검사방식을 설명하시오.
(2) 공정부적합품률이 2%인 경우 로트 합격확률을 구하시오.

해답 (1) $N=500$, $LQ=5\%$인 경우 KS Q ISO 2859-2 샘플링검사 부표A를 이용하여 $n=50$, $A_c=0$을 구할 수 있다. 즉, 50개를 검사하여 부적합품이 0개이면 로트를 합격시킨다.

(2) $L(p)={}_{50}C_0(0.02)^0(1-0.02)^{50}=0.36417$

03. 어떤 소비자가 조립식 책장의 키트(kit)에 들어가는 나사 10개의 팩(pack)을 판매 목적으로 구입하고자 한다. 팩 안에는 정확히 10개의 나사가 들어 있는 것이 바람직하다. 나사의 수가 부족한 팩이 있어도 전체 중 불완전한 팩의 비율이 1% 이하일 때에는 참지만, 이 보다 훨씬 높은 것을 합격으로 할 위험은 피하고자 한다. 생산계획은 5000키트로 로트 크기는 1250이다. 공급자와 소비자는 상호 협의에 의해 1회 거래로 한정하고, 한계품질의 표준값 3.15%를 사용하는 데 합의하였다.

(1) 이를 만족시킬 수 있는 샘플링 절차는 무엇인가?

(2) 로트 크기 1250인 경우 샘플링방식을 구하시오.

(3) (2)항에서 1%인 로트의 합격 확률을 구하시오.

(4) 공급자가 5000키트 전체에 필요한 팩을 단일 로트로서 공급하고 싶다고 제안한 경우 샘플링방식을 구하시오.

해답 (1) 생산자와 소비자가 1회 거래로 한정하였으므로 고립로트이며, KS Q ISO 2859-2 절차 A를 따르는 LQ방식의 샘플링검사이다.

(2) 한계품질의 표준값이 3.15%일 때 로트 크기 1,250에 대한 샘플링방식은 $n=125$, $A_c=1$이다.

(3) $m=nP=125\times 0.01=1.25$

$$L(p)=\frac{e^{-1.25}\times 1.25^0}{0!}+\frac{e^{-1.25}\times 1.25^1}{1!}=0.64464=64.464\%$$

(4) 다음으로 공급자가 5,000키트 전체에 대해 단일한 로트(로트 크기 5,000)로서 공급하고 싶다면 새로운 샘플링 방식은 $n=200$, $A_c=3$이다.

04. K가구회사는 조립식 책장을 납품하면서 칩보드용 패널을 첨부한다. 이때 1250세트당 7500매의 패널을 1로트로 간주한다. 패널의 표면에는 통상 2.5%의 확률로 흠이 발생한다. 만일 표면에 5% 이상의 흠이 발생하면 납품할 수 없다고 결론을 내리고 있다. 공급자는 이 패널을 정상적인 생산의 하나로 생산하며, 따라서 이 로트의 생산에 대하여 전문성을 가지고 있고, 제조에 어느 정도 연속성을 가지고 있다. 반면 구입자는 1회의 거래로 한정하기를 원하고 있다. (KS Q ISO 2859-2의 〈부표 B6〉 한계품질 5.00%에 대한 1회 샘플링방식(절차 B, 주 샘플링표)을 선택하여 사용하도록 한다.)

(1) 위의 조건을 만족시키는 샘플링검사 절차는 무엇인가?

(2) 검사수준이 S-4인 경우 샘플링방식을 정하시오.

(3) 위 (2)의 샘플링방식에 대응하는 AQL값이 얼마인지, 그리고 LQ 수준의 로트가 합격될 확률의 최댓값이 얼마인지 표를 이용하여 구하시오.

(4) 만일 검사수준을 통상검사수준 Ⅲ으로 할 때의 샘플링방식을 설계하시오. 이 샘플링방식에서 합격 확률이 50%가 될 수 있는 공정품질(공정불량률)의 수준을 표를 이용하여 구하시오.

해답 (1) 공급자는 로트를 연속시리즈의 하나로 간주하는 반면, 구입자는 1회의 거래로 한정하기를 원하므로 고립로트의 검사에 대한 한계품질 LQ 지표형 샘플링검사방식 KS Q ISO 2859-2에서 절차 B이다.

(2) 한계품질 $LQ = 5.00\%$에 대한 부표 B6에서 검사수준 $S-4$, 로트 크기 $N = 7,500$에 대하여 샘플링방식으로 KS Q ISO 2859-1의 보통검사 1회 샘플링방식에서의 $n = 80$, $A_c = 1$을 얻는다.

(3) 부표 B6에서 검사수준 $S-4$, 로트 크기 $N = 7,500$에 대응하여 KS Q ISO 2859-1의 보통검사 1회 샘플링방식에서의 $AQL = 0.65\%$이다.

$LQ = 5.00\%$ 수준의 로트가 합격할 확률의 최댓값은 검사수준 $S-4$일 때의 CRQ 상한인 8.6%이다.

(4) $LQ = 5.00\%$에 대한 부표 B6에서 검사수준 Ⅲ, 로트 크기 7,500에 대하여 샘플링방식으로 KS Q ISO 2859-1의 보통검사 1회 샘플링방식에서의 $n = 315$, $A_c = 10$이다.

$LQ = 5.00\%$, 검사수준 Ⅲ, 로트 크기 7,500에 대한 샘플링방식 $n = 315$, $A_c = 10$에서 합격할 확률 50%에 대응하는 공정품질 수준은 3.38%이다.

3 스킵로트(skip – lot) 샘플링검사 (KS Q ISO 2859 – 3)

연속로트에만 사용하며 검사에 제출된 제품의 품질이 AQL보다 상당히 좋다고 인정되어 소정의 판단기준과 합치했을 때에는 소관권한자의 승인하에 사용할 수 있다. 로트들 중 일부 로트를 검사 없이 합격시키는 샘플링 절차이다.

(1) 일반 요구사항

① 공급자와 제품이 모두 자격을 갖춘 경우에만 사용할 수 있다. 이 표준에 규정된 스킵로트 샘플링검사 절차는 닷지(Dodge)의 스킵로트 샘플링검사방식과 구별되는 것이 좋다.

② KS Q ISO 2859-1 샘플링검사 시스템을 보완하는 것이 목적이므로 KS Q ISO 2859-1의 규정을 함께 사용할 수 있다.

③ 연속시리즈의 로트에만 적용할 수 있으므로 로립로트에 사용하여서는 안 된다.

④ 비용면에서 더 효율적이라면 수월한 검사 대신에 스킵로트 샘플링을 사용하여도 된다. 하지만 그 적용 및 전환규칙은 수월한 검사와는 다르다.

⑤ 스킵로트 샘플링검사 절차를 사용하는 데는 약간의 제한 사항이 있다.

㉠ 제품은 설계가 안정된 것이어야 한다.

㉡ 제품은 치명적 등급의 부적합품이나 부적합을 가져서는 안 된다.

㉢ 규정된 AQL은 적어도 0.025%이어야 한다. 규정된 검사수준은 일반 검사수준 Ⅰ, Ⅱ 또는 Ⅲ인 것이 좋다.

㉣ 까다로운 검사는 스킵로트 검사와 병용하지 않는다.

㉤ 상태 1(자격인정 기간) 중에는 수월한 검사를 할 수도 있지만, 상태 2(스킵로트 검사 상태)와 상태 3(스킵로트 중단 상태)중에는 수월한 검사에 대한 샘플링검사방식을 사용해서는 안 된다.

㉥ 다회 샘플링검사방식은 제1차 합격판정개수가 있을 때만 허용된다.

㉦ 분수 합격판정개수 샘플링검사방식을 사용해서는 안 된다.

㉧ $Ac=0$인 샘플링검사방식은 상태 2 및 상태 3 중에 사용해서는 안 되며, 대신 $Ac=1$인 방식을 사용하는 것이 좋다.

⑥ 둘 이상 등급의 부적합품이나 부적합에 서로 다른 합격품질한계(AQL) 값이 규정되어 있을 때는 표준을 정확히 적용하도록 주의하여야 한다.

⑦ 검사는 공급자의 장소나 구매자의 장소에서 또는 생산 공정 작업 사이의 어떤 접점에서 하여도 무방하다.

⑧ 모든 제품은 고유의 환경과 특성을 갖고 있기 때문에 공급자와 소관권한자가 제품과 그 환경의 구체적 특성을 충족하는 적합한 선택사항을 선정할 수 있도록 여러 선택사항이 제공된다.

⑨ 구매자가 지정한 경우 구매계약서나 시방서, 검사지시서 또는 그 밖의 계약문서에 인용될 수 있다.

⑩ 소관권한자와 검사기관은 문서에 지정되어야 한다. 로트 검사와 자격인정심사가 모두 독립적인 제3자인 검사기관에 의해 수행된다고 가정한다. 하지만 구매자 역시 로트 검사와 자격인정심사를 모두 행할 수 있다.

(2) 제품의 자격심사(품질요구사항)

① 직전의 10개 로트 이상이 합격되어야 한다.

② 직전의 10로트나 10개 로트 이상에 대하여 누계샘플 크기가 〈부록 KS Q ISO 2859-3 표1〉(스킵로트검사 적용을 위한 최소누계샘플 크기)의 요구사항에 만족되어야 한다. (합계부적합수에 대응한 최소의 누계 샘플의 크기)

③ 최근의 각 2개 로트에 대하여 〈부록 KS Q ISO 2859-3 표2〉(스킵로트검사의 개시·계속·재개를 위한 합격판정개수)의 요구사항이 만족되어야 한다.

(3) 초기빈도값 결정

① 초기빈도 결정은 소관권한자의 승인하에 다음과 같이 이루어진다.

㉠ 1/4 초기빈도 : 자격취득에 필요한 로트 수가 20개 이하이며, 모든 로트가 〈부록 KS Q ISO 2859-3 표2〉 개시, 계속, 재개를 위한 합격 판정개수의 요구사항을 만족하는 경우

㉡ 1/3 초기빈도 : 자격취득에 필요한 로트 수가 20개 이하이나. 〈부록 KS Q ISO 2859-3 표2〉 개시, 계속, 재개를 위한 합격 판정개수의 요구사항을 만족하지 못하는 로트가 1로트 이상인 경우 (단, 최근 2로트는 만족하여야 한다.)

㉢ 1/2 초기빈도 : 자격취득에 필요한 로트 수가 20개를 초과하는 경우

② 스킵로트검사의 종류로는 1/2, 1/3, 1/4, 1/5 가 있으나, 1/5은 초기빈도 결정에는 포함되지 않는다.

(4) 스킵로트 검사의 절차

스킵로트 검사의 절차는 기본적으로 3개의 기본적 상태가 존재한다.

① 상태 1 : 로트별 검사

② 상태 2 : 스킵로트 검사

③ 상태 3 : 스킵로트 중단

(5) 소관권한자의 책임

① 공급된 정보의 재조사

② 스킵로트의 개시일자 결정

③ 스킵로트 검사의 중단 여부 결정

④ 공급자가 제품품질의 전면적 관리를 하는가에 대한 판정

예상문제

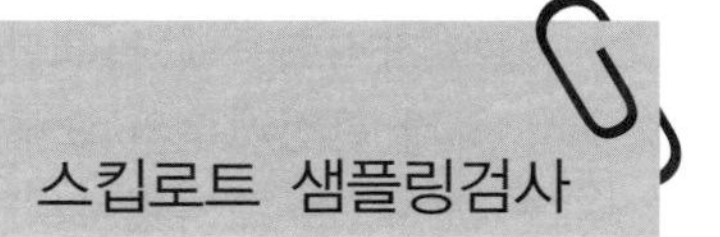

01. 스킵로트 샘플링검사 절차(KS Q ISO 2859−3)에서 스킵로트 절차 구조의 기본적 상태 3가지를 쓰시오.

해답 ① 상태 1 : 로트별 검사 ② 상태 2 : 스킵로트 검사 ③ 상태 3 : 스킵로트 중단

02. 스킵로트 검사를 위한 공급자 자격을 취득한 생산자는 콘덴서가 제품자격심사에서 품질요구사항을 만족시키면 스킵로트 검사의 자격을 취득하게 된다. $AQL = 0.65\%$로 검사되고, 검사수준 II, 보통검사의 1회 샘플링방식(KS Q ISO 2859−1)으로 실시한 로트별 검사에서 연속 12로트가 합격하고, 누계샘플 크기가 1,140개였으며, 그 12개 로트에서 3개의 부적합품이 발견되었다. 그리고 최근의 2로트는 샘플 크기가 각각 125개이고, 샘플 중 부적합품은 각각 0개이다.

로트 번호	1	2	3	4	5	6	7	8	9	10	11	12
N	1100	1100	900	900	900	1100	2500	1100	1100	3000	3000	3000
n	80	80	80	80	80	80	125	80	80	125	125	125
d	0	0	0	0	0	0	2	0	0	1	0	0

(1) 콘덴서가 품질요구사항을 만족하여 스킵로트 검사 자격을 취득할 수 있는지 판단하시오.

(2) 스킵로트 자격을 취득하였다면, 최초에 적용되는 스킵로트의 초기빈도를 결정하시오.

해답 KS Q ISO 2859−3 표

(1) 제품의 자격심사(품질요구사항)

① 직전의 10개 로트 이상이 합격되었고

② 누계샘플 크기가 1,140개로 〈표1〉에서 부적합품의 합계가 3개인 경우 최소누계샘플 크기가 1,098을 초과하므로 〈표1〉의 요구를 만족한다.

③ 〈표2〉에서 샘플 크기 125에 대한 부적합품의 합격판정개수는 1개이고, 최근 각 2개 로트에서 부적합품수는 각각 0개이므로 〈표2〉의 기준을 만족한다.

④ 따라서 제품자격심사요건을 만족함으로 스킵로트 검사의 자격을 취득한다.

(2) 자격취득에 필요한 로트 수가 20개 이하이나, 〈표2〉 개시, 계속, 재개를 위한 합격 판정개수의 요구사항을 만족하지 못하는 로트(로트번호 7)가 1로트 이상인 경우이므로 초기빈도는 1/3이 된다.

03. **다음은 스킵로트 샘플링검사방식(KS Q ISO 2859－3)에 대한 내용이다. 서술 내용에 적합한 스킵로트의 적용 빈도 또는 스킵로트 검사의 적용여부 상태를 결정하시오. (단, $AQL = 0.65\%$가 적용되고 있다.)**

(1) 최초 10로트 검사에서 상태 2로 갈 수 있는 자격을 취득하였다. 각 로트의 크기는 1250~9500이며, 샘플 크기는 125개 또는 200개이고, 로트별 검사 시 각 샘플 중의 부적합품은 최대 1개였다. (ⓐ)

(2) 최초 1로트는 샘플 크기 125 중에서 부적합품이 2개이었으나, 최초의 연속 10로트에서 스킵로트로 가는 자격을 취득하였다. (ⓑ)

(3) 연속 21로트가 진행되어서야 비로소 스킵로트로 가기 위한 자격을 취득하였다. (ⓒ)

(4) 빈도 1/4인 상태에서 상태 3으로 전환되었다. 상태 3에서 연속 4로트가 합격되고, 최근 2로트의 샘플 크기는 각각 125개이며, 샘플 중에 부적합은 2개씩이었다. (ⓓ)

(5) 현행의 검사빈도 1/3인 스킵로트 검사 상태에서 연속 10로트가 스킵로트 검사를 받아 합격하고, 그 로트에서의 데이터가 〈표1〉, 〈표2〉를 만족하였다. (ⓔ)

해답 (1) ⓐ 초기빈도 1/4

최초의 10로트가 상태 2의 자격을 취득하였으므로 〈표1〉의 요건을 만족하며, 요건충족에 사용된 로트의 수는 10개이다. 최초의 10로트 각각의 샘플 크기가 125또는 200이고 $AQL = 0.65\%$일 때 〈표2〉에서 합격판정개수는 1 또는 2이며 10로트 모두가 〈표2〉의 요건을 만족한다. 따라서 초기빈도는 1/4이다.

(2) ⓑ 초기빈도 1/3

최초의 연속 10로트에서 스킵로트로 가는 자격을 취득하였으므로 자격취득에 필요한 로트 수가 20개 이하이나, 최초 1로트는 부적합품이 2개로 〈표2〉의 요건을 만족하지 못하므로 초기빈도는 1/3이다.

(3) ⓒ 초기빈도 1/2

자격취득에 필요한 로트 수가 20개를 초과하였으므로 초기빈도는 1/2이다.

(4) ⓓ 상태 3의 지속

상태 3(스킵로트 중단)에서 ① 로트별 검사에서 연속 4로트가 합격하고, ② 최근의 2로트의 각 샘플의 크기 $n = 125$ 중의 부적합품이 2개씩있었으므로 〈표2〉의 요건을 만족하지 못한다. 따라서 상태 3이 지속된다.

(5) ⓔ 검사빈도를 1/4로 변경

연속 10로트가 〈표1〉, 〈표2〉의 요건을 만족하므로 소관권한자의 승인을 얻어 검사빈도를 1/4로 변경한다.

4-3 축차 샘플링검사

1 계수형 축차 샘플링검사 (KS Q ISO 28591)

계수형 축차 샘플링검사방식에서 샘플 아이템이 랜덤하게 추출되고 하나씩 검사되어 누적 카운트(부적합품 또는 부적합의 총수)를 합격판정 기준과 비교한다.

(1) 품질기준을 정한다.

α, β, Q_{PR}(Producer's Risk Quality ; 생산자위험품질), Q_{CR}(Consumer's Risk Quality ; 소비자위험품질)로 파라미터 h_A, h_R, g, n_t, Ac_t를 구한다.

(2) 합격판정개수 및 불합격판정개수 결정

① $n_{cum} < n_t$인 경우

㉠ $A = g \cdot n_{cum} - h_A$ → Ac(끝수 내림)

㉡ $R = g \cdot n_{cum} + h_R$ → Re(끝수 올림)

- A값이 음수일 때는 누적 샘플 크기가 너무 작아 합격판정을 할 수 없다.
- 불합격판정개수 Re가 중지값 Re_t보다 클 때, Re는 Re_t로 교체되어야 한다.
- A와 R은 g와 소수점 이하의 자릿수가 동일해야 한다.

㉢ 로트의 합격판정에 필요한 최소의 $n_{cum} = \dfrac{h_A}{g}$ (단, 끝수 올림)

㉣ 로트의 불합격판정에 필요한 최소의 $n_{cum} = \dfrac{h_R}{1-g}$ (단, 끝수 올림)

② $n_{cum} = n_t$인 경우

㉠ $A_t = gn_t$ → Ac_t(단, 끝수 버림)

㉡ $Re_t = Ac_t + 1$

(3) 합부 판정

① $n_{cum} < n_t$인 경우

$D \leq Ac$이면 로트 합격

$D \geq Re$이면 로트 불합격

$Ac < D < Re$이면 검사 속행

② $n_{cum} = n_t$인 경우

$D \leq Ac_t$이면 로트 합격

$D \geq Re_t$이면 로트 불합격

(4) 중지값(n_t)

① 1회 샘플링검사의 샘플 사이즈(n_0)를 아는 경우 : $n_t = 1.5n_0$(끝 올림)

② 1회 샘플링검사의 샘플 사이즈(n_0)를 모르는 경우

㉠ 부적합품률 검사인 경우 : $n_t = \dfrac{2h_A \cdot h_R}{g(1-g)}$ (단, 끝수 올림)

㉡ 100 아이템당 부적합수 검사인 경우 : $n_t = \dfrac{2h_A \cdot h_R}{g}$ (단, 끝수 올림)

예상문제

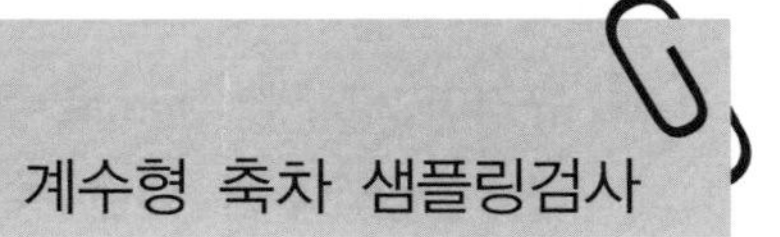

01. $A=-1.445+0.11n_{cum}$, $R=1.885+0.11n_{cum}$ 인 축차 샘플링검사에서 40개를 샘플링한 결과 6번째, 15번째, 35번째에서 부적합품이 발견되었다면 로트를 어떻게 처리해야 하는가? (단, $n_{cum} < n_t$ 이다.)

해답 $n_{cum}=40$ 이고, 부적합품 누계카운트는 $D=3$ 이다.

$Ac=-1.445+0.11n_{cum}=-1.445+0.11\times 40=2.955=2$(끝수 내림)

$Re=1.885+0.11\times 40=6.285=7$(끝수 올림)

$Ac(=2)<D(=3)<Re(=7)$ 이므로 검사를 속행한다.

02. 계수축차 샘플링검사(KS Q ISO 28591)에서 $h_A=1.445$, $h_R=1.855$, $g=0.110$ 일 때 어느 로트에서 1개씩 샘플링하여 20개의 시료를 검사한 결과 5번째와 15번째의 시료에서 부적합품을 발견했다.

(1) 합격판정치와 불합격판정치를 구하시오.

(2) 각각의 로트에서의 조치는 어떻게 하였겠는가?

(3) 누계샘플 크기 n_t 는 얼마인가?

해답 (1) $A=-h_A+gn_{cum}=-1.445+0.110n_{cum}$

$R=h_R+gn_{cum}=1.855+0.110n_{cum}$

(2) ① $n_{cum}=5$ 이고 부적합 누계카운트는 $D=1$ 일 때

$Ac=-1.445+0.110n_{cum}=-1.445+0.110\times 5=-0.895=-$

$Re=1.855+0.110n_{cum}=1.855+0.110\times 5=2.405=3$(끝수 올림)

$Ac<D(=1)<Re(=3)$ 이므로 검사를 속행한다.

② $n_{cum}=15$ 이고 부적합 누계카운트는 $D=2$ 일 때

$Ac=-1.445+0.110n_{cum}=-1.445+0.110\times 15=0.2050=0$(끝수 내림)

$Re=1.855+0.110n_{cum}=1.855+0.110\times 15=3.505=4$(끝수 올림)

$Ac(=0)<D(=2)<Re(=4)$ 이므로 검사를 속행한다.

(3) $n_t=\dfrac{2h_A\cdot h_R}{g(1-g)}=\dfrac{2\times 1.445\times 1.855}{0.110(1-0.110)}=54.75945=55$(끝수 올림)

03. 규격이 $2.5^{-0.02}_{+0.01}$ mm로 주어진 철판의 두께를 한계게이지를 사용하여 검사하고자 한다. 불량개수에 의한 축차 샘플링검사를 하고 싶다. PRQ=5%, CRQ=20%, $\alpha=0.05$, $\beta=0.1$일 때 다음 물음에 답하시오. (단, $h_A=1.445$, $h_R=1.855$, $g=0.1103$)

(1) n_t를 구하시오.

(2) 합격판정치와 불합격판정치를 구하시오.

(3) n_{cum}이 30일 때 Ac와 Re의 값을 구하시오.

(4) Ac_t, Re_t를 구하시오.

(5) 로트의 합격 또는 불합격을 판정할 수 있는 최소의 누계샘플 사이즈를 구하시오.

해답 (1) 샘플 사이즈 n_0를 모르는 경우의 누계샘플 사이즈의 중지값 결정

$$n_t=\frac{2h_A\cdot h_R}{g(1-g)}=\frac{2\times1.445\times1.855}{0.1103\times(1-0.1103)}=54.62892=55\text{(끝수 올림)}$$

(2) $n_{cum}<n_t$인 경우 합격판정치(A)와 불합격판정치(R)

$$A=-h_A+g\,n_{cum}=-1.445+0.1103n_{cum}$$

$$R=h_R+g\,n_{cum}=1.855+0.1103n_{cum}$$

(3) n_{cum}이 30일 때

$$Ac=-h_A+g\,n_{cum}=-1.445+0.1103\times30=1.864=1\text{(끝수 내림)}$$

$$Re=h_R+g\,n_{cum}=1.855+0.1103\times30=5.164=6\text{(끝수 올림)}$$

(4) $n_{cum}=n_t$인 경우 Ac_t, Re_t

$$Ac_t=gn_t=0.1103\times55=6.0665=6\text{(끝수 내림)}$$

$$Re_t=Ac_t+1=6+1=7$$

(5) 최소의 누계샘플 사이즈

① 로트의 합격판정에 필요한 최소의 $n_{cum}=\dfrac{h_A}{g}=\dfrac{1.445}{0.1103}$

$$=13.10063=14\text{(끝수 올림)}$$

14개까지 검사해서 누계부적합수가 0개일 때이다.

② 로트의 불합격판정에 필요한 최소의 $n_{cum}=\dfrac{h_R}{1-g}=\dfrac{1.855}{1-0.1103}$

$$=2.08497=3\text{(끝수 올림)}$$

3개까지 검사해서 3개 모두 부적합품일 때이다.

04. 계수축차 샘플링검사(KS Q ISO 28591)에서 부적합품률 검사를 하는 경우, 1회 샘플링검사의 샘플 크기를 120개로 이미 알고 있다. 누계샘플 사이즈의 중지값은 얼마인가?

해답 $n_0 = 120$이므로

$n_t = 1.5n_0 = 1.5 \times 120 = 180$

2 계량형 축차 샘플링검사 (KS Q ISO 39511)

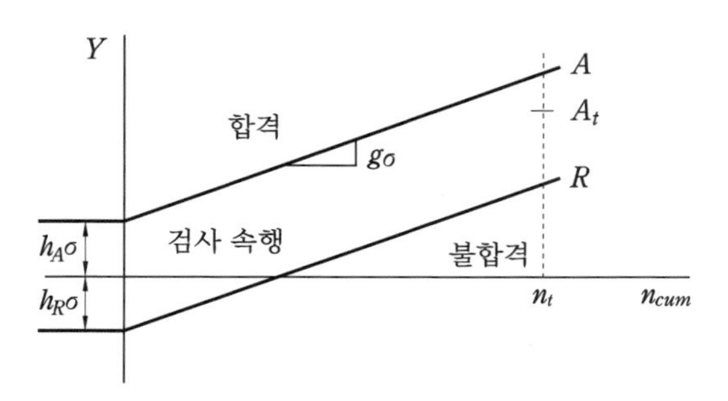

(1) 한쪽 규격(U 또는 L이 지정되는 경우)

① 품질기준을 정한다.

$P_A(Q_{PR})$, $P_R(Q_{CR})$로 파라미터 h_A, h_R, g, n_t를 구한다.

② 합격판정치 및 불합격판정치 결정

㈎ 합격판정치

$A = h_A\sigma + g\sigma n_{cum}$

㈏ 불합격판정치

$R = -h_R\sigma + g\sigma n_{cum}$

㈐ 누계샘플 크기의 중지치에 대한 합격판정치

$A_t = g\sigma n_t$

③ 합부 판정

㈎ $n_{cum} < n_t$인 경우

$Y \geq A$이면 로트를 합격

$Y \leq R$이면 로트를 불합격

$R < Y < A$이면 검사를 속행

㈏ $n_{cum} = n_t$인 경우

$Y \geq A_t$이면 로트를 합격

$Y < A_t$이면 로트를 불합격

(2) 상한규격 U와 하한규격 L이 모두 주어지는 경우(양쪽 규격한계의 결합관리)

① 프로세스 표준편차의 최댓값

양쪽 규격한계의 결합관리의 경우, 축차 샘플링검사는 프로세스 표준편차 σ가 규격 간격($U-L$)과 비교하여 충분히 작은 경우만 적용된다. 만약 σ가 $\sigma_{\max}$를 초과하면 로트는 샘플을 추출할 필요 없이 즉시 불합격으로 판단한다.

프로세스 표준편차의 한곗값 $\sigma_{\max} = (U - L)f$

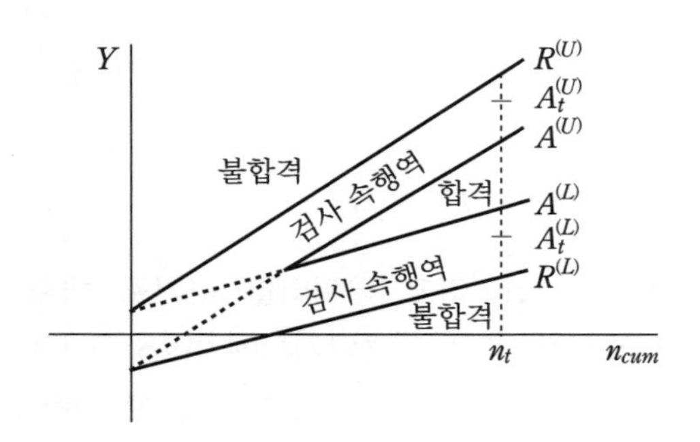

② 합격판정치와 불합격판정치

㈎ 합격판정값

$A^U = -h_A\sigma + (U - L - g\sigma)n_{cum}$

$A^L = h_A\sigma + g\sigma n_{cum}$

㈏ 불합격판정값

$R^U = h_R\sigma + (U - L - g\sigma)n_{cum}$

$R^L = -h_R\sigma + g\sigma n_{cum}$

㈐ 누계샘플 중지값(n_t)에 대한 합격판정값

$A_t^U = (U - L - g\sigma)n_t$

$A_t^L = g\sigma n_t$

㈑ 판정

㉠ $n_{cum} < n_t$인 경우

$A^L \le Y \le A^U$이면 합격

$Y \le R^L$ 또는 $Y \ge R^U$이면 불합격

$R^L < Y < A^L$ 또는 $A^U < Y < R^U$이면 검사 속행

㉡ $n_{cum} = n_t$인 경우

$A_t^L \le Y \le A_t^U$이면 합격

$Y > A_t^U$ 또는 $Y < R_t^U$이면 불합격

㈒ 최대 프로세스 표준편차($MPSD$)

표준편차 σ가 $MPSD$를 넘는 경우에는 축차샘플링검사를 적용할 수 없다.

$MPSD = (U - L)f$ (단, 계수 f는 Q_{PR}값에 대응하여 구한다.)

예상문제

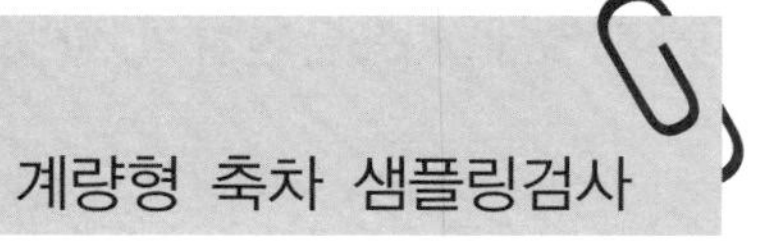

계량형 축차 샘플링검사

01. 어떤 제품의 $U=100$kgf/cm^{2}이고 데이터를 근거로 해서 표준편차를 추정하면 $\sigma=8$kgf/cm^{2}이다. 계량값 축차 샘플링검사에서(KS Q ISO 39511) $P_A=0.1\%$, $P_R=1\%$, $\alpha=5\%$, $\beta=10\%$로 주어진 경우 물음에 답하시오. (단, $h_A=2.431$, $h_R=3.403$, $g=2.708$, $n_t=23$)

(1) $n_{cum}<n_t$인 경우 합격판정치와 불합격판정치를 구하는 식을 쓰시오.

(2) $n_{cum}=10$인 경우 합격판정치와 불합격판정치를 구하시오.

(3) 누계샘플 사이즈의 중지값(n_t)에서 합격판정기준을 구하시오.

해답 (1) $n_{cum}<n_t$인 경우

① 합격판정치 $A=h_A\sigma+g\sigma n_{cum}=2.431\times 8+2.708\times 8\times n_{cum}$
$=19.448+21.664n_{cum}$

② 불합격판정치 $R=-h_R\sigma+g\sigma n_{cum}=-3.403\times 8+2.708\times 8\times n_{cum}$
$=-27.224+21.664n_{cum}$

$Y\geq A$이면 로트를 합격, $Y\leq R$이면 로트를 불합격, $R<Y<A$이면 검사를 속행한다.

(2) $n_{cum}=10$인 경우

① 합격판정치 $A=h_A\sigma+g\sigma n_{cum}=2.431\times 8+2.708\times 8\times 10=236.0880$

② 불합격판정치 $R=-h_R\sigma+g\sigma n_{cum}=-3.403\times 8+2.708\times 8\times 10=189.4160$

(3) $n_t=23$에 대응하는 $A_t=g\sigma n_t=2.708\times 8\times 23=498.272$이다. 누계여유치 $Y\geq A_t(=498.272)$이면 로트를 합격, $Y<A_t(=498.272)$이면 로트를 불합격 처리한다.

02. 어떤 애자(insulator)에 대하여 지정된 최소 내전압이 200kV이다. 정상적인 생산에서의 로트가 검사에 제출되었다. 생산은 안정되어 있고, 내전압이 정규분포를 따라 로트 내에서 변한다는 것이 확인되어 있다. 로트 내의 표준편차는 안정되어 있어서 $\sigma = 1.2\text{kV}$로 간주하면 된다는 기록이 있다. 생산자 위험품질 $Q_{PR} = 0.5\%$, 소비자 위험품질 $Q_{CR} = 2\%$이다. 다음 물음에 답하시오.

(1) $n_{cum} < n_t$인 경우 합격판정치와 불합격판정치를 구하는 식을 쓰시오.

(2) 다음 빈칸을 채우고 로트를 판정하시오.

누적 샘플 크기 n_{cum}	검사결과 x	여유량 y	불합격 판정치 R	누적 여유량 Y	합격 판정치 A	판정
1	202.5					
2	203.8					
3	201.9					
4	205.6					
5	199.9					
6	202.7					
7	203.2					
8	203.6					
9	204.0					
10	203.6					
11	203.3					
12	204.7					

(3) 누계샘플 사이즈의 중지값(n_t)에서 합격판정치를 구하시오.

해답 계량축차샘플링의 파라미터 표로부터 $h_A = 3.826$, $h_R = 5.258$, $g = 2.315$, $n_t = 49$이다.

(1) $n_{cum} < n_t$인 경우

① 합격판정치

$A = h_A \sigma + g\sigma n_{cum} = 3.826 \times 1.2 + 2.315 \times 1.2 n_{cum} = 4.5912 + 2.778 n_{cum}$

② 불합격판정치

$R = -h_R \sigma + g\sigma n_{cum} = -5.536 \times 1.2 + 2.315 \times 1.2 \times n_{cum}$

$= -6.3096 + 2.778 n_{cum}$

$Y \geq A$이면 로트를 합격, $Y \leq R$이면 로트를 불합격, $R < Y < A$이면 검사를 속행한다.

(2)

누적샘플 크기 n_{cum}	검사결과 x	여유량 y	불합격 판정치 R	누적 여유량 Y	합격 판정치 A	판정
1	202.5	2.5	−3.5316	2.5	7.3692	검사 속행
2	203.8	3.8	−0.7536	6.3	10.1472	검사 속행
3	201.9	1.9	2.0244	8.2	12.9252	검사 속행
4	205.6	5.6	4.8024	13.8	15.7032	검사 속행
5	199.9	−0.1	7.5804	13.7	18.4812	검사 속행
6	202.7	2.7	10.3584	16.4	21.2592	검사 속행
7	203.2	3.2	13.1364	19.6	24.0372	검사 속행
8	203.6	3.6	15.9144	23.2	26.8152	검사 속행
9	204.0	4.0	18.6924	27.2	29.5932	검사 속행
10	203.6	3.6	21.4704	30.8	32.3712	검사 속행
11	203.3	3.3	24.2484	34.1	35.1492	검사 속행
12	204.7	4.7	27.0264	38.8	37.9272	로트 합격

12번째 시료에서 합격판정 기준을 충족하므로 이 로트는 합격이다.

(3) n_t에 대응하는 $A_t = g\sigma n_t = 2.315 \times 1.2 \times 49 = 136.122$

누계여유치 $Y \geq A_t (= 136.122)$이면 로트를 합격, $Y < A_t (= 136.122)$이면 로트를 불합격처리한다.

03. $Q_{PR}=1\%$, $Q_{CR}=10\%$, $\alpha=0.05$, $\beta=0.10$**을 만족시키는 부적합률에 대한 계량형 축차 샘플링검사방식(표준편차기지)(KS Q ISO 39511)에서 품질특성치는 정규분포를 따른다. 규격상한** $U=200\text{kg}$**만 존재하는 망소특성으로 표준편차(**σ**)는 2kg으로 알려져 있을 때 다음 각 물음에 답하시오.**

(1) 누적샘플 크기(n_{cum})가 누적샘플 크기의 중지값(n_t)보다 작을 경우의 축차샘플링검사의 합격판정치(A), 축차샘플링검사의 불합격판정치(R)를 구하는 식을 쓰시오.

(2) 진행된 로트에 대해 표의 빈칸을 채우고, 합격 여부를 판정하시오.

누적샘플 크기 n_{cum}	검사결과 x kg	여유량 y	불합격판정치 R	누적여유량 Y	합격판정치 A
1	194.5	5.5	−0.992	5.5	6.838
2	196.5				
3	201.0				
4	197.8				
5	198.0				

해답 (1) 계량축차샘플링의 파라미터 표로부터 $h_A=1.615$, $h_R=2.300$, $g=1.804$, $n_t=13$이다.

- 합격판정치(A) : $A=h_A\sigma+g\sigma n_{cum}=1.615\times2+1.804\times2\times n_{cum}$
  $=3.230+3.608n_{cum}$
- 불합격판정치(R) : $R=-h_R\sigma+g\sigma n_{cum}=-2.300\times2+1.804\times2\times n_{cum}$
  $=-4.600+3.608n_{cum}$

(2)

누적샘플 크기 n_{cum}	검사결과 x	여유량 y	불합격 판정치 R	누적여유량 Y	합격판정치 A
1	194.5	5.5	−0.992	5.5	6.838
2	196.5	3.5	2.616	9	10.446
3	201.0	−1	6.224	8	14.054
4	197.8	2.2	9.832	10.2	17.662
5	198.0	2	13.440	12.2	21.270

- 판정 : 5번째 시료에서 $Y(=12.2)\le R(=13.440)$이므로 로트 불합격

04. 공업적으로 제조되는 어떤 기계부품의 치수에 대하여 규격이 205mm±5mm로 규정되어 있다. 생산은 안정되어 있고 로트 내의 치수의 분포는 정규분포에 따른다는 것이 확인되어 있다. 그리고 로트 내의 표준편차는 안정되어 있고, $\sigma = 1.2$mm로 간주된다는 기록이 있다. 결합 양쪽 한계에서 생산자 위험품질 $Q_{PR} = 0.5\%$, 소비자 위험 품질 $C_{QR} = 2\%$인 축차샘플링검사방식을 사용하도록 결정되었다. 다음 각 물음에 답하시오.

(1) 프로세스 표준편차의 최댓값을 구하고 양쪽 규격한계의 결합관리를 적용할 수 있는지 검토하시오. (단, $PRQ = 0.5\%$에 대해 $f = 0.165$이다.)

(2) $n_{cum} < n_t$인 경우 합격판정치와 불합격판정치를 구하시오.

(3) 다음 표의 빈 칸을 채우시오.

누적샘플 크기 n_{cum}	검사 결과 x_{mm}	여유량 y	하한 불합격 판정치 R_L	하한 합격 판정치 A_L	누적 여유량 Y	상한 합격 판정치 A_U	상한 불합격 판정치 R_U
1	202.5						
2	203.8						
3	201.9						
4	205.6						
5	199.9						
6	202.7						
7	203.2						
8	203.6						
9	204.0						
10	203.6						
11	203.3						
12	204.7						

(4) (3)항을 기초로 로트를 판정하시오.

(5) 대응하는 1회 샘플링검사방식의 샘플 사이즈를 모르는 경우, 누계샘플 사이즈의 중지값(n_t)에서 합격판정치를 구하시오.

해답 계량축차샘플링의 파라미터 표로부터 $h_A = 3.826$, $h_R = 5.258$, $g = 2.315$, $n_t = 49$ 이다.

(1) 프로세스 표준편차의 최댓값 $(U-L)f = (210-200) \times 0.165 = 1.65 > \sigma = 1.2$ 이므로 양쪽 규격한계의 결합관리를 적용할 수 있다.

(2) $n_{cum} < n_t$ 인 경우

① 합격판정치

$$A^U = -h_A\sigma + (U-L-g\sigma)n_{cum} = -3.826 \times 1.2 + (210-200-2.315 \times 1.2)n_{cum}$$
$$= -4.5912 + 7.222n_{cum}$$

$$A^L = h_A\sigma + g\sigma n_{cum} = 3.826 \times 1.2 + 2.315 \times 1.2n_{cum} = 4.5912 + 2.778n_{cum}$$

② 불합격판정치

$$R^U = h_R\sigma + (U-L-g\sigma)n_{cum} = 5.258 \times 1.2 + (210-200-2.315 \times 1.2)n_{cum}$$
$$= 6.3096 + 7.222n_{cum}$$

$$R^L = -h_R\sigma + g\sigma n_{cum} = -5.258 \times 1.2 + 2.315 \times 1.2 \times n_{cum}$$
$$= -6.3096 + 2.778n_{cum}$$

(3)

누적샘플 크기 n_{cum}	검사 결과 x_{mm}	여유량 y	하한 불합격 판정치 R_L	하한 합격 판정치 A_L	누적 여유량 Y	상한 합격 판정치 A_U	상한 불합격 판정치 R_U
1	202.5	2.5	−3.5316	7.3692	2.5	2.6308	13.5316
2	203.8	3.8	−0.7536	10.1472	6.3	9.8528	20.7536
3	201.9	1.9	2.0244	12.9252	8.2	17.0748	27.9756
4	205.6	5.6	4.8024	15.7032	13.8	24.2968	35.1976
5	199.9	−0.1	7.5804	18.4812	13.7	31.5188	42.4196
6	202.7	2.7	10.3584	21.2592	16.4	38.7408	49.6416
7	203.2	3.2	13.1364	24.0372	19.6	45.9628	56.8636
8	203.6	3.6	15.9144	26.8152	23.2	53.1848	64.0856
9	204.0	4.0	18.6924	29.5932	27.2	60.4068	71.3076
10	203.6	3.6	21.4704	32.3712	30.8	67.6288	78.5296
11	203.3	3.3	24.2484	35.1492	34.1	74.8508	85.7516
12	204.7	4.7	27.0264	37.9272	38.8	82.0728	92.9736

2번째 시료까지는 하한 합격판정치가 상한 합격판정치를 초과하므로 합격판정은 허용되지 않는다. 12번째 시료에서 이 로트는 합격이다.

(4) 12번째 시료에서 $A_L(=37.9274) \leq Y(=38.8) \leq A_U(=82.0728)$이므로 로트를 합격시킨다.

(5) 누계샘플 중지값(n_t)에 대한 합격 판정값

$A_t^U = (U - L - g\sigma)n_t = (210 - 200 - 2.315 \times 1.2) \times 49 = 353.878$

$A_t^L = g\sigma n_t = 2.315 \times 1.2 \times 49 = 136.122$

$A_t^L \leq Y \leq A_t^U$이면 로트를 합격, $Y > A_t^U$ 또는 $Y < A_t^L$이면 로트를 불합격시킨다.

05. 공업생산 중인 어떤 기계부품의 치수에 대하여 규격이 205±5kV로 규정되어 있을 때 양쪽 규격한계의 분리관리의 경우, 프로세스표준편차의 최댓값(한계값)을 구하시오. (단, Q_{PR}는 0.5%일 때 $f = 0.165$)

해답 최대프로세스표준편차($MPSD$)

$\sigma_{\max} = (U - L)f = (210 - 200) \times 0.165 = 1.65$

품질경영 기사 / 산업기사 실기

PART 4

실험계획법

1 실험계획법의 개념

1-1 실험계획의 기본 원리

① 랜덤화의 원리(randomization) : 뽑혀진 요인 외에 기타 원인들의 영향이 실험결과에 치우침이 있는 것을 없애기 위한 원리이다.

② 반복의 원리(replication) : 반복을 시킴으로써 오차항의 자유도를 크게 하여 오차분산의 정도가 좋게 추정됨으로써 실험 결과의 신뢰성을 높일 수 있는 원리이다.

③ 블록화의 원리(blocking) : 실험의 환경이 될 수 있는 한 균일한 부분으로 나누어 신뢰도를 높이는 원리이다.

④ 교락의 원리(confounding) : 구할 필요가 없는 고차의 교호작용을 블록과 교락시켜 실험의 효율을 높이는 원리이다.

⑤ 직교화의 원리(orthogonality) : 직교성을 갖도록 함으로써 같은 횟수의 실험횟수라도 검출력이 더 좋은 검정이 가능하다.

1-2 실험계획의 순서

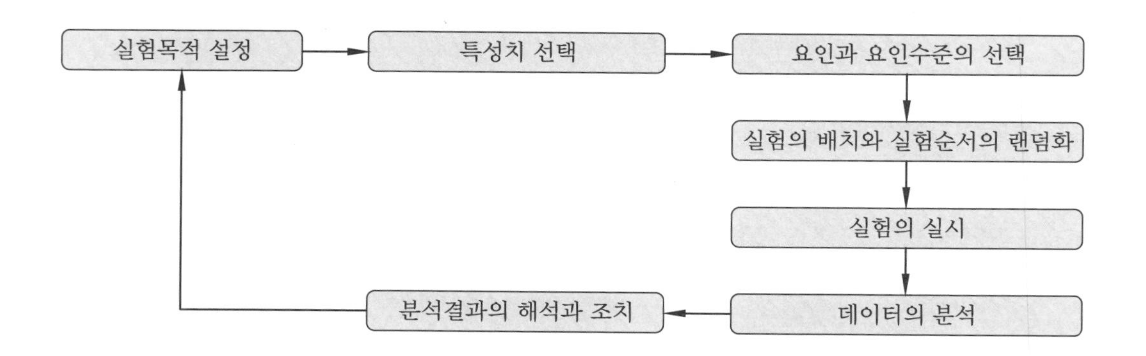

1-3 요인의 분류

모수 요인과 변량 요인의 특성

모수 요인	변량 요인
1. 수준이 기술적인 의미를 가지며, 실험자에 의하여 미리 정하여진다.	1. 수준이 기술적인 의미를 갖지 못하며, 수준의 선택이 랜덤으로 이루어진다.
2. a_i는 고정된 상수이다. $E(a_i)=a_i$, $V(a_i)=0$	2. a_i는 랜덤으로 변하는 확률변수이다. $E(a_i)=0$, $V(a_i)=\sigma_A^2$
3. a_i들의 합은 0이다. $\sum_{i=1}^{l}a_i=0$, $\bar{a}=0$	3. a_i들의 합은 0이 아니다. $\sum_{i=1}^{l}a_i \neq 0$, $\bar{a} \neq 0$
4. a_i들 간의 산포의 측도로서 $\sigma_A^2=\sum_{i=1}^{l}a_i^2/(l-1)$ 을 사용한다.	4. a_i들의 분포의 산포를 $\sigma_A^2=E\left[\frac{1}{l-1}\sum_{i=1}^{l}(a_i-\bar{a})^2\right]$ 으로 정의한다.

1-4 오차 e_{ij}에 대한 가정

① 정규성 : e_{ij}는 정규분포를 따른다.

② 독립성 : e_{ij}는 서로 독립이다.

③ 불편성 : e_{ij}의 기댓값은 항상 0이다.

④ 등분산성 : e_{ij}는 모두 동일한 분산을 갖는다.

1-5 구조 모형의 종류

① 모수 모형(fixed model) : 요인 모두 모수 요인인 경우의 모형

② 변량 모형(random model) : 요인 모두 변량 요인인 경우의 모형

③ 혼합 모형(mixed model) : 모수 요인과 변량 요인이 섞여있는 모형[난괴법(randomized block design)]

예상문제

01. 실험계획의 올바른 순서를 나열하시오.

해답 실험목적 설정 → 특성치 선택 → 요인과 요인수준의 선택 → 실험의 배치와 실험순서의 랜덤화 → 실험의 실시 → 데이터의 분석 → 분석결과의 해석 및 조치

02. 실험설계의 원리에 대해 기술하시오.

해답 (1) 랜덤화의 원리(randomization) : 뽑혀진 요인 외에 기타 원인들의 영향이 실험결과에 치우침이 있는 것을 없애기 위한 원리

(2) 반복의 원리(replication) : 반복을 시킴으로써 오차항의 자유도를 크게 하여 오차분산의 정도가 좋게 추정됨으로써 실험 결과의 신뢰성을 높일 수 있는 원리

(3) 블록화의 원리(blocking) : 실험의 환경이 될 수 있는 한 균일한 부분으로 나누어 신뢰도를 높이는 원리

(4) 교락의 원리(confounding) : 구할 필요가 없는 고차의 교호작용을 블록과 교락시켜 실험의 효율을 높이는 원리

(5) 직교화의 원리(orthogonality) : 직교성을 갖도록 함으로써 같은 횟수의 실험횟수라도 검출력이 더 좋은 검정이 가능

03. 오차 e_{ij}에 대한 가정 4가지를 쓰시오.

해답 ① 정규성 : e_{ij}는 정규분포를 따른다.

② 독립성 : e_{ij}는 서로 독립이다.

③ 불편성 : e_{ij}의 기댓값은 항상 0이다.

④ 등분산성 : e_{ij}는 모두 동일한 분산을 갖는다.

2 1요인실험

2-1 1요인실험의 개념

데이터 구조

	A_1	A_2	$\cdots$	A_l
1	x_{11}	x_{21}	$\cdots$	x_{l1}
2	x_{12}	x_{22}	$\cdots$	x_{l2}
3	x_{13}	x_{23}	$\cdots$	x_{l3}
합계	$T_{1\cdot}$	$T_{2\cdot}$	$\cdots$	$T_{l\cdot}$
평균	$\overline{x}_{1\cdot}$	$\overline{x}_{2\cdot}$	$\cdots$	$\overline{x}_{l\cdot}$

2-2 데이터의 구조식

반복이 일정한 모수 모형

$$x_{ij} = \mu + a_i + e_{ij}$$

$$\overline{x}_{i\cdot} = \mu + a_i + \overline{e}_{i\cdot}$$

$$\overline{\overline{x}} = \mu + \overline{\overline{e}}$$

2-3 순변동과 기여율

순변동(S')	$S_A' = S_A - \nu_A V_e$, $S_e' = S_T - S_A'$
기여율 (ρ)	$\rho_A = \dfrac{S_A'}{S_T} \times 100(\%)$, $\rho_e = \dfrac{S_e'}{S_T} \times 100(\%)$

2-4 분산분석

1요인실험의 분산분석표

요인	SS	$DF(\nu)$	$MS(V)$	$E(MS)$	F_0	기각치 $F_{1-\alpha}$
급간(A)	S_A	$\nu_A = l-1$	$V_A = S_A/\nu_A$	$\sigma_e^2 + r\sigma_A^2$	$\frac{V_A}{V_e}$	$F_{1-\alpha}(\nu_A;\ \nu_e)$
급내(e)	S_e	$\nu_e = l(r-1)$	$V_e = S_e/\nu_e$	σ_e^2		
T	S_T	$\nu_t = lr-1$				

$$S_T = \sum_i \sum_j x_{ij}^2 - CT,\quad CT = \frac{T^2}{lr},\quad T = \sum_i \sum_j x_{ij},$$

$$S_A = \sum_i \frac{T_{i\cdot}^2}{r} - CT,\quad S_e = S_T - S_A$$

2-5 분산분석 후의 추정[추후분석(follow-up analysis)]

(1) 각 수준에서 모평균 μ_i의 추정(반복수가 같은 경우)

$$\bar{x}_{i\cdot} \pm t_{1-\alpha/2}(\nu_e)\sqrt{\frac{V_e}{r}} = \bar{x}_{i\cdot} \pm \sqrt{F_{1-\alpha}(1,\ \nu_e)}\sqrt{\frac{V_e}{r}}$$

(2) 각 수준에서 모평균 μ_i의 추정(반복수가 같지 않은 경우)

$$\bar{x}_{i\cdot} \pm t_{1-\alpha/2}(\nu_e)\sqrt{\frac{V_e}{r_i}}$$

2-6 모평균차의 추정

(1) 반복이 일정한 경우

$$(\bar{x}_{i\cdot} - \bar{x}'_{i\cdot}) \pm t_{1-\alpha/2}(\nu_e)\sqrt{\frac{2V_e}{r}}$$

(2) 반복이 일정하지 않은 경우

$$\widehat{\mu_i - \mu_i'} = (\bar{x}_{i\cdot} - \bar{x}'_{i\cdot}) \pm t_{1-\alpha/2}(\nu_e)\sqrt{V_e\left(\frac{1}{r_i} + \frac{1}{r_i'}\right)}$$

2-7 최소유의차(least significant difference, LSD) 검정

다음이 성립하면 요인의 두 수준 A_i와 A_j에서 모평균에 차이가 있다고 한다.

$$|\overline{x_{i\cdot}} - \overline{x_{j\cdot}}| > t_{1-\alpha/2}(\nu_e)\sqrt{\frac{2V_e}{r}}$$

$t_{1-\alpha/2}(\nu_e)\sqrt{\frac{2V_e}{r}}$ 를 최소유의차(LSD)라고 부른다.

2-8 변량 모형

(1) 데이터의 구조식

$$x_{ij} = \mu + a_i + e_{ij}$$

$$\overline{x}_{i\cdot} = \mu + a_i + \overline{e}_{i\cdot}$$

$$\overline{\overline{x}} = \mu + \overline{a} + \overline{\overline{e}}$$

(2) $\widehat{\sigma_A^2}$의 추정

$$\widehat{\sigma_A^2} = \frac{V_A - V_e}{r} \quad \text{(반복이 일정한 경우)}$$

(3) $\widehat{\sigma_e^2}$의 점추정과 구간추정

① σ_e^2 의 점추정치 $\widehat{\sigma_e^2} = V_e$

② σ_e^2 의 95% 신뢰구간

$$\frac{S_e}{\chi^2_{1-\alpha/2}(\nu_e)} \leq \sigma_e^2 \leq \frac{S_e}{\chi^2_{\alpha/2}(\nu_e)}$$

예상문제

1요인실험

01. 납품업체 A_1, A_2, A_3, A_4 제품의 마모도 측정 데이터가 다음과 같다.

마모도 검사자료

		반복			
납품 업체	A_1	1.93	2.38	2.20	2.25
	A_2	2.55	2.72	2.75	2.70
	A_3	2.40	2.68	2.32	2.28
	A_4	2.33	2.38	2.28	2.25

(1) A는 모수요인인가 변량요인인가?

(2) (1)에 따른 빈칸을 채우시오.

데이터 구조식	(　　　　)
A_i 수준의 평균	(　　　　)
총평균	(　　　　)

(3) 가설을 설정하시오.

(4) 분산분석을 하시오.

(5) 불편분산의 기대치($E(V)$)를 구하시오.

(6) 순변동과 기여율을 구하시오.

(7) 납품업체간에 차이가 있다고 볼 수 있는지 최소유의차 검정을 하시오. ($\alpha = 0.05$)

(8) 만약 납품업체 간에 차가 있는가를 알아보기 위하여 다수의 납품업체 중 랜덤하게 4곳을 뽑아 위와 같은 데이터를 구하였다면, 모수요인인가 변량요인인가?

(9) (8)에 따른 빈칸을 채우시오.

데이터 구조식	(　　　　)
A_i 수준의 평균	(　　　　)
총평균	(　　　　)

(10) 요인 A가 변량요인이라고 가정하였을 때, $\widehat{\sigma_A^2}$을 구하시오.

(11) σ_e^2의 점 추정치와 95% 신뢰구간을 구하시오.

(12) 최적수준을 구하시오.

(13) 최적수준에 대하여 95% 신뢰구간을 구하시오.

(14) A_1과 A_2간의 모평균차의 95% 신뢰구간을 구하시오.

해답 (1) 모수요인

(2) 데이터의 구조식(모수요인)

데이터 구조식	$x_{ij}=\mu+a_i+e_{ij}$
A_i 수준의 평균	$\bar{x}_{i\cdot}=\mu+a_i+\bar{e}_{i\cdot}$
총평균	$\bar{\bar{x}}=\mu+\bar{\bar{e}}$

(3) H_0 : $a_1=a_2=a_3=a_4=0$

H_1 : a_i는 모두 0인 것은 아니다.

(4) 분산분석표

요인	제곱합(SS)	자유도(ν)	평균제곱(V)	F_0	$F_{0.95}$	$F_{0.99}$	$E(V)$
A	0.52400	3	0.17467	8.78622**	3.49	5.95	$\sigma_e^2+4\sigma_A^2$
e	0.23860	12	0.01988				σ_e^2
T	0.76260	15					

$F_0 > F_{0.99}$이므로 요인A는 매우 유의하다. 즉, 마모도에 차이가 있다고 할 수 있다.

① 수정항 $CT=\dfrac{T^2}{N}=\dfrac{(38.4)^2}{16}=92.16$

② 총변동 $S_T=\sum_i\sum_j x_{ij}^2-CT=92.9226-92.16=0.76260$

③ 급간변동

$$S_A=\sum_i\frac{T_{i\cdot}^2}{r}-CT=\frac{1}{4}(8.76^2+10.72^2+9.68^2+9.24^2)-CT=0.5240$$

④ 급내변동 $S_e=S_T-S_A=0.76260-0.524=0.2386$

⑤ $\nu_T=lr-1=16-1=15$, $\nu_A=l-1=4-1=3$,

$\nu_e=\nu_T-\nu_A=15-3=12$

⑥ $V_A=\dfrac{S_A}{\nu_A}=\dfrac{0.5240}{3}=0.17467$, $V_e=\sigma_e^2=\dfrac{S_e}{\nu_e}=\dfrac{0.2368}{12}=0.01988$

⑦ $F_0=\dfrac{V_A}{V_e}=\dfrac{0.17467}{0.01988}=8.78622$

(5) 불편분산의 기대치($E(V)$)

$E(V_A)=\sigma_e^2+r\sigma_A^2=\sigma_e^2+4\sigma_A^2$

$E(V_e)=\sigma_e^2$

(6) 순변동과 기여율

$S_A'=S_A-\nu_A V_e=0.5240-3\times0.01988=0.46436$

$$\rho_A = \frac{S_A'}{S_T} \times 100 = \frac{0.46436}{0.76260} \times 100 = 60.89169(\%)$$

$$S_e' = S_T - S_A' = 0.7626 - 0.46436 = 0.29824$$

$$\rho_e = \frac{S_e'}{S_T} \times 100 = \frac{0.29824}{0.76260} \times 100 = 39.10831(\%)$$

(7) 최소유의차 검정

	A_1	A_2	A_3	A_4
A_1	−	$\lvert\bar{x}_{1\cdot} - \bar{x}_{2\cdot}\rvert = 0.49^*$	$\lvert\bar{x}_{1\cdot} - \bar{x}_{3\cdot}\rvert = 0.23^*$	$\lvert\bar{x}_{1\cdot} - \bar{x}_{4\cdot}\rvert = 0.12$
A_2	−	−	$\lvert\bar{x}_{2\cdot} - \bar{x}_{3\cdot}\rvert = 0.26^*$	$\lvert\bar{x}_{2\cdot} - \bar{x}_{4\cdot}\rvert = 0.37^*$
A_3	−	−	−	$\lvert\bar{x}_{3\cdot} - \bar{x}_{4\cdot}\rvert = 0.11$
A_4	−	−	−	−

$$LSD = t_{1-\alpha/2}(\nu_e)\sqrt{\frac{2V_e}{r}} = t_{0.975}(12)\sqrt{\frac{2 \times 0.01988}{4}} = 2.179\sqrt{\frac{0.03976}{4}} = 0.21725$$

(A_1과 A_2), (A_1과 A_3), (A_2와 A_3), (A_2와 A_4) 간에는 마모도가 유의수준 $\alpha = 0.05$에서 유의차가 있다고 할 수 있다.

(8) 변량요인

(9) 데이터의 구조식(변량요인)

데이터 구조식	$x_{ij} = \mu + a_i + e_{ij}$
A_i 수준의 평균	$\bar{x}_{i\cdot} = \mu + a_i + \bar{e}_{i\cdot}$
총평균	$\bar{\bar{x}} = \mu + \bar{a} + \bar{\bar{e}}$

(10) $\widehat{\sigma_A^2} = \dfrac{V_A - V_e}{r} = \dfrac{0.17467 - 0.01988}{4} = 0.03870$

(11) ① σ_e^2의 점추정치 $\widehat{\sigma_e^2} = V_e = 0.01988$

② σ_e^2의 95% 신뢰구간

$$\frac{S_e}{\chi^2_{1-\alpha/2}(\nu_e)} \le \sigma_e^2 \le \frac{S_e}{\chi^2_{\alpha/2}(\nu_e)}$$

$$\frac{0.2386}{\chi^2_{0.975}(12)} \le \sigma_e^2 \le \frac{0.2386}{\chi^2_{0.025}(12)}$$

$$\frac{0.2386}{23.3} \le \sigma_e^2 \le \frac{0.2386}{4.40}$$

$$0.01024 \le \sigma_e^2 \le 0.05423$$

(12) $\hat{\mu}(A_i)$는 망소특성이다. A_i의 각 수준의 평균값 중 가장 작은 값이 최적수준이 된다. 따라서 최적수준은 A_1이다.

(13) $\bar{x}_{i\cdot} \pm t_{1-\alpha/2}(\nu_e)\sqrt{\dfrac{V_e}{r}} = \bar{x}_{1\cdot} \pm t_{0.975}(12)\sqrt{\dfrac{0.01988}{4}}$

$$= 2.19 \pm 2.179 \times \sqrt{\frac{0.01988}{4}}$$

$2.03638 \leq \mu(A_1) \leq 2.34362$

(14) A_1과 A_2간의 모평균차의 95% 신뢰구간

$$(\bar{x}_{i\cdot} - \bar{x}'_{i\cdot}) \pm t_{1-\alpha/2}(\nu_e)\sqrt{\frac{2V_e}{r}} = (\bar{x}_{1\cdot} - \bar{x}_{2\cdot}) \pm t_{0.975}(12)\sqrt{\frac{2V_e}{r}}$$

$$= (2.19 - 2.68) \pm 2.179\sqrt{\frac{2 \times 0.01988}{4}}$$

$$= -0.70725 \sim -0.27275$$

02. 어느 화학약품 회사에서 매년 수백 개의 배치(batch)를 정제하여 순도가 높은 화학약품을 만든다. 이제 수백 개의 배치중에서 5개의 배치를 랜덤하게 선택하고 선택된 배치에서 3개씩의 시료를 채취하여 순도를 측정한 결과 다음과 같은 결과를 얻었다.

화학약품의 순도 데이터($X_{ij} = x_{ij} - 75$)

배치	1	-1	1	0
	2	-7	-4	-3
	3	0	2	2
	4	-3	-1	-2
	5	4	6	4

(1) 분산분석표를 작성하시오.

(2) 순변동을 구하시오.

(3) 기여율을 구하시오.

(4) $\widehat{\sigma_A^2}$ 을 구하시오.

해답

배치	1	74	76	75
	2	68	71	72
	3	75	77	77
	4	72	74	73
	5	79	81	79

(1) 분산분석표

요인	제곱합 (SS)	자유도 (ν)	평균제곱(V)	F_0	$F_{0.95}$	$F_{0.99}$	$E(V)$
A	147.73333	4	36.93333	20.51852**	3.48	5.99	$\sigma_e^2+3\sigma_A^2$
e	18	10	1.8				σ_e^2
T	165.73333	14					

① 총변동

$$S_T=\sum_i\sum_j X_{ij}^2-CT=[(-1)^2+1^2+\cdots+4^2]-\frac{(-2)^2}{15}=165.73333$$

② 급간변동

$$S_A=\sum_i\frac{T_{i\cdot}^2}{r}-CT=\frac{1}{3}[0^2+(-14)^2+4^2+(-6)^2+14^2]-\frac{(-2)^2}{15}$$
$$=147.73333$$

③ 급내변동

$$S_e=S_T-S_A=165.73333-147.73333=18$$

④ $\nu_T=lr-1=15-1=14,\ \nu_A=l-1=5-1=4,$

$\nu_e=\nu_T-\nu_A=14-4=10$

⑤ $V_A=\dfrac{S_A}{\nu_A}=\dfrac{147.73333}{4}=36.93333,\qquad V_e=\dfrac{S_e}{\nu_e}=\dfrac{18}{10}=1.8$

⑥ $F_0=\dfrac{V_A}{V_e}=\dfrac{36.93333}{1.8}=20.51852$

⑦ $E(V_A)=\sigma_e^2+r\sigma_A^2=\sigma_e^2+3\sigma_A^2,\qquad E(V_e)=\sigma_e^2$

(2) $S_A'=S_A-\nu_A V_e=147.73333-4\times1.8=140.53333$

$S_e'=S_T-S_A'=165.73333-140.53333=25.2$

(3) $\rho_A=\dfrac{S_A'}{S_T}\times100=\dfrac{140.53333}{165.73333}\times100=84.79485(\%)$

$\rho_e=\dfrac{S_e'}{S_T}\times100=\dfrac{25.2}{165.73333}\times100=15.20515(\%)$

(4) $\widehat{\sigma_A^2}=\dfrac{V_A-V_e}{r}=\dfrac{36.93333-1.8}{3}=11.71111$

03. 어떤 화학약품의 합성공정이 있다. 반응온도 4종류(A_1 : 80℃, A_2 : 90℃, A_3 : 100℃, A_4 : 110℃)를 요인으로 취하여 수율(%)을 높이기 위한 실험을 행하였다. 실험은 각 온도에서 3회씩 반복하여 행하고, 또한 12번의 실험은 랜덤한 순서로 행했다. 그 결과 다음과 같은 데이터를 얻었다.

$$X_{ij} = (x_{ij} - 90) \times 10$$

반복	요인의 수준			
	A_1 : 80℃	A_2 : 90℃	A_3 : 100℃	A_4 : 110℃
1	1	−2	16	13
2	0	5	14	0
3	−5	8	11	6
$T_{i\cdot}$	−4	11	41	19
$T_{i\cdot}^2$	16	121	1681	361

(1) 분산분석표를 작성하시오.

(2) 유의수준 α에서 분산분석표에 의한 $F-$검정을 행하시오.

해답 (1) 분산분석표

요인	변동	자유도	평균제곱	F_0	$F_{0.95}$	$F_{0.99}$
A	3.52250	3	1.17417	5.50401*	4.07	7.59
e	1.70667	8	0.21333			
T	5.22917	11				

① 총변동 $S_T = \left(\sum_i \sum_j X_{ij}^2 - CT\right) \times \frac{1}{10^2} = \left(897 - \frac{67^2}{12}\right) \times \frac{1}{10^2} = 5.22917$

② 급간변동

$$S_A = \left(\sum_i \frac{T_{i\cdot}^2}{r} - CT\right) \times \frac{1}{10^2} = \left(\frac{1}{3}[(-4)^2 + 11^2 + 41^2 + 19^2] - \frac{67^2}{12}\right) \times \frac{1}{10^2}$$
$$= 3.52250$$

③ 급내변동 $S_e = S_T - S_A = 5.22917 - 3.52250 = 1.70667$

④ $\nu_T = lr - 1 = 12 - 1 = 11$, $\nu_A = l - 1 = 4 - 1 = 3$, $\nu_e = \nu_T - \nu_A = 11 - 3 = 8$

⑤ $V_A = \frac{S_A}{\nu_A} = \frac{3.52250}{3} = 1.17417$, $V_e = \frac{S_e}{\nu_e} = \frac{1.70667}{8} = 0.21333$

⑥ $F_0 = \frac{V_A}{V_e} = \frac{1.17417}{0.21333} = 5.50401$

(2) $F_0 = 5.50401 > F_{0.95}(3, 8) = 4.07$이므로 유의수준 5%로 유의차가 있다.

04. 반복 2회의 2수준 1요인 실험에서 각 수준에서의 특성값들의 합계가 15, 25이다. 요인 A에 의한 변동은 얼마인가?

해답 $S_A = \sum_i \frac{T_{i\cdot}^2}{r} - CT = \frac{1}{2}(15^2 + 25^2) - \frac{(15+25)^2}{2\times 2} = 25$

05. 3개의 서로 다른 형태의 유리관에 대해서 각 유리관 형태에서 8개를 랜덤하게 선택하여 cathode warm-up time(초)을 랜덤한 순서로 측정하여 얻은 실험자료가 다음과 같다.

유리관 형태									
	A_1	19	20	23	20	26	18	18	35
	A_2	20	20	32	27	40	24	22	18
	A_3	16	15	18	26	19	17	19	18

(1) 분산분석표를 작성하시오.

(2) A_2의 모평균에 대한 95% 신뢰구간을 구하시오.

(3) 유의수준 $\alpha = 0.05$에서 최소유의차(LSD)를 구하시오. 실험결과를 얻기 전에 유리관 형태 A_1과 A_2의 비교에 관심이 있는 경우에 차이가 있다고 판단하는가?

해답 (1) 분산분석표

요인	제곱합(SS)	자유도(ν)	평균제곱(V)	F_0	$F_{0.95}$
A	190.08333	2	95.04167	2.86044	3.39
e	697.75000	21	33.22619		
T	887.83333	23			

① 수정항 $CT = \frac{T^2}{N} = \frac{(530)^2}{24} = 11,704.16667$

② 총변동 $S_T = \sum_i \sum_j x_{ij}^2 - CT = (19^2 + 20^2 + \cdots + 18^2) - \frac{(530)^2}{24} = 887.83333$

③ 급간변동 $S_A = \sum_i \frac{T_{i\cdot}^2}{r} - CT = \frac{1}{8}(179^2 + 203^2 + 148^2) - \frac{(530)^2}{24} = 190.08333$

④ 급내변동 $S_e = S_T - S_A = 887.83333 - 190.08333 = 697.75000$

⑤ $\nu_T = lr - 1 = 24 - 1 = 23$, $\nu_A = l - 1 = 3 - 1 = 2$, $\nu_e = \nu_T - \nu_A = 21$

⑥ $V_A = \frac{S_A}{\nu_A} = \frac{190.08333}{2} = 95.04167$, $V_e = \frac{S_e}{\nu_e} = \frac{697.75000}{21} = 33.22619$

⑦ $F_0 = \frac{V_A}{V_e} = \frac{95.04167}{33.22619} = 2.86044$

(2) $\bar{x}_{i\cdot} \pm t_{1-\alpha/2}(\nu_e)\sqrt{\frac{V_e}{r}} = \bar{x}_{2\cdot} \pm t_{0.975}(21)\sqrt{\frac{33.22619}{8}}$

$$= \frac{203}{8} \pm 2.080 \times \sqrt{\frac{33.22619}{8}}$$

$21.13605 \le \mu(A_2) \le 29.61395$

(3) $LSD = t_{1-\frac{\alpha}{2}}(\nu_e)\sqrt{\frac{2V_e}{r}} = t_{0.975}(21)\sqrt{\frac{2 \times 33.22619}{8}} = 2.080 \times \sqrt{\frac{66.45238}{8}}$

$$= 5.994785$$

$|\bar{x}_{1\cdot} - \bar{x}_{1\cdot}| = 3.0 < 5.994785$ 이므로 차이가 있다고 할 수 없다.

06. 교습방법에 따라서 학생들의 성취도가 달라지는가를 조사하기 위해서 30명의 학생을 다음의 5개의 그룹에 각각 6명씩 랜덤하게 할당하였다.

처리	교습방법의 묘사
1	현재의 교재
2	선생님과 교재 A
3	기계와 교재 A
4	선생님과 교재 B
5	기계와 교재 B

처리변동=340, 총변동=465

(1) 구조모형과 검정할 가설을 세우시오.

(2) 분산분석표를 작성하고 유의수준 α =0.05에서 처리효과가 있는지를 검정하시오.

해답 (1) $x_{ij} = \mu + a_i + e_{ij}$

H_0: $a_1 = a_2 = \cdots = a_5 = 0$

H_1: a_i는 모두 0인 것은 아니다.

(2) 분산분석표

요인	변동	자유도	평균제곱	F_0	$F_{0.95}$
A	340	4	85	17^*	2.76
e	125	25	5		
T	465	29			

$F_0 = 17 > F_{1-\alpha}(\nu_A, \nu_e) = F_{0.95}(4, 25) = 2.76$ 이므로 $\alpha = 0.05$로 교수방법에 따라 학생들의 성취도가 다르다고 할 수 있다.

07. 어떤 직물의 가공 시 처리액의 농도 A를 요인으로 하여 $A_1=3.0\%$, $A_2=3.3\%$, $A_3=3.6\%$, $A_4=3.9\%$, $A_5=4.2\%$에서 반복 각 4회, 총 20회를 랜덤하게 하여 처리한 후의 인장강도를 측정하였다. 그런데 A_4수준의 4번째 실험은 실패하여 데이터를 얻지 못하였다.

A_1	A_2	A_3	A_4	A_5
46.8	51.2	50.2	20.8	30.2
58.0	62.4	39.8	41.8	25.8
51.4	58.5	45.2	45.5	32.4
56.5	61.9	48.8	–	29.2

(1) 분산분석표를 작성하시오.
(2) 최적수준에 대한 95% 신뢰구간을 구하시오.

해답 (1) 1요인실험은 결측치를 무시하고 그대로 분석한다.

요인	SS	DF	MS	F_0	$F_{0.95}$	$F_{0.99}$
A	2,214.86268	4	553.71567	12.91327**	3.11	5.04
e	600.31416	14	42.87958			
T	2,815.17684	18				

요인 A가 유의수준 1%로 매우 유의하다.

① $CT=\dfrac{T^2}{N}=\dfrac{(856.4)^2}{19}=38,601.10316$

② $S_T=\sum_i\sum_j x_{ij}^2-CT=41,416.28-\dfrac{(856.4)^2}{19}=2,815.17684$

③ $S_A=\sum_i\dfrac{T_{i\cdot}^2}{m}-CT=\dfrac{212.7^2}{4}+\dfrac{234^2}{4}+\dfrac{184^2}{4}+\dfrac{108.1^2}{3}+\dfrac{117.6^2}{4}-\dfrac{(856.4)^2}{19}$

$=2,214.86268$

④ $S_e=S_T-S_A=2,815.17684-2,214.86268=600.31416$

⑤ $\nu_T=lm-1-1=18,\ \nu_A=l-1=5-1=4,\ \nu_e=\nu_T-\nu_A=18-4=14$

⑥ $V_A=\dfrac{S_A}{\nu_A}=\dfrac{2,214.86268}{4}=553.71567$

$V_e=\dfrac{S_e}{\nu_e}=\dfrac{600.31416}{14}=42.87958$

⑦ $F_0(A)=\dfrac{V_A}{V_e}=\dfrac{553.71567}{42.87958}=12.91327$

(2) 망대특성이므로 최적의 수준은 A_2이다.

$$\bar{x}_{2\cdot} \pm t_{1-\alpha/2}(\nu_e)\sqrt{\frac{V_e}{r_i}} = \frac{234}{4} \pm t_{0.975}(14)\sqrt{\frac{42.87958}{4}}$$

$$= 58.5 \pm 2.145 \times \sqrt{\frac{42.87958}{4}} = (51.47700,\ 65.52300)$$

08. 3개의 처리를 갖는 1요인실험의 완전 랜덤화 설계법의 실험 결과 다음과 같은 자료를 얻었다.

처리 1	19	18	21	18		
처리 2	16	11	13	14	11	
처리 3	13	16	28	11	15	11

(1) 제곱합을 계산하고 분산분석표를 작성하시오.

(2) A_2 수준에서의 모평균 $\mu(A_2)$의 95% 신뢰구간을 구하시오.

(3) $\mu(A_1)$과 $\mu(A_3)$의 평균치 차를 신뢰율 95%로 검정하시오.

(4) 오차분산 σ_E^2의 점추정치와 90% 신뢰구간을 구하시오.

해답 (1) 분산분석표

요인	제곱합(SS)	자유도(ν)	평균제곱(V)	F_0	$F_{0.95}$
A	80	2	40	2.11144	3.89
e	227.33333	12	18.94444		
T	307.33333	14			

① 수정항 $CT = \dfrac{(235)^2}{15} = 3{,}681.66667$

② 총변동 $S_T = \sum_i \sum_j x_{ij}^2 - CT = (19^2 + 18^2 + \cdots + 11^2) - \dfrac{(235)^2}{15} = 307.33333$

③ 급간변동 $S_A = \sum_i \dfrac{T_{i\cdot}^2}{r} - CT = \left(\dfrac{76^2}{4} + \dfrac{65^2}{5} + \dfrac{94^2}{6}\right) - \dfrac{235^2}{15} = 80.00000$

④ 급내변동 $S_e = S_T - S_A = 307.33333 - 80 = 227.33333$

⑤ $\nu_T = 15 - 1 = 14,\ \nu_A = l - 1 = 3 - 1 = 2,\ \nu_e = \nu_T - \nu_A = 12$

⑥ $V_A = \dfrac{S_A}{\nu_A} = \dfrac{80}{2} = 40,\ V_e = \dfrac{S_e}{\nu_e} = \dfrac{227.33333}{12} = 18.94444$

⑦ $F_0 = \dfrac{V_A}{V_e} = \dfrac{40}{18.94444} = 2.11144$

(2) $\bar{x}_{2\cdot} \pm t_{1-\alpha/2}(\nu_e)\sqrt{\frac{V_e}{r_i}} = \frac{65}{5} \pm t_{0.975}(12)\sqrt{\frac{18.94444}{5}}$

$$= 13 \pm 2.179 \times \sqrt{\frac{18.94444}{5}} = (8.75856,\ 17.24144)$$

(3) $|\bar{x}_{i\cdot} - \bar{x}'_{i\cdot}| = |\bar{x}_{1\cdot} - \bar{x}_{3\cdot}| = 19 - 15.66667 = 3.33333$

$$LSD = t_{1-\frac{\alpha}{2}}(\nu_e)\sqrt{V_e\left(\frac{1}{r_i} + \frac{1}{r_i'}\right)} = t_{0.975}(12)\sqrt{18.94444\left(\frac{1}{4} + \frac{1}{6}\right)} = 6.12199$$

$|\bar{x}_{1\cdot} - \bar{x}_{3\cdot}| = 3.33333 < 6.12199$ 이므로 차이가 있다고 할 수 없다.

(4) ① σ_e^2 의 점추정치 $\widehat{\sigma_e^2} = V_e = 18.94444$

② σ_e^2 의 90% 신뢰구간

$$\frac{S_e}{\chi^2_{1-\alpha/2}(\nu_e)} \le \sigma_e^2 \le \frac{S_e}{\chi^2_{\alpha/2}(\nu_e)}$$

$$\frac{227.33333}{\chi^2_{0.95}(12)} \le \sigma_e^2 \le \frac{227.33333}{\chi^2_{0.05}(12)}$$

$$\frac{227.3333}{21.03} \le \sigma_e^2 \le \frac{227.3333}{5.23}$$

$$10.80995 \le \sigma_e^2 \le 43.46718$$

09. 방직회사에서는 수많은 직조기를 설치하여 직물을 생산한다. 그리고 공정관리자는 직조기가 균일하여 생산된 직물들이 일정한 강도를 유지하기 바란다. 그런데 공정관리를 하다보니, 동일제조기에서 생산된 직물간의 강도 변동뿐 아니라, 직조기간에도 상당한 강도변동이 있다고 의심되어진다. 이를 조사하기 위하여, 직조기 4대를 랜덤으로 선정하여, 각 직조기마다 생산된 직물에 대하여 4회의 강도 측정을 하였다. 데이터는 다음과 같다.

직조기	1	2	3	4
직물 강도	98	91	96	95
	97	90	95	96
	99	93	97	99
	96	92	95	98

(1) 분산분석표를 작성하시오.

(2) 만약 직조기에 따라 차이가 있다면, 총분산 중 직조기 차이에 기인하는 분산이 차지하는 비율을 추정하시오.

해답 (1) 분산분석표

요인	변동	자유도	평균제곱	F_0	$F_{0.95}$	$F_{0.99}$
A	89.18750	3	29.72917	15.68135**	3.49	5.95
e	22.750	12	1.89583			
T	111.9375	15				

① 수정항 $CT = \frac{(1,527)^2}{16} = 145,733.06250$

② 총변동 $S_T = \sum_i \sum_j x_{ij}^2 - CT = (98^2 + 91^2 + \cdots + 98^2) - \frac{1,527^2}{16} = 111.93750$

③ 급간변동 $S_A = \sum_i \frac{T_{i\cdot}^2}{r} - CT = \frac{1}{4}(390^2 + 366^2 + 383^2 + 388^2) - \frac{1,527^2}{16}$

$= 89.18750$

④ 급내변동 $S_e = S_T - S_A = 111.93750 - 89.18750 = 22.750$

⑤ $\nu_T = lr - 1 = 16 - 1 = 15$, $\nu_A = l - 1 = 4 - 1 = 3$, $\nu_e = \nu_T - \nu_A = 12$

⑥ $V_A = \frac{S_A}{\nu_A} = \frac{89.18750}{3} = 29.72917$, $V_e = \frac{S_e}{\nu_e} = \frac{22.750}{12} = 1.89583$

⑦ $F_0 = \frac{V_A}{V_e} = \frac{29.72917}{1.89583} = 15.68135$

(2) $\hat{\sigma}_e^2 (= V_e) = 1.89583$

$\hat{\sigma}_A^2 = \frac{(V_A - V_e)}{r} = \frac{(29.72917 - 1.89583)}{4} = 6.95834$

총분산 중 직조기 차이에 기인하는 분산 비율

$\hat{\rho} = \frac{6.95834}{6.95834 + 1.89583} \times 100\% = 78.58828(\%)$

10. 어떤 화학공정의 수율(%)을 상승시킬 목적으로 촉매의 첨가량을 1.0%, 1.5%, 2.0%, 2.5%로 바꾸어 각각 3회씩 실험한 결과와 이를 분산분석한 결과는 다음과 같다.

수준 \ 실험횟수	1	2	3
A_1	84.3	83.9	84.2
A_2	87.3	86.8	87.2
A_3	89.5	89.8	90.1
A_4	92.0	93.1	92.8

요인	SS	DF	MS	F_0	$F_{0.99}$
A	119.33	3	39.78	303.66**	7.59
e	1.05	8	0.131		
T	120.38	11			

(1) A_1 수준에서 수율의 95% 신뢰구간을 구하시오.

(2) A_2 수준에서 수율의 95% 신뢰구간을 구하시오.

(3) 현재 사용되고 있는 촉매의 첨가량은 A_1(1%)이다. 촉매의 첨가량을 1% 증가시켜 사용하려면 경제적인 면을 고려할 때 수율이 4%는 증가하여야 한다. 이런 경우에 촉매의 첨가량을 1% 증가시키는 것이 바람직한가? 그 이유를 설명하시오.

해답 (1) A_1수준의 95% 신뢰구간

$$\overline{x}_{i\cdot} \pm t_{1-\alpha/2}(\nu_e)\sqrt{\frac{V_e}{r}} = \overline{x}_{1\cdot} \pm t_{0.975}(8)\sqrt{\frac{0.131}{3}}$$

$$= 84.13333 \pm 2.306 \times \sqrt{\frac{0.131}{3}}$$

$$83.65146 \le \mu(A_1) \le 84.61520$$

(2) A_2수준의 95% 신뢰구간

$$\overline{x}_{i\cdot} \pm t_{1-\alpha/2}(\nu_e)\sqrt{\frac{V_e}{r}} = \overline{x}_{2\cdot} \pm t_{0.975}(8)\sqrt{\frac{0.131}{3}} = 87.10 \pm 2.306 \times \sqrt{\frac{0.131}{3}}$$

$$86.61813 \le \mu(A_2) \le 87.58187$$

(3) ① $A_1(1.0\%)$과 촉매량을 1% 증가시킨 $A_3(2.0\%)$와의 차이 추정

$$(\overline{x}_{i\cdot} - \overline{x}'_{i\cdot}) \pm t_{1-\alpha/2}(\nu_e)\sqrt{\frac{2V_e}{r}} = (\overline{x}_{3\cdot} - \overline{x}_{1\cdot}) \pm t_{0.975}(8)\sqrt{\frac{2V_e}{r}}$$

$$= (89.80 - 84.13333) \pm 2.306\sqrt{\frac{2 \times 0.131}{3}}$$

$$= 4.98520 \sim 6.34814$$

② 촉매의 첨가량을 1% 증가시킬 경우 수율이 4.98520~6.34814% 증가하므로 경제적인 면에서 요구되는 수율 증가율 4%보다 크다. 따라서 촉매의 첨가량을 1% 증가시키는 것이 바람직하다.

11. 어떤 부품에 대하여 다수의 로트에서 3로트 A_1, A_2, A_3를 골라 각 로트에서 랜덤하게 7개씩 추출하여 그 치수를 측정한 결과 다음과 같다. 물음에 답하시오. ($\alpha = 0.05$)

반복 \ 로트	A_1	A_2	A_3
1	13.9	13.8	14.0
2	14.1	13.8	14.4
3	14.0	14.0	14.5
4	14.3	14.0	14.2
5	14.2	13.9	14.3
6	14.2	13.9	14.5
7	14.4	13.7	14.4

(1) 데이터의 구조식을 적으시오.

(2) 요인 A는 모수요인인가, 변량요인인가?

(3) 로트간 부품치수의 차이가 있다고 할 수 있는지 분산분석표를 작성하고 검정하시오. ($E(V)$ 포함)

(4) 로트 간의 산포 σ_A^2의 점추정치를 구하시오.

(5) 로트 내의 산포 σ_e^2의 점추정치와 95% 신뢰구간을 구하시오.

해답 (1) $x_{ij} = \mu + a_i + e_{ij}$

(2) 변량요인

(3) 분산분석표

요인	S	ν	V	F_0	$F_{0.95}$	$F_{0.99}$	$E(V)$
A	0.74667	2	0.37334	15.07835**	3.49	5.85	$\sigma_e^2 + 7\sigma_A^2$
e	0.44571	18	0.02476				σ_e^2
T	1.19238	20					

① $CT = \dfrac{T^2}{lr} = \dfrac{296.5^2}{21} = 4{,}186.29762$

② $S_T = \sum\sum x_{ij}^2 - CT = 4{,}187.49 - \dfrac{296.5^2}{21} = 1.19238$

③ $S_A = \dfrac{\sum T_{i\cdot}^2}{r} - CT = \dfrac{1}{7}(99.1^2 + 97.1^2 + 100.3^2) - \dfrac{296.5^2}{21} = 0.74667$

④ $S_e = S_T - S_A = 0.44571$

⑤ $\nu_T = lr - 1 = 20$, $\nu_A = l - 1 = 2$, $\nu_e = l(r-1) = 18$

⑥ $V_A = \dfrac{S_A}{\nu_A} = \dfrac{0.74667}{2} = 0.37334$

⑦ $V_e = \frac{S_e}{\nu_e} = \frac{0.44571}{18} = 0.02476$

⑧ $F_0 = \frac{V_A}{V_e} = \frac{0.37334}{0.02476} = 15.07835 > F_{0.99} = 6.01$ 이므로 로트간 부품치수에 차이가 있다.

(4) $\hat{\sigma}_A^2 = \frac{V_A - V_e}{r} = \frac{0.37334 - 0.02476}{7} = 0.04980$

(5) ① σ_e^2의 점추정치 $\hat{\sigma}_e^2 = V_e = 0.02476$

② σ_e^2의 95% 신뢰구간

$$\frac{S_e}{\chi^2_{1-\alpha/2}(\nu_e)} \le \sigma_e^2 \le \frac{S_e}{\chi^2_{\alpha/2}(\nu_e)}$$

$$\frac{0.44571}{\chi^2_{0.975}(18)} \le \sigma_e^2 \le \frac{0.44571}{\chi^2_{0.025}(18)}$$

$$\frac{0.44571}{31.53} \le \sigma_e^2 \le \frac{0.44571}{8.23}$$

$$0.01414 \le \sigma_e^2 \le 0.05416$$

12. 요인 A에 대하여 각각 4회 실험을 실시하였으나 결측치가 발생한 결과의 데이터이다. 요인 A의 제곱합을 구하시오.

A_1	A_2	A_3
10	14	12
5	18	15
8	15	
12		

해답 $S_A = \frac{35^2}{4} + \frac{47^2}{3} + \frac{27^2}{2} - \frac{109^2}{9} = 86.97222$

13. 1요인실험의 분산분석법에서 수준수 $k=4$, 반복횟수 $n=5$, 총변동 $S_T = 14.16$, 급간변동 $S_A = 10.10$, 오차변동 $S_E = 4.06$일 때 검정통계량 F_0의 값은 얼마인가?

해답 $F_0 = \frac{V_A}{V_E} = \frac{\frac{S_A}{\nu_A}}{\frac{S_E}{\nu_E}} = \frac{\left(\frac{10.10}{3}\right)}{\left(\frac{4.06}{16}\right)} = 13.26765$

14. 다음과 같은 1요인실험의 분산분석표가 있다. μ_{A_1}의 95% 신뢰구간을 구하시오. (단, $\hat{\mu}_{A_1} = 98.25$ 이다.)

요인	SS	DF	MS
A	15	3	5
e	6	12	0.5
T	21	15	

해답 $\hat{\mu}_{A_1} \pm t_{1-\alpha/2}(\nu_e)\sqrt{\dfrac{V_e}{r}} = 98.25 \pm t_{0.975}(12)\sqrt{\dfrac{0.5}{4}} = 98.25 \pm 2.179 \times \sqrt{\dfrac{0.5}{4}}$

$97.47961 \le \hat{\mu}_{A_1} \le 99.02039$

15. 다음의 분산분석표를 보고 물음에 답하시오.

요인	SS	DF
A	173.16	3
e	2.4	12
T	175.56	15

(1) 요인 A의 기여율을 구하시오.
(2) 오차의 기여율을 구하시오.

해답 (1) 요인 A의 기여율

① A의 순변동 $S_A' = S_A - \nu_A V_e = 173.16 - 3 \times \dfrac{2.4}{12} = 172.56$

② A의 기여율 $\rho_A = \dfrac{S_A'}{S_T} \times 100 = \dfrac{172.56}{175.56} \times 100 = 98.29118(\%)$

(2) 오차의 기여율

① 오차의 순변동 $S_e' = S_T - S_A' = 175.56 - 172.56 = 3$

② 오차의 기여율 $\rho_e = \dfrac{S_e'}{S_T} \times 100 = \dfrac{3}{175.56} \times 100 = 1.70882(\%)$

3 2요인실험

3-1 반복 없는 2요인실험 (A, B 모두 모수요인인 경우)

(1) 데이터의 구조

2요인실험 데이터 구조

요인B \ 요인A	A_1	A_2	$\cdots$	A_l
B_1	x_{11}	x_{21}	$\cdots$	x_{l1}
B_2	x_{12}	x_{22}	$\cdots$	x_{l2}
$\vdots$	$\vdots$			
B_m	x_{1m}	x_{2m}	$\cdots$	x_{lm}

① 데이터 구조식

$$x_{ij} = \mu + a_i + b_j + e_{ij}$$

$$\overline{x}_{i\cdot} = \mu + a_i + \overline{e}_{i\cdot}$$

$$\overline{x}_{\cdot j} = \mu + b_j + \overline{e}_{\cdot j}$$

$$\overline{\overline{x}} = \mu + \overline{\overline{e}}$$

(2) 분산분석

2요인실험의 분산분석표(반복 없는 경우)

요인	SS	DF	MS	$E(MS)$	F_0	$F_{1-\alpha}$	S'	ρ
A	S_A	$\nu_A=l-1$	V_A	$\sigma_e^2+m\sigma_A^2$	V_A/V_e	$F_{1-\alpha}(\nu_A, \nu_e)$	$S_A'=S_A-\nu_A V_e$	$(S_A'/S_T)\times 100\%$
B	S_B	$\nu_B=m-1$	V_B	$\sigma_e^2+l\sigma_B^2$	V_B/V_e	$F_{1-\alpha}(\nu_B, \nu_e)$	$S_B'=S_B-\nu_B V_e$	$(S_B'/S_T)\times 100\%$
e	S_e	$\nu_e=(l-1)(m-1)$	V_e	σ_e^2			$S_e'=S_T-S_A'-S_B'$	$(S_e'/S_T)\times 100\%$
T	S_T	$\nu_T=lm-1$					S_T	$100(\%)$

$$S_A=\sum\frac{T_{i\cdot}^2}{m}-CT$$

$$S_B=\sum\frac{T_{\cdot j}^2}{l}-CT$$

$$S_e=S_T-S_A-S_B$$

(3) 분산분석 후의 추정

① 모평균의 추정

㉠ 점추정

$$\hat{\mu}(A_i)=\overline{x}_{i\cdot}$$

$$\hat{\mu}(B_j)=\overline{x}_{\cdot j}$$

㉡ 구간추정

$$\overline{x}_{i\cdot}\pm t_{1-\alpha/2}(\nu_e)\sqrt{\frac{V_e}{m}}=\overline{x}_{\cdot j}\pm t_{1-\alpha/2}(\nu_e)\sqrt{\frac{V_e}{l}}$$

(l : A의 수준수, m : B의 수준수)

② $\mu(A_iB_j)$의 추정

㉠ 점추정 : $\hat{\mu}(A_iB_j)=\overline{x}_{i\cdot}+\overline{x}_{\cdot j}-\overline{\overline{x}}$

㉡ 구간추정 : $(\overline{x}_{i\cdot}+\overline{x}_{\cdot j}-\overline{\overline{x}})\pm t_{1-\alpha/2}(\nu_e)\sqrt{\frac{V_e}{n_e}}$

③ 유효반복수(n_e)

$$n_e=\frac{\text{총실험횟수}}{\text{유의한 요인의 자유도 합}+1}=\frac{lm}{\nu_A+\nu_B+1}=\frac{lm}{l+m-1}$$

(4) 결측치의 추정(A_iB_j에 결측치 y가 있는 경우)

$$y = \frac{lT_{i\cdot}' + mT_{\cdot j}' - T'}{(l-1)(m-1)}$$

3-2 난괴법(혼합 모형)

데이터의 배열은 반복없는 2요인실험과 동일하고 변동, 자유도, 제곱평균의 기대치, 분산분석표 및 $F-$검정법 등도 차이가 없다. 분산분석 후의 추정에만 차이가 있다.

(1) 데이터의 구조

$$x_{ij} = \mu + a_i + b_j + e_{ij}$$

$$\overline{x}_{i\cdot} = \mu + a_i + \overline{b} + \overline{e}_{i\cdot}$$

$$\overline{x}_{\cdot j} = \mu + b_j + \overline{e}_{\cdot j}$$

$$\overline{\overline{x}} = \mu + \overline{b} + \overline{\overline{e}}$$

(2) σ_B^2 추정

$$\widehat{\sigma}_B^2 = \frac{V_B - V_e}{l} \quad (l : \text{요인 } A\text{의 수준수})$$

3-3 반복 있는 2요인실험 (A, B 모두 모수요인인 경우)

(1) 데이터의 구조

$$x_{ijk} = \mu + a_i + b_j + (ab)_{ij} + e_{ijk}$$

$$\overline{x}_{ij\cdot} = \mu + a_i + b_j + (ab)_{ij} + \overline{e}_{ij\cdot}$$

$$\overline{x}_{i} = \mu + a_i + \overline{e}_{i\cdot\cdot}$$

$$\overline{x}_{\cdot j\cdot} = \mu + b_j + \overline{e}_{\cdot j\cdot}$$

$$\overline{\overline{x}} = \mu + \overline{\overline{e}}$$

(2) 분산분석

요인	SS	DF	MS	$E(MS)$	F_0	$F_{1-\alpha}$
A	S_A	$l-1$	V_A	$\sigma_e^2 + mr\sigma_A^2$	V_A / V_e	$F_{1-\alpha}(\nu_A, \nu_e)$
B	S_B	$m-1$	V_B	$\sigma_e^2 + lr\sigma_B^2$	V_B / V_e	$F_{1-\alpha}(\nu_B, \nu_e)$
$A\times B$	$S_{A\times B}$	$(l-1)(m-1)$	$V_{A\times B}$	$\sigma_e^2 + r\sigma_{A\times B}^2$	$V_{A\times B} / V_e$	$F_{1-\alpha}(\nu_{A\times B}, \nu_e)$
e	S_e	$lm(r-1)$	V_e	σ_e^2		
T	S_T	$lmr-1$				

① $S_{A\times B} = S_{AB} - S_A - S_B$

② $S_{AB} = \sum_i \sum_j \frac{T_{ij\cdot}^2}{r} - CT$

③ $S_A' = S_A - \nu_A V_e$

④ $S_B' = S_B - \nu_B V_e$

⑤ $S_{A\times B}' = S_{A\times B} - \nu_{A\times B} V_e$

⑥ $S_e' = S_e + (\nu_A + \nu_B + \nu_{A\times B}) V_e$

⑦ $\rho_A = \frac{S_A'}{S_T} \times 100(\%)$

⑧ $\rho_B = \frac{S_B'}{S_T} \times 100(\%)$

⑨ $\rho_{A\times B} = \frac{S_{A\times B}'}{S_T} \times 100(\%)$

⑩ $\rho_e = \frac{S_e'}{S_T} \times 100(\%)$

(3) 분산분석 후의 추정

① 모평균의 추정

㉠ 점추정 : $\hat{\mu}(A_i) = \overline{x}_{i\cdot\cdot}$

$\hat{\mu}(B_i) = \overline{x}_{\cdot j\cdot}$

㉡ 구간추정 : $\overline{x}_{i\cdot\cdot} \pm t_{1-\alpha/2}(\nu_e)\sqrt{\dfrac{V_e}{mr}}$

$\overline{x}_{\cdot j\cdot} \pm t_{1-\alpha/2}(\nu_e)\sqrt{\dfrac{V_e}{lr}}$

(l : A의 수준수, m : B의 수준수, r : 반복수)

② $\mu(A_iB_j)$의 추정

㉠ 교호작용($A \times B$)이 무시되지 않는 경우 ($A \times B$가 유의한 경우)

ⓐ 점추정 : $\hat{\mu}(A_iB_j) = \overline{x}_{ij\cdot}$

ⓑ 구간추정 : $\overline{x}_{ij\cdot} \pm t_{1-\alpha/2}(\nu_e)\sqrt{\dfrac{V_e}{r}}$

㉡ 교호작용($A \times B$)이 무시되는 경우 ($A \times B$가 유의하지 않은 경우)

ⓐ 점추정 : $\hat{\mu}(A_iB_j) = \overline{x}_{i\cdot\cdot} + \overline{x}_{\cdot j\cdot} - \overline{\overline{x}}$

ⓑ 구간추정 : $(\overline{x}_{i\cdot\cdot} + \overline{x}_{\cdot j\cdot} - \overline{\overline{x}}) \pm t_{1-\alpha/2}(\nu_e')\sqrt{\dfrac{V_e'}{n_e}}$

$$\left(\text{단, } V_e' = \frac{S_e'}{\nu_e'} = \frac{S_{A\times B} + S_e}{\nu_{A\times B} + \nu_e},\right.$$

$$\left. n_e = \frac{\text{총실험횟수}}{\text{유의한 요인의 자유도의 합} + 1} = \frac{lmr}{l+m-1}\right)$$

3-4 반복 있는 2요인실험 (A는 모수요인이고 B는 랜덤요인인 경우)

(1) 데이터의 구조(A는 모수, B는 변량요인)

- $x_{ijk} = \mu + a_i + b_j + (ab)_{ij} + e_{ijk}$
- $\overline{x}_{ij\cdot} = \mu + a_i + b_j + (ab)_{ij} + \overline{e}_{ij\cdot}$
- $\overline{x}_{i\cdot\cdot} = \mu + a_i + \overline{b} + (\overline{ab})_{i\cdot} + \overline{e}_{i\cdot\cdot}$
- $\overline{x}_{\cdot j\cdot} = \mu + b_j + \overline{e}_{\cdot j\cdot}$
- $\overline{\overline{x}} = \mu + \overline{b} + \overline{\overline{e}}$

(2) 분산분석

요인	SS	DF	V	$E(MS)$	F_0	$F_{1-\alpha}$
A	$S_A = \sum \frac{T_{i\cdot\cdot}^2}{mr} - CT$	$\nu_A = l-1$	V_A	$\sigma_e^2 + r\sigma_{A\times B}^2 + mr\sigma_A^2$	$V_A / V_{A\times B}$	$F_{1-\alpha}(\nu_A, \nu_{A\times B})$
B	$S_B = \sum \frac{T_{\cdot j\cdot}^2}{lr} - CT$	$\nu_B = m-1$	V_B	$\sigma_e^2 + lr\sigma_B^2$	V_B / V_e	$F_{1-\alpha}(\nu_B, \nu_e)$
$A\times B$	$S_{A\times B} = S_{AB} - S_A - S_B$	$\nu_{A\times B} = (l-1)(m-1)$	$V_{A\times B}$	$\sigma_e^2 + r\sigma_{A\times B}^2$	$V_{A\times B} / V_e$	$F_{1-\alpha}(\nu_{A\times B}, \nu_e)$
e	$S_e = S_T - S_{AB}$	$\nu_e = lm(r-1)$	V_e	σ_e^2		
T	$S_T = \sum\sum\sum x_{ijk}^2 - CT$	$\nu_T = lmr-1$				

(3) 추후분석

$$\sigma_B^2 = \frac{V_B - V_e}{lr}$$

$$\sigma_{A\times B}^2 = \frac{V_{A\times B} - V_e}{r}$$

예상문제

2요인실험

01. 요인 A, B 모두 모수요인으로 A 3수준, B 4수준을 택하고 반복없는 2요인실험에서 다음의 분산분석표를 얻었다. 빈칸을 채우시오.

요인	제곱합	자유도	평균제곱	F_0	$E(MS)$
A	4.17	(②)	2.09	5.97	(⑥)
B	11.21	(③)	3.74	10.69	(⑦)
e	(①)	(④)	(⑤)		(⑧)
T	17.50				

(1) 분산분석표의 괄호에 알맞은 답을 답안지에 쓰시오.

(2) A_2B_3조의 모평균의 95% 신뢰구간을 구하기 위하여 유효반복수 n_e의 값은?

해답 (1) 반복없는 2요인실험

① $S_e = S_T - S_A - S_B = 17.50 - 4.17 - 11.21 = 2.12$

② $\nu_A = l - 1 = 3 - 1 = 2$

③ $\nu_B = m - 1 = 4 - 1 = 3$

④ $\nu_e = (l-1)(m-1) = (3-1)(4-1) = 6$

⑤ $V_e = \dfrac{S_e}{\nu_e} = \dfrac{2.12}{6} = 0.35$

⑥ $E(V_A) = \sigma_e^{\,2} + m\sigma_A^2 = \sigma_e^{\,2} + 4\sigma_A^2$

⑦ $E(V_B) = \sigma_e^{\,2} + l\sigma_B^2 = \sigma_e^{\,2} + 3\sigma_B^2$

⑧ $E(V_e) = \sigma_e^{\,2}$

(2) 유효반복수 n_e

$$n_e = \frac{\text{총실험횟수}}{\text{유의한 요인의 자유도의 합}+1} = \frac{lm}{\nu_A + \nu_B + 1} = \frac{3\times 4}{2+3+1} = 2$$

02. 요인 A, B 모두 고정요인(모수요인)이며, 반복이 있는 2요인실험에서 다음의 분산분석표를 얻었다. 빈칸을 채우시오.

요인	SS	DF	MS	F_0	$E(MS)$
A	(①)	3	(④)	(⑧)	(⑪)
B	26	3	(⑤)	(⑨)	(⑫)
$A\times B$	9.6	(②)	(⑥)	(⑩)	(⑬)
e	12	(③)	(⑦)		(⑭)
T	107.6	31			

해답 반복있는 2요인실험(A, B 모수)

① $S_A = S_T - S_B - S_{A\times B} - S_e = 107.6 - 26 - 9.6 - 12 = 60$

② $\nu_{A\times B} = (l-1)(m-1) = 3\times 3 = 9$

③ $\nu_e = \nu_T - \nu_A - \nu_B - \nu_{A\times B} = 31 - 3 - 3 - 9 = 16$

④ $V_A = \dfrac{S_A}{\nu_A} = \dfrac{60}{3} = 20$

⑤ $V_B = \dfrac{S_B}{\nu_B} = \dfrac{26}{3} = 8.66667$

⑥ $V_{A\times B} = \dfrac{S_{A\times B}}{\nu_{A\times B}} = \dfrac{9.6}{9} = 1.06667$

⑦ $V_e = \dfrac{S_e}{\nu_e} = \dfrac{12}{16} = 0.75$

⑧ $F_0(A) = \dfrac{V_A}{V_e} = \dfrac{20}{0.75} = 26.66667$

⑨ $F_0(B) = \dfrac{V_B}{V_e} = \dfrac{8.66667}{0.75} = 11.55556$

⑩ $F_0(A\times B) = \dfrac{V_{A\times B}}{V_e} = \dfrac{1.06667}{0.75} = 1.42223$

⑪ $E(V_A) = {\sigma_e}^2 + mr\sigma_A^2 = {\sigma_e}^2 + 8\sigma_A^2$

⑫ $E(V_B) = {\sigma_e}^2 + lr\sigma_B^2 = {\sigma_e}^2 + 8\sigma_B^2$

⑬ $E(V_{A\times B}) = {\sigma_e}^2 + r\sigma_{A\times B}^2 = {\sigma_e}^2 + 2\sigma_{A\times B}^2$

⑭ $E(V_e) = {\sigma_e}^2$

03. 반복이 있는 요인실험의 실험에서 다음의 분산분석표를 얻었다. 빈칸을 채우시오. (단, A는 고정요인(모수요인)이고 B는 랜덤요인이다.)

요인	제곱합	자유도	평균제곱	F_0	$E(MS)$
A	3.33	3	(④)	(⑧)	(⑪)
B	0.16	(②)	(⑤)	(⑨)	(⑫)
$A \times B$	(①)	6	(⑥)	(⑩)	(⑬)
e	0.32	(③)	(⑦)		(⑭)
T	7.39	23			

해답 반복있는 2요인실험(A 모수, B 변량)

① $S_{A \times B} = S_T - S_A - S_B - S_e = 7.39 - 3.33 - 0.16 - 0.32 = 3.58$

② $\nu_B = \dfrac{6}{\nu_A} = \dfrac{6}{3} = 2$

③ $\nu_e = \nu_T - \nu_A - \nu_B - \nu_{A \times B} = 23 - 3 - 2 - 6 = 12$

④ $V_A = \dfrac{S_A}{\nu_A} = \dfrac{3.33}{3} = 1.11$

⑤ $V_B = \dfrac{S_B}{\nu_B} = \dfrac{0.16}{2} = 0.08$

⑥ $V_{A \times B} = \dfrac{S_{A \times B}}{\nu_{A \times B}} = \dfrac{3.58}{6} = 0.59667$

⑦ $V_e = \dfrac{S_e}{\nu_e} = \dfrac{0.32}{12} = 0.02667$

⑧ $F_0(A) = \dfrac{V_A}{V_{A \times B}} = \dfrac{1.11}{0.59667} = 1.86032$

⑨ $F_0(B) = \dfrac{V_B}{V_e} = \dfrac{0.08}{0.02667} = 2.99963$

⑩ $F_0(A \times B) = \dfrac{V_{A \times B}}{V_e} = \dfrac{0.59667}{0.02667} = 22.37233$

⑪ $E(V_A) = \sigma_e^2 + r\sigma_{A \times B}^2 + mr\sigma_A^2 = \sigma_e^2 + 2\sigma_{A \times B}^2 + 6\sigma_A^2$

⑫ $E(V_B) = \sigma_e^2 + lr\sigma_B^2 = \sigma_e^2 + 8\sigma_B^2$

⑬ $E(V_{A \times B}) = \sigma_e^2 + r\sigma_{A \times B}^2 = \sigma_e^2 + 2\sigma_{A \times B}^2$

⑭ $E(V_e) = \sigma_e^2$

04. 4종류의 사료와 3종류의 돼지품종이 돼지의 체중증가에 주는 영향을 조사하고자 반복이 없는 2요인실험에 의해 실험한 결과 다음과 같은 결과를 얻었다.

돼지의 체중증가량

사료 \ 품종	A_1	A_2	A_3
B_1	55	57	47
B_2	64	72	74
B_3	59	66	58
B_4	58	57	53

(1) 분산분석표를 작성하고($E(MS)$ 포함) 검정하시오.
(2) 순변동을 구하시오.
(3) 기여율을 구하시오.
(4) $\hat{\mu}(B_2)$에 대하여 95% 신뢰구간을 구하시오.
(5) 수준조합 $\hat{\mu}(A_3B_2)$의 95% 신뢰구간을 구하시오.
(6) $\mu(B_1)$와 $\mu(B_2)$의 차를 신뢰율 95%로 구간추정하시오.

해답 (1) 분산분석표

요인	SS	DF	MS	F_0	$F_{0.95}$	$E(MS)$
A	56.0	2	28.0	1.55556	5.14	$\sigma_e^2+4\sigma_A^2$
B	498.0	3	166.0	9.22222*	4.76	$\sigma_e^2+3\sigma_B^2$
e	108.0	6	18.0			σ_e^2
T	662.0	11				

요인 A는 유의수준 5%로 유의하지 않으며, 요인 B는 유의수준 5%로 유의하다. 즉, 사료는 체중증가에 영향을 주며 돼지품종은 체중증가에 영향을 주지 않는다.

① $CT=\frac{T^2}{N}=\frac{(720)^2}{12}=43,200$

② $S_T=\sum_i\sum_j x_{ij}^2-CT=43,862-\frac{(720)^2}{12}=662$

③ $S_A=\sum_i\frac{T_{i\cdot}^2}{m}-CT=\frac{1}{4}(236^2+252^2+232^2)-\frac{(720)^2}{12}=56$

④ $S_B=\sum_j\frac{T_{\cdot j}^2}{l}-CT=\frac{1}{3}(159^2+210^2+183^2+168^2)-\frac{(720)^2}{12}=498$

⑤ $S_e = S_T - S_A - S_B = 662 - 56 - 498 = 108$

⑥ $\nu_T = lm - 1 = 12 - 1 = 11$, $\nu_A = l - 1 = 3 - 1 = 2$, $\nu_B = m - 1 = 4 - 1 = 3$,

$\nu_e = \nu_T - \nu_A - \nu_B = 11 - 2 - 3 = 6$

⑦ $V_A = \dfrac{S_A}{\nu_A} = \dfrac{56}{2} = 28$, $V_B = \dfrac{S_B}{\nu_B} = \dfrac{498}{3} = 166$, $V_e = \dfrac{S_e}{\nu_e} = \dfrac{108}{6} = 18$

⑧ $F_0(A) = \dfrac{V_A}{V_e} = \dfrac{28}{18} = 1.55556$, $F_0(B) = \dfrac{V_B}{V_e} = \dfrac{166}{18} = 9.22222$

⑨ $E(V_A) = \sigma_e^2 + m\sigma_A^2 = \sigma_e^2 + 4\sigma_A^2$, $E(V_B) = \sigma_e^2 + l\sigma_B^2 = \sigma_e^2 + 3\sigma_A^2$, $E(V_e) = \sigma_e^2$

(2) 순변동

$S_A' = S_A - \nu_A V_e = 56 - 2 \times 18 = 20$

$S_B' = S_B - \nu_B V_e = 498 - 3 \times 18 = 444$

$S_e' = S_T - S_A' - S_B' = 662 - 20 - 444 = 198$

(3) 기여율

$$\rho_A = \frac{S_A{}'}{S_T} \times 100 = \frac{20}{662} \times 100 = 3.02115(\%)$$

$$\rho_B = \frac{S_B{}'}{S_T} \times 100 = \frac{444}{662} \times 100 = 67.06949(\%)$$

$$\rho_e = \frac{S_e{}'}{S_T} \times 100 = \frac{198}{662} \times 100 = 29.90937(\%)$$

(4) $\hat{\mu}(B_2)$ 95% 신뢰구간

① 점추정 : $\hat{\mu}(B_j) = \bar{x}_{\cdot 2} = \dfrac{210}{3} = 70$

② 구간추정

$$\bar{x}_{\cdot j} \pm t_{1-\alpha/2}(\nu_e)\sqrt{\frac{V_e}{l}} = \bar{x}_{\cdot 2} \pm t_{0.975}(6)\sqrt{\frac{18}{3}} = 70 \pm 2.447\sqrt{\frac{18}{3}}$$

$64.00610 \le \mu(B_2) \le 75.99390$

(5) $\hat{\mu}(A_3B_2)$ 95% 신뢰구간

① 점추정 : $\hat{\mu}(A_3B_2) = \bar{x}_{3\cdot} + \bar{x}_{\cdot 2} - \bar{\bar{x}} = 58 + 70 - 60 = 68$

② 구간추정

$$(\bar{x}_{i\cdot} + \bar{x}_{\cdot j} - \bar{\bar{x}}) \pm t_{1-\alpha/2}(\nu_e)\sqrt{\frac{V_e}{n_e}} = (58 + 70 - 60) \pm t_{0.975}(6)\sqrt{\frac{18}{2}}$$

$60.65900 \le \mu(A_3B_2) \le 75.34100$

유효반복수(n_e)

$$n_e = \frac{총실험횟수}{유의한\ 요인의\ 자유도\ 합+1} = \frac{lm}{\nu_A + \nu_B + 1} = \frac{3 \times 4}{2+3+1} = 2$$

(6) $\bar{x}_{\cdot j} - \bar{x}'_{\cdot j} = \bar{x}_{\cdot 1} - \bar{x}_{\cdot 2} = 53 - 70 = -17$

$$(\bar{x}_{\cdot j} - \bar{x}'_{\cdot j}) \pm t_{1-\alpha/2}(\nu_e)\sqrt{\frac{2V_e}{l}} = -17 \pm t_{0.975}(6)\sqrt{\frac{2 \times 18}{3}}$$

$$= (-25.47666,\ -8.52334)$$

05. A, B 모두 모수모형인 2요인실험에서 A는 4수준, B는 3수준인 실험에서 $\bar{x}_{3\cdot} = 5.13$, $\bar{x}_{\cdot 2} = 5.05$, $\bar{\bar{x}} = 5.03$, $V_E = 0.09$일 때 n_e와 A_3B_2의 모평균의 95% 신뢰구간을 구하시오.

해답 반복없은 2요인실험(모수모형)

점추정 : $\hat{\mu}(A_3B_2) = \bar{x}_{3\cdot} + \bar{x}_{\cdot 2} - \bar{\bar{x}} = 5.13 + 5.05 - 5.03 = 5.15$

$\hat{\mu}(A_3B_2)$ 95% 신뢰구간추정 : $(\bar{x}_{i\cdot} + \bar{x}_{\cdot j} - \bar{\bar{x}}) \pm t_{1-\alpha/2}(\nu_e)\sqrt{\frac{V_e}{n_e}}$

$$= (5.13 + 5.05 - 5.03) \pm t_{0.975}(6)\sqrt{\frac{0.09}{2}}$$

$$4.63091 \le \mu(A_3B_2) \le 5.66909$$

$\nu_e = (l-1)(m-1) = (4-1)(3-1) = 6$

$$n_e = \frac{총실험횟수}{유의한\ 요인의\ 자유도\ 합+1} = \frac{lm}{\nu_A + \nu_B + 1} = \frac{4 \times 3}{3+2+1} = 2$$

06. A가 4수준, B가 3수준인 2요인실험에서 $S_T = 3.97$, $V_A = 0.34$, $V_B = 1.21$일 때 오차항의 순변동을 구하시오.

해답 반복없는 2요인실험(모수모형)

$S_e' = S_T - S_A' - S_B' = S_e + (\nu_A + \nu_B)V_e = 0.53 + (3+2) \times 0.08833 = 0.97165$

$S_A = \nu_A \times V_A = (l-1) \times 0.34 = (4-1) \times 0.34 = 1.02$

$S_B = \nu_B \times V_B = (m-1) \times 1.21 = (3-1) \times 1.21 = 2.42$

$S_e = S_T - S_A - S_B = 3.97 - 1.02 - 2.42 = 0.53$

$$V_e = \frac{S_e}{\nu_e} = \frac{0.53}{(l-1)(m-1)} = \frac{0.53}{(4-1)(3-1)} = 0.08833$$

07. 온도요인(A) 4수준, 원료(B) 3수준을 택하여 반복이 없는 2요인 실험을 하여 얻은 수율 데이터를 $X_{ij}=(x_{ij}-97)\times 10$으로 변환하여 다음 표를 얻었다. (단, A, B는 모수모형)

B \ A	A_1	A_2	A_3	A_4
B_1	6	16	20	10
B_2	3	12	10	7
B_3	−3	−1	9	−5

(1) 분산분석표를 작성하고($E(MS)$ 포함) 검정하시오.

(2) 최적조건을 찾고 그 조건에서 점추정과 구간추정을 하시오. (단, 신뢰율 95%)

해답 (1) 분산분석표

요인	SS	DF	MS	F_0	$F_{0.95}$	$F_{0.99}$	$E(MS)$
A	2.22	3	0.74	7.92885*	4.76	9.78	$\sigma_e^2+3\sigma_A^2$
B	3.44	2	1.72	18.42923**	5.14	10.9	$\sigma_e^2+4\sigma_B^2$
e	0.56	6	0.09333				σ_e^2
T	6.22	11					

요인A는 유의수준 5%로 유의하며, 요인 B는 유의수준 1%로 매우 유의하다.

① $S_T=\left(\sum_i\sum_j X_{ij}^2-CT\right)\dfrac{1}{h^2}=\left(1{,}210-\dfrac{(84)^2}{12}\right)\dfrac{1}{10^2}=6.22$

② $S_A=\left(\sum_i\dfrac{T_{i.}^2}{m}-CT\right)\dfrac{1}{h^2}=\left(\dfrac{1}{3}(6^2+27^2+39^2+12^2)-\dfrac{(84)^2}{12}\right)\dfrac{1}{10^2}=2.22$

③ $S_B=\left(\sum_j\dfrac{T_{.j}^2}{l}-CT\right)\dfrac{1}{h^2}=\left(\dfrac{1}{4}(52^2+32^2+0^2)-\dfrac{(84)^2}{12}\right)\dfrac{1}{10^2}=3.44$

④ $S_e=S_T-S_A-S_B=6.22-2.22-3.44=0.56$

⑤ $\nu_T=lm-1=12-1=11$, $\nu_A=l-1=4-1=3$, $\nu_B=m-1=3-1=2$,

$\nu_e=\nu_T-\nu_A-\nu_B=11-3-2=6$

⑥ $V_A=\dfrac{S_A}{\nu_A}=\dfrac{2.22}{3}=0.74$, $V_B=\dfrac{S_B}{\nu_B}=\dfrac{3.44}{2}=1.72$,

$V_e=\dfrac{S_e}{\nu_e}=\dfrac{0.56}{6}=0.09333$

⑦ $F_0(A)=\dfrac{V_A}{V_e}=\dfrac{0.74}{0.09333}=7.92885$, $F_0(B)=\dfrac{V_B}{V_e}=\dfrac{1.72}{0.09333}=18.42923$

⑧ $E(V_A)=\sigma_e^2+m\sigma_A^2=\sigma_e^2+3\sigma_A^2$, $E(V_B)=\sigma_e^2+l\sigma_B^2=\sigma_e^2+4\sigma_A^2$, $E(V_e)=\sigma_e^2$

(2) A 수준들 중 A_3 및 B 수준들 중 B_1에서 가장 높은 수율을 보이고 있으므로 최적수준조합은 A_3B_1이 된다.

$\overline{X}_{3\cdot} = \frac{39}{3} = 13$, $\overline{X}_{\cdot 1} = \frac{52}{4} = 13$, $\overline{\overline{X}} = \frac{84}{12} = 7$

점추정 $\hat{\mu}(A_3B_1) = \overline{x}_{3\cdot} + \overline{x}_{\cdot 1} - \overline{\overline{x}} = \left(\frac{13}{10} + 97\right) + \left(\frac{13}{10} + 97\right) - \left(\frac{7}{10} + 97\right) = 98.9$

구간추정 $\hat{\mu}(A_3B_1) = (\overline{x}_{3\cdot} + \overline{x}_{\cdot 1} - \overline{\overline{x}}) \pm t_{1-\alpha/2}(\nu_e)\sqrt{\frac{V_e}{n_e}}$

$= 98.9 \pm t_{0.975}(6) \times \sqrt{\frac{0.09333}{2}}$

$n_e = \frac{\text{총실험횟수}}{\text{유의한 요인의 자유도 합} + 1} = \frac{lm}{\nu_A + \nu_B + 1} = \frac{4 \times 3}{(4-1)+(3-1)+1} = 2$

$98.37140 \leq \mu(A_3B_1) \leq 99.42860$

08. 어떤 화학 공정에서는 제품의 수율(%)을 높이기 위한 공장 실험을 하고 싶다. 요인으로서는 반응온도(A)만을 들어 이의 최적 조건을 찾고 싶다. 수준으로서는 50℃(A_1), 55℃(A_2), 60℃(A_3), 65℃(A_4)의 4개를 골랐다. 과거의 경험에 비추어 보면 날짜에 따라서 수율에 변동이 보임으로 날짜를 요인(B)로 들어 난괴법에 의해 실험을 하기로 했다. 그리고 이 공장에서는 하루에 6배취(Batch)생산할 수가 있으므로 분명히 난괴법에 의한 실험은 가능하다. 각 수준에서의 반복수, 즉 블록(block)의 수(날짜의 수)를 5로 하여 각 날짜의 실험 수를 랜덤하게 결정하고 실험한 결과 얻어진 실험 데이터(수율)를 A수준과 블록별로 정리하니 다음과 같다.

	B_1	B_2	B_3	B_4	B_5
A_1	77.7	76.2	77.4	78.1	77
A_2	81.9	78.2	78.2	78.4	79
A_3	79.3	78.2	80.1	79.7	78
A_4	77.0	78.0	78.1	78.4	77

(1) Data 구조 모형을 작성하시오.
(2) 분산분석표를 작성하고 검정하시오.
(3) 불편분산의 기대치($E(V)$)를 구하시오.
(4) 요인 B의 분산의 추정치를 구하시오.
(5) A_1과 A_2간의 모평균차의 추정을 하시오.

해답 (1) Data 구조 모형

$x_{ij} = \mu + a_i + b_j + e_{ij}$

(2) 분산분석표

요인	SS	DF	MS	F_0	$F_{0.95}$	$E(V)$
A	13.41750	3	4.47250	4.51389*	3.49	$\sigma_e^2+5\sigma_A^2$
B	5.30200	4	1.32550	1.33777	3.26	$\sigma_e^2+4\sigma_B^2$
e	11.89000	12	0.99083			σ_e^2
T	30.60950	19				

① $CT = \dfrac{T^2}{N} = \dfrac{(1,565.9)^2}{20} = 122,602.14050$

② $S_T = \sum_i \sum_j x_{ij}^2 - CT = 122,632.75 - \dfrac{(1,565.9)^2}{20} = 30.60950$

③ $S_A = \sum_i \dfrac{T_{i\cdot}^2}{m} - CT$

$= \dfrac{1}{5}(386.4^2 + 395.7^2 + 395.3^2 + 388.5^2) - \dfrac{(1,565.9)^2}{20} = 13.41750$

④ $S_B = \sum_j \dfrac{T_{\cdot j}^2}{l} - CT$

$= \dfrac{1}{4}(315.9^2 + 310.6^2 + 313.8^2 + 314.6^2 + 311^2) - \dfrac{(1,565.9)^2}{20} = 5.302$

⑤ $S_e = S_T - S_A - S_B = 30.60950 - 13.41750 - 5.302 = 11.89$

⑥ $\nu_T = lm - 1 = 20 - 1 = 19$, $\nu_A = l - 1 = 4 - 1 = 3$, $\nu_B = m - 1 = 5 - 1 = 4$,

$\nu_e = \nu_T - \nu_A - \nu_B = 19 - 3 - 4 = 12$

⑦ $V_A = \dfrac{S_A}{\nu_A} = \dfrac{13.41750}{3} = 4.47250$, $V_B = \dfrac{S_B}{\nu_B} = \dfrac{5.30200}{4} = 1.32550$,

$V_e = \dfrac{S_e}{\nu_e} = \dfrac{11.89000}{12} = 0.99083$

⑧ $F_0(A) = \dfrac{V_A}{V_e} = \dfrac{4.47250}{0.99083} = 4.51389$

$F_0(B) = \dfrac{V_B}{V_e} = \dfrac{1.32550}{0.99083} = 1.33777$

⑨ 요인 A는 유의수준 5%로 유의하고, 요인 B는 유의하지 않다.

(3) 불편분산의 기대치($E(V)$)

$$E(V_A)=\sigma_e^2+m\sigma_A^2=\sigma_e^2+5\sigma_A^2,\ E(V_B)=\sigma_e^2+l\sigma_B^2=\sigma_e^2+4\sigma_B^2,\ E(V_e)=\sigma_e^2$$

(4) $\hat{\sigma}_B^2=\dfrac{V_B-V_e}{l}=\dfrac{1.32550-0.99083}{4}=0.08367$

(5) 점추정치 : $\hat{\mu}(A_1-A_2)=\overline{x}_{1\cdot}-\overline{x}_{2\cdot}=77.28-79.14=-1.86$

신뢰구간 : $(\overline{x}_{1\cdot}-\overline{x}_{2\cdot})\pm\ t_{1-\alpha/2}\sqrt{\dfrac{2V_e}{m}}=-1.86\pm t_{0.975}(12)\times\sqrt{\dfrac{2\times0.99083}{5}}$

$=(-3.23179,\ -0.48821)$

09. 요인 A 4수준, 요인 B 3수준인 2요인실험(A : 변량, B : 모수)에서 $S_A=2.22$, $S_B=3.44$, $S_E=0.56$일 때 $\hat{\sigma}_A^2$의 추정치를 구하시오.

해답 $\nu_A=l-1=3,\ \nu_e=6$

$$\widehat{\sigma_A^2}=\frac{V_A-V_e}{m}=\frac{\frac{S_A}{\nu_A}-\frac{S_e}{\nu_e}}{m}=\frac{\frac{2.22}{3}-\frac{0.56}{6}}{3}=0.21556$$

10. 2요인실험에서 요인 A를 5수준, 요인 B를 4수준으로 하여 20회의 실험을 랜덤으로 실시하였다. 다음의 분산분석표의 데이터를 사용하여 오차의 순변동 S_e'와 기여율 ρ_B를 구하시오.

요인	SS	DF	MS
A	35.4	4	8.85
B	21.9	3	7.30
E	18.0	12	1.50
T	75.3	19	

해답 $S_e'=S_T-S_A'-S_B'=S_T-(S_A-\nu_A V_e)-(S_B-\nu_B V_e)$

$=75.3-(35.4-4\times1.50)-(21.9-3\times1.50)=28.5$

$$\rho_B=\frac{S_B'}{S_T}\times100(\%)=\frac{S_B-\nu_B V_E}{S_T}=\frac{21.9-3\times1.50}{75.3}\times100=23.10757\%$$

11. 플라스틱 제품을 만드는 마지막 공정에서의 가열온도 A, B, C가 강도에 미치는 영향을 파악하기 위해 4일간 실험을 했으며, 그 결과 다음 표와 같은 데이터를 얻었다. 여기에서 실험일은 변량요인이고 가열온도는 모수요인이다. 이때 가열온도의 수준에 따라 제품의 강도가 달리 나타나는지 살펴보고, σ_B^2을 추정하시오.

블록 Ⅰ			블록 Ⅱ			블록 Ⅲ			블록 Ⅳ		
A	B	C	A	B	C	A	B	C	A	B	C
98.0	97.7	96.5	99.0	98.0	97.9	98.6	98.2	97.9	97.6	97.3	96.7

해답 데이터를 다음과 같이 나타낼 수 있다.

일 \ 가열온도	A (A_1)	B (A_2)	C (A_3)
블록 Ⅰ (B_1)	98.0	97.7	96.5
블록 Ⅱ (B_2)	99.0	98.0	97.9
블록 Ⅲ (B_3)	98.6	98.2	97.9
블록 Ⅳ (B_4)	97.6	97.3	96.7

(1) 분산분석표

요인	SS	DF	MS	F_0	$F_{0.95}$	$F_{0.99}$
A	2.20667	2	1.10334	14.39077**	5.14	10.9
B	2.87000	3	0.95667	12.47776**	4.76	9.78
e	0.46000	6	0.07667			
T	5.53667	11				

A 및 B는 매우 유의하다. 가열온도의 수준에 따라 제품의 강도가 다르다고 할 수 있다.

① $CT=\dfrac{T^2}{N}=\dfrac{(1,173.4)^2}{12}=114,738.96333$

② $S_T=\sum_i\sum_j x_{ij}^2-CT=114,744.5-\dfrac{(1,173.4)^2}{12}=5.53667$

③ $S_A=\sum_i\dfrac{T_{i\cdot}^2}{m}-CT=\dfrac{1}{4}(393.2^2+391.2^2+389^2)-\dfrac{(1,173.4)^2}{12}=2.20667$

④ $S_B=\sum_j\dfrac{T_{\cdot j}^2}{l}-CT=\dfrac{1}{3}(292.2^2+294.9^2+294.7^2+291.6^2)-\dfrac{(1,173.4)^2}{12}$

$=2.87$

⑤ $S_e=S_T-S_A-S_B=5.53667-2.20667-2.87=0.46$

⑥ $\nu_T=lm-1=12-1=11$, $\nu_A=l-1=3-1=2$, $\nu_B=m-1=4-1=3$,

$\nu_e = \nu_T - \nu_A - \nu_B = 11 - 2 - 3 = 6$

⑦ $V_A = \dfrac{S_A}{\nu_A} = \dfrac{2.20667}{2} = 1.10334$, $V_B = \dfrac{S_B}{\nu_B} = \dfrac{2.87}{3} = 0.95667$,

$V_e = \dfrac{S_e}{\nu_e} = \dfrac{0.46}{6} = 0.07667$

⑧ $F_0(A) = \dfrac{V_A}{V_e} = \dfrac{1.10334}{0.07667} = 14.39077$, $F_0(B) = \dfrac{V_B}{V_e} = \dfrac{0.95667}{0.07667} = 12.47776$

(2) $\hat{\sigma}_B^2 = \dfrac{V_B - V_e}{l} = \dfrac{0.95667 - 0.07667}{3} = 0.29333$

12. 반복없는 2요인실험을 하다가 수준조합 A_3B_2 의 실험이 잘못되어 데이터를 얻지 못하였다.

	A_1	A_2	A_3	A_4
B_1	−2	0	3	5
B_2	−3	−3	y	3
B_3	−4	−1	1	2

(1) 이 결측치 y를 구하시오.
(2) 분산분석표를 작성하시오.
(3) $\mu(A_3B_2)$의 95% 신뢰구간을 추정하시오.

해답 (1) A_3B_2의 y를 제외한 상태에서 $T_{3\cdot}' = 4$, $T_{\cdot 2}' = -3$, $T' = 1$

$$y = \frac{lT_{i\cdot}' + mT_{\cdot j}' - T'}{(l-1)(m-1)} = \frac{4\times 4 + 3\times(-3) - 1}{(4-1)(3-1)} = 1$$

(2) 분산분석표

요인	SS	DF	MS	F_0	$F_{0.95}$	$F_{0.99}$	$E(MS)$
A	73.66667	3	24.55556	36.83316**	5.41	12.1	$\sigma_e^2 + 3\sigma_A^2$
B	10.66667	2	5.33334	7.99997*	5.79	13.3	$\sigma_e^2 + 4\sigma_B^2$
e	3.33333	5	0.66667				σ_e^2
T	87.66667	10					

A는 매우 유의하고, B는 유의수준 5%로 유의하다.

① $CT = \dfrac{T^2}{N} = \dfrac{2^2}{12} = 0.33333$

② $S_T = \sum_i \sum_j x_{ij}^2 - CT = 88 - \frac{2^2}{12} = 87.66667$

③ $S_A = \sum_i \frac{T_{i\cdot}^2}{m} - CT = \frac{1}{3}[(-9)^2 + (-4)^2 + 5^2 + 10^2] - \frac{2^2}{12} = 73.66667$

④ $S_B = \sum_j \frac{T_{\cdot j}^2}{l} - CT = \frac{1}{4}[6^2 + (-2)^2 + (-2)^2] - \frac{2^2}{12} = 10.66667$

⑤ $S_e = S_T - S_A - S_B = 87.66667 - 73.66667 - 10.66667 = 3.33333$

⑥ $\nu_T = (lm-1) - \text{격측치수} = (lm-1) - 1 = 12 - 1 - 1 = 10$

$\nu_A = l - 1 = 4 - 1 = 3, \quad \nu_B = m - 1 = 3 - 1 = 2$

$\nu_e = \nu_T - \nu_A - \nu_B = 10 - 3 - 2 = 5$

⑦ $V_A = \frac{S_A}{\nu_A} = \frac{73.66667}{3} = 24.55556$

$V_B = \frac{S_B}{\nu_B} = \frac{10.66667}{2} = 5.33334$

$V_e = \frac{S_e}{\nu_e} = \frac{3.33333}{5} = 0.66667$

⑧ $F_0(A) = \frac{V_A}{V_e} = \frac{24.55556}{0.66667} = 36.83316$

$F_0(B) = \frac{V_B}{V_e} = \frac{5.33334}{0.66667} = 7.99997$

(3) 구간추정

$$\hat{\mu}(A_3B_2) = (\overline{x}_{3\cdot} + \overline{x}_{\cdot 2} - \overline{\overline{x}}) \pm t_{1-\alpha/2}(\nu_e)\sqrt{\frac{V_e}{n_e}}$$

$$= \left(\frac{5}{3} + \frac{-2}{4} - \frac{2}{12}\right) \pm t_{0.975}(5) \times \sqrt{\frac{0.66667}{1.83333}}$$

$$-0.55038 \le \mu(A_3B_2) \le 2.55038$$

$$n_e = \frac{\text{총실험횟수}}{\text{유의한 요인의 자유도 합}+1}$$

$$= \frac{lm-1}{(l-1)+(m-1)+1} = \frac{4\times 3 - 1}{(4-1)+(3-1)+1} = 1.83333$$

13. 반복없는 2요인실험에서 다음과 같이 2개의 결측치 y_1과 y_2가 생겼다. Yates(예이츠)의 방법에 의하여 추정하시오.

	A_1	A_2	A_3	A_4
B_1	10.2	12.4	12.3	11.5
B_2	y_1	12.8	12.0	10.9
B_3	12.3	10.4	y_2	11.6

(1) Yates(예이츠)의 방법에 의하여 y_1과 y_2를 추정하시오.

(2) ν_T와 ν_e를 구하시오.

해답 (1) 결측치 y_1을 제외한 상태에서 $T_{1.}' = 22.5$, $T_{.2}' = 35.7$

결측치 y_2을 제외한 상태에서 $T_{3.}' = 24.3$, $T_{.3}' = 34.3$

결측치 y_1과 결측치 y_2를 제외한 상태에서 $T' = 116.4$ 이다.

① $(l-1)(m-1)y_1 + y_2 = lT_{1.}' + mT_{.2}' - T'$

$(4-1)(3-1)y_1 + y_2 = (4 \times 22.5) + (3 \times 35.7) - 116.4$

$6y_1 + y_2 = 80.70$

② $(l-1)(m-1)y_2 + y_1 = lT_{3.}' + mT_{.3}' - T'$

$(4-1)(3-1)y_2 + y_1 = (4 \times 24.3) + (3 \times 34.3) - 116.4$

$6y_2 + y_2 = 83.70$

①과 ②를 연립방정식으로 풀면

$y_1 = 11.4$, $y_2 = 12.3$

(2) ν_T와 ν_e는 결측치만큼 빼준다.

$\nu_T = (lm-1) - 2 = 9$

$\nu_e = (l-1)(m-1) - 2 = 4$

14. 반복 2회 실험을 실시하여 다음 데이터를 얻었는데, 이것을 이용하여 상호작용 $A \times B$의 변동 $S_{A \times B}$를 구하시오.

$S_T = 15.14$, $S_A = 4.12, S_B = 5.20$, $S_{AB} = 12.32$

해답 $S_{A \times B} = S_{AB} - S_A - S_B = 12.32 - 4.12 - 5.2 = 3$

15. 어떤 합금의 강도를 공정온도의 3수준과 주조시간의 3수준에서 2회씩 관측하여 다음과 같은 반복이 있는 2요인실험의 자료를 얻었다.

온도 \ 주조시간	B_1		B_2		B_3	
A_1	61.0	60.2	64.1	63.2	65.2	66.1
A_2	63.3	62.7	66.2	65.4	66.6	67.2
A_3	61.3	61.9	63.2	64.2	66.0	66.4

(1) 데이터의 구조식을 쓰시오.
(2) 분산분석표를 작성하시오.
(3) 불편분산의 기대치($E(V)$)를 구하시오.
(4) 순변동을 구하시오.
(5) 기여율을 구하시오.
(6) $\mu(B_3)$의 구간추정을 신뢰구간 95%로 구하시오.
(7) 교호작용이 유의하지 않으면 오차항에 풀링하시오.
(8) $\mu(A_2B_3)$의 점추정과 구간추정을 교호작용이 유의한 경우와 유의하지 않은 경우 각각 구하시오.

해답 (1) 반복수가 일정한 2요인실험(모수모형)

$x_{ijk} = \mu + a_i + b_j + (ab)_{ij} + e_{ijk}$

(2) 분산분석표

요인	제곱합	자유도	평균제곱	분산비	$F_{0.95}$	$F_{0.99}$
A	11.96444	2	5.98222	20.94908**	4.26	8.02
B	61.81444	2	30.90722	108.23372**	3.63	6.42
$A \times B$	1.44223	4	0.36056	1.26264		
e	2.57000	9	0.28556			
T	77.79111	17				

주효과 A, B는 매우 유의하다. 그러나 교호작용 $A \times B$는 유의하지 않다.

① $CT = \dfrac{T^2}{N} = \dfrac{(1,154.2)^2}{18} = 74,009.86889$

② $S_T = \sum_i \sum_j \sum_k x_{ijk}^2 - CT = 74,087.66 - \dfrac{1,154.2^2}{18} = 77.79111$

③ $S_A = \sum_i \frac{T_{i\cdot}^2}{m} - CT = \frac{1}{6}(379.8^2 + 391.4^2 + 383^2) - \frac{1,154.2^2}{18} = 11.96444$

④ $S_B = \sum_j \frac{T_{\cdot j}^2}{l} - CT = \frac{1}{6}(370.4^2 + 386.3^2 + 397.5^2) - \frac{1,154.2^2}{18} = 61.81444$

⑤ $S_{A\times B} = S_{AB} - S_A - S_B = 75.22111 - 11.96444 - 61.81444 = 1.44223$

$S_{AB} = \frac{1}{2}(121.2^2 + 127.3^2 + 131.3^2 + 126^2 + 131.6^2 + 133.8^2 + 123.2^2 +$

$127.4^2 + 132.4^2) - CT = 74,085.09 - \frac{1,154.2^2}{18} = 75.22111$

⑥ $S_e = S_T - S_A - S_B - S_{A\times B}$

$= 77.79111 - 11.96444 - 61.81444 - 1.44223 = 2.57$

⑦ $\nu_T = lmr - 1 = 18 - 1 = 17$, $\nu_A = l - 1 = 3 - 1 = 2$, $\nu_B = m - 1 = 3 - 1 = 2$,

$\nu_{A\times B} = 2\times 2 = 4$, $\nu_e = \nu_T - \nu_A - \nu_B - \nu_{A\times B} = 17 - 2 - 2 - 4 = 9$

⑧ $V_A = \frac{S_A}{\nu_A} = \frac{11.96444}{2} = 5.98222$, $V_B = \frac{S_B}{\nu_B} = \frac{61.81444}{2} = 30.90722$,

$V_{A\times B} = \frac{S_{A\times B}}{\nu_{A\times B}} = \frac{1.44223}{4} = 0.36056$, $V_e = \frac{S_e}{\nu_e} = \frac{2.57}{9} = 0.28556$

⑨ $F_0(A) = \frac{V_A}{V_e} = \frac{5.98222}{0.28556} = 20.94908$

$F_0(B) = \frac{V_B}{V_e} = \frac{30.90722}{0.28556} = 108.23372$

$F_0(A\times B) = \frac{V_{A\times B}}{V_e} = \frac{0.36056}{0.28556} = 1.26264$

(3) 불편분산의 기대치($E(V)$)

$E(V_A) = \sigma_e^2 + mr\sigma_A^2 = \sigma_e^2 + 6\sigma_A^2$

$E(V_B) = \sigma_e^2 + lr\sigma_B^2 = \sigma_e^2 + 6\sigma_B^2$

$E(V_{A\times B}) = \sigma_e^2 + r\sigma_{A\times B}^2 = \sigma_e^2 + 2\sigma_{A\times B}^2$

$E(V_e) = \sigma_e^2$

(4) 순변동

$S_A' = S_A - \nu_A V_e = 11.96444 - 2\times 0.28556 = 11.39332$

$S_B' = S_B - \nu_B V_e = 61.81444 - 2\times 0.28556 = 61.24332$

$S_{A\times B}' = S_{A\times B} - \nu_{A\times B} V_e = 1.44223 - 4\times 0.28556 = 0.29999$

$S_e' = S_e + (\nu_A + \nu_B + \nu_{A\times B}) V_e = 2.57000 + (2 + 2 + 4)\times 0.28556 = 4.85448$

(5) 기여율

$$\rho_A = \frac{S_A'}{S_T} \times 100(\%) = \frac{11.39332}{77.79111} \times 100 = 14.64604\%$$

$$\rho_B = \frac{S_B'}{S_T} \times 100(\%) = \frac{61.24332}{77.79111} \times 100 = 78.72792\%$$

$$\rho_{A \times B} = \frac{S_{A \times B}'}{S_T} \times 100(\%) = \frac{0.29999}{77.79111} \times 100 = 0.38564\%$$

$$\rho_e = \frac{S_e'}{S_T} \times 100(\%) = \frac{4.85448}{77.79111} \times 100 = 6.24040\%$$

(6) $\mu(B_3)$ 의 구간추정

$$\bar{x}_{\cdot j \cdot} \pm t_{1-\alpha/2}(\nu_e)\sqrt{\frac{V_e}{lr}} = \bar{x}_{\cdot 3 \cdot} \pm t_{0.975}(9)\sqrt{\frac{0.28556}{6}}$$

$$= 66.25 \pm 2.262 \times \sqrt{\frac{0.28556}{6}}$$

$$65.75652 \le \mu(B_3) \le 66.74348$$

(7) 교호작용을 풀링한 분산분석표

요인	제곱합	자유도	평균제곱	분산비	$F_{0.95}$	$F_{0.99}$
A	11.96444	2	5.98222	19.38296**	3.81	6.70
B	61.81444	2	30.90722	100.14230**	3.81	6.70
e	4.01223	13	0.308633			
T	77.79111	17				

(8) $\mu(A_2B_3)$의 점추정과 구간추정

① 교호작용이 유의한 경우

점추정 $\hat{\mu}(A_2B_3) = \bar{x}_{23\cdot} = \dfrac{66.6+67.2}{2} = 66.90$

구간추정 $\hat{\mu}(A_2B_3) = \bar{x}_{ij\cdot} \pm t_{1-\alpha/2}(\nu_e)\sqrt{\dfrac{V_e}{r}} = \bar{x}_{23\cdot} \pm t_{0.975}(9)\sqrt{\dfrac{0.28556}{2}}$

$$= 66.90 \pm 2.262 \times \sqrt{\frac{0.28556}{2}}$$

$$66.04528 \le \mu(A_2B_3) \le 67.75472$$

② 교호작용이 유의하지 않은 경우

점추정 $\hat{\mu}(A_2B_3)=\bar{x}_{2..}+\bar{x}_{.3.}-\bar{\bar{x}}=\frac{391.4}{6}+\frac{397.5}{6}-\frac{1154.2}{18}=67.36111$

구간추정 $\hat{\mu}(A_2B_3)=(\bar{x}_{i..}+\bar{x}_{.j.}-\bar{\bar{x}})\pm t_{1-\alpha/2}(\nu'_e)\sqrt{\frac{V'_e}{n_e}}$

$=(\bar{x}_{2..}+\bar{x}_{.3.}-\bar{\bar{x}})\pm t_{0.975}(13)\sqrt{\frac{0.308633}{n_e}}$

$=67.36111\pm 2.160\times\sqrt{\frac{0.308633}{3.6}}$

$66.72866\le\mu(A_2B_3)\le 67.99356$

$n_e=\frac{lmr}{(l-1)+(m-1)+1}=\frac{3\times3\times2}{(3-1)+(3-1)+1}=3.6$

16. 어떤 합금의 열처리에서 영향이 크다고 생각되는 요인으로 온도(A), 시간(B)를 택하여 각 2회씩 랜덤하게 실험하여 다음 데이터를 얻었다. (단위 : 경도)

	B_1	B_2	B_3
A_1	51 52	54 54	54 55
A_2	52 54	55 56	56 55
A_3	53 56	56 55	57 57
A_4	52 54	55 54	54 55

(1) $D_4\bar{R}$에 의한 등분산의 가정을 검토하여 이 실험의 관리상태 여부를 답하시오.
(2) 분산분석표를 작성하시오.
(3) 교호작용이 유의하지 않으면 오차항에 풀링한 후 분산분석표를 작성하시오.
(4) 경도를 최대로 하는 수준조합의 95% 신뢰율로 신뢰구간을 구하시오.

해답 (1) 등분산의 검토

① 가설

H_0 : 오차 e_{ij}의 분산 σ_e^2은 어떤 i, j에 대해서도 일정하다.

H_1 : 오차 e_{ij}의 분산 σ_e^2은 어떤 i, j에 대해서도 일정하지 않다.

② 범위 R표

	B_1	B_2	B_3
A_1	1	0	1
A_2	2	1	1
A_3	3	1	0
A_4	2	1	1

$\overline{R}=\dfrac{14}{12}=1.16667$이고, $r=2$일 때 $D_4=3.267$이므로

$D_4\overline{R}=3.267\times1.16667=3.81151$

여기서 모든 R의 값이 $D_4\overline{R}$의 값보다 작으므로 H_0채택, 즉 실험 전체가 관리 상태에 있다고 할 수 있다.

(2) 분산분석표

요인	제곱합	자유도	평균제곱	분산비	$F_{0.95}$	$F_{0.99}$
A	17.83333	3	5.94444	5.94444*	3.49	5.96
B	25.08333	2	12.54167	12.54167**	3.89	6.93
$A\times B$	2.91667	6	0.48611	0.48611	3.00	4.82
e	12	12	1			
T	57.83333	23				

① $CT=\dfrac{T^2}{N}=\dfrac{(1,306)^2}{24}=71,068.16667$

② $S_T=\sum_i\sum_j\sum_k x_{ijk}^2-CT=71,126-\dfrac{1,306^2}{24}=77.79111$

③ $S_A=\sum_i\dfrac{T_{i\cdot}^2}{m}-CT=\dfrac{1}{6}(320^2+328^2+334^2+324^2)-\dfrac{1,306^2}{24}=17.8333$

④ $S_B=\sum_j\dfrac{T_{\cdot j}^2}{l}-CT=\dfrac{1}{8}(424^2+439^2+443^2)-\dfrac{1,306^2}{24}=25.08333$

⑤ $S_{A\times B}=S_{AB}-S_A-S_B=45.83333-17.8333-25.083332.91667$

$S_{AB}=\dfrac{1}{2}(103^2+108^2+109^2+\cdots+109^2)-CT=71,114-\dfrac{1,306^2}{24}=45.83333$

⑥ $S_e=S_T-S_A-S_B-S_{A\times B}$

$=57.83333-17.83333-25.08333-2.91667=12$

⑦ $\nu_T=lmr-1=24-1=23$, $\nu_A=l-1=4-1=3$, $\nu_B=m-1=3-1=2$,

$\nu_{A\times B}=3\times2=6$, $\nu_e=\nu_T-\nu_A-\nu_B-\nu_{A\times B}=23-3-2-6=12$

⑧ $V_A = \frac{S_A}{\nu_A} = \frac{17.8333}{3} = 5.94444$, $V_B = \frac{S_B}{\nu_B} = \frac{25.08333}{2} = 12.54167$,

$V_{A\times B} = \frac{S_{A\times B}}{\nu_{A\times B}} = \frac{2.91667}{12} = 0.48611$, $V_e = \frac{S_e}{\nu_e} = \frac{12}{12} = 1$

⑨ $F_0(A) = \frac{V_A}{V_e} = \frac{5.94444}{1} = 5.94444$

$F_0(B) = \frac{V_B}{V_e} = \frac{12.54167}{1} = 12.54167$

$F_0(A\times B) = \frac{V_{A\times B}}{V_e} = \frac{0.48611}{1} = 0.48611$

(3) 교호작용을 풀링한 후의 분산분석표

요인	제곱합	자유도	평균제곱	분산비	$F_{0.95}$	$F_{0.99}$
A	17.83333	3	5.94444	7.17321**	3.16	5.09
B	25.08333	2	12.54167	15.13415**	3.55	6.01
e	14.91667	18	0.82870			
T	57.83333	23				

(4) $\overline{x}_{i..}$를 최대로 하는 A_3수준과 $\overline{x}_{.j.}$를 최대로 하는 B_3을 선택하여 A_3B_3를 최적조합으로 한다.

점추정 $\hat{\mu}(A_3B_3) = \overline{x}_{3..} + \overline{x}_{.3.} - \overline{\overline{x}} = 55.6667 + 55.375 - 54.41667 = 56.62503$

구간추정 $\hat{\mu}(A_3B_3) = (\overline{x}_{3..} + \overline{x}_{.3.} - \overline{\overline{x}}) \pm t_{1-\alpha/2}(\nu_e)\sqrt{\frac{V_e}{n_e}}$

$= 56.62503 \pm t_{0.975}(18) \times \sqrt{\frac{0.82870}{4}}$

$55.66873 \le \mu(A_2B_3) \le 57.58133$

$n_e = \frac{\text{총실험횟수}}{\text{유의한 요인의 자유도의 합}+1}$

$= \frac{lmr}{(l-1)+(m-1)+1} = \frac{4\times3\times2}{(4-1)+(3-1)+1} = 4$

17. 다음 물음에 답하시오.

(1) A가 4수준, B가 3수준인 반복이 없는 2요인실험에서 유효반복수 n_e를 구하시오.

(2) A가 4수준, B가 3수준, 반복 2회의 2요인실험에서 교호작용이 무시되지 않을 때 유효반복수 n_e를 구하시오.

(3) A가 4수준, B가 3수준, 반복 2회의 2요인실험에서 교호작용이 무시될 때 유효반복수 n_e를 구하시오.

(4) (2)와 (3)을 비교할 때 어떤 항이 더 실험설계 시 더 유리한가?

해답 (1) $n_e = \dfrac{\text{총실험횟수}}{\text{유의한 요인의 자유도의 합}+1}$

$$= \frac{lm}{(l-1)+(m-1)+1} = \frac{4\times 3}{(4-1)+(3-1)+1} = 2$$

(2) $n_e = r = 2$

(3) $n_e = \dfrac{\text{총실험횟수}}{\text{유의한 요인의 자유도의 합}+1}$

$$= \frac{lmr}{(l-1)+(m-1)+1} = \frac{4\times 3\times 2}{(4-1)+(3-1)+1} = 4$$

(4) 교호작용 $A\times B$가 유의한 경우 교호작용 $A\times B$의 변동을 분리할 수 있으므로 실험오차의 변동이 작아지고 실험의 효율성이 높아지기 때문에 (2)가 더 유리하다.

18. A 모수모형, B 변량모형의 반복 없는 2요인실험에서 데이터의 구조식은 $x_{ij} = \mu + a_i + b_j + e_{ij}$이다. 다음 빈칸을 채우시오.

	데이터의 구조
A_i 수준의 평균	(1)
B_j 수준의 평균	(2)
총평균	(3)

해답 (1) $\overline{x}_{i\cdot} = \mu + a_i + \overline{b} + \overline{e}_{i\cdot}$

(2) $\overline{x}_{\cdot j} = \mu + b_j + \overline{e}_{\cdot j}$

(3) $\overline{\overline{x}} = \mu + \overline{b} + \overline{\overline{e}}$

19. A 모수모형, B 변량모형으로 반복 있는 2요인실험의 결과 다음과 같은 분산분석표를 얻었다.

요인	SS	DF	MS
A	327	3	109
B	181	2	90.5
$A\times B$	35	6	5.8
e	305	12	25.4
T	848	23	

(1) 평균제곱의 기댓값 $E(V_A)$, $E(V_B)$, $E(V_{A\times B})$를 구하시오.

(2) $\hat{\sigma}_B^2$ 를 구하시오.

(3) 요인 A의 검정통계량을 구하시오.

해답 (1) $E(V_A)=\sigma_e^2+r\sigma_{A\times B}^2+mr\sigma_A^2=\sigma_e^2+2\sigma_{A\times B}^2+6\sigma_A^2$

$E(V_B)=\sigma_e^2+lr\sigma_B^2=\sigma_e^2+8\sigma_B^2$

$E(V_{A\times B})=\sigma_e^2+r\sigma_{A\times B}^2=\sigma_e^2+2\sigma_{A\times B}^2$

(2) $\hat{\sigma}_B^2=\dfrac{V_B-V_e}{lr}=\dfrac{90.5-25.4}{4\times 2}=8.1375$

(3) $F_0(A)=\dfrac{V_A}{V_{A\times B}}=\dfrac{109}{5.8}=18.79310$

20. 어떤 중간원료로부터 제품이 되는 공정에 있어서 제품의 생성률에 관한 영향을 조사할 목적으로, 원료 로트(B) 중에서 랜덤하게 3로트를 택하고, 가열온도 (A)를 3수준으로 변화시켜 반복 2회의 실험을 하였다.

(1) 교호작용 $A\times B$의 자유도를 구하시오.

(2) 평균제곱의 기댓값 $E(V_A)$, $E(V_B)$를 구하시오.

(3) $\hat{\sigma}_B^2$ 및 교호작용의 분산의 추정치 $\hat{\sigma}_{A\times B}^2$를 구하는 공식을 쓰시오.

(4) 요인 A의 검정통계량을 구하는 공식을 쓰시오.

해답 (1) $\nu_{A\times B}=(l-1)(m-1)=2\times 2=4$

(2) $E(V_A)=\sigma_e^2+r\sigma_{A\times B}^2+mr\sigma_A^2=\sigma_e^2+2\sigma_{A\times B}^2+6\sigma_A^2$

$E(V_B)=\sigma_e^2+lr\sigma_B^2=\sigma_e^2+6\sigma_B^2$

(3) $\hat{\sigma}_B^2 = \dfrac{V_B - V_e}{lr}$

$\hat{\sigma}_{A\times B}^2 = \dfrac{V_{A\times B} - V_e}{r}$

(4) $F_0(A) = \dfrac{V_A}{V_{A\times B}}$

21. 어떤 원료가 가마 속에 들어있다. 다수의 가마에서 랜덤하게 3개(B_1, B_2, B_3)를 취하여, 각 가마터에서 A_1=외층, A_2=중층, A_3=내층의 3가지 위치에서 불순물을 측정하였다. 실험은 2회 반복으로 랜덤하게 실시하였다. 그런데 A_3B_2조합에서 측정이 잘못되어 하나의 결측치가 발생하였다. 결측치를 추정하시오. (단, B요인은 변량요인임)

	B_1	B_2	B_3
A_1	3.5 3.8	3.4 3.3	3.1 2.8
A_2	2.5 2.8	2.7 2.6	2.4 2.9
A_3	2.8 2.6	3.3 –	3.5 3.6

해답 반복있는 2요인실험에서 결측치 추정은 수준조합에서 나머지 데이터의 평균으로 한다.

$\hat{y} = \bar{x}_{32\cdot} = \dfrac{3.3}{2-1} = 3.3$

22. 어떤 기계의 소음을 줄이기 위하여 연구한 결과 모터의 베어링 부분에 대하여 조립 후의 베어링 유격(A)과 진동상태(B)가 소음의 요인임을 알 수 있었다.

(1) 볼 베어링의 유격을 $A_1 = 0\mu$, $A_2 = 5\mu$, $A_3 = 10\mu$의 3수준으로, 그리고 진동상태를 $B_1 = 40\mu$, $B_2 = 110\mu$, $B_3 = 180\mu$로 변화시켜 가면서 1회씩 시험한 경우 데이터의 구조식을 구하시오. (단, $a_i = A_i$가 주는 효과, $b_j = B_j$가 주는 효과로 나타내시오.)

(2) 요인 $A_i(i = 1, 2, 3\ \ )$가 주는 효과의 평균을 구하시오.

(3) 각 수준을 조합한 조건 A_iB_j에서 실험을 반복 3회 한다면 1회씩만 실험한 것과 비교할 때 어떤 이점을 가지고 있는가? 3가지만 쓰시오.

(4) (3)의 실험에서 전체의 실험, 즉 $3\times3\times3 = 27$회를 랜덤하게 실시하였을 때 오차항(e_{ij})에 가장 중요한 4가지는 무엇인가?

해답 (1) 반복없는 2요인실험의 모수모형 데이터의 구조식

$x_{ij} = \mu + a_i + b_j + e_{ij}$

(2) 요인 A가 모수요인이므로

$\sum_{i=1}^{3} a_i = 0$ 이다. 따라서 $\overline{a} = 0$이다.

(3) 반복의 이점

① 교호작용을 분리하여 구할 수 있다.

② 주효과에 대한 검출력이 좋아진다.

③ 수준수가 적더라도 반복의 크기를 적절히 조절하여 검출력을 높일 수 있다.

④ 반복한 데이터로부터 실험의 재현성과 관리상태를 검토할 수 있다.

(4) 오차항의 성질

① 정규성 : e_{ij}는 정규분포를 따른다.

② 독립성 : e_{ij}는 서로 독립이다.

③ 불편성 : e_{ij}의 기댓값은 항상 0이다.

④ 등분산성 : e_{ij}는 모두 동일한 분산을 갖는다.

23. 결측치가 존재하는 경우 결측치 처리방법에 대해 설명하시오.

(1) 반복이 일정한 1요인실험

(2) 반복이 없는 2요인실험

(3) 반복이 있는 2요인실험

해답 (1) 반복이 일정한 1요인실험 : 결측치를 무시하고 그대로 분석한다.

(2) 반복이 없는 2요인실험 : Yates의 방법으로 결측치를 추정하여 대체시킨다.

(3) 반복이 있는 2요인실험 : 결측치가 들어있는 조합에서 나머지 데이터들의 평균치로 결측치를 대체한다.

4 다요인실험 (기사)

4-1 반복이 없는 3요인실험(3요인 모두 모수)

(1) 데이터 구조식

$$x_{ijk} = \mu + a_i + b_j + c_k + (ab)_{ij} + (bc)_{jk} + (ac)_{ik} + e_{ijk}$$

(2) 분산분석표

요인	SS	DF	MS	F_0	$E(MS)$
A	$\sum \frac{T_{i\cdot\cdot}^2}{mn} - CT$	$l-1$	V_A	V_A/V_e	$\sigma_e^2 + mn\sigma_A^2$
B	$\sum \frac{T_{\cdot j\cdot}^2}{ln} - CT$	$m-1$	V_B	V_B/V_e	$\sigma_e^2 + ln\sigma_B^2$
C	$\sum \frac{T_{\cdot\cdot k}^2}{lm} - CT$	$n-1$	V_C	V_C/V_e	$\sigma_e^2 + lm\sigma_C^2$
$A\times B$	$S_{AB} - S_A - S_B$	$(l-1)(m-1)$	$V_{A\times B}$	$V_{A\times B}/V_e$	$\sigma_e^2 + n\sigma_{A\times B}^2$
$A\times C$	$S_{AC} - S_A - S_C$	$(l-1)(n-1)$	$V_{A\times C}$	$V_{A\times C}/V_e$	$\sigma_e^2 + m\sigma_{A\times C}^2$
$B\times C$	$S_{BC} - S_B - S_C$	$(m-1)(n-1)$	$V_{B\times C}$	$V_{B\times C}/V_e$	$\sigma_e^2 + l\sigma_{B\times C}^2$
e	$S_T - (S_A + S_B + S_C$ $+ S_{A\times B} + S_{A\times C} + S_{B\times C})$	$(l-1)(m-1)(n-1)$	V_e		σ_e^2
T	$\sum\sum\sum x_{ijk}^2 - CT$	$lmn-1$			

$$S_{AB} = \sum_i \sum_j \frac{T_{ij\cdot}^2}{n} - CT, \quad S_{AC} = \sum_i \sum_k \frac{T_{i\cdot k}^2}{m} - CT, \quad S_{BC} = \sum_j \sum_k \frac{T_{\cdot jk}^2}{l} - CT$$

(3) 분산분석 후의 추정

주효과만이 유의한 경우(유의하지 않은 교호작용 $A\times B$, $A\times C$, $B\times C$를 오차항에 pooling하여 그 평균제곱을 V_e'라고 하는 경우)

① 점추정치 : $\mu(A_iB_jC_k)=x_{i..}+x_{.j.}+x_{..k}-2\bar{\bar{x}}$

② 신뢰구간 : $(\bar{x}_{i..}+\bar{x}_{j..}+\bar{x}_{k..}-2\bar{\bar{x}})\pm t_{1-\alpha/2}(\nu_e')\sqrt{\dfrac{V_e'}{n_e}}$

$$V_e'=\frac{S_e'}{\nu_e'}=\frac{S_e+S_{A\times B}+S_{B\times C}+S_{A\times C}}{\nu_e+\nu_{A\times B}+\nu_{B\times C}+\nu_{A\times C}}$$

$$n_e=\frac{lmn}{\nu_A+\nu_B+\nu_C+1}$$

4-2 반복 없는 3요인실험(A, B는 모수, C는 변량인 경우)

(1) 분산분석표

요인	SS	DF	MS	F_0	$E(V)$
A	S_A	$l-1$	V_A	$V_A/V_{A\times C}$	$\sigma_e^2+m\sigma_{A\times C}^2+mn\sigma_A^2$
B	S_B	$m-1$	V_B	$V_B/V_{B\times C}$	$\sigma_e^2+l\sigma_{B\times C}^2+ln\sigma_B^2$
C	S_C	$n-1$	V_C	V_C/V_e	$\sigma_e^2+lm\sigma_C^2$
$A\times B$	$S_{A\times B}$	$(l-1)(m-1)$	$V_{A\times B}$	$V_{A\times B}/V_e$	$\sigma_e^2+n\sigma_{A\times B}^2$
$A\times C$	$S_{A\times C}$	$(l-1)(n-1)$	$V_{A\times C}$	$V_{A\times C}/V_e$	$\sigma_e^2+m\sigma_{A\times C}^2$
$B\times C$	$S_{B\times C}$	$(m-1)(n-1)$	$V_{B\times C}$	$V_{B\times C}/V_e$	$\sigma_e^2+l\sigma_{B\times C}^2$
e	S_e	$(l-1)(m-1)(n-1)$	V_e		σ_e^2
T	S_T	$lmn-1$			

(2) 분산분석 후의 추정

요인 C가 변량요인이므로 σ_C^2, $\sigma_{A\times C}^2$, $\sigma_{B\times C}^2$ 의 추정에 의미가 있다.

$$\hat{\sigma}_C^2 = \frac{V_C - V_e}{lm}$$

$$\hat{\sigma}_{A\times C}^2 = \frac{V_{A\times C} - V_e}{m}$$

$$\hat{\sigma}_{B\times C}^2 = \frac{V_{B\times C} - V_e}{l}$$

4-3 반복 있는 3요인실험 (A, B, C 모두 모수요인인 경우)

(1) 분산분석표

요인	SS	DF	MS	$E(MS)$	F_0
A	S_A	$l-1$	V_A	$\sigma_e^2 + mnr\sigma_A^2$	V_A / V_e
B	S_B	$m-1$	V_B	$\sigma_e^2 + lnr\sigma_B^2$	V_B / V_e
C	S_C	$n-1$	V_C	$\sigma_e^2 + lmr\sigma_C^2$	V_C / V_e
$A\times B$	$S_{A\times B}$	$(l-1)(m-1)$	$V_{A\times B}$	$\sigma_e^2 + nr\sigma_{A\times B}^2$	$V_{A\times B} / V_e$
$A\times C$	$S_{A\times C}$	$(l-1)(n-1)$	$V_{A\times C}$	$\sigma_e^2 + mr\sigma_{A\times C}^2$	$V_{A\times C} / V_e$
$B\times C$	$S_{B\times C}$	$(m-1)(n-1)$	$V_{B\times C}$	$\sigma_e^2 + lr\sigma_{B\times C}^2$	$V_{B\times C} / V_e$
$A\times B\times C$	$S_{A\times B\times C}$	$(l-1)(m-1)(n-1)$	$V_{A\times B\times C}$	$\sigma_e^2 + r\sigma_{A\times B\times C}^2$	$V_{A\times B\times C} / V_e$
e	S_e	$lmn(r-1)$	V_e	σ_e^2	
T	S_T	$lmnr-1$			

예상문제

다요인실험

01. 모수요인의 3요인실험(반복수 없음)에서 A(3수준), B(2수준), C(3수준) 요인으로 했을 때 다음과 같이 편차제곱의 합이 구해졌다면 아래 표의 ( )를 메우시오.

요인	SS	ν	$E(MS)$
A	260	(①)	(⑨)
B	192	(②)	(⑩)
C	82	(③)	(⑪)
$A\times B$	32	(④)	(⑫)
$A\times C$	146	(⑤)	(⑬)
$B\times C$	96	(⑥)	(⑭)
e	110	(⑦)	(⑮)
T		(⑧)	

해답 ① $\nu_A = l-1 = 3-1 = 2$

② $\nu_B = m-1 = 2-1 = 1$

③ $\nu_C = n-1 = 3-1 = 2$

④ $\nu_{A\times B} = (l-1)(m-1) = 2\times 1 = 2$

⑤ $\nu_{A\times C} = (l-1)(n-1) = 2\times 2 = 4$

⑥ $\nu_{B\times C} = (m-1)(n-1) = 1\times 2 = 2$

⑦ $\nu_e = (l-1)(m-1)(n-1) = 2\times 1\times 2 = 4$

⑧ $\nu_T = lmn-1 = 18-1 = 17$

⑨ $E(V_A) = \sigma_e^2 + mn\sigma_A^2 = \sigma_e^2 + 6\sigma_A^2$

⑩ $E(V_B) = \sigma_e^2 + ln\sigma_B^2 = \sigma_e^2 + 9\sigma_B^2$

⑪ $E(V_C) = \sigma_e^2 + lm\sigma_C^2 = \sigma_e^2 + 6\sigma_C^2$

⑫ $E(V_{A\times B}) = \sigma_e^2 + n\sigma_{A\times B}^2 = \sigma_e^2 + 3\sigma_{A\times B}^2$

⑬ $E(V_{A\times C}) = \sigma_e^2 + m\sigma_{A\times C}^2 = \sigma_e^2 + 2\sigma_{A\times C}^2$

⑭ $E(V_{B\times C}) = \sigma_e^2 + l\sigma_{B\times C}^2 = \sigma_e^2 + 3\sigma_{B\times C}^2$

⑮ $E(V_e) = \sigma_e^2$

02. 어떤 화학제품의 합성반응공정에서 합성률(%)을 향상시킬 수 있는가를 검토하기 위하여 합성반응의 중요한 요인이라고 생각되는 세 가지 요인을 선택하였다. 현재 사용되고 있는 합성조건은 반응압력 8kg/cm^2(A_1), 반응시간 1.5hr(B_1), 반응온도 140℃ (C_1)인데, 이들의 값을 약간 올려주는 것이 합성률을 크게 할 것이라고 예측하고 다음과 같은 수준들을 선택했다.

- 반응압력(kg/cm^2) : $A_1 = 8$, $A_2 = 10$, $A_3 = 12$
- 반응시간(hr) : $B_1 = 1.5$, $B_2 = 2.0$, $B_3 = 2.5$
- 반응온도(℃) : $C_1 = 140$, $C_2 = 150$, $C_3 = 160$

반복이 없는 3요인실험으로 총 27회 실험을 완전 랜덤하게 실시하여 〈표〉의 데이터를 얻었다. 3요인 모두 모수요인이라고 할 때 다음 물음에 답하시오.

		A_1	A_2	A_3
B_1	C_1	74	61	50
	C_2	86	78	70
	C_3	76	71	60
B_2	C_1	72	62	49
	C_2	91	81	68
	C_3	87	77	64
B_3	C_1	48	55	52
	C_2	65	72	69
	C_3	56	63	60

(1) 분산분석표를 작성하시오.

(2) 교호작용이 유의하지 않으면 오차항에 풀링하여 분산분석표를 작성하시오.

해답 (1) 분산분석표

요인	SS	DF	MS	F_0	$F_{0.95}$	$F_{0.99}$	$E(MS)$
A	743.62963	2	371.81482	164.57372**	4.46	8.65	$\sigma_e^2+9\sigma_A^2$
B	753.40741	2	376.70371	166.73765**	4.46	8.65	$\sigma_e^2+9\sigma_B^2$
C	1,380.96296	2	690.48148	305.62285**	4.46	8.65	$\sigma_e^2+9\sigma_C^2$
$A\times B$	651.92592	4	162.98148	72.13932**	3.84	7.01	$\sigma_e^2+3\sigma_{A\times B}^2$
$A\times C$	9.03704	4	2.25926	1.00000	3.84	7.01	$\sigma_e^2+3\sigma_{A\times C}^2$
$B\times C$	56.59259	4	14.14815	6.26229*	3.84	7.01	$\sigma_e^2+3\sigma_{B\times C}^2$
e	18.07408	8	2.25926				σ_e^2
T	3,613.62963	26					

① $CT=\dfrac{T^2}{lmn}=\dfrac{1,817^2}{3\times3\times3}=122,277.37037$

② $S_T=\sum\sum\sum x_{ijk}^2-CT=125,891-\dfrac{1,817^2}{27}=3,613.92963$

③ $S_A=\sum\dfrac{T_{i\cdot\cdot}^2}{mn}-CT=\dfrac{1}{9}(655^2+620^2+542^2)-\dfrac{1,817^2}{27}=743.62963$

④ $S_B=\sum\dfrac{T_{\cdot j\cdot}^2}{ln}-CT=\dfrac{1}{9}(626^2+651^2+540^2)-\dfrac{1,817^2}{27}=753.40714$

⑤ $S_C=\sum\dfrac{T_{\cdot\cdot k}^2}{lm}-CT=\dfrac{1}{9}(523^2+680^2+614^2)-\dfrac{1,817^2}{27}=1380.96296$

⑥ $S_{AB}=\sum_i\sum_j\dfrac{T_{ij\cdot}^2}{n}-CT=\dfrac{373,279}{3}-\dfrac{1,817^2}{27}=2,148.96296$

$S_{A\times B}=S_{AB}-S_A-S_B=2,148.96296-743.62963-753.40741=651.92592$

⑦ $S_{AC}=\sum_i\sum_k\dfrac{T_{i\cdot k}^2}{m}-CT=\dfrac{373,233}{3}-\dfrac{1,817^2}{27}=9.30704$

$S_{A\times C}=S_{AC}-S_A-S_C=2,133.62963-743.62963-1,380.96296=9.03704$

⑧ $S_{BC}=\sum_j\sum_k\dfrac{T_{\cdot jk}^2}{l}-CT=\dfrac{373,405}{3}-\dfrac{1,817^2}{27}=2,190.96296$

$S_{B\times C}=S_{BC}-S_B-S_C=2,190.96296-753.40714-1,380.96296=56.59259$

⑨ $S_e=S_T-(S_A+S_B+S_C+S_{A\times B}+S_{A\times C}+S_{B\times C})$

$3,613.62963-743.62963-753.40741-1,380.96296-651.92592-9.03704$

$-56.59259=18.07408$

⑩ $\nu_T = lmn-1 = 27-1 = 26$, $\nu_A = l-1 = 3-1 = 2$, $\nu_B = m-1 = 3-1 = 2$,
$\nu_C = n-1 = 3-1 = 2$
$\nu_{A\times B} = (l-1)(m-1) = 2\times 2 = 4$, $\nu_{A\times C} = (l-1)(n-1) = 2\times 2 = 4$,
$\nu_{B\times C} = (m-1)(n-1) = 2\times 2 = 4$,
$\nu_e = (l-1)(m-1)(n-1) = 2\times 2\times 2 = 8$

(2) $A\times C$는 유의수준 $\alpha = 0.05$에서 기각치 $F_{0.95}(4, 8) = 3.84$보다도 작으므로 이를 오차항에 풀링시켜 다음과 같이 새로운 분산분석표를 작성한다.

요인	S	ν	V	F_0	$F_{0.95}$	$F_{0.99}$
A	743.62963	2	371.81482	164.57372**	3.89	6.93
B	753.40741	2	376.70371	166.73765**	3.89	6.93
C	1,380.96296	2	690.48148	305.62285**	3.89	6.93
$A\times B$	651.92592	4	162.98148	72.13932**	3.26	5.41
$B\times C$	56.59259	4	14.14815	6.26229**	3.26	5.41
e'	27.11112	12	2.25926			
T	3,613.62963	26				

03. A(모수, 3수준), B(모수, 4수준), C(모수, 5수준)의 3요인에 대해 반복수 2인 3요인 실험을 하여 분석하려고 한다. 교호작용으로서 $A\times B$와 $A\times C$만을 고려한다면 분산분석을 할 경우 각 요인의 불편분산의 기대치 $E(MS)$는 어떻게 되겠는가? 그 내용을 요약하여 표로 작성하시오.

해답

요인	SS	DF	$E(MS)$
A	S_A	$l-1=2$	$\sigma_e^2 + 40\sigma_A^2$
B	S_B	$m-1=3$	$\sigma_e^2 + 30\sigma_B^2$
C	S_C	$n-1=4$	$\sigma_e^2 + 24\sigma_C^2$
$A\times B$	$S_{A\times B}$	$(l-1)(m-1)=6$	$\sigma_e^2 + 10\sigma_{A\times B}^2$
$A\times C$	$S_{A\times C}$	$(l-1)(n-1)=8$	$\sigma_e^2 + 8\sigma_{A\times C}^2$
e'	S_e'	$l(mnr-m-n+1)=96$	σ_e^2
T	S_T	$lmnr-1=119$	

04. 모수요인 A의 수준이 l이고, 모수요인 B의 수준이 m이며, 변량요인 R의 수준이 r인 반복이 없는 3요인실험에서 각 요인에 대한 제곱평균의 기대치 $E(V)$를 작성하시오.

해답

요인	$E(V)$
A	$\sigma_e^2 + m\sigma_{A\times R}^2 + mr\sigma_A^2$
B	$\sigma_e^2 + l\sigma_{B\times R}^2 + lr\sigma_B^2$
R	$\sigma_e^2 + lm\sigma_R^2$
$A\times B$	$\sigma_e^2 + r\sigma_{A\times B}^2$
$A\times R$	$\sigma_e^2 + m\sigma_{A\times R}^2$
$B\times R$	$\sigma_e^2 + l\sigma_{B\times R}^2$
e	σ_e^2

05. 요인수가 3개(A, B, C)인 반복있는 3요인실험에서 각 요인 수준이 차례로 l, m, n이고 반복수가 r이다. A, B는 모수요인, C가 변량요인일 때 평균제곱의 기댓값을 구하시오.

요인	$E(MS)$
A	$\sigma_e^2 + mr\sigma_{A\times C}^2 + mnr\sigma_A^2$
B	$\sigma_e^2 + lr\sigma_{B\times C}^2 + lnr\sigma_B^2$
C	$\sigma_e^2 + lmr\sigma_C^2$
$A\times B$	$\sigma_e^2 + r\sigma_{A\times B\times C}^2 + nr\sigma_{A\times B}^2$
$A\times C$	$\sigma_e^2 + mr\sigma_{A\times C}^2$
$B\times C$	$\sigma_e^2 + lr\sigma_{B\times C}^2$
$A\times B\times C$	$\sigma_e^2 + r\sigma_{A\times B\times C}^2$
e	σ_e^2

5 대비와 직교분해

1 선형식

$$L = c_1x_1 + c_2x_2 + \cdots + c_nx_n$$

단, c_1, c_2, $c_3 \cdots c_n$은 전부가 동시에 0이 아니다.

2 대비

$$c_1 + c_2 + \cdots + c_n = 0$$

3 단위수

$$D = c_1^2 + c_2^2 + \cdots + c_n^2$$

4 변동

$S_L = \dfrac{L^2}{D}$ 이 되며, 자유도는 1이다.

5 직교

2개의 대비

$L_1 = c_1T_{1\cdot} + c_2T_{2\cdot} + \cdots + c_lT_{l\cdot}$

$L_2 = d_1T_{1\cdot} + d_2T_{2\cdot} + \cdots + d_lT_{l\cdot}$가 있을 때

$c_1d_1 + c_2d_2 + \cdots + c_ld_l = 0$이 성립하면 두 개의 대비는 서로 직교한다고 말한다.

예상문제

대비와 직교분해

01. 한국인 6명과 미국인 4명의 신장을 측정하여 가평균 신장 170cm로부터 차를 다음과 같이 얻었다.
(단위 : cm)

A_1(한국인) : −5, −14, −13, 2, −8, −4
A_2(미국인) : 14, 0, 8, 10

(1) 민족간 평균신장의 차에 대한 선형식은?
(2) 선형식이 대비임을 증명하시오.
(3) 민족간 평균신장의 차의 변동(즉, L의 변동)은?

해답 (1) 선형식

$$L = \frac{T_{1\cdot}}{6} - \frac{T_{2\cdot}}{4}$$

(2) $\sum c_i = 0$이면 대비

$$\left(6 \times \frac{1}{6}\right) + \left(4 \times - \frac{1}{4}\right) = 0$$

따라서 L은 대비이다.

(3) 변동(제곱합)

$$S_L = \frac{L^2}{D} = \frac{\left[\frac{(-42)}{6} - \frac{32}{4}\right]^2}{\left(\frac{1}{6}\right)^2 \times 6 + \left(-\frac{1}{4}\right)^2 \times 4} = 540$$

02. 4종류 플라스틱 제품 A_1 = 자기회사 제품, A_2 = 국내 C회사 제품, A_3 = 국내 D회사 제품, A_4 = 외국제품에 대하여 각각 10개, 6개, 6개, 2개씩의 표본을 취하여 강도(kg/cm^2)를 측정하였다. 이 실험의 목적은 4종류의 제품간에 구체적으로 다음과 같은 것을 비교하고 싶은 것이다.

L_1 = 외국제품과 한국제품의 차
L_2 = 자기회사제품과 국내 타회사제품의 차
L_3 = 국내 타회사제품간의 차

A의 수준	데이터	표본의 크기	계
A_1	20, 18, 19, 17, 17, 22, 18, 13, 16, 15	10	175
A_2	25, 23, 28, 26, 19, 26	6	147
A_3	24, 25, 18, 22, 27, 24	6	140
A_4	14, 12	2	26
계		24	488

(1) 선형식 L_1, L_2, L_3를 구하시오.
(2) 각 선형식의 제곱합 S_{L_1}, S_{L_2}, S_{L_3}를 구하시오.
(3) 다음의 데이터로부터 대비의 변동을 포함한 분산분석표를 작성하시오.
(4) 대비인지 증명하시오.
(5) 선형식 L_1과 L_2는 서로 직교하는지 증명하시오.

해답 (1) 선형식

$$L_1 = \frac{T_{4\cdot}}{2} - \frac{T_{1\cdot} + T_{2\cdot} + T_{3\cdot}}{22}$$

$$L_2 = \frac{T_{1\cdot}}{10} - \frac{T_{2\cdot} + T_{3\cdot}}{12}$$

$$L_3 = \frac{T_{2\cdot}}{6} - \frac{T_{3\cdot}}{6}$$

(2) 선형식의 제곱합

$$S_{L_1} = \frac{L_1^2}{\sum_{i=1}^{4} m_i c_i^2} = \frac{\left(\frac{26}{2} - \frac{175+147+140}{22}\right)^2}{\left(\frac{1}{2}\right)^2 \times 2 + \left(-\frac{1}{22}\right)^2 \times 10 + \left(-\frac{1}{22}\right)^2 \times 6 + \left(-\frac{1}{22}\right)^2 \times 6}$$

$$= 117.33333$$

$$S_{L_2}=\frac{\left(\frac{175}{10}-\frac{147+140}{12}\right)^2}{\left(\frac{1}{10}\right)^2\times10+\left(-\frac{1}{12}\right)^2\times6+\left(-\frac{1}{12}\right)^2\times6}=224.58333$$

$$S_{L_3}=\frac{\left(\frac{147}{6}-\frac{140}{6}\right)^2}{\left(\frac{1}{6}\right)^2\times6+\left(-\frac{1}{6}\right)^2\times6}=4.08333$$

(3) 분산분석표

요인	SS	DF	MS	F_0	$F_{0.95}$	$F_{0.99}$
A	346.0000	3	115.33333	14.66101**	3.10	4.94
L_1	117.33333	1	117.33333	14.91525**	4.35	8.10
L_2	224.58336	1	224.58336	28.54872**	4.35	8.10
L_3	4.08333	1	4.08333	0.51907	4.35	8.10
e	157.33333	20	7.86667			
T	503.33333	23				

① $S_T=\sum_i\sum_j x_{ij}^2-CT=10,426-\frac{(488)^2}{24}=503.33333$

② $S_A=\sum_{i=1}^{4}\frac{T_{i\cdot}^2}{m}-\frac{T^2}{N}=\frac{(175)^2}{10}+\frac{(147)^2}{6}+\frac{(140)^2}{6}+\frac{(26)^2}{2}-\frac{(488)^2}{24}$

$=346.0000$

③ $S_e=S_T-S_A=157.33333$

④ $\nu_A=l-1=4-1=3,\ \nu_{L_1}=\nu_{L_2}=\nu_{L_3}=1,\ \nu_T=N-1=24-1=23,$

$\nu_e=\nu_T-\nu_A=23-3=20$

⑤ 선형식 L_1, L_2는 매우 유의하나 L_3는 유의하지 않다.

(4) 대비

$\left(\frac{1}{2}\right)\times2+\left(-\frac{1}{22}\right)\times22=0,\qquad \left(\frac{1}{10}\right)\times10+\left(-\frac{1}{12}\right)\times12=0$

$\left(\frac{1}{6}\right)\times6+\left(-\frac{1}{6}\right)\times6=0$ 이므로 선형식 L_1, L_2, L_3 각각은 대비이다.

(5) 직교

$\left(\frac{1}{2}\right)\times0+\left(-\frac{1}{22}\right)\times\left(\frac{1}{10}\right)\times10+\left(-\frac{1}{22}\right)\times\left(-\frac{1}{12}\right)\times6+\left(-\frac{1}{22}\right)\times\left(-\frac{1}{12}\right)\times6=0$

이므로 두 선형식은 직교한다.

03. A_1(외국제품), A_2(국내 자사제품), A_3(국내 타사제품)에 대하여 각각 6, 7, 7씩 샘플을 취하여 시험한 경우, 외국제품과 국내제품의 차에 대한 변동을 구하시오. (단, 각 수준의 합계는 $A_1 = 55$, $A_2 = 43$, $A_3 = 40$이다.)

해답 선형식 $L = \frac{A_1}{6} - \frac{A_2 + A_3}{14}$

$$S_{L_1} = \frac{L^2}{D} = \frac{\left(\frac{55}{6} - \frac{43+40}{14}\right)^2}{\left(\frac{1}{6}\right)^2 \times 6 + \left(-\frac{1}{14}\right)^2 \times 7 + \left(-\frac{1}{14}\right)^2 \times 7} = 44.03810$$

04. 어떤 화학처리 공정에서 가공순위 A를 3수준으로 각각 6회의 실험을 행하여 제품에 포함된 불순물의 함유량을 측정한 결과 다음과 같은 데이터를 얻었다. $L_1 = \frac{A_1}{6} - \frac{A_2}{6}$일 때 S_{L_1}을 구하시오. (단, 단위 0.01%)

	1	2	3	4	5	6
A_1	13	7	11	3	4	16
A_2	3	4	5	7	8	14
A_3	7	13	8	9	15	5

해답 $S_L = \frac{L^2}{D} = \frac{\left(\frac{54}{6} - \frac{41}{6}\right)^2}{\left(\frac{1}{6}\right)^2 \times 6 + \left(-\frac{1}{6}\right)^2 \times 6} = 14.08338$

6 방격법

6-1 라틴방격법

(1) 분산분석표

$k \times k$ 라틴정방계획에 대한 분산분석표

요인	SS	DF	V	F_0	$E(V)$
A	$\sum_{i=1}^{k} \frac{T_{i\cdot\cdot}^2}{k} - CT$	$k-1$	V_A	V_A / V_e	${\sigma_e}^2 + k{\sigma_A}^2$
B	$\sum_{j=1}^{k} \frac{T_{\cdot j \cdot}^2}{k} - CT$	$k-1$	V_B	V_B / V_e	${\sigma_e}^2 + k{\sigma_B}^2$
C	$\sum_{l=1}^{k} \frac{T_{\cdot\cdot l}^2}{k} - CT$	$k-1$	V_C	V_C / V_e	${\sigma_e}^2 + k{\sigma_C}^2$
e	$S_T - S_A - S_B - S_C$	$(k-1)(k-2)$	V_e		${\sigma_e}^2$
T	$\sum_{i=1}^{k}\sum_{j=1}^{k}\sum_{l=1}^{k} x_{ijl}^2 - CT$	k^2-1			

(2) 추정

① A_i에서 모평균의 신뢰구간 : $\overline{x}_{i\cdot\cdot} \pm t_{1-\alpha/2}(\nu_e)\sqrt{\frac{V_e}{k}}$

② A, B가 유의하고 C가 무시될 수 있을 때 A_iB_j에서의 모평균의 추정

㉠ 점추정치 : $\hat{\mu}(A_iB_j) = \overline{x}_{i\cdot\cdot} + \overline{x}_{\cdot j\cdot} - \overline{\overline{x}}$

㉡ 신뢰구간 : $(\overline{x}_{i\cdot\cdot} + \overline{x}_{\cdot j\cdot} - \overline{\overline{x}}) \pm t_{1-\alpha/2}(\nu_E)\sqrt{\frac{V_e}{n_e}}$ $\left(단,\ n_e = \frac{k^2}{(2k-1)}\right)$

③ $A_i\,B_j\,C_l$에서의 모평균의 추정

㉠ 점추정치 : $\hat{\mu}(A_iB_jC_l) = \overline{x}_{i\cdot\cdot} + \overline{x}_{\cdot j\cdot} + \overline{x}_{\cdot\cdot l} - 2\overline{\overline{x}}$

㉡ 신뢰구간 : $(\overline{x}_{i\cdot\cdot} + \overline{x}_{\cdot j\cdot} + \overline{x}_{\cdot\cdot l} - 2\overline{\overline{x}}) \pm t_{1-\alpha/2}(\nu_e)\sqrt{\dfrac{V_e}{n_e}}$ $\left(\text{단, } n_e = \dfrac{k^2}{(3k-2)}\right)$

6-2 그레코 라틴방격

(1) 분산분석표

$k \times k$ 그레코 라틴정방계획에 대한 분산분석표

요인	SS	DF	V	F_0	$E(V)$
A	$\sum_{i=1}^{k}\dfrac{T_{i\ldots}^2}{k} - CT$	$k-1$	V_A	V_A / V_e	$\sigma_e^2 + k\sigma_A^2$
B	$\sum_{j=1}^{k}\dfrac{T_{.j..}^2}{k} - CT$	$k-1$	V_B	V_B / V_e	$\sigma_e^2 + k\sigma_B^2$
C	$\sum_{l=1}^{k}\dfrac{T_{..l.}^2}{k} - CT$	$k-1$	V_C	V_C / V_e	$\sigma_e^2 + k\sigma_C^2$
D	$\sum_{m=1}^{k}\dfrac{T_{\ldots m}^2}{k} - CT$	$k-1$	V_D	V_D / V_e	$\sigma_e^2 + k\sigma_D^2$
e	$S_T - S_A - S_B - S_C - S_D$	$(k-1)(k-3)$	V_e		σ_e^2
T	$\sum_{i=1}^{k}\sum_{j=1}^{k}\sum_{l=1}^{k}\sum_{m=1}^{k} x_{ijlm}^2 - CT$	k^2-1			

(2) 추정

① 4요인의 수준조합에서 모평균의 추정

㉠ 점추정치 : $\mu\,(A_i\,B_j\,C_l\,D_m) = \overline{x}_{i\ldots} + \overline{x}_{.j..} + \overline{x}_{..l.} + \overline{x}_{\ldots m} - 3\,\overline{\overline{x}}$

㉡ 신뢰구간 : $(\overline{x}_{i\ldots} + \overline{x}_{.j..} + \overline{x}_{..l.} + \overline{x}_{\ldots m} - 3\,\overline{\overline{x}}) \pm t_{1-\alpha/2}(\nu_e)\sqrt{\dfrac{V_e}{n_e}}$

$\left(\text{단, } n_e = \dfrac{k^2}{(4k-3)}\right)$

예상문제

방격법

01. 동(銅) 전해의 양극찌꺼기 중에 포함되는 니켈을 회수하기 위하여 양극 찌꺼기에 황산을 가하여 오토클레이브 내에서 가압 침출을 행하였다. 이 니켈의 침출률에 영향을 미치는 원인으로 A(황산농도), B(침출시간), C(침출온도)를 선택하여 3×3 라틴방격법으로 배치하여 실험하였다.

	A_1	A_2	A_3
B_1	$C_1=64$	$C_2=67$	$C_3=76$
B_2	$C_2=73$	$C_3=81$	$C_1=65$
B_3	$C_3=83$	$C_1=68$	$C_2=75$

(1) 분산분석표를 작성하시오. ($E(MS)$ 포함)

(2) C의 각 수준의 모평균의 95% 신뢰구간을 추정하시오.

(3) $\mu(B_3C_3)$수준조합의 95% 신뢰구간을 추정하시오.

(4) $\mu(A_1B_3C_3)$수준조합의 95% 신뢰구간을 추정하시오.

해답 (1) 분산분석표

요인	SS	DF	MS	F_0	$F_{0.95}$	$F_{0.99}$	$E(MS)$
A	3.55556	2	1.7778	0.84212	19.0	99.0	$\sigma_e^2+3\sigma_A^2$
B	61.55556	2	30.7778	14.57897	19.0	99.0	$\sigma_e^2+3\sigma_B^2$
C	310.88889	2	155.44445	73.63162*	19.0	99.0	$\sigma_e^2+3\sigma_C^2$
e	4.22221	2	2.11111				σ_e^2
T	380.22222	8					

① $S_T=\sum\sum\sum x_{ijl}^2-CT=47,614-\dfrac{652^2}{9}=380.22222$

② $S_A=\sum\dfrac{T_{i\cdot\cdot}^2}{k}-CT=\dfrac{1}{3}(220^2+216^2+216^2)-\dfrac{652^2}{9}=3.55556$

③ $S_B=\sum\dfrac{T_{\cdot j\cdot}^2}{k}-CT=\dfrac{1}{3}(207^2+219^2+226^2)-\dfrac{652^2}{9}=61.55556$

④ $S_C = \sum \frac{T_{..l}^2}{k} - CT = \frac{1}{3}(197^2 + 215^2 + 240^2) - \frac{652^2}{9} = 310.88889$

⑤ $S_e = S_T - (S_A + S_B + S_C) = 4.22221$

⑥ $\nu_T = k^2 - 1 = 9 - 1 = 8, \quad \nu_A = \nu_B = \nu_C = k - 1 = 2,$

$\nu_e = (k-1)(k-2) = 2 \times 1 = 2$

⑦ $V_A = \frac{S_A}{\nu_A} = \frac{3.55556}{2} = 1.7778, \ V_B = \frac{S_B}{\nu_B} = \frac{61.55556}{2} = 30.7778,$

$V_C = \frac{S_C}{\nu_C} = \frac{310.88889}{2} = 155.44445, \ V_e = \frac{S_e}{\nu_e} = \frac{4.22221}{2} = 2.11111$

⑧ $F_0(A) = \frac{V_A}{V_e} = \frac{1.7778}{2.11111} = 0.84212, \ F_0(B) = \frac{V_B}{V_e} = \frac{30.7778}{2.11111} = 14.57897$

$F_0(C) = \frac{V_C}{V_e} = \frac{155.44445}{2.11111} = 73.63162$

(2) $\bar{x}_{..l} \pm t_{0.975}(2)\sqrt{\frac{2.11111}{3}}$

$\mu(C_1) = \frac{197}{3} \pm 4.303\sqrt{\frac{2.11111}{3}}, \ 62.05701 \le \mu(C_1) \le 69.27633$

$\mu(C_2) = \frac{215}{3} \pm 4.303\sqrt{\frac{2.11111}{3}}, \ 68.05701 \le \mu(C_2) \le 75.27633$

$\mu(C_3) = \frac{240}{3} \pm 4.303\sqrt{\frac{2.11111}{3}}, \ 76.39034 \le \mu(C_3) \le 83.60966$

(3) $\mu(B_3C_3)$수준조합의 95% 신뢰구간

$(\bar{x}_{.3.} + \overline{x_{..3}} - \bar{\bar{x}}) \pm t_{1-\frac{\alpha}{2}}(\nu_e)\sqrt{\frac{V_e}{n_e}}$

$\left(\frac{226}{3} + \frac{240}{3} - \frac{652}{9}\right) \pm t_{0.975}(2)\sqrt{\frac{2.11111}{1.8}}, \ n_e = \frac{k^2}{(2k-1)} = \frac{3^2}{5} = 1.8$

$78.22884 \le \mu(B_3C_3) \le 87.54894$

(4) $\mu(A_1B_3C_3)$수준조합의 95% 신뢰구간

$(\bar{x}_{1..} + \bar{x}_{.3.} + \bar{x}_{..3} - 2\bar{\bar{x}}) \ \pm t_{1-\alpha/2}(\nu_e)\sqrt{\frac{V_e}{n_e}} \ \left(\text{단}, \ n_e = \frac{k^2}{(3k-2)}\right)$

$\left(\frac{220}{3} + \frac{226}{3} + \frac{240}{3} - 2 \times \frac{652}{9}\right) \pm t_{0.975}(2)\sqrt{\frac{2.11111}{1.28571}}$

$n_e = \frac{k^2}{(3k-2)} = \frac{3^2}{7} = 1.28571$

$78.26392 \le \mu(A_1B_3C_3) \le 89.29163$

02. 5×5 라틴방격의 분산분석 결과 $V_e = 2.80$을 얻었다. 만약 C_1 수준에서의 평균이 $\overline{x}_{\cdot\cdot 1} = 78.92$라면 C_1 수준에서의 모평균 $\mu(C_1)$의 95% 신뢰구간을 구하시오. (단, 소수점이하 두 자리까지만 구하시오.)

해답 $\mu(C_1) = \overline{x}_{\cdot\cdot 1} \pm t_{1-\alpha/2}(\nu_e)\sqrt{\dfrac{V_e}{k}}$, $\quad \nu_e = (k-1)(k-2) = 12$

$$= 78.92 \pm t_{0.975}(12)\sqrt{\frac{2.8}{5}} = 78.92 \pm 1.63061$$

$77.29 \le \mu(C_1) \le 80.55$

03. 나일론 실의 방사 과정에서 일정 시간 동안 발생되는 사절수가 어떤 요인에 크게 영향을 받는가를 대략적으로 알아보기 위하여 3요인 A(연신온도), B(회전수), C(원료의 종류)를 각각 다음과 같이 4수준으로 잡고, 4×4 라틴방격법을 이용해 실험을 실시한 결과 다음과 같은 데이터를 얻었다. 물음에 답하시오.

	A_1	A_2	A_3	A_4
B_1	$C_3(15)$	$C_1(4)$	$C_4(8)$	$C_2(19)$
B_2	$C_1(5)$	$C_3(19)$	$C_2(9)$	$C_4(16)$
B_3	$C_4(15)$	$C_2(16)$	$C_3(19)$	$C_1(17)$
B_4	$C_2(19)$	$C_4(26)$	$C_1(14)$	$C_3(34)$

(1) 분산분석표를 작성하시오. ($E(MS)$포함)

(2) 최적수준조합의 95% 신뢰구간을 구하시오.

해답 (1) 분산분석표

요인	SS	DF	MS	F_0	$F_{0.95}$	$F_{0.99}$	$E(MS)$
A	195.1875	3	65.0625	16.701**	4.76	9.78	$\sigma_e^2 + 4\sigma_A^2$
B	349.6875	3	116.5625	29.920**	4.76	9.78	$\sigma_e^2 + 4\sigma_B^2$
C	276.6875	3	92.22917	23.674**	4.76	9.78	$\sigma_e^2 + 4\sigma_C^2$
e	23.3750	6	3.89583				σ_e^2
T	844.9375	15					

A, B, C 모든 요인이 유의수준 1%로 유의하다.

① $S_T = \sum\sum\sum x_{ijl}^2 - CT = 4909 - \dfrac{255^2}{16} = 844.9375$

② $S_A = \sum \frac{T_{i\cdot\cdot}^2}{k} - CT = \frac{1}{4}(54^2 + 65^2 + 50^2 + 86^2) - \frac{255^2}{16} = 195.1875$

③ $S_B = \sum \frac{T_{\cdot j\cdot}^2}{k} - CT = \frac{1}{4}(46^2 + 49^2 + 67^2 + 93^2) - \frac{255^2}{16} = 349.6875$

④ $S_C = \sum \frac{T_{\cdot\cdot l}^2}{k} - CT = \frac{1}{4}(40^2 + 63^2 + 87^2 + 65^2) - \frac{255^2}{16} = 276.6875$

⑤ $S_e = S_T - (S_A + S_B + S_C) = 23.3750$

⑥ $\nu_T = k^2 - 1 = 16 - 1 = 15$, $\nu_A = \nu_B = \nu_C = k - 1 = 3$,

$\nu_e = (k-1)(k-2) = 3 \times 2 = 6$

⑦ $V_A = \frac{S_A}{\nu_A} = \frac{195.1875}{3} = 65.0625$

$V_B = \frac{S_B}{\nu_B} = \frac{349.6875}{3} = 116.5625$

$V_C = \frac{S_C}{\nu_C} = \frac{276.6875}{3} = 92.22917$

$V_e = \frac{S_e}{\nu_e} = \frac{23.3750}{6} = 3.89583$

⑧ $F_0(A) = \frac{V_A}{V_e} = \frac{65.0625}{3.89583} = 16.701$

$F_0(B) = \frac{V_B}{V_e} = \frac{116.5625}{3.89583} = 29.920$

$F_0(C) = \frac{V_C}{V_e} = \frac{92.22917}{3.89583} = 23.674$

(2) A, B, C 모든 요인이 유의하다. 따라서 최적수준조합은 $\mu(A_3B_1C_1)$이다.

① **점추정치** : $(\bar{x}_{3\cdot\cdot} + \bar{x}_{\cdot 1\cdot} + \bar{x}_{\cdot\cdot 1} - 2\bar{\bar{x}}) = \frac{50}{4} + \frac{46}{4} + \frac{40}{4} - 2 \times \frac{225}{16} = 2.125$

② **유효반복수** : $n_e \equiv \frac{\text{총실험횟수}}{\text{유의한 요인의 자유도의 합} + 1} = \frac{k^2}{(3k-2)} = \frac{4^2}{10} = 1.6$

$(\bar{x}_{3\cdot\cdot} + \bar{x}_{\cdot 1\cdot} + \bar{x}_{\cdot\cdot 1} - 2\bar{\bar{x}}) \pm t_{1-\alpha/2}(\nu_e)\sqrt{\frac{V_e}{n_e}} = 2.125 \pm t_{0.975}(6)\sqrt{\frac{3.89583}{1.6}}$

$= (-,\ 5.94333)$

04. 나일론 실의 방사 과정에서 일정 시간 동안 발생되는 사절수가 어떤 요인에 크게 영향을 받는가를 대략적으로 알아보기 위하여 3요인 A(연신온도), B(회전수), C(원료의 종류)를 각각 4수준으로 잡고, 4×4 라틴방격법을 이용해 실험을 실시한 결과 다음과 같은 데이터를 얻었다. 분산분석표를 완성하시오.

	$T_{i\cdot\cdot}$	$\bar{x}_{i\cdot\cdot}$	$T_{\cdot j\cdot}$	$\bar{x}_{\cdot j\cdot}$	$T_{\cdot\cdot k}$	$\bar{x}_{\cdot\cdot k}$
1	54	13.50	46	11.50	40	10.00
2	65	16.25	49	12.25	63	15.75
3	50	12.50	67	16.75	87	21.75
4	86	21.50	93	23.25	65	16.25

요인	SS	DF	MS	F_0	$F_{0.95}$
A	195.1875				
B	349.6875				
C	276.6875				
e	23.3750				
T	844.9375				

해답

요인	SS	DF	MS	F_0	$F_{0.95}$
A	195.1875	3	65.0625	16.701*	4.76
B	349.6875	3	116.5625	29.920*	4.76
C	276.6875	3	92.22917	23.674*	4.76
e	23.3750	6	3.89583		
T	844.9375	15			

05. 나일론 실의 방사 과정에서 일정 시간 동안 발생되는 사절수가 어떤 요인에 크게 영향을 받는가를 대략적으로 알아보기 위하여 4요인 A(연신온도), B(회전수), C(원료의 종류), D(연신비)를 각각 다음과 같이 4수준으로 잡고, 총 16회 실험을 4×4 그레코 라틴방격법으로 행하였다.

	A_1	A_2	A_3	A_4
B_1	$C_2D_3(15)$	$C_1D_1(4)$	$C_3D_4(8)$	$C_4D_2(19)$
B_2	$C_4D_1(5)$	$C_3D_3(19)$	$C_1D_2(9)$	$C_2D_4(16)$
B_3	$C_1D_4(15)$	$C_2D_2(16)$	$C_4D_3(19)$	$C_3D_1(17)$
B_4	$C_3D_2(19)$	$C_4D_4(26)$	$C_2D_1(14)$	$C_1D_3(34)$

(1) 분산분석표를 작성하시오.
(2) 유의수준 5%로 검정하시오.
(3) 최적수준조합에 대한 95% 신뢰구간을 구하시오.
(4) $\mu(A_1B_2C_3D_4)$를 구간추정하기 위한 유효반복수(n_e)를 구하시오.

해답 (1) 분산분석표

요인	SS	DF	MS	F_0	$F_{0.95}$
A	195.18750	3	65.06250	14.26027*	9.28
B	349.68750	3	116.56250	25.54795*	9.28
C	9.68750	3	3.22917	0.70776	9.28
D	276.68750	3	92.22917	20.21164*	9.28
e	13.68750	3	4.56250		
T	844.93750	15			

① $S_T=\sum_{i=1}^{k}\sum_{j=1}^{k}\sum_{l=1}^{k}\sum_{m=1}^{k}x_{ijlm}^2-CT=4,909-\dfrac{255^2}{16}=844.93750$

② $S_A=\sum_{i=1}^{k}\dfrac{T_{i\cdots}^2}{k}-CT=\dfrac{1}{4}(54^2+65^2+50^2+86^2)-\dfrac{255^2}{16}=195.18750$

③ $S_B=\sum_{j=1}^{k}\dfrac{T_{\cdot j\cdot\cdot}^2}{k}-CT=\dfrac{1}{4}(46^2+49^2+67^2+93^2)-\dfrac{255^2}{16}=349.68750$

④ $S_C=\sum_{l=1}^{k}\dfrac{T_{\cdot\cdot l\cdot}^2}{k}-CT=\dfrac{1}{4}(62^2+61^2+63^2+69^2)-\dfrac{255^2}{16}=9.68750$

⑤ $S_D = \sum_{m=1}^{k} \frac{T_{\cdots m}^2}{k} - CT = \frac{1}{4}(40^2 + 63^2 + 87^2 + 65^2) - \frac{255^2}{16} = 276.68750$

⑥ $S_e = S_T - (S_A + S_B + S_C + S_D) = 13.68750$

⑦ 자유도 ν

$\nu_A = \nu_B = \nu_C = \nu_D = k-1 = 3, \quad \nu_e = (k-1)(k-3) = 3,$

$\nu_T = k^2 - 1 = 16 - 1 = 15$

⑧ $V_A = \frac{S_A}{\nu_A} = \frac{195.18750}{3} = 65.06250$

$V_B = \frac{S_B}{\nu_B} = \frac{349.68750}{3} = 116.56250$

$V_C = \frac{S_C}{\nu_C} = \frac{9.68750}{3} = 3.22917$

$V_D = \frac{S_D}{\nu_D} = \frac{276.68750}{3} = 92.22917$

$V_e = \frac{S_e}{\nu_e} = \frac{13.68750}{3} = 4.56250$

(2) $F_A = \frac{V_A}{V_e} = \frac{65.06250}{4.56250} = 14.26027, \quad F_B = \frac{V_B}{V_e} = \frac{116.56250}{4.56250} = 25.54795,$

$F_D = \frac{V_D}{V_e} = \frac{92.22917}{4.56250} = 20.21164$는 $F_{0.95}(3,\ 3) = 9.28$보다 크므로 유의수준 5%로 유의하고 $F_C = \frac{V_C}{V_e} = \frac{3.22917}{4.56250} = 0.70776$는 $F_{0.95}(3,\ 3) = 9.28$보다 작으므로 유의수준 5%에서 유의하지 않다.

(3) 사절수는 작을수록 좋으므로 망소특성이고, 요인 A, B, D가 유의하므로 각각의 평균이 가장 작은 최적수준조합은 $\mu(A_3B_1D_1)$이다.

$n_e = \frac{k^2}{(3k-2)} = \frac{16}{10} = 1.6$

$$\hat{\mu}(A_3B_1D_1) = \left(\bar{x}_{3\cdots} + \bar{x}_{\cdot 1 \cdot\cdot} + \bar{x}_{\cdots 1} - 2\bar{\bar{x}}\right) \pm t_{0.975}(3)\sqrt{\frac{V_e}{n_e}}$$

$$= \left(\frac{50}{4} + \frac{46}{4} + \frac{40}{4} - 2 \times \frac{255}{16}\right) \pm 3.182\sqrt{\frac{4.5625}{1.6}}$$

$-3.24831 \le \hat{\mu}(A_3B_1D_1) \le 7.49831, \quad - \le \hat{\mu}(A_3B_1D_1) \le 7.49831$

(4) $n_e = \frac{\text{총실험횟수}}{\text{유의한 요인의 자유도의 합} + 1} = \frac{k^2}{(4k-3)} = \frac{16}{13} = 1.23077$

7 회귀분석

7-1 모형

$$y_i = \beta_0 + \beta_1 x_i + e_i \qquad \beta_1 = \frac{S_{xy}}{S_{xx}} \qquad \beta_0 = \overline{y} - \beta_1 \overline{x}$$

7-2 분산분석표

요인	SS	DF	MS	$E(MS)$	F_0
회귀	S_R	1	V_R	$\sigma^2 + \beta_1^2 S_{xx}$	$V_R / V_{y \cdot x}$
잔차 e	$S_{y \cdot x}$	n−2	$V_{y \cdot x}$	σ^2	
계	S_{yy}	n−1			

S_{yy}(총변동) = $S_{y \cdot x}$(잔차변동[회귀로부터의 변동]) + S_R(회귀변동)

$$S(yy) = \sum y_i^2 - \frac{(\sum y_i)^2}{n}$$

S_R(회귀에 의한 제곱합) $= \dfrac{(S(xy))^2}{S(xx)}$

$S_{(y \cdot x)}$(잔차의 제곱합) $= S(yy) - S_R = S_T - S_R$

r^2(결정계수, 기여율) $= \dfrac{S_R}{S_T} = \dfrac{S_R}{S(yy)} = \left(\dfrac{S(xy)}{\sqrt{S(xx)S(yy)}}\right)^2$

7-3 1요인실험과 단순회귀

분산분석표(요인효과의 분해)

요인	SS	DF	MS	F_0	$F_{1-\alpha}$
직선회귀	S_R	$\nu_R=1$	V_R	V_R/V_e	$F_{1-\alpha}(\nu_R, \nu_e)$
나머지(고차회귀)	$S_r=S_A-S_R$	$\nu_r=l-2$	V_r	V_r/V_e	$F_{1-\alpha}(\nu_r, \nu_e)$
A	S_A	$\nu_A=l-1$	V_A	V_A/V_e	$F_{1-\alpha}(\nu_A, \nu_e)$
e	$S_e=S_T-S_A$	$\nu_e=l(r-1)$	V_e		
T	$S_T=S_{yy}$	$\nu_T=n-1$			

예상문제

회귀분석

01. 페인트의 불순도는 페인트를 얼마나 빨리 휘저어주는가에 따라 달라진다. 다음 〈표〉는 휘젓는 장치의 회전율(x)과 그때 야기되는 불순 퍼센티지(y)를 측정한 데이터이다.

x	20	22	24	26	28	30	32	34	36	38	40	42
y	8.4	9.5	11.8	10.4	13.3	14.8	13.2	14.7	16.4	16.5	18.9	18.5

(1) 단순회귀분석을 실시하시오.

(2) 표본상관계수(r)을 구하시오.

(3) 기여율(r^2)을 구하시오.

(4) 회귀직선 $y=\widehat{\beta_0}+\widehat{\beta_1}x$ 를 구하시오.

(5) 상관관계유무에 대한 검정을 하기 위한 t_0의 값을 구하시오.

(6) 회귀직선의 기울기 β_1 에 대한 95% 신뢰구간은?

해답 (1) 분산분석표

가설 $H_0: \beta_1=0 \quad H_1: \beta_1 \neq 0$

요인	제곱합	자유도	평균제곱	F_0	$F_{0.95}$	$F_{0.99}$
회귀(R)	119.27524	1	119.27524	141.13075**	4.96	10.0
오차(e)	8.45143	10	0.84514			
총	127.72667	11				

유의수준 1%로 H_0기각, 회귀직선은 유의하다.

$n=12,\ \sum x=372,\ \bar{x}=31,\ \sum x^2=12{,}104,\ \sum y=166.4,\ \bar{y}=13.86667,$
$\sum y^2=2{,}435.14,\ \sum xy=5{,}419.6$

$$S_{xx}=\sum x_i^2-\frac{(\sum x_i)^2}{n}=12{,}104-\frac{372^2}{12}=572$$

$$S_{yy}=\sum y_i^2-\frac{(\sum y_i)^2}{n}=2{,}435.14-\frac{166.4^2}{12}=127.72667$$

$$S_{xy}=\sum xy-\frac{\sum x_i \sum y_i}{n}=5{,}419.6-\frac{61{,}900.8}{12}=261.2$$

$$S_R = \frac{S_{xy}^2}{S_{xx}} = \frac{261.2^2}{572} = 119.27524$$

$$S_T = S_{yy} = 127.72667$$

$$S_e = S_{y/x} = S_T - S_R = 8.45143$$

$$\nu_T = n-1 = 12-1 = 11, \quad \nu_R = 1, \quad \nu_e = n-2 = 10$$

(2) $r = \dfrac{S(xy)}{\sqrt{S(xx)S(yy)}} = \dfrac{261.2}{\sqrt{572 \times 127.72667}} = 0.96635$

(3) $r^2 = 0.96635^2 = 0.93383$

(4) $y = \widehat{\beta_0} + \widehat{\beta_1}\, x = -0.28917 + 0.45664\, x$

$$\widehat{\beta_1} = b = \frac{S(xy)}{S(xx)} = \frac{261.2}{572} = 0.45664$$

$$\widehat{\beta_0} = \overline{y} - \widehat{\beta_1}\, \overline{x} = 13.86667 - 0.45664 \times 31 = -0.28917$$

(5) $t_0 = \dfrac{r}{\sqrt{\dfrac{1-r^2}{n-2}}} = \dfrac{0.96635}{\sqrt{\dfrac{1-0.96635^2}{12-2}}} = 11.87987$

(6) $\beta_1 = \widehat{\beta_1} \pm t_{1-\alpha/2}(n-2)\sqrt{\dfrac{V_{y/x}}{S(xx)}} = 0.45664 \pm t_{0.975}(10) \times \sqrt{\dfrac{0.84514}{572}}$

$$0.37100 \le \beta_1 \le 0.54228$$

02. 어떤 화학반응에서 생성되는 반응량(y)이 첨가되는 어떤 촉진제의 양(x)에 따라 어떻게 변하는가를 실험을 통하여 측정하였더니 다음과 같은 데이터를 얻었다.

x	1	2	3	5	6	7
y	3	4	6	8	9	12

(1) 상관계수(r)을 구하시오.

(2) 직선회귀식을 최소자승법에 의하여 구하시오.

해답 $S_{xx} = \sum x_i^2 - \dfrac{(\sum x_i)^2}{n} = 124 - \dfrac{24^2}{6} = 28$

$$S_{yy} = \sum y_i^2 - \frac{(\sum y_i)^2}{n} = 350 - \frac{42^2}{6} = 56$$

$$S_{xy} = \sum xy - \frac{\sum x_i \sum y_i}{n} = 207 - \frac{24 \times 42}{6} = 39$$

(1) $r = \frac{S(xy)}{\sqrt{S(xx)S(yy)}} = \frac{39}{\sqrt{28 \times 56}} = 0.98490$

(2) $y = \widehat{\beta_0} + \widehat{\beta_1} x = 1.42856 + 1.39286x$

$\widehat{\beta_1} = b = \frac{S(xy)}{S(xx)} = \frac{39}{28} = 1.39286$

$\widehat{\beta_0} = \overline{y} - \widehat{\beta_1}\,\overline{x} = 7 - 1.39286 \times 4 = 1.42856$

03. 합성섬유는 열이 가해지면 수축한다. 다음 〈표〉는 온도(요인 A)의 변화에 따라 나온 수축률 데이터이다.

온도(℃) x	A_1 100	A_2 120	A_3 140	A_4 160	A_5 180	
수축률(%) y	2.9	3.5	5.2	5.9	6.4	
	2.1	3.1	4.2	6.2	6.5	
	3.1	3.8	4.6	5.6	7.3	
계	$T_{1\cdot} = 8.1$	$T_{2\cdot} = 10.4$	$T_{3\cdot} = 14.0$	$T_{4\cdot} = 17.7$	$T_{5\cdot} = 20.2$	$T = 70.4$

(1) 회귀직선을 구하시오.

(2) 1요인실험과 단순회귀의 분산분석표를 작성하고, 2차 이상의 고차회귀가 필요한지 검정하시오.($\alpha = 0.05$)

(3) 결정계수 r^2을 구하시오.

해답

x_i	100	100	100	120	120	120	140	140	140	160	160	160	180	180	180
y_i	2.9	2.1	3.1	3.5	3.1	3.8	5.2	4.2	4.6	5.9	6.2	5.6	6.4	6.5	7.3

① $S_{xx} = \sum x_i^2 - \frac{(\sum x_i)^2}{n} = 306,000 - \frac{2,100^2}{15} = 12,000$

② $S_{yy} = \sum y_i^2 - \frac{(\sum y_i)^2}{n} = 365.68 - \frac{70.4^2}{15} = 35.26933$

③ $S_{xy} = \sum xy - \frac{\sum x_i \sum y_i}{n} = 10,486 - \frac{147,840}{15} = 630$

(1) $y = \widehat{\beta_0} + \widehat{\beta_1} x = -2.65667 + 0.0525x$

$\widehat{\beta_1} = b = \frac{S(xy)}{S(xx)} = \frac{630}{12,000} = 0.0525$

$\widehat{\beta_0} = \overline{y} - \widehat{\beta_1}\,\overline{x} = 4.69333 - 0.0525 \times 140 = -2.65667$

(2) 분산분석표

요인	SS	DF	MS	F_0	$F_{0.95}$	$F_{0.99}$
직선회귀(R)	33.075	1	33.075	167.04545**	4.96	10.0
나머지(고차회귀)(r)	0.21433	3	0.071443	0.36082	3.71	6.55
A	33.28933	4	8.32233	42.03197**	3.48	5.99
e	1.980	10	0.1980			
T	35.26933	14				

요인 A와 직선회귀는 고도로 매우 유의하고 고차회귀는 유의하지 않으므로 x와 y간의 관계는 회귀직선으로 설명할 수 있다.

① $S_R = \dfrac{S_{xy}^2}{S_{xx}} = \dfrac{630^2}{12,000} = 33.075$

② $S_A = \dfrac{1}{3}(8.1^2 + 10.4^2 + 14^2 + 17.7^2 + 20.2^2) - \dfrac{70.4^2}{15} = 33.28933$

③ $S_r = S_A - S_R = 33.28933 - 33.075 = 0.21433$

④ $S_T = S_{yy} = 35.26933$

⑤ $S_e = S_{y/x} = S_T - S_A = 35.26933 - 33.28933 = 1.980$

⑥ $\nu_T = n - 1 = 15 - 1 = 14$

$\nu_A = l - 1 = 5 - 1 = 4,\ \nu_R = 1$

$\nu_r = l - 2 = 5 - 2 = 3$

$\nu_e = n - l = 15 - 5 = 10$

(3) 결정계수

$r^2 = \dfrac{S_R}{S_T} = \dfrac{33.075}{35.26933} = 0.93778$

04. 1요인실험 단순회귀 분산분석표를 작성한 결과 다음의 값을 얻었다. 고차회귀를 구하시오.

데이터

$S_T = 35.27 \quad S_R = 33.07 \quad S_A = 33.29 \quad S_E = 1.98$

해답 $S_r = S_A - S_R = 33.29 - 33.07 = 0.22$

05. 어떤 복합비료의 양 x가 농작물의 수확량 y에 어떠한 관계를 가지고 영향을 미치는가를 알아보기 위하여 다음과 같은 값을 얻었다.

$n=15$	$\bar{x}=10.8$	$\bar{y}=122.7$	$S_{xx}=70.6$	$S_{yy}=98.5$	$S_{xy}=68.3$

(1) 회귀직선의 방정식을 구하시오.

(2) 결정계수(기여율)을 구하시오.

해답 (1) $y=\widehat{\beta_0}+\widehat{\beta_1}x=122.25186+0.96742x$

$$\widehat{\beta_1}=b=\frac{S(xy)}{S(xx)}=\frac{68.3}{70.6}=0.96742$$

$$\widehat{\beta_0}=\bar{y}-\widehat{\beta_1}\,\bar{x}=122.7-0.96742\times 10.8=112.25186$$

(2) $r^2=\left(\dfrac{S(xy)}{\sqrt{S(xx)S(yy)}}\right)^2=\left(\dfrac{68.3}{\sqrt{70.6\times 98.8}}\right)^2=0.67081$

06. 수준수 5, 반복수 3인 1요인실험 단순회귀 분석에서 직선회귀의 자유도(ν_R)와 고차회귀의 자유도(ν_r)을 구하시오.

해답 $\nu_R=1$

$\nu_r=\nu_A-\nu_R=4-1=3$

07. 다음의 분산분석표에서 S_r을 구하시오.

요인	SS	DF	MS
직선회귀(R)	191	1	191
나머지(r)			2
급간(A)			
급내(e)		16	1
T	211	19	

해답

요인	SS	DF	MS
직선회귀(R)	191	1	191
나머지(r)	4	2	23
급간(A)	195	3	65
급내(e)	16	16	1
T	211	19	

$\nu_A = \nu_T - \nu_e = 19 - 16 = 3$

$\nu_r = \nu_A - \nu_R = 3 - 1 = 2$

$S_e = \nu_e \times V_e = 1 \times 16 = 16$

$S_A = S_T - S_e = 211 - 16 = 195$

$S_r = S_A - S_R = 195 - 191 = 4$

8 K^n 형 요인실험법

8-1 2^2형 요인실험

(1) 반복이 없는 경우

2^2형 요인실험의 자료배열

	B_0	B_1	$T_{i\cdot}$
A_0	x_{00}	x_{01}	$T_{0\cdot}$
A_1	x_{10}	x_{11}	$T_{1\cdot}$
$T_{\cdot j}$	$T_{\cdot 0}$	$T_{\cdot 1}$	T

① 데이터 구조식

$$x_{ij} = \mu + a_i + b_j + e_{ij}$$

② 각 요인의 효과

㉠ 주효과 : $\dfrac{1}{2^{n-1}}$(높은 수준 − 낮은 수준) $= \dfrac{1}{2^{n-1}}(T_1 - T_0)$

$= \dfrac{1}{2^{n-1}}$(내것 − 1, 남의 것 + 1)

㉡ 교호작용($A \times B$) 효과 : $\dfrac{1}{2^{n-1}}$(내것 − 1, 남의 것 + 1)

$$= \frac{1}{2^{n-1}}(a-1)(b-1) = \frac{1}{2^{n-1}}[ab + (1) - a - b]$$

③ 각 요인의 변동

㉠ 주변동 : $\frac{1}{2^n}$(높은 수준 − 낮은 수준)^2 $= \frac{1}{2^n}(T_1 - T_0)^2$

$= \frac{1}{2^n}$(내것 − 1, 남의 것 + 1)^2

$=$ (주효과)^2

㉡ 교호작용($A \times B$) 변동 : $\frac{1}{2^n}$(내것 − 1, 남의 것 + 1)^2

$$= \frac{1}{2^n}[(a-1)(b-1)]^2 = \frac{1}{2^n}[ab+(1)-a-b]^2$$

(2) 반복이 있는 경우

㉠ 주효과 : $\frac{1}{2^{n-1} \cdot r}$(높은수준 − 낮은수준)

$= \frac{1}{2^{n-1} \cdot r}(T_1 - T_0) = \frac{1}{2^{n-1} \cdot r}$(내것 − 1, 남의 것 + 1)

㉡ 교호작용($A \times B$) 효과 : $\frac{1}{2^{n-1} \cdot r}$(내것 − 1, 남의 것 + 1)

$$= \frac{1}{2^{n-1} \cdot r}(a-1)(b-1) = \frac{1}{2^{n-1} \cdot r}[ab+(1)-a-b]$$

(3) 각 요인의 변동

㉠ 주변동 : $\frac{1}{2^n \cdot r}$(높은 수준 − 낮은 수준)^2 $= \frac{1}{2^n \cdot r}(T_1 - T_0)^2$

$= \frac{1}{2^n \cdot r}$(내것 − 1, 남의 것 + 1)^2 $= r$(주효과)^2

㉡ 교호작용($A \times B$) 변동 : $\frac{1}{2^n \cdot r}$(내것 − 1, 남의 것 + 1)^2

$$= \frac{1}{2^n \cdot r}[(a-1)(b-1)]^2 = \frac{1}{2^n \cdot r}[ab+(1)-a-b]^2$$

(4) 분산분석 후 추정

분산분석 후의 모평균의 추정은 2요인실험과 동일하다.

8-2 ∘ 2^3형 요인실험

(1) 각 요인의 효과

① $A=\frac{1}{4}(a-1)(b+1)(c+1)=\frac{1}{4}(a+ac+ab+abc-(1)-c-b-bc)$

$=\frac{1}{4}(T_{1\cdot\cdot}-T_{0\cdot\cdot})$

② $B=\frac{1}{4}(a+1)(b-1)(c+1)=\frac{1}{4}(b+bc+ab+abc-(1)-a-c-ac)$

$=\frac{1}{4}(T_{\cdot1\cdot}-T_{\cdot0\cdot})$

③ $C=\frac{1}{4}(a+1)(b+1)(c-1)=\frac{1}{4}(c+ac+bc+abc-(1)-a-b-ab)$

$=\frac{1}{4}(T_{\cdot\cdot1}-T_{\cdot\cdot0})$

④ $AB=\frac{1}{4}(a-1)(b-1)(c+1)=\frac{1}{4}(ab+(1)-a-b+abc+c-bc-ac)$

$=\frac{1}{4}(T_{11\cdot}+T_{00\cdot}-T_{01\cdot}-T_{10\cdot})$

⑤ $AC=\frac{1}{4}(a-1)(b+1)(c-1)=\frac{1}{4}(ac+(1)-a-c+abc+b-ab-bc)$

$=\frac{1}{4}(T_{1\cdot1}+T_{0\cdot0}-T_{0\cdot1}-T_{1\cdot0})$

⑥ $BC=\frac{1}{4}(a+1)(b-1)(c-1)=\frac{1}{4}(bc+(1)-b-c+abc+a-ab-ac)$

$=\frac{1}{4}(T_{\cdot11}+T_{\cdot00}-T_{\cdot01}-T_{\cdot10})$

(2) 각 요인의 변동

$$S_A = 2(A)^2 = \frac{1}{8}(T_{1\cdot\cdot} - T_{0\cdot\cdot})^2$$

$$S_B = 2(B)^2 = \frac{1}{8}(T_{\cdot 1\cdot} - T_{\cdot 0\cdot})^2$$

$$S_C = 2(C)^2 = \frac{1}{8}(T_{\cdot\cdot 1} - T_{\cdot\cdot 0})^2$$

$$S_{A\times B} = 2(A\times B)^2 = \frac{1}{8r}(T_{11\cdot} + T_{00\cdot} - T_{01\cdot} - T_{10\cdot})^2$$

$$S_{A\times C} = 2(A\times C)^2 = \frac{1}{8}(T_{1\cdot 1} + T_{0\cdot 0} - T_{0\cdot 1} - T_{1\cdot 0})^2$$

$$S_{B\times C} = 2(B\times C)^2 = \frac{1}{8r}(T_{\cdot 11} + T_{\cdot 00} - T_{\cdot 01} - T_{\cdot 10})^2$$

$$S_T = \sum_i\sum_j\sum_k x_{ijk}^2 - \frac{T^2}{2^3}$$

예상문제

k^n형 요인실험

01. 다음은 2^2형 요인실험의 결과이다.

	A_0	A_1	$T_{\cdot j}$
B_0	14	11	25
B_1	10	8	18
$T_{i\cdot}$	24	19	43

(1) 효과를 구하시오.
(2) 변동을 구하시오.
3) 분산분석표를 작성하시오.

해답 (1) 효과

① 주효과 $A=\frac{1}{2}[ab+a-b-(1)]=\frac{1}{2}(8+11-10-14)=-2.5$

② 주효과 $B=\frac{1}{2}[ab+b-a-(1)]=\frac{1}{2}(8+10-11-14)=-3.5$

③ $A\times B=\frac{1}{2}[ab+(1)-a-b]=\frac{1}{2}(8+14-11-10)=0.5$

(2) 변동

① $S_A=\frac{1}{4}[ab+a-b-(1)]^2=\frac{1}{4}(8+11-10-14)^2=6.25$

② $S_B=\frac{1}{4}[ab+b-a-(1)]^2=\frac{1}{4}(8+10-11-14)^2=12.25$

③ $S_{A\times B}=\frac{1}{4}[ab+(1)-a-b]^2=\frac{1}{4}(8+14-11-10)^2=0.25$

(3) 분산분석표

요인	제곱합	자유도	평균제곱
A	6.25	1	6.25
B	12.25	1	12.25
$A\times B(=e)$	0.25	1	
T	18.75	3	

02. 반복이 r인 2^2형 요인실험에서 $T_{00}\cdot$, $T_{01}\cdot$, $T_{10}\cdot$, $T_{11}\cdot$을 각각 처리조합 A_0B_0, A_0B_1, A_1B_0, A_1B_1에서 r개의 자료의 합을 나타내면 상호작용효과 AB를 구하는 식을 쓰시오.

해답

$$AB=\frac{1}{2r}(a-1)(b-1)$$

$$=\frac{1}{2r}(ab+(1)-a-b)$$

$$=\frac{1}{2r}(T_{11\cdot}+T_{00\cdot}-T_{10\cdot}-T_{01\cdot})$$

03. 반복이 2회인 2^2형 요인실험에 의한 자료가 다음 〈표〉에 주어져 있다.

	A_0	A_1	$T_{\cdot j\cdot}$
B_0	4 6	−2 2	10
B_1	3 7	−4 −6	0
$T_{i\cdot\cdot}$	20	−10	T=10

(1) 각 요인의 효과를 구하시오.
(2) 각 요인의 변동을 구하시오.
(3) 분산분석표를 작성하시오.
(4) 유의하지 않은 교호작용은 오차항에 풀링하여 분산분석표를 작성하시오.
(5) A_0B_0의 모평균에 대한 95% 신뢰구간을 구하시오.

해답 (1) 요인의 효과

$$A=\frac{1}{2r}(a-1)(b+1)=\frac{1}{2r}(ab+a-b-(1))=\frac{1}{4}(-10+0-10-10)=-7.5$$

$$B=\frac{1}{2r}(a+1)(b-1)=\frac{1}{2r}(ab+b-a-(1))=\frac{1}{4}(-10+10-0-10)=-2.5$$

$$AB=\frac{1}{2r}(a-1)(b-1)=\frac{1}{2r}(ab+(1)-a-b)=\frac{1}{4}(-10+10-0-10)=-2.5$$

(2) 변동

$$S_A = \frac{1}{4r}[(a-1)(b+1)]^2 = r(A)^2 = 112.5$$

$$S_B = \frac{1}{4r}[(a+1)(b-1)]^2 = r(B)^2 = 12.5$$

$$S_{A \times B} = \frac{1}{4r}[(a-1)(b-1)]^2 = r(AB)^2 = 12.5$$

$$S_T = \sum_i \sum_j \sum_k x_{ijk}^2 - CT = 170 - \frac{10^2}{8} = 157.5$$

(3) 분산분석표

요인	SS	DF	MS	F_0	$F_{0.95}$
A	112.5	1	112.5	22.5*	7.71
B	12.5	1	12.5	2.5	7.71
$A \times B$	12.5	1	12.5	2.5	7.71
e	20	4	5		
T	157.5	7			

(4) 교호작용을 풀링한 분산분석표

요인	SS	DF	MS	F_0	$F_{0.95}$
A	112.5	1	112.5	17.30769*	6.61
B	12.5	1	12.5	1.92308	6.61
e	32.5	5	6.5		
T	157.5	7			

(5) $$\hat{\mu}(A_0B_0) = (\overline{x}_{0\cdot\cdot} + \overline{x}_{\cdot 0\cdot} - \overline{\overline{x}}) \pm t_{1-\alpha/2}(\nu_e') \sqrt{\frac{V_e'}{n_e}}$$

$$= \left(\frac{20}{4} + \frac{10}{4} - \frac{10}{8}\right) \pm t_{0.975}(5) \sqrt{\frac{6.5}{2.66667}}$$

$$= 6.25 \pm 2.571 \times \sqrt{\frac{6.5}{2.66667}}$$

$$2.23603 \le \hat{\mu}(A_0B_0) \le 10.26397$$

$$n_e = \frac{lmr}{l+m-1} = 2.66667$$

04. 두 종류의 고무배합(A_0, A_1)을 두 종류의 모델(B_0, B_1)을 사용하여 타이어를 만들 때 얻어지는 타이어의 밸런스를 4회씩 측정하여 다음의 데이터를 얻었다.

	B_0	B_1	계
A_0	31	82	517
	45	110	
	46	88	
	43	72	
A_1	22	30	218
	21	37	
	18	38	
	23	29	
계	249	486	

(1) 각 요인의 효과와 교호작용의 효과를 구하시오.
(2) 각 요인의 변동과 교호작용의 변동을 구하시오.

해답 (1) 요인의 효과

$$A=\frac{1}{2r}(a-1)(b+1)=\frac{1}{2\times 4}(ab+a-b-(1))=\frac{1}{8}(218-517)=-37.375$$

$$B=\frac{1}{2r}(a+1)(b-1)=\frac{1}{2\times 4}(ab+b-a-(1))=\frac{1}{8}(486-249)=29.625$$

$$AB=\frac{1}{2r}(a-1)(b-1)=\frac{1}{2\times 4}(ab+(1)-a-b)$$

$$=\frac{1}{8}(134+165-352-84)=-17.125$$

(2) 요인의 변동

$$S_A=\frac{1}{4r}[(a-1)(b+1)]^2=r(A)^2=4\times(-37.375)^2=5,587.5625$$

$$S_B=\frac{1}{4r}[(a+1)(b-1)]^2=r(B)^2=4\times(29.625)^2=3,510.5625$$

$$S_{A\times B}=\frac{1}{4r}[(a-1)(b-1)]^2=r(AB)^2=4\times(-17.125)^2=1,173.0625$$

$$S_T=\sum_i\sum_j\sum_k x_{ijk}^2-CT=(31^2+45^2+\cdots+29^2)-\frac{735^2}{16}=11,270.9375$$

05. 반복이 없는 2^3형 요인실험에서 다음 자료를 얻었다. 각 요인의 효과와 변동을 구하시오.

$(1)=10$	$a=15$	$b=18$	$ab=23$
$c=18$	$ac=18$	$bc=24$	$abc=26$

해답 (1) 각 요인의 효과

① $A=\frac{1}{4}(a-1)(b+1)(c+1)=\frac{1}{4}(a+ac+ab+abc-(1)-c-b-bc)$

$=\frac{1}{4}(15+18+23+26-10-18-18-24)=3$

② $B=\frac{1}{4}(a+1)(b-1)(c+1)=\frac{1}{4}(b+bc+ab+abc-(1)-a-c-ac)$

$=\frac{1}{4}(18+24+23+26-10-15-18-18)=7.5$

③ $C=\frac{1}{4}(a+1)(b+1)(c-1)=\frac{1}{4}(c+ac+bc+abc-(1)-a-b-ab)$

$=\frac{1}{4}(18+18+24+26-10-15-18-23)=5$

④ $AB=\frac{1}{4}(a-1)(b-1)(c+1)=\frac{1}{4}(abc+ab+c+(1)-a-b-bc-ac)$

$=\frac{1}{4}(26+23+18+10-15-18-24-18)=0.5$

⑤ $AC=\frac{1}{4}(a-1)(b+1)(c-1)=\frac{1}{4}(ac+(1)-a-c+abc+b-ab-bc)$

$=\frac{1}{4}(18+10-15-18+26+18-23-24)=-2$

⑥ $BC=\frac{1}{4}(a+1)(b-1)(c-1)=\frac{1}{4}(bc+(1)-b-c+abc+a-ab-ac)$

$=\frac{1}{4}(24+10-18-18+26+15-23-18)=-0.5$

⑦ $ABC=\frac{1}{4}(a-1)(b-1)(c-1)=\frac{1}{4}(abc+a+b+c-ac-bc-ab-(1))$

$=\frac{1}{4}(26+15+18+18-18-24-23-10)=0.5$

(2) 각 요인의 변동

① $S_A=\frac{1}{8}[(a-1)(b+1)(c+1)]^2=2(A)^2=18$

② $S_B=\frac{1}{8}[(a+1)(b-1)(c+1)]^2=2(B)^2=112.5$

③ $S_C=\frac{1}{8}[(a+1)(b+1)(c-1)]^2=2(C)^2=50$

④ $S_{A\times B}=\frac{1}{8}[(a-1)(b-1)(c+1)]^2=2(A\times B)^2=0.5$

⑤ $S_{A\times C}=\frac{1}{8}[(a-1)(b+1)(c-1)]^2=2(A\times C)^2=8$

⑥ $S_{B\times C}=\frac{1}{8}[(a+1)(b-1)(c-1)]^2=2(B\times C)^2=0.5$

⑦ $S_{A\times B\times C}=\frac{1}{8}[(a-1)(b-1)(c-1)]^2=2(A\times B\times C)^2=0.5$

9 교락법과 일부 실시법

9-1 교락법

(1) 완전교락과 부분교락

(1) 완전교락 : 실험을 몇 번 반복해도 어떤 반복에서나 동일한 요인효과가 교락되는 경우

(2) 부분교락 : 각 반복마다 블록효과와 교락시키는 요인이 다른 경우

(2) 단독교락(블록이 2개로 나누어지는 교락)

블록과 교락시키고 싶은 효과에 −를 붙여 인수분해식을 풀어서 +쪽과 −쪽으로 나누어 두 개의 블록으로 삼는다.

예 2^3요인실험에서 상호작용효과 AB를 블록효과와 교락시키고 싶으면

$$AB = \frac{1}{4}(a-1)(b-1)(c+1)$$

$$= \frac{1}{4}((1)+ab+c+abc-a-b-ac-bc)$$

으로부터 +부호의 처리조합인 (1), ab, c, abc를 블록 1에 배치하고 −부호의 처리조합인 a, b, ab, bc를 블록 2에 배치한다.

(3) 이중교락(블록이 4개로 나누어지는 교락)

① 블록과 교락시키려는 효과를 선택하여, 이를 기준으로 두 개의 블록으로 나눈다.

② 또 하나의 교락요인을 선택하여, 이를 기준으로 또 다른 두 개의 블록으로 나눈다.

③ 앞의 (①, ②)에서 (+, +), (+, −), (−, +), (−, −)인 것들로 구분한다.

④ 블록과 교락되는 또 다른 교락 요인은 앞에서 선택한 두 개의 요인을 곱한 후 이진법을 적용하여 구한다.

9-2 일부 실시법

(1) 2^n 형의 일부 실시법

① 정의 대비와 별명

㉠ 정의 대비(defining contrast) : 교락법이나 일부 실시법에서 블록효과와 교락되는 요인을 결정하는 식

㉡ 별명(alias) : 블록효과와 교락되는 또 다른 요인(정의 대비에 요인효과를 곱하여 얻을 수 있음)

② 2^{n-1} 부분 요인 배치(fractional factorial design) 시 (2^n 실험 중 1/2만 실험) 별명의 파악

정의 대비를 선택하여 양변에 특정 요인을 곱하여 이진법을 적용한다.

예 $I=ABC$의 경우 양변에 A를 곱하고 이진법을 적용하면 $A=A^2BC=BC$가 되어, A와 BC는 별명관계에 있다.

(2) 3^n 형의 일부 실시법

3^n 형에서 $A^3=B^3=1$, 요인 X에 대하여 별명관계를 구할 때 정의 대비 I와 I^2을 곱하여 구한다.

예상문제

교락법과 일부 실시법

01. 2^3 요인실험에서 2개의 블록으로 나누어 다음과 같이 실험하였다. 블록과 교락된 요인은 무엇인가?

블록 1	블록 2
(1)	a
c	b
ab	bc
abc	ac

해답 $AB=\dfrac{1}{4}(a-1)(b-1)(c+1)$

$=\dfrac{1}{4}((1)+ab+c+abc-a-b-ac-bc)$

따라서 교호작용 $A\times B$가 블록과 교락되어 있다.

02. 2^3형에서 교락법을 실시하여 $A\times B\times C$ 3요인 교호작용을 블록과 교락(단독교락)시켜 블록을 나누었다. 교호작용 ABC는?

해답 $ABC=\dfrac{1}{4}(a-1)(b-1)(c-1)=\dfrac{1}{4}(abc+a+b+c-ac-bc-ab-(1))$

블록 1 : (1), ab, ac, bc　　　　블록 2 : abc, a, b, c

03. 2^4 요인실험에서 4개의 블록으로 나누어 실험하기 위하여 교락요인으로 $ABCD$와 ABC 2개를 선택하였다. 블록과 교락되는 다른 결합요인은 무엇인가?

해답 $ABCD\times ABC=A^2B^2C^2D=D$

04. 2^3 요인실험에서 2개의 블록으로 나누어 다음과 같이 실험하였다.

블록 1	블록 2
$a=3.3$	$ab=6.7$
$abc=6.3$	$(1)=3.1$
$b=6.3$	$ac=4.0$
$c=4.1$	$bc=6.5$

(1) 정의 대비 I를 구하시오.
(2) 요인 A의 효과를 구하시오.
(3) 요인 A의 변동을 구하시오.
(4) 요인 A의 별명관계에 있는 요인을 구하시오.

해답 (1) $ABC=\frac{1}{4}(a-1)(b-1)(c-1)=\frac{1}{4}(abc+a+b+c-ac-bc-ab-(1))$

$I=A\times B\times C$

(2) 요인 A의 효과

$$A=\frac{1}{4}(a-1)(b+1)(c+1)=\frac{1}{4}(a+ac+ab+abc-(1)-c-b-bc)$$

$$=\frac{1}{4}(3.3+4.0+6.7+6.3-3.1-4.1-6.3-6.5)=0.075$$

(3) 요인 A의 변동

$$S_A=\frac{1}{8}[(a-1)(b+1)(c+1)]^2=2(A)^2=0.01125$$

(4) $A\times I=A\times(A\times B\times C)=A^2\times B\times C=B\times C$

05. 다음을 간단히 설명하시오.

(1) 완전교락
(2) 부분교락

해답 (1) 완전교락 : 실험을 몇 번 반복해도 어떤 반복에서나 동일한 요인효과가 교락되는 경우

(2) 부분교락 : 각 반복마다 블록효과와 교락시키는 요인이 다른 경우

06. 2^4요인실험에서 최고차의 상호작용효과 $ABCD$를 블록효과와 교락시켜 2개의 블록으로 나누어 실험하고자 한다. 어떤 블록에 어떤 처리조합을 배치해야 하는가?

해답 $ABCD = \frac{1}{8}(a-1)(b-1)(c-1)(d-1)$

$= \frac{1}{8}((1)+ab+ac+ad+bc+bd+cd+abcd$

$-a-b-c-d-abc-abd-acd-bcd)$

블록 Ⅰ : (1), ab, ac, ad, bc, bd, cd, $abcd$

블록 Ⅱ : a, b, c, d, abc, abd, acd, bcd

07. A, B, C, D의 네 개의 요인을 택하여 2^4형 계획에서 교락요인으로 상호작용효과 ABC와 또 하나의 교락요인 BCD를 선택하여 2중교락시킬 경우 4개의 블록으로 나누고, 이때 블록효과와 교락되는 다른 한 개의 요인을 구하시오.

해답 ① 4개의 블록

$ABC = \frac{1}{8}(a-1)(b-1)(c-1)(d+1)$

$= \frac{1}{8}(a+b+c+ad+bd+cd+abc+abcd$

$-(1)-d-ab-ac-bc-abd-acd-bcd)$

$BCD = \frac{1}{8}(a+1)(b-1)(c-1)(d-1)$

$= \frac{1}{8}(b+c+d+ab+ac+ad+bcd+abcd$

$-(1)-a-bc-bd-cd-abc-acd-abd)$

따라서 (+, +), (+, −), (−, +), (−, −)인 것들로 구분하면

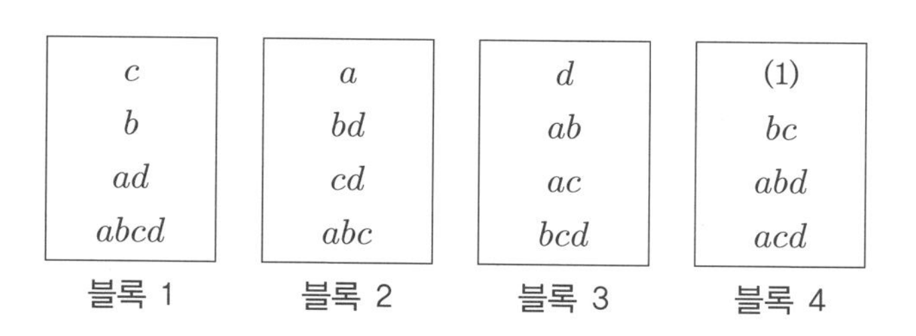

② $ABC \times BCD = AB^2C^2D = AD$

10 직교배열표

10-1 2수준계 직교배열표

$L_{2^m}(2^{2^m-1}),\ m \geq 2$

① L : Latin Square{라틴방격법(라틴정방설계)}
② 2^m : 실험의 횟수
③ 2 : 요인의 수준
④ 2^m-1 : 열의 수(배치 가능한 요인의 수= 총자유도)

(1) $L_8(2^7)$ 직교배열표의 구성원리

$L_8(2^7)$ 직교배열표

실험번호	열번호							실험조건	특성치
	1	2	3	4	5	6	7		
1	0	0	0	0	0	0	0	$A_0B_0C_0D_0$	13
2	0	0	0	1	1	1	1	$A_0B_0C_1D_1$	10
3	0	1	1	0	0	1	1	$A_0B_1C_0D_1$	19
4	0	1	1	1	1	0	0	$A_0B_1C_1D_0$	9
5	1	0	1	0	1	0	1	$A_1B_0C_0D_1$	14
6	1	0	1	1	0	1	0	$A_1B_0C_1D_0$	10
7	1	1	0	0	1	1	0	$A_1B_1C_0D_0$	18
8	1	1	0	1	0	0	1	$A_1B_1C_1D_1$	17
기본표시	a	b	ab	c	ac	bc	abc		
실험배치	A	$A\times B$	B	C	e	e	D		

① 교호작용 $A \times B$는 요인 A, B의 기본 표시인 a, ab의 곱 b가 있는 열에 배치시킨다. $(a^2 = b^2 = c^2 = 1)$

② 주효과 및 교호작용효과 : $\frac{1}{4}$[(수준1의 데이터의 합) − (수준0의 데이터의 합)]

$$A = \frac{1}{4}[(14+10+18+17)-(13+10+19+9)] = 2$$

$$AB = \frac{1}{4}[(19+9+18+17)-(13+10+14+10)] = 4$$

③ 변동 : $\frac{1}{8}$[(수준1의 데이터의 합) − (수준0의 데이터의 합)]^2

$$S_{AB} = \frac{1}{8}[(19+9+18+17)-(13+10+14+10)]^2 = 2(AB)^2 = 32$$

10-2 3수준계 직교배열표

(1) 기본 표시에 의한 배치방법($L_9(3^4)$)

실험번호	열번호 1	열번호 2	열번호 3	열번호 4	실험조건	데이터
1	0	0	0	0	$A_0B_0C_0$	$y_{000}=22$
2	0	1	1	1	$A_0B_1C_1$	$y_{011}=24$
3	0	2	2	2	$A_0B_2C_2$	$y_{022}=27$
4	1	0	1	2	$A_1B_0C_2$	$y_{102}=26$
5	1	1	2	0	$A_1B_1C_0$	$y_{110}=29$
6	1	2	0	1	$A_1B_2C_1$	$y_{121}=36$
7	2	0	2	1	$A_2B_0C_1$	$y_{201}=28$
8	2	1	0	2	$A_2B_1C_2$	$y_{212}=22$
9	2	2	1	0	$A_2B_2C_0$	$y_{220}=30$
기본표시	a	b	ab	ab^2		$T=244$
배치	A	B	e	C		

① 제곱합 $S_B = \frac{1}{3}(73^2+91^2+80^2) - \frac{244^2}{9} = 54.88889$

② 오차항의 자유도 $\nu_e = 2$

예상문제

01. 직교배열표의 구성 내용을 표시하는 기호 가운데 가장 널리 이용되는 형태는 다음의 것이다. 여기서 각 번호가 나타내는 것은 무엇인가?

해답 ① 라틴방격(Latin square)의 첫 번째 글자
② 실험횟수
③ 각 요인의 수준수
④ 열 번호(배치 가능한 요인수)

02. 플라스틱 제품의 신도(伸度)를 향상시키기 위한 실험을 실시하려 한다. 4요인 A, B, C, D, E가 신도에 영향을 주리라 기대되어 각각 2수준씩 선택하여 $L_8(2^7)$ 직교배열표를 이용하여 실험을 실시한 결과가 다음과 같이 주어졌다.

실험번호	열번호							실험조건	특성치
	1	2	3	4	5	6	7		
1	0	0	0	0	0	0	0	$A_0B_0C_0D_0E_0$	13
2	0	0	0	1	1	1	1	$A_0B_0C_1D_1E_1$	10
3	0	1	1	0	0	1	1	$A_0B_1C_0D_1E_1$	19
4	0	1	1	1	1	0	0	$A_0B_1C_1D_0E_0$	9
5	1	0	1	0	1	0	1	$A_1B_0C_0D_1E_0$	14
6	1	0	1	1	0	1	0	$A_1B_0C_1D_0E_1$	10
7	1	1	0	0	1	1	0	$A_1B_1C_0D_0E_1$	18
8	1	1	0	1	0	0	1	$A_1B_1C_1D_1E_0$	17
기본표시	a	b	ab	c	ac	bc	abc		
실험배치	A	B	e	C	e	E	D		

(1) 각 요인의 주효과를 구하시오.
(2) 각 요인의 변동(제곱합)을 구하시오.
(3) 교호작용이 존재한다면 $A \times D$는 어느 열에 배치해야 하는가? 이때 $A \times D$의 자유도는 얼마인가?
(4) (3)에 따라 교호작용을 배치할 때 다른 요인이 이미 배치되어 있다면 이와같은 것을 무엇이라고 하는가?
(5) 오차항의 자유도를 구하시오.

해답 (1) 각 요인의 주효과

$$A = \frac{1}{4}[(14+10+18+17)-(13+10+19+9)] = 2$$

$$B = \frac{1}{4}[(19+9+18+17)-(13+10+14+10)] = 4$$

$$C = \frac{1}{4}[(10+9+10+17)-(13+19+14+18)] = -4.5$$

$$D = \frac{1}{4}[(10+19+14+17)-(13+9+10+18)] = 2.5$$

$$E = \frac{1}{4}[(10+19+10+18)-(13+9+14+17)] = 1$$

(2) 각 요인의 변동

$$S_A = \frac{1}{8}[(14+10+18+17)-(13+10+19+9)]^2 = 2(A)^2 = 8$$

$$S_B = \frac{1}{8}[(19+9+18+17)-(13+10+14+10)]^2 = 2(B)^2 = 32$$

$$S_C = \frac{1}{8}[(10+9+10+17)-(13+19+14+18)]^2 = 2(C)^2 = 40.5$$

$$S_D = \frac{1}{8}[(10+19+14+17)-(13+9+10+18)]^2 = 2(D)^2 = 12.5$$

$$S_E = \frac{1}{8}[(10+19+10+18)-(13+9+14+17)]^2 = 2(D)^2 = 2$$

$$S_T = \sum x^2 - \frac{(\sum x)^2}{n} = (13^2+10^2+\cdots+17^2) - \frac{110^2}{8} = 107.5$$

$$S_e = S_T - S_A - S_B - S_C - S_D - S_E = 12.5$$

(3) $A \times D = a \times abc = a^2bc = bc$ 따라서 6열에 배치해야 한다.
2수준계 직교배열이므로 한 열의 자유도는 1이다. 따라서 $\nu_{A \times D} = 1$

(4) 교락

(5) 2 (3열, 5열)

03. $L_8(2^7)$형 직교배열표에 다음과 같이 A, B, C, D를 배치하여 랜덤한 순서로 실험하여 데이터를 얻었다.

요인	A	B	e	C	e	e	D	데이터
열번호	1	2	3	4	5	6	7	
1	1	1	1	1	1	1	1	20
2	1	1	1	2	2	2	2	5
3	1	2	2	1	1	2	2	26
4	1	2	2	2	2	1	1	17
5	2	1	2	1	2	1	2	0
6	2	1	2	2	1	2	1	1
7	2	2	1	1	2	2	1	14
8	2	2	1	2	1	1	2	1

(1) S_A의 값을 구하시오.

(2) 오차변동 S_e의 값을 구하시오.

(3) 오차변동의 자유도는 얼마인가?

해답 (1) $S_A = \frac{1}{8}(0+1+14+1-20-5-26-17)^2 = 338$

(2) $$S_e = S_{e3} + S_{e5} + S_{e6} = \frac{1}{8}(26+17+0+1-20-5-14-1)^2 + \frac{1}{8}(5+17+0+14-20-26-1-1)^2 + \frac{1}{8}(5+26+1+14-20-17-0-0)^2 = 28$$

(3) $\nu_e = \nu_{e3} + \nu_{e5} + \nu_{e6} = 1+1+1 = 3$

04. $L_8(2^7)$형의 직교배열법에 의한 타일(tile)의 각 실험에서 100개씩 동시에 만든 부적합품수가 표와 같다. 적합품을 0, 부적합품을 1로 하여 다음을 구하시오.

요인	A	B	C	D	E	F	G	데이터
열번호	1	2	3	4	5	6	7	
1	1	1	1	1	1	1	1	15
2	1	1	1	2	2	2	2	14
3	1	2	2	1	1	2	2	17
4	1	2	2	2	2	1	1	8
5	2	1	2	1	2	1	2	8
6	2	1	2	2	1	2	1	13
7	2	2	1	1	2	2	1	5
8	2	2	1	2	1	1	2	9

(1) 총변동 (S_T)을 구하시오.

(2) A의 변동(S_A)을 구하시오.

(3) B요인의 불편분산(V_B)을 구하시오.

해답 (1) $S_T = \sum x_i^2 - CT = 89 - \dfrac{89^2}{8 \times 100} = 79.09875$

(2) $S_A = \dfrac{1}{8}(8+13+5+9-15-14-17-8)^2 = 45.12500$

(3) $S_B = \dfrac{1}{8}(17+8+5+9-15-14-8-13)^2 = 15.12500$

$V_B = \dfrac{S_B}{\nu_B} = \dfrac{15.125}{1} = 15.12500$

05. $L_8(2^7)$ 직교배열표를 이용하여 실험을 실시한 결과가 다음과 같이 주어졌다. (단, 데이터는 망대특성이다.)

실험번호	열번호							특성치
	1	2	3	4	5	6	7	
1	0	0	0	0	0	0	0	8
2	0	0	0	1	1	1	1	14
3	0	1	1	0	0	1	1	7
4	0	1	1	1	1	0	0	15
5	1	0	1	0	1	0	1	18
6	1	0	1	1	0	1	0	20
7	1	1	0	0	1	1	0	10
8	1	1	0	1	0	0	1	12
기본표시	a	b	ab	c	ac	bc	abc	
실험배치	A	B	$A\times B$	C	e	e	e	

(1) 분산분석표를 작성하고 검정을 행하시오. ($\alpha = 0.10$)

(2) 최적수준조합을 결정하시오.

(3) 최적조건의 조합평균을 구간추정하시오. (신뢰율 90%)

해답 (1) 분산분석표

요인	SS	DF	MS	F_0	$F_{0.90}$
A	32.0	1	32.0	7.11111*	5.54
B	32.0	1	32.0	7.11111*	5.54
C	40.5	1	40.5	9.00000*	5.54
$A\times B$	32.0	1	32.0	7.11111*	5.54
e	13.5	3	4.5		
T	150.0	7	150.0		

A, B, C, $A\times B$ 모두 유의하다.

① 변동

$$S_A = \frac{1}{8}[(18+20+10+12)-(8+14+7+15)]^2 = 32.0$$

$$S_B = \frac{1}{8}[(7+15+10+12)-(8+14+18+20)]^2 = 32.0$$

$$S_C = \frac{1}{8}[(14+15+20+12)-(8+7+18+10)]^2 = 40.5$$

$$S_{A\times B} = \frac{1}{8}[(7+15+18+20)-(8+14+10+12)]^2 = 32.0$$

$$S_T = \sum x^2 - \frac{(\sum x)^2}{n} = (8^2+14^2+\cdots+12^2) - \frac{104^2}{8} = 150.0$$

$$S_e = S_T - S_A - S_B - S_c - S_{A\times B} = 13.5$$

② 자유도 : 각 요인의 수준수가 2이므로 $\nu_A = \nu_B = \nu_C = 1$, $\nu_{A\times B} = 1$,
$\nu_T = 8-1 = 7$, $\nu_e = 7-4 = 3$

(2) A, B, C, $A\times B$가 유의하므로 AB의 2원표, C 1원표를 작성한다.

구분	A_0	A_1
B_0	8	18
	14	20
B_1	7	10
	15	12

C_0	C_1
8	14
7	15
18	20
10	12

망대특성이므로 $A_1B_0C_1$이 최적수준조합이다.

실험번호	열번호							특성치
	1	2	3	4	5	6	7	
1	0	0		0				8
2	0	0		1				14
3	0	1		0				7
4	0	1		1				15
5	1	0		0				18
6	1	0		1				20
7	1	1		0				10
8	1	1		1				12
기본표시	a	b		c				
실험배치	A	B		C				

(3) ① 점추정

$$\hat{\mu}(A_1B_0C_1) = \hat{\mu} + a_1 + b_0 + (ab)_{10} + c_1$$

$$= [\hat{\mu} + a_1 + b_0 + (ab)_{10}] + [\hat{\mu} + c_1] - \hat{\mu} = \frac{38}{2} + \frac{61}{4} - \frac{104}{8} = 21.25$$

② 구간추정

$$\hat{\mu}(A_1B_0C_1) \pm t_{1-\alpha/2}(\nu_e)\sqrt{\frac{V_e}{n_e}} = 21.25 \pm t_{0.95}(3)\sqrt{\frac{4.5}{1.6}}$$

$$= (17.30390 \sim 25.19610)$$

$$n_e = \frac{\text{총실험횟수}}{\text{유효한 요인의 자유도의 합}+1}$$

$$= \frac{N}{\nu_A + \nu_B + \nu_C + \nu_{A\times B} + 1} = \frac{8}{5} = 1.6$$

06. 어떤 합성수지의 절연부품을 제조하고 있는 공정에 있어서 이 부품의 수명을 길게 하기 위하여 주원료의 pH값 A, 부원료의 혼합비 B, 반응온도 C, 성형온도 D, 성형압력 F, 성형시간 G, 냉각온도 H의 7요인을 택하여 $L_{16}(2^{15})$형으로 실험을 하였다. 알고자하는 효과는 주효과와 교호작용 $A\times B$, $C\times D$이므로 기본표시에 의하여 다음과 같이 배치하여 다음과 같은 데이터를 얻었다.

실험번호	열번호															실험데이터
	1	2	3	4	5	6	7	8	9	10	11	12	13	14	15	
1	0	0	0	0	0	0	0	0	0	0	0	0	0	0	0	59
2	0	0	0	0	0	0	0	1	1	1	1	1	1	1	1	59
3	0	0	0	1	1	1	1	0	0	0	0	1	1	1	1	65
4	0	0	0	1	1	1	1	1	1	1	1	0	0	0	0	51
5	0	1	1	0	0	1	1	0	0	1	1	0	0	1	1	69
6	0	1	1	0	0	1	1	1	1	0	0	1	1	0	0	61
7	0	1	1	1	1	0	0	0	0	1	1	1	1	0	0	71
8	0	1	1	1	1	0	0	1	1	0	0	0	0	1	1	55
9	1	0	1	0	1	0	1	0	1	0	1	0	1	0	1	60
10	1	0	1	0	1	0	1	1	0	1	0	1	0	1	0	51
11	1	0	1	1	0	1	0	0	1	0	1	1	0	1	0	63
12	1	0	1	1	0	1	0	1	0	1	0	0	1	0	1	47

13	1	1	0	0	1	1	0	0	1	1	0	0	1	1	0	64
14	1	1	0	0	1	1	0	1	0	0	1	1	0	0	1	65
15	1	1	0	1	0	0	1	0	1	1	0	1	0	0	1	68
16	1	1	0	1	0	0	1	1	0	0	1	0	1	1	0	56
기본 표시	a	b	a b	c	a c	b c	a b c	d	a d	b d	a b d	c d	a c d	b c d	a b c d	$T=964$
실험 배치	A	B	$A \times B$	C	e	e	e	D	e	e	F	$C \times D$	e	G	H	

(1) 분산분석표를 작성하시오.
(2) 최적수준조합을 결정하시오.
(3) 최적수준조합의 점추정치와 95% 신뢰구간을 구하시오.

해답 (1) 분산분석표

요인	SS	DF	MS	F_0	$F_{0.95}$
A	16	1	16	28.000*	5.59
B	182.25	1	182.25	318.937*	5.59
C	9	1	9	15.750*	5.59
D	342.25	1	342.25	598.936*	5.59
F	36	1	36	63.000*	5.59
H	9	1	9	15.750*	5.59
$A \times B$	6.25	1	6.25	10.937*	5.59
$C \times D$	110.25	1	110.25	192.937*	5.59
e	4	7	0.57143		
T	715	15			

G는 유의하지 않으므로 오차항에 풀링한다.

① 변동

$$S_A = \frac{1}{16}(474-490)^2 = 16 \qquad S_B = \frac{1}{16}(509-455)^2 = 182.25$$

$$S_C = \frac{1}{16}(476-488)^2 = 9 \qquad S_D = \frac{1}{16}(445-519)^2 = 342.25$$

$$S_F = \frac{1}{16}(494-470)^2 = 36 \qquad S_G = \frac{1}{16}(482-482)^2 = 0$$

$$S_H = \frac{1}{16}(488-476)^2 = 9 \qquad S_{A\times B} = \frac{1}{16}(477-487)^2 = 6.25$$

$$S_{C\times D} = \frac{1}{16}(503-461)^2 = 110.25 \qquad S_T = \sum x^2 - \frac{\sum x}{n} = 715$$

$$S_e = S_{e(5)} + S_{e(6)} + S_{e(7)} + S_{e(9)} + S_{e(10)} + S_{e(13)}$$

$$= S_T - (S_A + S_B + S_C + S_D + S_F + S_G + S_H + S_{A\times B} + S_{C\times D}) = 4$$

② 자유도

$\nu_T = 16-1 = 15$, $\nu_e = 15-8 = 7$, 각 열의 자유도는 1이다.

(2) A, B, C, D, F, H, $A\times B$, $C\times D$가 유의하므로 AB의 2원표, CD의 2원표, F 1원표, H 1원표를 작성한다.

AB의 2원표			
	A_0	A_1	계
B_0	59+59+65+51=234	60+51+63+47=221	455
B_1	69+61+71+55=256	64+65+68+56=253	509
계	490	474	964

실험 번호	열번호															실험 데이터
	1	2														
1	0	0														59
2	0	0														59
3	0	0														65
4	0	0														51
5	0	1														69
6	0	1														61
7	0	1														71
8	0	1														55
9	1	0														60
10	1	0														51
11	1	0														63
12	1	0														47
13	1	1														64
14	1	1														65
15	1	1														68

16	1	1														56
기본표시	a	b														$T=964$
실험배치	A	B														

CD의 2원표			
	C_0	C_1	계
D_0	$59+69+60+64=256$	$65+71+63+68=267$	519
D_1	$59+61+51+65=236$	$51+55+47+56=209$	445
계	488	476	964

F 1원표		
F_0	F_1	계
$59+65+61+55+51+47$ $+64+68=470$	$59+51+69+71+60+63$ $+65+56=494$	964

F 1원표		
F_0	F_1	계
$59+65+61+55+51+47$ $+64+68=470$	$59+51+69+71+60+63$ $+65+56=494$	964

AB의 2원표로부터 A_0B_1, CD의 2원표로부터 C_1D_0, F 1원표로부터 F_1, H 1원표로부터 H_1의 수명이 가장 길다. 따라서 최적조건은 $A_0B_1C_1D_0F_1H_1$이 된다.

(3) ① 점추정치

$$\hat{\mu}(A_0B_1C_1D_0F_1H_1)=\hat{\mu}+a_0+b_1+(ab)_{01}+c_1+d_0+(cd)_{10}+f_1+h_1$$
$$=[\hat{\mu}+a_0+b_1+(ab)_{01}]+[\hat{\mu}+c_1+d_0+(cd)_{10}]+[\hat{\mu}+f_1]+[\hat{\mu}+h_1]-3\hat{\mu}$$
$$=\frac{256}{4}+\frac{267}{4}+\frac{494}{8}+\frac{488}{8}-3\times\frac{964}{16}=72.75$$

② 구간추정

$$\hat{\mu}(A_0B_1C_1D_0F_1H_1)\pm t_{1-\alpha/2}(\nu_e)\sqrt{\frac{V_e}{n_e}}=72.75\pm t_{0.975}(7)\sqrt{\frac{0.57143}{1.77778}}$$
$$=(71.40917\sim 74.09083)$$

$$n_e = \frac{\text{총실험횟수}}{\text{유효한 요인의 자유도의 합}+1}$$

$$= \frac{N}{\nu_A + \nu_B + \nu_C + \nu_D + \nu_F + \nu_H + \nu_{A\times B} + \nu_{C\times D} + 1} = \frac{16}{9} = 1.77778$$

07. 어떤 합성섬유의 특성치를 올리기 위해 방사중에 구금공경 A, 구금배열 B, 온도 C, 풍량 D의 4요인을 골라 실험을 하였다. 교호작용은 $A\times B$만을 구하고 싶다. $L_{16}(2^{15})$형의 직교배열표에서 A를 6열, B를 9열, 따라서 $A\times B$를 15열에, C를 1, 10, 11열에, D를 2열에 배치하여 분산분석표를 작성하였다.

실험번호	열번호															실험데이터
	1	2	3	4	5	6	7	8	9	10	11	12	13	14	15	
1	0	0	0	0	0	0	0	0	0	0	0	0	0	0	0	64
2	0	0	0	0	0	0	0	1	1	1	1	1	1	1	1	58
3	0	0	0	1	1	1	1	0	0	0	0	1	1	1	1	82
4	0	0	0	1	1	1	1	1	1	1	1	0	0	0	0	59
5	0	1	1	0	0	1	1	0	0	1	1	0	0	1	1	75
6	0	1	1	0	0	1	1	1	1	0	0	1	1	0	0	67
7	0	1	1	1	1	0	0	0	0	1	1	1	1	0	0	62
8	0	1	1	1	1	0	0	1	1	0	0	0	0	1	1	68
9	1	0	1	0	1	0	1	0	1	0	1	0	1	0	1	76
10	1	0	1	0	1	0	1	1	0	1	0	1	0	1	0	64
11	1	0	1	1	0	1	0	0	1	0	1	1	0	1	0	76
12	1	0	1	1	0	1	0	1	0	1	0	0	1	0	1	77
13	1	1	0	0	1	1	0	0	1	1	0	0	1	1	0	75
14	1	1	0	0	1	1	0	1	0	0	1	1	0	0	1	85
15	1	1	0	1	0	0	1	0	1	1	0	1	0	0	1	77
16	1	1	0	1	0	0	1	1	0	0	1	0	1	1	0	70
기본표시	a	b	a b	c	a c	b c	a b c	d	a d	b d	a b d	c d	a c d	b c d	a b c d	$T=1212$
실험배치	C	D	e	e	e	A	e	e	B	C	C	e	e	e	$A\times B$	

분산분석표

요인	SS	DF	MS	F_0	$F_{0.90}$
A	203.1	1	203.1	15.04*	3.46
B	33.1	1	33.1	2.45	3.46
C	379.8	3	126.6	9.38*	2.92
D	33.1	1	33.1	2.45	3.46
$A\times B$	232.6	1	232.6	17.23*	3.46
e	107.72	8	13.5		
T	873.72	15			

(1) AB의 2원표와 C 1원표를 작성하시오.

(2) 최적수준조합을 구하시오.

(3) 최적수준조합의 점추정치와 신뢰율 90%로 구간추정하시오.

해답 (1)

AB의 2원표			
	A_0	A_1	계
B_0	$64+62+64+70=260$	$82+75+77+85=319$	579
B_1	$58+68+76+77=279$	$59+67+76+75=277$	556
계			

C 1원표			
C_0	C_1	C_2	C_3
$64+82+67+68$ $=281$	$58+59+75+62$ $=254$	$76+76+85+70$ $=307$	$64+77+75+77$ $=293$

실험번호	열번호															실험데이터
	1									10	11					
1	0									0	0					64
2	0									1	1					58
3	0									0	0					82
4	0									1	1					59

5	0									1	1					75
6	0									0	0					67
7	0									1	1					62
8	0									0	0					68
9	1									0	1					76
10	1									1	0					64
11	1									0	1					76
12	1									1	0					77
13	1									1	0					75
14	1									0	1					85
15	1									1	0					77
16	1									0	1					70
기본표시	a									b d	a b d					$T=1,135$
실험배치	C									C	C					

(2) AB의 2원표로부터 A_1B_0, C의 1원표로부터 C_2의 특성치가 가장 높다.
따라서 최적조건은 $A_1B_0C_2$이다.

(3) ① 점추정

$$\hat{\mu}(A_1B_0C_2) = \hat{\mu} + a_1 + (ab)_{10} + c_2 = [\hat{\mu} + a_1 + b_0 + (ab)_{10}] + [\hat{\mu} + c_2] - [\hat{\mu} + b_0]$$

$$= \frac{319}{4} + \frac{307}{4} - \frac{579}{8} = 84.125$$

② 구간추정

$$\hat{\mu}(A_1B_0C_2) \pm t_{1-\alpha/2}(\nu_e)\sqrt{\frac{V_e}{n_e}} = 84.125 \pm t_{0.95}(8)\sqrt{\frac{13.5}{2.66667}}$$

$$= (79.94000 \sim 88.31000)$$

$$n_e = \frac{\text{총실험횟수}}{\text{유효한 요인의 자유도의 합} + 1}$$

$$= \frac{N}{\nu_A + \nu_C + \nu_{A\times B} + 1} = \frac{16}{6} = 2.66667$$

08. $L_{16}(2^{15})$형 직교배열표에 다음과 같이 배치했다. 질문에 답하시오.

열번호	1	2	3	4	5	6	7	8	9	10	11	12	13	14	15
기본표시	a	b	a b	c	a c	b c	a b c	d	a d	b d	a b d	c d	a c d	b c d	a b c d
배치	M	N	O	P				S					Q	R	T

(1) 2요인 교호작용 $O\times T$, $S\times R$는 몇 열에 나타나는가?

(2) 2요인 교호작용 $R\times T$가 무시되지 않을 때 위와 같이 배치한다면 어떤 일이 일어나는가?

해답 (1) $O\times T = ab\times abcd = a^2b^2cd = cd$(12열)

$S\times R = d\times bcd = bcd^2 = bc$(6열)

(2) $R\times T = bcd\times abcd = ab^2c^2d^2 = a$(1열)

$R\times T$는 1열에 나타나므로, 이미 1열에 배치된 M요인과 교락이 일어난다.

09. 요인 A, B, C, D, F, G, H의 주효과와 교호작용 $A\times B$, $A\times C$, $A\times D$, $G\times H$를 구하고 싶다. 선점도를 이용하여 $L_{16}(2^{15})$형 직교 배열표에 의해 배치하시오. (단, 기본표시와 배치만 표시)

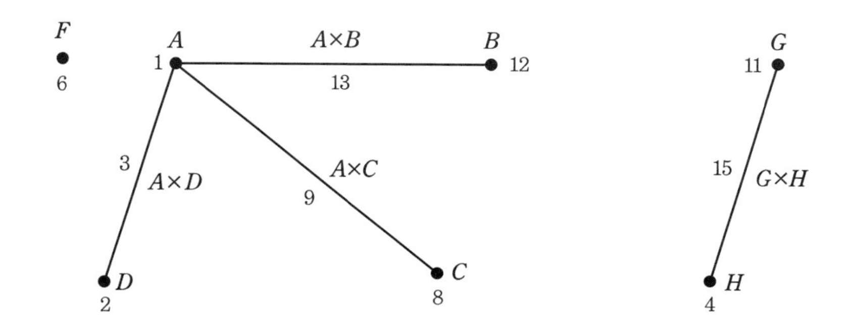

해답 점은 주효과, 선은 교호작용효과를 나타낸다.

열번호	1	2	3	4	5	6	7	8	9	10	11	12	13	14	15
기본표시	a	b	a b	c	a c	b c	a b c	d	a d	b d	a b d	c d	a c d	b c d	a b c d
배치	A	D	A $\times$ D	H	e	F	e	C	A $\times$ C	e	G	B	A $\times$ B	e	G $\times$ H

10. $L_{16}(2^{15})$형 직교배열표에 2수준의 요인 A, B, C, D, F, G, H와 교호작용 $G\times H$, $F\times G$를 배치시켜 실험하였다. 분산분석을 실시할 때 오차항의 자유도는 얼마인가?

해답 $\nu_e = \nu_T -$ 요인의 수 $-$ 교호작용의 수 $= 15-7-2=6$

11. 직교배열표의 특징 3가지를 쓰시오.

해답 ① 실험횟수를 변화시키지 않고도 많은 요인을 배치할 수 있다.

② 요인제곱합의 계산이 용이하고, 분산분석표의 작성이 수월하다.

③ 기계적인 조작으로 이론을 잘 모르고도 일부실시법, 분할법, 교락법 등의 배치를 쉽게 할 수 있다.

12. $L_{27}(3^{13})$형 직교표로서 교호작용을 무시하고 실험한 결과, 요인 A에 관한 1, 2, 3 수준별 실험 데이터의 합이 다음과 같을 때 S_A는 얼마인가?

데이터

$T_{1\cdot\cdot} = 10 \qquad T_{2\cdot\cdot} = 14 \qquad T_{3\cdot\cdot} = 15$

해답 $$S_A = \frac{1}{9}(T_{1\cdot\cdot}^2 + T_{2\cdot\cdot}^2 + T_{3\cdot\cdot}^2) - CT$$

$$= \frac{1}{9}(10^2 + 14^2 + 15^2) - \frac{39^2}{27} = 1.55556$$

13. $L_{27}(3^{13})$형 직교배열표에 기본 표시가 ab^2인 곳에 요인 A를, 기본 표시가 abc인 곳에 요인 B를 배치했다. $A \times B$가 배치되어야 할 기본 표시와 그 열의 번호를 구하시오.

열번호	1	2	3	4	5	6	7	8	9	10	11	12	13
기본 표시	a	b	a b	a b^2	c	a c	a c^2	b c	a b c	a b^2 c^2	b c^2	a b^2 c	a b c^2
배치				A					B				

해답 $a^3=1$임을 이용하면

① $A \times B = (ab^2)(abc) = a^2b^3c = (a^2c)^2 = a^4c^2 = ac^2$ (7열)

② $A \times B^2 = (ab^2)(abc)^2 = a^3b^4c^2 = bc^2$ (11열)

14. $L_{27}(3^{13})$형 직교배열표에서 할당된 요인의 수가 9개이면 오차의 자유도는 얼마인가?

해답 $\nu_e = 4 \times 2 = 8$

11 계수치 데이터의 분석

11-1 1요인실험(적합품 '0', 부적합품 '1')

(1) 데이터의 구조식

$$x_{ij} = \mu + a_i + e_{ij}$$

(2) 분산분석표

요인	SS	DF	MS	F_0
A	S_A	$l-1$	V_A	V_A/V_e
e	S_e	$l(r-1)$	V_e	
T	S_T	$lr-1$		

$$S_T = \sum\sum x_{ij}^2 - CT = T - CT \qquad CT = \frac{T^2}{lr}$$

$$S_A = \sum \frac{T_{i\cdot}^2}{r} - CT$$

$$S_e = S_T - S_A$$

(3) 각 수준(A_i)에서의 모부적합품률 추정

① 점추정치 : $\hat{P}_{A_i} = \dfrac{T_{i\cdot}}{r}$

② 신뢰구간 추정 : $\dfrac{T_{i\cdot}}{r} \pm t_{1-\alpha/2}(\nu_e)\sqrt{\dfrac{V_e}{r}} = \hat{P}_{A_i} \pm u_{1-\alpha/2}\sqrt{\dfrac{V_e}{r}}$

11-2 2요인실험

(1) 데이터의 구조식

$$x_{ijk} = \mu + a_i + b_j + e_{(1)ij} + e_{(2)ijk}$$

(2) 분산분석표

요인	SS	DF	MS	F_0	$F_{1-\alpha}$
A	S_A	$l-1$	V_A	V_A / V_{e_1}	$F_{1-\alpha}(\nu_A, \nu_{e_1})$
B	S_B	$m-1$	V_B	V_B / V_{e_1}	$F_{1-\alpha}(\nu_B, \nu_{e_1})$
$e_1(=A\times B)$	S_{e_1}	$(l-1)(m-1)$	V_{e_1}	V_{e_1} / V_{e_2}	$F_{1-\alpha}(\nu_{e_1}, \nu_{e_2})$
e_2	S_{e_2}	$lm(r-1)$	V_{e_2}		
T	S_T	$lmr-1$			

$$S_T = \sum\sum\sum x_{ijk}^2 - CT = T - CT, \quad CT = \frac{T^2}{lmr}$$

$$S_A = \sum \frac{T_{i\cdot\cdot}^2}{mr} - CT$$

$$S_B = \sum \frac{T_{\cdot j\cdot}^2}{lr} - CT$$

$$S_{e_1} = S_{A\times B} = S_{AB} - S_A - S_B$$

$$S_{e_2} = S_T - (S_A + S_B + S_{e_1}) = S_T - S_{AB}$$

$$S_{AB} = \sum\sum \frac{T_{ij\cdot}^2}{r} - CT$$

(3) 모부적합품률의 추정

e_1이 유의하지 않으면 e_2에 풀링시켜 분산분석표를 재작성한다.

① 각 수준(A_i)의 모부적합품률에 대한 신뢰구간

$$P_{A_i} = \frac{T_{i\cdot\cdot}}{mr} \pm u_{1-\alpha/2}\sqrt{\frac{{V_e}^*}{mr}}$$

② 각 수준(B_j)의 모부적합품률에 대한 신뢰구간

$$P_{B_j} = \frac{T_{\cdot j\cdot}}{lr} \pm u_{1-\alpha/2}\sqrt{\frac{{V_e}^*}{lr}}$$

③ 수준조합의 모부적합품률에 대한 신뢰구간

㉠ 점추정치

$$P_{A_iB_j} = \hat{P}_{A_i} + \hat{P}_{B_j} - \hat{P} = \frac{T_{i\cdot\cdot}}{mr} + \frac{T_{\cdot j\cdot}}{lr} - \frac{T}{lmr}$$

㉡ 신뢰구간

$$\left(\frac{T_{i\cdot\cdot}}{mr} + \frac{T_{\cdot j\cdot}}{lr} - \frac{T}{lmr}\right) \pm u_{1-\alpha/2}\sqrt{\frac{{V_e}^*}{n_e}}$$

$$n_e = \frac{lmr}{l+m-1}$$

$${V_e}^* = \frac{S_{e_1} + S_{e_2}}{\nu_{e_1} + \nu_{e_2}}$$

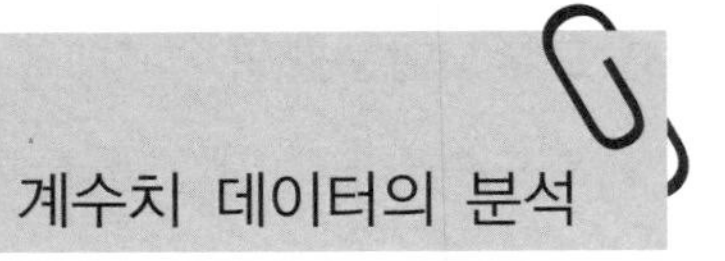

예상문제

계수치 데이터의 분석

01. 동일한 물건을 생산하는 4대의 기계에서 불량여부의 동일성에 관한 실험을 하였다. 적합품이면 0, 부적합품이면 1의 값을 주기로 하고 4대의 기계에서 나오는 200개씩의 제품을 만들어 부적합품 여부를 실험하여 다음과 같은 결과를 얻었다.

기계	A_1	A_2	A_3	A_4
적합품	190	178	194	170
부적합품	10	22	6	30
계	200	200	200	200

(1) 분산분석표를 작성하시오.

(2) $\hat{P}_{A_3}$에 대한 95% 신뢰구간을 추정하시오.

(3) $\hat{P}_{A_4}$에 대한 95% 신뢰구간을 추정하시오.

해답 (1) 분산분석표

	SS	DF	MS	F_0	$F_{0.95}$	$F_{0.99}$
A	1.82000	$l-1=3$	0.60667	7.99512^{**}	2.6	3.78
e	60.40000	$l(r-1)=796$	0.07588			
T	62.22000	$lr-1=799$				

기계간 부적합률에 차이가 있다고 볼 수 있다.

$$S_T = \sum\sum x_{ij}^2 - CT = 68 - \frac{68^2}{4\times 200} = 62.22000$$

$$S_A = \sum\frac{T_{i\cdot}^2}{r} - CT = \frac{1}{200}[10^2+22^2+6^2+30^2] - \frac{68^2}{4\times 200} = 1.82000$$

$$S_e = S_T - S_A = 60.40000$$

(2) $\hat{P}_{A_3}$에 대한 95% 신뢰구간

① 점추정치 : $\hat{P}_{A_3} = \frac{T_{3\cdot}}{r} \equiv \frac{6}{200} = 0.03$

② 신뢰구간 추정 : $\hat{P}_{A_3} \pm u_{1-\alpha/2}\sqrt{\frac{V_e}{r}} = 0.03 \pm 1.96\sqrt{\frac{0.07588}{200}}$

$- \le \hat{P}_{A_3} \le 0.06818$

(3) $\hat{P}_{A_4}$에 대한 95% 신뢰구간

① 점추정치 : $\hat{P}_{A_4} = \frac{T_{4\cdot}}{r} \equiv \frac{30}{200} = 0.15$

② 신뢰구간 추정 : $\hat{P}_{A_4} \pm u_{1-\alpha/2}\sqrt{\frac{V_e}{r}} = 0.15 \pm 1.96\sqrt{\frac{0.07588}{200}}$

$0.11182 \le \hat{P}_{A_4} \le 0.18818$

02. 4대의 기계(A)에 의한 공정시 열처리 온도(B)가 제품의 불량에 영향을 미치는지 실험한 결과 다음 데이터를 얻었다.

기계 및 열처리 온도에 관한 불량률 데이터

열처리 \ 기계	A_1		A_2		A_3		A_4		계
	양품	불량품	양품	불량품	양품	불량품	양품	불량품	
B_1	115	5	108	12	117	3	100	20	$T_{\cdot 1 \cdot} = 40$
B_2	110	10	100	20	112	8	98	22	$T_{\cdot 2 \cdot} = 60$
계	$T_{1\cdot\cdot} = 15$		$T_{2\cdot\cdot} = 32$		$T_{3\cdot\cdot} = 11$		$T_{4\cdot\cdot} = 42$		$T = 100$

(1) 분산분석표를 작성하시오.

(2) e_1이 유의하지 않을 경우 풀링시켜 분산분석표를 재작성하시오.

(3) 최적조건의 모부적합품률을 신뢰률 95%로 추정하시오.

해답 (1) 분산분석표

요인	SS	DF	MS	F_0	$F_{0.95}$	$F_{0.99}$
A	2.64167	3	0.88056	35.22240**	9.28	29.5
B	0.41667	1	0.41667	16.66680*	10.10	34.1
$e_1(A \times B)$	0.07499	3	0.02500	0.27530	2.6	
e_2	86.45000	952	0.09081			
T	89.58333	959				

① $S_T = \sum_i \sum_j \sum_k x_{ijk}^2 - CT = \sum_i \sum_j \sum_k x_{ijk} - CT = T - CT$

$= 100 - \frac{100^2}{4 \times 2 \times 120} = 89.58333$

② $S_A = \sum_i \frac{T_{i\cdot\cdot}^2}{mr} - CT$

$= \frac{1}{240}[(15)^2 + (32)^2 + (11)^2 + (42)^2] - \frac{100^2}{4 \times 2 \times 120} = 2.64167$

③ $S_B = \sum_j \frac{T_{\cdot j\cdot}^2}{lr} - CT = \frac{1}{480}[(40)^2 + (60)^2] - \frac{100^2}{4 \times 2 \times 120} = 0.41667$

④ $S_{e_1} = S_{A \times B} = S_{AB} - S_A - S_B = 3.13333 - 2.64167 - 0.41667 = 0.07499$

$S_{AB} = \sum_i \sum_j T_{ij\cdot}^2 - CT$

$= \frac{1}{120}[(5)^2 + (10)^2 + (12)^2 + \cdots + (22)^2] - \frac{100^2}{4 \times 2 \times 120} = 3.13333$

⑤ $S_{e_2} = S_T - S_{AB} = 89.58333 - 3.13333 = 86.45000$

⑥ $F_0(A) = \frac{V_A}{V_{e_1}} = \frac{0.88056}{0.02500} = 35.22240$

⑦ $F_0(B) = \frac{V_B}{V_{e_1}} = \frac{0.41667}{0.02500} = 16.66680$

⑧ $F_0(e_1) = \frac{V_{e_1}}{V_{e_2}} = \frac{0.02500}{0.09081} = 0.27530$

(2) e_1이 유의하지 않으므로 풀링시켜 분산분석표를 재작성

요인	SS	DF	MS	F_0	$F_{0.95}$	$F_{0.99}$
A	2.64167	3	0.88056	9.71921**	2.60	3.78
B	0.41667	1	0.41667	4.59901*	3.84	6.63
e	86.52499	955	0.09060			
T	89.58333	959				

(3) 최적조건은 부적합품률이 가장 작은 A_3B_1이다.

① 점추정치 : $P_{A_3B_1} = \hat{P}_{A_3} + \hat{P}_{B_1} - \hat{P} = \frac{11}{240} + \frac{40}{480} - \frac{100}{960} = 0.02500$

② 신뢰구간 : $\left(\frac{T_{i\cdot\cdot}}{mr} + \frac{T_{\cdot j\cdot}}{lr} - \frac{T}{lmr}\right) \pm u_{1-\alpha/2}\sqrt{\frac{V_e^*}{n_e}}$

$0.025 \pm 1.96\sqrt{\frac{0.09060}{192}}$

$0 \le P_{A_3B_1} \le 0.06758$

$n_e = \frac{lmr}{l+m-1} = \frac{4 \times 2 \times 120}{4+2-1} = 192$

12 분할법과 지분실험법

12-1 분할법

(1) 단일분할법(split-plot design)(1차 단위가 1요인실험)

① 개념

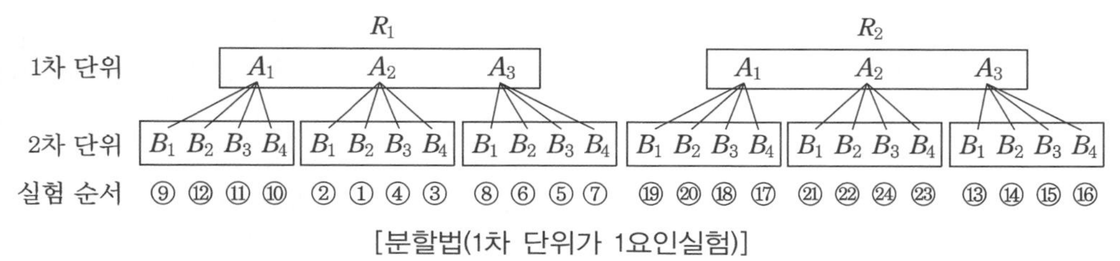

[분할법(1차 단위가 1요인실험)]

② 분산분석표

요인		SS	DF	MS	$E(V)$	F_0
1차 단위	R	S_R	$r-1$	V_R	$\sigma_{e_2}^2+m\sigma_{e_1}^2+lm\sigma_R^2$	V_R/V_{e_1}
	A	S_A	$l-1$	V_A	$\sigma_{e_2}^2+m\sigma_{e_1}^2+mr\sigma_A^2$	V_A/V_{e_1}
	e_1	S_{e_1}	$(r-1)(l-1)$	V_{e_1}	$\sigma_{e_2}^2+m\sigma_{e_1}^2$	V_{e_1}/V_{e_2}
2차 단위	B	S_B	$m-1$	V_B	$\sigma_{e_2}^2+lr\sigma_B^2$	V_B/V_{e_2}
	$A\times B$	$S_{A\times B}$	$(l-1)(m-1)$	$V_{A\times B}$	$\sigma_{e_2}^2+r\sigma_{A\times B}^2$	$V_{A\times B}/V_{e_2}$
	e_2	S_{e_2}	$l(m-1)(r-1)$	V_{e_2}	$\sigma_{e_2}^2$	
T		S_T	$lmr-1$			

$$S_R = \sum_{k=1}^{r} \frac{T_{\cdot\cdot k}^2}{lm} - CT$$

$$S_A = \sum_{i=1}^{l} \frac{T_{i\cdot\cdot}^2}{mr} - CT$$

$$S_{e_1} = S_{A\times R} = S_{AR} - S_A - S_R$$

$$S_{AR} = \sum_{i=1}^{l}\sum_{k=1}^{r} \frac{T_{i\cdot k}^2}{m} - CT$$

$$S_{e_2} = S_T - (S_R + S_A + S_{e_1} + S_B + S_{A\times B}) = S_{B\times R} + S_{A\times B\times R}$$

$$S_T = \sum\sum\sum x_{ijk}^2 - CT$$

(2) 1차 단위가 2요인실험인 단일분할법

(1) 분산분석표

요인		SS	DF	MS	$E(V)$	F_0
1차 단위	A	S_A	$l-1$	V_A	$\sigma_{e_2}^2 + n\sigma_{e_1}^2 + mn\sigma_A^2$	V_A/V_{e_1}
	B	S_B	$m-1$	V_B	$\sigma_{e_2}^2 + n\sigma_{e_1}^2 + ln\sigma_B^2$	V_B/V_{e_1}
	e_1	S_{e_1}	$(l-1)(m-1)$	V_{e_1}	$\sigma_{e_2}^2 + n\sigma_{e_1}^2$	V_{e_1}/V_{e_2}
2차 단위	C	S_C	$n-1$	V_C	$\sigma_{e_2}^2 + lm\sigma_C^2$	V_C/V_{e_2}
	$A\times B$	$S_{A\times B}$	$(l-1)(n-1)$	$V_{A\times B}$	$\sigma_{e_2}^2 + m\sigma_{A\times C}^2$	$V_{A\times C}/V_{e_2}$
	$B\times C$	$S_{B\times C}$	$(m-1)(n-1)$	$V_{B\times C}$	$\sigma_{e_2}^2 + l\sigma_{B\times C}^2$	$V_{B\times C}/V_{e_2}$
	e_2	e_2	$(l-1)(m-1)(n-1)$	V_{e_2}	$\sigma_{e_2}^2$	V_{e_2}
T		S_T	$lmn-1$			

12-2 3단 지분실험법

(1) 데이터 구조식

$$x_{ijkp} = \mu + a_i + b_{j(i)} + c_{k(ij)} + e_{p(ijk)}$$

① 분산분석표

요인	SS	ν	V	$E(V)$	F_0
A	$S_A = \sum T_{i\cdots}^2 - CT$	$l-1$	V_A	$\sigma_e^2 + r\sigma_{C(AB)}^2 + nr\sigma_{B(A)}^2 + mnr\sigma_A^2$	$V_A / V_{B(A)}$
$B(A)$	$S_{B(A)} = S_{AB} - S_A$	$l(m-1)$	$V_{B(A)}$	$\sigma_e^2 + r\sigma_{C(AB)}^2 + nr\sigma_{B(A)}^2$	$V_{B(A)} / V_{C(AB)}$
$C(AB)$	$S_{C(AB)} = S_{ABC} - S_{AB}$	$lm(n-1)$	$V_{C(AB)}$	$\sigma_e^2 + r\sigma_{C(AB)}^2$	$V_{C(AB)} / V_e$
e	$S_e = S_T - S_{ABC}$	$lmn(r-1)$	V_e	σ_e^2	
T	$S_T = \sum\sum\sum\sum x_{ijkp}^2 - CT$	$lmnr-1$			

② 분산성분의 추정

$$\hat{\sigma}_A^2 = \frac{V_A - V_{B(A)}}{mnr}$$

$$\widehat{\sigma_{B(A)}^2} = \frac{V_{B(A)} - V_{C(AB)}}{nr}$$

$$\widehat{\sigma_{C(AB)}^2} = \frac{V_{C(AB)} - V_e}{r}$$

$$\hat{\sigma}_e^2 = V_e$$

예상문제

분할법과 지분실험법

01. 4개회사에서 구입한 원료(A)를 사용하여 가공방법(B)에 따라 실험을 하였다. 원료구입선 4개회사를 랜덤화한 다음, 가공방법 3수준으로 실험전체를 블록반복(R) 3회를 실시하였다. 분산분석표를 작성하시오.

반복R		A_1	A_2	A_3	A_4
R_1	B_1	217	158	229	223
	B_2	233	138	186	227
	B_3	175	152	155	156
R_2	B_1	188	126	160	201
	B_2	201	130	170	181
	B_3	195	147	161	172
R_3	B_1	162	122	167	182
	B_2	170	185	181	201
	B_3	213	180	182	199

해답

요인		SS	DF	MS	$E(V)$	F_0	$F_{0.95}$	$F_{0.99}$
1차 단위	R	1,962.72222	2	981.36111	$\sigma_{e_2}^2+3\sigma_{e_1}^2+12\sigma_R^2$	3.31925	5.14	10.9
	A	12,494.30556	3	4,164.76852	$\sigma_{e_2}^2+3\sigma_{e_1}^2+9\sigma_A^2$	14.08647**	4.76	9.78
	e_1	1,773.94444	6	295.65741	$\sigma_{e_2}^2+3\sigma_{e_1}^2$	0.47623	2.60	3.87
2차 단위	B	566.22222	2	283.11111	$\sigma_{e_2}^2+12\sigma_B^2$	0.45602	3.49	5.85
	$A\times B$	2,600.44444	6	433.40741	$\sigma_{e_2}^2+3\sigma_{A\times B}^2$	0.69811	2.60	3.87
	e_2	9,933.33338	16	620.83334	$\sigma_{e_2}^2$			
T		29,330.97222	35					

① $S_T = \sum_i \sum_j \sum_k x_{ijk}^2 - CT = 1,176,015 - \frac{6,425^2}{36} = 29,330.97222$

② $S_R = \sum_k \frac{T_{\cdot\cdot k}^2}{lm} - CT = \frac{1}{12}(2,249^2 + 2,032^2 + 2,144^2) - \frac{6,425^2}{36} = 1,962.72222$

③ $S_A = \sum_i \frac{T_{i\cdot\cdot}^2}{mr} - CT = \frac{1}{9}(1,754^2 + 1,338^2 + 1,591^2 + 1,742^2) - \frac{6,425^2}{36}$

$= 12,494.30556$

④ $S_{e_1} = S_{A \times R} = S_{AR} - S_A - S_R = 16,230.972222 - 12,494.30,556 - 1,962.72222$

$= 1,773.94444$

$S_{AR} = \sum_i \sum_k \frac{T_{i\cdot\cdot k}^2}{m} - CT = \frac{1}{3}(625^2 + 448^2 + \cdots + 582^2) - \frac{6,425^2}{36}$

$= 16,230.97222$

⑤ $S_B = \sum_j \frac{T_{\cdot j\cdot}^2}{lr} - CT = \frac{1}{12}(2,135^2 + 2,203^2 + 2,087^2) - \frac{6,425^2}{36} = 566.22222$

⑥ $S_{A \times B} = S_{AB} - S_A - S_B = 15,660.97222 - 12,494.30556 - 566.22222$

$= 2,600.44444$

$S_{AB} = \sum_i \sum_j \frac{T_{ij\cdot}^2}{r} - CT = \frac{1}{3}(567^2 + 604^2 + \cdots + 527^2) - \frac{6,425^2}{36} = 15,660.97222$

⑦ $S_{e_2} = S_T - S_R - S_A - S_{e1} - S_B - S_{A \times B}$

$= 29,330.97222 - 1,962.72222 - 12,494.30,556 - 1,773.94444 - 566.22222$

$- 2,600.4444 = 9,933.33338$

⑧ 자유도 ν

$\nu_R = r - 1 = 2, \quad \nu_A = l - 1 = 3, \quad \nu_{e_1} = \nu_R \times \nu_A = 6, \quad \nu_B = m - 1 = 2,$

$\nu_{A \times B} = \nu_A \times \nu_B = 6, \quad \nu_{e_2} = l(m-1)(r-1) = 16, \quad \nu_T = lmr - 1 = 35$

02. 1차 요인 A를 4수준, 2차 요인 B를 3수준, 블록반복 2회의 분할법 실험을 실시하여 다음과 같은 값들을 얻었다.

$S_A = 713.4, \quad S_R = 1.4, \quad S_B = 483.1, \quad S_{AR} = 718.9,$

$S_{AB} = 1,209.5, \quad S_T = 1,285.0$

아래의 분산분석표의 빈칸을 채우시오.

요인	SS	DF	MS	F_0
R				
A				
e_1				
B				
$A\times B$				
e_2				
T				

해답 $S_{e_1} = S_{AR} - S_A - S_R = 718.9 - 713.4 - 1.4 = 4.1$

$S_{A\times B} = S_{AB} - S_A - S_B = 1209.5 - 713.4 - 483.1 = 13$

$S_{e_2} = S_T - (S_A + S_R + S_{e_1} + S_B + S_{A\times B})$

$= 1285.0 - (713.4 + 1.4 + 4.1 + 483.1 + 13) = 70$

요인	SS	DF	MS	F_0
R	1.4	1	1.4	1.024388
A	713.4	3	237.8	173.99958
e_1	4.1	3	1.36667	0.15619
B	483.1	2	241.55	27.60571
$A\times B$	13	6	2.16667	0.24762
e_2	70	8	8.75	
T	1,285.0	23		

03. 어떤 실험을 실시하는데 A를 1차 단위, B를 2차 단위로 블록반복 2회의 분할실험을 하여 다음과 같은 블록반복 R과 A의 2원표를 얻었다. R간의 제곱합 S_R을 구하시오. (단, m은 B의 수준수임)

$m=4$	A_1	A_2	A_3	A_4	A_5
블록반복 Ⅰ	−31	3	12	13	5
블록반복 Ⅱ	−8	7	−18	6	−19

해답 $S_R = \sum_k \frac{T_{\cdot\cdot k}^2}{lm} - CT = \frac{1}{20}(2^2 + (-32)^2) - \frac{(-30)^2}{40} = 28.9$

04. A를 5수준, B를 4수준을 각각 1차 요인, 2차 요인으로 보고 블록반복 2회일 때 자유도 ν_{E_1}, ν_{E_2}를 구하시오.

해답 $\nu_{E_1} = (l-1)(r-1) = (5-1)(2-1) = 4$

$\nu_{E_2} = l(m-1)(r-1) = 5(4-1)(2-1) = 15$

05. A, B, C는 각각 변량요인로 A는 일간요인, B는 일별로 두 대의 트럭을 랜덤하게 선택한 것이며, C는 트럭 내에서 랜덤하게 두 삽을 취한 것이고, 각 삽에서 두 번에 걸쳐 소금의 염도를 측정한 것이다. 이 실험은 A_1에서 $2\times2\times2=8$회를 랜덤하게 하여 데이터를 얻고 A_2에서 8회를 랜덤하게, A_3와 A_4에서도 같은 방법으로 하여 얻은 것이다.

		A_1	A_2	A_3	A_4
B_1	C_1	2.30 2.33	2.89 2.82	2.35 2.39	2.30 2.38
	C_2	2.53 2.55	3.14 3.12	2.59 2.53	2.44 2.45
B_2	C_1	2.04 2.05	2.56 2.54	2.10 2.06	2.03 1.94
	C_2	2.22 2.20	2.76 2.84	2.29 2.34	2.12 2.15

(1) 데이터의 구조식을 쓰시오.

(2) 다음의 분산분석표를 완성하시오.

요인	SS	DF	MS	F_0	$E(V)$
A	1.89503				
$B(A)$	0.74584				
$C(AB)$	0.34083				
e	0.01935				
T	3.00105				

(3) 분산분석 결과의 해석과 분산성분을 추정하시오.

해답 (1) 데이터 구조식

$x_{ijkp} = \mu + a_i + b_{j(i)} + c_{k(ij)} + e_{p(ijk)}$

(2) 분산분석표

요인	SS	DF	MS	F_0	$E(V)$
A	1.89503	3	0.63168	3.38775	$\sigma_e^2+2\sigma_{C(AB)}^2+4\sigma_{B(A)}^2+8\sigma_A^2$
$B(A)$	0.74584	4	0.18646	4.3770*	$\sigma_e^2+2\sigma_{C(AB)}^2+4\sigma_{B(A)}^2$
$C(AB)$	0.34083	8	0.04260	35.20661**	$\sigma_e^2+2\sigma_{C(AB)}^2$
e	0.01935	16	0.00121		σ_e^2
T	3.00105	31			

① 자유도

$\nu_T = lmnr - 1 = 4\times 2\times 2\times 2 - 1 = 31$

$\nu_A = l - 1 = 3$

$\nu_{B(A)} = l(m-1) = 4$

$\nu_{C(AB)} = lm(n-1) = 8$

$\nu_e = lmn(r-1) = 16$

② $F_0(A) = \dfrac{V_A}{V_{B(A)}} = \dfrac{0.63168}{0.18646} = 3.38775$

$F_0(B(A)) = \dfrac{V_{B(A)}}{V_{C(AB)}} = \dfrac{0.18646}{0.04260} = 4.3770$

$F_0(C(AB)) = \dfrac{V_{C(AB)}}{V_e} = \dfrac{0.04260}{0.00121} = 35.20661$

(3) 분산분석 결과의 해석과 분산성분 추정

요인 $C(AB)$가 매우 유의하므로 트럭 내에서도 염도가 균일하지 못하고 심한 차이가 있으며, 요인 $B(A)$도 유의하므로 트럭 간에도 차이가 있다. 그러나 요인 A는 유의하지 않으므로 일간에는 유의한 차이가 없다.

$\hat{\sigma}_{B(A)}^2 = \dfrac{V_{B(A)} - V_{C(AB)}}{nr} = \dfrac{0.18646 - 0.04260}{4} = 0.03597$

$\hat{\sigma}_{C(AB)}^2 = \dfrac{V_{C(AB)} - V_e}{r} = \dfrac{0.04260 - 0.00121}{2} = 0.02070$

06. 요인 A는 4수준, 요인 B는 2수준, 요인 C는 2수준, 반복 2회의 지분실험을 실시한 결과 다음과 같다. 물음에 답하시오.

$$S_A = 1.89503,\ S_{B(A)} = 0.74584,\ S_{C(AB)} = 0.34083,\ S_e = 0.01935$$

(1) 각 요인별 자유도를 구하시오.

(2) $\hat{\sigma}_A^2$, $\hat{\sigma}_{B(A)}^2$, $\hat{\sigma}_{C(AB)}^2$ 를 추정하시오.

해답

요인	SS	DF	MS
A	1.89503	3	0.63168
$B(A)$	0.74584	4	0.18646
$C(AB)$	0.34083	8	0.04260
e	0.01935	16	0.00121
T	3.00105	31	

(1) $l=4,\ m=2,\ n=2,\ r=2$

$\nu_T = lmnr - 1 = 4\times2\times2\times2-1=31$

$\nu_A = l-1=3$

$\nu_{B(A)} = l(m-1)=4$

$\nu_{C(AB)} = lm(n-1)=8$

$\nu_e = lmn(r-1)=16$

(2) $\hat{\sigma}_A^2 = \dfrac{V_A - V_{B(A)}}{mnr} = \dfrac{0.63168-0.18646}{2\times2\times2} = 0.55653$

$\hat{\sigma}_{B(A)}^2 = \dfrac{V_{B(A)} - V_{C(AB)}}{nr} = \dfrac{0.18646-0.04260}{2\times2} = 0.03597$

$\hat{\sigma}_{C(AB)}^2 = \dfrac{V_{C(AB)} - V_e}{r} = \dfrac{0.04260-0.00121}{2} = 0.02070$

07. 자동차용 부품을 제조하는 공장의 황소분임조는 활동 결과를 분석한 결과, 검사과정에서 색부적합에 대한 측정의 산포가 커서 색 부적합이 많이 발생되는 것을 알게 되었다. 전체의 색 부적합에 대한 산포를 감소시키기 위한 정보를 구하기 위하여 다음과 같이 샘플링을 하였다. 이 공장의 1일 생산대수는 300대이므로 1일분을 1로트로 하고, 각 로트에서 오전, 오후 각각 1개씩 랜덤하게 채취하여 2개의 시료를 계량적으로 측정하였다. 단, 측정오차를 알기 위하여 각 시료에 대해서 2회 반복 측정하였다.

색 부적합에 대한 계량치 데이터

로트	시료	반복측정치(x_{ijk})		시료합계($T_{ij\cdot}$)	로트합계($T_{i\cdot\cdot}$)
1	1	−0.2	−0.8	−1.0	−0.5
	2	−0.1	0.6	0.5	
2	1	−0.8	0.0	−0.8	−0.9
	2	0.6	−0.7	−0.1	
3	1	−0.7	−0.2	−0.9	−0.4
	2	0.0	0.5	0.5	
4	1	−1.1	−0.6	−1.7	−5.0
	2	−2.5	−0.8	−3.3	
5	1	2.0	0.7	2.7	8.2
	2	2.2	3.3	5.5	
6	1	−2.3	−1.2	−3.5	−9.6
	2	−3.0	−3.1	−6.1	
7	1	−1.8	−0.9	−2.7	−9.5
	2	−3.9	−2.9	−6.8	
8	1	1.7	2.2	3.9	1.5
	2	−1.4	−1.0	−2.4	
9	1	−0.2	0.9	0.7	4.8
	2	1.5	2.6	4.1	
10	1	1.2	−0.8	0.4	1.9
	2	0.4	1.1	1.5	

(1) 다음의 분산분석표를 완성하시오.

요인	SS	DF	MS
L			
$S(L)$			
e			
T			

(2) 로트간의 산포 σ_L^2, 시료간의 산포(로트 내 산포) $\sigma_{S(L)}^2$, 측정의 산포 $\sigma_{M(LS)}^2$을 추정하여 어떤 산포가 가장 큰가를 구하여 대책을 강구하시오.

해답 (1) 분산분석표

요인	SS	DF	MS
L	73.93625	9	8.21514
$S(L)$	22.78250	10	2.27825
e	10.03500	20	0.50175
T	106.75375	39	

① $S_T=\sum\sum\sum x_{ijk}^2-CT=\left[(-0.2)^2+(-0.8)^2+(-0.1)^2+\cdots+1.5^2\right]-CT$

$$=109.01-\frac{(-9.5)^2}{40}=106.75375$$

② $S_L=\sum_i \frac{T_{i\cdot\cdot}^2}{mr}-CT=\frac{(-0.5)^2+(-0.9)^2+(-0.4)^2+\cdots+1.9^2}{2\times 2}-CT$

$$=\frac{304.77}{4}-\frac{(-9.5)^2}{40}=73.93625$$

③ $S_{S(L)}=S_{LS}-S_L=96.71875-73.93625=22.78250$

$$S_{LS}=\sum_i\sum_j\frac{T_{ij\cdot}^2}{r}-CT=\frac{(-1.0)^2+0.5^2+(-0.8)^2+\ldots+1.5^2}{2}-CT$$

$$=\frac{197.95}{2}-\frac{(-9.5)^2}{40}=96.71875$$

④ $S_{M(LS)}=S_e=S_T-S_L-S_{S(L)}=106.75375-73.93625-22.78250$

$$=10.03500$$

⑤ 자유도

$\nu_L=l-1=9$, $\nu_{S(L)}=l(m-1)=10$, $\nu_{M(LS)}=\nu_e=lm(r-1)=20$,

$\nu_T=lmr-1=39$

(2) ① $\hat{\sigma}_L^2=\frac{V_L-V_{S(L)}}{mr}=\frac{8.21514-2.27825}{2\times 2}=1.48422$

② $\hat{\sigma}_{S(L)}^2=\frac{V_{S(L)}-V_e}{r}=\frac{2.27825-0.50175}{2}=0.88825$

③ $\hat{\sigma}_{M(LS)}^2=\hat{\sigma}_e^2=0.50175$

④ $\sigma_L^2>\sigma_{S(L)}^2>\hat{\sigma}_{M(LS)}^2$의 관계가 성립되며, 로트간의 산포가 크므로 로트간의 산포를 줄여야 한다.

PART

5

품질경영

1. 품질경영
2. 품질코스트
3. 표준화
4. 규격과 공정능력
5. 측정시스템
6. 품질혁신활동

1 품질경영

1-1 품질경영의 개념

1 품질경영의 정의

품질을 통한 경쟁 우위의 확보에 중점을 두고 고객만족, 인간성 존중, 사회에 공헌을 중시하여 최고 경영자의 리더십 아래 전 종업원이 총체적 수단을 활용하여 끊임없는 혁신과 개선에 참여하는 기업문화의 창달을 통해 기업의 경쟁력을 키워감으로써 기업의 장기적 성공을 추구하는 전사적·종합적인 경영관리 체계이다.

① QC : 수요자의 요구에 맞는 품질의 물품 또는 서비스를 경제적으로 만들어내기 위한 수단의 체계로서 품질요구를 만족시키기 위해 사용되는 운용상의 제반적인 기법 및 활동이다.

② QM : 최고경영자의 품질방침(Quality policy) 아래 목표 및 책임을 결정하고, 품질시스템 내에서 품질계획(Quality planning), 품질관리(Quality control), 품질보증(Quality assurance), 품질개선(Quality improvement)과 같은 수단에 의하여 이들을 수행하는 전반적인 경영기능의 모든 활동, 즉 QM=QP+QC+QA+QI로 정의된다.

③ 종합적 품질관리(TQC) : A. V. Feigenbaum이 제창한 용어로서, 소비자가 만족할 수 있는 품질의 제품을 가장 경제적으로 생산 내지 서비스할 수 있도록 사내 각 부문의 품질개발, 유지, 개선의 노력을 종합하기 위한 효과적인 품질시스템을 종합적 품질관리라 한다.

④ 종합적 품질경영(TQM) : 품질을 중심으로 하는 모든 구성원의 참여와 고객만족을 통한 장기적 성공지향을 기본으로 하며, 조직의 모든 구성원과 사회에 이익을 제

공하는 조직의 관리방법을 종합적 품질경영이라 한다. TQM은 올바르게 추진되기 위해서는 최고경영자의 강력하고 지속적인 지도력과 조직의 모든 구성원에 대한 교육 및 훈련이 필수적이며, QM/TQC의 토대 위에 기업문화의 혁신을 통한 구성원의 의식과 태도 등에 중점을 두고 기업 및 구성원의 사회참여 확대를 목적으로 추진되는 전략경영시스템의 일부분으로 볼 수 있다.

2 품질의 분류

고객은 수요의 3요소인 품질(Quality), 원가(Cost), 납기(Delivery)를 종합적으로 평가하여 제품을 구매하게 되므로, 기업의 경영은 고객을 만족시키는 데 주안점을 두고 제품을 설계하게 된다. 그러므로 품질의 설계에는 고객만족을 위하여 기업의 기술수준과 원가라는 두 측면을 균형화시켜 품질을 형성시킨다.

(1) 요구품질(requirement of quality) : 사용품질, 시장품질

시장조사, 클레임 등을 통해 파악한 소비자의 요구조건 등을 말하며, 설계품질의 결정에 중요한 정보가 된다.

(2) 설계품질(quality of design)

기업의 입장에서 소비자가 원하는 품질, 즉 시장조사 및 기타 방법으로 얻어진 모든 정보의 요구품질을 실현하기 위해 제품을 기획하고 그 결과를 시방(specification)으로 정리하여 설계도면에 짜 넣어진 품질로서, 설계품질의 최적치(Q_0)는 품질가치와 품질코스트와의 차가 가장 큰 점에서의 설계품질로 결정하는 것이 일반적이다.

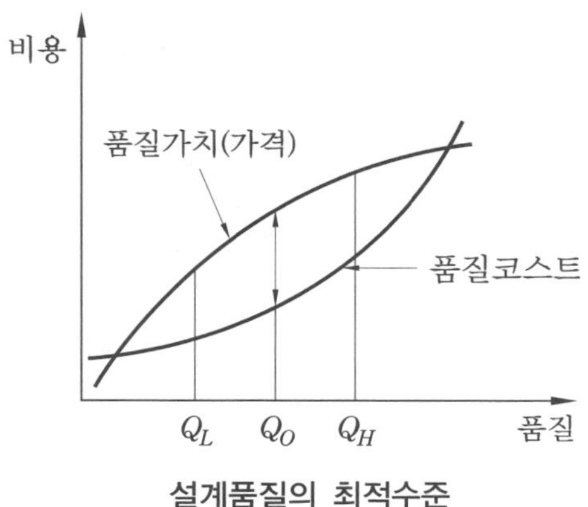

설계품질의 최적수준

(3) 제조품질 또는 적합품질(quality of manufacture or quality of conformance)

실제로 공장에서 생산 또는 제작시에 이루어지는 품질로서, 설계품질이 완성되면 이것을 제조공정을 통해서 실물로 실현된 품질로서, 제조공정에서 부적합품률을 줄이기 위해서는 관리비가 많이 소요되지만 한편으로는 부적합품률에 의한 손실액이 적어진다. 또 관리비를 적게 들이면 부적합품에 의한 손실액이 커진다. 그러므로 총비용의 최소점인 Q_0가 최적 제조품질점이다.

1-2 관리란 무엇인가

(1) 컨트롤

어떤 정해진 목표를 달성하기 위하여 표준을 설정한 후 이것에 대비시키면서 행동을 제어하여 나가는 활동이다.

(2) 매니지먼트

정해진 목표를 달성하기 위하여 조직을 만들어 그 활동을 계획하고 지시하고 통제하는 것이다.

1 관리 사이클(PDCA 사이클)

(1) 관리 사이클

① 목표달성을 위한 계획(혹은 표준) 설정을 설정한다.(Plan)
② 설정된 계획에 따라 실시한다.(Do)
③ 실시한 결과를 계획과 비교·검토한다.(Check)
④ 계획과 실시된 결과 사이에 적절한 수정 조치를 취한다.(Action)

(2) PDCA에 따른 품질관리의 4단계

① 표준설정
② 표준에 대한 적합도의 평가
③ 차이를 줄이기 위한 시정조치
④ 표준에 적합시키기 위한 계획과 표준의 개선에 대한 입안

(3) 품질관리(경영)의 4대 기능(Deming cycle)

① Plan(품질의 설계) : 설계품질 또는 목표품질을 설계한다.
② Do(공정의 관리) : 공정설계에 따른 각 표준을 설정하며, 작업자를 교육·훈련하고 업무를 수행한다.
③ Check(품질의 보증) : 목표품질에 따라 각 기능별 점검을 시행한다.
④ Action(품질의 조사·개선) : 클레임, A/S 결과 등을 조사하여 feedback시키고 각 기능들을 개선한다.

2 품질관리 부문의 업무 : Feigenbaum

(1) 신제품관리

제품에 대한 바람직한 코스트, 기능 및 신뢰성에 대한 품질표준확립

(2) 수입자재관리

시방의 요구에 알맞은 부품을 경제적인 품질수준으로 수입 및 보관관리

(3) 제품관리

부적합품이 만들어지기 전에 품질시방으로부터 벗어나는 것을 시정

(4) 특별공정조사

부적합품의 원인을 규명하고, 품질특성의 개량가능성을 결정하기 위한 조사 및 시험

3 품질전략과 고객만족

(1) SWOT 분석

SWOT는 Strength(강점), Weakness(약점), Opportunity(성장기회), Threats(위협)의 약자로서, 전략계획에서 우선적으로 분석이 된다.

(2) 벤치마킹(Benchmarking)

경쟁우위를 쟁취하기 위해서 높은 수준의 성과를 달성한 기업과 자사를 비교 평가하는 방법이다.

(3) KANO의 고객만족

일본의 KANO(狩野)가 제안한 KANO분석은 고객의 요구하는 것을 당연(기본)품질, 일원품질 및 매력(감동)품질로 나눈다.

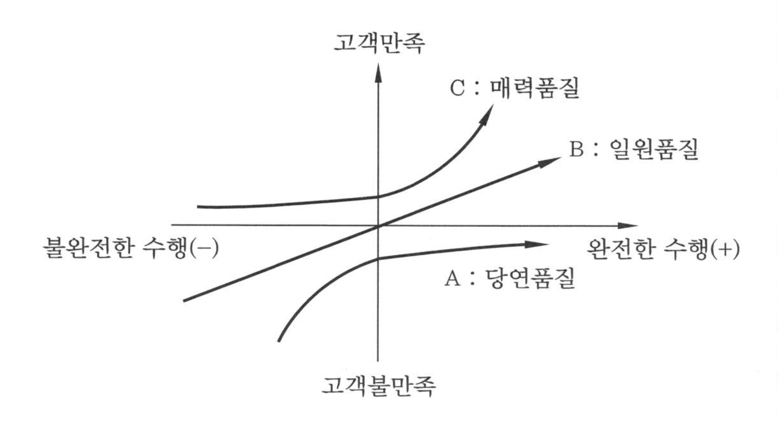

(4) KANO 분석

① 당연(기본)품질요소(must－be quality attribute) : 충족이 되면 별다른 만족을 주지 않지만 충족이 되지 않으면 불만을 야기하는 것

② 일원품질요소(one dimensional quality attribute) : 충족되면 만족하나 충족되지 못하면 불만족을 야기하는 품질요소이다.

③ 매력(감동)품질요소(attractive quality attribute) : 충족이 되면 매우 만족하며, 충족이 되지 않더라도 문제가 없는 것

예상문제

품질경영

01. 품질경영의 4대 기능을 쓰시오.

해답 (1) 품질의 설계
(2) 공정의 관리
(3) 품질의 보증
(4) 품질의 조사 및 개선

02. PDCA에 따른 품질관리의 4단계를 쓰시오.

해답 (1) 표준설정
(2) 표준에 대한 적합도의 평가
(3) 차이를 줄이기 위한 시정조치
(4) 표준에 적합시키기 위한 계획과 표준의 개선에 대한 입안

03. Deming 사이클 4단계를 영어로 적고 설명하시오.

해답 (1) Plan(품질의 설계)
(2) Do(공정의 관리)
(3) Check(품질의 보증)
(4) Action(품질의 조사·개선)

04. 다음 ( )속에 적당한 말을 보기에서 찾으시오.

(1) 현재의 기술로는 도달하기 어렵지만 제반 요구에 의해 장래 도달하고 싶은 품질의 수준 ( )
(2) 현재의 기술로서 관리하면 도달할 수 있는 품질의 수준( )
(3) 현재의 기술, 공정관리, 검사에 의해 소비자에 대하여 보증할 수 있는 품질의 수준( )
(4) 각 공정에 대해서 공정관리를 실시하기 위한 품질의 수준( )

보기

품질목표 품질표준 보증품질 관리수준

해답 (1) 품질목표 (2) 품질표준 (3) 보증품질 (4) 관리수준

05. 품질경영(QM)은 최고경영자의 (①) 아래 목표 및 책임을 결정하고, 품질시스템 내에서 (②), (③), (④), (⑤)과 같은 수단에 의하여 이들을 수행하는 전반적인 경영기능의 모든 활동이다.

해답 ① 품질방침(Quality policy)
② 품질계획(Quality planning)
③ 품질관리(Quality control)
④ 품질보증(Quality assurance)
⑤ 품질개선(Quality improvement)

06. 방침관리와 목표관리의 차이점을 설명하시오.

해답 (1) 방침관리 : 조직체에서 경영목적을 달성하기 위한 수단으로 제정된 중·장기 경영계획, 또는 연도 경영방침을 달성하기 위한 모든 활동
(2) 목표관리 : 기업에서 어떤 기간 동안의 중점목표 혹은 기대되는 성과를 자체에서 설정하여 달성하도록 하는 것

07. 품질관리업무를 크게 4가지로 분류하고 간단히 설명하시오.

해답 (1) 신제품관리
제품에 대한 바람직한 코스트, 기능 및 신뢰성에 대한 품질표준확립

(2) 수입자재관리
시방의 요구에 알맞은 부품을 경제적인 품질수준으로 수입 및 보관관리

(3) 제품관리
부적합품이 만들어지기 전에 품질시방으로부터 벗어나는 것을 시정

(4) 특별공정조사
부적합품의 원인을 규명하고, 품질특성의 개량가능성을 결정하기 위한 조사 및 시험

08. 카노(KANO)의 이원적 품질모델에서 그림의 (A), (B), (C)는 각각 어떤 품질 요소를 나타내는지 쓰시오.

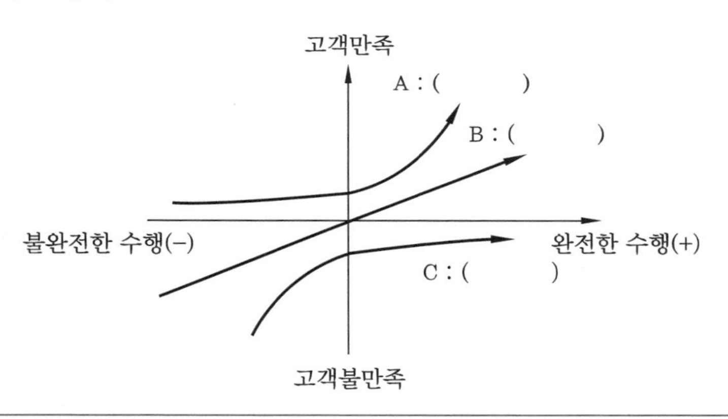

해답

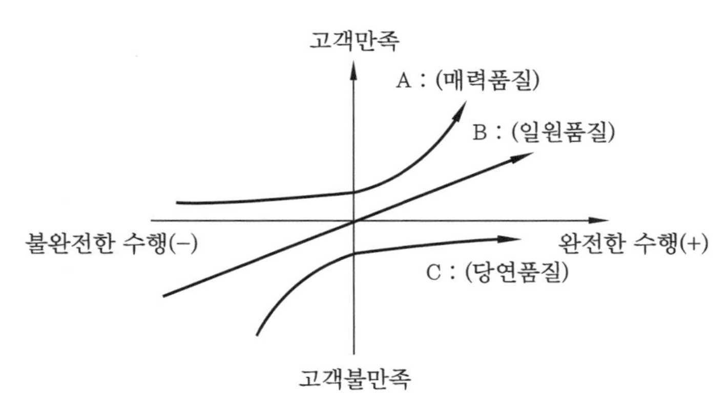

09. SWOT에 대해 쓰시오.

해답 Strength(강점) Weakness(약점) Opportunity(기회) Threats(위협)

10. 고객이 요구하는 참품질을 언어표현에 의해 체계화하여 이것과 품질특성과의 관련을 짓고, 고객의 요구를 제품의 설계특성으로 변화시키며 품질설계를 실행해나가는 매트릭스도표가 매우 유용하게 사용되고 있다. 이와 같은 품질표를 사용하는 기법은?

해답 QFD(품질기능전개)

11. 다음 물음에 답하시오.

(1) QCD의 의미
(2) 고객만족인 QCD를 KPI로 쓰는 이유가 무엇인가?

해답 (1) ① 품질(Quality)
② 비용(Cost)
③ 납기(Delivery)

(2) 고객만족인 QCD를 KPI로 쓰는 이유가 무엇인가?
고객은 수요의 3요소인 품질(Quality), 원가(Cost), 납기(Delivery)를 종합적으로 평가하여 제품을 구매하게 되므로, 기업의 경영은 고객을 만족시키는 데 주안점을 두고 제품을 설계하게 된다. 따라서 핵심성과지표(Key Performance Indicator)로 QCD를 사용하게 된다.

2 품질코스트

2-1 품질코스트(Q－cost)

1 품질코스트의 분류

Feigenbaum의 품질코스트의 분류

구분	분류 내용	
a. 예방코스트(prevention cost : P－cost) 불량의 발생을 예방하기 위한 코스트	• QC 계획비용 • QC 교육비용	• QC 기술비용 • QC 사무비용
b. 평가코스트(appraisal cost : A－cost) 시험·검사 등의 품질수준을 유지하기 위해 소비되는 코스트	• 수입검사비용 • 공정검사비용	• 완성품검사비용 • PM비용
c. 실패코스트(failure cost : F－cost) 규격에서 벗어난 불량품, 원재료, 제품에 의해 발생되는 여러 가지 손실코스트	• 폐각비용 • 재가공비용 • 불량대책비용	• 외주불량비용 • 설계변경 • 재심비용

2 품질과 품질코스트간의 관계

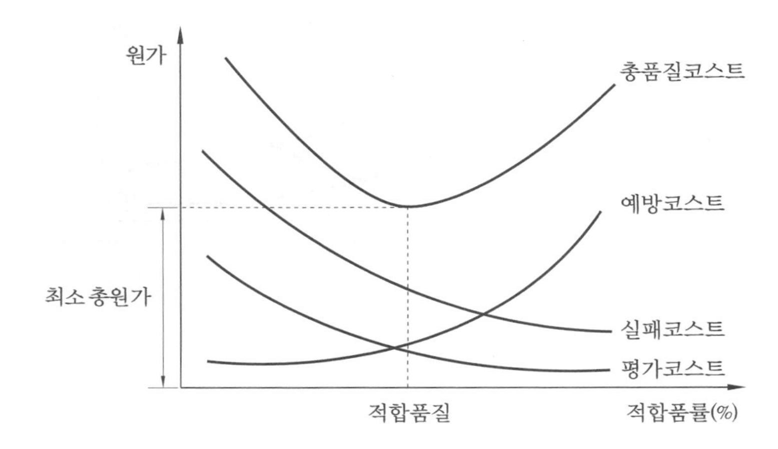

예상문제

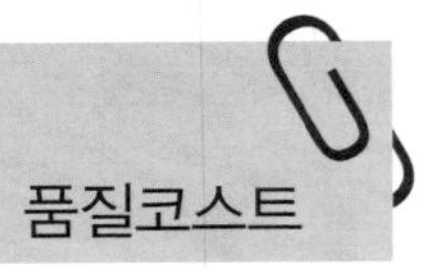

품질코스트

01. 품질코스트(Q-cost)를 설명하고, 품질코스트의 특징과 품질과의 관계를 곡선으로 나타내시오.

해답 (1) 품질코스트(Q-cost) : 제품이나 서비스의 품질을 개선하고 유지·관리에 소요되는 비용과 그럼에도 불구하고 발생되는 실패비용을 포함하여 품질코스트라 한다. 제품 그 자체의 원가인 재료비나 직접 노무비는 품질 cost안에 포함되지 않으며, 주로 제조 경비로서 제조원가의 부분 원가라 할 수 있다.

① 예방코스트(prevention cost : P-cost) : 처음부터 불량이 생기지 않도록 하는 데 소요되는 비용으로 소정의 품질 수준의 유지 및 부적합품 발생의 예방에 드는 비용

② 평가코스트(Appraisal cost : A-cost) : 제품의 품질을 정식으로 평가함으로써 회사의 품질수준을 유지하는 데 드는 비용

③ 실패코스트(Failure cost : F-cost) : 소정의 품질을 유지하는 데 실패하였기 때문에 생긴 불량제품, 불량 원료에 의한 손실비용

(2) 품질코스트 관계 곡선

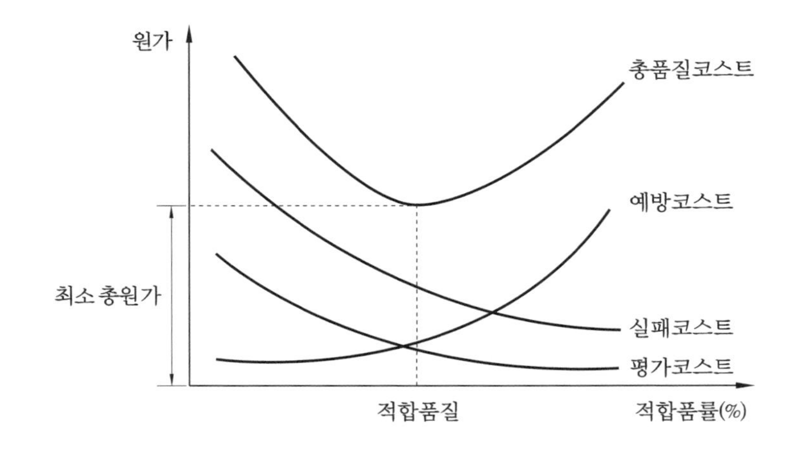

02. **다음 보기 중 예방코스트, 평가코스트, 실패코스트를 구분하시오.**

보기
품질교육코스트, 품질사무코스트, 재심코스트, 시험코스트, PM코스트, 현지서비스코스트, 설계변경코스트

해답 (1) P Cost : 품질교육코스트, 품질사무코스트

(2) A Cost : PM코스트, 시험코스트,

(3) F Cost : 현지서비스코스트, 설계변경코스트, 재심코스트

3 표준화

3-1 ISO 9000 품질경영시스템

1 ISO 9001:2015 품질경영원칙

① 고객중시
② 리더십
③ 인원의 적극적 참여
④ 프로세스접근법
⑤ 개선
⑥ 증거기반 의사결정
⑦ 관계관리/관계경영

2 ISO 9001:2015 품질경영 주요 용어

(1) 사람 및 조직에 관한 용어

① 최고경영자/최고경영진(top management) : 최고 계층에서 조직을 지휘하고 관리하는 사람 또는 그룹
② 조직(organization) : 조직의 목표달성에 대한 책임, 권한 및 관계가 있는 자체의 기능을 가진 사람 또는 그룹
③ 이해관계자(interested party) : 의사결정 또는 활동에 영향을 줄 수 있거나, 영향을 받을 수 있거나 또는 그들 자신이 영향을 받는다는 인식을 할 수 있는 사람 또는 그룹
④ 고객(customer) : 개인 또는 조직을 위해 의도되거나 그들에 의해 요구되는 제품 또는 서비스를 받을 수 있거나 제공받는 개인 또는 조직
⑤ 공급자(provider/supplier) : 제품 또는 서비스를 제공하는 개인 또는 조직

(2) 활동 관련 용어

① 개선(improvement) : 성과를 향상시키기 위한 활동
② 지속적 개선(continual improvement) : 성과를 향상시키기 위하여 반복하는 활동
③ 경영/관리(management) : 조직을 지휘하고 관리하는 조정활동
④ 품질경영(quality management) : 품질에 관한 경영
⑤ 품질기획(quality planning) : 품질목표를 세우고, 품질목표를 달성하기 위하여 필요한 운영 프로세스 및 관련 자원을 규정하는 데 중점을 둔 품질경영의 일부
⑥ 품질보증(quality assurance) : 품질요구사항이 충족될 것이라는 신뢰를 제공하는 데 중점을 둔 품질경영의 일부
⑦ 품질관리(quality control) : 품질요구사항을 충족하는 데 중점을 둔 품질경영의 일부
⑧ 품질개선(quality improvement) : 품질요구사항을 충족시키는 능력을 증진하는 데 중점을 둔 품질경영의 일부

(3) 프로세스 및 시스템 관련 용어

① 프로세스(process) : 의도된 결과를 만들어내기 위해 입력을 사용하여 상호 관련되거나 상호작용하는 활동의 집합
② 프로젝트(project) : 착수일과 종료일이 있는 조정되고 관리되는 활동의 집합으로 구성되어 시간, 비용 및 자원의 제약을 포함한 특정 요구사항에 적합한 목표를 달성하기 위해 수행되는 고유의 프로세스
③ 절차(procedure) : 활동 또는 프로세스를 수행하기 위하여 규정된 방식
④ 계약(contract) : 구속력 있는 합의
⑤ 시스템(system) : 상호 관련되거나 상호작용하는 요소들의 집합
⑥ 경영시스템(management system) : 방침과 목표를 수립하고 그 목표를 달성하기 위한 프로세스를 수립하기 위한 상호 관련되거나 상호작용하는 조직 요소의 집합
⑦ 품질경영시스템(quality management system) : 품질에 관한 경영시스템의 일부
⑧ 방침(policy) : 최고경영자에 의해 공식적으로 표명된 조직의 의도 및 방향
⑨ 품질방침(quality policy) : 최고경영자에 의해 공식적으로 표명된 품질 관련 조직의 전반적인 의도 및 방향으로서 품질에 관한 방침
⑩ 기반구조(infrastructure) : 조직의 운영에 필요한 시설, 장비 및 서비스의 시스템

(4) 요구사항 관련 용어

① 대상(object), 항목(item), 실체(entity) : 인지할 수 있거나 생각할 수 있는 것
② 품질(quality) : 대상의 고유특성의 집합이 요구사항을 충족시키는 정도
③ 등급(grade) : 동일한 기능으로 사용되는 대상에 대하여 상이한 요구사항으로 부여되는 범주 또는 순위
④ 요구사항(requirement) : 명시적인 니즈 또는 기대, 일반적으로 묵시적이거나 의무적인 요구 또는 기대
⑤ 부적합(nonconformity) : 요구사항의 불충족
⑥ 결함(defect) : 의도되거나 규정된 용도에 관련된 부적합
⑦ 능력(capability) : 해당 출력에 대한 요구사항을 충족시키는 출력을 실현할 수 있는 대상의 능력
⑧ 신인성(dependability) : 요구되는 만큼, 그리고 요구될 때 수행할 수 있는 능력
⑨ 추적성(traceability) : 대상의 이력, 적용 또는 위치를 추적하기 위한 능력

(5) 결과 관련 용어

① 목표(objective) : 달성되어야 할 결과
② 품질목표(quality objective) : 품질에 관련된 목표
③ 제품(product) : 조직과 고객 간에 어떠한 행위/거래/처리도 없이 생산될 수 있는 조직의 출력
④ 서비스(service) : 조직과 고객 간에 필수적으로 수행되는 적어도 하나의 활동을 가지는 조직의 출력
⑤ 성과(performance) : 측정 가능한 결과
⑥ 리스크(risk) : 불확실성의 영향
⑦ 효과성(effectiveness) : 계획된 활동이 실현되어 계획된 결과가 달성되는 정도
⑧ 효율성(efficiency) : 달성된 결과와 사용된 자원과의 관계

(6) 데이터, 정보 및 문서 관련 용어

① 데이터(data) : 대상에 관한 사실
② 정보(information) : 의미 있는 데이터
③ 객관적 증거(objective evidence) : 사물의 존재 또는 사실을 입증하는 데이터
④ 문서(document) : 정보 및 정보가 포함된 매체
⑤ 시방서(specification) : 요구사항을 명시한 문서

⑥ 품질매뉴얼(quality manual) : 조직의 품질경영시스템에 대한 시방서
⑦ 품질계획서(quality plan) : 특정 대상에 대해 적용시점과 책임을 정한 절차 및 연관된 자원에 관한 시방서
⑧ 기록(record) : 달성된 결과를 명시하거나 수행한 활동의 증거를 제공하는 문서
⑨ 검증(verification) : 규정된 요구사항이 충족되었음을 객관적 증거의 제시를 통하여 확인하는 것
⑩ 실현성 확인 / 타당성 확인(validation) : 특정하게 의도된 용도 또는 적용에 대한 요구사항이 충족되었음을 객관적 증거의 제시를 통하여 확인하는 것

(7) 고객 및 특성 관련 용어

① 피드백(feedback) : 제품, 서비스 또는 불만-처리 프로세스에 대한 의견, 논평 및 관심의 표현
② 고객만족(customer satisfaction) : 고객의 기대가 어느 정도까지 충족되었는지에 대한 고객의 인식
③ 불만/불평(complaint) : 제품 또는 서비스에 관련되거나, 대응 또는 해결이 명시적 또는 묵시적으로 기대되는 불만처리 프로세스 자체에 관련되어 조직에 제기된 불만족의 표현
④ 특성(characteristic) : 구별되는 특징
⑤ 품질특성(quality characteristic) : 요구사항과 관련된 대상의 고유 특성
⑥ 역량/적격성(competence) : 의도된 결과를 달성하기 위해 지식 및 스킬을 적용하는 능력

(8) 결정 관련 용어

① 검토(review) : 수립된 목표달성을 위한 대상의 적절성, 충족성 또는 효과성에 대한 확인 결정
② 모니터링(monitoring) : 시스템, 제품, 서비스 또는 활동의 상태를 확인 결정
③ 측정(measurement) : 값을 결정/확인하는 프로세스
④ 확인/결정(determination) : 하나 또는 하나 이상의 특성 및 그들 특성값을 찾아내기 위한 활동
⑤ 검사(inspection) : 규정된 요구사항에 대한 적합의 확인 결정
⑥ 시험(test) : 특정하게 의도된 용도 또는 적용을 위한 요구사항에 따른 확인 결정

(9) 조치 관련 용어

① 예방조치(preventive Action) : 잠재적 부적합 또는 기타 원하지 않은 잠재적 상황의 원인을 제거하기 위한 조치

② 시정조치(corrective Action) : 부적합의 원인을 제거하고 재발을 방지하기 위한 조치

③ 시정(correction) : 발견된 부적합을 제거하기 위한 행위

④ 재등급/등급변경(regrade) : 최초 요구사항과 다른 요구사항에 적합하도록 부적합 제품 또는 서비스의 등급을 변경하는 것

⑤ 특채(concession) : 규정된 요구사항에 적합하지 않은 제품 또는 서비스를 사용하거나 불출하는 것에 대한 허가

⑥ 불출/출시/해제(release) : 프로세스의 다음 단계 또는 다음 프로세스로 진행하도록 허가

⑦ 규격완화(deviation permit) : 실현되기 전의 제품 또는 서비스가 원래 규정된 요구사항을 벗어나는 것에 대한 허가

⑧ 재작업(rework) : 부적합한 제품 또는 서비스에 대해 요구사항에 적합하도록 하는 조치

⑨ 수리(repair) : 부적합한 제품 또는 서비스에 대해 의도된 용도에 쓰일 수 있도록 하는 조치

⑩ 폐기(scrap) : 부적합한 제품 또는 서비스에 대해 원래의 의도된 용도로 쓰이지 않도록 취하는 조치

3-2 표준화

1 표준화의 개념

(1) 규격

표준 중 주로 물건에 직접 또는 간접으로 관계되는 기술적 사항에 관하여 규정된 기준이다.

(2) 규정

업무의 내용, 순서, 절차, 방법에 관한 사항에 대해 정한 것으로 업무를 위한 표준이다.

(3) 시방

재료, 제품 등에 만족하여야 할 일련의 요구사항(형상, 치수, 제조 또는 시험방법)에 대하여 규정한 것으로, 시방은 규격일 수도 있고 규격의 일부 또는 규격과 무관할 수도 있다.

(4) 종류(class), 등급(grade), 형식(type)

① 종류 : 사용자의 편리를 도모하기 위하여 제품의 성능, 성분, 구조, 형상, 치수, 크기, 제조방법, 사용방법 등의 차이에서 제품을 구분하는 것을 말한다.
② 등급 : 한 종류에 대하여 제품의 중요한 품질특성에 있어서 요구품질수준의 고저에 따라서 또는 규정하는 품질특성의 항목의 다소에 따라서 다시 구분하는 것을 말한다.
③ 형식 : 제품의 일반목적과 구조는 유사하나 어떤 특정한 용도에 따라 식별할 필요가 있을 경우에는 형식이란 용어를 쓴다. 예를 들어, 전등인 경우 자동차용 전등, 일반용 전등, 도로조명용 전등 등으로 분류된다.

2 한국산업규격의 구성

기본 (A)	기계 (B)	전기· 전자 (C)	금속 (D)	광산 (E)	건설 (F)	일용품 (G)
식품 (H)	환경 (I)	생물 (J)	섬유 (K)	요업 (L)	화학 (M)	의료 (P)
품질경영 (Q)	수송기계 (R)	서비스 (S)	물류 (T)	조선 (V)	우주항공 (W)	정보 (X)

① KS Q ISO 9000(품질경영시스템－기본사항과 용어)
② KS Q ISO 9001(품질경영시스템－요구사항)
③ KS Q ISO 9004(조직의 지속적 성공을 위한 경영방식－품질경영접근법)
④ KS Q ISO 10015(품질경영－교육훈련지침)

3 KS 제품인증 심사기준(공장심사)

① 품질경영
② 자재관리
③ 공정·제조설비관리
④ 제품관리
⑤ 시험·검사설비관리
⑥ 소비자보호 및 환경·자원관리

4 KS 제품인증 심사기준(핵심품질)

① KS 최신본을 토대로 사내표준 및 관리규정을 제·개정 관리하고, 관련업무를 사내표준에 따라 추진하고 있는가?
② 주요 자재관리(부품, 모듈 및 재료 등) 목록을 사내표준에 규정하고 있고, 심사 전에 인증기관에 제출하여 적정성을 확인 받았으며, 변경사항이 있을 경우 인증기관에 지속적으로 승인을 받고 그 기록을 보관하고 있는가?
③ 공정별 작업표준을 사내표준에 규정하고 있고 현장작업자가 작업표준을 이해하며 표준대로 작업을 실시하고 있는가?
④ 제품검사 담당자가 자체에서 실시하는 제품시험을 수행할 수 있는 능력을 보유하고 있는가?
⑤ 중요품질항목에 대한 현장 입회시험을 실시하여 그 결과가 KS표준에 적합하고, 과거 자체적으로 시행한 품질검사결과의 평균값과 비교하여 사내표준에서 정한 허용값 한계 내에 있는가?
⑥ KS에서 정하고 있는 제품 품질항목에 대한 시험·검사가 가능한 설비를 인증심사기준에 따라 사내표준에 구체적으로 규정하고 보유하고 있는가?
⑦ 소비자불만 처리 및 피해보상 등을 사내표준에 규정하고 불만제품 로트를 추적, 원인을 파악하고 개선 및 재발방지 조치를 하고 있는가?

5 KS 서비스인증 심사기준

(1) 사업장 심사기준

① 서비스품질경영
② 서비스운영체계
③ 서비스운영
④ 서비스인력관리
⑤ 시설·장비, 안전 및 환경관리

(2) 서비스 심사기준

① 고객이 제공받은 사전 서비스
② 고객이 제공받은 서비스
③ 고객이 제공받은 사후 서비스

3-3 사내표준화

1 사내표준이 갖추어야 할 요건

① 실행 가능한 내용일 것
② 직관적으로 보기쉬운 표현을 할 것
③ 기록내용이 구체적이고 객관적일 것
④ 기여도가 큰 것을 택할 것
⑤ 장기적인 방침 및 체계하에서 추진할 것
⑥ 정확·신속하게 개정, 향상시킬 것
⑦ 작업표준에는 수단 및 행동을 직접 제시할 것
⑧ 당사자에게 의견을 말할 기회를 주는 방식으로 할 것

2 표준상태의 온도 및 습도

① 온도 : 20℃, 23℃, 25℃
② 표준상태의 습도 : 50%, 65%

3 수치의 맺음법

어떤 수치를 유효숫자 n자리의 수치로 맺을 때 또는 소수점 이하 n자리의 수치로 맺을 때는 $(n+1)$자리 이하의 수치를 다음과 같이 정리한다.

① $(n+1)$자리 이하의 수치가 n자리의 1단위의 1/2 미만일 때는 버린다.
② $(n+1)$자리 이하의 수치가 n자리의 1단위의 1/2을 넘을 때는 n자리를 1단위만 올린다.
③ $(n+1)$자리 이하의 수치가 n자리의 1단위의 1/2이고 $(n+1)$자리 이하의 수치가 버려진 것인지 올려진 것인지 알 수 없을 때는 ㉠ 또는 ㉡과 같이 한다.
㉠ n자리의 수치가 0, 2, 4, 6, 8이면 버린다.
㉡ n자리의 수치가 1, 3, 5, 7, 9이면 n자리를 1단위만 올린다.
④ $(n+1)$자리 이하의 수치가 버려진 것인지, 올려진 것인지 알고 있을 때는 반올림 방법인 ① 또는 ②의 방법으로 하지 않으면 안 된다.

4 각국의 국가규격

국명	규격	국명	규격	국명	규격
영국	BS	프랑스	NF	뉴질랜드	SANZ
독일	DIN	캐나다	CSA	노르웨이	NV
미국	ANSI	인도	IS	포르투갈	DGQ
일본	JIS	스페인	UNE	네덜란드	NNI
호주	AS	덴마크	DS	러시아연방	GOST
아르헨티나	IRAM	스웨덴	SIS	유고	JUST
중국	GB	이탈리아	UNI	브라질	NB
대만	CNS	벨기에	IBN	체코	CSN

5 표준화 기관

(1) 한국인정기구(KOLAS)는 국가표준제도의 확립 및 산업표준화제도 운영, 공산품의 안전/품질 및 계량·측정에 관한 사항, 산업기반 기술 및 공업기술의 조사/연구 개발 및 지원, 시험, 교정, 검사, 표준물질생산, 메디컬시험, 숙련도시험 인정제도의 운영, 표준화관련 국가간 또는 국제기구와의 협력 및 교류에 관한 사항 등의 업무를 관장하는 국가기술표준원 조직으로서, 국가기술표준원장이 KOLAS장의 역할을 수행하고 있다.

(2) 한국표준협회(KSA)는 한국산업규격안의 조사/연구개발, 규격 관련 정보의 분석 및 보급을 주관하고 있다.

(3) 한국제품인정제도(KAS)는 국내제품인증체계의 선진화를 위한 효율적 추진 및 국제적 신뢰도 구축 등의 업무를 관장하고 있다.

(4) 한국표준과학연구원(KRISS)은 국가측정표준 원기 및 국제 소급성 유지, 측정표준 유지 및 확대

예상문제

표준화

01. 품질경영의 7 원칙이란 무엇인가?

해답 (1) 고객중시
(2) 리더십
(3) 관계관리/관계경영
(4) 개선
(5) 프로세스접근법
(6) 인원의 적극참여
(7) 증거기반 의사결정

02. ISO 9000 인증추진 및 취득에 따른 기대효과는 무엇인가?

해답 (1) 품질향상 및 지속적 개선에 기여
(2) 전직원의 품질인식 확산
(3) 통합적 품질관리
(4) 기업이미지 제고
(5) 책임의식 부여

03. ISO 9000에서 정의하고 있는 어떤 용어에 대한 설명인가?

(1) 품질에 관한 경영
(2) 품질목표를 세우고, 품질목표를 달성하기 위하여 필요한 운영 프로세스 및 관련 자원을 규정하는 데 중점을 둔 품질경영의 일부
(3) 품질요구사항이 충족될 것이라는 신뢰를 제공하는 데 중점을 둔 품질경영의 일부
(4) 품질요구사항을 충족하는 데 중점을 둔 품질경영의 일부
(5) 의도된 결과를 만들어내기 위해 입력을 사용하여 상호 관련되거나 상호작용하는 활동의 집합
(6) 활동 또는 프로세스를 수행하기 위하여 규정된 방식

(7) 품질에 관한 경영시스템의 일부
(8) 최고경영자에 의해 공식적으로 표명된 조직의 의도 및 방향
(9) 최고경영자에 의해 공식적으로 표명된 품질 관련 조직의 전반적인 의도 및 방향으로서 품질에 관한 방침
(10) 동일한 기능으로 사용되는 대상에 대하여 상이한 요구사항으로 부여되는 범주 또는 순위
(11) 의도되거나 규정된 용도에 관련된 부적합
(12) 요구되는 만큼, 그리고 요구될 때 수행할 수 있는 능력
(13) 대상의 이력, 적용 또는 위치를 추적하기 위한 능력
(14) 조직과 고객 간에 어떠한 행위/거래/처리도 없이 생산될 수 있는 조직의 출력
(15) 요구사항을 명시한 문서
(16) 조직의 품질경영시스템에 대한 시방서
(17) 특정 대상에 대해 적용시점과 책임을 정한 절차 및 연관된 자원에 관한 시방서
(18) 달성된 결과를 명시하거나 수행한 활동의 증거를 제공하는 문서
(19) 규정된 요구사항에 적합하지 않은 제품을 사용하거나 불출하는 것에 대한 허가
(20) 부적합 제품 또는 서비스에 대해 의도된 용도에 쓰일 수 있도록 하는 조치
(21) 부적합 제품 또는 서비스에 대해 원래의 의도된 용도로 쓰이지 않도록 취하는 조치
(22) 부적합 제품 또는 서비스에 대해 요구사항에 적합하도록 하는 조치

해답

(1) 품질경영(Quality Management)
(2) 품질기획(Quality Planning)
(3) 품질보증(Quality Assurance)
(4) 품질관리(Quality Control)
(5) 프로세스(Process)
(6) 절차(Procedure)
(7) 품질경영시스템 (Quality Management System)
(8) 방침(Policy)
(9) 품질방침(Quality Policy)
(10) 등급(Grade)
(11) 결함(Defect)
(12) 신인성(Dependability)
(13) 추적성(Traceability)
(14) 제품(Product)
(15) 시방서(Specification)
(16) 품질매뉴얼(Quality Manual)
(17) 품질계획서(Quality Plan)
(18) 기록(Record)
(19) 특채(Concession)
(20) 수리(Repair)
(21) 폐기(Scrap)
(22) 재작업(Rework)

04. 다음은 어떤 용어에 대한 설명인가?

(1) 의도되거나 규정된 용도/사용에 관련된 부적합
(2) 요구사항의 불충족
(3) 부적합의 원인을 제거하고 재발을 방지하기 위한 조치
(4) 잠재적인 부적합 또는 기타 바람직하지 않은 잠재적 상황의 원인을 제거하기 위한 조치
(5) 발견된 부적합을 제거하기 위한 행위

해답 (1) 결함(Defect)
(2) 부적합(Nonconformity)
(3) 시정조치(Corrective Action)
(4) 예방조치(Preventive Action)
(5) 시정(Correction)

05. 품질경영시스템－기본사항과 용어(KS Q ISO 9000 : 2015) 규격에서 제품에 해당하는 것은?

해답 ① 하드웨어
② 소프트웨어
③ 서비스
④ 연속 집합재/가공물질

06. 표준화의 목적을 쓰시오.

해답 ① 안전, 건강 및 생명의 보호
② 소비자 및 공동사회의 이익보호
③ 무역장벽제거
④ 기능과 치수의 호환성
⑤ 전체적인 경제
⑥ 전달
⑦ 단순화

07. 다음 용어에 대해 설명하시오.

표준, 규격, 규정, 시방, 종류, 등급, 형식

해답 (1) 표준 : 관계되는 사람들 사이에서 이익 또는 편의가 공정하게 얻어질 수 있도록 통일화, 단순화를 도모하기 위하여 물체, 성능, 능력, 배치, 상태, 동작순서, 방법, 절차, 책임, 의무, 권한, 사고방식, 개념 등에 대하여 설정한 것으로서 일반적으로 문장, 그림, 표, 견본 등 구체적 표현형식으로 표시한다.

(2) 규격 : 표준 중 주로 물건에 직접 또는 간접으로 관계되는 기술적 사항에 관하여 규정된 기준이다.

(3) 규정 : 업무의 내용, 순서, 절차, 방법에 관한 사항에 대해 정한 것으로 업무를 위한 표준이다.

(4) 시방 : 재료, 제품 등에 만족하여야 할 일련의 요구사항(형상, 치수, 제조 또는 시험방법)에 대하여 규정한 것으로, 시방은 규격일 수도 있고 규격의 일부 또는 규격과 무관할 수도 있다.

(5) 종류(class), 등급(grade), 형식(type)

㉠ 종류 : 사용자의 편리를 도모하기 위하여 제품의 성능, 성분, 구조, 형상, 치수, 크기, 제조방법, 사용방법 등의 차이에서 제품을 구분하는 것을 말한다.

㉡ 등급 : 한 종류에 대하여 제품의 중요한 품질특성에 있어서 요구품질수준의 고저에 따라서 또는 규정하는 품질특성의 항목의 다소에 따라서 다시 구분하는 것을 말한다.

㉢ 형식 : 제품의 일반목적과 구조는 유사하나 어떤 특정한 용도에 따라 식별할 필요가 있을 경우에는 형식이란 용어를 쓴다. 예를 들어, 전등인 경우 자동차용 전등, 일반용 전등, 도로조명용 전등 등으로 분류된다.

08. 다음은 한국산업규격의 부문기호를 나타낸 것이다. 분류기호가 의미하는 산업부문을 괄호 안에 쓰시오.

KS B ( ), KS G ( ), KS Q ( ), KS S ( ), KS X( )

해답 KS (Korean industrial standards : 한국산업규격)

기본(A)	기계(B)	전기·전자(C)	금속(D)	광산(E)	건설(F)	일용품(G)
식품(H)	환경(I)	생물(J)	섬유(K)	요업(L)	화학(M)	의료(P)
품질경영(Q)	수송기계(R)	서비스(S)	물류(T)	조선(V)	우주항공(W)	정보(X)

09. 다음 내용 중 관련 있는 내용을 연결하시오.

KS Q ISO 9000 •	• 품질경영시스템 - 기본사항과 용어
KS Q ISO 9001 •	• 품질경영시스템 - 요구사항
KS Q ISO 9004 •	• 조직의 지속적 성공을 위한 경영방식 - 품질경영접근법
KS Q ISO 10015 •	• 품질경영 - 교육훈련지침

해답 (1) KS Q ISO 9000(품질경영시스템 - 기본사항과 용어)
(2) KS Q ISO 9001(품질경영시스템 - 요구사항)
(3) KS Q ISO 9004(조직의 지속적 성공을 위한 경영방식 - 품질경영접근법)
(4) KS Q ISO 10015(품질경영 - 교육훈련지침)

10. KS 제품인증 심사기준(공장심사)을 적으시오.

해답 KS 제품인증 심사항목
① 품질경영
② 자재관리
③ 공정·제조설비관리
④ 제품관리
⑤ 시험·검사설비관리
⑥ 소비자보호 및 환경·자원관리

11. 한국산업규격(KS) 인증제품에는 인증번호 외에 표시하여 할 사항 3가지를 쓰시오.

해답 ① 표준명 또는 표준번호
② 제조년월일
③ 제조자명 또는 그 약호
④ 인증기관명

12. KS 서비스인증 심사기준에서 사업장 심사기준을 적으시오.

해답 ① 서비스품질경영 ② 서비스운영체계
③ 서비스운영 ④ 서비스인력관리
⑤ 시설·장비, 안전 및 환경관리

13. KS 서비스인증 심사기준에서 서비스 심사기준을 적으시오.

해답 서비스 심사기준
① 고객이 제공받은 사전 서비스
② 고객이 제공받은 서비스
③ 고객이 제공받은 사후 서비스

14. 각국의 국가규격을 적으시오.

국명	규격	국명	규격	국명	규격
영국		독일		미국	
일본		중국		프랑스	
캐나다					

해답

국명	규격	국명	규격	국명	규격
영국	BS	독일	DIN	미국	ANSI
일본	JIS	중국	GB	프랑스	NF
캐나다	CSA				

15. 다음 물음에 답하시오.

(1) ( )는 국내제품인증체계의 선진화를 위한 효율적 추진 및 국제적 신뢰도 구축 등의 업무를 관장하고 있다.
(2) ( )는 국가측정표준 원기 및 국제 소급성 유지, 측정표준 유지 및 확대
(3) ( )는 국가표준제도의 확립 및 산업표준화제도 운영, 공산품의 안전/품질 및 계량·측정에 관한 사항, 산업기반 기술 및 공업기술 의 조사/연구 개발 및 지원, 시험, 교정, 검사, 표준물질생산, 메디컬시험, 숙련도시험 인정제도의 운영, 표준화관련 국가간 또는 국제기구와의 협력 및 교류에 관한 사항 등의 업무를 관장하는 국가기술표준원 조직으로서, 국가기술표준원장이 KOLAS장의 역할을 수행하고 있다.
(4) ( )는 한국산업규격안의 조사/연구개발, 규격 관련 정보의 분석 및 보급을 주관하고 있다.

해답 (1) 한국제품인정제도(KAS)
(2) 한국표준과학연구원(KRISS)
(3) 한국인정기구(KOLAS)
(4) 한국표준협회(KSA)

16. 사내표준화의 요건을 5가지 적으시오.

해답 ① 실행 가능한 내용일 것
② 직관적으로 보기쉬운 표현을 할 것
③ 기록 내용이 구체적이고 객관적일 것
④ 기여도가 큰 것을 택할 것
⑤ 장기적인 방침 및 체계하에서 추진할 것
⑥ 정확·신속하게 개정, 향상시킬 것
⑦ 작업표준에는 수단 및 행동을 직접 제시할 것
⑧ 당사자에게 의견을 말할 기회를 주는 방식으로 할 것

17. 사내표준화에서 사용하는 문장 끝을 보기와 같이 작성하시오.

요구사항 : 하여야 한다.

(1) 권장사항
(2) 허용
(3) 실현성 및 가능성

해답 (1) 하는 것이 좋다.
(2) 해도 된다.
(3) 할 수 있다.

18. 시험장소의 표준상태(KS A 0006 : 2014)에서 규정된 표준상태의 온도를 적으시오.

해답 (1) 표준상태의 온도 : 20℃, 23℃, 25℃
(2) 표준상태의 습도 : 50% 또는 65%

19. **십진법에 따른 다음 수치에 대하여 답하시오.**

(1) 2.35(이 수치는 보기를 들면 2.347을 반올림 처리한 것을 알고 있다고 한다.)를 유효숫자 2자리로 맺음하시오.

(2) 0.0625(이 수치는 소수점 이하 4자리가 반드시 5인지 또는 버려진 것인가, 올려진 것인가를 모른다고 한다.)를 소수점 이하 3자리로 맺음하시오.

(3) 0.0855(이 수치는 유효 숫자 3자리가 버려진 것인가 올려진 것인가를 모른다.) 유효숫자 2자리로 맺음하시오.

(4) 8.35(이 수치는 8.347이 올려진 것이라는 것을 알고 있다.)를 유효숫자 2자리로 맺음 하시오.

해답 (1) 2.3

(2) 0.062(짝수이므로 버린다)

(3) 0.086(홀수이므로 올린다)

(4) 8.3

4 규격과 공정능력

4-1 규격과 공정능력

1 규격, 공차, 허용차

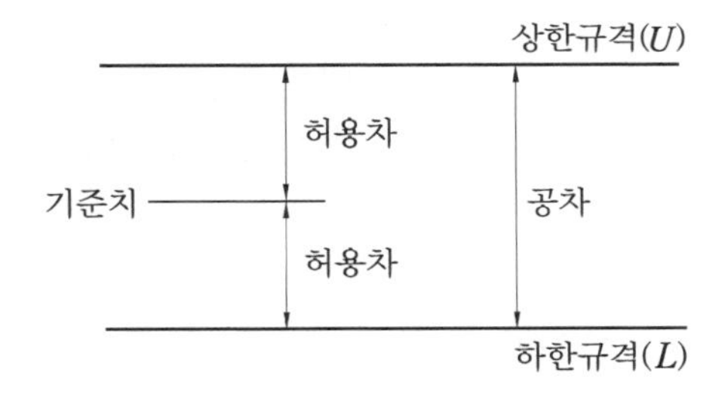

(1) 규격

표준 중 주로 물건에 직접 또는 간접으로 관계되는 기술적 사항에 관하여 규정된 기준

(2) 공차

규격상한치와 규격하한치의 차

(3) 허용차

기준치와 한계치와의 차

2 틈새와 끼워맞춤

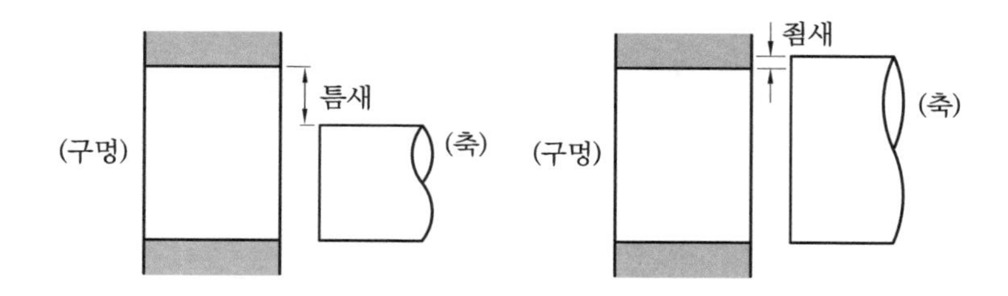

• A : 최대구멍, B : 최소구멍, a : 축의 최대직경, b : 축의 최소직경

(1) 틈새와 죔새

① 최대틈새 : 구멍 최대한계에서 축의 최소한계를 뺀 값 $(A-b)$

② 최소틈새 : 구멍 최소한계에서 축의 최대한계를 뺀 값 $(B-a)$

③ 평균틈새 : $\dfrac{(\text{최대틈새}+\text{최소틈새})}{2}$

④ 최대죔새 : 구멍 최소한계에서 축의 최대한계를 뺀 값

⑤ 최소죔새 : 구멍 최대한계에서 축의 최소한계를 뺀 값

(2) 끼워맞춤의 종류

① 헐거운 끼워맞춤 : 항상 틈새가 생김

② 억지 끼워맞춤 : 항상 죔새가 생김

③ 중간 끼워맞춤 : 틈새와 죔새가 동시에 나타남

3 허용차의 통계적 가법성

(1) 분산의 가법성(additive property of variance)

조립품의 표준편차$=\sqrt{\sigma_A^2+\sigma_B^2+\sigma_C^2}$

[이를 겹침공차(overlapping tolerance)라고 함]

4 공정능력조사 및 해석

(1) 단기공정능력과 단기공정능력

① 단기공정능력 : 임의의 일정 시점에서 외부적인 영향이 없다고 판단되는 짧은 기간 동안의 정상적인(stationary) 공정상태를 의미한다[급내(군내)변동만 반영].

② 장기공정능력 : 오랜 기간 동안 외부적 영향으로 공구나 부품의 시간 경과에 따른 마모, 재료 간의 미세한 성분 변화 등이 발생함에 따른 변동을 포함하고 있을 때의 공정 상태를 의미한다[급내변동은 물론 급간(군간)변동도 포함].

(2) 정적공정능력과 동적공정능력

① 정적공정능력 : 문제의 대상물이 갖는 잠재능력을 말한다.

② 동적공정능력 : 현실적인 면에서 실현되는 능력을 말한다.

(3) 공정능력치

공정능력치 $\pm 3\sigma = \pm 3\frac{\overline{R}}{d_2} = \pm 3\frac{\overline{R_m}}{d_2}$

(4) 공정능력지수(process capability index) : PCI, C_p

$$PCI = C_p = \frac{T}{6\sigma} = \frac{S_U - S_L}{6\sigma} = \frac{S_U - S_L}{6s} = \frac{S_U - \mu}{3\sigma} = \frac{\mu - S_L}{3\sigma}$$

공정능력지수와 판정

C_p 범위	등급	판정	조치
$1.67 \le C_p$	0 등급	매우 만족	관리의 간소화, 코스트 절감방법 등을 생각
$1.33 \le C_p < 1.67$	1 등급	만족	현상태 유지
$1 \le C_p < 1.33$	2 등급	보통	공정관리철저
$0.67 \le C_p < 1$	3 등급	부족	전수선별, 공정의 관리·개선
$C_p < 0.67$	4 등급	매우 부족	품질의 개선, 원인을 추구하여 긴급대책을 취한다.

(5) 공정능력비(process capability ratio) : $D_p = \frac{6\sigma}{T} = \frac{1}{C_p}$

(6) 중심이 벗어났을 때 C_{pk} 사용

$$C_{pk} = (1-k)C_p \quad \left(k = \frac{|M-\mu|}{\frac{T}{2}}\right)$$

5 도수분포표(frequency distribution table)

(1) 작성방법

① 데이터의 수(n)

② 범위(R) = 최댓값 − 최솟값

③ 계급의 수(k)

㉠ $k = \sqrt{n}$

㉡ $k = 1 + 3.3\log N$ (H. A. Sturges 방법)

④ 계급의 폭(h) $= \frac{범위}{k}$, 측정단의 정수배로 반올림한다.

⑤ 첫 번째 계급의 좌측경계치 = 최솟값 − $\frac{측정단위}{2}$

⑥ 각 계급의 경계치를 구한다.

⑦ 각 계급마다 대표치, 계급의 중앙값 m_i 를 구한다.

⑧ 각 계급에 속하는 데이터의 수를 세어 계급의 절대도수 f_i를 구한다.

⑨ 도수분포표를 작성한다.

⑩ 히스토그램을 작성한다.

시료의 평균	$\bar{x} = x_0 + h \times \frac{\sum f_i u_i}{\sum f_i}$
편차제곱합(변동)	$S = \left(\sum f_i u_i^2 - \frac{(\sum f_i u_i)^2}{\sum f_i}\right) \times h^2$
시료의 분산	$s^2 = V = \frac{S}{n-1} = \frac{S}{\nu}$
시료의 표준편차	$s = \sqrt{V}$

예상문제

01. 공정능력지수의 등급과 범위를 쓰시오.

해답 공정능력지수와 판정

C_p 범위	등급	판정
$1.67 \le C_p$	0등급	매우 만족
$1.33 \le C_p < 1.67$	1등급	만족
$1 \le C_p < 1.33$	2등급	보통
$0.67 \le C_p < 1$	3등급	부족
$C_p < 0.67$	4등급	매우 부족

02. 다음 데이터는 공장에서 생산된 기계부품 중에서 랜덤하게 100개를 취하여 길이를 측정한 것이다. 다음 물음에 답하시오. (단, $U=77$, $L=28$)

55	64	62	52	50	55	49	32	37	32
63	60	73	53	50	56	54	28	50	44
55	54	57	41	53	38	49	51	48	30
53	64	70	42	50	40	56	44	53	43
85	60	46	46	49	50	54	47	61	69
63	52	59	75	57	60	46	59	48	50
43	63	55	38	55	53	37	46	82	55
54	21	54	41	45	37	39	57	75	49
62	50	51	57	43	48	57	56	59	63
59	23	64	45	49	32	47	60	63	60

(1) 도수분포표를 작성하시오.

(2) 히스토그램을 그리고 규격한계를 표시하시오.

(3) 평균치($\bar{x}$), 중위수($\tilde{x}$), 표준편차(s)를 구하시오.

(4) 이 공정에서 규격 외의 제품은 몇 % 정도 되는가?

(5) 공정능력치와 공정능력지수(C_p)를 구하고 판정하시오.

(6) 공정능력비를 구하시오.
(7) 공정능력지수(C_{pk})를 구하고 판정하시오.
(8) 계급의 구간 44.5~50.5의 도수분포율, 누적도수, 상대누적도수를 구하시오.
(9) 변동계수(CV)를 구하시오.

해답 (1) 급의 수 $k = \sqrt{100} = 10$

급의 폭 $h = \dfrac{x_{\max} - x_{\min}}{k} = \dfrac{85-21}{10} = 6.4 = 6$

첫 번째 계급의 아래쪽 경계치 = 최소치 $-$ $\dfrac{\text{측정단위의 최소치}}{2} = 21 - \dfrac{1}{2} = 20.5$

번호	계급의 경계	중심치	도수 (f_i)	$u_i = \dfrac{x_i - x_0}{h}$	fu	fu^2	누적도수 (F_i)
1	20.5~26.5	23.5	2	−5	−10	50	2
2	26.5~32.5	29.5	5	−4	−20	80	7
3	32.5~38.5	35.5	5	−3	−15	45	12
4	38.5~44.5	41.5	10	−2	−20	40	22
5	44.5~50.5	47.5	23	−1	−23	23	45
6	50.5~56.5	53.5	23	0	0	0	68
7	56.5~62.5	59.5	17	1	17	17	85
8	62.5~68.5	65.5	8	2	16	32	93
9	68.5~74.5	71.5	3	3	9	27	96
10	74.5~80.5	77.5	2	4	8	32	98
11	80.5~86.5	83.5	2	5	10	50	100
계			100	−	−28	396	−

(2)

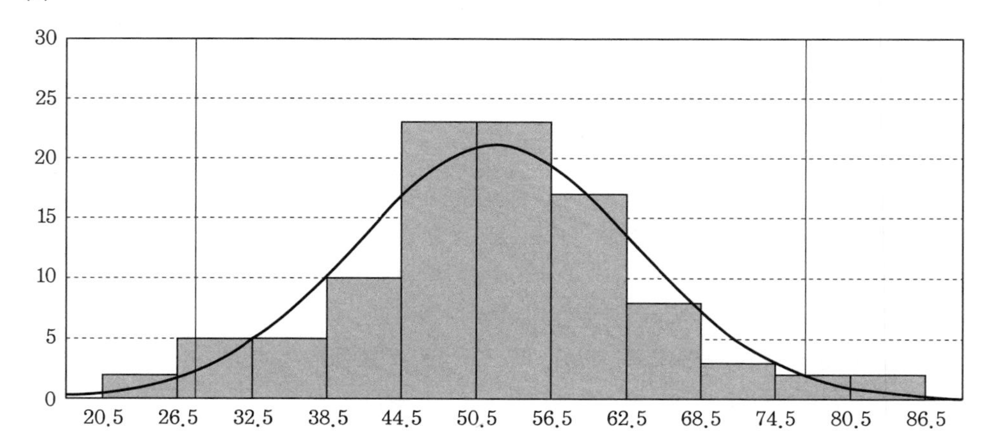

(3) ① $\overline{x}= x_0 + h \times \left(\dfrac{\sum fu}{\sum f}\right)= 53.5 + 6 \times \dfrac{-28}{100}= 51.82$

② $\tilde{x}= 50.5 + 6 \times \dfrac{50-45}{68-45}= 51.80435$

③ $\hat{\sigma}= s = \sqrt{141.14909} = 11.88062$

$$S= h^2\left(\sum fu^2 - \frac{(\sum fu)^2}{\sum f}\right)= 6^2 \times \left(396 - \frac{(-28)^2}{100}\right)= 13{,}973.76$$

$$\widehat{\sigma^2}= \frac{S}{\sum f - 1}= \frac{13{,}973.76}{99}= 141.14909$$

(4) ① 하한규격 밖으로 벗어날 확률

$$P_r(x < L) = P_r\left(u < \frac{L-\mu}{s}\right)= P_r\left(u < \frac{28-51.82}{11.88062}\right)= P_r(u\leftarrow 2.00495)$$

$= 0.0228$

② 상한규격 밖으로 벗어날 확률

$$P_r(x > U) = P_r\left(u > \frac{U-\mu}{s}\right)= P_r\left(u > \frac{77-51.82}{11.88062}\right)= P_r(u > 2.11942)$$

$= 0.0170$

③ $P_r = 0.0228 + 0.0170 = 0.03980 = 3.980\%$

(5) ① 공정능력치$(\pm 3\hat{\sigma}) = \pm 3 \times 11.88062 = \pm 35.64186$

② $C_p = \dfrac{U-L}{6\sigma}= \dfrac{77-28}{6 \times 11.88062}= 0.68739$

공정능력이 3등급으로 공정능력이 부족하다.

(6) $D_p = \dfrac{1}{C_p}= \dfrac{1}{0.68739}= 1.45778$

(7) $k = \dfrac{|M-\overline{x}|}{\dfrac{T}{2}} = \dfrac{\left|\dfrac{77+28}{2} - 51.82\right|}{\dfrac{77-28}{2}}= 0.02776$

$C_{pk} = (1-k)C_p = (1-0.02776)(0.68739) = 0.66831$

공정능력이 4등급으로 공정능력이 매우 부족하다.

(8) ① 도수분포율$= \dfrac{23}{100} \times 100 = 23\%$

② 누적도수 $= \sum_{i=1}^{5} f_i = 2+5+5+10+23 = 45$

③ 상대누적도수 $= \dfrac{\sum_{i=1}^{5} f_i}{N} = \dfrac{45}{100} = 0.45$

(9) $CV = \dfrac{s}{\bar{x}} \times 100 = \dfrac{11.88062}{51.82} \times 100 = 22.92670\%$

03. 도수분포표에서 $x_0 = 25$, $h = 0.5$, $\sum f = 100$, $\sum fu = 26$, $\sum fu^2 = 357$일 때 평균($\bar{x}$), 표준편차($\hat{\sigma}$), 공정능력치(자연공차)를 구하시오.

해답 ① $\bar{x} = x_0 + h \times \left(\dfrac{\sum fu}{\sum f}\right) = 25 + 0.5 \times \dfrac{26}{100} = 25.13$

② $S = h^2\left(\sum fu^2 - \dfrac{(\sum fu)^2}{\sum f}\right) = 0.5^2\left(357 - \dfrac{26^2}{100}\right) = 87.56$

$\hat{\sigma}^2 = \dfrac{S}{\sum f - 1} = \dfrac{87.56}{99} = 0.884444$

$\hat{\sigma} = \sqrt{0.884444} = 0.940449$

③ 공정능력치$(\pm 3\hat{\sigma}) = \pm 3 \times 0.940449 = \pm 2.82147$

04. 다음의 도수분포표로부터 물음에 답하시오.

(1) 산술평균, 기하평균, 조화평균을 구하시오.
(2) 급구간 20~30의 도수분포율을 구하시오.
(3) 급구간 20~30의 누적도수를 구하시오.
(4) 급구간 20~30의 상대누적도수를 구하시오.

급번호	계급의 구간	대표치(x_i)	돗수(f_i)	누적도수
1	10~20	15	8	8
2	20~30	25	7	15
3	30~40	35	10	25
4	40~50	45	6	31
합계	−	−	31	−

해답 (1) ① 산술평균($\bar{x}$)$=\dfrac{\sum x_i f_i}{\sum f_i}=\dfrac{(15\times 8)+(25\times 7)+(35\times 10)+(45\times 6)}{31}$

$=29.51613$

② 기하평균$=(x_1 \cdot x_2 \cdot x_3 \cdot x_4 \cdots x_n)^{\frac{1}{n}}=(15^8\times 25^7\times 35^{10}\times 45^6)^{\frac{1}{31}}=27.36745$

③ 조화평균$=\dfrac{n}{\sum \dfrac{1}{x_i}}=\dfrac{31}{\left(\dfrac{1}{15}\times 8+\dfrac{1}{25}\times 7+\dfrac{1}{35}\times 10+\dfrac{1}{45}\times 6\right)}=25.15456$

(2) $\dfrac{f_i}{N}\times 100=\dfrac{7}{31}\times 100=22.58065\%$

(3) $\sum_{i=1}^{2} f_i=8+7=15$

(4) $\dfrac{\sum_{i=1}^{2} f_i}{N}=\dfrac{15}{31}=0.48387$

05. 다음 데이터는 절삭공정의 제품 외경치수를 측정한 것이다. 규격치는 10.00±0.20mm 이고, 단위는 mm이다.)

No	급구간	대표치	도수마크	도수f	상대도수	u	fu	fu^2
1	9.845~9.895	9.870	/	1				
2	9.895~9.945	9.920	//	2				
3	9.945~9.995	9.970	/////	5				
4	9.995~10.045	10.020		9				
5	10.045~10.095	10.070		12				
6	10.095~10.145	10.120		11				
7	10.145~10.195	10.170		7				
8	10.195~10.245	10.220		2				
9	10.245~10.295	10.270		1				
	합계			50				

(1) 도수분포표를 완성하시오.

(2) 평균과 표준편차를 구하시오.

(3) 규격을 벗어나는 제품은 몇 %인가?

(4) 공정능력지수를 구하고 판정하시오.

해답 (1)

No	급구간	대표치	도수마크	도수 f	상대 도수	u	fu	fu^2
1	9.845~9.895	9.870	/	1	0.02	−4	−4	16
2	9.895~9.945	9.920	//	2	0.04	−3	−6	18
3	9.945~9.995	9.970	/////	5	0.10	−2	−10	20
4	9.995~10.045	10.020	///// ////	9	0.18	−1	−9	9
5	10.045~10.095	10.070	///// ///// //	12	0.24	0	0	0
6	10.095~10.145	10.120	///// ///// /	11	0.22	1	11	11
7	10.145~10.195	10.170	///// //	7	0.14	2	14	28
8	10.195~10.245	10.220	//	2	0.04	3	6	18
9	10.245~10.295	10.270	/	1	0.02	4	4	16
합계		−	−	50	−	−	6	136

(2) ① $\bar{x} = x_0 + h \times \left(\dfrac{\sum fu}{\sum f} \right) = 10.070 + 0.05 \times \dfrac{6}{50} = 10.07600$

② $\hat{\sigma} = \sqrt{0.00690} = 0.08307$

$S = h^2 \left(\sum fu^2 - \dfrac{(\sum fu)^2}{\sum f} \right) = 0.05^2 \times \left(136 - \dfrac{(6)^2}{50} \right) = 0.33820$

$\hat{\sigma^2} = \dfrac{S}{\sum f - 1} = \dfrac{0.33820}{49} = 0.00690$

(3) ① 하한규격 밖으로 벗어날 확률

$P_r(x < L) = P_r\left(u < \dfrac{L - \mu}{s} \right) = P_r\left(u < \dfrac{9.80 - 10.07600}{0.08307} \right)$

$= P_r(u < -3.32250) = 0.00045$

② 상한규격 밖으로 벗어날 확률

$P_r(x > U) = P_r\left(u > \dfrac{U - \mu}{s} \right) = P_r\left(u > \dfrac{10.20 - 10.07600}{0.08307} \right)$

$= P_r(u > 1.49272) = 0.0681$

③ $P = 0.00045 + 0.0.0681 = 0.06855 = 6.855\%$

(4) $C_p = \dfrac{U - L}{6\sigma} = \dfrac{10.20 - 9.80}{6 \times 0.08307} = 0.80254$

공정능력이 3등급으로 공정능력이 부족하다.

06. 지구별 농가의 평균생산량은 다음과 같다.

지구	농가 수	평균생산량	편차제곱합
A	10	10	20
B	14	8	26
C	12	10	22
D	14	12	18

(1) 평균을 구하시오.

(2) 편차제곱합을 구하시오.

(3) 분산을 구하시오.

해답 (1) $\bar{x}=\dfrac{\sum x_i f_i}{\sum f_i}=\dfrac{10\times10+14\times8+12\times10+14\times12}{50}=\dfrac{500}{50}=10$

(2) $S=\sum x_i^2\cdot f_i-\dfrac{(\sum x_i\cdot f_i)^2}{\sum f_i}=5,112-\dfrac{500^2}{50}=112$

(3) $s^2=\dfrac{S}{n-1}=\dfrac{112}{49}=2.28571$

07. 어떤 공정에서 생산된 기계부품 중에서 135개를 취하여 히스토그램을 작성하였다.

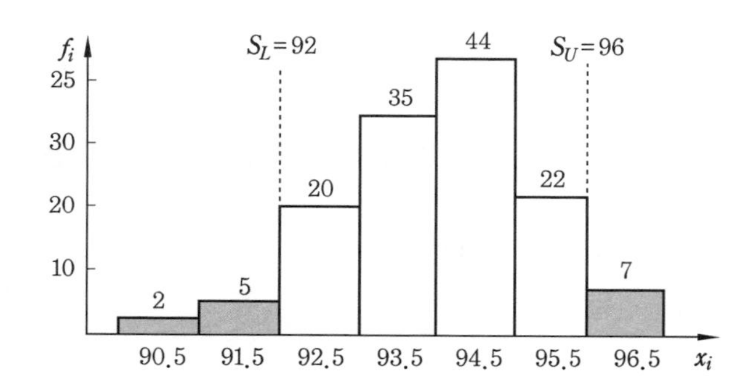

(1) $\bar{x}$를 구하시오.

(2) s를 구하시오.

(3) CV를 구하시오.

(4) C_p값을 구하고 공정능력을 평가하시오.

해답 (1) $\bar{x}=\dfrac{(90.5\times2)+(91.5\times5)+(92.5\times20)+(93.5\times35)+(94.5\times44)+(95.5\times22)+(96.5\times7)}{135}=94.04074$

(2) $S=\sum x_i^2\cdot f_i-\dfrac{(\sum x_i\cdot f_i)^2}{\sum f_i}=1,194,107.75-1,193,894.22407=213.52593$

$s^2=\dfrac{S}{n-1}=\dfrac{213.52593}{134}=1.59348$

$s=\sqrt{1.59348}=1.26233$

(3) $CV=\dfrac{s}{\bar{x}}\times100=\dfrac{1.26233}{94.04074}\times100=1.34232\%$

(4) $C_p=\dfrac{U-L}{6\sigma}=\dfrac{96-92}{6\times1.26233}=0.52812$

$C_p=0.52812<0.67$이므로 공정능력은 4등급으로서 매우 부족하다.

08. 규격, 공차, 허용차에 대해 간략히 설명하시오.

해답

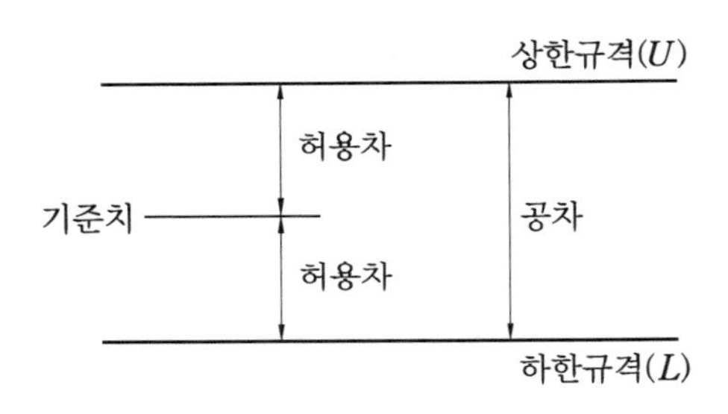

(1) 규격 : 표준 중 주로 물건에 직접 또는 간접으로 관계되는 기술적 사항에 관하여 규정된 기준
(2) 공차 : 규격상한치와 규격하한치의 차
(3) 허용차 : 기준치와 한계치와의 차

09. 어떤 조립품의 구멍과 축의 치수가 다음 표와 같다. 끼워맞춤형태, 구멍과 축의 공칭치수, 구멍과 축의 공차, 최대틈새, 최소틈새, 평균틈새를 구하시오. (단위 : 인치)

구분	최대허용치수	최소허용치수
구멍	$A=0.6200$	$B=0.6000$
축	$a=0.6050$	$b=0.6020$

해답 (1) 끼워맞춤형태

$A-b=0.6200-0.6020=0.018>0$: 틈새

$B-a=0.6000-0.6050=-0.005<0$: 죔새

틈새와 죔새가 동시에 나타남으로 중간 끼워맞춤이다.

(2) 구멍과 축의 공칭치수

① 구멍 공칭치수 $=\dfrac{A+B}{2}=\dfrac{0.6200+0.6000}{2}=0.6100$

② 축 공칭치수 $=\dfrac{a+b}{2}=\dfrac{0.6050+0.6020}{2}=0.6035$

(3) 구멍과 축의 공차

① 구멍 공차 $=A-B=0.6200-0.6000=0.0200$

② 축 공차 $=a-b=0.6050-0.6020=0.0030$

(4) 최대틈새

$A-b=0.6200-0.6020=0.0180$

(5) 최소틈새

$B-a=0.6000-0.6050=-0.0050$

(6) 평균틈새

평균틈새 $=\dfrac{\text{최대틈새}+\text{최소틈새}}{2}=\dfrac{0.0180+(-0.0050)}{2}=0.0065$

10. $n=100$의 데이터에 대한 히스토그램을 작성한 결과 $\overline{x}=43.9$ 및 $\sqrt{V}=0.61$을 얻었다. 규격이 45 ± 2.5라면 C_{pk}를 구하고 판정하시오.

해답 $k=\dfrac{\left|\dfrac{U+L}{2}-\overline{x}\right|}{\dfrac{U-L}{2}}=\dfrac{|45-43.9|}{\dfrac{47.5-42.5}{2}}=0.44$

$C_{pk}=(1-k)C_p=(1-0.44)\left(\dfrac{47.5-42.5}{6\times0.61}\right)=0.765027$

공정능력이 3등급으로 공정능력이 부족하다.

11. A, B 두 부품을 붙여서 조립하고자 한다. A의 길이는 평균 30cm, 분산은 4cm^{2}이고, B의 길이는 평균 40cm, 분산은 9cm^{2}이다. 조립품의 평균과 분산을 구하시오.

해답 (1) 조립품의 평균 : $30+40=70\text{cm}$

(2) 조립품의 분산 : $4+9=13\,\text{cm}^2$

12. 4개의 공차가 같은 부품을 조립했을 때, 조립공차는 $\pm\frac{5}{1000}$ inch이다. 개개의 부품의 공차는 얼마인가?

해답 $\pm\frac{5}{1,000}=\pm\sqrt{T^2+T^2+T^2+T^2}=\pm\sqrt{4T^2}$

$T=\pm 0.0025$

13. 아래 도면은 자동차 부품의 일부이다. 도면을 보고 조립품의 규격은?

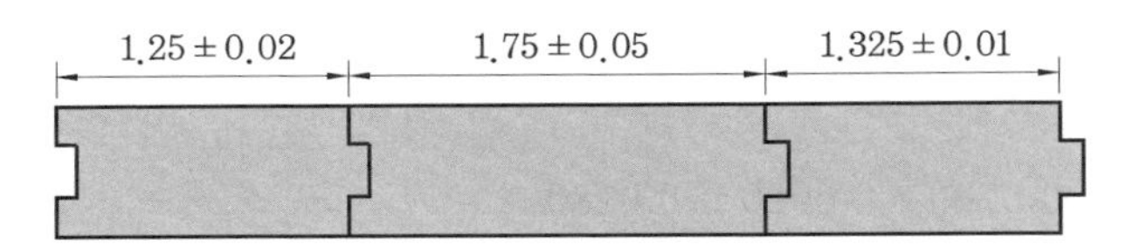

해답 조립품의 평균길이 $=1.25+1.75+1.325=4.325$

조립공차 $=\pm\sqrt{0.02^2+0.05^2+0.01^2}=\pm 0.05477$

조립품의 규격 $=4.325\pm 0.05477$

14. 축(shaft)과 베어링 사이의 틈새에 대하여 통계적 분석을 하려고 한다. 다음의 그림에서 $\overline{\overline{x}}_B$: 베어링 내경의 관리된 평균치, σ_B : 베어링 내경의 표준편차, $\overline{\overline{x}}_S$: 축 외경의 관리된 평균치, σ_S : 축 외경의 표준편차라 하고, 공정능력 연구에 의해 다음의 값을 알고 있다고 할 때, 물음에 답하시오.

$\overline{\overline{x}}_B=2.5115,\quad \sigma_B=0.0006,\quad \overline{\overline{x}}_S=2.502,\quad \sigma_S=0.0007$

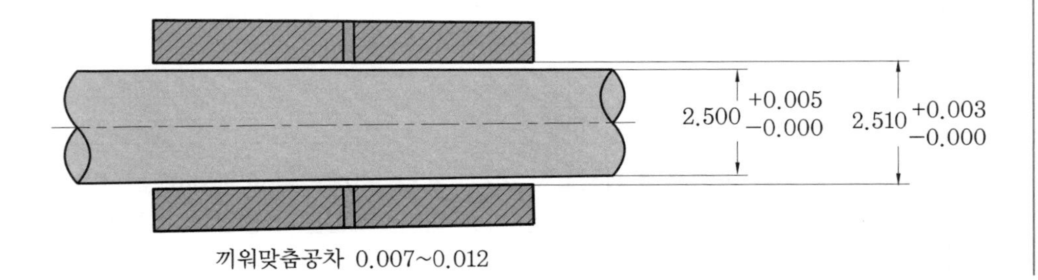

(1) 조립품의 틈새의 평균치($\overline{\overline{x}}_C$)를 구하시오. (단, 소수점 이하 4자리로 맺음한 값을 구하시오.)

(2) 조립품의 틈새의 표준편차(σ_C)를 구하시오. (단, 소수점 이하 4자리로 맺음한 값을 구하시오.)

(3) 제품의 합격률을 추정하시오.

해답 (1) $\overline{\overline{x}}_C = \overline{\overline{x}}_B - \overline{\overline{x}}_S = 2.5115 - 2.502 = 0.0095$

(2) $\sigma_C = \sqrt{\sigma_B^2 + \sigma_S^2} = \sqrt{0.0006^2 + 0.0007^2} = 0.0009$

(3) $P_r(0.007 \le x \le 0.012) = P_r\left(\frac{0.007-\mu}{\sigma} \le u \le \frac{0.012-\mu}{\sigma}\right)$

$= P_r\left(\frac{0.007-0.0095}{0.0009} \le u \le \frac{0.012-0.0095}{0.0009}\right) = P_r(-2.7778 \le u \le 2.7778)$

$= P_r(-2.78 \le u \le 2.78) = 0.99460(99.46\%)$

15. 베어링의 내경을 X, 샤프트의 지름을 Y라 할 때 $X \sim N(1.060, 0.0015^2)$, $Y \sim N(1.05, 0.002^2)$의 분포를 한다. 이 베어링이 원활히 돌기 위해서는 최소한 0.0175의 틈새가 필요하다면 너무 빡빡해서 제대로 돌지 않은 부적합품은 얼마나 되겠는가?

해답 (1) 조립품 틈새의 평균값 : $\mu_X - \mu_Y = 1.060 - 1.05 = 0.010$

(2) 조립품 틈새의 표준편차 : $\sigma_C = \sqrt{\sigma_X^2 + \sigma_Y^2} = \sqrt{0.0015^2 + 0.002^2} = 0.0025$

(3) 부적합품률 $P_r\left(u \le \frac{0.0175-0.01}{0.0025}\right) = P_r(u \le 3.0) = 0.99865(99.865\%)$

16. 어떤 자동차 부품의 규격이 8.50 ± 0.1(mm)인 제품의 두께를 품질특성으로 하여 $n=4$, $k=20$의 데이터를 얻어 관리도를 작성해 보니 관리상태에 있고, 이때 $\overline{\overline{x}} = 8.52$, $\sum R = 1.6$인 자료를 얻었다. 다음 물음에 답하시오. (단, $n=4$일 때, $d_2 = 2.059$이다.)

(1) 공정능력지수(C_{pk})를 구하시오.

(2) 공정능력등급을 판정하시오.

(3) 판정에 따른 필요한 조치를 적으시오.

해답 $\overline{R}=\dfrac{1.6}{20}=0.08$

(1) $k=\dfrac{\left|\dfrac{U+L}{2}-\overline{x}\right|}{\dfrac{U-L}{2}}=\dfrac{|8.50-8.52|}{\dfrac{8.60-8.40}{2}}=0.2$

$C_{pk}=(1-k)C_p=(1-0.2)\left[\dfrac{8.60-8.40}{6\times\dfrac{0.08}{2.059}}\right]=0.68633$

(2) 공정능력은 3등급으로 공정능력이 부족하다.

(3) ① 전수검사를 실시한다.
② 공정을 관리·개선한다.
③ 제조를 중지하고, 문제점을 파악한다.

17. 어떤 제품의 평균이 36.10mm이고 표준편차가 0.03mm이었다. 이 제품의 규격상한이 36.20mm일 때 공정능력지수 C_{pkU}를 구하시오. (단, 이 제품은 상한 규격만 있다.)

해답 $C_{pkU}=\dfrac{U-\overline{x}}{3\sigma}=\dfrac{36.20-36.10}{3\times0.03}=1.111111$

18. 합리적 군 구분이 되지 않아, $X-R_m$ 관리도를 작성하여 다음과 같은 자료를 얻었다. 공정능력지수를 구하면 약 얼마인가? (단, $n=2$, $d_2=1.128$ 이다.)

다음

$k=20,\quad \Sigma X=490.5,\quad \Sigma R_m=18.6,\quad U=28,\quad L=22$

해답 $\overline{R}_m=\dfrac{\sum R_m}{k-1}=\dfrac{18.6}{19}=0.978947$

$\hat{\sigma}=\dfrac{\overline{R}_m}{d_2}=\dfrac{0.978947}{1.128}=0.867861$

$C_p=\dfrac{U-L}{6\sigma}=\dfrac{28-22}{6\times0.867861}=1.15226$

19. $n=5$인 $\overline{x}$의 표준편차 $\sigma_{\overline{x}}=5.57$, 군간변동 $\sigma_b=5.20$이고, 규격이 120 ± 15이다.

(1) PCI를 구하시오.

(2) 관리계수 C_f를 구하고 평가하시오.

해답 (1) $\sigma_{\overline{x}}^2=\sigma_b^2+\dfrac{\sigma_w^2}{n}$

$5.57^2=5.20^2+\dfrac{\sigma_w^2}{5}$

$\sigma_w=4.46369$

공정능력지수(PCI) $=\dfrac{U-L}{6\hat{\sigma}}=\dfrac{135-105}{6\times4.46369}=1.12015$

(2) $C_f=\dfrac{\sigma_{\overline{x}}}{\sigma_w}=\dfrac{5.57}{4.46369}=1.24785$, $C_f>1.2$이므로 급간변동이 크다.

20. 정적공정능력, 동적공정능력, 단기공정능력, 장기공정능력에 대해 설명하시오.

해답 (1) 정적공정능력 : 문제의 대상물이 갖는 잠재능력을 말한다.

(2) 동적공정능력 : 현실적인 면에서 실현되는 능력을 말한다.

(3) 단기공정능력 : 임의의 일정 시점에서 공정의 정상적인 상태이다.

(4) 장기공정능력 : 정상적인 공구의 마모와 같이 예측할 수 있는 공정변동이다.

21. 4M을 나열하시오.

해답 (1) 원료(Materials)

(2) 기계(Machine)

(3) 사람(Man)

(4) 방법(Method)

22. 자연공차(공정능력치)에 영향을 미치는 요인(5M1E)에는 어떤 것이 있는지 6가지를 나열하시오.

해답 (1) 원료(Materials)
(2) 기계(Machine)
(3) 사람(Man)
(4) 방법(Method)
(5) 측정(Measurement)
(6) 환경(Environment)

23. 7M을 나열하시오.

해답 (1) 원료(Materials)
(2) 기계(Machine)
(3) 사람(Man)
(4) 방법(Method)
(5) 판매(Market)
(6) 자본(Money)
(7) 경영(Management)

24. 9M을 나열하시오.

해답 (1) 원료(Materials)
(2) 기계(Machine)
(3) 사람(Man)
(4) 방법(Method)
(5) 판매(Market)
(6) 자본(Money)
(7) 경영(Management)
(8) 동기부여(Motivation)
(9) 경영정보(Management Information)

5 측정시스템(MSA)

5-1 측정시스템의 변동

1 변동의 종류

(1) 반복성(repeatability)

동일 작업자가 동일 측정기를 가지고 동일 제품을 측정하였을 때 측정값의 변동

(2) 재현성(reproducibility)

동일 계측기로 동일 제품을 여러 작업자가 측정하였을 때 나타나는 결과의 차이

(3) 안정성(stability)

시간이 지남에 따라 동일 부품에 대한 측정 결과의 변동 정도

(4) 편의(bias)

특정 계측기로 동일 제품을 측정했을 때 얻어지는 측정값의 평균과 참값과의 차이

(5) 선형성(linearity)

계측기의 작동범위에 걸쳐 생기는 편의값들의 차이

2 측정오차의 종류

(1) 우연오차

측정기, 측정물 및 환경 등 원인을 파악할 수 없어 측정자가 보정할 수 없는 오차

① 과실오차 : 측정 절차상의 잘못, 취급 부주의, 잘못 읽음, 기록 실수 등에 따른 오차

② 확률오차 : 기온의 미세한 변동, 측정기의 미세한 탄력적 진동, 계측기 접촉부의 전기저항의 변화 등에 따른 오차

(2) 계통오차(교정오차)

동일 측정 조건하에서 같은 크기와 부호를 갖는 오차로서 측정기를 미리 검사·보정하여 수정할 수 있다.

① 계기오차 : 계측기의 구조상에서 일어나는 오차

② 이론오차 : 복잡한 이론식이 아닌 간편식 사용에 따른 오차

③ 환경오차 : 측정 장소의 환경 변화에 따른 오차

④ 개인오차 : 측정자의 고유의 능력, 습관 등에 의한 오차

3 계측기 반복성과 재현성(R&R)

$$\text{R\&R}=\sqrt{EV^2+AV^2}$$

%R&R의 평가 및 조치

%R&R	조치
10% 미만인 경우	계측기 관리가 잘 되어 있는 편이다.
10~30%인 경우	측정기의 수리비용이나 계측오차의 심각성 등을 고려하여 조치여부를 선택적으로 결정
30%가 넘는 경우	계측기 관리가 미흡하며, 반드시 계측기 오차의 원인을 규명해 이를 해소시켜 주는 대책이 있어야 한다.

예상문제

측정시스템(MSA)

01. 측정시스템의 5가지 변동 유형을 기술하시오.

해답 (1) 반복성(repeatability)
동일 작업자가 동일 계측기로 동일 제품을 측정하였을 때 측정값의 변동
(2) 재현성(reproducibility)
동일 계측기로 동일 제품을 여러 작업자가 측정하였을 때 나타나는 결과의 차이
(3) 안정성(stability)
시간이 지남에 따라 동일 부품에 대한 측정 결과의 변동 정도
(4) 편의(bias)
특정 계측기로 동일 제품을 측정했을 때 얻어지는 측정값의 평균과 참값과의 차이
(5) 선형성(linearity)
계측기의 작동범위에 걸쳐 생기는 편의값들의 차이

02. 측정시스템의 5가지 변동을 위치(location) 및 퍼짐(spread)에 따라 구분하시오.

해답 (1) 위치(location) : 안정성, 선형성, 편의
(2) 퍼짐(spread) : 반복성, 재현성

03. 측정오차의 종류 3가지를 쓰시오.

해답 (1) 개인오차
(2) 계통오차
(3) 우연오차

04. 측정시스템의 평가를 %R&R 값으로 할 때 , 측정기의 수리비용이나 계측오차의 심각성 등을 고려하여 조치여부를 선택적으로 결정하는 구간은?

해답 10～30%

6 품질혁신활동

6-1 ○ 6시그마 프로젝트

1 6시그마 프로젝트 추진 단계

(1) DMAIC

6시그마는 제조부문의 경우 Define → Measure → Analyze → Improve → Control 로 크게 5단계로 추진된다.

① Define : 정의 단계로서 프로젝트 선정, 고객의 요구사항 선정 단계
② Measure : 측정 단계로서 프로젝트(Y)의 선정과 후보요인(X) 선정, Process map 작성, 후보요인별 우선순위 결정
③ Analyze : 분석 단계로서 치명적인 핵심인자(Vital Few) 선정, 후보요인별이 실제로 프로젝트(Y)에 영향을 주는지 분석·확인
④ Improve : 개선 단계로서 핵심인자(Vital Few)의 개선 및 최적화
⑤ Control : 관리 단계로서 개선된 활동의 지속방법 모색, 즉 개선된 핵심인자 X와 프로젝트 Y의 관리방안 수립

(2) DMAD(O)V

본질적인 6시그마를 달성하기 위해서는 제품의 설계나 개발단계와 같이 초기단계부터 부적합을 예방하기 위한 설계, 즉 DFSS(Design For Six Sigma)가 필요하게 되는데, 이때 사용되어지는 추진 단계가 DMAD(O)V가 된다.

정의(Define) → 측정(Measure) → 분석(Analyze) → 설계(Design) → 최적화(Optimize) → 검증(Verify)

(3) SIPOC

① Supplier(공급자)
② Input(투입)
③ Process(프로세스)
④ Output(산출)
⑤ Customer(고객)

(4) 6시그마와 PPM의 관계

구분	관리규격	C_p	적합품률(%)	부적합품률(PPM)
1	$\pm 3\sigma$	1.00	99.73	2,700
2	$\pm 4\sigma$	1.33	99.9937	63
3	$\pm 5\sigma$	1.67	99.99943	5.7
4	$\pm 6\sigma$	2.00	99.9999998	0.002

2 품질관리 분임조

품질관리 분임조는 90년대 고도산업사회를 개척하기 위한 QM의 실천과 산업기술혁신에 도전하는 소집단이다. QC분임조 활동은 회사 전체의 품질관리 활동의 일환으로써 전원 참여를 통하여 자기계발 및 상호개발을 행하고, QC수법을 활용하여 직장의 관리, 개선을 지속적으로 행하는 것이다.

(1) 분임조의 기본이념

① 인간성을 존중하고 활력 있고 명랑한 직장을 만든다.
② 인간의 능력을 발휘하여 무한한 가능성을 창출한다.
③ 기업의 체질개선과 발전에 기여한다.

(2) 브레인스토밍(Brain Storming) 4가지 기본원칙

① 비판 엄금
② 자유분방한 사고
③ 다량 발언
④ 남의 아이디어에 편승

6-2 QC의 7가지 도구

(1) 층별(stratification)

집단을 구성하고 있는 많은 데이터를 어떤 특성(기계별, 원재료별, 작업방법 등)에 따라서 몇 개의 부분집단으로 나누는 것을 말한다.

층별의 예	
작업자(man)	성별, 연령별, 작업 라인별, 숙련도별
기계(machine)	기계 라인별, 위치별, 구조별
재료(material)	구입처별, 구입시기별, 상표별
작업방법(method)	작업조건별, 측정방법별

(2) 체크 시트(check sheet)

체크를 효율적으로 하기 위한 기록항목점검표를 말하는 것으로, 이 시트는 데이터의 집계, 정리가 용이하며, 주로 계수치의 데이터를 항목별로 보다 쉽게 체크하기 위해 사용된다.

	3월 10일	11일	12일	13일	14일	15일	16일	계
납땜 불량	//	/	///		卌	卌 /	//	19
결품 발생	/	//		/	///	//	/	10
조임 불량		/	//	//	/		///	9
소형램프교환	卌	卌 /	///	卌 ///	//	卌 //	///	34
기타	/	//	///	/	//	///	卌	17
계	9	12	11	12	13	18	14	89

(3) 파레토도(Pareto diagram)

가로축에는 부적합 항목, 세로축에는 부적합수 또는 손실금액을 표시하는 것으로, 이탈리아 경제학자 파레토가 소득분배 곡선으로 발표한 것을 Juran이 품질관리에 적용한 것으로 항상 가장 많은 것부터 왼쪽부터 그리게 되며, 기타항목은 크기에 상관없이 제일 오른쪽에 배치하도록 한다.

[작성순서]

① 데이터를 수집하여 항목별로 정리
② 항목별로 데이터 누적수 계산
③ 그래프 용지에 기입 (많은 것은 왼쪽에서 오른쪽으로 크기 순으로 정리)
④ 데이터에 누적수를 꺾은 선으로 기입
⑤ 오른쪽에 세로축에 백분율(%) 눈금을 기입
⑥ 데이터의 수집기간, 기록자, 공정명, 목적 등을 기입

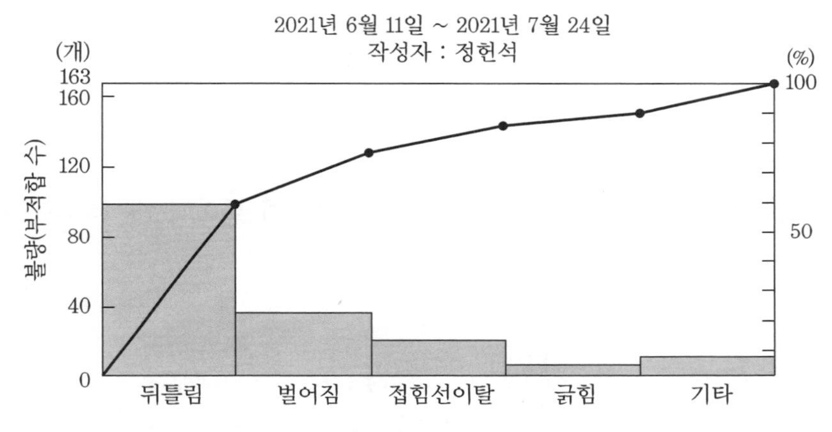

불량(부적합)항목별 불량개(부적합)수 파레토도

(4) 특성요인도(characteristic diagram)

1953년 일본 Kawasaki 제철소, Ishikawa가 이용 결과에 요인이 어떻게 관련되어 있는가를 잘 알 수 있도록 작성한 것이다. 어떤 결과물(특성)이 나온 원인(요인)들의 구성 형태를 나타낸 것으로, 일반적으로 요인으로는 4M(Man, Machine, Material, Method)을 사용하게 된다. 그림의 형태가 생선뼈 모양을 한다고 해서 어골도(魚骨圖), Ishikawa Diagram이라고도 한다.

[작성목적]

① 이상원인의 파악과 대책수립을 위하여
② 현장의 개선활동시에 현황분석 및 개선수단의 파악을 위하여
③ 신입사원의 교육이나 작업, 안전행동 등을 설명하기 위하여

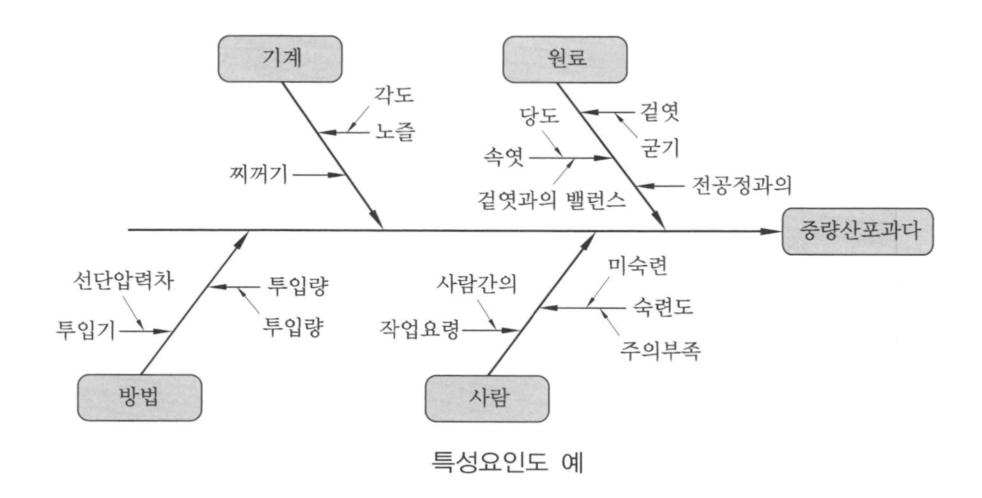

특성요인도 예

(5) 산점도(scatter diagram)

서로 대응하는 2종류의 데이터를 상호관계를 파악하기 위하여 데이터를 그래프 용지 위에 점으로 나타낸 것이다.

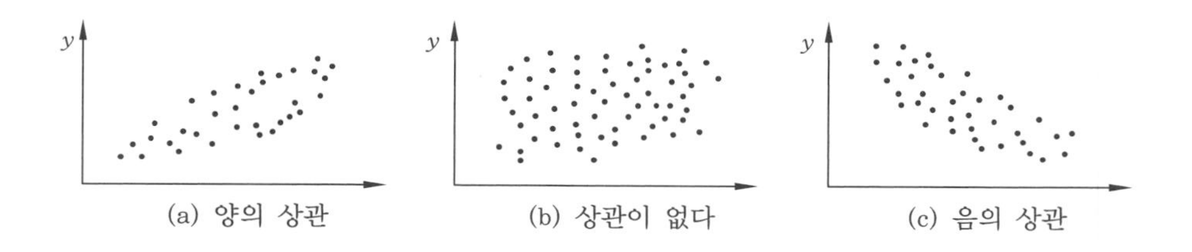

(a) 양의 상관 (b) 상관이 없다 (c) 음의 상관

(6) 히스토그램(histogram)

길이, 질량, 강도, 압력 등과 같은 계량치의 데이터가 어떤 분포를 하고 있는지를 알아보기 위하여 작성하는 것으로 일종의 막대그래프의 개념이나 보다 구체적인 형태를 취하게 된다.

[작성목적]

① 데이터의 흩어진 모습, 즉 분포상태 파악이 용이하다. (중심, 비뚤어진 정도, 산포 등)

② 공정능력을 알 수 있다.

③ 공정의 해석·관리에 용이하다.

④ 규격치와 대비하여 공정의 현상이 파악된다. (규격을 벗어나는 정도, 평균과 중심의 차이 등)

여러 가지 히스토그램

형태	명칭	형상 / 원인 / 점검사항
	일반형	• 중심 부근의 도수가 가장 많고 좌우대칭이다. • 정상적인 형태이다.
	이빠진형	• 수치의 끝맺음에 버릇이 있는 경우 • 구간의 폭을 측정단위의 정수배로 하지 아니한 경우
	경사형	• 어떤 값 이하(또는 이상)의 값은 취하지 아니한 경우 • 불순물의 성분이나 불량수 또는 결점수가 0에 가까운 경우
	절벽형	• 규격 이하의 것은 전수선별하여 제거한 경우 • 측정에 속임수가 있거나 검사에 잘못이 있거나 측정오차 등이 있는 경우
	고원형	• 평균치가 다소 다른 몇 개의 분포가 뒤섞여 있는 경우 → 층별한 히스토그램을 만들어 비교한다.
	쌍봉우리형	• 평균치가 서로 크게 다른 두 개의 분포가 뒤섞인 경우 → 층별한 히스토그램을 만든다.
	낙도형	• 상이한 분포의 데이터가 약간 혼입된 경우 → 공정의 이상, 측정의 착오, 다른 공정데이터의 혼입 등을 조사한다.

(7) 각종 그래프

① 막대그래프 : 데이터의 크기만큼 막대모양으로 나타낸 그래프
② 꺾은선그래프 : 시계열적으로 움직이는 변화량을 나타낸 그래프
③ 원그래프 : 데이터의 크기를 원의 면적으로 나타낸 그래프
④ 띠그래프 : 데이터의 크기를 띠의 길이로 나타낸 그래프
⑤ 관리도

6-3 신 QC의 7가지 도구

(1) 연관도법(Relations diagram)

문제가 되는 사상(결과)에 대하여 요인(원인)이 복잡하게 엉켜있을 경우에 그 인과관계나 요인 상호관계를 명확하게 함으로써 문제해결의 실마리를 발견할 수 있는 방법으로, 특정 목적을 달성하기 위한 수단을 전개하는 데 효과적인 방법이다.

(2) 친화도법(Affinity diagram)

미지, 미경험의 분야 등 혼돈된 상태 가운데서 사실, 의견, 발상 등을 언어 데이터에 의하여 유도하여 이들 데이터를 정리함으로써 문제의 본질을 파악하고 문제의 해결과 새로운 발상을 이끌어내는 방법이다.

(3) 계통도법(Tree diagram)

목적·목표를 달성하기 위해 수단과 방책을 계통적으로 전개하여 문제(사상)의 전체 흐름에 대하여 일관성(visibility)을 부여하고 그 문제의 중점을 명확히 하는 것으로, 목적·목표를 달성하기 위한 최적의 수단·방책을 추구하는 방법이다. 이에는 구성요소 전개형과 방책 전개형이 있다.

(4) 매트릭스도(Matrix diagram)법

문제가 되고 있는 사상 가운데서 대응되는 요소를 찾아내어 이것을 행과 열로 배치하고, 그 교점에 각 요소간의 연관유무나 관련정도를 표시함으로써 문제의 소재나 문제의 형태를 탐색하는 수법이다.

(5) 매트릭스 데이터 해석(Matrix－data analysis)법

L형 매트릭스를 이용하여 데이터간의 상관관계를 바탕으로 한 데이터가 지닌 정보를 한꺼번에 가급적 많이 표현할 수 있게 합성 득점(중요도 합계점)을 구함으로써 전체를 알아보기 쉽게 정리하는 방법이다.

(6) PDPC(Process Decision Program Chart)법

신제품개발, 신기술개발 또는 제품책임문제의 예방 등과 같이 최초의 시점에서는 최종 결과까지의 행방을 충분히 짐작할 수 없는 문제에 대하여, 그 진보과정에서 얻어지는 정보에 따라 차례로 시행되는 계획의 정도를 높여 적절한 판단을 내림으로써 사태를 바람직한 방향으로 이끌어 가거나 중대 사태를 회피하는 방책을 얻는 방법이다.

(7) 애로우다이어그램(Arrow diagram)법

PERT/CPM에서 사용되는 일정계획을 위한 네트워크로 표현된 그림으로 최적의 일정계획을 수립하여 비용절감을 통한 효율적인 진도관리방법이다.

예상문제

01. 어떤 공정에서 불량에 관한 데이터를 수집한 결과 다음과 같다.

항목	부적합품수	재가공비/단위당
치수	142	400
형상	16	600
긁힘	71	1200
기포	29	800
마무리	52	1000
기타	10	700

(1) 부적합품수 및 손실금액의 파레토도를 그리시오.

해답

부적합 항목	부적합 품수	비율(%)	누적수(개)	누적비율(%)
치수	142	44.37500	142	44.375000
긁힘	71	22.18750	213	66.562500
마무리	52	16.25000	265	82.812500
기포	29	9.06250	294	91.875000
형상	16	5.00000	310	96.875000
기타	10	3.12500	320	100.0000
계	320개	100%	320	100%

부적합 항목	손실 금액	비율(%)	누적금액	누적비율(%)
긁힘	85,200	36.441403	85,200	36.441403
치수	56,800	24.294269	142,000	60.735672
마무리	52,000	22.241232	194,000	82.976903
기포	23,200	9.923011	217,200	92.899914
형상	9,600	4.106074	226,800	97.005988
기타	7,000	2.994012	233,800	100.0000
계	233,800원	100%	233,800	100%

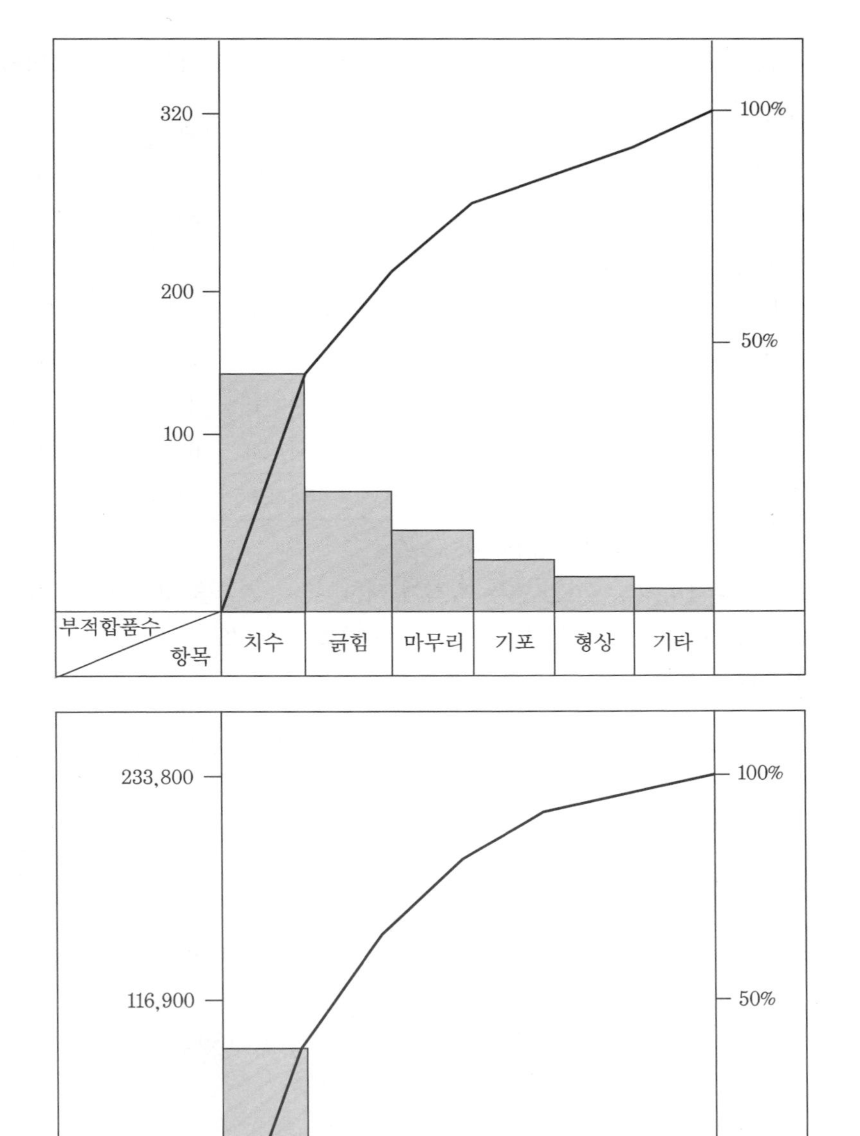

부적합품수에 대해서는 치수, 굵힘, 마무리 항목이 80% 이상을 차지하고 있으며, 손실금액에 대해서는 굵힘, 치수, 마무리가 80% 이상을 차지고 있으므로 집중관리를 해야 한다.

02. 다음은 어느 직물제조공정에서 나타난 흠의 수를 조사한 것이다. 물음에 답하시오.

로트번호	1	2	3	4	5	6	7	8	9	10	합계
(a)시료수(n)	10	10	15	15	20	20	20	10	10	10	140
얼룩 수	11	17	17	25	25	17	23	32	23	16	206
구멍난 수	4	4	5	6	4	7	8	8	8	6	60
실이 튄 수	6	1	6	7	4	7	12	9	9	7	68
색상 나쁜 곳	10	8	12	15	20	15	9	12	9	11	121
기타	2	−	2	4	−	3	1	2	−	1	15
(b) 합계	33	30	42	57	53	49	53	63	49	41	470
(b)÷(a)	3.30	3.00	2.80	3.80	2.65	2.45	2.65	6.30	4.90	4.10	

(1) 어떤 관리도를 사용하여야 하는가?

(2) C_L값과 $n=10,\ 15,\ 20$인 경우 각각에 대한 U_{CL}, L_{CL}을 구하시오.

(3) 관리한계선을 벗어난 점이 있으면 그 로트번호를 적으시오.

(4) 파레토도를 작성하시오.

해답 (1) 시료의 크기(n_i)가 일정하지 않은 부적합수 관리도이므로 U관리도가 적합하다.

(2) $C_L=\bar{u}=\dfrac{\sum c}{\sum n}=\dfrac{470}{140}=3.35714$

① $n=10$인 경우

$$U_{CL}=\bar{u}+3\sqrt{\frac{\bar{u}}{n_i}}=3.35714+3\sqrt{\frac{3.35714}{10}}=5.09536$$

$$L_{CL}=\bar{u}-3\sqrt{\frac{\bar{u}}{n_i}}=3.35714-3\sqrt{\frac{3.35714}{10}}=1.61892$$

② $n=15$인 경우

$$U_{CL}=\bar{u}+3\sqrt{\frac{\bar{u}}{n_i}}=3.35714+3\sqrt{\frac{3.35714}{15}}=4.77639$$

$$L_{CL}=\bar{u}-3\sqrt{\frac{\bar{u}}{n_i}}=3.35714-3\sqrt{\frac{3.35714}{15}}=1.93789$$

③ $n=20$인 경우

$$U_{CL}=\bar{u}+3\sqrt{\frac{\bar{u}}{n_i}}=3.35714+3\sqrt{\frac{3.35714}{20}}=4.58625$$

$$L_{CL}=\bar{u}-3\sqrt{\frac{\bar{u}}{n_i}}=3.35714-3\sqrt{\frac{3.35714}{20}}=2.12803$$

(3) 로트번호 8번

(4)

항목	흠의 수	비율(%)	누적수	누적비율(%)
얼룩 수	206	43.82979	206	43.82979
색상 나쁜 곳	121	25.74468	327	69.57447
실이 튄 수	68	14.46809	395	84.04255
구멍난 수	60	12.76596	455	96.80851
기타	15	3.19149	470	100.0
계	470개	100%		

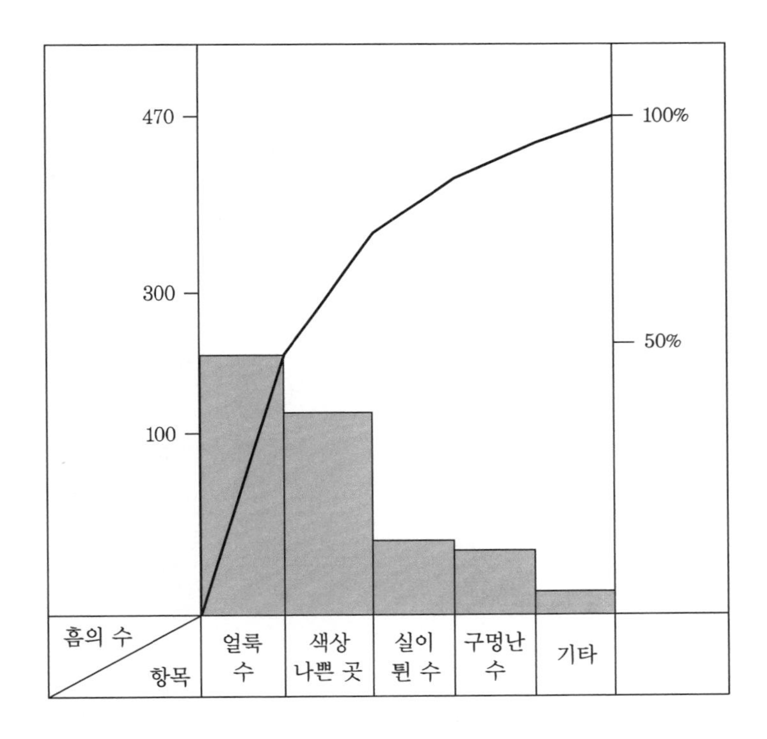

03. 히스토그램의 모양 중 쌍봉우리형에 대해 설명하시오.

해답 평균치가 다른 두 개의 집단이 섞여 있는 경우 나타나며, 층별한 히스토그램을 작성한다.

04. 품질관리 도구 중 파레토도와 20 : 80의 법칙을 설명하시오.

해답 (1) 파레토도 : 부적합, 결점, 고장 등의 발생 건수를 분류하여 항목별로 나누어 크기 순서대로 나열한 그림
(2) 20 : 80의 법칙 : 크게 문제가 되는 몇 개(20%)만 해결하면 많은 문제(80%)가 해결된다는 것을 의미한다.

05. QC 7가지 도구를 쓰시오.

해답 ① 각종 그래프
② 파레토도
③ 체크 시트
④ 특성요인도
⑤ 히스토그램
⑥ 산점도
⑦ 층별

06. QC분임조 활동에 사용되는 통계도표(그래프)를 6가지 쓰시오.

해답 ① 막대그래프
② 꺾은선그래프
③ 면적그래프
④ 점그래프
⑤ 삼각그래프
⑥ 그림그래프

07. 신 QC 7가지 도구를 적으시오.

해답 ① 친화도법
② PDPC법
③ 애로우다이어그램
④ 연관도법
⑤ 매트릭스 데이터 해석법
⑥ 매트릭스도법
⑦ 계통도법

08. 신 QC 7가지 도구 중 정량적인 정보를 처리하는 기법은?

해답 매트릭스 데이터 해석법

09. QC 7가지 도구 중 두 변수간의 관계를 살펴보는 것은 무엇인가?

해답 산점도

10. 히스토그램의 작성목적을 3가지 쓰시오.

해답 ① 데이터의 흩어진 모습, 즉 분포상태 파악이 용이하다.
② 공정능력을 알 수 있다.
③ 공정의 해석·관리에 용이하다.
④ 규격치와 대비하여 공정의 현상이 파악된다.

11. 3정 5S 활동은 무엇인가?

해답 (1) 3정
① 정품, ② 정량, ③ 정위치
(2) 5S
① 정리 : 필요한 것, 불필요한 것을 구별하여 불필요한 것을 없애는 것
② 정돈 : 언제든지 필요할 때 바로 사용할 수 있도록 정렬하는 것
③ 청소 : 먼지나 이물질 등 더러움이 없는 상태로 만드는 것
④ 청결 : 먼지나 이물질 등 더러움이 없는 상태로 유지 관리하는 것
⑤ 습관화 : 정해진 일을 올바르게 지키는 습관을 생활화하는 것

12. 품질분임조의 3대 기본이념은 무엇인가?

해답 ① 인간의 능력을 최대한 발휘하여 무한한 가능성을 창출한다.
② 인간성을 존중하여 보람있고 명랑한 직장을 조성한다.
③ 기업의 체질 개선과 발전에 기여한다.

13. 품질분임조의 정의 및 목적 5가지를 쓰시오.

해답 (1) 정의 : 직장 내에서 품질관리 활동을 자주적으로 실천하는 작은 그룹
(2) 목적
① 직장에서의 개선
② 관리의 정착
③ 직장의 사기 앙양
④ 품질보증
⑤ 자아의 실현

14. 품질분임조의 주제선정 4원칙을 쓰시오.

해답 ① 실생활에 가까운 문제 선정
② 단기간에 해결 가능한 문제
③ 공통적인 문제
④ 개선의 필요성이 있는 문제

15. QC분임조 활동을 전개해 나가는 과정에서 품질관리 활동의 6가지 필수적인 요소인 Q, C, D, P, S, M 이란 무엇인가?

해답 ① Quality : 품질의 향상·유지
② Cost : 원가의 절감
③ Delivery : 납기 개선
④ Productivity : 생산성 향상
⑤ Safety : 안전 확보
⑥ Morale : 직장의 사기 앙양

16. 품질관리 분임조에서 개선활동을 능란하게 추진하려면 QC스토리(개선의 추진 방법)를 이해할 필요가 있다. 이 QC스토리란 무엇인가를 단계별로 간략히 설명하시오.

해답 (1) 주제선정
(2) 현상파악 및 목표설정
(3) 활동계획 수립
(4) 현상분석과 원인추구

(5) 대책검토 및 수립
(6) 대책실시
(7) 결과분석
(8) 재발방지 및 표준화
(9) 종합정리
(10) 보고서 작성 및 향후 계획수립

17. 분임조 활동 시 분임토의 기법으로서 사용되고 있는 집단착상법(brainstorming)의 4 가지 원칙을 적으시오.

해답 ① 다량 발언
② 남의 아이디어에 편승
③ 비판 엄금
④ 자유분방한 사고

18. 다음 용어의 의미를 쓰시오.

DPU, DPO, DPMO

해답 (1) DPU : 단위당 부적합수
(2) DPO : 기회당 부적합수
(3) DPMO : 백만기회당 부적합수

19. DMAIC와 DMADOV는 무엇을 말하는지 기술하시오.

해답 (1) DMAIC
① Define : 정의 단계로서 프로젝트 선정, 고객의 요구사항 선정 단계
② Measure : 측정 단계로서 프로젝트(Y)의 선정과 후보요인(X)선정, Process map 작성, 후보요인별 우선순위 결정
③ Analyze : 분석 단계로서 치명적인 핵심인자(Vital Few) 선정, 후보요인별이 실제로 프로젝트(Y)에 영향을 주는지 분석·확인
④ Improve : 개선 단계로서 핵심인자(Vital Few)의 개선 및 최적화
⑤ Control : 관리 단계로서 개선된 활동의 지속방법 모색, 즉 개선된 핵심인자 X와 프로젝트 Y의 관리방안 수립

(2) DMAD(O)V

정의(Define) → 측정(Measure) → 분석(Analyze) → 설계(Design) → 최적화(Optimize) → 검증(Verify)

20. SIPOC의 의미를 쓰시오.

해답 (1) Supplier(공급자)

(2) Input(투입)

(3) Process(프로세스)

(4) Output(산출)

(5) Customer(고객)

21. 부적합품률이 0.1%라면 몇 ppm이 되는가?

해답 $\frac{0.1}{100} = \frac{x}{1,000,000}$

$x = 1,000\,\text{ppm}$

22. 공정능력지수가 1.0일 때 몇 ppm이 되는지 정규분포를 이용하여 계산하시오.

해답 $C_p = \frac{U-L}{6\sigma} = 1$이다. 따라서 $U-L = 6\sigma = \pm 3\sigma$이다.

이때 부적합품률은 $1-0.9973=0.0027$이다.

$\frac{0.27}{100} = \frac{x}{1,000,000}$

$x = 2,700\,\text{ppm}$

참고

%	ppm
1%	0.01×1000000=10,000ppm
0.1%	0.001×1000000=1,000ppm

품질경영 기사 / 산업기사 실기

PART

6

신뢰성 관리

1. 신뢰성의 개념
2. 신뢰성의 척도와 계산
3. 신뢰성 시험
4. 신뢰성 추정
5. 신뢰성 설계
6. 시스템 신뢰성
7. 고장해석방법
8. 보전성과 유연성

1 신뢰성의 개념

1-1 신뢰성의 기초 개념

신뢰성(신뢰도)이란 ① 시스템, 기기, 부품 등의 아이템(item)이 ② 규정된 사용조건, 즉 환경하에서 ③ 의도하는 기간 동안 ④ 요구되는 기능을 수행할 성질(확률)이다.

1-2 고유신뢰성과 사용신뢰성

신뢰성 관리는 크게 고유신뢰성(설계 및 제조 단계에서의 신뢰성)과 사용신뢰성(출하 후의 신뢰성)의 향상에 그 목적이 있다.

1 고유신뢰성(inherent reliability)의 향상 방안

(1) 설계단계에서의 향상 방안

① 병렬 및 대기 등 리던던시(redundancy) 설계
② 제품의 단순화
③ 고신뢰도 부품의 사용
④ 부품고장의 사후 영향을 제거하기 위한 구조적 설계방안의 강구
⑤ 부품의 전기적, 기계적, 열적 및 기타 작동조건의 경감(derating)
⑥ 부품과 조립품의 단순화 및 표준화
⑦ 신뢰성 시험의 자동화

(2) 제조단계에서의 향상 방안

① 제조기술의 향상
② 제조공정의 자동화
③ 제조품질의 통계적 관리
④ 부품과 제품의 번인(burn－in)

2 사용신뢰성(use relability) 향상 방안

① 포장, 보관, 운송, 판매 등 모든 과정에서 철저한 관리
② 예방보전(PM)과 사후보전(BM)의 체계적인 실시
③ 애프터서비스의 제공
④ 기기나 시스템에 대한 사용자 매뉴얼 작성 및 배포
⑤ 기기나 시스템의 조작방법에 대한 교육 실시

예상문제

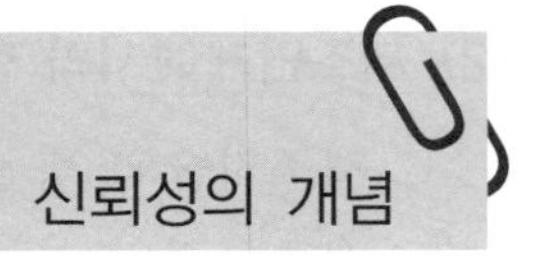

신뢰성의 개념

01. 설계 단계에서 고유신뢰성을 높이는 방안이 무엇인지 4가지 나열하시오.

해답 ① 제품의 단순화
② 고신뢰도 부품 사용
③ 디레이팅(derating)
④ 시험의 자동화

02. 사용신뢰성을 높이는 방안이 무엇인지 4가지 나열하시오.

해답 ① 사용자 매뉴얼 작성 및 배포
② 조작방법을 사용자에게 교육
③ 예방보전과 사후보전 체계의 확립
④ A/S제공

2 신뢰성의 척도와 계산

2-1 신뢰성 수명분포

1 지수분포(exponential distribution)

지수분포의 신뢰성 척도

신뢰성 척도	지수분포
신뢰도함수	$R(t)=e^{-\lambda t}$
불신뢰도함수	$F(t)=1-e^{-\lambda t}$
고장률함수	$\lambda(t)=\lambda$
고장확률밀도함수	$f(t)=\lambda e^{-\lambda t}$
평균수명	$E(T)=1/\lambda=\theta$
분산	$V(T)=(1/\lambda)^2$

2 와이블분포 (Weibull distribution)

와이블분포의 신뢰성 척도

신뢰성 척도	와이블분포
신뢰도함수	$R(t)=e^{-\left(\frac{t-r}{\eta}\right)^m}$
불신뢰도함수	$F(t)=1-e^{-\left(\frac{t-r}{\eta}\right)^m}$
고장률함수	$\lambda(t)=\left(\frac{m}{\eta}\right)\left(\frac{t-r}{\eta}\right)^{m-1}$
고장확률밀도함수	$f(t)=\frac{m}{\eta}\left(\frac{t-r}{\eta}\right)^{m-1}e^{\left[-\left(\frac{t-r}{\eta}\right)^m\right]}$
평균수명	$E(T)=\eta\Gamma\left(1+\frac{1}{m}\right)$
분산	$V(T)=\eta^2\left[\Gamma\left(1+\frac{2}{m}\right)-\Gamma^2\left(1+\frac{1}{m}\right)\right]$

3 정규분포 (normal distribution)

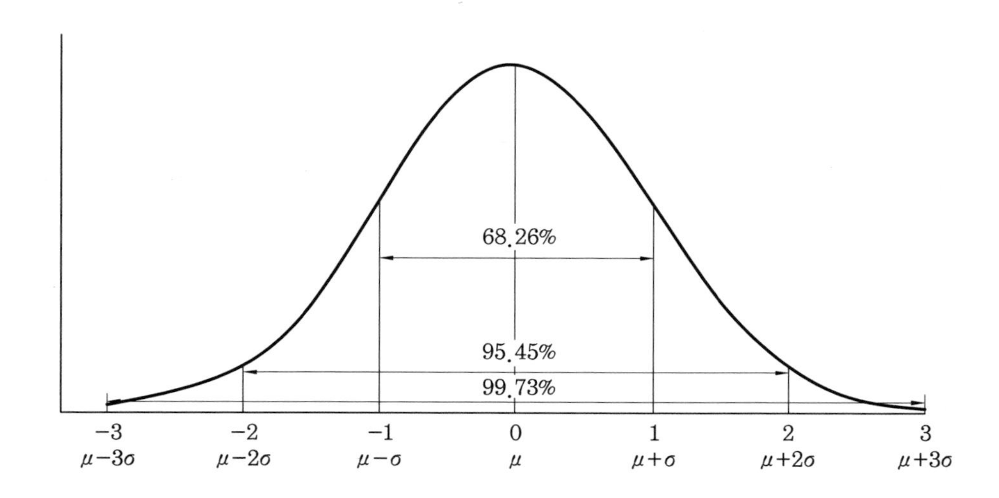

4 비모수적 추정(대시료)

신뢰성 척도
$R(t)=\frac{n(t)}{N}$
$F(t)=1-\frac{n(t)}{N}=1-R(t)$
$f(t)=\frac{n(t)-n(t+\Delta t)}{N}\times\frac{1}{\Delta t}=\frac{\text{시간 } t\text{와 } (t+\Delta t)\text{간의 고장개수}}{\text{샘플 수}}\times\frac{1}{\Delta t}$
$\lambda(t)=\frac{n(t)-n(t+\Delta t)}{n(t)}\times\frac{1}{\Delta t}=\frac{\text{시간 } t\text{와 } (t+\Delta t)\text{간의 고장개수}}{t\text{시점의 생존 개수}}\times\frac{1}{\Delta t}$

5 비모수적 추정(소시료)

평균 순위법(Average Rank)	메디안 순위법(중앙순위법)
$F(t)=\frac{i}{n+1}$	$F(t)=\frac{i-0.3}{n+0.4}$
$R(t)=1-F(t)=\frac{(n+1)-i}{n+1}$	$R(t)=1-F(t)=\frac{n-i+0.7}{n+0.4}$
$f(t)=\frac{1}{(n+1)(t_{i+1}-t_i)}$	$f(t)=\frac{1}{(n+0.4)(t_{i+1}-t_i)}$
$\lambda(t)=\frac{1}{(n-i+1)(t_{i+1}-t_i)}$	$\lambda(t)=\frac{1}{(n-i+0.7)(t_{i+1}-t_i)}$

예상문제

신뢰성의 척도와 계산

01. 어떤 시스템의 수명이 고장률 '$\lambda = 0.2$회/시간'인 지수분포를 따를 때 $R(2)$, $MTTF$, $R(MTTF)$, B_{10} 수명을 구하시오.

해답 (1) $R(2) = e^{-\lambda t} = e^{-0.2 \times 2} = 0.67032$

(2) $MTTF = \frac{1}{\lambda} = \frac{1}{0.2} = 5$시간

(3) $R(MTTF) = e^{-\lambda \times MTTF} = e^{-\frac{1}{MTBF} \times MTTF} = e^{-1} = 0.368$

지수분포에서 신뢰도가 0.368이 되게 하는 수명(즉, $MTTF$)을 특성수명이라고 부른다.

(4) B_{10} 수명은 $F(t) = 0.1$이므로

$R(t) = 1 - F(t) = 1 - 0.1 = 0.9$

$R(t) = e^{-\lambda t}$, $0.9 = e^{-0.2t}$, $\ln 0.9 = -0.2t$, $t = \frac{\ln 0.9}{-0.2} = 0.52680$시간

02. 전구에 대한 수명시험 결과 다음과 같은 데이터를 얻었다. 시험 데이터가 지수분포를 따르는 경우 평균수명 $MTTF$, 고장률 λ, $R(100)$, B_{10} 수명을 구하시오.

27	43	103	124	185

해답 (1) $\widehat{MTTF} = \frac{T}{r} = \frac{27 + 43 + 103 + 124 + 185}{5} = 96.4$시간

(2) $\lambda = \frac{1}{MTTF} = \frac{r}{T} = \frac{1}{96.4} = 0.01037$/시간

(3) $R(100) = e^{-\lambda t} = e^{-0.01037 \times 100} = 0.35452$

(4) $R(t) = 1 - F(t) = 1 - 0.1 = 0.9$

$0.9 = e^{-0.01037 \times t}$

$\ln 0.9 = -0.01037 \times t$

$t = 10.16013$시간

03. **어떤 시스템의 수명이 고장률 $\lambda = 0.001$(/시간)인 지수분포를 따른다.**

(1) 제품의 평균 수명과 분산을 구하시오.

(2) 이 기계가 500시간 지나도 작동할 확률은 얼마인가?

(3) 이미 1,000시간을 사용한 제품이 앞으로 100시간을 더 사용할 때 고장없이 작업을 수행할 신뢰도는 얼마인가?

해답 고장률이 일정한 경우이므로 지수분포를 따른다.

(1) $E(t) = \frac{1}{\lambda} = \frac{1}{0.001} = 1,000$ 시간, $V(t) = \left(\frac{1}{\lambda}\right)^2 = \left(\frac{1}{0.001}\right)^2 = 1,000,000$ 시간

(2) $R(t=500) = e^{-\lambda t} = e^{-0.001 \times 500} = e^{-0.5} = 0.60653$

(3) $R(t) = \frac{R(t=1,100)}{R(t=1,000)} = \frac{e^{-0.001 \times 1,100}}{e^{-0.001 \times 1,000}} = 0.90484$

04. **고장확률밀도함수의 형상모수 $m = 2$, 척도모수 $\eta = 1500$ 시간인 와이블분포에 따르는 제품의 평균 수명은 얼마인가? (단, $\Gamma(1.5) = 0.886$)**

해답 $E(T) = \eta\Gamma\left(1+\frac{1}{m}\right) = 1,500\,\Gamma\left(1+\frac{1}{2}\right) = 1,500 \times 0.886 = 1,329$ 시간

05. **어느 부품의 수명(단위 : 시간)이 형상모수가 2이고 척도모수가 1000인 와이블분포를 따른다고 하자.**

(1) $R(500)$을 구하시오.

(2) B_{10} 수명을 구하시오.

(3) $t = 500$에서 고장률 λ를 구하시오.

(4) 신뢰도를 95% 이상 유지하는 사용기간을 구하시오.

해답 (1) $R(500) = e^{-\left(\frac{t-r}{\eta}\right)^m} = e^{-\left(\frac{500-0}{1,000}\right)^2} = 0.77880$

(2) B_{10} 수명은 $F(t) = 0.1$ 이므로 $R(t) = 1 - 0.1 = 0.9$

$0.9 = e^{-\left(\frac{t-r}{\eta}\right)^m} = e^{-\left(\frac{t}{1,000}\right)^2}$, $\quad \ln 0.9 = -\left(\frac{t}{1,000}\right)^2$, $\quad t = 324.59285$ 시간

(3) $\lambda(t=500) = \frac{m}{\eta}\left(\frac{t-r}{\eta}\right)^{m-1} = \frac{2}{1,000}\left(\frac{500-0}{1,000}\right)^{2-1} = 0.001$/시간

(4) $R(t) = e^{-\left(\frac{t-r}{\eta}\right)^m} \geq 0.95$, $0.95 \leq e^{-\left(\frac{t}{1,000}\right)^2}$, $\ln 0.95 \leq -\left(\frac{t}{1,000}\right)^2$,

$(-\ln 0.95)^{\frac{1}{2}} \times 1,000 \geq t$, $\quad t = 226.48023$ 시간

06. 100개의 샘플에 대한 수명시험을 500시간 실시한 후 와이블확률지를 이용하여 형상모수 0.7, 척도모수 8667, 위치모수 0으로 추정되었다. (단, $\Gamma(1.42)=0.8864$, $\Gamma(1.43)=0.8860$)

(1) 평균수명을 추정하시오.

(2) 고장확률밀도함수를 계산하시오.

해답 $\Gamma(1+a)=a\Gamma(a)$

(1) $E(t)=\eta\Gamma\left(1+\dfrac{1}{m}\right)=8667\,\Gamma\left(1+\dfrac{1}{0.7}\right)$

$=8,667\,\Gamma(1+1.43)=8,667\times1.43\times\Gamma(1.43)=8,667\times1.43\times0.8860$

$=10,980.91566$시간

(2) $f(t)=\dfrac{m}{\eta}\left(\dfrac{t-r}{\eta}\right)^{m-1}e^{\left[-\left(\frac{t-r}{\eta}\right)^m\right]}=\dfrac{0.7}{8,667}\left(\dfrac{500-0}{8,667}\right)^{0.7-1}e^{\left[-\left(\frac{500-0}{8,667}\right)^{0.7}\right]}$

$=0.00017$

07. 어떤 제품이 형상모수 $m=0.7$, 척도모수 $\eta=8667$시간, 위치모수 $r=0$인 와이블분포에 따른다. 이 제품을 평균수명인 11000시간 사용할 때 다음 물음에 답하시오.

(1) 신뢰도를 구하시오.

(2) 이 제품을 5000시간에서 11000시간 사용할 때의 구간 평균고장률을 구하시오.

(3) 0시간에서 11000시간까지의 평균고장률은 얼마인가?

해답 (1) $R(11,000)=e^{-\left(\frac{t-r}{\eta}\right)^m}=e^{-\left(\frac{11,000-0}{8,667}\right)^{0.7}}=0.30679$

(2) $AFR(t_1,\ t_2)=\dfrac{\ln R(t_1)-\ln R(t_2)}{t_2-t_1}=\dfrac{-\left(\dfrac{t_1}{\eta}\right)^m+\left(\dfrac{t_2}{\eta}\right)^m}{t_2-t_1}$

$=\dfrac{-\left(\dfrac{5,000}{8,667}\right)^{0.7}+\left(\dfrac{11,000}{8,667}\right)^{0.7}}{11,000-5,000}=8.353\times10^{-5}$/시간

(3) $AFR(t_1,\ t_2)=\dfrac{\ln R(t_1)-\ln R(t_2)}{t_2-t_1}=\dfrac{-\left(\dfrac{t_1}{\eta}\right)^m+\left(\dfrac{t_2}{\eta}\right)^m}{t_2-t_1}$

$=\dfrac{-\left(\dfrac{0}{8,667}\right)^{0.7}+\left(\dfrac{11,000}{8,667}\right)^{0.7}}{11,000-0}=1.074\times10^{-4}$/시간

08. 어떤 제품의 확률분포가 와이블분포를 따르고 있다. $t=1500$시간에서 $R(t)=0.939$, $t=2000$시간에서 $R(t)=0.368$일 때 구간평균 고장률을 구하시오. (단, 유효숫자 셋째자리까지 구하시오.)

해답 $AFR(t_1,\ t_2)=\dfrac{\ln R(t_1)-\ln R(t_2)}{t_2-t_1}=\dfrac{\ln 0.939-\ln 0.368}{2{,}000-1{,}500}=0.00187/\text{시간}$

09. 어떤 부품의 고장 시간의 분포가 $\mu=20000\text{cycles}$, $\sigma=2000\text{cycles}$인 정규분포를 한다면 다음 물음에 답하시오.

(1) $t=18000\text{cycles}$일 때 신뢰도를 구하시오.

(2) 이미 20000cycles을 사용한 부품을 앞으로 2000cycles 이상 사용할 수 있을 확률은?

해답 정규분포인 경우 규준화를 시킨다.

(1) $R(t=18{,}000)=P_r(t\geq 18{,}000)=P_r\left(u\geq \dfrac{18{,}000-20{,}000}{2{,}000}\right)=P_r(u\geq -1)$

$=0.8413$

(2) $R(t)=\dfrac{P_r(t\geq 22{,}000)}{P_r(t\geq 20{,}000)}=\dfrac{P_r\left(u\geq \dfrac{22{,}000-20{,}000}{2{,}000}\right)}{P_r\left(u\geq \dfrac{20{,}000-20{,}000}{2{,}000}\right)}=\dfrac{P_r(u\geq 1)}{P_r(u\geq 0)}=\dfrac{0.1587}{0.5000}$

$=0.31740$

10. 100V짜리 백열전구의 수명분포는 $\mu=100$시간, $\sigma=50$시간인 정규분포에 따른다고 하자. 다음 물음에 답하시오.

(1) 새로 교환한 전구를 50시간 이상 사용할 확률을 구하시오.

(2) 이미 100시간 사용한 전구를 앞으로 50시간 이상 사용할 수 있을 확률을 구하시오.

해답 (1) $R(t=50)=P_r(t\geq 50)=P_r\left(u\geq \dfrac{50-100}{50}\right)=P_r(u\geq -1)=0.8413$

(2) $R(t)=\dfrac{P_r(t\geq 150)}{P_r(t\geq 100)}=\dfrac{P_r\left(u\geq \dfrac{150-100}{50}\right)}{P_r\left(u\geq \dfrac{100-100}{50}\right)}=\dfrac{P_r(u\geq 1)}{P_r(u\geq 0)}=\dfrac{0.1587}{0.5000}=0.31740$

11. 어느 부품의 수명이 $\mu = 1000$시간이고 $\sigma = 250$시간인 정규분포를 따른다.

(1) 이 부품이 1500시간 이상 고장 없이 가동될 확률을 구하시오.

(2) 이미 1250시간을 사용한 부품을 앞으로 250시간 이상 사용할 확률을 구하시오.

해답 (1) $R(t=1,500) = P_r(t \geq 1,500) = P_r\left(u \geq \frac{1,500-1,000}{250}\right) = P_r(u \geq 2) = 0.0228$

(2) $R(t) = \frac{P_r(t \geq 1,500)}{P_r(t \geq 1,250)} = \frac{P_r\left(u \geq \frac{1,500-1,000}{250}\right)}{P_r\left(u \geq \frac{1,250-1,000}{250}\right)}$

$= \frac{P_r(u \geq 2)}{P_r(u \geq 1)} = \frac{0.0228}{0.1587} = 0.14367$

12. 부품 A의 수명은 $N(50,\ 16)$의 정규분포에 따르고, 부품 B의 수명은 $N(60,\ 36)$의 정규분포에 따른다. 수명시간 45에서의 각 부품의 신뢰도를 구하시오. 그리고 이 부품 중 어느 하나라도 고장나는 경우 시스템이 고장난다면 이런 시스템의 신뢰도는 얼마인가?

해답 (1) $R_A(45) = P_r(t_A \geq 45) = P_r\left(u \geq \frac{45-50}{4}\right) = P_r(u \geq -1.25) = 0.8944$

(2) $R_B(45) = P_r(t_B \geq 45) = P_r\left(u \geq \frac{45-60}{6}\right) = P_r(u \geq -2.5) = 0.9938$

(3) $R_S(45) = R_A(45) \cdot R_B(45) = 0.88885$

13. 어떤 제품의 수명이 평균 450시간, 표준편차 50시간의 정규분포에 따른다고 한다. 이 제품 200개를 새로 사용하기 시작하였다면 지금부터 400~500시간 사이에서는 평균 몇 개가 고장나겠는가?

해답 400~500시간에서 고장날 확률

$= P_r(400 \leq t \leq 500) = P_r\left(\frac{400-450}{50} \leq u \leq \frac{500-450}{50}\right)$

$= P_r(-1 \leq u \leq 1) = 0.6826$

평균 고장개수$= 200 \times 0.6826 = 136.52 \rightarrow 137$개

14. 평균수명이 6.5시간, 표준편차 0.2시간인 대수정규분포를 따른다. $t=1000$ 이상 사용할 수 있는 확률을 구하시오.

해답 $\ln 1{,}000 = 6.907755$

$$P_r\left(u \geq \frac{6.907755-6.5}{0.2}\right) = P_r(u \geq 2.038775) = P_r(u \geq 2.04) = 0.0207$$

15. 샘플 50개에 대하여 수명시험을 하고 10시간 간격으로 고장개수를 조사한 결과 다음 표와 같다.
$f(t)$, $F(t)$, $R(t)$ 및 $\lambda(t)$를 구하시오.

간격(시간)	0~10	10~20	20~30	30~40	40~50
고장개수	5	10	16	12	7

해답 각 구간에서의 $f(t)$, $F(t)$, $R(t)$ 및 $\lambda(t)$를 계산하여 표로 작성하면 다음과 같다.

t	고장개수	$f(t)$	$R(t)$	$F(t)$	$\lambda(t)$
0~10	5	0.01000	1.00000	0.00000	0.01000
10~20	10	0.02000	0.90000	0.10000	0.02222
20~30	16	0.03200	0.70000	0.30000	0.04571
30~40	12	0.02400	0.38000	0.62000	0.06316
40~50	7	0.01400	0.14000	0.86000	0.10000

대표적으로 10~20시간 사이의 $f(t)$, $F(t)$, $R(t)$ 및 $\lambda(t)$를 구하면

① $f(t=10) = \dfrac{n(t=10)-n(t=20)}{N} \cdot \dfrac{1}{\Delta t} = \dfrac{10}{50} \cdot \dfrac{1}{10} = 0.02000/\text{시간}$

② $R(t=10) = \dfrac{n(t=10)}{N} = \dfrac{45}{50} = 0.90000$

③ $F(t=10) = 1 - \dfrac{n(t=10)}{N} = 1 - R(t=10) = 0.10000$

④ $\lambda(t=10) = \dfrac{n(t=10)-n(t=20)}{n(t=10)} \cdot \dfrac{1}{\Delta t} = \dfrac{10}{45} \times \dfrac{1}{10} = 0.022222/\text{시간}$

16. 800개에 대한 수명시험 결과 3시간과 6시간 사이의 고장 개수는 42개이다. 그리고 이 구간 초의 생존개수는 573이다.

(1) 3시간에서의 신뢰도는?

(2) 3시간에서의 고장확률 $f(t)$는?

(3) 3시간에서의 구간고장률 $\lambda(t)$는?

해답 (1) $R(3) = \dfrac{n(3)}{N} = \dfrac{573}{800} = 0.71625$

(2) $f(3) = \dfrac{n(3)-n(6)}{N} \cdot \dfrac{1}{\Delta t} = \dfrac{42}{800} \cdot \dfrac{1}{3} = 0.0175/$시간

(3) $\lambda(3) = \dfrac{n(3)-n(6)}{n(3)} \cdot \dfrac{1}{\Delta t} = \dfrac{42}{573} \cdot \dfrac{1}{3} = 0.02443/$시간

17. 어떤 제품 50개를 샘플링하여 50시간 수명시험한 결과 다음과 같은 데이터를 얻었다.

시간	0	10	20	30	40	50
생존 수	50	47	44	36	35	25

(1) $f(t)$를 구하시오. (단, $20<t<30$)

(2) $\lambda(t)$를 구하시오. (단, $20<t<30$)

해답 (1) $f(t) = \dfrac{n(t)-n(t+\Delta t)}{N} \cdot \dfrac{1}{\Delta t} = \dfrac{44-36}{50} \cdot \dfrac{1}{10} = 0.016/$시간

(2) $\lambda(t) = \dfrac{n(t)-n(t+\Delta t)}{n(t)} \cdot \dfrac{1}{\Delta t} = \dfrac{44-36}{44} \cdot \dfrac{1}{10} = 0.01818/$시간

18. 다음 고장자료에 대하여 구간(500, 1000)에서의 선험적 고장률을 구하시오.

- $n = 200$
- 관측시간 : 0, 200, 500, 1000, 2000, 5000
- 구간별 고장개수 : 5, 10, 30, 40, 50

해답 $\lambda(t=500) = \dfrac{n(t)-n(t+\Delta t)}{n(t)} \cdot \dfrac{1}{\Delta t} = \dfrac{30}{185} \times \dfrac{1}{500} = 3.24324 \times 10^{-4}/\text{hr}$

19. 샘플 60개에 대한 수명시험 결과 7시간에서의 고장밀도함수 $f(t)=0.2\times10^{-3}$이고, 불신뢰도 $F(t)=0.272$이었을 때 시간 $t=7$에서의 $\lambda(t)$를 구하시오.

해답 $R(t)=1-F(t)=1-0.272=0.728$

$$\lambda(t)=\frac{f(t)}{R(t)}=\frac{0.2\times10^{-3}}{0.728}=0.27473\times10^{-3}/\text{시간}$$

20. 7개의 전자부품에 대한 고장시간이 다음과 같이 관측되었다.

5, 7, 10, 11, 13, 15, 19 (단위 : 시간)

(1) 평균순위에 의한 $t=11$에서 $F(t)$, $R(t)$, $f(t)$, $\lambda(t)$를 구하시오.
(2) 중앙순위법에 의한 $t=11$에서 $F(t)$, $R(t)$, $f(t)$, $\lambda(t)$를 구하시오.

해답 (1) 평균순위법

① $F(t)=\dfrac{i}{n+1}=\dfrac{4}{7+1}=0.5$

② $R(t)=1-F(t)=1-0.5=0.5$

③ $f(t)=\dfrac{1}{(n+1)(t_{i+1}-t_i)}=\dfrac{1}{(7+1)(13-11)}=0.0625/\text{시간}$

④ $\lambda(t)=\dfrac{1}{(n-i+1)(t_{i+1}-t_i)}=\dfrac{1}{(7-4+1)(13-11)}=0.125/\text{시간}$

(2) 중앙순위법(메디안순위법)

① $F(t)=\dfrac{i-0.3}{n+0.4}=\dfrac{4-0.3}{7+0.4}=0.5$

② $R(t)=1-F(t)=1-0.5=0.5$

③ $f(t)=\dfrac{1}{(n+0.4)(t_{i+1}-t_i)}=\dfrac{1}{(7+0.4)(13-11)}=0.06757/\text{시간}$

④ $\lambda(t)=\dfrac{1}{(n-i+0.7)(t_{i+1}-t_i)}=\dfrac{1}{(7-4+0.7)(13-11)}=0.13514/\text{시간}$

21. 샘플 10개에 대한 수명시험 결과 5, 10, 17.5, 30, 40, 55, 67.5, 82.5, 100, 117.5(시간)에 각각 고장이 났다. $t=30$시간에서 중앙순위법에 의한 고장확률밀도함수 $f(t)$의 값은 얼마인가?

해답 $$f(t_i)=\frac{1}{(n+0.4)\cdot(t_{i+1}-t_i)}=\frac{1}{(10+0.4)(40-30)}=\frac{1}{104}=0.00962/\text{시간}$$

22. 5개의 브레이크 라이닝을 시험기에 걸어 마모시험을 한 결과 다음과 같은 데이터를 얻었다. 수명시간 320에서의 메디안(중앙)순위법에 의한 $F(t)$를 구하시오.

300,	250,	400,	320,	310 (시간)

해답 $F(320) = \frac{i-0.3}{n+0.4} = \frac{4-0.3}{5+0.4} = 0.68519$

23. 어느 아이템이 동작시간 100000시간에 4회의 우발고장이 발생하였다. 이때 $MTBF$와 100시간에 대한 신뢰도를 구하시오.

해답 ① $MTBF = \frac{T}{r} = \frac{100{,}000\text{시간}}{4\text{회}} = 25{,}000\text{시간/회}$

② $R(t=100) = e^{-\frac{t}{\theta}} = e^{-\frac{100}{25{,}000}} = 0.99601$

24. 고장률이 λ로 일정할 때 평균수명만큼 사용했을 때를 특성수명이라 한다. 특성수명에서의 불신뢰도를 구하시오.

해답 $F(t) = 1 - R(t) = 1 - e^{-\frac{1}{MTBF} \times t} = 1 - e^{-1} = 0.63212$

3 신뢰성 시험

3-1 욕조 곡선(Bath tub Curve)

(1) 감소형 DFR(Decreasing Failure Rate)

고장률이 시간에 따라 감소하는 경우로서, 고장확률밀도함수는 와이블분포(형상모수 $m<1$)에 대응된다.

(2) 일정형 CFR(Constant Failure Rate)

여러 개의 부품이 조합되어 만들어진 시스템이나 제품의 전체고장률은 이들 부품의 고장률의 평균이므로 시간에 관계없이 거의 일정하며, 고장확률밀도함수는 와이블분포(형상모수 $m=1$), 지수분포에 대응된다.

(3) 증가형 IFR(Increasing Failure Rate)

단일부품으로 만들어진 대부분의 기기나 시스템의 고장률은 시간에 따라 증가하게 되며, 고장확률밀도함수는 와이블분포(형상모수 $m>1$), 정규분포에 대응된다.

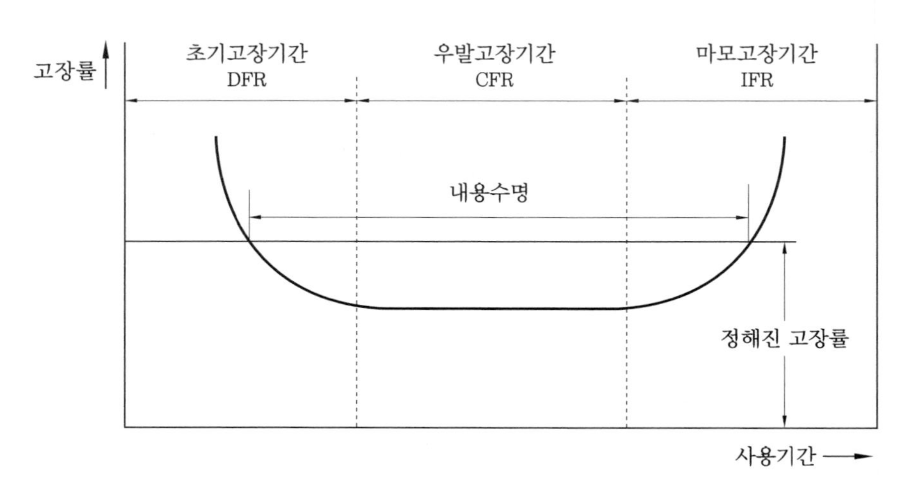

욕조 곡선

고장구간	원인	조처
초기고장 (DFR)	• 표준 이하의 재료 사용 • 불충분한 품질관리 • 표준 이하의 작업자 솜씨 • 불충분한 debugging • 빈약한 제조기술 • 조립상의 과오, 오염 • 부적절한 조치 및 가동 • 저장 및 운반중의 부품고장 • 부적절한 포장 및 수송	• burn-in test • debugging 실시 • 보전예방(MP) 실시
우발고장 (CFR)	• 안전계수가 낮기 때문에 • 예상부하가 과다했기 때문에 • 무리한 사용, 사용자의 과오 때문에 • 최선의 검사방법으로도 탐지되지 않은 결함 때문에 • 디버깅 중에도 발견되지 않은 고장 때문에 • 예방보전에 의해서도 예방될 수 없는 고장 때문에 • 천재지변에 의한 고장 때문에	• 극한상황을 고려한 설계 • 안전계수를 고려한 설계 • 사후보전(BM) 실시
마모고장 (IFR)	• 부식 또는 산화·마모 또는 피로 • 노화 및 퇴화, 불충분한 정비 • 수축 또는 균열·오버홀(over haul)	• 예방보전(PM) 실시

3-2 가속수명 시험

(1) 가속수명 시험

제품에 대한 신뢰성을 평가하기 위해 정상적인 사용조건보다 더 열악한 가속조건에서 시험하여 고장이 빨리 발생하도록 유도하고, 가속조건에서 얻어진 고장데이터를 이용하여 정상 사용조건에서의 신뢰성을 평가(추측)하는 시험이다.

(2) 가속계수(Acceleration Factor, AF)

① 가속조건에서의 수명을 구하여 정상 사용조건에서의 수명을 예측한다.

$$AF = \frac{\text{정상 사용조건에서의 수명}}{\text{가속조건에서의 수명}} = \frac{\theta_n}{\theta_s}$$

② 정상조건과 가속조건에서의 평균수명을 θ_n과 θ_s라고 하면 $\theta_n = AF \times \theta_s$이 성립한다.

$$\text{지수분포의 경우 } R_s(t) = e^{-\lambda_s t}, \ \lambda_s = \frac{1}{\theta_s}$$

(3) 10℃ 법칙

아이템(예를 들어 콘덴서)의 온도가 10℃ 올라가면서 수명이 반감되는 것을 말한다.

- $\theta_n = 2^\alpha \cdot \theta_s \qquad \alpha = \dfrac{(\text{가속온도} - \text{정상온도})}{10}$
- $AF = 2^\alpha = \dfrac{\theta_n}{\theta_s}$

(4) α승 법칙 : 가속인자로 압력 또는 전압으로 사용한다.

- $\theta_s = \dfrac{\theta_n}{V^\alpha}$
- $AF = \left(\dfrac{V_s}{V_n}\right)^\alpha$

(5) 아레니우스(Arrhenius) 모델 : 가속인자로 온도를 사용한다.

(6) 아일링(Eyring) 모델 : 가속인자로 온도 외의 다른 인자(온도, 습도, 전압 등)도 사용한다.

예상문제

신뢰성 시험

01. 전기절연체 10개에 대하여 정상 사용 조건인 190°F에서, 그리고 가속조건인 240°F에서 각각 수명 시험을 하여 $\theta_n = 7800$시간, $\theta_s = 1600$시간이었다. 가속계수를 구하시오.

해답 $AF = \dfrac{\theta_n}{\theta_s} = \dfrac{7,800}{1,600} = 4.87500$

02. 가속시험온도인 125℃에서 얻은 고장시간은 평균수명 θ_s가 4500시간인 지수분포에 따른다. 이 부품의 정상사용온도는 25℃이고, 이 두 온도간의 가속계수(A)의 값이 35라면 정상조건에서의 평균고장률과 정상조건에서 40000시간 사용할 경우의 누적고장확률은 얼마인가?

해답 $\theta_n = A \times \theta_s = 35 \times 4,500 = 157,500$시간

$\lambda_n = \dfrac{1}{\theta_n} = \dfrac{1}{157,500} = 6.349 \times 10^{-6}$/시간

$F(t = 4,000) = 1 - R(t) = 1 - e^{-\frac{1}{157,500} \times 40,000} = 0.22428$

03. 10℃ 법칙이 맞는 경우 정상 온도 20℃에서의 수명이 10000시간이면 가속수명 시험 온도 120℃에서의 수명을 구하시오.

해답 $\alpha = \dfrac{120 - 20}{10} = 10$

$\theta_s = \dfrac{\theta_n}{2^\alpha} = \dfrac{10,000}{2^{10}} = 9.76563$시간

04. 정상사용온도 35℃의 알루미늄 전해 콘덴서를 가속온도 105℃로 가속수명 시험을 하였더니 평균수명이 2000시간으로 추정되었다. 10℃법칙에 따라 다음을 계산하시오.

(1) 정상 사용조건에서의 평균수명을 구하시오.
(2) 정상 사용조건에서의 고장률을 구하시오.
(3) $t = 100000$에서 신뢰도를 구하시오.
(4) $t = 100000$에서 불신뢰도를 구하시오.

해답 (1) $\alpha = \dfrac{105-35}{10} = 7$

$\theta_n = 2^{\alpha} \times \theta_s = 2^7 \times 2{,}000 = 256{,}000$

(2) $\lambda_n = \dfrac{1}{\theta_n} = \dfrac{1}{256{,}000} = 3.906 \times 10^{-6}$/시간

(3) $R(t=100{,}000) = e^{-\lambda t} = e^{-\frac{1}{256{,}000} \times 100{,}000} = 0.67663$

(4) $F(t) = 1 - R(t) = 1 - 0.676634 = 0.32337$

05. 정상사용온도 20℃인 전자부품 10개를 가속온도 60℃에서 3개가 고장날 때까지 가속수명시험을 하여 다음 데이터를 얻었다.

63, 112, 280

(1) 정상사용 조건하에서 평균수명을 구하시오.
(2) 정상사용 조건하에서 고장률을 구하시오.
(3) 정상사용 조건하에서 $t = 15000$에서 신뢰도를 구하시오.
(4) 정상사용 조건하에서 $t = 15000$에서 불신뢰도를 구하시오.

해답 (1) $\alpha = \dfrac{60-20}{10} = 4$

$\hat{\theta_s} = \dfrac{63+112+280+7\times 280}{3} = 805$

$\hat{\theta_n} = AF \times \hat{\theta_s} = 2^4 \times 805 = 12{,}880$시간

(2) $\lambda_n = \dfrac{1}{\theta_n} = \dfrac{1}{12{,}880} = 7.7640 \times 10^{-5}$/시간

(3) $R(t=15{,}000) = e^{-\frac{1}{12{,}880} \times 15{,}000} = 0.31205$

(4) $F(t) = 1 - R(t) = 1 - 0.31205 = 0.68795$

06. 정상전압 220V를 가속전압 260V에서 가속수명 시험했다. $\alpha=5$일 때 가속계수를 구하시오.

해답 $AF=\left(\frac{V_s}{V_n}\right)^{\alpha}=\left(\frac{260}{220}\right)^{5}=2.30544$

07. 내용수명의 의미에 대해 설명하시오.

해답 내용수명이란 규정된 고장률 이하의 기간

08. 마모고장의 원인과 조치방법을 각각 쓰시오.

해답 (1) 원인 : 부식, 마모, 산화
(2) 조치 : 예방보전

09. 초기고장기간 DFR, 우발고장기간 CFR, 마모고장기간 IFR 중 어떤 고장원인인지 답하시오.

① 표준 이하의 재료사용	⑦ 조립상의 오류
② 불충분한 품질관리	⑧ 최선의 검사방법으로도 탐지되지 않은 결함
③ 부적절한 조치 및 가동	⑨ 예상치 못한 스트레스
④ 불충분한 정비	⑩ 수축 또는 균열, 오버홀
⑤ 사용자의 오류	⑪ 안전계수가 낮기 때문
⑥ 빈약한 제조기술	⑫ 노화

해답 (1) DFR : ①, ②, ③, ⑥, ⑦
(2) CFR : ⑤, ⑧, ⑨, ⑪
(3) IFR : ④, ⑩, ⑫

10. Arrhenius 모델과 Eyring 모델에 대해 설명하시오.

해답 가속인자로 Arrhenius 모델은 온도만을 사용하며, Eyring 모델은 온도 이외의 습도, 압력, 전압 등도 사용한다.

4 신뢰성 추정

4-1 정수중단의 경우

고장개수를 정해놓고 그때까지의 시간치로 신뢰성 척도를 추정

(1) 점추정

$$\widehat{MTTF} = \frac{T}{r} = \frac{1}{\hat{\lambda}}$$

$$T = \left\{ \sum_{i=1}^{r} t_{(i)} + (n-r)t_{(r)} \right\} = r\theta$$

(2) 구간추정(양쪽)

① $\dfrac{2T}{\chi^2_{1-\alpha/2}(2r)} \le \theta \le \dfrac{2T}{\chi^2_{\alpha/2}(2r)}$

② $\dfrac{\chi^2_{\alpha/2}(2r)}{2T} \le \lambda \le \dfrac{\chi^2_{1-\alpha/2}(2r)}{2T}$

③ $e^{-\frac{\chi^2_{1-\alpha/2}(2r)}{2T} \times t} \le R(t) \le e^{-\frac{\chi^2_{\alpha/2}(2r)}{2T} \times t}$

(3) 구간추정(한쪽)

$$\theta_L = \frac{2T}{\chi^2_{1-\alpha}(2r)} = \frac{2r \cdot \hat{\theta}}{\chi^2_{1-\alpha}(2r)}$$

4-2 정시중단의 경우

시간을 정해놓고 그때까지의 고장수로 신뢰성 척도를 추정

(1) 점추정

$$\widehat{MTTF} = \frac{T}{r} = \frac{1}{\hat{\lambda}}$$

$$T = \left\{ \sum_{i=1}^{r} t_{(i)} + (n-r) t_{(c)} \right\} = r\theta$$

(2) 구간추정(양쪽)

① $\dfrac{2T}{\chi^2_{1-\alpha/2}(2r+2)} \le \theta \le \dfrac{2T}{\chi^2_{\alpha/2}(2r)}$

② $\dfrac{\chi^2_{\alpha/2}(2r)}{2T} \le \lambda \le \dfrac{\chi^2_{1-\alpha/2}(2r+2)}{2T}$

③ $e^{-\frac{\chi^2_{1-\alpha/2}(2r+2)}{2T} \times t} \le R(t) \le e^{-\frac{\chi^2_{\alpha/2}(2r)}{2T} \times t}$

(3) 구간추정(한쪽)

$$\theta_L = \frac{2T}{\chi^2_{1-\alpha}(2r+2)} = \frac{2r \cdot \hat{\theta}}{\chi^2_{1-\alpha}(2r+2)}$$

4-3 $r=0$일 때 평균수명의 추정

(1) 신뢰수준 90%($\alpha = 0.1$)

$$\hat{\theta}_L = \frac{T}{2.3}, \quad T = n \cdot t_0$$

(2) 신뢰수준 95%($\alpha = 0.05$)

$$\hat{\theta}_L = \frac{T}{2.99}$$

예상문제

신뢰성 추정

01. 6개의 연료펌프를 가지고 수명시험을 한 결과 다음과 같은 완전 데이터를 얻었다. 연료펌프의 수명이 지수분포를 따른다.

(단위 : 시간)

1500	3700	1000	7900	2200	5600

(1) 연료펌프의 평균수명, 고장률 및 2000시간에서 신뢰도를 구하시오.

(2) 연료펌프의 평균수명, 고장률 및 2000시간에서 신뢰도에 대한 95% 구간을 구하시오.

해답 (1) $\sum t_i = 1,500 + 3,700 + 1,000 + 7,900 + 2,200 + 5,600 = 21,900$ 시간

① 평균수명 : $\widehat{MTTF} = \hat{\theta} = \dfrac{21,900}{6} = 3,650$ 시간

② 고장률 : $\hat{\lambda} = \dfrac{1}{\hat{\theta}} = \dfrac{6}{21,900} = 0.000274/$시간

③ 신뢰도 : $R(t=2,000) = e^{-\hat{\lambda}\times 2,000} = e^{-\frac{6}{21,900}\times 2,000} = 0.57814$

(2) $\sum t_i = 21,900,\ 2r = 2\times 6 = 12,\ \alpha = 0.05$ 이므로

① 평균수명 : $\dfrac{2T}{\chi^2_{1-\alpha/2}(2r)} \le \theta \le \dfrac{2T}{\chi^2_{\alpha/2}(2r)}$

$$\left(\frac{2\times 21,900}{\chi^2_{0.975}(12)} \le \theta \le \frac{2\times 21,900}{\chi^2_{0.025}(12)}\right) = \left(\frac{43,800}{23.34} \le \theta \le \frac{43,800}{4.40}\right)$$

$= (1,876.60668 \le \theta \le 9,954.54546)$

② 고장률 : $\left\{\dfrac{\chi^2_{0.025}(12)}{2\times 21,900} \le \lambda \le \dfrac{\chi^2_{0.975}(12)}{2\times 21,900}\right\} = \left\{\dfrac{4.40}{43,800} \le \lambda \le \dfrac{23.34}{43,800}\right\}$

$= (0.00010 \le \lambda \le 0.00053)$

③ $R(t=2000)$: $\left(e^{-\frac{23.34}{43,800}\times 2,000} \le R(t) \le e^{-\frac{4.40}{43,800}\times 2,000}\right)$

$= 0.34447 \le R(t) \le 0.81798$

02. 지수분포의 경우 모수에 대한 점추정과 구간추정의 문제로 어느 제어소자의 수명은 지수분포를 따른다고 한다. 10개의 소자를 가지고 수명시험을 시작하여 7개의 소자가 고장난 시점에서 시험을 중단하여 다음과 같은 데이터를 얻었다. $MTTF$, λ 및 $t_0 = 100$(시간)에서의 신뢰도에 대한 점추정값과 90% 신뢰구간을 구하시오.

7	19	35	41	62	84	124	(단위 : 시간)

해답 (1) 점추정

$T = (7+19+35+41+62+84+124)+(10-7)\times 124 = 744$ 시간

① $MTTF = \dfrac{T}{r} = \dfrac{744}{7} = 106.28571$ 시간

② $\hat{\lambda} = \dfrac{r}{T} = \dfrac{7}{744} = 0.00941$/시간

③ $\hat{R}(t=100) = e^{-\lambda t} = e^{-\frac{7}{744}\times 100} = 0.39029$

(2) 구간추정

$\sum t_i = 744,\ 2r = 2\times 7 = 14,\ \alpha = 0.10$ 이므로

① 평균수명 : $\dfrac{2T}{\chi^2_{1-\alpha/2}(2r)} \le \theta \le \dfrac{2T}{\chi^2_{\alpha/2}(2r)}$

$$\left(\frac{2\times 744}{\chi^2_{0.95}(14)} \le \theta \le \frac{2\times 744}{\chi^2_{0.05}(14)}\right) = \left(\frac{1,488}{23.68} \le \theta \le \frac{1,488}{6.57}\right)$$

$$= (62.83784 \le \theta \le 226.48402)$$

② 고장률 : $\left\{\dfrac{\chi^2_{0.05}(14)}{2\times 744} \le \lambda \le \dfrac{\chi^2_{0.95}(14)}{2\times 744}\right\} = \left\{\dfrac{6.57}{1,488} \le \lambda \le \dfrac{23.68}{1,488}\right\}$

$$= (0.00442 \le \lambda \le 0.01591)$$

③ $R(t=100)$: $\left(e^{-\frac{23.68}{1,488}\times 100} \le R(t) \le e^{-\frac{6.57}{1,488}\times 100}\right)$

$$= (0.20364 \le R(t) \le 0.64305)$$

03. 선풍기 모터의 수명은 지수분포를 따르는 것으로 알려져 있다. 8개의 모터를 가지고 수명시험을 시작하여 5번째 고장이 관측되면 시험을 중단한다.

400	2000	8000	10600	18700

(1) 고장률과 $MTTF$의 점추정치를 구하시오.
(2) 평균수명에 대한 95% 신뢰하한을 구하시오.
(3) 12000시간에서 신뢰수준 95%로 신뢰도의 하한신뢰 한계를 구하시오.

해답 (1) $T=(400+2{,}000+8{,}000+10{,}600+18{,}700)+3\times 18{,}700=95{,}800$시간

$\widehat{MTTF}=\frac{95{,}800}{5}=19{,}160$시간, $\hat{\lambda}=\frac{1}{19{,}160}=5.2192\times 10^{-5}$/시간

(2) $\hat{\theta}_L=\frac{2T}{\chi^2_{1-\alpha}(2r)}=\frac{2\times 95{,}800}{\chi^2_{0.95}(10)}=\frac{191{,}600}{18.31}=10{,}464.22720$시간

(3) $R(t=12{,}000)=e^{-\lambda t}=e^{-\frac{1}{10{,}464.22720}\times 12{,}000}=0.31766$

04. 어떤 항공기의 수명은 지수분포를 따르며, 평균수명은 500 전투시간이다. 50시간이 걸리는 전투임무를 고장 없이 수행할 확률은 얼마인가?

해답 $R(50)=e^{-\lambda t}=e^{-\frac{1}{500}\times 50}=0.90484$

05. 20개의 전자부품을 가지고 시험을 시작하여 9번째 고장이 발생한 시점에서 시험을 중단하였을 때 얻어진 결과가 다음과 같다. (단위 : 일)

27	13	10	20	23	29	27	7	14 , 나머지는 시험중단

전자부품의 수명이 지수분포를 따른다고 가정한다.

(1) $MTTF$와 수명이 20일인 부품의 신뢰도에 대한 점추정치를 구하시오.

(2) $MTTF$와 수명이 20일인 부품의 신뢰도에 대한 90% 신뢰구간을 구하시오.

해답 (1) $T=7+10+\cdots+27+29+(11\times 29)=489$일

$\widehat{MTTF}=\frac{489}{9}=54.33333$일

$\hat{R}(20)=e^{-\frac{9}{489}\times 20}=e^{-0.368}=0.69205$

(2) $\frac{2T}{\chi^2_{1-\alpha/2}(2r)}\le\theta\le\frac{2T}{\chi^2_{\alpha/2}(2r)}$

$\left\{\frac{2\times 489}{\chi^2_{0.95}(18)}\le\theta\le\frac{2\times 489}{\chi^2_{0.05}(18)}\right\}=\left\{\frac{978}{28.87}\le\theta\le\frac{978}{9.39}\right\}=(33.87600,\ 104.15335)$

$\left\{e^{-\frac{20}{33.87600}}\le R(t)\le e^{-\frac{20}{104.15335}}\right\}=\{e^{-0.59039}\le R(t)\le e^{-0.19202}\}$

$=(0.55411,\ 0.82529)$

06. 제어소자 10개를 가지고 수명시험을 시작하여 시점 $t_c = 130$(시간)에 중단되었다. 시험중단 시점까지 다음과 같은 7개의 고장시간이 기록되었다. $MTTF$, λ 및 $t_0 = 100$(시간)에서의 신뢰도에 대한 점추정값과 90% 신뢰구간을 구하시오.

7	19	35	41	62	84	124

해답 (1) 점추정 : $T = (7+19+35+41+62+84+124)+(10-7)\times 130 = 762$시간

① $MTTF = \dfrac{T}{r} = \dfrac{762}{7} = 108.85714$시간

② $\hat{\lambda} = \dfrac{r}{T} = \dfrac{7}{762} = 0.00919$/시간

③ $\hat{R}(t=100) = e^{-\hat{\lambda} t_0} = e^{-\frac{7}{762}\times 100} = 0.39906$

(2) 구간추정 : $T = 762$시간, $r = 7$이므로

① 평균수명 : $\left\{\dfrac{2T}{\chi^2_{1-\alpha/2}(2r+2)} \le \theta \le \dfrac{2T}{\chi^2_{\alpha/2}(2r)}\right\} = \left\{\dfrac{2\times 762}{\chi^2_{0.95}(16)} \le \theta \le \dfrac{2\times 762}{\chi^2_{0.05}(14)}\right\}$

$= \left\{\dfrac{1524}{26.30} \le \theta \le \dfrac{1524}{6.57}\right\} = (57.94677 \le \theta \le 231.96347)$

② 고장률 : $\left\{\dfrac{\chi^2_{0.05}(14)}{2\times 762} \le \lambda \le \dfrac{\chi^2_{0.95}(16)}{2\times 762}\right\} = \left\{\dfrac{6.57}{1,524} \le \lambda \le \dfrac{26.30}{1,524}\right\}$

$= (0.00431 \le \lambda \le 0.01726)$

③ $R(t=100)$: $\left(e^{-\frac{26.30}{1,524}\times 100} \le R(t) \le e^{-\frac{6.57}{1,524}\times 100}\right)$

$= (0.17804 \le R(t) \le 0.64979)$

07. 샘플 10개에 대하여 교체 없이 5000시간 수명시험을 한 결과 1000, 2000, 3000, 4000시간에 각각 한 개씩 고장이 났다. 그리고 나머지는 시험중단시간까지 고장나지 않았다. 평균수명의 점추정값을 구하고, 신뢰수준 90%에서의 평균수명의 구간추정을 하시오.

해답 (1) $MTTF = \dfrac{\sum_{i=1}^{r} t_{(i)} + (n-r)t_c}{r} = \dfrac{1,000+\cdots+4,000+6\times 5,000}{4} = 10,000$시간

(2) $\left\{\dfrac{2T}{\chi^2_{1-\alpha/2}(2r+2)} \le \theta \le \dfrac{2T}{\chi^2_{\alpha/2}(2r)}\right\} = \left\{\dfrac{2\times 40,000}{\chi^2_{0.95}(10)} \le \theta \le \dfrac{2\times 40,000}{\chi^2_{0.05}(8)}\right\}$

$= \left\{\dfrac{80,000}{18.31} \le \theta \le \dfrac{80,000}{2.73}\right\} = 4,369.19716 \le \theta \le 2,9304.02930$

08. $n=10$개를 5000시간 동안 시험했으나 고장이 한 건도 발생하지 않았다.

(1) 신뢰수준 90%로 평균수명을 추정하시오.

(2) 신뢰수준 90%로 고장률의 상한을 추정하시오.

해답 (1) $\hat{\theta}_L = \dfrac{T}{2.3} = \dfrac{10 \times 5,000}{2.3} = 21,739.13043$시간

(2) $\lambda_u = \dfrac{2.3}{T} = \dfrac{2.3}{10 \times 5,000} = 0.000046$/시간

09. $n=10$개를 총 5000시간 동안 시험했으나 고장이 한 건도 발생하지 않았다.

(1) 신뢰수준 90%로 평균수명을 추정하시오.

(2) 신뢰수준 90%로 고장률의 상한을 추정하시오.

해답 (1) $\hat{\theta}_L = \dfrac{T}{2.3} = \dfrac{5,000}{2.3} = 2,173.91304$시간

(2) $\lambda_u = \dfrac{2.3}{T} = \dfrac{2.3}{5,000} = 0.00046$/시간

10. 20개의 회전기를 30일간 비교체 시험을 하였다. 이 기간 중 고장난 9개의 고장시간(일)은 다음과 같다.

27.4,	14.4,	13.5,	5.1,	10.5,	27.7,	20.0,	29.1,	23.6일

(1) $MTTF$를 구하시오

(2) 평균수명에 대한 95% 신뢰구간을 구하시오.

해답 (1) $\widehat{MTTF} = \dfrac{T}{r} = \dfrac{27.4+14.4+13.5+\cdots+23.6+(20-9)\times 30}{9} = 55.7$일

(2) $T=501.3$, $r=9$이므로

① 평균수명 : $\left\{\dfrac{2T}{\chi^2_{1-\alpha/2}(2r+2)} \le \theta \le \dfrac{2T}{\chi^2_{\alpha/2}(2r)}\right\}$

$= \left\{\dfrac{2 \times 501.3}{\chi^2_{0.975}(20)} \le \theta \le \dfrac{2 \times 501.3}{\chi^2_{0.025}(18)}\right\}$

$= \left\{\dfrac{1,002.6}{34.17} \le \theta \le \dfrac{1,002.6}{8.23}\right\} = (29.34153 \le \theta \le 121.82260)$

11. 한 화학공장에는 24개의 공정제어 회로가 있다. 5000 시간의 공장 가동 중 회로에 14번의 고장이 발생하였다. 고장이 날 때마다 회로는 즉시 교체되었다. 이 경우의 $MTBF$는 얼마인가?

해답 $MTBF(=\theta)=\dfrac{24\times 5{,}000}{14}=8{,}571$시간

12. 6개의 정밀 기압계를 상업용로에 설치하였다. 기압계가 고장나면 즉시 교체되었다. 그러나 840시간만에 8번째의 고장이 발생하여 좀 더 고가품으로 변형하기 위하여 로를 정지시켰다. 우발고장을 가정하여 $MTBF$를 구하시오.

해답 $MTBF(=\theta)=\dfrac{6\times 840}{8}=630$시간

13. 어떤 제품 $n=10$개의 샘플을 관측한 결과 100시간까지 고장이 한 개도 발생하지 않았다. 이 제품의 고장이 지수분포에 따라 발생한다고 보고 신뢰수준 90%에서의 $MTBF_L$를 추정하시오.

해답 $MTBF_L=\dfrac{T}{2.3}=\dfrac{10\times 100}{2.3}=434.78261$시간

14. 샘플 15개에 대하여 5개가 고장날 때까지 교체 없이 수명시험을 하고 관측한 고장시간은 각각 17.5, 18.8, 21.0, 31.0, 42.3시간이다. 평균수명의 점추정값과 90% 신뢰구간을 추정하시오.

해답 (1) $MTTF=\dfrac{\sum_{i=1}^{r}t_{(i)}+(n-r)t_{(r)}}{r}=\dfrac{17.5+\cdots+42.3+10\times 42.3}{5}=110.72$시간

(2) $\dfrac{2T}{\chi^2_{1-\alpha/2}(2r)}\le\theta\le\dfrac{2T}{\chi^2_{\alpha/2}(2r)}$

$$\left\{\frac{2\times 553.6}{\chi^2_{0.95}(10)}\le\theta\le\frac{2\times 553.6}{\chi^2_{0.05}(10)}\right\}=\left\{\frac{1{,}107.2}{18.31}\le\theta\le\frac{1{,}107.2}{3.94}\right\}$$

$$=(60.46969,\ 281.01523)$$

15. 정시 중단시험방식에서 제품 A는 총 동작시간 2.0×10^5시간 동안 무고장이며, 제품 B는 총 동작시간 2.5×10^5시간에서 한 개의 고장이 발생하였다. 신뢰수준 90%로 $MTBF$의 하한값을 비교하시오.

해답 ① 제품 A : $r=0$인 경우

$$MTBF_L=\frac{T}{2.3}=\frac{2.0\times10^5}{2.3}=86{,}956.52174\text{시간}$$

② 제품 B : $r=1$인 경우

$$MTBF_L=\frac{2T}{\chi^2_{1-\alpha}(2r+2)}=\frac{2\times2.5\times10^5}{\chi^2_{0.9}(4)}=\frac{500{,}000}{7.78}=64{,}267.35219\text{시간}$$

16. 국내 한 TV 제조업체에서는 1년에 AS율을 1% 이하가 되도록 하는 것을 목표로 삼고 있다. 수명분포가 지수분포를 따른다고 할 때 AS율이 1% 이하가 되도록 하려면 제품의 평균수명은 어느 정도 이상이 되도록 해야 하는가?

해답 $F(t)\le0.01,\quad 1-R(t)\le0.01,\quad 1-e^{-\lambda t}\le0.01,\quad 1-e^{-\frac{1}{MFBF}\times1}\le0.01$

$1-0.01\le e^{-\frac{1}{MFBF}},\quad \ln0.99\le-\frac{1}{MFBF},\quad MTBF\ge\frac{1}{-\ln0.99},$

$MTBF\ge99.49916$년

17. 어떤 부품의 고장시간의 분포가 형상모수 $m=2$, 척도모수 $\eta=1000$인 와이블분포를 따른다. 신뢰도를 95% 이상 유지하는 사용기간을 구하시오.

해답 $R(t)=e^{-\left(\frac{t-r}{\eta}\right)^m}\ge0.95,\quad e^{-\left(\frac{t}{1,000}\right)^2}\ge0.95,\quad -\left(\frac{t}{1,000}\right)^2\ge\ln0.95,$

$\left(\frac{t}{1,000}\right)^2\le-\ln0.95,\quad t\le\sqrt{-\ln0.95}\times1,000,\quad t\le226.48023$

신뢰도를 95% 이상 유지하기 위해서는 사용기간이 226.48023 이하가 되어야 한다.

18. 수명분포가 지수분포를 따르는 프린터를 만드는 회사에서 다른 회사보다 경쟁우위를 점하기 위하여 무상 보증기간을 다른 회사에서 정하고 있는 1년보다 긴 2년으로 정하고 목표 신뢰성을 AS율(2년 기준) 5%로 정하였다. 고장이 발생하는 모든 제품이 고장난 즉시 AS를 받는다고 가정할 때 목표 $MTBF$는 얼마로 정하여야 하는가?

해답 $F(t) \le 0.05$, $1-R(t) \le 0.05$, $1-e^{\lambda t} \le 0.05$, $1-e^{\frac{1}{MTBF}\times 2} \le 0.05$,

$0.95 \le e^{-\frac{2}{MTBF}}$, $-\ln 0.95 \ge \frac{2}{MTBF}$, $MTBF \ge 38.99145$

19. 고장시간이 지수분포를 따르는 어떤 기계를 1000시간 이상 사용하는 경우 신뢰도가 0.9 이상이 되도록 하려면 고장률은 얼마가 되도록 하여야 하는가?

해답 $R(1{,}000) = e^{-1{,}000\lambda} \ge 0.9$, $-1{,}000\lambda \ge \ln 0.9$

$\lambda \le \frac{-\ln 0.9}{1{,}000} = 1.05361 \times 10^{-4}$

20. 우리나라 사람의 키는 평균 μ=170cm이고, 표준편차 σ=10cm인 정규분포를 따른다고 한다.

(1) 길에서 우연히 만난 사람의 키가 175cm 이상이 될 가능성은 얼마나 될까?
(2) 길에서 우연히 만난 36명의 평균키가 172cm 이상이 될 가능성은 얼마인가?

해답 (1) $P_r(x \ge 175) = P_r\left(u \ge \frac{175-170}{10}\right) = P_r(u \ge 0.5) = 0.3085$

(2) $P_r(\overline{x} \ge 172) = P_r\left(u \ge \frac{172-170}{10/\sqrt{36}}\right) = P_r(u \ge 1.2) = 0.1151$

21. 다음이 의미하는 용어를 쓰시오.

(1) 고장개수를 정해놓고 그때까지의 시간치로 신뢰성 척도를 추정
(2) 시간을 정해놓고 그때까지의 고장수로 신뢰성 척도를 추정
(3) 아이템의 성능이 요구에 합치되어 있는지의 여부를 판정하는 시험
(4) 스트레스를 점점 높혀 시스템 및 기기를 파괴시켜 이것의 견디는 한계를 알아내는 시험

해답 (1) 정수중단시험
(2) 정시중단시험
(3) 내구성시험
(4) 한계시험

5 신뢰성 설계

5-1 간섭이론과 안전계수(safety factor)

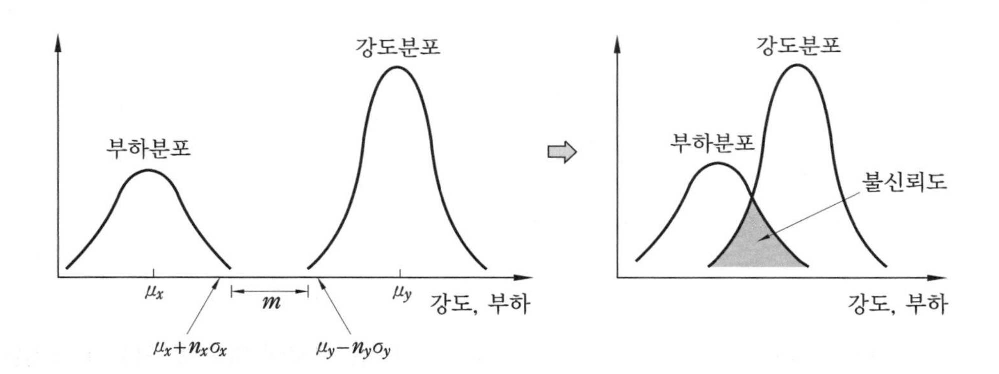

부하 $x \sim N(\mu_x,\ \sigma_x^2)$, 강도 $y \sim N(\mu_y,\ \sigma_y^2)$일 때 $(x-y) \sim N(\mu_x-\mu_y,\ \sigma_x^2+\sigma_y^2)$이므로 고장날 확률은 다음과 같다.

$$\text{불신뢰도} = P_r(x-y>0) = P_r\left(u > \frac{0-(\mu_x-\mu_y)}{\sqrt{\sigma_x^2+\sigma_y^2}}\right) = P_r\left(u > \frac{\mu_y-\mu_x}{\sqrt{\sigma_x^2+\sigma_y^2}}\right)$$

$$\text{안전계수 } m = \frac{\mu_y - n_y\sigma_y}{\mu_x + n_x\sigma_x}$$

예상문제

신뢰성 설계

01. 어떤 부품의 강도와 부품에 작용하는 부하(스트레스)가 다음 〈표〉와 같이 추정되었다면 이때의 신뢰도는 얼마인가?

강도와 스트레스

	강도(y)	스트레스(x)
평균치	4200kg/cm^2	3200kg/cm^2
표준편차	200kg/cm^2	400kg/cm^2

해답 불신뢰도 $= P_r\left(u \geq \dfrac{\mu_y - \mu_x}{\sqrt{\sigma_x^2 + \sigma_y^2}}\right)$

$$= P_r\left(u \geq \frac{4,200 - 3,200}{\sqrt{200^2 + 400^2}}\right) = P_r(u \geq 2.236)$$

$$= P_r(u \geq 2.24) = 0.0125$$

신뢰도=1−불신뢰도=1−0.0125=0.9875

02. 어떤 재료의 강도는 평균 52kg, 표준편차 2kg의 정규분포에 따르고, 하중의 크기는 평균 45kg, 표준편차 2kg의 정규분포에 따른다고 한다. 이 재료가 파괴될 확률은 얼마인가?

해답 불신뢰도 $= P_r\left(u \geq \dfrac{\mu_y - \mu_x}{\sqrt{\sigma_x^2 + \sigma_y^2}}\right)$

$$= P_r\left(u \geq \frac{52 - 45}{\sqrt{2^2 + 2^2}}\right) = P_r(u \geq 2.47487) = 0.0068$$

03. 부하의 평균 $\mu_x = 1.2$, 표준편차 $\sigma_x = 0.4$, 재료강도의 표준편차 $\sigma_y = 0.4$, $n_x = n_y = 2$라고 하자. 안전계수 $m = 1.25$로 하고 싶다면 재료의 평균강도(μ_y)는 얼마이어야 하는가?

해답 $m = \dfrac{\mu_y - n_y\sigma_y}{\mu_x + n_x\sigma_x} = \dfrac{\mu_y - 2 \times 0.4}{1.2 + 2 \times 0.4} = 1.25$

$\mu_y = 3.3$

04. 다음 용어의 의미를 적으시오.

(1) 여분의 구성품을 더 설치함으로써 구성품의 일부가 고장나더라도 그 구성부분이 고장이 나지 않도록 설계되어 있는 것
(2) 신뢰성을 개선하기 위하여 계획적으로 부하를 정격치에서 경감하는 것
(3) 조작상의 과오로 기기 일부의 고장이 다른 부분의 고장으로 파급되는 것을 제지할 수 있도록 설계하는 것으로 퓨즈, 엘리베이터의 정전 시 제동장치
(4) 사용자의 잘못된 조작으로 인해 시스템이 작동되지 않도록 하는 설계방법으로 카메라의 셔터

해답 (1) 리던던시 설계
(2) 디레이팅
(3) 페일세이프 설계
(4) 풀프루프 설계

05. 중복설계의 종류 3가지를 쓰시오.

해답 (1) 병렬 리던던시
(2) 대기 리던던시
(3) n 중 k 시스템

6 시스템 신뢰성

6-1 직렬결합 모델

(1) A, B 2개의 부품이 직렬결합 모델 : $R_s = R_a \cdot R_b$

(2) 신뢰도, 고장률, 평균수명(지수분포 가정)

① $R_s = R_1 \times R_2 \times \cdots \times R_n = \prod_{i=1}^{n} R_i = e^{-(\lambda_1 + \lambda_2 + \cdots + \lambda_n)t} = e^{-\lambda_s t}$

② $\lambda_s = \sum_{i=1}^{n} \lambda_i$

③ $MTBF_s = \frac{1}{\lambda_s}$

6-2 병렬결합 모델

(1) A, B 2개 부품이 병렬결합 모델

① $R_s = 1 - F_a F_b = 1 - (1 - R_a)(1 - R_b)$

② $MTBF_s = \frac{1}{\lambda_1} + \frac{1}{\lambda_2} - \frac{1}{\lambda_1 + \lambda_2}$

③ $\lambda_s = \frac{1}{MTBF_s}$

④ $\lambda_0 = \lambda_1 = \lambda_2$라면 $MTBF_s = \frac{3}{2\lambda_0}$

(2) 부품이 3개인 경우

$$MTBF_s = \frac{1}{\lambda_1}+\frac{1}{\lambda_2}+\frac{1}{\lambda_3}-\frac{1}{\lambda_1+\lambda_2}-\frac{1}{\lambda_1+\lambda_3}-\frac{1}{\lambda_2+\lambda_3}+\frac{1}{\lambda_1+\lambda_2+\lambda_3}$$

(3) n개의 부품이 병렬결합 모델

① $R_s = 1-\prod F_i = 1-\prod(1-R_i)$

② $\lambda_1=\lambda_2=\cdots=\lambda_n=\lambda_0$ 인 경우 $MTBF_s = \frac{1}{\lambda_0}\left(1+\frac{1}{2}+\frac{1}{3}+\cdots+\frac{1}{n}\right)$

$MTBF_s$는 $\left(1+\frac{1}{2}+\cdots+\frac{1}{n}\right)$ 배로 늘어난다.

③ $\lambda_s = \frac{1}{MTBF_s}$

6-3 대기결합 모델(대기 리던던시 설계)

① $R_s = e^{-\lambda t}(1+\lambda t)$

② $MTBF_s = \frac{2}{\lambda}$

6-4 n 중 k (m out of n)

n개 중 k개만 작동되면 시스템이 작동하는 경우로 $k=1$인 경우는 병렬구조가 되고, $k=n$이면 직렬구조가 된다.

$$R_s = \sum_{i=k}^{n}\binom{n}{i}R^i(1-R)^{n-i}$$

예상문제

시스템 신뢰성

01. 구성요소의 신뢰도를 0.9라고 하면 이것을 10개 사용한 직렬계의 신뢰도는 얼마인가?

해답 $R_s = R_1 \times R_2 \times \cdots \times R_{10} = (0.9)^{10} = 0.34868$

02. 3개의 부품이 직렬로 연결된 어떤 시스템에서 각 부품의 고장률이 $\lambda_A = 0.001/$시간, $\lambda_B = 0.002/$시간, $\lambda_C = 0.003/$시간이다. (단, 각 부품의 수명은 지수분포를 따른다.)

(1) 시스템의 고장률을 구하시오.
(2) 시스템의 평균수명을 구하시오.
(3) 200시간에서 시스템 신뢰도를 계산하시오.

해답 (1) $\lambda_s = 0.001 + 0.002 + 0.003 = 0.006/$시간

(2) $MTBF_s = \dfrac{1}{\lambda_s} = \dfrac{1}{0.006} = 166.66667$시간

(3) $R_s = e^{-\lambda_s t} = e^{-0.006 \times 200} = 0.30119$

03. 냉장고를 크게 전자 부분과 기타 부분으로 나눌 수 있다고 하고, 각각의 부분은 우발적으로, 그리고 서로 독립적으로 고장이 난다. 각각의 부분이 1년에 2번씩 고장나는 경우 이 냉장고는 1년에 평균적으로 몇 번 고장나며, 이 냉장고의 평균수명($MTTF$)은 얼마나 되는가?

해답 $\lambda_s = \lambda_1 + \lambda_2 = 2 + 2 = 4$번/년

$MTBF_s = \dfrac{1}{\lambda_s} = \dfrac{1}{4} = 0.25$년

04. 다음은 디젤 엔진(diesel engine) 연료 시스템의 장치들이다. 각 장치가 작동해야 시스템이 작동된다. 각 장치의 고장률이 다음 표와 같이 주어져 있을 때 이 연료 시스템의 $MTTF$ 및 1000시간일 때의 신뢰도를 구하시오.

각 장치의 고장률	
장치명	고장률$\lambda_i(1/10^5)$시간
연료공급장치	0.2
연료압송장치	0.5
연료분사장치	1.0
마동장치	2.0
조속장치	0.4

해답 (1) $\lambda_s = \lambda_1 + \lambda_2 + \lambda_3 + \lambda_4 + \lambda_5 = 0.2+0.5+1.0+2.0+0.4 = 4.1 \times \frac{1}{10^5}$/시간

$MTTF_s = \frac{1}{\lambda_s} = 24,390.24390$시간

(2) $R_s(1000) = e^{-\lambda_s t} = e^{-\frac{4.1}{10^5} \times 1,000} = 0.95983$

05. 4개의 구성요소로 이루어진 직렬계의 신뢰도를 0.99로 두고 싶다. 각 구성요소의 신뢰도는 어느 정도가 되어야 하는가?

해답 $R_s = R_1 \times R_2 \times R_3 \times R_4$, $0.99 = R^4$, $R = (0.99)^{\frac{1}{4}} = 0.997491$

06. 어떤 전자 회로가 고장률이 $\lambda_1 = 0.00002$/시간인 정류기 10개, $\lambda_2 = 0.0001$/시간인 트랜지스터 4개, $\lambda_3 = 0.00001$/시간인 저항 20개, $\lambda_4 = 0.00002$/시간인 축전기 10개로 구성되어 있다고 하자. 이 부품 중 어느 하나만 고장나도 회로가 작동하지 않는다고 가정할 때 이 회로의 고장률, 평균수명, $t = 200$에서 신뢰도를 구하시오.

해답 (1) $\lambda_s = 10 \times 0.00002 + 4 \times 0.0001 + 20 \times 0.00001 + 10 \times 0.00002 = 0.001$/시간

(2) $MTBF_s = \frac{1}{\lambda_s} = \frac{1}{0.001} = 1,000$시간

(3) $R_s(200) = e^{-\lambda_s t} = e^{-0.001 \times 200} = 0.818731$

07. 1000개의 부품으로 구성된 직렬계 기기를 1000시간 사용하였을 때의 신뢰도를 0.9로 유지하고 싶다. 신뢰도가 지수분포에 따르는 경우 부품의 평균고장률을 구하시오.

해답 $\lambda_s = 1{,}000\lambda$, $R_s = e^{-\lambda_s t} = e^{-1{,}000\lambda \times 1{,}000} = 0.9$, $-1{,}000 \times 1{,}000\lambda = \ln 0.9$,
$\lambda = 0.000000105$/시간

08. 신뢰도가 0.9인 5개의 구성요소를 병렬로 결합한 경우 시스템 신뢰도는 얼마인가?

해답 $R_s = 1-(1-0.9)^5 = 0.99999$

09. 신뢰도가 $R_0 = 70\%$인 구성요소를 사용하여 시스템 신뢰도를 95% 이상으로 하기 위해서는 최소한 몇 개의 구성요소를 병렬로 연결해야 하는가?

해답 $R_s(t) \geq 1-(1-0.7)^n \geq 0.95$, $(0.3)^n \leq 0.05$, $n \geq \dfrac{\log 0.05}{\log 0.3}$,
$n \geq 2.48821$, $n = 3$

10. 지수분포를 따르는 동일한 세 개의 독립적인 부품들로 구성된 병렬계의 $MTTF$ 및 신뢰도 $R(200)$를 구하시오. (단, 각 부품의 고장률은 $\lambda_0 = 0.01$이라고 한다.)

해답 (1) $MTBF_s = \dfrac{1}{\lambda_0}\left(1+\dfrac{1}{2}+\dfrac{1}{3}\right) = \dfrac{1}{0.01}\left(1+\dfrac{1}{2}+\dfrac{1}{3}\right) = 183.33333$시간

(2) $R_s(t) = 1-(1-R_1(t))(1-R_2(t))(1-R_3(t))$
$= 1-(1-e^{-\lambda_0 t})^3 = 1-(1-e^{-0.01\times 200})^3 = 0.35354$

11. 평균고장률이 0.001/시간인 부품과 평균고장률이 0.004/시간인 부품이 병렬결합모형으로 만들어진 시스템이 있다. 이 시스템의 평균수명을 구하시오.

해답 $MTBF_s = \dfrac{1}{\lambda_1}+\dfrac{1}{\lambda_2}-\dfrac{1}{\lambda_1+\lambda_2} = \dfrac{1}{0.001}+\dfrac{1}{0.004}-\dfrac{1}{0.001+0.004} = 1050$시간

12. 평균수명이 4000시간인 2개의 부품이 병렬결합 모형으로 만들어진 시스템의 평균수명을 구하시오.

해답 $\lambda = \frac{1}{MTBF} = \frac{1}{4,000} = 0.00025/\text{시간}$

$$MTBF_s = \frac{1}{\lambda_s} = \frac{1}{\lambda_1} + \frac{1}{\lambda_2} - \frac{1}{\lambda_1 + \lambda_2}$$

$$= \frac{1}{0.00025} + \frac{1}{0.00025} - \frac{1}{0.00025 + 0.00025} = 6000\text{시간}$$

13. 각 부품의 고장률이 $\lambda_A = 0.002/$시간, $\lambda_B = 0.003/$시간, $\lambda_C = 0.004/$시간인 3개의 부품이 병렬로 결합된 시스템의 평균수명($MTBF$)을 구하시오. (단, 각 고장률은 상호 독립이다.)

해답 $$MTBF_s = \frac{1}{\lambda_1} + \frac{1}{\lambda_2} + \frac{1}{\lambda_3} - \frac{1}{\lambda_1 + \lambda_2} - \frac{1}{\lambda_1 + \lambda_3} - \frac{1}{\lambda_2 + \lambda_3} + \frac{1}{\lambda_1 + \lambda_2 + \lambda_3}$$

$$= \frac{1}{0.002} + \frac{1}{0.003} + \frac{1}{0.004} - \frac{1}{0.002 + 0.003} - \frac{1}{0.002 + 0.004}$$

$$- \frac{1}{0.003 + 0.004} + \frac{1}{0.002 + 0.003 + 0.004} = 684.92063\text{시간}$$

14. 다음 그림과 같이 결합된 시스템을 100시간 사용했을 때 시스템의 전체 신뢰도와 평균수명 $MTBF$을 구하시오. (단, 부품의 고장은 상호독립적이며, 고장분포는 지수분포를 따른다. $\lambda_A = 0.002/$시간, $\lambda_B = \lambda_C = 0.0015/$시간)

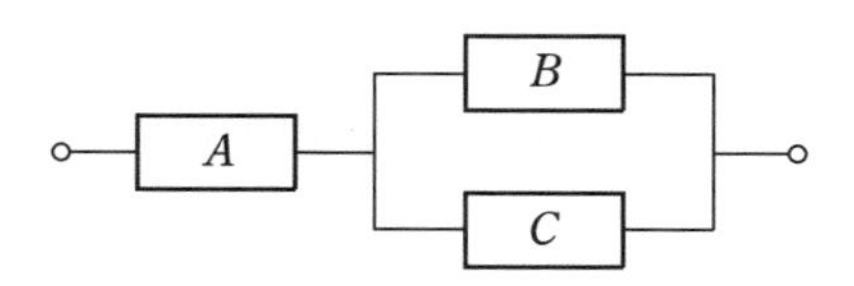

해답 (1) $t = 100$에서 시스템의 전체 신뢰도

$$R_s = e^{-\lambda_A \cdot t} \times [1 - (1 - e^{-\lambda_B \cdot t})(1 - e^{-\lambda_C \cdot t})]$$

$$= [e^{-0.002 \times 100}] \times [1 - (1 - e^{-0.0015 \times 100})^2] = 0.802846$$

(2) $\lambda_S = \sum \lambda_i = \lambda_A + \lambda_{B-C} = 0.002 + \frac{1}{1,000} = \frac{3}{1,000}$

$\lambda_0 = \lambda_B = \lambda_C$라면 $MTBF_{B-C} = \frac{3}{2\lambda_0} = \frac{3}{2 \times 0.0015} = 1,000$

따라서 $\lambda_{B-C} = \frac{1}{MTBF_{B-C}} = \frac{1}{1,000}$이다.

$MTBF_s = \frac{1}{\lambda_S} = \frac{1}{\frac{3}{1,000}} = 333.33333$시간

15. 다음 그림과 같이 결합된 시스템을 100시간 사용했을 경우 시스템의 신뢰도는 얼마인가? (단, $\lambda_A = 0.3 \times 10^{-3}$시간, $\lambda_B = 0.4 \times 10^{-3}$시간, $\lambda_C = 0.5 \times 10^{-3}$시간, $\lambda_D = 0.6 \times 10^{-3}$시간)

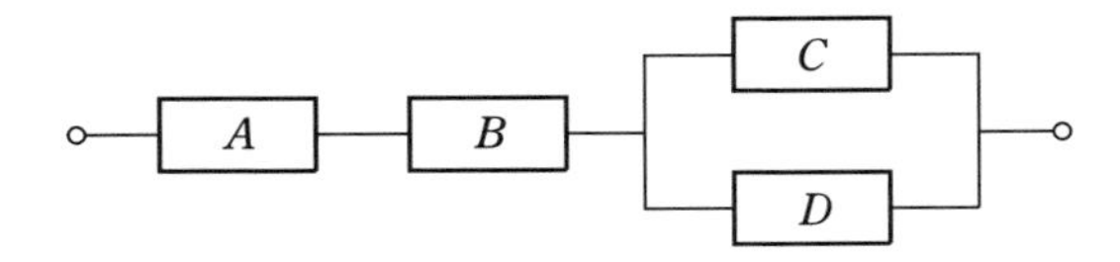

해답 $R_A = e^{-\lambda_A \times t} = e^{(-0.3 \times 10^{-3}) \times 100} = 0.97045$

$R_B = e^{-\lambda_B \times t} = e^{(-0.4 \times 10^{-3}) \times 100} = 0.96079$

$R_C = e^{-\lambda_C \times t} = e^{(-0.5 \times 10^{-3}) \times 100} = 0.95123$

$R_D = e^{-\lambda_D \times t} = e^{(-0.6 \times 10^{-3}) \times 100} = 0.94176$

$R_S = 0.97045 \times 0.96079 \times [1-(1-0.95123)(1-0.94176)] = 0.92975$

16. 다음과 같이 연결된 시스템이 있다. 시스템의 신뢰도를 구하시오.

해답 $R_s = 0.8 \times [1-(1-0.7)(1-0.9)] \times 0.75 = 0.582$

17. 구성요소가 다음과 같이 직렬 및 병렬로 연결된 경우 시스템의 신뢰도를 구하시오.

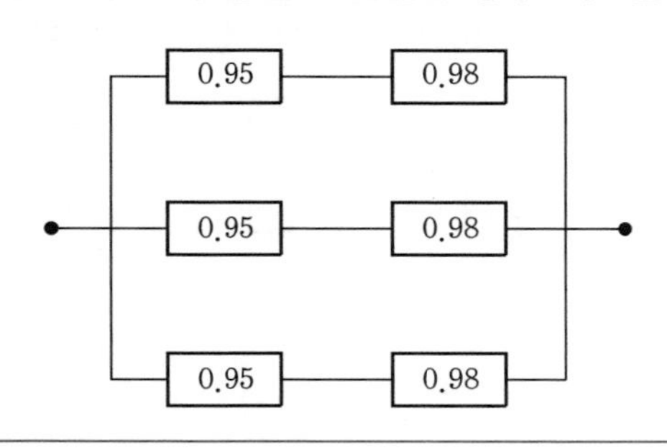

해답 3개의 직렬계가 병렬로 연결되어 있다.

각 직렬계는 신뢰도가 $0.95 \times 0.98 = 0.931$

$R_s(t) = 1 - (1 - 0.931)^3 = 0.99967$

18. 어떤 제품의 수명은 지수분포를 따르며 평균수명이 10000시간이고 이미 5000시간을 사용하였다. 앞으로 1000시간을 더 사용할 때 고장 없이 작업을 수행할 신뢰도는 얼마인가?

해답 5,000시간에서 신뢰도 : $R(5,000) = e^{-\lambda t} = e^{-\frac{1}{10,000} \times 5,000} = 0.60653$

6,000시간에서 신뢰도 : $R(6,000) = e^{-\lambda t} = e^{-\frac{1}{10,000} \times 6,000} = 0.54881$

따라서 $\frac{0.54881}{0.60653} = 0.90484$

19. 각 신뢰도가 0.91인 20개의 최소 부품으로 이루어진 직렬시스템의 신뢰도는 얼마나 되며 이 시스템을 3기 만들어 병렬로 결합하면 신뢰도는 어떻게 되겠는가?

해답 $R_s = 0.91^{20} = 0.15164$

$R_s = 1 - (1 - 0.91^{20})^3 = 0.38943$

20. 다음과 같이 구성된 시스템이 있다. 만약 어떤 시점 t에서 각 부품의 신뢰도가 모두 $R_i(t)=0.95$, $i=1,2,\cdots,8$이라면 이 시스템의 신뢰도는 시각 t에서 얼마인가?

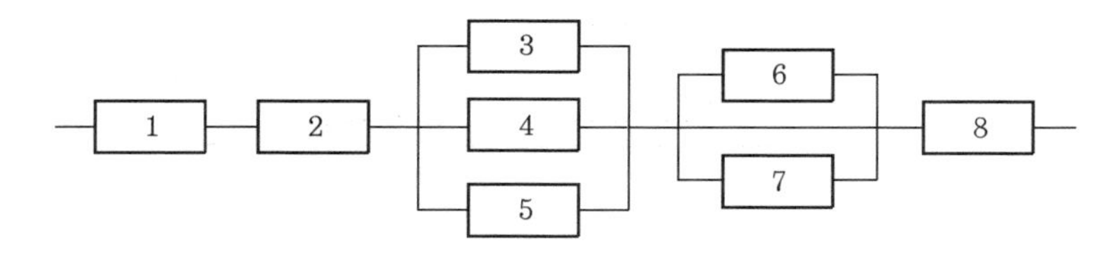

해답 $R_s(t)=R_1(t)\cdot R_2(t)\cdot[1-F_3(t)\cdot F_4(t)\cdot F_5(t)]\cdot[1-F_6(t)\cdot F_7(t)]\cdot R_8(t)$

$=0.95\times 0.95\times[1-(1-0.95)^3]\times[1-(1-0.95)^2]\times 0.95=0.85512$

21. 고장률이 0.001 인 부품 두 개가 대기구조로 연결되어 있다. 각각 부품의 수명이 지수분포를 따르는 경우 $t=24$에서 대기 리던던트 시스템의 신뢰도와 $MTTF$를 구하시오. 대기부품이 없는 경우와 비교하시오.

해답 (1) 구성품 1개일 때 신뢰도

$R_s(24)=e^{-\lambda t}=e^{-0.001\times 24}=0.97629$

$MTTF_s=\frac{1}{\lambda}=\frac{1}{0.001}=1{,}000$시간

(2) 대기구조의 신뢰도

$R_s(24)=e^{-\lambda t}(1+\lambda t)=e^{-0.001\times 24}(1+0.001\times 24)=0.99972$

$MTTF_s=\frac{2}{\lambda}=\frac{2}{0.001}=2{,}000$시간

22. 고장률 λ인 두 부품이 병렬연결될 때와 대기중복연결될 때 어느 쪽 수명이 더 긴가?

해답 (1) 병렬연결 : $MTBF_s=\frac{1}{\lambda}\left(1+\frac{1}{2}\right)=\frac{3}{2\lambda}$

(2) 대기중복연결 : $MTBF_s=\frac{1}{\lambda}+\frac{1}{\lambda}=\frac{2}{\lambda}$

따라서 대기중복인 경우가 수명이 더 길다.

23. n개 중 k 시스템에 대해 설명하시오.

해답 n개 중 k개만 작동되면 시스템이 작동하는 경우로 $k=1$인 경우는 병렬구조가 되고, $k=n$이면 직렬구조가 된다.

24. 엔진 3개 중 2개가 작동하면 정상 작동하는 비행기가 있다. 이 비행기의 각 엔진의 누적 고장 확률이 0.02일 경우 비행기의 신뢰도는 얼마인가?

해답 $R(t) = 1 - F(t) = 1 - 0.02 = 0.98$

$$R_s(t) = \sum_{i=k}^{n} \binom{n}{i} R^i (1-R)^{n-i}$$

$$= {}_3C_2 \times 0.98^2 \times (1-0.98)^1 + {}_3C_3 \times 0.98^3 \times (1-0.98)^0 = 0.99882$$

25. 신뢰도가 0.9인 미사일 4개가 설치된 미사일 발사 시스템이 있다. 4개의 미사일 중 3개가 작동되면 이 미사일 발사 시스템은 업무 수행이 가능한 경우 이 시스템의 신뢰도는 얼마인가?

해답 $R_s(t) = \sum_{i=k}^{n} \binom{n}{i} R^i (1-R)^{n-i}$

$$= {}_4C_3 \times 0.9^3 \times (1-0.9)^1 + {}_4C_4 \times 0.9^4 \times (1-0.9)^0 = 0.9477$$

26. 미사일 발사 시스템은 크게 3가지로 분해할 수 있다. 첫째, 고장률이 각각 0.001인 레이더가 대기 리던던트 형태로 결합되어 있고, 둘째로 신뢰도가 0.9685인 발사장치가 있으며, 셋째로 3/4 리던던트 형태의 미사일이 있다. 이때 $t = 24$인 시점에서 미사일 발사 시스템의 신뢰도를 구하시오.

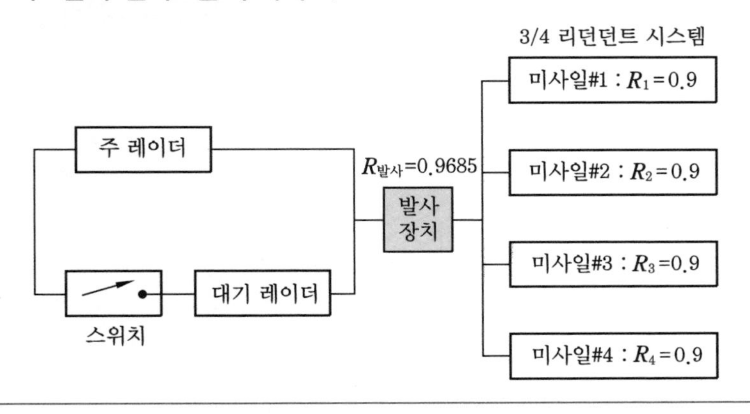

해답 $R_{레이더} = e^{-\lambda t} \cdot (1 + \lambda t) = e^{-0.001 \times 24}(1 + 0.001 \times 24) = 0.99972$

$R_{발사} = 0.9685$

$$R_{미사일} = \sum_{i=3}^{4} \binom{4}{i} 0.9^i 0.1^{4-i} = {}_4C_3 \times 0.9^3 \times 0.1^1 + {}_4C_4 \times 0.9^4 \times 0.1^0 = 0.94770$$

$R_s = 0.99972 \times 0.9685 \times 0.94770 = 0.91759$

7 고장해석방법

7-1 FTA에 의한 고장해석

(1) 고장목 기호

(OR 게이트 기호) 또는 (OR 게이트 기호)	OR 게이트(OR gate) : 입력 사상 중 하나라도 존재할 때 상위 사상이 발생
(AND 게이트 기호)	AND 게이트(AND gate) : 입력 사상이 모두 공존할 때 상위 사상이 발생
(직사각형 기호)	톱 사상(top event)
(원 기호)	기본 사상(basic fault event) : 고장원인의 최하위 사상

(2) AND gate

$$F = F_1 \cdot F_2 \cdots F_n$$

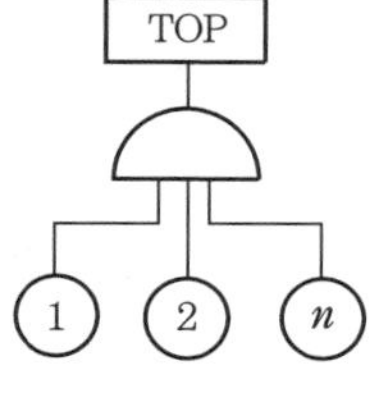

AND gate FTA

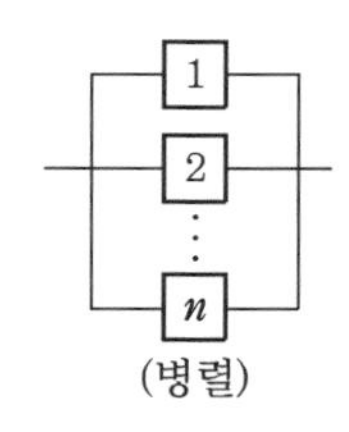

신뢰성 블록도

(3) OR gate

$$F = 1 - (1 - F_1)(1 - F_2) \cdots (1 - F_n)$$

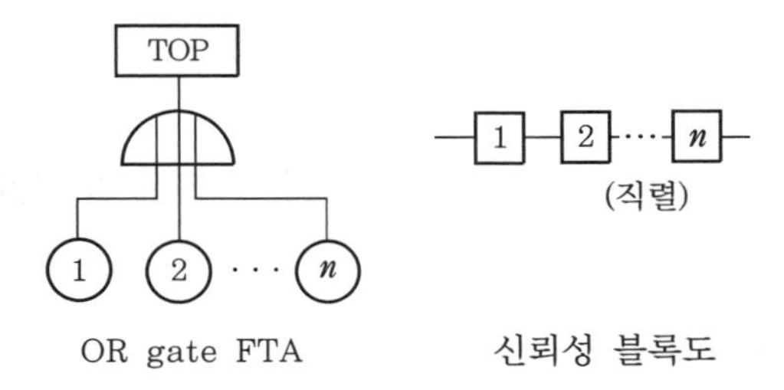

OR gate FTA　　　신뢰성 블록도

(4) 고장목 간소화

동정법칙 (law of identities)	흡수법칙 (law of absorption)	분배법칙 (law of distribution)
$A + A = A$ $A \cdot A = A$ $1 + A = 1$	$A + (A \cdot B) = A$ $A \cdot (A \cdot B) = A \cdot B$ $A \cdot (A + B) = A$	$A \cdot (B + C) = (A \cdot B) + (A \cdot C)$

기본 사상이 중복되어 있을 경우 Boolean대수법칙을 적용시켜 간소화시킨다.

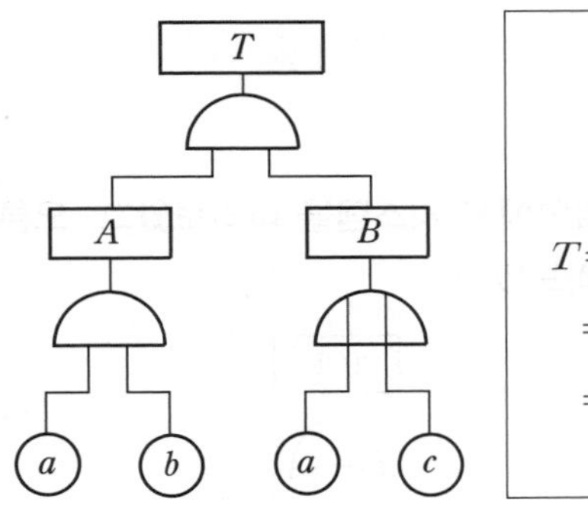

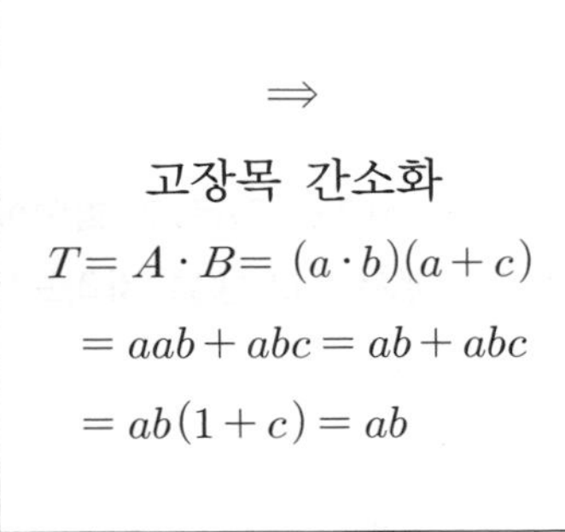

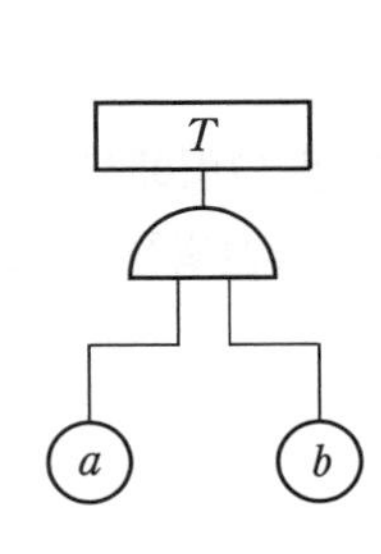

예상문제

01. 전기밥솥을 매일 3회, 10년간 사용하는 경우 임무시간은 몇 시간인가? (단, 매회 20분간 사용한다고 가정한다.)

해답 $\dfrac{(3\text{회} \times 10\text{년} \times 365\text{일} \times 20\text{분})}{60\text{분}} = 3,650\text{시간}$

02. 다음 시스템의 고장목(Fault Tree)을 신뢰성 블록선도로 나타내시오.

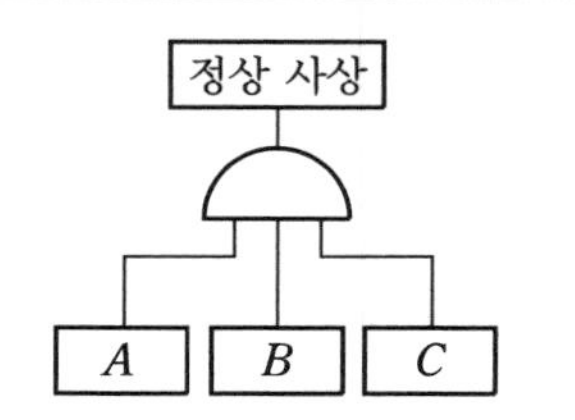

해답

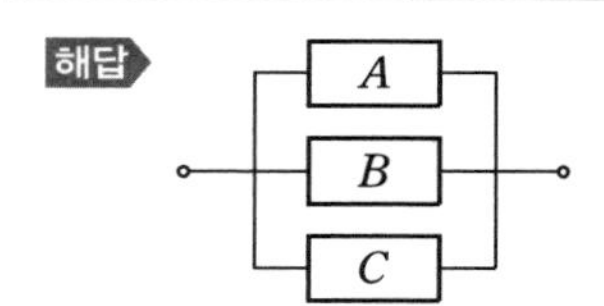

03. 다음 그림에서 왼쪽 그림은 신뢰성(작동)의 측면에서 시스템을 바라보았고, 오른쪽 것은 불신뢰성(고장)의 측면에서 시스템을 바라보았다.

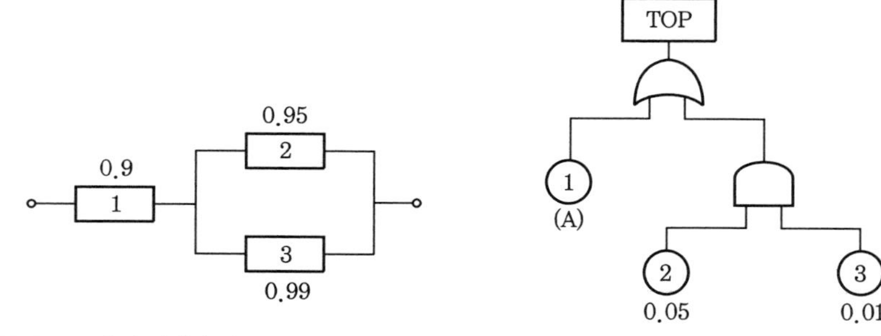

(1) 오른쪽 그림에서 (A)에 들어갈 값을 구하시오.

(2) 왼쪽 그림에서 신뢰도를 구하시오.

(3) 오른쪽 그림에서 톱 사상이 일어날 가능성을 구하시오.

해답 (1) $1-0.9=0.1$

(2) $0.9\times(1-(1-0.95)(1-0.99))=0.89955$

(3) $1-(1-0.1)(1-0.05\times0.01)=1-0.89955=0.10045$

04. 다음 고장나무(FT, fault tree)의 정상 사상(top event)의 고장확률은 얼마인가?

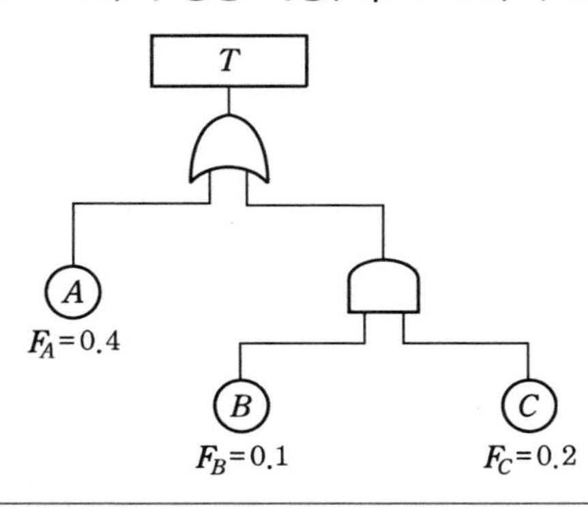

해답 $F_T=1-(1-F_A)\times[(1-F_B\times F_C)]=1-(1-0.4)\times(1-0.1\times0.2)=0.412$

05. 기본 사상의 고장 확률이 각각 1/4일 때 아래와 같은 고장나무에서의 각 사상이 일어날 확률을 구하시오.

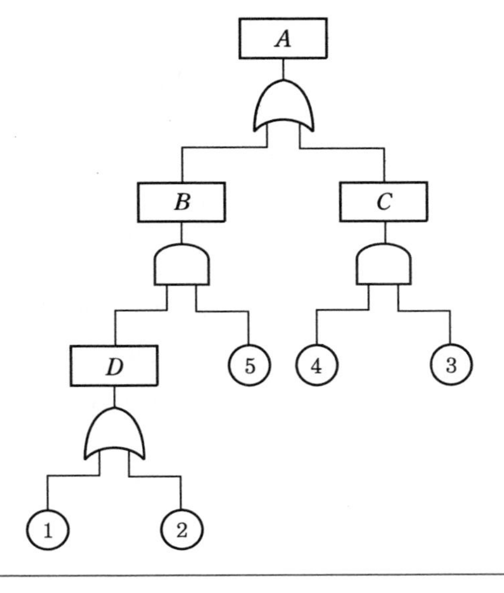

해답 $P(D) = 1 - (1 - \frac{1}{4})(1 - \frac{1}{4}) = 0.4375$

$P(B) = 0.4375 \times (\frac{1}{4}) = 0.10938$

$P(C) = \frac{1}{4} \times \frac{1}{4} = 0.06250$

$P(A) = 1 - (1 - 0.10938)(1 - 0.06250) = 0.16504$

06. 다음 고장나무에서 A 사건이 일어날 확률을 구하시오.

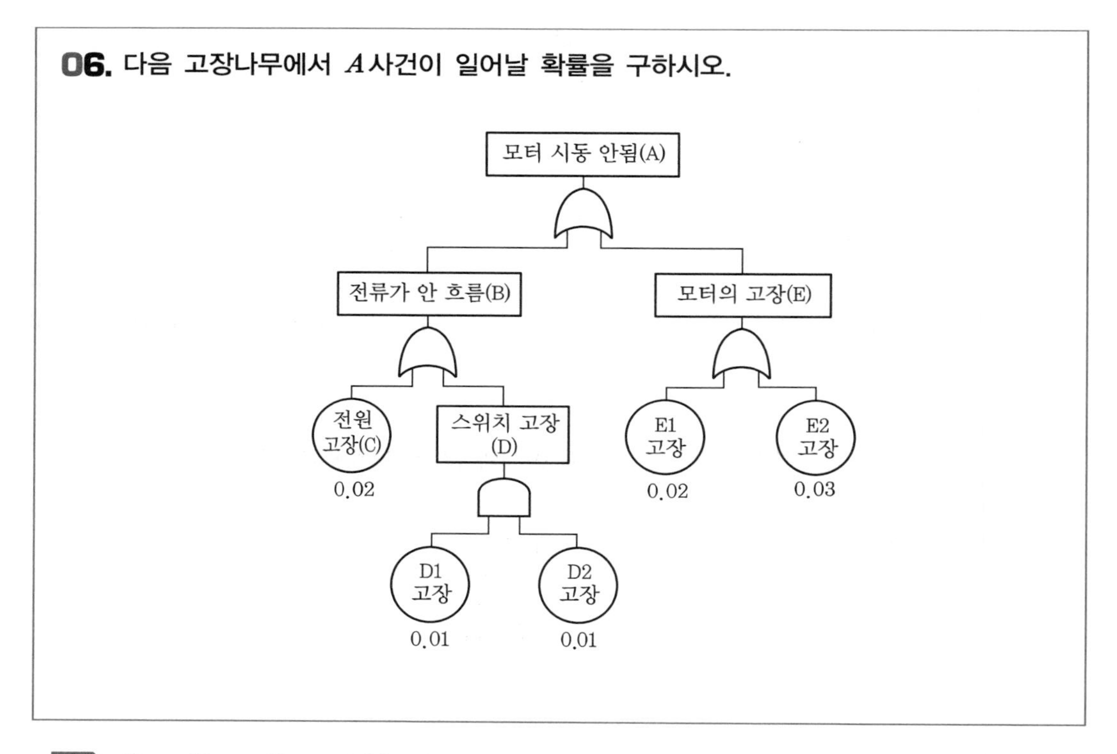

해답 $F_D = F_{D1} \times F_{D2} = 0.01 \times 0.01 = 0.0001$

$F_B = 1 - (1 - F_C)(1 - F_D) = 1 - (1 - 0.02)(1 - 0.0001) = 0.02010$

$F_E = 1 - (1 - F_{E1})(1 - F_{E2}) = 1 - (1 - 0.02)(1 - 0.03) = 0.04940$

$F_A = 1 - (1 - F_B)(1 - F_E) = 1 - (1 - 0.02010)(1 - 0.04940) = 0.06851$

07. 다음 고장목(FT도)에서 이 시스템의 신뢰도는?

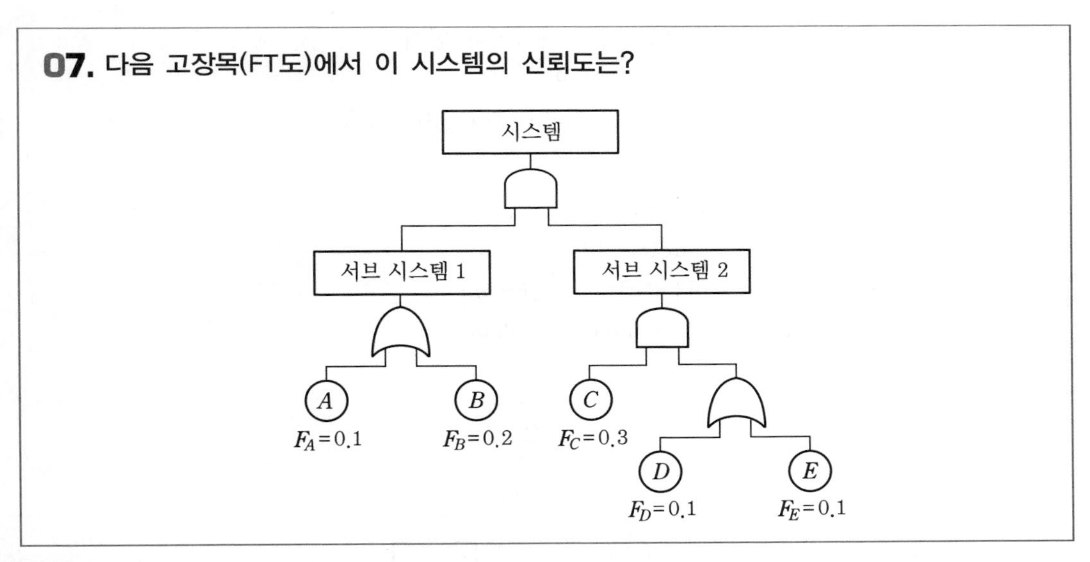

해답 서브 시스템 1의 고장 확률은 $1-(1-0.1)(1-0.2)=0.28$
서브 시스템 2의 고장 확률은 $0.3\times(1-(1-0.1)(1-0.1))=0.057$
시스템의 고장 확률은 $0.28\times0.057=0.01596$
따라서 시스템의 신뢰도$=1-0.01596=0.98404$

08. 다음 고장나무(FT, fault tree)의 정상 사상(top event)의 고장확률은 얼마인가?

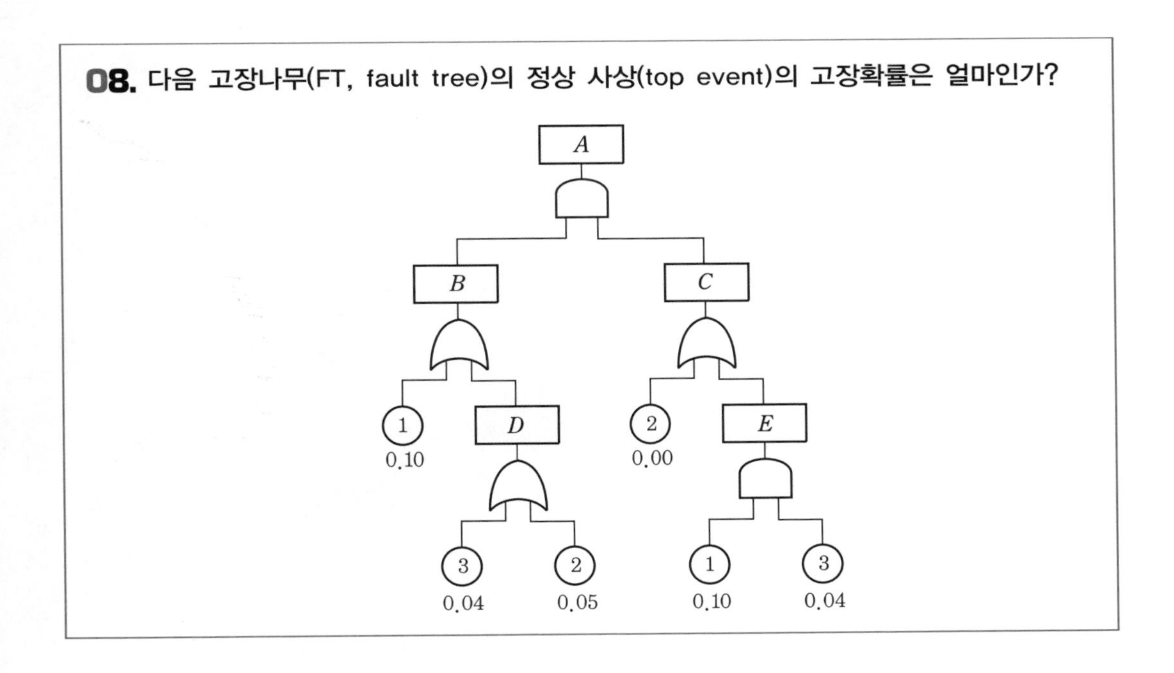

해답 기본 사상이 중복되어 있으므로 간소화시켜야 한다.

따라서 ① = a, ② = b, ③ = c라고 하면

$$T_A = A \times B = (a + (c + b))(b + ac) = (a + b + c)(b + ac)$$
$$= ab + bb + bc + aac + abc + acc$$
$$= ab + b + bc + ac + abc + ac$$
$$= b(a+1) + bc + ac + ac(b+1)$$
$$= b + bc + ac + ac = b(1+c) + ac = b + ac$$
$$= 1 - (1 - 0.05)(1 - 0.1 \times 0.04) = 0.0538$$

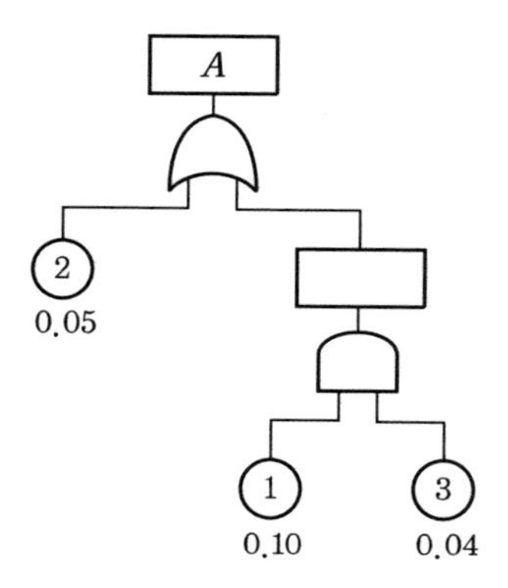

8 보전성과 유용성

(1) 총 수리시간

$$T = \frac{\sum_{i=1}^{r} t_i}{r}$$

(2) 평균수리시간

$$MTTR = \frac{T}{r} = \frac{1}{\mu}$$

(3) 수리율

$$\mu = \frac{r}{T}$$

(4) 보전도

$$M(t) = 1 - e^{-\mu t} = 1 - e^{-\frac{1}{MTTR} \times t}$$

(5) 유용성(availability : 가용도, 가용성, 이용성)

$$A = \frac{\text{작동시간}}{\text{작동시간} + \text{고장시간}} = \frac{MTBF}{MTBF + MTTR} = \frac{\frac{1}{\lambda}}{\frac{1}{\mu} + \frac{1}{\lambda}} = \frac{\mu}{\lambda + \mu}$$

예상문제

보전성과 유용성

01. 어떤 장치의 고장수리시간을 조사하였더니 다음과 같은 데이터를 얻었다. 수리시간이 지수분포를 따른다고 할 때 다음 물음에 답하시오.

회수	6	3	4	5	5
수리시간	3	6	4	2	5

(1) 평균수리시간을 구하시오.

(2) 수리율을 구하시오.

(3) 5시간에 대한 보전도를 구하시오.

해답 총 수리시간 : $T = \sum_{i=1}^{r} t_i = 6\times3+3\times6+4\times4+5\times2+5\times5 = 87$시간

(1) 평균수리시간 : $MTTR = \frac{T}{r} = \frac{87}{23} = 3.78261$시간

(2) 수리율 : $\mu = \frac{r}{T} = \frac{1}{MTTR} = \frac{1}{3.78261} = 0.26437/$시간

(3) 5시간에 대한 보전도 : $M(t=5) = 1 - e^{-\mu t} = 1 - e^{-0.26437\times5} = 0.73336$

02. 어느 아이템의 수리시간이 수리율 $\mu = 2$인 지수분포를 따른다. 평균수리시간을 구하시오.

해답 평균수리시간 : $MTTR = \frac{T}{r} = \frac{1}{\mu} = \frac{1}{2} = 0.5$시간

03. 어느 기계의 워밍업 기간이 지난 후 첫 100시간 동안(0시부터 시작하여 100시까지) 연속 사용한 결과 다음과 같은 결과를 얻었다.

고장순번	고장발생 시점	수리시간
1	6시	1시간
2	23시	2시간
3	44시	3시간
4	50시	1시간
5	83시	2시간
6	99시	1시간

(1) 평균수명($MTBF$)을 구하시오.
(2) 평균수리시간($MTTR$)을 구하시오.
(3) 가용도를 구하시오.

해답 (1) 총수리횟수 $= 6$

총수리시간 $= (1+2+3+1+2+1) = 10$ 시간

총작동시간 $= 100 - 10 = 90$ 시간

$$MTBF = \frac{100-10}{6} = 15\text{ 시간}$$

(2) $$MTTR = \frac{T}{r} = \frac{(1+2+3+1+2+1)}{6} = 1.66667\text{ 시간}$$

(3) 가용도 $$A = \frac{MTBF}{MTBF+MTTR} = \frac{15}{(15+1.66667)} = 0.90000$$

04. 어떤 기계의 평균수명($MTBF$)은 12000시간으로 추정되었고, 이 기계의 평균수리시간($MTTR$)은 3000시간이다. 이 기계의 가용도를 구하시오.

해답 $$A = \frac{MTBF}{MTBF+MTTR} = \frac{12{,}000}{12{,}000+3{,}000} = 0.8 = 80(\%)$$

05. 어느 장비의 고장률 $\lambda = 0.078$/시간, 수리율 $\mu = 1.0$/시간일 때 가용도는 얼마인가?

해답 $$A = \frac{MTBF}{MTBF+MTTR} = \frac{\mu}{\mu+\lambda} = \frac{1}{1+0.078} = 0.92764 = 92.764\%$$

06. 다음은 어떤 전자장치의 보전시간을 집계한 표이다. 다음 물음에 답하시오. (단, 보전시간은 지수분포를 따름)

보전시간	보전완료건수	보전시간	보전완료건수
0~1	25	3~4	3
1~2	11	4~5	2
2~3	5		

(1) $MTTR$을 구하시오. (2) μ를 구하시오. (3) $t=3$에서 보전도를 구하시오.

해답 (1) 총수리횟수 $=25+11+5+3+2=46$

총수리시간 $=(0.5\times25+1.5\times11+2.5\times5+3.5\times3+4.5\times2)=61$ 시간

$$MTTR=\frac{T}{r}=\frac{61}{46}=1.32609\text{시간}$$

(2) $\mu=\dfrac{1}{MTTR}=\dfrac{1}{1.32609}=0.75410/\text{시간}$

(3) $M(t=3)=1-e^{-\mu t}=1-e^{-0.75410\times3}=0.895889$

07. 어떤 기기의 평균고장률은 0.025/시간이고, 이 기기가 고장나면 수리하는데 소요되는 평균시간은 20시간이다. 이 기기의 가동성을 구하시오.

해답 $$A=\frac{MTBF}{MTBF+MTTR}=\frac{\frac{1}{0.025}}{\frac{1}{0.025}+20}=0.66667$$

08. 다음 용어가 의미하는 것을 쓰시오.

(1) 결함 인식 후에 아이템(시스템)이 요구 기능을 수행할 수 있는 상태가 되도록 하기 위해 수행하는 보전
(2) 설비가 고장날 때 단지 복원하는 것 뿐만 아니라 설계변경, 재료의 개선, 좋은 부품으로 교체 등과 같이 설비의 체질을 개선하여 설비의 수명연장, 열화방지, 보전성 향상과 설비의 생산성을 높이는 활동
(3) 아이템(시스템)의 고장 확률 또는 기능 열화를 줄이기 위해 미리 정해진 간격 또는 규정된 기준에 따라 수행되는 보전
(4) 설비계획 및 설치시부터 고장이 적고 운전실수가 적으며, 보다 쉽게 보전·수리할 수 있는 설비로 하는 보전방식

해답 (1) 사후보전 (2) 개량보전 (3) 예방보전 (4) 보전예방

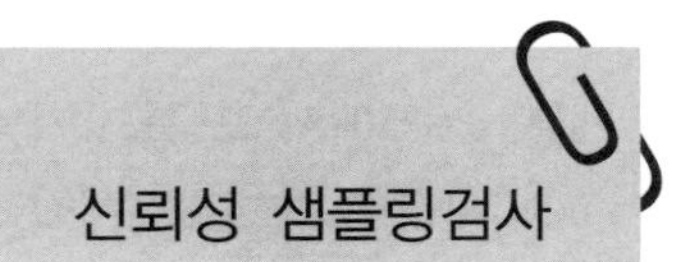

예상문제

신뢰성 샘플링검사

01. 어떤 부품의 고장률이 $1\%/10^3$ 일 때 단지 10%의 가능성으로만 해당 로트를 받아들이고 싶다. (신뢰수준 90%) 개개 부품에 대해 $t=1000$ 시간 및 $t=10000$ 시간 동안 시험하고 $c=0$ 으로 하는 경우 앞의 신뢰성을 보증하기 위해서 필요한 표본수를 구하시오. (단, λ_1은 $LTFR$이고, 단위는 $1\%/10^3$ 시간이다.)

계수 1회 샘플링검사표(MIL－STD－19500C) : 표본수 n(신뢰수준 90%)

c \ $\lambda_1 t$	1.0	0.5	0.2	0.1	0.05	0.02	0.01	0.005
0	3	5	12	23	47	116	231	461
1	5	9	20	40	79	195	390	778
2	6	12	28	55	109	266	533	1065
3	9	15	35	69	137	233	688	1337
4	11	19	42	83	164	398	798	1599

해답 $\lambda_1 = 1\%/10^3 = \dfrac{0.01}{10^3} = 10^{-5}$ 이므로,

$t=1,000$ 인 경우 $\lambda_1 t = 10^{-5} \times 10^3 = 0.01$ 이며, 표에서 $c=0$ 일 때 $n=231$ 이다.

$t=10,000$ 인 경우 $\lambda_1 t = 10^{-5} \times 10^4 = 0.1$ 이며, 표에서 $c=0$ 일 때 $n=23$ 이다.

02. $c=0$에서 고장률이 1%/1000h이라는 것을 90% 신뢰수준으로 보증하고자 한다. 시험시간이 $t=1000$시간 및 $t=10000$시간일 때 필요한 표본수를 구하시오.

계수 1회 샘플링검사표(MIL-STD-19500C) : $\lambda_1 T$의 표

신뢰수준 $(1-\beta)$ 100%	$\lambda_1 T=\lambda_1 nt$							
	$c=0$	$c=1$	$c=2$	$c=3$	$c=4$	$c=5$	$c=6$	$c=7$
10	0.10547	0.53203	1.10000	1.74531	2.43181	3.15156	3.89156	4.65625
50	0.69297	1.67813	2.67422	3.67188	4.67109	5.67031	6.66953	7.66875
60	0.91641	2.02266	3.10547	4.17500	5.23672	6.29219	7.34219	8.38965
90	2.30315	3.89063	5.32188	6.68125	7.99375	9.27344	10.53125	11.76953

해답 $\lambda_1 = 1\%/1{,}000\text{h} = \dfrac{0.01}{1{,}000} = 10^{-5}$이므로,

$\lambda_1 T = \lambda_1 nt = 2.30315$

$t=1{,}000$시간일 때 $\lambda_1 nt = 10^{-5}\times n \times 1{,}000 = 2.30315$, $n = 230.315 = 231$

$t=10{,}000$시간일 때 $\lambda_1 nt = 10^{-5}\times n \times 10{,}000 = 2.30315$, $n = 23.0315 = 24$

03. $\lambda_1 = 0.005/$시간, $\beta=0.1$, $\lambda_0 = 0.001/$시간, $\alpha=0.05$로 하는 계수축차 샘플링검사의 합격선을 구하시오.

해답 합격선 : $T_a = sr + h_a = 402.35948r + 562.82295$

불합격선 : $T_r = sr - h_r = 402.35948r - 722.59294$

$$s = \frac{\ln\left(\frac{\lambda_1}{\lambda_0}\right)}{\lambda_1 - \lambda_0} = \frac{\ln\left(\frac{0.005}{0.001}\right)}{0.005-0.001} = 402.35948$$

$$h_a = \frac{\ln\left(\frac{1-\alpha}{\beta}\right)}{\lambda_1 - \lambda_0} = \frac{\ln\left(\frac{1-0.05}{0.1}\right)}{0.005-0.001} = 562.82295$$

$$h_r = \frac{\ln\left(\frac{1-\beta}{\alpha}\right)}{\lambda_1 - \lambda_0} = \frac{\ln\left(\frac{1-0.1}{0.05}\right)}{0.005-0.001} = 722.59294$$

품질경영 기사 / 산업기사 실기

PART

품질경영기사 기출 복원문제

2019년 제1회 기출 복원문제

01. 8매의 철판에 대해 가운데 부분과 가장자리 부분의 두께를 측정한 결과 다음의 데이터를 얻었다. 다음 물음에 답하시오. (단, $\alpha = 0.05$)

	1	2	3	4	5	6	7	8
x_A(가운데)	3.24	3.17	3.18	3.29	3.20	3.24	3.19	3.27
x_B(가장자리)	3.19	3.10	3.20	3.22	3.15	3.17	3.20	3.24

(1) 철판의 가운데 부분이 가장자리 부분보다 두껍다고 할 수 있는지 검정하시오.

(2) $\mu_A - \mu_B$에 대하여 신뢰율 95%로 신뢰구간을 추정하시오.

해답

데이터의 조	1	2	3	4	5	6	7	8	계	평균($\bar{d}$)
d_i	0.05	0.07	-0.02	0.07	0.05	0.07	-0.01	0.03	0.31	0.03875

(1) 두 재질간의 차이 $\Delta = \mu_A - \mu_B$라고 하면

① 가설 : $H_0 : \Delta \le 0 \quad H_1 : \Delta > 0$

② 유의수준 : $\alpha = 0.05$

③ 검정통계량 : $t_0 = \dfrac{\bar{d} - \Delta_0}{\sqrt{\dfrac{s_d^2}{n}}} = \dfrac{0.03875 - 0}{\sqrt{\dfrac{0.00130}{8}}} = 3.03980$

$$S_d = \sum d_i^2 - \frac{(\sum d_i)^2}{n} = 0.00909$$

$$s_d^2 = \frac{S_d}{n-1} = \frac{0.00909}{7} = 0.00130$$

④ 기각역 : $t_0 > t_{1-\alpha}(\nu) = t_{0.95}(7) = 1.895$이면 H_0를 기각한다.

⑤ 판정 : $t_0 = 3.03980 > t_{0.95}(7) = 1.895$이므로 $\alpha = 0.05$에서 H_0를 기각한다. 유의수준 5%에서 두껍다고 할 수 있다.

(2) $(\widehat{\mu_A - \mu_B})_L = \bar{d} - t_{1-\alpha}(\nu)\dfrac{\sqrt{s_d^2}}{\sqrt{n}} = 0.03875 - 1.895\dfrac{\sqrt{0.00130}}{\sqrt{8}}$

$(\widehat{\mu_A - \mu_B})_L \ge 0.01459$

02. 두 종류의 고무배합(A_0, A_1)을 두 종류의 모델(B_0, B_1)을 사용하여 타이어를 만들 때 얻어지는 타이어의 밸런스를 4회씩 측정하여 다음의 데이터를 얻었다.

구분	B_0	B_1	계
A_0	31	82	517
	45	110	
	46	88	
	43	72	
A_1	22	30	218
	21	37	
	18	38	
	23	29	
계	249	486	

(1) 각 요인의 효과와 교호작용의 효과를 구하시오.
(2) 각 요인의 변동과 교호작용의 변동을 구하시오.

해답 (1) 요인의 효과

$$A = \frac{1}{2r}(a-1)(b+1) = \frac{1}{2\times 4}(ab+a-b-(1)) = \frac{1}{8}(218-517) = -37.375$$

$$B = \frac{1}{2r}(a+1)(b-1) = \frac{1}{2\times 4}(ab+b-a-(1)) = \frac{1}{8}(486-249) = 29.625$$

$$AB = \frac{1}{2r}(a-1)(b-1) = \frac{1}{2\times 4}(ab+(1)-a-b) = \frac{1}{8}(134+165-352-84)$$
$$= -17.125$$

(2) 요인의 변동

$$S_A = \frac{1}{4r}[(a-1)(b+1)]^2 = r(A)^2 = 4\times(-37.375)^2 = 5{,}587.5625$$

$$S_B = \frac{1}{4r}[(a+1)(b-1)]^2 = r(B)^2 = 4\times(29.625)^2 = 3{,}510.5625$$

$$S_{A\times B} = \frac{1}{4r}[(a-1)(b-1)]^2 = r(AB)^2 = 4\times(-17.125)^2 = 1{,}173.0625$$

03. 시료의 품질표시방법 5가지를 쓰시오.

해답 ① 시료의 평균치
② 시료의 표준편차
③ 시료의 범위
④ 시료 내의 부적합품수
⑤ 시료의 평균부적합수

04. $(x_i,\ y_i)$의 관측값이 다음과 같다.

x	2	3	4	5	6
y	4	7	6	8	10

(1) 회귀에 의한 변동 S_R을 구하시오.
(2) 회귀로부터의 변동 $S_{y/x}$를 구하시오.

해답 $n=5,\ \sum x=20,\ \bar{x}=4,\ \sum x^2=90,\ \sum y=35,\ \bar{y}=7\ \sum y^2=265,\ \sum xy=153$

$$S_{xx}=\sum x^2-\frac{(\sum x)^2}{n}=10,\qquad S_{yy}=\sum y^2-\frac{(\sum y)^2}{n}=20,$$

$$S_{xy}=\sum xy-\frac{\sum x\sum y}{n}=13$$

(1) $S_R=\dfrac{S_{xy}^2}{S_{xx}}=\dfrac{13^2}{10}=16.9$

(2) $S_{y/x}=S_e=S_T-S_R=20-16.9=3.1$

$S_T=S_{yy}=20$

05. 다음과 같은 경우 $(p_0,\ 1-\alpha)=(0.01,\ 0.95)$, $(p_1,\ \beta)=(0.08,\ 0.1)$을 만족하는 계량형 샘플링검사에서 n을 구하시오. (품질특성 : 무게, 하한규격치 $L=44\text{kg}$, 표준편차 σ 미지)

$K_{0.01}=2.326,\ K_{0.08}=1.405,\ K_{0.05}=1.645,\ K_{0.10}=1.282$

해답 표준편차 σ가 미지인 경우

$$k' = k = \frac{k_{p_0}k_\beta + k_{p_1}k_\alpha}{k_\alpha + k_\beta} = \frac{2.326 \times 1.282 + 1.405 \times 1.645}{1.645 + 1.282} = 1.80839$$

$$n' = n \times \left(1 + \frac{k^2}{2}\right) = \left(\frac{k_\alpha + k_\beta}{k_{p_0} - k_{p_1}}\right)^2 \left(1 + \frac{k^2}{2}\right) = \left(\frac{1.645 + 1.282}{2.326 - 1.405}\right)^2 \left(1 + \frac{1.80839^2}{2}\right)$$

$$= 26.61518 = 27$$

06. 다음을 적으시오.

(1) QC 7가지 도구를 나열하시오.

(2) 신 QC 7가지 도구를 나열하시오.

해답 (1) QC 7가지 도구

① 각종그래프
② 파레토도
③ 체크 시트
④ 특성요인도
⑤ 히스토그램
⑥ 산점도
⑦ 층별

(2) 신 QC 7가지 도구

① 매트릭스도법
② 연관도법
③ PDPC법
④ 메트릭스 데이터 해석법
⑤ 친화도법
⑥ 계통도법
⑦ 애로우다이어그램

07. 같은 부품이 50개씩 들어있는 100개의 상자가 있다. 이 로트에서 각 부품들의 평균 무게 μ에 대한 $\sigma_w = 0.6$kg이라고 하자. 이때 5상자를 랜덤하게 뽑고, 그 가운데서 4개의 부품을 랜덤하게 샘플링하여 모두 20개의 부품을 뽑았다. $\sigma_b = 0.9$라고 하자. 이 로트의 모평균의 추정정밀도 $V(\bar{x})$는 얼마인가?

해답 $$V(\bar{\bar{x}}) = \frac{\sigma_b^2}{m} + \frac{\sigma_w^2}{m\bar{n}} = \frac{0.9^2}{5} + \frac{0.6^2}{5 \times 4} = 0.18$$

08. $L_8(2^7)$ 직교배열표를 이용하여 실험을 실시한 결과가 다음과 같이 주어졌다. 분산분석표를 작성하고 검정을 행하시오. (단, $\alpha=0.10$, 데이터는 망대특성이다.)

실험번호	열번호							특성치
	1	2	3	4	5	6	7	
1	0	0	0	0	0	0	0	8
2	0	0	0	1	1	1	1	14
3	0	1	1	0	0	1	1	7
4	0	1	1	1	1	0	0	15
5	1	0	1	0	1	0	1	18
6	1	0	1	1	0	1	0	20
7	1	1	0	0	1	1	0	10
8	1	1	0	1	0	0	1	12
기본표시	a	b	ab	c	ac	bc	abc	
실험배치	A	B	$A\times B$	C	e	e	e	

해답 분산분석표

요인	SS	DF	MS	F_0	$F_{0.90}$
A	32.0	1	32.0	7.11111*	5.54
B	32.0	1	32.0	7.11111*	5.54
C	40.5	1	40.5	9.00000*	5.54
$A\times B$	32.0	1	32.0	7.11111*	5.54
e	13.5	3	4.5		
T	150.0	7	150.0		

A, B, C, $A\times B$ 모두 유의하다.

① 변동

$$S_A=\frac{1}{8}[(18+20+10+12)-(8+14+7+15)]^2=32.0$$

$$S_B=\frac{1}{8}[(7+15+10+12)-(8+14+18+20)]^2=32.0$$

$$S_C=\frac{1}{8}[(14+15+20+12)-(8+7+18+10)]^2=40.5$$

$$S_{A\times B}=\frac{1}{8}[(7+15+18+20)-(8+14+10+12)]^2=32.0$$

$$S_T=\sum x^2-\frac{(\sum x)^2}{n}=(8^2+14^2+\cdots+12^2)-\frac{104^2}{8}=150.0$$

$S_e = S_T - S_A - S_B - S_c - S_{A \times B} = 13.5$

② 자유도 : 각 요인의 수준수가 2이므로

$\nu_A = \nu_B = \nu_C = 1,\quad \nu_{A \times B} = 1,\quad \nu_T = 8 - 1 = 7,\quad \nu_e = 7 - 4 = 3$

09. Y회사는 어떤 부품의 수입검사에 KS Q ISO 2859-1을 사용하고 있다. 검토 후 $AQL = 1.0\%$, 검사수준은 Ⅲ으로 1회 샘플링검사를 하고 있다. 까다로운검사를 시작으로 10로트를 실시한 결과의 일부는 다음과 같이 되었다. 다음의 빈칸을 채우시오. (KS Q ISO 2859-1의 표를 사용할 것)

로트 번호	N 로트 크기	샘플 문자	n 샘플 크기	당초 A_c	As (검사 전)	적용하는 A_c	부적합 품수	합격 판정	As (검사 후)	전환 점수	샘플링 검사의 엄격도
1	250						1				
2	200						0				
3	170						1				
4	300						0				
5	70						0				
6	130						1				

해답

로트 번호	N 로트 크기	샘플 문자	n 샘플 크기	당초 A_c	As (검사 전)	적용하는 A_c	부적합 품수	합격 판정	As (검사 후)	전환 점수	샘플링 검사의 엄격도
1	250	H	50	1/2	5	0	1	불합격	0	−	까다로운 검사로 속행
2	200	H	50	1/2	5	0	0	합격	5	−	까다로운 검사로 속행
3	170	H	50	1/2	10	1	1	합격	0	−	까다로운 검사로 속행
4	300	J	80	1	7	1	0	합격	7	−	까다로운 검사로 속행
5	70	F	20	0	7	0	0	합격	7	−	까다로운 검사로 속행
6	130	G	32	1/3	10	1	1	합격	0*	−	보통검사로 전환

10. 다음은 어느 공장에서 15일간 사용한 매일 매일의 에너지사용량을 측정한 데이터이다.

표본번호 (i)	에너지사용량	표본번호 (i)	에너지사용량
1	25.0	9	32.3
2	25.3	10	28.1
3	33.8	11	27.0
4	36.4	12	26.1
5	32.2	13	29.1
6	30.8	14	40.1
7	30.0	15	40.6
8	23.6		

(1) $x-R_m$ 관리도의 C_L, U_{CL}, L_{CL}을 구하시오.

(2) $x-R_m$ 관리도를 작성하시오.

(3) 관리상태(안정상태)의 여부를 판정하시오.

해답

표본번호 (i)	에너지사용량	R_m	표본번호 (i)	에너지사용량	R_m
1	25.0	–	9	32.3	8.7
2	25.3	0.3	10	28.1	4.2
3	33.8	8.5	11	27.0	1.1
4	36.4	2.6	12	26.1	0.9
5	32.2	4.2	13	29.1	3.0
6	30.8	1.4	14	40.1	11.0
7	30.0	0.8	15	40.6	0.5
8	23.6	6.4	계	460.4	53.6

(1) $\overline{x}=\dfrac{\sum x}{k}=\dfrac{460.4}{15}=30.69333$, $\quad \overline{R}_m=\dfrac{\sum R_m}{k-1}=\dfrac{53.6}{14}=3.82857$

① x 관리도

$C_L=\overline{x}=30.69333$

$U_{CL}=\overline{x}+E_2\overline{R}_m=\overline{x}+2.66\overline{R}_m=30.69333+2.66\times3.82857=40.87733$

$L_{CL}=\overline{x}-E_2\overline{R}_m=\overline{x}-2.66\overline{R}_m=30.69333-2.66\times3.82857=20.50933$

② R_m 관리도

$C_L = \overline{R}_m = 3.82857$

$U_{CL} = D_4\overline{R}_m = 3.267\overline{R}_m = 3.267 \times 3.82857 = 12.50794$

$L_{CL} = -$ (고려하지 않음)

(2)

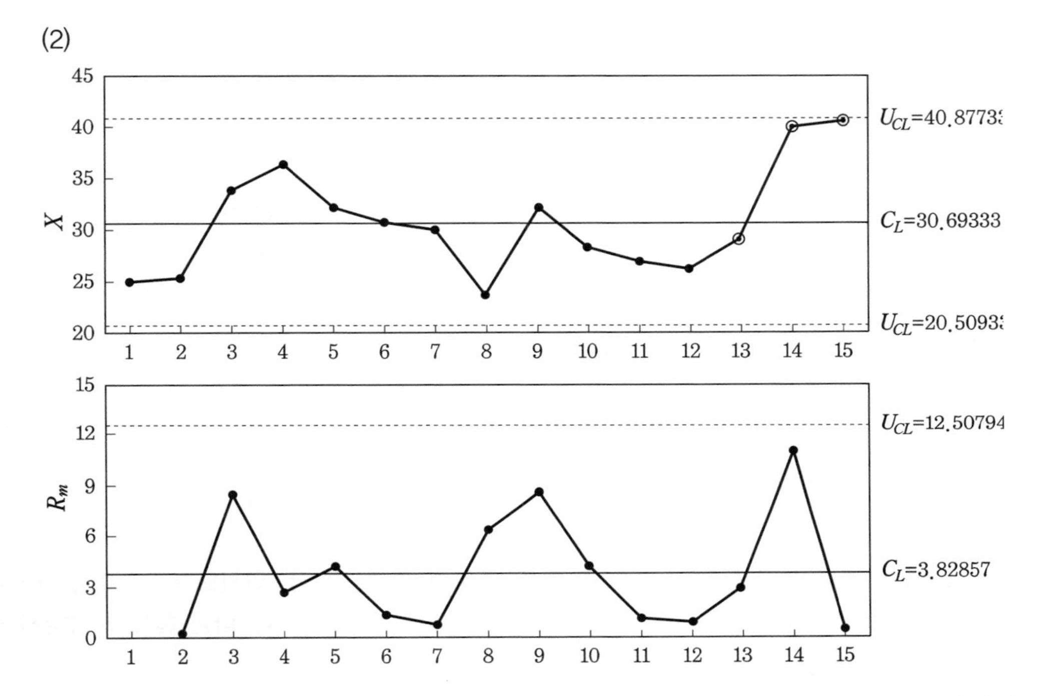

(3) 표본번호 13, 14, 15의 연속하는 3점 중 2점이 중심선 한쪽으로 2σ를 넘는 영역에 있으므로 관리상태라고 할 수 없다.

11. 어느 부품의 규격은 5.0 ± 0.02mm로 정해져 있다. 이 부품의 생산공정에서는 규격 내에 들지 못하는 부적합품률이 1% 이하인 로트는 합격시키고, 부적합품률이 10%를 초과한 로트는 불합격시키는 계량규준형 1회 샘플링검사를 하고자 한다. $\sigma = 0.003\text{mm}$, $\alpha = 0.05$, $\beta = 0.10$일 때 다음 물음에 답하시오.

(1) 샘플의 크기(n), 합격판정계수(k)를 구하시오.

(2) $\overline{X}_U$, $\overline{X}_L$을 구하시오.

해답 $k_{p_0}=k_{0.01}=u_{0.99}=2.326$, $k_{p_1}=k_{0.10}=u_{0.90}=1.282$, $k_\alpha=k_{0.05}=u_{0.95}=1.645$, $k_\beta=k_{0.10}=u_{0.90}=1.282$

(1) $n=\left(\dfrac{k_\alpha+k_\beta}{k_{p_0}-k_{p_1}}\right)^2=\left(\dfrac{1.645+1.282}{2.326-1.282}\right)^2=7.86040=8$

$$k=\frac{k_{p_0}k_\beta+k_{p_1}k_\alpha}{k_\alpha+k_\beta}=\frac{2.326\times1.282+1.282\times1.645}{1.645+1.282}=1.73926$$

(2) $\overline{X}_L=L+k\sigma=4.98+1.73926\times0.003=4.98522$

$\overline{X}_U=U-k\sigma=5.02-1.73926\times0.003=5.01478$

(3) $\overline{X}_L\leq\overline{x}=4.998\leq\overline{X}_U$ 이므로 로트를 합격으로 판정한다.

12. $p=2\%$ 라면 시료의 크기는 얼마로 하는 것이 적당한가?

해답 $n=\dfrac{1}{p}\sim\dfrac{5}{p}=\dfrac{1}{0.02}\sim\dfrac{5}{0.02}=50\sim250$

13. 어떤 제품이 형상모수 $m=0.7$, 척도모수 $\eta=8667$시간, 위치모수 $r=0$인 와이블 분포에 따른다. 이 제품을 평균수명인 11,000시간 사용할 때 다음 물음에 답하시오.

(1) 신뢰도를 구하시오.

(2) 평균고장률 $AFR(t_1,\ t_2)$은 얼마인가?

해답 (1) $R(11{,}000)=e^{-\left(\frac{t-r}{\eta}\right)^m}=e^{-\left(\frac{11{,}000-0}{8{,}667}\right)^{0.7}}=0.30679$

(2) $AFR(t_1,\ t_2)=\dfrac{\ln R(t_1)-\ln R(t_2)}{t_2-t_1}=\dfrac{-\left(\frac{t_1}{\eta}\right)^m+\left(\frac{t_2}{\eta}\right)^m}{t_2-t_1}$

$$=\frac{-\left(\frac{0}{8{,}667}\right)^{0.7}+\left(\frac{11{,}000}{8{,}667}\right)^{0.7}}{11{,}000-0}=1.074\times10^{-4}/\text{시간}$$

14. 초기고장기간 DFR, 우발고장기간 CFR, 마모고장기간 IFR 중 어떤 고장원인인지 답하시오.

① 표준이하의 재료사용	② 불충분한 품질관리
③ 부적절한 조치 및 가동	④ 불충분한 정비
⑤ 사용자의 오류	⑥ 빈약한 제조기술
⑦ 조립상의 오류	⑧ 최선의 검사방법으로도 탐지되지 않은 결함
⑨ 예상치 못한 스트레스	⑩ 수축 또는 균열, 오버홀
⑪ 안전계수가 낮기 때문	⑫ 노화

해답 (1) DFR : ①, ②, ③, ⑥, ⑦ (2) CFR : ⑤, ⑧, ⑨, ⑪ (3) IFR : ④, ⑩, ⑫

15. 어떤 반응공정의 수율을 올릴 목적으로 반응시간 A, 반응온도 B, 성분의 양 C의 3요인(2수준)을 택하여 $L_8(2^7)$형으로 실험을 하였다. 직교배열표에 기본 표시가 ab인 곳에 요인 A를, 기본 표시가 ac인 곳에 요인 C를 배치했다면 아래의 직교배열표를 이용한 데이터를 가지고 교호작용 효과 및 $A\times C$의 제곱합을 구하시오.

실험번호	열번호							데이터
	1	2	3	4	5	6	7	
1	0	0	0	0	0	0	0	11
2	0	0	0	1	1	1	1	14
3	0	1	1	0	0	1	1	8
4	0	1	1	1	1	0	0	15
5	1	0	1	0	1	0	1	16
6	1	0	1	1	0	1	0	20
7	1	1	0	0	1	1	0	13
8	1	1	0	1	0	0	1	12
	a	b	a b	c	a c	b c	a b c	

해답
- $A\times C=ab\times ac=bc$ → 6열에 배치
- $A\times C=\frac{1}{4}(14+8+20+13-11-15-16-12)=\frac{1}{4}(55-54)=0.25$
- $S_{A\times C}=\frac{1}{8}(14+8+20+13-11-15-16-12)^2=\frac{1}{8}(55-54)^2=0.125$

16. 폴리에스테르를 이용하여 직물을 제조하는 Y회사의 품질경영부서에서는 직물의 신율이 가장 중요한 품질특성으로 강조되어 원료의 특성(x)에 따른 직물제품의 특성(y)에 관한 신율을 조사하여 다음 데이터를 얻었다. 다음 물음에 답하시오.(단, $\alpha = 0.05$)

x	30	20	60	80	40	50	60	30	70	60
y	73	50	128	170	87	108	135	69	148	132

(1) 공분산(V_{xy})을 구하시오.

(2) 상관관계의 유·무에 관한 검정을 하시오.

(3) 모상관계수의 신뢰구간을 추정하시오.

(4) 추정회귀 직선을 구하시오.

해답 $n = 10$, $\sum x = 500$, $\bar{x} = 50$, $\sum x^2 = 28,400$, $\sum y = 1,100$, $\bar{y} = 110$, $\sum y^2 = 134,660$, $\sum xy = 61,800$

$$S_{xx} = \sum x^2 - \frac{(\sum x)^2}{n} = 3,400, \quad S_{yy} = \sum y^2 - \frac{(\sum y)^2}{n} = 13,660,$$

$$S_{xy} = \sum xy - \frac{\sum x \sum y}{n} = 6,800$$

(1) $V_{xy} = \dfrac{S(xy)}{n-1} = \dfrac{6,800}{9} = 755.55556$

(2) ① 가설 : $H_0 : \rho = 0 \quad H_1 : \rho \neq 0$

② 유의수준 : $\alpha = 0.05$

③ 검정통계량

$$t_0 = \frac{r}{\sqrt{\dfrac{1-r^2}{n-2}}} = r \cdot \sqrt{\frac{n-2}{1-r^2}} = 0.99780 \times \sqrt{\frac{10-2}{1-0.99780^2}} = 42.56975$$

$$r = \frac{S_{xy}}{\sqrt{S_{xx}S_{yy}}} = \frac{6,800}{\sqrt{3,400 \times 13,660}} = 0.99780$$

④ 기각역 : $|t_0| > t_{1-\alpha/2}(n-2) = t_{0.975}(8) = 2.306$이면 H_0를 기각한다.

⑤ 판정 : $t_0 = 42.56975 > t_{0.975}(8) = 2.306$이므로 $\alpha = 0.05$에서 H_0를 기각한다. 상관관계가 존재한다고 할 수 있다.

(3) $\tanh\left(\tanh^{-1} r \pm u_{1-\alpha/2} \dfrac{1}{\sqrt{n-3}}\right) = \tanh\left(\tanh^{-1} 0.99780 \pm 1.96 \dfrac{1}{\sqrt{7}}\right)$

$0.99036 \leq \rho \leq 0.99950$

(4) $\hat{\beta}_1 = \dfrac{S_{xy}}{S_{xx}} = \dfrac{6,800}{3,400} = 2, \quad \hat{\beta}_0 = \bar{y} - \hat{\beta}_1 \bar{x} = 110 - 2 \times 50 = 10$

$y = 10 + 2x$

2019년 제2회 기출 복원문제

01. 기계 A, B에 대하여 $n=5$의 $\bar{x}-R$ 관리도를 작성한 결과 다음과 같이 되었다. A, B의 평균치 차가 있는지 검정하시오. (단, 두 관리도는 관리상태에 있다.)

데이터

기계 A : $n=5$, $k_A=20$, $\bar{\bar{x}}_A=72.6$, $\bar{R}_A=6.4$

기계 B : $n=5$, $k_B=15$, $\bar{\bar{x}}_B=76.9$, $\bar{R}_B=6.0$

해답 두 관리도의 평균차의 검정

① 가설설정 : H_0 : $\mu_A=\mu_B$ H_1 : $\mu_A \neq \mu_B$

② 유의수준 : $\alpha=0.0027$

③ 검정 : $\bar{R}=\dfrac{k_A\overline{R_A}+k_B\overline{R_B}}{k_A+k_B}=\dfrac{20\times 6.4+15\times 6.0}{20+15}=6.22857$

$$|\bar{\bar{x}}_A-\bar{\bar{x}}_B| > A_2\bar{R}\sqrt{\frac{1}{k_A}+\frac{1}{k_B}}=|72.6-76.9|>0.577\times 6.22857\times\sqrt{\frac{1}{20}+\frac{1}{15}}$$

④ 판정 : $4.3>1.22755$이므로 H_0를 기각한다. 즉, 기계 A, B의 평균치에 차이가 있다고 할 수 있다.

02. 매일 실시되는 최종제품검사에 대한 샘플링검사의 결과를 정리하여 다음과 같은 데이터를 얻었다. 관리한계선을 구하시오.

일자	1	2	3	4	5	6	7	8	9	10
표본크기	30	30	30	40	40	40	40	50	50	50
부적합품수	2	3	6	3	5	4	4	4	6	3

해답 n이 일정하지 않으므로 p관리도를 사용한다.

$$\bar{p}=\frac{\sum np}{\sum n}=\frac{40}{400}=0.1$$

① $n=30$일 때

$$U_{CL}=\bar{p}+3\sqrt{\frac{\bar{p}(1-\bar{p})}{n}}=0.1+3\sqrt{\frac{0.1\times 0.9}{30}}=0.26432$$

$$L_{CL}=\bar{p}-3\sqrt{\frac{\bar{p}(1-\bar{p})}{n}}=0.1-3\sqrt{\frac{0.1\times 0.9}{30}}=-\text{(고려하지 않음)}$$

② $n=40$일 때

$$U_{CL}=\bar{p}+3\sqrt{\frac{\bar{p}(1-\bar{p})}{n}}=0.1+3\sqrt{\frac{0.1\times 0.9}{40}}=0.24230$$

$$L_{CL}=\bar{p}-3\sqrt{\frac{\bar{p}(1-\bar{p})}{n}}=0.1-3\sqrt{\frac{0.1\times 0.9}{40}}=-\text{(고려하지 않음)}$$

③ $n=50$일 때

$$U_{CL}=\bar{p}+3\sqrt{\frac{\bar{p}(1-\bar{p})}{n}}=0.1+3\sqrt{\frac{0.1\times 0.9}{50}}=0.22728$$

$$L_{CL}=\bar{p}-3\sqrt{\frac{\bar{p}(1-\bar{p})}{n}}=0.1-3\sqrt{\frac{0.1\times 0.9}{50}}=-\text{(고려하지 않음)}$$

03. 검사의 목적 5가지를 쓰시오.

해답 ① 적합품과 부적합품을 구별하기 위하여
② 좋은 로트와 나쁜 로트를 구분하기 위하여
③ 검사원의 정확도를 평가하기 위하여
④ 측정기의 정밀도를 평가하기 위하여
⑤ 공정능력을 측정하기 위하여
⑥ 제품설계에 필요한 정보를 얻기 위하여

04. 15kg 들이 화학약품이 60상자가 입하되었다. 약품의 순도를 조사하기 위해 우선 5상자를 랜덤하게 샘플링하고, 각각의 상자에서 6인크리먼트씩 샘플링하였다.

(1) 이 경우 모평균의 추정정밀도 $\sigma_{\bar{x}}^2$은 얼마인가? (단, $\sigma_b=0.2$, $\sigma_w=0.35$이다.)

(2) 각각의 상자에서 취한 인크리먼트는 혼합·축분하고 반복 2회 측정하였다. 모평균의 추정정밀도를 구하시오. ($\alpha=0.05$, $\sigma_r=0.1$, $\sigma_m=0.15$이다.)

해답 (1) $\sigma_{\bar{x}}^2=\dfrac{\sigma_b^2}{m}+\dfrac{\sigma_w^2}{m\bar{n}}=\dfrac{0.2^2}{5}+\dfrac{0.35^2}{5\times 6}=0.01208$

(2) $\beta_{\bar{x}}=\pm u_{1-\alpha/2}\sqrt{\dfrac{\sigma_b^2}{m}+\dfrac{\sigma_w^2}{m\bar{n}}+\sigma_r^2+\dfrac{\sigma_m^2}{2}}=\pm 1.96\sqrt{\dfrac{0.2^2}{5}+\dfrac{0.35^2}{5\times 6}+0.1^2+\dfrac{0.15^2}{2}}$

$=\pm 0.35785$

05. 어떤 제품의 확률분포가 와이블분포를 따르고 있다. $t=1,500$시간에서 $R(t)=0.939$, $t=2,000$시간에서 $R(t)=0.368$일 때 구간평균 고장률을 구하시오. (단, 유효숫자 셋째 자리까지 구하시오.)

해답 $AFR(t_1,\ t_2)=\dfrac{\ln R(t_1)-\ln R(t_2)}{t_2-t_1}=\dfrac{\ln 0.939-\ln 0.368}{2,000-1,500}=0.00187/$시간

06. 사내표준화의 요건을 5가지 적으시오.

해답 ① 실행 가능한 내용일 것
② 직관적으로 보기쉬운 표현을 할 것
③ 기록내용이 구체적이고 객관적일 것
④ 기여도가 큰 것을 택할 것
⑤ 장기적인 방침 및 체계하에서 추진할 것
⑥ 정확·신속하게 개정, 향상시킬 것
⑦ 작업표준에는 수단 및 행동을 직접 제시할 것
⑧ 당사자에게 의견을 말할 기회를 주는 방식으로 할 것

07. 어느 부품의 수명(단위 : 시간)이 형상모수가 2이고 척도모수가 1,000인 와이블분포를 따른다고 하자.
(1) $R(500)$를 구하시오.
(2) $t=500$에서 고장률 λ를 구하시오.
(3) 신뢰도를 95% 이상 유지하는 사용기간을 구하시오.

해답 (1) $R(500)=e^{-\left(\frac{t-r}{\eta}\right)^m}=e^{-\left(\frac{500-0}{1,000}\right)^2}=0.77880$

(2) $\lambda(t=500)=\dfrac{m}{\eta}\left(\dfrac{t-r}{\eta}\right)^{m-1}=\dfrac{2}{1,000}\left(\dfrac{500-0}{1,000}\right)^{2-1}=0.001/$시간

(3) $R(t)=e^{-\left(\frac{t-r}{\eta}\right)^m}\geq 0.95,\quad 0.95\leq e^{-\left(\frac{t}{1,000}\right)^2},\quad \ln 0.95\leq-\left(\dfrac{t}{1,000}\right)^2,$

$(-\ln 0.95)^{\frac{1}{2}}\times 1,000\geq t$

$t=226.48023$시간

08. ISO 9000에서 정의하고 있는 어떤 용어에 대한 설명인가?

(1) 조직과 고객 간에 어떠한 행위/거래/처리도 없이 생산될 수 있는 조직의 출력
(2) 최고경영자에 의해 공식적으로 표명된 품질 관련 조직의 전반적인 의도 및 방향으로서 품질에 관한 방침
(3) 고객의 기대가 어느 정도까지 충족되었는지에 대한 고객의 인식
(4) 요구사항을 명시한 문서
(5) 특정 대상에 대해 적용시점과 책임을 정한 절차 및 연관된 자원에 관한 시방서

해답 (1) 제품(product)
(2) 품질방침(Quality Policy)
(3) 고객만족(customer satisfaction)
(4) 시방서(Specification)
(5) 품질계획서(Quality Plan)

09. $L_8(2^7)$ 직교배열표를 이용하여 실험을 실시한 결과가 다음과 같이 주어졌다. (단, 데이터는 망대특성이다.)

실험번호	열번호							특성치
	1	2	3	4	5	6	7	
1	0	0	0	0	0	0	0	8
2	0	0	0	1	1	1	1	14
3	0	1	1	0	0	1	1	7
4	0	1	1	1	1	0	0	15
5	1	0	1	0	1	0	1	18
6	1	0	1	1	0	1	0	20
7	1	1	0	0	1	1	0	10
8	1	1	0	1	0	0	1	12
기본표시	a	b	ab	c	ac	bc	abc	
실험배치	A	B	$A\times B$	C	e	e	e	

(1) 분산분석표를 작성하고 검정을 행하시오. ($\alpha = 0.10$)
(2) 최적수준조합을 결정하시오.
(3) 최적조건의 조합평균을 구간추정하시오. (신뢰율 90%)

해답 (1) 분산분석표

요인	SS	DF	MS	F_0	$F_{0.90}$
A	32.0	1	32.0	7.11111*	5.54
B	32.0	1	32.0	7.11111*	5.54
C	40.5	1	40.5	9.00000*	5.54
$A\times B$	32.0	1	32.0	7.11111*	5.54
e	13.5	3	4.5		
T	150.0	7	150.0		

A, B, C, $A\times B$ 모두 유의하다.

① 변동

$$S_A = \frac{1}{8}[(18+20+10+12)-(8+14+7+15)]^2 = 32.0$$

$$S_B = \frac{1}{8}[(7+15+10+12)-(8+14+18+20)]^2 = 32.0$$

$$S_C = \frac{1}{8}[(14+15+20+12)-(8+7+18+10)]^2 = 40.5$$

$$S_{A\times B} = \frac{1}{8}[(7+15+18+20)-(8+14+10+12)]^2 = 32.0$$

$$S_T = \sum x^2 - \frac{(\sum x)^2}{n} = (8^2+14^2+\cdots+12^2) - \frac{104^2}{8} = 150.0$$

$$S_e = S_T - S_A - S_B - S_c - S_{A\times B} = 13.5$$

② 자유도 : 각 요인의 수준수가 2이므로

$$\nu_A = \nu_B = \nu_C = 1, \quad \nu_{A\times B} = 1, \quad \nu_T = 8-1=7, \quad \nu_e = 7-4 = 3$$

(2) A, B, C, $A\times B$가 유의하므로 AB의 2원표, C 1원표를 작성한다.

	A_0	A_1
B_0	8	18
	14	20
B_1	7	10
	15	12

C_0	C_1
8	14
7	15
18	20
10	12

망대특성이므로 $A_1B_0C_1$이 최적수준조합이다.

실험번호	열번호							특성치
	1	2	3	4	5	6	7	
1	0	0		0				8
2	0	0		1				14
3	0	1		0				7

4	0	1		1				15
5	1	0		0				18
6	1	0		1				20
7	1	1		0				10
8	1	1		1				12
기본표시	a	b		c				
실험배치	A	B		C				

(3) ① 점추정

$$\hat{\mu}(A_1B_0C_1) = \hat{\mu} + a_1 + b_0 + (ab)_{10} + c_1 = [\hat{\mu} + a_1 + b_0 + (ab)_{10}] + [\hat{\mu} + c_1] - \hat{\mu}$$

$$= \frac{38}{2} + \frac{61}{4} - \frac{104}{8} = 21.25$$

② 구간추정

$$\hat{\mu}(A_1B_0C_1) \pm t_{1-\alpha/2}(\nu_e)\sqrt{\frac{V_e}{n_e}} = 21.25 \pm t_{0.95}(3)\sqrt{\frac{4.5}{1.6}}$$

$$= (17.30390 \sim 25.19610)$$

$$n_e = \frac{\text{총실험횟수}}{\text{유효한요인의자유도의합}+1} = \frac{N}{\nu_A + \nu_B + \nu_C + \nu_{A\times B} + 1} = \frac{8}{5} = 1.6$$

10. **부분군의 크기 $n=4$의 $\bar{x}-R$ 관리도에서 $\bar{\bar{x}}=18.5$, $\bar{R}=3.09$인 관리상태이다. 지금 공정평균이 15.50으로 되었다면 본래의 3σ한계로부터 제외되는 확률은 어느 정도인가? ($n=4$일 때 $d_2=2.059$)**

해답

$$U_{CL} = \bar{\bar{x}} + 3\frac{1}{\sqrt{n}} \cdot \frac{\bar{R}}{d_2} = 18.5 + 3\frac{1}{\sqrt{4}} \cdot \frac{3.09}{2.059} = 20.75109$$

$$L_{CL} = \bar{\bar{x}} - 3\frac{1}{\sqrt{n}} \cdot \frac{\bar{R}}{d_2} = 18.5 - 3\frac{1}{\sqrt{4}} \cdot \frac{3.09}{2.059} = 16.24891$$

U_{CL} 밖으로 벗어날 확률 : $P_r\left(u > \dfrac{U_{CL}-\mu'}{\dfrac{\sigma}{\sqrt{n}}}\right) = P_r\left(u > \dfrac{U_{CL}-\mu'}{\dfrac{\bar{R}}{\sqrt{n}\,d_2}}\right)$

$$= P_r\left(u > \frac{20.75109 - 15.50}{\dfrac{3.09}{\sqrt{4}\times 2.059}}\right) = P_r(u > 7.00) = 0$$

L_{CL} 밖으로 벗어날 확률 : $P_r\left(u < \dfrac{L_{CL}-\mu'}{\dfrac{\sigma}{\sqrt{n}}}\right) = P_r\left(u < \dfrac{L_{CL}-\mu'}{\dfrac{\overline{R}}{\sqrt{n}\,d_2}}\right)$

$$= P_r\left(u < \frac{16.24891 - 15.50}{\dfrac{3.09}{\sqrt{4}\times 2.059}}\right) = P_r(u < 1.00) = 0.8413$$

$$1-\beta = p(u > 6.94446) + p(u < 1) = 0 + 0.8413 = 0.8413$$

11. 신뢰도가 0.9인 미사일 4개가 설치된 미사일 발사 시스템이 있다. 4개의 미사일 중 3개가 작동되면 이 미사일 발사 시스템은 업무 수행이 가능한 경우 이 시스템의 신뢰도는 얼마인가?

해답 $R_s(t) = \sum_{i=k}^{n}\binom{n}{i}R^i(1-R)^{n-i}$

$$= {}_4C_3 \times 0.9^3 \times (1-0.9)^1 + {}_4C_4 \times 0.9^4 \times (1-0.9)^0 = 0.9477$$

12. 전자제품의 경우 전압이 낮으면 문제가 생긴다. 애자(insulator)의 절연전압이 200KV라고 규정되어 있다. 정상적인 생산하에서의 로트가 검사에 제출되었다. 생산은 안정되어 있고 품질특성은 정규분포를 따른다고 가정한다. $\sigma = 1.2$KV로 가정하고, PRQ는 0.5%, CRQ는 2%($\alpha = 5\%$, $\beta = 10\%$)인 경우 다음 물음에 답하시오. (단, KS Q ISO 8423의 표를 사용할 것)

(1) $n_{cum} < n_t$인 경우 합격판정선과 불합격판정선을 구하시오.

(2) 다음 빈칸을 채우시오.

로트 번호	특성치 (x)	여유치 $(y=x-L)$	누계여유치 (Y)	불합격판정선 (R)	합격판정선 (A)	판정
1	199.2	−0.8	−0.8	−3.8652	7.9524	검사속행
2	199.8					
3	204.2					
4	202.7					
5	209.3					

(3) $n_{cum} = 6$까지 누적여유치가 15인 경우 로트를 판정하시오.

(4) 누계샘플 사이즈의 중지값(n_t)에서 합격판정치를 구하시오.

해답 계량축차샘플링의 파라미터 표로부터

$h_A = 4.312$, $h_R = 5.536$, $g = 2.315$, $n_t = 49$이다.

(1) $n_{cum} < n_t$인 경우

① 합격판정선

$A = h_A \sigma + g \sigma n_{cum} = 4.312 \times 1.2 + 2.315 \times 1.2 n_{cum} = 5.1744 + 2.778 n_{cum}$

② 불합격판정선

$R = - h_R \sigma + g \sigma n_{cum} = - 5.536 \times 1.2 + 2.315 \times 1.2 \times n_{cum}$

$= - 6.6432 + 2.778 n_{cum}$이다.

$Y \geq A$이면 로트를 합격, $Y \leq R$이면 로트를 불합격, $R < Y < A$이면 검사를 속행한다.

(2)

로트 번호	특성치 (x)	여유치 ($y=x-L$)	누계여유치 (Y)	불합격판정선 (R)	합격판정선 (A)	판정
1	199.2	−0.8	−0.8	−3.8652	7.9524	검사속행
2	199.8	−0.2	−1	−1.0872	10.7304	검사속행
3	204.2	4.2	3.2	1.6908	13.5084	검사속행
4	202.7	2.7	5.9	4.4688	16.2864	검사속행
5	209.3	9.3	15.2	7.2468	19.0644	검사속행

(3) $n_{cum} = 6$인 경우

① 합격판정치

$A = h_A \sigma + g \sigma n_{cum} = 4.312 \times 1.2 + 2.315 \times 1.2 \times 6 = 21.8424$

② 불합격판정치

$R = - h_R \sigma + g \sigma n_{cum} = - 5.536 \times 1.2 + 2.315 \times 1.2 \times 6 = 10.0248$이다.

$R < Y < A$이므로 검사를 속행한다.

(4) n_t에 대응하는 $A_t = g \sigma n_t = 2.315 \times 1.2 \times 49 = 136.122$

누계여유치 $Y \geq A_t$이면 로트 합격, $Y < A_t$이면 불합격처리한다.

13. 요인 A는 4수준, 요인 B는 2수준, 요인 C는 2수준, 반복 2회의 지분실험을 실시한 결과 다음과 같다. 물음에 답하시오.

$S_A = 1.89503$, $S_{B(A)} = 0.74584$, $S_{C(AB)} = 0.34083$, $S_e = 0.01935$

(1) 각 요인별 자유도를 구하시오.

(2) $\hat{\sigma}_A^2$, $\hat{\sigma}_{B(A)}^2$, $\hat{\sigma}_{C(AB)}^2$를 추정하시오.

해답

요인	S	ν	V
A	1.89503	3	0.63168
$B(A)$	0.74584	4	0.18646
$C(AB)$	0.34083	8	0.04260
e	0.01935	16	0.00121
T	3.00105	31	

(1) 자유도

$\nu_T = lmnr - 1 = 4 \times 2 \times 2 \times 2 - 1 = 31$

$\nu_A = l - 1 = 3$

$\nu_{B(A)} = l(m-1) = 4$

$\nu_{C(AB)} = lm(n-1) = 8$

$\nu_e = lmn(r-1) = 16$

(2)

$$\hat{\sigma}_A^2 = \frac{V_A - V_{B(A)}}{mnr} = \frac{0.63168 - 0.18646}{2 \times 2 \times 2} = 0.55653$$

$$\hat{\sigma}_{B(A)}^2 = \frac{V_{B(A)} - V_{C(AB)}}{nr} = \frac{0.18646 - 0.04260}{4} = 0.03597$$

$$\hat{\sigma}_{C(AB)}^2 = \frac{V_{C(AB)} - V_e}{r} = \frac{0.04260 - 0.00121}{2} = 0.02070$$

14. A, B 각각의 부품으로부터 10개씩 랜덤하게 샘플링하여 전단강도를 측정한 결과 다음과 같다. ($\sigma_A = 2\text{N/mm}^2$, $\sigma_B = 3\text{N/mm}^2$이다.)

A	27	24	22	28	26	17	20	21	23	21
B	16	24	18	13	24	16	17	15	17	18

(1) A의 평균 전단강도가 B의 평균 전단강도보다 3N/mm^2 이상 큰가를 검정하시오. ($\alpha = 0.05$)

(2) 두 전단강도의 평균치 차에 대한 95% 신뢰구간을 추정하시오.

해답 (1) σ 기지일 때 두 조 모평균차의 단측검정

① 가설 : H_0: $\mu_A - \mu_B \leq 3$ H_1: $\mu_A - \mu_B > 3$

② 유의수준 : $\alpha = 0.05$

③ $\bar{x}_A = 22.9$, $\bar{x}_B = 17.8$

검정통계량 : $u_0 = \dfrac{(\overline{x}_A - \overline{x}_B) - \delta}{\sqrt{\left(\dfrac{\sigma_A^2}{n_A} + \dfrac{\sigma_B^2}{n_B}\right)}} = \dfrac{(22.9 - 17.8) - 3}{\sqrt{\left(\dfrac{2^2}{10} + \dfrac{3^2}{10}\right)}} = 1.84182$

④ 기각역 : $u_0 > u_{1-\alpha} = u_{0.95} = 1.645$이면 H_0를 기각한다.

⑤ 판정 : $u_0 = 1.84182 > u_{0.95} = 1.645$이므로 $\alpha = 0.05$에서 H_0를 기각한다. 유의수준 5%에서 모평균의 차가 3N/mm^2보다 크다고 할 수 있다.

(2) 신뢰하한

$$(\widehat{\mu_A - \mu_B})_L = (\overline{x}_A - \overline{x}_B) - u_{1-\alpha}\sqrt{\frac{\sigma_A^2}{n_A} + \frac{\sigma_B^2}{n_B}}$$

$$= (22.9 - 17.8) - 1.645\sqrt{\frac{2^2}{10} + \frac{3^2}{10}} = 3.22441\text{N/mm}^2$$

15. M화학공정에서 촉진제의 양(x)에 따라 수율(y)이 어떻게 변하는가를 조사하였다. 상관관계의 유무를 검정하고자 한다. (단, $\alpha = 0.05$)

x	y	x	y	x	y	x	y
4.3	66	3.4	50	5.0	87	6.8	75
5.3	75	5.5	71	2.0	35	7.0	83
7.6	72	5.1	57	3.5	66	1.3	40
2.8	62	1.5	30	4.2	56	8.5	83
3.0	35	4.9	66	6.6	68	8.8	94

(1) t분포를 이용하여 검정하시오.

(2) r분포를 이용하여 검정하시오.

해답 상관계수 유무검정($\rho = 0$인 검정)

$n = 20$, $\sum x = 97.1$, $\overline{x} = 4.855$, $\sum x^2 = 564.33$, $\sum y = 1{,}271$, $\overline{y} = 63.55$

$\sum y^2 = 87{,}029$, $\sum xy = 6{,}822.4$

$S_{xx} = \sum x^2 - \dfrac{(\sum x)^2}{n} = 92.9095$, $\quad S_{yy} = \sum y^2 - \dfrac{(\sum y)^2}{n} = 6{,}256.95$,

$S_{xy} = \sum xy - \dfrac{\sum x \sum y}{n} = 651.695$

$r = \dfrac{S_{xy}}{\sqrt{S_{xx}S_{yy}}} = \dfrac{651.695}{\sqrt{92.9095 \times 6{,}256.95}} = 0.85474$

(1) t표를 사용하는 경우

① 가설 : $H_0 : \rho = 0 \qquad H_1 : \rho \neq 0$

② 유의수준 : $\alpha = 0.05$

③ 검정통계량

$$t_0 = \frac{r}{\sqrt{\frac{1-r^2}{n-2}}} = r \cdot \sqrt{\frac{n-2}{1-r^2}} = 0.85474 \times \sqrt{\frac{20-2}{1-0.85474^2}} = 6.98644$$

④ 기각역 : $|t_0| > t_{1-\alpha/2}(n-2) = t_{0.975}(18) = 2.101$이면 H_0를 기각한다.

⑤ 판정 : $t_0 = 6.98644 > t_{0.975}(18) = 2.101$이므로 $\alpha = 0.05$에서 H_0를 기각한다. 모상관계수는 0이 아니다.

(2) r표를 사용하는 경우

① 가설 : $H_0 : \rho = 0 \qquad H_1 : \rho \neq 0$

② 유의수준 : $\alpha = 0.05$

③ 검정통계량

$$r_0 = \frac{S_{xy}}{\sqrt{S_{xx}S_{yy}}} = \frac{651.695}{\sqrt{92.9095 \times 6{,}256.95}} = 0.85474$$

④ 기각역 : r표가 주어진 경우 : $|r_0| > r_{1-\alpha/2}(n-2)$이면 H_0를 기각한다.

ν \ $1-\alpha$	0.95	0.975	0.99	0.995
17	.3887	.4555	.5285	.5751
18	.3783	.4438	.5155	.5614
19	.3687	.4329	.5034	.5487

⑤ 판정 : $r_0 = 0.85474 > r_{0.975}(18) = 0.4438$이므로 $\alpha = 0.05$에서 H_0를 기각한다. 모상관계수는 0이 아니다.

16. 어떤 식료품에 포함되어 있는 A성분은 중요한 품질특성이며, 수입검사를 함에 있어서 A성분의 평균치가 46% 이상의 좋은 품질의 로트는 95% 합격시키고, 43% 이하의 나쁜 품질의 로트는 10% 이하로만 합격시키고 싶다고 하자. 시료의 크기 n과 합격판정기준을 구하시오. (단, $\sigma = 3\%$, $\alpha = 0.05$, $\beta = 0.1$)

해답 $k_\alpha = k_{0.05} = u_{1-\alpha} = u_{0.95} = 1.645$, $k_\beta = k_{0.10} = u_{1-\beta} = u_{0.90} = 1.282$, $m_0 = 46$, $m_1 = 43$, $\sigma = 3$

$$n = \left(\frac{k_\alpha + k_\beta}{m_0 - m_1}\right)^2 \cdot \sigma^2 = \left(\frac{1.645 + 1.282}{46 - 43}\right)^2 \cdot 3^2 = 8.56733 = 9\text{개}$$

$$\overline{X}_L = m_0 - k_\alpha \frac{\sigma}{\sqrt{n}} = 46 - 1.645\frac{3}{\sqrt{9}} = 44.355\%$$

2019년 제4회 기출 복원문제

01. 어느 부품의 수명(단위 : 시간)이 형상모수가 2이고 척도모수가 1,000인 와이블분포를 따른다고 하자.

(1) $R(500)$를 구하시오.

(2) $t=500$에서 고장률 λ를 구하시오.

해답 (1) $R(500)=e^{-\left(\frac{t-r}{\eta}\right)^m}=e^{-\left(\frac{500-0}{1,000}\right)^2}$=0.77880

(2) $\lambda(t=500)=\dfrac{m}{\eta}\left(\dfrac{t-r}{\eta}\right)^{m-1}=\dfrac{2}{1,000}\left(\dfrac{500-0}{1,000}\right)^{2-1}=0.001/$시간

02. 제어소자 10개를 가지고 수명시험을 시작하여 시점 $t_c=130$(시간)에 중단되었다. 시험중단 시점까지 다음과 같은 7개의 고장시간이 기록되었다. $MTTF$, λ 및 $t_0=100$(시간)에서의 신뢰도를 구하시오.

7	19	35	41	62	84	124

해답 $T=(7+19+35+41+62+84+124)+(10-7)\times 130=762$

① $MTTF=\dfrac{T}{r}=\dfrac{762}{7}=108.85714$(시간)

② $\hat{\lambda}=\dfrac{r}{T}=\dfrac{7}{762}=0.00919/$시간

③ $\hat{R}(t=100)=e^{-\hat{\lambda}t_0}=e^{-0.00919\times 100}=0.39906$

03. A공장에서는 사양이 약간씩 다른 세 종류의 전기밥솥을 같은 공정에서 생산하고 있다. 19년도에 이 공정의 전기밥솥에 대한 월평균 치명부적합수의 발생건수는 12건으로 기록되어 있다. 20년도의 연초에 공정을 개량하였더니 최근 6개월 간의 치명부적합수의 발생건수는 44건으로 나타났다. 다음 각 물음에 답하시오.

(1) 19년도와 비교해서 20년의 월평균 치명부적합수의 발생건수가 줄었다고 할 수 있겠는가? (단, 정규분포 근사법을 이용하여 검정하되 위험률은 1%를 적용하시오.)

(2) A공장의 월평균 치명부적합수의 신뢰한계를 신뢰율 99%로 구하시오.

해답 (1) U를 월평균 부적합수라고 하면

① 가설 : $H_0 : U \geq U_0 (=12)$

$H_1 : U < U_0 (=12)$

② 유의수준 : $\alpha = 0.01$

③ 검정통계량 : $u_0 = \dfrac{\dfrac{c}{n} - U_0}{\sqrt{\dfrac{U_0}{n}}} = \dfrac{\dfrac{44}{6} - 12}{\sqrt{\dfrac{12}{6}}} = -3.3$

④ 기각역 : $u_0 < -u_{1-\alpha} = -u_{0.99} = -2.326$ 이면 H_0를 기각한다.

⑤ 판정 : $u_0 = -3.3 < -u_{0.99} = -2.326$ 이므로 $\alpha = 0.01$ 에서 H_0를 기각한다.

즉, 월평균 치명부적합수의 발생건수는 줄었다고 할 수 있다.

(2) $\hat{u} + u_{1-\alpha}\sqrt{\dfrac{\hat{u}}{n}} = 7.33333 + 2.326\sqrt{\dfrac{7.33333}{6}} = 9.90482$ 건/월

04. 웨이퍼(wafer)에 폴리실리콘(polysilicon)을 침전시키는 과정은 반도체 생산공정에서 중요한 과정에 속한다. 생산된 웨이퍼의 표면에는 침전과정에서 부적합이 발생하며 이는 품질을 떨어트리는 주된 원인이 된다. 다음 표는 일정시간간격으로 웨이퍼를 한 장씩 추출하여 부적합수를 조사한 것이다.

표본번호(i)	부적합수(c_i)	표본번호(i)	부적합수(c_i)
1	10	11	14
2	9	12	9
3	8	13	6
4	10	14	7
5	12	15	13
6	8	16	9
7	3	17	8
8	12	18	12
9	8	19	15
10	8	20	9

(1) C_L, U_{CL}, L_{CL}을 구하시오.

(2) 관리도를 작성하시오.

(3) 관리상태(안정상태)의 여부를 판정하시오.

해답 (1) $C_L = \bar{c} = \dfrac{\sum c}{k} = \dfrac{190}{20} = 9.5$

$U_{CL} = \bar{c} + 3\sqrt{\bar{c}} = 9.5 + 3\sqrt{9.5} = 18.74662$

$L_{CL} = \bar{c} - 3\sqrt{\bar{c}} = 9.5 - 3\sqrt{9.5} = 0.25338$

(2)

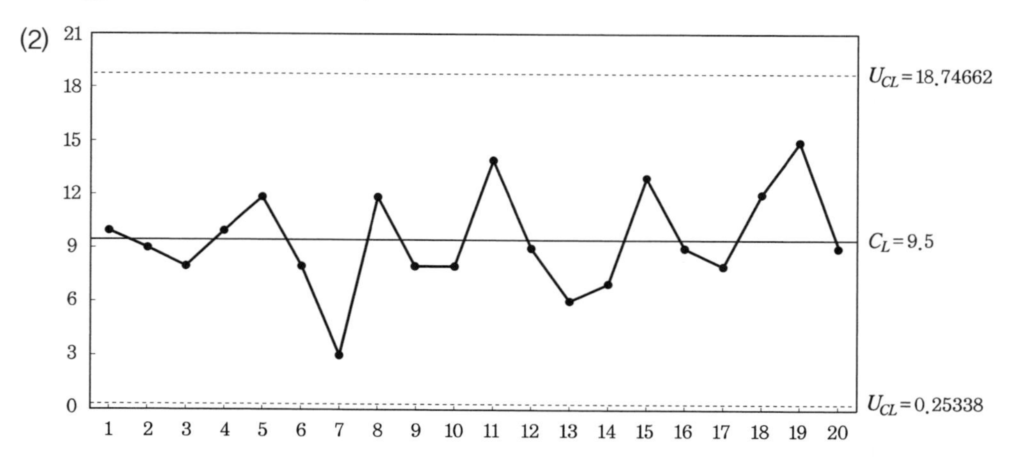

(3) 관리한계를 이탈하는 점이 없고, 점의 배열에 습관성이 존재하지 않으므로 관리 상태라고 판정할 수 있다.

05. 두 개의 서로 다른 자동차 제동장치의 성능을 비교하기 위하여 각 제동장치를 10대의 동일모형 자동차에 장착한 후에 80km/h로 달리다가 제동을 하는데 필요한 거리(m)를 관측한 결과 다음과 같다. 두 제동장치의 제동거리의 분포는 동일한 분산 σ^2을 가지며 정규분포를 따른다. 두 제동장치의 성능이 동일한가에 대한 검정을 유의수준 5% 하에서 실시하시오.

제동장치 1	10.2	10.5	10.3	10.8	9.8	10.6	10.7	10.2	10.0	10.6
제동장치 2	9.8	9.6	10.1	10.2	9.7	9.5	9.6	10.1	9.8	9.9

해답 ① 가설 : H_0: $\mu_1 = \mu_2$ H_1: $\mu_1 \neq \mu_2$

② 유의수준 : $\alpha = 0.05$

③ 검정통계량 : $t_0 = \dfrac{\bar{x}_1 - \bar{x}_2}{\sqrt{V\left(\dfrac{1}{n_1} + \dfrac{1}{n_2}\right)}} = \dfrac{10.37 - 9.83}{\sqrt{0.08122 \times \left(\dfrac{1}{10} + \dfrac{1}{10}\right)}} = 4.23689$

$$V = s^2 = \frac{S_1 + S_2}{n_1 + n_2 - 2} = \frac{0.94100 + 0.52100}{10 + 10 - 2} = 0.08122$$

④ 기각역 : $|t_0| > t_{1-\alpha/2}(n_1 + n_2 - 2) = t_{0.975}(18) = 2.101$ 이면 H_0를 기각한다.

⑤ 판정 : $t_0 = 4.23689 > t_{1-\alpha/2}(n_1 + n_2 - 2) = t_{0.975}(18) = 2.101$ 이므로 $\alpha = 0.05$에서 H_0를 기각한다. 유의수준 5%에서 두 제동장치의 성능이 동일하다고 할 수 없다.

06. 계량규준형 1회 샘플링검사에서 $\alpha = 0.05$, $\beta = 0.1$, $\overline{X}_U = 500$, $\sigma = 10$, $n = 4$일 때 물음에 답하시오.

(1) α, β를 만족하는 m_0, m_1을 구하시오. (단, 소수점 이하 3째 자리에서 맺음할 것)

(2) 다음 표의 빈칸을 채우고, α, β, m_0, m_1, $\overline{X}_U$의 값을 기입한 OC 곡선을 작성하시오.

m	$K_{L(m)} = \dfrac{m - \overline{X}_U}{\sigma/\sqrt{n}}$	$L(m)$
m_0		
$\overline{X}_U$		
m_1		

해답 (1) m_0, m_1

$$\overline{X}_U = m_0 + k_\alpha \frac{\sigma}{\sqrt{n}}$$

$$500 = m_0 + 1.645\frac{10}{\sqrt{4}},\ m_0 = 491.775$$

$$\overline{X}_U = m_1 - k_\beta \frac{\sigma}{\sqrt{n}}$$

$$500 = m_1 - 1.282\frac{10}{\sqrt{4}},\ m_1 = 506.410$$

(2)

m	$K_{L(m)} = \dfrac{m-\overline{X}_U}{\sigma/\sqrt{n}}$	$L(m)$
491.775 (m_0)	$\dfrac{491.775-500}{10/\sqrt{4}} = -1.645$	0.95
500 ($\overline{X}_U$)	$\dfrac{500-500}{10/\sqrt{4}} = 0$	0.50
506.410 (m_1)	$\dfrac{506.41-500}{10/\sqrt{4}} = 1.282$	0.10

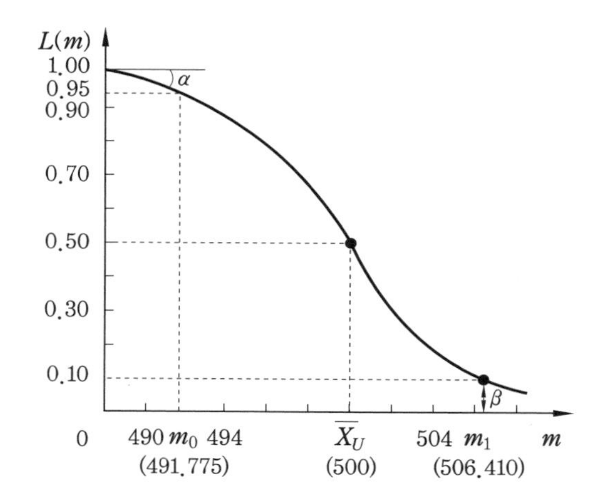

07. 어떤 전자부품 치수의 상한 규격치가 55mm라고 규정했을 때, 55mm를 넘는 것이 0.4% 이하인 로트는 통과시키고, 3% 이상인 로트는 통과시키지 않도록 하는 계량규준형 1회 샘플링검사 방식에서 n과 $\overline{X}_U$를 구하시오. (단, $\sigma = 2$, $\alpha = 0.05$, $\beta = 0.10$, $k_{0.004} = 2.652$, $k_{0.03} = 1.881$)

해답 $k_{p_0}=k_{0.004}=2.652$, $k_{p_1}=k_{0.03}=1.881$, $k_\alpha=k_{0.05}=1.64$, $k_\beta=k_{0.10}=1.28$

(1) $n=\left(\dfrac{k_\alpha+k_\beta}{k_{p_0}-k_{p_1}}\right)^2=\left(\dfrac{1.645+1.282}{2.652-1.881}\right)^2=14.41241=15$개

$$k=\frac{k_{p_0}k_\beta+k_{p_1}k_\alpha}{k_\alpha+k_\beta}=\frac{2.652\times1.282+1.881\times1.645}{1.645+1.282}=2.21869$$

(2) $\overline{X}_U=U-k\sigma=55-2.21869\times2=50.56262$

---

08. 어떤 시스템의 수명이 고장률 $\lambda=0.001$(/시간)인 지수분포에 따른다.

(1) 이 기계가 500시간 지나도 작동할 확률은 얼마인가?

(2) 이미 1,000시간을 사용한 제품이 앞으로 100시간을 더 사용할 때 고장없이 작업을 수행할 신뢰도는 얼마인가?

해답 고장률이 일정한 경우이므로 지수분포를 따른다.

(1) $R(t=500)=e^{-\lambda t}=e^{-0.001\times500}=e^{-0.5}=0.60653$

(2) $R(t)=\dfrac{R(t=1,100)}{R(t=1,000)}=\dfrac{e^{-0.001\times1,100}}{e^{-0.001\times1,000}}=0.90484$

---

09. 나일론 실의 방사 과정에서 일정 시간 동안 발생되는 사절수가 어떤 요인에 크게 영향을 받는가를 대략적으로 알아보기 위하여 3요인 A(연신 온도), B(회전수), C(원료의 종류)를 각각 다음과 같이 4수준으로 잡고 4×4 라틴방격법을 이용해 실험을 실시한 결과 다음과 같은 데이터를 얻었다. 물음에 답하시오.

	A_1	A_2	A_3	A_4
B_1	$C_3(15)$	$C_1(4)$	$C_4(8)$	$C_2(19)$
B_2	$C_1(5)$	$C_3(19)$	$C_2(9)$	$C_4(16)$
B_3	$C_4(15)$	$C_2(16)$	$C_3(19)$	$C_1(17)$
B_4	$C_2(19)$	$C_4(26)$	$C_1(14)$	$C_3(34)$

(1) 분산분석표를 작성하시오. ($E(MS)$ 포함)

(2) $\mu(B_3C_3)$수준조합의 95% 신뢰구간을 추정하시오.

해답 (1) 분산분석표

요인	SS	DF	MS	F_0	$F_{0.95}$	$F_{0.99}$	$E(MS)$
A	3.55556	2	1.7778	0.84212	19.0	99.0	$\sigma_e^2+3\sigma_A^2$
B	61.55556	2	30.7778	14.57897	19.0	99.0	$\sigma_e^2+3\sigma_B^2$
C	310.88889	2	155.44445	73.63162*	19.0	99.0	$\sigma_e^2+3\sigma_C^2$
e	4.22221	2	2.11111				σ_e^2
T	380.22222	8					

A, B, C 모든 요인이 유의수준 1%로 유의하다.

① $S_T=\sum\sum\sum x_{ijl}^2-CT=4909-\dfrac{255^2}{16}=844.9375$

② $S_A=\sum\dfrac{T_{i\cdot\cdot}^2}{k}-CT=\dfrac{1}{4}(54^2+65^2+50^2+86^2)-\dfrac{255^2}{16}=195.1875$

③ $S_B=\sum\dfrac{T_{\cdot j\cdot}^2}{k}-CT=\dfrac{1}{4}(46^2+49^2+67^2+93^2)-\dfrac{255^2}{16}=349.6875$

④ $S_C=\sum\dfrac{T_{\cdot\cdot l}^2}{k}-CT=\dfrac{1}{4}(40^2+63^2+87^2+65^2)-\dfrac{255^2}{16}=276.6875$

⑤ $S_e=S_T-(S_A+S_B+S_C)=23.3750$

⑥ $\nu_T=k^2-1=16-1=15$, $\nu_A=\nu_B=\nu_C=k-1=3$,

$\nu_e=(k-1)(k-2)=2\times1=6$

⑦ $V_A=\dfrac{S_A}{\nu_A}=\dfrac{195.1875}{3}=65.0625$, $V_B=\dfrac{S_B}{\nu_B}=\dfrac{349.6875}{3}=116.5625$

$V_C=\dfrac{S_C}{\nu_C}=\dfrac{276.6875}{3}=92.22917$, $V_e=\dfrac{S_e}{\nu_e}=\dfrac{23.3750}{6}=3.89583$

⑧ $F_0(A)=\dfrac{V_A}{V_e}=\dfrac{65.0625}{3.89583}=16.701$

$F_0(B)=\dfrac{V_B}{V_e}=\dfrac{116.5625}{3.89583}=29.920$

$F_0(C)=\dfrac{V_C}{V_e}=\dfrac{92.22917}{3.89583}=23.674$

(2) A, B, C 모든 요인이 유의하다.

$$n_e=\frac{\text{총실험횟수}}{\text{유의한 요인의자유도의 합}+1}=\frac{k^2}{(3k-2)}=\frac{4^2}{10}=1.6$$

10. 어떤 합성섬유의 특성치를 올리기 위해 방사중에 구금공경 A, 구금배열 B, 온도 C, 풍량 D의 4요인을 골라 실험을 하였다. 교호작용은 $A\times B$만을 구하고 싶다. $L_{16}(2^{15})$형의 직교배열표에서 A를 6열, B를 9열, 따라서 $A\times B$를 15열에, C를 1, 10, 11열에, D를 2열에 배치하여 분산분석표를 작성하였다.

실험번호	1	2	3	4	5	6	7	8	9	10	11	12	13	14	15	실험 데이터
1	0	0	0	0	0	0	0	0	0	0	0	0	0	0	0	64
2	0	0	0	0	0	0	0	1	1	1	1	1	1	1	1	58
3	0	0	0	1	1	1	1	0	0	0	0	1	1	1	1	82
4	0	0	0	1	1	1	1	1	1	1	1	0	0	0	0	59
5	0	1	1	0	0	1	1	0	0	1	1	0	0	1	1	75
6	0	1	1	0	0	1	1	1	1	0	0	1	1	0	0	67
7	0	1	1	1	1	0	0	0	0	1	1	1	1	0	0	62
8	0	1	1	1	1	0	0	1	1	0	0	0	0	1	1	68
9	1	0	1	0	1	0	1	0	1	0	1	0	1	0	1	76
10	1	0	1	0	1	0	1	1	0	1	0	1	0	1	0	64
11	1	0	1	1	0	1	0	0	1	0	1	1	0	1	0	76
12	1	0	1	1	0	1	0	1	0	1	0	0	1	0	1	77
13	1	1	0	0	1	1	0	0	1	1	0	0	1	1	0	75
14	1	1	0	0	1	1	0	1	0	0	1	1	0	0	1	85
15	1	1	0	1	0	0	1	0	1	1	0	1	0	0	1	77
16	1	1	0	1	0	0	1	1	0	0	1	0	1	1	0	70
기본표시	a	b	a b	c	a c	b c	a b c	d	a d	b d	a b d	c d	a c d	b c d	a b c d	$T=1212$
실험배치	C	D	e	e	e	A	e	e	B	C	C	e	e	e	$A\times B$	

분산분석표

요인	SS	DF	MS	F_0	$F_{0.90}$
A	203.1	1	203.1	15.04*	3.46
B	33.1	1	33.1	2.45	3.46
C	379.8	3	126.6	9.38*	2.92
D	33.1	1	33.1	2.45	3.46
$A\times B$	232.6	1	232.6	17.23*	3.46
e	107.72	8	13.5		

(1) AB의 2원표와 C 1원표를 작성하시오.

(2) 최적수준조합을 구하시오.

(3) 최적수준조합의 점추정치와 신뢰율 90%로 구간추정하시오.

해답 (1)

AB의 2원표			
	A_0	A_1	계
B_0	64+62+64+70=260	82+75+77+85=319	579
B_1	58+68+76+77=279	59+67+76+75=277	556
계			

C 1원표			
C_0	C_1	C_2	C_3
64+82+67+68=281	58+59+75+62=254	76+76+85+70=307	64+77+75+77=293

실험 번호	열번호															실험 데이터
	1									10	11					
1	0									0	0					64
2	0									1	1					58
3	0									0	0					82
4	0									1	1					59
5	0									1	1					75
6	0									0	0					67
7	0									1	1					62
8	0									0	0					68
9	1									0	1					76
10	1									1	0					64
11	1									0	1					76
12	1									1	0					77
13	1									1	0					75
14	1									0	1					85
15	1									1	0					77
16	1									0	1					70
기본 표시	a									b d	a b d					$T=1135$
실험 배치	C									C	C					

(2) AB의 2원표로부터 A_1B_0, C의 1원표로부터 C_2의 특성치가 가장 높다. 따라서 최적조건은 $A_1B_0C_2$이다.

(3) ① 점추정

$$\hat{\mu}(A_1B_0C_2) = \hat{\mu} + a_1 + (ab)_{10} + c_2$$
$$= [\hat{\mu} + a_1 + b_0 + (ab)_{10}] + [\hat{\mu} + c_2] - [\hat{\mu} + b_0]$$
$$= \frac{319}{4} + \frac{307}{4} - \frac{579}{8} = 84.125$$

② 구간추정(신뢰율 90%)

$$\hat{\mu}(A_1B_0C_2) \pm t_{1-\alpha/2}(\nu_e)\sqrt{\frac{V_e}{n_e}} = 84.125 \pm t_{0.95}(8)\sqrt{\frac{13.5}{2.66667}}$$
$$= (79.94000 \sim 88.31000)$$

$$n_e = \frac{\text{총실험횟수}}{\text{유효한 요인의 자유도의 합} + 1} = \frac{N}{\nu_A + \nu_C + \nu_{A \times B} + 1}$$
$$= \frac{16}{6} = 2.66667$$

11. 측정시스템의 5가지 변동유형 중 반복성과 재현성에 대해 기술하시오.

해답 (1) 반복성(repeatability)

동일 작업자가 동일 계측기로 동일 제품을 측정하였을 때 측정값의 변동

(2) 재현성(reproducibility)

동일 계측기로 동일 제품을 여러 작업자가 측정하였을 때 나타나는 결과의 차이

12. x 관리도에서 $U_{CL} = 9$, $L_{CL} = 3$이고, 규격과 공차가 11.2 ± 4일 때 공정능력지수 C_p의 값을 계산하시오.

해답 $U_{CL} - L_{CL} = 6\sigma$, $\sigma = 1$

$$C_p = \frac{U-L}{6\sigma} = \frac{15.2 - 7.2}{6 \times 1} = 1.33333$$

13. 히스토그램의 작성목적을 3가지 쓰시오.

해답 ① 데이터의 흩어진 모습, 즉 분포상태 파악이 용이하다.

② 공정능력을 알 수 있다.

③ 공정의 해석·관리에 용이하다.

④ 규격치와 대비하여 공정의 현상이 파악된다.

14. Y회사는 어떤 부품의 수입검사에 KS Q ISO 2859-1을 사용하고 있다. 검토 후 $AQL = 1.0\%$, 검사수준은 II로 1회 샘플링검사를 하고 있다. 10로트를 보통검사한 결과 다음과 같이 되었다. 다음의 빈칸을 채우시오.(KS Q ISO 2859-1의 표를 사용할 것)

로트 번호	N	시료 문자	n	A_c	R_e	부적합 품수	합격 판정	전환 점수	샘플링검사의 엄격도
1	800					0			보통검사로 속행
2	1600					1			
3	400					2			
4	2500					1			
5	2000					2			
6	1200					0			
7	450					0			
8	1500					1			
9	1000					0			
10	1500					3			

해답

로트 번호	N	시료 문자	n	A_c	R_e	부적합 품수	합격 판정	전환 점수	샘플링검사의 엄격도
1	800	J	80	2	3	0	합격	3	보통검사로 속행
2	1600	K	125	3	4	1	합격	6	보통검사로 속행
3	400	H	50	1	2	2	불합격	0	보통검사로 속행
4	2500	K	125	3	4	1	합격	3	보통검사로 속행
5	2000	K	125	3	4	2	합격	6	보통검사로 속행
6	1200	J	80	2	3	0	합격	9	보통검사로 속행
7	450	H	50	1	2	0	합격	11	보통검사로 속행
8	1500	K	125	3	4	1	합격	14	보통검사로 속행
9	1000	J	80	2	3	0	합격	17	보통검사로 속행
10	1500	K	125	3	4	3	합격	0	보통검사로 속행

15. $n=4$인 $\overline{x}$ 관리도의 3σ한계로서 $U_{CL}=12.6$, $L_{CL}=6.6$이며, 완전한 관리상태이다.

(1) $\sigma_{\overline{x}}$는 얼마인가?

(2) 개개치 데이터의 산포(σ_H)를 구하시오.

해답 완전한 관리상태인 경우 $\sigma_b=0$이다.

(1) $U_{CL}-L_{CL}=6\dfrac{\sigma_w}{\sqrt{n}}$, $12.6-6.6=6\dfrac{\sigma_w}{\sqrt{4}}$, $\sigma_w=2$

$$\sigma_{\overline{x}}^2=\frac{\sigma_w^2}{n}+\sigma_b^2=\frac{2^2}{4}+0=1$$

(2) $\sigma_H^2=\sigma_w^2+\sigma_b^2=2^2+0=2^2$

$\sigma_H=2$

2020년 제1회 기출 복원문제

01. 25마리의 젖소를 키우는 목장에서 두 종류의 사료가 우유생산량에 미치는 영향을 비교하려고 한다. 25마리 중 임의로 선택된 13마리에게는 한 종류의 사료를 주고, 나머지 12마리에게는 다른 종류의 사료를 주어 3일간 조사한 결과 다음과 같은 데이터가 주어졌다.

사료 1	43	44	57	46	47	42	58	55	49	35	46	30	41
사료 2	35	47	55	59	43	39	32	41	42	57	54	39	

(1) 사료에 따른 우유생산량에 차이가 있는가를 유의수준 5%에서 가설검정하시오.
(2) 이들 사료에 따른 우유생산량의 차이에 대한 95% 신뢰구간을 구하시오.

해답 등분산성검정 실시

① 가설 : $H_0 : \sigma_1^2 = \sigma_2^2$ $\quad H_1 : \sigma_1^2 \neq \sigma_2^2$

② 유의수준 : $\alpha = 0.05$

③ 검정통계량 : $F_0 = \dfrac{V_1}{V_2} = \dfrac{65.42308}{81.29545} = 0.80476$

④ 기각역 : $F_0 < F_{\alpha/2}(\nu_A,\ \nu_B) = F_{0.025}(12,\ 11) = \dfrac{1}{F_{0.975}(11,\ 12)} = \dfrac{1}{3.32}$

$= 0.30120$

또는 $F_0 > F_{1-\alpha/2}(\nu_1, \nu_2) = F_{0.975}(12,\ 11) = 3.43$이면 H_0를 기각한다.

⑤ 판정 : $F_{0.025}(12,\ 11) = 0.30120 < F_0 = 0.80476 < F_{0.975}(12,\ 11) = 3.43$이므로 $\alpha = 0.05$에서 H_0를 채택한다. 유의수준 5%에서 산포가 다르다고 할 수 없다.

(1) ① 가설 : $H_0 : \mu_1 = \mu_2$ $\quad H_1 : \mu_1 \neq \mu_2$

② 유의수준 : $\alpha = 0.05$

③ 검정통계량 : $t_0 = \dfrac{\bar{x}_1 - \bar{x}_2}{\sqrt{V\left(\dfrac{1}{n_1} + \dfrac{1}{n_2}\right)}} = \dfrac{45.61538 - 45.25}{\sqrt{73.01421 \times \left(\dfrac{1}{13} + \dfrac{1}{12}\right)}} = 0.10682$

$$V = s^2 = \frac{S_1 + S_2}{n_1 + n_2 - 2} = \frac{65.42308 \times 12 + 81.29545 \times 11}{13 + 12 - 2} = 73.01421$$

④ 기각역 : $|t_0| > t_{1-\alpha/2}(n_1+n_2-2) = t_{0.975}(23) = 2.069$이면 H_0를 기각한다.

⑤ 판정 : $t_0 = 0.10682 < t_{0.975}(23) = 2.069$이므로 $\alpha = 0.05$에서 H_0를 채택한다. 유의수준 5%에서 우유생산량에 차이가 있다고 할 수 없다.

(2) $(\bar{x}_1 - \bar{x}_2) \pm t_{1-\alpha/2}(n_1+n_2-2)\sqrt{V\left(\frac{1}{n_1}+\frac{1}{n_2}\right)}$

$= (45.61538 - 45.25) \pm 2.069\sqrt{73.01421\left(\frac{1}{13}+\frac{1}{12}\right)}$

$-6.71199 \le (\mu_1 - \mu_2) \le 7.44275$

02. 다음의 분산분석표에서 S_r을 구하시오.

요인	SS	DF	MS
직선회귀(R)	191	1	191
나머지(r)			2
급간(A)			
급내(e)		16	1
T	211	19	

해답

요인	SS	DF	MS
직선회귀(R)	191	1	191
나머지(r)	4	2	2
급간(A)	195	3	65
급내(e)	16	16	1
T	211	19	

$\nu_A = \nu_T - \nu_e = 19 - 16 = 3$, $\nu_r = \nu_A - \nu_R = 3 - 1 = 2$

$S_e = \nu_e \times V_e = 1 \times 16 = 16$, $S_A = S_T - S_e = 211 - 16 = 195$,

$S_r = S_A - S_R = 195 - 191 = 4$

03. 공정부적합품률 $\bar{p} = 0.07$인 공정에 p 관리도를 적용하고 있다. 이 공정부적합품률이 0.02로 변화할 때 이 변화를 1회의 샘플로써 탐지하는 확률이 0.5 이상이 되도록 하기 위해서는 샘플의 크기는 얼마 이상되어야 하는가?

해답 부적합품률이 L_{CL}쪽으로 대폭 감소된 경우이다. 따라서 U_{CL}을 벗어날 확률은 0으로 본다.

$$L_{CL} = \bar{p} - 3\sqrt{\frac{\bar{p}(1-\bar{p})}{n}} = 0.07 - 3\sqrt{\frac{0.07 \times (1-0.07)}{n}} = 0.07 - \frac{0.76544}{\sqrt{n}}$$

$$P_r(\hat{p} < L_{CL}) = P_r\left(u < \frac{L_{CL} - \bar{p}}{\sqrt{\frac{\bar{p}(1-\bar{p})}{n}}}\right) = P_r\left(u < \frac{\left(0.07 - \frac{0.76544}{\sqrt{n}}\right) - 0.02}{\sqrt{\frac{0.02(1-0.02)}{n}}}\right) \geq 0.5$$

$$\frac{\left(0.07 - \frac{0.76544}{\sqrt{n}}\right) - 0.02}{\sqrt{\frac{0.02(1-0.02)}{n}}} = 0, \qquad 0.07 - \frac{0.76544}{\sqrt{n}} - 0.02 = 0,$$

$n > 234.35936$, $n = 235$

04. 품질경영의 7원칙을 쓰시오.

해답 ① 고객 중시 ② 리더십
③ 관계관리/관계경영 ④ 개선
⑤ 프로세스접근법 ⑥ 인원의 적극참여
⑦ 증거기반 의사결정

05. A, B, C는 각각 변량요인으로 A는 일간요인, B는 일별로 두 대의 트럭을 랜덤하게 선택한 것이며, C는 트럭 내에서 랜덤하게 두 삽을 취한 것이고, 각 삽에서 두 번에 걸쳐 소금의 염도를 측정한 것이다. 이 실험은 A_1에서 $2 \times 2 \times 2 = 8$회를 랜덤하게 하여 데이터를 얻고, A_2에서 8회를 랜덤하게, A_3와 A_4에서도 같은 방법으로 하여 얻은 것이다.

		A_1	A_2	A_3	A_4
B_1	C_1	2.30	2.89	2.35	2.30
		2.33	2.82	2.39	2.38
	C_2	2.53	3.14	2.59	2.44
		2.55	3.12	2.53	2.45
B_2	C_1	2.04	2.56	2.10	2.03
		2.05	2.54	2.06	1.94
	C_2	2.22	2.76	2.29	2.12
		2.20	2.84	2.34	2.15

(1) 데이터의 구조식을 쓰시오.

(2) 다음의 분산분석표를 완성하시오.

요인	S	ν	V	F_0	$E(V)$
A	1.89503				
$B(A)$	0.74584				
$C(AB)$	0.34083				
e	0.01935				
T	3.00105				

해답 (1) 데이터 구조식

$$x_{ijkp} = \mu + a_i + b_{j(i)} + c_{k(ij)} + e_{p(ijk)}$$

(2) 분산분석표

요인	S	ν	V	F_0	$E(V)$
A	1.89503	3	0.63168	3.38775	$\sigma_e^2 + 2\sigma_{C(AB)}^2 + 4\sigma_{B(A)}^2 + 8\sigma_A^2$
$B(A)$	0.74584	4	0.18646	4.3770*	$\sigma_e^2 + 2\sigma_{C(AB)}^2 + 4\sigma_{B(A)}^2$
$C(AB)$	0.34083	8	0.04260	35.20661**	$\sigma_e^2 + 2\sigma_{C(AB)}^2$
e	0.01935	16	0.00121		σ_e^2
T	3.00105	31			

① 자유도

$$\nu_T = lmnr - 1 = 4 \times 2 \times 2 \times 2 - 1 = 31$$

$$\nu_A = l - 1 = 3$$

$$\nu_{B(A)} = l(m-1) = 4$$

$$\nu_{C(AB)} = lm(n-1) = 8$$

$$\nu_e = lmn(r-1) = 16$$

② $F_0(A) = \dfrac{0.63168}{0.18646} = 3.38775$

$$F_0(B(A)) = \frac{0.18646}{0.04260} = 4.3770$$

$$F_0(C(AB)) = \frac{0.04260}{0.00121} = 35.20661$$

06. 동(銅) 전해의 양극 찌꺼기 중에 포함되는 니켈을 회수하기 위하여 양극 찌꺼기에 황산을 가하여 오토클레이브 내에서 가압 침출을 행하였다. 이 니켈의 침출률에 영향을 미치는 원인으로 A(황산농도), B(침출시간), C(침출온도)를 선택하여 3×3라틴방격법으로 배치하여 실험하였다.

	A_1	A_2	A_3
B_1	$C_1=64$	$C_2=67$	$C_3=76$
B_2	$C_2=73$	$C_3=81$	$C_1=65$
B_3	$C_3=83$	$C_1=68$	$C_2=75$

(1) 분산분석표를 작성하시오. ($E(MS)$ 포함)

(2) $\mu(B_3C_3)$수준조합의 95% 신뢰구간을 추정하시오.

해답 (1) 분산분석표

요인	SS	DF	MS	F_0	$F_{0.95}$	$F_{0.99}$	$E(MS)$
A	3.55556	2	1.7778	0.84212	19.0	99.0	$\sigma_e^2+3\sigma_A^2$
B	61.55556	2	30.7778	14.57897	19.0	99.0	$\sigma_e^2+3\sigma_B^2$
C	310.88889	2	155.44445	73.63162*	19.0	99.0	$\sigma_e^2+3\sigma_C^2$
e	4.22221	2	2.11111				σ_e^2
T	380.22222	8					

① $S_T=\sum\sum\sum x_{ijl}^2-CT=47{,}614-\dfrac{652^2}{9}=380.22222$

② $S_A=\sum\dfrac{T_{i..}^2}{k}-CT=\dfrac{1}{3}(220^2+216^2+216^2)-\dfrac{652^2}{9}=3.55556$

③ $S_B=\sum\dfrac{T_{.j.}^2}{k}-CT=\dfrac{1}{3}(207^2+219^2+226^2)-\dfrac{652^2}{9}=61.55556$

④ $S_C=\sum\dfrac{T_{..l}^2}{k}-CT=\dfrac{1}{3}(197^2+215^2+240^2)-\dfrac{652^2}{9}=310.88889$

⑤ $S_e=S_T-(S_A+S_B+S_C)=4.22221$

⑥ $\nu_T=k^2-1=9-1=8,\quad \nu_A=\nu_B=\nu_C=k-1=2,$

$\nu_e=(k-1)(k-2)=2\times1=2$

⑦ $V_A=\dfrac{S_A}{\nu_A}=\dfrac{3.55556}{2}=1.7778,\ V_B=\dfrac{S_B}{\nu_B}=\dfrac{61.55556}{2}=30.7778,$

$V_C=\dfrac{S_C}{\nu_C}=\dfrac{310.88889}{2}=155.44445,\ V_e=\dfrac{S_e}{\nu_e}=\dfrac{4.22221}{2}=2.11111$

⑧ $F_0(A) = \dfrac{V_A}{V_e} = \dfrac{1.7778}{2.11111} = 0.84212$

$F_0(B) = \dfrac{V_B}{V_e} = \dfrac{30.7778}{2.11111} = 14.57897$

$F_0(C) = \dfrac{V_C}{V_e} = \dfrac{155.44445}{2.11111} = 73.63162$

(2) $\mu(B_3C_3)$수준조합의 95% 신뢰구간

$(\bar{x}_{.j.} + \bar{x}_{..l} - \bar{\bar{x}}) \pm t_{1-\frac{\alpha}{2}}(\nu_e)\sqrt{\dfrac{V_e}{n_e}}$

$\left(\dfrac{226}{3} + \dfrac{240}{3} - \dfrac{652}{9}\right) \pm t_{0.975}(2)\sqrt{\dfrac{2.11111}{1.8}}$, $\quad n_e = \dfrac{k^2}{(2k-1)} = \dfrac{3^2}{5} = 1.8$

$78.22884 \le \mu(B_3C_3) \le 87.54894$

07. 어떤 시스템의 수명이 고장률 $\lambda = 0.001$(/시간)인 지수분포에 따른다.

(1) 제품의 평균 수명과 분산을 구하시오.

(2) 이 기계가 500시간 지나도 작동할 확률은 얼마인가?

(3) 이미 1,000시간을 사용한 제품이 앞으로 100시간을 더 사용할 때 고장없이 작업을 수행할 신뢰도는 얼마인가?

해답 고장률이 일정한 경우이므로 지수분포를 따른다.

(1) $E(t) = \dfrac{1}{\lambda} = 1{,}000$시간, $V(t) = \left(\dfrac{1}{\lambda}\right)^2 = 1{,}000{,}000$시간

(2) $R(t=500) = e^{-\lambda t} = e^{-0.001 \times 500} = e^{-0.5} = 0.60653$

(3) $R(t) = \dfrac{R(t=1{,}100)}{R(t=1{,}000)} = \dfrac{e^{-0.001 \times 1{,}100}}{e^{-0.001 \times 1{,}000}} = 0.90484$

08. 어떤 전자부품의 치수는 65mm 이하로 규정되어 있다. $n=8$, $k=1.74$의 계량규준형 1회 샘플링검사를 행한 결과 다음의 데이터를 얻었다. 로트의 합격·불합격을 판정하시오. (단, $\sigma = 1.4\text{mm}$임을 알고 있다.)

데이터							
63.2,	64.5,	63.8,	66.0,	64.0,	62.8,	63.5,	65.2

해답 $n=8,\ k=1.74,\ \sigma=1.4\text{mm}$

$$\bar{x}=\frac{\sum x}{n}=\frac{513}{8}=64.125$$

$$\overline{X}_U=U-k\sigma=65-1.74\times1.4=62.564$$

$\bar{x}=64.125>\overline{X}_U=62.564$이므로 로트를 불합격으로 판정한다.

09. Y회사는 어떤 부품의 수입검사에 KS Q ISO 2859-1을 사용하고 있다. 검토 후 $AQL=1.0\%$, 검사수준은 Ⅲ으로 1회 샘플링검사를 보통검사로 시작하여 실시하였다. (KS Q ISO 2859-1의 표를 사용할 것)

(1) 다음 빈칸을 채우시오.

로트 번호	N	시료 문자	n	A_c	R_e	부적합 품수	합격 판정	전환 점수	샘플링검사의 엄격도
1	250	H	50	1	2	0	합격	2	보통검사로 시작
2	200					2			
3	800					1			
4	250					0			
5	200					2			

(2) 로트번호 6에서 샘플링 검사의 엄격도를 결정하시오.

해답 (1)

로트 번호	N	시료 문자	n	A_c	R_e	부적합 품수	합격 판정	전환 점수	샘플링검사의 엄격도
1	250	H	50	1	2	0	합격	2	보통검사로 시작
2	200	H	50	1	2	2	불합격	0	보통검사로 속행
3	800	K	125	3	4	1	합격	3	보통검사로 속행
4	250	H	50	1	2	0	합격	5	보통검사로 속행
5	200	H	50	1	2	2	불합격	0	까다로운 검사로 전환

(2) 연속5로트 중 2로트가 불합격하여 까다로운 검사를 실시한다.

10. 에나멜 동선의 도장 공정을 관리하기 위하여 핀홀수를 조사하였다. 1,000m당의 핀홀수를 사용하여 관리도를 작성하려고 한다.

(1) 어떤 관리도를 사용하는 것이 좋겠는가?

(2) 10번째군의 단위당 부적합수를 구하시오.

(3) C_L값과 각각에 대한 U_{CL}, L_{CL}을 구하시오.

(4) 관리도를 작성하고 판정하시오

표본번호(i)	1	2	3	4	5	6	7	8	9	10	11	12	13	14	15
시료의 크기 n (1,000m)	1.0	1.0	1.0	1.0	1.0	1.3	1.3	1.3	1.3	1.3	1.3	1.3	1.3	1.3	1.3
부적합수 c	4	5	3	5	3	6	2	4	2	5	1	2	3	5	2

해답 (1) u관리도

(2) $u=\dfrac{c}{n}=\dfrac{5}{1.3}=3.48615$

(3) $C_L=\overline{u}=\dfrac{\sum c}{\sum n}=\dfrac{52}{18}=2.88889$

① $n=1$인 경우

$$U_{CL}=\overline{u}+3\sqrt{\frac{\overline{u}}{n_i}}=2.88889+3\sqrt{\frac{2.88889}{1}}=7.98791$$

$$L_{CL}=\overline{u}-3\sqrt{\frac{\overline{u}}{n_i}}=2.88889-3\sqrt{\frac{2.88889}{1}}=-\text{(고려하지 않음)}$$

② $n=1.3$인 경우

$$U_{CL}=\overline{u}+3\sqrt{\frac{\overline{u}}{n_i}}=2.88889+3\sqrt{\frac{2.88889}{1.3}}=7.36103$$

$$L_{CL}=\overline{u}-3\sqrt{\frac{\overline{u}}{n_i}}=2.88889-3\sqrt{\frac{2.88889}{1.3}}=-\text{(고려하지 않음)}$$

(4)

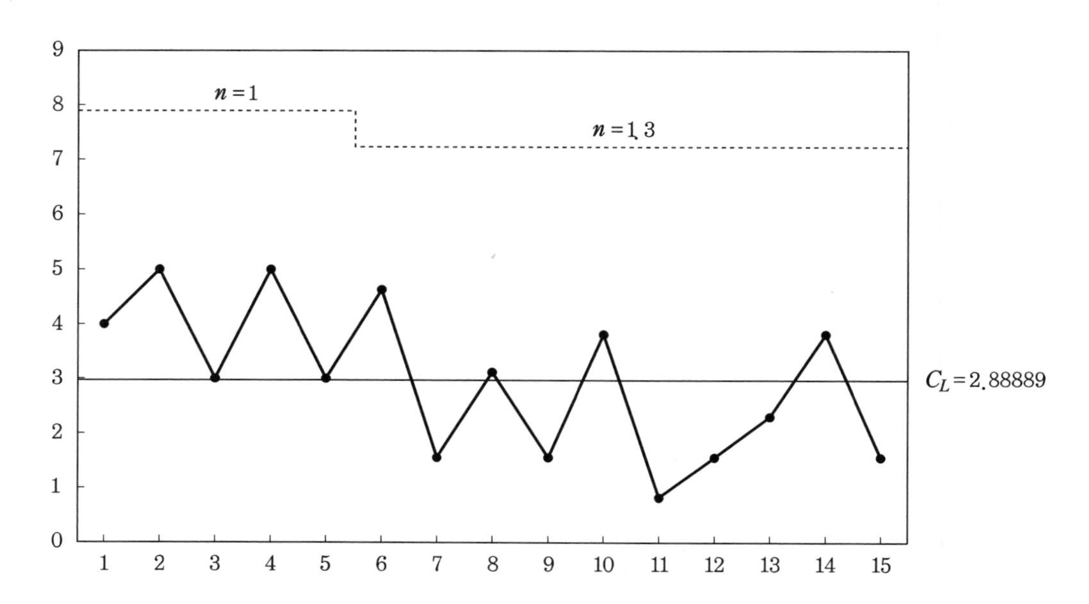

관리한계를 이탈하는 점이 없고, 점의 배열에 습관성이 존재하지 않으므로 관리 상태라고 판정할 수 있다.

11. 어떤 기기의 평균고장률은 0.025/시간이고, 이 기기가 고장나면 수리하는 데 소요되는 평균시간은 20시간이다. 이 기기의 가동성을 구하시오.

해답

$$A = \frac{MTBF}{MTBF + MTTR}$$

$$= \frac{\mu}{\lambda + \mu}$$

$$= \frac{\frac{1}{20}}{0.025 + \frac{1}{20}} = 0.67$$

12. **어떤 모집단이 여러 개(M개)의 서로 다른 집단으로 구성되어 있고, 각각의 집단으로부터 랜덤하게 표본을 뽑아 전체 모집단에 대한 정보를 파악하고자 한다고 하자. 구체적인 예를 들어, 사람들의 소득은 그 사람이 사는 아파트의 평수에 따라 다른 경우이다.**

(1) M은 아파트 단지의 경우 무엇을 나타낸다고 할 수 있는가?
(2) 앞의 설명에서와 같이 각각의 집단으로부터 랜덤하게 표본을 뽑는 샘플링 방법을 무슨 샘플링 방법이라고 부르는가?
(3) 이 경우 층내분산은 무엇을 나타내는가?
(4) 이 경우 층간분산은 무엇을 나타내는가?
(5) 모집단의 평균 $\mu = \frac{N_1}{N}\mu_1 + \frac{N_2}{N}\mu_2 + \cdots + \frac{N_M}{N}\mu_M$에 대한 추정치로 $\hat{\mu} = \frac{N_1}{N}\overline{X_1} + \frac{N_2}{N}\overline{X_2} + \cdots + \frac{N_M}{N}\overline{X_M}$를 사용하는 경우 $\hat{\mu}$의 분산은 무엇으로 표현될 수 있는가? 왜 그런가?
(6) 이제는 M개의 층이 서로 이질적이 아니라 동질적이라고 하자. 예를 들어 평수가 같은 M개의 동이 있다고 하자. 이때 M개의 동 중에서 M개의 동을 랜덤하게 추출하고, 추출된 각각의 동에서 일부 가구를 몇 개 랜덤하게 추출한다면 이런 샘플링을 무슨 샘플링이라고 하는가? 이때 추정치의 분산은 어떻게 표현되는가?

해답 (1) 서로 다른 평수의 수
(2) 층별 샘플링
(3) 똑같은 평수의 아파트들간 소득의 차이 정도
(4) 평수가 다른 아파트들간 소득의 차이 정도
(5) 각 층에서 모두 표본이 추출되었으므로 층내분산으로만 표현된다.
(6) 2단계 샘플링이며, 이때 추정치의 분산은 층내분산과 층간분산의 합으로 표현된다.

13. **폴리에스테르를 이용하여 직물을 제조하는 Y회사의 품질경영부서에서는 직물의 신율이 가장 중요한 품질특성으로 강조되어 원료의 특성(x)에 따른 직물제품의 특성(y)에 관한 신율을 조사하여 다음 데이터를 얻었다. 다음 물음에 답하시오. (단, $\alpha = 0.05$)**

x	30	20	60	80	40	50	60	30	70	60
y	73	50	128	170	87	108	135	69	148	132

(1) 표본상관계수(r)를 구하시오.
(2) 모상관계수의 신뢰구간을 추정하시오.

해답 $n=10$, $\sum x=500$, $\bar{x}=50$, $\sum x^2=28{,}400$, $\sum y=1{,}100$, $\bar{y}=110$, $\sum y^2=134{,}660$, $\sum xy=61{,}800$

$$S_{xx}=\sum x^2-\frac{(\sum x)^2}{n}=3{,}400,\qquad S_{yy}=\sum y^2-\frac{(\sum y)^2}{n}=13{,}660,$$

$$S_{xy}=\sum xy-\frac{\sum x\sum y}{n}=6{,}800$$

(1) $r=\dfrac{S_{xy}}{\sqrt{S_{xx}S_{yy}}}=\dfrac{6{,}800}{\sqrt{3{,}400\times 13{,}660}}=0.99780$

(2) $\tanh\left(\tanh^{-1}r\pm u_{1-\alpha/2}\dfrac{1}{\sqrt{n-3}}\right)=\tanh\left(\tanh^{-1}0.99780\pm 1.96\dfrac{1}{\sqrt{7}}\right)$

$0.99036\le\rho\le 0.99950$

14. $\bar{x}-R$ 관리도를 이용하여 품질특성을 관리하는 공정이 있다. 만약 공정의 평균치(μ)가 갑자기 2σ만큼 더 큰 값으로 변화하였다면 이 공정의 변화로 $\bar{x}$ 관리도에서 대략 몇 %의 점이 관리한계선 밖으로 나가는가? (단, 시료군의 크기가 $n=4$이다.)

해답 공정변화 후 공정평균치 : $\mu'=\mu+2\sigma$

$n=4$일 때 $\bar{x}$ 관리도에서 공정변화 전 관리한계선

$$U_{CL}=\mu+3\frac{\sigma}{\sqrt{n}}=\mu+3\frac{\sigma}{\sqrt{4}}=\mu+1.5\sigma$$

$$L_{CL}=\mu-3\frac{\sigma}{\sqrt{n}}=\mu-3\frac{\sigma}{\sqrt{4}}=\mu-1.5\sigma$$

공정변화 후 공정평균치 : $\mu'=\mu+2\sigma$

U_{CL} 밖으로 벗어날 확률 :

$$P_r(\bar{x}>U_{CL})=P_r\left(u>\frac{(\mu+1.5\sigma)-(\mu+2\sigma)}{\frac{\sigma}{\sqrt{4}}}\right)=P_r(u>-1)=0.8413$$

L_{CL} 밖으로 벗어날 확률 :

$$P_r(\bar{x}<L_{CL})=P_r\left(u<\frac{(\mu-1.5\sigma)-(\mu+2\sigma)}{\frac{\sigma}{\sqrt{4}}}\right)=P_r(u<-7)=0$$

$1-\beta=p(u>-1)+p(u<-7)=0.8413+0=0.8413=84.13\%$

15. brainstorming의 4가지 원칙을 쓰시오.

해답 ① 비판 엄금
② 자유분방한 사고
③ 다량 발언
④ 남의 아이디어에 편승

16. 강재의 인장강도는 클수록 좋다. 지금 평균치가 46kg/mm^2 이상인 로트는 통과시키고 이것이 43kg/mm^2 이하인 로트는 통과시키지 않는다. (단, $\sigma = 4$kg/mm^2, $\alpha = 0.05$, $\beta = 0.1$)

(1) n과 G_0를 구하는 표를 이용하여 $\overline{X}_L$를 구하시오.

(2) n과 G_0를 구하고 $\overline{X}_L$를 구하시오.

해답 $m_0 = 46$, $m_1 = 43$, $\sigma = 4$

(1) $\dfrac{|m_0 - m_1|}{\sigma} = \dfrac{|46 - 43|}{4} = 0.75$이므로 $n = 16$, $G_0 = 0.411$이다.

$\overline{X}_L = m_0 - G_0\sigma = 46 - 0.411 \times 4 = 44.3560$

(2) $n = \left(\dfrac{k_\alpha + k_\beta}{m_0 - m_1}\right)^2 \cdot \sigma^2 = \left(\dfrac{1.645 + 1.282}{46 - 43}\right)^2 \times 4^2 = 15.23081 = 16$

$G_0 = \dfrac{k_\alpha}{\sqrt{n}} = \dfrac{1.645}{\sqrt{16}} = 0.41125$

$\overline{X}_L = m_0 - G_0\sigma = 46 - 0.41125 \times 4 = 44.3550$

2020년 제2회 기출 복원문제

01. **다음은 어떤 용어에 대한 설명인가?**

(1) 품질요구사항이 충족될 것이라는 신뢰를 제공하는 데 중점을 둔 품질경영의 일부
(2) 품질요구사항을 충족하는 데 중점을 둔 품질경영의 일부
(3) 의도된 결과를 만들어내기 위해 입력을 사용하여 상호 관련되거나 상호작용하는 활동의 집합

해답 (1) 품질보증(Quality Assurance)
(2) 품질관리(Quality Control)
(3) 프로세스(Process)

02. **어떤 자동차 부품의 규격이 123.5~154.5이다. 공정의 평균치가 140, 표준편차가 14.8이다. $n=4$인 데이터를 25조 뽑아 관리도를 작성하였다. $U_{CL}=155.8$, $L_{CL}=124.2$이다.**

(1) 규격 밖으로 벗어나는 제품의 비율은 얼마인가?
(2) 만일 공정평균이 U_{CL}쪽으로 1σ만큼 변동하였다면 이때 검출되는 비율은 얼마인가?

해답 (1) $P_r(x>S_U)+P_r(x<S_L)=P_r\left(u>\dfrac{154.5-140}{14.8}\right)+P_r\left(u<\dfrac{123.5-140}{14.8}\right)$

$=P_r(u>0.98)+P_r(u<-1.11)$

$=0.1635+0.1335=0.297=29.7\%$

(2) $\mu'=\mu+1\sigma=140+1\times14.8=154.8$

U_{CL} 밖으로 벗어날 확률 :

$$P_r\left(u>\frac{U_{CL}-\mu'}{\sigma'}\right)=P_r\left(u>\frac{155.8-154.8}{\frac{14.8}{\sqrt{4}}}\right)=P_r(u>0.14)=0.4443$$

L_{CL} 밖으로 벗어날 확률 :

$$P_r\left(u<\frac{L_{CL}-\mu'}{\sigma'}\right)=P_r\left(u<\frac{124.2-154.8}{\frac{14.8}{\sqrt{4}}}\right)=P_r(u<-4.14)=0.00001737$$

$$1-\beta = p_r(u>0.14)+p_r(u<-4.14) = 0.4443+0.00001737 = 0.44432$$
$$= 44.432\%$$

03. 어떤 제품이 형상모수 $m=0.7$, 척도모수 $\eta=8,667$시간, 위치모수 $r=0$인 와이블 분포에 따른다. 이 제품을 평균수명인 11,000시간 사용할 때 다음 물음에 답하시오.

(1) 신뢰도를 구하시오.
(2) 이 제품을 5,000시간에서 11,000시간 사용할 때의 구간 평균고장률을 구하시오.
(3) 0시간에서 11,000시간까지의 평균고장률은 얼마인가?

해답 (1) $R(11,000) = e^{-\left(\frac{t-r}{\eta}\right)^m} = e^{-\left(\frac{11,000-0}{8,667}\right)^{0.7}}$ =0.30679

(2) $$AFR(t_1,\ t_2) = \frac{\ln R(t_1)-\ln R(t_2)}{t_2-t_1} = \frac{-\left(\frac{t_1}{\eta}\right)^m+\left(\frac{t_2}{\eta}\right)^m}{t_2-t_1}$$
$$= \frac{-\left(\frac{5,000}{8,667}\right)^{0.7}+\left(\frac{11,000}{8,667}\right)^{0.7}}{11,000-5,000} = 8.353\times10^{-5}/\text{시간}$$

(3) $$AFR(t_1,\ t_2) = \frac{\ln R(t_1)-\ln R(t_2)}{t_2-t_1} = \frac{-\left(\frac{t_1}{\eta}\right)^m+\left(\frac{t_2}{\eta}\right)^m}{t_2-t_1}$$
$$= \frac{-\left(\frac{0}{8,667}\right)^{0.7}+\left(\frac{11,000}{8,667}\right)^{0.7}}{11,000-0} = 1.704\times10^{-4}/\text{시간}$$

04. 어떤 장치의 고장수리시간을 조사하였더니 다음과 같은 데이터를 얻었다. 수리시간이 지수분포를 따른다고 할 때 다음 물음에 답하시오.

회수	6	3	4	5	5
수리시간	3	6	4	2	5

(1) 평균수리시간을 구하시오.
(2) 수리율을 구하시오.
(3) 5시간에 대한 보전도를 구하시오.

해답 총 수리시간 : $T=\sum_{i=1}^{r}t_i=6\times3+3\times6+4\times4+5\times2+5\times5=87$시간

(1) 평균수리시간 : $MTTR=\frac{T}{r}=\frac{87}{23}=3.78261$시간

(2) 수리율 : $\mu=\frac{r}{T}=\frac{1}{MTTR}=\frac{1}{3.78261}=0.26437$/시간

(3) 5시간에 대한 보전도 : $M(t=5)=1-e^{-\mu t}=1-e^{-0.26437\times5}=0.73336$

05. 어떤 전자부품의 치수는 65mm 이하로 규정되어 있다. $n=8$, $k=1.74$의 계량규준형 1회 샘플링검사를 행한 결과 다음의 데이터를 얻었다. 로트의 합격·불합격을 판정하시오. (단, $\sigma=1.4$mm임을 알고 있다.)

데이터							
63.2,	64.5,	63.8,	66.0,	64.0,	62.8,	63.5,	65.2

해답 $n=8$, $k=1.74$, $\sigma=1.4$mm

$\bar{x}=\frac{\sum x}{n}=\frac{513}{8}=64.125$

$\overline{X}_U=U-k\sigma=65-1.74\times1.4=62.564$

$\bar{x}=64.125>\overline{X}_U=62.564$이므로 로트를 불합격으로 판정한다.

06. 에나멜 동선의 도장 공정을 관리하기 위하여 핀홀수를 조사하였다. 1,000m당의 핀홀수를 사용하여 관리도를 작성하려고 한다.

(1) 어떤 관리도를 사용하는 것이 좋겠는가?

(2) 10번째군의 단위당 부적합수를 구하시오.

(3) C_L값과 각각에 대한 U_{CL}, L_{CL}을 구하시오.

(4) 관리도를 작성하고 판정하시오

표본번호(i)	1	2	3	4	5	6	7	8	9	10	11	12	13	14	15
시료의 크기 n (1,000m)	1.0	1.0	1.0	1.0	1.0	1.3	1.3	1.3	1.3	1.3	1.3	1.3	1.3	1.3	1.3
부적합수 c	4	5	3	5	3	6	2	4	2	5	1	2	3	5	2

해답 (1) u관리도

(2) $u=\frac{c}{n}=\frac{5}{1.3}=3.48615$

(3) $C_L=\overline{u}=\frac{\sum c}{\sum n}=\frac{52}{18}=2.88889$

① $n=1$인 경우

$$U_{CL}=\overline{u}+3\sqrt{\frac{\overline{u}}{n_i}}=2.88889+3\sqrt{\frac{2.88889}{1}}=7.98791$$

$$L_{CL}=\overline{u}-3\sqrt{\frac{\overline{u}}{n_i}}=2.88889-3\sqrt{\frac{2.88889}{1}}=-\text{(고려하지 않음)}$$

② $n=1.3$인 경우

$$U_{CL}=\overline{u}+3\sqrt{\frac{\overline{u}}{n_i}}=2.88889+3\sqrt{\frac{2.88889}{1.3}}=7.36103$$

$$L_{CL}=\overline{u}-3\sqrt{\frac{\overline{u}}{n_i}}=2.88889-3\sqrt{\frac{2.88889}{1.3}}=-\text{(고려하지 않음)}$$

(4)

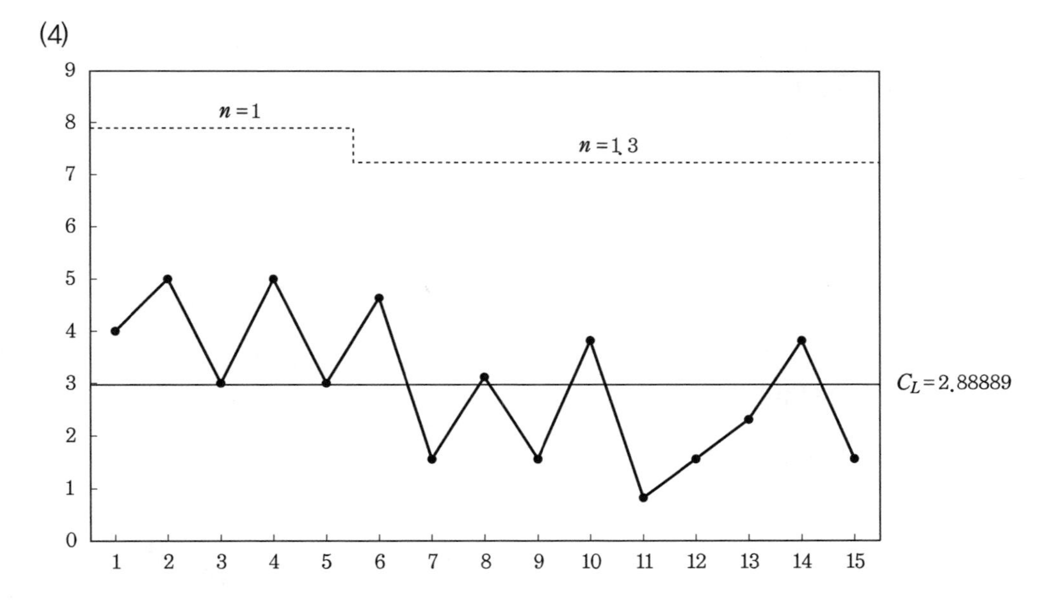

관리한계를 이탈하는 점이 없고, 점의 배열에 습관성이 존재하지 않으므로 관리 상태라고 판정할 수 있다.

07. 폴리에스테르를 이용하여 직물을 제조하는 Y회사의 품질경영부서에서는 직물의 신율이 가장 중요한 품질특성으로 강조되어 원료의 특성(x)에 따른 직물제품의 특성(y)에 관한 신율을 조사하여 다음 데이터를 얻었다. 다음 물음에 답하시오. (단, $\alpha = 0.05$)

x	30	20	60	80	40	50	60	30	70	60
y	73	50	128	170	87	108	135	69	148	132

(1) 표본상관계수(r)를 구하시오.

(2) 결정계수(r^2)를 구하시오.

(3) 상관관계의 유·무에 관한 검정을 하시오.

(4) 모상관계수의 신뢰구간을 추정하시오.

해답 $n = 10$, $\sum x = 500$, $\bar{x} = 50$, $\sum x^2 = 28,400$, $\sum y = 1,100$,
$\bar{y} = 110$ $\sum y^2 = 134,660$, $\sum xy = 61,800$

$$S_{xx} = \sum x^2 - \frac{(\sum x)^2}{n} = 3,400, \quad S_{yy} = \sum y^2 - \frac{(\sum y)^2}{n} = 13,660,$$

$$S_{xy} = \sum xy - \frac{\sum x \sum y}{n} = 6,800$$

(1) $$r = \frac{S_{xy}}{\sqrt{S_{xx}S_{yy}}} = \frac{6,800}{\sqrt{3,400 \times 13,660}} = 0.99780$$

(2) $$r^2 = \frac{S_{xy}^2}{S_{xx}S_{yy}} = 0.99560$$

(3) ① 가설 : $H_0 : \rho = 0$ $\quad H_1 : \rho \neq 0$

② 유의수준 : $\alpha = 0.05$

③ 검정통계량 : $$t_0 = \frac{r}{\sqrt{\frac{1-r^2}{n-2}}} = r \cdot \sqrt{\frac{n-2}{1-r^2}}$$

$$= 0.99780 \times \sqrt{\frac{10-2}{1-0.99780^2}} = 42.56975$$

④ 기각역 : $|t_0| > t_{1-\alpha/2}(n-2) = t_{0.975}(8) = 2.306$이면 H_0를 기각한다.

⑤ 판정 : $t_0 = 42.56975 > t_{0.975}(8) = 2.306$이므로 $\alpha = 0.05$에서 H_0를 기각한다. 상관관계가 존재한다고 할 수 있다.

(4) $$\tanh\left(\tanh^{-1} r \pm u_{1-\alpha/2}\frac{1}{\sqrt{n-3}}\right) = \tanh\left(\tanh^{-1} 0.99780 \pm 1.96\frac{1}{\sqrt{7}}\right)$$

$0.99036 \leq \rho \leq 0.99950$

08. 멘델의 유전법칙에 의하면 4종류의 식물이 9 : 3 : 3 : 1의 비율로 나오게 되어 있다고 한다. 240그루의 식물을 관찰하였더니 각 부문별로 120 : 40 : 55 : 25로 나타났다면, 멘델의 법칙에 어긋난다고 말할 수 있는지 검정하시오. (단, $\alpha = 0.05$)

해답 ① 가설 : $H_0 : p_1 = \dfrac{9}{16}$, $p_2 = \dfrac{3}{16}$, $p_3 = \dfrac{3}{16}$, $p_4 = \dfrac{1}{16}$

H_1 : not H_0

② 유의수준 : $\alpha = 0.05$

③ 검정통계량

	1	2	3	4	계
관측치 (O_i)	120	40	55	25	240
이론치 (E_i)	$240 \times \dfrac{9}{16} = 135$	$240 \times \dfrac{3}{16} = 45$	$240 \times \dfrac{3}{16} = 45$	$240 \times \dfrac{1}{16} = 15$	

$$\chi_0^2 = \sum \frac{(O_i - E_i)^2}{E_i} = \frac{(120-135)^2}{135} + \frac{(40-45)^2}{45} + \frac{(55-45)^2}{45} + \frac{(25-15)^2}{15}$$

$$= 11.11111$$

④ 기각역 : $\chi_0^2 > \chi_{1-\alpha}^2(\nu) = \chi_{0.95}^2(3) = 7.81$이면 H_0를 기각한다.

⑤ 판정 : $\chi_0^2 = 11.11111 > \chi_{0.95}^2(4) = 7.81$이므로 $\alpha = 0.05$에서 H_0를 기각한다.
유의수준 5%에서 멘델의 법칙에 어긋난다고 말할 수 있다.

09. 본선(本船)으로 광석이 입하되었다. 이를 3회에 걸쳐 화물선으로 각각 300, 500, 400톤씩 적재하여 운반한다. 이때 하역 중 100톤 간격으로 증분(increment)을 취하여 이를 대량시료로 혼합하는 경우 샘플링의 정도(精度)를 구하시오. (단, 과거의 경험에 의하면 100톤까지의 증분간의 산포 σ_w 는 10%이다.)

해답 $V(\bar{x}) = \dfrac{\sigma_w^2}{m\bar{n}} = \dfrac{10^2}{3 \times \dfrac{12}{3}} = 8.33333\%$

품질경영기사 / 품질경영산업기사

10. **평균타율이 3할인 야구선수가 어느 경기에서 10회 타석에 섰을 때 매 타석마다 안타 또는 아웃이라고 한다.**

(1) 이 선수가 안타를 정확하게 3개 때릴 확률을 구하시오.

(2) 이 선수가 안타를 2개 이하 때릴 확률을 구하시오.

(3) 이 선수가 때린 안타의 수에 대한 평균과 분산을 구하시오.

해답 (1) $P_r(x=3) = {}_{10}C_3\,(0.3)^3(0.7)^7 = 0.26683$

(2) 2개 이하이므로 $x = 0,\ 1,\ 2$이다.

$P_r(x=0) + P_r(x=1) + P_r(x=2)$

$= {}_{10}C_0\,(0.3)^0(0.7)^{10} + {}_{10}C_1\,(0.3)^1(0.7)^9 + {}_{10}C_2\,(0.3)^2(0.7)^8 = 0.38278$

(3) $E(X) = np = 10 \times 0.3 = 3$

$V(X) = np(1-p) = 10 \times 0.3 \times (1-0.3) = 2.1$

11. **초기고장기간 DFR, 우발고장기간 CFR, 마모고장기간 IFR 중 어떤 고장원인인지 답하시오.**

① 표준 이하의 재료 사용
② 불충분한 품질관리
③ 부적절한 조치 및 가동
④ 불충분한 정비
⑤ 사용자의 오류
⑥ 빈약한 제조기술
⑦ 조립상의 오류
⑧ 최선의 검사방법으로도 탐지되지 않은 결함
⑨ 예상치 못한 스트레스
⑩ 수축 또는 균열, 오버홀
⑪ 안전계수가 낮기 때문
⑫ 노화

해답 (1) DFR : ①, ②, ③, ⑥, ⑦

(2) CFR : ⑤, ⑧, ⑨, ⑪

(3) IFR : ④, ⑩, ⑫

12. 4종류 플라스틱 제품 A_1 =자기회사 제품, A_2 =국내 C회사 제품, A_3 =국내 D회사 제품, A_4 =외국제품에 대하여 각각 10개, 6개, 6개, 2개씩의 표본을 취하여 강도 (kg/cm^2)를 측정하였다. 이 실험의 목적은 4종류의 제품간에 구체적으로 다음과 같은 것을 비교하고 싶은 것이다.

L_1 =외국제품과 한국제품의 차
L_2 =자기회사제품과 국내 타회사제품의 차
L_3 =국내 타회사제품간의 차

A의 수준	데이터	표본의 크기	계
A_1	20, 18, 19, 17, 17, 22, 18, 13, 16, 15	10	175
A_2	25, 23, 28, 26, 19, 26	6	147
A_3	24, 25, 18, 22, 27, 24	6	140
A_4	14, 12	2	26
계		24	488

(1) 선형식 L_1, L_2, L_3를 구하시오.
(2) 각 선형식의 제곱합 S_{L_1}, S_{L_2}, S_{L_3}를 구하시오.
(3) 다음의 데이터로부터 대비의 변동을 포함한 분산분석표를 작성하시오.
(4) 대비인지 증명하시오.
(5) 선형식 L_1과 L_2는 서로 직교하는지 증명하시오.

해답 (1) 선형식

$$L_1 = \frac{T_{4\cdot}}{2} - \frac{T_{1\cdot} + T_{2\cdot} + T_{3\cdot}}{22}$$

$$L_2 = \frac{T_{1\cdot}}{10} - \frac{T_{2\cdot} + T_{3\cdot}}{12}$$

$$L_3 = \frac{T_{2\cdot}}{6} - \frac{T_{3\cdot}}{6}$$

(2) 선형식의 제곱합

$$S_{L_1} = \frac{L_1^2}{\sum_{i=1}^{4} m_i c_i^2} = \frac{\left(\frac{26}{2} - \frac{175+147+140}{22}\right)^2}{\left(\frac{1}{2}\right)^2 \times 2 + \left(-\frac{1}{22}\right)^2 \times 10 + \left(-\frac{1}{22}\right)^2 \times 6 + \left(-\frac{1}{22}\right)^2 \times 6}$$

$$= 117.33333$$

$$S_{L_2} = \frac{\left(\frac{175}{10} - \frac{147+140}{12}\right)^2}{\left(\frac{1}{10}\right)^2 \times 10 + \left(-\frac{1}{12}\right)^2 \times 6 + \left(-\frac{1}{12}\right)^2 \times 6} = 224.58333$$

$$S_{L_3} = \frac{\left(\frac{147}{6} - \frac{140}{6}\right)^2}{\left(\frac{1}{6}\right)^2 \times 6 + \left(-\frac{1}{6}\right)^2 \times 6} = 4.08333$$

(3) 분산분석표

요인	SS	DF	MS	F_0	$F_{0.95}$	$F_{0.99}$
A	346.0000	3	115.33333	14.66101**	3.10	4.94
L_1	117.33333	1	117.33333	14.91525**	4.35	8.10
L_2	224.58333	1	224.58333	28.54872**	4.35	8.10
L_3	4.08333	1	4.08333	0.51907	4.35	8.10
e	157.33333	20	7.86667			
T	503.33333	23				

① $S_T = \sum_i \sum_j x_{ij}^2 - CT = 10,426 - \frac{(488)^2}{24} = 503.33333$

② $S_A = \sum_{i=1}^{4} \frac{T_{i\cdot}^2}{m} - \frac{T^2}{N} = \frac{(175)^2}{10} + \frac{(147)^2}{6} + \frac{(140)^2}{6} + \frac{(26)^2}{2} - \frac{(488)^2}{24}$

$= 346.0000$

③ $S_e = S_T - S_A = 157.33333$

④ $\nu_A = l - 1 = 3, \quad \nu_{L_1} = \nu_{L_2} = \nu_{L_3} = 1$

$\nu_T = N - 1 = 23, \quad \nu_e = \nu_T - \nu_A = 20$

⑤ 선형식 L_1, L_2는 매우 유의하나 L_3는 유의하지 않다.

(4) $\sum c_i = 0$이면 대비

$\left(\frac{1}{2}\right) \times 2 + \left(-\frac{1}{22}\right) \times 22 = 0$

$\left(\frac{1}{10}\right) \times 10 + \left(-\frac{1}{12}\right) \times 12 = 0$

$\left(\frac{1}{6}\right) \times 6 + \left(-\frac{1}{6}\right) \times 6 = 0$이므로 선형식 L_1, L_2, L_3 각각은 대비이다.

(5) 직교

$\left(\frac{1}{2}\right) \times 0 + \left(-\frac{1}{22}\right) \times \left(\frac{1}{10}\right) \times 10 + \left(-\frac{1}{22}\right) \times \left(-\frac{1}{12}\right) \times 6 + \left(-\frac{1}{22}\right) \times \left(-\frac{1}{12}\right) \times 6 = 0$

이므로 두 선형식은 직교한다.

13. 샘플링검사의 실시조건 5가지만 작성하시오.

해답 ① 제품이 로트로 처리될 수 있을 것
② 시료를 랜덤하게 취할 수 있을 것
③ 품질기준이 명확할 것
④ 합격로트 속에 어느 정도의 부적합품의 혼입이 허용될 수 있을 것
⑤ 계량 샘플링검사에서는 로트의 검사단위의 특성치 분포를 대략적으로 알고 있을 것

14. Y회사는 어떤 부품의 수입검사에 계수값 샘플링검사인 KS Q ISO 2859-1의 보조표인 분수샘플링검사를 적용하고 있다. $AQL = 1.0\%$, 통상검사수준 II에서 엄격도는 보통검사, 샘플링형식은 1회로 시작하였다. 다음 물음에 답하시오.

(1) ( )를 완성하시오.
(2) 로트번호 5번의 검사결과 다음 로트에 적용되는 엄격도를 결정하시오.

로트 번호	N	샘플 문자	n	당초 A_c	합부 판정 스코어 (검사 전)	적용하는 A_c	부적합 품수 d	합부 판정	합부 판정 스코어 (검사 후)	전환 스코어
1	200	G	32	1/2	5	0	1	불합격	0	0
2	250	(①)	(⑤)	(⑨)	(⑬)	(⑰)	0	(㉑)	(㉕)	(㉙)
3	600	(②)	(⑥)	(⑩)	(⑭)	(⑱)	1	(㉒)	(㉖)	(㉚)
4	80	(③)	(⑦)	(⑪)	(⑮)	(⑲)	0	(㉓)	(㉗)	(㉛)
5	120	(④)	(⑧)	(⑫)	(⑯)	(⑳)	0	(㉔)	(㉘)	(㉜)

해답 (1)

로트 번호	N	샘플 문자	n	당초 A_c	합부 판정 스코어 (검사 전)	적용하는 A_c	부적합 품수 d	합부 판정	합부 판정 스코어 (검사 후)	전환 스코어
1	200	G	32	1/2	5	0	1	불합격	0	0
2	250	G	32	1/2	5	0	0	합격	5	2
3	600	J	80	2	12	2	1	합격	0	5
4	80	E	13	0	0	0	0	합격	0	7
5	120	F	20	1/3	3	0	0	합격	3	9

(가) 로트번호 2의 경우 AQL 지표형 샘플링검사표를 이용하여 로트 크기 $N=250$일 때 샘플문자는 ① G이다. 보통검사의 1회 샘플링방식(주샘플링표)에서 시료문자에 따른 시료의 크기 n을 구하면 ⑤ 32이다. 당초의 A_c는 샘플문자와 $AQL=1.0\%$에 대하여 구하면 ⑨ 1/2이며, 당초의 A_c가 1/2이므로 5점을 가산하여 합부판정스코어(검사 전)는 ⑬ 5가 된다. 적용하는 A_c는 합부판정스코어 ≤ 8이므로 ⑰ 0이다. $d=0$이므로 ㉑ 합격되고, 부적합품이 없으므로 합부판정스코어(검사 후)는 그대로 ㉕ 5이며, 전환스코어는 로트 합격으로 2를 가산하여 ㉙ 2가 된다.

(나) 로트번호 3의 경우 로트 크기 $N=600$일 때 샘플문자는 ② J이며, 보통검사의 1회 샘플링방식(주샘플링표)에서 시료문자에 따른 시료의 크기 n을 구하면 ⑥ 80이다. 당초의 A_c는 샘플문자와 $AQL=1.0\%$에 대하여 구하면 ⑩ 2이며, 7을 가산하여 합부판정스코어(검사 전) ⑭ 12가 되며, 적용하는 A_c는 당초의 A_c 그대로 2가 된다. $d=1$이므로 ㉒ 합격되고, $d=1$이므로 합부판정스코어(검사 후) ㉖ 0가 된다. 로트가 합격되고 AQL이 한 단계 엄격한 조건에서 합격이 되므로 3점을 가산하여 전환스코어는 ㉚ 5점이 된다.

(다) 로트번호 4의 경우 로트 크기 $N=80$일 때 샘플문자는 ③ E이며, 보통검사의 1회 샘플링방식(주샘플링표)에서 시료문자에 따른 시료의 크기 n을 구하면 ⑦ 13이다. 당초의 A_c는 샘플문자와 $AQL=1.0\%$에 대하여 구하면 ⑪ 0이다. 당초의 A_c가 0이므로 합부판정스코어(검사 전)는 변하지 않으므로 ⑮ 0이 되고 적용하는 A_c 또한 ⑲ 0이 된다. $d=0$이므로 ㉓ 합격이며, 합부판정스코어(검사 후) ㉗ 0이다. 로트 합격이므로 전환스코어는 2를 가산하여 ㉛ 7이 된다.

(라) 로트번호 5의 경우 로트 크기 $N=120$일 때 샘플문자는 ④ F이며, 보통검사의 1회 샘플링방식(주샘플링표)에서 시료문자에 따른 시료의 크기 n을 구하면 ⑧ 20이다. 당초의 A_c는 샘플문자와 $AQL=1.0\%$에 대하여 구하면 ⑫ 1/3이다. 당초의 A_c가 1/3이므로 3점을 가산하여 ⑯ 3이 되고 적용하는 A_c는 합부판정스코어≤ 8이므로 ⑳ 0이 된다. $d=0$이므로 ㉔ 합격되고 합부판정스코어는 ㉘ 3이며, 전환스코어는 2점을 가산하여 ㉜ 9가 된다.

(2) 로트번호 6은 전환스코어 현상값이 30 미만이므로 보통검사를 속행한다.

15. KS 제품인증 심사기준(공장심사 평가항목)을 적으시오.

해답 KS 제품인증 심사항목
① 품질경영
② 자재관리
③ 공정·제조설비관리
④ 제품관리
⑤ 시험·검사설비관리
⑥ 소비자보호 및 환경·자원관리

16. 요인 A는 4수준, 요인 B는 2수준, 요인 C는 2수준, 반복 2회의 지분실험을 실시한 결과 다음과 같다. 물음에 답하시오.

$$S_A = 1.89503,\ S_{B(A)} = 0.74584,\ S_{C(AB)} = 0.34083,\ S_e = 0.01935$$

(1) 각 요인별 자유도를 구하시오.
(2) $\hat{\sigma}_A^2$, $\hat{\sigma}_{B(A)}^2$, $\hat{\sigma}_{C(AB)}^2$ 를 추정하시오.

해답

요인	S	ν	V
A	1.89503	3	0.63168
$B(A)$	0.74584	4	0.18646
$C(AB)$	0.34083	8	0.04260
e	0.01935	16	0.00121
T	3.00105	31	

(1) 자유도

$\nu_T = lmnr - 1 = 4\times2\times2\times2 - 1 = 31$

$\nu_A = l - 1 = 3$

$\nu_{B(A)} = l(m-1) = 4$

$\nu_{C(AB)} = lm(n-1) = 8$

$\nu_e = lmn(r-1) = 16$

(2) $\hat{\sigma}_A^2 = \dfrac{V_A - V_{B(A)}}{mnr} = \dfrac{0.63168 - 0.18646}{2\times2\times2} = 0.55653$

$\hat{\sigma}_{B(A)}^2 = \dfrac{V_{B(A)} - V_{C(AB)}}{nr} = \dfrac{0.18646 - 0.04260}{4} = 0.03597$

$\hat{\sigma}_{C(AB)}^2 = \dfrac{V_{C(AB)} - V_e}{r} = \dfrac{0.04260 - 0.00121}{2} = 0.02070$

2020년 제3회 기출 복원문제

01. 어떤 식료품에 포함되어 있는 A성분은 중요한 품질특성이며, 수입검사를 함에 있어서 A성분의 평균치가 46% 이상의 좋은 품질의 로트는 95% 합격시키고, 43% 이하의 나쁜 품질의 로트는 10% 이하로만 합격시키고 싶다고 하자. 단, 표준편차 $\sigma=3\%$이다. (단, $\alpha=0.05$, $\beta=0.1$)

(1) 이때 필요한 샘플링 검사방식(n, $\overline{X}_L$)을 구하시오.

(2) 만약 샘플의 평균치가 44.20%인 경우 합격인가, 불합격인가?

해답 $k_\alpha=u_{1-\alpha}=u_{0.95}=1.645$, $k_\beta=u_{1-\beta}=u_{0.90}=1.282$, $m_0=46$, $m_1=43$, $\sigma=3$

(1) $n=\left(\dfrac{k_\alpha+k_\beta}{m_0-m_1}\right)^2\cdot\sigma^2=\left(\dfrac{1.645+1.282}{46-43}\right)^2\cdot 3^2=8.56733=9$

$\overline{X}_L=m_0-k_\alpha\dfrac{\sigma}{\sqrt{n}}=46-1.645\dfrac{3}{\sqrt{9}}=44.355$

따라서 $n=9$개의 시료를 채취하여 그 평균치 $\overline{x}$를 구했을 때

$\overline{x}\geq\overline{X}_L=44.355$이면 로트를 합격

$\overline{x}<\overline{X}_L=44.355$이면 로트를 불합격시킨다.

(2) $\overline{x}=44.20<\overline{X}_L=44.355$이므로 로트 불합격으로 판정한다.

02. 2^3요인실험에서 2개의 블록으로 나누어 다음과 같이 실험하였다.

블록 1	블록 2
$a=3.3$	$ab=6.7$
$abc=6.3$	$(1)=3.1$
$b=6.3$	$ac=4.0$
$c=4.1$	$bc=6.5$

(1) 블록에 교락된 요인을 구하시오.

(2) 요인 A의 제곱합을 구하시오.

해답 (1) $ABC=\frac{1}{4}(a-1)(b-1)(c-1)=\frac{1}{4}(abc+a+b+c-ac-bc-ab-(1))$

$I=A\times B\times C$

(2) 요인 A의 변동

$$S_A=\frac{1}{8}[(a-1)(b+1)(c+1)]^2=\frac{1}{8}[(abc+ac+ab+a)-(bc+b+c+1)]^2$$

$$=\frac{1}{8}[(6.3+4.0+6.7+3.3)-(6.5+6.3+4.1+3.1)]^2=0.01125$$

03. **어떤 부품의 인장강도의 분산이 9kgf/mm^{2}였다. 제조공정을 변경하여 새로운 공정에서 9개의 부품을 검사해본 결과 다음의 데이터를 얻었다.**

(1) 공정변경 후의 분산이 변경 전의 분산과 차이가 있는지 검정하시오. $(\alpha=0.05)$

(2) 변경 후의 모분산을 신뢰율 95%로 구간추정하시오.

43,	38,	42,	41,	38,	44,	41,	36,	40

해답 (1) ① 가설 : $H_0: \sigma^2=9(\sigma_0^2)$ $H_1: \sigma^2\neq 9(\sigma_0^2)$

② 유의수준 : $\alpha=0.05$

③ 검정통계량 : $\chi_0^2=\frac{S}{\sigma^2}=\frac{54}{9}=6$

$$S=\sum x^2-\frac{(\sum x)^2}{n}=14,695-\frac{363^2}{9}=54$$

④ 기각역 : $\chi_0^2>\chi^2_{1-\alpha/2}(\nu)=\chi^2_{0.975}(8)=17.53$

또는 $\chi_0^2<\chi^2_{\alpha/2}(\nu)=\chi^2_{0.025}(8)=2.18$이면 H_0를 기각한다.

⑤ 판정 : $\chi_{0.025}(8)=2.18<\chi_0^2=6<\chi_{0.975}(8)=17.53$이므로 $\alpha=0.05$에서 H_0를 채택한다. 유의수준 5%에서 변경 후의 분산이 변경 전과 차이가 있다고 할 수 없다.

(2) $\frac{S}{\chi^2_{1-\alpha/2}(\nu)}\leq\hat{\sigma}^2\leq\frac{S}{\chi^2_{\alpha/2}(\nu)}$, $\frac{S}{\chi^2_{0.975}(8)}\leq\hat{\sigma}^2\leq\frac{S}{\chi^2_{0.025}(8)}$,

$\frac{54}{17.53}\leq\hat{\sigma}^2\leq\frac{54}{2.18}$

$3.08043\leq\hat{\sigma}^2\leq 24.77064$

04. 신뢰도가 0.9인 미사일 4개가 설치된 미사일 발사 시스템이 있다. 4개의 미사일 중 3개가 작동되면 이 미사일 발사 시스템은 업무 수행이 가능한 경우 이 시스템의 신뢰도는 얼마인가?

해답 $R_s(t) = \sum_{i=k}^{n} \binom{n}{i} R^i (1-R)^{n-i}$

$= {}_4C_3 \times 0.9^3 \times (1-0.9)^1 + {}_4C_4 \times 0.9^4 \times (1-0.9)^0$

$= 0.9477$

05. 매 제품당 검사비용이 10원, 부적합품 한 제품당 손실비용이 1,000원이라고 하자. 검사 중 발견되는 부적합품에 대해서는 재작업을 하기로 하고 재작업비용은 제품당 300원이라고 한다. 지금 로트의 부적합품률이 2%로 추정되면 무검사와 전수검사 중 어느 것을 실시해야 하는가?

해답 임계부적합품률 $P_b = \dfrac{a}{b-c} = \dfrac{10}{1,000-300} = 0.01429$ 이고

$p = 0.02 > P_b = 0.01429$ 이므로 전수검사를 실시한다.

06. ISO 9000에서 정의하고 있는 어떤 용어에 대한 설명인가?

(1) 달성된 결과를 명시하거나 수행한 활동의 증거를 제공하는 문서
(2) 요구사항을 명시한 문서
(3) 부적합의 원인을 제거하고 재발을 방지하기 위한 조치

해답 (1) 기록(Record)
(2) 시방서(Specification)
(3) 시정조치(Corrective Action)

07. 다음은 어느 직물제조공정에서 나타난 흠의 수를 조사한 것이다. 물음에 답하시오.

로트번호	1	2	3	4	5	6	7	8	9	10	합계
(a)시료수(n)	10	10	15	15	20	20	20	10	10	10	140
얼룩 수	11	17	17	25	25	17	23	32	23	16	206
구멍난 수	4	4	5	6	4	7	8	8	8	6	60
실이 튄 수	6	1	6	7	4	7	12	9	9	7	68
색상 나쁜 곳	10	8	12	15	20	15	9	12	9	11	121
기타	2	–	2	4	–	3	1	2	–	1	15
(b) 합계	33	30	42	57	53	49	53	63	49	41	470
(b)÷(a)	3.30	3.00	2.80	3.80	2.65	2.45	2.65	6.30	4.90	4.10	

(1) 어떤 관리도를 사용하여야 하는가?

(2) C_L값과 $n=10,\ 15,\ 20$인 경우 각각에 대한 U_{CL}, L_{CL}을 구하시오.

(3) 관리한계선을 벗어난 점이 있으면 그 로트번호를 적으시오.

(4) 파레토도를 작성하시오.

해답 (1) 시료의 크기(n_i)가 일정하지 않은 부적합수 관리도이므로 U관리도가 적합하다.

(2) $C_L = \overline{u} = \dfrac{\sum c}{\sum n} = \dfrac{470}{140} = 3.35714$

① $n=10$인 경우

$$U_{CL} = \overline{u} + 3\sqrt{\frac{\overline{u}}{n_i}} = 3.35714 + 3\sqrt{\frac{3.35714}{10}} = 5.09536$$

$$L_{CL} = \overline{u} - 3\sqrt{\frac{\overline{u}}{n_i}} = 3.35714 - 3\sqrt{\frac{3.35714}{10}} = 1.61892$$

② $n=15$인 경우

$$U_{CL} = \overline{u} + 3\sqrt{\frac{\overline{u}}{n_i}} = 3.35714 + 3\sqrt{\frac{3.35714}{15}} = 4.77640$$

$$L_{CL} = \overline{u} - 3\sqrt{\frac{\overline{u}}{n_i}} = 3.35714 - 3\sqrt{\frac{3.35714}{15}} = 1.93789$$

③ $n=20$인 경우

$$U_{CL} = \overline{u} + 3\sqrt{\frac{\overline{u}}{n_i}} = 3.35714 + 3\sqrt{\frac{3.35714}{20}} = 4.58625$$

$$L_{CL} = \overline{u} - 3\sqrt{\frac{\overline{u}}{n_i}} = 3.35714 - 3\sqrt{\frac{3.35714}{20}} = 2.12803$$

(3) 로트번호 8번

(4)

항목	흠의 수	비율(%)	누적수	누적비율(%)
얼룩 수	206	43.82979	206	43.82979
색상 나쁜 곳	121	25.74468	327	69.57447
실이 튄 수	68	14.46809	395	84.04255
구멍난 수	60	12.76596	455	96.80851
기타	15	3.19149	470	100.0
계	470개	100%	320	100%

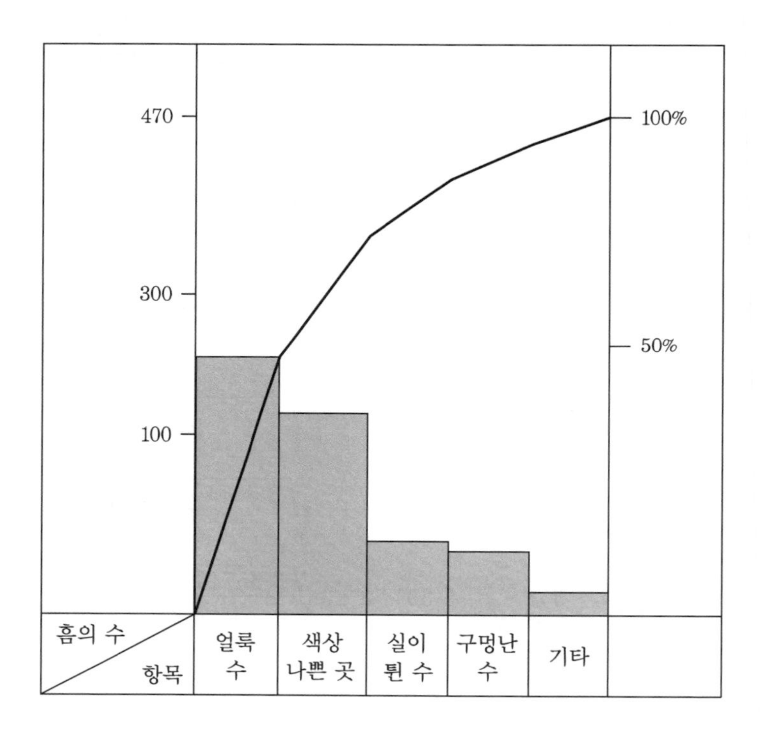

08. 요인 A는 4수준, 요인 B는 2수준, 요인 C는 2수준, 반복 2회의 지분실험을 실시한 결과 다음과 같다. 물음에 답하시오.

$$S_A = 1.89503,\ S_{B(A)} = 0.74584,\ S_{C(AB)} = 0.34083,\ S_e = 0.01935$$

(1) 각 요인별 자유도를 구하시오.

(2) $\hat{\sigma}_A^2$, $\hat{\sigma}_{B(A)}^2$, $\hat{\sigma}_{C(AB)}^2$ 를 추정하시오.

해답

요인	S	ν	V
A	1.89503	3	0.63168
$B(A)$	0.74584	4	0.18646
$C(AB)$	0.34083	8	0.04260
e	0.01935	16	0.00121
T	3.00105	31	

(1) 자유도

$\nu_T = lmnr - 1 = 4\times2\times2\times2-1 = 31$

$\nu_A = l-1 = 3$

$\nu_{B(A)} = l(m-1) = 4$

$\nu_{C(AB)} = lm(n-1) = 8$

$\nu_e = lmn(r-1) = 16$

(2) $\hat{\sigma}_A^2 = \dfrac{V_A - V_{B(A)}}{mnr} = \dfrac{0.63168-0.18646}{2\times2\times2} = 0.55653$

$\hat{\sigma}_{B(A)}^2 = \dfrac{V_{B(A)} - V_{C(AB)}}{nr} = \dfrac{0.18646-0.04260}{4} = 0.03597$

$\hat{\sigma}_{C(AB)}^2 = \dfrac{V_{C(AB)} - V_e}{r} = \dfrac{0.04260-0.00121}{2} = 0.02070$

09. 정시 중단시험방식에서 제품 A는 총 동작시간 2.0×10^5시간 동안 무고장이며, 제품 B는 총 동작시간 2.5×10^5시간에서 한 개의 고장이 발생하였다. 신뢰수준 90%로 $MTBF$의 하한값을 비교하시오.

해답 ① 제품 A : $r=0$인 경우

$$MTBF_L = \frac{T}{2.3} = \frac{2.0\times10^5}{2.3} = 86,956.52174\text{시간}$$

② 제품 B : $r=1$인 경우

$$MTBF_L = \frac{2T}{\chi^2_{1-\alpha}(2r+2)} = \frac{2\times2.5\times10^5}{\chi^2_{0.9}(4)} = \frac{500,000}{7.78} = 64,267.35219\text{시간}$$

10. $N(65,\ 1^2)$을 따르는 품질특성치를 위해 3σ의 관리한계를 갖는 개개의 특성치(x) 관리도를 운영하고 있다. 어떤 이상 요인으로 인해 품질특성치의 분포가 $N(66,\ 2^2)$으로 변화되었을 때, 관리도의 타점된 한 점이 관리한계를 벗어날 확률은 얼마인가?

해답 $C_L = \bar{u} = 65$

$U_{CL} = \bar{u} + 3\sigma = 65 + 3 \times 1 = 68$

$L_{CL} = \bar{u} - 3\sigma = 65 - 3 \times 1 = 62$

U_{CL} 밖으로 벗어날 확률 :

$$P_r\left(u > \frac{U_{CL} - \mu'}{\sigma'}\right) = P_r\left(u > \frac{68-66}{2}\right) = P_r(u > 1) = 0.1587$$

L_{CL} 밖으로 벗어날 확률 :

$$P_r\left(u < \frac{L_{CL} - \mu'}{\sigma'}\right) = P_r\left(u < \frac{62-66}{2}\right) = P_r(u < -2) = 0.0228$$

$1 - \beta = p(u > 1) + p(u < -2) = 0.1587 + 0.0228 = 0.1815$

11. 나일론 실의 방사 과정에서 일정 시간 동안 발생되는 사절수가 어떤 요인에 크게 영향을 받는가를 대략적으로 알아보기 위하여 3요인 A(연신온도), B(회전수), C(원료의 종류)를 각각 다음과 같이 4수준으로 잡고 4×4 라틴방격법을 이용해 실험을 실시한 결과 다음과 같은 데이터를 얻었다. 물음에 답하시오.

	A_1	A_2	A_3	A_4
B_1	$C_3(15)$	$C_1(4)$	$C_4(8)$	$C_2(19)$
B_2	$C_1(5)$	$C_3(19)$	$C_2(9)$	$C_4(16)$
B_3	$C_4(15)$	$C_2(16)$	$C_3(19)$	$C_1(17)$
B_4	$C_2(19)$	$C_4(26)$	$C_1(14)$	$C_3(34)$

(1) 분산분석표를 작성하시오. ($E(MS)$ 포함)

(2) 최적수준조합의 95% 신뢰구간을 구하시오.

해답 (1) 분산분석표

요인	SS	DF	MS	F_0	$F_{0.95}$	$F_{0.99}$	$E(MS)$
A	195.1875	3	65.0625	16.701**	4.76	9.78	$\sigma_e^2+4\sigma_A^2$
B	349.6875	3	116.5625	29.920**	4.76	9.78	$\sigma_e^2+4\sigma_B^2$
C	276.6875	3	92.22917	23.674**	4.76	9.78	$\sigma_e^2+4\sigma_C^2$
e	23.3750	6	3.89583				σ_e^2
T	844.9375	15					

A, B, C 모든 요인이 유의수준 1%로 유의하다.

① $S_T=\sum\sum\sum x_{ijl}^2-CT=4909-\dfrac{255^2}{16}=844.9375$

② $S_A=\sum\dfrac{T_{i\cdot\cdot}^2}{k}-CT=\dfrac{1}{4}(54^2+65^2+50^2+86^2)-\dfrac{255^2}{16}=195.1875$

③ $S_B=\sum\dfrac{T_{\cdot j\cdot}^2}{k}-CT=\dfrac{1}{4}(46^2+49^2+67^2+93^2)-\dfrac{255^2}{16}=349.6875$

④ $S_C=\sum\dfrac{T_{\cdot\cdot l}^2}{k}-CT=\dfrac{1}{4}(40^2+63^2+87^2+65^2)-\dfrac{255^2}{16}=276.6875$

⑤ $S_e=S_T-(S_A+S_B+S_C)=23.3750$

⑥ $\nu_T=k^2-1=16-1=15,\quad \nu_A=\nu_B=\nu_C=k-1=3$

$\nu_e=(k-1)(k-2)=2\times1=6$

⑦ $F_0(A)=\dfrac{V_A}{V_e}=\dfrac{65.0625}{3.89583}=16.701$

$F_0(B)=\dfrac{V_B}{V_e}=\dfrac{116.5625}{3.89583}=29.920$

$F_0(C)=\dfrac{V_C}{V_e}=\dfrac{92.22917}{3.89583}=23.674$

(2) A, B, C 모든 요인이 유의하다. 따라서 최적수준조합은 $\mu(A_3B_1C_1)$이다.

① 점추정치 : $(\overline{x}_{3\cdot\cdot}+\overline{x}_{\cdot1\cdot}+\overline{x}_{\cdot\cdot1}-2\overline{\overline{x}})=\dfrac{50}{4}+\dfrac{46}{4}+\dfrac{40}{4}-2\times\dfrac{225}{16}=2.125$

② 유효반복수 : $n_e\equiv\dfrac{\text{총실험횟수}}{\text{유의한 요인의 자유도의 합}+1}=\dfrac{k^2}{(3k-2)}=\dfrac{4^2}{10}=1.6$

$$(\overline{x}_{3\cdot\cdot}+\overline{x}_{\cdot1\cdot}+\overline{x}_{\cdot\cdot1}-2\overline{\overline{x}})\pm t_{1-\alpha/2}(\nu_e)\sqrt{\frac{V_e}{n_e}}$$

$$=2.125\pm t_{0.975}(6)\sqrt{\frac{3.89583}{1.6}}=(-,\ 5.94333)$$

12. 어떤 제품이 형상모수 $m = 0.7$, 척도모수 $\eta = 8,667$시간, 위치모수 $r = 0$인 와이블 분포에 따른다. 이 제품을 평균수명인 11,000시간 사용할 때 신뢰도를 구하시오.

해답 $R(11,000) = e^{-\left(\frac{t-r}{\eta}\right)^m} = e^{-\left(\frac{11,000-0}{8,667}\right)^{0.7}}$ =0.30679

13. 폴리에스테르를 이용하여 직물을 제조하는 Y회사의 품질경영부서에서는 직물의 신율이 가장 중요한 품질특성으로 강조되어 원료의 특성(x)에 따른 직물제품의 특성(y)에 관한 신율을 조사하여 다음 데이터를 얻었다. 다음 물음에 답하시오. (단, $\alpha = 0.05$)

x	30	20	60	80	40	50	60	30	70	60
y	73	50	128	170	87	108	135	69	148	132

(1) 표본상관계수(r)를 구하시오.
(2) 상관관계의 유·무에 관한 검정을 하시오.
(3) 모상관계수의 신뢰구간을 추정하시오.

해답 (1) $r = \frac{S_{xy}}{\sqrt{S_{xx}S_{yy}}} = \frac{6,800}{\sqrt{3,400 \times 13,660}} = 0.99780$

(2) ① 가설 : $H_0 : \rho = 0 \qquad H_1 : \rho \neq 0$

② 유의수준 : $\alpha = 0.05$

③ 검정통계량

$$t_0 = \frac{r}{\sqrt{\frac{1-r^2}{n-2}}} = r \cdot \sqrt{\frac{n-2}{1-r^2}} = 0.99780 \times \sqrt{\frac{10-2}{1-0.99780^2}} = 42.56975$$

④ 기각역 : $|t_0| > t_{1-\alpha/2}(n-2) = t_{0.975}(8) = 2.306$이면 H_0를 기각한다.

⑤ 판정 : $t_0 = 42.56975 > t_{0.975}(8) = 2.306$이므로 $\alpha = 0.05$에서 H_0를 기각한다. 상관관계가 존재한다고 할 수 있다.

(3) $\tanh\left(\tanh^{-1} r \pm u_{1-\alpha/2}\frac{1}{\sqrt{n-3}}\right) = \tanh\left(\tanh^{-1} 0.99780 \pm 1.96\frac{1}{\sqrt{7}}\right)$

$0.99036 \le \rho \le 0.99950$

14. 본선(本船)으로 광석이 입하되었다. 이를 3회에 걸쳐 화물선으로 각각 300, 500, 400톤씩 적재하여 운반한다. 이때 하역 중 100톤 간격으로 증분(increment)을 취하여 이를 대량시료로 혼합하는 경우 샘플링의 정도(精度)를 구하시오. (단, 과거의 경험에 의하면 100톤까지의 증분간의 산포 σ_w 는 10%이다.)

해답 $V(\overline{x}) = \dfrac{\sigma_w^2}{m\overline{n}} = \dfrac{10^2}{3 \times \dfrac{12}{3}} = 8.33333\%$

15. 사내표준화에서 사용하는 문장 끝을 보기와 같이 작성하시오.

보기

요구사항 : 하여야 한다.

(1) 권장사항
(2) 허용
(3) 실현성 및 가능성

해답 (1) 하는 것이 좋다.
(2) 해도 된다.
(3) 할 수 있다.

16. KS Q ISO 2859-1에서 검사의 엄격도를 조정하는 경우 보통검사에서 수월한 검사로 가기 위한 조건을 3가지 기술하시오.

해답 (1) 전환점수가 30점 이상
(2) 생산이 안정
(3) 소관권한자가 승낙

2020년 제4회 기출 복원문제

01. 나일론 실의 방사 과정에서 일정 시간 동안 발생되는 사절수가 어떤 요인에 크게 영향을 받는가를 대략적으로 알아보기 위하여 3요인 A(연신온도), B(회전수), C(원료의 종류)를 각각 다음과 같이 4수준으로 잡고, 4×4 라틴방격법을 이용해 실험을 실시한 결과 다음과 같은 데이터를 얻었다. 물음에 답하시오.

구분	A_1	A_2	A_3	A_4
B_1	$C_3(15)$	$C_1(4)$	$C_4(8)$	$C_2(19)$
B_2	$C_1(5)$	$C_3(19)$	$C_2(9)$	$C_4(16)$
B_3	$C_4(15)$	$C_2(16)$	$C_3(19)$	$C_1(17)$
B_4	$C_2(19)$	$C_4(26)$	$C_1(14)$	$C_3(34)$

(1) 분산분석표를 작성하시오. ($E(MS)$ 포함)

(2) 최적수준조합의 95% 신뢰구간을 구하시오.

해답 (1) 분산분석표

요인	SS	DF	MS	F_0	$F_{0.95}$	$F_{0.99}$	$E(MS)$
A	195.1875	3	65.0625	16.701**	4.76	9.78	$\sigma_e^2+4\sigma_A^2$
B	349.6875	3	116.5625	29.920**	4.76	9.78	$\sigma_e^2+4\sigma_B^2$
C	276.6875	3	92.22917	23.674**	4.76	9.78	$\sigma_e^2+4\sigma_C^2$
e	23.3750	6	3.89583				σ_e^2
T	844.9375	15					

A, B, C 모든 요인이 유의수준 1%로 유의하다.

① $S_T=\sum\sum\sum x_{ijl}^2-CT=4909-\dfrac{255^2}{16}=844.9375$

② $S_A=\sum\dfrac{T_{i\cdot\cdot}^2}{k}-CT=\dfrac{1}{4}(54^2+65^2+50^2+86^2)-\dfrac{255^2}{16}=195.1875$

③ $S_B=\sum\dfrac{T_{\cdot j\cdot}^2}{k}-CT=\dfrac{1}{4}(46^2+49^2+67^2+93^2)-\dfrac{255^2}{16}=349.6875$

④ $S_C = \sum \frac{T_{..l}^2}{k} - CT = \frac{1}{4}(40^2 + 63^2 + 87^2 + 65^2) - \frac{255^2}{16} = 276.6875$

⑤ $S_e = S_T - (S_A + S_B + S_C) = 23.3750$

⑥ $\nu_T = k^2 - 1 = 16 - 1 = 15$, $\nu_A = \nu_B = \nu_C = k - 1 = 3$,
$\nu_e = (k-1)(k-2) = 2 \times 1 = 6$

⑦ $V_A = \frac{S_A}{\nu_A} = \frac{195.1875}{3} = 65.0625$, $V_B = \frac{S_B}{\nu_B} = \frac{349.6875}{3} = 116.5625$,

$V_C = \frac{S_C}{\nu_C} = \frac{276.6875}{3} = 92.22917$, $V_e = \frac{S_e}{\nu_e} = \frac{23.3750}{6} = 3.89583$

⑧ $F_0(A) = \frac{V_A}{V_e} = \frac{65.0625}{3.89583} = 16.701$, $F_0(B) = \frac{V_B}{V_e} = \frac{116.5625}{3.89583} = 29.920$

$F_0(C) = \frac{V_C}{V_e} = \frac{92.22917}{3.89583} = 23.674$

(2) A, B, C 모든 요인이 유의하다. 따라서 최적수준조합은 $\mu(A_3B_1C_1)$이다.

① 점추정치 : $(\overline{x}_{3..} + \overline{x}_{.1.} + \overline{x}_{..1} - 2\overline{\overline{x}}) = \frac{50}{4} + \frac{46}{4} + \frac{40}{4} - 2 \times \frac{225}{16} = 2.125$

② 유효반복수 : $n_e = \frac{\text{총실험횟수}}{\text{유의한 요인의 자유도의 합} + 1} = \frac{k^2}{(3k-2)} = \frac{4^2}{10} = 1.6$

$$(\overline{x}_{3..} + \overline{x}_{.1.} + \overline{x}_{..1} - 2\overline{\overline{x}}) \pm t_{1-\alpha/2}(\nu_e)\sqrt{\frac{V_e}{n_e}}$$

$$= 2.125 \pm t_{0.975}(6)\sqrt{\frac{3.89583}{1.6}} = (-,\ 5.94333)$$

02. **계량규준형 1회 샘플링검사에서 $\alpha = 0.05$, $\beta = 0.1$, $\overline{X}_U = 500$, $\sigma = 10$, $n = 4$일 때 물음에 답하시오.**

(1) α, β를 만족하는 m_0, m_1을 구하시오. (단, 소수점 이하 3째 자리에서 맺음할 것)

(2) 다음 표의 빈칸을 채우고, α, β, m_0, m_1, $\overline{X}_U$의 값을 기입한 OC 곡선을 작성하시오.

m	$K_{L(m)} = \frac{m - \overline{X}_U}{\sigma/\sqrt{n}}$	$L(m)$
m_0		
$\overline{X}_U$		
m_1		

해답 (1) m_0, m_1

$$\overline{X}_U = m_0 + k_\alpha \frac{\sigma}{\sqrt{n}}$$

$$500 = m_0 + 1.645\frac{10}{\sqrt{4}},\ m_0 = 491.775$$

$$\overline{X}_U = m_1 - k_\beta \frac{\sigma}{\sqrt{n}}$$

$$500 = m_1 - 1.282\frac{10}{\sqrt{4}},\ m_1 = 506.410$$

(2)

m	$K_{L(m)} = \dfrac{m-\overline{X}_U}{\sigma/\sqrt{n}}$	$L(m)$
491.775(m_0)	$\dfrac{491.775-500}{10/\sqrt{4}}=-1.645$	0.95
500($\overline{X}_U$)	$\dfrac{500-500}{10/\sqrt{4}}=0$	0.50
506.410(m_1)	$\dfrac{506.41-500}{10/\sqrt{4}}=1.282$	0.10

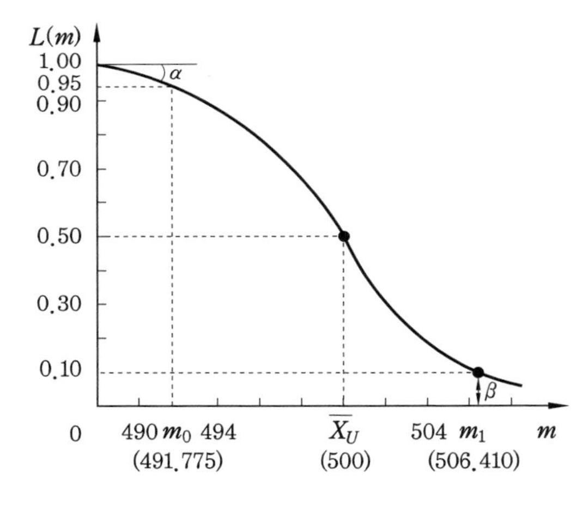

03. 아래 보기 중 예방코스트, 평가코스트, 실패코스트를 구분하시오.

> 품질교육코스트, 품질사무코스트, 설계변경코스트, 재심코스트, 시험코스트, PM코스트, 현지서비스코스트

해답 ① P Cost : 품질교육코스트, 품질사무코스트

② A Cost : PM코스트, 시험코스트,

③ F Cost : 현지서비스코스트, 설계변경코스트, 재심코스트

04. A사는 어떤 부품의 수입검사에 계수값 샘플링검사인 KS Q ISO 2859-1의 보조표인 분수샘플링검사를 적용하고 있다. $AQL = 1.0\%$, 통상검사수준 II에서 엄격도는 보통검사, 샘플링형식은 1회로 시작하였다. 다음 물음에 답하시오.

(1) ( )를 완성하시오.

(2) 로트번호 5번의 검사결과 다음 로트에 적용되는 엄격도를 결정하시오.

로트 번호	N	샘플 문자	n	당초 A_c	합부판정 스코어 (검사 전)	적용 하는 A_c	부적합 품수 d	합부 판정	합부판정 스코어 (검사 후)	전환 스코어
1	200	G	32	1/2	5	0	1	불합격	0	0
2	250	(①)	(⑤)	(⑨)	(⑬)	(⑰)	0	(㉑)	(㉕)	(㉙)
3	600	(②)	(⑥)	(⑩)	(⑭)	(⑱)	1	(㉒)	(㉖)	(㉚)
4	80	(③)	(⑦)	(⑪)	(⑮)	(⑲)	0	(㉓)	(㉗)	(㉛)
5	120	(④)	(⑧)	(⑫)	(⑯)	(⑳)	0	(㉔)	(㉘)	(㉜)

해답 (1)

로트 번호	N	샘플 문자	n	당초 A_c	합부판정 스코어 (검사 전)	적용 하는 A_c	부적합 품수 d	합부 판정	합부판정 스코어 (검사 후)	전환 스코어
1	200	G	32	1/2	5	0	1	불합격	0	0
2	250	G	32	1/2	5	0	0	합격	5	2
3	600	J	80	2	12	2	1	합격	0	5
4	80	E	13	0	0	0	0	합격	0	7
5	120	F	20	1/3	3	0	0	합격	3	9

(가) AQL 지표형 샘플링검사표를 이용하여 로트 크기 N에 따라 샘플문자는 ① G ② J ③ E ④ F 이다.

(나) 보통검사의 1회 샘플링방식(주샘플링표)에서 시료문자에 따른 시료의 크기 n을 구하면 ⑤ 32 ⑥ 80 ⑦ 13 ⑧ 20이다.

(다) 당초의 A_c는 샘플문자와 $AQL = 1.0\%$에 대하여 구하면 ⑨ 1/2 ⑩ 2 ⑪ 0 ⑫ 1/3이다.

(라) 로트번호 2에서 당초의 A_c가 1/2이므로 5점을 가산하여 ⑬ 5가 되며 적용하는A_c는 합부판정스코어≤ 8이므로 ⑰ 0이 된다. $d = 0$이므로 ㉑ 합격, 부적합품이 없으므로 합부판정스코어(검사 후)는 ㉕ 5, 전환스코어는 2를 가산하여 ㉙ 2가 된다.

(마) 로트번호 3에서 당초의 A_c가 2이므로 7을 가산하여 합부판정스코어(검사 전) ⑭ 12가 되며, 적용하는 A_c ⑱ 2가 되고 로트는 ㉒ 합격, $d=1$이므로 합부판정스코어(검사 후) ㉖ 0이 된다. 로트가 합격되고 AQL이 한 단계 엄격한 조건에서 합격이 되므로 3점을 가산하여 전환스코어는 ㉚ 5점이 된다.

(바) 로트번호 4번에서 당초의 A_c가 0이므로 합부판정스코어(검사 전)는 변하지 않으므로 ⑮ 0, ⑲ 0이 된다. $d=0$이므로 ㉓ 합격이며 ㉗ 0, 로트 합격이므로 전환스코어는 2를 가산하여 ㉛ 7이 된다.

(사) 로트번호 5번에서 당초의 A_c가 1/3이므로 3점을 가산하여 ⑯ 3이 되고, 적용하는 A_c는 합부판정스코어≤ 8이므로 ⑳ 0이 된다. $d=0$이므로 ㉔ 합격되고 합부판정스코어는 ㉘ 3, 전환스코어는 2점을 가산하여 ㉜ 9가 된다.

(2) 로트번호 6은 전환스코어 현상값이 30 미만이므로 보통검사를 속행한다.

05. 신뢰도가 0.9인 미사일 4개가 설치된 미사일 발사 시스템이 있다. 4개의 미사일 중 3개가 작동되면 이 미사일 발사 시스템은 업무 수행이 가능한 경우 이 시스템의 신뢰도는 얼마인가?

해답 $R_s(t)=\sum_{i=k}^{n}\binom{n}{i}R^i(1-R)^{n-i}$

$={}_4C_3\times 0.9^3\times(1-0.9)^1+{}_4C_4\times 0.9^4\times(1-0.9)^0=0.9477$

06. 가속시험온도인 125℃에서 얻은 고장시간은 평균수명 θ_s가 4,500시간인 지수분포에 따른다. 이 부품의 정상사용온도는 25℃이고, 이 두 온도간의 가속계수(A)의 값이 35라면 정상조건에서의 평균고장률과 정상조건에서 40,000시간 사용할 경우의 누적고장확률은 얼마인가?

해답 $\theta_n=A\times\theta_s=35\times 4{,}500=157{,}500$시간

$\lambda_n=\frac{1}{\theta_n}=\frac{1}{157{,}500}=6.349\times 10^{-6}$/시간

$F(t=4{,}000)=1-R(t)=1-e^{-\frac{1}{157{,}500}\times 40{,}000}=0.22428$

07. 어떤 생산공정에서 생산하는 제품을 10일 동안 8시간 간격으로 100개씩 조사하여 부적합품수를 조사한 결과 〈표〉와 같은 데이터를 얻었다.

(1) C_L, U_{CL}, L_{CL}을 구하시오.

(2) 관리도를 작성하시오.

(3) 관리상태(안정상태)의 여부를 판정하시오.

(4) 부분군 19의 경우 작업자의 실수(이상원인) 때문이라고 판명된 경우 평균을 재설정하여 작성하시오.

일	시	표본번호 (i)	부적합품수 (np_i)	일	시	표본번호 (i)	부적합품수 (np_i)
1	8	1	1	6	8	16	3
	16	2	6		16	17	6
	24	3	6		24	18	3
2	8	4	7	7	8	19	13
	16	5	3		16	20	7
	24	6	2		24	21	6
3	8	7	4	8	8	22	6
	16	8	7		16	23	7
	24	9	3		24	24	8
4	8	10	1	9	8	25	7
	16	11	5		16	26	2
	24	12	8		24	27	3
5	8	13	7	10	8	28	2
	16	14	5		16	29	6
	24	15	5		24	30	4

해답 $\bar{p} = \dfrac{\sum np}{kn} = \dfrac{153}{100 \times 30} = 0.051$

(1) $C_L = n\bar{p} = 100 \times 0.051 = 5.1$

$U_{CL} = n\bar{p} \pm 3\sqrt{n\bar{p}(1-\bar{p})} = 5.10 + 3\sqrt{100(0.051)(0.949)} = 11.69993$

$L_{CL} = -$ (고려하지 않음)

(2)

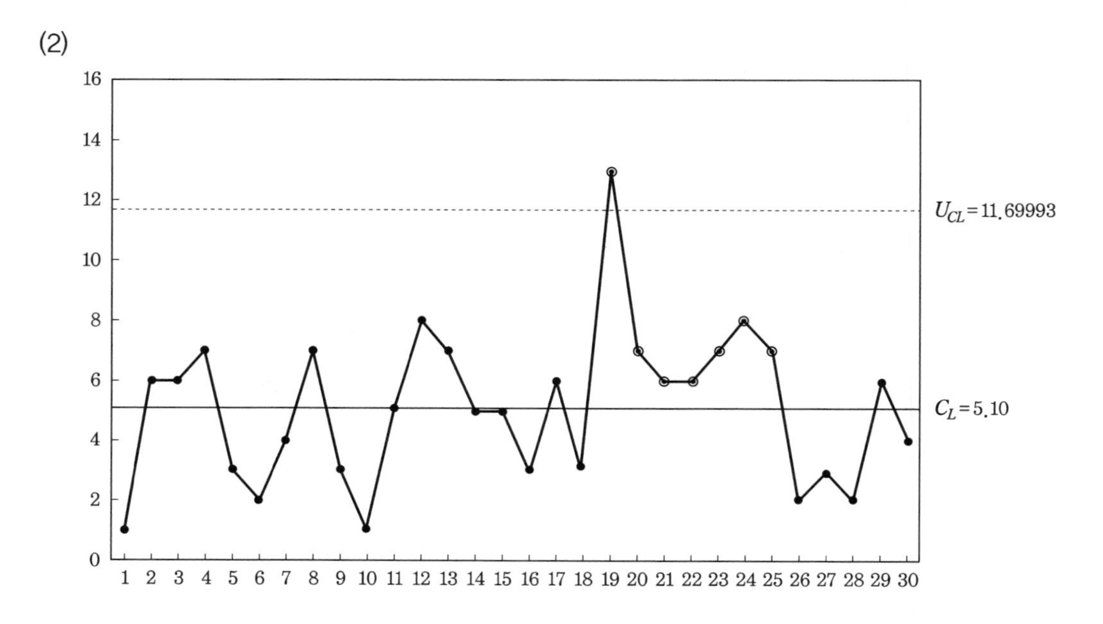

(3) 표본번호 19의 점이 관리한계 밖으로 벗어났으므로 공정이 안정상태라고 할 수 없다.

(4) $\bar{p} = \dfrac{\sum np}{kn} = \dfrac{140}{100 \times 29} = 0.04828$

$C_L = n\bar{p} = 100 \times 0.0483 = 4.82759$

$U_{CL} = n\bar{p} \pm 3\sqrt{n\bar{p}(1-\bar{p})} = 4.82759 + 3\sqrt{4.82759(1-0.04828)} = 11.25804$

$L_{CL} = -$ (고려하지 않음)

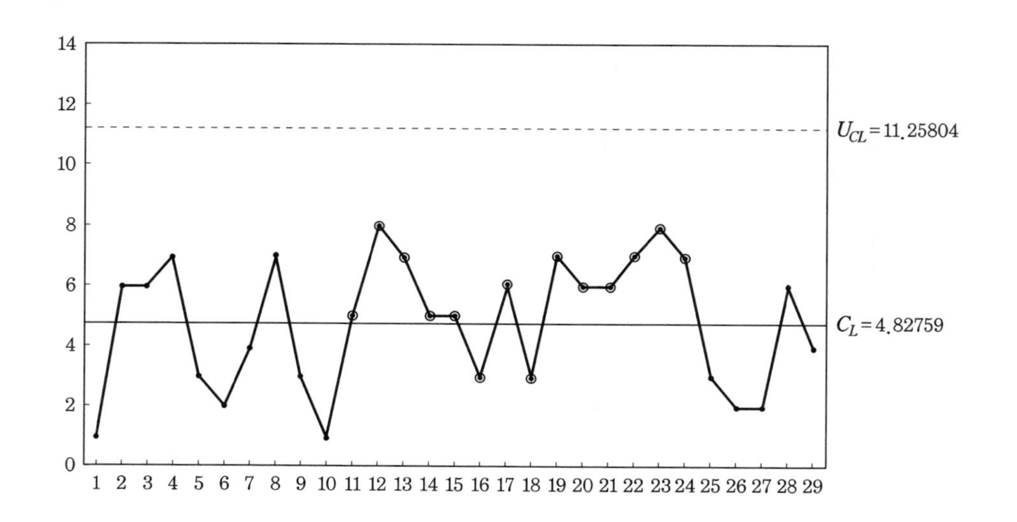

08. 샘플링검사의 실시조건 5가지만 작성하시오.

해답 ① 제품이 로트로 처리될 수 있을 것
② 품질기준이 명확할 것
③ 시료를 랜덤하게 취할 수 있을 것
④ 합격 로트 속에 어느 정도의 부적합품의 혼입이 허용될 수 있을 것
⑤ 계량 샘플링검사에서는 로트의 검사단위의 특성치 분포를 대략적으로 알고 있을 것

09. 베어링의 내경을 X, 샤프트의 지름을 Y라 할 때 $X \sim N(1.060, 0.0015^2)$, $Y \sim N(1.05, 0.002^2)$의 분포를 한다. 이 베어링이 원활히 돌기 위해서는 최소한 0.0175의 틈새가 필요하다면 너무 빡빡해서 제대로 돌지 않은 부적합품은 얼마나 되겠는가?

해답 (1) 조립품 틈새의 평균값 : $\mu_X - \mu_Y = 1.060 - 1.05 = 0.010$
(2) 조립품 틈새의 표준편차 : $\sigma_C = \sqrt{\sigma_X^2 + \sigma_Y^2} = \sqrt{0.0015^2 + 0.002^2} = 0.0025$
(3) 부적합품률 $P_r\left(u \le \dfrac{0.0175 - 0.01}{0.0025}\right) = P_r(u \le 3.0) = 0.99865$

10. $(x_i,\ y_i)$ 관측값이 다음과 같다.

x	2	3	4	5	6
y	4	7	6	8	10

(1) 표본상관계수(r)를 구하시오.
(2) 결정계수(r^2)를 구하시오.
(3) $H_0 : \beta_1 = 0$, $H_1 : \beta_1 \ne 0$ 를 검정하시오. (단, $\alpha = 0.05$)

해답 $n = 5$, $\sum x = 20$, $\bar{x} = 4$, $\sum x^2 = 90$, $\sum y = 35$, $\bar{y} = 7$ $\sum y^2 = 265$, $\sum xy = 153$

$$S_{xx} = \sum x^2 - \frac{(\sum x)^2}{n} = 10, \qquad S_{yy} = \sum y^2 - \frac{(\sum y)^2}{n} = 20,$$

$$S_{xy} = \sum xy - \frac{\sum x \sum y}{n} = 13$$

(1) $r = \dfrac{S_{xy}}{\sqrt{S_{xx} S_{yy}}} = \dfrac{13}{\sqrt{10 \times 20}} = 0.91924$

(2) $r^2 = \dfrac{S_{xy}^2}{S_{xx}S_{yy}} = \dfrac{13^2}{10 \times 20} = 0.8450$

(3) ① 가설 : $H_0 : \beta_1 = 0$ $H_1 : \beta_1 \neq 0$

② 유의수준 : $\alpha = 0.05$

③ 분산분석표

요인	제곱합 (SS)	자유도 (ν 또는 DF)	평균제곱 (MS 또는 V)	F_0	$F_{1-\alpha}(\nu_R, \nu_e)$
회귀(R)	16.9	1	16.9	16.35489	10.1
오차(e)	3.1	3	1.03333		
총(T)	20	4			

$S_T = S_{yy} = 20$, $S_R = \dfrac{S_{xy}^2}{S_{xx}} = \dfrac{13^2}{10} = 16.9$, $S_e = S_T - S_R = 20 - 16.9 = 3.1$,

$\nu_T = n - 1 = 4$, $\nu_R = 1$, $\nu_e = n - 2 = 3$

$V_R = \dfrac{16.9}{1} = 16.9$, $V_e = \dfrac{3.1}{3} = 1.03333$, $F_0 = \dfrac{16.9}{1.03333} = 16.35489$

④ 판정 : $F_0 = 16.35489 > F_{0.95}(1, 3) = 10.1$ 이므로 $\alpha = 0.05$ 에서 H_0를 기각한다. 즉, 기울기가 존재한다.

11. 반복이 2회인 2^2형 요인실험에 의한 자료가 다음 〈표〉에 주어져 있다.

	A_0	A_1	$T_{\cdot j \cdot}$
B_0	4 6	−2 2	10
B_1	3 7	−4 −6	0
$T_{i \cdot\cdot}$	20	−10	T=10

(1) 요인 A의 주효과를 구하시오.

(2) 요인 $A \times B$의 변동을 구하시오.

해답 (1) $A = \dfrac{1}{2r}(a-1)(b+1) = \dfrac{1}{2r}(ab + a - b - (1)) = \dfrac{1}{4}(-10 + 0 - 10 - 10) = -7.5$

(2) $S_{A \times B} = \dfrac{1}{4r}[(a-1)(b-1)]^2 = \dfrac{1}{8}[ab - a - b + (1)]^2$

$= \dfrac{1}{8}[-10 - 0 - 10 + 10]^2 = 12.5$

12. 7개의 전자부품에 대한 고장시간이 다음과 같이 관측되었다.

5, 7, 10, 11, 13, 15, 19 (단위 : 시간)

메디안순위법에 의한 $t = 11$에서 $F(t)$, $R(t)$, $f(t)$, $\lambda(t)$를 구하시오.

해답 메디안순위법(중앙순위법)

① $F(t) = \dfrac{i-0.3}{n+0.4} = \dfrac{4-0.3}{7+0.4} = 0.5$

② $R(t) = 1 - F(t) = 1 - 0.5 = 0.5$

③ $f(t) = \dfrac{1}{(n+0.4)(t_{i+1}-t_i)} = \dfrac{1}{(7+0.4)(13-11)} = 0.06757$

④ $\lambda(t) = \dfrac{1}{(n-i+0.7)(t_{i+1}-t_i)} = \dfrac{1}{(7-4+0.7)(13-11)} = 0.13514$

13. 25마리의 젖소를 키우는 목장에서 두 종류의 사료가 우유생산량에 미치는 영향을 비교하려고 한다. 25마리 중 임의로 선택된 13마리에게는 한 종류의 사료를 주고, 나머지 12마리에게는 다른 종류의 사료를 주어 3일간 조사한 결과 다음과 같은 데이터가 주어졌다.

사료 1	43	44	57	46	47	42	58	55	49	35	46	30	41
사료 2	35	47	55	59	43	39	32	41	42	57	54	39	

(1) 사료에 따른 우유생산량에 차이가 있는가를 유의수준 5%에서 가설검정하시오.
(2) 이들 사료에 따른 우유생산량의 차이에 대한 95% 신뢰구간을 구하시오.

해답 등분산성검정 실시

① 가설 : $H_0 : \sigma_1^2 = \sigma_2^2$　　$H_1 : \sigma_1^2 \neq \sigma_2^2$

② 유의수준 : $\alpha = 0.05$

③ 검정통계량 : $F_0 = \dfrac{V_1}{V_2} = \dfrac{65.42308}{81.29545} = 0.80476$

④ 기각역 : $F_0 < F_{\alpha/2}(\nu_A,\ \nu_B) = F_{0.025}(12,\ 11) = \dfrac{1}{F_{0.975}(11,\ 12)}$

$= \dfrac{1}{3.32} = 0.30120$

또는 $F_0 > F_{1-\alpha/2}(\nu_1, \nu_2) = F_{0.975}(12,\ 11) = 3.43$이면 H_0를 기각한다.

⑤ 판정 : $F_{0.025}(12,\ 11) = 0.30120 < F_0 = 0.80476 < F_{0.975}(12,\ 11) = 3.43$이므로 $\alpha = 0.05$에서 H_0를 채택한다. 유의수준 5%에서 산포가 다르다고 할 수 없다.

(1) ① 가설 : H_0: $\mu_1 = \mu_2$ H_1: $\mu_1 \neq \mu_2$

② 유의수준 : $\alpha = 0.05$

③ 검정통계량 : $t_0 = \dfrac{\overline{x}_1 - \overline{x}_2}{\sqrt{V\left(\dfrac{1}{n_1} + \dfrac{1}{n_2}\right)}} = \dfrac{45.61538 - 45.25}{\sqrt{73.01421 \times \left(\dfrac{1}{13} + \dfrac{1}{12}\right)}} = 0.10682$

$V = s^2 = \dfrac{S_1 + S_2}{n_1 + n_2 - 2} = \dfrac{65.42308 \times 12 + 81.29545 \times 11}{13 + 12 - 2} = 73.01421$

④ 기각역 : $|t_0| > t_{1-\alpha/2}(n_1 + n_2 - 2) = t_{0.975}(23) = 2.069$이면 H_0를 기각한다.

⑤ 판정 : $t_0 = 0.10682 < t_{0.975}(23) = 2.069$이므로 $\alpha = 0.05$에서 H_0를 채택한다. 유의수준 5%에서 우유생산량에 차이가 있다고 할 수 없다.

(2) $(\overline{x}_1 - \overline{x}_2) \pm t_{1-\alpha/2}(n_1 + n_2 - 2)\sqrt{V\left(\dfrac{1}{n_1} + \dfrac{1}{n_2}\right)}$

$= (45.61538 - 45.25) \pm 2.069\sqrt{73.01421\left(\dfrac{1}{13} + \dfrac{1}{12}\right)}$

$-6.71199 \le (\mu_1 - \mu_2) \le 7.44275$

14. 온도요인(A) 4수준, 원료(B) 3수준을 택하여 반복이 없는 2요인 실험을 하여 얻은 수율 데이터를 $X_{ij} = (x_{ij} - 97) \times 10$으로 변환하여 다음 표를 얻었다. (단, A, B는 모수모형)

B \ A	A_1	A_2	A_3	A_4
B_1	6	16	20	10
B_2	3	12	10	7
B_3	−3	−1	9	−5

(1) 분산분석표를 작성하고($E(MS)$ 포함) 검정하시오.

(2) 최적조건을 찾고 그 조건에서 점추정과 구간추정을 하시오. (단, 신뢰율 95%)

해답 (1) 분산분석표

요인	SS	DF	MS	F_0	$F_{0.95}$	$F_{0.99}$	$E(MS)$
A	2.22	3	0.74	7.92885*	4.76	9.78	$\sigma_e^2 + 3\sigma_A^2$
B	3.44	2	1.72	18.42923**	5.14	10.9	$\sigma_e^2 + 4\sigma_B^2$
e	0.56	6	0.09333				σ_e^2
T	6.22	11					

요인A는 유의수준 5%로 유의하며, 요인 B는 유의수준 1%로 매우 유의하다.

① $S_T = \left(\sum_i \sum_j X_{ij}^2 - CT\right)\frac{1}{h^2} = \left(1{,}210 - \frac{(84)^2}{12}\right)\frac{1}{10^2} = 6.22$

② $S_A = \left(\sum_i \frac{T_{i\cdot}^2}{m} - CT\right)\frac{1}{h^2} = \left(\frac{1}{3}(6^2 + 27^2 + 39^2 + 12^2) - \frac{(84)^2}{12}\right)\frac{1}{10^2} = 2.22$

③ $S_B = \left(\sum_j \frac{T_{\cdot j}^2}{l} - CT\right)\frac{1}{h^2} = \left(\frac{1}{4}(52^2 + 32^2 + 0^2) - \frac{(84)^2}{12}\right)\frac{1}{10^2} = 3.44$

④ $S_e = S_T - S_A - S_B = 6.22 - 2.22 - 3.44 = 0.56$

⑤ $\nu_T = lm - 1 = 12 - 1 = 11$, $\nu_A = l - 1 = 4 - 1 = 3$, $\nu_B = m - 1 = 3 - 1 = 2$,

$\nu_e = \nu_T - \nu_A - \nu_B = 11 - 3 - 2 = 6$

⑥ $V_A = \frac{S_A}{\nu_A} = \frac{2.22}{3} = 0.74$, $V_B = \frac{S_B}{\nu_B} = \frac{3.44}{2} = 1.72$,

$V_e = \frac{S_e}{\nu_e} = \frac{0.56}{6} = 0.09333$

⑦ $F_0(A) = \frac{V_A}{V_e} = \frac{0.74}{0.09333} = 7.92885$

$F_0(B) = \frac{V_B}{V_e} = \frac{1.72}{0.09333} = 18.42923$

⑧ $E(V_A) = \sigma_e^2 + m\sigma_A^2 = \sigma_e^2 + 3\sigma_A^2$

$E(V_B) = \sigma_e^2 + l\sigma_B^2 = \sigma_e^2 + 4\sigma_A^2$

$E(V_e) = \sigma_e^2$

(2) A수준들 중 A_3 및 B 수준들 중 B_1에서 가장 높은 수율을 보이고 있으므로 최적 수준조합은 A_3B_1이 된다.

$\overline{X}_{3\cdot} = \frac{39}{3} = 13$, $\overline{X}_{\cdot 1} = \frac{52}{4} = 13$, $\overline{\overline{X}} = \frac{84}{12} = 7$

점추정 $\hat{\mu}(A_3B_1) = \overline{x}_{3\cdot} + \overline{x}_{\cdot 1} - \overline{\overline{x}} = \left(\frac{13}{10} + 97\right) + \left(\frac{13}{10} + 97\right) - \left(\frac{7}{10} + 97\right) = 98.9$

구간추정 $\hat{\mu}(A_3B_1) = (\overline{x}_{3\cdot} + \overline{x}_{\cdot 1} - \overline{\overline{x}}) \pm t_{1-\alpha/2}(\nu_e)\sqrt{\frac{V_e}{n_e}}$

$= 98.9 \pm t_{0.975}(6) \times \sqrt{\frac{0.09333}{2}}$

$n_e = \frac{lm}{\nu_A + \nu_B + 1} = \frac{4 \times 3}{(4-1) + (3-1) + 1} = 2$

$98.37140 \le \mu(A_3B_1) \le 99.42860$

2020년 제5회 기출 복원문제

01. A, B 두 기계의 정밀도를 비교하기 위해 각각의 기계로 16개씩의 제품을 가공하여 본 결과 $V_A = 0.0052\text{mm}$, $V_B = 0.0178\text{mm}$가 되었다.

(1) 유의수준 5%에서 A가 B보다 정밀도가 더 좋다고 할 수 있는지 검정하시오.

(2) 95% 신뢰구간의 상한을 구하시오.

해답 (1) ① 가설 : $H_0 : \sigma_A^2 \geq \sigma_B^2$ $\quad H_1 : \sigma_A^2 < \sigma_B^2$

② 유의수준 : $\alpha = 0.05$

③ 검정통계량 : $F_0 = \dfrac{V_A}{V_B} = \dfrac{0.0052}{0.0178} = 0.29213$

④ 기각역 : $F_0 < F_\alpha(\nu_A,\ \nu_B) = F_{0.05}(15,\ 15) = \dfrac{1}{F_{0.95}(15,\ 15)} = \dfrac{1}{2.40}$

$= 0.41667$이면 H_0를 기각한다.

⑤ 판정 : $F_0 = 0.29213 < \dfrac{1}{F_{0.95}(15,\ 15)} = 0.41667$이므로 $\alpha = 0.05$에서 H_0를 기각한다. 유의수준 5%에서 A가 B보다 정밀도가 더 좋다고 할 수 있다.

(2) $\left(\dfrac{\sigma_A^2}{\sigma_B^2}\right)_U = \dfrac{F_0}{F_\alpha(\nu_{A,}\ \nu_B)} = \dfrac{0.29213}{0.41667} = 0.70111$

02. 카노(KANO)의 이원적 품질모델에서 그림의 (A), (B), (C)는 각각 어떤 품질 요소를 나타내는지 쓰시오.

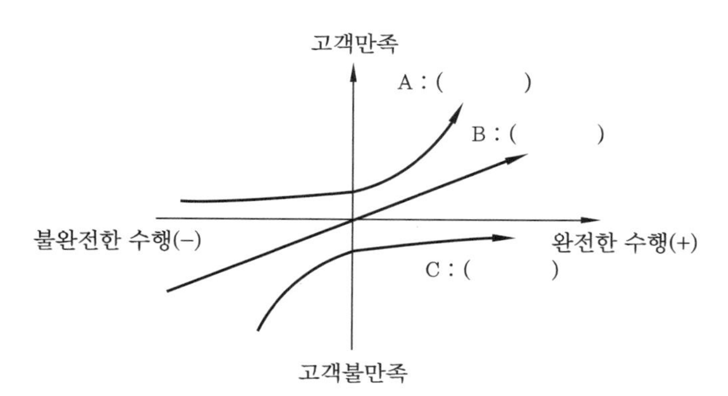

해답

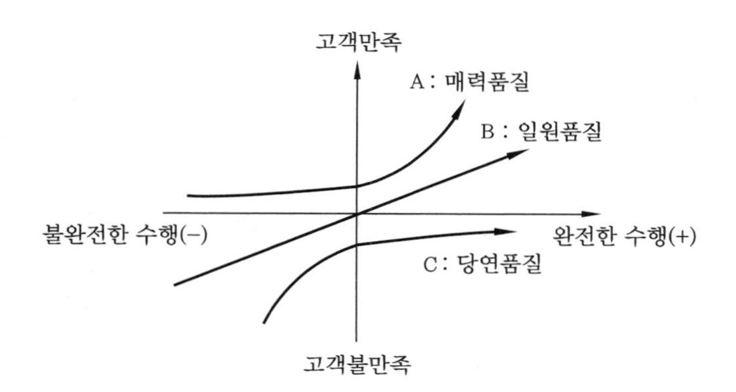

03. 다음의 $\overline{x}-R$ 관리도 데이터에 대해 요구에 답하시오.

(1) 양식의 빈칸을 채우시오.

(2) $\overline{x}-R$ 관리도의 C_L, U_{CL}, L_{CL}을 구하시오.

(3) $\overline{x}-R$ 관리도를 작성하시오.

(4) 관리상태(안정상태)의 여부를 판정하시오.

시료군 번호	측정치				계	평균	범위
	x_1	x_2	x_3	x_4	$\sum x$	$\overline{x}$	R
1	38.3	38.9	39.4	38.3			
2	39.1	39.8	38.5	39.0			
3	38.6	38.0	39.2	39.9			
4	40.6	38.6	39.0	39.0			
5	39.0	38.5	39.3	39.4			
6	38.8	39.8	38.3	39.6			
7	38.9	38.7	41.0	41.4			
8	39.9	38.7	39.0	39.7			
9	40.6	41.9	38.2	40.0			
10	39.2	39.0	38.0	40.5			
11	38.9	40.8	38.7	39.8			
12	39.0	37.9	37.9	39.1			
13	39.7	38.5	39.6	38.9			
14	38.6	39.8	39.2	40.8			
15	40.7	40.7	39.3	39.2			
					계		
						$\overline{\overline{x}}=$	$\overline{R}=$

해답 (1)

시료군 번호	측정치 x_1	x_2	x_3	x_4	계 $\sum x$	평균 $\overline{x}$	범위 R
1	38.3	38.9	39.4	38.3	154.9	38.725	1.1
2	39.1	39.8	38.5	39.0	156.4	39.100	1.3
3	38.6	38.0	39.2	39.9	155.7	38.925	1.9
4	40.6	38.6	39.0	39.0	157.2	39.300	2.0
5	39.0	38.5	39.3	39.4	156.2	39.050	0.9
6	38.8	39.8	38.3	39.6	156.5	39.125	1.5
7	38.9	38.7	41.0	41.4	160.0	40.000	2.7
8	39.9	38.7	39.0	39.7	157.3	39.325	1.2
9	40.6	41.9	38.2	40.0	160.7	40.175	3.7
10	39.2	39.0	38.0	40.5	156.7	39.175	2.5
11	38.9	40.8	38.7	39.8	158.2	39.550	2.1
12	39.0	37.9	37.9	39.1	153.9	38.475	1.2
13	39.7	38.5	39.6	38.9	156.7	39.175	1.2
14	38.6	39.8	39.2	40.8	158.4	39.600	2.2
15	40.7	40.7	39.3	39.2	159.9	39.975	1.5
					계	589.675	27
					$\overline{\overline{x}}=$	39.31167 $\overline{R}=$	1.8

(2) ① $\overline{x}$ 관리도

$$C_L = \overline{\overline{x}} = \frac{\sum \overline{x}}{k} = \frac{589.675}{15} = 39.31167$$

$$U_{CL} = \overline{\overline{x}} + A_2\overline{R} = 39.31167 + 0.729 \times 1.8 = 40.62387$$

$$L_{CL} = \overline{\overline{x}} - A_2\overline{R} = 39.31167 - 0.729 \times 1.8 = 37.99947$$

② R 관리도

$$C_L = \overline{R} = \frac{\sum R}{k} = \frac{27}{15} = 1.8$$

$$U_{CL} = D_4\overline{R} = 2.282 \times 1.8 = 4.10760$$

$L_{CL} = D_3\overline{R} = -$ (고려하지 않음)

(3)

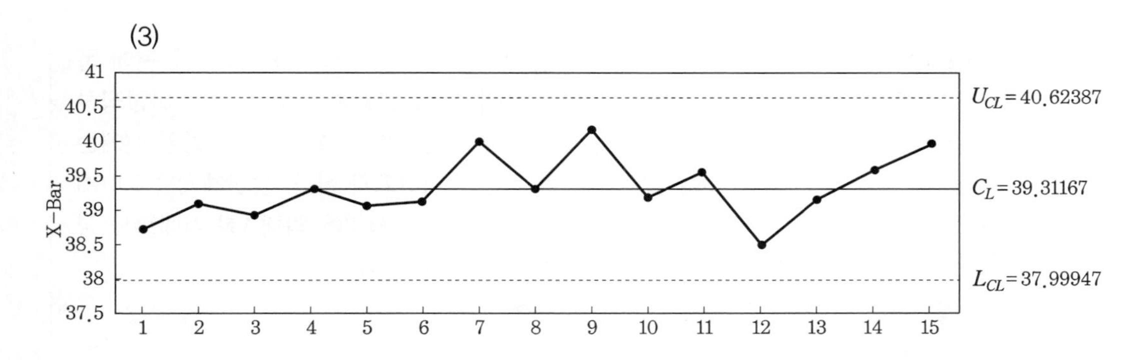

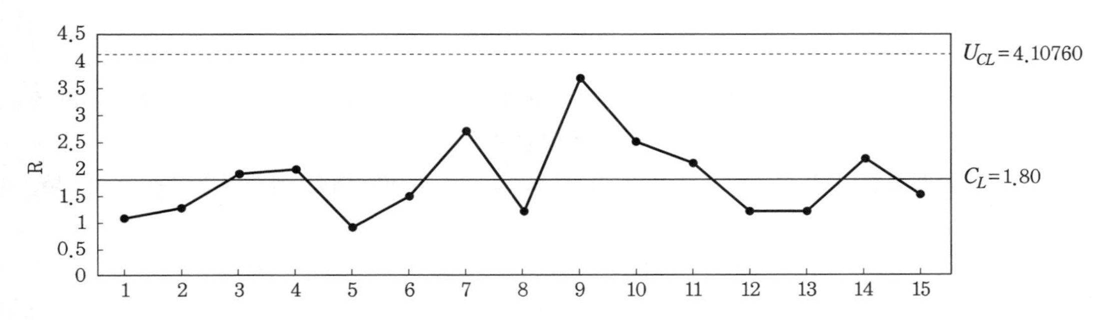

(4) $\bar{x}$ 관리도 및 R 관리도는 관리한계를 이탈하는 점이 없고, 점의 배열에 습관성이 존재하지 않으므로 관리상태라고 판정할 수 있다.

04. $n=100$**의 데이터에 대한 히스토그램을 작성한 결과** $\bar{x}=43.9$ **및** $\sqrt{V}=0.61$**을 얻었다. 규격이** 45 ± 2.5**라면** C_{pk}**를 구하고 판정하시오.**

해답 $k=\dfrac{\left|\dfrac{U+L}{2}-\bar{x}\right|}{\dfrac{U-L}{2}}=\dfrac{|45-43.9|}{\dfrac{47.5-42.5}{2}}=0.44$

$$C_{pk}=(1-k)C_p=(1-0.44)\left(\frac{47.5-42.5}{6\times0.61}\right)=0.765027$$

공정능력이 3등급으로 공정능력이 부족하다.

05. 어떤 소비자가 조립식 책장의 키트(kit)에 들어가는 나사 10개의 팩(pack)을 판매 목적으로 구입하고자 한다. 팩 안에는 정확히 10개의 나사가 들어 있는 것이 바람직하다. 나사의 수가 부족한 팩이 있어도 전체 중 불완전한 팩의 비율이 1% 이하일 때에는 참지만 이 보다 훨씬 높은 것을 합격으로 할 위험은 피하고자 한다. 생산계획은 5,000 키트로 로트 크기는 1,250이다. 공급자와 소비자는 상호 협의에 의해 1회 거래로 한정하고 한계품질의 표준값 3.15%를 사용하는 데 합의하였다.

(1) 이를 만족시킬 수 있는 샘플링 절차는 무엇인가?

(2) 로트 크기 1,250인 경우 샘플링 방식을 구하시오.

(3) (2)항에서 1%인 로트의 합격 확률을 구하시오.

해답 (1) 생산자와 소비자가 1회 거래로 한정하였으므로 고립로트이며, KS Q ISO 2859-2 절차 A를 따르는 LQ방식의 샘플링검사이다.

(2) 한계품질의 표준값이 3.15%일 때 로트 크기 1,250에 대한 샘플링방식은 $n=125$, $A_c=1$이다.

(3) $m=nP=125\times0.01=1.25$

$$L(p)=\frac{e^{-1.25}\times1.25^0}{0!}+\frac{e^{-1.25}\times1.25^1}{1!}=0.64464=64.464\%$$

06. 나일론 실의 방사 과정에서 일정 시간 동안 발생되는 사절수가 어떤 요인에 크게 영향을 받는가를 대략적으로 알아보기 위하여 4요인 A(연신온도), B(회전수), C(원료의 종류), D(연신비)를 각각 다음과 같이 4수준으로 잡고 총 16회 실험을 4×4 그레코 라틴방격법으로 행하였다.

	A_1	A_2	A_3	A_4
B_1	$C_2D_3(15)$	$C_1D_1(\ 4)$	$C_3D_4(\ 8)$	$C_4D_2(19)$
B_2	$C_4D_1(\ 5)$	$C_3D_3(19)$	$C_1D_2(\ 9)$	$C_2D_4(16)$
B_3	$C_1D_4(15)$	$C_2D_2(16)$	$C_4D_3(19)$	$C_3D_1(17)$
B_4	$C_3D_2(19)$	$C_4D_4(26)$	$C_2D_1(14)$	$C_1D_3(34)$

(1) 분산분석표를 작성하시오.

(2) 유의수준 5%로 검정하시오.

(3) 최적수준조합에 대한 95% 신뢰구간을 구하시오.

(4) $\mu(A_1B_2C_3D_4)$를 구간추정하기 위한 유효반복수(n_e)를 구하시오.

해답 (1) 분산분석표

요인	SS	DF	MS	F_0	$F_{0.95}$
A	195.18750	3	65.06250	14.26027*	9.28
B	349.68750	3	116.56250	25.54795*	9.28
C	9.68750	3	3.22917	0.70776	9.28
D	276.68750	3	92.22917	20.21164*	9.28
e	13.68750	3	4.56250		
T	844.93750	15			

① $S_T = \sum_{i=1}^{k}\sum_{j=1}^{k}\sum_{l=1}^{k}\sum_{m=1}^{k} x_{ijlm}^2 - CT = 4{,}909 - \frac{255^2}{16} = 844.93750$

② $S_A = \sum_{i=1}^{k} \frac{T_{i\cdots}^2}{k} - CT = \frac{1}{4}\{54^2 + 65^2 + 50^2 + 86^2\} - \frac{255^2}{16} = 195.18750$

③ $S_B = \sum_{j=1}^{k} \frac{T_{\cdot j\cdot\cdot}^2}{k} - CT = \frac{1}{4}\{46^2 + 49^2 + 67^2 + 93^2\} - \frac{255^2}{16} = 349.68750$

④ $S_C = \sum_{l=1}^{k} \frac{T_{\cdot\cdot l\cdot}^2}{k} - CT = \frac{1}{4}\{62^2 + 61^2 + 63^2 + 69^2\} - \frac{255^2}{16} = 9.68750$

⑤ $S_D = \sum_{m=1}^{k} \frac{T_{\cdots m}^2}{k} - CT = \frac{1}{4}\{40^2 + 63^2 + 87^2 + 65^2\} - \frac{255^2}{16} = 276.68750$

⑥ $S_e = S_T - (S_A + S_B + S_C + S_D) = 13.68750$

⑦ 자유도 ν

$\nu_A = \nu_B = \nu_C = \nu_D = k-1 = 3, \quad \nu_e = (k-1)(k-3) = 3,$

$\nu_T = k^2 - 1 = 16 - 1 = 15$

(2) $F_A = 14.26027$, $F_B = 25.54795$, $F_D = 20.21164$는 $F_{0.95}(3,\ 3) = 9.28$보다 크므로 유의하고, $F_C = 0.70776$는 $F_{0.95}(3,\ 3) = 9.28$보다 작으므로 유의하지 않다.

(3) 사절수는 작을수록 좋으므로 망소특성이고, 요인 A, B, D가 유의하므로 각각의 평균이 가장 작은 최적수준조합은 $\mu(A_3B_1D_1)$이다.

$$n_e = \frac{k^2}{(3k-2)} = \frac{16}{10} = 1.6$$

$$\hat{\mu}(A_3B_1D_1) = \left(\overline{x}_{3\cdots} + \overline{x}_{\cdot 1\cdot\cdot} + \overline{x}_{\cdots 1} - 2\overline{\overline{x}}\right) \pm t_{0.975}(3)\sqrt{\frac{V_e}{n_e}}$$

$$= \left(\frac{50}{4} + \frac{46}{4} + \frac{40}{4} - 2\times\frac{255}{16}\right) \pm 3.182\sqrt{\frac{4.5625}{1.6}}$$

$-3.24831 \le \hat{\mu}(A_3B_1D_1) \le 7.49831$, $- \le \hat{\mu}(A_3B_1D_1) \le 7.49831$

(4) $n_e = \frac{\text{총실험횟수}}{\text{유의한 요인의 자유도의 합}+1} = \frac{k^2}{(4k-3)} = \frac{16}{13} = 1.23077$

품질경영기사 / 품질경영산업기사

07. 검사방식 5가지를 쓰시오.

해답 ① 검사가 행해지는 공정에 의한 분류
② 검사가 행해지는 장소에 의한 분류
③ 검사의 성질에 의한 분류
④ 검사방법에 의한 분류
⑤ 검사항목에 의한 분류

08. 20개의 회전기를 30일간 비교체 시험을 하였다. 이 기간 중 고장난 9개의 고장시간(일)은 다음과 같다.

27.4, 14.4, 13.5, 5.1, 10.5, 27.7, 20.0, 29.1, 23.6일

(1) $MTTF$를 구하시오
(2) 평균수명에 대한 95% 신뢰구간을 구하시오.

해답 (1) $\widehat{MTTF} = \dfrac{T}{r} = \dfrac{27.4 + 14.4 + 13.5 + \ldots + 23.6 + (20-9) \times 30}{9} = 55.7$일

(2) $T = 501.3$, $r = 9$이므로

① 평균수명 : $\dfrac{2T}{\chi^2_{1-\alpha/2}(2r+2)} \le \theta \le \dfrac{2T}{\chi^2_{\alpha/2}(2r)}$, $\dfrac{2 \times 501.3}{\chi^2_{0.975}(20)} \le \theta \le \dfrac{2 \times 501.3}{\chi^2_{0.025}(18)}$

$\dfrac{1{,}002.6}{34.17} \le \theta \le \dfrac{1{,}002.6}{8.23}$, $29.34153 \le \theta \le 121.82260$

09. 폴리에스테르를 이용하여 직물을 제조하는 Y회사의 품질경영부서에서는 직물의 신율이 가장 중요한 품질특성으로 강조되어 원료의 특성(x)에 따른 직물제품의 특성(y)에 관한 신율을 조사하여 다음 데이터를 얻었다. 다음 물음에 답하시오. (단, $\alpha = 0.05$)

x	30	20	60	80	40	50	60	30	70	60
y	73	50	128	170	87	108	135	69	148	132

(1) 표본상관계수(r)를 구하시오.
(2) $H_0 : \beta_1 = 0$, $H_1 : \beta_1 \neq 0$ 를 검정하시오.
(3) β_1에 대한 신뢰구간을 구하시오.
(4) 추정회귀 직선을 구하시오.

해답 $n=10$, $\sum x = 500$, $\bar{x}=50$, $\sum x^2 = 28,400$, $\sum y = 1,100$,

$\bar{y}=110$ $\sum y^2 = 134,660$, $\sum xy = 61,800$

$$S_{xx} = \sum x^2 - \frac{(\sum x)^2}{n} = 3,400, \quad S_{yy} = \sum y^2 - \frac{(\sum y)^2}{n} = 13,660,$$

$$S_{xy} = \sum xy - \frac{\sum x \sum y}{n} = 6,800$$

(1) $r = \dfrac{S_{xy}}{\sqrt{S_{xx}S_{yy}}} = \dfrac{6,800}{\sqrt{3,400 \times 13,660}} = 0.99780$

(2) ① 가설 : $H_0 : \beta_1 = 0$ $\quad H_1 : \beta_1 \neq 0$

② 유의수준 : $\alpha = 0.05$

③ 분산분석표

요인	제곱합 (SS)	자유도 (ν 또는 DF)	평균제곱 (MS 또는 V)	F_0	$F_{1-\alpha}(\nu_R, \nu_e)$
회귀(R)	13,600	1	13,600	1,813.33333	5.32
오차(e)	60	8	7.5		
총(T)	13,660	9			

$$S_T = S_{yy} = 13,660, \quad S_R = \frac{S_{xy}^2}{S_{xx}} = \frac{6,800^2}{3,400} = 13,600,$$

$$S_{y/x} = S_e = S_T - S_R = 13,660 - 13,600 = 60,$$

$$\nu_T = n-1 = 9, \ \nu_R = 1, \quad \nu_e = n-2 = 8,$$

$$V_R = \frac{13,600}{1} = 13,600, \quad V_e = \frac{60}{8} = 7.5,$$

$$F_0 = \frac{13,600}{7.5} = 1,813.33333$$

④ 판정 : $F_0 = 1,813.33333 > F_{0.95}(1,8) = 5.32$이므로 $\alpha = 0.05$에서 H_0를 기각한다. 즉, 기울기가 존재한다.

(3) $\hat{\beta}_1 \pm t_{1-\alpha/2}(n-2)\sqrt{\dfrac{V_{y/x}}{S_{xx}}} = 2 \pm t_{0.975}(8)\sqrt{\dfrac{7.5}{3,400}}$

$1.89169 \le \beta_1 \le 2.10831$

(4) $\hat{\beta}_1 = \dfrac{S_{xy}}{S_{xx}} = \dfrac{6,800}{3,400} = 2$, $\quad \hat{\beta}_0 = \bar{y} - \hat{\beta}_1 \bar{x} = 110 - 2 \times 50 = 10$

$y = 10 + 2x$

10. A, B, C, D의 네 개의 요인을 택하여 2^4형 계획에서 교락요인으로 상호작용효과 ABC와 또 하나의 교락요인 BCD를 선택하여 2중교락시킬 경우 4개의 블록으로 나누고, 이때 블록효과와 교락되는 다른 한 개의 요인을 구하시오.

해답 ① 4개의 블록

$$ABC = \frac{1}{8}(a-1)(b-1)(c-1)(d+1)$$

$$= \frac{1}{8}(a+b+c+ad+bd+cd+abc+abcd$$

$$-(1)-d-ab-ac-bc-abd-acd-bcd)$$

$$BCD = \frac{1}{8}(a+1)(b-1)(c-1)(d-1)$$

$$= \frac{1}{8}(b+c+d+ab+ac+ad+bcd+abcd$$

$$-(1)-a-bc-bd-cd-abc-acd-abd)$$

따라서 (+, +), (+, −), (−, +), (−, −)인 것들로 구분하면

블록 1	블록 2	블록 3	블록 4
c	a	d	(1)
b	bd	ab	bc
ad	cd	ac	abd
$abcd$	abc	bcd	acd

② $ABC \times BCD = AB^2C^2D = AD$

11. 5M1E에 대해 쓰시오

해답 (1) 원료(Materials)
(2) 기계(Machine)
(3) 사람(Man)
(4) 방법(Method)
(5) 측정(Measurement)
(6) 환경(Environment)

12. 100개의 샘플에 대한 수명시험을 500시간 실시한 후 와이블확률지를 이용하여 형상모수 0.7, 척도모수 8,667, 위치모수 0으로 추정되었다. (단, $\Gamma(1.42)=0.8864$, $\Gamma(1.43)=0.8860$)

(1) 평균수명을 추정하시오.

(2) 고장확률밀도함수를 계산하시오.

해답 $\Gamma(1+a)=a\Gamma(a)$

(1) $E(t)=\eta\Gamma\left(1+\dfrac{1}{m}\right)=8667\,\Gamma\left(1+\dfrac{1}{0.7}\right)$

$$=8{,}667\,\Gamma(1+1.43)=8{,}667\times1.43\times\Gamma(1.43)$$

$$=8{,}667\times1.43\times0.8860=10{,}980.91566$$

(2) $f(t)=\dfrac{m}{\eta}\left(\dfrac{t-r}{\eta}\right)^{m-1}e^{\left[-\left(\frac{t-r}{\eta}\right)^{m}\right]}$

$$=\frac{0.7}{8{,}667}\left(\frac{500-0}{8{,}667}\right)^{0.7-1}e^{\left[-\left(\frac{500-0}{8{,}667}\right)^{0.7}\right]}=0.00017$$

13. $\overline{x}-R$ 관리도를 이용하여 품질특성을 관리하는 공정이 있다. 만약 공정의 평균치(μ)가 갑자기 2σ만큼 더 큰 값으로 변화하였다면 다음 물음에 답하시오. 시료군의 크기가 $n=4$로 할 때 이 공정의 변화로 $\overline{x}$ 관리도에서 대략 몇 %의 점이 관리한계선 밖으로 나가는가?

해답 $n=4$일 때 $\overline{x}$ 관리도에서 공정변화 전 관리한계선

$$U_{CL}=\mu+3\frac{\sigma}{\sqrt{n}}=\mu+3\frac{\sigma}{\sqrt{4}}=\mu+1.5\sigma$$

$$L_{CL}=\mu-3\frac{\sigma}{\sqrt{n}}=\mu-3\frac{\sigma}{\sqrt{4}}=\mu-1.5\sigma$$

공정변화 후 공정평균치 : $\mu'=\mu+2\sigma$

U_{CL} 밖으로 벗어날 확률 :

$$P_r(\overline{x}>U_{CL})=P_r\left(u>\frac{(\mu+1.5\sigma)-(\mu+2\sigma)}{\frac{\sigma}{\sqrt{4}}}\right)=P_r(u>-1)=0.8413$$

L_{CL} 밖으로 벗어날 확률 :

$$P_r(\overline{x}<L_{CL})=P_r\left(u<\frac{(\mu-1.5\sigma)-(\mu+2\sigma)}{\frac{\sigma}{\sqrt{4}}}\right)=P_r(u<-7)=0$$

$$1-\beta=p(u>-1)+p(u<-7)=0.8413+0=0.8413=84.13\%$$

14. **계량규준형 1회 샘플링검사에서 $\alpha=0.05$, $\beta=0.1$, $\overline{X}_U=500$, $\sigma=10$, $n=4$일 때 물음에 답하시오.**

(1) α, β를 만족하는 m_0, m_1을 구하시오. (단, 소수점 이하 3째 자리에서 맺음할 것)

(2) 다음 표의 빈칸을 채우고, α, β, m_0, m_1, $\overline{X}_U$의 값을 기입한 OC 곡선을 작성하시오.

m	$K_{L(m)}=\dfrac{m-\overline{X}_U}{\sigma/\sqrt{n}}$	$L(m)$
m_0		
$\overline{X}_U$		
m_1		

해답 (1) m_0, m_1

$$\overline{X}_U=m_0+k_\alpha\frac{\sigma}{\sqrt{n}},\quad 500=m_0+1.645\frac{10}{\sqrt{4}},\quad m_0=491.775$$

$$\overline{X}_U=m_1-k_\beta\frac{\sigma}{\sqrt{n}},\quad 500=m_1-1.282\frac{10}{\sqrt{4}},\quad m_1=506.410$$

(2)

m	$K_{L(m)}=\dfrac{m-\overline{X}_U}{\sigma/\sqrt{n}}$	$L(m)$
$491.775(m_0)$	$\dfrac{491.775-500}{10/\sqrt{4}}=-1.645$	0.95
$500(\overline{X}_U)$	$\dfrac{500-500}{10/\sqrt{4}}=0$	0.50
$506.410(m_1)$	$\dfrac{506.41-500}{10/\sqrt{4}}=1.282$	0.10

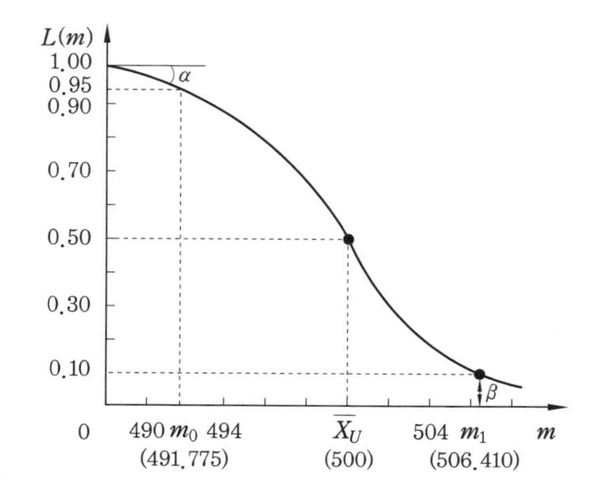

2021년 제1회 기출 복원문제

01. 보통검사에서 수월한 검사로 변경할 때의 조건을 설명하시오.

해답 (1) 전환점수가 30점 이상
(2) 생산이 안정
(3) 소관권한자가 승인

02. A사는 어떤 부품의 수입검사에 계수값 샘플링검사인 KS Q ISO 2859-1의 보조표인 분수샘플링검사를 적용하고 있다. $AQL = 1.0\%$, 통상검사수준 II에서 엄격도는 보통검사, 샘플링형식은 1회로 시작하였다. 다음 물음에 답하시오.

(1) ( )를 완성하시오.

(2) 로트번호 5번의 검사결과 다음 로트에 적용되는 엄격도를 결정하시오.

로트번호	N	샘플문자	n	주어진 A_c	합격판정점수 (검사 전)	적용하는 A_c	부적합품 d	합부판정	합격판정점수 (검사 후)	전환점수
1	200	G	32	1/2	5	0	1	불합격	0	0
2	250	(①)	(⑤)	(⑨)	(⑬)	(⑰)	0	(㉑)	(㉕)	(㉙)
3	600	(②)	(⑥)	(⑩)	(⑭)	(⑱)	1	(㉒)	(㉖)	(㉚)
4	80	(③)	(⑦)	(⑪)	(⑮)	(⑲)	0	(㉓)	(㉗)	(㉛)
5	120	(④)	(⑧)	(⑫)	(⑯)	(⑳)	0	(㉔)	(㉘)	(㉜)

해답 (1)

로트번호	N	샘플문자	n	주어진 A_c	합격판정점수 (검사 전)	적용하는 A_c	부적합품 d	합부판정	합격판정점수 (검사 후)	전환점수
1	200	G	32	1/2	5	0	1	불합격	0	0
2	250	G	32	1/2	5	0	0	합격	5	2
3	600	J	80	2	12	2	1	합격	0	5
4	80	E	13	0	0	0	0	합격	0	7
5	120	F	20	1/3	3	0	0	합격	3	9

(가) 로트번호 2의 경우 AQL 지표형 샘플링검사표를 이용하여 로트 크기 $N=250$일 때 샘플문자는 ① G이다. 보통검사의 1회 샘플링방식(주샘플링표)에서 시료문자에 따른 시료의 크기 n을 구하면 ⑤ 32이다. 당초의 A_c는 샘플문자와 $AQL=1.0\%$에 대하여 구하면 ⑨ 1/2이며, 당초의 A_c가 1/2이므로 5점을 가산하여 합부판정스코어(검사 전)는 ⑬ 5가 된다. 적용하는 A_c는 합부판정스코어≤ 8이므로 0이다. $d=0$이므로 ㉑ 합격되고, 부적합품이 없으므로 합부판정스코어(검사 후)는 그대로 ㉕ 5이며, 전환스코어는 로트 합격으로 2를 가산하여 ㉙ 2가 된다.

(나) 로트번호 3의 경우 로트 크기 $N=600$일 때 샘플문자는 ② J이며, 보통검사의 1회 샘플링방식(주샘플링표)에서 시료문자에 따른 시료의 크기 n을 구하면 ⑥ 80이다. 당초의 A_c는 샘플문자와 $AQL=1.0\%$에 대하여 구하면 ⑩ 2이며, 7을 가산하여 합부판정스코어(검사 전) ⑭ 12가 되며, 적용하는 A_c는 당초의 A_c 그대로 2가 된다. $d=1$이므로 ㉒ 합격되고, $d=1$이므로 합부판정스코어(검사 후) ㉖ 0이 된다. 로트가 합격되고 AQL이 한 단계 엄격한 조건에서 합격이 되므로 3점을 가산하여 전환스코어는 ㉚ 5점이 된다.

(다) 로트번호 4의 경우 로트 크기 $N=80$일 때 샘플문자는 ③ E이며, 보통검사의 1회 샘플링방식(주샘플링표)에서 시료문자에 따른 시료의 크기 n을 구하면 ⑦ 13이다. 당초의 A_c는 샘플문자와 $AQL=1.0\%$에 대하여 구하면 ⑪ 0이다. 당초의 A_c가 0이므로 합부판정스코어(검사 전)는 변하지 않으므로 ⑮ 0이 되고 적용하는 A_c 또한 ⑲ 0이 된다. $d=0$이므로 ㉓ 합격이며, 합부판정스코어(검사 후) ㉗ 0이다. 로트 합격이므로 전환스코어는 2를 가산하여 ㉛ 7이 된다.

(라) 로트번호 5의 경우 로트 크기 $N=120$일 때 샘플문자는 ④ F이며, 보통검사의 1회 샘플링방식(주샘플링표)에서 시료문자에 따른 시료의 크기 n을 구하면 ⑧ 20이다. 당초의 A_c는 샘플문자와 $AQL=1.0\%$에 대하여 구하면 ⑫ 1/3이다. 당초의 A_c가 1/3이므로 3점을 가산하여 ⑯ 3이 되고, 적용하는 A_c는 합부판정스코어≤ 8이므로 ⑳ 0이 된다. $d=0$이므로 ㉔ 합격되고 합부판정스코어는 ㉘ 3이며, 전환스코어는 2점을 가산하여 ㉜ 9가 된다.

(2) 로트번호 6은 전환스코어 현상값이 30 미만이므로 보통검사를 속행한다.

03. $P_0 = 1\%$, $P_1 = 5\%$, $\alpha = 0.05$, $\beta = 0.1$일 때 다음 물음에 답하시오.

(1) 표를 채우시오

P	$L(p)$
$P=0\%$	
$P=1\%$	
$P=5\%$	

(2) OC 곡선을 작성하시오.

해답 (1)

P	$L(p)$
$P=0\%$	1
$P=1\%$	$1-\alpha=1-0.05=0.95$
$P=5\%$	$\beta=0.1$

(2) OC 곡선

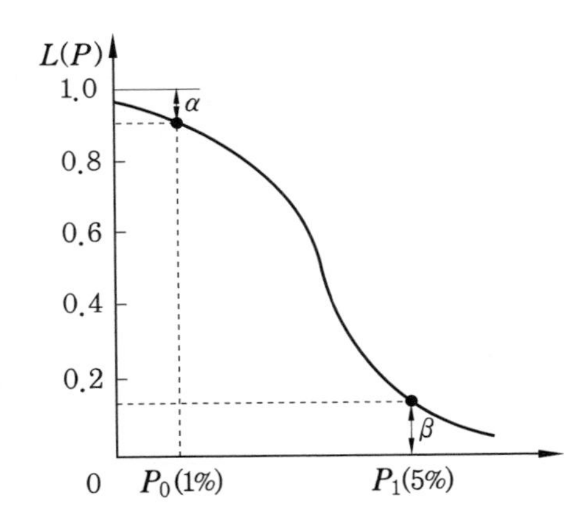

04. 다음의 $\overline{x}-R$ 관리도 데이터에 대해 물음에 답하시오.

(1) $\overline{x}-R$ 관리도의 C_L, U_{CL}, L_{CL}을 구하시오.

(2) $\overline{x}-R$ 관리도를 작성하고 관리상태를 판정하시오.

(3) $\hat{\sigma}_{\overline{x}}$, σ_w, σ_b를 구하시오.

(4) 관리계수 C_f를 구하는 공식과 판정척도를 쓰시오.

시료군 번호	측정치				계	평균	범위
	x_1	x_2	x_3	x_4	$\sum x$	$\overline{x}$	R
1	38.3	38.9	39.4	38.3	154.9	38.725	1.1
2	39.1	39.8	38.5	39.0	156.4	39.100	1.3
3	38.6	38.0	39.2	39.9	155.7	38.925	1.9
4	40.6	38.6	39.0	39.0	157.2	39.300	2.0
5	39.0	38.5	39.3	39.4	156.2	39.050	0.9
6	38.8	39.8	38.3	39.6	156.5	39.125	1.5
7	38.9	38.7	41.0	41.4	160.0	40.000	2.7
8	39.9	38.7	39.0	39.7	157.3	39.325	1.2
9	40.6	41.9	38.2	40.0	160.7	40.175	3.7
10	39.2	39.0	38.0	40.5	156.7	39.175	2.5
11	38.9	40.8	38.7	39.8	158.2	39.550	2.1
12	39.0	37.9	37.9	39.1	153.9	38.475	1.2
13	39.7	38.5	39.6	38.9	156.7	39.175	1.2
14	38.6	39.8	39.2	40.8	158.4	39.600	2.2
15	40.7	40.7	39.3	39.2	159.9	39.975	1.5
					계	589.675	27

해답 (1) 관리도용 계수표로부터 $n=4$일 때 $A_2=0.729$, $D_4=2.282$, $D_3=-$이다.

① $\overline{x}$ 관리도

$$C_L=\overline{\overline{x}}=\frac{\sum\overline{x}}{k}=\frac{589.675}{15}=39.31167$$

$$U_{CL}=\overline{\overline{x}}+A_2\overline{R}=\frac{589675}{15}+0.729\times\frac{2.7}{15}=40.62207$$

$$L_{CL}=\overline{\overline{x}}-A_2\overline{R}=\frac{589675}{15}-0.729\times\frac{2.7}{15}=38.00127$$

② R 관리도

$$C_L=\overline{R}=\frac{\sum R}{k}=\frac{27}{15}=1.8$$

$U_{CL} = D_4\overline{R} = 2.282 \times 1.8 = 4.10760$

$L_{CL} = D_3\overline{R} = -$(고려하지 않음)

(2) $\overline{x} - R$ 관리도 작성

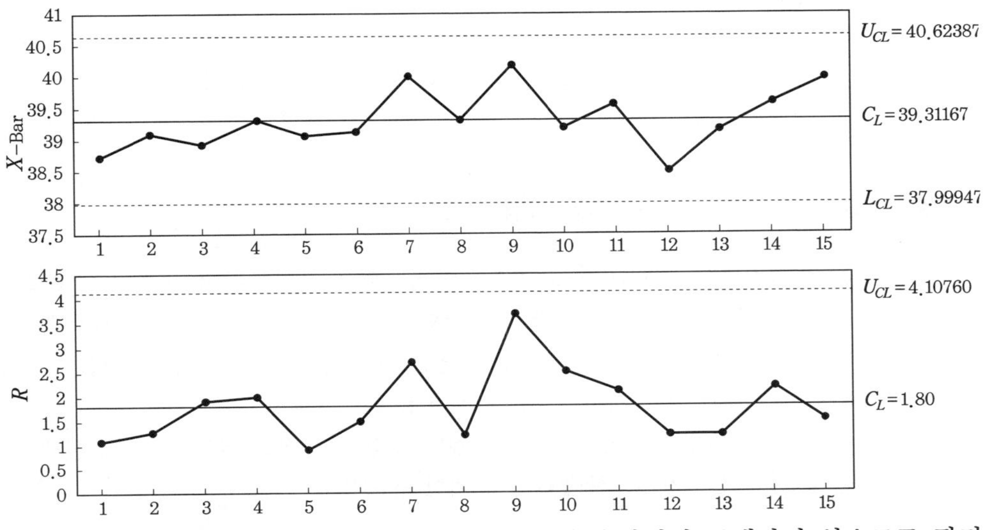

관리한계를 이탈하는 점이 없고, 점의 배열에 습관성이 존재하지 않으므로 관리 상태라고 판정할 수 있다.

(3)

시료군 번호	1	2	3	4	5	6	7	8	9	10	11	12	13	14	15	계
$\overline{x}_i$의 이동범위	-	0.375	0.175	0.375	0.25	0.075	0.875	0.675	0.85	1.00	0.375	1.075	0.7	0.425	0.375	7.6

$\overline{x}$의 산포 $\widehat{\sigma_{\overline{x}}} = \left(\frac{\overline{R}_{\overline{x}}}{d_2}\right) = \left(\frac{\frac{7.6}{14}}{1.128}\right) = 0.48126$ (단, $n = 2$일 때 $d_2 = 1.128$)

군내산포 $\widehat{\sigma_w} = \left(\frac{\overline{R}}{d_2}\right) = \left(\frac{\frac{27}{15}}{2.059}\right) = 0.87421$ (단, $n = 4$일 때 $d_2 = 2.059$)

$\sigma_{\overline{x}}^2 = \frac{\sigma_w^2}{n} + \sigma_b^2 \quad \rightarrow \quad 0.48126^2 = \frac{0.87421^2}{4} + \sigma_b^2 \quad \rightarrow$

군간산포 $\sigma_b = \sqrt{0.04055} = 0.20137$

(4) 관리계수

관리계수	$C_f = \frac{\sigma_{\overline{x}}}{\sigma_w}$	
판정	$1.2 \le C_f$	급간변동이 크다.
	$0.8 \le C_f < 1.2$	대체로 관리 상태이다.
	$C_f < 0.8$	군 구분이 나쁘다.

05. 3정 5S 활동을 쓰시오.

해답 (1) 3정
① 정품　② 정량　③ 정위치
(2) 5S
① 정리　② 정돈　③ 청소　④ 청결　⑤ 습관화

06. 품질코스트(Q-cost) 3가지를 설명하시오.

해답 (1) 예방 코스트(prevention cost : P－cost) : 처음부터 불량이 생기지 않도록 하는 데 소요되는 비용으로 소정의 품질 수준의 유지 및 부적합품 발생의 예방에 드는 비용
(2) 평가 코스트(Appraisal cost : A－cost) : 제품의 품질을 정식으로 평가함으로써 회사의 품질수준을 유지하는 데 드는 비용
(3) 실패 코스트(Failure cos t : F－cost) : 소정의 품질을 유지하는 데 실패하였기 때문에 생긴 불량제품, 불량원료에 의한 손실비용

07. 어떤 전자부품 치수의 상한 규격치가 55mm라고 규정했을 때, 55mm를 넘는 것이 0.4% 이하인 로트는 통과시키고, 3% 이상인 로트는 통과시키지 않도록 하는 계량규준형 1회 샘플링검사방식에서 n과 $\overline{X}_U$를 구하시오. (단, $\sigma=2$, $\alpha=0.05$, $\beta=0.10$, $k_{0.004}=2.652$, $k_{0.03}=1.881$)

해답 $k_{p_0}=k_{0.004}=2.652$,　$k_{p_1}=k_{0.03}=1.881$,　$k_\alpha=k_{0.05}=u_{1-\alpha}=u_{0.95}=1.645$,
$k_\beta=k_{0.10}=u_{1-\beta}=u_{0.90}=1.282$

(1) $n=\left(\dfrac{k_\alpha+k_\beta}{k_{p_0}-k_{p_1}}\right)^2=\left(\dfrac{1.645+1.282}{2.652-1.881}\right)^2=14.41241=15$개

(2) $\overline{X}_U=U-k\sigma=55-2.21869\times2=50.56262\text{mm}$

$$k=\frac{k_{p_0}k_\beta+k_{p_1}k_\alpha}{k_\alpha+k_\beta}=\frac{2.652\times1.282+1.881\times1.645}{1.645+1.282}=2.21869$$

08. 2^2형 실험에서 2개의 블록으로 나누어 교락법 실험을 하려고 한다. $A\times B$ 교호작용을 블록과 교락시켜 실험을 하는 경우의 실험배치를 하시오.

해답 $AB = \frac{1}{2}(a-1)(b-1) = \frac{1}{2}(ab+(1)-a-b)$

블록 1	블록 2
a b	ab (1)

09. $\rho = 0.80000$, $r = 0.99780$, $n = 10$ 일 때 상관계수가 변했는가?

(1) 검정하시오. (단, $\alpha = 0.05$)

(2) 모상관계수의 95% 신뢰구간을 구하시오.

해답 (1) ① 가설 : $H_0 : \rho = 0.8$ $H_1 : \rho \neq 0.8$

② 유의수준 : $\alpha = 0.05$

③ 검정통계량

$$u_0 = \frac{\tanh^{-1} r - \tanh^{-1}\rho}{\frac{1}{\sqrt{n-3}}} = \frac{\tanh^{-1}0.99780 - \tanh^{-1}0.8}{\frac{1}{\sqrt{10-3}}} = 6.10391$$

④ 기각역 : $|u_0| > u_{1-\alpha/2}$ 이면 H_0를 기각한다.

⑤ 판정 : $u_0 = 6.10391 > u_{0.975} = 1.96$ 이므로 $\alpha = 0.05$ 에서 H_0를 기각한다. 유의수준 5%에서 모상관계수가 달라졌다고 할 수 있다.

(2) $\tanh\left(\tanh^{-1} r \pm u_{1-\alpha/2}\frac{1}{\sqrt{n-3}}\right) = \tanh\left(\tanh^{-1}0.99780 \pm 1.96\frac{1}{\sqrt{7}}\right)$

$0.99036 \le \rho \le 0.99950$

10. 어떤 제품의 종래 기준으로 설정한 모분산 $\sigma^2 = 0.34$ 인 제품을 새로운 제조방법에 의하여 생산한 후 $n = 10$ 개를 측정하여 다음의 데이터를 얻었다.

5.5, 5.8, 5.7, 6.0, 5.9, 5.2, 5.4, 5.9, 6.3, 6.2

종래의 기준으로 설정된 모분산보다 작아졌다고 할 수 있는지 유의수준 5%로 검정하시오.

해답 하나의 모분산에 대한 검정

① 가설 : $H_0 : \sigma^2 \geq 0.34$ $H_1 : \sigma^2 < 0.34$

② 유의수준 : $\alpha = 0.05$

③ 검정통계량 : $\chi_0^2 = \frac{S}{\sigma^2} = \frac{1.089}{0.34} = 3.20294$

$$S = \sum x^2 - \frac{(\sum x)^2}{n} = 1.089$$

④ 기각역 : $\chi_0^2 < \chi_\alpha^2(\nu) = \chi_{0.05}^2(9) = 3.33$이면 H_0를 기각한다.

⑤ 판정 : $\chi_0^2 = 3.20294 < \chi_{0.05}^2(9) = 3.33$이므로 $\alpha = 0.05$에서 H_0를 기각한다.

유의수준 5%에서 표준편차가 0.34보다 작다고 할 수 있다.

11. 4종류 플라스틱 제품 A_1 =자기회사 제품, A_2 =국내 C회사 제품, A_3 =국내 D회사 제품, A_4 =외국제품에 대하여 각각 10개, 6개, 6개, 2개씩의 표본을 취하여 강도(kg/cm^2)를 측정하였다. 이 실험의 목적은 4종류의 제품 간에 구체적으로 다음과 같은 것을 비교하고 싶은 것이다.

L_1 =외국제품과 한국제품의 차
L_2 =자기회사제품과 국내 타회사제품의 차
L_3 =국내 타회사제품간의 차

A의 수준	데이터	표본의 크기	계
A_1	20, 18, 19, 17, 17, 22, 18, 13, 16, 15	10	175
A_2	25, 23, 28, 26, 19, 26	6	147
A_3	24, 25, 18, 22, 27, 24	6	140
A_4	14, 12	2	26
계		24	488

(1) 선형식 L_1, L_2, L_3를 구하시오.

(2) 각 선형식의 제곱합 S_{L_1}, S_{L_2}, S_{L_3}를 구하시오.

(3) 다음의 데이터로부터 대비의 변동을 포함한 분산분석표를 작성하시오.

해답 (1) 선형식

$$L_1 = \frac{T_4 .}{2} - \frac{T_1 . + T_2 . + T_3 .}{22} \quad L_2 = \frac{T_1 .}{10} - \frac{T_2 . + T_3 .}{12} \quad L_3 = \frac{T_2 .}{6} - \frac{T_3 .}{6}$$

(2) 선형식의 제곱합

$$S_{L_1} = \frac{L_1^2}{\sum_{i=1}^{4} m_i c_i^2} = \frac{\left(\frac{26}{2} - \frac{175+147+140}{22}\right)^2}{\left(\frac{1}{2}\right)^2 \times 2 + \left(-\frac{1}{22}\right)^2 \times 10 + \left(-\frac{1}{22}\right)^2 \times 6 + \left(-\frac{1}{22}\right)^2 \times 6}$$

$$= 117.33333$$

$$S_{L_2} = \frac{\left(\frac{175}{10} - \frac{147+140}{12}\right)^2}{\left(\frac{1}{10}\right)^2 \times 10 + \left(-\frac{1}{12}\right)^2 \times 6 + \left(-\frac{1}{12}\right)^2 \times 6} = 224.58333$$

$$S_{L_3} = \frac{\left(\frac{147}{6} - \frac{140}{6}\right)^2}{\left(\frac{1}{6}\right)^2 \times 6 + \left(-\frac{1}{6}\right)^2 \times 6} = 4.08333$$

(3) 분산분석표

요인	SS	DF	MS	F_0	$F_{0.95}$	$F_{0.99}$
A	346.00000	3	115.33333	14.66101**	3.10	4.94
L_1	117.33333	1	117.33333	14.91525**	4.35	8.10
L_2	224.58333	1	224.58333	28.54872**	4.35	8.10
L_3	4.08333	1	4.08333	0.51907	4.35	8.10
e	157.33333	20	7.86667			
T	503.33333	23				

① $S_T = \sum_i \sum_j x_{ij}^2 - CT = 10{,}426 - \frac{(488)^2}{24} = 503.33333$

② $S_A = \sum_{i=1}^{4} \frac{T_{i\cdot}^2}{m} - \frac{T^2}{N} = \frac{(175)^2}{10} + \frac{(147)^2}{6} + \frac{(140)^2}{6} + \frac{(26)^2}{2} - \frac{(488)^2}{24}$

$= 346.0000$

③ $S_e = S_T - S_A = 157.33333$

④ $\nu_A = l - 1 = 3$, $\nu_{L_1} = \nu_{L_2} = \nu_{L_3} = 1$, $\nu_T = N - 1 = 24 - 1 = 23$,

$\nu_e = \nu_T - \nu_A = 23 - 3 = 20$

⑤ 선형식 L_1, L_2는 매우 유의하나 L_3는 유의하지 않다.

12. 어느 부품의 수명(단위 : 시간)이 형상모수가 2이고, 척도모수가 1,000인 와이블분포를 따른다고 하자.

(1) $R(500)$를 구하시오.

(2) $t=500$에서 고장률 λ를 구하시오.

(3) 신뢰도를 95% 이상 유지하는 사용기간을 구하시오.

해답 (1) $R(500)=e^{-\left(\frac{t-r}{\eta}\right)^m}=e^{-\left(\frac{500-0}{1,000}\right)^2}=0.77880$

(2) $\lambda(t=500)=\frac{m}{\eta}\left(\frac{t-r}{\eta}\right)^{m-1}=\frac{2}{1,000}\left(\frac{500-0}{1,000}\right)^{2-1}=0.001/\text{시간}$

(3) $R(t)=e^{-(\frac{t-r}{\eta})^m}\geq 0.95,\quad 0.95\leq e^{-(\frac{t}{1,000})^2},\quad \ln 0.95\leq -\left(\frac{t}{1,000}\right)^2,$

$(-\ln 0.95)^{\frac{1}{2}}\times 1,000\geq t,\quad t\leq 226.48023\text{시간}$

13. 지수분포의 경우 모수에 대한 점추정과 구간추정의 문제로 어느 제어소자의 수명은 지수분포를 따른다고 한다. 10개의 소자를 가지고 수명시험을 시작하여 7개의 소자가 고장난 시점에서 시험을 중단하여 다음과 같은 데이터를 얻었다. $MTTF$의 점추정치 및 90% 신뢰구간을 구하시오.

7	19	35	41	62	84	124	(단위 : 시간)

해답 (1) 점추정

$T=(7+19+35+41+62+84+124)+(10-7)\times 124=744\text{시간}$

$MTTF=\frac{T}{r}=\frac{744}{7}=106.28571\text{시간}$

(2) 구간추정

$T=744,\ 2r=2\times 7=14,\ \alpha=0.10$이므로

$\frac{2T}{\chi^2_{1-\alpha/2}(2r)}\leq\theta\leq\frac{2T}{\chi^2_{\alpha/2}(2r)}\ \rightarrow\ \left(\frac{2\times 744}{\chi^2_{0.95}(14)}\leq\theta\leq\frac{2\times 744}{\chi^2_{0.05}(14)}\right)\ \rightarrow$

$\left(\frac{1,488}{23.68}\leq\theta\leq\frac{1,488}{6.57}\right)=(62.83784\ \leq\theta\leq\ 226.48402)$

14. 나일론 실의 방사 과정에서 일정 시간 동안 발생되는 사절수가 어떤 요인에 크게 영향을 받는가를 대략적으로 알아보기 위하여 3요인 A (연신온도), B(회전수), C(원료의 종류)를 각각 다음과 같이 4수준으로 잡고 4×4 라틴방격법을 이용해 실험을 실시한 결과 다음과 같은 데이터를 얻었다. 물음에 답하시오.

	A_1	A_2	A_3	A_4
B_1	$C_3(15)$	$C_1(4)$	$C_4(8)$	$C_2(19)$
B_2	$C_1(5)$	$C_3(19)$	$C_2(9)$	$C_4(16)$
B_3	$C_4(15)$	$C_2(16)$	$C_3(19)$	$C_1(17)$
B_4	$C_2(19)$	$C_4(26)$	$C_1(14)$	$C_3(34)$

(1) 분산분석표를 작성하시오. ($E(MS)$ 포함)

(2) 최적수준조합의 95% 신뢰구간을 구하시오.

해답 (1) 분산분석표

요인	SS	DF	MS	F_0	$F_{0.95}$	$F_{0.99}$	$E(MS)$
A	195.1875	3	65.0625	16.701**	4.76	9.78	$\sigma_e^2+4\sigma_A^2$
B	349.6875	3	116.5625	29.920**	4.76	9.78	$\sigma_e^2+4\sigma_B^2$
C	276.6875	3	92.22917	23.674**	4.76	9.78	$\sigma_e^2+4\sigma_C^2$
e	23.3750	6	3.89583				σ_e^2
T	844.9375	15					

A, B, C 모든 요인이 유의수준 1%로 유의하다.

① $S_T=\sum\sum\sum x_{ijl}^2-CT=4909-\dfrac{255^2}{16}=844.9375$

② $S_A=\sum\dfrac{T_{i\cdot\cdot}^2}{k}-CT=\dfrac{1}{4}(54^2+65^2+50^2+86^2)-\dfrac{255^2}{16}=195.1875$

③ $S_B=\sum\dfrac{T_{\cdot j\cdot}^2}{k}-CT=\dfrac{1}{4}(46^2+49^2+67^2+93^2)-\dfrac{255^2}{16}=349.6875$

④ $S_C=\sum\dfrac{T_{\cdot\cdot l}^2}{k}-CT=\dfrac{1}{4}(40^2+63^2+87^2+65^2)-\dfrac{255^2}{16}=276.6875$

⑤ $S_e=S_T-(S_A+S_B+S_C)=23.3750$

⑥ $\nu_T = k^2 - 1 = 16 - 1 = 15$

$\nu_A = \nu_B = \nu_C = k - 1 = 3$

$\nu_e = (k-1)(k-2) = 3 \times 2 = 6$

⑦ $V_A = \dfrac{S_A}{\nu_A} = \dfrac{195.1875}{3} = 65.0625$

$V_B = \dfrac{S_B}{\nu_B} = \dfrac{349.6875}{3} = 116.5625$

$V_C = \dfrac{S_C}{\nu_C} = \dfrac{276.6875}{3} = 92.22917$

$V_e = \dfrac{S_e}{\nu_e} = \dfrac{23.3750}{6} = 3.89583$

⑧ $F_0(A) = \dfrac{V_A}{V_e} = \dfrac{65.0625}{3.89583} = 16.701$

$F_0(B) = \dfrac{V_B}{V_e} = \dfrac{116.5625}{3.89583} = 29.920$

$F_0(C) = \dfrac{V_C}{V_e} = \dfrac{92.22917}{3.89583} = 23.674$

(2) A, B, C 모든 요인이 유의하다. 따라서 최적수준조합은 $\mu(A_3B_1C_1)$이다.

① 점추정치 : $(\bar{x}_{3..} + \bar{x}_{.1.} + \bar{x}_{..1} - 2\bar{\bar{x}}) = \dfrac{50}{4} + \dfrac{46}{4} + \dfrac{40}{4} - 2 \times \dfrac{255}{16}$

$= 2.125$

② 유효반복수 : $n_e \equiv \dfrac{\text{총실험횟수}}{\text{유의한 요인의 자유도의 합}+1} = \dfrac{k^2}{(3k-2)} = \dfrac{4^2}{10} = 1.6$

$(\bar{x}_{3..} + \bar{x}_{.1.} + \bar{x}_{..1} - 2\bar{\bar{x}}) \pm t_{1-\alpha/2}(\nu_e)\sqrt{\dfrac{V_e}{n_e}} = 2.125 \pm t_{0.975}(6)\sqrt{\dfrac{3.89583}{1.6}}$

$= (-,\ 5.94333)$

2021년 제2회 기출 복원문제

01. 제어소자 10개를 가지고 수명시험을 시작하여 시점 $t_0 = 50$(시간)에 중단되었다. 시험중단 시점까지 다음과 같은 7개의 고장시간이 기록되었다. $m = 1$일 때 $MTBF$, λ 및 $t = 10$(시간)에서의 신뢰도를 구하시오.

4	7	12	18	25	36	43

해답 정시중단시험

$T = (4+7+12+18+25+36+43)+(10-7)\times 50 = 295$

① $MTBF = \frac{T}{r} = \frac{295}{7} = 42.14286$시간

② $\hat{\lambda} = \frac{r}{T} = \frac{7}{295} = 0.02373$/시간

③ $\hat{R}(t=100) = e^{-\hat{\lambda}t} = e^{-0.02373\times 10} = 0.78875$

02. 동(銅) 전해의 양극 찌꺼기 중에 포함되는 니켈을 회수하기 위하여 양극 찌꺼기에 황산을 가하여 오토클레이브 내에서 가압 침출을 행하였다. 이 니켈의 침출률에 영향을 미치는 원인으로 A(황산농도), B(침출시간), C(침출온도)를 선택하여 3×3 라틴방격법으로 배치하여 실험하였다. (단, $S_T = 156.22$, $CT = 513.78$)

	A_1	A_2	A_3
B_1	$C_1 = 3$	$C_2 = 15$	$C_3 = 9$
B_2	$C_2 = 2$	$C_3 = 12$	$C_1 = 6$
B_3	$C_3 = 5$	$C_1 = 11$	$C_2 = 5$

(1) 분산분석표를 작성하시오.

(2) A_2수준의 모평균의 95% 신뢰구간을 추정하시오.

해답 (1) 분산분석표

요인	SS	DF	MS	F_0	$F_{0.95}$
A	134.22	2	67.11	21.544	19.0
B	9.55	2	4.775	1.533	19.0
C	6.22	2	3.11	0.998	19.0
e	6.23	2	3.115		
T	156.22	8			

① $S_T == \sum\sum\sum x_{ijl}^2 - CT = 156.22$

② $S_A = \sum \frac{T_{i..}^2}{k} - CT = \frac{1}{3}(10^2 + 38^2 + 20^2) - 513.78 = 134.22$

③ $S_B = \sum \frac{T_{.j.}^2}{k} - CT = \frac{1}{3}(27^2 + 20^2 + 21^2) - 513.78 = 9.55$

④ $S_C = \sum \frac{T_{..l}^2}{k} - CT = \frac{1}{3}(20^2 + 22^2 + 26^2) - 513.78 = 6.22$

⑤ $S_e = S_T - (S_A + S_B + S_C) = 6.23$

⑥ $\nu_T = k^2 - 1 = 9 - 1 = 8,\quad \nu_A = \nu_B = \nu_C = k - 1 = 2,$

$\nu_e = (k-1)(k-2) = 2 \times 1 = 2$

⑦ $V_A = \frac{S_A}{\nu_A} = \frac{134.22}{2} = 67.11,\ V_B = \frac{S_B}{\nu_B} = \frac{9.55}{2} = 4.775,$

$V_C = \frac{S_C}{\nu_C} = \frac{6.22}{2} = 3.11,\ V_e = \frac{S_e}{\nu_e} = \frac{6.23}{2} = 3.115$

⑧ $F_0(A) = \frac{V_A}{V_e} = \frac{67.11}{3.115} = 21.544,\quad F_0(B) = \frac{V_B}{V_e} = \frac{4.775}{3.115} = 1.533,$

$F_0(C) = \frac{V_C}{V_e} = \frac{3.11}{3.115} = 0.998$

(2) $\bar{x}_{2..} \pm t_{1-\alpha/2}(\nu_e)\sqrt{\frac{V_e}{k}} = \frac{38}{3} \pm t_{0.975}(2)\sqrt{\frac{3.115}{3}} = (8.28197 \sim 17.05136)$

03. 어떤 제품의 길이에 대한 분포는 $N(200, 4^2)$이다. 기계를 조정한 후 $n=10$의 샘플을 취해 측정한 결과 다음과 같은 데이터를 얻었다.

데이터									
202	197	205	190	191	196	199	194	200	195

(1) 모분산이 달라졌다고 할 수 있는지 $\alpha=0.05$로 검정하시오.
(2) 모평균이 작아졌다고 할 수 있는지 $\alpha=0.05$로 검정하시오.
(3) μ의 95% 상측 신뢰구간을 구하시오.

해답 (1) 한 개의 모분산에 대한 검정

① 가설 : $H_0 : \sigma^2 = 16(\sigma_0^2)$ $H_1 : \sigma^2 \neq 16(\sigma_0^2)$

② 유의수준 : $\alpha = 0.05$

③ 검정통계량 : $\chi_0^2 = \dfrac{S}{\sigma^2} = \dfrac{200.9}{16} = 12.55625$

$$S = \sum x^2 - \frac{(\sum x)^2}{n} = 387{,}897 - \frac{1{,}969^2}{10} = 200.9$$

④ 기각역 : $\chi_0^2 > \chi_{1-\alpha/2}^2(\nu) = \chi_{0.975}^2(9) = 19.02$

또는 $\chi_0^2 < \chi_{\alpha/2}^2(\nu) = \chi_{0.025}^2(9) = 2.70$이면 H_0를 기각한다.

⑤ 판정 : $\chi_{0.025}^2(9) = 2.70 \le \chi_0^2 = 12.55625 \le \chi_{0.975}^2(9) = 19.02$이므로 $\alpha=0.05$에서 H_0를 채택한다. 유의수준 5%에서 모분산이 달라졌다고 할 수 없다.

(2) 모평균에 대한 한쪽 검정

$\sum x = 1{,}969$, $\bar{x} = \dfrac{\sum x}{n} = \dfrac{1{,}969}{10} = 196.9$

① 가설 : $H_0 : \mu \ge \mu_0 (= 200)$ $H_1 : \mu < \mu_0 (= 200)$

② 유의수준 : $\alpha = 0.05$

③ 검정통계량 : $u_0 \equiv \dfrac{\bar{x} - \mu_0}{\dfrac{\sigma}{\sqrt{n}}} = \dfrac{196.9 - 200}{\dfrac{4}{\sqrt{10}}} = -2.45077$

④ 기각역 : $u_0 < -u_{1-\alpha} = -u_{0.95} = -1.645$이면 H_0를 기각한다.

⑤ 판정 : $u_0 = -2.45077 < -u_{0.95} = -1.645$이므로 $\alpha=0.05$에서 H_0를 기각한다. 즉, 유의수준 5%에서 공정평균이 작아졌다고 할 수 있다.

(3) $\hat{\mu}_U = \bar{x} + u_{1-\alpha}\dfrac{\sigma}{\sqrt{n}} = 196.9 + u_{0.95}\dfrac{4}{\sqrt{10}} = 198.98078$

04. $N=1000$, $n=50$, $c=1$이다.

(1) $P=2\%$인 로트가 불합격할 확률을 구하시오.

(2) $P=7\%$인 로트가 합격할 확률을 구하시오.

해답 (1) $1-\left[{}_{50}C_0(0.02)^0(1-0.02)^{50}+{}_{50}C_1(0.02)^1(1-0.02)^{49}\right]=0.26423$

(2) $L(p)={}_{50}C_0(0.07)^0(1-0.07)^{50}+{}_{50}C_1(0.07)^1(1-0.07)^{49}=0.12649$

05. 20kg 들이 화학약품이 100상자가 입하되었다. 약품의 순도를 조사하기 위해 우선 5상자를 랜덤하게 샘플링하고, 각각의 상자에서 6인크리먼트씩 샘플링하였다.

(1) 이 경우 σ_s^2은 얼마인가? (단, $\sigma_b=0.25\%$, $\sigma_w=0.35\%$이다.)

(2) 각각의 상자에서 취한 인크리먼트는 혼합·축분하고 반복 2회 측정하였다. $\pm\beta_{\bar{x}}$를 구하시오. ($\alpha=0.05$, $\sigma_R=0.12$, $\sigma_M=0.16$이다.)

해답 (1) $\sigma_s^2=\dfrac{\sigma_b^2}{m}+\dfrac{\sigma_w^2}{m\bar{n}}=\dfrac{0.25^2}{5}+\dfrac{0.35^2}{5\times6}=0.01658$

(2) $\beta_{\bar{x}}=\pm u_{1-\alpha/2}\sqrt{\dfrac{\sigma_b^2}{m}+\dfrac{\sigma_w^2}{m\bar{n}}+\sigma_R^2+\dfrac{\sigma_M^2}{2}}$

$=\pm u_{0.975}\sqrt{\dfrac{0.25^2}{5}+\dfrac{0.35^2}{5\times6}+0.12^2+\dfrac{0.16^2}{2}}=\pm0.41012$

06. 실험계획법의 원리를 쓰시오.

해답 (1) 랜덤화의 원리 (2) 블록화의 원리 (3) 반복의 원리
(4) 직교화의 원리 (5) 교락의 원리

07. 공정능력지수가 1.0일 때 몇 ppm이 되는지 정규분포를 이용하여 계산하시오.

해답 $C_P=\dfrac{U-L}{6\sigma}=1$이다. 따라서 $U-L=6\sigma=\pm3\sigma$이다.

이때 부적합품률은 1−0.9973=0.0027이다.

$0.0027\times1000000=2700\text{ppm}$

08. A사는 어떤 부품의 수입검사에 계수값 샘플링 검사인 KS Q ISO 2859-1의 보조표인 분수샘플링검사를 적용하고 있다. $AQL = 1.0\%$, 통상검사수준 II에서 엄격도는 보통검사, 샘플링 형식은 1회로 시작하였다. 다음의 빈칸을 채우시오.

로트 번호	N	샘플 문자	n	As (검사 전)	적용하는 A_c	부적합 품수 d	합부 판정
1	200	G	32	5	( )	0	( )
2	150	( )	( )	8	( )	1	( )
3	200	( )	( )	5	( )	0	합격

해답

로트 번호	N	샘플 문자	n	당초 A_c	As (검사 전)	적용하는 A_c	부적합 품수 d	합부 판정	As (검사 후)
1	200	G	32	1/2	5	0	0	합격	5
2	150	F	20	1/3	8	0	1	불합격	0
3	200	G	32	1/2	5	0	0	합격	5

(1) 로트번호 1의 경우 AQL 지표형 샘플링검사표를 이용하여 로트 크기 $N = 200$일 때 샘플문자는 G이다. 보통검사의 1회 샘플링방식(주샘플링표)에서 시료문자에 따른 시료의 크기 n을 구하면 32이다. 당초의 A_c는 샘플문자와 $AQL = 1.0\%$에 대하여 구하면 1/2이며, 당초의 A_c가 1/2이므로 5점을 가산하여 As (검사 전)는 5가 된다. 적용하는 A_c는 As (검사 전) ≤ 8이므로 0이다. $d = 0$이므로 합격이 된다.

(2) 로트번호 2의 경우 로트 크기 $N = 150$일 때 샘플문자는 F이며, 보통검사의 1회 샘플링방식(주샘플링표)에서 시료문자에 따른 시료의 크기 n을 구하면 20이다. 당초의 A_c는 샘플문자와 $AQL = 1.0\%$에 대하여 구하면 1/3이며, 3을 가산하여 As (검사 전)는 8이 되며, 적용하는 A_c는 As (검사 전) ≤ 8이므로 0이다. $d = 1$이므로 불합격되고, $d = 1$이므로 As (검사 후)는 0이 된다.

(3) 로트번호 3의 경우 로트 크기 $N = 200$일 때 샘플문자는 G이며, 보통검사의 1회 샘플링방식(주샘플링표)에서 시료문자에 따른 시료의 크기 n을 구하면 32이다. 당초의 A_c는 샘플문자와 $AQL = 1.0\%$에 대하여 구하면 1/2이며, 당초의 A_c가 1/2이므로 5점을 가산하여 As (검사 전)는 5가 된다. 적용하는 A_c는 합부판정스코어 ≤ 8이므로 0이다. $d = 0$이므로 합격이 된다.

09. 어떤 합금의 열처리에서 영향이 크다고 생각되는 요인으로 온도(A), 시간(B)를 택하여 다음 데이터를 얻었다. 분산분석표를 작성하시오.

	B_1	B_2	B_3
A_1	4	2	5
	7	3	6
	5	2	4
A_2	9	8	10
	8	7	8
	8	5	7

해답 반복있는 2요인 실험 분산분석표

요인	제곱합	자유도	평균제곱	분산비	$F_{0.95}$
A	56.88889	1	56.88889	39.38474*	4.75
B	20.33333	2	10.16667	7.03849*	3.89
$A\times B$	1.44445	2	0.72223	0.50001	3.89
e	17.33333	12	1.44444		
T	96	17			

① $S_T=\sum_i\sum_j\sum_k x_{ijk}^2-CT=744-\dfrac{108^2}{18}=96$

② $S_A=\sum_i\dfrac{T_{i\cdot}^2}{m}-CT=\dfrac{1}{9}(38^2+70^2)-\dfrac{108^2}{18}=56.88889$

③ $S_B=\sum_j\dfrac{T_{\cdot j}^2}{l}-CT=\dfrac{1}{6}(41^2+27^2+40^2)-\dfrac{108^2}{18}=20.33333$

④ $S_{A\times B}=S_{AB}-S_A-S_B=78.66667-56.88889-20.33333=1.44445$

$S_{AB}=\dfrac{1}{3}(16^2+25^2+7^2+\cdots+25^2)-\dfrac{108^2}{18}=78.66667$

⑤ $S_e=S_T-S_A-S_B-S_{A\times B}=96-56.88889-20.33333-1.44445=17.33333$

⑥ $\nu_T=lmr-1=18-1=17$, $\nu_A=l-1=2-1=1$, $\nu_B=m-1=3-1=2$,

$\nu_{A\times B}=1\times2=2$, $\nu_e=\nu_T-\nu_A-\nu_B-\nu_{A\times B}=17-1-2-2=12$

⑦ $V_A=\dfrac{S_A}{\nu_A}=\dfrac{56.88889}{1}=56.88889$, $V_B=\dfrac{S_B}{\nu_B}=\dfrac{20.33333}{2}=10.16667$

$V_{A\times B}=\dfrac{S_{A\times B}}{\nu_{A\times B}}=\dfrac{1.44445}{2}=0.72223$, $V_e=\dfrac{S_e}{\nu_e}=\dfrac{17.33333}{12}=1.44444$

⑧ $F_0(A) = \frac{V_A}{V_e} = \frac{56.88889}{1.44444} = 39.38474$

$F_0(B) = \frac{V_B}{V_e} = \frac{10.16667}{1.44444} = 7.03849$

$F_0(A \times B) = \frac{V_{A \times B}}{V_e} = \frac{0.72223}{1.44444} = 0.50001$

10. ISO 9000에서 정의하고 있는 어떤 용어에 대한 설명을 보기에서 고르시오.

보기

절차, 프로세스, 등급, 부적합, 요구사항, 형식, 경영시스템, 결함

(1) 활동 또는 프로세스를 수행하기 위하여 규정된 방식

(2) 동일한 기능으로 사용되는 대상에 대하여 상이한 요구사항으로 부여되는 범주 또는 순위

(3) 요구사항의 불충족

해답 (1) 절차

(2) 등급

(3) 부적합

11. 어떤 전자부품의 저항은 30Ω 이하로 규정되어 있다. $n=5$, $k=2.12$의 계량규준형 1회 샘플링검사를 행한 결과 다음의 데이터를 얻었다. 로트의 합격·불합격을 판정하시오. (단, $\sigma=2$임을 알고 있다.)

데이터

33.5, 35.8, 36.4, 33.2, 34.2

해답 $n=5$, $k=2.12$, $\sigma=2$

$\bar{x} = \frac{\sum x}{n} = \frac{173.1}{5} = 34.62$

$\overline{X}_U = U - k\sigma = 30 - 2.12 \times 2 = 25.76$

$\bar{x} = 34.62 > \overline{X}_U = 25.76$ 이므로 로트를 불합격으로 판정한다.

12. $10m^2$당 부적합수를 조사한 것이다.

표본번호	부적합수	표본번호	부적합수	표본번호	부적합수
1	1	8	3	15	6
2	3	9	1	16	8
3	3	10	2	17	5
4	2	11	3	18	6
5	2	12	5	19	5
6	5	13	5	20	5
7	6	14	8		

(1) 관리도의 종류를 적으시오.

(2) 사용되는 확률분포를 적으시오.

(3) 관리한계를 계산하시오.

(4) 관리도를 작성하고 판정하시오.

(5) 공정평균이 6.6으로 증가하는 경우 관리한계를 벗어날 확률을 구하시오.

(6) (5)에서 20점 타점 시 탐지하지 못할 확률을 구하시오.

해답 (1) c관리도

(2) 푸아송분포

(3) $C_L = \bar{c} = \dfrac{\sum c}{k} = \dfrac{84}{20} = 4.2$

$U_{CL} = \bar{c} + 3\sqrt{\bar{c}} = 4.2 + 3\sqrt{4.2} = 10.34817$

$L_{CL} = \bar{c} - 3\sqrt{\bar{c}} = 4.2 - 3\sqrt{4.2} = -$ (고려하지 않음)

(4)

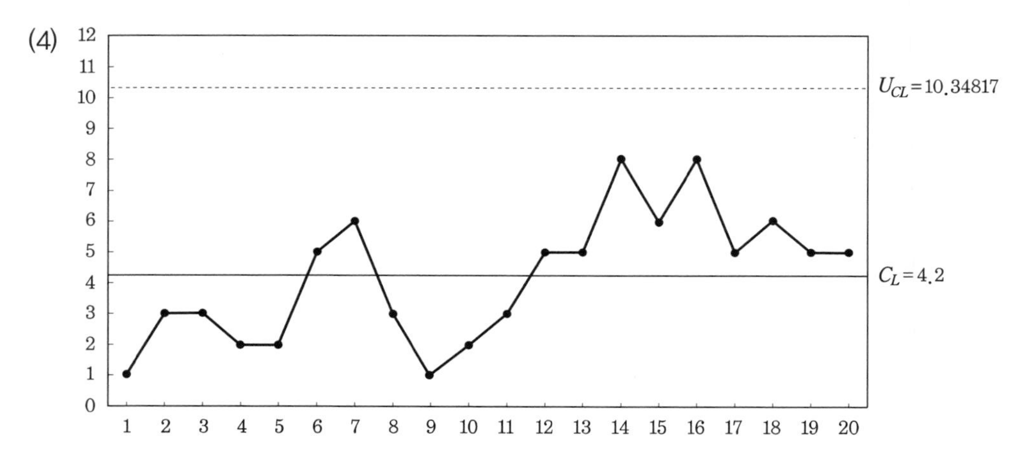

표본번호 12번에서 20번까지의 9점이 중심선에 대하여 같은 쪽에 있으므로 공정이 안정상태라고 할 수 없다.

(5) $P_r(c > U_{CL}) = P_r\left(u > \dfrac{10.34817 - 6.6}{\sqrt{6.6}}\right) = P_r(u > 1.46) = 0.0721$

(6) $P_r = {}_{20}C_0(0.0721)^0(1-0.0721)^{20} = 0.22388$

13. 폴리에스테르를 이용하여 직물을 제조하는 Y회사의 품질경영부서에서는 직물의 신율이 가장 중요한 품질특성으로 강조되어 원료의 특성(x)에 따른 직물제품의 특성(y)에 관한 신율을 조사하여 다음 데이터를 얻었다. 다음 물음에 답하시오.

x	30	20	60	80	40	50	60	30	70	60
y	73	50	128	170	87	108	135	69	148	132

단순회귀모형 $y_i = \beta_0 + \beta_1 x_i + e_i$을 가정하고 이를 적합시키고자 한다.

(1) β_0, β_1을 구하시오.

(2) β_1에 대한 95% 신뢰구간을 구하시오.

해답 $n = 10$, $\sum x = 500$, $\bar{x} = 50$, $\sum x^2 = 28,400$, $\sum y = 1,100$,

$\bar{y} = 110$ $\sum y^2 = 134,660$, $\sum xy = 61,800$

$S_{xx} = \sum x^2 - \dfrac{(\sum x)^2}{n} = 3,400$, $S_{yy} = \sum y^2 - \dfrac{(\sum y)^2}{n} = 13,660$,

$S_{xy} = \sum xy - \dfrac{\sum x \sum y}{n} = 6,800$

(1) $\hat{\beta}_1 = \dfrac{S_{xy}}{S_{xx}} = \dfrac{6,800}{3,400} = 2$, $\hat{\beta}_0 = \bar{y} - \hat{\beta}_1 \bar{x} = 110 - 2 \times 50 = 10$

(2) $\hat{\beta}_1 \pm t_{1-\alpha/2}(n-2)\sqrt{\dfrac{V_{y/x}}{S_{xx}}} = 2 \pm t_{0.975}(8)\sqrt{\dfrac{7.5}{3,400}} \rightarrow 1.89169 \le \beta_1 \le 2.10831$

$S_T = S_{yy} = 13,660$, $S_R = \dfrac{S_{xy}^2}{S_{xx}} = \dfrac{6,800^2}{3,400} = 13,600$

$S_{y/x} = S_e = S_T - S_R = 13,660 - 13,600 = 60$

$\nu_T = n - 1 = 9$, $\nu_R = 1$, $\nu_e = n - 2 = 8$

$V_e = \dfrac{60}{8} = 7.5$

14. 어느 부품의 수명(단위 : 시간)이 $m=4$이고 $\eta=1000$, $r=1000$인 와이블분포를 따른다고 하자.

(1) $t=1500$에서 신뢰도를 구하시오.

(2) $t=1500$에서 고장률 λ를 구하시오.

해답 (1) $R(1{,}500)=e^{-\left(\frac{t-r}{\eta}\right)^m}=e^{-\left(\frac{1{,}500-1{,}000}{1{,}000}\right)^4}=0.93941$

(2) $\lambda(t=1{,}500)=\dfrac{m}{\eta}\left(\dfrac{t-r}{\eta}\right)^{m-1}=\dfrac{4}{1{,}000}\left(\dfrac{1{,}500-1{,}000}{1{,}000}\right)^{4-1}=0.0005/\text{시간}$

2021년 제4회 기출 복원문제

01. 다음 고장목(Fault Tree)의 시스템 신뢰도를 구하시오. (단, 사상하단 F_A, F_B, F_C, F_D, F_E는 각 사상의 고장발생 확률을 의미한다.)

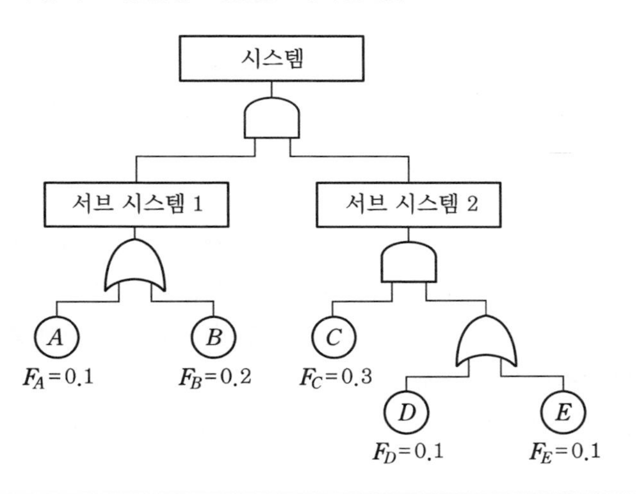

해답 서브 시스템 1의 고장 확률은 $1-(1-0.1)(1-0.2)=0.28$

서브 시스템 2의 고장 확률은 $0.3\times(1-(1-0.1)(1-0.1))=0.057$

시스템의 고장 확률은 $0.28\times0.057=0.01596$

따라서 시스템의 신뢰도$=1-0.01596=0.98404$

02. 샘플링검사의 전제조건 5가지를 쓰시오.

해답 ① 제품이 로트로 처리될 수 있을 것

② 시료를 랜덤하게 취할 수 있을 것

③ 품질기준이 명확할 것

④ 합격 로트 속에 어느 정도의 부적합품의 혼입이 허용될 수 있을 것

⑤ 계량 샘플링검사에서는 로트의 검사단위의 특성치 분포를 대략적으로 알고 있을 것

03. **형상모수(m)는 0.7이고 척도모수(η)는 8667시간, 위치모수(r)는 0인 와이블분포를 따르는 제품에 대하여 다음 각 물음에 답하시오.**

(1) 10000시간 사용했을 때의 신뢰도를 구하시오.

(2) 10000시간 사용시간 동안의 평균 고장률을 구하시오.

해답 (1) $R(10,000) = e^{-\left(\frac{t-r}{\eta}\right)^m} = e^{-\left(\frac{10,000-0}{8,667}\right)^{0.7}}$ =0.33110

(2) $AFR(t_1,\ t_2) = \dfrac{\ln R(t_1) - \ln R(t_2)}{t_2 - t_1} = \dfrac{-\left(\frac{t_1}{\eta}\right)^m + \left(\frac{t_2}{\eta}\right)^m}{t_2 - t_1}$

$= \dfrac{-\left(\frac{0}{8,667}\right)^{0.7} + \left(\frac{10,000}{8,667}\right)^{0.7}}{10,000-0} = 0.00011/\text{시간}$

04. **어느 공정에서 제품 1개당의 평균무게는 종전에 최소 100g 이상이었으며, 표준편차(σ)는 5g이었다고 한다. 공정의 일부를 변경시킨 후 n개의 표본을 취하여 무게를 측정하였더니 $\overline{x} = 96\text{g}$이 측정되었다. 이 공정의 산포(정밀도)가 종전과 차이가 없다는 조건하에서 다음 각 물음에 답하시오.**

(1) 공정평균이 종전보다 작지 않은데 이를 틀리게 판단하는 오류를 5%, 공정평균이 100g 이하인 것을 옳게 판단할 수 있는 능력을 90%로 검정하였다면 위 검정에서 시료의 수는 최소 몇 개인지 구하시오.

(2) (1)의 조건에서 공정의 일부를 변경시킨 후 이 제품에 대한 무게의 공정평균이 종전보다 작아졌다고 할 수 있는지 통계적으로 검정하시오. (단 $\alpha = 0.05$이다.)

(3) (1)의 조건에서 공정평균이 종전보다 작아졌다면 이 공정평균의 신뢰한계를 위험률 5%로 추정하시오.

해답 (1) $n = \left(\dfrac{u_{1-\alpha} + u_{1-\beta}}{\mu - \mu_0}\right)^2 \cdot \sigma^2 = \left(\dfrac{1.645 + 1.282}{96 - 100}\right)^2 \cdot 5^2 = 13.38645 = 14$개

(2) ① 가설 : H_0: $\mu \geq 100\text{g}$ H_1: $\mu < 100\text{g}$

② 유의수준 : $\alpha = 0.05$

③ 검정통계량 : $u_0 = \dfrac{96-100}{\frac{5}{\sqrt{14}}} = -2.99333$

④ 기각역 : $u_0 < -u_{1-\alpha} = -u_{0.95} = -1.645$ 이면 H_0를 기각한다.

⑤ 판정 : $u_0 = -2.99333 < -u_{0.95} = -1.645$ 이므로 $\alpha = 0.05$ 에서 H_0를 기각한다. 즉, 공정평균이 작아졌다고 할 수 있다.

(3) $\hat{\mu}_U = \bar{x} + u_{1-\alpha}\dfrac{\sigma}{\sqrt{n}} = 96 + 1.645\dfrac{5}{\sqrt{14}} = 98.19822\text{g}$

05. 요인 A, B를 모수요인으로 반복없는 2요인 실험을 한 결과 다음의 데이터를 얻었다. 다음 각 물음에 답하시오.

	A_1	A_2	A_3	A_4
B_1	−2	0	3	5
B_2	−3	−3	ⓨ	3
B_3	−4	−1	1	2

(1) 결측치 ⓨ를 추정하시오.

(2) 아래의 분산분석표를 작성하시오.

요인	SS	DF	MS	F_0

해답 (1) $y = \dfrac{lT_{i\cdot}' + mT_{\cdot j}' - T'}{(l-1)(m-1)} = \dfrac{4\times4+3\times(-3)-1}{(4-1)(3-1)} = 1$

(2)

요인	SS	DF	MS	F_0
A	73.66667	3	24.55556	36.83316
B	10.66667	2	5.33334	7.99997
e	3.33333	5	0.66667	
T	87.66667	10		

① $S_T = \sum_i\sum_j x_{ij}^2 - CT = 88 - \dfrac{2^2}{12} = 87.66667$

② $S_A = \sum_i \dfrac{T_{i\cdot}^2}{m} - CT = \dfrac{1}{3}[(-9)^2 + (-4)^2 + 5^2 + 10^2] - \dfrac{2^2}{12} = 73.66667$

③ $S_B = \sum_j \dfrac{T_{\cdot j}^2}{l} - CT = \dfrac{1}{4}[6^2 + (-2)^2 + (-2)^2] - \dfrac{2^2}{12} = 10.66667$

④ $S_e = S_T - S_A - S_B = 87.66667 - 73.66667 - 10.66667 = 3.33333$

⑤ $\nu_T = (lm-1)$−결측치수$= (lm-1)-1 = 12-1-1 = 10$

$\nu_A = l-1 = 4-1 = 3,\quad \nu_B = m-1 = 3-1 = 2,$

$\nu_e = \nu_T - \nu_A - \nu_B = 10-3-2 = 5$

⑥ $V_A = \dfrac{S_A}{\nu_A} = \dfrac{73.66667}{3} = 24.55556 \quad V_B = \dfrac{S_B}{\nu_B} = \dfrac{10.66667}{2} = 5.33334,$

$V_e = \dfrac{S_e}{\nu_e} = \dfrac{3.33333}{5} = 0.66667$

⑦ $F_0(A) = \dfrac{V_A}{V_e} = \dfrac{24.55556}{0.66667} = 36.83316$

$F_0(B) = \dfrac{V_B}{V_e} = \dfrac{5.33334}{0.66667} = 7.99997$

06. A사의 공정효율화 팀은 공정관리의 효율적 운용을 위하여 생산되는 제품을 로트 크기(lot size)에 따라 생산에 소요되는 시간을 측정하여 다음과 같은 데이터를 얻었다. 다음 각 물음에 답하시오.

로트 크기(x)	20	30	30	40	50	60	60	60	70	80
생산소요시간(y)	50	73	69	87	108	128	135	132	148	170

(1) 회귀계수의 추정치($\hat{\beta}_1$), 회귀제곱합(S_R), 오차분산($V_{y\cdot x}$)을 S_{xx}, S_{yy}, S_{xy}의 값과 자유도만을 활용하여 구하시오.

(2) 유의수준 $\alpha = 0.05$에서 회귀계수 β_1을 1.0이라 할 수 있는지 검정하시오.

(3) 회귀계수 β_1에 대한 95% 신뢰구간을 추정하시오.

(4) $E(y) = \hat{\beta}_0 + \hat{\beta}_1 x$에서 $x = 30$일 때 $E(y)$에 대한 95% 신뢰구간을 추정하시오.

해답 $n = 10,\quad \sum x = 500,\quad \bar{x} = 50,\quad \sum x^2 = 28,400,\quad \sum y = 1,100,$

$\bar{y} = 110 \quad \sum y^2 = 134,660,\quad \sum xy = 61,800$

$S_{xx} = \sum x^2 - \dfrac{(\sum x)^2}{n} = 3,400,\quad S_{yy} = \sum y^2 - \dfrac{(\sum y)^2}{n} = 13,660,$

$S_{xy} = \sum xy - \dfrac{\sum x \sum y}{n} = 6,800$

(1) $\hat{\beta}_1 = \dfrac{S_{xy}}{S_{xx}} = \dfrac{6,800}{3,400} = 2,\quad S_R = \dfrac{S_{xy}^2}{S_{xx}} = \dfrac{6,800^2}{3,400} = 13,600$

$V_{y\cdot x} = \dfrac{S_T - S_R}{\nu_T - \nu_R} = \dfrac{S_{yy} - S_R}{\nu_T - \nu_R} = \dfrac{13,660 - 13,600}{9-1} = 7.5$

(2) ① 가설 : $H_0: \beta_1 = 1$ $H_1: \beta_1 \neq 1$

② 유의수준 : $\alpha = 0.05$

③ 검정통계량 : $t_0 = \dfrac{\hat{\beta}_1 - \beta_1}{\sqrt{\dfrac{V_{y/x}}{S_{xx}}}} = \dfrac{2-1}{\sqrt{\dfrac{7.5}{3,400}}} = 21.29163$

$\left(\text{단, } \hat{\beta_1} = \dfrac{S_{xy}}{S_{xx}} = \dfrac{6,800}{3,400} = 2\right)$

④ 기각역 : $|t_0| > t_{1-\alpha/2}(n-2) = t_{0.975}(8) = 2.306$ 이면 H_0를 기각한다.

⑤ 판정 : $t_0 = 21.29163 > t_{0.975}(8) = 2.306$ 이므로 $\alpha = 0.05$ 에서 H_0를 기각한다.
$\beta_1 = 1$ 라고 할 수 없다.

(3) $\hat{\beta_1} \pm t_{1-\alpha/2}(n-2)\sqrt{\dfrac{V_{y/x}}{S_{xx}}} = 2 \pm 2.306\sqrt{\dfrac{7.5}{3,400}}$

$1.89169 \leq \beta_1 \leq 2.10831$

(4) $E(y) = (\hat{\beta}_0 + \hat{\beta}_1 x_{0)} \pm t_{1-\alpha/2}(n-2)\sqrt{V_{y/x}\left(\dfrac{1}{n} + \dfrac{(x_0 - \overline{x})^2}{S_{xx}}\right)}$

$= (10 + 2 \times 30) \pm t_{0.975}(8)\sqrt{7.5 \times \left(\dfrac{1}{10} + \dfrac{(30-50)^2}{3,400}\right)}$

$\rightarrow 67.05377 \leq E(y) \leq 72.94623$

07. 다음 각 나라에 해당되는 국가규격 명칭의 약호를 ( ) 안에 써넣으시오.

영국	( )	일본	( )
미국	( )	캐나다	( )
독일	( )		

해답

영국	(BS)	일본	(JIS)
미국	(ANSI)	캐나다	(CSA)
독일	(DIN)		

08. 다음은 1배치에 있는 제품의 함유량을 1회 측정한 검사의 결과이다. 이 데이터를 이용한 관리도에 대한 다음 각 물음에 답하시오.

k \ n	x_1	R_m	k \ n	x_1	R_m
1	15.93	–	9	15.38	0.73
2	17.71	1.78	10	18.97	3.59
3	13.25	4.46	11	16.63	2.34
4	14.88	1.63	12	17.3	0.67
5	16.3	1.42	13	16.91	0.39
6	17.94	1.64	14	17.67	0.76
7	14.9	3.04	15	20.48	2.81
8	16.11	1.21			

(1) x 관리도에 대한 C_L, U_{CL}, L_{CL}을 각각 구하시오.

(2) (1)의 관리한계를 이용하여 x 관리도를 작성하고 판정하시오.

(3) KS Q ISO 7870-2에 기술되어 있는 관리도의 이상상태 판정기준 8가지를 쓰시오.

해답 (1) $\bar{x} = \frac{\sum x}{k} = \frac{250.36}{15} = 16.69067$, $\quad \overline{R}_m = \frac{\sum R_m}{k-1} = \frac{26.47}{14} = 1.89071$

① x 관리도($n=2$일 때 $E_2 = 2.66$)

$$C_L = \bar{x} = \frac{\sum x}{k} = \frac{250.36}{15} = 16.69067$$

$$U_{CL} = \bar{x} + E_2\overline{R}_m = \bar{x} + 2.66\overline{R}_m = 16.69067 + 2.66 \times 1.89071 = 21.71996$$

$$L_{CL} = \bar{x} - E_2\overline{R}_m = \bar{x} - 2.66\overline{R}_m = 16.69067 - 2.66 \times 1.89071 = 11.66138$$

(2) 관리한계를 이탈하는 점이 없고, 점의 배열에 습관성이 존재하지 않으므로 관리상태라고 판정할 수 있다.

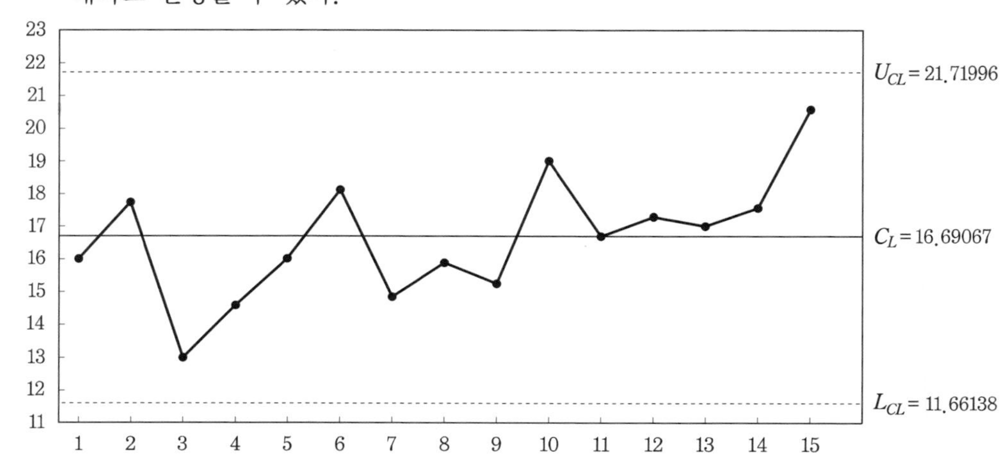

(3) 규칙 1. 3σ 이탈점이 1점 이상 나타난다.
규칙 2. 9점이 중심선에 대하여 같은 쪽에 있다.(연)
규칙 3. 6점이 연속적으로 증가 또는 감소하고 있다.(경향)
규칙 4. 14점이 교대로 증감하고 있다.(주기성)
규칙 5. 연속하는 3점 중 2점이 중심선 한쪽으로 2σ를 넘는 영역에 있다.
규칙 6. 연속하는 5점 중 4점이 중심선 한쪽으로 1σ를 넘는 영역에 있다.
규칙 7. 연속하는 15점이 $\pm 1\sigma$ 영역 내에 있다.
규칙 8. 연속하는 8점이 $\pm 1\sigma$ 한계를 넘는 영역에 있다.

09. 강재의 인장강도는 큰 편이 바람직하다. 강재의 인장강도의 평균치가 48kg/mm^2이상되는 로트는 합격시키고, 강재의 인장강도의 평균치가 42kg/mm^2이하의 로트는 불합격으로 하고 싶다. 로트의 표준편차 $\sigma = 5\text{kg/mm}^2$이라고 할 때 n과 $\overline{x}_L$을 구하시오. (단, $\alpha = 0.05$, $\beta = 0.1$를 적용하며 이때 $K_{0.05} = 1.645$, $K_{0.10} = 1.282$이다.)

해답
$$n = \left(\frac{k_\alpha + k_\beta}{m_0 - m_1}\right)^2 \cdot \sigma^2 = \left(\frac{1.645 + 1.282}{48 - 42}\right)^2 \times 5^2 = 5.94953 = 6\text{개}$$
$$\overline{X_L} = m_0 - G_0\sigma = m_0 - k_\alpha \frac{\sigma}{\sqrt{n}} = 48 - 1.645 \times \frac{5}{\sqrt{6}} = 44.64216\text{kg/mm}^2$$

10. σ가 미지인 경우 어떤 제품의 인장강도의 하한규격이 117MPa이라고 한다. 이 제품에 대해 $p_0 = 0.01$, $p_1 = 0.10$, $\alpha = 0.05$, $\beta = 0.10$을 만족하는 계량값 샘플링검사 방식의 k와 n을 구하시오. (단, $K_{0.01} = 2.33$, $K_{0.05} = 1.64$, $K_{0.10} = 1.28$으로 계산한다.)

해답
$$k' = k = \frac{k_{p_0}k_\beta + k_{p_1}k_\alpha}{k_\alpha + k_\beta} = \frac{2.33 \times 1.28 + 1.28 \times 1.64}{1.64 + 1.28} = 1.74027$$
$$n' = \left(1 + \frac{k^2}{2}\right)\left(\frac{k_\alpha + k_\beta}{k_{p_0} - k_{p_1}}\right)^2 = \left(1 + \frac{1.74027^2}{2}\right)\left(\frac{1.64 + 1.28}{2.33 - 1.28}\right)^2 = 19.44460 = 20\text{개}$$

11. A사는 어떤 부품의 수입검사에 계수형 샘플링검사 절차–제1부: 로트별 합격품질한계(AQL)지표형 샘플링검사 방식(KS Q ISO 2859–1)의 보조표인 분수합격 판정계수의 샘플링검사 방식을 적용하고 있다. 현재 이 회사의 적용조건은 AQL=1.0%, 보통검사 수준Ⅲ이며 엄격도는 31번째 로트부터 까다로운 검사로 전환되었다. 다음표의 ( )안을 채우고 35번째 검사결과 다음 로트에 적용할 엄격도를 결정하시오.

로트 번호	N	샘플 문자	n	주어진 A_c	합격판정 점수 (검사 전)	적용하는 A_c	부적합품 d	합격 판정	합격판정 점수 (검사 후)	전환 점수
31	200	H	50	1/2	5	0	0	합격	5	–
32	250	( )	( )	( )	( )	( )	1	( )	( )	( )
33	400	( )	( )	( )	( )	( )	1	( )	( )	( )
34	80	( )	( )	( )	( )	( )	0	( )	( )	( )
35	120	( )	( )	( )	( )	( )	0	( )	( )	( )

해답

로트 번호	N	샘플 문자	n	주어진 A_c	합격판정 점수 (검사 전)	적용하는 A_c	부적합품 d	합격 판정	합격판정 점수 (검사 후)	전환 점수
31	200	H	50	1/2	5	0	0	합격	5	–
32	250	H	50	1/2	10	1	1	합격	0	–
33	400	J	80	1	7	1	1	합격	0	–
34	80	F	20	0	0	0	0	합격	0	–
35	120	G	32	1/3	3	0	0	합격	0^*	–

까다로운 검사에서 연속 5로트가 합격하였으므로 36번째 로트에서는 보통검사로 전환한다.

12. 어떤 실험을 실시하는데 A를 1차 단위, B를 2차 단위로 블록반복 2회의 분할법 실험을 하여 다음과 같은 블록반복(k)과 A의 2원표를 얻었다. 블록반복간의 제곱합을 구하시오.

$m=4$	A_1	A_2	A_3	A_4	A_5
블록반복 Ⅰ	−51	1	13	15	8
블록반복 Ⅱ	−13	4	−20	2	−27

해답 $S_R = \sum_k \frac{T_{\cdot\cdot k}^2}{lm} - CT = \frac{1}{20}[(-14)^2 + (-54)^2] - \frac{(-68)^2}{40} = 40$

13. 베어링을 설계하면서 일정시간 동안에 베어링의 마모량이 어떤 요인에 크게 영향을 받는가를 대략적으로 알아보기 위하여 4요인 A, B, C, D를 각각 다음과 같이 4수준으로 잡고 총16회의 실험을 4×4 그레코라틴방격법으로 시행하였다. 다음 각 물음에 답하시오. (단, A는 연신온도(℃), B는 회전수(RPM), C는 원재료의 종류, D는 연신비(%)이다.)

	A_1	A_2	A_3	A_4	합계
B_1	$C_2D_3(15)$	$C_1D_1(4)$	$C_3D_4(8)$	$C_4D_2(19)$	46
B_2	$C_4D_1(5)$	$C_3D_3(19)$	$C_1D_2(9)$	$C_2D_4(16)$	49
B_3	$C_1D_4(15)$	$C_2D_2(16)$	$C_4D_3(19)$	$C_3D_1(17)$	67
B_4	$C_3D_2(19)$	$C_4D_4(26)$	$C_2D_1(14)$	$C_1D_3(34)$	93
합계	54	65	50	86	255

(1) 분산분석표를 작성하고 해석하시오. (단, $S_T = 844.9375$, $CT = 4064.0625$이다.)

요인	SS	DF	MS	F_0	$F_{0.95}$

(2) 베어링의 마모량을 최소로 하는 수준조합에서 마모량의 모평균을 추정하시오.

(3) 마모량을 최소로 하는 수준조합에서 모평균의 95% 신뢰구간을 구하시오.

해답 (1) 분산분석표

요인	SS	DF	MS	F_0	$F_{0.95}$
A	195.18750	3	65.06250	14.26027*	9.28
B	349.68750	3	116.56250	25.54795*	9.28
C	9.68750	3	3.22917	0.70776	9.28
D	276.68750	3	92.22917	20.21164*	9.28
e	13.68750	3	4.56250		
T	844.93750	15			

$F_A = 14.26027$, $F_B = 25.54795$, $F_D = 20.21164$는 $F_{0.95}(3,\ 3) = 9.28$보다 크므로 유의수준 5%로 유의하고, $F_C = 0.70776$는 $F_{0.95}(3,\ 3) = 9.28$보다 작으므로 유의수준 5%에서 유의하지 않다.

① $S_T = \sum x_{ijlm}^2 - CT = 844.93750$

② $S_A = \sum_{i=1}^{k} \frac{T_{i\cdots}^2}{k} - CT = \frac{1}{4}\{54^2 + 65^2 + 50^2 + 86^2\} - 4064.0625 = 195.18750$

③ $S_B = \sum_{j=1}^{k} \frac{T_{\cdot j \cdot\cdot}^2}{k} - CT = \frac{1}{4}\{46^2 + 49^2 + 67^2 + 93^2\} - 4064.0625 = 349.68750$

④ $S_C = \sum_{l=1}^{k} \frac{T_{\cdot\cdot l \cdot}^2}{k} - CT = \frac{1}{4}\{62^2 + 61^2 + 63^2 + 69^2\} - 4064.0625 = 9.68750$

⑤ $S_D = \sum_{m=1}^{k} \frac{T_{\cdots m}^2}{k} - CT = \frac{1}{4}\{40^2 + 63^2 + 87^2 + 65^2\} - 4064.0625$

$= 276.68750$

⑥ $S_e = S_T - (S_A + S_B + S_C + S_D) = 13.68750$

⑦ $\nu_A = \nu_B = \nu_C = \nu_D = k - 1 = 3$, $\nu_e = (k-1)(k-3) = 3$,

$\nu_T = k^2 - 1 = 16 - 1 = 15$

⑧ $V_A = \frac{S_A}{\nu_A} = \frac{195.18750}{3} = 65.06250$, $V_B = \frac{S_B}{\nu_B} = \frac{349.68750}{3} = 116.56250$,

$V_C = \frac{S_C}{\nu_C} = \frac{9.68750}{3} = 3.22917$, $V_D = \frac{S_D}{\nu_D} = \frac{276.68750}{3} = 92.22917$,

$V_e = \frac{S_e}{\nu_e} = \frac{13.68750}{3} = 4.56250$

⑨ $F_A = \frac{V_A}{V_e} = \frac{65.06250}{4.56250} = 14.26027$, $F_B = \frac{V_B}{V_e} = \frac{116.56250}{4.56250} = 25.54795$,

$F_C = \frac{V_C}{V_e} = \frac{3.22917}{4.56250} = 0.70776$, $F_D = \frac{V_D}{V_e} = \frac{92.22917}{4.56250} = 20.21164$

(2) $\hat{\mu}(A_3B_1D_1) = \overline{x}_{3\cdots} + \overline{x}_{\cdot 1\cdot\cdot} + \overline{x}_{\cdots 1} - 2\overline{\overline{x}}$

$$= \frac{50}{4} + \frac{46}{4} + \frac{40}{4} - 2 \times \frac{255}{16} = 2.125$$

(3) $n_e = \frac{k^2}{(3k-2)} = \frac{16}{10} = 1.6$

$$\hat{\mu}(A_3B_1D_1) = \left(\overline{x}_{3\cdots} + \overline{x}_{\cdot 1\cdot\cdot} + \overline{x}_{\cdots 1} - 2\overline{\overline{x}}\right) \pm t_{0.975}(3)\sqrt{\frac{V_e}{n_e}}$$

$$= \left(\frac{50}{4} + \frac{46}{4} + \frac{40}{4} - 2 \times \frac{255}{16}\right) \pm 3.182\sqrt{\frac{4.5625}{1.6}}$$

$$-3.24831 \le \hat{\mu}(A_3B_1D_1) \le 7.49831, \quad - \le \hat{\mu}(A_3B_1D_1) \le 7.49831$$

14. 시료의 품질표시방법 5가지를 쓰시오.

해답 ① 시료의 평균치
② 시료의 표준편차
③ 시료의 범위
④ 시료의 부적합품수
⑤ 시료의 평균부적합수

2022년 제1회 기출 복원문제

01. 어느 공정의 중요 품질특성치의 규격은 100±4이고, 현재 $n=8$인 $\overline{X}-s$ 관리도로 공정의 상태를 모니터링하고 있다. 생산부서에서 데이터를 수집하여 정리하였더니 다음의 표와 같았다. 다음 각 물음에 답하시오.

시료군 번호	x_1	x_2	x_3	x_4	x_5	x_6	x_7	x_8	$\overline{X}$	s
1	102.1	101.5	103.5	103.7	103.2	104.1	103.1	102.3	102.94	0.888
2	103.2	101.8	105.0	103.5	104.1	103.2	101.7	102.5	103.13	1.121
3	98.8	102.5	102.9	104.0	103.5	101.4	101.3	102.2	102.08	1.621
4	98.7	105.2	104.5	103.5	103.0	102.6	105.5	99.4	102.80	2.532
5	103.8	102.5	101.8	99.8	101.4	101.4	102.5	101.8	101.88	1.150
6	102.9	102.4	103.2	104.3	102.4	101.9	102.5	103.2	102.85	0.735
7	102.1	101.8	98.2	102.1	101.8	104.5	103.2	103.1	102.10	1.827
8	101.4	101.9	102.1	99.9	103.6	101.2	102.1	102.4	101.83	1.063
9	102.8	102.7	102.9	103.3	102.6	101.1	103.5	102.0	102.61	0.761
10	104.3	102.7	103.4	103.5	99.8	102.7	102.5	101.5	102.55	1.384
11	102.3	103.0	104.5	101.7	100.8	101.0	100.4	102.2	101.99	1.335
12	102.6	102.7	102.4	101.8	100.9	101.4	101.0	101.3	101.76	0.723
13	103.0	102.8	102.2	101.5	102.2	100.8	101.9	102.1	102.06	0.697
14	102.0	103.1	102.9	101.3	101.9	101.5	104.3	103.3	102.54	1.031
15	102.2	99.2	102.2	101.8	100.9	102.4	102.1	101.3	101.51	1.064
16	104.5	103.5	103.5	102.0	102.4	102.9	98.9	102.4	102.51	1.664
17	102.8	102.4	102.5	101.5	100.5	102.2	100.3	101.6	101.73	0.929
18	103.0	102.1	101.6	102.4	102.4	101.9	103.0	98.3	101.84	1.511
19	101.8	101.4	99.7	101.6	101.2	102.8	99.8	101.5	( )	( )
20	101.2	104.2	102.4	102.9	102.2	102.3	103.4	102.6	( )	( )
21	101.4	99.5	102.0	101.8	101.6	102.2	101.9	100.6	( )	( )
합계									2145.93750	24.85329

(1) 위의 표에서 미기입된 19~20군 사이의 (　) 안에 들어갈 $\overline{X}$와 s 값을 구하여 아래 표의 빈 칸을 채우시오.

시료군 번호	$\overline{X}$	s
19	( )	( )
20	( )	( )
21	( )	( )

(2) $\overline{X}-s$ 관리도의 관리한계를 구하시오.

(3) (2)항의 관리한계를 활용하여 1~10번 군까지의 관리도를 작성하고, 판정하시오.
(단, 11번 군부터 21번 군의 $\overline{X}$ 관리도와 s 관리도는 관리상태이다.)

(4) 관리한계를 벗어난 군에 대해 원인을 조사하여 개선조치를 수행하였다. 이를 기초로 표준값을 설정하여 $n=5$인 $\overline{X}-s$ 관리도로 공정을 관리하고자 한다. 표준값이 정해진 $\overline{X}-s$ 관리도의 중심선(C_L)을 구하시오.

(5) (4)항과 같이 관리되고 있는 경우에 공정능력지수(C_P)를 구하고 판정하시오.

해답 (1)

시료군 번호	$\overline{X}$	s
19	(101.23)	(1.029)
20	(102.65)	(0.888)
21	(101.38)	(0.902)

(2) ① $\overline{X}$ 관리도

$$C_L = \overline{\overline{x}} = 2145.93750/21 = 102.18750$$

$$\left.\begin{matrix} U_{CL} \\ L_{CL} \end{matrix}\right\} = \overline{\overline{x}} \pm A_3 \overline{s} = \frac{2145.93750}{21} \pm 1.099 \times \frac{24.85329}{21}$$

② s 관리도

$$C_L = \overline{s} = \frac{24.85329}{21} = 1.18349$$

$$U_{CL} = B_4 \overline{s} = 1.815 \times \frac{24.85329}{21} = 2.14803$$

$$L_{CL} = B_3 \overline{s} = 0.185 \times \frac{24.85329}{21} = 0.21895$$

(3) ① $\overline{X}$ 관리도

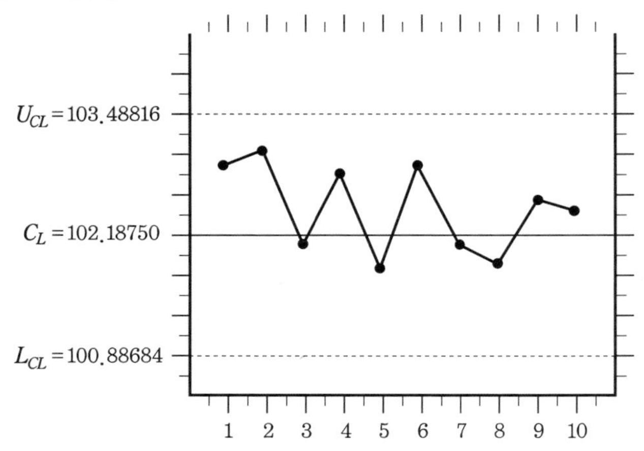

② s 관리도

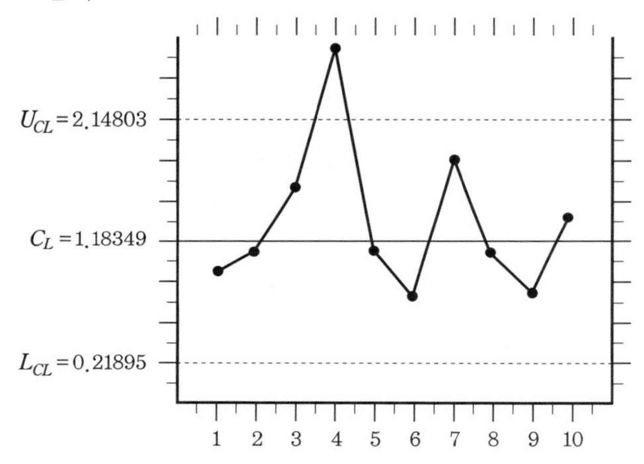

③ 판정 : s 관리도에서 시료군 번호 4에서 점이 관리한계 밖으로 벗어나므로 관리상태라고 할 수 없다.

(4) ① $\overline{X}$ 관리도의 C_L

$$\overline{\overline{x}}' = \frac{\sum \overline{x} - 102.80}{k-1} = \frac{2145.93750 - 102.80}{21-1} = 102.15688$$

② s관리도의 C_L

$$\overline{s}' = \frac{24.85329 - 2.532}{21-1} = 1.11606$$

(5) ① $C_P = \dfrac{U-L}{6\sigma} = \dfrac{U-L}{6 \times \dfrac{\overline{s}}{c_4}} = \dfrac{104-96}{6 \times \dfrac{1.11606}{0.940}} = 1.12300$

② 판정 : $1.00 \leq C_p < 1.33$ 이므로 2등급으로 공정능력은 보통이다.

02. 다음의 표는 원료 A, B를 두 공정에서 각각 사용하여 생성된 약품의 함량을 활용하여 통계량을 계산한 결과이다. 다음 각 물음에 답하시오. (단, $\alpha = 0.05$이다.)

구분	A	B
n	9	16
$\bar{x}$	25.0	20.0
SS(제곱합)	350	225

(1) 등분산성이 성립하는지 검정하시오.
(2) 평균치의 차이가 존재하는지 검정하시오.

해답 (1) 등분산성 검정

① 가설 : $H_0 : \sigma_A^2 = \sigma_B^2 \qquad H_1 : \sigma_A^2 \neq \sigma_B^2$

② 유의수준 : $\alpha = 0.05$

③ 검정통계량 : $F_0 = \dfrac{V_A}{V_B} = \dfrac{\dfrac{S_A}{n_A - 1}}{\dfrac{S_B}{n_B - 1}} = \dfrac{\dfrac{350}{8}}{\dfrac{225}{15}} = 2.91667$

④ 기각역 : $F_0 < F_{\alpha/2}(\nu_A,\ \nu_B) = F_{0.025}(8,\ 15) = \dfrac{1}{F_{0.975}(15,\ 8)} = \dfrac{1}{4.10}$

$= 0.24390$

또는 $F_0 > F_{1-\alpha/2}(\nu_1, \nu_2) = F_{0.975}(8,\ 15) = 3.20$이면 H_0를 기각한다.

⑤ 판정 : $F_{0.025}(8,\ 15) = 0.24390 < F_0 = 0.80476 < F_{0.975}(8,\ 15) = 3.20$이므로 $\alpha = 0.05$에서 H_0를 채택한다. 유의수준 5%에서 산포가 다르다고 할 수 없다.

⑥ 검정결과 : 등분산성이 성립한다.

(2) 평균치 차에 대한 검정

① 가설 : $H_0 : \mu_A = \mu_B \qquad H_1 : \mu_A \neq \mu_B$

② 유의수준 : $\alpha = 0.05$

③ 검정통계량 : $t_0 = \dfrac{\bar{x}_A - \bar{x}_B}{\sqrt{V\left(\dfrac{1}{n_A} + \dfrac{1}{n_B}\right)}} = \dfrac{25 - 20}{\sqrt{25 \times \left(\dfrac{1}{9} + \dfrac{1}{16}\right)}} = 2.4$

$$V = s^2 = \frac{S_A + S_B}{n_A + n_B - 2} = \frac{350 + 225}{9 + 16 - 2} = 25$$

④ 기각역 : $|t_0| > t_{1-\alpha/2}(n_A + n_B - 2) = t_{0.975}(23) = 2.069$이면 H_0를 기각한다.

⑤ 판정 : $t_0 = 2.4 > t_{0.975}(23) = 2.069$이므로 $\alpha = 0.05$에서 H_0를 기각한다. 유의수준 5%에서 평균치의 차이가 있다고 할 수 있다.

⑥ 검정결과 : 유의수준 5%에서 평균치의 차이가 있다고 할 수 있다.

03. 실험에서 취한 요인은 수준수가 3인 A, B, C 3개이고, 요인간에는 교호작용이 존재하지 않는다고 한다. A, B, C 요인의 주 효과만을 구하기 위해 $L_9(3^4)$형 직교배열표의 4개의 열 중에서 3개의 열을 골라 A, B, C 요인과 각 수준을 0, 1, 2에 랜덤하게 배치시켜서 9회 실험한 결과가 다음과 같다. 다음 각 물음에 답하시오.

[$L_9(3^4)$형 직교배열표]

실험번호	열번호				실험조건	데이터
	1	2	3	4		
1	0	0	0	0	$A_0B_0C_0=(0,\ 0,\ 0)$	8
2	0	1	1	1	$A_0B_1C_1=(0,\ 1,\ 1)$	12
3	0	2	2	2	$A_0B_2C_2=(0,\ 2,\ 2)$	10
4	1	0	1	2	$A_1B_0C_2=(1,\ 0,\ 2)$	10
5	1	1	2	0	$A_1B_1C_0=(1,\ 1,\ 0)$	12
6	1	2	0	1	$A_1B_2C_1=(1,\ 2,\ 1)$	15
7	2	0	2	1	$A_2B_0C_1=(2,\ 0,\ 1)$	22
8	2	1	0	2	$A_2B_1C_2=(2,\ 1,\ 2)$	18
9	2	2	1	0	$A_2B_2C_0=(2,\ 2,\ 0)$	18
기본표시	a	b	ab	ab^2		$T=125$
배치	A	B	e	C		

(1) 분산분석표를 작성하고, 유의수준 5%로 유의하지 않은 요인을 검토해서 F_0가 1 이하인 요인은 오차항에 풀링시켜 다시 분산분석표를 작성하시오. (단, $CT=1736.1111$, $S_T=172.8889$이다.)

(2) 특성치를 가장 크게 하는 최적조건이 A_2C_1이라면 이 조건에서 특성치의 모평균 $\mu(A_2C_1)$을 신뢰율 95%로 신뢰구간을 추정하시오.

해답 (1) 분산분석표

① $S_A=\dfrac{A_0^2+A_1^2+A_2^2}{3}-CT$

$=\dfrac{1}{3}[(8+12+10)^2+(10+12+15)^2+(22+18+18)^2]-1736.1111$

$=141.55567$

② $S_B = \dfrac{B_0^2 + B_1^2 + B_2^2}{3} - CT$

$= \dfrac{1}{3}[(8+10+22)^2 + (12+12+18)^2 + (10+15+18)^2] - 1736.1111$

$= 1.55557$

③ $S_C = \dfrac{C_0^2 + C_1^2 + C_2^2}{3} - CT$

$= \dfrac{1}{3}[(8+12+18)^2 + (12+15+22)^2 + (10+10+18)^2] - 1736.1111$

$= 26.88890$

④ $S_e = S_T - S_A - S_B - S_C = 2.88876$

[분산분석표]

요인	SS	DF	MS	F_0	$F_{0.95}$
A	141.55557	2	70.77779	49.00050*	19.0
B	1.55557	2	0.77779	0.53848	19.0
C	26.88890	2	13.44445	9.30779	19.0
e	2.88886	2	1.44443		
T	172.8889	8			

[풀링 후의 분산분석표]

요인	SS	DF	MS	F_0	$F_{0.95}$
A	141.55557	2	70.77779	63.70007*	6.94
C	26.88890	2	13.44445	12.10002*	6.94
e	4.44443	4	1.11111		
T	172.8889	8			

(2) $\mu(A_2C_1)$의 95% 신뢰구간

$\mu(A_2C_1) = (\bar{x}_{2..} + \bar{x}_{..1} - \bar{\bar{x}}) \pm t_{1-\alpha/2}(\nu_e)\sqrt{\dfrac{V_e}{n_e}}$

$= \left(\dfrac{22+18+18}{3} + \dfrac{12+15+22}{3} - \dfrac{125}{9}\right) \pm t_{0.975}(4)\sqrt{\dfrac{1.11111}{1.8}}$

$= (19.59675 \sim 23.95881)$

$n_e = \dfrac{\text{총실험횟수}}{\text{유효한요인의자유도의합}+1} = \dfrac{N}{\nu_A + \nu_C + 1} = \dfrac{9}{5} = 1.8$

04. 어떤 기계 부품의 치수에 대한 시방은 205±5mm로 규정되어 있다. 생산은 안정되어 있고, 로트 내의 치수의 분포는 정규분포를 따른다는 것이 확인되어 있으며, 로트 내의 표준편차(σ)는 1.2mm로 알려져 있다. 연결식 양쪽 규정을 채택하고 $P_A = 0.5\%$, $P_R = 2\%$로 하여 부적합품률에 대한 계량형 축차 샘플링검사 방식(표준편차기지)(KS Q ISO 39511 : 2018)을 사용하도록 정해졌다. 다음 각 물음에 답하시오. (단, 프로세스 표준편차 σ가 규격 간격($U-L$)과 비교하여 충분히 작은 경우이고, 누적 샘플크기의 중지값(n_t)은 49이다.)

(1) 누적 샘플크기가 n_{cum}일 때 상, 하한 각각의 합격판정치 및 불합격판정치를 설계하시오. (단, $n_{cum} < n_t$이다.)

(2) 다음 표의 빈 칸을 채우고 판정하시오.

n_{cum}	검사 결과 x	여유량 y	하한 불합격 판정치 R_L	하한 합격 판정치 A_L	누적 여유량 Y	상한 합격 판정치 A_U	상한 불합격 판정치 R_U
1	205.5	5.5	−3.5316	7.3692	5.5	2.6308	13.5316
2	203.5						
3	204.0						
4	202.2						
5	204.3						

해답 (1) 계량 축차샘플링의 파라미터 표로부터 $Q_{PR} = 0.5\%$, $Q_{CR} = 2\%$에 대하여 $h_A = 3.826$, $h_R = 5.258$, $g = 2.315$, $n_t = 49$이다.

① 합격판정치

$$A^U = -h_A\sigma + (U - L - g\sigma)n_{cum}$$

$$= -3.826 \times 1.2 + (210 - 200 - 2.315 \times 1.2)n_{cum} = -4.5912 + 7.222n_{cum}$$

$$A^L = h_A\sigma + g\sigma n_{cum}$$

$$= 3.826 \times 1.2 + 2.315 \times 1.2n_{cum} = 4.5912 + 2.778n_{cum}$$

② 불합격판정치

$$R^U = h_R\sigma + (U - L - g\sigma)n_{cum}$$

$$= 5.258 \times 1.2 + (210 - 200 - 2.315 \times 1.2)n_{cum} = 6.3096 + 7.222n_{cum}$$

$$R^L = -h_R\sigma + g\sigma n_{cum}$$

$$= -5.258 \times 1.2 + 2.315 \times 1.2 \times n_{cum} = -6.3096 + 2.778n_{cum}$$

(2)

n_{cum}	검사 결과 x	여유량 y	하한 불합격 판정치 R_L	하한 합격 판정치 A_L	누적 여유량 Y	상한 합격 판정치 A_U	상한 불합격 판정치 R_U
1	205.5	5.5	−3.5316	7.3692	5.5	2.6308	13.5316
2	203.5	3.5	−0.7536	10.1472	9.0	9.8528	20.7536
3	204.0	4.0	2.0244	12.9252	13.0	17.0748	27.9756
4	202.2	2.2	4.8024	15.7032	15.2	24.2968	35.1976
5	204.3	4.3	7.5804	18.4812	19.5	31.5188	42.4196

• 판정 : 로트를 합격시킨다.

05. 다음 각 표준은 어떤 분야의 국제표준인지 ( ) 안에 써넣으시오.

(1) ISO 22000 : ( )
(2) ISO 26262 : ( )
(3) ISO 14001 : ( )

해답 (1) ISO 22000 : (식품안전경영시스템)
(2) ISO 26262 : (자동차 기능안전)
(3) ISO 14001 : (환경경영시스템)

06. 2^3 요인 배치법에서 다음의 실험데이터를 얻었다. 교호작용 A×B의 제곱합($S_{A\times B}$)을 구하시오.

실험번호	요인의 수준			데이터
	A	B	C	
1	0	0	0	12
2	0	0	1	13
3	0	1	0	15
4	0	1	1	18
5	1	0	0	7
6	1	0	1	10
7	1	1	0	12
8	1	1	1	15

해답 $S_{A\times B}=\frac{1}{8}[(a-1)(b-1)(c+1)]^2=\frac{1}{8}[(abc+ab+c+(1)-a-b-bc-ac)]^2$

$=\frac{1}{8}[(15+12+13+12-7-15-18-10)]^2=0.5$

07. Y회사는 사출압력(x)과 제품의 강도(y)의 관계를 알아보기 위하여 다음의 데이터를 얻었다. 다음 각 물음에 답하시오.

x	150	160	170	180	190	200	210
y	30	35	40	42	43	45	45

(1) 두 변수 x, y간에 상관유무 검정을 유의수준 5%에서 실시하시오.
(2) 회귀식을 추정하시오.
(3) 95%에서 모상관계수를 추정하시오. (단, 데이터의 수를 무시하고 추정하시오.)

해답 (1) $n=7$, $\sum x=1260$, $\bar{x}=180$, $\sum x^2=229{,}600$, $\sum y=280$, $\bar{y}=40$, $\sum y^2=11{,}388$, $\sum xy=51{,}080$,

$S_{xx}=\sum x^2-\frac{(\sum x)^2}{n}=2800$, $S_{yy}=\sum y^2-\frac{(\sum y)^2}{n}=188$,

$S_{xy}=\sum xy-\frac{\sum x\sum y}{n}=680$

$r=\frac{S_{xy}}{\sqrt{S_{xx}\ S_{yy}}}=\frac{680}{\sqrt{2800\times 188}}=0.93724$

① 가설 : $H_0:\rho=0$ $H_1:\rho\neq 0$

② 유의수준 : $\alpha=0.05$

③ 검정통계량 : $t_0=\frac{r}{\sqrt{\frac{1-r^2}{n-2}}}=\frac{0.93724}{\sqrt{\frac{1-0.93724^2}{7-2}}}=6.01039$

④ 기각역 : $|t_0|>t_{1-\alpha/2}(n-2)=t_{0.975}(5)=2.571$이면 H_0를 기각한다.

⑤ 판정 : $t_0=6.01039>t_{0.975}(5)=2.571$이므로 $\alpha=0.05$에서 H_0를 기각한다.
즉, 상관관계가 존재한다.

• 검정결과 : $\alpha=0.05$에서 상관관계가 존재한다.

(2) $\hat{\beta}_1=\frac{S_{xy}}{S_{xx}}=\frac{680}{2800}=0.24286$

$\hat{\beta}_0=\bar{y}-\hat{\beta}_1\bar{x}=40-0.24286\times 180=-3.7148$

$y=-3.7148+0.24286x$

(3) $\tanh\left(\tanh^{-1} r \pm u_{1-\alpha/2}\frac{1}{\sqrt{n-3}}\right) = \tanh\left(\tanh^{-1} 0.93724 \pm 1.96\frac{1}{\sqrt{4}}\right)$

$0.62602 \le \rho \le 0.99091$

08. 계수 및 계량 규준형 1회 샘플링검사 – 제3부 계량 규준형 1회 샘플링검사 방식(표준편차 기지)(KS Q 0001)에서 어느 재료의 인장강도는 80kg/mm^2 이상으로 규정되어 있으며, 이 규격을 적용한 결과 $n=8$, $k=1.74$를 찾았다. 로트에 대한 샘플링 결과 데이터는 다음과 같으며, 모표준편차(σ)는 2kg/mm^{2}이다. 로트의 합격 또는 불합격 여부를 판정하시오.

80.5	81.2	85.5	82.7	83.8	82.2	85.2	81.8

해답 $L=80$, $\sigma=2$, $n=8$, $k=1.74$, $\overline{x}=82.8625$

$\overline{X}_L = L + k\sigma = 80 + 1.74 \times 2 = 83.48$

$\overline{x} = 82.8625 < \overline{X}_L = 33.48$이므로 로트를 불합격으로 판정한다.

09. 어떤 전자기기 장치 10대를 가속수명시험에 걸어 고장개수 $r=6$에서 정수중단 시험을 하였다. 이 데이터를 와이블확률지에 타점해 보니 형상모수(m)가 1이 되었다. 9, 12, 18, 27, 31, 42시간에서 각각 고장이 발생하였다고 할 때, 다음 각 물음에 답하시오.

(1) 이 장치의 MTBF를 구하시오.
(2) 이 장치의 평균고장률을 구하시오.
(3) $t=10$시간에서 이 장치의 신뢰도를 구하시오.

해답 (1) $T = 9+12+18+27+31+42+(4\times 42) = 307$시간

$\widehat{MTBF} = \frac{T}{r} = \frac{307}{6} = 51.16667$시간

(2) $\hat{\lambda} = \frac{r}{T} = \frac{6}{307} = 0.01954$/시간

(3) $\hat{R}(t=10) = e^{-\hat{\lambda} t} = e^{-\frac{6}{307}\times 10} = 0.82247$

10. A사는 어떤 부품의 수입검사에 계수형 샘플링검사 절차–제1부 : 로트별 합격품질한계(AQL)지표형 샘플링검사 방식(KS Q ISO 2859–1)의 보조표인 분수 합격판정개수의 샘플링검사 방식을 적용하고 있다. 현재 이 회사의 적용조건은 AQL=1.0%, 보통검사수준 Ⅲ이며, 엄격도는 31번째 로트부터 까다로운 검사로 전환되었다. 다음의 표의 ( )안을 채우고, 35번째 로트의 검사 결과 다음로트에 적용할 엄격도를 결정하시오.

로트 번호	N	샘플 문자	n	주어진 Ac	합격판정 점수 (검사 전)	적용하는 Ac	부적합품 d	합격 여부	합격판정 점수 (검사 후)	전환 점수
31	200	H	50	1/2	5	0	0	합격	5	–
32	250	( )	( )	( )	( )	( )	1	( )	( )	( )
33	400	( )	( )	( )	( )	( )	1	( )	( )	( )
34	80	( )	( )	( )	( )	( )	0	( )	( )	( )
35	120	( )	( )	( )	( )	( )	0	( )	( )	( )

해답

로트 번호	N	샘플 문자	n	주어진 Ac	합격판정 점수 (검사 전)	적용하는 Ac	부적합품 d	합격 여부	합격판정 점수 (검사 후)	전환 점수
31	200	H	50	1/2	5	0	0	합격	5	–
32	250	(H)	(50)	(1/2)	(10)	(1)	1	(합격)	(0)	(–)
33	400	(J)	(80)	(1)	(7)	(1)	1	(합격)	(0)	(–)
34	80	(F)	(20)	(0)	(0)	(0)	0	(합격)	(0)	(–)
35	120	(G)	(32)	(1/3)	(3)	(0)	0	(합격)	(0*)	(–)

• 35번째 로트의 검사 결과 다음 로트에 적용할 엄격도 : 보통검사로 전환

11. 다음 ( )의 ㉠~㉢에 알맞은 용어를 쓰시오.

> 계수형 축차 샘플링검사 방식(KS Q ISO 28591)은 동일한 OC 곡선을 갖는 샘플링 검사 중 (㉠)을(를) 가장 작게 하는 방식으로 알려져 있다. 누계샘플 사이즈가 (㉡)보다 작다면, 매 누적 시료수마다 합부판정 기준선을 계산하여 (㉢)와(과) 비교하여 합격, 불합격 또는 검사속행 여부를 결정한다.

해답 ㉠ : 평균검사개수 ㉡ : 중지시 누적샘플 크기(n_t) ㉢ : 누적카운트(D)

12. Y제품의 특성이 마모기에 따라 차이가 있는 것 같아 마모기 3대에 관하여 조사한 결과 다음의 데이터를 얻었다. 다음 각 물음에 답하시오.

구분	A_1	A_2	A_3
1	2.4	3.8	3.6
2	2.9	3.8	3.4
3	2.8	4.0	4.0
4	2.3	3.7	3.3
합계	10.4	15.3	14.3

(1) 분산분석표를 작성하시오.
(2) 수준 A_1의 모평균을 신뢰수준 95%로 신뢰구간을 구하시오.

해답 (1) 분산분석표

요인	SS	DF	MS	F_0	$F_{0.95}$
A	3.35167	2	1.67584	25.34927*	4.26
e	0.59500	9	0.06611		
T	3.94667	11			

① $S_T = \sum_i \sum_j x_{ij}^2 - CT = 137.28 - \frac{(40)^2}{12} = 3.94667$

② $S_A = \sum_i \frac{T_{i\cdot}^2}{m} - CT = \frac{10.4^2}{4} + \frac{15.3^2}{4} + \frac{14.3^2}{4} - \frac{(40)^2}{12} = 3.35167$

③ $S_e = S_T - S_A = 3.94667 - 3.35167 = 0.59500$

④ $\nu_T = lm - 1 - 1 = 11$, $\nu_A = l - 1 = 3 - 1 = 2$, $\nu_e = \nu_T - \nu_A = 11 - 2 = 9$

⑤ $V_A = \frac{S_A}{\nu_A} = \frac{3.35167}{2} = 1.67584$, $V_e = \frac{S_e}{\nu_e} = \frac{0.59500}{9} = 0.06611$

⑥ $F_0(A) = \frac{V_A}{V_e} = \frac{1.67584}{0.06611} = 25.34927$

(2) $\bar{x}_{1\cdot} \pm t_{1-\alpha/2}(\nu_e)\sqrt{\frac{V_e}{r}} = \frac{10.4}{4} \pm t_{0.975}(9)\sqrt{\frac{0.06611}{4}}$

$= 2.6 \pm 2.262 \times \sqrt{\frac{0.06611}{4}} = (2.30920,\ 2.89080)$

13. **어떤 제품의 샘플 10개에 대하여 500시간 수명시험을 하였지만 고장이 한 개도 발생하지 않았다. 다음 각 물음에 답하시오.**

(1) 신뢰수준 90%에서의 평균수명의 하한값을 추정하시오.

(2) 500시간에서의 신뢰도를 추정하시오. (단, 지수분포를 기준으로 할 것)

해답 (1) $MTBF_L = \dfrac{T}{2.3} = \dfrac{10 \times 500}{2.3} = 2173.91304$ 시간

(2) $\lambda = \dfrac{2.3}{T} = \dfrac{2.3}{10 \times 500} = 0.00046/$시간

$R(t=500) = e^{-\lambda t} = e^{-\frac{2.3}{5000} \times 500} = 0.79453$

14. **6시그마 활동에서 활용되고 있는 용어에 대한 설명이다. (   ) 안에 적합한 용어를 써넣으시오.**

(1) (   ) : 결함이 발생할 가능성이 있는 백만 번의 기회당 실제로 결함이 발생하는 횟수

(2) (   ) : 실무적으로 개별 프로젝트를 책임지고 이끌어가는 사람을 지칭한다. 원칙적으로 이들은 일상적 업무에서 벗어나 6시그마 프로젝트의 추진에 전념하는 개선, 혁신 전담 요원이다.

해답 (1) DPMO

(2) 블랙벨트

2022년 제2회 기출 복원문제

01. 어떤 부품의 고장시간의 분포는 형상모수 1.2, 척도모수 2200시간, 위치모수가 0인 와이블분포를 따른다고 할 때 다음 각 물음에 답하시오.

(1) 500시간에서의 이 부품의 신뢰도는 몇 %인지 구하시오.

(2) 500시간에서의 이 부품의 고장률을 구하시오.

(3) 신뢰도가 90%가 되는 사용시간은 몇 시간인지 구하시오.

해답 (1) $R(t=500)=e^{-\left(\frac{t-r}{\eta}\right)^m}=e^{-\left(\frac{500-0}{2200}\right)^{1.2}}=0.8445187(84.45187\%)$

(2) $\lambda(t=500)=\frac{m}{\eta}\left(\frac{t-r}{\eta}\right)^{m-1}=\frac{1.2}{2200}\left(\frac{500-0}{2200}\right)^{1.2-1}=0.00041/\text{시간}$

(3) $R(t)=e^{-\left(\frac{t-r}{\eta}\right)^m}=0.9,\quad e^{-\left(\frac{t}{2200}\right)^{1.2}}=0.9,\quad -\left(\frac{t}{2200}\right)^{1.2}=\ln 0.9,$

$t=(-\ln 0.9)^{\frac{1}{1.2}}\times 2200,\ t=337.27767\text{시간}$

02. 한국화학에서는 공정의 온도(x)가 수율(y)에 미치는 영향을 조사하기 위하여 다음과 같은 데이터를 얻었다. 다음 각 물음에 답하시오.

x	30	35	40	45	50
y	60	70	75	80	70

(1) 표본상관계수를 구하시오.

(2) 회귀직선 $y=a+bx$를 구하시오.

(3) 단순회귀의 분산분석표를 작성하고, $H_0: b(\text{회귀계수})=0$, $H_1: b\neq 0$에 대하여 유의수준 5%로 검정하시오.

해답 $n=5$, $\sum x=200$, $\bar{x}=40$, $\sum x^2=8250$, $\sum y=355$,

$\bar{y}=71$ $\sum y^2=25425$, $\sum xy=14350$

$$S_{xx}=\sum x^2-\frac{(\sum x)^2}{n}=250,\quad S_{yy}=\sum y^2-\frac{(\sum y)^2}{n}=220,$$

$$S_{xy}=\sum xy-\frac{\sum x\sum y}{n}=150$$

(1) $r=\frac{S_{xy}}{\sqrt{S_{xx}S_{yy}}}=\frac{150}{\sqrt{250\times 220}}=0.63960$

(2) $b=\frac{S_{xy}}{S_{xx}}=\frac{150}{250}=0.6$, $a=\bar{y}-b\bar{x}=71-0.6\times 40=47$

$y=47+0.6x$

(3) 분산분석표

요인	SS	DF	MS	F_0	$F_{0.95}$
회귀(R)	90	1	90	2.07692	10.1
오차(e)	130	3	43.33333		
총(T)	220	4			

$S_T=S_{yy}=220$, $S_R=\frac{S_{xy}^2}{S_{xx}}=\frac{150^2}{250}=90$, $S_e=S_T-S_R=220-90=130$

$\nu_T=n-1=4$, $\nu_R=1$, $\nu_e=n-2=3$

$V_R=\frac{90}{1}=90$, $V_e=\frac{130}{3}=43.33333$

$F_0=\frac{90}{43.33333}=2.076929$, $F_{0.95}(1,3)=10.1$

- 검정결과 : $F_0=2.07692<F_{0.95}(1,3)=10.1$ 이므로 $\alpha=0.05$ 에서 H_0를 채택한다. 즉, 유의하지 않다(기울기가 존재한다고 할 수 없다).

03. Y회사에서는 전선을 가공하여 콘센트와 스위치를 단일화하여 L전자에 납품을 하고 있다. Y회사의 품질경영부서에서는 공정을 개선하여 전선의 가공작업에서 작업자가 장갑 대신 골무를 써서 작업한 공정에서는 제품을 1200개, 장갑만을 착용하여 작업한 공정에서는 제품을 800개 뽑아 적합품, 부적합품으로 나누었더니 다음의 결과를 얻었다. 다음 각 물음에 답하시오. (단, 두 집단은 각각 대략적으로 정규분포를 따른다고 가정한다.)

(1) 골무를 사용한 작업(A)이 장갑을 착용한 작업(B)보다 부적합품률이 2% 이상 작다고 할 수 있는지를 $\alpha = 0.05$로 검정하시오.

구분	적합품	부적합품	합계
골무를 사용한 작업 (A)	1140	60	1200
장갑을 착용한 작업 (B)	720	80	800
계	1860	140	2000

(2) 골무를 사용한 작업(A)과 장갑을 착용한 작업(B)의 부적합품률 차를 신뢰율 95%로 추정하시오.

해답 (1) $\hat{p}_A = \dfrac{x_A}{n_A} = \dfrac{60}{1200} = 0.05$, $\hat{p}_B = \dfrac{x_B}{n_B} = \dfrac{80}{800} = 0.1$,

$$\hat{p} = \frac{x_A + x_B}{n_A + n_B} = \frac{60+80}{1200+800} = 0.07$$

① 가설 : $H_0 : (P_B - P_A) \le 0.02$ $H_1 : (P_B - P_A) > 0.02$

② 유의수준 : $\alpha = 0.05$

③ 검정통계량 : $U_0 = \dfrac{(\widehat{p_B} - \widehat{p_A}) - 0.02}{\sqrt{\hat{p}(1-\hat{p})\left(\dfrac{1}{n_A} + \dfrac{1}{n_B}\right)}}$

$$= \frac{(0.1 - 0.05) - 0.02}{\sqrt{0.07(1-0.07)\left(\dfrac{1}{1200} + \dfrac{1}{800}\right)}} = 2.57603$$

④ 기각역 : $u_0 > u_{1-\alpha} = u_{0.95} = 1.645$ 이면 H_0를 기각한다.

⑤ 판정 : $u_0 = 2.57603 > u_{0.95} = 1.645$ 이므로 $\alpha = 0.05$ 에서 H_0를 기각한다. 유의수준 5%로 골무를 사용한 작업(A)이 장갑을 착용한 작업(B)보다 부적합품률이 2% 이상 작다고 할 수 있다.

(2) $(\widehat{P_B - P_A})_L = (\hat{p}_B - \hat{p}_A) - u_{1-\alpha}\sqrt{\dfrac{\hat{p}_A(1-\hat{p}_A)}{n_A} + \dfrac{\hat{p}_B(1-\hat{p}_B)}{n_B}}$

$$= (0.1 - 0.05) - 1.645\sqrt{\frac{0.05(1-0.05)}{1200} + \frac{0.1(1-0.1)}{800}} = 0.02971$$

04. 어떤 제품의 중합반응에서 약품의 흡수속도가 제조시간에 영향을 미치고 있음을 알고 있다. 그것에 대한 큰 요인이라고 생각되는 촉매량(%)과 반응온도(℃)를 조절하여 다음의 실험조건으로 2회 반복하여 총 24회(4×3×2)의 실험을 랜덤하게 행한 결과 다음의 흡수속도 데이터를 얻었다. 급간 제곱합(A_iB_j)의 등분산성을 검토하여 이 실험의 관리상태 여부를 판단하시오.

[실험조건]

촉매량(%)	$A_1=0.3$	$A_2=0.4$	$A_3=0.5$	$A_4=0.6$
반응온도(℃)	$B_1=80$	$B_2=90$	$B_3=100$	

[데이터 : 흡수속도(g/h)]

구분	A_1	A_2	A_3	A_4
B_1	94	95	99	91
	87	101	107	98
B_2	99	114	112	109
	108	108	117	103
B_3	116	121	125	116
	111	127	131	122

해답 (1) 등분산의 검토

① 가설

H_0 : 오차 e_{ij}의 분산 σ_e^2은 어떤 i, j에 대해서도 일정하다.

H_1 : 오차 e_{ij}의 분산 σ_e^2은 어떤 i, j에 대해서도 일정하지 않다.

② 범위 R표

	A_1	A_2	A_3	A_4
B_1	7	6	8	7
B_2	9	6	5	6
B_3	5	6	6	6

$\overline{R}=\dfrac{\sum R}{n}=\dfrac{77}{12}=6.41667$이고, $r=2$일 때 $D_4=3.267$이므로

$D_4\overline{R}=3.267\times6.41667=20.96326$

• 판단 : 모든 R의 값이 $D_4\overline{R}$의 값보다 작으므로 H_0채택, 즉 실험전체가 관리상태에 있다고 할 수 있다.

05. 다음 ISO 용어 중 무엇에 대한 것인지 쓰시오.

(1) 특정 대상에 대해 적용시점과 책임을 정한 절차 및 연관된 자원에 관한 시방서 : (　)
(2) 조직의 품질경영시스템에 대한 시방서 : (　)
(3) 요구사항과 관련된 대상의 고유 특성 : (　)

해답 (1) 품질계획서
(2) 품질매뉴얼
(3) 품질특성

06. 다음의 데이터를 이용한 관리도에 다음 각 물음에 답하시오.

k \ n	x_1	x_2	x_3	x_4	$\bar{x}$	R
1	10.5	10.4	10	10.8	10.43	0.8
2	9.7	11.6	8.2	10.5	10	3.4
3	9.1	6.6	9.6	12.6	9.48	6
4	9.4	10.3	11.5	10.5	10.43	2.1
5	10.3	9.8	9.8	9.5	9.85	0.8
6	10.4	9.5	8.7	12.2	10.2	3.5
7	9.5	9.9	10.4	9	9.7	1.4
8	9.8	11.1	10.2	6.2	9.33	4.9
9	10.3	9.4	8.4	10.9	9.75	2.5
10	11.8	12	11.9	11.5	11.8	0.5
11	12.9	10.2	11.6	10.1	11.2	2.8
12	10	12.2	12.8	10.4	11.35	2.8
13	12.2	10.5	13.4	11.1	11.8	2.9
14	12.1	11.8	10.6	10	11.13	2.1
15	12.3	11.3	10.5	13.7	11.95	3.2

(1) $\overline{X}$ 관리도의 C_L, U_{CL}, L_{CL}을 각각 구하시오.
(2) (1)의 관리한계를 활용하여 $\overline{X}$ 관리도를 작성하고, 판정하시오. (단, 판정 시 KS Q ISO 7870-2의 관리도 이상상태 판정기준 8가지를 활용한다.)
(3) 군간변동(σ_b)은 얼마인지 구하시오.
(4) 관리계수(C_f)를 이용하여 공정상태를 판정하시오.

해답 (1) $\overline{X}$ 관리도의 C_L, U_{CL}, L_{CL}

$$C_L = \overline{\overline{x}} = \frac{\sum \overline{x}}{k} = \frac{158.4}{15} = 10.56$$

$$U_{CL} = \overline{\overline{x}} + A_2 \overline{R} = 10.56 + 0.729 \times \frac{39.7}{15} = 12.48924$$

$$L_{CL} = \overline{\overline{x}} - A_2 \overline{R} = 10.56 - 0.729 \times \frac{39.7}{15} = 8.63058$$

(2) $\overline{x}$ 관리도

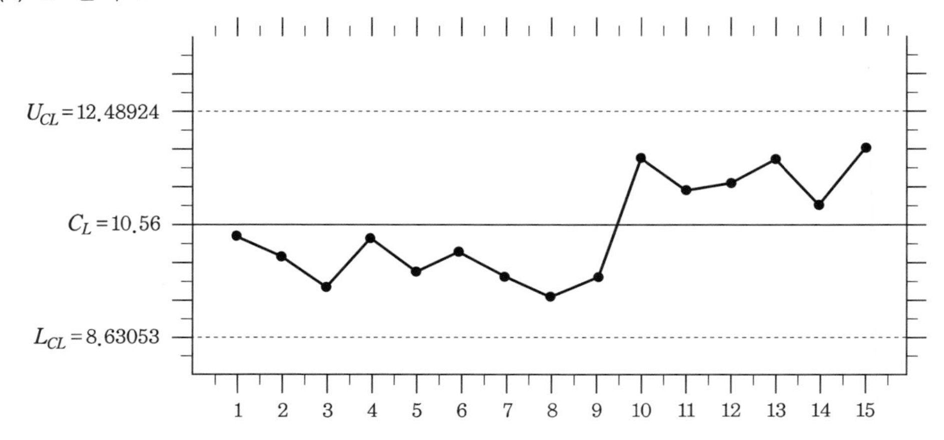

• 판정 : 9점이 중심선에 대하여 같은 쪽에 있으므로 관리상태라고 할 수 없다.

(3)

시료군 번호	1	2	3	4	5	6	7	8
$\overline{x}_i$	10.43	10	9.48	10.43	9.85	10.2	9.7	9.33
$\overline{x}_i$의 이동범위	−	0.43	0.52	0.95	0.58	0.35	0.5	0.37
시료군 번호	9	10	11	12	13	14	15	계
$\overline{x}_i$	9.75	11.8	11.2	11.35	11.8	11.13	11.95	
$\overline{x}_i$의 이동범위	0.42	2.05	0.6	0.15	0.45	0.67	0.82	8.86

$$\overline{R} = \frac{\sum R}{k} = \frac{39.7}{15} = 2.64667 \rightarrow \sigma_w^2 = \left(\frac{\overline{R}}{d_2}\right)^2 = \left(\frac{2.64667}{2.059}\right)^2 = 1.65229$$

$$\overline{R}_m = \frac{\sum R_{m_i}}{k-1} = \frac{8.86}{14} = 0.63286 \rightarrow \sigma_{\overline{x}}^2 = \left(\frac{\overline{R}_m}{d_2}\right)^2 = \left(\frac{0.63286}{1.128}\right)^2 = 0.31477$$

$$\sigma_{\overline{x}}^2 = \frac{\sigma_w^2}{n} + \sigma_b^2 \rightarrow \sigma_b^2 = \sigma_{\overline{x}}^2 - \frac{\sigma_w^2}{n} = 0.31477 - \frac{1.65229}{4} = -0.09830 = 0 \rightarrow \sigma_b = 0$$

(4) $C_f = \dfrac{\sigma_{\overline{x}}}{\sigma_w} = \dfrac{\sqrt{0.31477}}{\sqrt{1.65229}} = 0.43647$

$C_f < 0.8$이므로 군 구분이 나쁘다.

07. 어떤 고무제품의 인장강도는 클수록 좋다. 만약 평균치가 460N/cm^2 이상인 로트는 통과시키고 430N/cm^2 이하인 로트는 통과시키지 않도록 시료의 크기(n)와 하한 합격 판정치($\overline{X}_L$)을 구하려고 한다. $\alpha=5\%$, $\beta=10\%$로 하는 계량 규준형 1회 샘플링검사를 설계할 때의 n과 합격·불합격판정기준을 구하시오. (단, 로트의 표준편차(σ)는 40N/cm^{2}이다.)

해답 $m_0=460,\quad m_1=430,\quad \sigma=40$

$k_\alpha=k_{0.05}=u_{1-\alpha}=u_{0.95}=1.645$

$k_\beta=k_{0.10}=u_{1-\beta}=u_{0.90}=1.282$

$$n=\left(\frac{k_\alpha+k_\beta}{m_0-m_1}\right)^2\cdot\sigma^2=\left(\frac{1.645+1.282}{460-430}\right)^2\times 40^2=15.23081=16\text{개}$$

$$G_0=\frac{k_\alpha}{\sqrt{n}}=\frac{1.645}{\sqrt{16}}=0.41125$$

$\overline{X}_L=m_0-G_0\sigma=460-0.41125\times 40=443.550\ \text{N/cm}^2$

- $n=16$개
- 합격판정기준 : $n=16$ 개의 시료를 채취하여 그 평균치 $\bar{x}$를 구했을 때
  $\bar{x}\geq\overline{X}_L=443.55\text{N/cm}^2$이면 로트를 합격
- 불합격판정기준 : $n=16$ 개의 시료를 채취하여 그 평균치 $\bar{x}$를 구했을 때
  $\bar{x}<\overline{X}_L=443.55\text{N/cm}^2$이면 로트를 불합격

08. A사는 어떤 부품의 수입검사에 계수형 샘플링검사 절차 – 제1부 : 로트별 합격품질한계(AQL) 지표형 샘플링검사 방식(KS Q ISO 2859-1)을 사용하고 있다. 적용조건은 $AQL=1.5\%$, 보통검사 수준 II로 1회 샘플링검사를 하고 있으며, 처음 로트의 엄격도는 보통검사에서 시작하였다. 표의 (　) 안을 채우고, 5로트의 검사 결과 다음 로트부터 적용되는 엄격도는 어떻게 되는지 쓰시오.

로트 번호	N	샘플 문자	n	Ac	Re	부적합 품수	합격여부	전환점수
1	300	(　)	(　)	(　)	(　)	1	(　)	(　)
2	500	(　)	(　)	(　)	(　)	2	(　)	(　)
3	200	(　)	(　)	(　)	(　)	2	(　)	(　)
4	800	(　)	(　)	(　)	(　)	2	(　)	(　)
5	1500	(　)	(　)	(　)	(　)	6	(　)	(　)

해답

로트번호	N	샘플문자	n	Ac	Re	부적합품수	합격여부	전환점수
1	300	H	50	2	3	1	합격	3
2	500	H	50	2	3	2	합격	0
3	200	G	32	1	2	2	불합격	0
4	800	J	80	3	4	2	합격	3
5	1500	K	125	5	6	6	불합격	0

• 5로트의 검사결과 다음 로트부터 적용되는 엄격도 : 까다로운 검사

09. 사내 표준화에 따른 효과를 크게 하려면 사내 표준화의 조건이 요구된다. 사내 표준의 조건을 5가지만 쓰시오.

해답 ① 직관적으로 보기 쉬운 표현을 할 것
② 기록내용이 구체적이고 객관적일 것
③ 기여도가 큰 것을 택할 것
④ 실행 가능한 내용일 것
⑤ 정확·신속하게 개정, 향상시킬 것
⑥ 장기적인 방침 및 체계하에서 추진할 것
⑦ 작업표준에는 수단 및 행동을 직접 제시할 것
⑧ 당사자에게 의견을 말할 기회를 주는 방식으로 할 것

10. 자기회사제품(A_1), 국내 C회사의 제품(A_2), 국내 D회사의 제품(A_3), 외국제품(A_4) 간에 외국제품과 한국제품의 차(L_1), 자기회사 제품과 국내 타회사 제품의 차(L_2), 국내 타회사 제품간의 차(L_3)를 비교하려고 다음 표와 같이 표본을 취하여 강도(kg/cm^2)를 측정하였다. 다음 각 물음에 답하시오. (단, 신뢰수준 95%를 적용한다.)

A의 수준	데이터										표본의 크기	계
A_1	20	18	19	17	17	22	18	13	16	15	$m_1=10$	$T_1.=175$
A_2	25	23	28	26	19	26					$m_2=6$	$T_2.=147$
A_3	24	25	18	22	27	24					$m_3=6$	$T_3.=140$
A_4	14	12									$m_4=2$	$T_4.=26$
계											$N=24$	$T=488$

(1) 선형식 L_1, L_2, L_3를 구하시오.

(2) 대비의 제곱합(S_{L_1}, S_{L_2}, S_{L_3})을 구하시오.

(3) 대비의 제곱합을 포함한 분산분석표를 작성하고 검정결과를 쓰시오.

해답 (1) 선형식

$$L_1 = \frac{T_4.}{2} - \frac{T_1. + T_2. + T_3.}{22}$$

$$L_2 = \frac{T_1.}{10} - \frac{T_2. + T_3.}{12}$$

$$L_3 = \frac{T_2.}{6} - \frac{T_3.}{6}$$

(2) 제곱합

$$S_{L_1} = \frac{L_1^2}{\sum_{i=1}^{4} m_i c_i^2} = \frac{\left(\frac{26}{2} - \frac{175+147+140}{22}\right)^2}{\left(\frac{1}{2}\right)^2 \times 2 + \left(-\frac{1}{22}\right)^2 \times 10 + \left(-\frac{1}{22}\right)^2 \times 6 + \left(-\frac{1}{22}\right)^2 \times 6}$$

$$= 117.33333$$

$$S_{L_2} = \frac{\left(\frac{175}{10} - \frac{147+140}{12}\right)^2}{\left(\frac{1}{10}\right)^2 \times 10 + \left(-\frac{1}{12}\right)^2 \times 6 + \left(-\frac{1}{12}\right)^2 \times 6} = 224.58333$$

$$S_{L_3} = \frac{\left(\frac{147}{6} - \frac{140}{6}\right)^2}{\left(\frac{1}{6}\right)^2 \times 6 + \left(-\frac{1}{6}\right)^2 \times 6} = 4.08333$$

(3) 분산분석표

요인	SS	DF	MS	F_0	$F_{0.95}$
A	346.00000	3	115.33333	14.66101*	3.10
L_1	117.33333	1	117.33333	14.91525*	4.35
L_2	224.58333	1	224.58333	28.54872*	4.35
L_3	4.08333	1	4.08333	0.51907	4.35
e	157.33333	20	7.86667		
T	503.33333	23			

① $S_T = \sum_i \sum_j x_{ij}^2 - CT = 10{,}426 - \frac{(488)^2}{24} = 503.33333$

② $S_A = \sum_{i=1}^{4} \frac{T_{i\cdot}^2}{m} - \frac{T^2}{N} = \frac{(175)^2}{10} + \frac{(147)^2}{6} + \frac{(140)^2}{6} + \frac{(26)^2}{2} - \frac{(488)^2}{24}$

$= 346.0000$

③ $S_e = S_T - S_A = 503.33333 - 346.00000 = 157.33333$

④ $\nu_A = l - 1 = 3$, $\nu_{L_1} = \nu_{L_2} = \nu_{L_3} = 1$, $\nu_T = N - 1 = 24 - 1 = 23$,

$\nu_e = \nu_T - \nu_A = 23 - 3 = 20$

• 검정결과 : 선형식 L_1, L_2는 유의하나 L_3는 유의하지 않다.

11. 검사의 목적을 4가지만 쓰시오.

해답 ① 적합품과 부적합품을 구별하기 위하여

② 좋은 로트와 나쁜 로트를 구분하기 위하여

③ 검사원의 정확도를 평가하기 위하여

④ 측정기의 정밀도를 평가하기 위하여

⑤ 공정능력을 측정하기 위하여

⑥ 제품설계에 필요한 정보를 얻기 위하여

12. P제강사에서는 자동차용 강판에 필요한 후판을 만들고 있는데, 후판의 내부에서 발생하는 핀홀의 발생을 억제하면서 단위면적당 상용압력을 높이는 것이 품질관리의 중요 업무 중 하나이다. 이 회사의 품질경영부의 설계팀에서는 후판 제작 시 핀홀 발생을 방지하고, 단위면적당 상용압력이 높은 제품을 만들기 위하여 3개의 요인으로 용탕온도(A), 플럭스(B), 참가원소(C)를 각각 3준을 취하여 라틴방격법에 의해서 실험을 하여 다음의 데이터를 얻었다. 다음 물음에 답하시오.

요인	A_1	A_2	A_3
B_1	$C_1 = 64$	$C_2 = 67$	$C_3 = 76$
B_2	$C_2 = 73$	$C_3 = 81$	$C_1 = 65$
B_3	$C_3 = 83$	$C_1 = 68$	$C_2 = 75$

(1) $\alpha = 0.05$로 분산분석표를 작성하시오. (단, $S_T = 380.2222$이고, $CT = 47233.7778$이다.)

(2) $\hat{\mu}(C_3)$에 대한 95% 신뢰구간을 구하시오.

해답 (1) 분산분석표

요인	SS	DF	MS	F_0	$F_{0.95}$
A	3.5555	2	1.7778	0.8421	19.0
B	61.5555	2	30.7778	14.5783	19.0
C	310.8889	2	155.4445	73.6285*	19.0
e	4.2223	2	2.1112		
T	380.2222	8			

① $S_A = \sum \frac{T_{i..}^2}{k} - CT = \frac{1}{3}(220^2 + 216^2 + 216^2) - 47233.7778 = 3.5555$

② $S_B = \sum \frac{T_{.j.}^2}{k} - CT = \frac{1}{3}(207^2 + 219^2 + 226^2) - 47233.7778 = 61.5555$

③ $S_C = \sum \frac{T_{..l}^2}{k} - CT = \frac{1}{3}(197^2 + 215^2 + 240^2) - 47233.7778 = 310.8889$

④ $S_e = S_T - (S_A + S_B + S_C) = 4.2223$

⑤ $\nu_T = k^2 - 1 = 9 - 1 = 8,\quad \nu_A = \nu_B = \nu_C = k - 1 = 2,$

$\nu_e = (k-1)(k-2) = 2 \times 1 = 2$

⑥ $V_A = \frac{S_A}{\nu_A} = \frac{3.5555}{2} = 1.7778,\ V_B = \frac{S_B}{\nu_B} = \frac{61.5555}{2} = 30.7778,$

$V_C = \frac{S_C}{\nu_C} = \frac{310.8889}{2} = 155.4445,\ V_e = \frac{S_e}{\nu_e} = \frac{4.2223}{2} = 2.1112$

⑦ $F_0(A) = \frac{V_A}{V_e} = \frac{1.7778}{2.1112} = 0.8421$

$F_0(B) = \frac{V_B}{V_e} = \frac{30.7778}{2.1112} = 14.5783$

$F_0(C) = \frac{V_C}{V_e} = \frac{155.4445}{2.1112} = 73.6285$

(2) $\bar{x}_{..l} \pm t_{1-\alpha/2}(\nu_e)\sqrt{\frac{V_e}{k}} \rightarrow \hat{\mu}(C_3) = \frac{240}{3} \pm t_{0.975}(2)\sqrt{\frac{2.1112}{3}}$

$\rightarrow 76.39026 \le \mu(C_3) \le 83.60974$

13. 샘플 100개에 대하여 4개가 고장날 때까지 교체를 안하고, 수명시험을 한 결과 2000, 3000, 5000, 10000시간에 각각 고장이 났다. 다음 각 물음에 답하시오.

(1) 평균 수명 점추정 값을 구하시오.

(2) 90% 신뢰수준에서 평균수명을 구간추정하시오.

해답 $T = (2,000 + 3,000 + 5,000 + 10,000) + (100 - 4) \times 10,000 = 980,000$

(1) $MTTF = \frac{T}{r} = \frac{980,000}{4} = 245,000$ 시간

(2) 평균수명 : $\frac{2T}{\chi^2_{1-\alpha/2}(2r)} \le \theta \le \frac{2T}{\chi^2_{\alpha/2}(2r)} \rightarrow \left(\frac{2 \times 980,000}{\chi^2_{0.95}(8)} \le \theta \le \frac{2 \times 980,000}{\chi^2_{0.05}(8)}\right)$

$\rightarrow \left(\frac{196,000}{15.51} \le \theta \le \frac{196,000}{2.73}\right)$

$\rightarrow (126,730.0838 \le \theta \le 717,948.7179)$

14. 같은 부품이 50개씩 들어 있는 100개의 상자가 있다. 이 로트에서 각 부품들의 평균 무게를 알고 싶다. 상자간의 무게의 산포(σ_b)는 0.8kg이고, 상자내의 부품간의 산포(σ_w)는 0.5kg이라고 한다. 이때 5상자를 랜덤하게 뽑고, 그 가운데서 4개의 부품을 랜덤하게 샘플링하여 모두 20개의 부품을 샘플링하였다. 다음 각 물음에 답하시오.

(1) 각각의 부품의 무게를 측정할 때 측정오차를 무시할 수 있다면(즉, $\sigma_m = 0$), 이 데이터의 정밀도 $V(\overline{\overline{x}})$를 구하시오.

(2) 측정오차(σ_m)가 0.4kg이라면, 이 데이터의 정밀도 $V(\overline{\overline{x}})$를 구하시오.

해답 (1) $V(\overline{\overline{x}}) = \frac{\sigma_b^2}{m} + \frac{\sigma_w^2}{m\overline{n}} = \frac{0.8^2}{5} + \frac{0.5^2}{5 \times 4} = 0.1405\,\text{kg}$

(2) $V(\overline{\overline{x}}) = \frac{\sigma_b^2}{m} + \frac{\sigma_w^2}{m\overline{n}} + \frac{\sigma_M^2}{m\overline{n}} = \frac{0.8^2}{5} + \frac{0.5^2}{5 \times 4} + \frac{0.4^2}{5 \times 4} = 0.1485\,\text{kg}$

2022년 제4회 기출 복원문제

01. 가속시험온도인 75℃에서 얻은 고장시간은 평균수명이 4500시간인 지수분포에 따른다. 이 부품의 정상사용온도는 25℃이고, 10℃법칙을 따를 때 다음 각 물음에 답하시오.

(1) 정상조건에서의 평균고장률을 구하시오.

(2) 정상조건에서 40000시간 사용할 경우의 누적고장확률을 구하시오.

해답 (1) $\alpha = \dfrac{75-25}{10} = 5$, $\theta_n = 2^{\alpha} \times \theta_s = 2^5 \times 4,500 = 144,000$

$\lambda_n = \dfrac{1}{\theta_n} = \dfrac{1}{144,000} = 6.94444 \times 10^{-6}$/시간

(2) $R(t=40000) = e^{-\lambda t} = e^{-\frac{1}{144,000} \times 40000} = 0.75747$

$F(t) = 1 - R(t) = 1 - 0.75747 = 0.24253$

02. 다음은 샘플링검사에 대한 설명이다. 옳은 내용에는 ○, 틀린 내용에는 ×를 ( ) 안에 기입하시오.

(1) 샘플링검사의 목적은 공정을 우연원인으로 관리하기 위함이다. ( )

(2) 샘플링검사는 제품 하나하나에 대한 개별적 판정을 목적으로 한다. ( )

(3) 샘플링검사는 불완전한 전수검사에 비하여 판정 결과에 대한 신뢰성이 높다. ( )

(4) 시료의 크기를 2배로 할 때, 합격 판정 개수를 2배로 하면 OC 곡선은 같게 된다. ( )

(5) 로트의 크기에 비례하여 시료의 크기를 정하면 OC 곡선은 큰 차이가 없다. ( )

해답 (1) (×) : 샘플링검사의 목적은 로트로부터 시료를 뽑아내어서 검사하고, 그 결과를 판정기준과 비교하여 그 로트의 합격·불합격을 판정하기 위함이다.

(2) (×) : 샘플링검사는 로트에 대한 합격 혹은 불합격 여부를 결정한다.

(3) (○) : 샘플링검사는 불완전한 전수검사에 비하여 판정 결과에 대한 신뢰성이 높다.

(4) (×) : 샘플의 크기 n과 합격판정개수 c를 각각 2배씩 하여 주면 OC 곡선은 크게 변한다.

(5) (×) : 로트의 크기에 비례하여 시료의 크기를 정하면 OC 곡선은 크게 변한다.

03. 220V 형광등의 수명분포는 $\mu = 150$시간, $\sigma = 75$시간인 정규분포를 따른다고 한다. 다음 각 물음에 답하시오.

(1) 새로 교환된 형광등을 75시간 사용하였을 때 신뢰도를 구하시오.

(2) 이미 150시간 사용한 형광등을 앞으로 75시간 이상 사용할 수 있을 확률은 얼마인지 구하시오.

해답 (1) $R(t=75) = P_r(t \geq 75) = P_r\left(u \geq \frac{75-150}{75}\right) = P_r(u \geq -1) = 0.8413$

(2) $R(t) = \frac{P_r(t \geq 225)}{P_r(t \geq 150)} = \frac{P_r\left(u \geq \frac{225-150}{75}\right)}{P_r\left(u \geq \frac{150-150}{75}\right)} = \frac{P_r(u \geq 1)}{P_r(u \geq 0)} = \frac{0.1587}{0.5000} = 0.31740$

04. 베어링의 내경을 X, 샤프트(shaft)의 지름을 Y라 할 때 $X \sim N(1.060,\ 0.0015^2)$, $Y \sim N(1.050,\ 0.002^2)$의 분포를 한다. 이 베어링이 원활하게 돌기 위해서는 최소한 0.0175의 틈새(clearance)가 필요하다면, 너무 빡빡해서 제대로 돌지 않는 부적합품률은 얼마인지 구하시오. (단, 베어링은 임의 조립방법에 의해 만들어지고 있다.)

해답 (1) 조립품 틈새의 평균값 : $\mu_X - \mu_Y = 1.060 - 1.05 = 0.010$

(2) 조립품 틈새의 표준편차 : $\sigma_C = \sqrt{\sigma_X^2 + \sigma_Y^2} = \sigma_C = \sqrt{0.0015^2 + 0.002^2} = 0.0025$

(3) 부적합품률 $P_r\left(u \leq \frac{0.0175 - 0.01}{0.0025}\right) = P_r(u \leq 3.0) = 0.99865(99.865\%)$

05. A공장에서 종래의 공정 부적합품률은 12%였다. 주입방법을 변경하여 부적합품률이 감소했는지를 알아보기 위해 변경 후의 제품을 100개 검사한 결과 부적합품이 2개 발견되었다.

(1) 변경 후의 공정 부적합품률이 종래의 부적합품률보다 감소했는지 $\alpha = 0.05$로 검정하시오.

(2) 변경 후의 공정 부적합품률을 신뢰율 95%로 구간추정하시오.

해답 (1) $\hat{p} = \frac{x}{n} = \frac{2}{100} = 0.02$

① 가설 : $H_0: P \geq 0.12$ $H_1: P < 0.12$

② 유의수준 : $\alpha = 0.05$

③ 검정통계량 : $u_0 = \dfrac{\dfrac{x}{n} - P_0}{\sqrt{\dfrac{P_0(1-P_0)}{n}}} = \dfrac{0.02-0.12}{\sqrt{\dfrac{0.12(1-0.12)}{100}}} = -3.07729$

④ 기각역 : $u_0 < -u_{1-\alpha} = -u_{0.95} = -1.645$ 이면 H_0 기각

⑤ 판정 : $u_0 = -3.07729 < -u_{0.95} = -1.645$ 이므로 H_0를 기각한다. 즉, 모부적합품률이 12%보다 감소했다고 할 수 있다.

(2) $\hat{P}_U = \hat{p} + u_{1-\alpha}\sqrt{\dfrac{\hat{p}(1-\hat{p})}{n}}$

$= 0.02 + 1.645 \times \sqrt{\dfrac{0.02(1-0.02)}{100}} = 0.04303$

06. $Q_{PR} = 1\%$, $Q_{CR} = 10\%$, $\alpha = 0.05$, $\beta = 0.10$**을 만족시키는 부적합률에 대한 계량형 축차 샘플링검사 방식(표준편차기지)(KS Q ISO 39511)에서 품질특성치는 정규분포를 따른다. 규격상한** $U = 200$kg**만 존재하는 망소특성으로 표준편차(**σ**)는 2kg으로 알려져 있을 때 다음 각 물음에 답하시오.**

(1) 누적샘플 크기(n_{cum})가 누적샘플 크기의 중지값(n_t)보다 작을 경우의 축차 샘플링검사의 합격판정치(A), 축차 샘플링검사의 불합격판정치(R)를 구하는 식을 쓰시오.

(2) 진행된 로트에 대해 표의 빈칸을 채우고, 합격 여부를 판정하시오.

누적샘플 크기 (n_{cum})	검사결과 (x kg)	여유량 (y)	불합격 판정치 (R)	누적여유량 (Y)	합격판정치 (A)
1	194.5	5.5	−0.992	5.5	6.838
2	196.5				
3	201.0				
4	197.8				
5	198.0				

해답 (1) 계량축차샘플링의 파라미터 표로부터 $h_A = 1.615$, $h_R = 2.300$, $g = 1.804$, $n_t = 13$이다.

• 합격판정치(A) : $A = h_A\sigma + g\sigma n_{cum} = 1.615 \times 2 + 1.804 \times 2 \times n_{cum}$
$= 3.230 + 3.608n_{cum}$

• 불합격판정치(R) : $R = -h_R\sigma + g\sigma n_{cum} = -2.300 \times 2 + 1.804 \times 2 \times n_{cum}$
$= -4.600 + 3.608n_{cum}$

(2)

누적샘플 크기 (n_{cum})	검사결과 (x kg)	여유량 (y)	불합격 판정치 (R)	누적여유량 (Y)	합격판정치 (A)
1	194.5	5.5	−0.992	5.5	6.838
2	196.5	3.5	2.616	9	10.446
3	201.0	−1	6.224	8	14.054
4	197.8	2.2	9.832	10.2	17.662
5	198.0	2	13.440	12.2	21.270

• 판정 : 5번째 시료에서 $Y(=12.2) \le R(=13.440)$이므로 로트 불합격

07. 다음은 A제품의 강도를 기록한 데이터이다. 이 데이터를 이용한 관리도에 대하여 다음 각 물음에 답하시오.

k \ n	x_1	x_2	x_3	x_4	x_5	$\overline{x}$	R
1	228.7	275.9	218.3	237.0	218.4	235.66	57.6
2	204.4	247.0	208.5	280.4	248.6	237.78	76.0
3	286.5	280.8	292.8	206.0	290.3	271.28	86.8
4	224.8	269.9	229.4	216.1	279.9	244.02	63.8
5	300.6	278.1	294.5	209.0	270.0	270.44	91.6
6	267.8	261.2	224.5	299.9	242.7	259.22	75.4
7	214.3	207.0	236.4	270.7	209.6	227.60	63.7
8	240.0	242.5	276.5	243.3	274.1	255.28	36.5
9	240.7	270.3	265.3	229.1	260.0	253.08	41.2
10	230.5	254.0	261.2	223.8	276.3	249.16	52.5
11	257.8	265.4	267.9	236.9	238.0	253.20	31.0
12	239.2	251.0	222.0	274.1	254.5	248.16	52.1
13	261.1	268.2	224.8	254.3	276.8	257.04	52.0
14	245.4	228.3	223.0	242.1	221.4	232.04	24.0
15	234.0	275.3	245.8	248.3	279.5	256.58	45.5

(1) 위의 데이터로 관리할 수 있는 관리도를 쓰시오.

(2) 공정의 정확도를 감시하기 위한 관리도의 C_L, U_{CL}, L_{CL}을 각각 구하시오.

(3) (2)의 관리한계를 활용하여 관리도를 작성하고 판정하시오.

(4) 군간변동(σ_b)은 얼마인지 구하시오.

(5) 만약 공정평균이 U_{CL}쪽으로 1σ만큼 상향 이동하였다면, 이때 검출되는 비율을 구하시오.

해답 (1) $\overline{x}-R$ 관리도

(2) $\overline{x}$ 관리도(정확도)의 C_L, U_{CL}, L_{CL}

$$C_L=\overline{\overline{x}}=\frac{\sum\overline{x}}{k}=\frac{3750.54}{15}=250.036$$

$$U_{CL}=\overline{\overline{x}}+A_2\overline{R}=250.036+0.577\times\frac{849.7}{15}=282.72113$$

$$L_{CL}=\overline{\overline{x}}-A_2\overline{R}=250.036-0.577\times\frac{849.7}{15}=217.35087$$

(3)

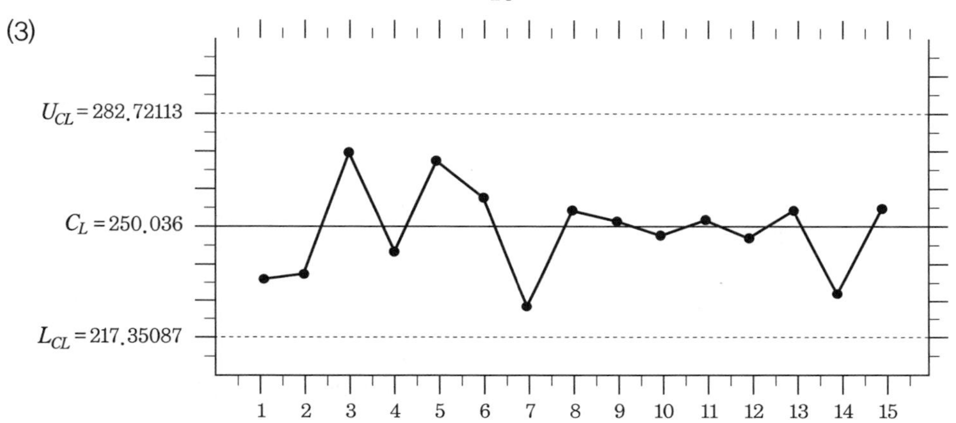

• 판정 : 관리한계를 이탈하는 점이 없고, 점의 배열에 습관성이 존재하지 않으므로 관리상태라고 판정할 수 있다.

(4)

시료군 번호	1	2	3	4	5	6	7	8
$\overline{x}_i$	235.66	237.78	271.28	244.02	270.44	259.22	227.60	255.28
$\overline{x}_i$의 이동범위	−	2.12	33.5	27.26	26.42	11.22	31.62	27.68
시료군 번호	**9**	**10**	**11**	**12**	**13**	**14**	**15**	**계**
$\overline{x}_i$	253.08	249.16	253.20	248.16	257.04	232.04	256.58	
$\overline{x}_i$의 이동범위	2.2	3.92	4.04	5.04	8.88	25	24.54	233.44

$$\overline{R}=\frac{\sum R}{k}=\frac{849.7}{15}=56.64667\rightarrow\sigma_w^2=\left(\frac{\overline{R}}{d_2}\right)^2=\left(\frac{56.64667}{2.326}\right)^2=593.10195$$

$$\overline{R}_m=\frac{\sum R_{m_i}}{k-1}=\frac{233.44}{14}=16.67429\rightarrow\sigma_{\overline{x}}^2=\left(\frac{\overline{R}_m}{d_2}\right)^2=\left(\frac{16.67429}{1.128}\right)^2=218.51261$$

$$\sigma_{\bar{x}}^2 = \frac{\sigma_w^2}{n} + \sigma_b^2 \rightarrow \sigma_b^2 = \sigma_{\bar{x}}^2 - \frac{\sigma_w^2}{n} = 218.51261 - \frac{593.10195}{5} = 99.89222$$

$$\rightarrow \sigma_b = 9.99461$$

(5) $n=5$일 때 $\bar{x}$ 관리도에서 공정변화 전 관리한계선

$$U_{CL} = \mu + 3\frac{\sigma}{\sqrt{n}} = \mu + 3\frac{\sigma}{\sqrt{5}} = \mu + 1.34164\sigma$$

$$U_{CL} = \mu - 3\frac{\sigma}{\sqrt{n}} = \mu - 3\frac{\sigma}{\sqrt{5}} = \mu - 1.34164\sigma$$

공정변화 후 공정평균치 : $\mu' = \mu + 1\sigma$

U_{CL} 밖으로 벗어날 확률 :

$$P_r(\bar{x} > U_{CL}) = P_r\left(u > \frac{(\mu + 1.34164\sigma) - (\mu + 1\sigma)}{\frac{\sigma}{\sqrt{5}}}\right) = P_r(u > 0.76) = 0.2236$$

L_{CL} 밖으로 벗어날 확률 :

$$P_r(\bar{x} < L_{CL}) = P_r\left(u < \frac{(\mu - 1.34164\sigma) - (\mu + 1\sigma)}{\frac{\sigma}{\sqrt{5}}}\right) = P_r(u < -5.24) = 0$$

$$1 - \beta = p(u > 0.76) + p(u < -5.24) = 0.2236 + 0 = 0.2236 = 22.36\%$$

08. A사는 어떤 부품의 수입검사에 계수형 샘플링검사 절차 – 제1부 : 로트별 합격품질한계(AQL)지표형 샘플링검사 방식(KS Q ISO 2859–1)의 보조표인 분수 합격판정개수의 샘플링검사 방식을 적용하고 있다. 현재 이 회사의 적용조건은 AQL=1.0%, 보통 검사수준Ⅲ이며, 엄격도는 31번째 로트부터 까다로운 검사로 전환되었다. 다음 표의 (   ) 안을 채우고, 35번째 로트의 검사결과 다음 로트에 적용할 엄격도를 결정하시오.

로트 번호	N	샘플 문자	n	주어진 Ac	합격판정 점수 (검사 전)	적용 가능 Ac	부적합품 d	합격 여부	합격판정 점수 (검사 후)	전환 점수
31	200	H	50	1/2	5	0	0	합격	5	–
32	250	( )	( )	( )	( )	( )	1	( )	( )	( )
33	400	( )	( )	( )	( )	( )	1	( )	( )	( )
34	80	( )	( )	( )	( )	( )	0	( )	( )	( )
35	120	( )	( )	( )	( )	( )	0	( )	( )	( )

• 35번째 로트의 검사 결과 다음 로트에 적용할 엄격도 :

해답

로트 번호	N	샘플 문자	n	주어진 Ac	합격판정 점수 (검사 전)	적용 가능 Ac	부적합품 d	합격 여부	합격판정 점수 (검사 후)	전환 점수
31	200	H	50	1/2	5	0	0	합격	5	–
32	250	H	50	1/2	10	1	1	합격	0	–
33	400	J	80	1	7	1	1	합격	0	–
34	80	F	20	0	0	0	0	합격	0	–
35	120	G	32	1/3	3	0	0	합격	0*	–

• 35번째 로트의 검사 결과 다음 로트에 적용할 엄격도 : 까다로운 검사에서 연속 5로트가 합격하였으므로 36번째 로트에서는 보통검사로 전환한다.

09. **요인 A는 4수준, 요인 B는 2수준, 요인 C는 2수준, 반복 3회의 지분실험을 실시한 결과 $S_A = 4.5$, $S_{B(A)} = 1.6$, $S_{C(AB)} = 0.75$, $S_e = 0.04$, $S_T = 6.89$이었다. 다음 각 물음에 답하시오.**

(1) A, $B(A)$, $C(AB)$, e에 대한 자유도를 각각 구하시오.

(2) ${\sigma_A}^2$, ${\sigma_{B(A)}}^2$, ${\sigma_{C(AB)}}^2$의 추정치를 각각 구하시오.

해답

요인	S	ν	V
A	4.5	3	1.5
$B(A)$	1.6	4	0.4
$C(AB)$	0.75	8	0.09375
e	0.04	32	0.00125
T	6.89	47	

(1) $l = 4$, $m = 2$, $n = 2$, $r = 3$

$\nu_T = lmnr - 1 = 4 \times 2 \times 2 \times 3 - 1 = 47$

$\nu_A = l - 1 = 3$

$\nu_{B(A)} = l(m-1) = 4$

$\nu_{C(AB)} = lm(n-1) = 8$

$\nu_e = lmn(r-1) = 32$

(2) $\hat{\sigma}_A^2 = \dfrac{V_A - V_{B(A)}}{mnr} = \dfrac{1.5 - 0.4}{2 \times 2 \times 3} = 0.09167$

$\hat{\sigma}_{B(A)}^2 = \dfrac{V_{B(A)} - V_{C(AB)}}{nr} = \dfrac{0.4 - 0.09375}{2 \times 3} = 0.05104$

$\hat{\sigma}_{C(AB)}^2 = \dfrac{V_{C(AB)} - V_e}{r} = \dfrac{0.09375 - 0.00125}{3} = 0.03083$

10. 베어링을 생산하는 M회사의 연구개발실에서는 기술개발을 위하여 재료의 성분이 다른 합금 A_1, A_2, A_3를 2종류의 열처리 방법 B_1, B_2로 처리하고, 2대의 시험기 C_1, C_2로 항장력 강도를 조사하였더니 다음과 같은 실험 데이터를 얻었다. 다음 각 물음에 답하시오. (단, A, B, C는 모두 모수요인이며, 반복은 없다.)

열처리 \ 시험기 \ 성분		A_1	A_2	A_3
B_1	C_1	45	33	40
	C_2	44	31	38
B_2	C_1	42	46	40
	C_2	43	44	41

(1) 다음의 분산분석표를 작성하시오.

요인	SS	DF	MS	F_0	$F_{0.95}$
T					

(2) 분산분석표에서 기술적으로 영향력이 없는 교호작용을 풀링하려고 한다. 분산비가 5 이하인 의미없는 교호작용을 풀링하여 분산분석표를 작성한 후 유의수준 5%로 검정하시오.

요인	SS	DF	MS	F_0	$F_{0.95}$
T					

• 검정결과 :

해답 반복없은 3요인실험(모수모형)

요인	SS	DF	MS	F_0	$F_{0.95}$
A	54.16667	2	27.08334	46.42885*	19.0
B	52.08333	1	52.08333	89.28622*	18.5
C	2.08333	1	2.08333	3.57144	18.5
$A\times B$	123.16667	2	61.58334	105.572*	19.0
$A\times C$	2.16667	2	1.08334	1.85717	19.0
$B\times C$	2.08334	1	2.08334	3.57146	18.5
e	1.16666	2	0.58333		
T	236.91667	11			

(1) ① $S_T = \sum\sum\sum x_{ijk}^2 - CT = 20001 - \dfrac{487^2}{3\times2\times2} = 236.91667$

② $S_A = \sum \dfrac{T_{i\cdot\cdot}^2}{mn} - CT = \dfrac{1}{4}(174^2 + 154^2 + 159^2) - \dfrac{487^2}{3\times2\times2} = 54.16667$

③ $S_B = \sum \dfrac{T_{\cdot j\cdot}^2}{ln} - CT = \dfrac{1}{6}(231^2 + 256^2) - \dfrac{487^2}{3\times2\times2} = 52.08333$

④ $S_C = \sum \dfrac{T_{\cdot\cdot k}^2}{lm} - CT = \dfrac{1}{6}(246^2 + 241^2) - \dfrac{487^2}{3\times2\times2} = 2.08333$

⑤ $S_{AB} = \sum_i\sum_j \dfrac{T_{ij\cdot}^2}{n} - CT = \dfrac{39987}{2} - \dfrac{487^2}{3\times2\times2} = 229.41667$

$S_{A\times B} = S_{AB} - S_A - S_B = 229.41667 - 54.16667 - 52.08333 = 123.16667$

⑥ $S_{AC} = \sum_i\sum_k \dfrac{T_{i\cdot k}^2}{m} - CT = \dfrac{39645}{2} - \dfrac{487^2}{3\times2\times2} = 58.41667$

$S_{A\times C} = S_{AC} - S_A - S_C = 58.41667 - 54.16667 - 2.08333 = 2.16667$

⑦ $S_{BC} = \sum_j\sum_k \dfrac{T_{\cdot jk}^2}{l} - CT = \dfrac{59461}{3} - \dfrac{487^2}{3\times2\times2} = 56.25000$

$S_{B\times C} = S_{BC} - S_B - S_C = 56.25000 - 52.08333 - 2.08333 = 2.08334$

⑧ $S_e = S_T - (S_A + S_B + S_C + S_{A\times B} + S_{A\times C} + S_{B\times C})$

$236.91667 - 54.16667 - 52.08333 - 2.08333 - 123.16667 - 2.16667 - 2.08334$

$= 1.16666$

⑨ $\nu_T = lmn - 1 = 12 - 1 = 11$, $\nu_A = l - 1 = 3 - 1 = 2$,

$\nu_B = m - 1 = 2 - 1 = 1$, $\nu_C = n - 1 = 2 - 1 = 1$

$\nu_{A\times B} = (l-1)(m-1) = 2\times1 = 2$, $\nu_{A\times C} = (l-1)(n-1) = 2\times1 = 2$,

$\nu_{B\times C} = (m-1)(n-1) = 1\times1 = 1$

$\nu_e = (l-1)(m-1)(n-1) = 2\times1\times1 = 2$

(2) $A\times C$와 $B\times C$를 오차항에 풀링한다.

요인	SS	DF	MS	F_0	$F_{0.95}$
A	54.16667	2	27.08334	25.00008*	5.79
B	52.08333	1	52.08333	48.07707*	6.61
C	2.08333	1	2.08333	1.92308	6.61
$A\times B$	123.16667	2	61.58334	56.84633*	5.79
e	5.41667	5	1.08333		
T	236.91667	11			

• 검정결과 : A, B, $A\times B$는 유의수준 5%로 유의하다.

11. 품질화학주식회사의 공정효율화팀은 반응공정에서 특정 첨가물의 양(x)이 수율(y)과 상관관계가 있다고 확신을 하고 TFT를 구성하여 실험한 후 측정한 결과 다음과 같은 데이터를 얻었다. 다음 각 물음에 답하시오.

x	1.3	1.5	2.0	2.8	3.0	3.4	3.5	4.2	4.3	4.9	5.2	5.5
y	40	30	35	42	39	50	45	59	69	66	59	70

(1) 단순회귀식을 구하시오.

(2) 회귀직선의 기울기(β_1)에 대하여 t분포를 활용하여 $\alpha = 0.01$로 검정하시오.

(3) 기울기(β_1)의 99% 신뢰구간을 추정하시오.

해답 $n = 12$, $\sum x = 41.6$, $\overline{x} = 3.46667$, $\sum x^2 = 166.02$, $\sum y = 604$,

$\overline{y} = 50.33333$ $\sum y^2 = 32514$, $\sum xy = 2288.8$

$$S_{xx} = \sum x^2 - \frac{(\sum x)^2}{n} = 21.80667, \quad S_{yy} = \sum y^2 - \frac{(\sum y)^2}{n} = 2112.66667,$$

$$S_{xy} = \sum xy - \frac{\sum x \sum y}{n} = 194.93333$$

(1) $\hat{\beta}_1 = \dfrac{S_{xy}}{S_{xx}} = \dfrac{194.93333}{21.80667} = 8.93916$

$\hat{\beta}_0 = \overline{y} - \hat{\beta}_1 \overline{x} = 50.33333 - 8.93916 \times 3.46667 = 19.34421$

$y = 19.34421 + 8.93916x$

(2) ① 가설 : $H_0 : \beta_1 = 0$ $\quad H_1 : \beta_1 \neq 0$

② 유의수준 : $\alpha = 0.01$

③ $\hat{\beta}_1 = \dfrac{S_{xy}}{S_{xx}} = \dfrac{194.93333}{21.80667} = 8.93916$

$$V_e = V_{y/x} = \frac{S_e}{\nu_e} = \frac{S_T - S_R}{\nu_T - \nu_R} = \frac{S_{yy} - S_{xy}^2 / S_{xx}}{\nu_T - \nu_R}$$

$$= \frac{2112.66667 - 194.93333^2 / 21.80667}{11 - 1} = 37.01263$$

검정통계량 : $t_0 = \dfrac{\hat{\beta}_1 - \beta_1}{\sqrt{\dfrac{V_{y/x}}{S_{xx}}}} = \dfrac{8.93916 - 0}{\sqrt{\dfrac{37.01263}{21.80667}}} = 6.86146$

④ 기각역 : $|t_0| > t_{1-\alpha/2}(n-2) = t_{0.995}(10) = 3.169$이면 H_0를 기각한다.

⑤ 판정 : $t_0 = 6.86146 > t_{0.995}(10) = 3.169$이므로 $\alpha = 0.01$에서 H_0를 기각한다. $\beta_1 = 0$라고 할 수 없다.

(3) $\hat{\beta}_1 \pm t_{1-\alpha/2}(n-2)\sqrt{\dfrac{V_{y/x}}{S_{xx}}} = 8.93916 \pm t_{0.995}(10)\sqrt{\dfrac{37.01263}{21.08667}}$

$4.74067 \leq \beta_1 \leq 13.13765$

12. Y사는 M회사로부터 동일한 부품이 50개씩 들어있는 100상자를 납품 받고 있다. Y사의 품질경영부서에서는 이 로트에서 각 부품들의 평균무게 μ를 알기위해 100상자에서 5상자를 랜덤하게 뽑고, 그 5상자에서 각각 4개의 부품을 랜덤샘플링하여 모두 20개의 부품이 샘플링 되었을 때, 다음 각 물음에 답하시오. (단, 상자 간의 무게의 산포 $\sigma_b = 0.8\text{kg}$, 상자 내의 부품 간의 산포 $\sigma_w = 0.5\text{kg}$이라 알려져 있다.)

(1) 각각의 부품 무게를 측정할 때 측정오차(σ_M)를 무시할 수 있다면, 이 데이터 평균치의 오차분산 $V(\bar{x})$는 얼마인지 구하시오.

(2) 만약 위의 (1)의 질문에서 분석의 측정오차 $\sigma_M = 0.4\text{kg}$이라면, 신뢰수준 95%의 오차 정밀도($\beta_{\bar{x}}$)를 구하시오.

해답 (1) $V(\bar{x}) = \dfrac{\sigma_b^2}{m} + \dfrac{\sigma_w^2}{m\bar{n}} = \dfrac{0.8^2}{5} + \dfrac{0.5^2}{5\times4} = 0.1405\,\text{kg}$

(2) $\beta_{\bar{x}} = \pm u_{1-\alpha/2}\sqrt{\dfrac{\sigma_b^2}{m} + \dfrac{\sigma_w^2}{m\bar{n}} + \dfrac{\sigma_m^2}{m\bar{n}}} = \pm 1.96\sqrt{\dfrac{0.8^2}{5} + \dfrac{0.5^2}{5\times4} + \dfrac{0.4^2}{5\times4}}$

$= \pm 0.75530\,\text{kg}$

13. 다음은 품질경영시스템-기본사항 및 용어(KS Q ISO 9000)에서 정의한 용어에 대한 설명으로 각 항목에 해당하는 용어를 쓰시오.

(1) 요구사항을 명시한 문서 : (　)

(2) 조직의 품질경영시스템에 대한 시방서 : (　)

(3) 달성된 결과를 명시하거나 수행한 활동의 증거를 제공하는 문서 : (　)

(4) 규정된 요구사항이 충족되었음을 객관적 증거의 제시를 통하여 확인하는 것 : (　)

(5) 특정 대상에 대해 적용시점과 책임을 정한 절차 및 연관된 자원에 관한 시방서 : (　)

해답 (1) 시방서

(2) 품질매뉴얼

(3) 기록

(4) 검증

(5) 품질계획서

14. 다음은 품종 A, B, C의 수확량을 비교하기 위하여 2개의 블록을 이용한 난괴법 배치를 나타낸 것이다. 각 품종을 표시한 문자 밑에 기록된 숫자는 수확량을 나타내고 있다. 오차분산을 구하시오.

블록 Ⅰ

A	B	C
50	45	38

블록 Ⅱ

A	B	C
44	43	29

해답 데이터를 다음과 같이 나타낼 수 있다.

블록 \ 품종	A (A_1)	B (A_2)	C (A_3)	계
블록 Ⅰ (B_1)	50	45	38	133
블록 Ⅱ (B_2)	44	43	29	116
계	94	88	67	

① $S_T = \sum_i \sum_j x_{ij}^2 - CT = 10595 - \frac{(249)^2}{3 \times 2} = 261.5$

② $S_A = \sum_i \frac{T_{i\cdot}^2}{m} - CT = \frac{1}{2}(94^2 + 88^2 + 67^2) - \frac{(249)^2}{3 \times 2} = 201$

③ $S_B = \sum_j \frac{T_{\cdot j}^2}{l} - CT = \frac{1}{3}(133^2 + 116^2) - \frac{(249)^2}{3 \times 2} = 48.16667$

④ $S_e = S_T - S_A - S_B = 261.5 - 201 - 48.16667 = 12.33333$

⑤ $\nu_T = lm - 1 = 6 - 1 = 5$, $\nu_A = l - 1 = 3 - 1 = 2$, $\nu_B = m - 1 = 2 - 1 = 1$,
$\nu_e = \nu_T - \nu_A - \nu_B = 5 - 2 - 1 = 2$

따라서 $V_e = \frac{S_e}{\nu_e} = \frac{12.33333}{2} = 6.16667$

2023년 제1회 기출 복원문제

01 7개의 전자부품에 대한 고장시간이 다음과 같이 관측되었다. 평균순위에 의한 $t=11$에서 $F(t)$, $R(t)$, $f(t)$, $\lambda(t)$를 구하시오.

5, 7, 10, 11, 13, 15, 19 (단위 : 시간)

해답 평균순위법

① $F(t)=\dfrac{i}{n+1}=\dfrac{4}{7+1}=0.5$

② $R(t)=1-F(t)=1-0.5=0.5$

③ $f(t)=\dfrac{1}{(n+1)(t_{i+1}-t_i)}=\dfrac{1}{(7+1)(13-11)}=0.0625/\text{시간}$

④ $\lambda(t)=\dfrac{1}{(n-i+1)(t_{i+1}-t_i)}=\dfrac{1}{(7-4+1)(13-11)}=0.125/\text{시간}$

02 다음 고장나무에서 A 사건이 일어날 확률을 구하시오.

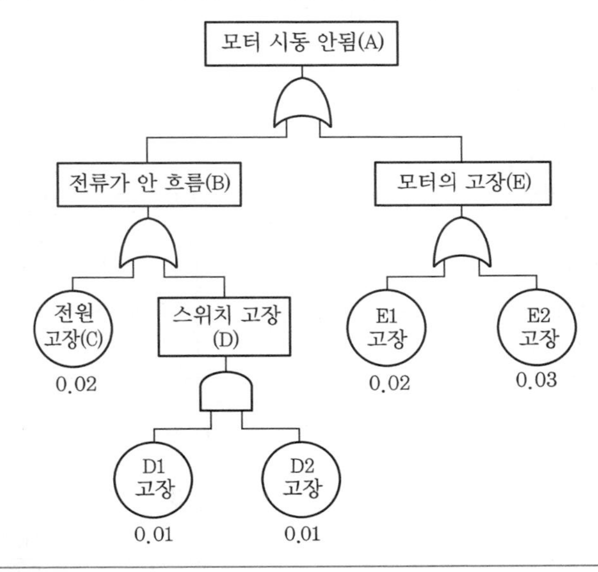

해답 $F_D = F_{D1} \times F_{D2} = 0.01 \times 0.01 = 0.0001$

$F_B = 1-(1-F_C)(1-F_D) = 1-(1-0.02)(1-0.0001) = 0.02010$

$F_E = 1-(1-F_{E1})(1-F_{E2}) = 1-(1-0.02)(1-0.03) = 0.04940$

$F_A = 1-(1-F_B)(1-F_E) = 1-(1-0.02010)(1-0.04940) = 0.06851$

03 (x_i, y_i)의 관측값이 다음과 같다.

x	2	3	4	5	6
y	4	7	6	8	10

(1) 표본상관계수(r)를 구하시오.

(2) 결정계수(r^2)를 구하시오.

(3) $H_0: \beta_1 = 0$, $H_1: \beta_1 \neq 0$를 검정하시오. (단, $\alpha = 0.05$)

(4) 추정회귀 직선을 구하시오.

해답 $n=5$, $\sum x = 20$, $\bar{x}=4$, $\sum x^2 = 90$, $\sum y = 35$, $\bar{y}=7$ $\sum y^2 = 265$, $\sum xy = 153$

$S_{xx} = \sum x^2 - \frac{(\sum x)^2}{n} = 10$, $S_{yy} = \sum y^2 - \frac{(\sum y)^2}{n} = 20$,

$S_{xy} = \sum xy - \frac{\sum x \sum y}{n} = 13$

(1) $r = \frac{S_{xy}}{\sqrt{S_{xx}S_{yy}}} = \frac{13}{\sqrt{10 \times 20}} = 0.91924$

(2) $r^2 = \frac{S_{xy}^2}{S_{xx}S_{yy}} = \frac{13^2}{10 \times 20} = 0.8450$

(3) ① 가설 : $H_0: \beta_1 = 0$, $H_1: \beta_1 \neq 0$

② 유의수준 : $\alpha = 0.05$

③ 분산분석표

요인	SS	DF	MS	F_0	$F_{1-\alpha}(\nu_R, \nu_e)$
회귀(R)	16.9	1	16.9	16.35489	10.1
오차(e)	3.1	3	1.03333		
총(T)	20	4			

$S_T = S_{yy} = 20$, $S_R = \frac{S_{xy}^2}{S_{xx}} = \frac{13^2}{10} = 16.9$, $S_e = S_T - S_R = 20 - 16.9 = 3.1$,

$\nu_T = n-1 = 4$, $\nu_R = 1$, $\nu_e = n-2 = 3$

$V_R = \frac{16.9}{1} = 16.9$, $V_e = \frac{3.1}{3} = 1.03333$, $F_0 = \frac{16.9}{1.03333} = 16.35489$

④ 판정 : $F_0 = 16.35489 > F_{0.95}(1, 3) = 10.1$ 이므로 $\alpha = 0.05$ 에서 귀무가설 (H_0)을 기각한다. 즉, 기울기가 존재한다.

(4) $\hat{\beta}_1 = \frac{S_{xy}}{S_{xx}} = \frac{13}{10} = 1.3$, $\hat{\beta}_0 = \overline{y} - \hat{\beta}_1 \overline{x} = 7 - 1.3 \times 4 = 1.8$

$y = 1.8 + 1.3x$

04 **어떤 공정에서 원료의 산포에 따라서 제품의 품질특성치에 큰 영향을 미치고 있는데 그 원료는 A, B 두 회사로부터 납품되고 있다. 이 두 회사의 원료에 대해서 제품에 미치는 부적합품률(회사 A, B의 부적합품률은 각각 P_1, P_2라 하자)에 차이가 있으면 좋은 쪽 회사의 원료를 더 많이 구입하거나, 나쁜 쪽 회사에 대해서는 감가를 요구하고 싶다. 부적합품률의 차를 조사하기 위해서 회사 A, 회사 B의 원료로 만들어진 제품 중에서 랜덤하게 각각 100개, 130개의 제품을 추출하여 부적합품수를 찾아보았더니 각각 11개, 6개였다.**

(1) 가설 $H_0 : P_1 = P_2$, $H_1 : P_1 \neq P_2$를 $\alpha = 0.05$에서 검정하시오.

(2) $P_1 - P_2$의 95%의 신뢰구간을 구하시오.

해답 (1) $\hat{p}_1 = \frac{x_1}{n_1} = \frac{11}{100} = 0.11$, $\hat{p}_2 = \frac{x_2}{n_2} = \frac{6}{130} = 0.04615$

$\hat{p} = \frac{x_1 + x_2}{n_1 + n_2} = \frac{11 + 6}{100 + 130} = 0.07391$

① 가설 : $H_0 : P_1 = P_2$ $H_1 : P_1 \neq P_2$

② 유의수준 : $\alpha = 0.05$

③ 검정통계량 : $u_0 = \frac{\hat{p}_1 - \hat{p}_2}{\sqrt{\hat{p}(1-\hat{p})\left(\frac{1}{n_1} + \frac{1}{n_2}\right)}}$

$= \frac{0.11 - 0.04615}{\sqrt{0.07391(1 - 0.07391)\left(\frac{1}{100} + \frac{1}{130}\right)}} = 1.83481$

④ 기각역 : $|u_0| > u_{1-\alpha/2} = u_{0.975} = 1.96$ 이면 귀무가설(H_0)을 기각한다.

⑤ 판정 : $u_0 = 1.83481 < u_{0.975} = 1.96$ 이므로 $\alpha = 0.05$ 에서 H_0를 채택한다. 유의수준 5%에서 P_1과 P_2 사이에 차이가 있다고 할 수 없다.

(2) $(\hat{p}_1 - \hat{p}_2) \pm u_{1-\alpha/2}\sqrt{\frac{\hat{p}_1(1-\hat{p}_1)}{n_1} + \frac{\hat{p}_2(1-\hat{p}_2)}{n_2}}$

$= (0.11 - 0.04615) \pm 1.96\sqrt{\frac{0.11 \times 0.89}{100} + \frac{0.04615 \times 0.95385}{130}}$

$= -0.00730 \sim 0.13500$

05 어떤 시스템의 수명이 고장률 $\lambda = 0.001$(/시간)인 지수분포에 따른다.

(1) 제품의 평균 수명과 분산을 구하시오.

(2) 이 기계가 500시간 지나도 작동할 확률은 얼마인가?

(3) 이미 1000시간을 사용한 제품이 앞으로 100시간을 더 사용할 때 고장없이 작업을 수행할 신뢰도는 얼마인가?

해답 고장률이 일정한 경우이므로 지수분포를 따른다.

(1) $E(t) = \frac{1}{\lambda} = \frac{1}{0.001} = 1,000$시간, $V(t) = \left(\frac{1}{\lambda}\right)^2 = \left(\frac{1}{0.001}\right)^2 = 1,000,000$시간

(2) $R(t = 500) = e^{-\lambda t} = e^{-0.001 \times 500} = e^{-0.5} = 0.60653$

(3) $R(t) = \frac{R(t = 1,100)}{R(t = 1,000)} = \frac{e^{-0.001 \times 1,100}}{e^{-0.001 \times 1,000}} = 0.90484$

06 품질경영의 7원칙이란 무엇인가?

해답 ① 고객중시

② 리더십

③ 관계관리/관계경영

④ 개선

⑤ 프로세스 접근법

⑥ 인원의 적극 참여

⑦ 증거기반 의사결정

07 어떤 합금의 강도를 공정온도의 3수준과 주조시간의 3수준에서 2회씩 관측하여 다음과 같은 반복이 있는 2요인실험의 자료를 얻었다.

온도 \ 주조시간	B_1		B_2		B_3	
A_1	61.0	60.2	64.1	63.2	65.2	66.1
A_2	63.3	62.7	66.2	65.4	66.6	67.2
A_3	61.3	61.9	63.2	64.2	66.0	66.4

(1) 분산분석표를 작성하시오.

(2) 교호작용이 유의하지 않으면 오차항에 풀링하시오.

해답 (1) 분산분석표

요인	제곱합	자유도	평균제곱	분산비	$F_{0.95}$	$F_{0.99}$
A	11.96444	2	5.98222	20.94908**	4.26	8.02
B	61.81444	2	30.90722	108.23372**	4.26	8.02
$A\times B$	1.44223	4	0.36056	1.26264	3.63	6.42
e	2.57000	9	0.28556			
T	77.79111	17				

주효과 A, B는 매우 유의하다. 그러나 교호작용 $A\times B$는 유의하지 않다.

① $S_T=\sum_i\sum_j\sum_k x_{ijk}^2-CT=74{,}087.66-\dfrac{1{,}154.2^2}{18}=77.79111$

② $S_A=\sum_i\dfrac{T_{i\cdot}^2}{m}-CT=\dfrac{1}{6}(379.8^2+391.4^2+383^2)-\dfrac{1{,}154.2^2}{18}=11.96444$

③ $S_B=\sum_j\dfrac{T_{\cdot j}^2}{l}-CT=\dfrac{1}{6}(370.4^2+386.3^2+397.5^2)-\dfrac{1{,}154.2^2}{18}=61.81444$

④ $S_{A\times B}=S_{AB}-S_A-S_B=75.22111-11.96444-61.81444=1.44223$

$S_{AB}=\dfrac{1}{2}(121.2^2+127.3^2+131.3^2+126^2+131.6^2+133.8^2+123.2^2$

$+127.4^2+132.4^2)-CT=74{,}085.09-\dfrac{1{,}154.2^2}{18}=75.22111$

⑤ $S_e=S_T-S_A-S_B-S_{A\times B}$

$=77.79111-11.96444-61.81444-1.44223=2.57$

⑥ $\nu_T=lmr-1=18-1=17$, $\nu_A=l-1=3-1=2$,

$\nu_B=m-1=3-1=2$, $\nu_{A\times B}=2\times 2=4$,

$\nu_e=\nu_T-\nu_A-\nu_B-\nu_{A\times B}=17-2-2-4=9$

⑦ $V_A=\dfrac{S_A}{\nu_A}=\dfrac{11.96444}{2}=5.98222$, $V_B=\dfrac{S_B}{\nu_B}=\dfrac{61.81444}{2}=30.90722$,

$V_{A\times B}=\dfrac{S_{A\times B}}{\nu_{A\times B}}=\dfrac{1.44223}{4}=0.36056$, $V_e=\dfrac{S_e}{\nu_e}=\dfrac{2.57}{9}=0.28556$

⑧ $F_0(A)=\dfrac{V_A}{V_e}=\dfrac{5.98222}{0.28556}=20.94908$

$F_0(B)=\dfrac{V_B}{V_e}=\dfrac{30.90722}{0.28556}=108.23372$

$F_0(A\times B)=\dfrac{V_{A\times B}}{V_e}=\dfrac{0.36056}{0.28556}=1.26264$

(2) 교호작용을 풀링한 분산분석표

요인	SS	DF	MS	F_0	$F_{0.95}$	$F_{0.99}$
A	11.96444	2	5.98222	19.38296**	3.81	6.70
B	61.81444	2	30.90722	100.14230**	3.81	6.70
e	4.01223	13	0.308633			
T	77.79111	17				

08 어떤 생산공정에서 생산제품의 품질을 적합품과 부적합품으로 구분한다. 4시간 간격으로 크기 180인 표본을 추출하여 공정을 관리하고자 하지만, 항상 일정수의 관측값을 얻기에는 상당한 노력을 필요로 하기 때문에 표본크기를 굳이 180으로 고정하지는 않는다고 한다. 이 공정으로부터 얻은 데이터는 다음 표와 같다. (단, 소수점 두 자리까지 사용할 것

(단위 : %)

표본번호(i)	1	2	3	4	5	6	7	8	9	10
표본크기(n_i)	185	195	172	190	185	190	130	170	184	180
부적합품수(Y_i)	8	12	3	7	2	6	8	12	5	13

(1) C_L, U_{CL}, L_{CL}을 구하시오.

(2) 관리도를 작성하시오.

(3) 관리상태(안정상태)의 여부를 판정하시오.

해답 (1) p 관리도

표본번호(i)	1	2	3	4	5	6	7	8	9	10
표본크기(n_i)	185	195	172	190	185	190	130	170	184	180
부적합품수(Y_i)	8	12	3	7	2	6	8	12	5	13
$p(\%)$	4.32	6.15	1.74	3.68	1.08	3.16	6.15	7.06	2.72	7.22
C_L	4.27	4.27	4.27	4.27	4.27	4.27	4.27	4.27	4.27	4.27
U_{CL}	8.73	8.61	8.89	8.67	8.73	8.67	9.59	8.92	8.74	8.79
L_{CL}	–	–	–	–	–	–	–	–	–	–

$$C_L = \bar{p} = \frac{\sum np}{\sum n} = \frac{8+12+\cdots+13}{185+195+\cdots+180} = \frac{76}{1,781} = 0.0427 = 4.27\%$$

$$U_{CL} = \left(\bar{p} + 3\sqrt{\frac{\bar{p}(1-\bar{p})}{n}}\right)\times 100 = \left(0.0427 + 3\sqrt{\frac{0.0427(1-0.0427)}{n}}\right)\times 100$$

$$L_{CL} = \left(\bar{p} - 3\sqrt{\frac{\bar{p}(1-\bar{p})}{n}}\right)\times 100 = \left(0.0427 - 3\sqrt{\frac{0.0427(1-0.0427)}{n}}\right)\times 100$$

(2)

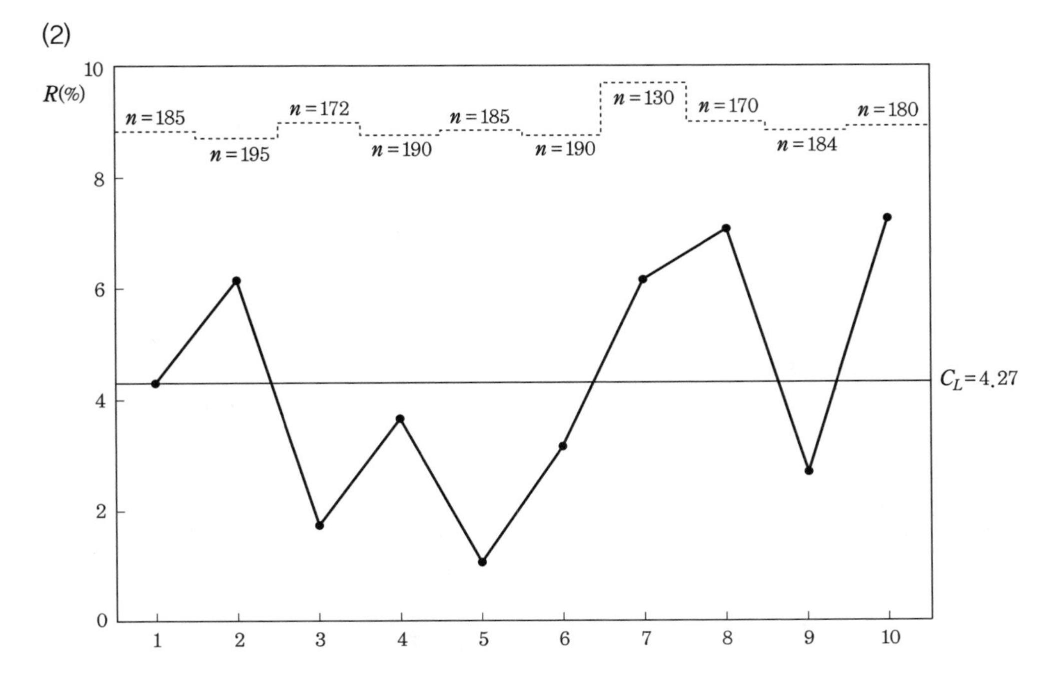

(3) 관리한계를 이탈하는 점이 없고, 점의 배열에 습관성이 존재하지 않으므로 관리상태라고 판정할 수 있다.

09 **어떤 제품의 중합반응에서 약품의 흡수속도에 큰 영향을 미친다고 생각되는 촉매량($A_0 = 0.3\%$, $A_1 = 0.5\%$)과 반응온도($B_0 = 150℃$, $B_1 = 170℃$)를 각각 2수준으로 3회 반복하여 2^2형 요인실험을 행한 결과 다음 표와 같은 데이터를 얻었다.**

	A_0	A_1
B_0	94 88 92	102 100 105
B_1	98 99 95	110 108 113

(1) 각 요인의 효과를 구하시오.

(2) 각 요인의 변동을 구하시오.

(3) 분산분석표를 작성하시오.

(4) 유의하지 않은 교호작용은 오차항에 풀링하여 분산분석표를 작성하시오.

해답 (1) 요인의 효과

$$A = \frac{1}{2r}(a-1)(b+1) = \frac{1}{2r}(ab+a-b-(1))$$
$$= \frac{1}{2\times 3}(331+307-292-274) = 12$$
$$B = \frac{1}{2r}(a+1)(b-1) = \frac{1}{2r}(ab+b-a-(1))$$
$$= \frac{1}{2\times 3}(331+292-307-274) = 7$$
$$AB = \frac{1}{2r}(a-1)(b-1) = \frac{1}{2r}(ab+(1)-a-b)$$
$$= \frac{1}{2\times 3}(331+274-307-292) = 1$$

(2) 요인의 변동

$$S_A = \frac{1}{4r}[(a-1)(b+1)]^2 = r(A)^2 = 3\times 12^2 = 432$$
$$S_B = \frac{1}{4r}[(a+1)(b-1)]^2 = r(B)^2 = 3\times 7^2 = 147$$
$$S_{A\times B} = \frac{1}{4r}[(a-1)(b-1)]^2 = r(AB)^2 = 3\times 1^2 = 3$$
$$S_T = \sum_i\sum_j\sum_k x_{ijk}^2 - CT = 121{,}436 - \frac{1{,}204^2}{12} = 634.66667$$
$$S_e = S_T - (S_A + S_B + S_{A\times B}) = 52.66667$$

(3) 분산분석표

요인	제곱합	자유도	평균제곱	F_0	$F_{0.95}$	$F_{0.99}$
A	432	1	432	65.62029**	5.32	11.3
B	147	1	147	22.32913**	5.32	11.3
$A\times B$	3	1	3	0.45570		
e	52.66667	8	6.58333			
T	634.66667	11				

(4) 교호작용을 풀링한 분산분석표

요인	제곱합	자유도	평균제곱	F_0	$F_{0.95}$	$F_{0.99}$
A	432	1	432	69.84426**	5.12	10.6
B	147	1	147	23.76645**	5.12	10.6
e	55.66667	9	6.18519			
T	634.66667	11				

10 어떤 제품의 특성치를 계측기로 측정할 때 발생되는 3가지 측정오차의 종류를 쓰시오.

해답 ① 개인오차 ② 계통오차 ③ 우연오차

11 15kg 들이 화학약품이 60상자가 입하되었다. 약품의 순도를 조사하기 위해 우선 5상자를 랜덤하게 샘플링하고, 각각의 상자에서 6인크리먼트씩 샘플링하였다.

(1) 이 경우 모평균의 추정정밀도 $\sigma_{\bar{\bar{x}}}^2$은 얼마인가? (단, $\sigma_b = 0.2$, $\sigma_w = 0.35$이다.)

(2) 각각의 상자에서 취한 인크리먼트는 혼합 · 축분하고 반복 2회 측정하였다. 모평균의 추정정밀도를 구하시오. ($\alpha = 0.05$, $\sigma_r = 0.1$, $\sigma_m = 0.15$이다.)

해답 (1) $\sigma_{\bar{\bar{x}}}^2 = \dfrac{\sigma_b^2}{m} + \dfrac{\sigma_w^2}{m\bar{n}} = \dfrac{0.2^2}{5} + \dfrac{0.35^2}{5 \times 6} = 0.01208$

(2) $\beta_{\bar{\bar{x}}} = \pm u_{1-\alpha/2}\sqrt{\dfrac{\sigma_b^2}{m} + \dfrac{\sigma_w^2}{m\bar{n}} + \sigma_r^2 + \dfrac{\sigma_m^2}{2}}$

$= \pm 1.96\sqrt{\dfrac{0.2^2}{5} + \dfrac{0.35^2}{5 \times 6} + 0.1^2 + \dfrac{0.15^2}{2}} = \pm 0.35785$

12 Y회사는 어떤 부품의 수입검사에 KS Q ISO 2859-1을 사용하고 있다. 검토 후 $AQL = 1.0\%$, 검사수준은 Ⅲ으로 1회 샘플링검사를 하고 있다. 까다로운 검사를 시작으로 10로트를 실시한 결과의 일부는 다음과 같이 되었다. 다음의 빈칸을 채우시오. (KS Q ISO 2859-1의 표를 사용할 것)

로트 번호	N 로트 크기	샘플 문자	n 샘플 크기	당초 Ac	As (검사 전)	적용하는 Ac	부적합 품수	합격 판정	As (검사 후)	전환 점수	샘플링검사의 엄격도
1	250						1				까다로운 검사로 속행
2	200						0				
3	170						1				
4	300						0				
5	70						0				
6	130						1				

해답

로트 번호	N 로트 크기	샘플 문자	n 샘플 크기	당초 Ac	As (검사 전)	적용하는 Ac	부적합 품수	합격 판정	As (검사 후)	전환 점수	샘플링검사의 엄격도
1	250	H	50	1/2	5	0	1	불합격	0	–	까다로운 검사로 속행
2	200	H	50	1/2	5	0	0	합격	5	–	까다로운 검사로 속행
3	170	H	50	1/2	10	1	1	합격	0	–	까다로운 검사로 속행
4	300	J	80	1	7	1	0	합격	7	–	까다로운 검사로 속행
5	70	F	20	0	7	0	0	합격	7	–	까다로운 검사로 속행
6	130	G	32	1/3	10	1	1	합격	0*	–	보통검사로 전환

13 어떤 로트에서 5개의 제품을 랜덤하게 샘플링하여 각 3회씩 측정하였을 때 이 데이터의 정밀도 $\sigma_{\bar{x}}^2$은 얼마인가? (단, $\sigma_s^2 = 0.15$, $\sigma_M^2 = 0.3$)

해답 $V(\bar{x}) = \dfrac{1}{n}\left(\sigma_s^2 + \dfrac{\sigma_M^2}{k}\right) = \dfrac{1}{5}\left(0.15 + \dfrac{0.3}{3}\right) = 0.05$

14 계량규준형 1회 샘플링검사에서 $\alpha = 0.05$, $\beta = 0.1$, $\overline{X}_U = 500$, $\sigma = 10$, $n = 4$일 때 물음에 답하시오.

(1) α, β를 만족하는 m_0, m_1을 구하시오. (단, 소수점 이하 3째 자리에서 맺음할 것.)

(2) 다음 표의 빈칸을 채우고, α, β, m_0, m_1, $\overline{X}_U$의 값을 기입한 OC 곡선을 작성하시오.

m	$K_{L(m)} = \dfrac{m - \overline{X}_U}{\sigma/\sqrt{n}}$	$L(m)$
m_0		
$\overline{X}_U$		
m_1		

해답 (1) m_0, m_1

$$\overline{X}_U = m_0 + k_\alpha \frac{\sigma}{\sqrt{n}}$$

$$500 = m_0 + 1.645\frac{10}{\sqrt{4}},\ m_0 = 491.775$$

$$\overline{X}_U = m_1 - k_\beta \frac{\sigma}{\sqrt{n}}$$

$$500 = m_1 - 1.282\frac{10}{\sqrt{4}},\ m_1 = 506.410$$

(2)

m	$K_{L(m)} = \frac{m - \overline{X}_U}{\sigma/\sqrt{n}}$	$L(m)$
$491.775(m_0)$	$\frac{491.775 - 500}{10/\sqrt{4}} = -1.645$	0.95
$500(\overline{X}_U)$	$\frac{500 - 500}{10/\sqrt{4}} = 0$	0.50
$506.410(m_1)$	$\frac{506.41 - 500}{10/\sqrt{4}} = 1.282$	0.10

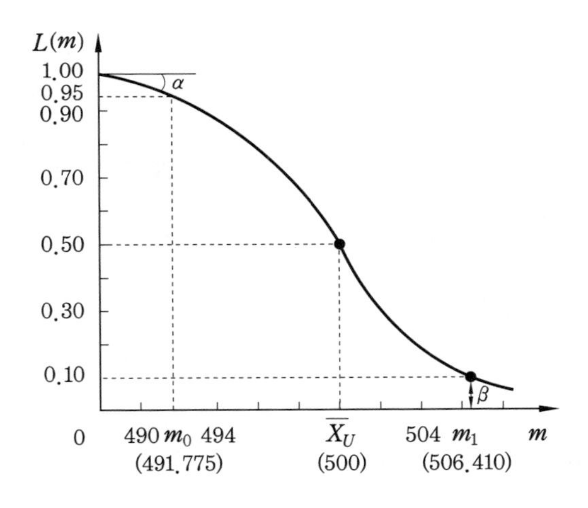

품질경영기사 / 품질경영산업기사

2023년 제2회 기출 복원문제

01 금속판의 경도 특성이 상한 규격치가 로크웰 경도 68 이하로 규정되었을 때, 로크웰 경도 68이 넘는 것이 0.5% 이하인 로트는 통과시키고, 4% 이상인 로트는 통과시키지 않으려고 한다. 이때 시료의 개수(n)와 상한 합격판정치($\overline{X}_U$)를 구하시오. (단, $\sigma=3$, $\alpha=0.05$, $\beta=0.10$이다.)

해답 $k_{p_0}=k_{0.005}=2.576$, $k_{p_1}=k_{0.04}=1.751$, $k_\alpha=k_{0.05}=u_{1-\alpha}=u_{0.95}=1.645$,

$k_\beta=k_{0.10}=u_{1-\beta}=u_{0.90}=1.282$

$$n=\left(\frac{k_\alpha+k_\beta}{k_{p_0}-k_{p_1}}\right)^2=\left(\frac{1.645+1.282}{2.576-1.751}\right)^2=12.58744(13개)$$

$$k=\frac{k_{p_0}k_\beta+k_{p_1}k_\alpha}{k_\alpha+k_\beta}=\frac{2.576\times1.282+1.751\times1.645}{1.645+1.282}=2.11234$$

$$\overline{X}_U=U-k\sigma=68-2.11234\times3=61.66298$$

02 어느 부품의 수명(단위 : 시간)이 형상모수가 2이고, 척도모수가 1000인 와이블분포를 따른다고 하자.

(1) $R(t=500)$를 구하시오.

(2) $t=500$에서 고장률 λ를 구하시오.

(3) 신뢰도를 95% 이상 유지하는 사용기간을 구하시오.

해답 (1) $R(t=500)=e^{-\left(\frac{t-r}{\eta}\right)^m}=e^{-\left(\frac{500-0}{1,000}\right)^2}$=0.77880

(2) $\lambda(t=500)=\frac{m}{\eta}\left(\frac{t-r}{\eta}\right)^{m-1}=\frac{2}{1,000}\left(\frac{500-0}{1,000}\right)^{2-1}=0.001/시간$

(3) $R(t)=e^{-\left(\frac{t-r}{\eta}\right)^m}\geq0.95$, $0.95\leq e^{-\left(\frac{t}{1,000}\right)^2}$, $\ln0.95\leq-\left(\frac{t}{1,000}\right)^2$,

$(-\ln0.95)^{\frac{1}{2}}\times1,000\geq t$

$t=226.48023$시간

03 나일론 실의 방사 과정에서 일정 시간 동안 발생되는 사절수가 어떤 요인에 크게 영향을 받는가를 대략적으로 알아보기 위하여 4요인 A(연신온도), B(회전수), C(원료의 종류), D(연신비)를 각각 다음과 같이 4수준으로 잡고 총 16회 실험을 4×4 그레코 라틴방격법으로 행하였다.

	A_1	A_2	A_3	A_4
B_1	C_2D_3(15)	C_1D_1(4)	C_3D_4(8)	C_4D_2(19)
B_2	C_4D_1(5)	C_3D_3(19)	C_1D_2(9)	C_2D_4(16)
B_3	C_1D_4(15)	C_2D_2(16)	C_4D_3(19)	C_3D_1(17)
B_4	C_3D_2(19)	C_4D_4(26)	C_2D_1(14)	C_1D_3(34)

(1) 분산분석표를 작성하시오.
(2) 유의수준 5%로 검정하시오.
(3) 최적수준조합에 대한 95% 신뢰구간을 구하시오.

해답 (1) 분산분석표

요인	SS	DF	MS	F_0	$F_{0.95}$
A	195.18750	3	65.06250	14.26027*	9.28
B	349.68750	3	116.56250	25.54795*	9.28
C	9.68750	3	3.22917	0.70776	9.28
D	276.68750	3	92.22917	20.21164*	9.28
e	13.68750	3	4.56250		
T	844.93750	15			

① $S_T = \sum_{i=1}^{k}\sum_{j=1}^{k}\sum_{l=1}^{k}\sum_{m=1}^{k} x_{ijlm}^2 - CT = 4,909 - \frac{255^2}{16} = 844.93750$

② $S_A = \sum_{i=1}^{k} \frac{T_{i\cdots}^2}{k} - CT = \frac{1}{4}\{54^2+65^2+50^2+86^2\} - \frac{255^2}{16} = 195.18750$

③ $S_B = \sum_{j=1}^{k} \frac{T_{\cdot j\cdot\cdot}^2}{k} - CT = \frac{1}{4}\{46^2+49^2+67^2+93^2\} - \frac{255^2}{16} = 349.68750$

④ $S_C = \sum_{l=1}^{k} \frac{T_{\cdot\cdot l\cdot}^2}{k} - CT = \frac{1}{4}\{62^2+61^2+63^2+69^2\} - \frac{255^2}{16} = 9.68750$

⑤ $S_D = \sum_{m=1}^{k} \frac{T_{\cdots m}^2}{k} - CT = \frac{1}{4}\{40^2+63^2+87^2+65^2\} - \frac{255^2}{16} = 276.68750$

⑥ $S_e = S_T - (S_A + S_B + S_C + S_D) = 13.68750$

⑦ 자유도 ν

$\nu_A = \nu_B = \nu_C = \nu_D = k-1 = 3, \quad \nu_e = (k-1)(k-3) = 3,$

$\nu_T = k^2 - 1 = 16 - 1 = 15$

⑧ $V_A = \dfrac{S_A}{\nu_A} = \dfrac{195.18750}{3} = 65.06250, \; V_B = \dfrac{S_B}{\nu_B} = \dfrac{349.68750}{3} = 116.56250,$

$V_C = \dfrac{S_C}{\nu_C} = \dfrac{9.68750}{3} = 3.22917, \; V_D = \dfrac{S_D}{\nu_D} = \dfrac{276.68750}{3} = 92.22917,$

$V_e = \dfrac{S_e}{\nu_e} = \dfrac{13.68750}{3} = 4.56250$

(2) $F_A = \dfrac{V_A}{V_e} = \dfrac{65.06250}{4.56250} = 14.26027, \; F_B = \dfrac{V_B}{V_e} = \dfrac{116.56250}{4.56250} = 25.54795,$

$F_D = \dfrac{V_D}{V_e} = \dfrac{92.22917}{4.56250} = 20.21164$는 $F_{0.95}(3, 3) = 9.28$보다 크므로 유의수준 5%로 유의하고, $F_C = \dfrac{V_C}{V_e} = \dfrac{3.22917}{4.56250} = 0.70776$는 $F_{0.95}(3, 3) = 9.28$보다 작으므로 유의수준 5%에서 유의하지 않다.

(3) 사절수는 작을수록 좋으므로 망소특성이고, 요인 A, B, D가 유의하므로 각각의 평균이 가장 작은 최적수준조합은 $\mu(A_3B_1D_1)$이다.

$n_e = \dfrac{k^2}{(3k-2)} = \dfrac{16}{10} = 1.6$

$\hat{\mu}(A_3B_1D_1) = \left(\overline{x}_{3\cdots} + \overline{x}_{\cdot 1 \cdot\cdot} + \overline{x}_{\cdots 1} - 2\overline{\overline{x}}\right) \pm t_{0.975}(3)\sqrt{\dfrac{V_e}{n_e}}$

$= \left(\dfrac{50}{4} + \dfrac{46}{4} + \dfrac{40}{4} - 2 \times \dfrac{255}{16}\right) \pm 3.182\sqrt{\dfrac{4.5625}{1.6}}$

$-3.24831 \le \hat{\mu}(A_3B_1D_1) \le 7.49831, \; - \le \hat{\mu}(A_3B_1D_1) \le 7.49831$

04 두 개의 공정 A, B에서 동일한 형의 제품을 제조하고 있다. 각 공정으로부터 각각 표본을 추출하여 품질특성을 조사한 결과이다. (단, 두 공정의 표준편차는 모르나 $\sigma_A = \sigma_B$라는 사실은 알고 있다.)

A	76.4	77.7	73.7	73.3	73.1	77.0	74.5	77.5	71.5	73.4
B	69.8	72.7	70.2	75.3	71.3	71.4	66.9	68.7		

(1) A 공정의 모평균과 B 공정의 모평균 간에 차이가 있는지 유의수준 5%로 검정하시오.
(2) 모평균차의 95% 신뢰구간을 구하시오.

해답 (1) ① 가설 : H_0 : $\mu_A = \mu_B$ H_1 : $\mu_A \neq \mu_B$

② 유의수준 : $\alpha = 0.05$

③ 검정통계량

$$t_0 = \frac{\bar{x}_A - \bar{x}_B}{\sqrt{V\left(\frac{1}{n_A} + \frac{1}{n_B}\right)}} = \frac{74.81 - 70.7875}{\sqrt{5.48986 \times \left(\frac{1}{10} + \frac{1}{8}\right)}} = 3.61930$$

$$V = s^2 = \frac{S_A + S_B}{n_A + n_B - 2} = \frac{42.389 + 45.44875}{10 + 8 - 2} = 5.48986$$

④ 기각역 : $|t_0| > t_{1-\alpha/2}(n_A + n_B - 2) = t_{0.975}(16) = 2.120$이면 귀무가설($H_0$)을 기각한다.

⑤ 판정 : $t_0 = 3.61930 > t_{1-\alpha/2}(n_A + n_B - 2) = t_{0.975}(16) = 2.120$이므로 $\alpha = 0.05$에서 H_0를 기각한다. 유의수준 5%에서 공정 A, B의 모평균차가 있다고 할 수 있다.

(2) $(\bar{x}_A - \bar{x}_B) \pm t_{1-\alpha/2}(n_A + n_B - 2)\sqrt{V\left(\frac{1}{n_A} + \frac{1}{n_B}\right)}$

$= (74.81 - 70.7875) \pm 2.120\sqrt{5.48986 \times \left(\frac{1}{10} + \frac{1}{8}\right)}$

$1.66632 \leq \mu_1 - \mu_2 \leq 6.37868$

05 $n = 10$개의 부품을 500시간까지 고장이 한 개도 발생하지 않았다. 다음 물음에 답하시오.

(1) 신뢰수준 90%로 평균수명은 최소 얼마 이상할 수 있는가?

(2) 500시간에서의 신뢰도를 구하시오.

해답 (1) $\hat{\theta}_L = \frac{T}{2.3} = \frac{10 \times 500}{2.3} = 2{,}173.91304$시간

(2) $R(t = 500) = e^{-\lambda t} = e^{-\frac{1}{2{,}173.91304} \times 500} = 0.79453$

06 A 모수모형, B 변량모형으로 반복있는 2요인실험의 결과 다음과 같은 분산분석표를 얻었다. $\hat{\sigma}_B^2$ 를 구하시오.

요인	SS	DF	MS
A	327	3	109
B	181	2	90.5
$A \times B$	35	6	5.8
e	305	12	25.4
T	848	23	

해답 $\hat{\sigma}_B^2 = \dfrac{V_B - V_e}{lr} = \dfrac{90.5 - 25.4}{4 \times 2} = 8.1375$

07 $L_8(2^7)$형 직교배열표에 다음과 같이 A, B를 배치하여 랜덤한 순서로 실험하여 데이터를 얻었다.

요인			A		B			DATA
열번호	1	2	3	4	5	6	7	
1	1	1	1	1	1	1	1	9
2	1	1	1	2	2	2	2	12
3	1	2	2	1	1	2	2	8
4	1	2	2	2	2	1	1	15
5	2	1	2	1	2	1	2	16
6	2	1	2	2	1	2	1	20
7	2	2	1	1	2	2	1	13
8	2	2	1	2	1	1	2	13
기본표시	a	b	ab	c	ac	bc	abc	

(1) 만약 A, B의 교호작용이 존재한다면 요인 C가 배치될 수 없는 열은?

(2) 요인 A의 주효과를 구하시오.

(3) 교호작용 $A \times B$의 제곱합을 구하시오.

해답 (1) A의 기본표시가 ab, B의 기본표시가 ac이므로 교호작용 $A \times B = ab \times ac = a^2bc = bc$이다. 따라서 6번열에는 요인 C가 배치될 수 없다.

(2) $A = \frac{1}{4}$[(수준2의 데이터의 합) − (수준1의 데이터의 합)]

$$\frac{1}{4}[(8+15+16+20)-(9+12+13+13)] = 3$$

(3) $S_{A \times B} = \frac{1}{8}[(12+8+20+13)-(9+15+16+13)]^2 = 0$

08 다음 그림과 같이 결합된 시스템을 100시간 사용했을 경우 시스템의 신뢰도는 얼마인가? (단, $\lambda_A = 0.3 \times 10^{-3}$시간, $\lambda_B = 0.4 \times 10^{-3}$시간, $\lambda_C = 0.5 \times 10^{-3}$시간, $\lambda_D = 0.6 \times 10^{-3}$시간)

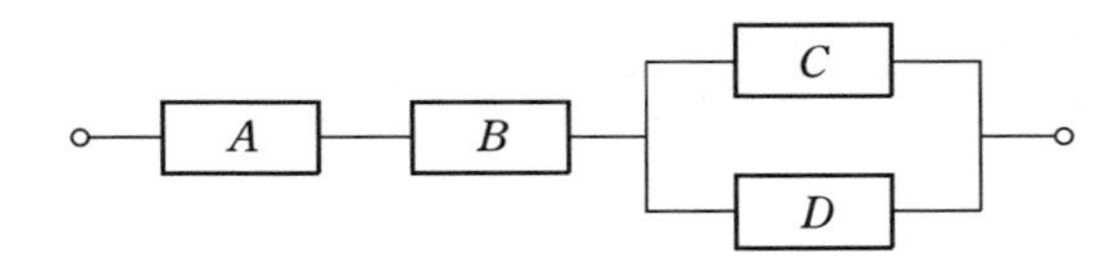

해답 $R_A = e^{-\lambda_A \times t} = e^{-(0.3 \times 10^{-3}) \times 100} = 0.97045$

$R_B = e^{-\lambda_B \times t} = e^{-(0.4 \times 10^{-3}) \times 100} = 0.96079$

$R_C = e^{-\lambda_C \times t} = e^{-(0.5 \times 10^{-3}) \times 100} = 0.95123$

$R_D = e^{-\lambda_D \times t} = e^{-(0.6 \times 10^{-3}) \times 100} = 0.94176$

$R_S = 0.97045 \times 0.96079 \times [1-(1-0.95123)(1-0.94176)] = 0.92975$

09 계수형 축차 샘플링검사 방식(KS Q ISO 28591)에서 $Q_{PR} = 1\%$, $Q_{CR} = 10\%$일 때, $n < n_t$ 조건에서의 합격판정치(A)와 불합격판정치(R)를 구하시오.

해답 KS Q ISO 28591 표로부터 $h_A = 0.931$, $h_R = 0.922$, $g = 0.0394$이다.

$A = -h_A + g\,n_{cum} = -0.931 + 0.0394n_{cum}$

$R = h_R + g\,n_{cum} = 0.922 + 0.0394n_{cum}$

10 A사는 어떤 부품의 수입검사에 계수값 샘플링검사인 KS Q ISO 2859-1의 보조표인 분수샘플링검사를 적용하고 있다. $AQL = 1.0\%$, 통상검사수준 Ⅱ 에서 엄격도는 보통검사, 샘플링 형식은 1회로 시작하였다. 다음 물음에 답하시오.

(1) ( )를 완성하시오.

(2) 로트번호 5번의 검사 결과 다음 로트에 적용되는 엄격도를 결정하시오.

로트번호	N	샘플문자	n	당초 A_c	합부판정 스코어 (검사 전)	적용하는 A_c	부적합품수 d	합부판정	합부판정 스코어 (검사 후)	전환 스코어
1	200	G	32	1/2	5	0	1	불합격	0	0
2	250	(①)	(⑤)	(⑨)	(⑬)	(⑰)	0	(㉑)	(㉕)	(㉙)
3	600	(②)	(⑥)	(⑩)	(⑭)	(⑱)	1	(㉒)	(㉖)	(㉚)
4	80	(③)	(⑦)	(⑪)	(⑮)	(⑲)	0	(㉓)	(㉗)	(㉛)
5	120	(④)	(⑧)	(⑫)	(⑯)	(⑳)	0	(㉔)	(㉘)	(㉜)

해답 (1)

로트번호	N	샘플문자	n	당초 A_c	합부판정 스코어 (검사 전)	적용하는 A_c	부적합품수 d	합부판정	합부판정 스코어 (검사 후)	전환 스코어
1	200	G	32	1/2	5	0	1	불합격	0	0
2	250	G	32	1/2	5	0	0	합격	5	2
3	600	J	80	2	12	2	1	합격	0	5
4	80	E	13	0	0	0	0	합격	0	7
5	120	F	20	1/3	3	0	0	합격	3	9

(2) 전환스코어 현상값이 30 미만이므로 로트번호 6은 보통검사를 속행한다.

11 측정시스템의 5가지 변동유형 중 반복성과 재현성을 기술하시오.

해답 (1) 반복성(repeatability) : 동일 작업자가 동일 계측기로 동일 제품을 측정하였을 때 측정값의 변동

(2) 재현성(reproducibility) : 동일 계측기로 동일 제품을 여러 작업자가 측정하였을 때 나타나는 결과의 차이

12 $\bar{x}-R$ **관리도에서 군의 수** $k=25$**, 군의 크기** $n=4$**,** $\bar{\bar{x}}=130$**,** $\sigma=15$**일 때** $\bar{x}$ **관리도의** $U_{CL}=152.5$**,** $L_{CL}=107.5$**이다. 다음 물음에 답하시오.**

(1) 규격이 85~175이라면 규격에 대한 부적합품률을 구하시오.
(2) 공정평균이 U_{CL}쪽으로 1σ만큼 이동했을 때 검출력을 구하시오.

해답 (1) $P_r(x<85)+P_r(x>175)$

$$=P_r\left(u<\frac{85-130}{15}\right)+P_r\left(u>\frac{175-130}{15}\right)$$

$$=P_r(u<-3)+P_r(u>3)=0.00135\times 2=0.0027$$

(2) 공정평균 $\mu'=\mu+\sigma=130+15=145$으로 이동된 경우이다.

$$P_r(\bar{x}<L_{CL})+P_r(\bar{x}>U_{CL})$$

$$=P_r\left(u<\frac{107.5-145}{15/\sqrt{4}}\right)+P_r\left(u>\frac{152.5-145}{15/\sqrt{4}}\right)$$

$$=P_r(u<-5)+P_r(u>1)=0.0^5 2869+0.1587=0.1587$$

13 **ISO 9000에서 정의하고 있는 어떤 용어에 대한 설명인가?**

(1) 요구사항을 명시한 문서
(2) 조직의 품질경영시스템에 대한 시방서
(3) 특정 대상에 대해 적용시점과 책임을 정한 절차 및 연관된 자원에 관한 시방서
(4) 달성된 결과를 명시하거나 수행한 활동의 증거를 제공하는 문서
(5) 규정된 요구사항에 적합하지 않은 제품을 사용하거나 불출하는 것에 대한 허가

해답 (1) 시방서
(2) 품질매뉴얼
(3) 품질계획서
(4) 기록
(5) 특채

14 어떤 화학약품의 제조에서 A 기계와 B 기계의 적합품수와 부적합품수는 다음과 같다. 물음에 답하시오. (단, $\alpha = 0.05$)

기계	적합품	부적합품	합계
A	795	100	895
B	605	45	650

(1) 두 기계의 부적합품률의 차가 1%보다 크다고 할 수 있는가?

(2) 부적합품률 차의 신뢰한계를 구간추정하시오.

해답 (1) $\hat{p}_A = \dfrac{x_A}{n_A} = \dfrac{100}{895} = 0.11173$, $\hat{p}_B = \dfrac{x_B}{n_B} = \dfrac{45}{650} = 0.06923$,

$$\hat{p} = \frac{x_A + x_B}{n_A + n_B} = \frac{100+45}{895+650} = 0.09385$$

① 가설 : $H_0 : (P_A - P_B) \le 0.01$ $H_1 : (P_A - P_B) > 0.01$

② 유의수준 : $\alpha = 0.05$

③ 검정통계량 : $u_0 = \dfrac{(\widehat{p_A} - \widehat{p_B}) - \delta_0}{\sqrt{\hat{p}(1-\hat{p})\left(\dfrac{1}{n_A} + \dfrac{1}{n_B}\right)}}$

$$= \frac{(0.11173 - 0.06923) - 0.01}{\sqrt{0.09385(1-0.09385)\left(\dfrac{1}{895} + \dfrac{1}{650}\right)}} = 2.16257$$

④ 기각역 : $u_0 > u_{1-\alpha} = u_{0.95} = 1.645$이면 귀무가설($H_0$)을 기각한다.

⑤ 판정 : $u_0 = 2.16257 > u_{0.95} = 1.645$이므로 $\alpha = 0.05$에서 H_0를 기각한다.

유의수준 5%로 A, B 기계의 모부적합품률의 차가 1%보다 크다고 할 수 있다.

(2) $(P_A - P_B)_L = (\hat{p}_A - \hat{p}_B) - u_{1-\alpha}\sqrt{\dfrac{\hat{p}_A(1-\hat{p}_A)}{n_A} + \dfrac{\hat{p}_B(1-\hat{p}_B)}{n_B}}$

$$= (0.11173 - 0.06923) - u_{0.95}\sqrt{\frac{0.11173(1-0.11173)}{895} + \frac{0.06923(1-0.06923)}{650}}$$

$$= 0.01866$$

2023년 제4회 기출 복원문제

01 한국인 6명과 미국인 4명의 신장을 측정하여 가평균 신장 170cm로부터 차를 다음과 같이 얻었다. (단위 : cm)

A_1(한국인) : −5, −14, −13, 2, −8, −4
A_2(미국인) : 14, 0, 8, 10

(1) 민족 간 평균신장의 차에 대한 선형식은?
(2) 선형식이 대비임을 증명하시오.
(3) 민족 간 평균신장의 차의 변동(즉, L의 변동)은?

해답 (1) 선형식

$$L = \frac{T_{1\cdot}}{6} - \frac{T_{2\cdot}}{4}$$

(2) $\sum c_i = 0$이면 대비

$$\left(6\times\frac{1}{6}\right)+\left(4\times-\frac{1}{4}\right)=0$$

따라서 L은 대비이다.

(3) 변동(제곱합)

$$S_L = \frac{L^2}{D} = \frac{\left[\frac{(-42)}{6} - \frac{32}{4}\right]^2}{\left(\frac{1}{6}\right)^2\times 6+\left(-\frac{1}{4}\right)^2\times 4} = 540$$

02 $N=1000$, $n=50$, $c=1$인 계수규준형 1회 샘플링검사가 있다. 다음 물음에 답하시오.

(1) 로트의 부적합품률이 2%일 때 로트가 불합격할 확률을 구하시오.
(2) 로트의 부적합품률이 7%일 때 로트가 합격할 확률을 구하시오.

해답 (1) $1-L(p)=1-\left[P_r(x=0)+P_r(x=1)\right]$

$$=1-\left[{}_{50}C_0\ (0.02)^0(1-0.02)^{50}+{}_{50}C_1\ (0.02)^1(1-0.02)^{49}\right]$$

$$=0.26423$$

(2) $L(p)=\left[P_r(x=0)+P_r(x=1)\right]$

$$=\left[{}_{50}C_0\ (0.07)^0(1-0.07)^{50}+{}_{50}C_1\ (0.07)^1(1-0.07)^{49}\right]$$

$$=0.12649$$

03 어느 부품의 수명이 $\mu=1000$시간이고, $\sigma=250$시간인 정규분포를 따른다.

(1) 이 부품이 1500시간 이상 고장없이 가동될 확률을 구하시오.

(2) 이미 1250시간을 사용한 부품을 앞으로 250시간 이상 사용할 확률을 구하시오.

해답 (1) $R(t=1{,}500)=P_r(t\geq 1{,}500)=P_r\left(u\geq \dfrac{1{,}500-1{,}000}{250}\right)$

$$=P_r(u\geq 2)=0.0228$$

(2) $R(t)=\dfrac{P_r(t\geq 1{,}500)}{P_r(t\geq 1{,}250)}=\dfrac{P_r\left(u\geq \dfrac{1{,}500-1{,}000}{250}\right)}{P_r\left(u\geq \dfrac{1{,}250-1{,}000}{250}\right)}$

$$=\frac{P_r(u\geq 2)}{P_r(u\geq 1)}=\frac{0.0228}{0.1587}=0.14367$$

04 어떤 제품이 형상모수 $m=1.5$, 척도모수 $\eta=7500$시간인 와이블분포를 따른다.

(1) 평균수명을 추정하시오.

(2) 이 기기를 1000시간 사용하였을 때 신뢰도를 구하시오.

해답 감마함수표에서 $\Gamma(1.67)=0.90330$이다.

(1) $E(t)=\eta\Gamma\left(1+\dfrac{1}{m}\right)=7{,}500\,\Gamma\left(1+\dfrac{1}{1.5}\right)$

$$=7{,}500\,\Gamma(1.67)=7{,}500\times 0.90330=6{,}774.75\text{시간}$$

(2) $R(t=1{,}000)=e^{-\left(\frac{t-r}{\eta}\right)^m}=e^{-\left(\frac{1{,}000-0}{7{,}500}\right)^{1.5}}=0.95248$

05 원료 A, B를 각각 사용하여 생성된 어떤 약품의 성분을 조사한 결과가 다음 표와 같다. 각 물음에 답하시오. (단, $\alpha = 0.05$)

구분	A	B
n	9	16
$\overline{x}$	25.0	20.0
S	350	225

(1) 등분산성검정을 하시오.
(2) 평균치의 차이가 있는지 검정하시오.

해답 (1) 등분산성검정

① 가설 : $H_0 : \sigma_A^2 = \sigma_B^2$ $\quad H_1 : \sigma_A^2 \neq \sigma_B^2$

② 유의수준 : $\alpha = 0.05$

③ 검정통계량 : $F_0 = \dfrac{V_A}{V_B} = \dfrac{43.75}{15.0} = 2.917$

$$V_A = \frac{S_A}{\nu_A} = \frac{350}{8} = 43.75, \qquad V_B = \frac{S_B}{\nu_B} = \frac{225}{15} = 15.0$$

④ 기각역 : $F_0 > F_{1-\alpha/2}(\nu_A, \nu_B) = F_{0.975}(8,\ 15) = 3.20$

또는 $F_0 < F_{\alpha/2}(\nu_A, \nu_B) = F_{0.025}(8,\ 15) = \dfrac{1}{F_{0.975}(15, 8)} = \dfrac{1}{4.10} = 0.244$이면

귀무가설(H_0)을 기각한다.

⑤ 판정 : $F_{0.025}(8,\ 15) = 0.244 < F_0 = 2.917 < F_{0.975}(8,\ 15) = 3.20$이므로 $\alpha = 0.05$에서 H_0를 채택한다. 유의수준 5%에서 산포가 다르다고 할 수 없다.

(2) σ미지인 경우($\sigma_A^2 = \sigma_B^2$) 두 모평균차에 대한 검정

① 가설 : $H_0 :\ \mu_A = \mu_B$ $\quad H_1 :\ \mu_A \neq \mu_B$

② 유의수준 : $\alpha = 0.05$

③ 검정통계량 : $t_0 = \dfrac{\overline{x}_A - \overline{x}_B}{\sqrt{V\left(\dfrac{1}{n_A} + \dfrac{1}{n_B}\right)}} = \dfrac{25.0 - 20.0}{\sqrt{25 \times \left(\dfrac{1}{9} + \dfrac{1}{16}\right)}} = 2.40$

$$V = s^2 = \frac{S_A + S_B}{n_A + n_B - 2} = \frac{350 + 225}{9 + 16 - 2} = 25.0$$

④ 기각역 : $|t_0| > t_{1-\alpha/2}(n_A + n_B - 2) = t_{0.975}(23) = 2.069$이면 귀무가설($H_0$)을 기각한다.

⑤ 판정 : $|t_0| = 2.40 > t_{0.975}(23) = 2.069$이므로 $\alpha = 0.05$에서 H_0를 기각한다. 즉, 유의수준 5%에서 평균치의 차이가 있다고 할 수 있다.

06 **공정부적합품률이 $\bar{p}=0.07$이고 관리 범위가 알려지지 않은 부적합품률 관리도로 관리되고 있다. 공정부적합품률 $\bar{p}=0.02$로 변했을 때 이를 1회의 샘플로서 탐지할 확률이 0.5 이상이 되도록 하기 위해서는 샘플의 크기가 대략 얼마 이상이어야 하겠는가? (단, 정규분포 근사치를 사용할 경우)**

해답 공정부적합품률 $\bar{p}=0.02$로 변했을 때 이를 1회의 샘플로서 탐지할 확률이 0.5 이상이 되도록 하려면 L_{CL}의 값이 새로운 중심선 $\bar{p}=0.02$과 같아지는 경우이다.

$$L_{CL}=\bar{p}-3\sqrt{\frac{\bar{p}(1-\bar{p})}{n}}=0.07-3\sqrt{\frac{0.07\times(1-0.07)}{n}}=0.02$$

$$\frac{0.07-0.02}{3}=\sqrt{\frac{0.07\times(1-0.07)}{n}}$$

$n=234.36$(235개)

07 **2^3 요인실험에서 2개의 블록으로 나누어 다음과 같이 실험하였다.**

블록 1	블록 2
$a=3.3$	$ab=6.7$
$abc=6.3$	$(1)=3.1$
$b=6.3$	$ac=4.0$
$c=4.1$	$bc=6.5$

(1) 정의대비 I를 구하시오.
(2) 요인 A의 효과를 구하시오.
(3) 요인 A의 변동을 구하시오.
(4) 요인 A의 별명관계에 있는 요인을 구하시오.

해답 (1) $ABC=\frac{1}{4}(a-1)(b-1)(c-1)=\frac{1}{4}(abc+a+b+c-ac-bc-ab-(1))$

$I=A\times B\times C$

(2) 요인 A의 효과

$$A=\frac{1}{4}(a-1)(b+1)(c+1)=\frac{1}{4}(a+ac+ab+abc-(1)-c-b-bc)$$

$$=\frac{1}{4}(3.3+4.0+6.7+6.3-3.1-4.1-6.3-6.5)=0.075$$

(3) 요인 A의 변동

$$S_A = \frac{1}{8}[(a-1)(b+1)(c+1)]^2 = 2(A)^2 = 0.01125$$

(4) $A \times I = A \times (A \times B \times C) = A^2 \times B \times C = B \times C$

08 가성소다의 NaOH 함유 규격은 국가규격에 의하면 1급품은 98% 이상으로 되어 있다. 1급품 규격 98%에 미달한 것이 0.4% 이하의 로트는 통과시키고, 그것이 5% 이상인 로트는 통과되지 않도록 하는 계량규준형 1회 샘플링검사 방식을 구하시오. (단, $\sigma = 0.75\%$, $\alpha = 0.05$, $\beta = 0.10$)

해답 $k_{p_0} = k_{0.004} = 2.652$, $k_{p_1} = k_{0.05} = 1.645$, $k_\alpha = k_{0.05} = u_{1-\alpha} = u_{0.95} = 1.645$,

$k_\beta = k_{0.10} = u_{1-\beta} = u_{0.90} = 1.282$

$$n = \left(\frac{k_\alpha + k_\beta}{k_{p_0} - k_{p_1}}\right)^2 = \left(\frac{1.645 + 1.282}{2.652 - 1.645}\right)^2 = 8.44863(9\text{개})$$

$$k = \frac{k_{p_0}k_\beta + k_{p_1}k_\alpha}{k_\alpha + k_\beta} = \frac{2.652 \times 1.282 + 1.645 \times 1.645}{1.645 + 1.282} = 2.08606$$

$$\overline{X_L} = L + k\sigma = 98 + 2.08606 \times 0.75 = 99.56454\ \%$$

따라서 $n = 9$개의 시료를 채취하여 그 평균치 $\bar{x}$를 구했을 때

$\bar{x} \geq \overline{X_L} = 99.56454$이면 로트를 합격

$\bar{x} < \overline{X_L} = 99.56454$이면 로트를 불합격시킨다.

09 ISO 9000에서 정의하고 있는 어떤 용어에 대한 설명인가?

(1) 활동 또는 프로세스를 수행하기 위하여 규정된 방식

(2) 동일한 기능으로 사용되는 대상에 대하여 상이한 요구사항으로 부여되는 범주 또는 순위

(3) 요구사항의 불충족

(4) 잠재적인 부적합 또는 기타 바람직하지 않은 잠재적 상황의 원인을 제거하기 위한 조치

해답 (1) 절차

(2) 등급

(3) 부적합

(4) 예방조치

10 **아래의 데이터는 어느 직물공장에서 나타난 흠의 수를 조사한 결과이다. 물음에 답하시오.**

(1) 무슨 관리도를 사용하여야 하겠는가?

(2) C_L의 값을 구하고 n이 10, 15, 20인 경우 U_{CL}, L_{CL}을 구하시오.

(3) 관리한계를 벗어난 점이 있으면 그 로트번호를 적으시오.

(4) 데이터에서 종류(유형)별로 분류해 놓은 흠의 통계를 가지고 파레토도를 작성하시오.

로트번호		1	2	3	4	5	6	7	8	9	10	11	12	13	14	15	합계
ⓐ 시료의 수(n)		10	10	15	15	20	20	20	20	20	10	10	10	15	15	15	225
흠의 수	얼룩 수	12	16	12	15	21	15	13	32	23	16	17	6	13	22	16	249
	구멍난 수	5	3	5	6	4	6	6	8	8	6	4	1	4	6	6	78
	실이 튄 수	6	1	6	7	2	7	10	9	9	7	2	1	10	11	8	96
	색상 나쁜 곳	10	1	8	10	2	9	8	12	11	11	2	2	9	12	12	119
	기타	2	–	2	4	–	3	–	2	1	1	–	–	–	1	1	17
	ⓑ 합계	35	21	33	42	29	40	37	63	52	41	25	10	36	52	43	559
ⓑ÷ⓐ		3.50	2.10	2.20	2.80	1.45	2.00	1.85	3.15	2.60	4.10	2.50	1.00	2.40	3.47	2.87	–

해답 (1) u관리도

(2) ① $C_L = \bar{u} = \dfrac{\sum c}{\sum n} = \dfrac{559}{225} = 2.48444$

② $n = 10$인 경우

$$U_{CL} = \bar{u} + 3\sqrt{\frac{\bar{u}}{n_i}} = 2.48444 + 3\sqrt{\frac{2.48444}{10}} = 3.97977$$

$$L_{CL} = \bar{u} - 3\sqrt{\frac{\bar{u}}{n_i}} = 2.48444 - 3\sqrt{\frac{2.48444}{10}} = 0.98912$$

③ $n = 15$인 경우

$$U_{CL} = \bar{u} + 3\sqrt{\frac{\bar{u}}{n_i}} = 2.48444 + 3\sqrt{\frac{2.48444}{15}} = 3.70537$$

$$L_{CL} = \bar{u} - 3\sqrt{\frac{\bar{u}}{n_i}} = 2.48444 - 3\sqrt{\frac{2.48444}{15}} = 1.26352$$

④ $n=20$인 경우

$$U_{CL}=\bar{u}+3\sqrt{\frac{\bar{u}}{n_i}}=2.48444+3\sqrt{\frac{2.48444}{20}}=3.54180$$

$$L_{CL}=\bar{u}-3\sqrt{\frac{\bar{u}}{n_i}}=2.48444-3\sqrt{\frac{2.48444}{20}}=1.42709$$

(3) 10번

(4) 파레토도

항목	흠의 수	비율(%)	누적 수	누적비율(%)
얼룩 수	249	44.54383	249	44.54383
색상 나쁜 곳	119	21.28801	368	65.83184
실이 튄 수	96	17.17352	464	83.00536
구멍난 수	78	13.95349	542	96.95885
기타	17	3.04115	559	100

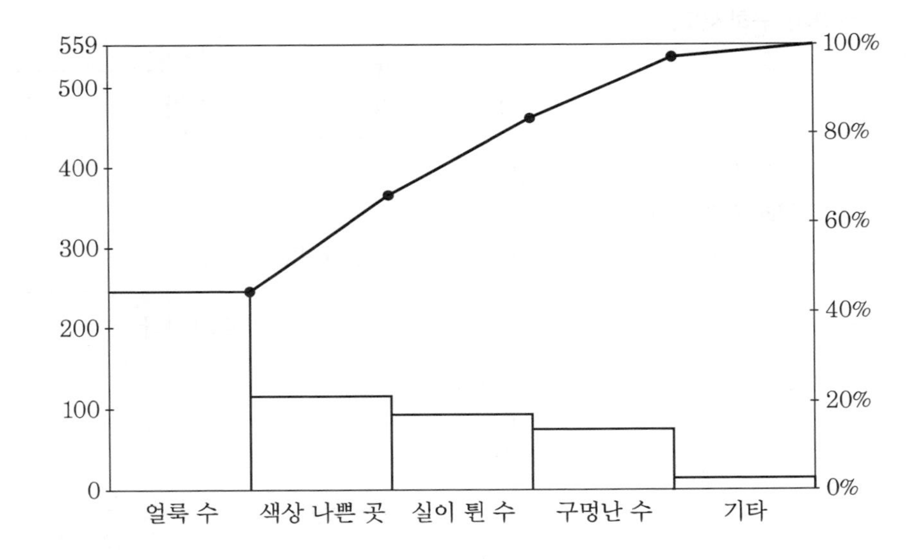

11 어떤 실험을 실시하는데 A를 1차 단위, B를 2차 단위로 블록반복 2회의 분할실험을 하여 다음과 같은 블록반복 R과 A의 2원표를 얻었다. R간의 제곱합 S_R을 구하시오. (단, m은 B의 수준수임)

$m=4$	A_1	A_2	A_3	A_4	A_5
블록반복 Ⅰ	−31	3	12	13	5
블록반복 Ⅱ	−8	7	−18	6	−19

해답 $S_R = \sum_k \frac{T_{..k}^2}{lm} - CT = \frac{1}{20}(2^2 + (-32)^2) - \frac{(-30)^2}{40} = 28.9$

12 다음 데이터는 설계를 변경한 후 만든 어떤 전자기기 장치 10대를 수명시험기에 걸어 고장 수 $r=7$에서 중단한 시험의 결과이다. 이 데이터를 와이블확률지에 타점하여 보니 형상파라미터 $m=1$이 되었다고 할 때 다음 물음에 답하시오. (단, 소수점 3자리까지 구하시오.)

데이터

3, 9, 12, 18, 27, 31, 43시간

(1) 이 장치의 MTBF를 추정하시오.

(2) 고장률을 추정하시오.

(3) 신뢰수준 95%에서의 MTBF의 신뢰구간을 구하시오.

해답 $T = (3+9+12+18+27+31+43) + (10-7) \times 43 = 272$시간

(1) $\widehat{MTBF} = \hat{\theta} = \frac{T}{r} = \frac{272}{7} = 38.857$시간

(2) $\hat{\lambda} = \frac{r}{T} = \frac{7}{272} = 0.026$ /시간

(3) $\frac{2T}{\chi^2_{1-\alpha/2}(2r)} \le \hat{\theta} \le \frac{2T}{\chi^2_{\alpha/2}(2r)} \rightarrow \left(\frac{2\times 272}{\chi^2_{0.975}(14)} \le \hat{\theta} \le \frac{2\times 272}{\chi^2_{0.025}(14)}\right) \rightarrow$

$\left(\frac{544}{26.12} \le \hat{\theta} \le \frac{544}{5.63}\right) \rightarrow (20.827 \le \hat{\theta} \le 96.625)$

13 $Q_{PR}=1\%$, $Q_{CR}=10\%$, $\alpha=0.05$, $\beta=0.10$을 만족시키는 부적합률에 대한 계량형 축차 샘플링검사 방식(표준편차기지)(KS Q ISO 39511)에서 품질특성치는 정규분포를 따른다. 규격상한 $U=200\text{kg}$만 존재하는 망소특성으로 표준편차(σ)는 2kg으로 알려져 있을 때 다음 각 물음에 답하시오.

(1) 누적 샘플크기(n_{cum})가 누적 샘플크기의 중지값(n_t)보다 작을 경우의 축차 샘플링검사의 합격판정치(A), 축차 샘플링검사의 불합격판정치(R)를 구하는 식을 쓰시오.

(2) 진행된 로트에 대해 표의 빈칸을 채우고, 합격 여부를 판정하시오.

누적 샘플크기 (n_{cum})	검사결과 (x[kg])	여유량 (y)	불합격판정치 (R)	누적여유량 (Y)	합격판정치 (A)
1	194.5	5.5	−0.992	5.5	6.838
2	196.5				
3	201.0				
4	197.8				
5	198.0				

해답 (1) KS Q ISO 39511 표로부터 $h_A=1.615$, $h_R=2.300$, $g=1.804$, $n_t=13$이다.

- 합격판정치(A) : $A=h_A\sigma+g\sigma n_{cum}=1.615\times2+1.804\times2\times n_{cum}$
  $=3.230+3.608n_{cum}$
- 불합격판정치(R) : $R=-h_R\sigma+g\sigma n_{cum}=-2.300\times2+1.804\times2\times n_{cum}$
  $=-4.600+3.608n_{cum}$

(2)

누적 샘플크기 (n_{cum})	검사결과 (x[kg])	여유량 (y)	불합격판정치 (R)	누적여유량 (Y)	합격판정치 (A)
1	194.5	5.5	−0.992	5.5	6.838
2	196.5	3.5	2.616	9	10.446
3	201.0	−1	6.224	8	14.054
4	197.8	2.2	9.832	10.2	17.662
5	198.0	2	13.440	12.2	21.270

- 판정 : 5번째 시료에서 $Y(=12.2)\le R(=13.440)$이므로 로트 불합격

14 폴리에스테르를 이용하여 직물을 제조하는 Y회사의 품질경영부서에서는 직물의 신율이 가장 중요한 품질특성으로 강조되어 원료의 특성(x)에 따른 직물제품의 특성(y)에 관한 신율을 조사하여 다음 데이터를 얻었다. 다음 물음에 답하시오. (단, $\alpha = 0.05$)

x	30	20	60	80	40	50	60	30	70	60
y	73	50	128	170	87	108	135	69	148	132

(1) 표본상관계수(r)를 구하시오.

(2) 회귀계수(β_1)를 검정하시오.

(3) 추정회귀 직선을 구하시오.

해답 $n = 10$, $\sum x = 500$, $\bar{x} = 50$, $\sum x^2 = 28{,}400$, $\sum y = 1{,}100$,

$\bar{y} = 110$ $\sum y^2 = 134{,}660$, $\sum xy = 61{,}800$

$$S_{xx} = \sum x^2 - \frac{(\sum x)^2}{n} = 3{,}400$$

$$S_{yy} = \sum y^2 - \frac{(\sum y)^2}{n} = 13{,}660$$

$$S_{xy} = \sum xy - \frac{\sum x \sum y}{n} = 6{,}800$$

(1) $r = \dfrac{S_{xy}}{\sqrt{S_{xx} S_{yy}}} = \dfrac{6{,}800}{\sqrt{3{,}400 \times 13{,}660}} = 0.99780$

(2) ① 가설 : H_0 : $\beta_1 = 0$, H_1 : $\beta_1 \neq 0$

② 유의수준 : $\alpha = 0.05$

③ 분산분석표

요인	SS	DF	MS	F_0	$F_{0.95}$
회귀(R)	13,600	1	13,600	1,813.33333	5.32
오차(e)	60	8	7.5		
총(T)	13,660	9			

$$S_T = S_{yy} = 13{,}660$$

$$S_R = \frac{S_{xy}^2}{S_{xx}} = \frac{6{,}800^2}{3{,}400} = 13{,}600$$

$$S_{y/x} = S_e = S_T - S_R = 13{,}660 - 13{,}600 = 60$$

$$\nu_T = n-1 = 9, \quad \nu_R = 1, \quad \nu_e = n-2 = 8$$

$$V_R = \frac{S_R}{\nu_R} = \frac{13{,}600}{1} = 13{,}600$$

$$V_e = V_{y/x} = \frac{S_e}{\nu_e} = \frac{60}{8} = 7.5$$

$$F_0 = \frac{V_R}{V_e} = \frac{13{,}600}{7.5} = 1{,}813.33333$$

④ 판정 : $F_0 = 1{,}813.33333 > F_{0.95}(1, 8) = 5.32$ 이므로 $\alpha = 0.05$에서 H_0를 기각한다. 즉, 회귀계수는 유의하다.

(3) $\hat{\beta}_1 = \frac{S_{xy}}{S_{xx}} = \frac{6{,}800}{3{,}400} = 2$

$\hat{\beta}_0 = \overline{y} - \hat{\beta}_1 \overline{x} = 110 - 2 \times 50 = 10$

$y = 10 + 2x$

품질경영 기사 / 산업기사 실기

PART 8

품질경영산업기사 기출 복원문제

2019년 제1회 기출 복원문제

01. Y회사는 어떤 부품의 수입검사에 KS Q ISO 2859-1을 사용하고 있다. 검토 후 $AQL = 1.0\%$, 검사수준은 Ⅲ으로 1회 샘플링검사를 하고 있다. 처음에는 보통검사로 시작하였으나 40번 로트에서는 수월한 검사를 실시하였다. 다음의 빈칸을 채우시오. (KS Q ISO 2859-1의 표를 사용할 것)

로트 번호	N	시료 문자	n	A_c	R_e	부적합 품수	합격 판정	전환 점수	샘플링검사의 엄격도
40	2500	L	80	3	4	3	합격	31	수월한 검사로 전환
41	2000					2		-	
42	1000					1		-	
43	2500					3		-	
44	2000					4		-	
45	1000					3		0	

해답

로트 번호	N	시료 문자	n	A_c	R_e	부적합 품수	합격 판정	전환 점수	샘플링검사의 엄격도
40	2500	L	80	3	4	3	합격	31	수월한 검사로 전환
41	2000	L	80	3	4	2	합격	-	수월한 검사로 속행
42	1000	K	50	2	3	1	합격	-	수월한 검사로 속행
43	2500	L	80	3	4	3	합격	-	수월한 검사로 속행
44	2000	L	80	3	4	4	불합격	-	보통검사로 전환
45	1000	K	125	3	4	3	합격	0	보통검사로 속행

02. 어떤 공정에서 불량에 관한 데이터를 수집한 결과 다음과 같다. 빈칸을 채우고 파레토도를 그리시오.

부적합항목	부적합품수	비율(%)	누적수(개)	누적비율(%)
치수	142	( )	( )	( )
긁힘	71	( )	( )	( )
마무리	52	( )	( )	( )
기포	29	( )	( )	( )
형상	16	( )	( )	( )
기타	10	( )	( )	( )
계	320개			

해답

부적합항목	부적합품수	비율(%)	누적수(개)	누적비율(%)
치수	142	44.37500	142	44.375000
긁힘	71	22.18750	213	66.562500
마무리	52	16.25000	265	82.812500
기포	29	9.06250	294	91.875000
형상	16	5.00000	310	96.875000
기타	10	3.12500	320	100.0000
계	320개	100%	320	100%

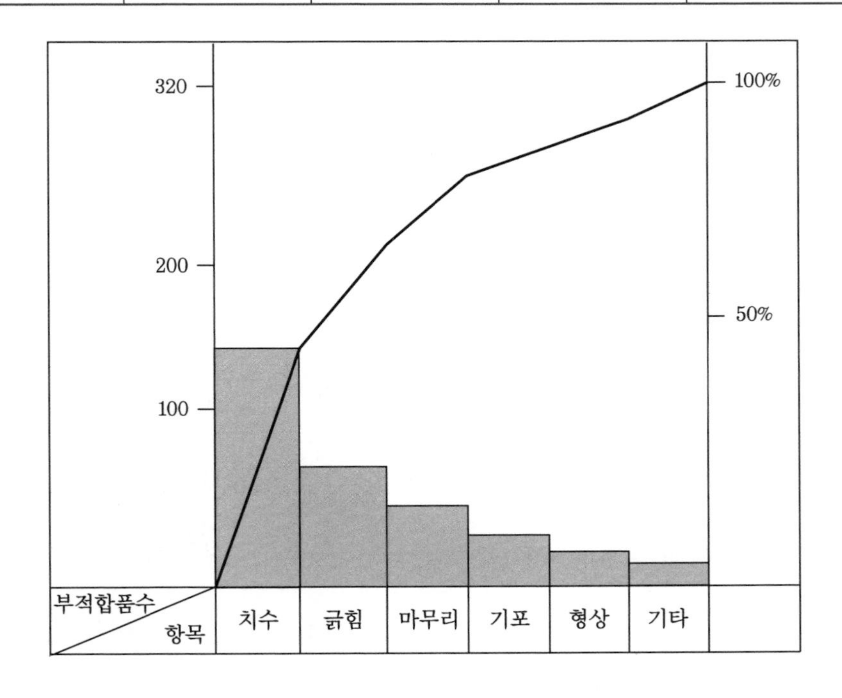

03. 플라스틱 제품의 신도(伸度)를 향상시키기 위한 실험을 실시하려 한다. 4요인 A, B, C, D가 신도에 영향을 주리라 기대되어 각각 2수준씩 선택하여 $L_8(2^7)$ 직교배열표를 이용하여 실험을 실시한 결과가 다음과 같이 주어졌다.

실험번호	열번호							실험조건	특성치
	1	2	3	4	5	6	7		
1	0	0	0	0	0	0	0	$A_0B_0C_0D_0$	13
2	0	0	0	1	1	1	1	$A_0B_0C_1D_1$	10
3	0	1	1	0	0	1	1	$A_0B_1C_0D_1$	19
4	0	1	1	1	1	0	0	$A_0B_1C_1D_0$	9
5	1	0	1	0	1	0	1	$A_1B_0C_0D_1$	14
6	1	0	1	1	0	1	0	$A_1B_0C_1D_0$	10
7	1	1	0	0	1	1	0	$A_1B_1C_0D_0$	18
8	1	1	0	1	0	0	1	$A_1B_1C_1D_1$	17
기본표시	a	b	ab	c	ac	bc	abc		
실험배치	A	B	e	C	e	E	D		

(1) 각 요인의 주효과를 구하시오.

(2) 각 요인의 변동(제곱합)을 구하시오.

해답 (1) 각 요인의 주효과

$$A = \frac{1}{4}[(14+10+18+17)-(13+10+19+9)] = 2$$

$$B = \frac{1}{4}[(19+9+18+17)-(13+10+14+10)] = 4$$

$$C = \frac{1}{4}[(10+9+10+17)-(13+19+14+18)] = -4.5$$

$$D = \frac{1}{4}[(10+19+14+17)-(13+9+10+18)] = 2.5$$

(2) 각 요인의 변동

$$S_A = \frac{1}{8}[(14+10+18+17)-(13+10+19+9)]^2 = 2(A)^2 = 8$$

$$S_B = \frac{1}{8}[(19+9+18+17)-(13+10+14+10)]^2 = 2(B)^2 = 32$$

$$S_C = \frac{1}{8}[(10+9+10+17)-(13+19+14+18)]^2 = 2(C)^2 = 40.5$$

$$S_D = \frac{1}{8}[(10+19+14+17)-(13+9+10+18)]^2 = 2(D)^2 = 12.5$$

04. 폴리에스테르를 이용하여 직물을 제조하는 Y회사의 품질경영부서에서는 직물의 신율이 가장 중요한 품질특성으로 강조되어 원료의 특성(x)에 따른 직물제품의 특성(y)에 관한 신율을 조사하여 다음 데이터를 얻었다. 다음 물음에 답하시오.

x	30	20	60	80	40	50	60	30	70	60
y	73	50	128	170	87	108	135	69	148	132

(1) 공분산(V_{xy})을 구하시오.

(2) 표본상관계수(r)를 구하시오.

(3) 상관관계의 유·무에 관한 검정을 하시오. (단, $\alpha = 0.05$)

(4) 모상관계수의 95% 신뢰구간을 추정하시오.

해답 $n = 10$, $\sum x = 500$, $\bar{x} = 50$, $\sum x^2 = 28{,}400$, $\sum y = 1{,}100$,

$\bar{y} = 110$ $\sum y^2 = 134{,}660$, $\sum xy = 61{,}800$

$$S_{xx} = \sum x^2 - \frac{(\sum x)^2}{n} = 3{,}400, \quad S_{yy} = \sum y^2 - \frac{(\sum y)^2}{n} = 13{,}660,$$

$$S_{xy} = \sum xy - \frac{\sum x \sum y}{n} = 6{,}800$$

(1) $V_{xy} = \dfrac{S(xy)}{n-1} = \dfrac{6{,}800}{9} = 755.55556$

(2) $r = \dfrac{S_{xy}}{\sqrt{S_{xx}S_{yy}}} = \dfrac{6{,}800}{\sqrt{3{,}400 \times 13{,}660}} = 0.99780$

(3) ① 가설 : $H_0 : \rho = 0$ $\quad H_1 : \rho \neq 0$

② 유의수준 : $\alpha = 0.05$

③ 검정통계량 : $t_0 = \dfrac{r}{\sqrt{\dfrac{1-r^2}{n-2}}} = r \cdot \sqrt{\dfrac{n-2}{1-r^2}} = 0.99780 \times \sqrt{\dfrac{10-2}{1-0.99780^2}}$

$= 42.56975$

④ 기각역 : $|t_0| > t_{1-\alpha/2}(n-2) = t_{0.975}(8) = 2.306$ 이면 H_0를 기각한다.

⑤ 판정 : $t_0 = 42.56975 > t_{0.975}(8) = 2.306$ 이므로 $\alpha = 0.05$ 에서 H_0를 기각한다. 상관관계가 존재한다고 할 수 있다.

(4) $\tanh\left(\tanh^{-1} r \pm u_{1-\alpha/2}\dfrac{1}{\sqrt{n-3}}\right) = \tanh\left(\tanh^{-1} 0.99780 \pm 1.96 \dfrac{1}{\sqrt{7}}\right)$

$0.99036 < \rho < 0.99950$

05. 다음 데이터는 공장에서 생산된 기계부품 중에서 랜덤하게 100개를 취하여 길이를 측정한 것이다. 다음 물음에 답하시오. (단, $U=77$, $L=28$)

번호	계급의 경계	중심치(x_i)	도수(f_i)	$u_i=\frac{x_i-x_0}{h}$	fu	fu^2
1	20.5 ~ 26.5	23.5	2			
2	26.5 ~ 32.5	29.5	5			
3	32.5 ~ 38.5	35.5	5			
4	38.5 ~ 44.5	41.5	10			
5	44.5 ~ 50.5	47.5	23			
6	50.5 ~ 56.5	53.5	23			
7	56.5 ~ 62.5	59.5	17			
8	62.5 ~ 68.5	65.5	8			
9	68.5 ~ 74.5	71.5	3			
10	84.5 ~ 80.5	79.5	2			
11	80.5 ~ 86.5	83.5	2			
계			100			

(1) 평균($\overline{x}$)를 구하시오.

(2) 표준편차 (s)를 구하시오.

(3) 변동계수(CV)를 구하시오.

해답

번호	계급의 경계	중심치(x_i)	도수(f_i)	$u_i=\frac{x_i-x_0}{h}$	fu	fu^2
1	20.5 ~ 26.5	23.5	2	−5	−10	50
2	26.5 ~ 32.5	29.5	5	−4	−20	80
3	32.5 ~ 38.5	35.5	5	−3	−15	45
4	38.5 ~ 44.5	41.5	10	−2	−20	40
5	44.5 ~ 50.5	47.5	23	−1	−23	23
6	50.5 ~ 56.5	53.5	23	0	0	0
7	56.5 ~ 62.5	59.5	17	1	17	17
8	62.5 ~ 68.5	65.5	8	2	16	32
9	68.5 ~ 74.5	71.5	3	3	9	27
10	84.5 ~ 80.5	79.5	2	4	8	32
11	80.5 ~ 86.5	83.5	2	5	10	50
계			100	−	−28	396

(1) $\bar{x} = x_0 + h \times \left(\dfrac{\sum fu}{\sum f} \right) = 53.5 + 6 \times \dfrac{-28}{100} = 51.82$

(2) $\hat{\sigma} = s = \sqrt{141.14909} = 11.88062$

$$S = h^2 \left(\sum fu^2 - \frac{(\sum fu)^2}{\sum f} \right) = 6^2 \left(396 - \frac{(-28)^2}{100} \right) = 13,973.76$$

$$\hat{\sigma}^2 = \frac{S}{\sum f - 1} = \frac{13,973.76}{99} = 141.14909$$

(3) $CV = \dfrac{s}{\bar{x}} \times 100 = \dfrac{11.88062}{51.82} \times 100 = 22.92670\%$

06. 샘플링검사의 실시조건 5가지만 작성하시오.

해답 ① 제품이 로트로 처리될 수 있을 것
② 품질기준이 명확할 것
③ 시료를 랜덤하게 취할 수 있을 것
④ 합격 로트 속에 어느 정도의 부적합품의 혼입이 허용될 수 있을 것
⑤ 계량 샘플링검사에서는 로트의 검사단위의 특성치 분포를 대략적으로 알고 있을 것

07. 다음 보기에서 답하시오.

보기

수입검사, 공정검사, 제품검사, 출하검사, 정위치검사, 순회검사, 출장검사, 파괴검사, 비파괴검사, 관능검사, 전수검사, 로트별 샘플링 검사, 관리샘플링검사, 무(無)검사

(1) 재료, 반제품, 제품을 받아들이는 경우의 검사
(2) 검사원이 적시에 현장을 순회하여 물품을 검사
(3) 검사 후에도 특성이 변하지 않는 검사
(4) 검사 로트를 전부 조사하는 검사(파괴검사에는 사용할 수 없다)
(5) 외주업체나 타 공정에 나가서 타 책임자의 입회하에 검사

해답 (1) 수입검사 (2) 순회검사
(3) 비파괴검사 (4) 전수검사
(5) 출장검사

08. 로트의 품질표시방법 5가지를 쓰시오.

해답 ① 시료의 평균
② 시료의 표준편차
③ 시료의 범위
④ 시료 내의 부적합품수
⑤ 시료의 평균부적합수

09. QC 7가지 도구를 쓰시오.

해답 ① 각종 그래프
② 파레토도
③ 체크 시트
④ 특성요인도
⑤ 히스토그램
⑥ 산점도
⑦ 층별

10. 어떤 자동차부품의 규격은 $0.790 \pm 0.005\text{cm}$이다. 이 부품의 제조공정을 관리하기 위하여 지난 20일간에 걸쳐 매일 5개씩의 데이터를 취하여 $\bar{x}-R$ 관리도를 작성하여 보니, 관리는 안정상태이며 $\bar{\bar{x}}=0.788\text{cm}$, $\bar{R}=0.008\text{cm}$였다. 이 부품의 치우침을 고려한 공정능력지수 C_{pk}를 구하시오. (단 $n=5$일 때 $d_2=2.326$이다.)

해답 $\hat{\sigma}=\dfrac{\bar{R}}{d_2}=\dfrac{0.008}{2.326}=0.00344$

$$k=\frac{\left|\dfrac{U+L}{2}-\bar{x}\right|}{\dfrac{U-L}{2}}=\frac{|0.790-0.788|}{\dfrac{0.795-0.785}{2}}=0.4$$

$$C_{pk}=(1-k)C_p=(1-0.4)\left(\frac{0.795-0.785}{6\times 0.00344}\right)=0.2907$$

11. 품질코스트(Q-cost)를 쓰고, 품질 코스트의 특징과 품질과의 관계를 곡선으로 나타내시오.

해답 (1) 품질코스트(Q-cost)

① 예방코스트 ② 평가코스트 ③ 실패코스트

(2) 품질코스트 관계 곡선

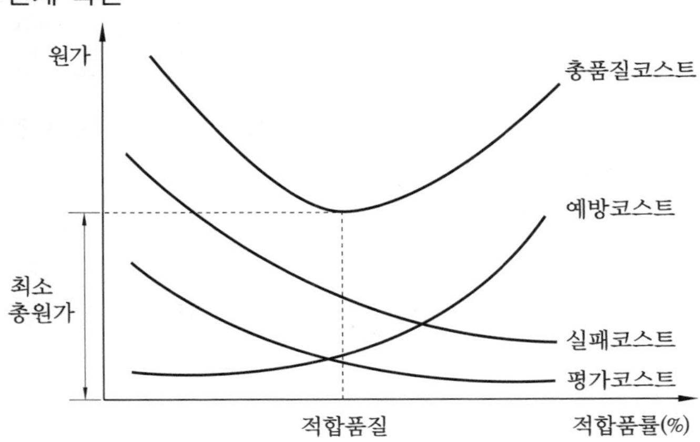

12. 어떤 식품제조회사에서 제품검사에 계수규준형 1회 샘플링검사를 적용하기 위하여 구입자와 $p_0 = 1\%$, $p_1 = 10\%$, $\alpha = 0.05$, $\beta = 0.10$으로 합의하였다. 이것을 만족시킬 수 있는 샘플링검사방식을 구하시오.

c	$(np)_{0.99}$	$(np)_{0.95}$	$(np)_{0.10}$	$(np)_{0.05}$
0	–	–	2.30	2.90
1	0.15	0.35	3.90	4.60
2	0.42	0.80	5.30	6.20
3	0.80	1.35	6.70	7.60
4	1.30	1.95	8.00	9.20

해답 (1) $\alpha = 0.05$를 만족시키는 샘플링검사방식은 $L(p) = 1 - \alpha = 0.95$, $p_0 = 1\%$이므로 $c = 0$, $c = 1$, $c = 2 \cdots$에 대응하는 np값인 $(np)_{0.95}$를 이용하여 $n = \frac{(np)_{0.95}}{p_0}$을 구한다.

c	0	1	2	3	4
$(np)_{0.95}$	–	0.35	0.80	1.35	1.95
n	–	$\frac{0.35}{0.01} = 35$	$\frac{0.80}{0.01} = 80$	$\frac{1.35}{0.01} = 135$	$\frac{1.95}{0.01} = 195$

(2) $\beta = 0.10$를 만족시키는 샘플링검사방식은 $L(p) = \beta = 0.10$, $p_1 = 10\%$이므로 $c = 0$, $c = 1$, $c = 2 \cdots$에 대응하는 np값인 $(np)_{0.10}$를 이용하여 $n = \dfrac{(np)_{0.10}}{p_1}$을 구한다.

c	0	1	2	3	4
$(np)_{0.10}$	2.30	3.90	5.30	6.70	8.00
n	$\dfrac{2.30}{0.1} = 23$	$\dfrac{3.90}{0.1} = 39$	$\dfrac{5.30}{0.1} = 53$	$\dfrac{6.70}{0.1} = 67$	$\dfrac{8.0}{0.1} = 80$

(3) (1) 및 (2)의 샘플링검사방식에 대해 동일한 c에 대하여 검토할 가장 근사한 경우는 $c = 1$일 때이다.

$\therefore\ n = \dfrac{35 + 39}{2} = 37$

(4) 따라서 구하고자 하는 샘플링방식은 $(n = 37,\ c = 1)$이다.

13. A, B 모두 모수모형인 2요인 실험에서 A는 4수준, B는 3수준인 실험에서 $\overline{x_{3\cdot}} = 5.13$, $\bar{x}_{\cdot 2} = 5.05$, $\bar{\bar{x}} = 5.03$, $V_E = 0.09$일 때 n_e와 A_3B_2의 모평균의 95% 신뢰구간을 구하시오.

해답 반복없은 2요인실험(모수모형)

점추정 : $\hat{\mu}(A_3B_2) = \bar{x}_{3\cdot} + \bar{x}_{\cdot 2} - \bar{\bar{x}} = 5.13 + 5.05 - 5.03 = 5.15$

$\hat{\mu}(A_3B_2)$ 95% 신뢰구간추정 : $(\bar{x}_{i\cdot} + \bar{x}_{\cdot j} - \bar{\bar{x}}) \pm t_{1-\alpha/2}(\nu_e)\sqrt{\dfrac{V_e}{n_e}}$

$$= (5.13 + 5.05 - 5.03) \pm 2.447\sqrt{\frac{0.09}{2}}$$

$4.63091 \le \mu(A_3B_2) \le 5.66909$

$\nu_e = (l-1)(m-1) = (4-1)(3-1) = 6$

$$n_e = \frac{\text{총실험횟수}}{\text{유의한 요인의 자유도 합} + 1} = \frac{lm}{\nu_A + \nu_B + 1} = \frac{4 \times 3}{3 + 2 + 1} = 2$$

14. 납품업체 A_1, A_2, A_3, A_4 제품의 마모도 측정 데이터가 다음과 같다.

마모도 검사자료

		반복			
납품업체	A_1	1.93	2.38	2.20	2.25
	A_2	2.55	2.72	2.75	2.70
	A_3	2.40	2.68	2.32	2.28
	A_4	2.33	2.38	2.28	2.25

(1) 가설을 설정하시오.
(2) 분산분석을 하시오.
(3) 불편분산의 기대치($E(V)$)를 구하시오.
(4) 최적수준을 구하시오.
(5) 최적수준에 대하여 95% 신뢰구간을 구하시오.

해답 (1) H_0 : $a_1 = a_2 = a_3 = a_4 = 0$, H_1 : a_i는 모두 0인 것은 아니다.

(2) 분산분석표

		반복				$T_{i\cdot}$	$\bar{x}_{i\cdot}$
납품업체	A_1	1.93	2.38	2.20	2.25	8.76	2.19
	A_2	2.55	2.72	2.75	2.70	10.72	2.68
	A_3	2.40	2.68	2.32	2.28	9.68	2.42
	A_4	2.33	2.38	2.28	2.25	9.24	2.31
						38.4	2.40

요인	제곱합(SS)	자유도(ν)	평균제곱(V)	F_0	$F_{0.99}$	$E(V)$
A	0.52400	3	0.17467	8.78622**	5.95	$\sigma_e^2 + 4\sigma_A^2$
e	0.23860	12	0.01988			σ_e^2
T	0.76260	15				

$F_0 > F_{0.99}$이므로 요인 A는 매우 유의하다. 즉, 마모도에 차이가 있다.

① 수정항 $CT = \dfrac{T^2}{N} = \dfrac{(38.4)^2}{16} = 92.16$

② 총변동 $S_T = \sum_i \sum_j x_{ij}^2 - CT = 92.9226 - 92.16 = 0.76260$

③ 급간변동 $S_A = \sum_i \dfrac{T_{i\cdot}^2}{r} - CT = \dfrac{1}{4}(8.76^2 + 10.72^2 + 9.68^2 + 9.24^2) - CT$

$= 0.5240$

④ 급내변동 $S_e = S_T - S_A = 0.76260 - 0.524 = 0.2386$

⑤ $\nu_T = lr - 1 = 16 - 1 = 15$, $\nu_A = l - 1 = 4 - 1 = 3$,

$\nu_e = \nu_T - \nu_A = 15 - 3 = 12$

⑥ $V_A = \dfrac{S_A}{\nu_A} = \dfrac{0.5240}{3} = 0.17467$, $V_e = \dfrac{S_e}{\nu_e} = \dfrac{0.2368}{12} = 0.01988$

⑦ $F_0 = \dfrac{0.17467}{0.01988} = 8.78622$

(3) 불편분산의 기대치($E(V)$)

$E(V_A) = \sigma_e^2 + r\sigma_A^2\sigma_e^2 + r\sigma_A^2$

$E(V_e) = \sigma_e^2$

(4) $\hat{\mu}(A_i)$는 망소특성이다. A_i의 각 수준의 평균값 중 가장 작은 값이 최적수준이 된다. 따라서 최적수준은 A_1이다.

(5) $\overline{x}_{i\cdot} \pm t_{1-\alpha/2}(\nu_e)\sqrt{\dfrac{V_e}{r}} = \overline{x}_{1\cdot} \pm t_{0.975}(12)\sqrt{\dfrac{0.01988}{4}}$

$= 2.19 \pm 2.179 \times \sqrt{\dfrac{0.01988}{4}}$

$2.03638 \le \mu(A_1) \le 2.34362$

15. $U_{CL} = 43.44$, $L_{CL} = 16.56$인 $\overline{x}$ 관리도가 있다. 공정의 분포가 $N(30,\ 10^2)$일 때 이 관리도에서 점 $\overline{x}$가 관리한계 밖으로 나올 확률은 얼마인가?

해답 $U_{CL} - L_{CL} = 6\dfrac{\sigma}{\sqrt{n}}$, $26.88 = 6\dfrac{\sigma}{\sqrt{n}}$, $\dfrac{\sigma}{\sqrt{n}} = 4.48$

$P_r(\overline{x} > U_{CL}) + P_r(\overline{x} < L_{CL}) = P_r\left(u > \dfrac{43.44 - 30}{4.48}\right) + P_r\left(u < \dfrac{16.56 - 30}{4.48}\right)$

$= P_r(u > 3) + P_r(u < -3) = 0.00135 \times 2$

$= 0.0027$

2019년 제2회 기출 복원문제

01. A, B 두 부품을 붙여서 조립하고자 한다. A의 길이는 평균 30cm, 분산은 4cm^{2}이고, B의 길이는 평균 40cm, 분산은 9cm^{2}이다. 조립품의 평균과 분산을 구하시오.

해답 (1) 조립품의 평균 : $30+40=70\text{cm}$

(2) 조립품의 분산 : $4+9=13\text{cm}^2$

02. 한강에서 모래를 채취하여 운반하는 데 한 트럭당 실려 있는 모래 양이 평균 3t이고 표준편차가 0.5t인 정규분포를 한다고 한다.

(1) 모래를 운반하는 트럭 4대를 랜덤하게 추출할 때 4대의 평균모래무게 $\overline{x}$는 어떤 분포를 따르는가?

(2) 트럭 10대를 랜덤하게 추출할 때 10대의 평균모래무게 $\overline{x}$가 얼마 이상되어야 확률이 1%가 되겠는가?

해답 (1) $\overline{X}$의 분포 : $\mu=3$, $\sigma^2=\dfrac{0.5^2}{4}$

즉, $N\left(3,\ \left(\dfrac{0.5}{\sqrt{4}}\right)^2\right)$를 따른다.

(2) $u=\dfrac{\overline{x}-\mu}{\dfrac{\sigma}{\sqrt{n}}}=\dfrac{\overline{x}-3}{\dfrac{0.5}{\sqrt{10}}}=2.326$, $\overline{x}=3.36777$

03. 검사단위가 일정치 않은 표본으로부터 측정한 부적합수가 다음 표와 같다. (단, 소수점 3자리에서 반올림하시오.)

표본번호(i)	1	2	3	4	5	6	7	8	9	10	11	12	13	14	15
표본크기(n_i)	15	15	15	10	10	20	20	20	20	10	10	15	15	15	15
부적합수 (C_i)	35	41	34	23	28	43	34	45	20	15	25	33	42	35	33

(1) 적합한 관리도를 선택하시오.

(2) C_L값과 $n=10,\ 15,\ 20$인 경우 각각에 대한 U_{CL}, L_{CL}을 구하시오.

(3) 관리도를 작성하시오.

(4) 관리상태(안정상태)의 여부를 판정하시오.

해답 (1) 시료의 크기(n_i)가 일정하지 않은 부적합수 관리도이므로 U관리도가 적합하다.

(2)

표본번호(i)	1	2	3	4	5	6	7	8	9	10	11	12	13	14	15
표본크기 (n_i)	15	15	15	10	10	20	20	20	20	10	10	15	15	15	15
부적합수 (C_i)	35	41	34	23	28	43	34	45	20	15	25	33	42	35	33
단위당 부적합수 (u)	2.33	2.73	2.27	2.30	2.80	2.15	1.70	2.25	1.00	1.50	2.50	2.20	2.80	2.33	2.20
C_L	2.16	2.16	2.16	2.16	2.16	2.16	2.16	2.16	2.16	2.16	2.16	2.16	2.16	2.16	2.16
U_{CL}	3.30	3.30	3.30	3.55	3.55	3.15	3.15	3.15	3.15	3.55	3.55	3.30	3.30	3.30	3.30
L_{CL}	1.02	1.02	1.02	0.77	0.77	1.17	1.17	1.17	1.17	0.77	0.77	1.02	1.02	1.02	1.02

$$C_L = \overline{u} = \frac{\sum c}{\sum n} = \frac{486}{225} = 2.16$$

① $n=10$인 경우

$$U_{CL} = \overline{u} + 3\sqrt{\frac{\overline{u}}{n_i}} = 2.16 + 3\sqrt{\frac{2.16}{10}} = 3.55$$

$$L_{CL} = \overline{u} - 3\sqrt{\frac{\overline{u}}{n_i}} = 2.16 - 3\sqrt{\frac{2.16}{10}} = 0.77$$

② $n=15$인 경우

$$U_{CL}=\overline{u}+3\sqrt{\frac{\overline{u}}{n_i}}=2.16+3\sqrt{\frac{2.16}{15}}=3.30$$

$$L_{CL}=\overline{u}-3\sqrt{\frac{\overline{u}}{n_i}}=2.16-3\sqrt{\frac{2.16}{15}}=1.02$$

③ $n=20$인 경우

$$U_{CL}=\overline{u}+3\sqrt{\frac{\overline{u}}{n_i}}=2.16+3\sqrt{\frac{2.16}{20}}=3.15$$

$$L_{CL}=\overline{u}-3\sqrt{\frac{\overline{u}}{n_i}}=2.16-3\sqrt{\frac{2.16}{15}}=1.17$$

(3)

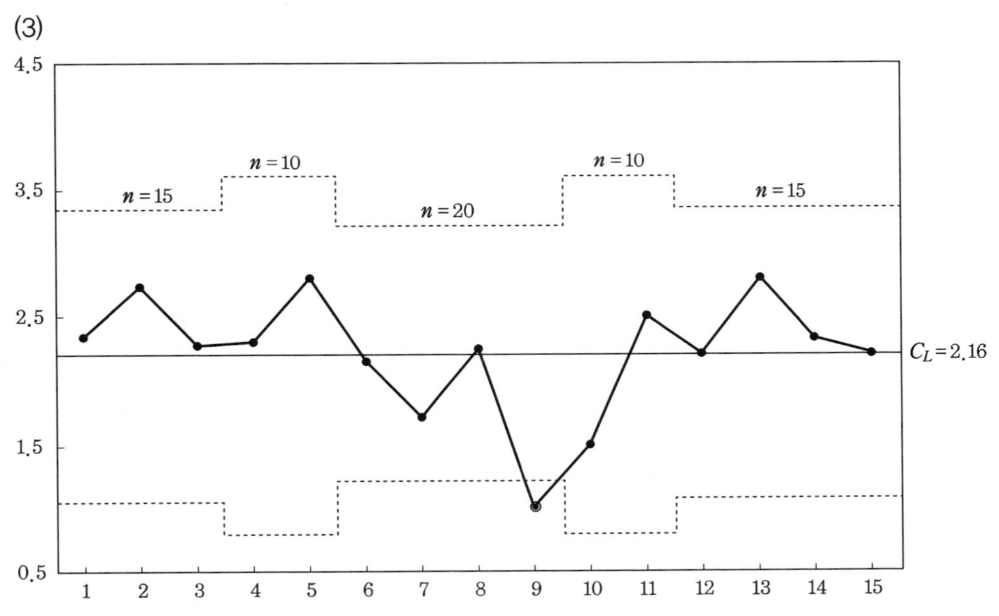

(4) 표본번호 9의 점이 관리한계 밖으로 벗어났으므로 공정이 안정상태라고 할 수 없다.

04. 어떤 자동차부품의 규격은 $0.790\pm0.005\text{cm}$ 이다. 이 부품의 제조공정을 관리하기 위하여 지난 20일간에 걸쳐 매일 5개씩의 데이터를 취하여 $\overline{x}-R$ 관리도를 작성하여 보니, 관리는 안정상태이며 $\overline{\overline{x}}=0.788\text{cm}$, $\overline{R}=0.008\text{cm}$ 였다. 이 부품의 치우침을 고려한 공정능력지수 C_{pk}를 구하시오. (단 $n=5$일 때 $d_2=2.326$이다.)

해답 $\hat{\sigma} = \dfrac{\overline{R}}{d_2} = \dfrac{0.008}{2.326} = 0.00344$

$$k = \frac{\left|\dfrac{U+L}{2} - \overline{x}\right|}{\dfrac{U-L}{2}} = \frac{|0.790-0.788|}{\dfrac{0.795-0.785}{2}} = 0.4$$

$$C_{pk} = (1-k)C_p = (1-0.4)\left(\frac{0.795-0.785}{6 \times 0.00344}\right) = 0.2907$$

05. 플라스틱 제품의 신도(伸度)를 향상시키기 위한 실험을 실시하려 한다. 4요인 A, B, C, D가 신도에 영향을 주리라 기대되어 각각 2수준씩 선택하여 $L_8(2^7)$ 직교배열표를 이용하여 실험을 실시한 결과가 다음과 같이 주어졌다.

실험번호	열번호							실험조건	특성치
	1	2	3	4	5	6	7		
1	0	0	0	0	0	0	0	$A_0B_0C_0D_0$	13
2	0	0	0	1	1	1	1	$A_0B_0C_1D_1$	10
3	0	1	1	0	0	1	1	$A_0B_1C_0D_1$	19
4	0	1	1	1	1	0	0	$A_0B_1C_1D_0$	9
5	1	0	1	0	1	0	1	$A_1B_0C_0D_1$	14
6	1	0	1	1	0	1	0	$A_1B_0C_1D_0$	10
7	1	1	0	0	1	1	0	$A_1B_1C_0D_0$	18
8	1	1	0	1	0	0	1	$A_1B_1C_1D_1$	17
기본표시	a	b	ab	c	ac	bc	abc		
실험배치	A	B	e	C	e	E	D		

(1) 요인 A의 주효과를 구하시오.

(2) 요인 B의 제곱합을 구하시오.

(3) 교호작용이 존재한다면 $A \times D$는 어느 열에 배치해야 하는가? 이때 자유도는 얼마인가?

해답 (1) $A = \dfrac{1}{4}[(14+10+18+17)-(13+10+19+9)] = 2$

(2) $S_B = \dfrac{1}{8}[(19+9+18+17)-(13+10+14+10)]^2 = 2(B)^2 = 32$

(3) $A \times D = a \times abc = a^2bc = bc$ 따라서 6열에 배치해야 한다.
2수준계 직교배열이므로 한열의 자유도는 1이다. 따라서 $\nu_{A \times D} = 1$

06. 어떤 공장에서 사용하는 가성소다 중 산화철분은 적을수록 좋다. 로트 평균치가 0.004% 이하이면 합격으로 하고, 그것이 0.005% 이상이면 불합격으로 한다. 표준편차 $\sigma = 0.0006\%$ 이다. n과 G_0를 구하시오. (단, $\alpha = 0.05$, $\beta = 0.1$)

해답 $m_0 = 0.004$, $m_1 = 0.005$, $\sigma = 0.0006$

$$n = \left(\frac{k_\alpha + k_\beta}{m_1 - m_0}\right)^2 \cdot \sigma^2 = \left(\frac{1.645 + 1.282}{0.005 - 0.004}\right)^2 \times 0.0006^2 = 3.08424 = 4$$

$$G_0 = \frac{k_\alpha}{\sqrt{n}} = \frac{1.645}{\sqrt{3.08424}} = 0.93668$$

07. 요인 A에 대하여 각각 4회 실험을 실시하였으나 결측치가 발생한 결과의 데이터이다. 요인 A의 제곱합을 구하시오.

A_1	A_2	A_3
10	14	12
5	18	15
8	15	
12		

해답 $S_A = \dfrac{35^2}{4} + \dfrac{47^2}{3} + \dfrac{27^2}{2} - \dfrac{109^2}{9} = 86.97222$

08. A사는 어떤 부품의 수입검사에 계수값 샘플링검사인 KS Q ISO 2859-1의 보조표인 분수샘플링검사를 적용하고 있다. $AQL = 1.0\%$, 통상검사수준 II에서 엄격도는 보통검사, 샘플링형식은 1회로 시작하였다. 다음 물음에 답하시오.

(1) ( )를 완성하시오.

(2) 로트번호 5번의 검사결과 다음 로트에 적용되는 엄격도를 결정하시오.

로트 번호	N	샘플 문자	n	당초 A_c	합부판정 스코어 (검사 전)	적용하는 A_c	부적합 품수 d	합부 판정	합부판정 스코어 (검사 후)	전환 스코어
1	200	G	32	1/2	5	0	1	불합격	0	0
2	250	(①)	(⑤)	(⑨)	(⑬)	(⑰)	0	(㉑)	(㉕)	(㉙)
3	600	(②)	(⑥)	(⑩)	(⑭)	(⑱)	1	(㉒)	(㉖)	(㉚)
4	80	(③)	(⑦)	(⑪)	(⑮)	(⑲)	0	(㉓)	(㉗)	(㉛)
5	120	(④)	(⑧)	(⑫)	(⑯)	(⑳)	0	(㉔)	(㉘)	(㉜)

해답 (1)

로트 번호	N	샘플 문자	n	당초 A_c	합부판정 스코어 (검사 전)	적용하는 A_c	부적합품수 d	합부 판정	합부판정 스코어 (검사 후)	전환 스코어
1	200	G	32	1/2	5	0	1	불합격	0	0
2	250	G	32	1/2	5	0	0	합격	5	2
3	600	J	80	2	12	2	1	합격	0	5
4	80	E	13	0	0	0	0	합격	0	7
5	120	F	20	1/3	3	0	0	합격	3	9

(가) 로트번호 2의 경우 AQL 지표형 샘플링검사표를 이용하여 로트 크기 $N=250$일 때 샘플문자는 ① G이다. 보통검사의 1회 샘플링방식(주샘플링표)에서 시료문자에 따른 시료의 크기 n을 구하면 ⑤ 32이다. 당초의 A_c는 샘플문자와 $AQL=1.0\%$에 대하여 구하면 ⑨ 1/2이며, 당초의 A_c가 1/2이므로 5점을 가산하여 합부판정스코어(검사 전)는 ⑬ 5가 된다. 적용하는 A_c는 합부판정스코어≤ 8이므로 ⑰ 0이다. $d=0$이므로 ㉑ 합격되고, 부적합품이 없으므로 합부판정스코어(검사 후)는 그대로 ㉕ 5이며, 전환스코어는 로트 합격으로 2를 가산하여 ㉙ 2가 된다.

(나) 로트번호 3의 경우 로트 크기 $N=600$일 때 샘플문자는 ② J이며, 보통검사의 1회 샘플링방식(주샘플링표)에서 시료문자에 따른 시료의 크기 n을 구하면 ⑥ 80이다. 당초의 A_c는 샘플문자와 $AQL=1.0\%$에 대하여 구하면 ⑩ 2이며, 7을 가산하여 합부판정스코어(검사 전) ⑭ 12가 되며 적용하는 A_c는 당초의 A_c 그대로 2가 된다. $d=1$이므로 ㉒ 합격되고, $d=1$이므로 합부판정스코어(검사 후) ㉖ 0이 된다. 로트가 합격되고 AQL이 한 단계 엄격한 조건에서 합격이 되므로 3점을 가산하여 전환스코어는 ㉚ 5점이 된다.

(다) 로트번호 4의 경우 로트 크기 $N=80$일 때 샘플문자는 ③ E이며, 보통검사의 1회 샘플링방식(주샘플링표)에서 시료문자에 따른 시료의 크기 n을 구하면 ⑦ 13이다. 당초의 A_c는 샘플문자와 $AQL=1.0\%$에 대하여 구하면 ⑪ 0이다. 당초의 A_c가 0이므로 합부판정스코어(검사 전)는 변하지 않으므로 ⑮ 0이 되고, 적용하는 A_c 또한 ⑲ 0이 된다. $d=0$이므로 ㉓ 합격이며, 합부판정스코어(검사 후) ㉗ 0이다. 로트 합격이므로 전환스코어는 2를 가산하여 ㉛ 7이 된다.

(라) 로트번호 5의 경우 로트 크기 $N=120$일 때 샘플문자는 ④ F이며, 보통검사의 1회 샘플링방식(주샘플링표)에서 시료문자에 따른 시료의 크기 n을 구하면 ⑧ 20이다. 당초의 A_c는 샘플문자와 $AQL=1.0\%$에 대하여 구하면 ⑫ 1/3이다. 당초의 A_c가 1/3이므로 3점을 가산하여 ⑯ 3이 되고, 적용하는 A_c는 합부판정스코어≤ 8이므로 ⑳ 0이 된다. $d=0$이므로 ㉔ 합격되고 합

부판정스코어는 ㉘ 3이며, 전환스코어는 2점을 가산하여 ㉜ 9가 된다.

(2) 로트번호 6은 전환스코어 현상값이 30 미만이므로 보통검사를 속행한다.

09. 아래 보기 중 예방코스트, 평가코스트, 실패코스트를 구분하시오.

품질교육코스트, 품질사무코스트, 설계변경코스트, 재심코스트, 시험코스트, PM코스트, 현지서비스코스트

해답 ① P Cost : 품질교육코스트, 품질사무코스트

② A Cost : PM코스트, 시험코스트

③ F Cost : 현지서비스코스트, 설계변경코스트, 재심코스트

10. 어떤 공정에서 생산된 기계부품 중에서 135개를 취하여 히스토그램을 작성하였다.

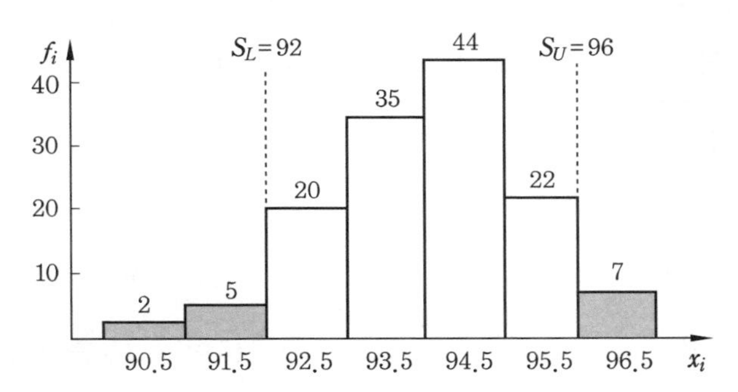

(1) $\bar{x}$를 구하시오.

(2) s를 구하시오.

(3) CV를 구하시오.

(4) C_p값을 구하고 공정능력을 평가하시오.

해답 (1) $\bar{x}=\dfrac{(90.5\times 2)+(91.5\times 5)+(92.5\times)+(93.5\times 35)+(94.5\times 44)+(95.5\times 22)+(96.5\times 7)}{135}=94.04074$

(2) $S=\sum x^2\cdot f_i-\dfrac{(\sum x\cdot f_i)^2}{\sum f_i}=1,194,107.75-1,193,894.22407=213.52593$

$s^2=\dfrac{S}{n-1}=\dfrac{213.52593}{134}=1.59348$

$s=\sqrt{1.59348}=1.26233$

(3) $CV = \frac{s}{\bar{x}} \times 100 = \frac{1.26233}{94.04074} \times 100 = 1.34232\%$

(4) $C_p = \frac{U-L}{6\sigma} = \frac{96-92}{6 \times 1.26233} = 0.52812$

$C_p = 0.52812 < 0.67$이므로 공정능력은 4등급으로서 매우 부족하다.

11. 정적공정능력, 동적공정능력에 대해 설명하시오.

해답 (1) 정적공정능력 : 문제의 대상물이 갖는 잠재능력을 말한다.

(2) 동적공정능력 : 현실적인 면에서 실현되는 능력을 말한다.

12. 종래의 한 로트의 모부적합품수가 $m_0 = 26$이었다. 작업방법을 개선한 후의 시료부적합수 $c = 14$개가 나왔다.

(1) 모부적합수가 작아졌다고 할 수 있겠는가? (단, $\alpha = 0.05$)

(2) 모부적합수에 대한 신뢰도 95%의 구간을 구하시오.

해답 (1) ① 가설 : $H_0 : m \geq m_0(26)$ $H_1 : m < m_0(26)$

② 유의수준 : $\alpha = 0.05$

③ 검정통계량 : $u_0 = \frac{c - m_0}{\sqrt{m_0}} = \frac{14 - 26}{\sqrt{26}} = -2.35339$

④ 기각역 : $u_0 < -u_{1-\alpha} = -u_{0.95} = -1.645$이면 H_0를 기각한다.

⑤ 판정 : $u_0 = -2.35339 < -u_{0.95} = -1.645$이므로 $\alpha = 0.05$에서 H_0를 기각한다. 유의수준 5%에서 모부적합수가 작아졌다고 할 수 있다.

(2) $m_U = c + u_{1-\alpha}\sqrt{c} = 14 + 1.645 \times \sqrt{14} = 20.15503$

13. 시료의 품질표시방법 4가지를 쓰시오.

해답 ① 시료의 평균

② 시료의 표준편차

③ 시료의 범위

④ 시료 내의 부적합품수

14. 3개의 처리를 갖는 1요인실험의 완전랜덤화 설계법의 실험결과 다음과 같은 자료를 얻었다.

처리 1	19	18	21	18		
처리 2	16	11	13	14	11	
처리 3	13	16	28	11	15	11

(1) A_2수준에서의 모평균 $\mu(A_2)$의 95% 신뢰구간을 구하시오.

(2) $\mu(A_1)$과 $\mu(A_3)$의 평균치 차를 신뢰율 95%로 검정하시오.

해답 (1) ① 수정항 $CT = \dfrac{(235)^2}{15} = 3,681.66667$

② 총변동 $S_T = \sum_i \sum_j x_{ij}^2 - CT$

$= (19^2 + 18^2 + \cdots + 11^2) - 3,681.66667$

$= 307.33333$

③ 급간변동 $S_A = \sum_i \dfrac{T_{i\cdot}^2}{r} - CT$

$= \left[\dfrac{76^2}{4} + \dfrac{65^2}{5} + \dfrac{94^2}{6}\right] - \dfrac{235^2}{15} = 80.00000$

④ 급내변동 $S_e = S_T - S_A = 307.33333 - 80 = 227.33333$

⑤ $\nu_T = 15 - 1 = 14$, $\nu_A = l - 1 = 3 - 1 = 2$, $\nu_e = \nu_T - \nu_A = 12$

⑥ $V_A = \dfrac{S_A}{\nu_A} = \dfrac{80}{2} = 40$, $V_e = \dfrac{S_e}{\nu_e} = \dfrac{227.33333}{12} = 18.94444$

$\overline{x_{2\cdot}} \pm t_{1-\alpha/2}(\nu_e)\sqrt{\dfrac{V_e}{r_i}} = \dfrac{65}{5} \pm t_{0.975}(12)\sqrt{\dfrac{18.94444}{5}}$

$= 13 \pm 2.179 \times \sqrt{\dfrac{18.94444}{5}}$

$= (8.75856,\ 17.24144)$

(2) $|\overline{x}_{i\cdot} - \overline{x}'_{i\cdot}| = |\overline{x}_{1\cdot} - \overline{x}_{3\cdot}| = 19 - 15.66667 = 3.33333$

$LSD = t_{1-\frac{\alpha}{2}}(\nu_e)\sqrt{V_e\left(\dfrac{1}{r_i} + \dfrac{1}{r_i'}\right)} = t_{0.975}(12)\sqrt{18.94444\left(\dfrac{1}{4} + \dfrac{1}{6}\right)} = 6.12199$

$|\overline{x}_{1\cdot} - \overline{x}_{2\cdot}| = 3.33333 < 6.12199$이므로 차이가 있다고 할 수 없다.

15. ISO 9000에서 정의하고 있는 어떤 용어에 대한 설명인가?

(1) 부적합의 원인을 제거하고 재발을 방지하기 위한 조치
(2) 요구사항의 불충족
(3) 활동 또는 프로세스를 수행하기 위하여 규정된 방식
(4) 최고경영자에 의해 공식적으로 표명된 품질 관련 조직의 전반적인 의도 및 방향으로서 품질에 관한 방침

해답
(1) 시정조치(Corrective Action)
(2) 부적합(Nonconformity)
(3) 절차(Procedure)
(4) 품질방침(Quality Policy)

2019년 제4회 기출 복원문제

01. 폴리에스테르를 이용하여 직물을 제조하는 Y회사의 품질경영부서에서는 직물의 신율이 가장 중요한 품질특성으로 강조되어 원료의 특성(x)에 따른 직물제품의 특성(y)에 관한 신율을 조사하여 다음 데이터를 얻었다. 다음 물음에 답하시오. (단, $\alpha = 0.05$)

x	30	20	60	80	40	50	60	30	70	60
y	73	50	128	170	87	108	135	69	148	132

(1) 공분산(V_{xy})을 구하시오.

(2) 표본상관계수(r)를 구하시오.

해답 $n = 10$, $\sum x = 500$, $\bar{x} = 50$, $\sum x^2 = 28,400$, $\sum y = 1,100$,

$\bar{y} = 110$ $\sum y^2 = 134,660$, $\sum xy = 61,800$

$$S_{xx} = \sum x^2 - \frac{(\sum x)^2}{n} = 3,400$$

$$S_{yy} = \sum y^2 - \frac{(\sum y)^2}{n} = 13,660$$

$$S_{xy} = \sum xy - \frac{\sum x \sum y}{n} = 6,800$$

(1) $V_{xy} = \dfrac{S(xy)}{n-1} = \dfrac{6,800}{9} = 755.55556$

(2) $r = \dfrac{S_{xy}}{\sqrt{S_{xx}S_{yy}}} = \dfrac{6,800}{\sqrt{3,400 \times 13,660}} = 0.99780$

02. 4종류의 사료와 3종류의 돼지품종이 돼지의 체중증가에 주는 영향을 조사하고자 반복이 없는 2요인실험에 의해 실험한 결과 다음과 같은 결과를 얻었다.

돼지의 체중증가량

사료 \ 품종	A_1	A_2	A_3
B_1	55	57	47
B_2	64	72	74
B_3	59	66	58
B_4	58	57	53

(1) 분산분석표를 작성하고($E(MS)$ 포함) 검정하시오.

(2) 요인 B의 기여율을 구하시오.

(3) 수준조합 $\hat{\mu}(A_3B_2)$의 95% 신뢰구간을 구하시오.

해답 (1) 분산분석표

요인	SS	DF	MS	F_0	$F_{0.95}$	$E(MS)$
A	56.0	2	28.0	1.55556	5.14	$\sigma_e^2+4\sigma_A^2$
B	498.0	3	166.0	9.22222*	4.76	$\sigma_e^2+3\sigma_B^2$
e	108.0	6	18.0			σ_e^2
T	662.0	11				

요인 A는 유의수준 5%로 유의하지 않으며, 요인 B는 유의수준 5%로 유의하다. 즉, 사료는 체중증가에 영향을 주며, 돼지품종은 체중증가에 영향을 주지 않는다.

① $CT=\dfrac{T^2}{N}=\dfrac{(720)^2}{12}=43,200$

② $S_T=\sum_i\sum_j x_{ij}^2-CT=43,862-\dfrac{(720)^2}{12}=662$

③ $S_A=\sum_i\dfrac{T_{i\cdot}^2}{m}-CT=\dfrac{1}{4}(236^2+252^2+232^2)-\dfrac{(720)^2}{12}=56$

④ $S_B=\sum_j\dfrac{T_{\cdot j}^2}{l}-CT=\dfrac{1}{3}(159^2+210^2+183^2+168^2)-\dfrac{(720)^2}{12}=498$

⑤ $S_e=S_T-S_A-S_B=662-56-498=108$

⑥ $\nu_T=lm-1=12-1=11$, $\nu_A=l-1=3-1=2$, $\nu_B=m-1=4-1=3$,
$\nu_e=\nu_T-\nu_A-\nu_B=11-2-3=6$

⑦ $V_A=\dfrac{S_A}{\nu_A}=\dfrac{56}{2}=28$, $V_B=\dfrac{S_B}{\nu_B}=\dfrac{498}{3}=166$, $V_e=\dfrac{S_e}{\nu_e}=\dfrac{108}{6}=18$

⑧ $F_0(A) = \dfrac{28}{18} = 1.55556$, $F_0(B) = \dfrac{166}{18} = 9.22222$

⑨ $E(V_A) = \sigma_e^2 + m\sigma_A^2 = \sigma_e^2 + 4\sigma_A^2$, $E(V_B) = \sigma_e^2 + l\sigma_B^2 = \sigma_e^2 + 3\sigma_A^2$, $E(V_e) = \sigma_e^2$

(2) $S_B' = S_B - \nu_B V_e = 498 - 3 \times 18 = 444$

$$\rho_B = \frac{S_B'}{S_T} \times 100 = \frac{444}{662} \times 100 = 67.06949(\%)$$

(3) $\hat{\mu}(A_3B_2)$ 95% 신뢰구간

① 점추정 : $\hat{\mu}(A_3B_2) = \overline{x}_{3\cdot} + \overline{x}_{\cdot 2} - \overline{\overline{x}} = 58 + 70 - 60 = 68$

② 구간추정

$$(\overline{x}_{i\cdot} + \overline{x}_{\cdot j} - \overline{\overline{x}}) \pm t_{1-\alpha/2}(\nu_e)\sqrt{\frac{V_e}{n_e}} = (58 + 70 - 60) \pm 2.447\sqrt{\frac{18}{2}}$$

$60.65900 \le \mu(A_3B_2) \le 75.34100$

유효반복수(n_e)

$$n_e = \frac{\text{총실험횟수}}{\text{유의한 요인의 자유도 합} + 1} = \frac{lm}{\nu_A + \nu_B + 1} = \frac{3 \times 4}{2 + 3 + 1} = 2$$

03. $L_8(2^7)$ 직교배열표를 이용하여 실험을 실시한 결과가 다음과 같이 주어졌다. 요인의 A의 제곱합을 구하시오.

실험번호	열번호	특성치
	7	
1	0	13
2	1	10
3	1	19
4	0	9
5	1	14
6	0	10
7	0	18
8	1	17
기본표시	abc	
실험배치	A	

해답 $S_A = \dfrac{1}{8}[(10 + 19 + 14 + 17) - (13 + 9 + 10 + 18)]^2 = 12.5$

04. 실험설계의 원리에 대해 쓰시오.

해답 (1) 랜덤화의 원리
(2) 반복의 원리
(3) 블록화의 원리
(4) 교락의 원리
(5) 직교화의 원리

05. $\overline{x}$ 관리도에서 관리도용 계수표를 이용하여 $U_{CL}=22.7450$, $L_{CL}=16.1840$, $\overline{R}=4.5$일 때 군의 크기(n)를 구하시오.

해답 $U_{CL}-L_{CL}=2A_2\overline{R}$, $22.7450-16.1840=2A_2\times 4.5$, $A_2=0.729$
쉬하르트 관리도용 계수표에서 $A_2=0.729$일 때 $n=4$이다.

06. ISO 9000에서 정의하고 있는 어떤 용어에 대한 설명인가?
(1) 부적합의 원인을 제거하고 재발을 방지하기 위한 조치
(2) 의미있는 데이터
(3) 요구사항의 불충족

해답 (1) 시정조치
(2) 정보
(3) 부적합

07. SIPOC의 의미를 쓰시오.

해답 (1) Supplier(공급자)
(2) Input(투입)
(3) Process(프로세스)
(4) Output(산출)
(5) Customer(고객)

08. 어떤 공장에서 사용하는 가성소다 중 산화철분은 적을수록 좋다. 로트 평균치가 0.004% 이하이면 합격으로 하고, 그것이 0.005% 이상이면 불합격으로 한다. 표준편차 $\sigma = 0.0006\%$ 이다. n과 G_0를 구하시오. (단, $\alpha = 0.05$, $\beta = 0.1$)

해답 $m_0 = 0.004$, $m_1 = 0.005$, $\sigma = 0.0006$

$$n = \left(\frac{k_\alpha + k_\beta}{m_1 - m_0}\right)^2 \cdot \sigma^2 = \left(\frac{1.645 + 1.282}{0.005 - 0.004}\right)^2 \times 0.0006^2 = 3.08424 = 4$$

$$G_0 = \frac{k_\alpha}{\sqrt{n}} = \frac{1.645}{\sqrt{3.08424}} = 0.93668$$

09. 다음은 어느 공장에서 15일간 사용한 매일 매일의 에너지사용량을 측정한 데이터이다.

표본번호(i)	에너지사용량	표본번호(i)	에너지사용량
1	25.0	9	32.3
2	25.3	10	28.1
3	33.8	11	27.0
4	36.4	12	26.1
5	32.2	13	29.1
6	30.8	14	40.1
7	30.0	15	40.6
8	23.6		

(1) $x - R_m$ 관리도의 C_L, U_{CL}, L_{CL}을 구하시오.

(2) $x - R_m$ 관리도를 작성하시오.

(3) 관리상태(안정상태)의 여부를 판정하시오.

해답

표본번호(i)	에너지사용량	R_m	표본번호(i)	에너지사용량	R_m
1	25.0	–	9	32.3	8.7
2	25.3	0.3	10	28.1	4.2
3	33.8	8.5	11	27.0	1.1
4	36.4	2.6	12	26.1	0.9
5	32.2	4.2	13	29.1	3.0
6	30.8	1.4	14	40.1	11.0
7	30.0	0.8	15	40.6	0.5
8	23.6	6.4	계	460.4	53.6

(1) $\overline{x} = \dfrac{\sum x}{k} = \dfrac{460.4}{15} = 30.69333$

$\overline{R}_m = \dfrac{\sum R_m}{k-1} = \dfrac{53.6}{14} = 3.82857$

① x 관리도

$C_L = \overline{x} = 30.69333$

$U_{CL} = \overline{x} + 2.66\overline{R}_m = 30.69333 + 2.66 \times 3.82857 = 40.87733$

$U_{CL} = \overline{x} - 2.66\overline{R}_m = 30.69333 - 2.66 \times 3.82857 = 20.50933$

② R_m 관리도

$C_L = \overline{R}_m = 3.82857$

$U_{CL} = D_4\overline{R}_m = 3.267\overline{R}_m = 3.267 \times 3.82857 = 12.50794$

$U_{CL} = -$ (고려하지 않음)

(2)

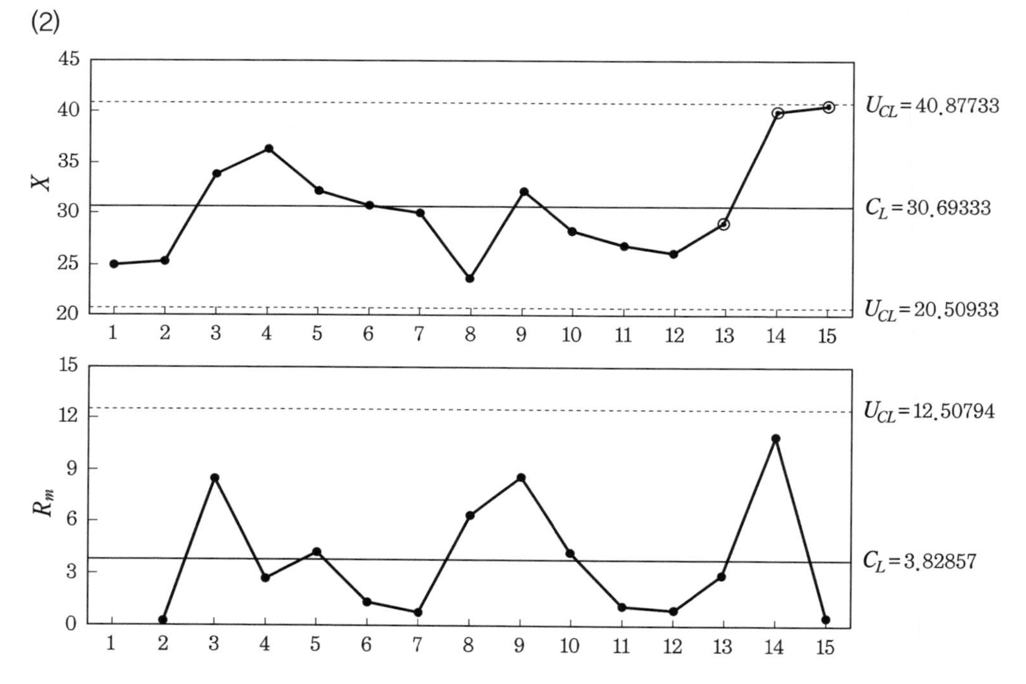

(3) 표본번호 13, 14, 15의 연속하는 3점 중 2점이 중심선 한쪽으로 2σ를 넘는 영역에 있으므로 관리상태라고 할 수 없다.

10. Y회사는 어떤 부품의 수입검사에 KS Q ISO 2859-1을 사용하고 있다. 검토 후 $AQL = 0.4\%$, 검사수준은 II로 1회 샘플링검사를 보통검사로 시작하여 연속 15로트를 검사한 결과 일부분이 다음과 같다. 샘플링검사표의 공란을 채우시오. (단, 샘플링방식이 일정한 경우이다.)

로트 번호	N	시료 문자	n	당초 A_c	d	합격판정	전환점수	엄격도
6	1000	J	80	1/2	0	합격	2	보통검사 속행
7	1000	J	80	1/2	0	합격	4	보통검사 속행
8	1000	J	80	1/2	1	합격	6	보통검사 속행
9	1000	J	80	1/2	1	(　)	(　)	(　)
10	1000	J	80	1/2	0	(　)	(　)	(　)
11	1000	J	80	1/2	0	(　)	(　)	(　)
12	1000	J	80	1/2	1	(　)	(　)	(　)
13	1000	J	80	1/2	1	(　)	(　)	(　)

해답 샘플링방식이 일정한 경우

① 샘플 중 부적합품이 0개인 경우에는 로트를 합격, 2개 이상이면 불합격시킨다.

② 샘플 중 부적합품의 수가 1개뿐인 경우

㉠ $Ac = 1/2$: 직전 1개 로트에 부적합품이 없는 경우 로트 합격

㉡ $Ac = 1/3$: 직전 2개 로트에 부적합품이 없는 경우 로트 합격

㉢ $Ac = 1/5$: 직전 4개 로트에 부적합품이 없는 경우 로트 합격

로트 번호	N	시료 문자	n	당초 A_c	d	합격판정	전환점수	엄격도
6	1000	J	80	1/2	0	합격	2	보통검사 속행
7	1000	J	80	1/2	0	합격	4	보통검사 속행
8	1000	J	80	1/2	1	합격	6	보통검사 속행
9	1000	J	80	1/2	1	(불합격)	(0)	(보통검사 속행)
10	1000	J	80	1/2	0	(합격)	(2)	(보통검사 속행)
11	1000	J	80	1/2	0	(합격)	(4)	(보통검사 속행)
12	1000	J	80	1/2	1	(합격)	(6)	(보통검사 속행)
13	1000	J	80	1/2	1	(불합격)	(0)	(까다로운 검사로 전환)

11. 다음 물음에 답하시오.

(1) 확률변수 x가 $n=50$, $P=0.01$인 이항분포를 따를 때 x가 2 이상일 확률을 구하시오.

(2) 확률변수 x가 평균 3인 푸아송분포를 따를 때 x가 3 이상일 확률을 구하시오.

(3) 확률변수 x가 $x \sim N(10,\ 2^2)$인 경우 x가 14 이상 될 확률을 구하시오.

해답 (1) $P_r(x \geq 2) = 1 - [P_r(x=0) + P_r(x=1)]$

$= 1 - [{}_{50}C_0(0.01)^0(1-0.01)^{50} + {}_5C_1(0.01)^1(1-0.01)^{49} = 0.0894$

(2) $P_r(x \geq 3) = 1 - P_r(x \leq 2) = 1 - \left(\dfrac{e^{-3}3^0}{0!} + \dfrac{e^{-3}3^1}{1!} + \dfrac{e^{-3}3^2}{2!}\right) = 0.577$

(3) $P_r(x \geq 14) = P_r\left(u \geq \dfrac{14-10}{2}\right) = P_r(u \geq 2) = 0.0228$

12. 중간제품의 부적합품률이 10%, 중간제품의 적합품만을 사용하여 가공했을 때 완제품의 부적합품률이 5%라고 하면 전체공정으로부터 적합품이 얻어질 확률은 얼마인가?

해답 $P_r = (1-0.1)(1-0.05) = 0.855$

13. 어떤 회사에서는 제품 500개를 고객에게 납품하는 데 고객과 상호 협의하여 1회 거래로 한정하고, 한계품질수준을 5.0%로 합의하였다.

(1) 샘플링검사방식을 설명하시오.

(2) 공정부적합품률이 2%인 경우 로트 합격확률을 구하시오.

해답 (1) $N=500$, $LQ=5\%$인 경우

KS Q ISO 2859-2 샘플링검사 부표 A를 이용하여 $n=50$, $A_c=0$을 구할 수 있다. 즉, 50개를 검사하여 부적합품이 0개이면 로트를 합격시킨다.

(2) $L(p) = {}_{50}C_0(0.02)^0(1-0.02)^{50} = 0.36417$

14. 품질코스트(Q-cost)를 설명하고, 품질코스트의 특징과 품질과의 관계를 곡선으로 나타내시오.

해답 (1) 품질코스트(Q-cost) : 제품이나 서비스의 품질을 개선하고 유지·관리에 소요되는 비용과 그럼에도 불구하고 발생되는 실패비용을 포함하여 품질코스트라 한다. 제품 그 자체의 원가인 재료비나 직접 노무비는 품질코스트 안에 포함되지 않으며, 주로 제조경비로서 제조원가의 부분원가라 할 수 있다.

① 예방코스트(prevention cost : P-cost) : 처음부터 불량이 생기지 않도록 하는 데 소요되는 비용으로 소정의 품질 수준의 유지 및 부적합품 발생의 예방에 드는 비용

② 평가코스트(Appraisal cost : A-cost) : 제품의 품질을 정식으로 평가함으로써 회사의 품질수준을 유지하는 데 드는 비용

③ 실패코스트(Failure cost : F-cost) : 소정의 품질을 유지하는 데 실패하였기 때문에 생긴 불량제품, 불량 원료에 의한 손실비용

(2) 품질코스트 관계 곡선

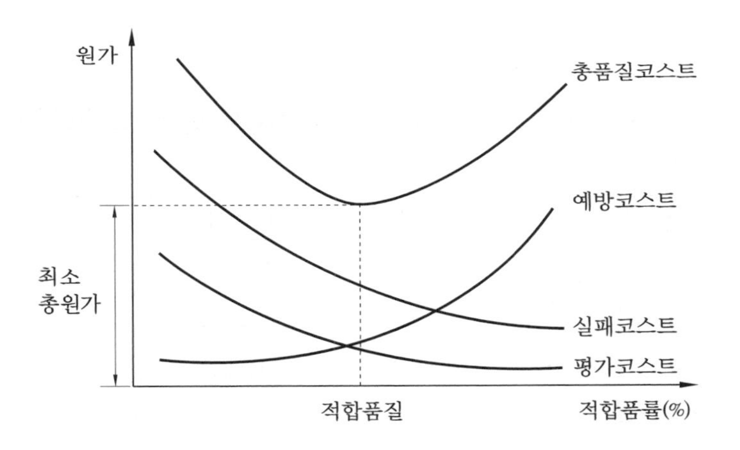

15. 공정능력지수의 등급과 범위를 쓰시오.

해답 공정능력지수와 판정

C_p 범위	등급	판정
$1.67 \le C_p$	0 등급	매우 만족
$1.33 \le C_p < 1.67$	1 등급	만족
$1 \le C_p < 1.33$	2 등급	보통
$0.67 \le C_p < 1$	3 등급	부족
$C_p < 0.67$	4 등급	매우 부족

2020년 제1회 기출 복원문제

01. 히스토그램의 작성목적을 3가지 쓰시오.

해답 ① 데이터의 흩어진 모습, 즉 분포상태 파악이 용이하다.
② 공정능력을 알 수 있다.
③ 공정의 해석·관리에 용이하다.
④ 규격치와 대비하여 공정의 현상이 파악된다.

02. 3개의 처리를 갖는 1요인실험의 완전랜덤화 설계법의 실험결과 다음과 같은 자료를 얻었다.

처리 1	19	18	21	18		
처리 2	16	11	13	14	11	
처리 3	13	16	28	11	15	11

(1) 제곱합을 계산하고 분산분석표를 작성하시오.
(2) 오차분산 σ_E^2의 점추정치와 90% 신뢰구간을 구하시오.

해답 (1) 분산분석표

요인	제곱합(SS)	자유도(ν)	평균제곱(V)	F_0
A	80	2	40	2.11144
e	227.33333	12	18.94444	
T	307.33333	14		

① 수정항 $CT=\dfrac{(235)^2}{15}=3,681.66667$

② 총변동 $S_T=\sum_i\sum_j x_{ij}^2-CT=(19^2+18^2+\cdots+11^2)-3,681.66667$

$=307.33333$

③ 급간변동 $S_A=\sum_i \dfrac{T_{i\cdot}^2}{r}-CT=\left[\dfrac{76^2}{4}+\dfrac{65^2}{5}+\dfrac{94^2}{6}\right]-\dfrac{235^2}{15}=80.00000$

④ 급내변동 $S_e = S_T - S_A = 307.33333 - 80 = 227.33333$

⑤ $\nu_T = 15 - 1 = 14$,　$\nu_A = l - 1 = 3 - 1 = 2$,　$\nu_e = \nu_T - \nu_A = 12$

⑥ $V_A = \dfrac{S_A}{\nu_A} = \dfrac{80}{2} = 40$, $V_e = \dfrac{S_e}{\nu_e} = \dfrac{227.33333}{12} = 18.94444$

⑦ $F_0 = \dfrac{40}{18.94444} = 2.11144$

(2) ① σ_e^2 의 점추정치 $\widehat{\sigma_e^2} = V_e = \dfrac{227.33333}{12} = 18.94444$

② σ_e^2 의 90% 신뢰구간

$$\frac{S_e}{\chi^2_{1-\alpha/2}(\nu_e)} \le \sigma_e^2 \le \frac{S_e}{\chi^2_{\alpha/2}(\nu_e)}$$

$$\frac{227.33333}{\chi^2_{0.95}(12)} \le \sigma_e^2 \le \frac{227.33333}{\chi^2_{0.05}(12)}$$

$$\frac{227.3333}{21.03} \le \sigma_e^2 \le \frac{227.3333}{5.23}$$

$$10.80995 \le \sigma_e^2 \le 43.46718$$

03. 어떤 제품의 종래 기준으로 설정한 모분산 $\sigma^2 = 0.34$ 인 제품을 새로운 제조방법에 의하여 생산한 후 $n = 10$ 개를 측정하여 다음의 데이터를 얻었다.

5.5,	5.8,	5.7,	6.0,	5.9,	5.2,	5.4,	5.9,	6.3,	6.2

(1) 종래의 기준으로 설정된 모분산보다 작아졌다고 할 수 있는지 유의수준 5%로 검정하시오.

(2) 모분산의 95% 신뢰구간을 추정하시오.

해답 (1) ① 가설 : $H_0 : \sigma^2 \ge 0.34$　　$H_1 : \sigma^2 < 0.34$

② 유의수준 : $\alpha = 0.05$

③ 검정통계량 : $\chi_0^2 = \dfrac{S}{\sigma^2} = \dfrac{1.089}{0.34} = 3.20294$

④ 기각역 : $\chi_0^2 < \chi_\alpha^2(\nu) = \chi^2_{0.05}(9) = 3.33$ 이면 H_0를 기각한다.

⑤ 판정 : $\chi_0^2 = 3.20294 < \chi_{0.05}(9) = 3.33$ 이므로 $\alpha = 0.05$ 에서 H_0를 기각한다. 유의수준 5%에서 표준편차가 0.34보다 작다고 할 수 있다.

(2) $\hat{\sigma}_U^2 = \dfrac{S}{\chi_\alpha^2(\nu)} = \dfrac{S}{\chi^2_{0.05}(9)} = \dfrac{1.089}{3.33} = 0.32703$

04. 어떤 자동차부품의 규격은 $0.790 \pm 0.005\text{cm}$ 이다. 이 부품의 제조공정을 관리하기 위하여 지난 20일간에 걸쳐 매일 5개씩의 데이터를 취하여 $\bar{x}-R$ 관리도를 작성하여 보니, 관리는 안정상태이며, $\bar{\bar{x}}=0.788\text{cm}$, $\bar{R}=0.008\text{cm}$ 였다. 이 부품의 치우침을 고려한 공정능력지수 C_{pk}를 구하시오 .(단 $n=5$일 때 $d_2=2.326$이다.)

해답 $\hat{\sigma}=\dfrac{\bar{R}}{d_2}=\dfrac{0.008}{2.326}=0.00344$

$$k=\frac{\left|\frac{U+L}{2}-\bar{x}\right|}{\frac{U-L}{2}}=\frac{|0.790-0.788|}{\frac{0.795-0.785}{2}}=0.4$$

$$C_{pk}=(1-k)C_p=(1-0.4)\left(\frac{0.795-0.785}{6\times 0.00344}\right)=0.2907$$

05. 다음 용어를 보기와 같이 작성하시오.

보기

LQ : 한계품질

(1) AQL
(2) AS
(3) ASS

해답 (1) AQL(Acceptable Quality Level) : 합격품질수준, 합격품질한계
(2) AS(Acceptable Score) : 합부판정점수
(3) ASS(Average Sample Size) : 평균검사개수

06. 다음의 $\bar{x}-R$ 관리도 데이터에 대해 요구에 답하시오.

(1) 양식의 빈칸을 채우시오.
(2) $\bar{x}-R$ 관리도의 C_L, U_{CL}, L_{CL}을 구하시오.
(3) $\bar{x}-R$ 관리도를 작성하시오.
(4) 관리상태(안정상태)의 여부를 판정하시오.

시료군 번호	측정치				계 $\sum x$	평균 $\bar{x}$	범위 R
	x_1	x_2	x_3	x_4			
1	38.3	38.9	39.4	38.3			
2	39.1	39.8	38.5	39.0			
3	38.6	38.0	39.2	39.9			
4	40.6	38.6	39.0	39.0			
5	39.0	38.5	39.3	39.4			
6	38.8	39.8	38.3	39.6			
7	38.9	38.7	41.0	41.4			
8	39.9	38.7	39.0	39.7			
9	40.6	41.9	38.2	40.0			
10	39.2	39.0	38.0	40.5			
11	38.9	40.8	38.7	39.8			
12	39.0	37.9	37.9	39.1			
13	39.7	38.5	39.6	38.9			
14	38.6	39.8	39.2	40.8			
15	40.7	40.7	39.3	39.2			
					계		
					$\bar{\bar{x}}=$	$\bar{R}=$	

해답 (1)

시료군 번호	측정치				계 $\sum x$	평균 $\bar{x}$	범위 R
	x_1	x_2	x_3	x_4			
1	38.3	38.9	39.4	38.3	154.9	38.725	1.1
2	39.1	39.8	38.5	39.0	156.4	39.100	1.3
3	38.6	38.0	39.2	39.9	155.7	38.925	1.9
4	40.6	38.6	39.0	39.0	157.2	39.300	2.0
5	39.0	38.5	39.3	39.4	156.2	39.050	0.9
6	38.8	39.8	38.3	39.6	156.5	39.125	1.5
7	38.9	38.7	41.0	41.4	160.0	40.000	2.7
8	39.9	38.7	39.0	39.7	157.3	39.325	1.2
9	40.6	41.9	38.2	40.0	160.7	40.175	3.7
10	39.2	39.0	38.0	40.5	156.7	39.175	2.5
11	38.9	40.8	38.7	39.8	158.2	39.550	2.1
12	39.0	37.9	37.9	39.1	153.9	38.475	1.2
13	39.7	38.5	39.6	38.9	156.7	39.175	1.2
14	38.6	39.8	39.2	40.8	158.4	39.600	2.2
15	40.7	40.7	39.3	39.2	159.9	39.975	1.5
					계	589.675	27
					$\bar{\bar{x}}=$	39.31167 $\bar{R}=$	1.8

(2) ① $\overline{x}$ 관리도

$$C_L = \overline{\overline{x}} = \frac{\sum \overline{x}}{k} = \frac{589.675}{15} = 39.31167$$

$$U_{CL} = \overline{\overline{x}} + A_2 \overline{R} = 39.31167 + 0.729 \times 1.8 = 40.62387$$

$$U_{CL} = \overline{\overline{x}} + A_2 \overline{R} = 39.31167 - 0.729 \times 1.8 = 37.99947$$

② R 관리도

$$C_L = \overline{R} = \frac{\sum R}{k} = \frac{27}{15} = 1.8$$

$$U_{CL} = D_4 \overline{R} = 2.282 \times 1.8 = 4.10760$$

$U_{CL} = D_3 \overline{R} = -$ (고려하지 않음)

(3)

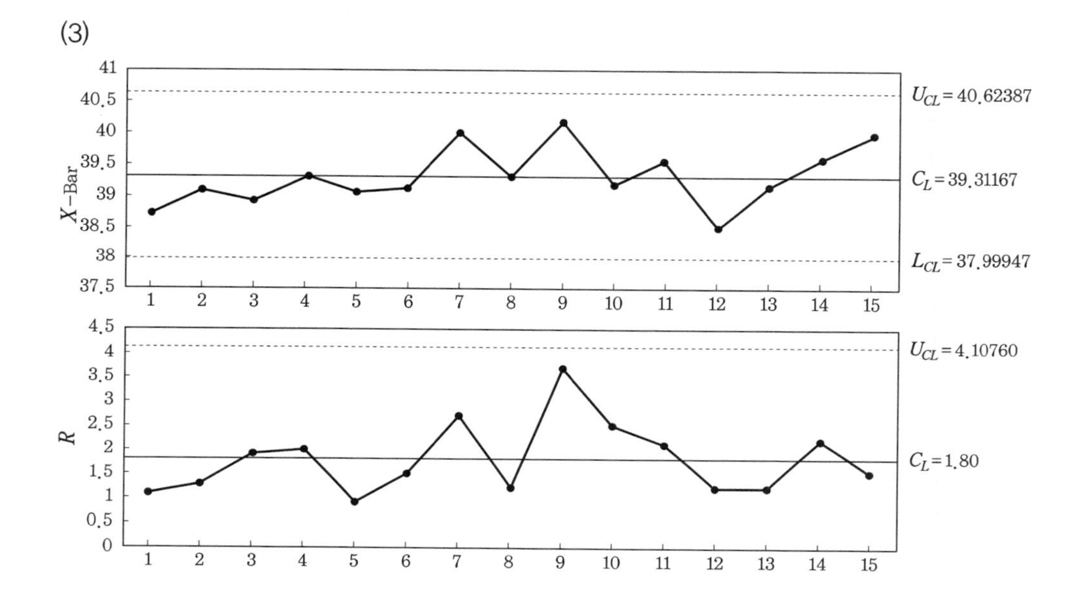

(4) $\overline{x}$ 관리도 및 R 관리도는 관리한계를 이탈하는 점이 없고, 점의 배열에 습관성이 존재하지 않으므로 관리상태라고 판정할 수 있다.

07. 실험설계의 원리에 대한 설명이다. ( )에 답하시오.

(1) ( ) : 뽑혀진 요인 외에 기타 원인들의 영향이 실험 결과에 치우침이 있는 것을 없애기 위한 원리

(2) ( ) : 반복을 시킴으로써 오차항의 자유도를 크게 하여 오차 분산의 정도가 좋게 추정됨으로써 실험 결과의 신뢰성을 높일 수 있는 원리

(3) ( ) : 실험의 환경이 될 수 있는 한 균일한 부분으로 나누어 신뢰도를 높이는 원리

(4) ( ) : 구할 필요가 없는 고차의 교호작용을 블록과 교락시켜 실험의 효율을 높이는 원리

(5) 직교화의 원리 : 직교성을 갖도록 함으로써 같은 횟수의 실험횟수라도 검출력이 더 좋은 검정이 가능

해답 (1) 랜덤화의 원리 (2) 반복의 원리
(3) 블록화의 원리 (4) 교락의 원리

08. 어떤 식품제조회사에서 제품검사에 계수규준형 1회 샘플링검사를 적용하기 위하여 구입자와 $p_0 = 1\%$, $p_1 = 10\%$, $\alpha = 0.05$, $\beta = 0.10$으로 합의하였다. 이것을 만족시킬 수 있는 샘플링검사방식을 구하시오.

c	$(np)_{0.99}$	$(np)_{0.95}$	$(np)_{0.10}$	$(np)_{0.05}$
0	−	−	2.30	2.90
1	0.15	0.35	3.90	4.60
2	0.42	0.80	5.30	6.20
3	0.80	1.35	6.70	7.60
4	1.30	1.95	8.00	9.20

해답 (1) $\alpha = 0.05$를 만족시키는 샘플링검사방식은 $L(p) = 1 - \alpha = 0.95$, $p_0 = 1\%$이므로 $c = 0$, $c = 1$, $c = 2 \cdots$에 대응하는 np값인 $(np)_{0.95}$를 이용하여 $n = \dfrac{(np)_{0.95}}{p_0}$을 구한다.

c	0	1	2	3	4
$(np)_{0.95}$	−	0.35	0.80	1.35	1.95
n	−	$\dfrac{0.35}{0.01} = 35$	$\dfrac{0.80}{0.01} = 80$	$\dfrac{1.35}{0.01} = 135$	$\dfrac{1.95}{0.01} = 195$

(2) $\beta=0.10$를 만족시키는 샘플링검사방식은 $L(p)=\beta=0.10$, $p_1=10\%$이므로 $c=0$, $c=1$, $c=2\cdots$에 대응하는 np값인 $(np)_{0.10}$를 이용하여 $n=\dfrac{(np)_{0.10}}{p_1}$을 구한다.

c	0	1	2	3	4
$(np)_{0.10}$	2.30	3.90	5.30	6.70	8.00
n	$\frac{2.30}{0.1}=23$	$\frac{3.90}{0.1}=39$	$\frac{5.30}{0.1}=53$	$\frac{6.70}{0.1}=67$	$\frac{8.0}{0.1}=80$

(3) (1) 및 (2)의 샘플링검사방식에 대해 동일한 c에 대하여 검토할 가장 근사한 경우는 $c=1$일 때이다.

$\therefore\ n=\dfrac{35+39}{2}=37$

(4) 따라서 구하고자 하는 샘플링방식은 $(n=37,\ c=1)$이다.

09. 도수분포표에서 $x_0=25$, $h=0.5$, $\sum f=100$, $\sum fu=26$, $\sum fu^2=357$일 때 평균($\overline{x}$), 표준편차($\hat{\sigma}$), 공정능력치(자연공차)를 구하시오.

해답 (1) $\overline{x}=x_0+h\times\left(\dfrac{\sum fu}{\sum f}\right)=25+0.5\times\dfrac{26}{100}=25.13$

(2) $S=h^2\left(\sum fu^2-\dfrac{(\sum fu)^2}{\sum f}\right)=0.5^2\left(357-\dfrac{26^2}{100}\right)=87.56$

$\hat{\sigma^2}=\dfrac{S}{\sum f-1}=\dfrac{87.56}{99}=0.884444$

$\hat{\sigma}=\sqrt{0.884444}=0.940449$

(3) 공정능력치$(\pm 3\hat{\sigma})=\pm 3\times 0.940449=\pm 2.82147$

10. A사는 어떤 부품의 수입검사에 계수값 샘플링검사인 KS Q ISO 2859-1의 보조표인 분수샘플링검사를 적용하고 있다. $AQL=1.0\%$, 통상검사수준 II에서 엄격도는 보통검사, 샘플링형식은 1회로 시작하였다. 다음 물음에 답하시오.

(1) ( )를 완성하시오.

(2) 로트번호 5번의 검사 결과 다음 로트에 적용되는 엄격도를 결정하시오.

로트 번호	N	샘플 문자	n	당초 A_c	합부판정 스코어 (검사 전)	적용 하는 A_c	부적합 품수 d	합부 판정	합부판정 스코어 (검사 후)	전환 스코어
1	200	G	32	1/2	5	0	1	불합격	0	0
2	250	(①)	(⑤)	(⑨)	(⑬)	(⑰)	0	(㉑)	(㉕)	(㉙)
3	600	(②)	(⑥)	(⑩)	(⑭)	(⑱)	1	(㉒)	(㉖)	(㉚)
4	80	(③)	(⑦)	(⑪)	(⑮)	(⑲)	0	(㉓)	(㉗)	(㉛)
5	120	(④)	(⑧)	(⑫)	(⑯)	(⑳)	0	(㉔)	(㉘)	(㉜)

해답 (1)

로트 번호	N	샘플 문자	n	당초 A_c	합부판정 스코어 (검사 전)	적용 하는 A_c	부적합 품수 d	합부 판정	합부판정 스코어 (검사 후)	전환 스코어
1	200	G	32	1/2	5	0	1	불합격	0	0
2	250	G	32	1/2	5	0	0	합격	5	2
3	600	J	80	2	12	2	1	합격	0	5
4	80	E	13	0	0	0	0	합격	0	7
5	120	F	20	1/3	3	0	0	합격	3	9

(가) 로트번호 2의 경우 AQL 지표형 샘플링검사표를 이용하여 로트 크기 $N=250$일 때 샘플문자는 ① G이다. 보통검사의 1회 샘플링방식(주샘플링표)에서 시료문자에 따른 시료의 크기 n을 구하면 ⑤ 32이다. 당초의 A_c는 샘플문자와 $AQL=1.0\%$에 대하여 구하면 ⑨ 1/2이며, 당초의 A_c가 1/2이므로 5점을 가산하여 합부판정스코어(검사 전)는 ⑬ 5가 된다. 적용하는 A_c는 합부판정스코어≤ 8이므로 ⑰ 0이다. $d=0$이므로 ㉑ 합격되고, 부적합품이 없으므로 합부판정스코어(검사 후)는 그대로 ㉕ 5이며, 전환스코어는 로트 합격으로 2를 가산하여 ㉙ 2가 된다.

(나) 로트번호 3의 경우 로트 크기 $N=600$일 때 샘플문자는 ② J이며, 보통검사의 1회 샘플링방식(주샘플링표)에서 시료문자에 따른 시료의 크기 n을 구하면 ⑥ 80이다. 당초의 A_c는 샘플문자와 $AQL=1.0\%$에 대하여 구하면 ⑩ 2이며, 7을 가산하여 합부판정스코어(검사 전) ⑭ 12가 되며, 적용하는 A_c는 당초의 A_c그대로 2가 된다. $d=1$이므로 ㉒ 합격되고, $d=1$이므로 합부판정스코어(검사 후) ㉖ 0이 된다. 로트가 합격되고 AQL이 한 단계 엄격한 조건에서 합격이 되므로 3점을 가산하여 전환스코어는 ㉚ 5점이 된다.

(다) 로트번호 4의 경우 로트 크기 $N=80$일 때 샘플문자는 ③ E이며, 보통검사의 1회 샘플링방식(주샘플링표)에서 시료문자에 따른 시료의 크기 n을 구하

면 ⑦ 13이다. 당초의 A_c는 샘플문자와 $AQL = 1.0\%$에 대하여 구하면 ⑪ 0이다. 당초의 A_c가 0이므로 합부판정스코어(검사 전)는 변하지 않으므로 ⑮ 0이 되고, 적용하는 A_c 또한 ⑲ 0이 된다. $d = 0$이므로 ㉓ 합격이며, 합부판정스코어(검사 후) ㉗ 0이다. 로트 합격이므로 전환스코어는 2를 가산하여 ㉛ 7이 된다.

㈑ 로트번호 5의 경우 로트 크기 $N = 120$일 때 샘플문자는 ④ F이며, 보통검사의 1회 샘플링방식(주샘플링표)에서 시료문자에 따른 시료의 크기 n을 구하면 ⑧ 20이다. 당초의 A_c는 샘플문자와 $AQL = 1.0\%$에 대하여 구하면 ⑫ 1/3이다. 당초의 A_c가 1/3이므로 3점을 가산하여 ⑯ 3이 되고, 적용하는 A_c는 합부판정스코어≤ 8이므로 ⑳ 0이 된다. $d = 0$이므로 ㉔ 합격되고 합부판정스코어는 ㉘ 3이며, 전환스코어는 2점을 가산하여 ㉜ 9가 된다.

(2) 로트번호 6은 전환스코어 현상값이 30 미만이므로 보통검사를 속행한다.

11. 플라스틱 제품의 신도(伸度)를 향상시키기 위한 실험을 실시하려 한다. 4요인 A, B, C, D, E가 신도에 영향을 주리라 기대되어 각각 2수준씩 선택하여 $L_8(2^7)$ 직교배열표를 이용하여 실험을 실시한 결과가 다음과 같이 주어졌다.

실험번호	열번호							실험조건	특성치
	1	2	3	4	5	6	7		
1	0	0	0	0	0	0	0	$A_0B_0C_0D_0$	13
2	0	0	0	1	1	1	1	$A_0B_0C_1D_1$	10
3	0	1	1	0	0	1	1	$A_0B_1C_0D_1$	19
4	0	1	1	1	1	0	0	$A_0B_1C_1D_0$	9
5	1	0	1	0	1	0	1	$A_1B_0C_0D_1$	14
6	1	0	1	1	0	1	0	$A_1B_0C_1D_0$	10
7	1	1	0	0	1	1	0	$A_1B_1C_0D_0$	18
8	1	1	0	1	0	0	1	$A_1B_1C_1D_1$	17
기본표시	a	b	ab	c	ac	bc	abc		
실험배치	A	B	e	C	e	E	D		

교호작용이 존재한다면 $A \times D$는 어느 열에 배치해야 하는가? 이때 $A \times D$의 자유도는 얼마인가?

해답 $A \times D = a \times abc = a^2bc = bc$, 따라서 6열에 배치해야 한다.
2수준계 직교배열이므로 한 열의 자유도는 1이다. 따라서 $\nu_{A \times D} = 1$

12. 어떤 전자부품의 치수는 65mm 이하로 규정되어 있다. $n=8$, $k=1.74$의 계량규준형 1회 샘플링검사를 행한 결과 다음의 데이터를 얻었다. 로트의 합격·불합격을 판정하시오. (단, $\sigma=1.4\text{mm}$임을 알고 있다.)

데이터

63.2, 64.5, 63.8, 66.0, 64.0, 62.8, 63.5, 65.2

해답 $n=8$, $k=1.74$, $\sigma=1.4\text{mm}$

$$\bar{x}=\frac{\sum x}{n}=\frac{513}{8}=64.125$$

$$\overline{X}_U=U-k\sigma=65-1.74\times1.4=62.564$$

$\bar{x}=64.125>\overline{X}_U=62.564$이므로 로트를 불합격으로 판정한다.

13. 어떤 공정에서 불량에 관한 데이터를 수집한 결과 다음과 같다.

항목	부적합품수	재가공비/단위당
치수	142	400
형상	16	600
굵힘	71	1,200
기포	29	800
마무리	52	1,000
기타	10	700

(1) 부적합품수에 대한 파레토도를 그리시오.

해답

부적합항목	부적합품수	비율(%)	누적수(개)	누적비율(%)
치수	142	44.37500	142	44.375000
굵힘	71	22.18750	213	66.562500
마무리	52	16.25000	265	82.812500
기포	29	9.06250	294	91.875000
형상	16	5.00000	310	96.875000
기타	10	3.12500	320	100.0000
계	320개	100%	320	100%

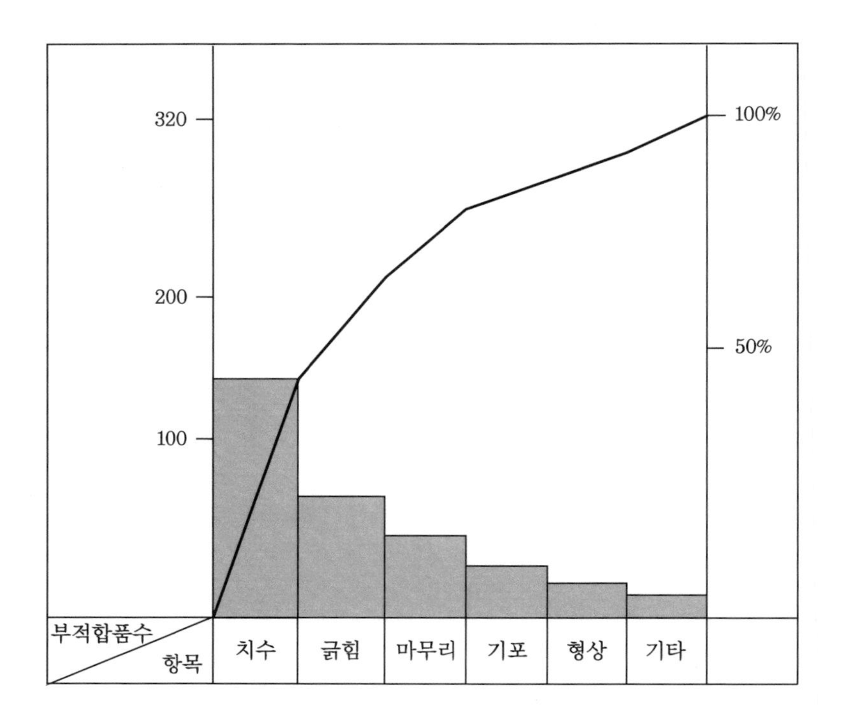

14. 신 QC 7가지 도구를 적으시오.

해답
① 연관도법
② 매트릭스도법
③ 계통도법
④ 친화도법
⑤ 메트릭스 데이터 해석법
⑥ 애로우다이어그램
⑦ PDPC법

15. ISO 9000에서 정의하고 있는 어떤 용어에 대한 설명인가?

(1) 품질요구사항을 충족하는 데 중점을 둔 품질경영의 일부
(2) 의도된 결과를 만들어내기 위해 입력을 사용하여 상호 관련되거나 상호작용하는 활동의 집합
(3) 활동 또는 프로세스를 수행하기 위하여 규정된 방식
(4) 요구사항의 불충족

해답
(1) 품질관리
(2) 프로세스
(3) 절차
(4) 부적합

2020년 제2회 기출 복원문제

01. 로트 부적합품률 $P=6\%$ 인 로트에서 $N=50$, $n=5$, $c=1$의 조건으로 샘플링할 경우 로트가 합격할 확률 $L(p)$은 얼마인가?

(1) 초기하분포를 이용하여 구하시오.

(2) 이항분포를 이용하여 구하시오.

해답 (1) $Np=50\times 0.06=3$

$$L(p)=\frac{{}_{47}C_5\times {}_3C_0}{{}_{50}C_5}+\frac{{}_{47}C_4\times {}_3C_1}{{}_{50}C_5}=0.97653$$

(2) $L(p)={}_5C_0(0.06)^0(0.94)^5+{}_5C_1(0.06)^1(0.94)^4=0.96813$

02. Y회사는 어떤 부품의 수입검사에 KS Q ISO 2859-1을 사용하고 있다. 검토 후 $AQL=1.0\%$, 검사수준은 III으로 1회 샘플링검사를 하고 있다. 처음에는 보통검사로 시작하였으나 40번 로트에서는 수월한 검사를 실시하였다. 다음의 빈칸을 채우시오. (KS Q ISO 2859-1의 표를 사용할 것)

로트 번호	N	시료 문자	n	A_c	R_e	부적합 품수	합격 판정	전환 점수	샘플링검사의 엄격도
40	2,500	L	80	3	4	3	합격	31	수월한 검사로 전환
41	2,000					2		–	
42	1,000					1		–	
43	2,500					3		–	
44	2,000					4		–	
45	1,000					3		0	

해답

로트 번호	N	시료 문자	n	A_c	R_e	부적합 품수	합격 판정	전환 점수	샘플링검사의 엄격도
40	2,500	L	80	3	4	3	합격	31	수월한 검사로 전환
41	2,000	L	80	3	4	2	합격	–	수월한 검사로 속행
42	1,000	K	50	2	3	1	합격	–	수월한 검사로 속행
43	2,500	L	80	3	4	3	합격	–	수월한 검사로 속행
44	2,000	L	80	3	4	4	불합격	–	보통검사로 전환
45	1,000	K	125	3	4	3	합격	0	보통검사로 속행

03. $\overline{\overline{x}}=28$, $U_{CL}=41.4$, $L_{CL}=14.6$, $n=5$의 관리도가 있다. 이 공정이 관리상태에 있을 때 규격치 40을 넘는 제품이 나올 확률은 얼마인가?

해답 $U_{CL}-L_{CL}=6\dfrac{\sigma}{\sqrt{n}}$, $\quad 26.8=6\dfrac{\sigma}{\sqrt{5}}$, $\quad \sigma=9.98777$

$$P_r(x>U_{CL})=P_r\left(u>\frac{40-28}{9.98777}\right)=P_r(u>1.2)=0.1151$$

04. 다음 물음에 답하시오.

(1) A가 4수준, B가 3수준인 반복이 없는 2요인실험에서 유효반복수 n_e를 구하시오.

(2) A가 4수준, B가 3수준, 반복 2회의 2요인실험에서 교호작용이 무시되지 않을 때 유효반복수 n_e를 구하시오.

(3) A가 4수준, B가 3수준, 반복 2회의 2요인실험에서 교호작용이 무시될 때 유효반복수 n_e를 구하시오.

해답 (1) $n_e=\dfrac{lm}{(l-1)+(m-1)+1}=\dfrac{4\times3}{(4-1)+(3-1)+1}=2$

(2) $n_e=r=2$

(3) $n_e=\dfrac{lmr}{(l-1)+(m-1)+1}=\dfrac{4\times3\times2}{(4-1)+(3-1)+1}=4$

05. 다음 데이터는 공장에서 생산된 기계부품 중에서 랜덤하게 100개를 취하여 길이를 측정한 것이다. 다음 물음에 답하시오. (단, $U=77$, $L=28$)

번호	계급의 경계	중심치	도수 (f_i)	$u_i=\frac{x_i-x_0}{h}$	fu	fu^2	누적도수 (F_i)
1	20.5 ~ 26.5	23.5	2	−5	−10	50	2
2	26.5 ~ 32.5	29.5	5	−4	−20	80	7
3	32.5 ~ 38.5	35.5	5	−3	−15	45	12
4	38.5 ~ 44.5	41.5	10	−2	−20	40	22
5	44.5 ~ 50.5	47.5	23	−1	−23	23	45
6	50.5 ~ 56.5	53.5	23	0	0	0	68
7	56.5 ~ 62.5	59.5	17	1	17	17	85
8	62.5 ~ 68.5	65.5	8	2	16	32	93
9	68.5 ~ 74.5	71.5	3	3	9	27	96
10	84.5 ~ 80.5	79.5	2	4	8	32	98
11	80.5 ~ 86.5	83.5	2	5	10	50	100
계			100	−	−28	396	−

(1) 평균치($\overline{x}$), 표준편차(s)를 구하시오.
(2) 공정능력지수(C_p)를 구하고 판정하시오.

해답 (1) ① $\overline{x}=x_0+h\times\left(\frac{\sum fu}{\sum f}\right)=53.5+6\times\frac{-28}{100}=51.82$

② $\hat{\sigma}=s=\sqrt{141.14909}=11.88062$

$$S=h^2\left(\sum fu^2-\frac{(\sum fu)^2}{\sum f}\right)=6^2\left(396-\frac{(-28)^2}{100}\right)=13,973.76$$

$$\widehat{\sigma^2}=\frac{S}{\sum f-1}=\frac{13,973.76}{99}=141.14909$$

(2) $C_p=\frac{U-L}{6\sigma}=\frac{77-28}{6\times 11.88062}=0.68739$

공정능력이 3등급으로 공정능력이 부족하다.

06. ISO 9000에서 정의하고 있는 어떤 용어에 대한 설명인가?

(1) 규정된 요구사항에 적합하지 않은 제품 또는 서비스를 사용하거나 불출하는 것에 대한 허가
(2) 조직과 고객 간에 어떠한 행위/거래/처리도 없이 생산될 수 있는 조직의 출력
(3) 의도된 결과를 만들어내기 위해 입력을 사용하여 상호 관련되거나 상호작용하는 활동의 집합

해답 (1) 특채
(2) 제품
(3) 프로세스

07. 어떤 생산공정에서 생산하는 제품을 10일 동안 8시간 간격으로 100개씩 조사하여 부적합품수를 조사한 결과 〈표〉와 같은 데이터를 얻었다.

(1) C_L, U_{CL}, L_{CL}을 구하시오.
(2) 관리도를 작성하시오.
(3) 관리상태(안정상태)의 여부를 판정하시오.

일	시	표본번호 (i)	부적합품수 (np_i)	일	시	표본번호 (i)	부적합품수 (np_i)
1	8	1	1	6	8	16	3
	16	2	6		16	17	6
	24	3	6		24	18	3
2	8	4	7	7	8	19	13
	16	5	3		16	20	7
	24	6	2		24	21	6
3	8	7	4	8	8	22	6
	16	8	7		16	23	7
	24	9	3		24	24	8
4	8	10	1	9	8	25	7
	16	11	5		16	26	2
	24	12	8		24	27	3
5	8	13	7	10	8	28	2
	16	14	5		16	29	6
	24	15	5		24	30	4

해답 $\bar{p}=\frac{\sum np}{kn}=\frac{153}{100\times 30}=0.051$

(1) $C_L=n\bar{p}=100\times 0.051=5.1$

$U_{CL}=n\bar{p}\pm 3\sqrt{n\bar{p}(1-\bar{p})}=5.10+3\sqrt{100(0.051)(1-0.051)}=11.69993$

$L_{CL}=-$ (고려하지 않음)

(2)

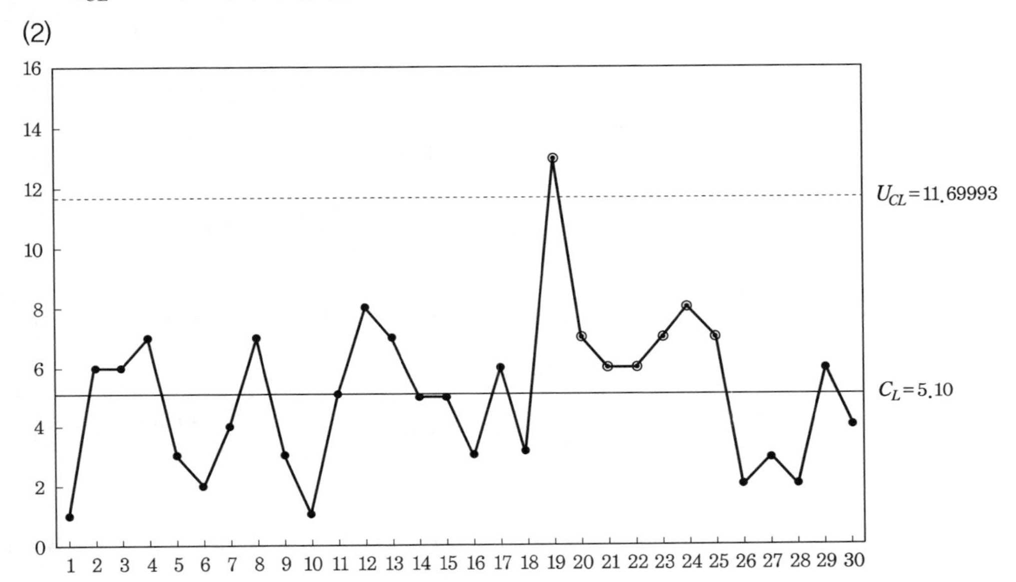

(3) 표본번호 19의 점이 관리한계 밖으로 벗어났으므로 공정이 안정상태라고 할 수 없다.

08. 온도요인(A) 4수준, 원료(B) 3수준을 택하여 반복이 없는 2요인 실험을 하여 얻은 수율 데이터이다.

B \ A	A_1	A_2	A_3	A_4	$T_{\cdot j}$	$\bar{x}_{\cdot j}$
B_1	97.6	98.6	99.0	98.0	393.2	98.3
B_2	97.3	98.2	98.0	97.7	391.2	97.8
B_3	96.7	96.9	97.9	96.5	388	97
$T_{i\cdot}$	291.6	293.7	294.9	292.2		
$\bar{x}_{i\cdot}$	97.2	97.9	98.3	97.4		

(1) 분산분석표를 작성하고 검정하시오. (유의수준 5%)

(2) 최적조건을 찾고 그 조건에서 구간추정을 하시오. (단, 신뢰율 95%)

해답 (1) 분산분석표

요인	SS	DF	MS	F_0	$E(MS)$
A	2.22	3	0.74	7.92885*	$\sigma_e^2+3\sigma_A^2$
B	3.44	2	1.72	18.42923**	$\sigma_e^2+4\sigma_B^2$
e	0.56	6	0.09333		σ_e^2
T	6.22	11			

요인 A는 유의수준 5%로 유의하며, 요인 B는 유의수준 1%로 매우 유의하다.

① $CT=\dfrac{T^2}{N}=\dfrac{(1,172.4)^2}{12}=114,543.48$

② $S_T=\sum_i\sum_j x_{ij}^2-CT=114,549.7-\dfrac{(1,172.4)^2}{12}=6.22$

③ $S_A=\sum_i\dfrac{T_{i\cdot}^2}{m}-CT=\dfrac{1}{3}(291.6^2+29.37^2+294.9^2+292.2^2)-\dfrac{(1,172.4)^2}{12}$
$=2.22$

④ $S_B=\sum_j\dfrac{T_{\cdot j}^2}{l}-CT=\dfrac{1}{4}(393.2^2+391.2^2+388^2)-\dfrac{(1,172.4)^2}{12}=3.44$

⑤ $S_e=S_T-S_A-S_B=6.22-2.22-3.44=0.56$

⑥ $\nu_T=lm-1=12-1=11$, $\nu_A=l-1=4-1=3$, $\nu_B=m-1=3-1=2$,
$\nu_e=\nu_T-\nu_A-\nu_B=11-3-2=6$

⑦ $V_A=\dfrac{S_A}{\nu_A}=\dfrac{2.22}{3}=0.74$, $V_B=\dfrac{S_B}{\nu_B}=\dfrac{3.44}{2}=1.72$,
$V_e=\dfrac{S_e}{\nu_e}=\dfrac{0.56}{6}=0.09333$

⑧ $F_0(A)=\dfrac{0.74}{0.09333}=7.92885$, $F_0(B)=\dfrac{1.72}{0.09333}=18.42923$

⑨ $E(V_A)=\sigma_e^2+m\sigma_A^2=\sigma_e^2+3\sigma_A^2$, $E(V_B)=\sigma_e^2+l\sigma_B^2=\sigma_e^2+4\sigma_A^2$, $E(V_e)=\sigma_e^2$

(2) A수준들 중 A_3 및 B 수준들 중 B_1에서 가장 높은 수율을 보이고 있으므로 최적 수준조합은 A_3B_1이 된다.

점추정 $\hat{\mu}(A_3B_1)=\bar{x}_{3\cdot}+\bar{x}_{\cdot 1}-\bar{\bar{x}}=(98.3+98.3-97.7)=98.9$

구간추정 $\hat{\mu}(A_3B_1)=(\bar{x}_{3\cdot}+\bar{x}_{\cdot 1}-\bar{\bar{x}})\pm t_{0.975}(6)\sqrt{\dfrac{0.09333}{n_e}}$
$=98.9\pm 2.447\times\sqrt{\dfrac{0.09333}{2}}$

$98.37140\le\mu(A_3B_1)\le 99.42860$

$n_e=\dfrac{lm}{\nu_A+\nu_B+1}=\dfrac{4\times 3}{(4-1)+(3-1)+1}=2$

09. 강재의 인장강도는 클수록 좋다. 지금 평균치가 46kg/mm^2 이상인 로트는 통과시키고 이것이 43kg/mm^2 이하인 로트는 통과시키지 않는다. n과 G_0를 구하는 표를 이용하여 $\overline{X}_L$를 구하시오. (단, $\sigma = 4$kg/mm^2, $\alpha = 0.05$, $\beta = 0.1$)

해답 $m_0 = 46$, $m_1 = 43$, $\sigma = 4$

$\frac{|m_0 - m_1|}{\sigma} = \frac{|46 - 43|}{4} = 0.75$이므로 $n = 16$, $G_0 = 0.411$이다.

$\frac{\|m_1 - m_0\|}{\sigma}$	n	G_0
⋮	⋮	⋮
0.772~0.811	14	0.440
0.756~0.771	15	0.425
0.732~0.755	16	0.411
0.710~0.731	17	0.399
0.690~0.709	18	0.383

$\overline{X}_L = m_0 - G_0\sigma = 46 - 0.411 \times 4 = 44.3560$

10. KS Q ISO 2859-1에서 $Ac = 0$, $Re = 1$, $AQL = 0.65\%$일 때 로트가 합격할 확률이 95%가 되기 위한 샘플의 크기를 구하시오.

해답 $L(p) = {}_nC_x(p)^x(1-p)^{n-x}$

$0.95 = {}_nC_0(0.0065)^0(1-0.0065)^{n-0}$

$0.95 = (1-0.0065)^n$

$\log 0.95 = n \times \log 0.9935$

$n = \frac{\log 0.95}{\log 0.9935} = 7.86560 = 8$

11. 다음 보기와 같이 작성하시오.

보기

요구사항 : ~하여야 한다.

(1) 권고사항
(2) 허용
(3) 실현성 및 가능성

해답 (1) 하는 것이 좋다.
(2) 해도 된다.
(3) 할 수 있다.

12. 새로운 작업방법으로 제조한 약품의 로트로부터 10개의 표본을 랜덤하게 추출하여 측정한 결과가 다음과 같다.

(1) 그 성분 함유량의 기준으로 설정한 5.10과 다르다고 할 수 있겠는가?
(2) 성분 함유량에 대한 95% 구간추정을 하시오.

데이터

5.69, 5.83, 5.87, 5.21, 5.53, 5.41, 5.48, 5.17, 5.23, 4.88

해답 (1) $\bar{x}=5.43$, $s=\sqrt{V}=\sqrt{\dfrac{S}{n-1}}=0.31493$

① 가설 : $H_0 : \mu=\mu_0(=5.10)$ $H_1 : \mu \neq \mu_0(=5.10)$

② 유의수준 : $\alpha=0.05$

③ 검정통계량 : $t_0=\dfrac{\bar{x}-\mu_0}{\dfrac{s}{\sqrt{n}}}=\dfrac{5.43-5.10}{\dfrac{0.31493}{\sqrt{10}}}=3.31360$

④ 기각역 : $|t_0|>t_{1-\alpha/2}(\nu)=t_{0.975}(9)=2.262$이면 H_0를 기각한다.

⑤ 판정 : $t_0=3.31360>t_{0.975}(9)=2.262$이므로 $\alpha=0.05$에서 H_0를 기각한다. 즉, 새로운 작업방법에 의한 성분 함유량이 기준치 5.10과 다르다고 할 수 있다.

(2) $\bar{x}\pm t_{1-\alpha/2}(\nu)\dfrac{s}{\sqrt{n}}=5.43\pm 2.26\dfrac{0.31493}{\sqrt{10}}$

$5.20493 \le \hat{\mu} \le 5.65507$

13. QC 7가지 도구를 쓰시오.

해답 ① 각종 그래프
② 파레토도
③ 체크 시트
④ 특성요인도
⑤ 히스토그램
⑥ 산점도
⑦ 층별

14. 다음 데이터를 이용하여 물음에 답하시오.

데이터

2, 3, 5, 6, 7, 8, 18(cm)

평균제곱, 상대분산을 구하시오.

해답 (1) 평균제곱 : $S=\sum_{i=1}^{n}x_i^2-\frac{(\sum x_i)^2}{n}=2^2+3^2+\cdots+18^2-\frac{(49)^2}{7}=168$

(2) 상대분산 : $(CV)^2=\left(\frac{s}{\overline{x}}\right)^2\times 100(\%)=\left(\frac{5.29150}{7}\right)^2\times 100(\%)=57.14280\%$

15. $\overline{x}-R$ 관리도의 평균치 차의 검정에 있어서 전제조건 5가지를 기술하시오.

해답 (1) 두 관리도가 완전한 관리상태에 있을 것
(2) 두 관리도의 시료군의 크기 n이 같을 것
(3) k_A, k_B가 충분히 클 것
(4) $\overline{R}_A$, $\overline{R}_B$ 사이에 유의차가 없을 것
(5) 본래의 분포상태가 대략적인 정규분포를 하고 있을 것

2020년 제3회 기출 복원문제

01. 다음의 경우 OC 곡선은 어떻게 변하는지 설명하시오.

(1) n과 c가 일정하고 N이 변하는 경우

(2) N과 c가 일정하고 n이 변하는 경우

(3) N과 n이 일정하고 c가 변하는 경우

해답 (1) OC 곡선은 N의 변화에 의해 거의 영향을 받지 않는다.

(2) n이 증가할수록 OC 곡선의 경사는 더 급해지고, α는 증가하고 β는 감소한다.

(3) c가 증가할수록 OC 곡선의 기울기가 완만해지고, β는 증가하고 α는 감소한다.

02. 웨이퍼(wafer)에 폴리실리콘(polysilicon)을 침전시키는 과정은 반도체 생산공정에서 중요한 과정에 속한다. 생산된 웨이퍼의 표면에는 침전과정에서 부적합이 발생하며 이는 품질을 떨어트리는 주된 원인이 된다. 다음 표는 일정시간 간격으로 웨이퍼를 한 장씩 추출하여 부적합수를 조사한 것이다.

표본번호(i)	부적합수(c_i)	표본번호(i)	부적합수(c_i)
1	10	11	14
2	9	12	9
3	8	13	6
4	10	14	7
5	12	15	13
6	8	16	9
7	3	17	8
8	12	18	12
9	8	19	15
10	8	20	9

(1) C_L, U_{CL}, L_{CL}을 구하시오.

(2) 관리도를 작성하시오.

(3) 관리상태(안정상태)의 여부를 판정하시오.

해답 (1) $C_L = \bar{c} = \dfrac{\sum c}{k} = \dfrac{190}{20} = 9.5$

$U_{CL} = 9.5 + 3\sqrt{9.5} = 18.74662$

$L_{CL} = 9.5 - 3\sqrt{9.5} = 0.25338$

(2)

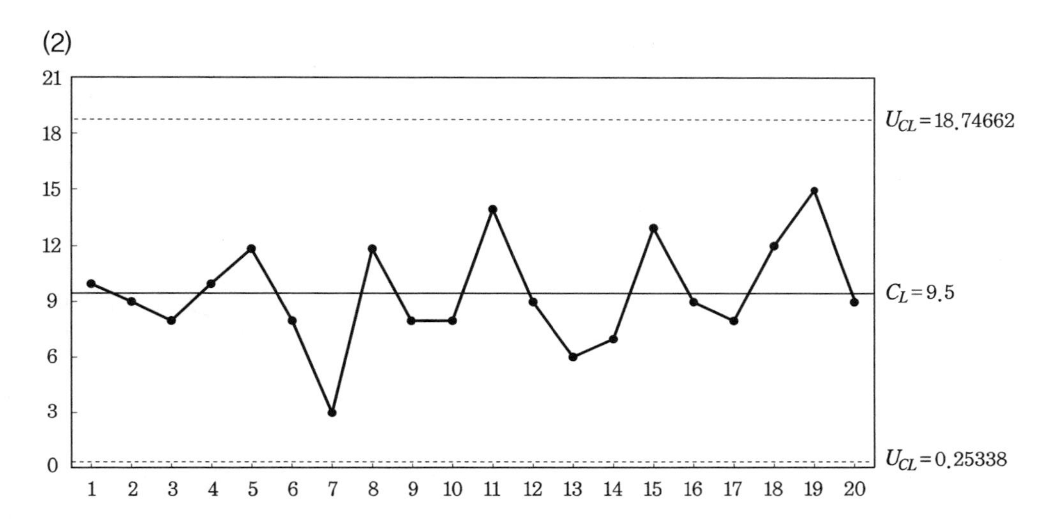

(3) 관리한계를 이탈하는 점이 없고, 점의 배열에 습관성이 존재하지 않으므로 관리 상태라고 판정할 수 있다.

03. 어떤 공정에서 불량에 관한 데이터를 수집한 결과 다음과 같다.

항목	부적합품수	재가공비/단위당
치수	142	400
형상	16	600
굵힘	71	1,200
기포	29	800
마무리	52	1,000
기타	10	700

부적합품수의 파레토도를 그리시오.

해답

부적합항목	부적합품수	비율(%)	누적수(개)	누적비율(%)
치수	142	44.37500	142	44.375000
긁힘	71	22.18750	213	66.562500
마무리	52	16.25000	265	82.812500
기포	29	9.06250	294	91.875000
형상	16	5.00000	310	96.875000
기타	10	3.12500	320	100.0000
계	320개	100%	320	100%

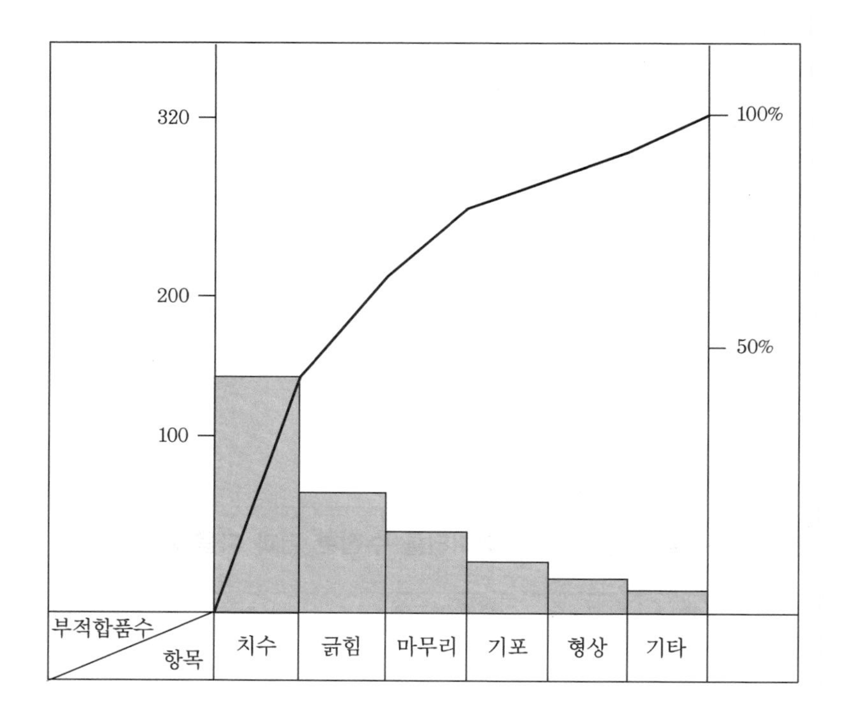

04. A, B 두 가지 제조방법으로 만든 제품의 로트에서 각각 10개씩을 샘플링하여 품질특성치를 측정하여 다음 데이터를 얻었다. 다음 물음에 답하시오. (단, $\alpha = 0.05$)

(1) 2가지 제조방법으로 만든 제품특성치의 분산에 차가 있다고 말할 수 있는가?

(2) 제품특성치의 분산에 차가 있다면 신뢰한계를 추정하시오.

A법	5.48	5.49	5.49	5.49	5.51	5.52	5.53	5.51	5.50	5.50
B법	5.56	5.48	5.51	5.50	5.43	5.46	5.53	5.50	5.48	5.49

해답 (1) ① 가설 : $H_0 : \sigma_A^2 = \sigma_B^2$　　$H_1 : \sigma_A^2 \neq \sigma_B^2$

② 유의수준 : $\alpha = 0.05$

③ 검정통계량 : $F_0 = \dfrac{V_A}{V_B} = \dfrac{0.00024}{0.00129} = 0.18605$

④ 기각역 : $F_0 < F_{\alpha/2}(\nu_A,\ \nu_B) = F_{0.025}(9,\ 9) = \dfrac{1}{F_{0.975}(9,\ 9)} = \dfrac{1}{4.03}$

$= 0.24814$

또는 $F_0 > F_{1-\alpha/2}(\nu_A,\ \nu_B) = F_{0.975}(9,\ 9) = 4.03$이면 H_0를 기각한다.

⑤ 판정 : $F_0 = 0.18605 < F_{0.025}(9,\ 9) = 0.24814$이므로 $\alpha = 0.05$에서 H_0를 기각한다. 유의수준 5%에서 두 제조방법으로 만든 제품 특성치의 분산에 차이가 있다고 할 수 있다.

(2) $\dfrac{F_0}{F_{1-\alpha/2}(\nu_A,\ \nu_B)} \leq \dfrac{\sigma_A^2}{\sigma_B^2} \leq \dfrac{F_0}{F_{\alpha/2}(\nu_A,\ \nu_B)} = \dfrac{0.18605}{4.03} \leq \dfrac{\sigma_A^2}{\sigma_B^2} \leq \dfrac{0.18605}{0.24814}$

$= 0.04617 \leq \dfrac{\sigma_A^2}{\sigma_B^2} \leq 0.74978$

05. 분임조 활동 시 분임토의 기법으로서 사용되고 있는 집단착상법(brainstorming)의 4가지 원칙을 적으시오.

해답 ① 비판 엄금　　② 자유분방한 사고
③ 다량 발언　　④ 남의 아이디어에 편승

06. 4M을 나열하시오.

해답 ① 원료(Materials)　② 기계(Machine)　③ 사람(Man)　④ 방법(Method)

07. 공정부적합품률이 3%, $N = 1,000$인 로트에서 랜덤하게 4개의 시료를 샘플링하였을 때 부적합품이 하나도 없을 확률을 구하려고 한다.

(1) 초기하분포를 이용하여 구하시오.
(2) 이항분포를 이용하여 구하시오.
(3) 푸아송분포를 이용하여 구하시오.

해답 (1) $P_r(x=0)=\dfrac{{}_{30}C_0 \times {}_{970}C_4}{{}_{1000}C_4}=0.88513$

(2) $P_r(x=0)={}_4C_0\,(0.03)^0(1-0.03)^{4-0}=0.88529$

(3) $P_r(x=0)=\dfrac{e^{-0.12}\,0.12^0}{0!}=0.88692$

$m=np=4\times 0.03=0.12$

08. 어떤 제품의 특성치 x, y의 상관계수를 30개 시료에서 구한 결과 0.574를 얻었다. 상관관계가 없다는 귀무가설은 있다는 대립가설에 대하여 유의수준 $\alpha=0.01$로 검정하시오.

해답 모상관계수의 상관관계 유무 검정

① 가설 : $H_0 : \rho=0 \qquad H_1 : \rho\neq 0$

② 유의수준 : $\alpha=0.01$

③ 검정통계량 : $t_0=\dfrac{r}{\sqrt{\dfrac{1-r^2}{n-2}}}=r\cdot\sqrt{\dfrac{n-2}{1-r^2}}=0.574\times\sqrt{\dfrac{30-2}{1-0.574^2}}=3.70923$

④ 기각역 : $|t_0|>t_{1-\alpha/2}(n-2)=t_{0.995}(28)=2.763$이면 H_0를 기각한다.

⑤ 판정 : $t_0=3.70923>t_{0.995}(28)=2.763$이므로 $\alpha=0.01$에서 H_0를 기각한다. 상관계수는 고도로 유의하다.

09. 20매의 강판에서 30개의 흠이 발견되었다. 강판 1매당의 모부적합수를 95% 신뢰도로 추정하시오.

해답 단위당 모부적합수의 신뢰구간 추정

$\hat{u}=\dfrac{c}{n}=\dfrac{30}{20}=1.5$

$\hat{u}\pm u_{1-\alpha/2}\sqrt{\dfrac{\hat{u}}{n}}=1.5\pm u_{0.975}\sqrt{\dfrac{1.5}{20}}$

$0.96323\leq \hat{U}\leq 2.03677$

10. 측정시스템의 평가를 %R&R 값으로 할 때, 측정기의 수리비용이나 계측오차의 심각성 등을 고려하여 초치여부를 선택적으로 결정하는 구간은?

해답 10% ~ 30%

11. 요인 A, B 모두 모수요인으로 A 3수준, B 4수준을 택하고 반복없는 2요인실험에서 다음의 분산분석표를 얻었다. 빈칸을 채우시오.

요인	제곱합	자유도	평균제곱	F_0	$E(MS)$
A	4.17	(②)	2.08	5.9	(⑥)
B	11.21	(③)	3.74	10.7	(⑦)
e	(①)	(④)	(⑤)		(⑧)
T	17.50				

(1) 분산분석표의 괄호에 알맞은 답을 답안지에 쓰시오.
(2) A_2B_3조의 모평균의 95% 신뢰구간을 구하기 위하여 유효반복수 n_e의 값은?

해답 (1) 반복없는 2요인실험

① $S_E = S_T - S_A - S_B = 17.50 - 4.17 - 11.21 = 2.12$

② $\nu_A = l - 1 = 3 - 1 = 2$

③ $\nu_B = m - 1 = 4 - 1 = 3$

④ $\nu_E = (l-1)(m-1) = (3-1)(4-1) = 6$

⑤ $V_e = \dfrac{2.12}{6} = 0.35333$

⑥ $E(V_A) = \sigma_E^2 + m\sigma_A^2 = \sigma_E^2 + 4\sigma_A^2$

⑦ $E(V_B) = \sigma_E^2 + l\sigma_B^2 = \sigma_E^2 + 3\sigma_B^2$

⑧ $E(V_E) = \sigma_E^2$

(2) 유효반복수

$$n_e = \frac{\text{총실험횟수}}{\text{유의한 인자의 자유도의 합}+1} = \frac{lm}{\nu_A + \nu_B + 1} = \frac{3\times 4}{2+3+1} = 2$$

12. $L_{16}(2^{15})$형 직교배열표에 다음과 같이 배치했다. 질문에 답하시오.

열번호	1	2	3	4	5	6	7	8	9	10	11	12	13	14	15
기본표시	a	b	a b	c	a c	b c	a b c	d	a d	b d	a b d	c d	a c d	b c d	a b c d
배치	M	N	O	P				S					Q	R	T

(1) 2요인 교호작용 $O\times T$, $S\times R$는 몇 열에 나타나는가?

(2) 2요인 교호작용 $R\times T$가 무시되지 않을 때 위와 같이 배치한다면 어떤 일이 일어나는가?

해답 (1) $O\times T = ab\times abcd = a^2b^2cd = cd$(12열)

$S\times R = d\times bcd = bcd^2 = bc$ (6열)

(2) $R\times T = bcd\times abcd = ab^2c^2d^2 = a$ (1열)

$R\times T$는 1열에 나타나므로, 이미 1열에 배치된 M요인과 교락이 일어난다.

13. Y회사는 어떤 부품의 수입검사에 KS Q ISO 2859-1을 사용하고 있다. 검토 후 $AQL = 1.0\%$, 검사수준은 Ⅲ으로 1회 샘플링검사를 하고 있다. 처음에는 보통검사로 시작하였으나, 40번 로트에서는 수월한 검사를 실시하였다. 다음의 빈칸을 채우시오. (KS Q ISO 2859-1의 표를 사용할 것)

로트 번호	N	시료 문자	n	A_c	R_e	부적합 품수	합격 판정	전환 점수	샘플링검사의 엄격도
40	2,500	L	80	3	4	3	합격	31	수월한 검사로 전환
41	2,000					2		–	
42	1,000					1		–	
43	2,500					3		–	
44	2,000					4		–	
45	1,000					3		0	

해답

로트 번호	N	시료 문자	n	A_c	R_e	부적합 품수	합격 판정	전환 점수	샘플링검사의 엄격도
40	2,500	L	80	3	4	3	합격	31	수월한 검사로 전환
41	2,000	L	80	3	4	2	합격	–	수월한 검사로 속행
42	1,000	K	50	2	3	1	합격	–	수월한 검사로 속행
43	2,500	L	80	3	4	3	합격	–	수월한 검사로 속행
44	2,000	L	80	3	4	4	불합격	–	보통검사로 전환
45	1,000	K	125	3	4	3	합격	0	보통검사로 속행

14. $\overline{x}-R$ 관리도에서 $\sigma_{\overline{x}}=5.0$이고 $\sigma_b=4.5$라고 하자. $\sigma_w=4.0$일 때의 n값을 구하시오.

해답 $\sigma_{\overline{x}}^2=\dfrac{\sigma_w^2}{n}+\sigma_b^2$, $n=\dfrac{\sigma_w^2}{\sigma_{\overline{x}}^2-\sigma_b^2}=\dfrac{4^2}{5^2-4.5^2}=3.36842$, $n=4$

15. 어떤 자동차부품의 규격은 0.790 ± 0.005cm이다. 이 부품의 제조공정을 관리하기 위하여 지난 20일간에 걸쳐 매일 5개씩의 데이터를 취하여 $\overline{x}-R$ 관리도를 작성하여 보니, 관리는 안정상태이며, $\overline{\overline{x}}=0.788$cm, $\overline{R}=0.008$cm였다. 이 부품의 치우침을 고려한 공정능력지수 C_{pk}를 구하시오. (단, $n=5$일 때 $d_2=2.326$이다.)

해답 $\hat{\sigma}=\dfrac{\overline{R}}{d_2}=\dfrac{0.008}{2.326}=0.00344$

$$k=\frac{\left|\dfrac{U+L}{2}-\overline{x}\right|}{\dfrac{U-L}{2}}=\frac{|0.790-0.788|}{\dfrac{0.795-0.785}{2}}=0.4$$

$$C_{pk}=(1-k)C_p=(1-0.4)\left(\frac{0.795-0.785}{6\times0.00344}\right)=0.2907$$

2020년 제4회 기출 복원문제

01. 본선(本船)으로 광석이 입하되었다. 이를 3회에 걸쳐 화물선으로 각각 300, 500, 400톤씩 적재하여 운반한다. 이때 하역 중 100톤 간격으로 증분(increment)을 취하여, 이를 대량시료로 혼합하는 경우 샘플링의 정도(精度)를 구하시오. (단, 과거의 경험에 의하면 100톤까지의 증분간의 산포 σ_w는 10%이다.)

해답 $V(\bar{x}) = \dfrac{\sigma_w^2}{m\bar{n}} = \dfrac{10^2}{3\times\dfrac{12}{3}} = 8.33333\%$

02. 자동차 축전지를 생산판매하는 어떤 회사는 자사제품의 수명이 정규분포를 따르고, 평균이 10년 표준편차가 0.9년이라고 한다. 이를 확인하기 위해 10개의 제품을 조사한 결과 표준편차가 1.3년이었다. 이 축전지 수명의 표준편차는 회사의 주장보다 큰 것으로 판단된다.

(1) 유의수준 5%로 검정하시오.

(2) 분산에 대한 95% 신뢰구간을 구하시오.

해답 (1) ① 가설 : $H_0: \sigma^2 \le 0.9^2 \qquad H_1: \sigma^2 > 0.9^2$

② 유의수준 : $\alpha = 0.05$

③ 검정통계량 : $\chi_0^2 = \dfrac{S}{\sigma^2} = \dfrac{(n-1)\times V}{\sigma^2} = \dfrac{9\times 1.3^2}{0.9^2} = 18.77778$

④ 기각역 : $\chi_0^2 > \chi_{1-\alpha}^2(\nu) = \chi_{0.95}^2(9) = 16.92$이면 H_0를 기각한다.

⑤ 판정 : $\chi_0^2 = 18.77778 > \chi_{0.95}(9) = 16.92$이므로 $\alpha = 0.05$에서 H_0를 기각한다. 유의수준 5%에서 제품의 산포가 종전보다 커졌다고 할 수 있다.

(2) $\hat{\sigma}_L^2 = \dfrac{S}{\chi_{1-\alpha}^2(\nu)} = \dfrac{9\times 1.3^2}{16.92} = 0.89894$

03. 3개의 서로 다른 형태의 유리관에 대해서 각 유리관 형태에서 8개를 랜덤하게 선택하여 cathode warm−up time(초)을 랜덤한 순서로 측정하여 얻은 실험자료가 다음과 같다.

유리관 형태									
	A_1	19	20	23	20	26	18	18	35
	A_2	20	20	32	27	40	24	22	18
	A_3	16	15	18	26	19	17	19	18

(1) 분산분석표를 작성하시오.

(2) A_2 의 모평균에 대한 95% 신뢰구간을 구하시오.

해답 (1) 분산분석표

요인	제곱합(SS)	자유도(ν)	평균제곱(V)	F_0
A	190.08333	2	95.04167	2.86044
e	697.75000	21	33.22619	
T	887.8333	23		

① 수정항 $CT=\dfrac{(530)^2}{24}=11,704.16667$

② 총변동 $S_T=\sum_i\sum_j x_{ij}^2-CT=(19^2+20^2+\cdots+18^2)-11,704.16667$

$=887.83333$

③ 급간변동 $S_A=\sum_i\dfrac{T_{i\cdot}^2}{r}-CT=\dfrac{1}{8}(179^2+203^2+148^2)-11,704.16667$

$=190.08333$

④ 급내변동 $S_e=S_T-S_A=887.83333-190.08333=697.75000$

⑤ $\nu_T=lr-1=24-1=23,\ \nu_A=l-1=3-1=2,\ \nu_e=\nu_T-\nu_A=21$

⑥ $V_A=\dfrac{S_A}{\nu_A}=\dfrac{190.08333}{2}=95.04167$

$V_e=\dfrac{S_e}{\nu_e}=\dfrac{697.75000}{21}=33.22619$

⑦ $F_0=\dfrac{V_A}{V_e}=\dfrac{95.04167}{33.22619}=2.86044$

(2) $\overline{x}_{i\cdot}\pm t_{1-\alpha/2}(\nu_e)\sqrt{\dfrac{V_e}{r}}=\overline{x}_{2\cdot}\pm t_{0.975}(21)\sqrt{\dfrac{33.22619}{8}}$

$=25.375\pm2.080\times\sqrt{\dfrac{33.22619}{8}}$

$21.13605\le\mu(A_1)\le29.61395$

04. ISO 9000에서 정의하고 있는 어떤 용어에 대한 설명인가?

(1) 규정된 요구사항에 적합하지 않은 제품을 사용하거나 불출하는 것에 대한 허가
(2) 부적합의 원인을 제거하고 재발을 방지하기 위한 조치
(3) 잠재적인 부적합 또는 기타 바람직하지 않은 잠재적 상황의 원인을 제거하기 위한 조치

해답 (1) 특채
(2) 시정조치(Corrective Action)
(3) 예방조치(Preventive Action)

05. A 정제 로트의 어떤 성분에서 특성치는 정규분포를 따르고 표준편차 $\sigma = 1.0\text{mg}$이며, $m_0 = 9.0\text{mg}$, $m_1 = 7.0\text{mg}$, $\alpha = 0.05$, $\beta = 0.10$인 계량규준형 1회 샘플링검사를 하기로 했다.

(1) $\overline{X}_L$을 구하시오.(단, KS Q 0001의 계량규준형 1회 샘플링검사표를 사용하면 $n=3$, $G_0 = 0.950$이다.)
(2) 이 샘플링검사방식에서 평균치 $m = 8.0\text{mg}$의 로트가 합격하는 확률은 약 얼마인가?

해답 (1) $\overline{X}_L = m_0 - k_\alpha \dfrac{\sigma}{\sqrt{n}} = m_0 - G_0\sigma = 9.0 - 0.950 \times 1.0 = 8.05\text{mg}$

(2) $$K_{L(m)} = \frac{\overline{X}_L - m}{\dfrac{\sigma}{\sqrt{n}}} = \frac{8.05 - 8}{\dfrac{1.0}{\sqrt{3}}} = 0.08660 = 0.09$$

따라서 $m = 8.0\text{mg}$의 로트가 합격할 확률은 $L(m) = 0.4641$이다.

06. $N(100,\ 5^2)$의 모집단에서 n개의 시료를 뽑았을 때 시료평균의 분포가 $N(100,\ 1^2)$이 되었다면 시료의 크기(n)는 얼마인가?

해답 $\sigma_{\bar{x}}^2 = \dfrac{\sigma_x^2}{n}$, $\quad 1 = \dfrac{5^2}{n}$, $\quad n = 25$

07. 다음 표는 용광로에서 선철을 만들 때 선철의 백분율과 비금속의 산화를 조절하기 위하여 사용되는 석회의 소요량(kg)에 대한 실험 결과이다. 다음 물음에 답하시오.

선철(%)	석회소요량(kg)	선철(%)	석회소요량(kg)
26	7.0	42	10.0
30	8.7	46	11.0
34	9.6	50	10.6
38	9.7	54	11.9

(1) 선철의 백분율에 관한 석회 소요량의 회귀직선 방정식을 구하시오.
(2) 선철 백분율과 석회소요량 사이의 상관계수를 구하시오.

해답 (1) $n=8$, $\sum x = 320$, $\overline{x}=40$, $\sum x^2 = 13{,}472$, $\sum y = 78.5$,

$\overline{y}=9.8125$, $\sum y^2 = 785.91$, $\sum xy = 3{,}236.6$

$$S_{xx} = \sum x^2 - \frac{(\sum x)^2}{n} = 672, \quad S_{yy} = \sum y^2 - \frac{(\sum y)^2}{n} = 15.62875$$

$$S_{xy} = \sum xy - \frac{\sum x \sum y}{n} = 96.6$$

$$\hat{\beta}_1 = \frac{S_{xy}}{S_{xx}} = \frac{96.6}{672} = 0.14375, \quad \hat{\beta}_0 = \overline{y} - \hat{\beta}_1 \overline{x} = 9.8125 - 0.14375 \times 40 = 4.0625$$

$$y = 4.0625 + 0.14375x$$

(2) $$r = \frac{S_{xy}}{\sqrt{S_{xx}\, S_{yy}}} = \frac{96.6}{\sqrt{672 \times 15.62875}} = 0.94261$$

08. 오차 e_{ij}에 대한 가정 4가지를 쓰시오.

해답 ① 정규성 : e_{ij}는 정규분포를 따른다.
② 독립성 : e_{ij}는 서로 독립이다.
③ 불편성 : e_{ij}의 기대값은 항상 0이다.
④ 등분산성 : e_{ij}는 모두 동일한 분산을 갖는다.

09. QC 7가지 도구를 쓰시오.

해답 ① 각종 그래프
② 파레토도
③ 체크 시트
④ 특성요인도
⑤ 히스토그램
⑥ 산점도
⑦ 층별

10. 어떤 제품의 길이에 대한 모평균은 15.52mm, 표준편차가 0.03mm이었다. 기계를 조정한 후 $n=10$의 샘플을 취해 측정한 결과 다음과 같은 데이터를 얻었다. (단, $\alpha=0.05$)

(1) 조정 후 모평균은 커졌다고 할 수 있겠는가?
(2) μ의 95% 신뢰구간을 구하시오.

데이터

15.54, 15.57, 15.52 15.56, 15.51, 15.53, 15.55, 15.56, 15.51, 15.58

해답 (1) $\sum x = 155.43$, $\bar{x} = \dfrac{155.43}{10} = 15.543$

① 가설 : H_0: $\mu \leq \mu_0 (= 15.52\text{mm})$, H_1: $\mu > \mu_0 (= 15.52\text{mm})$
② 유의수준 : $\alpha = 0.05$
③ 기각역 : $u_0 > u_{1-\alpha} = u_{0.95} = 1.645$이면 H_0를 기각한다.
④ 검정통계량 : $u_0 = \dfrac{15.543 - 15.52}{\dfrac{0.03}{\sqrt{10}}} = 2.42441$
⑤ 판정 : $u_0 = 2.42441 > u_{0.95} = 1.645$이므로 $\alpha = 0.05$에서 H_0를 기각한다.
즉, 유의수준 5%에서 공정평균이 커졌다고 할 수 있다.

(2) $\hat{\mu}_L = \bar{x} - u_{1-\alpha}\dfrac{\sigma}{\sqrt{n}} = 15.543 - 1.645\dfrac{0.03}{\sqrt{10}} = 15.52739$

11. 다음은 어느 직물제조공정에서 나타난 흠의 수를 조사한 것이다. 물음에 답하시오.

로트 번호	1	2	3	4	5	6	7	8	9	10	합계
(a)시료수(n)	10	10	15	15	20	20	20	10	10	10	140
얼룩 수	11	17	17	25	25	17	23	32	23	16	206
구멍난 수	4	4	5	6	4	7	8	8	8	6	60
실이 튄 수	6	1	6	7	4	7	12	9	9	7	68
색상 나쁜 곳	10	8	12	15	20	15	9	12	9	11	121
기타	2	−	2	4	−	3	1	2	−	1	15
(b) 합계	33	30	42	57	53	49	53	63	49	41	470
(b)÷(a)	3.30	3.00	2.80	3.80	2.65	2.45	2.65	6.30	4.90	4.10	

(1) 어떤 관리도를 사용하여야 하는가?

(2) C_L값과 $n=10$인 경우 각각에 대한 U_{CL}, L_{CL}을 구하시오.

(3) 파레토도를 작성하시오.

해답 (1) 시료의 크기(n_i)가 일정하지 않은 부적합수 관리도이므로 U관리도가 적합하다.

(2) $C_L=\bar{u}=\dfrac{\sum c}{\sum n}=\dfrac{470}{140}=3.35714$

① $n=10$인 경우

$$U_{CL}=\bar{u}+3\sqrt{\frac{\bar{u}}{n_i}}=3.35714+3\sqrt{\frac{3.35714}{10}}=5.09536$$

$$L_{CL}=\bar{u}-3\sqrt{\frac{\bar{u}}{n_i}}=3.35714-3\sqrt{\frac{3.35714}{10}}=1.61892$$

(3)

항목	흠의 수	비율(%)	누적수	누적비율(%)
얼룩 수	206	43.82979	206	43.82979
색상 나쁜 곳	121	25.74468	327	69.57447
실이 튄 수	68	14.46809	395	84.04255
구멍난 수	60	12.76596	455	96.80851
기타	15	3.19149	470	100.0
계	470개	100%	320	100%

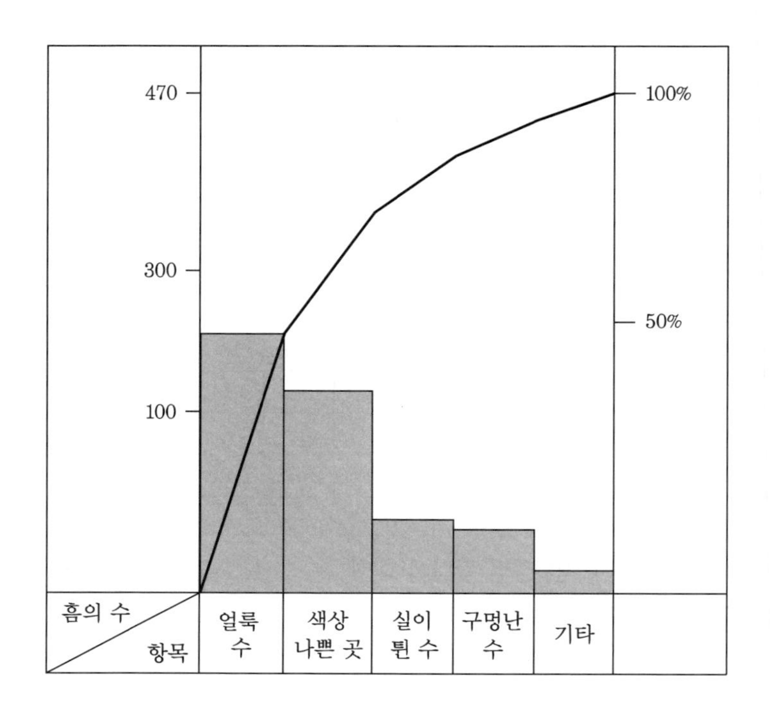

12. 전수검사에 비해 샘플링검사가 유리한 경우에 대해 4가지만 작성하시오.

해답 ① 생산자에게 품질향상의 자극을 주고 싶은 경우
② 다수, 다량의 것으로 어느 정도 부적합품이 섞여도 허용되는 경우
③ 불완전한 전수검사에 비해 높은 신뢰성을 얻을 수 있는 경우
④ 검사항목이 많은 경우

13. $n=4$**인** $\overline{x}$ **관리도의** 3σ**한계로서** $U_{CL}=12.6$, $L_{CL}=6.6$**이며, 완전한 관리상태이다.**

(1) $\sigma_{\overline{x}}$는 얼마인가?

(2) 개개치 데이터의 산포(σ_H)를 구하시오.

해답 완전한 관리상태인 경우 $\sigma_b=0$이다.

(1) $U_{CL}-L_{CL}=6\dfrac{\sigma_w}{\sqrt{n}}$, $\quad 12.6-6.6=6\dfrac{\sigma_w}{\sqrt{4}}$, $\quad \sigma_w=2$

$$\sigma_{\overline{x}}^2=\frac{\sigma_w^2}{n}+\sigma_b^2=\frac{2^2}{4}+0=1$$

(2) $\sigma_H^2=\sigma_w^2+\sigma_b^2=2^2+0=2^2$

$\sigma_H=2$

14. 동(銅) 전해의 양극찌꺼기 중에 포함되는 니켈을 회수하기 위하여 양극찌꺼기에 황산을 가하여 오토클레이브 내에서 가압 침출을 행하였다. 이 니켈의 침출률에 영향을 미치는 원인으로 A(황산농도) 3순준, B(침출시간), C(침출온도)를 선택하여 3×3 라틴방격법으로 배치하여 실험하였다.

	A_1	A_2	A_3
B_1	$C_1=64$	$C_2=67$	$C_3=76$
B_2	$C_2=73$	$C_3=81$	$C_1=65$
B_3	$C_3=83$	$C_1=68$	$C_2=75$

(1) 분산분석표를 작성하시오. ($E(MS)$ 포함)

(2) $\mu(A_1B_3C_3)$ 수준조합의 95% 신뢰구간을 추정하시오.

해답 (1) 분산분석표

요인	SS	DF	MS	F_0	$E(MS)$
A	3.55556	2	1.7778	0.84212	$\sigma_e^2+3\sigma_A^2$
B	61.55556	2	30.7778	14.57897	$\sigma_e^2+3\sigma_B^2$
C	310.88889	2	155.44445	73.63162^{**}	$\sigma_e^2+3\sigma_C^2$
e	4.22221	2	2.11111		σ_e^2
T	380.22222	8			

① $S_T=\sum\sum\sum x_{ijl}^2-CT=47{,}614-\dfrac{652^2}{9}=380.22222$

② $S_A=\sum\dfrac{T_{i\cdot\cdot}^2}{k}-CT=\dfrac{1}{3}(220^2+216^2+216^2)-\dfrac{652^2}{9}=3.55556$

③ $S_B=\sum\dfrac{T_{\cdot j\cdot}^2}{k}-CT=\dfrac{1}{3}(207^2+219^2+226^2)-\dfrac{652^2}{9}=61.55556$

④ $S_C=\sum\dfrac{T_{\cdot\cdot l}^2}{lm}-CT=\dfrac{1}{3}(197^2+215^2+240^2)-\dfrac{652^2}{9}=310.88889$

⑤ $S_e=S_T-(S_A+S_B+S_C)=4.22221$

⑥ $\nu_T=k^2-1=9-1=8$

$\nu_A=\nu_B=\nu_C=k-1=2$

$\nu_e=(k-1)(k-2)=2\times 1=2$

(2) $\mu(A_1B_3C_3)$ 수준조합의 95% 신뢰구간

$$(\overline{x}_{i\cdot\cdot}+\overline{x}_{\cdot j\cdot}+\overline{x}_{\cdot\cdot l}-2\overline{\overline{x}})\pm t_{1-\alpha}(\nu_e)\sqrt{\frac{V_e}{n_e}} \quad \text{단, } n_e=\frac{k^2}{(3k-2)}$$

$$(73.33333+75.333333+80.0-2\times 72.44444)\pm t_{0.975}(2)\sqrt{\frac{2.11111}{1.28571}}$$

$$n_e=\frac{k^2}{(3k-2)}=\frac{3^2}{7}=1.28571$$

$$78.26393\le \mu(A_1B_3C_3)\le 89.29163$$

15. Y회사는 어떤 부품의 수입검사에 KS Q ISO 2859-1의 계수값 샘플링 검사방식을 사용하고 있다. 검토 후 $AQL=1.0\%$, 검사수준은 II로 1회 샘플링검사를 하고 있다. 보통검사로 시작한 샘플링검사는 다음과 같이 되었다. (KS Q ISO 2859-1의 표를 사용할 것)

(1) 다음의 빈칸을 채우시오.

로트 번호	N 로트 크기	샘플 문자	n 샘플 크기	Ac	Re	부적합 품수	합격 판정	전환 점수	샘플링검사의 엄격도
19	85	E	13	0	1	0	합격	18	보통검사로 속행
20	300	H				1			
21	500	H				0			
22	700	J				1			
23	600	J				1			
24	550	J				1			

(2) 로트번호 16의 엄격도를 적으시오.

해답 (1)

로트 번호	N 로트 크기	샘플 문자	n 샘플 크기	Ac	Re	부적합 품수	합격 판정	전환 점수	샘플링검사의 엄격도
19	85	E	13	0	1	0	합격	18	보통검사로 속행
20	300	H	50	1	0	1	합격	20	보통검사로 속행
21	500	H	50	1	0	0	합격	22	보통검사로 속행
22	700	J	80	2	3	1	합격	25	보통검사로 속행
23	600	J	80	2	3	1	합격	28	보통검사로 속행
24	550	J	80	2	3	1	합격	31	수월한 검사로 전환

(2) 수월한 검사로 속행

2020년 제5회 기출 복원문제

01. 4종류의 사료와 3종류의 돼지품종이 돼지의 체중증가에 주는 영향을 조사하고자 반복이 없는 2요인실험에 의해 실험한 결과 다음과 같은 결과를 얻었다.

돼지의 체중증가량

사료 \ 품종	A_1	A_2	A_3
B_1	55	57	47
B_2	64	72	74
B_3	59	66	58
B_4	58	57	53

(1) 분산분석표를 작성하고($E(MS)$포함) 검정하시오.

(2) 수준조합 $\hat{\mu}(A_3B_2)$ 의 95% 신뢰구간을 구하시오.

해답 (1) 분산분석표

요인	SS	DF	MS	F_0	$F_{0.95}$	$E(MS)$
A	56.0	2	28.0	1.55556	5.14	$\sigma_e^2+4\sigma_A^2$
B	498.0	3	166.0	9.22222*	4.76	$\sigma_e^2+3\sigma_B^2$
e	108.0	6	18.0			σ_e^2
T	662.0	11				

요인 A는 유의수준 5%로 유의하지 않으며, 요인 B는 유의수준 5%로 유의하다. 즉, 사료는 체중증가에 영향을 주며, 돼지품종은 체중증가에 영향을 주지 않는다.

① $CT=\dfrac{T^2}{N}=\dfrac{(720)^2}{12}=43,200$

② $S_T=\sum_i\sum_j x_{ij}^2-CT=43,862-\dfrac{(720)^2}{12}=662$

③ $S_A=\sum_i\dfrac{T_{i\cdot}^2}{m}-CT=\dfrac{1}{4}(236^2+252^2+232^2)-\dfrac{(720)^2}{12}=56$

④ $S_B=\sum_j\dfrac{T_{\cdot j}^2}{l}-CT=\dfrac{1}{3}(159^2+210^2+183^2+168^2)-\dfrac{(720)^2}{12}=498$

⑤ $S_e = S_T - S_A - S_B = 662 - 56 - 498 = 108$

⑥ $\nu_T = lm - 1 = 12 - 1 = 11$, $\nu_A = l - 1 = 3 - 1 = 2$, $\nu_B = m - 1 = 4 - 1 = 3$,

$\nu_e = \nu_T - \nu_A - \nu_B = 11 - 2 - 3 = 6$

⑦ $V_A = \dfrac{S_A}{\nu_A} = \dfrac{56}{2} = 28$, $V_B = \dfrac{S_B}{\nu_B} = \dfrac{498}{3} = 166$, $V_e = \dfrac{S_e}{\nu_e} = \dfrac{108}{6} = 18$

⑧ $F_0(A) = \dfrac{28}{18} = 1.55556$, $F_0(B) = \dfrac{166}{18} = 9.22222$

⑨ $E(V_A) = \sigma_e^2 + m\sigma_A^2 = \sigma_e^2 + 4\sigma_A^2$, $E(V_B) = \sigma_e^2 + l\sigma_B^2 = \sigma_e^2 + 3\sigma_A^2$, $E(V_e) = \sigma_e^2$

(2) $\hat{\mu}(A_3B_2)$ 95% 신뢰구간

① 점추정 : $\hat{\mu}(A_3B_2) = \bar{x}_{3\cdot} + \bar{x}_{\cdot 2} - \bar{\bar{x}} = 58 + 70 - 60 = 68$

② 구간추정 : $(\bar{x}_{i\cdot} + \bar{x}_{\cdot j} - \bar{\bar{x}}) \pm t_{1-\alpha/2}(\nu_e)\sqrt{\dfrac{V_e}{n_e}} = (58 + 70 - 60) \pm 2.447\sqrt{\dfrac{18}{2}}$

$60.65900 \le \mu(A_3B_2) \le 75.34100$

유효반복수(n_e)

$$n_e = \frac{\text{총실험횟수}}{\text{유의한 요인의 자유도 합} + 1} = \frac{lm}{\nu_A + \nu_B + 1} == \frac{3 \times 4}{2 + 3 + 1} = 2$$

02. 어떤 부품의 인장강도의 분산이 9kgf/mm²였다. 제조공정을 변경하여 새로운 공정에서 9개의 부품을 검사해본 결과 다음의 데이터를 얻었다.

(1) 공정변경 후의 분산이 변경 전의 분산과 차이가 있는지 검정하시오. ($\alpha = 0.05$)

(2) 변경 후의 모분산을 신뢰율 95%로 구간추정하시오.

43,	38,	42,	41,	38,	44,	41,	36,	40

해답 (1) ① 가설 : $H_0 : \sigma^2 = 9(\sigma_0^2)$ $H_1 : \sigma^2 \ne 9(\sigma_0^2)$

② 유의수준 : $\alpha = 0.05$

③ 검정통계량 : $\chi_0^2 = \dfrac{S}{\sigma^2} = \dfrac{54}{9} = 6$

$$S = \sum x^2 - \frac{(\sum x)^2}{n} = 14,695 - \frac{363^2}{9} = 54$$

④ 기각역 : $\chi_0^2 > \chi_{1-\alpha/2}^2(\nu) = \chi_{0.975}^2(8) = 17.53$

또는 $\chi_0^2 < \chi_{\alpha/2}^2(\nu) = \chi_{0.025}^2(8) = 2.18$이면 H_0를 기각한다.

⑤ 판정 : $\chi_{0.025}(8)=2.18<\chi_0^2=6<\chi_{0.975}(8)=17.53$ 이므로 $\alpha=0.05$ 에서 H_0 를 채택한다. 유의수준 5%에서 변경 후의 분산이 변경 전과 차이가 있다고 할 수 없다.

(2) $\frac{S}{\chi^2_{1-\alpha/2}(\nu)} \le \hat{\sigma}^2 \le \frac{S}{\chi^2_{\alpha/2}(\nu)}$, $\frac{S}{\chi^2_{0.975}(8)} \le \hat{\sigma}^2 \le \frac{S}{\chi^2_{0.025}(8)}$,

$\frac{54}{17.53} \le \hat{\sigma}^2 \le \frac{54}{2.18}$, $3.08043 \le \hat{\sigma}^2 \le 24.77064$

03. 다음의 $\bar{x}-R$ 관리도 데이터에 대해 요구에 답하시오.

(1) 양식의 빈칸을 채우시오.

(2) $\bar{x}-R$ 관리도의 C_L, U_{CL}, L_{CL}을 구하시오.

(3) $\bar{x}-R$ 관리도를 작성하시오.

(4) 관리상태(안정상태)의 여부를 판정하시오.

시료군 번호	측정치				계	평균	범위
	x_1	x_2	x_3	x_4	$\sum x$	$\bar{x}$	R
1	38.3	38.9	39.4	38.3			
2	39.1	39.8	38.5	39.0			
3	38.6	38.0	39.2	39.9			
4	40.6	38.6	39.0	39.0			
5	39.0	38.5	39.3	39.4			
6	38.8	39.8	38.3	39.6			
7	38.9	38.7	41.0	41.4			
8	39.9	38.7	39.0	39.7			
9	40.6	41.9	38.2	40.0			
10	39.2	39.0	38.0	40.5			
11	38.9	40.8	38.7	39.8			
12	39.0	37.9	37.9	39.1			
13	39.7	38.5	39.6	38.9			
14	38.6	39.8	39.2	40.8			
15	40.7	40.7	39.3	39.2			
					계		
					$\bar{\bar{x}}=$	$\bar{R}=$	

해답 (1)

시료군 번호	측정치				계 $\sum x$	평균 $\bar{x}$	범위 R
	x_1	x_2	x_3	x_4			
1	38.3	38.9	39.4	38.3	154.9	38.725	1.1
2	39.1	39.8	38.5	39.0	156.4	39.100	1.3
3	38.6	38.0	39.2	39.9	155.7	38.925	1.9
4	40.6	38.6	39.0	39.0	157.2	39.300	2.0
5	39.0	38.5	39.3	39.4	156.2	39.050	0.9
6	38.8	39.8	38.3	39.6	156.5	39.125	1.5
7	38.9	38.7	41.0	41.4	160.0	40.000	2.7
8	39.9	38.7	39.0	39.7	157.3	39.325	1.2
9	40.6	41.9	38.2	40.0	160.7	40.175	3.7
10	39.2	39.0	38.0	40.5	156.7	39.175	2.5
11	38.9	40.8	38.7	39.8	158.2	39.550	2.1
12	39.0	37.9	37.9	39.1	153.9	38.475	1.2
13	39.7	38.5	39.6	38.9	156.7	39.175	1.2
14	38.6	39.8	39.2	40.8	158.4	39.600	2.2
15	40.7	40.7	39.3	39.2	159.9	39.975	1.5
					계	589.675	27
					$\bar{\bar{x}}$=39.31167		$\bar{R}$=1.8

(2) ① $\bar{x}$ 관리도

$$C_L = \bar{\bar{x}} = \frac{\sum \bar{x}}{k} = \frac{589.675}{15} = 39.31167$$

$$U_{CL} = \bar{\bar{x}} + A_2 \bar{R} = 39.31167 + 0.729 \times 1.8 = 40.62387$$

$$U_{CL} = \bar{\bar{x}} + A_2 \bar{R} = 39.31167 - 0.729 \times 1.8 = 37.99947$$

② R 관리도

$$C_L = \bar{R} = \frac{\sum R}{k} = \frac{27}{15} = 1.8$$

$$U_{CL} = D_4 \bar{R} = 2.282 \times 1.8 = 4.10760$$

$U_{CL} = D_3 \bar{R} = -$ (고려하지 않음)

(3)

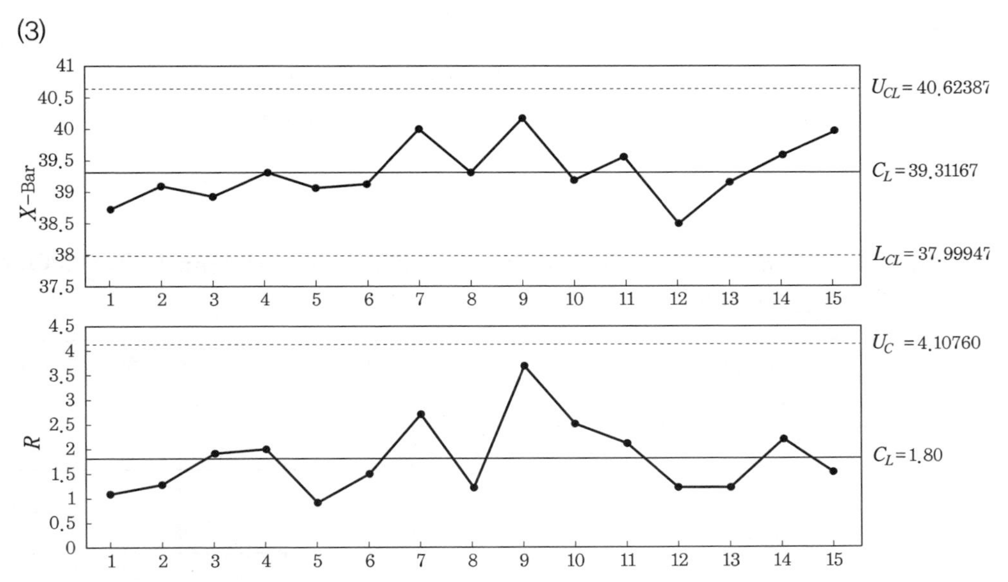

(4) $\overline{x}$ 관리도 및 R 관리도는 관리한계를 이탈하는 점이 없고, 점의 배열에 습관성이 존재하지 않으므로 관리상태라고 판정할 수 있다.

04. 4개 중 하나를 택하는 문제가 20문항이 있는 시험에서 랜덤하게 답을 써 넣은 경우에 다음 물음에 답하시오. (누적이항분포표를 이용할 것)

(1) 정답이 하나도 없을 확률은?

(2) 7개 이상의 정답을 맞힐 확률은?

(3) 12개 이상의 정답을 맞힐 확률은?

누적이항분포표		$p(x \le c) = \sum_{x=0}^{c} \binom{n}{x} p^x (1-p)^{n-x}$	
$n=20$ \ p	0.25	$n=20$ \ p	0.25
$c=0$	0.0032	11	0.9990
1	0.0243	12	0.9998
2	0.0912	13	1.0000
3	0.2251	14	1.0000
4	0.4148	15	1.0000
5	0.6171	16	1.0000
6	0.7857	17	1.0000
7	0.8981	18	1.0000
8	0.9590	19	1.0000
9	0.9861	20	1.0000
10	0.9960		

해답 (1) $P_r(x=0)=0.0032$

(2) $P_r(x \geq 7)=1-P_r(x \leq 6)=1-0.7857=0.2143$

(3) $P_r(x \geq 12)=1-P_r(x \leq 11)=1-0.9990=0.0010$

05. 다음 데이터는 절삭공정의 제품 외경치수를 측정한 것이다. 규격치는 10.00±0.20mm 이고, 단위는 mm 이다.)

No	급구간	대표치	도수f	상대도수	u	fu	fu^2
1	9.845~9.895	9.870	1				
2	9.895~9.945	9.920	2				
3	9.945~9.995	9.970	5				
4	9.995~10.045	10.020	9				
5	10.045~10.095	10.070	12				
6	10.095~10.145	10.120	11				
7	10.145~10.195	10.170	7				
8	10.195~10.245	10.220	2				
9	10.245~10.295	10.270	1				
	합계		50				

(1) 도수분포표를 완성하시오.

(2) 평균과 표준편차를 구하시오.

해답 (1)

No	급구간	대표치	도수f	상대도수	u	fu	fu^2
1	9.845~9.895	9.870	1	0.02	−4	−4	16
2	9.895~9.945	9.920	2	0.04	−3	−6	18
3	9.945~9.995	9.970	5	0.10	−2	−10	20
4	9.995~10.045	10.020	9	0.18	−1	−9	9
5	10.045~10.095	10.070	12	0.24	0	0	0
6	10.095~10.145	10.120	11	0.22	1	11	11
7	10.145~10.195	10.170	7	0.14	2	14	28
8	10.195~10.245	10.220	2	0.04	3	6	18
9	10.245~10.295	10.270	1	0.02	4	4	16
합계		−	50	−	−	6	136

(2) ① $\overline{x} = x_0 + h \times \left(\dfrac{\sum fu}{\sum f} \right) = 10.070 + 0.05 \times \dfrac{6}{50} = 10.07600$

② $\hat{\sigma} = \sqrt{0.00690} = 0.08307$

$S = h^2 \left(\sum fu^2 - \dfrac{(\sum fu)^2}{\sum f} \right) = 0.05^2 \times \left(136 - \dfrac{(6)^2}{50} \right) = 0.33820$

$\widehat{\sigma^2} = \dfrac{S}{\sum f - 1} = \dfrac{0.33820}{49} = 0.00690$

06. 품질경영의 7 원칙이란 무엇인가?

해답 ① 고객중시 ② 리더십
③ 관계관리/관계경영 ④ 개선
⑤ 프로세스접근법 ⑥ 인원의 적극 참여
⑦ 증거기반 의사결정

07. 다음 그림은 어떤 샘플링방법인가?

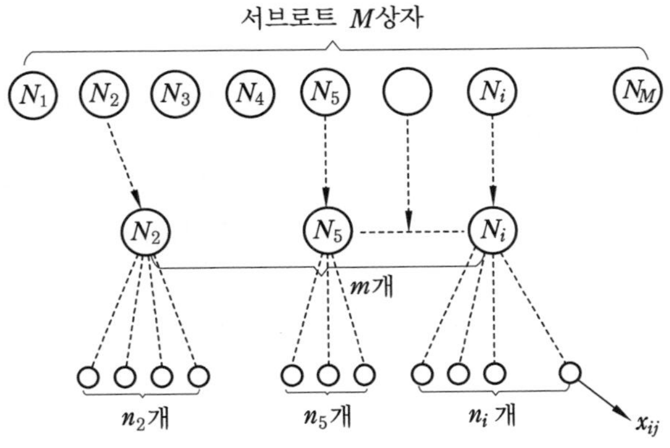

서브로트 M상자
N_1 N_2 N_3 N_4 N_5 N_i N_M
N_2 N_5 N_i
m개
n_2개 n_5개 n_i 개 x_{ij}

해답 집락샘플링

08. 검사를 행하는 공정에 따른 분류 4가지를 쓰시오.

해답 ① 수입검사 ② 공정검사
③ 최종검사 ④ 출하검사

09. 두 종류의 고무배합(A_0, A_1)을 두 종류의 모델(B_0, B_1)을 사용하여 타이어를 만들 때 얻어지는 타이어의 밸런스를 4회씩 측정하여 다음의 데이터를 얻었다. $A \times B$의 제곱합을 구하시오.

	B_0	B_1	계
A_0	31	82	517
	45	110	
	46	88	
	43	72	
A_1	22	30	218
	21	37	
	18	38	
	23	29	
계	249	486	

해답 $S_{A \times B} = \dfrac{1}{4r}[(a-1)(b-1)]^2 = \dfrac{1}{16}(ab-a-b+1)^2$

$$= \frac{1}{16}(134-352-84+165)^2 = 1{,}173.0625$$

10. 다음 물음에 답하시오.

(1) A가 4수준, B가 3수준인 반복이 없는 2요인 실험에서 유효반복수 n_e를 구하시오.

(2) A가 4수준, B가 3수준, 반복 2회의 2요인 실험에서 교호작용이 무시되지 않을 때 유효반복수 n_e를 구하시오.

(3) A가 4수준, B가 3수준, 반복 2회의 2요인 실험에서 교호작용이 무시될 때 유효반복수 n_e를 구하시오.

해답 (1) $n_e = \dfrac{lm}{(l-1)+(m-1)+1} = \dfrac{4 \times 3}{(4-1)+(3-1)+1} = 2$

(2) $n_e = r = 2$

(3) $n_e = \dfrac{lmr}{(l-1)+(m-1)+1} = \dfrac{4 \times 3 \times 2}{(4-1)+(3-1)+1} = 4$

11. 다음 표는 용광로에서 선철을 만들 때 선철의 백분율과 비금속의 산화를 조절하기 위하여 사용되는 석회의 소요량(kg)에 대한 실험 결과이다. 다음 물음에 답하시오.

선철(%)	석회소요량(kg)	선철(%)	석회소요량(kg)
26	7.0	42	10.0
30	8.7	46	11.0
34	9.6	50	10.6
38	9.7	54	11.9

(1) 공분산을 구하시오.

(2) 선철의 백분율에 관한 석회소요량의 회귀직선 방정식을 구하시오.

해답 $n=8$, $\sum x = 320$, $\bar{x}=40$, $\sum x^2 = 13{,}472$, $\sum y = 78.5$,

$\bar{y}=9.8125$ $\sum y^2 = 785.91$, $\sum xy = 3{,}236.6$

$$S_{xx} = \sum x^2 - \frac{(\sum x)^2}{n} = 672, \quad S_{yy} = \sum y^2 - \frac{(\sum y)^2}{n} = 15.62875,$$

$$S_{xy} = \sum xy - \frac{\sum x \sum y}{n} = 96.6$$

(1) $V_{xy} = \dfrac{S_{xy}}{n-1} = \dfrac{96.6}{7} = 13.71429$

(2) $\hat{\beta}_1 = \dfrac{S_{xy}}{S_{xx}} = \dfrac{96.6}{672} = 0.14375$, $\hat{\beta}_0 = \bar{y} - \hat{\beta}_1 \bar{x} = 9.8125 - 0.14375 \times 40 = 4.0625$

$y = 4.0625 + 0.14375x$

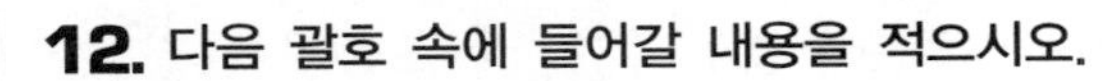
12. 다음 괄호 속에 들어갈 내용을 적으시오.

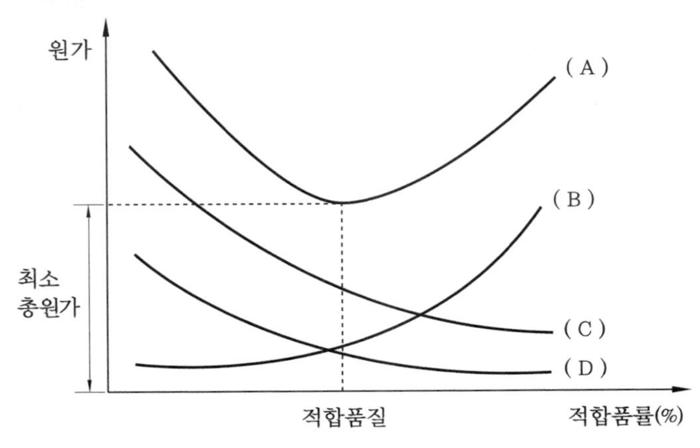

해답 A : 총품질코스트
B : 예방코스트
C : 실패코스트
D : 평가코스트

13. A사는 어떤 부품의 수입검사에 계수값 샘플링검사인 KS Q ISO 2859-1의 보조표인 분수샘플링검사를 적용하고 있다. $AQL = 1.0\%$, 통상검사수준 II에서 엄격도는 보통검사, 샘플링형식은 1회로 시작하였다. 다음 물음에 답하시오.

(1) ( )를 완성하시오.

(2) 로트번호 5번의 검사 결과 다음 로트에 적용되는 엄격도를 결정하시오.

로트번호	N	샘플문자	n	당초 A_c	합부판정스코어 (검사 전)	적용하는 A_c	부적합품수 d	합부판정	합부판정스코어 (검사 후)	전환스코어
1	200	G	32	1/2	5	0	1	불합격	0	0
2	250	(①)	(⑤)	(⑨)	(⑬)	(⑰)	0	(㉑)	(㉕)	(㉙)
3	600	(②)	(⑥)	(⑩)	(⑭)	(⑱)	1	(㉒)	(㉖)	(㉚)
4	80	(③)	(⑦)	(⑪)	(⑮)	(⑲)	0	(㉓)	(㉗)	(㉛)
5	120	(④)	(⑧)	(⑫)	(⑯)	(⑳)	0	(㉔)	(㉘)	(㉜)

해답 (1)

로트번호	N	샘플문자	n	당초 A_c	합부판정스코어 (검사 전)	적용하는 A_c	부적합품수 d	합부판정	합부판정스코어 (검사 후)	전환스코어
1	200	G	32	1/2	5	0	1	불합격	0	0
2	250	G	32	1/2	5	0	0	합격	5	2
3	600	J	80	2	12	2	1	합격	0	5
4	80	E	13	0	0	0	0	합격	0	7
5	120	F	20	1/3	3	0	0	합격	3	9

(가) 로트번호 2의 경우 AQL 지표형 샘플링검사표를 이용하여 로트 크기 $N=250$일 때 샘플문자는 ① G이다. 보통검사의 1회 샘플링방식(주샘플링표)에서 시료문자에 따른 시료의 크기 n을 구하면 ⑤ 32이다. 당초의 A_c는 샘플문자와 $AQL=1.0\%$에 대하여 구하면 ⑨ 1/2이며, 당초의 A_c가 1/2이므로 5점을 가산하여 합부판정스코어(검사 전)는 ⑬ 5가 된다. 적용하는 A_c는 합부판정스코어≤ 8이므로 ⑰ 0이다. $d=0$이므로 ㉑ 합격되고, 부적합품이 없으므로 합부판정스코어(검사 후)는 그대로 ㉕ 5이며, 전환스코어는 로트 합격으로 2를 가산하여 ㉙ 2가 된다.

(나) 로트번호 3의 경우 로트 크기 $N=600$일 때 샘플문자는 ② J이며, 보통검사의 1회 샘플링방식(주샘플링표)에서 시료문자에 따른 시료의 크기 n을 구하면 ⑥ 80이다. 당초의 A_c는 샘플문자와 $AQL=1.0\%$에 대하여 구하면 ⑩ 2이며, 7을 가산하여 합부판정스코어(검사 전) ⑭ 12가 되며, 적용하는 A_c는 당초의 A_c 그대로 2가 된다. $d=1$이므로 ㉒ 합격되고, $d=1$이므로 합부판정스코어(검사 후) ㉖ 0이 된다. 로트가 합격되고 AQL이 한 단계 엄격한 조건에서 합격이 되므로 3점을 가산하여 전환스코어는 ㉚ 5점이 된다.

(다) 로트번호 4의 경우 로트 크기 $N=80$일 때 샘플문자는 ③ E이며, 보통검사의 1회 샘플링방식(주샘플링표)에서 시료문자에 따른 시료의 크기 n을 구하면 ⑦ 13이다. 당초의 A_c는 샘플문자와 $AQL=1.0\%$에 대하여 구하면 ⑪ 0이다. 당초의 A_c가 0이므로 합부판정스코어(검사 전)는 변하지 않으므로 ⑮ 0이 되고 적용하는 A_c 또한 ⑲ 0이 된다. $d=0$이므로 ㉓ 합격이며, 합부판정스코어(검사 후) ㉗ 0이다. 로트 합격이므로 전환스코어는 2를 가산하여 ㉛ 7이 된다.

(라) 로트번호 5의 경우 로트 크기 $N=120$일 때 샘플문자는 ④ F이며, 보통검사의 1회 샘플링방식(주샘플링표)에서 시료문자에 따른 시료의 크기 n을 구하면 ⑧ 20이다. 당초의 A_c는 샘플문자와 $AQL=1.0\%$에 대하여 구하면 ⑫ 1/3이다. 당초의 A_c가 1/3이므로 3점을 가산하여 ⑯ 3이 되고 적용하는 A_c는 합부판정스코어≤ 8이므로 ⑳ 0이 된다. $d=0$이므로 ㉔ 합격되고 합부판정스코어는 ㉘ 3이며, 전환스코어는 2점을 가산하여 ㉜ 9가 된다.

(2) 로트번호 6은 전환스코어 현상값이 30 미만이므로 보통검사를 속행한다.

2021년 제1회 기출 복원문제

01. 어떤 제품의 종래 기준으로 설정한 모분산 $\sigma^2 = 0.34$ 인 제품을 새로운 제조방법에 의하여 생산한 후 $n = 10$ 개를 측정하여 다음의 데이터를 얻었다.

5.5, 5.8, 5.7, 6.0, 5.9, 5.2, 5.4, 5.9, 6.3, 6.2

(1) 종래의 기준으로 설정된 모분산보다 작아졌다고 할 수 있는지 유의수준 5%로 검정하시오.

(2) 모분산의 95% 신뢰구간을 추정하시오.

해답 (1) ① 가설 : $H_0 : \sigma^2 \geq 0.34$ $H_1 : \sigma^2 < 0.34$

② 유의수준 : $\alpha = 0.05$

③ 검정통계량 : $\chi_0^2 = \dfrac{S}{\sigma^2} = \dfrac{1.089}{0.34} = 3.20294$

④ 기각역 : $\chi_0^2 < \chi_\alpha^2(\nu) = \chi_{0.05}^2(9) = 3.33$ 이면 H_0 를 기각한다.

⑤ 판정 : $\chi_0^2 = 3.20294 < \chi_{0.05}^2(9) = 3.33$ 이므로 $\alpha = 0.05$ 에서 H_0 를 기각한다.
유의수준 5%에서 표준편차가 0.34보다 작다고 할 수 있다.

(2) $\hat{\sigma}_U^2 = \dfrac{S}{\chi_\alpha^2(\nu)} = \dfrac{S}{\chi_{0.05}^2(9)} = \dfrac{1.089}{3.33} = 0.32703$

02. 계수규준형 샘플링검사에서 부적합품률이 6% $N = 50$, $n = 5$, $c = 1$ 의 조건이 되었다면 로트가 합격할 확률은 얼마인가?

(1) 초기하분포를 이용하여 구하시오.

(2) 이항분포를 이용하여 구하시오.

(3) 푸아송분포를 이용하여 구하시오.

해답 (1) $Np = 50 \times 0.06 = 3$

$$L(p) = \frac{{}_{47}C_5 \times {}_3C_0}{{}_{50}C_5} + \frac{{}_{47}C_4 \times {}_3C_1}{{}_{50}C_5} = 0.97653$$

(2) $L(p) = {}_5C_0(0.06)^0(1-0.06)^5 + {}_5C_1(0.06)^1(1-0.06)^4 = 0.96813$

(3) $np = 5 \times 0.06 = 0.3$

$$L(p) = \frac{e^{-0.3} \times 0.3^0}{0!} + \frac{e^{-0.3} \times 0.3^1}{1!} = 0.96306$$

03. 자연공차(공정능력치)에 영향을 미치는 요인(5M1E)에는 어떤 것이 있는지 6가지를 나열하시오.

해답 (1) 사람(Man) (2) 기계(Machine) (3) 원료(Materials)
(4) 방법(Method) (5) 측정(Measurement) (6) 환경(Environment)

04. 어떤 공장에서 제품의 수율에 영향을 미칠 것으로 생각되는 반응온도에 대하여 다음의 데이터를 얻었다.

(1) 분산분석을 행하고 그 결과를 해석하시오.
(2) 공정수율을 최대로 하는 최적온도를 신뢰율 95%로 구간추정 하시오.

	1	2	3	4	5	6	7	8
A_1	4	8	2	3	5	4	6	7
A_2	7	12	13	15	8	10	12	9

해답 (1) 분산분석표

요인	SS	DF	MS	F_0	$F_{0.99}$
A	138.0625	1	138.0625	24.04822	8.86
e	80.3750	14	5.74107		
T	218.4375	15			

① $S_T = \sum_i \sum_j x_{ij}^2 - CT = 1195 - \frac{(125)^2}{16} = 218.4375$

② $S_A = \sum_i \frac{T_{i\cdot}^2}{m} - CT = \frac{39^2}{8} + \frac{86^2}{8} - \frac{(125)^2}{16} = 138.0625$

③ $S_e = S_T - S_A = 218.4375 - 138.0625 = 80.3750$

④ $\nu_T = lm - 1 = 15$, $\nu_A = l - 1 = 2 - 1 = 1$, $\nu_e = \nu_T - \nu_A = 15 - 1 = 14$

⑤ $V_A = \frac{S_A}{\nu_A} = \frac{138.0625}{1} = 138.0625$, $V_e = \frac{S_e}{\nu_e} = \frac{80.3750}{14} = 5.74107$

⑥ $F_0(A) = \dfrac{V_A}{V_e} = \dfrac{138.0625}{5.74107} = 24.04822$

⑦ $F_0 > F_{0.99}(1,\ 14)$이므로 유의수준 1%로 매우 유의하다.

(2) 공정수율을 최대로 하는 최적온도의 95% 구간추정

$\bar{x}_{i\cdot} \pm t_{1-\alpha/2}(\nu_e)\sqrt{\dfrac{V_e}{r}} = \bar{x}_{2\cdot} \pm t_{0.975}(14)\sqrt{\dfrac{5.74107}{8}} = \dfrac{86}{8} \pm 2.145 \times \sqrt{\dfrac{5.74107}{8}}$

$8.93290 \le \mu(A_2) \le 12.56710$

05. Y회사는 어떤 부품의 수입검사에 KS Q ISO 2859-1을 사용하고 있다. $AQL = 1.0\%$, 일반검사 II, 보통검사 1회 샘플링일 때 빈칸을 채우시오.

로트 번호	N	시료 문자	n	A_c	R_e	부적합 품수	합격 판정	전환 점수	샘플링검사의 엄격도
1	300	H	50	1	2	1	합격	2	보통검사 시작
2	500					2			
3	300					0			
4	800					2			
5	1500					1			

해답

로트 번호	N	시료 문자	n	A_c	R_e	부적합 품수	합격 판정	전환 점수	샘플링검사의 엄격도
1	300	H	50	1	2	1	합격	2	보통검사 시작
2	500	H	50	1	2	2	불합격	0	보통검사로 속행
3	300	H	50	1	2	0	합격	2	보통검사로 속행
4	800	J	80	2	3	2	합격	0	보통검사로 속행
5	1500	K	125	3	4	1	합격	3	보통검사로 속행

(1) 로트번호 2는 $N = 500$일 때 시료문자는 H이며, 주샘플링표로부터 $n = 50$, $A_c = 1$, $R_e = 2$이다. 부적합품수가 2개이므로 로트는 불합격이다. 로트 불합격이므로 전환점수는 0이 된다.

(2) 로트번호 3은 $N = 300$일 때 시료문자는 H이며, 주샘플링표로부터 $n = 50$, $A_c = 1$, $R_e = 2$이다. 부적합품수가 0개이므로 로트는 합격이다. 로트 합격이므로 전환점수는 2가 된다.

(3) 로트번호 4번은 $N = 800$일 때 시료문자는 J이며, 주샘플링표로부터 $n = 80$, $A_c = 2$, $R_e = 3$이다. 부적합품수가 2개이므로 로트는 합격이다. $A_c = 2$ 이므로 한 단계 엄격한 조건 $AQL = 0.65\%$, $Ac = 1$, $Re = 2$ 에서 불합격이므로 전

환점수는 0이 된다.

(4) 로트번호 5는 $N=1500$일 때 시료문자는 K이며, 주샘플링표로부터 $n=125$, $A_c=3$, $R_e=4$이다. 부적합품수가 1개이므로 로트는 합격이다. $A_c=3$ 이므로 한 단계 엄격한 조건 $AQL=0.65\%$, $Ac=2$, $Re=3$ 에서 합격이므로 전환점수는 3이 된다.

06. 로트 크기가 2,000, 시료의 개수 200, 합격판정개수 1인 계수규준형 1회 샘플링검사에서 부적합품률 1%인 로트가 검사대상일 때, 이 로트의 합격가능성은 어느 정도인가? (단, 푸아송분포로 근사하여 계산한다.)

해답 $P_r(x)=\dfrac{e^{-m}\cdot m^x}{x!}$, $m=np=200\times0.01=2$

$$P_r(x\le1)=\frac{e^{-2}\times2^0}{0!}+\frac{e^{-2}\times2^1}{1!}=0.40601$$

07. 폴리에스테르를 이용하여 직물을 제조하는 Y회사의 품질경영부서에서는 직물의 신율이 가장 중요한 품질특성으로 강조되어 원료의 특성(x)에 따른 직물제품의 특성(y)에 관한 신율을 조사하여 다음 데이터를 얻었다. 다음 물음에 답하시오. (단, $\alpha=0.05$)

x	30	20	60	80	40	50	60	30	70	60
y	73	50	128	170	87	108	135	69	148	132

(1) 공분산(V_{xy})을 구하시오.
(2) 표본상관계수(r)를 구하시오.
(3) 분산분석표를 작성하시오.
(4) 추정회귀 직선을 구하시오.

해답 $n=10$, $\sum x=500$, $\bar{x}=50$, $\sum x^2=28{,}400$, $\sum y=1{,}100$,
$\bar{y}=110$ $\sum y^2=134{,}660$, $\sum xy=61{,}800$

$$S_{xx}=\sum x^2-\frac{(\sum x)^2}{n}=3{,}400,\qquad S_{yy}=\sum y^2-\frac{(\sum y)^2}{n}=13{,}660,$$

$$S_{xy}=\sum xy-\frac{\sum x\sum y}{n}=6{,}800$$

(1) 공분산

$$V_{xy} = \frac{S_{xy}}{n-1} = \frac{6,800}{9} = 755.55556$$

(2) 표본상관계수

$$r = \frac{S_{xy}}{\sqrt{S_{xx}S_{yy}}} = \frac{6,800}{\sqrt{3,400 \times 13,660}} = 0.99780$$

(3) 분산분석표

요인	SS	DF	MS	F_0	$F_{1-\alpha}(\nu_R, \nu_e)$
회귀(R)	13,600	1	13,600		1,813.33333
오차(e)	60	8	7.5		
총(T)	13,660	9			

$$S_T = S_{yy} = 13,660, \qquad S_R = \frac{S_{xy}^2}{S_{xx}} = \frac{6,800^2}{3,400} = 13,600,$$

$$S_{y/x} = S_e = S_T - S_R = 13,660 - 13,600 = 60,$$

$$\nu_T = n-1 = 9, \quad \nu_R = 1, \quad \nu_e = n-2 = 8, \quad V_R = \frac{S_R}{\nu_R} = 13,600/1 = 13,600,$$

$$V_e = V_{y/x} = \frac{S_e}{\nu_e} = \frac{60}{8} = 7.5, \qquad F_0 = \frac{V_R}{V_e} = \frac{13,600}{7.5} = 1,813.33333$$

(4) $\hat{\beta}_1 = \dfrac{S_{xy}}{S_{xx}} = \dfrac{6,800}{3,400} = 2$, $\hat{\beta}_0 = \overline{y} - \hat{\beta}_1 \overline{x} = 110 - 2 \times 50 = 10$

$y = 10 + 2x$

08. x, y의 시료 상관계수 r_{xy}을 구하기 위하여 $X = (x_i - 15) \times 10$, $Y = (y_i - 3) \times 100$으로 수치변환하여 X와 Y의 상관계수를 구했더니 $r_{XY} = 0.37$, $b_{XY} = 0.37$이었다. x, y의 상관계수 r_{xy}는 얼마인가?

해답 $S_{XX} = S_{xx} \times 10^2$, $S_{YY} = S_{yy} \times 100^2$, $S_{XY} = S_{xy} \times 10 \times 100$

(1) $r_{XY} = \dfrac{S_{XY}}{\sqrt{S_{XX}\,S_{YY}}} = \dfrac{10 \times 100 S_{xy}}{\sqrt{(10 \times 10 S_{xx})(100 \times 100 S_{yy})}} = r_{xy} = 0.37$

09. **전자레인지의 최종검사에서 20대를 랜덤하게 추출하여 부적합수를 조사하였다. 한 대당 발견되는 부적합수를 기록하여 보니 다음과 같았다. 다음 물음에 답하시오.**

(1) 관리상한, 관리하한, 중심선을 구하시오.

(2) 관리도를 그리고 판정하시오.

시료군 번호	1	2	3	4	5	6	7	8	9	10	11	12	13	14	15	16	17	18	19	20
부적합수	4	5	3	3	4	8	4	2	3	3	6	4	1	6	4	2	4	4	3	7

해답 $\sum c = 80,\ \bar{c} = \dfrac{\sum c}{k} = \dfrac{80}{20} = 4$

(1) $C_L = \bar{c} = \dfrac{\sum c}{k} = \dfrac{80}{20} = 4$

$U_{CL} = \bar{c} + 3\sqrt{\bar{c}} = 4 + 3\sqrt{4} = 10.0$

$L_{CL} = \bar{c} - 3\sqrt{\bar{c}} = 4 - 3\sqrt{4} = -$(고려하지 않음)

(2) 관리도 작성

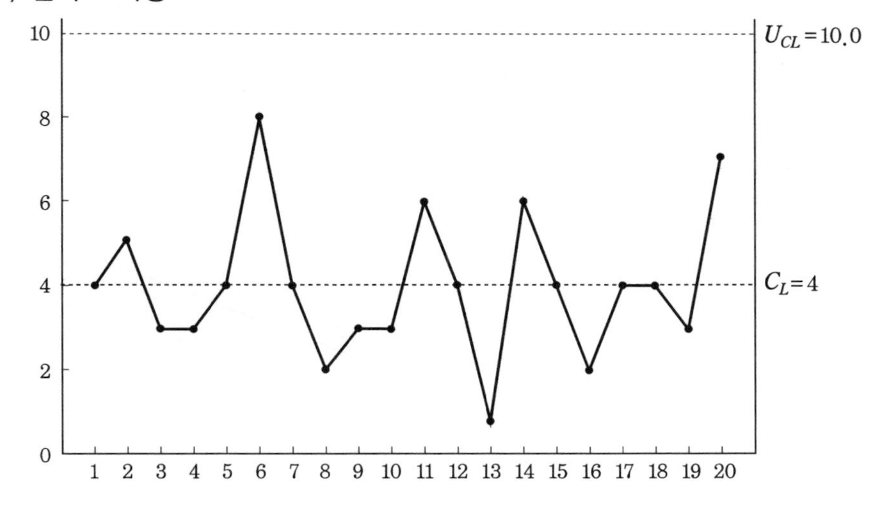

관리한계를 이탈하는 점이 없고, 점의 배열에 습관성이 존재하지 않으므로 관리상태라고 판정할 수 있다.

10. 어떤 인쇄공장에서 인쇄부적합에 관한 데이터를 수집한 결과 〈표〉와 같이 되었다. 파레토도를 그리시오.

기호	부적합 항목	발생빈도(%)
A	접착미스	2.7
B	먼지불량	59.4
C	물튀김	1.5
D	수정미스	2.3
E	전사흠	21.5
F	덕트흠	6.8
G	회로판흠	2.7
H	기타	3.1

해답 파레토도

기호	부적합 항목	발생빈도(%)	누적발생빈도(%)
B	먼지불량	59.4	59.4
E	전사흠	21.5	80.9
F	덕트흠	6.8	87.7
A	접착미스	2.7	90.4
G	회로판흠	2.7	93.1
D	수정미스	2.3	95.4
C	물튀김	1.5	96.9
H	기타	3.1	100.0

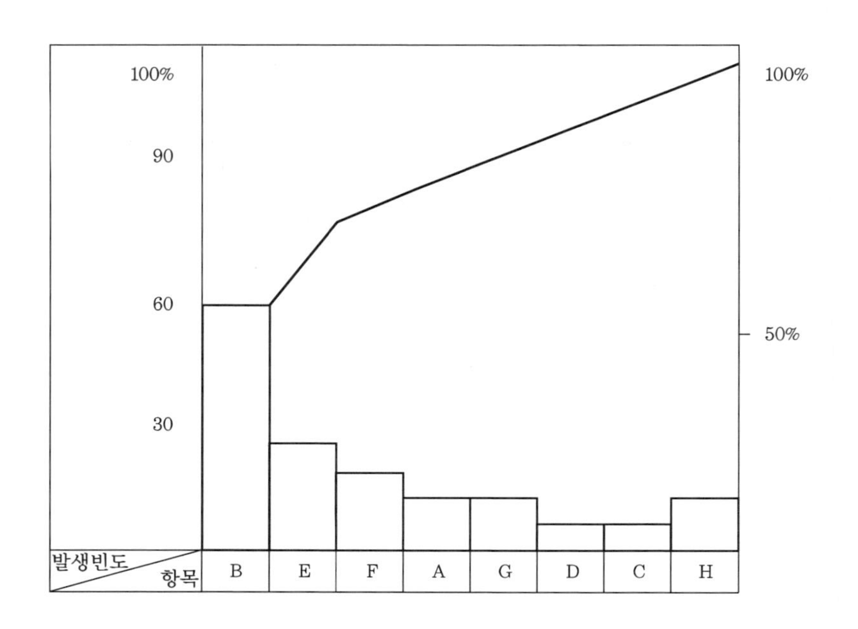

11. 다음 ( ) 속에 적당한 말을 보기에서 찾으시오.

(1) 현재의 기술로는 도달하기 어렵지만 제반 요구에 의해 장래 도달하고 싶은 품질의 수준 ( )
(2) 현재의 기술로서 관리하면 도달할 수 있는 품질의 수준 ( )
(3) 현재의 기술, 공정관리, 검사에 의해 소비자에 대하여 보증할 수 있는 품질의 수준 ( )
(4) 각 공정에 대해서 공정관리를 실시하기 위한 품질의 수준 ( )

보기

품질목표　품질표준　보증품질　관리수준

해답 (1) 품질목표　(2) 품질표준　(3) 보증품질　(4) 관리수준

12. 다음 x 관리도 데이터 시트를 보고 $x-R$ 관리도의 관리한계선을 구하시오.

번호	측정치 x	이동범위 R_m	번호	측정치 x	이동범위 R_m
1	1.09	–	12	1.37	0.39
2	1.13	0.04	13	1.18	0.19
3	1.29	0.16	14	1.58	0.40
4	1.13	0.16	15	1.31	0.27
5	1.23	0.10	16	1.70	0.39
6	1.43	0.20	17	1.45	0.25
7	1.27	0.16	18	1.19	0.26
8	1.63	0.36	19	1.33	0.14
9	1.34	0.29	20	1.18	0.15
10	1.10	0.24	21	1.40	0.22
11	0.98	0.12	계	27.31	4.49

해답 $\overline{x}=\dfrac{\sum x}{k}=\dfrac{27.31}{21}=1.30048$, $\overline{R}_m=\dfrac{\sum R_m}{k-1}=\dfrac{4.49}{20}=0.2245$

① x 관리도($n=2$일 때 $E_2=2.66$)

$C_L=\overline{x}=1.30048$

$U_{CL}=\overline{x}+E_2\overline{R}_m=\overline{x}+2.66\overline{R}_m=1.30048+2.66\times0.2245=1.89765$

$L_{CL}=\overline{x}-E_2\overline{R}_m=\overline{x}-2.66\overline{R}_m=1.30048-2.66\times0.2245=0.70331$

② R_m 관리도($n=2$일 때 $D_4=3.267$, $D_3=-$)

$C_L=\overline{R}_m=0.2245$

$U_{CL}=D_4\overline{R}_m=3.267\overline{R}_m=3.267\times 0.2245=0.73344$

$L_{CL}=-$(고려하지 않음)

13. $L_8(2^7)$의 직교배열표에 의한 실험 결과가 다음과 같다. S_A의 값을 구하시오.

실험번호	열번호							특성치
	1	2	3	4	5	6	7	
1	0	0	0	0	0	0	0	13
2	0	0	0	1	1	1	1	10
3	0	1	1	0	0	1	1	19
4	0	1	1	1	1	0	0	9
5	1	0	1	0	1	0	1	14
6	1	0	1	1	0	1	0	10
7	1	1	0	0	1	1	0	18
8	1	1	0	1	0	0	1	17
기본표시	a	b	ab	c	ac	bc	abc	
실험배치		B		A	C		D	

해답 $S_A=\frac{1}{8}[(\text{수준 1의 데이터의 합})-(\text{수준 0의 데이터의 합})]^2$

$=\frac{1}{8}[(10+9+10+17)-(13+19+14+18)]^2=40.5$

14. 금속판의 경도 특성이 상한 규격치가 로크웰 경도 68 이하로 규정되었을 때, 로크웰 경도 68이 넘는 것이 0.5% 이하인 로트는 통과시키고, 4% 이상인 로트는 통과시키지 않으려고 한다. 이때 시료의 개수(n)와 상한합격판정치($\overline{X}_U$)는 약 얼마인가? (단, $\sigma=3$, $\alpha=0.05$, $\beta=0.10$)

해답 $k_{p_0}=k_{0.005}=2.576$, $k_{p_1}=k_{0.04}=1.751$, $k_\alpha=k_{0.05}=u_{1-\alpha}=u_{0.95}=1.645$,

$k_\beta=k_{0.10}=u_{1-\beta}=u_{0.90}=1.282$

$$k=\frac{k_{p_0}k_\beta+k_{p_1}k_\alpha}{k_\alpha+k_\beta}=\frac{2.576\times 1.282+1.751\times 1.645}{1.645+1.282}=2.11234$$

$$n=\left(\frac{k_\alpha+k_\beta}{k_{p_0}-k_{p_1}}\right)^2=\left(\frac{1.645+1.282}{2.576-1.751}\right)^2=12.58744=13\text{개}$$

$\overline{X}_U=U-k\sigma=68-2.11234\times 3=61.66298$

2021년 제2회 기출 복원문제

01. 어떤 상품의 제품으로부터 5개의 시료를 랜덤하게 샘플링하여 다음과 같은 데이터를 얻었다. 모평균에 대한 95% 신뢰구간을 구하시오.

데이터				
47	52	47	44	45

해답 (1) $\overline{x}=47$

$$s=\sqrt{V}=\sqrt{\frac{S}{n-1}}=3.08221$$

$$\overline{x}\pm t_{1-\alpha/2}(\nu)\frac{s}{\sqrt{n}}=47\pm t_{0.975}(4)\frac{3.08221}{\sqrt{5}}=47\pm 2.776\frac{3.08221}{\sqrt{5}}$$

$$43.17354\le \hat{\mu}\le 50.82646$$

02. 납품업체 A_1, A_2, A_3, A_4 제품의 마모도 측정 데이터가 다음과 같다.

마모도 검사자료

		반복			
납품업체	A_1	1.93	2.38	2.20	2.25
	A_2	2.55	2.72	2.75	2.70
	A_3	2.40	2.68	2.32	2.28
	A_4	2.33	2.38	2.28	2.25

(1) 데이터의 구조식을 적으시오.

(2) 분산분석표를 작성하시오. ($E(MS)$ 포함)

해답 (1) $x_{ij}=\mu+a_i+e_{ij}$

(2) 분산분석표

요인	SS	DF	MS	F_0	$F_{0.99}$	$E(MS)$
A	0.52400	3	0.17467	8.78622^{**}	5.95	$\sigma_e^2+4\sigma_A^2$
e	0.23860	12	0.01988			σ_e^2
T	0.76260	15				

$F_0 > F_{0.99}$이므로 요인 A는 매우 유의하다. 즉, 마모도에 차이가 있다고 할 수 있다.

① 총변동 $S_T=\sum_i\sum_j x_{ij}^2 - CT = 92.9226-\dfrac{(38.4)^2}{16}=0.76260$

② 급간변동 $S_A=\sum_i \dfrac{T_{i\cdot}^2}{r}-CT$

$$=\frac{1}{4}(8.76^2+10.72^2+9.68^2+9.24^2)-\frac{(38.4)^2}{16}=0.5240$$

③ 급내변동 $S_e=S_T-S_A=0.76260-0.524=0.2386$

④ $\nu_T=lr-1=16-1=15$, $\nu_A=l-1=4-1=3$,

$\nu_e=\nu_T-\nu_A=15-3=12$

⑤ $V_A=\dfrac{S_A}{\nu_A}=\dfrac{0.5240}{3}=0.17467$

$V_e=\sigma_e^2=\dfrac{S_e}{\nu_e}=\dfrac{0.2368}{12}=0.01988$

⑥ $F_0=\dfrac{V_A}{V_e}=\dfrac{0.17467}{0.01988}=8.78622$

03. 한 부품의 도장 공정에서 임의로 200개의 부품을 샘플링하여 검사한 결과 20개의 부적합품이 있었다. 신뢰율 95%로 모부적합품률의 신뢰구간을 추정하시오.

해답 $\hat{p}=\dfrac{r}{n}=\dfrac{20}{200}=0.1$

$$\left\{\begin{matrix}\widehat{P_U}\\ \widehat{P_L}\end{matrix}\right. =\hat{p}\pm u_{1-\alpha/2}\sqrt{\frac{\hat{p}(1-\hat{p})}{n}}=0.1\pm1.96\sqrt{\frac{0.1\times0.9}{200}}$$

$0.05842 \le \hat{P} \le 0.14158$

04. 품질코스트(Q-cost)를 설명하고, 품질코스트의 종류 대해 설명하시오.

해답 (1) 품질코스트(Q-cost)

제품이나 서비스의 품질을 개선하고 유지·관리에 소요되는 비용과 그럼에도 불구하고 발생되는 실패비용을 포함하여 품질코스트라 한다. 제품 그 자체의 원가인 재료비나 직접 노무비는 품질코스트 안에 포함되지 않으며, 주로 제조경비로서 제조원가의 부분원가라 할 수 있다.

(2) 품질코스트의 종류

① 예방코스트(Prevention cost : P-cost) : 처음부터 불량이 생기지 않도록 하는 데 소요되는 비용으로 소정의 품질 수준의 유지 및 부적합품 발생의 예방에 드는 비용

② 평가코스트(Appraisal cost : A-cost) : 제품의 품질을 정식으로 평가함으로써 회사의 품질수준을 유지하는 데 드는 비용

③ 실패코스트(Failure cost : F-cost) : 소정의 품질을 유지하는 데 실패하였기 때문에 생긴 불량 제품, 불량 원료에 의한 손실비용

05. 군의 크기 4, 군의 수 20인 $\overline{x}-R$ 관리도에서 $\sum\overline{x}=21.5$, $\sum R=22$일 때 $\overline{x}-R$ 관리도의 C_L 및 U_{CL}, L_{CL}을 구하시오.

(1) $\overline{x}$ 관리도의 U_{CL}과 L_{CL}은 얼마인가?

(2) R 관리도의 U_{CL}과 L_{CL}은 얼마인가?

해답 $n=4$, $k=20$, $A_2=0.729$, $D_4=2.282$, $D_3=-$

(1) $\overline{x}$ 관리도

$$C_L=\overline{\overline{x}}=\frac{\sum\overline{x}}{k}=\frac{21.5}{20}=1.075$$

$$U_{CL}=\overline{\overline{x}}+A_2\overline{R}=1.075+0.729\times\frac{22}{20}=1.8769$$

$$L_{CL}=\overline{\overline{x}}-A_2\overline{R}=1.075-0.729\times\frac{22}{20}=0.2731$$

(2) R 관리도

$$C_L=\overline{R}=\frac{\sum R}{k}=\frac{22}{20}=1.1$$

$$U_{CL}=D_4\overline{R}=2.282\times1.1=2.5102$$

L_{CL}은 $n\le6$이므로 존재하지 않는다.

06. $(x_i,\ y_i)$의 관측값이 다음과 같다.

x	11	10	14	18	10	5	16	7	15	12
y	6	4	6	9	3	2	7	3	9	8

(1) 공변동 S_{xy}를 구하시오.

(2) 표본상관계수(r)를 구하시오.

(3) x에 대한 y의 회귀방정식을 구하시오.

(4) $x=7$일 때 y의 추정치를 구하시오.

해답 $n=10$, $\sum x=118$, $\bar{x}=11.8$, $\sum x^2=1540$, $\sum y=57$, $\bar{y}=5.7$, $\sum y^2=385$, $\sum xy=756$

$$S_{xx}=\sum x^2-\frac{(\sum x)^2}{n}=147.6,\quad S_{yy}=\sum y^2-\frac{(\sum y)^2}{n}=60.1,$$

$$S_{xy}=\sum xy-\frac{\sum x\sum y}{n}=83.4$$

(1) 공변동

$$S_{xy}=\sum xy-\frac{\sum x\sum y}{n}=83.4$$

(2) 표본상관계수

$$r=\frac{S_{xy}}{\sqrt{S_{xx}S_{yy}}}=\frac{83.4}{\sqrt{147.6\times 60.1}}=0.88549$$

(3) 회귀방정식

$$\hat{\beta}_1=\frac{S_{xy}}{S_{xx}}=\frac{83.4}{147.6}=0.56504,\ \hat{\beta}_0=\bar{y}-\hat{\beta}_1\bar{x}=5.7-0.56504\times 11.8=-0.96747$$

$$y=-0.96747+0.56504x$$

(4) $y=-0.96747+0.56504\times 7=2.98787$

07. 어떤 부품의 길이가 $x_1\sim N(5.00, 0.25^2)$, $x_2\sim N(7.00, 0.36^2)$, $x_3\sim N(9.00, 0.49^2)$이다. 이 3개의 부품을 직렬연결할 때 조립된 제품의 규격은 얼마인가?

해답 조립품의 평균길이 = 5.00+7.00+9.00 = 21.00

조립공차$=\pm\sqrt{0.25^2+0.36^2+0.49^2}=\pm 0.65742$

조립품의 규격 = 21.00 ± 0.65742

08. 어떤 생산공정에서 생산하는 제품을 10일 동안 8시간 간격으로 100개씩 조사하여 부적합품수를 조사한 결과 〈표〉와 같은 데이터를 얻었다. C_L, U_{CL}, L_{CL}을 구하시오.

표본번호(i)	부적합품수(np_i)	표본번호(i)	부적합품수(np_i)
1	1	16	3
2	6	17	6
3	6	18	3
4	7	19	13
5	3	20	7
6	2	21	6
7	4	22	6
8	7	23	7
9	3	24	8
10	1	25	7
11	5	26	2
12	8	27	3
13	7	28	2
14	5	29	6
15	5	30	4

해답 $\bar{p}=\dfrac{\sum np}{kn}=\dfrac{153}{100\times 30}=0.051$

$C_L=n\bar{p}=100\times 0.051=5.1$

$U_{CL}=n\bar{p}\pm 3\sqrt{n\bar{p}(1-\bar{p})}=5.10+3\sqrt{100(0.051)(1-0.051)}=11.69993$

$L_{CL}=-$ (고려하지 않음)

09. $P_0=1\%$, $P_1=5\%$, $\alpha=0.05$, $\beta=0.1$일 때 OC 곡선을 그리시오.

해답 OC 곡선

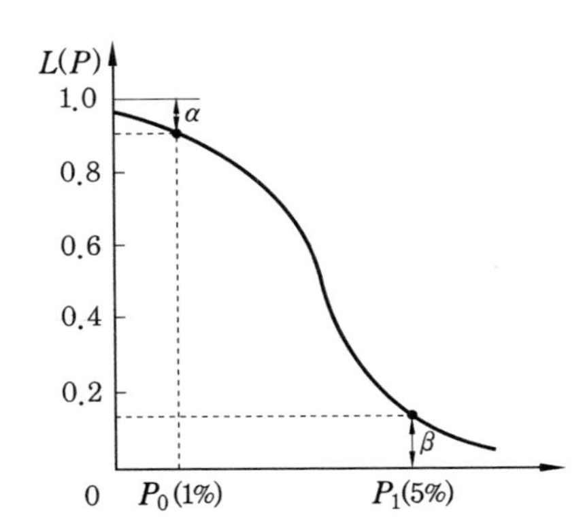

10. **AQL 지표형 샘플링검사에서 검사의 엄격도 조정에 대해 설명하시오.**

(1) 보통검사에서 까다로운 검사로 변경할 때의 조건을 설명하시오.

(2) 보통검사에서 수월한 검사로 변경할 때의 조건을 설명하시오.

(3) 까다로운 검사에서 보통검사로 변경할 때의 조건을 설명하시오.

(4) 까다로운 검사에서 검사 중지로 변경할 때의 조건을 설명하시오.

해답 (1) 연속 5로트 중 2로트 불합격

(2) 전환점수가 30점 이상, 생산이 안정, 소관권한자가 승낙한 경우

(3) 연속 5로트 합격

(4) 불합격 로트의 누계가 5로트일 때

11. **100개의 상자가 있으며, 각 상자에 똑같은 종류의 제품이 100개씩 들어있다. 이 트럭 안에 있는 제품의 평균무게를 알기 위하여 100개의 상자 중 랜덤하게 5개의 상자를 뽑고, 각 상자에서 5개씩의 제품을 다시 랜덤하게 추출하여 그 무게를 조사한다. 그 결과 5개 상자의 평균 제품 무게는 각각 10kg, 9kg, 11kg, 14kg, 10kg이었다. 이때 상자간 무게의 산포를 $\sigma_b^2 = 1\text{kg}$, 상자 내 각 제품간의 산포를 $\sigma_w^2 = 0.5\text{kg}$이라고 할 때 평균 μ와 이 추정량의 분산 $V(\hat{\mu})$를 구하시오.**

해답 $\hat{\mu} = \dfrac{1}{5}(10+9+11+14+10) = 10.8\text{kg}$

$$V(\hat{\mu}) = \frac{\sigma_b^2}{m} + \frac{\sigma_w^2}{m\bar{n}} = \frac{1}{5} + \frac{0.5}{5\times 5} = 0.22$$

12. **AQL 지표형 샘플링검사에서 샘플링형식으로 1회 샘플링검사, 2회 샘플링검사, 다회 샘플링검사 중 하나를 선택하여 사용하나 (①), (②), (③)이 같으면 그 로트의 합격 확률은 큰 차이가 없다.**

해답 ① AQL, ② 시료문자, ③ 검사의 엄격도

13. 측정시스템의 5가지 변동유형 중 반복성에 대해 설명하시오.

해답 반복성 : 동일 작업자가 동일 계측기로 동일 제품을 측정하였을 때 측정값의 변동을 의미한다.

14. 신 QC 7가지 도구를 적으시오.

해답 ① 친화도법
② PDPC법
③ 애로우다이어그램
④ 연관도법
⑤ 매트릭스 데이터 해석법
⑥ 매트릭스도법
⑦ 계통도법

2021년 제4회 기출 복원문제

01. 어떤 자동차 부품의 규격이 7.0 ± 0.5mm이다. 히스토그램을 작성한 결과 $\bar{x}=7.19$ mm, 표준편차 $s=0.15$mm이었다. 최소공정능력지수 C_{pk}를 구하시오.

해답 $k=\dfrac{\left|\dfrac{U+L}{2}-\bar{x}\right|}{\dfrac{U-L}{2}}=\dfrac{|7.0-7.19|}{\dfrac{7.5-6.5}{2}}=0.38$

$C_{pk}=(1-k)C_p=(1-0.38)\left[\dfrac{7.5-6.5}{6\times 0.15}\right]=0.68889$

02. 종래의 한 로트의 모부적합수가 $m_0=26$이었다. 작업방법을 개선한 후의 시료부적합수 $c=14$개가 나왔다.

(1) 모부적합수가 작아졌다고 할 수 있겠는가? (단, $\alpha=0.05$)

(2) 모부적합수에 대한 신뢰도 95%의 구간을 구하시오.

해답 (1) ① 가설 : $H_0: m \geq 26 \quad H_1: m < 26$

② 유의수준 : $\alpha=0.05$

③ 검정통계량 : $u_0=\dfrac{c-m_0}{\sqrt{m_0}}=\dfrac{14-26}{\sqrt{26}}=-2.35339$

④ 기각역 : $u_0<-u_{1-\alpha}=-u_{0.95}=-1.645$이면 귀무가설($H_0$)을 기각한다.

⑤ 판정 : $u_0=-2.35339<-u_{0.95}=-1.645$이므로 $\alpha=0.05$에서 H_0를 기각한다. 유의수준 5%에서 모부적합수가 작아졌다고 할 수 있다.

(2) $m_U=c+u_{1-\alpha}\sqrt{c}=14+1.645\times\sqrt{14}=20.15503$

03. Y회사는 어떤 부품의 수입검사에 KS Q ISO 2859-1의 계수값 샘플링검사방식을 적용하고 있다. $AQL = 1.5\%$, 검사수준은 II로 1회 샘플링검사를 하고 있다. 처음에는 보통검사로 시작하였으며, 연속 15로트를 검사한 결과 일부분이 다음과 같다.

(1) 샘플링검사표의 공란을 채우시오.

(2) 로트번호 13에서 샘플링검사의 엄격도를 결정하시오.

로트 번호	N	샘플 문자	n	Ac	R_e	부적합 품수	합격 판정	전환 점수	샘플링검사의 엄격도
9	1200	J	80	3	4	1	합격	23	보통검사 속행
10	1500					2			
11	400					0			
12	2500					0			

해답 (1)

로트 번호	N	샘플 문자	n	Ac	R_e	부적합 품수	합격 판정	전환 점수	샘플링검사의 엄격도
9	1200	J	80	3	4	1	합격	23	보통검사 속행
10	1500	K	125	5	6	2	합격	26	보통검사 속행
11	400	H	50	2	3	0	합격	29	보통검사 속행
12	2500	K	125	5	6	0	합격	32	수월한 검사로 전환

(2) 로트번호 12에서 전환점수가 30점이 넘었으므로 로트번호 13에서는 수월한 검사를 행한다.

04. 용광로에서 강철을 만들 때 비금속 산화를 조절하기 위해 사용되는 석회의 소요량과 선철의 백분율간의 상관관계를 알아보기 위해 8개의 샘플을 취하여 계산한 표본상관계수가 0.618이었다. 상관관계의 유무에 관한 검정을 하시오. ($\alpha = 0.05$)

해답 모상관계수의 상관관계 유무 검정

① 가설 : $H_0 : \rho = 0 \qquad H_1 : \rho \neq 0$

② 유의수준 : $\alpha = 0.05$

③ 검정통계량 : $t_0 = \dfrac{r}{\sqrt{\dfrac{1-r^2}{n-2}}} = \dfrac{0.618}{\sqrt{\dfrac{1-0.618^2}{8-2}}} = 1.92550$

④ 기각역 : $|t_0| > t_{1-\alpha/2}(n-2) = t_{0.975}(6) = 2.447$ 이면 H_0를 기각한다.

⑤ 판정 : $t_0 = 1.92550 < t_{0.975}(6) = 2.447$ 이므로 $\alpha = 0.05$ 에서 H_0 채택한다. 즉, 상관관계가 존재한다고 할 수 없다.

05. 어떤 생산공정에서 생산하는 제품을 10일 동안 8시간 간격으로 100개씩 조사하여 부적합품수를 조사한 결과 〈표〉와 같은 데이터를 얻었다.

(1) C_L, U_{CL}, L_{CL}을 구하시오.

(2) 관리도를 작성하시오.

(3) 관리상태(안정상태)의 여부를 판정하시오.

일	시	표본번호 (i)	부적합품수 (np_i)	일	시	표본번호 (i)	부적합품수 (np_i)
1	8	1	1	6	8	16	3
	16	2	6		16	17	6
	24	3	6		24	18	3
2	8	4	7	7	8	19	13
	16	5	3		16	20	7
	24	6	2		24	21	6
3	8	7	4	8	8	22	6
	16	8	7		16	23	7
	24	9	3		24	24	8
4	8	10	1	9	8	25	7
	16	11	5		16	26	2
	24	12	8		24	27	3
5	8	13	7	10	8	28	2
	16	14	5		16	29	6
	24	15	5		24	30	4

해답 $\bar{p}=\frac{\sum np}{kn}=\frac{153}{100\times 30}=0.051$

(1) $C_L = n\bar{p}= 100\times 0.051 = 5.1$

$U_{CL} = n\bar{p}\pm 3\sqrt{n\bar{p}(1-\bar{p})} = 5.10+3\sqrt{100(0.051)(1-0.051)} = 11.69993$

$L_{CL} = -$ (고려하지 않음)

(2)

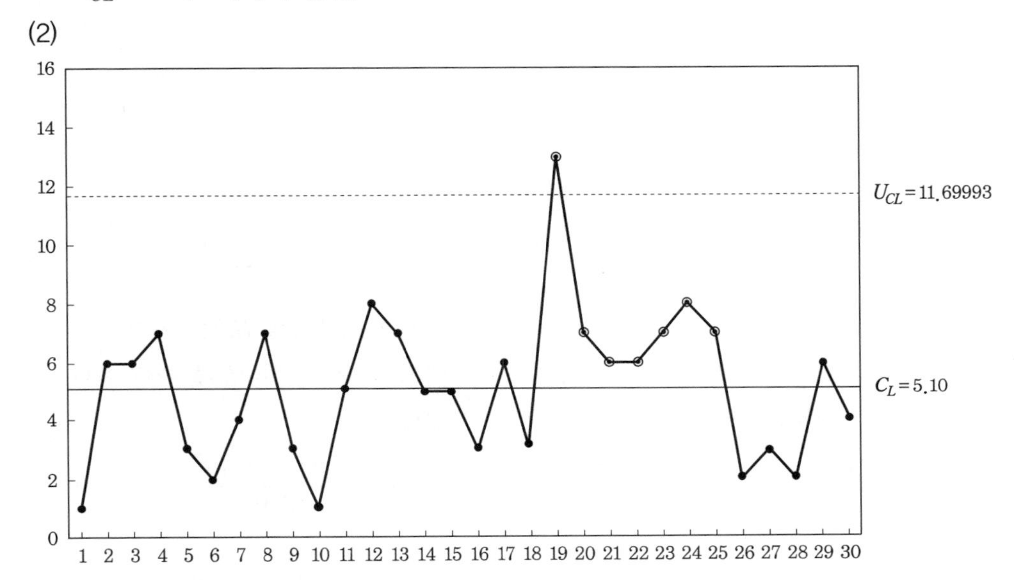

(3) 표본번호 19의 점이 관리한계 밖으로 벗어났으므로 공정이 안정상태라고 할 수 없다.

06. 검사를 행하는 공정에 따른 분류 4가지를 쓰시오.

해답 ① 수입검사 ② 공정검사 ③ 최종검사 ④ 출하검사

07. 인구가 각각 $N_1 = 40$만, $N_2 = 20$만, $N_3 = 30$만인 세 도시에서 $n = 400$명을 층별 비례샘플링을 실시할 경우 표본의 크기 n_i를 구하시오.

해답 층별 비례샘플링

$n_1 = 400\times\left(\frac{40}{40+20+30}\right)= 177.77778 = 178$ 명

$n_2 = 400\times\left(\frac{20}{40+20+30}\right)= 88.88889 = 89$ 명

$n_3 = 400\times\left(\frac{30}{40+20+30}\right)= 133.33333 = 133$ 명

08. 어떤 공정의 부적합품률이 5%보다 큰가를 확인하기 위하여 200개의 제품을 랜덤하게 추출하여 조사한 결과 20개가 부적합품이었다. 다음 물음에 답하시오.

(1) 부적합품률이 크다고 할 수 있는지 검정하시오. ($\alpha = 0.05$)

(2) (1)의 결과를 토대로 한쪽구간추정을 신뢰율 95%로 구간추정하시오.

해답 (1) $\hat{p} = \dfrac{x}{n} = \dfrac{20}{200} = 0.1$

① 가설 : $H_0 : P \leq 0.05$ $\quad H_1 : P > 0.05$

② 유의수준 : $\alpha = 0.05$

③ 검정통계량 : $u_0 = \dfrac{\dfrac{x}{n} - P_0}{\sqrt{\dfrac{P_0(1-P_0)}{n}}} = \dfrac{0.1 - 0.05}{\sqrt{\dfrac{0.05(1-0.05)}{200}}} = 3.244$

④ 기각역 : $u_0 > u_{1-\alpha} = u_{0.95} = 1.645$ 이면 귀무가설(H_0)을 기각한다.

⑤ 판정 : $u_0 = 3.244 > u_{0.95} = 1.645$ 이므로 귀무가설(H_0)을 기각한다. 즉, 모부적합품률은 5%보다 크다고 할 수 있다.

(2) $\hat{P}_L = \hat{p} - u_{1-\alpha}\sqrt{\dfrac{\hat{p}(1-\hat{p})}{n}} = 0.1 - 1.645 \times \sqrt{\dfrac{0.1(1-0.1)}{200}} = 0.06510$

09. 한 상자에 100개씩 들어있는 기계부품이 50상자가 있다. 상자간의 산포가 $\sigma_b = 0.5$, 상자 내의 산포가 $\sigma_w = 0.8$일 때, 우선 5상자를 랜덤하게 샘플링한 후 뽑힌 상자마다 10개씩 랜덤샘플링을 한다면 이 로트의 모평균의 추정정밀도 $V(\overline{x})$는 얼마인가?

해답 $V(\overline{\overline{x}}) = \dfrac{\sigma_b^2}{m} + \dfrac{\sigma_w^2}{m\overline{n}} = \dfrac{0.5^2}{5} + \dfrac{0.8^2}{5 \times 10} = 0.063$

10. 어떤 자동차 부품의 규격이 8.50 ± 0.1(mm)인 제품의 두께를 품질특성으로 하여 $n = 4$, $k = 20$ 의 데이터를 얻어 관리도를 작성해 보니 관리상태에 있고, 이때 $\overline{\overline{x}} = 8.52$, $\sum R = 1.6$ 인 자료를 얻었다. 다음 물음에 답하시오. (단, $n = 4$ 일 때, $d_2 = 2.059$ 이다.)

(1) 공정능력지수(C_{pk})를 구하시오.

(2) 공정능력등급을 판정하시오.

(3) 판정에 따른 필요한 조치를 적으시오.

해답 $\overline{R} = \dfrac{1.6}{20} = 0.08$

(1) $k = \dfrac{\left|\dfrac{U+L}{2} - \overline{x}\right|}{\dfrac{U-L}{2}} = \dfrac{|8.50-8.52|}{\dfrac{8.60-8.40}{2}} = 0.2$

$C_{pk} = (1-k)C_p = (1-0.2)\left[\dfrac{8.60-8.40}{6\times\dfrac{0.08}{2.059}}\right] = 0.68633$

(2) 공정능력은 3등급으로 공정능력이 부족하다.

(3) ① 전수검사를 실시한다.

② 공정을 관리·개선한다.

11. 어떤 공정에서 제품의 수율에 영향을 미칠 것으로 생각되는 반응온도에 대하여 다음의 데이터를 얻었다. 물음에 답하시오

	1	2	3	4	5	6	7	8
A_1	4	8	2	3	5	4	6	7
A_2	7	12	13	15	8	10	12	9

(1) 분산분석표를 작성하시오. ($E(MS)$ 포함)

(2) 최적수준에 대한 95% 신뢰구간을 구하시오.

해답 (1) 분산분석표

요인	SS	DF	MS	F_0	$F_{0.99}$	$E(MS)$
A	138.0625	1	138.0625	24.04809	8.86	$\sigma_e^2 + 8\sigma_A^2$
e	80.3750	14	5.7411			σ_e^2
T	218.4375	15				

① 총변동 $S_T = \sum_i \sum_j x_{ij}^2 - CT = (4^2 + 8^2 + \cdots + 9^2) - \dfrac{(125)^2}{16} = 218.4375$

② 급간변동 $S_A = \sum_i \dfrac{T_{i\cdot}^2}{r} - CT = \dfrac{1}{8}[39^2 + 86^2] - \dfrac{(125)^2}{16} = 138.0625$

③ 급내변동 $S_e = S_T - S_A = 218.4375 - 138.0625 = 80.3750$

④ $\nu_T = lr - 1 = 16 - 1 = 15$, $\nu_A = l - 1 = 2 - 1 = 1$, $\nu_e = \nu_T - \nu_A = 14$

⑤ $V_A = \dfrac{S_A}{\nu_A} = \dfrac{138.0625}{1} = 138.0625$, $V_e = \dfrac{S_e}{\nu_e} = \dfrac{80.3750}{14} = 5.7411$

⑥ $F_0 = \dfrac{V_A}{V_e} = \dfrac{138.0625}{5.7411} = 24.04809$

(2) 망대특성이므로 최적수준은 A_2이다.

$$\bar{x}_{i\cdot} \pm t_{1-\alpha/2}(\nu_e)\sqrt{\frac{V_e}{r}} = \bar{x}_{2\cdot} \pm t_{0.975}(14)\sqrt{\frac{5.7411}{8}}$$

$$= \frac{86}{8} \pm 2.145 \times \sqrt{\frac{5.7411}{8}}$$

$8.93290 \le \mu(A_2) \le 12.56710$

12. 시료의 품질표시방법 5가지를 쓰시오.

해답 ① 시료의 평균치 ② 시료의 표준편차
③ 시료의 범위 ④ 시료의 부적합품수
⑤ 시료의 평균부적합수

13. $L_8(2^7)$형 직교배열표에 다음과 같이 배치하여 랜덤한 순서로 실험하여 데이터를 얻었다.

요인			A			B	C	데이터
열번호	1	2	3	4	5	6	7	
1	1	1	1	1	1	1	1	13
2	1	1	1	2	2	2	2	12
3	1	2	2	1	1	2	2	21
4	1	2	2	2	2	1	1	18
5	2	1	2	1	2	1	2	22
6	2	1	2	2	1	2	1	19
7	2	2	1	1	2	2	1	20
8	2	2	1	2	1	1	2	17
기본표시	a	b	ab	c	ac	bc	abc	

(1) $A \times B$, $B \times C$는 각각 몇 열에 배치되는가?
(2) 요인 A의 주효과를 구하시오.
(3) 교호작용 $A \times B$의 변동 $S_{A \times B}$를 구하시오.

해답 (1) $A \times B = ab \times bc = ab^2c = ac$(5열), $B \times C = bc \times abc = ab^2c^2 = a$(1열)

(2) 주효과

$A = \frac{1}{4}$[(수준 2의 데이터의 합) − (수준 1의 데이터의 합)]

$\frac{1}{4}[(21 + 18 + 22 + 19) - (13 + 12 + 20 + 17)] = 4.5$

(3) 변동 $S_{A \times B}$

$S_{A \times B} = \frac{1}{8}$[(수준 2의 데이터의 합) − (수준 1의 데이터의 합)]^2

$= \frac{1}{8}[(12 + 18 + 22 + 20) - (13 + 21 + 19 + 17)]^2 = 0.5$

14. 결측치가 존재하는 경우 결측치 처리방법에 대해 설명하시오.

(1) 반복이 일정한 1요인실험
(2) 반복이 없는 2요인실험
(3) 반복이 있는 2요인실험

해답 (1) 반복이 일정한 1요인실험 : 결측치를 무시하고 그대로 분석한다.
(2) 반복이 없는 2요인실험 : Yates의 방법으로 결측치를 추정하여 대체시킨다.
(3) 반복이 있는 2요인실험 : 결측치가 들어있는 조합에서 나머지 데이터들의 평균치로 결측치를 대체한다.

2022년 제1회 기출 복원문제

01. $L_{16}(2^{15})$ 형 직교배열표에 다음과 같이 배치했다. 질문에 답하시오.

열번호	1	2	3	4	5	6	7	8	9	10	11	12	13	14	15
기본 표시	a	b	a b	c	a c	b c	a b c	d	a d	b d	a b d	c d	a c d	b c d	a b c d
배치	M	N	O	P				S					Q	R	T

(1) 2요인 교호작용 $O\times T$, $S\times R$는 몇 열에 나타나는가?

(2) 2요인 교호작용 $R\times T$가 무시되지 않을 때 위와 같이 배치한다면 어떤 일이 일어나는가?

해답 (1) $O\times T = ab\times abcd = a^2b^2cd = cd$ (12열)

$S\times R = d\times bcd = bcd^2 = bc$ (6열)

(2) $R\times T = bcd\times abcd = ab^2c^2d^2 = a$ (1열)

$R\times T$는 1열에 나타나므로, 이미 1열에 배치된 M요인과 교락이 일어난다.

02. 아래 도면은 자동차 부품의 일부이다. 도면을 보고 조립품의 규격은?

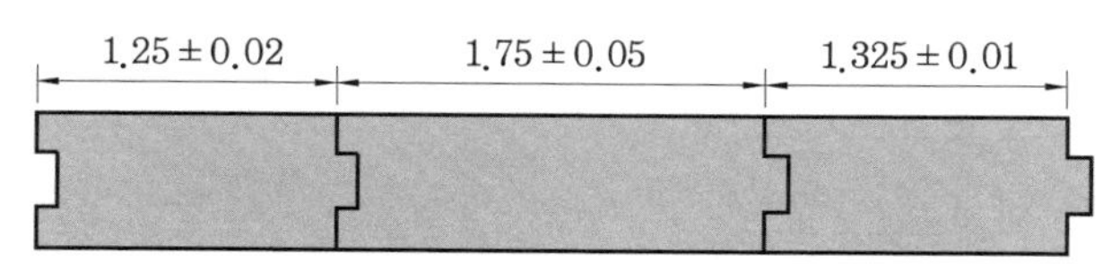

해답 조립품의 평균길이 $= 1.25 + 1.75 + 1.325 = 4.325$

조립공차 $= \pm\sqrt{0.02^2 + 0.05^2 + 0.01^2} = \pm 0.05477$

조립품의 규격 $= 4.325 \pm 0.05477$

03. 한 공장의 자동화기계가 제품을 생산하는 데 생산된 제품 중에서 부적합품의 수가 시간당 평균 3개씩 발생된다고 한다. 특정시간에 생산된 제품 중에서 부적합품이 2개 이상 발생될 확률은 얼마인가?

해답 $P_r(x) = \dfrac{e^{-m} \cdot m^x}{x!}$

$m = np = 3$

$P_r(x \geq 2) = 1 - P(x = 0,\ 1) = 1 - \left(\dfrac{e^{-3}3^0}{0!} + \dfrac{e^{-3}3^1}{1!}\right) = 0.80085$

04. 치과용 마취제가 남자와 여자에게 미치는 영향의 차를 알기 위해 10명의 남자와 12명의 여자를 임의 추출하여 마취시간을 기록한 결과 다음과 같다. ($\sigma_A = 0.4$, $\sigma_B = 0.6$)

남자(A)	3.3	3.2	1.9	3.1	2.6	3.2	3.2	2.6	2.6	3.0	–	–
여자(B)	2.1	2.1	2.9	2.7	2.1	2.3	1.5	1.9	1.7	2.7	2.6	2.1

(1) 남자와 여자의 모평균에 대한 차이가 있다고 할 수 있겠는가? ($\alpha = 0.05$)

(2) 모평균차에 대한 95% 신뢰구간을 구하시오.

해답 (1) ① 가설 : $H_0 : \mu_A = \mu_B \qquad H_1 : \mu_A \neq \mu_B$

② 유의수준 : $\alpha = 0.05$

③ $\overline{x}_A = 2.87$, $\overline{x}_B = 2.225$

검정통계량 : $u_0 = \dfrac{\overline{x}_A - \overline{x}_B}{\sqrt{\left(\dfrac{\sigma_A^2}{n_A} + \dfrac{\sigma_B^2}{n_B}\right)}} = \dfrac{2.87 - 2.225}{\sqrt{\left(\dfrac{0.4^2}{10} + \dfrac{0.6^2}{12}\right)}} = 3.00733$

④ 기각역 : $|u_0| > u_{1-\alpha/2} = u_{0.975} = 1.96$ 이면 H_0를 기각한다.

⑤ 판정 : $u_0 = 3.00733 > u_{0.975} = 1.96$ 이므로 $\alpha = 0.05$에서 H_0를 기각한다. 유의수준 5%에서 모평균에 대한 차이가 있다고 할 수 있다.

(2) $(\overline{x}_A - \overline{x}_B) \pm u_{1-\alpha/2}\sqrt{\dfrac{\sigma_A^2}{n_A} + \dfrac{\sigma_B^2}{n_B}} = (2.87 - 2.225) \pm 1.96\sqrt{\dfrac{0.4^2}{10} + \dfrac{0.6^2}{12}}$

$0.22463 \leq \mu_A - \mu_B \leq 1.06538$

05. $\sum_{i=1}^{n} x_i = 18$, $\sum_{i=1}^{n} x_i^2 = 380$, $\sum_{i=1}^{n} y_i = 45$, $\sum_{i=1}^{n} y_i^2 = 145$, $\sum_{i=1}^{n} x_i y_i = 175$, $n = 32$ 이다.

(1) 상관계수는 약 얼마인가?

(2) 공분산(V_{xy})은 얼마인가?

해답 $S(xx) = \sum x^2 - \frac{(\sum x)^2}{n} = 380 - \frac{18^2}{32} = 369.875$

$S(yy) = \sum y^2 - \frac{(\sum y)^2}{n} = 145 - \frac{45^2}{32} = 81.71875$

$S(xy) = \sum xy - \frac{(\sum x)(\sum y)}{n} = 175 - \frac{18 \times 45}{32} = 149.6875$

(1) $r = \frac{S_{xy}}{\sqrt{S_{xx}\ S_{yy}}} = \frac{149.6875}{\sqrt{369.875 \times 81.71875}} = 0.86099$

(2) $V_{xy} = \frac{S_{xy}}{n-1} = \frac{149.6875}{31} = 4.82863$

06. p 관리도에서 $\sum n = 2000$, $n = 100$일 때 $\sum np = 540$이면 이때 3σ의 관리한계로서 UCL, LCL은 얼마인가?

해답 $\bar{p} = \frac{\sum pn}{\sum n} = \frac{540}{2,000} = 0.27$

$U_{CL} = \bar{p} + 3\sqrt{\frac{\bar{p}(1-\bar{p})}{n}} = 0.27 + 3\sqrt{\frac{0.27 \times (1-0.27)}{100}} = 0.40319$

$L_{CL} = \bar{p} - 3\sqrt{\frac{\bar{p}(1-\bar{p})}{n}} = 0.27 - 3\sqrt{\frac{0.27 \times (1-0.27)}{100}} = 0.13681$

07. 3개의 서로 다른 형태의 유리관에 대해서 각 유리관 형태에서 8개를 랜덤하게 선택하여 cathode warm-up time(초)을 랜덤한 순서로 측정하여 얻은 실험자료가 다음과 같다.

유리관 형태									
	A_1	19	20	23	20	26	18	18	35
	A_2	20	20	32	27	40	24	22	18
	A_3	16	15	18	26	19	17	19	18

(1) 분산분석표를 작성하시오.

(2) A_2의 모평균에 대한 95% 신뢰구간을 구하시오.

해답 (1) 분산분석표

요인	제곱합(SS)	자유도(ν)	평균제곱(V)	F_0
A	190.08333	2	95.04167	2.86044
e	697.75000	21	33.22619	
T	887.83333	23		

① 수정항 $CT = \dfrac{T^2}{N} = \dfrac{(530)^2}{24} = 11,704.16667$

② 총변동 $S_T = \sum_i \sum_j x_{ij}^2 - CT = (19^2 + 20^2 + \cdots + 18^2) - \dfrac{(530)^2}{24}$

$= 887.83333$

③ 급간변동 $S_A = \sum_i \dfrac{T_{i\cdot}^2}{r} - CT = \dfrac{1}{8}\left[179^2 + 203^2 + 148^2\right] - \dfrac{(530)^2}{24} = 190.08333$

④ 급내변동 $S_e = S_T - S_A = 887.83333 - 190.08333 = 697.75000$

⑤ $\nu_T = lr - 1 = 24 - 1 = 23$, $\nu_A = l - 1 = 3 - 1 = 2$, $\nu_e = \nu_T - \nu_A = 21$

⑥ $V_A = \dfrac{S_A}{\nu_A} = \dfrac{190.08333}{2} = 95.04167$

$V_e = \dfrac{S_e}{\nu_e} = \dfrac{697.75000}{21} = 33.22619$

⑦ $F_0 = \dfrac{V_A}{V_e} = \dfrac{95.04167}{33.22619} = 2.86044$

(2) $\bar{x}_{i\cdot} \pm t_{1-\alpha/2}(\nu_e)\sqrt{\dfrac{V_e}{r}} = \bar{x}_{2\cdot} \pm t_{0.975}(21)\sqrt{\dfrac{33.22619}{8}}$

$= \dfrac{203}{8} \pm 2.080 \times \sqrt{\dfrac{33.22619}{8}}$

$21.13605 \le \mu(A_2) \le 29.61395$

08. $\overline{x}$ 관리도에서 점의 산포, 즉 $\overline{x}$의 산포($\sigma_{\overline{x}}$)는 군간산포(σ_b)와 군내산포(σ_w)에 기인한다. $n=5$, $k=25$인 어느 $\overline{x}$ 관리도에서 $\overline{R}=1.6$, $\overline{x}$의 이동범위 평균 $\overline{R}_m=1.1$일 때 다음 물음에 답하시오.

(1) $\overline{x}$의 산포($\sigma_{\overline{x}}$)를 구하시오.
(2) 군내산포(σ_w)를 구하시오.
(3) 군간산포(σ_b)를 구하시오.

해답 $n=2$일 때 $d_2=1.128$, $n=5$일 때 $d_2=2.326$이므로

(1) $\sigma_{\overline{x}}=\dfrac{\overline{R}_m}{d_2}=\dfrac{1.1}{1.128}=0.97518$

(2) $\sigma_w=\dfrac{\overline{R}}{d_2}=\dfrac{1.6}{2.326}=0.68788$

(3) $\sigma_{\overline{x}}^2=\dfrac{\sigma_w^2}{n}+\sigma_b^2$

$$\sigma_b=\sqrt{\sigma_{\overline{x}}^2-\frac{\sigma_w^2}{n}}=\sqrt{0.97518^2-\frac{0.68788^2}{5}}=0.925387$$

09. AQL 지표형 샘플링검사(KS Q ISO 2859-1)에서 보통검사에서 수월한 검사, 수월한 검사에서 보통검사로 가기 위한 조건을 쓰시오.

해답 (1) 보통검사에서 수월한 검사
① 전환점수가 30점 이상
② 생산이 안정
③ 소관권한자가 승낙한 경우

(2) 수월한 검사에서 보통검사
① 1로트 불합격
② 생산이 불규칙
③ 보통검사로 복귀할 필요

10. 나일론 실의 방사 과정에서 일정 시간 동안 발생되는 사절수가 어떤 요인에 크게 영향을 받는가를 대략적으로 알아보기 위하여 3요인 A(연신온도), B(회전수), C(원료의 종류)를 각각 다음과 같이 4수준으로 잡고 4×4 라틴방격법을 이용해 실험을 실시한 결과 다음과 같은 데이터를 얻었다. 분산분석표를 작성하시오.

	A_1	A_2	A_3	A_4
B_1	$C_3(15)$	$C_1(4)$	$C_4(8)$	$C_2(19)$
B_2	$C_1(5)$	$C_3(19)$	$C_2(9)$	$C_4(16)$
B_3	$C_4(15)$	$C_2(16)$	$C_3(19)$	$C_1(17)$
B_4	$C_2(19)$	$C_4(26)$	$C_1(14)$	$C_3(34)$

해답 분산분석표

요인	SS	DF	MS	F_0	$F_{0.95}$	$F_{0.99}$
A	195.1875	3	65.0625	16.701**	4.76	9.78
B	349.6875	3	116.5625	29.920**	4.76	9.78
C	276.6875	3	92.22917	23.674**	4.76	9.78
e	23.3750	6	3.89583			
T	844.9375	15				

A, B, C 모든 요인이 유의수준 1%로 유의하다.

① $S_T = \sum\sum\sum x_{ijl}^2 - CT = 4909 - \dfrac{255^2}{16} = 844.9375$

② $S_A = \sum \dfrac{T_{i..}^2}{k} - CT = \dfrac{1}{4}(54^2 + 65^2 + 50^2 + 86^2) - \dfrac{255^2}{16} = 195.1875$

③ $S_B = \sum \dfrac{T_{.j.}^2}{k} - CT = \dfrac{1}{4}(46^2 + 49^2 + 67^2 + 93^2) - \dfrac{255^2}{16} = 349.6875$

④ $S_C = \sum \dfrac{T_{..l}^2}{k} - CT = \dfrac{1}{4}(40^2 + 63^2 + 87^2 + 65^2) - \dfrac{255^2}{16} = 276.6875$

⑤ $S_e = S_T - (S_A + S_B + S_C) = 23.3750$

⑥ $\nu_T = k^2 - 1 = 16 - 1 = 15$, $\nu_A = \nu_B = \nu_C = k - 1 = 3$,

$\nu_e = (k-1)(k-2) = 3 \times 2 = 6$

⑦ $V_A = \dfrac{S_A}{\nu_A} = \dfrac{195.1875}{3} = 65.0625$, $V_B = \dfrac{S_B}{\nu_B} = \dfrac{349.6875}{3} = 116.5625$,

$V_C = \dfrac{S_C}{\nu_C} = \dfrac{276.6875}{3} = 92.22917$, $V_e = \dfrac{S_e}{\nu_e} = \dfrac{23.3750}{6} = 3.89583$

⑧ $F_0(A) = \dfrac{V_A}{V_e} = \dfrac{65.0625}{3.89583} = 16.701$

$F_0(B) = \dfrac{V_B}{V_e} = \dfrac{116.5625}{3.89583} = 29.920$

$F_0(C) = \dfrac{V_C}{V_e} = \dfrac{92.22917}{3.89583} = 23.674$

11. 어떤 부품의 인장강도의 분산이 9kgf/mm²였다. 제조공정을 변경하여 새로운 공정에서 9개의 부품을 검사해본 결과 다음의 데이터를 얻었다.

43,	38,	42,	41,	38,	44,	41,	36,	40

(1) 공정변경 후의 분산이 변경 전의 분산과 차이가 있는지 검정하시오. $(\alpha = 0.05)$

(2) 변경 후의 모분산을 신뢰율 95%로 구간추정하시오.

해답 (1) ① 가설 : $H_0 : \sigma^2 = 9(\sigma_0^2)$ $\quad H_1 : \sigma^2 \neq 9(\sigma_0^2)$

② 유의수준 : $\alpha = 0.05$

③ 검정통계량 : $\chi_0^2 = \dfrac{S}{\sigma^2} = \dfrac{54}{9} = 6$

$S = \sum x^2 - \dfrac{(\sum x)^2}{n} = 14{,}695 - \dfrac{363^2}{9} = 54$

④ 기각역 : $\chi_0^2 > \chi_{1-\alpha/2}^2(\nu) = \chi_{0.975}^2(8) = 17.53$

또는 $\chi_0^2 < \chi_{\alpha/2}^2(\nu) = \chi_{0.025}^2(8) = 2.18$이면 H_0를 기각한다.

⑤ 판정 : $\chi_{0.025}^2(8) = 2.18 < \chi_0^2 = 6 < \chi_{0.975}^2(8) = 17.53$이므로 $\alpha = 0.05$에서 H_0를 채택한다. 유의수준 5%에서 변경 후의 분산이 변경 전과 차이가 있다고 할 수 없다.

(2) $\dfrac{S}{\chi_{1-\alpha/2}^2(\nu)} \leq \hat{\sigma}^2 \leq \dfrac{S}{\chi_{\alpha/2}^2(\nu)}$

$\dfrac{S}{\chi_{0.975}^2(8)} \leq \hat{\sigma}^2 \leq \dfrac{S}{\chi_{0.025}^2(8)}$

$\dfrac{54}{17.53} \leq \hat{\sigma}^2 \leq \dfrac{54}{2.18}$

$3.08043 \leq \hat{\sigma}^2 \leq 24.77064$

12. 작업방법을 개선하여 부적합품 발생상태를 개선 전과 비교하니 다음과 같았다.

	적합품	부적합품	계
개선 전(A)	372	28	400
개선 후(B)	588	12	600
계	960	40	1,000

개선 전에 비해 부적합품률이 낮아졌다고 할 수 있겠는가? 유의수준 1%로 검정하시오.

해답 $\hat{p_A} = \dfrac{x_A}{n_A} = \dfrac{28}{400} = 0.07$, $\hat{p}_B = \dfrac{x_B}{n_B} = \dfrac{12}{600} = 0.02$,

$\hat{p} = \dfrac{x_A + x_B}{n_A + n_B} = \dfrac{28+12}{400+600} = 0.04$

① 가설 : $H_0 : P_A \le P_B$ $H_1 : P_A > P_B$

② 유의수준 : $\alpha = 0.01$

③ 검정통계량 : $U_0 = \dfrac{\hat{p_B} - \hat{p_A}}{\sqrt{\hat{p}(1-\hat{p})\left(\dfrac{1}{n_A} + \dfrac{1}{n_B}\right)}} = \dfrac{0.02 - 0.07}{\sqrt{0.04(1-0.04)\left(\dfrac{1}{400} + \dfrac{1}{600}\right)}}$

$= -3.95285$

④ 기각역 : $u_0 < -u_{1-\alpha} = -u_{0.99} = -2.326$ 이면 H_0를 기각한다.

⑤ 판정 : $u_0 = -3.95285 < -u_{0.99} = -2.326$ 이므로 $\alpha = 0.01$ 에서 H_0를 기각한다.
유의수준 1%로 개선 전에 비해 개선 후의 부적합품률이 낮아졌다고 할 수 있다.

13. 신 QC 7가지 도구를 적으시오.

해답 ① 친화도법
② PDPC법
③ 애로우다이어그램
④ 연관도법
⑤ 매트릭스 데이터 해석법
⑥ 매트릭스도법
⑦ 계통도법

14. 금속판 두께의 값이 2.2mm 이상이다. 두께가 2.2mm에 달하지 못하는 것이 1% 이하인 로트는 통과시키고 9% 이상인 로트는 통과시키지 않을 경우 n과 $\overline{X_L}$을 구하시오.
(단, $\sigma=0.2$, $\alpha=0.05$, $\beta=0.10$, $k_{p_0}=2.326$, $k_{p_1}=1.341$, $k_\alpha=1.645$, $k_\beta=1.282$)

해답 $k_{p_0}=k_{0.01}=2.326$, $k_{p_1}=k_{0.09}=1.341$, $k_\alpha=k_{0.05}=u_{1-\alpha}=u_{0.95}=1.645$,
$k_\beta=k_{0.10}=u_{1-\beta}=u_{0.90}=1.282$

$$n=\left(\frac{k_\alpha+k_\beta}{k_{p_0}-k_{p_1}}\right)^2=\left(\frac{1.645+1.282}{2.326-1.341}\right)^2=8.83025=9$$

$$k=\frac{k_{p_0}k_\beta+k_{p_1}k_\alpha}{k_\alpha+k_\beta}=\frac{2.326\times1.282+1.341\times1.645}{1.645+1.282}=1.77242$$

$$\overline{X_L}=L+k\sigma=2.2+1.77242\times0.2=2.55448$$

2022년 제2회 기출 복원문제

01. $(x_i,\ y_i)$의 관측값이 다음과 같다. 표본상관계수(r)를 구하시오.

x	2	3	4	5	6
y	4	7	6	8	10

해답 $n=5,\ \sum x=20,\ \bar{x}=4,\ \sum x^2=90,\ \sum y=35,\ \bar{y}=7\ \sum y^2=265,\ \sum xy=153$

$$S_{xx}=\sum x^2-\frac{(\sum x)^2}{n}=10,\qquad S_{yy}=\sum y^2-\frac{(\sum y)^2}{n}=20,$$

$$S_{xy}=\sum xy-\frac{\sum x\sum y}{n}=13$$

$$r=\frac{S_{xy}}{\sqrt{S_{xx}S_{yy}}}=\frac{13}{\sqrt{10\times 20}}=0.91924$$

02. 다음은 어느 공장에서 15일간 사용한 매일 매일의 에너지사용량을 측정한 데이터이다.

표본번호(i)	에너지사용량	표본번호(i)	에너지사용량
1	25.0	9	32.3
2	25.3	10	28.1
3	33.8	11	27.0
4	36.4	12	26.1
5	32.2	13	29.1
6	30.8	14	40.1
7	30.0	15	40.6
8	23.6		

(1) $x-R_m$ 관리도의 $C_L,\ U_{CL},\ L_{CL}$을 구하시오.

(2) $x-R_m$ 관리도를 작성하시오.

(3) 관리상태(안정상태)의 여부를 판정하시오.

해답

표본번호(i)	에너지사용량	R_m	표본번호(i)	에너지사용량	R_m
1	25.0	–	9	32.3	8.7
2	25.3	0.3	10	28.1	4.2
3	33.8	8.5	11	27.0	1.1
4	36.4	2.6	12	26.1	0.9
5	32.2	4.2	13	29.1	3.0
6	30.8	1.4	14	40.1	11.0
7	30.0	0.8	15	40.6	0.5
8	23.6	6.4	계	460.4	53.6

(1) $\bar{x} = \dfrac{\sum x}{k} = \dfrac{460.4}{15} = 30.69333$, $\quad \bar{R}_m = \dfrac{\sum R_m}{k-1} = \dfrac{53.6}{14} = 3.82857$

① x 관리도 ($n=2$일 때 $E_2 = 2.66$)

$C_L = \bar{x} = 30.69333$

$U_{CL} = \bar{x} + E_2\bar{R}_m = \bar{x} + 2.66\bar{R}_m = 30.69333 + 2.66 \times 3.82857 = 40.87733$

$L_{CL} = \bar{x} - E_2\bar{R}_m = \bar{x} - 2.66\bar{R}_m = 30.69333 - 2.66 \times 3.82857 = 20.50933$

② R_m 관리도 ($n=2$일 때 $D_4 = 3.267$, $D_3 = -$)

$C_L = \bar{R}_m = 3.82857$

$U_{CL} = D_4\bar{R}_m = 3.267\bar{R}_m = 3.267 \times 3.82857 = 12.50794$

$L_{CL} = -$ (고려하지 않음)

(2)

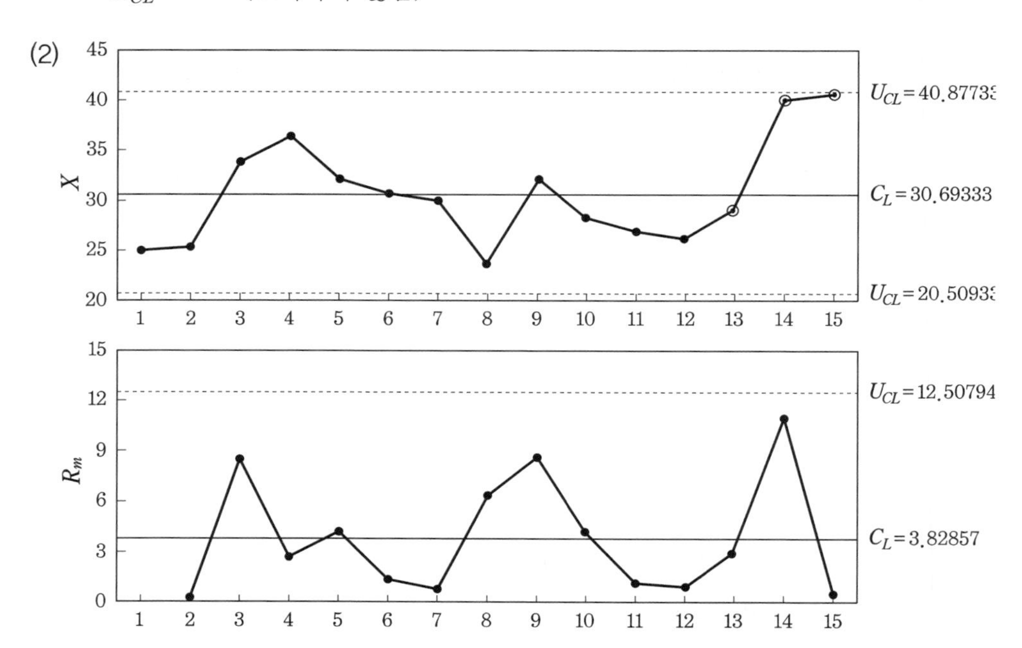

(3) 표본번호 13, 14, 15의 연속하는 3점 중 2점이 중심선 한쪽으로 2σ를 넘는 영역에 있으므로 관리상태라고 할 수 없다.

03. 다음 내용 중 관련 있는 내용을 연결하시오.

KS Q ISO 9000 • • 품질경영시스템-기본사항과 용어
KS Q ISO 9001 • • 품질경영시스템-요구사항
KS Q ISO 9004 • • 조직의 지속적 성공을 위한 경영방식-품질경영접근법
KS Q ISO 10015 • • 품질경영-교육훈련지침

해답 (1) KS Q ISO 9000(품질경영시스템-기본사항과 용어)
(2) KS Q ISO 9001(품질경영시스템-요구사항)
(3) KS Q ISO 9004(조직의 지속적 성공을 위한 경영방식-품질경영접근법)
(4) KS Q ISO 10015(품질경영-교육훈련지침)

04. 로트의 품질표시방법 4가지를 쓰시오.

해답 ① 로트의 평균치
② 로트의 표준편차
③ 로트의 부적합품률
④ 로트 내의 검사단위당의 평균부적합수

05. 강재의 인장강도는 클수록 좋다. 지금 평균치가 46kg/mm² 이상인 로트는 통과시키고, 이것이 43kgmm² 이하인 로트는 통과시키지 않는다. n과 G_0를 구하는 표를 이용하여 $\overline{X}_L$를 구하시오. (단, $\sigma = 4$kg/mm², $\alpha = 0.05$, $\beta = 0.1$)

$\frac{\lvert m_1 - m_0 \rvert}{\sigma}$	n	G_0
0.812~0.844	13	0.456
0.772~0.811	14	0.440
0.756~0.711	15	0.425
0.732~0.755	16	0.411
0.710~0.731	17	0.399
0.690~0.709	18	0.383

해답 KS Q 1001 계량규준형 1회 샘플링검사표

$m_0 = 46$, $m_1 = 43$, $\sigma = 4$, $k_\alpha = k_{0.05} = u_{1-\alpha} = u_{0.95} = 1.645$,

$k_\beta = k_{0.10} = u_{1-\beta} = u_{0.90} = 1.282$이다.

$\dfrac{|m_0 - m_1|}{\sigma} = \dfrac{|46-43|}{4} = 0.75$이므로 $n = 16$, $G_0 = 0.411$이다.

$\overline{X}_L = m_0 - G_0\sigma = 46 - 0.411 \times 4 = 44.3560$

06. Y회사는 어떤 부품의 수입검사에 KS Q ISO 2859-1을 사용하고 있다. 검토 후 $AQL = 1.0\%$, 검사수준은 Ⅲ으로 1회 샘플링검사를 하고 있다. 처음에는 보통검사로 시작하였으나 40번 로트에서는 수월한 검사로 전환하였다. 다음의 빈칸을 채우시오. (KS Q ISO 2859-1의 표를 사용할 것)

로트 번호	N	시료 문자	n	A_c	R_e	부적합 품수	합격 판정	전환 점수	샘플링검사의 엄격도
40	2,500	L	200	5	6	3	합격	31	수월한 검사로 전환
41	2,000					2			
42	1,000					1			
43	2,500					3			
44	2,000					4			
45	1,000					3			

해답

로트 번호	N	시료 문자	n	A_c	R_e	부적합 품수	합격 판정	전환 점수	샘플링검사의 엄격도
40	2,500	L	200	5	6	3	합격	31	수월한 검사로 전환
41	2,000	L	80	3	4	2	합격	–	수월한 검사로 속행
42	1,000	K	50	2	3	1	합격	–	수월한 검사로 속행
43	2,500	L	80	3	4	3	합격	–	수월한 검사로 속행
44	2,000	L	80	3	4	4	불합격	–	보통검사로 전환
45	1,000	K	125	3	4	3	합격	0	보통검사로 속행

07. 다음은 실험설계의 원리를 설명한 것이다. (　) 안을 채우시오.

(1) 뽑혀진 요인 외에 기타 원인들의 영향이 실험 결과에 치우침이 있는 것을 없애기 위한 원리 (　)

(2) 실험의 환경이 될 수 있는 한 균일한 부분으로 나누어 신뢰도를 높이는 원리 (　)

(3) 반복을 시킴으로써 오차항의 자유도를 크게 하여 오차 분산의 정도가 좋게 추정됨으로써 실험 결과의 신뢰성을 높일 수 있는 원리 (　)

(4) 직교성을 갖도록 함으로써 같은 횟수의 실험횟수라도 검출력이 더 좋은 검정이 가능 (　)

(5) 구할 필요가 없는 고차의 교호작용을 블록과 교락시켜 실험의 효율을 높이는 원리 (　)

해답 (1) 랜덤화의 원리
(2) 블록화의 원리
(3) 반복의 원리
(4) 직교화의 원리
(5) 교락의 원리

08. $\overline{x}$ 관리도에서 점의 산포, 즉 $\overline{x}$의 산포($\sigma_{\overline{x}}$)는 군간산포(σ_b)와 군내산포(σ_w)에 기인한다. $n=5$, $k=25$인 어느 $\overline{x}$ 관리도에서 $\overline{R}=1.6$, $\overline{x}$의 이동범위 평균 $\overline{R}_m=1.1$일 때 다음 물음에 답하시오.

(1) $\overline{x}$의 산포($\sigma_{\overline{x}}$)를 구하시오.

(2) 군내산포(σ_w)를 구하시오.

(3) 군간산포(σ_b)를 구하시오.

해답 $n=2$일 때 $d_2=1.128$, $n=5$일 때 $d_2=2.326$이므로

(1) $\sigma_{\overline{x}}=\dfrac{\overline{R}_m}{d_2}=\dfrac{1.1}{1.128}=0.97518$

(2) $\sigma_w=\dfrac{\overline{R}}{d_2}=\dfrac{1.6}{2.326}=0.68788$

(3) $\sigma_{\overline{x}}^2=\dfrac{\sigma_w^2}{n}+\sigma_b^2$, $\sigma_b=\sqrt{\sigma_{\overline{x}}^2-\dfrac{\sigma_w^2}{n}}=\sqrt{0.97518^2-\dfrac{0.68788^2}{5}}=0.925387$

09. 플라스틱 제품을 만드는 마지막 공정에서의 가열온도 A, B, C가 강도에 미치는 영향을 파악하기 위해 4일간 실험을 했으며, 그 결과 다음 표와 같은 데이터를 얻었다. 여기에서 실험일은 변량요인이고 가열온도는 모수요인이다. 이때 가열온도의 수준에 따라 제품의 강도가 달리 나타나는지 살펴보고, σ_B^2을 추정하시오.

블록 I			블록 II			블록 III			블록 IV		
A	B	C	A	B	C	A	B	C	A	B	C
98.0	97.7	96.5	99.0	98.0	97.9	98.6	98.2	97.9	97.6	97.3	96.7

해답 데이터를 다음과 같이 나타낼 수 있다.

일 \ 가열온도	A (A_1)	B (A_2)	C (A_3)
블록 Ⅰ (B_1)	98.0	97.7	96.5
블록 Ⅱ (B_2)	99.0	98.0	97.9
블록 Ⅲ (B_3)	98.6	98.2	97.9
블록 Ⅳ (B_4)	97.6	97.3	96.7

(1) 분산분석표

요인	SS	DF	MS	F_0	$F_{0.95}$	$F_{0.99}$
A	2.20667	2	1.10334	14.39077**	5.14	10.9
B	2.87000	3	0.95667	12.47776**	4.76	9.78
e	0.46000	6	0.07667			
T	5.53667	11				

A 및 B는 매우 유의하다. 가열온도의 수준에 따라 제품의 강도가 다르다고 할 수 있다.

① $CT = \dfrac{T^2}{N} = \dfrac{(1,173.4)^2}{12} = 114,738.96333$

② $S_T = \sum_i \sum_j x_{ij}^2 - CT = 114,744.5 - \dfrac{(1,173.4)^2}{12} = 5.53667$

③ $S_A = \sum_i \dfrac{T_{i\cdot}^2}{m} - CT = \dfrac{1}{4}(393.2^2 + 391.2^2 + 389^2) - \dfrac{(1,173.4)^2}{12} = 2.20667$

④ $S_B = \sum_j \dfrac{T_{\cdot j}^2}{l} - CT = \dfrac{1}{3}(292.2^2 + 294.9^2 + 294.7^2 + 291.6^2) - \dfrac{(1,173.4)^2}{12}$

$= 2.87$

⑤ $S_e = S_T - S_A - S_B = 5.53667 - 2.20667 - 2.87 = 0.46$

⑥ $\nu_T = lm - 1 = 12 - 1 = 11$, $\nu_A = l - 1 = 3 - 1 = 2$, $\nu_B = m - 1 = 4 - 1 = 3$,

$\nu_e = \nu_T - \nu_A - \nu_B = 11 - 2 - 3 = 6$

⑦ $V_A = \dfrac{S_A}{\nu_A} = \dfrac{2.20667}{2} = 1.10334$

$V_B = \dfrac{S_B}{\nu_B} = \dfrac{2.87}{3} = 0.95667$

$V_e = \dfrac{S_e}{\nu_e} = \dfrac{0.46}{6} = 0.07667$

⑧ $F_0(A) = \dfrac{V_A}{V_e} = \dfrac{1.10334}{0.07667} = 14.39077$

$F_0(B) = \dfrac{V_B}{V_e} = \dfrac{0.95667}{0.07667} = 12.47776$

(2) $\hat{\sigma}_B^2 = \dfrac{V_B - V_e}{l} = \dfrac{0.95667 - 0.07667}{3} = 0.29333$

10. 어느 공장에서 생산되는 특정한 전구수명의 표준편차는 150시간이다. 100개의 전구를 랜덤하게 추출할 때 표본평균의 표준편차를 구하시오.

해답 $\sqrt{V(\overline{X})} = \dfrac{\sigma}{\sqrt{n}} = \dfrac{150}{10} = 15$

11. 다음 표는 통계적 가설 검정에 대한 내용이다. 공란을 채우시오.

검정결과 \ 미지의 실제현상	H_0 참	H_1 참
H_0 채택	신뢰율$(1-\alpha)$	
H_1 채택		

해답

검정결과 \ 미지의 실제현상	H_0 참	H_1 참
H_0 채택	신뢰율$(1-\alpha)$	제2종의 오류(β)
H_1 채택	제1종의 오류(α)	옳은 결정$(1-\beta)$

12. 나일론 실의 방사 과정에서 일정 시간 동안 발생되는 사절수가 어떤 요인에 크게 영향을 받는가를 대략적으로 알아보기 위하여 3요인 A(연신온도), B(회전수), C(원료의 종류)를 각각 다음과 같이 4수준으로 잡고 4×4 라틴방격법을 이용해 실험을 실시한 결과 다음과 같은 데이터를 얻었다. 물음에 답하시오.

	A_1	A_2	A_3	A_4
B_1	$C_3(15)$	$C_1(4)$	$C_4(8)$	$C_2(19)$
B_2	$C_1(5)$	$C_3(19)$	$C_2(9)$	$C_4(16)$
B_3	$C_4(15)$	$C_2(16)$	$C_3(19)$	$C_1(17)$
B_4	$C_2(19)$	$C_4(26)$	$C_1(14)$	$C_3(34)$

(1) 분산분석표를 작성하시오. ($E(MS)$ 포함)

(2) 최적수준조합의 95% 신뢰구간을 구하시오.

해답 (1) 분산분석표

요인	SS	DF	MS	F_0	$F_{0.95}$	$F_{0.99}$	$E(MS)$
A	195.1875	3	65.0625	16.701**	4.76	9.78	$\sigma_e^2+4\sigma_A^2$
B	349.6875	3	116.5625	29.920**	4.76	9.78	$\sigma_e^2+4\sigma_B^2$
C	276.6875	3	92.22917	23.674**	4.76	9.78	$\sigma_e^2+4\sigma_C^2$
e	23.3750	6	3.89583				σ_e^2
T	844.9375	15					

A, B, C 모든 요인이 유의수준 1%로 유의하다.

① $S_T=\sum\sum\sum x_{ijl}^2-CT=4909-\dfrac{255^2}{16}=844.9375$

② $S_A=\sum\dfrac{T_{i\cdot\cdot}^2}{k}-CT=\dfrac{1}{4}(54^2+65^2+50^2+86^2)-\dfrac{255^2}{16}=195.1875$

③ $S_B=\sum\dfrac{T_{\cdot j\cdot}^2}{k}-CT=\dfrac{1}{4}(46^2+49^2+67^2+93^2)-\dfrac{255^2}{16}=349.6875$

④ $S_C=\sum\dfrac{T_{\cdot\cdot l}^2}{k}-CT=\dfrac{1}{4}(40^2+63^2+87^2+65^2)-\dfrac{255^2}{16}=276.6875$

⑤ $S_e=S_T-(S_A+S_B+S_C)=23.3750$

⑥ $\nu_T=k^2-1=16-1=15$, $\nu_A=\nu_B=\nu_C=k-1=3$,

$\nu_e=(k-1)(k-2)=3\times2=6$

⑦ $V_A = \dfrac{S_A}{\nu_A} = \dfrac{195.1875}{3} = 65.0625$

$V_B = \dfrac{S_B}{\nu_B} = \dfrac{349.6875}{3} = 116.5625$

$V_C = \dfrac{S_C}{\nu_C} = \dfrac{276.6875}{3} = 92.22917$

$V_e = \dfrac{S_e}{\nu_e} = \dfrac{23.3750}{6} = 3.89583$

⑧ $F_0(A) = \dfrac{V_A}{V_e} = \dfrac{65.0625}{3.89583} = 16.701$

$F_0(B) = \dfrac{V_B}{V_e} = \dfrac{116.5625}{3.89583} = 29.920$

$F_0(C) = \dfrac{V_C}{V_e} = \dfrac{92.22917}{3.89583} = 23.674$

(2) A, B, C 모든 요인이 유의하다. 따라서 최적수준조합은 $\mu(A_3B_1C_1)$이다.

① 점추정치 : $(\overline{x}_{3..} + \overline{x}_{.1.} + \overline{x}_{..1} - 2\overline{\overline{x}}) = \dfrac{50}{4} + \dfrac{46}{4} + \dfrac{40}{4} - 2 \times \dfrac{225}{16}$

$= 2.125$

② 유효반복수 : $n_e \equiv \dfrac{\text{총실험횟수}}{\text{유의한 요인의 자유도의 합}+1} = \dfrac{k^2}{(3k-2)} = \dfrac{4^2}{10} = 1.6$

$(\overline{x}_{3..} + \overline{x}_{.1.} + \overline{x}_{..1} - 2\overline{\overline{x}}) = \pm\, t_{1-\alpha/2}(\nu_e)\sqrt{\dfrac{V_e}{n_e}}$

$= 2.125 \pm t_{0.975}(6)\sqrt{\dfrac{3.89583}{1.6}} = (-,\ 5.94333)$

13. 다음은 어떤 용어에 대한 설명인가?

(1) 부적합의 원인을 제거하고 재발을 방지하기 위한 조치
(2) 잠재적인 부적합 또는 기타 바람직하지 않은 잠재적 상황의 원인을 제거하기 위한 조치
(3) 발견된 부적합을 제거하기 위한 행위

해답 (1) 시정조치(Corrective Action)
(2) 예방조치(Preventive Action)
(3) 시정(Correction)

14. 새로운 작업방법으로 제조한 약품의 로트로부터 10개의 표본을 랜덤하게 추출하여 측정한 결과가 다음과 같다.

데이터

5.69, 5.83, 5.87, 5.21, 5.53, 5.41, 5.48, 5.17, 5.23, 4.88

(1) 그 성분함유량의 기준으로 설정한 5.10과 다르다고 할 수 있겠는가? $(\alpha = 0.05)$

(2) 성분함유량에 대한 95% 구간추정을 하시오.

해답 (1) $\overline{x} = 5.43$, $s = \sqrt{V} = \sqrt{\dfrac{S}{n-1}} = 0.31493$

① 가설 : $H_0 : \mu = \mu_0 (= 5.10)$ $\quad H_1 : \mu \neq \mu_0 (= 5.10)$

② 유의수준 : $\alpha = 0.05$

③ 검정통계량 : $t_0 = \dfrac{\overline{x} - \mu_0}{\dfrac{s}{\sqrt{n}}} = \dfrac{5.43 - 5.10}{\dfrac{0.31493}{\sqrt{10}}} = 3.31360$

④ 기각역 : $|t_0| > t_{1-\alpha/2}(\nu) = t_{0.975}(9) = 2.262$이면 H_0를 기각한다.

⑤ 판정 : $t_0 = 3.31360 > t_{0.975}(9) = 2.262$이므로 $\alpha = 0.05$에서 H_0를 기각한다.
즉, 새로운 작업방법에 의한 성분 함유량이 기준치 5.10과 다르다고 할 수 있다.

(2) $\overline{x} \pm t_{1-\alpha/2}(\nu) \dfrac{s}{\sqrt{n}} = 5.43 \pm t_{0.975}(9) \dfrac{0.31493}{\sqrt{10}} = 5.43 \pm 2.262 \dfrac{0.31493}{\sqrt{10}}$

$5.20473 \leq \hat{\mu} \leq 5.65527$

2022년 제4회 기출 복원문제

01. 검사가 행해지는 장소에 의한 분류 3가지를 쓰시오.

해답 ① 정위치검사
② 순회검사
③ 출장검사

02. 분임조 활동 시 분임토의 기법으로서 사용되고 있는 집단착상법(brainstorming)의 4가지 원칙을 적으시오.

해답 ① 다량 발언
② 남의 아이디어에 편승
③ 비판 엄금
④ 자유분방한 사고

03. $L_{16}(2^{15})$ 형 직교배열표에 다음과 같이 배치했다. 물음에 답하시오.

열번호	1	2	3	4	5	6	7	8	9	10	11	12	13	14	15
기본표시	a	b	a b	c	a c	b c	a b c	d	a d	b d	a b d	c d	a c d	b c d	a b c d
배치	M	N	O	P				S					Q	R	T

(1) 2요인 교호작용 $O\times T$, $S\times R$는 몇 열에 나타나는가?
(2) 2요인 교호작용 $R\times T$가 무시되지 않을 때 위와 같이 배치한다면 어떤 일이 일어나는가?

해답 (1) $O\times T = ab\times abcd = a^2b^2cd = cd$(12열)
$S\times R = d\times bcd = bcd^2 = bc$(6열)
(2) $R\times T = bcd\times abcd = ab^2c^2d^2 = a$(1열)
$R\times T$는 1열에 나타나므로, 이미 1열에 배치된 M요인과 교락이 일어난다.

04. A, B 두 개의 천칭으로 같은 물건을 측정하여 얻은 데이터로부터 $S_A = 0.04$, $S_B = 0.24$를 얻었다. 천칭 A로는 5회, 천칭 B로는 7회 측정하였다면 두 천칭 A, B간에는 정밀도의 차이가 있는지 검정하시오. (단, $\alpha = 0.05$)

해답 ① 가설 : $H_0 : \sigma_A^2 = \sigma_B^2$ $H_1 : \sigma_A^2 \neq \sigma_B^2$

② 유의수준 : $\alpha = 0.05$

③ 검정통계량 : $F_0 = \dfrac{V_A}{V_B} = \dfrac{\dfrac{S_A}{\nu_A}}{\dfrac{S_B}{\nu_B}} = \dfrac{\dfrac{0.04}{4}}{\dfrac{0.24}{6}} = \dfrac{0.01}{0.04} = 0.25$

④ 기각역 : $F_0 < F_{\alpha/2}(\nu_A,\ \nu_B) = F_{0.025}(4,\ 6) = \dfrac{1}{F_{0.975}(6,\ 4)} = \dfrac{1}{9.20} = 0.10870$

또는 $F_0 > F_{1-\alpha/2}(\nu_A,\ \nu_B) = F_{0.975}(4,\ 6) = 6.23$이면 H_0를 기각한다.

⑤ 판정 : $F_{0.025}(4,\ 6) = 0.10870 < F_0 = 0.25 < F_{0.975}(4,\ 6) = 6.23$이므로 $\alpha = 0.05$에서 H_0를 채택한다. 유의수준 5%에서 정밀도의 차이가 있다고 할 수 없다.

05. 4종류의 사료와 3종류의 돼지품종이 돼지의 체중증가에 주는 영향을 조사하고자 반복이 없는 2요인실험에 의해 실험한 결과 다음과 같은 결과를 얻었다.

돼지의 체중증가량

사료 \ 품종	A_1	A_2	A_3
B_1	55	57	47
B_2	64	72	74
B_3	59	66	58
B_4	58	57	53

(1) 분산분석표를 작성하시오.

요인	SS	DF	MS	F_0	$F_{0.95}$

(2) $\hat{\mu}(B_2)$에 대하여 95% 신뢰구간을 구하시오.

해답 (1) 분산분석표

요인	SS	DF	MS	F_0	$F_{0.95}$
A	56.0	2	28.0	1.55556	5.14
B	498.0	3	166.0	9.22222*	4.76
e	108.0	6	18.0		
T	662.0	11			

요인 A는 유의수준 5%로 유의하지 않으며, 요인 B는 유의수준 5%로 유의하다. 즉, 사료는 체중증가에 영향을 주며, 돼지품종은 체중증가에 영향을 주지 않는다.

① $CT = \frac{T^2}{N} = \frac{(720)^2}{12} = 43,200$

② $S_T = \sum_i \sum_j x_{ij}^2 - CT = 43,862 - \frac{(720)^2}{12} = 662$

③ $S_A = \sum_i \frac{T_{i\cdot}^2}{m} - CT = \frac{1}{4}(236^2 + 252^2 + 232^2) - \frac{(720)^2}{12} = 56$

④ $S_B = \sum_j \frac{T_{\cdot j}^2}{l} - CT = \frac{1}{3}(159^2 + 210^2 + 183^2 + 168^2) - \frac{(720)^2}{12} = 498$

⑤ $S_e = S_T - S_A - S_B = 662 - 56 - 498 = 108$

⑥ $\nu_T = lm - 1 = 12 - 1 = 11$

$\nu_A = l - 1 = 3 - 1 = 2$

$\nu_B = m - 1 = 4 - 1 = 3$

$\nu_e = \nu_T - \nu_A - \nu_B = 11 - 2 - 3 = 6$

⑦ $V_A = \frac{S_A}{\nu_A} = \frac{56}{2} = 28$, $V_B = \frac{S_B}{\nu_B} = \frac{498}{3} = 166$, $V_e = \frac{S_e}{\nu_e} = \frac{108}{6} = 18$

⑧ $F_0(A) = \frac{V_A}{V_e} = \frac{28}{18} = 1.55556$, $F_0(B) = \frac{V_B}{V_e} = \frac{166}{18} = 9.22222$

(2) $\hat{\mu}(B_2)$ 95% 신뢰구간

① 점추정

$\hat{\mu}(B_j) = \bar{x}_{\cdot 2} = \frac{210}{3} = 70$

② 구간추정

$\bar{x}_{\cdot j} \pm t_{1-\alpha/2}(\nu_e)\sqrt{\frac{V_e}{l}} = \bar{x}_{\cdot 2} \pm t_{0.975}(6)\sqrt{\frac{18}{3}} = 70 \pm 2.447\sqrt{\frac{18}{3}}$

$64.00610 \le \mu(B_2) \le 75.99390$

06. 다음의 $\bar{x} - R$ 관리도 데이터에 대해 물음에 답하시오.

(1) $\bar{x} - R$ 관리도의 C_L, U_{CL}, L_{CL}을 구하시오.

(2) $\bar{x} - R$ 관리도를 작성하시오.

(3) 관리상태(안정상태)의 여부를 판정하시오.

시료군 번호	측정치			
	x_1	x_2	x_3	x_4
1	38.3	38.9	39.4	38.3
2	39.1	39.8	38.5	39.0
3	38.6	38.0	39.2	39.9
4	40.6	38.6	39.0	39.0
5	39.0	38.5	39.3	39.4
6	38.8	39.8	38.3	39.6
7	38.9	38.7	41.0	41.4
8	39.9	38.7	39.0	39.7
9	40.6	41.9	38.2	40.0
10	39.2	39.0	38.0	40.5
11	38.9	40.8	38.7	39.8
12	39.0	37.9	37.9	39.1
13	39.7	38.5	39.6	38.9
14	38.6	39.8	39.2	40.8
15	40.7	40.7	39.3	39.2

해답 (1)

시료군 번호	측정치				계 $\sum x$	평균 $\bar{x}$	범위 R
	x_1	x_2	x_3	x_4			
1	38.3	38.9	39.4	38.3	154.9	38.725	1.1
2	39.1	39.8	38.5	39.0	156.4	39.100	1.3
3	38.6	38.0	39.2	39.9	155.7	38.925	1.9
4	40.6	38.6	39.0	39.0	157.2	39.300	2.0
5	39.0	38.5	39.3	39.4	156.2	39.050	0.9
6	38.8	39.8	38.3	39.6	156.5	39.125	1.5
7	38.9	38.7	41.0	41.4	160.0	40.000	2.7
8	39.9	38.7	39.0	39.7	157.3	39.325	1.2
9	40.6	41.9	38.2	40.0	160.7	40.175	3.7
10	39.2	39.0	38.0	40.5	156.7	39.175	2.5
11	38.9	40.8	38.7	39.8	158.2	39.550	2.1
12	39.0	37.9	37.9	39.1	153.9	38.475	1.2
13	39.7	38.5	39.6	38.9	156.7	39.175	1.2
14	38.6	39.8	39.2	40.8	158.4	39.600	2.2
15	40.7	40.7	39.3	39.2	159.9	39.975	1.5
					계	589.675	27
					$\bar{\bar{x}}=39.31167$		$\bar{R}=1.8$

(2) 관리도용 계수표로부터 $n=4$일 때 $A_2=0.729$, $D_4=2.282$, $D_3=-$이다.

① $\overline{x}$ 관리도

$$C_L=\overline{\overline{x}}=\frac{\sum\overline{x}}{k}=\frac{589.675}{15}=39.31167$$

$$U_{CL}=\overline{\overline{x}}+A_2\overline{R}=39.31167+0.729\times1.8=40.62387$$

$$L_{CL}=\overline{\overline{x}}-A_2\overline{R}=39.31167-0.729\times1.8=37.99947$$

② R 관리도

$$C_L=\overline{R}=\frac{\sum R}{k}=\frac{27}{15}=1.8$$

$$U_{CL}=D_4\overline{R}=2.282\times1.8=4.10760$$

$$L_{CL}=D_3\overline{R}=-\text{(고려하지 않음)}$$

(3)

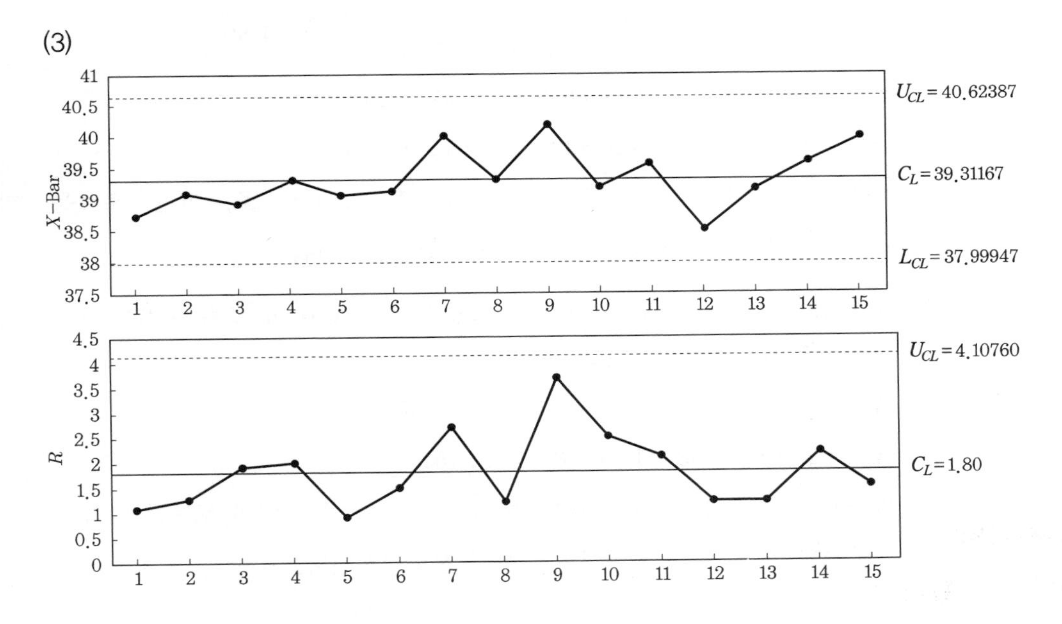

(4) $\overline{x}$ 관리도 및 R 관리도는 관리한계를 이탈하는 점이 없고, 점의 배열에 습관성이 존재하지 않으므로 관리상태라고 판정할 수 있다.

07. **절삭가공되는 어느 부품의 규격은 50.0 ± 3.0mm로 정해져 있다. 그리고 과거의 데이터로부터 $\sigma = 0.3$mm이고 정규분포를 하고 있으며, R 관리도도 안정되어 있음을 알고 있다. $p_0 = 1.0\%$, $p_1 = 8.0\%$, $\alpha = 0.05$, $\beta = 0.10$을 만족하는 계량규준형 1회 샘플링 검사방식을 설계하시오.**

(1) 계량규준형 1회 샘플링검사표가 주어지지 않은 경우

(2) 계량규준형 1회 샘플링검사표가 주어진 경우

해답 $k_{p_0} = k_{0.01} = u_{0.99} = 2.326$, $k_{p_1} = k_{0.08} = u_{0.92} = 1.405$, $k_\alpha = k_{0.05} = u_{0.95} = 1.645$,

$k_\beta = k_{0.10} = u_{0.90} = 1.282$

(1) $n = \left(\dfrac{k_\alpha + k_\beta}{k_{p_0} - k_{p_1}}\right)^2 = \left(\dfrac{1.645 + 1.282}{2.326 - 1.405}\right)^2 = 10.10011 = 11$

$k = \dfrac{k_{p_0}k_\beta + k_{p_1}k_\alpha}{k_\alpha + k_\beta} = \dfrac{2.326 \times 1.282 + 1.405 \times 1.645}{1.645 + 1.282} = 1.80839$

$\overline{X}_L = L + k\sigma = 47 + 1.80839 \times 0.3 = 47.54252$

$\overline{X}_U = U - k\sigma = 53 - 1.80839 \times 0.3 = 52.45748$

따라서 $n = 11$의 시료를 채취하여 $\overline{X}_L \le \overline{x} \le \overline{X}_U$ 이면 로트를 합격, $\overline{x} < \overline{X}_L$ 또는 $\overline{x} > \overline{X}_U$ 이면 로트를 불합격시킨다.

(2) $p_0 = 1.0\%$, $p_1 = 8.0\%$이므로 p_0, p_1을 기초로 하여 n, k를 구하는 표(σ기지)로부터 $n = 10$, $k = 1.81$이다.

$\overline{X}_L = L + k\sigma = 47 + 1.81 \times 0.3 = 47.543$

$\overline{X}_U = U - k\sigma = 53 - 1.81 \times 0.3 = 52.457$

따라서 $n = 10$의 시료를 채취하여 $\overline{X}_L \le \overline{x} \le \overline{X}_U$ 이면 로트를 합격, $\overline{x} < \overline{X}_L$ 또는 $\overline{x} > \overline{X}_U$ 이면 로트를 불합격시킨다.

08. 보기에서 알맞는 내용을 고르시오.

보기

(1) ① 간단하다. ② 복잡하다.
(2) ① 간단하다. ② 복잡하다.
(3) ① 요한다. ② 요하지 않는다.
(4) ① 짧다. ② 길다
(5) ① 작다. ② 크다.

내용 \ 구분	계량 샘플링검사
(1) 검사방법	검사설비가 ( )
(2) 검사기록	검사기록이 ( )
(3) 숙련의 정도	숙련을 ( )
(4) 검사소요시간	검사 소요시간이 ( )
(5) 검사개수	검사개수가 상대적으로 ( )

해답

내용 \ 구분	계량 샘플링검사
(1) 검사방법	검사설비가 복잡하다.
(2) 검사기록	검사기록이 복잡하다.
(3) 숙련의 정도	숙련을 요한다.
(4) 검사소요시간	검사 소요시간이 길다
(5) 검사개수	검사개수가 상대적으로 작다.

09. 도수분포표에서 $x_0 = 25$, $h = 0.5$, $\sum f = 100$, $\sum fu = 26$, $\sum fu^2 = 357$일 때 평균($\overline{x}$), 표준편차($\hat{\sigma}$), 공정능력치(자연공차)를 구하시오.

해답 (1) $\overline{x} = x_0 + h \times \left(\frac{\sum fu}{\sum f}\right) = 25 + 0.5 \times \frac{26}{100} = 25.13$

(2) $S = h^2\left(\sum fu^2 - \frac{(\sum fu)^2}{\sum f}\right) = 0.5^2\left(357 - \frac{26^2}{100}\right) = 87.56$

$\hat{\sigma}^2 = \frac{S}{\sum f - 1} = \frac{87.56}{99} = 0.884444$

$\hat{\sigma} = \sqrt{0.884444} = 0.940449$

(3) 공정능력치($\pm 3\hat{\sigma}$)$= \pm 3 \times 0.940449 = \pm 2.82147$

10. 어떤 공정에서 만들어지는 제품의 부적합품률은 5%이다. 만일 이 공정에서 임의로 추출한 10개의 표본 중에 부적합품이 2개 이상 발견된다면 이 공정은 중단시키게 된다.

(1) 어떤 확률분포를 따르는가?

(2) (1)에서 답한 확률분포가 정규분포로 근사하기 위한 조건을 적으시오.

(3) 공정중단의 확률은 약 몇 %인가?

해답 (1) 이항분포

(2) $P \leq 0.5$이고, $nP \geq 5$, $n(1-P) \geq 5$일 때는 정규분포에 근사한다.

(3) $P_r(x \geq 2) = 1 - \left({}_{10}C_0(0.05)^0(0.95)^{10} + {}_{10}C_1(0.05)^1(0.95)^9\right) = 0.08614$

11. 동일한 제품을 만드는 10개의 회사에 대한 광고비와 판매액을 조사한 후 표와 같은 자료를 얻었다.

(1) 판매액을 종속변수, 광고비를 독립변수로 할 때 절편과 기울기의 최소제곱 추정치를 구하시오.

(2) 광고비를 10단위만큼 지출하였을 때의 판매액을 구하시오.

광고비와 판매액 자료

회사	1	2	3	4	5	6	7	8	9	10
광고비(x)	4	6	6	8	8	9	9	10	12	12
판매액(y)	39	42	45	47	50	50	52	55	57	60

해답 $n = 10$, $\sum x = 84$, $\bar{x} = 8.4$, $\sum x^2 = 766$, $\sum y = 497$,

$\bar{y} = 49.7$ $\sum y^2 = 25{,}097$, $\sum xy = 4{,}326$

$$S_{xx} = \sum x^2 - \frac{(\sum x)^2}{n} = 60.4, \quad S_{yy} = \sum y^2 - \frac{(\sum y)^2}{n} = 396.1,$$

$$S_{xy} = \sum xy - \frac{\sum x \sum y}{n} = 151.2$$

(1) $b = \dfrac{S_{xy}}{S_{xx}} = \dfrac{151.2}{60.4} = 2.50331$, $a = \bar{y} - b\bar{x} = 49.7 - 2.50331 \times 8.4 = 28.67220$

$y = 28.67220 + 2.50331x$

(2) $y = 28.67220 + 2.50331 \times 10 = 53.70530$

12. 종래의 한 로트의 모부적합수가 $m_0 = 26$ 이었다. 작업방법을 개선한 후의 시료부적합수 $c = 14$개가 나왔다.

(1) 모부적합수가 작아졌다고 할 수 있겠는가? (단, $\alpha = 0.05$)

(2) 모부적합수에 대한 신뢰도 95%의 구간을 구하시오.

해답 (1) ① 가설 : $H_0 : m \geq m_0(26)$ $H_1 : m < m_0(26)$

② 유의수준 : $\alpha = 0.05$

③ 검정통계량 : $u_0 = \dfrac{c - m_0}{\sqrt{m_0}} = \dfrac{14 - 26}{\sqrt{26}} = -2.35339$

④ 기각역 : $u_0 < -u_{1-\alpha} = -u_{0.95} = -1.645$ 이면 H_0를 기각한다.

⑤ 판정 : $u_0 = -2.35339 < -u_{0.95} = -1.645$ 이므로 $\alpha = 0.05$ 에서 H_0를 기각한다. 유의수준 5%에서 모부적합수가 작아졌다고 할 수 있다.

(2) $m_U = c + u_{1-\alpha}\sqrt{c} = 14 + 1.645 \times \sqrt{14} = 20.15503$

13. A사는 어떤 부품의 수입검사에 계수값 샘플링검사인 KS Q ISO 2859-1의 보조표인 분수샘플링검사를 적용하고 있다. $AQL = 1.0\%$, 통상검사수준 II에서 엄격도는 보통검사, 샘플링형식은 1회로 시작하였다. 다음 물음에 답하시오.

(1) ( )를 완성하시오.

(2) 로트번호 5번의 검사 결과 다음 로트에 적용되는 엄격도를 결정하시오.

로트번호	N	샘플문자	n	당초 A_c	합부판정스코어(검사 전)	적용하는 A_c	부적합품수 d	합부판정	합부판정스코어(검사 후)	전환스코어
1	200	G	32	1/2	5	0	1	불합격	0	0
2	250	(①)	(⑤)	(⑨)	(⑬)	(⑰)	0	(㉑)	(㉕)	(㉙)
3	600	(②)	(⑥)	(⑩)	(⑭)	(⑱)	1	(㉒)	(㉖)	(㉚)
4	80	(③)	(⑦)	(⑪)	(⑮)	(⑲)	0	(㉓)	(㉗)	(㉛)
5	120	(④)	(⑧)	(⑫)	(⑯)	(⑳)	0	(㉔)	(㉘)	(㉜)

해답 (1)

로트번호	N	샘플문자	n	당초 A_c	합부판정스코어 (검사 전)	적용하는 A_c	부적합품수 d	합부판정	합부판정스코어 (검사 후)	전환스코어
1	200	G	32	1/2	5	0	1	불합격	0	0
2	250	G	32	1/2	5	0	0	합격	5	2
3	600	J	80	2	12	2	1	합격	0	5
4	80	E	13	0	0	0	0	합격	0	7
5	120	F	20	1/3	3	0	0	합격	3	9

(2) 로트번호 6은 전환스코어 현상값이 30 미만이므로 보통검사를 속행한다.

14. 품질경영의 7원칙을 쓰시오.

해답 ① 고객중시
② 리더십
③ 관계관리/관계경영
④ 개선
⑤ 프로세스접근법
⑥ 인원의 적극 참여
⑦ 증거기반 의사결정

2023년 제1회 기출 복원문제

01 합리적인 군으로 나눌 수 없는 경우 $k=26$, $\sum x = 128.1$, $\sum R_m = 7.2$이다. $x - R_m$ 관리도의 관리한계선을 구하시오.

해답 $\bar{x} = \frac{\sum x}{k} = \frac{128.1}{26} = 4.92692$, $\bar{R}_m = \frac{\sum R_m}{k-1} = \frac{7.2}{25} = 0.288$

① x 관리도($n=2$일 때 $E_2 = 2.66$)

$C_L = \bar{x} = 4.92692$

$U_{CL} = \bar{x} + E_2 \bar{R}_m = \bar{x} + 2.66\bar{R}_m = 4.92692 + 2.66 \times 0.288 = 5.6930$

$L_{CL} = \bar{x} - E_2 \bar{R}_m = \bar{x} - 2.66\bar{R}_m = 4.92692 - 2.66 \times 0.288 = 4.16084$

② R_m 관리도($n=2$일 때 $D_4 = 3.267$, $D_3 = -$)

$C_L = \bar{R}_m = 0.288$

$U_{CL} = D_4 \bar{R}_m = 3.267\bar{R}_m = 3.267 \times 0.288 = 0.94090$

$L_{CL} = -$ (고려하지 않음)

02 공정부적합품률이 3%, $N=1000$인 로트에서 랜덤하게 4개의 시료를 샘플링하였을 때 부적합품이 하나도 없을 확률을 구하려고 한다.

(1) 초기하분포를 이용하여 구하시오.

(2) 이항분포를 이용하여 구하시오.

(3) 푸아송분포를 이용하여 구하시오.

해답 (1) $P_r(x=0) = \frac{{}_{30}C_0 \times {}_{970}C_4}{{}_{1,000}C_4} = 0.88513$

(2) $P_r(x=0) = {}_4C_0 (0.03)^0 (1-0.03)^{4-0} = 0.88529$

(3) $P_r(x=0) = \frac{e^{-0.12} 0.12^0}{0!} = 0.88692$

$m = np = 4 \times 0.03 = 0.12$

03 두 변수 x와 y에 대한 분산분석표 작성 결과가 다음과 같다. 물음에 답하시오.

요인	제곱합	자유도	평균제곱	F_0	$F_{1-\alpha}$
회귀	119.3	1	119.3	140.35	$F_{0.95}(1,10)=4.96$
잔차	8.5	10	0.85		$F_{0.99}(1,10)=10.0$
계	127.8	11			

(1) 유의성 검정을 실시하시오.

(2) 결정계수를 구하시오.

해답 (1) 유의성 검정

$F_0=140.35>F_{0.99}(1,10)=10.0$이므로 유의수준 1%로 회귀직선은 유의하다.

(2) 결정계수

$$r^2=\frac{S_R}{S_T}=\frac{119.3}{127.8}=0.93349\,(93.349\%)$$

04 금속판의 두께는 굵을수록 좋다. 샘플링검사 결과 로트의 평균치가 40mm 이상이면 합격으로 하고, 36mm 이하이면 불합격으로 하는 샘플링검사 방식을 설계하시오. (단, 로트의 표준편차 σ=3mm, $\alpha=0.05$, $\beta=0.10$으로 한다.)

$\frac{\lvert m_1-m_0\rvert}{\sigma}$	n	G_0
2.069 이상	2	1.163
1.690~2.068	3	0.950
1.436~1.686	4	0.822
1.309~1.462	5	0.736
1.195~1.308	6	0.672
1.106~1.194	7	0.622
1.035~1.105	8	0.582
0.975~1.034	9	0.548
0.925~0.974	10	0.520

해답 $\frac{|m_0-m_1|}{\sigma}=\frac{|40-36|}{3}=1.33333$이므로 $n=5$, $G_0=0.736$이다.

합격판정선 $\overline{X}_L=m_0-G_0\sigma=40-0.736\times3=37.792$

따라서 n=5개의 시료를 채취하여 그 평균치 $\overline{x}$를 구했을 때

$\overline{x}\geq\overline{X}_L=37.792$이면 로트를 합격, $\overline{x}<\overline{X}_L=37.792$이면 로트를 불합격시킨다.

05 어느 실험실에 4명의 분석요원(A_1, A_2, A_3, A_4)이 일하고 있다. 이 분석요원들은 서로 분석 결과에 차이를 보이고 있는 것으로 생각된다. 이를 확인하기 위하여 일정한 표준시료를 만들어 동일 장치로 날짜를 랜덤하게 바꾸어 가면서 각각 4회 반복 실험을 실시한 데이터가 다음과 같다. 아래 물음에 답하시오. (단, 데이터는 망대특성이다.)

구분	A_1	A_2	A_3	A_4
1	80.0	79.2	80.6	80.8
2	78.7	80.5	80.9	80.0
3	78.9	80.4	80.1	79.8
4	79.4	79.8	80.4	81.0

(1) 분산분석표를 작성하시오.

(2) 최적 수준에 대하여 신뢰구간 95%로 구간추정하시오.

해답 (1) 분산분석표

요인	SS	DF	MS	F_0	$F_{0.95}$	$F_{0.99}$	$E(V)$
A	3.87688	3	1.29229	4.4590	3.49	5.95	$\sigma_e^2+4\sigma_A^2$
e	3.47750	12	0.28979				σ_e^2
T	7.35438	15					

① $CT=\dfrac{T^2}{lr}=\dfrac{1,280.5^2}{16}=102,480.0156$

② $S_T=\sum\sum x_{ij}^2-CT=102,487.37-\dfrac{1,280.5^2}{16}=7.35438$

③ $S_A=\dfrac{\sum T_{i\cdot}^2}{r}-CT=\dfrac{1}{4}(317^2+319.9^2+322^2+321.6^2)-\dfrac{1,280.5^2}{16}$

$=3.87688$

④ $S_e=S_T-S_A=3.47750$

⑤ $\nu_T=lr-1=15$, $\nu_A=l-1=3$, $\nu_e=l(r-1)=12$

⑥ $V_A=\dfrac{S_A}{\nu_A}=\dfrac{3.87688}{3}=1.29229$

⑦ $V_e=\dfrac{S_e}{\nu_e}=\dfrac{3.47750}{12}=0.28979$

⑧ $F_0=\dfrac{V_A}{V_e}=\dfrac{1.29229}{0.28979}=4.4590>F_{0.95}=3.49$이므로 요인 A가 유의수준 5%로 유의적이다.

(2) 요인 A의 각 수준의 합 중에서 $T_{3\cdot} = 322$로 가장 큰 값을 가지므로 A_3가 최적 수준이다.

$$\bar{x}_{i\cdot} \pm t_{1-\alpha/2}(\nu_e)\sqrt{\frac{V_e}{r}} = \bar{x}_{3\cdot} \pm t_{0.975}(12)\sqrt{\frac{0.28979}{4}}$$

$$= 80.5 \pm 2.179 \times \sqrt{\frac{0.28979}{4}}$$

$79.31350 \le \mu(A_3) \le 81.0865$

06 1요인실험에 대한 분산분석표가 다음과 같다. 각 요인에 대한 순변동과 기여율을 구하시오.

요인	SS	DF	MS	F_0
A	0.52400	3	0.17467	8.78622
e	0.23860	12	0.01988	
T	0.76260	15		

해답 (1) 순변동

$$S_A' = S_A - \nu_A V_e = 0.5240 - 3 \times 0.01988 = 0.46436$$

$$S_e' = S_T - S_A' = 0.7626 - 0.46436 = 0.29824$$

(2) 기여율

$$\rho_A = \frac{S_A'}{S_T} \times 100 = \frac{0.46436}{0.76260} \times 100 = 60.89169(\%)$$

$$\rho_e = \frac{S_e'}{S_T} \times 100 = \frac{0.29824}{0.76260} \times 100 = 39.10831(\%)$$

07 $U_{CL} = 130$, $L_{CL} = 70$인 x 관리도가 있다. 만약 산포는 정상적인 상태이고, 공정의 평균이 120으로 변한 경우 검출력을 구하시오.

해답 $U_{CL} - L_{CL} = 6\sigma \rightarrow (130-70) = 6\sigma \rightarrow \sigma = 10$

$$P_r(x > U_{CL}) + P_r(x < L_{CL})$$

$$= P_r\left(u > \frac{130-120}{10}\right) + P_r\left(u < \frac{70-120}{10}\right)$$

$$= P_r(u > 1) + P_r(u < -5) = 0.1587 + 0 = 0.1587$$

08 어떤 합금의 열처리에서 영향이 크다고 생각되는 요인으로 온도(A), 시간(B)를 택하여 각 2회씩 랜덤하게 실험하여 다음 데이터를 얻었다. S_{AB}를 구하시오.

	B_1	B_2	B_3
A_1	51 52	54 54	54 55
A_2	52 54	55 56	56 55
A_3	53 56	56 55	57 57
A_4	52 54	55 54	54 55

해답 $S_{AB} = \sum_i \sum_j \frac{T_{ij\cdot}^2}{r} - CT$

$= \frac{1}{2}(103^2 + 108^2 + 109^2 + \cdots + 109^2) - CT = 71,114 - \frac{1,306^2}{24} = 45.83333$

09 3정 5S 활동에 대해 쓰시오.

해답 (1) 3정

① 정품 ② 정량 ③ 정위치

(2) 5S

① 정리 ② 정돈 ③ 청소 ④ 청결 ⑤ 습관화

10 $L_{16}(2^{15})$형 직교배열표에 다음과 같이 배치했다. 질문에 답하시오.

열번호	1	2	3	4	5	6	7	8	9	10	11	12	13	14	15
기본표시	a	b	a b	c	a c	b c	a b c	d	a d	b d	a b d	c d	a c d	b c d	a b c d
배치	M	N	O	P				S					Q	R	T

(1) 2요인 교호작용 $O \times T$, $S \times R$는 몇 열에 나타나는가?

(2) 2요인 교호작용 $R \times T$가 무시되지 않을 때 위와 같이 배치한다면 어떤 일이 일어나는가?

해답 (1) $O \times T = ab \times abcd = a^2b^2cd = cd$ (12열)

$S \times R = d \times bcd = bcd^2 = bc$ (6열)

(2) $R \times T = bcd \times abcd = ab^2c^2d^2 = a$ (1열)

$R \times T$는 1열에 나타나므로, 이미 1열에 배치된 M요인과 교락이 일어난다.

11 어느 공장에서 생산되는 부품의 부적합품률은 5.5%로 알려져 있다. 부적합품률을 줄이기 위해 부적합 원인을 조사한 결과 부품에 들어가는 연결선이 하중에 못이겨 부품이 쉽게 부서짐이 발견되었다. 그래서 연결선을 종전의 직렬연결 대신 병렬연결로 바꾸었다. 개선 후의 부적합품률이 5.5%보다 낮아졌는지 200개의 부품을 실험한 결과 부적합품이 4개가 발견되었다면, 개선 후의 부적합품률이 기존의 부적합품률보다 감소되었는가를 유의수준 5%에서 검정하시오.

해답 (1) $\hat{p} = \frac{x}{n} = \frac{4}{200} = 0.02$

① 가설 : $H_0 : P \geq 0.055$　　　$H_1 : P < 0.055$

② 유의수준 : $\alpha = 0.05$

③ 검정통계량 : $u_0 = \frac{\frac{x}{n} - P_0}{\sqrt{\frac{P_0(1-P_0)}{n}}} = \frac{0.02 - 0.055}{\sqrt{\frac{0.055(1-0.055)}{200}}} = -2.17113$

④ 기각역 : $u_0 < -u_{1-\alpha} = -u_{0.95} = -1.645$이면 귀무가설($H_0$)을 기각한다.

⑤ 판정 : $u_0 = -2.17113 < -u_{0.95} = -1.645$이므로 H_0를 기각한다. 즉 모부적합품률이 5.5%보다 감소되었다고 할 수 있다.

12 QC 7가지 도구를 쓰시오.

해답 ① 파레토도

② 산점도

③ 층별

④ 특성 요인도

⑤ 히스토그램

⑥ 체크 시트

⑦ 각종 그래프

13 어느 제품에 들어가는 재료의 강도는 평균적으로 10kg/mm^{2}이다. 지금까지 재료는 회사 A가 독점하여 공급하였으나, 재료의 공급을 한 회사에만 의존하는 것은 좋지 않다는 의견이 나와 회사 A 외에 회사 B도 재료의 공급원이 될 수 있는지 알아보고자 한다. 그래서 회사 B가 공급하는 재료를 10개 랜덤하게 추출하여 그 강도를 재어 본 결과 다음과 같은 결과를 얻었다. 모평균에 대한 95% 신뢰구간을 구하시오.

11.5 10.1 10.8 12.2 9.5 10.3 8.6 8.3 9.5 10.0 (단위 : kg/mm^2)

해답 $\overline{x} \pm t_{1-\alpha/2}(\nu)\dfrac{s}{\sqrt{n}} = 10.08 \pm t_{0.975}(9)\dfrac{1.20720}{\sqrt{10}} = 10.08 \pm 2.262\dfrac{1.20720}{\sqrt{10}}$

$9.21648 \le \hat{\mu} \le 10.94352$

14 측정시스템의 변동유형 중 반복성에 대하여 기술하시오.

해답 반복성 : 동일 작업자가 동일 계측기로 동일 제품을 측정하였을 때 측정값의 변동을 의미한다.

2023년 제2회 기출 복원문제

01 어떤 공장에서 생산되고 있는 제품 중에서 5개를 임의로 추출하여 측정한 데이터가 다음과 같다. 모평균에 대한 95% 신뢰구간을 구하시오.

40	53	50	48	50	54	52	49	50	49

해답 $\bar{x}=49.5$, $s=\sqrt{V}=\sqrt{\frac{S}{n-1}}=3.83695$

$\bar{x}\pm t_{1-\alpha/2}(\nu)\frac{s}{\sqrt{n}}=49.5\pm t_{0.975}(9)\frac{3.83695}{\sqrt{10}}=49.5\pm 2.262\frac{3.83695}{\sqrt{10}}$

$46.75540\leq\hat{\mu}\leq 52.24460$

02 계수값 샘플링검사(KS Q ISO 2859-1)는 샘플링 형식으로 1회 샘플링검사, 2회 샘플링검사, 다회 샘플링검사 중 하나를 선택하여 사용한다. 이때 (①), (②), (③)이 같으면 OC 곡선의 기울기는 차이가 없으므로 실제로 합격할 확률 또한 동일하다.

해답 ① AQL　② 시료문자　③ 검사의 엄격도

03 폴리에스테르를 이용하여 직물을 제조하는 Y회사의 품질경영부서에서는 직물의 신율이 가장 중요한 품질특성으로 강조되어 원료의 특성(x)에 따른 직물제품의 특성(y)에 관한 신율을 조사하여 다음 데이터를 얻었다. 다음 물음에 답하시오. (단, $\alpha=0.05$)

x	30	20	60	80	40	50	60	30	70	60
y	73	50	128	170	87	108	135	69	148	132

(1) 공분산(V_{xy})을 구하시오.

(2) 표본상관계수(r)를 구하시오.

(3) 회귀방정식을 구하시오.

(4) 분산분석표를 작성하시오.

해답 $n = 10$, $\sum x = 500$, $\bar{x} = 50$, $\sum x^2 = 28,400$, $\sum y = 1,100$,

$\bar{y} = 110$ $\sum y^2 = 134,660$, $\sum xy = 61,800$

$$S_{xx} = \sum x^2 - \frac{(\sum x)^2}{n} = 3,400, \quad S_{yy} = \sum y^2 - \frac{(\sum y)^2}{n} = 13,660,$$

$$S_{xy} = \sum xy - \frac{\sum x \sum y}{n} = 6,800$$

(1) $V_{xy} = \frac{S(xy)}{n-1} = \frac{6,800}{9} = 755.55556$

(2) $r = \frac{S_{xy}}{\sqrt{S_{xx}S_{yy}}} = \frac{6,800}{\sqrt{3,400 \times 13,660}} = 0.99780$

(3) $\hat{\beta}_1 = \frac{S_{xy}}{S_{xx}} = \frac{6,800}{3,400} = 2$, $\hat{\beta}_0 = \bar{y} - \hat{\beta}_1 \bar{x} = 110 - 2 \times 50 = 10$

$y = 10 + 2x$

(4)

요인	SS	DF	MS	F_0	$F_{0.95}$
회귀(R)	13,600	1	13,600	1,813.33333	5.32
오차(e)	60	8	7.5		
총(T)	13,660	9			

$S_T = S_{yy} = 13,660$, $S_R = \frac{S_{xy}^2}{S_{xx}} = \frac{6,800^2}{3,400} = 13,600$,

$S_{y/x} = S_e = S_T - S_R = 13,660 - 13,600 = 60$, $\nu_T = n - 1 = 9$, $\nu_R = 1$,

$\nu_e = n - 2 = 8$, $V_R = \frac{S_R}{\nu_R} = \frac{13,600}{1} = 13,600$,

$V_e = V_{y/x} = \frac{S_e}{\nu_e} = \frac{60}{8} = 7.5$, $F_0 = \frac{V_R}{V_e} = \frac{13,600}{7.5} = 1,813.33333$

판정 : $F_0 = 1,813.33333 > F_{0.95}(1,8) = 5.32$ 이므로 $\alpha = 0.05$에서 H_0를 기각한다. 즉, 기울기가 존재한다.

04 품질코스트의 유형을 설명하시오.

해답 (1) 예방코스트(Prevention cost : P-cost): 처음부터 불량이 생기지 않도록 하는 데 소요되는 비용으로 소정의 품질 수준의 유지 및 부적합품 발생의 예방에 드는 비용

(2) 평가코스트(Appraisal cost : A-cost): 제품의 품질을 정식으로 평가함으로써 회사의 품질수준을 유지하는 데 드는 비용

(3) 실패코스트(Failure cost : F-cost): 소정의 품질을 유지하는 데 실패하였기 때문에 생긴 불량제품, 불량원료에 의한 손실비용

05 한 상자에 100개씩 들어있는 기계부품이 50상자가 있다. 이 상자 간의 산포가 $\sigma_b = 0.5$, 상자 내의 산포가 $\sigma_w = 0.8$일 때 우선 5상자를 랜덤하게 샘플링한 후 뽑힌 상자마다 10개씩 랜덤 샘플링을 한다면 이 로트의 모평균 추정정밀도 $V(\bar{x})$는 얼마나 되겠는가? (단, $M/m \geq 10$, $\overline{N}/\bar{n} \geq 10$의 조건을 고려해서 M, $\overline{N}$는 무시하여도 좋으며, 답은 소수점 이하 셋째 자리로 맺음하시오.)

해답 $V(\bar{x}) = \dfrac{\sigma_b^2}{m} + \dfrac{\sigma_w^2}{m\bar{n}} = \dfrac{0.5^2}{5} + \dfrac{0.8^2}{5 \times 10} = 0.063$

06 어떤 공장에서 표준화된 작업을 통해 제조하고 있는 공정으로부터 200개의 시료를 임의로 추출하여 측정한 결과 25개의 부적합품이 나왔다. 신뢰율 95%로 모부적합품률의 신뢰한계를 구하시오.

해답 $\hat{p} = \dfrac{r}{n} = \dfrac{25}{200} = 0.125$

$$\begin{cases} \widehat{P_U} \\ \widehat{P_L} \end{cases} = \hat{p} \pm u_{1-\alpha/2}\sqrt{\frac{\hat{p}(1-\hat{p})}{n}} = 0.125 \pm u_{0.975}\sqrt{\frac{0.125 \times (1-0.125)}{200}}$$

$0.07917 \leq \hat{P} \leq 0.17087$

07 AQL 지표형 샘플링검사에서 검사의 엄격도 조정에 대한 조건을 각각 쓰시오.

(1) 보통검사에서 수월한 검사로 변경할 때의 조건을 설명하시오.
(2) 까다로운 검사에서 보통검사로 변경할 때의 조건을 설명하시오.
(3) 까다로운 검사에서 검사 중지로 변경할 때의 조건을 설명하시오.

해답 (1) 전환점수가 30점 이상, 생산이 안정, 소관권한 자가 승낙한 경우
(2) 연속 5로트 합격
(3) 불합격 로트의 누계가 5로트일 때

08 어떤 부품의 인장강도의 분산이 9kgf/mm^2였다. 제조공정을 변경하여 새로운 공정에서 9개의 부품을 검사해본 결과 다음의 데이터를 얻었다.

43	38	42	41	38	44	41	36	40

(1) 공정 변경 후의 분산이 변경 전의 분산과 차이가 있는지 검정하시오. $(\alpha = 0.05)$

(2) 변경 후의 모분산을 신뢰율 95%로 구간추정하시오.

해답 (1) ① 가설 : $H_0 : \sigma^2 = 9 \ (\sigma_0^2)$ $\qquad H_1 : \sigma^2 \neq 9 \ (\sigma_0^2)$

② 유의수준 : $\alpha = 0.05$

③ 검정통계량 : $\chi_0^2 = \dfrac{S}{\sigma^2} = \dfrac{54}{9} = 6$

$$S = \sum x^2 - \frac{(\sum x)^2}{n} = 14{,}695 - \frac{363^2}{9} = 54$$

④ 기각역 : $\chi_0^2 > \chi_{1-\alpha/2}^2(\nu) = \chi_{0.975}^2(8) = 17.53$ 또는 $\chi_0^2 < \chi_{\alpha/2}^2(\nu) = \chi_{0.025}^2(8) = 2.18$이면 H_0를 기각한다.

⑤ 판정 : $\chi_{0.025}^2(8) = 2.18 < \chi_0^2 = 6 < \chi_{0.975}^2(8) = 17.53$이므로 $\alpha = 0.05$에서 H_0를 채택한다. 유의수준 5%에서 변경 후의 분산이 변경 전과 차이가 있다고 할 수 없다.

(2) $\dfrac{S}{\chi_{1-\alpha/2}^2(\nu)} \le \hat{\sigma}^2 \le \dfrac{S}{\chi_{\alpha/2}^2(\nu)}$, $\qquad \dfrac{S}{\chi_{0.975}^2(8)} \le \hat{\sigma}^2 \le \dfrac{S}{\chi_{0.025}^2(8)}$,

$\dfrac{54}{17.53} \le \hat{\sigma}^2 \le \dfrac{54}{2.18}$, $\qquad 3.08043 \le \hat{\sigma}^2 \le 24.77064$

09 웨이퍼(wafer)에 폴리실리콘(polysilicon)을 침전시키는 과정은 반도체 생산공정에서 중요한 과정에 속한다. 생산된 웨이퍼의 표면에는 침전과정에서 부적합이 발생하며, 이는 품질을 떨어트리는 주된 원인이 된다. 다음 표는 일정시간간격으로 웨이퍼를 한 장씩 추출하여 부적합수를 조사한 것이다.

표본 번호	1	2	3	4	5	6	7	8	9	10
표본 크기	1	1	2	7	5	6	5	3	2	3
표본 번호	11	12	13	14	15	16	17	18	19	20
표본 크기	5	8	6	6	7	6	2	1	4	3

(1) C_L, U_{CL}, L_{CL}을 구하시오.

(2) 관리도를 작성하시오.

(3) 관리상태(안정상태)의 여부를 판정하시오.

해답 (1) $C_L = \bar{c} = \dfrac{\sum c}{k} = \dfrac{83}{20} = 4.150$

$U_{CL} = \bar{c} + 3\sqrt{\bar{c}} = 4.150 + 3\sqrt{4.150} = 10.26146$

$L_{CL} = \bar{c} - 3\sqrt{\bar{c}} = 4.150 - 3\sqrt{4.150} = -$(고려하지 않음)

(2)

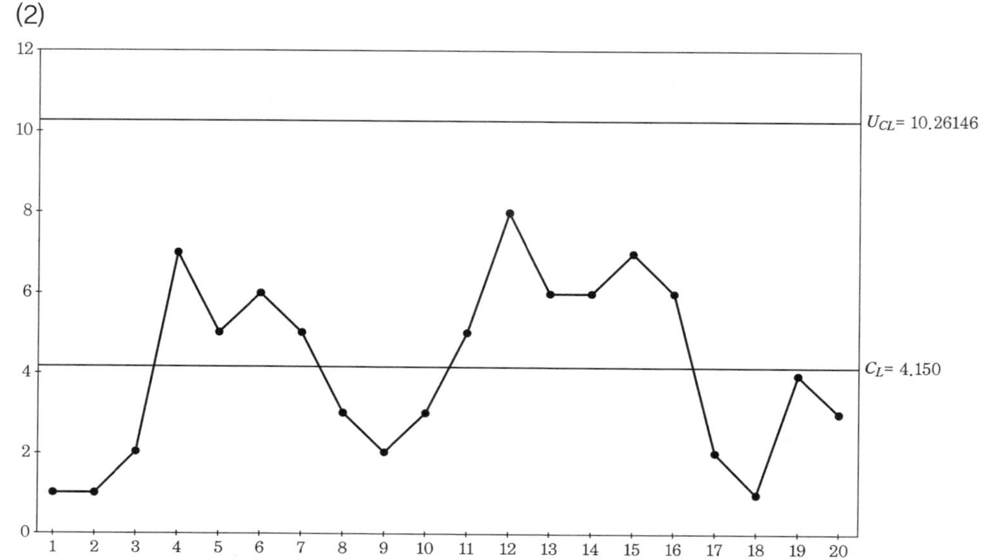

(3) 관리한계를 이탈하는 점이 없고, 점의 배열에 습관성이 존재하지 않으므로 관리 상태라고 판정할 수 있다.

10 **1개군의 샘플의 크기 $n=5$, 군의 수 $k=25$에 대한 데이터를 얻고 $\overline{\overline{x}}$와 $\overline{R}$을 계산하였더니 $\overline{\overline{x}}=21.6$, $\overline{R}=5.4$가 되었다. 다음을 소수점 이하 셋째자리까지 구하시오.**

(1) $\overline{x}$ 관리도의 U_{CL}과 L_{CL}은 얼마인가?

(2) R 관리도의 U_{CL}과 L_{CL}은 얼마인가?

해답 관리도용 계수표로부터 $n=5$일 때 $A_2=0.577$, $d_2=2.326$, $D_4=2.114$, $D_3=-$이다.

(1) $\overline{x}$ 관리도

$U_{CL} = \overline{\overline{x}} + A_2\overline{R} = 21.6 + 0.577 \times 5.4 = 24.716$

$L_{CL} = \overline{\overline{x}} - A_2\overline{R} = 21.6 - 0.577 \times 5.4 = 18.484$

(2) R 관리도

$U_{CL} = D_4\overline{R} = 2.114 \times 5.4 = 11.416$

L_{CL}은 $n \leq 6$이므로 고려하지 않는다.

11 다음 그림에서 빈칸에 알맞은 내용을 채우시오.

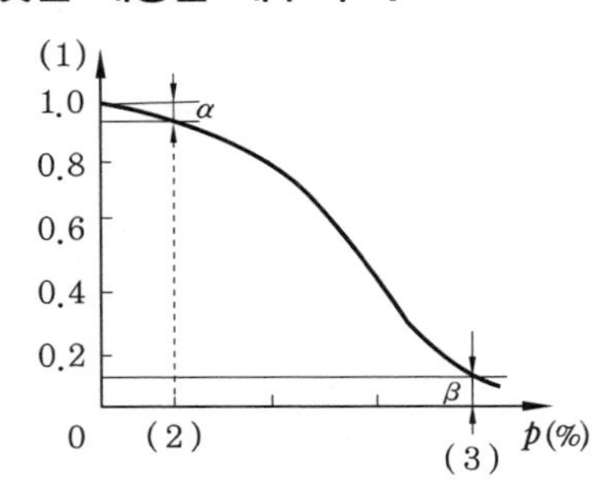

해답 (1) $L(p)$ (2) p_0 (3) p_1

12 다음은 어떤 용어에 대한 설명인가?

(1) 의도되거나 규정된 용도/사용에 관련된 부적합
(2) 요구사항의 불충족
(3) 부적합의 원인을 제거하고 재발을 방지하기 위한 조치
(4) 잠재적인 부적합 또는 기타 바람직하지 않은 잠재적 상황의 원인을 제거하기 위한 조치
(5) 발견된 부적합을 제거하기 위한 행위

해답 (1) 결함(defect)
(2) 부적합(nonconformity)
(3) 시정조치(corrective action)
(4) 예방조치(preventive action)
(5) 시정(correction)

13 반복없는 2요인실험을 하다가 수준조합 A_3B_2의 실험이 잘못되어 데이터를 얻지 못하였다.

	A_1	A_2	A_3	A_4
B_1	−2	0	3	5
B_2	−3	−3	y	3
B_3	−4	−1	1	2

(1) 이 결측치 y를 구하시오.
(2) 분산분석표를 작성하시오.

해답 (1) A_3B_2의 y를 제외한 상태에서 $T_3'.=4$, $T'._2=-3$, $T'=1$

$$y=\frac{lT_i'.+mT'._j-T'}{(l-1)(m-1)}=\frac{4\times4+3\times(-3)-1}{(4-1)(3-1)}=1$$

(2) 분산분석표

요인	SS	DF	MS	F_0	$F_{0.95}$	$F_{0.99}$	$E(MS)$
A	73.66667	3	24.55556	36.83316**	5.41	12.1	$\sigma_e^2+3\sigma_A^2$
B	10.66667	2	5.33334	7.99997*	5.79	13.3	$\sigma_e^2+4\sigma_B^2$
e	3.33333	5	0.66667				σ_e^2
T	87.66667	10					

A는 매우 유의하고 B는 유의수준 5%로 유의하다.

① $CT=\frac{T^2}{N}=\frac{2^2}{12}=0.33333$

② $S_T=\sum_i\sum_j x_{ij}^2-CT=88-\frac{2^2}{12}=87.66667$

③ $S_A=\sum_i\frac{T_{i\cdot}^2}{m}-CT=\frac{1}{3}((-9)^2+(-4)^2+5^2+10^2)-\frac{2^2}{12}=73.66667$

④ $S_B=\sum_j\frac{T_{\cdot j}^2}{l}-CT=\frac{1}{4}(6^2+(-2)^2+(-2)^2)-\frac{2^2}{12}=10.66667$

⑤ $S_e=S_T-S_A-S_B=87.66667-73.66667-10.66667=3.33333$

⑥ $\nu_T=(lm-1)-$결측치수$=(lm-1)-1=12-1-1=10$

$\nu_A=l-1=4-1=3$, $\nu_B=m-1=3-1=2$,

$\nu_e=\nu_T-\nu_A-\nu_B=10-3-2=5$

⑦ $V_A=\frac{S_A}{\nu_A}=\frac{73.66667}{3}=24.55556$, $V_B=\frac{S_B}{\nu_B}=\frac{10.66667}{2}=5.33334$,

$V_e=\frac{S_e}{\nu_e}=\frac{3.33333}{5}=0.66667$

⑧ $F_0(A)=\frac{V_A}{V_e}=\frac{24.55556}{0.66667}=36.83316$, $F_0(B)=\frac{V_B}{V_e}=\frac{5.33334}{0.66667}=7.99997$

14 5M1E에 대해 쓰시오.

해답 ① 사람(Man) ② 기계(Machine) ③ 원료(Materials) ④ 방법(Method) ⑤ 측정(Measurement) ⑥ 환경(Environment)

2023년 제4회 기출 복원문제

01 어떤 재료의 인장강도가 75kg/mm^2 이상으로 규정되어 있다. 계량규준형 1회 샘플링 검사에서 $n=8$, $k=1.74$의 값을 얻어 데이터를 취했더니 다음과 같다. 로트의 합격·불합격을 판정하시오. (σ=2kg/mm^2)

데이터

79.0 77.0 75.5 79.5 77.5 77.0 76.5 75.0

해답 $L=75$, $\sigma=2$, $n=8$, $k=1.74$, $\bar{x}=\dfrac{\sum x}{n}=\dfrac{617}{8}=77.125$

$\overline{X}_L=L+k\sigma=75+1.74\times2=78.48$

$\bar{x}=77.125<\overline{X}_L=78.48$이므로 로트를 불합격으로 판정한다.

02 평균치가 500g 이하인 로트는 될 수 있는 한 합격시키고, 평균치가 540g 이상인 로트는 될 수 있는 한 불합격시키고자 한다. 과거 데이터로부터 판단할 때 품질특성치는 정규분포를 따르고 표준편차는 20g으로 알려져 있다. 다음 물음에 답하시오.

(1) $\alpha=0.05$, $\beta=0.1$을 만족시키는 n과 G_0를 구하시오.

(2) 상한 합격 판정치 $\overline{X}_U$를 구하시오.

해답 $k_\alpha=k_{0.05}=u_{1-\alpha}=u_{0.95}=1.645$, $k_\beta=k_{0.10}=u_{1-\beta}=u_{0.90}=1.282$, $m_0=500$, $m_1=540$, $\sigma=20$

(1) $n=\left(\dfrac{k_\alpha+k_\beta}{m_0-m_1}\right)^2\cdot\sigma^2=\left(\dfrac{1.645+1.282}{540-500}\right)^2\cdot20^2=2.14183$(3개)

$G_0=\dfrac{K_\alpha}{\sqrt{n}}=\dfrac{1.645}{\sqrt{3}}=0.94974$

(2) $\overline{X}_U=m_0+G_0\sigma=500+0.94974\times20=518.9948\text{g}$

03 확률변수 X의 분포가 다음과 같다. Y의 함수식이 $Y=2X+8$로 정의되는 경우 Y의 기댓값과 분산을 구하시오.

X	1	2	3	4	5
$P_r(X)$	0.1	0.2	0.4	0.2	0.1

해답 $E(X)=\mu=\sum XP(X)$

$=(1\times 0.1)+(2\times 0.2))+(3\times 0.4))+(4\times 0.2))+(5\times 0.1)=3$

$V(X)=\sigma^2=E(X^2)-[E(X)]^2=10.2-3^2=1.2$

$E(X^2)=\sum X^2P(X)$

$=(1^2\times 0.1)+(2^2\times 0.2))+(3^2\times 0.4))+(4^2\times 0.2))+(5^2\times 0.1)=10.2$

따라서

$E(Y)=E(2X+8)=2E(X)+8=2\times 3+8=14$

$V(Y)=V(2X+8)=2^2V(X)=4\times 1.2=4.8$

04 $\sum_{i=1}^{n} x_i=18$, $\sum_{i=1}^{n} x_i^2=380$, $\sum_{i=1}^{n} y_i=45$, $\sum_{i=1}^{n} y_i^2=145$, $\sum_{i=1}^{n} x_iy_i=175$, $n=32$ 이다.

(1) 상관계수는 약 얼마인가?

(2) 공분산(V_{xy})은 얼마인가?

해답 $S(xx)=\sum x^2-\frac{(\sum x)^2}{n}=380-\frac{18^2}{32}=369.875$

$S(yy)=\sum y^2-\frac{(\sum y)^2}{n}=145-\frac{45^2}{32}=81.71875$

$S(xy)=\sum xy-\frac{(\sum x)(\sum y)}{n}=175-\frac{18\times 45}{32}=149.6875$

(1) $r=\frac{S_{xy}}{\sqrt{S_{xx}\,S_{yy}}}=\frac{149.6875}{\sqrt{369.875\times 81.71875}}=0.86099$

(2) $V_{xy}=\frac{S_{xy}}{n-1}=\frac{149.6875}{31}=4.82863$

05 새로운 작업방법으로 제조한 약품의 로트로부터 10개의 표본을 랜덤하게 추출하여 측정한 결과가 다음과 같다. 그 성분 함유량의 기준으로 설정한 1.10과 다르다고 할 수 있겠는가? ($\alpha = 0.05$)

데이터

1.53	0.88	1.17	1.21	1.41	1.23	1.48	1.87	1.83	1.69

해답 $\bar{x} = 1.43$, $s = \sqrt{V} = \sqrt{\dfrac{S}{n-1}} = 0.31493$

① 가설 : H_0 : $\mu = 1.10$ H_1 : $\mu \neq 1.10$

② 유의수준 : $\alpha = 0.05$

③ 검정통계량 : $t_0 = \dfrac{\bar{x} - \mu_0}{\dfrac{s}{\sqrt{n}}} = \dfrac{1.43 - 1.10}{\dfrac{0.31493}{\sqrt{10}}} = 3.31360$

④ 기각역 : $|t_0| > t_{1-\alpha/2}(\nu) = t_{0.975}(9) = 2.262$이면 귀무가설($H_0$)을 기각한다.

⑤ 판정 : $t_0 = 3.31360 > t_{0.975}(9) = 2.262$이므로 $\alpha = 0.05$에서 H_0를 기각한다. 즉, 새로운 작업방법에 의한 성분함유량이 기준치 1.10과 다르다고 할 수 있다.

06 어떤 합성반응에서 소성온도 A 이외에 성형압력 B를 요인으로 채택하여 실험을 랜덤으로 실시하였다. 분산분석표를 작성하시오. (단, 소수점 3자리까지 계산하시오.)

$A_1 = 100℃$, $A_2 = 150℃$, $A_3 = 200℃$, $A_4 = 250℃$
$B_1 = 2t$, $B_2 = 3t$, $B_3 = 4t$

압력 \ 온도	A_1	A_2	A_3	A_4
B_1	4.1	5.1	4.4	4.3
B_2	4.6	5.0	5.2	5.4
B_3	4.9	5.7	5.8	5.9

해답

요인	SS	DF	MS	F_0	$F_{0.95}$	$F_{0.95}$	$E(MS)$
A	1.027	3	0.342	3.977	4.76	9.78	$\sigma_e^2 + 3\sigma_A^2$
B	2.422	2	1.211	14.081**	5.14	10.90	$\sigma_e^2 + 4\sigma_B^2$
e	0.518	6	0.086				σ_e^2
T	3.967	11					

요인A는 유의수준 5%로 유의하지 않으며, 요인 B는 유의수준 1%로 매우 유의하다. 즉, 소성온도는 제품에 영향을 미치지 않고, 성형압력(B)이 매우 유의한 영향을 주고 있다.

① $CT = \frac{T^2}{N} = \frac{(60.4)^2}{12} = 304.013$

② $S_T = \sum_i \sum_j x_{ij}^2 - CT = 307.980 - \frac{(60.4)^2}{12} = 3.967$

③ $S_A = \sum_i \frac{T_{i\cdot}^2}{m} - CT = \frac{1}{3}(13.6^2 + 15.8^2 + 15.4^2 + 15.6^2) - \frac{(60.4)^2}{12} = 1.027$

④ $S_B = \sum_j \frac{T_{\cdot j}^2}{l} - CT = \frac{1}{4}(17.9^2 + 20.2^2 + 22.3^2) - \frac{(60.4)^2}{12} = 2.422$

⑤ $S_e = S_T - S_A - S_B = 3.967 - 1.027 - 2.422 = 0.518$

⑥ $\nu_T = lm - 1 = 12 - 1 = 11$, $\nu_A = l - 1 = 4 - 1 = 3$, $\nu_B = m - 1 = 3 - 1 = 2$,

$\nu_e = \nu_T - \nu_A - \nu_B = 11 - 3 - 2 = 6$

⑦ $V_A = \frac{S_A}{\nu_A} = \frac{1.027}{3} = 0.342$, $V_B = \frac{S_B}{\nu_B} = \frac{2.422}{2} = 1.211$,

$V_e = \frac{S_e}{\nu_e} = \frac{0.518}{3} = 0.086$

⑧ $F_0(A) = \frac{V_A}{V_e} = \frac{0.342}{0.086} = 3.977$, $F_0(B) = \frac{V_B}{V_e} = \frac{1.211}{0.086} = 14.081$

⑨ $E(V_A) = \sigma_e^2 + m\sigma_A^2 = \sigma_e^2 + 3\sigma_A^2$, $E(V_B) = \sigma_e^2 + l\sigma_B^2 = \sigma_e^2 + 4\sigma_A^2$, $E(V_e) = \sigma_e^2$

07 **분임조 활동 시 분임토의 기법으로서 사용되고 있는 집단착상법(brainstorming)의 4가지 원칙을 적으시오.**

해답 ① 다량 발언

② 남의 아이디어에 편승

③ 비판 엄금

④ 자유분방한 사고

08 어떤 화학공정에서 화학물질의 농도 A를 요인으로 하여 $A_1 = 3.0\%$, $A_2 = 3.5\%$, $A_3 = 4.0\%$, $A_4 = 4.5\%$에서 각각 4회 반복하여 총 16회의 실험을 랜덤하게 처리한 후 인장강도를 측정한 결과 다음의 데이터를 얻었다. 그러나 A_2수준의 4번째 실험은 실패하여 데이터를 얻지 못했다. 다음 물음에 답하시오.

	A_1	A_2	A_3	A_4
1	46	50	48	58
2	48	58	40	62
3	51	52	42	60
4	55	–	54	60

(1) 요인 A는 모수요인인가 변량요인인가?

(2) 분산분석을 실시하고 검정하시오.

(3) A_3 수준의 모평균 신뢰구간을 95%로 추정하시오.

해답 (1) 모수요인

(2)

요인	SS	DF	MS	F_0	$F_{0.95}$	$F_{0.99}$
A	420.26667	3	140.08889	7.38488**	3.59	6.22
e	208.66666	11	18.96970			
T	628.93333	14				

요인 A가 유의수준 1%로 매우 유의하다.

① $CT = \dfrac{T^2}{N} = \dfrac{(784)^2}{15} = 40,977.06666$

② $S_T = \sum_i \sum_j x_{ij}^2 - CT = 41,606 - \dfrac{(784)^2}{15} = 628.93333$

③ $S_A = \sum_i \dfrac{T_{i\cdot}^2}{m} - CT = \dfrac{200^2}{4} + \dfrac{160^2}{3} + \dfrac{184^2}{4} + \dfrac{240^2}{4} - \dfrac{(784)^2}{15} = 420.26667$

④ $S_e = S_T - S_A = 628.93333 - 420.26667 = 208.66666$

⑤ $\nu_T = lm - 1 - 1 = 14$, $\nu_A = l - 1 = 4 - 1 = 3$, $\nu_e = \nu_T - \nu_A = 14 - 3 = 11$

⑥ $V_A = \dfrac{S_A}{\nu_A} = \dfrac{420.26667}{3} = 140.08889$, $V_e = \dfrac{S_e}{\nu_e} = \dfrac{208.66666}{11} = 18.96970$

⑦ $F_0(A) = \dfrac{V_A}{V_e} = \dfrac{140.08889}{18.96970} = 7.38488$

(3) $\bar{x}_{3\cdot} \pm t_{1-\alpha/2}(\nu_e)\sqrt{\dfrac{V_e}{r_i}} = \dfrac{184}{4} \pm t_{0.975}(11)\sqrt{\dfrac{18.96970}{4}}$

$= 46 \pm 2.201 \times \sqrt{\dfrac{18.96970}{4}}$

$41.20686 \le \mu(A_3) \le 50.79314$

09 Y회사는 어떤 부품의 수입검사에 KS Q ISO 2859-1을 적용하고 있다. $AQL = 1.0\%$, 검사수준은 II, 1회 샘플링검사를 보통검사로 시작하였으며, 다음 표는 샘플링검사의 일부분이다. 빈칸을 채우시오.

로트 번호	N	샘플 문자	n	Ac	Re	부적합 품수	합부 판정	전환 점수	엄격도
11	300	H	50	1	2	1	합격	22	보통검사 속행
12	500					0			
13	800					1			
14	480					1			
15	400					1			

(1) ( )를 완성하시오.

(2) 로트번호 16번의 엄격도를 결정하시오.

해답 (1)

로트 번호	N	샘플 문자	n	Ac	Re	부적합 품수	합부 판정	전환 점수	엄격도
11	300	H	50	1	2	1	합격	22	보통검사 속행
12	500	H	50	1	2	0	합격	24	보통검사 속행
13	800	J	80	2	3	1	합격	27	보통검사 속행
14	480	H	50	1	2	1	합격	29	보통검사 속행
15	400	H	50	1	2	1	합격	31	수월한 검사로 전환

(2) 로트번호 15에서 전환점수가 30점 이상에 해당하므로 로트번호 16은 수월한 검사로 한다.

10 $U_{CL} = 43.44$, $L_{CL} = 16.56$, $n = 5$인 $\bar{x}$ 관리도가 있다. 공정의 분포가 $N(30,\ 10^2)$일 때 이 관리도에서 점 $\bar{x}$가 관리한계 밖으로 나올 확률은 얼마인가?

해답

$$P_r(\bar{x} > U_{CL}) + P_r(\bar{x} < L_{CL}) = P_r\left(u > \frac{43.44 - 30}{\frac{10}{\sqrt{5}}}\right) + P_r\left(u < \frac{16.56 - 30}{\frac{10}{\sqrt{5}}}\right)$$

$$= P_r(u > 3.01) + P_r(u \leftarrow 3.01)$$

$$= 0.001306 \times 2 = 0.00261$$

11 에나멜 동선의 도장 공정을 관리하기 위하여 핀홀 수를 조사하였다. 시료의 길이가 종류에 따라 변하므로 시료 1000m당의 핀홀 수를 사용하여 u 관리도를 작성하고자 한다. u 관리도를 그리고 판정하시오.

시료군의 번호	1	2	3	4	5	6	7	8	9	10
시료의 크기 n (1000m)	1.0	1.0	1.0	1.0	1.0	1.3	1.3	1.3	1.3	1.3
핀홀 수	5	5	3	3	5	2	5	3	2	1

해답 $C_L = \overline{u} = \dfrac{\sum c}{\sum n} = \dfrac{34}{11.5} = 2.95652$

① $n = 1$인 경우

$$U_{CL} = \overline{u} + 3\sqrt{\frac{\overline{u}}{n_i}} = 2.95652 + 3\sqrt{\frac{2.95652}{1}} = 8.11488$$

$$L_{CL} = \overline{u} - 3\sqrt{\frac{\overline{u}}{n_i}} = 2.95652 - 3\sqrt{\frac{2.95652}{1}} = -\ \text{(고려하지 않음)}$$

② $n = 1.3$인 경우

$$U_{CL} = \overline{u} + 3\sqrt{\frac{\overline{u}}{n_i}} = 2.95652 + 3\sqrt{\frac{2.95652}{1.3}} = 7.48070$$

$$L_{CL} = \overline{u} - 3\sqrt{\frac{\overline{u}}{n_i}} = 2.95652 - 3\sqrt{\frac{2.95652}{1.3}} = -\ \text{(고려하지 않음)}$$

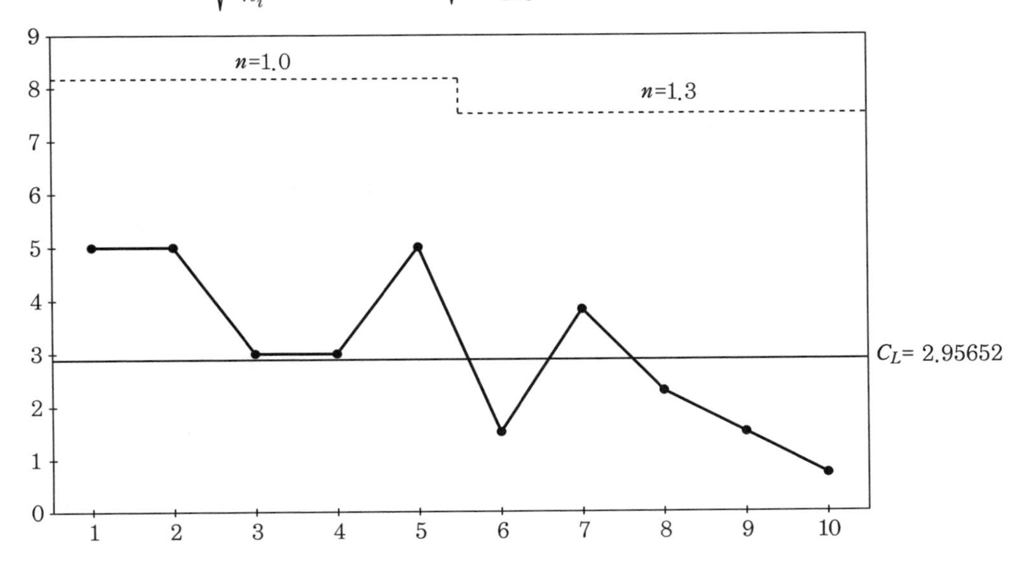

관리한계를 이탈하는 점이 없고, 점의 배열에 습관성이 존재하지 않으므로 관리상태라고 판정할 수 있다.

12 1개군의 샘플의 크기 $n=5$, 군의 수 $k=25$에 대한 데이터를 얻고 $\overline{\overline{x}}$와 $\overline{R}$을 계산하였더니 $\overline{\overline{x}}=21.6$, $\overline{R}=5.4$가 되었다. 다음을 소수점 이하 셋째자리까지 구하시오.

(1) $\overline{x}$ 관리도의 U_{CL}과 L_{CL}은 얼마인가?
(2) R 관리도의 U_{CL}과 L_{CL}은 얼마인가?
(3) $\overline{R}$을 사용하여 모표준편차(σ)를 구하시오.

해답 관리도용 계수표로부터 $n=5$일 때 $A_2=0.577$, $d_2=2.326$, $D_4=2.114$, $D_3=-$ 이다.

(1) $\overline{x}$ 관리도

$U_{CL}=\overline{\overline{x}}+A_2\overline{R}=21.6+0.577\times5.4=24.716$

$L_{CL}=\overline{\overline{x}}-A_2\overline{R}=21.6-0.577\times5.4=18.484$

(2) R 관리도

$U_{CL}=D_4\overline{R}=2.114\times5.4=11.416$

L_{CL}은 $n\le6$이므로 고려하지 않는다.

(3) $\sigma=\dfrac{\overline{R}}{d_2}=\dfrac{5.4}{2.326}=2.322$

13 샘플링검사의 실시조건 5가지만 작성하시오.

해답 ① 제품이 로트로 처리될 수 있을 것
② 품질기준이 명확할 것
③ 시료를 랜덤하게 취할 수 있을 것
④ 합격로트 속에 어느 정도의 부적합품의 혼입이 허용될 수 있을 것
⑤ 계량 샘플링검사에서는 로트의 검사단위의 특성치 분포를 대략적으로 알고 있을 것

14 다음 보기 중 예방코스트, 평가코스트, 실패코스트를 구분하시오.

품질교육코스트, 품질사무코스트, 재심코스트, 시험코스트, PM코스트, 현지서비스코스트, 설계변경코스트

해답 (1) P Cost : 품질교육코스트, 품질사무코스트
(2) A Cost : PM코스트, 시험코스트,
(3) F Cost : 현지서비스코스트, 설계변경코스트, 재심코스트

Appendix

부록

수치표

1 정규분포표

양쪽의 경우(빗금확률면적 $\alpha/2$)

$u_{\alpha/2}$ $u_{1-\alpha/2}$

한쪽의 경우(빗금확률면적 α)

u_{α} $u_{1-\alpha}$

[표준화 정규분포의 상측 빗금확률면적 α에 의한 상측 분위점 $u_{1-\alpha}$의 표]

α	0	1	2	3	4	5	6	7	8	9
0.00*	∞	3.090	2.878	2.748	2.652	2.576	2.512	2.457	2.409	2.366
0.0*	∞	2.326	2.054	1.881	1.751	1.645	1.555	1.476	1.405	1.341
0.1*	1.282	1.227	1.175	1.126	1.080	1.036	.994	.954	.915	.878
0.2*	.842	.806	.772	.739	.706	.674	.643	.613	.583	.553
0.3*	.524	.496	.468	.440	.412	.385	.358	.358	.305	.279
0.4*	.253	.228	.202	.176	.151	.126	.100	.100	.075	.025

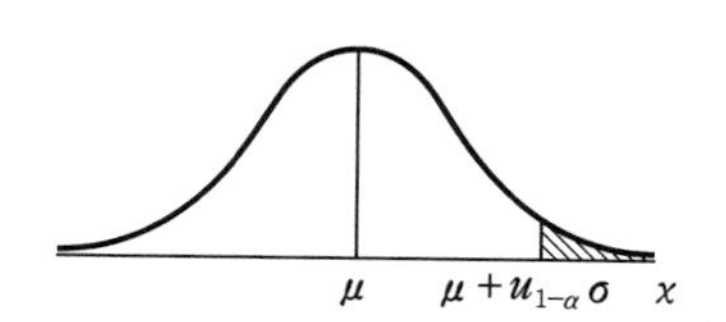

[정규분포의 x가 $\mu+u_{1-\alpha}\sigma$ 이상의 값이 될 확률 α의 표(빗금확률면적은 α를 의미함)]

u	.00	.01	.02	.03	.04	.05	.06	.07	.08	.09
0.0	.5000	.4960	.4920	.4880	.4840	.4801	.4761	.4721	.4681	.4641
0.1	.4602	.4562	.4522	.4483	.4443	.4404	.4364	.4325	.4286	.4247
0.2	.4207	.4168	.4129	.4090	.4052	.4013	.3974	.3936	.3897	.3859
0.3	.3821	.3783	.3745	.3707	.3669	.3632	.3594	.3557	.3520	.3483
0.4	.3446	.3409	.3372	.3336	.3300	.3264	.3228	.3192	.3156	.3121
0.5	.3085	.3050	.3015	.2981	.2946	.2912	.2877	.2843	.2810	.2776
0.6	.2743	.2709	.2676	.2643	.2611	.2578	.2546	.2514	.2483	.2451
0.7	.2420	.2389	.2358	.2327	.2297	.2266	.2236	.2206	.2177	.2148
0.8	.2119	.2090	.2061	.2033	.2005	.1977	.1949	.1922	.1894	.1867
0.9	.1841	.1814	.1788	.1762	.1736	.1711	.1685	.1660	.1635	.1611
1.0	.1587	.1562	.1539	.1515	.1492	.1469	.1446	.1423	.1401	.1379

u	.00	.01	.02	.03	.04	.05	.06	.07	.08	.09
1.1	.1357	.1335	.1314	.1292	.1271	.1251	.1230	.1210	.1190	.1170
1.2	.1151	.1131	.1112	.1093	.1075	.1056	.1038	.1020	.1003	.0985
1.3	.0968	.0951	.0934	.0918	.0901	.0885	.0869	.0853	.0838	.0823
1.4	.0808	.0793	.0778	.0764	.0749	.0735	.0721	.0708	.0694	.0681
1.5	.0668	.0655	.0643	.0630	.0618	.0606	.0594	.0582	.0571	.0559
1.6	.0548	.0537	.0526	.0516	.0505	.0495	.0485	.0475	.0465	.0455
1.7	.0446	.0436	.0427	.0418	.0409	.0401	.0392	.0384	.0375	.0367
1.8	.0359	.0351	.0344	.0336	.0329	.0322	.0314	.0307	.0301	.0294
1.9	.0287	.0281	.0274	.0268	.0262	.0256	.0250	.0244	.0239	.0233
2.0	.0228	.0222	.0217	.0212	.0207	.0202	.0197	.0192	.0188	.0183
2.1	.0179	.0174	.0170	.0166	.0162	.0158	.0154	.0150	.0146	.0143
2.2	.0139	.0136	.0132	.0129	.0125	.0122	.0119	.0116	.0113	.0110
2.3	.0107	.0104	.0102	.0099	.0096	.0094	.0091	.0089	.0087	.0084
2.4	.0082	.0080	.0078	.0075	.0073	.0071	.0069	.0068	.0066	.0064
2.5	.0062	.0060	.0059	.0057	.0055	.0054	.0052	.0051	.0049	.0048
2.6	$.0^{2}4661$	$.0^{2}4527$	$.0^{2}4396$	$.0^{2}4269$	$.0^{2}4145$	$.0^{2}4025$	$.0^{2}3907$	$.0^{2}3793$	$.0^{2}3681$	$.0^{2}3573$
2.7	$.0^{2}3467$	$.0^{2}3364$	$.0^{2}3264$	$.0^{2}3167$	$.0^{2}3072$	$.0^{2}2980$	$.0^{2}2890$	$.0^{2}2803$	$.0^{2}2718$	$.0^{2}2635$
2.8	$.0^{2}2555$	$.0^{2}2477$	$.0^{2}2401$	$.0^{2}2327$	$.0^{2}2250$	$.0^{2}2180$	$.0^{2}2118$	$.0^{2}2052$	$.0^{2}1988$	$.0^{2}1920$
2.9	$.0^{2}1866$	$.0^{2}1807$	$.0^{2}1750$	$.0^{2}1695$	$.0^{2}1041$	$.0^{2}1589$	$.0^{2}1538$	$.0^{2}1489$	$.0^{2}1441$	$.0^{2}1395$
3.0	$.0^{2}1350$	$.0^{2}1306$	$.0^{2}1264$	$.0^{2}1223$	$.0^{2}1183$	$.0^{2}1144$	$.0^{2}1107$	$.0^{2}1070$	$.0^{2}1035$	$.0^{2}1001$
3.1	$.0^{3}9676$	$.0^{3}9351$	$.0^{3}9043$	$.0^{3}8740$	$.0^{3}8447$	$.0^{3}8104$	$.0^{3}7888$	$.0^{3}7622$	$.0^{3}7364$	$.0^{3}7114$
3.2	$.0^{3}6871$	$.0^{3}6637$	$.0^{3}6410$	$.0^{3}6190$	$.0^{3}5976$	$.0^{3}5770$	$.0^{3}5571$	$.0^{3}5377$	$.0^{3}5190$	$.0^{3}5009$
3.3	$.0^{3}4834$	$.0^{3}4665$	$.0^{3}4501$	$.0^{3}4342$	$.0^{3}4189$	$.0^{3}4041$	$.0^{3}3897$	$.0^{3}3758$	$.0^{3}3624$	$.0^{3}3495$
3.4	$.0^{3}3369$	$.0^{3}3248$	$.0^{3}3131$	$.0^{3}3018$	$.0^{3}2909$	$.0^{3}2803$	$.0^{3}2701$	$.0^{3}2602$	$.0^{3}2507$	$.0^{3}2415$
3.5	$.0^{3}2326$	$.0^{3}2241$	$.0^{3}2158$	$.0^{3}2078$	$.0^{3}2001$	$.0^{3}1926$	$.0^{3}1854$	$.0^{3}1785$	$.0^{3}1718$	$.0^{3}1653$
3.6	$.0^{3}1591$	$.0^{3}1531$	$.0^{3}1473$	$.0^{3}1417$	$.0^{3}1363$	$.0^{3}1311$	$.0^{3}1261$	$.0^{3}1213$	$.0^{3}1166$	$.0^{3}1121$
3.7	$.0^{3}1078$	$.0^{3}1036$	$.0^{4}9961$	$.0^{4}9574$	$.0^{4}9201$	$.0^{4}8842$	$.0^{4}8496$	$.0^{4}8162$	$.0^{4}7841$	$.0^{4}7532$
3.8	$.0^{4}7235$	$.0^{4}6948$	$.0^{4}6673$	$.0^{4}6407$	$.0^{4}6152$	$.0^{4}5906$	$.0^{4}5669$	$.0^{4}5442$	$.0^{4}5223$	$.0^{4}5012$
3.9	$.0^{4}4810$	$.0^{4}4615$	$.0^{4}4427$	$.0^{4}4247$	$.0^{4}4074$	$.0^{4}3908$	$.0^{4}3747$	$.0^{4}3594$	$.0^{4}3446$	$.0^{4}3304$
4.0	$.0^{4}3167$	$.0^{4}3036$	$.0^{4}2910$	$.0^{4}2789$	$.0^{4}2673$	$.0^{4}2561$	$.0^{4}2454$	$.0^{4}2351$	$.0^{4}2252$	$.0^{4}2157$
4.1	$.0^{4}2066$	$.0^{4}1978$	$.0^{4}1894$	$.0^{4}1814$	$.0^{4}1737$	$.0^{4}1662$	$.0^{4}1591$	$.0^{4}1523$	$.0^{4}1458$	$.0^{4}1395$
4.2	$.0^{4}1335$	$.0^{4}1277$	$.0^{4}1222$	$.0^{4}1168$	$.0^{4}1118$	$.0^{4}1069$	$.0^{4}1022$	$.0^{5}9774$	$.0^{5}9345$	$.0^{5}8934$
4.3	$.0^{5}8540$	$.0^{5}8163$	$.0^{5}7801$	$.0^{5}7455$	$.0^{5}7124$	$.0^{5}6807$	$.0^{5}6503$	$.0^{5}6212$	$.0^{5}5934$	$.0^{5}5668$
4.4	$.0^{5}5419$	$.0^{5}5169$	$.0^{5}4935$	$.0^{5}4712$	$.0^{5}4498$	$.0^{5}4294$	$.0^{5}4098$	$.0^{5}3911$	$.0^{5}3732$	$.0^{5}3561$
4.5	$.0^{5}3398$	$.0^{5}3241$	$.0^{5}3092$	$.0^{5}2949$	$.0^{5}2813$	$.0^{5}2682$	$.0^{5}2558$	$.0^{5}2439$	$.0^{5}2325$	$.0^{5}2216$
5.0	$.0^{5}2869$	$.0^{6}2722$	$.0^{6}2584$	$.0^{6}2452$	$.0^{6}2328$	$.0^{6}2209$	$.0^{6}2096$	$.0^{6}1989$	$.0^{6}1887$	$.0^{6}1790$
5.5	$.0^{7}1899$	$.0^{7}1794$	$.0^{7}1695$	$.0^{7}1601$	$.0^{7}1512$	$.0^{7}1428$	$.0^{7}1349$	$.0^{7}1274$	$.0^{7}1203$	$.0^{7}1135$
6.0	$.0^{9}9899$	$.0^{9}9276$	$.0^{9}8721$	$.0^{9}8198$	$.0^{9}7706$	$.0^{9}7242$	$.0^{9}6806$	$.0^{9}6396$	$.0^{9}6009$	$.0^{9}5646$

2 t 분포표

양쪽의 경우(빗금확률면적 $\alpha/2$)

$t_{\alpha/2}(\nu)$ $t_{1-\alpha/2}(\nu)$

한쪽의 경우(빗금확률면적 α)

$t_{\alpha}(\nu)$ $t_{1-\alpha}(\nu)$

[t 분포의 상측 분위점 $t_{1-\alpha}(\nu)$의 표]

ν \ $1-\alpha$	0.75	0.80	0.85	0.90	0.95	0.975	0.99	0.995	0.9995
1	1.000	1.376	1.963	3.078	6.314	12.706	31.821	63.657	636.619
2	0.816	1.061	1.386	1.886	2.920	4.303	6.965	9.925	31.598
3	0.765	0.978	1.250	1.638	2.353	3.182	4.541	5.841	12.941
4	0.741	0.941	1.109	1.533	2.132	2.776	3.747	4.604	8.610
5	0.727	0.920	1.156	1.476	2.015	2.571	3.365	4.032	6.859
6	0.718	0.906	1.134	1.440	1.943	2.447	3.143	3.707	5.959
7	0.711	0.896	1.119	1.415	1.895	2.365	2.998	3.499	5.405
8	0.706	0.889	1.108	1.397	1.860	2.306	2.896	3.355	5.041
9	0.703	0.883	1.100	1.383	1.833	2.262	2.821	3.250	4.781
10	0.700	0.879	1.093	1.372	1.812	2.228	2.764	3.169	4.587
11	0.697	0.876	1.088	1.363	1.796	2.201	2.718	3.106	4.437
12	0.695	0.873	1.083	1.356	1.782	2.179	2.681	3.055	4.318
13	0.694	0.870	1.079	1.350	1.771	2.160	2.650	3.012	4.221
14	0.692	0.868	1.076	1.345	1.761	2.145	2.624	2.977	4.140
15	0.691	0.866	1.074	1.341	1.753	2.131	2.602	2.947	4.073
16	0.690	0.865	1.071	1.337	1.746	2.120	2.583	2.921	4.015
17	0.689	0.863	1.069	1.333	1.740	2.110	2.567	2.898	3.965
18	0.688	0.862	1.067	1.330	1.734	2.101	2.552	2.878	3.922
19	0.688	0.861	1.066	1.328	1.729	2.093	2.539	2.861	3.883
20	0.687	0.860	1.064	1.325	1.725	2.086	2.528	2.845	3.850
21	0.686	0.859	1.063	1.323	1.721	2.080	2.518	2.831	3.819
22	0.686	0.858	1.061	1.321	1.717	2.074	2.508	2.819	3.792
23	0.685	0.858	1.060	1.319	1.714	2.069	2.500	2.807	3.767
24	0.685	0.857	1.059	1.318	1.711	2.064	2.492	2.797	3.745
25	0.684	0.856	1.058	1.316	1.708	2.060	2.485	2.787	3.725
26	0.684	0.856	1.058	1.315	1.706	2.056	2.479	2.779	3.707
27	0.684	0.855	1.057	1.314	1.703	2.052	2.473	2.771	3.690
28	0.683	0.855	1.056	1.313	1.701	2.048	2.467	2.763	3.674
29	0.683	0.854	1.055	1.311	1.699	2.045	2.462	2.756	3.659
30	0.683	0.854	1.055	1.310	1.697	2.042	2.457	2.750	3.646
31~40	0.681	0.851	1.050	1.303	1.684	2.021	2.423	2.704	3.551
41~60	0.679	0.848	1.046	1.296	1.671	2.000	2.390	2.660	3.460
61~120	0.677	0.845	1.041	1.289	1.658	1.980	2.358	2.617	3.373
121 이상	0.674	0.842	1.036	1.282	1.645	1.960	2.326	2.576	3.291

3 χ^2분포표

양쪽의 경우(빗금확률면적 $\alpha/2$)

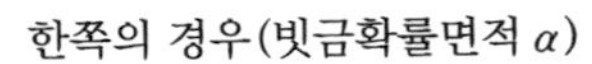

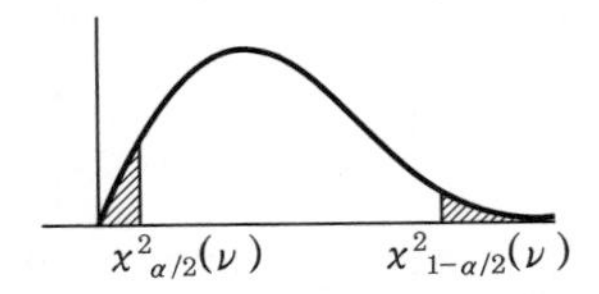

[카이제곱 분포의 하측, 상측 분위점 $\chi^2_\alpha(\nu)$와 $\chi^2_{1-\alpha}(\nu)$의 표]

ν	α인 경우					$1-\alpha$인 경우				
	0.005	0.01	0.025	0.05	0.10	0.90	0.95	0.975	0.99	0.995
1	$0.0^4 39$	$0.0^3 16$	$0.0^3 98$	$0.0^2 39$	0.0158	2.71	3.84	5.02	6.63	7.88
2	0.0100	0.0201	0.0506	0.103	0.211	4.61	5.99	7.38	9.21	10.60
3	0.0717	0.115	0.216	0.352	0.584	6.25	7.81	9.35	11.34	12.84
4	0.207	0.297	0.484	0.711	1.064	7.78	9.49	11.14	13.28	14.86
5	0.412	0.554	0.831	1.145	1.610	9.24	11.07	12.82	15.09	16.75
6	0.676	0.872	1.237	1.635	2.20	10.64	12.59	14.45	16.81	18.55
7	0.989	1.239	1.690	2.17	2.83	12.02	14.07	16.01	18.48	20.28
8	1.344	1.646	2.18	2.73	3.49	13.36	15.51	17.53	20.09	21.96
9	1.735	2.09	2.70	3.33	4.17	14.68	16.92	19.02	21.67	23.59
10	2.16	2.56	3.25	3.94	4.87	15.99	18.31	20.48	23.21	25.19
11	2.60	3.05	3.82	4.57	5.58	17.28	19.68	21.92	24.73	26.76
12	3.07	3.57	4.40	5.23	6.30	18.55	21.03	23.34	26.22	28.30
13	3.57	4.11	5.01	5.89	7.04	19.81	22.36	24.74	27.69	29.82
14	4.07	4.66	5.63	6.57	7.79	21.06	23.68	26.12	29.14	31.32
15	4.60	5.23	6.26	7.26	8.55	22.31	25.00	27.49	30.58	32.80
16	5.14	5.81	6.91	7.96	9.31	23.54	26.30	28.85	32.00	34.27
17	5.70	6.41	7.56	8.67	10.09	24.77	27.59	30.19	33.41	35.72
18	6.26	7.01	8.23	9.39	10.86	25.99	28.87	31.53	34.81	37.16
19	6.84	7.63	8.91	10.12	11.65	27.20	30.14	32.85	36.19	38.58
20	7.43	8.26	9.59	10.85	12.44	28.41	31.41	34.17	37.57	40.00
21	8.03	8.90	10.28	11.59	13.24	29.62	32.67	35.48	38.93	41.40
22	8.64	9.54	10.98	12.34	14.04	30.81	33.92	36.78	40.29	42.80
23	9.26	10.20	11.69	13.09	14.85	32.01	35.17	38.08	41.64	44.18
24	9.89	10.86	12.40	13.85	15.66	33.20	36.42	39.36	42.98	45.56
25	10.52	11.52	13.12	14.61	16.47	34.38	37.65	40.65	44.31	46.93
26	11.16	12.20	13.84	15.38	17.29	35.56	38.89	41.92	45.64	48.29
27	11.81	12.88	14.57	16.15	18.11	36.74	40.11	43.19	46.96	49.64
28	12.46	13.56	15.31	16.93	18.94	37.92	41.34	44.46	48.28	50.99
29	13.12	14.26	16.05	17.71	19.77	39.09	42.56	45.72	49.59	52.34
30	13.79	14.95	16.79	18.49	20.60	40.26	43.77	46.98	50.89	53.67
31~40	20.71	22.16	24.43	26.51	29.05	51.81	55.76	59.34	63.69	66.77
41~50	27.99	29.17	32.36	34.76	37.69	63.17	67.50	71.42	76.15	79.49
51~60	35.53	37.48	40.48	43.19	46.46	74.40	79.08	83.30	88.38	91.95
61~70	43.28	45.44	48.76	51.74	55.33	85.53	90.53	95.02	100.4	104.2
71~80	51.17	53.54	57.15	60.39	64.28	96.58	101.9	106.6	112.3	113.6
81~90	59.20	61.75	65.65	69.13	73.29	107.60	113.1	118.1	124.1	128.3
91~100	67.33	70.06	74.22	77.93	82.36	118.50	124.3	129.6	153.8	140.2

4 F 분포표

양쪽의 경우(빗금확률면적 $\alpha/2$)

$F_{\alpha/2}(\nu_1, \nu_2)$ $F_{1-\alpha/2}(\nu_1, \nu_2)$

한쪽의 경우(빗금확률면적 α)

$F_{\alpha}(\nu_1, \nu_2)$ $F_{1-\alpha}(\nu_1, \nu_2)$

[F 분포 상측 분위점 $F_{1-\alpha}(\nu_1, \nu_2)$의 표(단, $F_{\alpha}(\nu_1, \nu_2) = 1/F_{1-\alpha}(\nu_2, \nu_1)$이다.)]

ν_2	$1-\alpha$	ν_1																		
		1	2	3	4	5	6	7	8	9	10	11	12	13~15	16~20	21~25	26~30	31~60	61~120	121 이상
1	0.90	39.9	49.5	53.6	55.8	57.2	58.2	58.9	59.4	59.9	60.2	60.5	60.7	61.2	61.7	62.0	62.3	62.8	63.1	63.3
	0.95	161	200	216	225	230	234	237	239	241	242	243	244	246	248	249	250	252	253	254
	0.975	648	800	864	900	922	937	948	957	963	969	973	977	985	993	998	1001	1010	1014	1018
	0.99	4052	5000	5403	5625	5764	5859	5928	5981	6022	6056	6083	6106	6157	6209	6240	6261	6313	6339	6366
2	0.90	8.53	9.00	9.16	9.24	9.29	9.33	9.35	9.37	9.38	9.39	9.40	9.41	9.42	9.44	9.45	9.46	9.47	9.48	9.49
	0.95	18.5	19.0	19.2	19.2	19.3	19.3	19.4	19.4	19.4	19.4	19.4	19.4	19.4	19.4	19.5	19.5	19.5	19.5	19.5
	0.975	38.5	39.0	39.2	39.3	39.3	39.3	39.4	39.4	39.4	39.4	39.4	39.4	39.4	39.5	39.5	39.5	39.5	39.5	39.5
	0.99	88.5	99.0	99.2	99.2	99.3	99.3	99.4	99.4	99.4	99.4	99.4	99.4	99.4	99.4	99.5	99.5	99.5	99.5	99.5
3	0.90	5.54	5.46	6.39	5.34	5.31	5.28	5.27	5.25	5.24	5.23	5.22	5.22	5.20	5.18	5.17	5.17	5.15	5.14	5.13
	0.95	10.1	9.55	9.28	9.12	9.01	8.94	8.89	8.85	8.81	8.79	8.76	8.74	8.70	8.66	8.63	8.62	8.57	8.55	8.53
	0.975	17.4	16.0	15.4	15.1	14.9	14.7	14.6	14.5	14.5	14.4	14.4	14.3	14.3	14.2	14.1	14.1	14.0	14.0	13.9
	0.99	34.1	30.8	29.5	28.7	28.2	27.9	27.7	27.5	27.3	27.2	27.1	27.1	26.9	26.7	26.6	26.5	26.3	26.2	26.1
4	0.90	4.54	4.32	4.19	4.11	4.05	4.01	3.98	3.95	3.94	3.92	3.91	3.90	3.87	3.84	3.83	3.82	3.79	3.78	3.76
	0.95	7.71	6.94	6.59	6.39	6.26	6.16	6.09	6.04	6.00	5.96	5.94	5.91	5.85	5.80	5.77	5.75	5.69	5.66	5.63
	0.975	12.2	10.7	9.98	9.60	9.36	9.20	9.07	8.98	8.90	8.84	8.79	8.75	8.66	8.56	8.50	8.46	8.36	8.31	8.26
	0.99	21.2	18.0	16.7	16.0	15.5	15.2	15.0	14.8	14.7	14.5	14.4	14.4	14.2	14.0	13.9	13.8	13.7	13.6	13.5
5	0.90	4.06	3.78	3.62	3.52	3.45	3.40	3.37	3.34	3.32	3.30	3.28	3.27	3.24	3.21	3.19	3.17	3.14	3.12	3.11
	0.95	6.61	5.79	5.41	5.19	5.05	4.95	4.88	4.82	4.77	4.74	4.70	4.68	4.62	4.56	4.52	4.50	4.43	4.40	4.37
	0.975	10.0	8.43	7.76	7.39	7.15	6.98	6.85	6.76	6.68	6.62	6.57	6.52	6.43	6.33	6.27	6.23	6.12	6.07	6.02
	0.99	16.3	13.3	12.1	11.4	11.0	10.7	10.5	10.3	10.2	10.1	9.96	9.89	9.72	9.55	9.45	9.38	9.20	9.11	9.02
6	0.90	3.78	3.46	3.29	3.18	3.11	3.05	3.01	2.98	2.96	2.94	2.92	2.90	2.87	2.84	2.81	2.80	2.76	2.74	2.72
	0.95	5.99	5.14	4.76	4.53	4.39	4.28	4.21	4.15	4.10	4.06	4.03	4.00	3.04	3.87	3.83	3.81	3.74	3.70	3.67
	0.975	8.81	7.26	6.60	6.23	5.99	5.82	5.70	5.60	5.52	5.46	5.41	5.27	5.27	5.17	5.11	5.07	4.96	4.90	4.85
	0.99	13.7	10.9	9.78	9.15	8.75	8.47	8.26	8.10	7.98	7.87	7.79	7.72	7.56	7.40	7.30	7.23	7.06	6.97	6.88
7	0.90	3.59	3.26	3.07	2.96	2.88	2.83	2.78	2.75	2.72	2.70	2.68	2.67	2.63	2.59	2.57	2.56	2.51	2.49	2.47
	0.95	5.59	4.74	4.35	4.12	3.97	3.87	3.79	3.73	3.68	3.64	3.60	3.57	3.51	3.44	3.40	3.38	3.30	3.27	3.23
	0.975	8.07	6.54	5.89	5.52	5.29	5.12	4.99	4.90	4.82	4.76	4.71	4.67	4.57	4.47	4.40	4.36	4.25	4.20	4.14
	0.99	12.2	9.55	8.45	7.85	7.46	7.19	6.99	6.84	6.72	6.62	6.54	6.47	6.31	6.16	6.06	5.99	5.82	5.74	5.65
8	0.90	3.46	3.11	2.92	2.81	2.73	2.67	2.62	2.59	2.56	2.54	2.52	2.50	2.46	2.42	2.40	2.38	2.34	2.32	2.29
	0.95	5.32	4.46	4.07	3.84	3.69	3.58	3.50	3.44	3.39	3.35	3.31	3.28	3.22	3.15	3.11	3.08	3.01	2.97	2.93
	0.975	7.57	6.06	5.42	5.05	4.82	4.65	4.53	4.43	4.36	4.30	4.25	4.20	4.10	4.00	3.94	3.89	3.78	3.73	3.67
	0.99	11.3	8.65	7.59	7.01	6.63	6.37	6.18	6.03	5.91	5.81	5.73	5.67	5.52	5.36	5.26	5.20	5.03	4.95	4.86
9	0.90	3.36	3.01	2.81	2.69	2.61	2.55	2.51	2.47	2.44	2.42	2.40	2.38	2.34	2.30	2.27	2.25	2.21	2.18	2.16
	0.95	5.12	4.26	3.86	3.63	3.48	3.37	3.29	3.23	3.18	3.14	3.10	3.07	3.01	2.94	2.89	2.86	2.79	2.75	2.71
	0.975	7.21	5.71	5.08	4.72	4.48	4.32	4.20	4.10	4.03	3.96	3.91	3.87	3.77	3.67	3.60	3.56	3.45	3.39	3.33
	0.99	10.6	8.02	6.99	6.42	6.06	5.80	5.61	5.47	5.35	5.26	5.18	5.11	4.96	4.81	4.71	4.65	4.48	4.40	4.31

ν_2	$1-\alpha$	ν_1																	
		1	2	3	4	5	6	7	8	9	10	11	12	13~15	16~20	21~25	26~30	31~60	61~120	121 이상
10	0.90	3.29	2.92	2.73	2.61	2.52	2.46	2.41	2.38	2.35	2.32	2.30	2.28	2.24	2.20	2.17	2.16	2.11	2.08	2.06
	0.95	4.96	4.10	3.71	3.48	3.33	3.22	3.14	3.07	3.02	2.98	2.94	2.91	2.84	2.77	2.73	2.70	2.62	2.58	2.54
	0.975	6.94	5.46	4.83	4.47	4.24	4.07	3.95	3.85	3.78	3.72	3.67	3.62	3.52	3.42	3.35	3.31	3.20	3.14	3.08
	0.99	10.0	7.56	6.55	5.99	5.64	5.39	5.20	5.06	4.94	4.85	4.77	4.71	4.56	4.41	4.31	4.25	4.08	4.00	3.91
11	0.90	3.23	2.86	2.66	2.54	2.45	2.39	2.34	2.30	2.27	2.25	2.23	2.21	2.17	2.12	2.10	2.08	2.03	1.99	1.97
	0.95	4.84	3.98	3.59	3.36	3.20	3.09	3.01	2.95	2.90	2.85	2.82	2.79	2.72	2.65	2.60	2.57	2.49	2.43	2.40
	0.975	6.72	5.26	4.63	4.28	4.04	3.88	3.76	3.66	3.59	3.53	3.48	3.43	3.33	3.23	3.16	3.12	3.00	2.94	2.88
	0.99	9.65	7.21	6.22	5.67	5.32	5.07	4.89	4.74	4.63	4.54	4.46	4.40	4.25	4.10	4.01	3.94	3.78	3.66	3.60
12	0.90	3.18	2.81	2.61	2.48	2.39	2.33	2.28	2.24	2.21	2.19	2.17	2.15	2.10	2.06	2.03	2.01	1.96	1.93	1.90
	0.95	4.75	3.89	3.49	3.26	3.11	3.00	2.91	2.85	2.80	2.75	2.72	2.69	2.62	2.54	2.50	2.47	2.38	2.34	2.30
	0.975	6.55	5.10	4.47	4.12	3.89	3.73	3.61	3.51	3.44	3.37	3.32	3.28	3.18	3.07	3.01	2.96	2.85	2.79	2.72
	0.99	9.33	6.93	5.95	5.41	5.06	4.82	4.64	4.50	4.39	4.30	4.22	4.16	4.01	3.86	3.76	3.70	3.54	3.45	3.36
13	0.90	3.14	2.76	2.56	2.43	2.35	2.28	2.23	2.20	2.16	2.14	2.12	2.05	2.10	2.01	1.98	1.96	1.90	1.86	1.85
	0.95	4.67	3.81	3.41	3.18	3.03	2.92	2.83	2.77	2.71	2.67	2.63	2.53	2.60	2.46	2.41	2.38	2.30	2.23	2.21
	0.975	6.41	4.97	4.35	4.00	3.77	3.60	3.48	3.39	3.31	3.25	3.20	3.05	3.15	2.95	2.88	2.84	2.72	2.66	2.60
	0.99	9.07	6.70	5.74	5.21	4.86	4.62	4.44	4.30	4.19	4.10	4.02	3.82	3.96	3.66	3.57	3.51	3.34	3.22	3.17
14	0.90	3.10	2.73	2.52	2.39	2.31	2.24	2.19	2.15	21.2	2.10	2.07	2.05	2.01	1.96	1.93	1.91	1.86	1.83	1.80
	0.95	4.60	3.74	3.34	3.11	2.96	2.85	2.76	2.70	2.65	2.60	2.57	2.53	2.46	2.39	2.34	2.31	2.22	2.18	2.13
	0.975	6.30	4.86	4.24	3.89	3.66	3.50	3.36	3.29	3.26	3.15	3.09	3.05	2.95	2.84	2.78	2.73	2.61	2.55	2.49
	0.99	8.86	6.51	5.56	5.04	4.69	4.46	4.28	4.14	4.03	3.94	3.86	3.38	3.66	3.51	3.41	3.35	3.18	3.09	3.00
15	0.90	3.07	2.70	2.49	2.36	2.27	2.21	2.16	2.12	2.09	2.06	2.04	2.02	1.97	1.92	1.89	1.87	1.82	1.79	1.76
	0.95	4.54	3.68	3.29	3.06	2.90	2.79	2.71	2.64	2.59	2.54	2.51	2.48	2.40	2.33	2.28	2.25	2.16	2.11	2.07
	0.975	6.20	4.77	4.15	3.80	3.58	3.41	3.29	3.20	3.12	3.06	3.01	2.96	2.86	2.76	2.69	2.64	2.52	2.46	2.40
	0.99	8.68	6.36	5.42	4.89	4.56	4.32	4.14	4.00	3.89	3.80	3.73	3.67	3.52	3.37	3.28	3.21	3.05	2.96	2.87
16~20	0.90	2.97	2.59	2.38	2.25	2.16	2.09	2.04	2.00	1.96	1.94	1.91	1.89	1.84	1.79	1.76	1.74	1.68	1.64	1.61
	0.95	4.35	3.49	3.10	2.87	2.71	2.60	2.51	2.45	2.39	2.35	2.31	2.28	2.20	2.12	2.07	2.04	1.95	1.90	1.84
	0.975	5.87	4.46	3.86	3.51	3.29	3.13	3.01	2.91	2.84	2.77	2.72	2.68	2.57	2.46	2.40	2.35	2.22	2.16	2.09
	0.99	8.10	5.85	4.94	4.43	4.10	3.87	3.70	3.56	3.46	3.37	3.29	3.23	3.09	2.94	2.84	2.78	2.61	2.52	2.42
21~25	0.90	2.92	2.53	2.32	2.18	2.09	2.02	1.97	1.93	1.89	1.87	1.84	1.82	1.77	1.72	1.68	1.66	1.59	1.56	1.52
	0.95	4.24	3.39	2.99	2.76	2.60	2.49	2.40	2.34	2.28	2.24	2.20	2.16	2.09	2.01	1.96	1.92	1.82	1.77	1.71
	0.975	5.69	4.29	3.69	3.35	3.13	2.97	2.85	2.75	2.68	2.61	2.56	2.51	2.41	2.30	2.23	2.18	2.05	1.98	1.91
	0.99	7.77	5.57	4.68	4.18	3.85	3.63	3.46	3.32	3.22	3.13	3.06	2.99	2.85	2.70	2.60	2.54	2.36	2.27	2.17
26~30	0.90	2.88	2.49	2.28	2.14	2.05	1.98	1.93	1.88	1.85	1.82	1.79	1.77	1.72	1.67	1.63	1.61	1.54	1.50	1.46
	0.95	4.17	3.32	2.92	2.69	2.53	2.42	2.33	2.27	2.21	2.16	2.13	2.09	2.01	1.93	1.88	1.84	1.74	1.68	1.62
	0.975	5.57	4.18	3.59	3.25	3.03	2.87	2.75	2.65	2.57	2.51	2.46	2.41	2.31	2.20	2.12	2.07	1.94	1.87	1.79
	0.99	7.56	5.39	4.51	4.02	3.70	3.47	3.30	3.17	3.07	2.98	2.91	2.84	2.70	2.55	2.45	2.39	2.21	2.11	2.01
31~60	0.90	2.79	2.39	2.18	2.04	1.95	1.87	1.82	1.77	1.74	1.71	1.68	1.66	1.60	1.54	1.50	1.48	1.40	1.35	1.29
	0.95	4.00	3.15	2.76	2.53	2.37	2.25	2.17	2.10	2.04	1.99	1.95	1.92	1.84	1.75	1.69	1.65	1.53	1.47	1.39
	0.975	5.29	3.93	3.34	3.01	2.79	2.63	2.51	2.41	2.33	2.27	2.22	2.17	2.06	1.94	1.87	1.82	1.67	1.58	1.48
	0.99	7.08	4.98	4.13	3.65	3.34	3.12	2.95	2.82	2.72	2.63	2.56	2.50	2.35	2.20	2.10	2.03	1.84	1.73	1.60
61~120	0.90	2.75	2.36	2.13	1.99	1.90	1.82	1.77	1.72	1.68	1.65	1.63	1.60	1.55	1.48	1.44	1.41	1.32	1.26	1.19
	0.95	3.92	3.07	2.68	2.45	2.29	2.18	2.09	2.02	1.96	1.91	1.87	1.83	1.75	1.66	1.60	1.55	1.43	1.35	1.25
	0.975	5.15	3.80	3.23	2.89	2.67	2.52	2.39	2.30	2.22	2.16	2.10	2.05	1.94	1.82	1.75	1.69	1.53	1.43	1.31
	0.99	7.08	4.98	4.13	3.65	3.34	3.12	2.95	2.82	2.72	2.47	2.40	2.34	2.19	2.03	1.93	1.86	1.66	1.53	1.38
121 이상	0.90	2.71	2.30	2.08	1.94	1.85	1.77	1.72	1.67	1.63	1.60	1.57	1.55	1.49	1.42	1.38	1.34	1.24	1.17	1.00
	0.95	3.84	3.00	2.60	2.37	2.21	2.10	2.01	1.94	1.88	1.83	1.79	1.79	1.67	1.57	1.52	1.46	1.32	1.22	1.00
	0.975	5.02	3.69	3.12	2.79	2.57	2.41	2.29	2.19	2.11	2.05	1.99	1.94	1.83	1.71	1.64	1.57	1.39	1.27	1.00
	0.99	6.63	4.61	3.78	3.32	3.02	2.80	2.64	2.51	2.41	2.32	2.25	2.18	2.04	1.88	1.79	1.70	1.47	1.32	1.00

5 범위를 사용하는 검정보조표

(기울림체는 ν를, 고딕체는 c를 표시한다.)

n \ k	1	2	3	4	5	6–10	11–15	16–20	21–25	26–30	$k>5$
2	*1.0*	*1.9*	*2.8*	*3.7*	*4.6*	*9.0*	*13.4*	*17.8*	*22.2*	*26.5*	*0.876k +0.25*
	1.41	1.28	1.23	1.21	1.19	1.16	1.15	1.14	1.14	1.14	1.128+0.32/k
3	*2.0*	*3.8*	*5.7*	*7.5*	*9.3*	*18.4*	*27.5*	*36.6*	*45.6*	*57.4*	*1.815k+0.25*
	1.91	1.81	1.77	1.75	1.74	1.72	1.71	1.70	1.70	1.70	1.693+023/k
4	*2.9*	*5.7*	*8.4*	*11.2*	*13.9*	*27.6*	*41.3*	*55.0*	*68.7*	*82.4*	*2.738k+0.25*
	2.24	2.15	2.12	2.11	2.10	2.08	2.07	2.06	2.06	2.06	2.059+0.19/k
5	*3.8*	*7.5*	*11.1*	*14.7*	*18.4*	*36.5*	*54.6*	*72.7*	*90.8*	*108.9*	*3.623k+0.25*
	2.48	2.40	2.38	2.37	2.36	2.34	2.33	2.33	2.33	2.33	2.326+0.16/k
6	*4.7*	*9.2*	*13.6*	*18.1*	*22.6*	*44.9*	*67.2*	*89.6*	*111.9*	*134.2*	*4.466k+0.25*
	2.67	2.60	2.58	2.57	2.56	2.55	2.54	2.54	2.54	2.54	2.534+0.14/k
7	*5.5*	*10.8*	*16.0*	*21.3*	*26.6*	*52.9*	*79.3*	*105.6*	*131.9*	*158.3*	*5.267k+0.25*
	2.83	2.77	2.75	2.74	2.73	2.72	2.71	2.71	2.71	2.71	2.704+0.13/k
8	*6.3*	*12.3*	*18.3*	*24.4*	*30.4*	*60.6*	*90.7*	*120.9*	*151.0*	*181.2*	*6.031k+0.25*
	2.96	2.91	2.89	2.88	2.87	2.86	2.85	2.85	2.85	2.85	2.847+0.12/k
9	*7.0*	*13.8*	*20.5*	*27.3*	*34.0*	*67.8*	*101.6*	*135.3*	*169.2*	*203.0*	*6.759k+0.25*
	3.08	3.02	3.01	3.00	2.99	2.98	2.98	2.98	2.97	2.97	2.970+0.11/k
10	*7.7*	*15.1*	*22.6*	*30.1*	*37.5*	*74.8*	*112.0*	*149.3*	*186.6*	*223.8*	*7.453k+0.25*
	3.18	3.13	3.11	3.10	3.10	3.09	3.08	3.08	3.08	3.08	3.078+0.10/k

6 관리도용 계수표

군의 크기	관리한계를 위한 계수													중심선을 위한 계수			
	A	A_2	A_3	A_4	A_9	B_3	B_4	B_5	B_6	D_1	D_2	D_3	D_4	c_4	d_2	d_3	m_3
2	2.121	1.880	2.659	1.880	2.695	–	3.267	–	2.606	–	3.686	–	3.267	0.798	1.128	0.853	1.000
3	1.732	1.023	1.954	1.187	1.826	–	2.568	–	2.276	–	4.358	–	2.575	0.886	1.693	0.888	1.160
4	1.500	0.729	1.628	0.796	1.522	–	2.266	–	2.088	–	4.698	–	2.282	0.921	2.059	0.880	1.092
5	1.342	0.577	1.427	0.691	1.363	–	2.089	–	1.964	–	4.918	–	2.114	0.940	2.326	0.864	1.198
6	1.225	0.483	1.287	0.549	1.263	0.030	1.970	0.029	1.874	–	5.078	–	2.004	0.952	2.534	0.848	1.135
7	1.134	0.419	1.182	0.509	1.194	0.118	1.882	0.113	1.806	0.204	5.204	0.076	1.924	0.995	2.707	0.833	1.214
8	1.061	0.373	1.099	0.432	1.143	0.185	1.815	0.179	1.751	0.388	5.306	0.136	1.864	0.965	2.847	0.820	1.160
9	1.000	0.337	1.032	0.412	1.104	0.239	1.761	0.232	1.707	0.547	5.393	0.184	1.816	0.969	2.970	0.808	1.223
10	0.949	0.308	0.975	0.363	1.072	0.284	1.716	0.276	1.669	0.687	5.469	0.223	1.777	0.973	3.078	0.797	1.176

7 r 분포표

양쪽의 경우(빗금확률면적 $\alpha/2$)

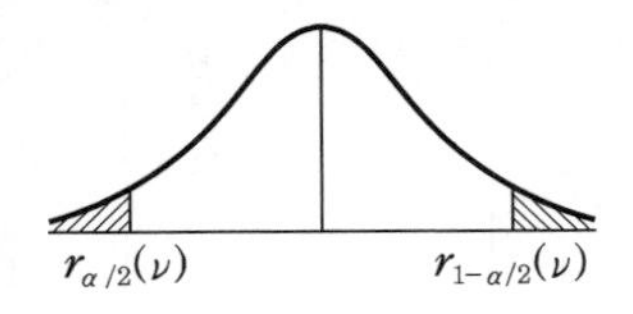

한쪽의 경우(빗금확률면적 α)

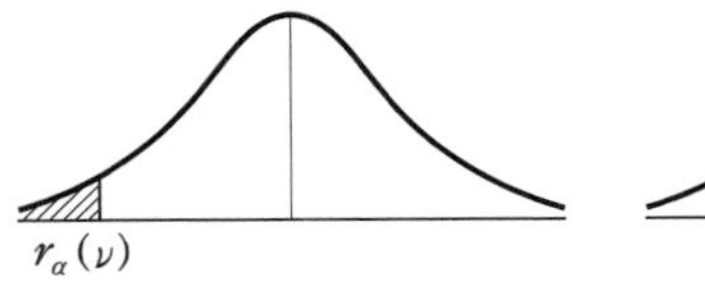

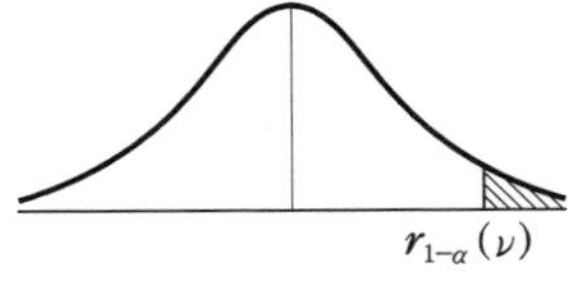

[r분포의 상측분위점 $r_{1-\alpha}(\nu)$의 표]

ν \ $1-\alpha$	0.95	0.975	0.99	0.995
10	.4973	.5760	.6581	.7079
11	.4762	.5529	.6339	.6835
12	.4575	.5324	.6120	.6614
13	.4409	.5139	.5923	.6411
14	.4259	.4973	.5742	.6226
15	.4124	.4821	.5577	.6055
16	.4000	.4683	.5425	.5897
17	.3887	.4555	.5285	.5751
18	.3783	.4438	.5155	.5614
19	.3687	.4329	.5034	.5487
20	.3598	.4227	.4921	.5368
25	.3233	.3809	.4451	.4869
30	.2960	.3494	.4093	.4487
35	.2746	.3246	.3810	.4182
40	.2573	.3044	.3578	.3932
50	.2306	.2732	.3218	.3541
60	.2108	.2500	.2948	.3248
70	.1954	.2319	.2737	.3017
80	.1829	.2172	.2565	.2830
90	.1726	.2050	.2422	.2673
100	.1638	.1946	.2301	.2540
근사치	$\frac{1.645}{\sqrt{\nu+1}}$	$\frac{1.960}{\sqrt{\nu+1}}$	$\frac{2.326}{\sqrt{\nu+2}}$	$\frac{2.576}{\sqrt{\nu+3}}$

8 직교다항식표

계수 \ 수준수	$k=2$	$k=3$		$k=4$			$k=5$			
	b_1	b_2	b_3	b_1	b_2	b_3	b_1	b_2	b_3	b_4
W_1	−1	−1	1	−3	1	−1	−2	2	−1	1
W_2	1	0	−2	−1	−1	3	−1	−1	2	−4
W_3		1	1	1	−1	−3	0	−2	0	6
W_4				3	1	1	1	−1	−2	−4
W_5							2	2	1	1
$\lambda^2 S$	2	2	6	20	4	20	10	14	10	70
λS	1	2	2	10	4	6	10	14	12	24
S	1/2	2	2/3	5	4	9/5	10	14	72/5	283/35
λ	2	1	3	2	1	10/3	1	1	5/6	35/12

계수 \ 수준수	$k=6$					$k=7$				
	b_1	b_2	b_3	b_4	b_5	b_1	b_2	b_3	b_4	b_5
W_1	−5	5	−5	1	−1	−3	5	−1	3	−1
W_2	−3	−1	7	−3	5	−2	0	1	−7	4
W_3	−1	−4	−4	2	−10	−1	−3	1	1	−5
W_4	1	−4	−4	2	10	0	−4	0	6	0
W_5	3	−1	−7	−3	−5	1	−3	−1	1	5
W_6	5	5	5	1	1	2	0	−1	−7	−4
W_7						3	5	1	3	1
$\lambda^2 S$	70	84	180	28	252	28	84	6	154	84
λS	35	56	108	48	120	28	84	36	264	240
S	35/2	112/3	324/5	576/7	400/7	28	84	216	3168/7	4800/7
λ	2	3/2	5/3	7/12	21/10	1	1	1/6	7/12	7/20

9 KS Q ISO 2859-1

[부표1 샘플문자]

로트 크기	특별검사수준				통상검사수준		
	$S-1$	$S-2$	$S-3$	$S-4$	I	II	III
16~25	A	A	B	B	B	C	D
26~50	A	B	B	C	C	D	E
51~90	B	B	C	C	C	E	F
91~150	B	B	C	D	D	F	G
151~280	B	C	D	E	E	G	H
281~500	B	C	D	E	F	H	J
501~1200	C	C	E	F	G	J	K
1201~3200	C	D	E	G	H	K	L
3201~10000	C	D	F	G	J	L	M
10001~35000	C	D	F	H	K	M	N
35001~150000	D	E	G	J	L	N	P
150001~500000	D	E	G	J	M	P	Q

[부표2-A 보통검사의 1회 샘플링 방식(주 샘플링표)]

샘플 문자	샘플 크기	*AQL*, 부적합품 퍼센트 및 100 아이템당 부적합수								
		0.25	0.4	0.65	1.0	1.5	2.5	4.0	6.5	10
		Ac Re	*Ac Re*	*Ac Re*	*Ac Re*	*Ac Re*	*Ac Re*	*Ac Re*	*Ac Re*	*Ac Re*
A	2	⇩	⇩	⇩	⇩	⇩	⇩	⇩	0 1	⇩
B	3	⇩	⇩	⇩	⇩	⇩	⇩	0 1	⇧	⇩
C	5	⇩	⇩	⇩	⇩	⇩	0 1	⇧	⇩	1 2
D	8	⇩	⇩	⇩	⇩	0 1	⇧	⇩	1 2	2 3
E	13	⇩	⇩	⇩	0 1	⇧	⇩	1 2	2 3	3 4
F	20	⇩	⇩	0 1	⇧	⇩	1 2	2 3	3 4	5 6
G	32	⇩	0 1	⇧	⇩	1 2	2 3	3 4	5 6	7 8
H	50	0 1	⇧	⇩	1 2	2 3	3 4	5 6	7 8	10 11
J	80	⇧	⇩	1 2	2 3	3 4	5 6	7 8	10 11	14 15
K	125	⇩	1 2	2 3	3 4	5 6	7 8	10 11	14 15	21 22
L	200	1 2	2 3	3 4	5 6	7 8	10 11	14 15	21 22	⇧
M	315	2 3	3 4	5 6	7 8	10 11	14 15	21 22	⇧	⇧
N	500	3 4	5 6	7 8	10 11	14 15	21 22	⇧	⇧	⇧

[부표2-B 까다로운 검사의 1회 샘플링 방식(주 샘플링표)]

샘플 문자	샘플 크기	*AQL*, 부적합품 퍼센트 및 100 아이템당 부적합수								
		0.25	0.4	0.65	1.0	1.5	2.5	4.0	6.5	10
		Ac Re	*Ac Re*	*Ac Re*	*Ac Re*	*Ac Re*	*Ac Re*	*Ac Re*	*Ac Re*	*Ac Re*
A	2	⇩	⇩	⇩	⇩	⇩	⇩	⇩	⇩	0 1
B	3	⇩	⇩	⇩	⇩	⇩	⇩	⇩	0 1	⇩
C	5	⇩	⇩	⇩	⇩	⇩	⇩	0 1	⇩	⇩
D	8	⇩	⇩	⇩	⇩	⇩	0 1	⇩	⇩	1 2
E	13	⇩	⇩	⇩	⇩	0 1	⇩	⇩	1 2	2 3
F	20	⇩	⇩	⇩	0 1	⇩	⇩	1 2	2 3	3 4
G	32	⇩	⇩	0 1	⇩	⇩	1 2	2 3	3 4	5 6
H	50	⇩	0 1	⇩	⇩	1 2	2 3	3 4	5 6	8 9
J	80	0 1	⇩	⇩	1 2	2 3	3 4	5 6	8 9	12 13
K	125	⇩	⇩	1 2	2 3	3 4	5 6	8 9	12 13	18 19
L	200	⇩	1 2	2 3	3 4	5 6	8 9	12 13	18 19	⇧
M	315	1 2	2 3	3 4	5 6	8 9	12 13	18 19	⇧	⇧
N	500	2 3	3 4	5 6	8 9	12 13	18 19	⇧	⇧	⇧

[부표2-C 수월한 검사의 1회 샘플링 방식(주 샘플링표)]

샘플 문자	샘플 크기	*AQL*, 부적합품 퍼센트 및 100 아이템당 부적합수								
		0.25	0.40	0.65	1.0	1.5	2.5	4.0	6.5	10
		Ac Re	*Ac Re*	*Ac Re*	*Ac Re*	*Ac Re*	*Ac Re*	*Ac Re*	*Ac Re*	*Ac Re*
A	2	⇩	⇩	⇩	⇩	⇩	⇩	⇩	0 1	⇩
B	2	⇩	⇩	⇩	⇩	⇩	⇩	0 1	⇧	⇩
C	2	⇩	⇩	⇩	⇩	⇩	0 1	⇧	⇩	⇩
D	3	⇩	⇩	⇩	⇩	0 1	⇧	⇩	⇩	1 2
E	5	⇩	⇩	⇩	0 1	⇧	⇩	⇩	1 2	2 3
F	8	⇩	⇩	0 1	⇧	⇩	⇩	1 2	2 3	3 4
G	13	⇩	0 1	⇧	⇩	⇩	1 2	2 3	3 4	4 5
H	20	0 1	⇧	⇩	⇩	1 2	2 3	3 4	4 5	6 7
J	32	⇧	⇩	⇩	1 2	2 3	3 4	4 5	6 7	8 9
K	50	⇩	⇩	1 2	2 3	3 4	4 5	6 7	8 9	10 11
L	80	⇩	1 2	2 3	3 4	4 5	6 7	8 9	10 11	⇧
M	125	1 2	2 3	3 4	4 5	6 7	8 9	10 11	⇧	⇧
N	200	2 3	3 4	4 5	6 7	8 9	10 11	⇧	⇧	⇧

[부표11-A 보통검사의 1회 샘플링 방식(주 샘플링 보조표)]

샘플 문자	샘플 크기	AQL, 부적합품 퍼센트 및 100 아이템당 부적합수								
		0.25	0.4	0.65	1.0	1.5	2.5	4.0	6.5	10
		Ac Re	Ac Re	Ac Re	Ac Re	Ac Re	Ac Re	Ac Re	Ac Re	Ac Re
A	2	⇩	⇩	⇩	⇩	⇩	⇩	⇩	0 1	1/3
B	3	⇩	⇩	⇩	⇩	⇩	⇩	0 1	1/3	1/2
C	5	⇩	⇩	⇩	⇩	⇩	0 1	1/3	1/2	1 2
D	8	⇩	⇩	⇩	⇩	0 1	1/3	1/2	1 2	2 3
E	13	⇩	⇩	⇩	0 1	1/3	1/2	1 2	2 3	3 4
F	20	⇩	⇩	0 1	1/3	1/2	1 2	2 3	3 4	5 6
G	32	⇩	0 1	1/3	1/2	1 2	2 3	3 4	5 6	7 8
H	50	0 1	1/3	1/2	1 2	2 3	3 4	5 6	7 8	10 11
J	80	1/3	1/2	1 2	2 3	3 4	5 6	7 8	10 11	14 15
K	125	1/2	1 2	2 3	3 4	5 6	7 8	10 11	14 15	21 22
L	200	1 2	2 3	3 4	5 6	7 8	10 11	14 15	21 22	⇧
M	315	2 3	3 4	5 6	7 8	10 11	14 15	21 22	⇧	⇧
N	500	3 4	5 6	7 8	10 11	14 15	21 22	⇧	⇧	⇧

[부표11-B 까다로운 검사의 1회 샘플링 방식(주 샘플링 보조표)]

샘플 문자	샘플 크기	AQL, 부적합품 퍼센트 및 100 아이템당 부적합수								
		0.25	0.4	0.65	1.0	1.5	2.5	4.0	6.5	10
		Ac Re	Ac Re	Ac Re	Ac Re	Ac Re	Ac Re	Ac Re	Ac Re	Ac Re
A	2	⇩	⇩	⇩	⇩	⇩	⇩	⇩	⇩	0 1
B	3	⇩	⇩	⇩	⇩	⇩	⇩	⇩	0 1	1/3
C	5	⇩	⇩	⇩	⇩	⇩	⇩	0 1	1/3	1/2
D	8	⇩	⇩	⇩	⇩	⇩	0 1	1/3	1/2	1 2
E	13	⇩	⇩	⇩	⇩	0 1	1/3	1/2	1 2	2 3
F	20	⇩	⇩	⇩	0 1	1/3	1/2	1 2	2 3	3 4
G	32	⇩	⇩	0 1	1/3	1/2	1 2	2 3	3 4	5 6
H	50	⇩	0 1	1/3	1/2	1 2	2 3	3 4	5 6	8 9
J	80	0 1	1/3	1/2	1 2	2 3	3 4	5 6	8 9	12 13
K	125	1/3	1/2	1 2	2 3	3 4	5 6	8 9	12 13	18 19
L	200	1/2	1 2	2 3	3 4	5 6	8 9	12 13	18 19	⇧
M	315	1 2	2 3	3 4	5 6	8 9	12 13	18 19	⇧	⇧
N	500	2 3	3 4	5 6	8 9	12 13	18 19	⇧	⇧	⇧

[부표11-C 수월한 검사의 1회 샘플링 방식(주 샘플링 보조표)]

샘플 문자	샘플 크기	*AQL*, 부적합품 퍼센트 및 100 아이템 당 부적합수								
		0.25	0.40	0.65	1.0	1.5	2.5	4.0	6.5	10
		Ac Re	*Ac Re*	*Ac Re*	*Ac Re*	*Ac Re*	*Ac Re*	*Ac Re*	*Ac Re*	*Ac Re*
A	2	⇩	⇩	⇩	⇩	⇩	⇩	⇩	0 1	1/5
B	2	⇩	⇩	⇩	⇩	⇩	⇩	0 1	1/5	1/3
C	2	⇩	⇩	⇩	⇩	⇩	0 1	1/5	1/3	1/2
D	3	⇩	⇩	⇩	⇩	0 1	1/5	1/3	1/2	1 2
E	5	⇩	⇩	⇩	0 1	1/5	1/3	1/2	1 2	2 3
F	8	⇩	⇩	0 1	1/5	1/3	1/2	1 2	2 3	3 4
G	13	⇩	0 1	1/5	1/3	1/2	1 2	2 3	3 4	4 5
H	20	0 1	1/5	1/3	1/2	1 2	2 3	3 4	4 5	6 7
J	32	1/5	1/3	1/2	1 2	2 3	3 4	4 5	6 7	8 9
K	50	1/3	1/2	1 2	2 3	3 4	4 5	6 7	8 9	10 11
L	80	1/2	1 2	2 3	3 4	4 5	6 7	8 9	10 11	⇧
M	125	1 2	2 3	3 4	4 5	6 7	8 9	10 11	⇧	⇧
N	200	2 3	3 4	4 5	6 7	8 9	10 11	⇧	⇧	⇧

10 KS Q ISO 2859-2

[표1 샘플링검사 방식 – 0.8에서 2.0까지의 *LQ*]

로트 크기		부적합품률 또는 100아이템당 평균 부적합수의 한계품질 *LQ*							
		0.80	1.25	2.0	3.15	5.0	8.0	12.5	20.0
16~25	*n*	→	→	→	→	25	17	13	9
	Ac					0	0	0	0
26~50	*n*	→	→	50	50	28	22	15	10
	Ac			0	0	0	0	0	0
51~90	*n*	→	90	50	44	34	24	16	10
	Ac		0	0	0	0	0	0	0
91~ 150	*n*	150	90	80	55	38	26	18	13
	Ac	0	0	0	0	0	0	0	0
151~280	*n*	170	130	95	65	42	28	20	20
	Ac	0	0	0	0	0	0	0	1
281~500	*n*	220	155	105	80	50	32	32	20
	Ac	0	0	0	0	0	0	1	1
501~1200	*n*	255	170	125	125	80	50	32	32
	Ac	0	0	0	1	1	1	1	3
1201~3200	*n*	280	200	200	125	125	80	50	50
	Ac	0	0	1	1	3	3	3	5
3201~10000	*n*	315	315	200	200	200	125	80	80
	Ac	0	1	1	3	5	5	5	10
10001~35000	*n*	500	315	315	315	315	200	125	125
	Ac	1	1	3	5	10	10	10	18
35001~150000	*n*	500	500	500	500	500	315	200	125
	Ac	1	3	5	10	18	18	18	18
150001~500000	*n*	800	800	800	800	500	315	200	125
	Ac	3	5	10	18	18	18	18	18
500000 이상	*n*	1250	1250	1250	800	500	315	200	125
	Ac	5	10	18	18	18	18	18	18

[부표 B4 한계품질 2.00%에 대한 1회 샘플링 방식(절차 B, 주 샘플링표)]

검사 수준에 대한 로트 크기					KS Q ISO 2859-1의 1회 샘플링 방식 (보통검사)			샘플 문자	합격 확률(%)의 특성값에 대응하는 공정품질의 값[1] (부적합품 퍼센트)					각 검사 수준에 대한 한계품질(LQ)에서의 소비자 위험(β_{LQ})의 최댓값[2]		
S-1~S-3	S-4	I	II	III	AQL	n	Ac		95.0	90.0	50.0	10.0	5.0	S-1~I	II	III
201[3] 이상	201[3] 이상	201[3]~ 150,000	201[3]~ 10,000	201[3]~ 3,200	0.25	200	1	L	0.178	0.266	0.838	1.93	2.35	8.9	8.9	8.3
		150,001~ 500,000	10,001~ 35,000	3,201~ 10,000	0.40	315	3	M	0.435	0.555	1.16	2.11	2.44	12.4	12.4	12.0
		500,001 이상	35,001~ 150,000	10,001~ 35,000	0.40	500	5	N	0.524	0.632	1.13	1.85	2.09	6.5	6.5	6.5
			150,001 이상	35,001 이상	0.65	800	10	P	0.773	0.879	1.33	1.92	2.11		7.5	7.5

주 [1] : 공정 품질의 값은 이항분포에 기초한다.
[2] : 초기하 분포에 의한 소비자 위험의 정확한 값은 로트의 크기에 따라서 바뀐다. 여기서는 각 검사 수준의 최댓값을 부여한다.
[3] : 201 미만의 로트에 대해서는 전수검사한다.

[부표 B5 한계품질 3.15%에 대한 1회 샘플링 방식(절차 B, 주 샘플링표)]

검사 수준에 대한 로트 크기					KS Q ISO 2859-1의 1회 샘플링 방식 (보통검사)			샘플 문자	합격 확률(%)의 특성값에 대응하는 공정품질의 값[1] (부적합품 퍼센트)					각 검사 수준에 대한 한계품질(LQ)에서의 소비자 위험(β_{LQ})의 최댓값[2]		
S-1~S-3	S-4	I	II	III	AQL	n	Ac		95.0	90.0	50.0	10.0	5.0	S-1~I	II	III
126[3] 이상	126[3] 이상	126[3]~ 35,000	126[3]~ 3,200	126[3]~ 1,200	0.40	125	1	K	0.285	0.426	1.34	3.08	3.74	9.3	8.5	7.4
		35,001~ 150,000	3,201~ 10,000	1,201~ 3,200	0.65	200	3	L	0.686	0.875	1.83	3.31	3.83	12.2	12.2	11.0
		150,001~ 500,000	10,001~ 35,000	3,201~ 10,000	0.65	315	5	M	0.830 0.833	1.00 1.00	1.80 1.80	2.94 2.92	3.34 3.31	7.0 6.7	7.0 6.7	6.7 6.4
		500,001 이상	35,001 이상	10,001 이상	1.00	500	10	N	1.24	1.41	2.13	3.06	3.37	8.3	8.3	8.3

주 [1] : 공정 품질의 값은 이항분포에 기초한다.
[2] : 초기하 분포에 의한 소비자 위험의 정확한 값은 로트의 크기에 따라서 바뀐다. 여기서는 각 검사 수준의 최댓값을 부여한다.
[3] : 126 미만의 로트에 대해서는 전수검사한다.

[부표 B6 한계품질 5.00%에 대한 1회 샘플링 방식(절차 B, 주 샘플링표)]

검사 수준에 대한 로트 크기					KS Q ISO 2859-1의 1회 샘플링 방식 (보통검사)			샘플 문자	합격 확률(%)의 특성값에 대응하는 공정품질의 값[1] (부적합품 퍼센트)					각 검사 수준에 대한 한계품질(LQ)에서의 소비자 위험(β_{LQ})의 최댓값[2]		
S-1~S-3	S-4	I	II	III	AQL	n	Ac		95.0	90.0	50.0	10.0	5.0	S-1~I	II	III
81[3] 이상	81[3]~ 500,000	81[3]~ 10,000	81[3]~ 1,200	81[3]~ 500	0.65	80	1	J	0.446	0.667	2.09	4.78	5.79	8.6	7.9	6.9
	500,001 이상	10,001~ 35,000	1,201~ 3,200	501~ 1,200	1.00	125	3	K	1.10	1.40	2.93	5.27	6.09	12.4	11.9	11.0
		35,001~ 150,000	3,201~ 10,000	1,201~ 3,200	1.00	200	5	L	1.31	1.58	2.83	4.59	5.18	6.2	6.2	5.7
		150,001 이상	10,001 이상	3,201 이상	1.50	315	10	M	1.97	2.24	3.38	4.85	5.33	8.1	8.1	8.1

주 [1] : 공정 품질의 값은 이항분포에 기초한다.
[2] : 초기하 분포에 의한 소비자 위험의 정확한 값은 로트의 크기에 따라서 바뀐다. 여기서는 각 검사 수준의 최댓값을 부여한다.
[3] : 81 미만의 로트에 대해서는 전수검사한다.

11 KS Q ISO 2859-3

[표 1 스킵로트검사를 위한 최소 누계샘플 크기]

부적합품수 또는 부적합수	합격품질수준(AQL) 부적합품 퍼센트([1]) 또는 100아이템당 부적합수								
	0.25	0.40	0.65	1.0	1.5	2.5	4.0	6.5	10
	최소 누계샘플 크기								
0	1040	650	400	260	174	104	65	40	26
1	1700	1070	654	425	284	170	107	65	43
2	2300	1440	883	574	383	230	144	88	57
3	2860	1790	1098	714	476	286	179	110	71
4	3400	2120	1306	849	566	340	212	131	85
5	3920	2450	1508	980	653	392	245	151	98
6	4440	2770	1706	1109	739	444	277	171	111
7	4940	3090	1902	1236	824	494	309	190	124
8	5440	3400	2094	1361	907	544	340	209	136
9	5940	3710	2285	1485	990	594	371	229	149
10	6430	4020	2474	1608	1072	643	402	247	161
11	6920	4320	2660	1729	1153	692	432	266	173
12	7400	4630	2846	1850	1233	740	463	285	185
13	7880	4930	3031	1970	1313	788	493	303	197
14	8360	5220	3214	2089	1393	836	522	321	209
15	8830	5520	3397	2208	1472	883	552	340	221
16	9300	5820	3578	2326	1550	930	582	358	233
17	9770	6110	3758	2443	1629	977	611	376	244
18	10240	6400	3938	2560	1707	1024	640	394	256
19	10700	6690	4117	2676	1784	1070	669	412	268
20	11170	6980	4297	2793	1862	1117	698	430	279
n([2])	470	290	180	117	78	47	29	18	12

[표 2 스킵로트검사의 개시, 계속, 재개를 위한 합격판정수]

샘플크기	합격품질수준(AQL) 부적합품 퍼센트([1]) 또는 100아이템당 부적합수								
	0.25	0.40	0.65	1.0	1.5	2.5	4.0	6.5	10
	합격판정수								
2						⇨	⇨	0	⇨
3					⇨	⇨	0	⇨	0
5				⇨	⇨	0	⇨	0	1
8			⇨	⇨	0	⇨	0	1	1
13		⇨	⇨	0	⇨	0	1	1	2
20	⇨	⇨	0	⇨	0	1	1	2	3
32	⇨	0	⇨	0	1	1	2	3	5
50	0	⇨	0	1	1	2	3	5	7
80	⇨	0	1	1	2	3	5	7	11
125	0	1	1	2	3	5	7	11	17
200	1	1	2	3	5	7	11	17	
315	1	2	3	5	7	11	17		
500	2	3	5	7	11	17			
800	3	5	7	11	17				

12 KS Q ISO 28591

[표 1 부적합률의 축차 샘플링검사 방식에 대한 파라미터($\alpha \leq 0.05$와 $\beta \leq 0.10$에 대한 주표)]

Q_{PR} (%)	파라미터	Q_{CR}(%)							
		2.00	2.50	3.15	4.00	5.00	6.30	8.00	10.00
0.25	h_A	1.090	0.933	0.880	0.797	0.748	0.719	0.662	0.579
	h_R	1.230	0.941	0.970	0.840	0.730	0.641	0.545	0.431
	g	0.00850	0.00972	0.0115	0.0135	0.0159	0.0189	0.0228	0.0271
0.315	h_A	1.245	1.082	1.020	0.870	0.800	0.780	0.740	0.661
	h_R	1.330	1.248	0.930	0.970	0.831	0.730	0.620	0.541
	g	0.00922	0.0106	0.124	0.0146	0.0170	0.0202	0.0242	0.0287
0.40	h_A	1.405	1.225	1.075	1.005	0.870	0.820	0.743	0.695
	h_R	1.646	1.380	1.300	0.930	0.970	0.840	0.719	0.638
	g	0.00996	0.0114	0.0133	0.0157	0.0184	0.0217	0.0256	0.0302
0.50	h_A	1.647	1.390	1.245	1.065	0.961	0.860	0.820	0.750
	h_R	1.839	1.645	1.330	1.172	0.923	0.960	0.820	0.730
	g	0.0108	0.0124	0.0146	0.0169	0.0196	0.0232	0.0275	0.0324
0.63	h_A	1.939	1.605	1.386	1.221	1.061	0.952	0.853	0.796
	h_R	2.322	1.934	1.642	1.305	1.174	0.926	0.942	0.828
	g	0.0118	0.0135	0.0156	0.0183	0.0212	0.0247	0.0294	0.0346
0.80	h_A	2.465	1.925	1.630	1.375	1.235	1.050	0.947	0.880
	h_R	3.085	2.451	1.917	1.625	1.324	1.200	0.906	0.950
	g	0.0131	0.0148	0.0172	0.0198	0.0233	0.0269	0.0314	0.0371
1.00	h_A	3.181	2.434	1.871	1.581	1.389	1.181	1.058	0.931
	h_R	4.255	3.077	2.430	1.851	1.591	1.309	1.046	0.922
	g	0.0143	0.0163	0.0184	0.0215	0.0251	0.0288	0.0341	0.0394
1.25	h_A		3.177	2.367	1.873	1.578	1.380	1.190	1.025
	h_R		4.219	3.023	2.290	1.835	1.550	1.230	1.061
	g		0.0179	0.0204	0.0230	0.0271	0.0316	0.0367	0.0427
1.60	h_A			3.222	2.383	1.921	1.567	1.350	1.166
	h_R			4.506	3.057	2.322	1.880	1.565	1.255
	g			0.0227	0.0260	0.0298	0.0342	0.0398	0.0466
2.00	h_A				3.156	2.363	1.882	1.532	1.346
	h_R				4.119	3.018	2.270	1.783	1.504
	g				0.0287	0.0325	0.0374	0.0436	0.0499
2.50	h_A					3.106	2.305	1.830	1.529
	h_R					4.094	2.921	2.175	1.724
	g					0.0358	0.0408	0.0471	0.0546
3.15	h_A						3.060	2.271	1.808
	h_R						4.040	2.811	2.186
	g						0.0451	0.517	0.0596
4.00	h_A							3.023	2.289
	h_R							3.936	2.826
	g							0.0573	0.0655
5.00	h_A								2.995
	h_R								3.816
	g								0.0719

13 KS Q ISO 39511

[표 4 부적합률에 대한 축차 샘플링검사 방식의 파라미터($\alpha \sim 0.05$와 $\beta \sim 0.1$의 주표)]

Q_{PR} (%)	파라미터	Q_{CR}(%)							
		2.00	2.50	3.15	4.00	5.00	6.30	8.00	10.00
0.40	h_A	3.269	2.743	2.313	1.967	1.967	1.470	1.246	1.082
	h_R	4.527	3.820	3.231	2.775	2.404	2.117	1.801	1.600
	g	2.353	2.306	2.256	2.201	2.148	2.091	2.029	1.967
	n_t	37	28	22	17	14	11	10	8
0.50	h_A	3.826	3.158	2.631	2.205	1.886	1.614	1.396	1.183
	h_R	5.258	4.377	3.675	3.097	2.666	2.296	1.970	1.698
	g	2.315	2.268	2.218	2.163	2.110	2.053	1.990	1.929
	n_t	49	35	26	20	16	13	11	10
0.63	h_A	4.641	3.727	3.029	2.501	2.121	1.787	1.531	1.307
	h_R	6.394	5.142	4.179	3.479	2.938	2.509	2.145	1.889
	g	2.274	2.227	2.177	2.123	2.070	2.012	1.950	1.888
	n_t	68	46	34	25	19	16	13	10
0.80	h_A	5.198	4.556	3.607	2.913	2.430	2.019	1.706	1.458
	h_R	8.072	6.248	4.973	4.046	3.404	2.818	2.421	2.098
	g	2.231	2.184	2.134	2.080	2.027	1.969	1.907	1.845
	n_t	103	65	44	31	23	19	14	11
1.00	h_A	7.890	5.718	4.347	3.420	2.793	2.299	1.904	1.615
	h_R	10.691	7.804	5.953	4.727	3.883	3.209	2.674	2.300
	g	2.190	2.143	2.093	2.039	1.986	1.928	1.866	1.804
	n_t	175	97	61	40	29	22	17	13
1.25	h_A	11.729	7.621	5.459	4.112	3.271	2.661	2.162	1.801
	h_R	15.833	10.339	7.458	5.645	4.511	3.726	3.024	2.531
	g	2.148	2.101	2.050	1.996	1.943	1.886	1.823	1.761
	n_t	367	164	89	55	38	26	20	16
1.60	h_A	24.899	11.941	7.511	5.273	4.030	3.169	2.526	2.075
	h_R	33.511	16.117	10.191	7.188	5.540	4.398	3.521	2.906
	g	2.099	2.052	2.002	1.948	1.895	1.837	1.775	1.713
	n_t	1564	379	160	85	53	35	25	19
2.00	h_A		24.055	11.309	7.032	5.054	3.812	2.963	2.393
	h_R		32.298	15.249	9.540	6.895	5.235	4.109	3.342
	g		2.007	1.956	1.902	1.849	1.792	1.729	1.668
	n_t		1462	341	142	79	49	32	23
2.50	h_A			22.347	10.459	6.742	4.718	3.517	2.812
	h_R			30.067	14.137	9.175	6.546	4.934	3.914
	g			1.910	1.855	1.802	1.745	1.683	1.621
	n_t			1267	295	131	71	43	29
3.15	h_A				20.714	10.196	6.425	4.493	3.404
	h_R				27.850	13.791	8.739	6.153	4.699
	g				1.805	1.752	1.695	1.632	1.570
	n_t				1093	281	121	64	40

14 KS Q 0001 계수규준형 1회 샘플링검사표

좌측 n, 우측 c ($\alpha \fallingdotseq 0.05$, $\beta \fallingdotseq 0.10$)

p_0(%) \ p_1(%)	0.71~0.90	0.91~1.12	1.13~1.40	1.41~1.80	1.81~2.24	2.25~2.80	2.81~3.55	3.56~4.50	4.51~5.60	5.61~7.10	7.11~9.00	9.01~11.2	11.3~14.0	14.1~18.0	18.1~22.4	22.5~28.0	28.1~35.5	p_1(%) / p_0(%)
0.090~0.112	*	400 1	↓	←	↓	→	60 0	50 0	←	↓	↓	←	↓	↓	↓	↓	↓	0.090~0.112
0.113~0.140	*	↓	300 1	↓	←	↓	→	↑	40 0	←	↓	↓	←	↓	↓	↓	↓	0.113~0.140
0.141~0.180	*	500 2	↓	250 1	↓	←	↓	→	↑	30 0	←	↓	↓	→	↓	↓	↓	0.141~0.180
0.181~0.224	*	*	400 2	↓	200 1	↓	←	↓	→	↑	25 0	←	↓	↓	←	↓	↓	0.181~0.224
0.225~0.280	*	*	500 3	300 2	↓	150 1	↓	←	↓	→	↑	20 0	←	↓	↓	←	↓	0.225~0.280
0.281~0.355	*	*	*	400 3	250 2	↓	120 1	↓	←	↓	→	↑	15 0	←	↓	↓	←	0.281~0.355
0.356~0.450	*	*	*	500 4	300 3	200 2	↓	100 1	↓	←	↓	→	↑	15 0	←	↓	↓	0.356~0.450
0.451~0.560	*	*	*	*	400 4	250 3	150 2	↓	80 1	↓	←	↓	→	↑	10 0	←	↓	0.451~0.560
0.561~0.710	*	*	*	*	500 6	300 4	200 3	120 2	↓	60 1	↓	←	↓	→	↑	7 0	→	0.561~0.710
0.711~0.900	*	*	*	*	*	400 6	250 4	150 3	100 2	↓	50 1	↓	←	↓	→	↑	5 0	0.711~0.900
0.901~1.12		*	*	*	*	*	300 6	200 4	120 3	80 2	↓	40 1	↓	←	↓	↑	↑	0.901~1.12
1.13~1.40			*	*	*	*	500 10	250 6	150 4	100 3	60 2	↓	30 1	↓	←	↓	↑	1.13~1.40
1.41~1.80				*	*	*	*	400 10	200 6	120 4	80 3	50 2	↓	25 1	↓	←	↓	1.41~1.80
1.81~2.24					*	*	*	*	300 10	150 6	100 4	60 3	40 2	↓	20 1	↓	←	1.81~2.24
2.25~2.80						*	*	*	*	250 10	120 6	70 4	50 3	30 2	↓	15 1	↓	2.25~2.80
2.81~3.55							*	*	*	*	200 10	100 6	60 4	40 3	25 2	↓	10 1	2.81~3.55
3.56~4.50								*	*	*	*	150 10	80 6	50 4	30 3	20 2	↓	3.56~4.50
4.51~5.60									*	*	*	*	120 10	60 6	40 4	25 3	15 2	4.51~5.60
5.61~7.10										*	*	*	*	100 10	50 6	30 4	20 3	5.61~7.10
7.11~9.00											*	*	*	*	70 10	40 6	25 4	7.11~9.00
9.01~11.2												*	*	*	*	60 10	30 6	9.01~11.2

[KS Q 0001 샘플링검사 설계보조표]

p_1/p_0	c	n
17 이상	0	$2.56/p_0+115/p_1$
16~7.9	1	$17.8/p_0+194/p_1$
7.8~5.6	2	$40.9/p_0+266/p_1$
5.5~4.4	3	$68.3/p_0+334/p_1$
4.3~3.6	4	$98.5/p_0+400/p_1$
3.5~2.8	6	$164/p_0+527/p_1$
2.7~2.3	10	$308/p_0+700/p_1$
2.2~2.0	15	$502/p_0+1,065/p_1$
1.99~1.86	20	$704/p_0+1,350/p_1$

15 KS Q 0001 계량규준형 1회 샘플링검사표

[표1 m_0, m_1을 기초로 하여 n, G_0를 구하는 표] ($\alpha \fallingdotseq 0.05$, $\beta \fallingdotseq 0.10$)

$\frac{\lvert m_1-m_0 \rvert}{\sigma}$	n	G_0
2.069 이상	2	1.163
1.690~2.068	3	0.950
1.436~1.686	4	0.822
1.309~1.462	5	0.736
1.195~1.308	6	0.672
1.106~1.194	7	0.622
1.035~1.105	8	0.582
0.975~1.034	9	0.548
0.925~0.974	10	0.520
0.882~0.924	11	0.496
0.845~0.881	12	0.475
0.812~0.844	13	0.456
0.772~0.811	14	0.440
0.756~0.711	15	0.425
0.732~0.755	16	0.411
0.710~0.731	17	0.399
0.690~0.709	18	0.383
0.671~0.689	19	0.377
0.654~0.670	20	0.368
0.585~0.653	25	0.329
0.534~0.584	30	0.300
0.495~0.533	35	0.278
0.463~0.494	40	0.260
0.436~0.462	45	0.245
0.414~0.435	50	0.233

[p_0, p_1을 근거로 하여 n, k를 구하는 표(σ기지 : 부적합품률 보증)]

좌측은 k, 우측은 $n(\alpha \fallingdotseq 0.05,\ \beta \fallingdotseq 0.10)$

p_1(%) / p_0(%)	대표치	0.80	1.00	1.25	1.60	2.00	2.50	3.15	4.00	5.00	6.30	8.00	10.0	대표치	p_1(%) / p_0(%)
대표치	범위	0.71~0.90	0.91~1.12	1.13~1.40	1.41~1.80	1.81~2.24	2.25~2.80	2.81~3.55	3.56~4.50	4.51~5.60	5.61~7.10	7.11~9.00	9.01~11.2	범위	대표치
0.100	0.090~0.112	2.71 18	2.66 15	2.61 12	2.56 10	2.51 8	2.54 7	2.40 6	2.34 5	2.28 4	2.21 4	2.14 3	2.08 3	0.090~0.112	0.100
0.125	0.113~0.140	2.68 23	2.63 18	2.58 14	2.53 11	2.48 9	2.43 8	2.37 6	2.31 5	2.25 5	2.19 4	2.11 3	2.05 3	0.113~0.140	0.125
0.160	0.141~0.180	2.64 29	2.60 22	2.55 17	2.50 13	2.45 11	2.39 9	2.35 7	2.28 6	2.22 5	2.15 4	2.09 4	2.01 3	0.141~0.180	0.160
0.200	0.181~0.224	2.61 39	2.57 28	2.52 21	2.47 16	2.42 13	2.36 10	2.30 8	2.25 7	2.19 6	2.12 5	2.05 4	1.98 3	0.181~0.224	0.200
0.250	0.225~0.280	*	2.54 37	2.49 27	2.44 20	3.38 15	2.33 12	2.28 10	2.21 8	2.15 6	2.09 5	2.02 4	1.95 4	0.225~0.280	0.250
0.315	0.281~0.355	*	*	2.46 36	2.40 25	2.35 19	2.30 14	2.24 11	2.18 9	2.12 7	2.06 6	1.99 5	1.92 4	0.281~0.355	0.315
0.400	0.356~0.450	*	*	*	2.37 33	2.32 24	2.26 18	2.21 14	2.15 11	2.08 8	2.02 7	1.95 6	1.89 5	0.356~0.450	0.400
0.500	0.451~0.560	*	*	*	2.33 46	2.28 31	2.23 23	2.17 17	2.11 13	2.05 10	1.99 8	1.92 6	1.85 5	0.451~0.560	0.500
0.630	0.561~0.710	*	*	*	*	2.25 44	2.19 30	2.14 21	2.08 15	2.02 12	1.95 9	1.89 7	1.81 6	0.561~0.710	0.630
0.800	0.711~0.900	*	*	*	*	*	2.16 42	2.10 28	2.04 20	1.98 15	1.91 11	1.84 8	1.78 7	0.711~0.900	0.800
1.00	0.901~1.12		*	*	*	*	*	2.06 39	2.00 26	1.94 18	1.88 14	1.81 10	1.74 8	0.901~1.12	1.00
1.25	1.13~1.40			*	*	*	*	*	1.97 36	1.91 24	1.84 17	1.77 12	1.70 6	1.13~1.40	1.25
1.60	1.41~1.80				*	*	*	*	*	1.86 34	1.80 23	1.73 16	1.66 12	1.41~1.80	1.60
2.00	1.81~2.24					*	*	*	*	*	1.76 31	1.69 20	1.62 14	1.81~2.24	2.00
2.50	2.25~2.80						*	*	*	*	1.72 46	1.65 28	1.58 19	2.25~2.80	2.50
3.16	2.81~3.55							*	*	*	*	2.60 42	1.53 26	2.81~3.55	3.16
4.00	3.56~4.50								*	*	*	*	1.49 39	3.56~4.50	4.00
5.00	4.51~5.60									*	*	*	*	4.51~5.60	5.00
6.30	5.61~7.10										*	*	*	5.61~7.10	6.30
8.00	7.11~9.00											*	*	7.11~9.00	8.00
10.00	9.01~11.20												*	9.01~11.20	10.00

[p_0, p_1을 기초로 하여 n, k를 구하는 표(σ미지 : 부적합품률 보증)]

좌측은 k, 우측은 n($\alpha \fallingdotseq 0.05$, $\beta \fallingdotseq 0.10$)

p_0(%) \ p_1(%)	대표치	0.80	1.00	1.25	1.60	2.00	2.50	3.15	4.00	5.00	6.30	8.00	10.0	12.50	16.00	20.00	25.00	31.50	대표치	p_1(%) / p_0(%)
대표치	범위	0.71 ~ 0.90	0.91 ~ 1.12	1.13 ~ 1.40	1.41 ~ 1.80	1.81 ~ 2.24	2.25 ~ 2.80	2.81 ~ 3.55	3.56 ~ 4.50	4.51 ~ 5.60	5.61 ~ 7.10	7.11 ~ 9.00	9.01 ~ 11.2	11.30 ~ 14.00	14.10 ~ 18.00	18.10 ~ 22.40	22.50 ~ 28.00	28.10 ~ 35.50	범위	대표치
0.100	0.090~0.112	2.71 87	2.67 68	2.62 54	2.57 42	2.52 34	2.47 28	2.42 23	2.36 19	2.31 16	2.24 13	2.19 11	2.11 9	2.07 8	1.95 6	1.87 5	1.87 5	1.77 4	0.090~0.112	0.100
0.125	0.113~0.140		2.64 80	2.59 62	2.54 48	2.49 38	2.44 31	2.39 25	2.32 20	2.28 17	2.21 14	2.16 12	2.10 10	2.02 8	1.97 7	1.90 6	1.82 5	1.72 4	0.113~0.140	0.125
0.160	0.141~0.180		2.60 98	2.56 74	2.50 56	2.46 44	2.40 35	2.35 28	2.30 23	2.23 18	2.18 15	2.10 12	2.04 10	2.00 9	1.91 7	1.85 6	1.77 5	1.67 4	0.141~0.180	0.160
0.200	0.181~0.224			2.56 90	2.47 66	2.43 51	2.37 40	2.32 31	2.26 25	2.20 20	2.14 16	2.08 13	2.02 11	1.95 9	1.86 7	1.80 6	1.72 5	1.63 4	0.181~0.224	0.200
0.250	0.225~0.280				2.44 79	2.39 59	2.34 46	2.28 35	2.23 28	2.17 22	2.12 18	2.04 14	1.99 12	1.93 10	1.86 8	1.75 6	1.67 5	1.53 4	0.225~0.280	0.250
0.315	0.281~0.355				2.41 98	2.36 71	2.31 54	2.25 41	2.19 31	2.14 25	2.07 19	2.00 15	1.94 12	1.88 10	1.80 8	1.75 7	1.62 5	1.53 4	0.281~0.355	0.315
0.400	0.356~0.450					2.32 89	2.27 65	2.22 48	2.16 36	2.10 28	2.04 22	1.98 17	1.92 14	1.85 11	1.78 9	1.69 7	1.64 6	1.47 4	0.356~0.450	0.400
0.500	0.451~0.560						2.23 80	2.18 57	2.12 36	2.07 32	2.00 24	1.94 19	1.88 15	1.81 12	1.72 9	1.64 7	1.58 6	1.51 5	0.451~0.560	0.500
0.630	0.561~0.710							2.14 71	2.12 42	2.03 37	1.97 28	2.09 21	1.83 16	1.77 13	1.69 10	1.62 8	1.52 6	1.45 5	0.561~0.710	0.630
0.800	0.711~0.900							2.10 92	2.08 50	1.99 44	1.92 32	2.86 24	1.79 18	1.72 14	1.66 11	1.56 8	1.51 7	1.39 5	0.711~0.900	0.800
1.000	0.901~1.12								2.05 62	1.95 54	1.89 38	1.83 28	1.76 21	1.69 16	1.62 12	1.53 9	1.45 7	1.33 5	0.901~1.12	1.000
1.250	1.13~1.40								2.01 79	1.91 69	1.85 47	1.78 32	1.72 24	1.65 18	1.57 13	1.50 10	1.39 7	1.33 6	1.13~1.40	1.250
1.600	1.41~1.80									1.87 95	1.80 60	1.74 40	1.67 28	1.60 20	1.35 15	1.45 11	1.35 8	1.26 6	1.41~1.80	1.600
2.000	1.81~2.24										1.76 81	1.69 50	1.63 34	1.56 24	1.48 17	1.40 12	1.32 9	1.19 6	1.81~2.24	2.000
2.500	2.25~2.80											1.65 67	1.59 43	1.52 29	1.43 19	1.36 14	1.27 10	1.17 7	2.25~2.80	2.500
3.150	2.81~3.55											1.61 96	1.54 57	1.47 36	1.39 23	1.31 16	1.22 11	1.13 8	2.81~3.55	3.150
4.000	3.56~4.50												1.49 83	1.42 48	1.34 29	1.25 19	1.17 13	1.08 9	3.56~4.50	4.000
5.000	4.51~5.60													1.37 69	1.29 38	1.20 23	1.11 15	1.02 10	4.51~5.60	5.000
6.300	5.61~7.10														1.23 53	1.15 30	1.07 19	0.97 12	5.61~7.10	6.300
8.000	7.11~9.00														1.18 87	1.10 44	1.00 24	0.89 14	7.11~9.00	8.000
10.000	9.01~11.20															1.04 68	0.95 34	0.84 18	9.01~11.20	10.000

16 감마함수표

$$\Gamma(x) = \int_0^\infty t^{x-1} e^{-1} dt \, (x > 0)$$

x	$\Gamma(x)$	$10+\log_{10}\Gamma(x)$	x	$\Gamma(x)$	$10+\log_{10}\Gamma(x)$	x	$\Gamma(x)$	$10+\log_{10}\Gamma(x)$	x	$\Gamma(x)$	$10+\log_{10}\Gamma(x)$	x	$\Gamma(x)$	$10+\log_{10}\Gamma(x)$
1.00	1.00000	10.00000	1.31	.89600	9.95231	1.61	.89468	9.95167	1.91	.96523	9.98463	2.21	1.10785	.04448
1.01	.99433	9.99753	1.32	.89464	9.95165	1.62	.89592	9.95227	1.92	.96877	9.98622	2.22	1.11399	.04688
1.02	.98884	9.99513	1.33	.89338	9.95104	1.63	.89724	9.95291	1.93	.97240	9.98784	2.23	1.12023	.04931
1.03	.98355	9.99280	1.34	.89222	9.95047	1.64	.89864	9.95359	1.94	.97610	9.98949	2.24	1.12567	.05176
1.04	.97844	9.99053	1.35	.89115	9.94995	1.65	.90012	9.95430	1.95	.97988	9.99117	2.25	1.13300	.05423
1.05	.97350	9.98834	1.36	.89018	9.94948	1.66	.90167	9.95505	1.96	.98374	9.99288	2.26	1.13954	.05673
1.06	.96874	9.98621	1.37	.88931	9.94095	1.67	.90330	9.95583	1.97	.98768	9.99462	2.27	1.14618	.05925
1.07	.96415	9.98415	1.38	.88854	9.94868	1.68	.90500	9.95665	1.98	.99171	9.99638	2.28	1.15292	.06180
1.08	.95973	9.98215	1.39	.88785	9.94834	1.69	.90678	9.95750	1.99	.99581	9.99818	2.29	1.15976	.06437
1.09	.95546	9.98021	1.40	.88726	9.94805	1.70	.90864	9.95839	2.00	1.00000	10.00000	2.30	1.16671	.06696
1.10	.95135	9.97834	1.41	.88676	9.94781	1.71	.91057	9.95931	2.01	1.00427	.00185	2.31	1.17377	.06958
1.11	.94740	9.97653	1.42	.88636	9.94761	1.72	.91258	9.96027	2.02	1.00862	.00373	2.32	1.18093	.07222
1.12	.94359	9.97478	1.43	.88604	9.94745	1.73	.91467	9.96126	2.03	1.01306	.00563	2.33	1.18819	.07489
1.13	.93993	9.97310	1.44	.88581	9.94734	1.74	.91683	9.96229	2.04	1.01758	.00757	2.34	1.19557	.07757
1.14	.93642	9.97147	1.45	.88566	9.94727	1.75	.91906	9.96335	2.05	1.02218	.00953	2.35	1.20305	.08029
1.15	.93304	9.96990	1.46	.88560	9.94724	1.76	.92137	9.96444	2.06	1.02687	.01151	2.36	1.21065	.08302
1.16	.92980	9.96839	1.47	.88563	9.94725	1.77	.92376	9.96556	2.07	1.03164	.01353	2.37	1.21836	.08578
1.17	.92670	9.96694	1.48	.88575	9.94731	1.78	.92623	9.96672	2.08	1.03650	.01557	2.38	1.22618	.08855
1.18	.92373	9.96554	1.49	.88595	9.94741	1.79	.92877	9.96791	2.09	1.04145	.01764	2.39	1.23412	.09136
1.19	.92089	9.96421	1.50	.88623	9.94754	1.80	.93138	9.96913	2.10	1.04649	.01973	2.40	1.24217	.09418
1.20	.91817	9.96292	1.51	.88659	9.94772	1.81	.93408	9.97038	2.11	1.05161	.02185	2.41	1.25034	.09703
1.21	.91558	9.96169	1.52	.88704	9.94794	1.82	.93685	9.97167	2.12	1.05682	.02400	2.42	1.25863	.09990
1.22	.91311	9.96052	1.53	.88757	9.94820	1.83	.93969	9.97298	2.13	1.06212	.02617	2.43	1.26703	.10279
1.23	.91075	9.95940	1.54	.88818	9.94850	1.84	.94261	9.97433	2.14	1.06751	.02837	2.44	1.27556	.10570
1.24	.90852	9.95834	1.55	.88887	9.94884	1.85	.94561	9.97571	2.15	1.07300	.03060	2.45	1.28421	.10864
1.25	.90640	9.95732	1.56	.88964	9.94921	1.86	.94869	9.97712	2.16	1.07857	.03285	2.46	1.29298	.11159
1.26	.90440	9.95636	1.57	.89049	9.94963	1.87	.95154	9.97856	2.17	1.08424	.03512	2.47	1.30188	.11457
1.27	.90250	9.95545	1.58	.89142	9.95008	1.88	.95507	9.98004	2.18	1.09000	.03743	2.48	1.31091	.11757
1.28	.90072	9.95459	1.59	.89423	9.95057	1.89	.95838	9.98154	2.19	1.09585	.03975	2.49	1.32006	.12059
1.29	.89904	9.95378	1.60	.89352	9.95110	1.90	.96177	9.98307	2.20	1.10180	.04210	2.50	1.32934	.12364
1.30	.89747	9.95302												

품질경영 기사 & 산업기사 실기

2024년 2월 10일 인쇄
2024년 2월 15일 발행

저자 : 정철훈
펴낸이 : 이정일

펴낸곳 : 도서출판 **일진사**
www.iljinsa.com

(우) 04317 서울시 용산구 효창원로 64길 6
대표전화 : 704-1616, 팩스 : 715-3536
이메일 : webmaster@iljinsa.com
등록번호 : 제1979-000009호(1979.4.2)

값 38,000원

ISBN : 978-89-429-1925-3

* 이 책에 실린 글이나 사진은 문서에 의한 출판사의
동의 없이 무단 전재 · 복제를 금합니다.